AF513797

# Carl Schmidt (1822–1894) und die Entwicklung der Chemie an der Universität Dorpat (Tartu)

Rudolf Stefan Roß

# Carl Schmidt (1822–1894) und die Entwicklung der Chemie an der Universität Dorpat (Tartu)

## Ein Beitrag zur Wissenschaftsgeschichte des 19. Jahrhunderts

PETER LANG

**Bibliografische Information der Deutschen Nationalbibliothek**
Die Deutsche Nationalbibliothek verzeichnet diese Publikation in der Deutschen Nationalbibliografie; detaillierte bibliografische Daten sind im Internet über http://dnb.d-nb.de abrufbar.

Zugl.: Bochum, Univ., Diss., 2017

Umschlagabbildung: Aufnahme Carl Schmidts vom August 1883, die bei Th. John (vormals Schlater), Atelier für Photographie in der Dorpater Alexanderstr., angefertigt wurde und sich im Besitz von Frau Christiane Benke (Kahl [Main]) befindet.

Cover Design: © Olaf Gloeckler, Atelier Platen, Friedberg

Gedruckt auf alterungsbeständigem, säurefreiem Papier.
Druck und Bindung: CPI books GmbH, Leck

D 294
ISBN 978-3-631-74616-5 (Print) · E-ISBN 978-3-631-75634-8 (E-PDF)
E-ISBN 978-3-631-75635-5 (EPUB) · E-ISBN 978-3-631-75636-2 (MOBI)
DOI 10.3726/b14124



Peter Lang – Berlin · Bern · Bruxelles · New York ·
Oxford · Warszawa · Wien



Diese Publikation wurde begutachtet.

www.peterlang.com

# Inhaltsverzeichnis


**1 Einleitung** 11

1.1 Anlass und Absicht der Untersuchung 11

1.2 Angewandte Methoden 16

1.3 Konkreter Gang der Untersuchung 18

1.4 Möglichkeiten und Grenzen der Untersuchung 21

**2 Ausbildung und frühe intellektuelle Entwicklung Carl Schmidts** 23

2.1 Elternhaus und Schulzeit 23

2.2 Pharmazeutische Ausbildung 29

2.3 Studium in Berlin 31

2.3.1 Schmidts experimentelle Arbeiten im Berliner chemischen Laboratorium von Heinrich Rose 31

2.3.2 Über das Experimentelle hinaus 32

2.4 Studium in Gießen 36

2.4.1 Schmidts experimentelle Arbeiten im Gießener chemischen Laboratorium 38

2.4.2 Über das Experimentelle hinaus – Der mögliche Einfluss Liebigs 40

2.4.2.1 Die „Thier-Chemie“ 41

2.4.2.2 Die Auseinandersetzungen um die „Thier-Chemie“ 50

2.5 Studium in Göttingen 53

2.5.1 Schmidts experimentelle Arbeiten im Göttinger chemischen Laboratorium 55

2.5.2 Weitere Prägungen – Rudolph Wagner und Julius Vogel 60

2.5.3 Über das Experimentelle hinaus – Der mögliche Einfluss Lotzes 63

2.5.3.1 Lotzes Naturauffassungen 64

2.5.3.2 Lotzes Vorstellungen vom Mechanismus des Stoffwechsels ..... 66
2.5.3.3 Lotzes Vorstellungen vom Chemismus des Stoffwechsels ..... 67
2.6 Der Weggang aus Deutschland und die Rückkehr nach Russland ..... 69

**3 Von der klinischen Chemie zur Experimentalkritik des Stoffwechsels ..... 73**

3.1 Schmidt als Privatdozent an der Universität Dorpat ..... 73
3.2 Der institutionelle Kontext und das intellektuelle Klima an der Universität Dorpat in der ersten Hälfte des 19. Jahrhunderts ..... 75
3.3 Schmidt als außerordentlicher Professor der Pharmazie an der Universität Dorpat ..... 84
3.4 Schmidt als Forscher in der klinischen und physiologischen Chemie ..... 85
3.4.1 Forschungsmethodik und Forschungsstil ..... 85
3.4.2 Die klinische Chemie Schmidts ..... 88
3.4.2.1 Klinisch-chemische Arbeiten ..... 88
3.4.2.2 Zur Implementierung des Faches „Klinische Chemie“ an der Universität Dorpat im Vergleich zu anderen Hochschulen ..... 91
3.4.3 Die physiologische Chemie Schmidts ..... 95
3.4.3.1 Der Aufstieg der physiologischen Chemie im 19. Jahrhundert ..... 96
3.4.3.2 Schmidts bahnbrechende Blutanalysen ..... 97
3.4.3.3 Bidders und Schmidts verdauungs- und stoffwechsel-physiologische Untersuchungen ..... 100
3.4.3.3.1 Die wissenschaftliche Prägung Friedrich Bidders und sein generelles Wissenschaftsverständnis ..... 101
3.4.3.3.2 Verdauungs- und stoffwechel-physiologische Vorstellungen bis ca. 1850 ..... 103
3.4.3.3.3 Die Verdauungssäfte und deren Hauptaufgaben im Lichte der Untersuchungen Bidders und Schmidts ..... 108

3.4.3.3.4 Der Stoffwechsel – Bidders und Schmidts Stoffwechselbilanzen und deren Konzept der Luxuskonsumption ..... 114

3.4.3.3.5 Einflüsse und Parallelen: Liebig und Lotze in Beziehung auf das Stoffwechselkonzept von Bidder und Schmidt ..... 119

3.4.3.3.6 Bidders und Schmidts Theorie der Luxuskonsumption und ihre Bedeutung für die Entstehung der „Münchener Stoffwechselschule" ..... 122

3.5 Schmidts Abwendung von der medizinischen und physiologischen Chemie ..... 132

3.6 Privates I: Ehe und Familie ..... 135

**4 Von der klinischen und physiologischen zur allgemeinen Chemie und zum chemischen Generalismus** ..... 139

4.1 Schmidt als ordentlicher Professor für Chemie an der Universität Dorpat ..... 139

4.2 Der institutionelle Kontext und das intellektuelle Klima an der Universität Dorpat in der zweiten Hälfte des 19. Jahrhunderts ..... 140

4.3 Schmidt vor dem Hintergrund der Dorpater Universitätschemie ..... 144

4.3.1 Die Geschichte der Dorpater Universitätschemie bis 1852 ..... 144

4.3.2 Die Institutionalisierung der Fächer Chemie und Pharmazie an der Universität Dorpat im Vergleich mit anderen russischen und deutschen Hochschulen ..... 154

4.4 Schmidts erste Amtsjahre als Direktor des chemischen Universitätsinstituts und -laboratoriums (1852–1857) ..... 161

4.4.1 Die Übernahme des chemischen Universitätslaboratoriums und dessen chronische finanzielle Unterversorgung ..... 161

4.4.2 Die wissenschaftlichen Auslandsreisen in den Jahren 1855 und 1857 als Vorarbeiten für den Neubau des chemischen Universitätsinstituts und -laboratoriums in Dorpat ..... 165

4.4.3 Die projektierten und die tatsächlichen Kosten für die Inneneinrichtung des neuen chemischen Universitätsinstituts und -laboratoriums ..... 171

4.5 Der ökonomische Rahmen des neuen Instituts .......... 173
4.5.1 Der weiterhin unzureichende Jahresetat .......... 173
4.5.2 Schmidt als „consulting chemist“ .......... 174
4.5.2.1 Der erste Versuch, das Dorpater chemische Universitätslaboratorium für „landwirthschaftlich-technisch-merkantilisch-chemische“ Analysen zu nutzen (1858) .......... 176
4.5.2.2 Die zweite Offerte des Direktors des chemischen Universitätslaboratoriums, privatwirtschaftlich tätig zu werden (1861) .......... 177
4.5.2.3 Die Verbindung von Hochschulchemie und Privatwirtschaft im Baltikum und in Russland im Vergleich zu Frankreich, Deutschland und England .......... 183
4.6 Schmidt als Forscher in der anorganischen und organischen Chemie .......... 188
4.6.1 Forschungsmethodik und Forschungsstil .......... 188
4.6.2 Schmidts Arbeiten auf den Gebieten der Agrikultur-, Geo- und Hydrochemie als „lebenslange Aufgaben“ .......... 189
4.6.2.1 Die Agrikulturchemie .......... 190
4.6.2.2 Die Geo- und Hydrochemie .......... 197
4.6.2.2.1 Untersuchungen von Borsäure-Mutterlaugen und vulkanischen Salz-Sublimaten aus Italien .......... 199
4.6.2.2.2 Analysen des Wassers und der Gase von Thermalquellen aus dem Kaukasus .......... 202
4.6.2.2.3 Untersuchungen zur Naphtha- und Paraffingewinnung im Großen Kaukasus und auf der Halbinsel Apşeron .......... 205
4.6.2.2.4 Untersuchungen von Bodenproben aus den russischen Schwarzerde-Regionen und aus dem Kubantal .......... 208
4.6.2.2.5 Analysen von Gesteinen aus verschiedenen Gipfel-Regionen des Kaukasus’ .......... 211
4.6.2.3 Die frühe Etablierung einer Umwelthygiene und -medizin an der Dorpater Universität .......... 215

4.6.2.3.1 Die chemische Untersuchung der Dorpater Trinkwasser ... 215
4.6.2.3.2 Schmidts Dorpater Trinkwasser-Untersuchungen als Basis für weiterführende Analysen in der „bakteriologischen Ära“ ... 225
4.6.2.3.3 Die Schädlichkeit arsenhaltiger Tapeten ... 230
4.6.2.4 Schmidt und die organische Chemie ... 232
4.6.3 Die „eigene Schule“ ... 242
4.7 Schmidt als akademischer Lehrer der Chemie ... 244
4.7.1 Schwerpunkte der Vorlesungstätigkeit ... 244
4.7.2 Organisation und methodisch-didaktische Strukturierung der studentischen Laboratoriumsarbeit ... 250
4.7.3 Die Examensfächer ... 256
4.7.4 Die Entwicklung der Studierendenzahlen im Fach Chemie an der Universität Dorpat ... 259
4.7.5 Schmidt als „Chemiehistoriker“ ... 263
4.7.5.1 Chemiehistorische Vorlesungen ... 263
4.7.5.2 Der Einfluss dieser Vorlesungen auf Wilhelm Ostwald ... 265
4.8 Privates II: Die letzten Lebensjahre ... 269

**5 Versuch einer Einordnung und Würdigung** ... 275

**Anlagen** ... 281

**Personenlexikon** ... 411

**Verzeichnis der verwandten Archivalien** ... 509

**Literaturverzeichnis** ... 519

**Danksagung** ... 605

**Personenregister** ... 607

Verzeichnis der benutzten Archivalien [illegible]

Literaturverzeichnis [illegible]

Danksagung [illegible]

Personenregister [illegible]

# 1 Einleitung

## 1.1 Anlass und Absicht der Untersuchung

Das 19. Jahrhundert gilt heute vielen als ein Zeitalter der Wissenschaft, denn es bot im Zuge der Professionalisierung erstmals auf breiter Front die Möglichkeit, in Forschungseinrichtungen zu arbeiten und aus dieser Tätigkeit seinen Lebensunterhalt zu bestreiten. Einher mit dieser Professionalisierung ging die interne Ausdifferenzierung wissenschaftlicher Disziplinen. Sie war von einem enormen Erkenntnisgewinn begleitet, der den menschlichen Lebensraum irreversibel veränderte und zu wachsenden (disziplinären) Deutungsansprüchen mit Blick auf Themen führte, die bis dahin ausschließlich in das Feld der Philosophie fielen. So entstand ab dem zweiten Drittel des Jahrhunderts sukzessive eine Neudefinition des klassischen Wissenschaftsbegriffs. Waren seit dem Altertum absolute Wahrheit, strenge Allgemeinheit und unbedingte Notwendigkeit gleichsam Insignien alles Wissenschaftlichen, so wird Wissenschaft nun weitgehend von den tradierten philosophischen (Letzt-)Begründungsansprüchen befreit und mit einer bis heute im Wesentlichen gültigen bescheideneren Bestimmung versehen,[1] die sie „nur noch als ein konditional formuliertes, hypothetisch-deduktives organisiertes System von Propositionen über einen begrenzten Erfahrungs- und Gegenstandsbereich“[2] verstand. Besonders pointiert trat dieser Vorgang in den deutschsprachigen Ländern zutage, wo durch das Vorherrschen des Vitalismus[3] und der universalen theoretischen Erklärungsversuche der romantischen Naturphilosophie[4] neue naturwissenschaftliche Denkkonzepte und

1 Vgl.: Pulte (2015), S. 485–492.

2 Pulte (2004 a), Sp. 921.

3 Die Vertreter des Vitalismus waren der Auffassung, dass das Leben einer besonderen „Lebenskraft“, der geheimnisvollen „vis vitalis“, geschuldet sei, die alle Lebenserscheinungen hervorbringe und von der man glaubte, sie könne die vielfältigen Unterschiede zwischen dem lebenden Organismus und der unbelebten Natur erklären, denn schließlich verbiete es sich, das Leben als bloße Summe seiner anorganischen Bestandteile anzusehen. Vgl.: Hoffmeister (1955), S. 649; Tsouyopoulos (2001), Sp. 1076–1078.

4 Der Begriff der romantischen Naturphilosophie ist im deutschen Sprachraum untrennbar verbunden mit Schelling und seinen Anhängern, deren oberstes und finales Ziel es war, die ursprünglich (mystische) Einheit von Geist und Natur wieder herzustellen. Vgl.: Kaulbach (1984), Sp. 548–560; Wolters (2004 b), S. 973–974. – Der heute fast ausschließlich negative Blick auf diese Phase der deutschen Geistesgeschichte verkennt die großen Chancen, die ihr grundsätzlich inne wohnten. Diese betonte z. B. Engelhardt

methodisch-technische Innovationen[5] bedeutend gehemmt wurden. Nachdem sich auch hier – nicht zuletzt ausgehend von Frankreich und dem grundlegenden Einfluss der Physiologie Magendies[6] – eine wissenschaftliche Wahrnehmung der umgebenden Lebenswelt durchgesetzt hatte, die auf Experimenten und deren minutiöser Interpretation beruhte, galt das Wissenschaftsverständnis der Naturwissenschaften in der Folgezeit als ein allgemein akzeptiertes methodisches und theoretisches Leitbild, gegen das sich andere Ansätze und Vorstellungen behaupten mussten.[7]

Vor diesem allgemeinen Hintergrund ist die vorgelegte Studie zu betrachten. Ihre konkrete Thematik ergab sich aus drei hauptsächlichen Desideraten: Zunächst erschien eine Konzentration auf das (universitäre) Fach Chemie wünschenswert, da dessen vor dem 20. Jahrhundert liegende Geschichte in den letzten Jahrzehnten nur noch nachrangig behandelt wurde[8] und die Disziplin wissenschaftstheoretisch[9] traditionell im Schatten der Physik steht. Um das Postulat fortzuschreiben, dass man die Universität im Allgemeinen erst dann richtig kenne, wenn man über alle Einrichtungen dieser Art hinreichend orientiert sei,[10] sollte zweitens der Fokus nachhaltig auf die Hochschule in Dorpat (dem heutigen estnischen Tartu) gelegt werden, eine im 19. Jahrhundert deutschsprachige Institution im zaristischen Russland, deren Spezifika bislang nur unzureichend erfasst sind und der im (neueren) westlichen Schrifttum allenfalls

(1981), S. 220: „Grundsätzlich bietet die Zeit um 1800 in der Geschichte der Naturwissenschaften einzigartige Möglichkeiten, über Zusammenhänge von Naturwissenschaft und Geisteswissenschaft nachzudenken, da dies von den Naturforschern jener Zeit selbst getan wurde; in dieser Nähe zu Philosophie, Theologie und Kunst haben spätere Naturforscher Reflexionen über ihr Fach nicht mehr angestellt."

5 Vgl. im gegebenen Zusammenhang – pars pro toto – das Konzept der „anti-phlogistischen Chemie" und die danach einsetzende Charakterisierung zahlreicher organischer Stoffe: Lavoisier und Laplaçe (1780), S. 393–408; Magendie (1816 a), S. 66–77; Chevreul (1823), passim; Prout (1827), S. 357; Magendie (1836), 2, S. 24–30; Wöhler und Liebig (1838), S. 241–336.

6 Vgl.: Magendie (1816 b), S. I–VI; Hirsch (1966), 479–480; Lichtenthaehler (1983), S. 785–788. – Um die Fußnotentexte nicht heillos zu überfrachten, wurden sämtliche biographischen Informationen zu den mehr als fünfhundert genannten Personen vor allem der Zeitgeschichte, wie hier z. B. Magendie, in ein separates Personenlexikon ausgegliedert.

7 Vgl.: König (1984), Sp. 647–649; Pulte (2004 a), Sp. 921.

8 Vgl.: Russell und Roberts (2005), S. 2.

9 Vgl.: Brakel (1996), S. 16–21; Ströker (1996), S. 2–3, Pulte (2004 b), Sp. 978.

10 Vgl.: Füssel (2014), S. 291.

ein Schattendasein zukommt.[11] Schließlich und wesentlich galt es, den Blick zu verdichten auf einen typischen Repräsentanten seines Fachs im 19. Jahrhundert, den Chemiker Carl Schmidt, der mehr als vier Jahrzehnte an der Universität Dorpat lehrte und heute – rund 120 Jahre nach seinem Tod – unverdientermaßen weitgehend in Vergessenheit geraten ist.[12]

Die nachfolgende Untersuchung versteht sich als ein Versuch der Institutionengeschichte in ihrem weitesten und heute favorisierten Sinne, der das alltägliche und sich in immer neuen Konstellationen vollziehende Handeln des akademischen Personenverbands und seine institutionellen Arrangements sichtbar machen möchte und sich so auf dem Weg zur punktuellen Rekonstruktion der „Realgestalt" einer Universität weiß.[13] Er schließt dabei alle Arbeitsgebiete bzw. Gegenstände der klassischen Wissenschaftsgeschichte zusammen, die sich sämtlich in der vorgelegten Studie finden.[14]

- Sie ist Gelehrtengeschichte und damit von dem Anspruch getrieben, möglichst viele Fakten und Informationen zu Carl Ernst Heinrich Schmidt, seinem schulischen, beruflichen und akademischen Werdegang, seinen wissenschaftlichen Arbeiten und Publikationen sowie seinem privaten und sozialen Umfeld zusammenzutragen. Dies erscheint insofern gerechtfertigt, als zwar einige biographische Einträge in einschlägigen Nachschlagewerken,[15] separat davon erschienene „biographical sketches"[16] sowie Nachrufe[17] und schließlich Beiträge zu den wissenschaftlichen Leistungen Schmidts allgemein und auf verschiedenen Spezialgebieten vorliegen,[18] eine Gesamtdarstellung zur Person, der Komplexität der Ausbildung ihres Wissenschaftsverständnisses und ihres globalen akademischen Wirkens unseres Wissens nach bislang aber

11 Vgl.: Donnert (2007), passim.

12 Vgl.: Lieben (1935), S. 264.

13 Vgl.: Gerber (2014), S. 280–282.

14 Vgl.: Brocke (1993), S. 7–13; Brocke (1995), S. 111–118 sowie darüber hinaus zu den Gegenständen der Wissenschaftsgeschichte beispielsweise: Janich (1981), S. 89–111, S. 137–148; Mittelstraß (2004 b), S. 727–730; Eckart und Jütte (2007), S. 134–147.

15 Vgl. z. B.: Poggendorff (1863), 2, Sp. 818–819; Poggendorff (1898), 3, S. 1198; Levickij (1902), 1, S. 246–255; Hirsch (1962), 5, S. 98; Lenz (1970), S. 685.

16 Vgl. z. B.: Bing (1973), S. 639–648.

17 Vgl. z. B.: Zaleski (1894); S. 963–978; O. V. (1895); O. V. (1903).

18 Vgl. z. B.: Tammann (1901), S. 11–12; Tammann (1929 a), S. 196–198; Tammann (1929 b), S. 226–228; Lieben (1935), passim; Ilomets (1989), S. 3–15; Käbin (1986), S. 84–97; Ilomets (1992), S. 5–10; Ilomets (2004), S. 108–113; Past und Tankler (2007), S. 24–30.

fehlt. In diesem Zusammenhang aufkeimende Befürchtungen, es handele sich bei der folgenden Studie nur um ein belangloses Produkt des biographischen Historismus' dürften sich bei ihrer Lektüre hoffentlich rasch verflüchtigen, doch sei ihnen auch an dieser Stelle bereits mit zwei Hinweisen deutlich entgegen getreten.[19] Einerseits erfolgt die Darstellung strikt chronologisch nach dem Prinzip „science in context"[20] und damit ohne die meist übliche Dissoziation von Person (Mensch) und wissenschaftlichem Werk. Andererseits liefert sie eine umfassende Charakteristik des Gelehrtentypus, dem Schmidt angehörte, und erlaubt so auch eine Antwort auf die Frage, ob er ab Mitte des 19. Jahrhunderts noch geeignet war, den sich verändernden Anforderungen an einen Forscher im Fach Chemie zu entsprechen.[21]

- Sie ist klassische (ältere) Institutionengeschichte, denn sie befasst sich mit der Entwicklung der Chemie an der Universität Dorpat von 1802 bis 1892.[22] Dabei rücken zwangsläufig die Organisations- und Verwaltungs-Historie dieser baltischen Hochschule und das dort herrschende intellektuelle Klima in den Blickpunkt, in dem sich Schmidts akademische Laufbahn vollzog. Auch ergeben sich interessante Zusammenhänge zur damaligen „Weltlage", da hochschulpolitische Entscheidungen der absolutistisch herrschenden Zaren nicht selten das Resultat auf konkrete politische und kulturelle Vorgänge vor allem in den damals bereits demokratischen Teilen des westlichen Europas waren. Die Lage Dorpats in den damaligen russischen „Ostseeprovinzen" macht zudem eine vergleichende Beurteilung der Institutionalisierung der Fächer Chemie und Pharmazie im Baltikum mit der an Hochschulen im übrigen Russland und vergleichbaren Universitäten in Deutschland notwendig, der wegen des bisherigen weitgehenden Mangels an entsprechenden Daten grundsätzliche wissenschaftshistorische und -statistische Bedeutung zukommt.

---

19 Vgl. zum Genre der Biographie, das sich mit Blick auf bedeutende Naturwissenschaftler schon immer großer Beliebtheit erfreute, sowie zu dessen Renaissance in der klassischen Wissenschaftsgeschichte während der zurückliegenden Jahrzehnte z. B.: Schulze (1978), S. 508–518; Hankins (1979) S. 1–16; Engelberg und Schleier (1990), S. 195–217; Röckelein (1993), S. 17–38; Kirschke (2001), S. 10–11; Bensaude-Vincent (2003), S. 200–202; Russell und Roberts (2005), S. 7–9; Eckart und Jütte (2007), S. 219–229; Gerber (2014), S. 284.

20 Vgl.: Füssel (2014), S. 289.

21 Vgl.: Kirschke (2001), S. 10–11.

22 Vgl. zur historischen Entwicklung der Universität Dorpat (Tartu) und ihrer Institutionen z. B.: Gernet (1902), passim; Semel (1918), passim; Engelhardt (1933), passim; Donnert (2007), passim.

- Sie ist Geschichte der Wissenschaftsförderung und -finanzierung im Spannungsfeld von Universität, Kurator des Dörptschen Lehrbezirks und russischem Minister der Volksaufklärung, was sich besonders eindrücklich in dem niemals endenden Kampf Schmidts und seiner Vorgänger im Amt des Direktors des chemischen Universitätslaboratoriums um ausreichende staatliche Unterstützung, den Auseinandersetzungen um den Neubau des chemischen Instituts,[23] aber auch in Schmidts Versuch zeigt, die chronische Finanznot dadurch zu lindern, dass er sich in den 1860er Jahren als „consulting chemist" für die damalige baltische Privatwirtschaft anbot.[24]
- Sie ist Geschichte der internationalen Wissenschaftsbeziehungen, die Schmidt trotz der ungünstigen geographischen „Randlage" Dorpats sowohl ins russische Reich als auch insbesondere nach Deutschland, England und Frankreich unterhielt und durch mindestens drei uns bekannte monatelange und entsprechend strapaziöse Aufenthalte sicherte oder gar intensivierte.[25]
- Sie ist fünftens und letztlich sowohl ein Beitrag zur Geschichte der Einzelwissenschaft Chemie als auch zur allgemeinen Wissenschaftsgeschichte des 19. Jahrhunderts, der Carl Schmidt und die Universität Dorpat in einem bisher unbekannten Licht erscheinen lässt. Dass diese weder von einem Chemiker als „Fachgeschichtler" noch von einem professionellen Historiker mit dem Interesse für die universitäre Disziplinengeschichte, sondern vielmehr von einem fachfremden Mediziner mit Zweitstudium Philosophie stammt, bietet vielleicht die Möglichkeit, das immer wieder beklagte fruchtlose Nebeneinander von Fachhistorie und spezialisierter Allgemeingeschichte ein wenig aufzubrechen,[26] mag aber auch Anlass für Bedenken sein, was die einschlägige Qualifikation des Verfassers dieser Studie anbelangt. Er glaubt, sich derartigen Einwendungen jedoch entledigen zu dürfen, indem er auf seine erheblichen

23 Vgl. zur Bedeutung der Bau- und Architektur-Historie als gleichsam symbolische Repräsentationen für eine zeitgemäße Universitätsgeschichtsschreibung: Gerber (2014), S. 285.

24 Vgl.: Roß (2005 b), S. 10–20.

25 Vgl.: Roß (2002 b), S. 135–391.

26 Vgl. zu diesem Konflikt beispielhaft: Ostwald (1927), 1–11; Brocke (1993), S. 3–5; Brocke (1995), S. 111; Russell und Roberts (2005), S. 1–2.

spezifischen Vorarbeiten[27] ebenso hinweist wie die Tatsache, dass er für diese in der Vergangenheit bereits zwei nationale Wissenschaftspreise erhielt.[28]

## 1.2 Angewandte Methoden

Der integrierenden Klammer von Institutionengeschichte in ihrer weitgesteckten gegenwärtigen Interpretation folgend,[29] empfing die vorgelegte Untersuchung Atem und den konkreten Drang zum Fortgang aus mehr als 15-jährigen Archivstudien,[30] die sich – der Themenstellung eingedenk – nicht nur in deutschen Institutionen vollziehen konnten,[31] sondern auch extensive Recherchen in osteuropäischen Archiven umfassen mussten. Unter ihnen sind insbesondere zu nennen: Das Eesti Ajalooarhiiv (EAA) in Tartu,[32] das Latvijas Valsts

27 Vgl.: Roß (2001), S. 137–156; Roß (2002 a), S. 159–190; Roß (2002 b); Ross (2005 a), S. 33–37; Roß (2005 b), S. 3–24; Roß (2007), S. 199–200. – Die Kapitel 3.4.2–3.4.2.2, 3.4.3.1–3.4.3.2, 3.4.3.3.3–3.4.3.3.4 und 3.5 sowie 4.5.2–4.5.2.3 der nachfolgenden Untersuchung wurden übernommen aus: Roß (2001), S. 143–151; Roß (2002 a), S. 159–162, S. 166–188; Roß (2005 b), S. 3–20.

28 Dabei handelt es sich um den Liebig-Wöhler-Freundschaftspreis der Göttinger Chemischen Gesellschaft, Museum der Chemie (2003) sowie um den Bettina-Haupt-Förderpreis der Fachgruppe Geschichte der Chemie der Gesellschaft Deutscher Chemiker (2005). Vgl.: http://www.vinasse.de/liebigw%F6hlerfreundschaftspreis.htm; http://www.chemikalien.de/chemie/geschichten-aus-der-chemie-vom-alten-china-bis-zurns-zeit_1279.html. Letzte Zugänge: 30. Oktober 2017.

29 Vgl.: Gerber (2014), S. 280–282.

30 Mit Ausnahme der Akten aus dem Russischen Historischen Staatsarchiv in St. Petersburg lagen sämtliche Archivalien in alter deutscher Schreibschrift vor. Der Verfasser versuchte daher, sich diese mühsam anzueignen, indem er entsprechende „Trainingsunterlagen“ (z. B. Dohna [2001]; Süß [2002]) akribisch durcharbeitete und sich danach intensiv mit der Rückübertragung heutiger Texte in die damalige Schreibschrift beschäftigte. Diesen zeitintensiven Bemühungen war indessen nur sehr bescheidener Erfolg vergönnt. Sie ermöglichten ihm zwar die Entzifferung der so genannten „Kanzleischrift“ (Aktenreinschrift), führten jedoch bei in der „Kurrent-“ bzw. Konzept- oder Verkehrsschrift verfassten Originalen zu nur fragmentarischen „Transkriptionen“, so dass die „Entschlüsselung“ des vollständigen Inhalts eines Großteils der Handschriften letztlich meinen Eltern geschuldet ist.

31 Auf der nationalen Ebene fanden sich einschlägige Archivalien in der Bayerischen Staatsbibliothek (BSB, München), im Archiv der Berlin-Brandenburgischen Akademie der Wissenschaften (ArBBAdW, Berlin), der Niedersächsischen Staats- und Universitätsbibliothek (NSB, Göttingen) und dem Universitätsarchiv Göttingen (UAG).

32 Der Verfasser dankt Dr. Tatjana Shor in diesem Zusammenhang für die nunmehr bereits fast zwei Dekaden umfassende freundschaftliche Zusammenarbeit.

vēstures arhīvs (LVVA) in Riga,[33] das Russische Historische Staatsarchiv in St. Petersburg (Rossiiskii gosudarstvennyi istoricheskii arkhiv, RGIA), die dortige Handschriftensammlung der Russischen Nationalbibliothek (Rossiiskaia natsional'naia biblioteka [Otdel rukopisei], RNB) sowie schließlich die ebenfalls in St. Petersburg angesiedelte „Zweigstelle" des Archivs der Russischen Akademie der Wissenschaften (Sankt-Peterburgskii filial Arkhiva Rossiiskoi Akademii Nauk, PFA RAN).[34] Auf diese Weise konnten unter anderem Ministeriums-, Universitäts- und Personalakten, Protokolle der Sitzungen wissenschaftlicher Gesellschaften, Einträge in kirchliche Tauf- und Sterberegister,[35] zahlreiche Autographen und nicht zuletzt in privaten Sammlungen der Nachkommen Carl Schmidts befindliche Unterlagen erschlossen werden.[36] Die systematische Auswertung aller dieser Archivalien führte zu einer sehr engen durch die Primärquellen vorgegebenen Textur unserer wissenschaftsgeschichtlichen Analyse und auch dazu, dass in ihr viele Zitate aus den unveröffentlichten Akten enthalten sind. Sie illustrieren nicht nur den sprachlichen Stil einer uns heute fernliegenden Zeit, sondern belegen mit Blick auf die Autographen Carl Schmidts auch dessen ausladende Formulierungen und das sie begleitende fremdsprachliche „Bouquet". Dem durch die Primärquellen bereits vorgegebenen engen Gewebe wurden Schmidts Originalarbeiten ebenso eingewoben wie die Sekundärliteratur, die entsprechend der Spannweite seiner wissenschaftlichen Interessen ziemlich umfangreich ausfallen musste. Die nicht selten recht entlegenen Titel konnten in den ersten Jahren nur durch intensive Nutzung des seit langem etablierten „Fernleihsystems"[37] beschafft werden, da die Bibliothek der Universität Duisburg-Essen über einen nur begrenzten historischen Bestand verfügt. In

33 Die in Riga verwahrten Akten machte mir Frau Gunta Minde unbürokratisch zugänglich.

34 Mit den Recherchen in russischen Archiven wurde Frau Elena Tsvetkova (St. Petersburg) – auf Entgeltbasis – betraut.

35 Vgl. zum Stellen- und Informationswert der genannten Primärquellen z. B.: Eckart und Jütte (2007), S. 112–113.

36 Bei den Autographen und den Funden in Familienarchiven handelte es sich durchgängig um so genannte „Ego-Dokumente". Dieser Sammelbegriff wurde von dem niederländischen Historiker Jacob Presser in die wissenschaftshistorische Terminologie eingeführt, um allgemein Texte zu bezeichnen, in denen ein Autor explizit über sein eigenes Denken und Fühlen schreibt. Vgl.: Dekker (1996), S. 33 sowie zum Begriff der „Mikrohistorie" und den damit für die Medizingeschichte beispielhaft verbundenen Forschungsabsichten: Schulze (1988), S. 319–341; Jütte (1990), S. 149–164; Medick (1994), S. 40–53; Gerber (2014); S. 284.

37 Vgl.: Fernleihe. Verfügbar unter: https://de.wikipedia.org/wiki/Fernleihe. Letzter Zugang: 30. Oktober 2017.

Deutschland damals nicht nachgewiesene Medien wurden auf private Kosten beispielsweise von der Tartu University Library bzw. der Academic Library of the University of Latvia in Riga zur Verfügung gestellt.[38] In den letzten Jahren seiner Beschäftigung mit der Thematik nutzte der Verfasser eingestandenermaßen weidlich die kolossalen Möglichkeiten zum „Download" urheberrechtsfreier historischer Quellen, wie sie sich beispielsweise durch die insgesamt durchaus umstrittenen Aktivitäten von „Google Books"[39] und der Kooperation mit dem „Internet Archive"[40] ergeben haben.

## 1.3 Konkreter Gang der Untersuchung

Die Studie beginnt mit dem Versuch, die Ausbildung und frühe intellektuelle Entwicklung Carl Schmidts zu erhellen.[41] Die archivarisch erschlossenen Quellen geben Auskunft über das Leben in seinem Elternhaus, seinen schulischen Werdegang sowie seine Ausbildung zum Gehilfen in der Berliner Apotheke Wilhelm Roses. Sie gewähren zudem Einblicke in die Berliner Studienzeit, in der Schmidt direkt mit Hendrik Steffens philosophischen Überlegungen und – indirekt – auch mit Hegels „System" durch dessen Schüler Carl Werder bekannt wurde. Sein weiterer Weg führte ihn nach Gießen in Justus Liebigs Laboratorium. Neben der kurzen Darstellung der von Schmidt dort betriebenen analytischen Arbeiten wird für diesen Abschnitt der wissenschaftlichen Prägung Schmidts zunächst geklärt, welchen Einfluss das zeitlebens ambivalente Verhältnis Liebigs zum Konzept der Lebenskraft auf Schmidt ausübte. Zudem zeigen wir auf, wie die beginnenden Auseinandersetzungen um Liebigs 1842 erstmals erschienene „Thier-Chemie" und sein abrupt erfolgter methodologischer Rekurs auf John Stuart Mills „Logik" den damals erst gut 20-jährigen Studenten Carl Schmidt zu dem Entschluss führten, Liebigs stoffwechselphysiologischem Konzept fortan durch eigene experimentelle Untersuchungen zum vollständigen Durchbruch zu verhelfen. In Göttingen traf Schmidt in Friedrich Wöhler auf einen Chemiker-Typus, der – gänzlich anders als Liebig – ausschließlich dem exakt durchgeführten Experiment und dessen vorurteilsfreier Interpretation verpflichtet war und der glaubte, für das „romantische"

38 Der Verfasser dankt hierfür Frau Mare Rand (Tartu University Library) und Frau Inta Smitina (Academic Library of the University of Latvia, Riga).

39 Vgl.: Google Books. Verfügbar unter: https://de.wikipedia.org/wiki/Google_Books. Letzter Zugang: 30. Oktober 2017.

40 Vgl.: Internet Archive. Verfügbar unter: https://de.wikipedia.org/wiki/Internet_Archive. Letzter Zugang: 30. Oktober 2017.

41 Vgl.: Kapitel 2 dieser Untersuchung.

Denken in Systemen oder gar die von Liebig betriebenen Abstecher auf das Feld der Wissenschaftsmethodologie keinerlei Gaben zu besitzen. Schmidt arbeitete in Göttingen zudem unter dem Physiologen Rudolph Wagner, der damals wohl auf dem Gipfel seines wissenschaftlichen Schaffens stand und noch nichts ahnte von den „Schockwellen“ des rund ein Jahrzehnt später entbrennenden Materialismusstreits, der ihn als einen der Hauptakteure bleibend beschädigen sollte. Seinen Studien in Göttingen verdankte Schmidt auch die Bekanntschaft mit Hermann Lotze und dessen sowohl antivitalistischem Wissenschaftsverständnis wie auch explizit mechanistischen Vorstellungen von der Physiologie des Menschen.

Der Gang der Untersuchung folgt Schmidt dann 1846 zurück in seine baltische Heimat, wo er schon nach kurzer Zeit an der Universität Dorpat seine akademische Karriere beginnen sollte.[42] Das dort bestehende und nachfolgend beschriebene geistige Klima erlaubte ihm im Verbund mit dem Physiologen Friedrich Bidder Jahre sehr erfolgreichen wissenschaftlichen Arbeitens. Unsere Studie belegt, dass Carl Schmidt zu Beginn seiner Tätigkeit an der Dorpater Universität das Fach „Klinische Chemie“ faktisch etablierte und zu einem Stand führte, der in der vergleichenden Zusammenschau dem an deutschsprachigen Universitäten zu dieser Zeit Erreichten nicht nachstand. Höhe- und zugleich Endpunkt dieser physiologisch-chemischen Phase im wissenschaftlichen Leben Carl Schmidts war das gemeinsam mit Bidder verfasste und 1852 erschienene Werk „Die Verdauungssaefte und der Stoffwechsel“, das in nicht wenigen seiner Teile noch immer prinzipielle Gültigkeit besitzt. Dabei entstand bis heute nachwirkend Neues aus der Zusammenarbeit eines jungen Chemikers mit einem älteren Physiologen, der zeitlebens im vitalistischen Denken verwurzelt blieb, was exemplarisch erneut darauf hinweist, dass sich Vitalismus und romantische Naturphilosophie einerseits sowie objektiver Erkenntnisgewinn in den exakten Wissenschaften andererseits keineswegs kategorisch ausschlossen, sondern – im Gegenteil – in Einzelfällen zu durchaus fruchtbaren Allianzen führen konnten. Die in „Die Verdauungssaefte und der Stoffwechsel“ entwickelte Theorie der Luxuskonsumption war ein Faktor, der wesentlich zur Etablierung der so genannten „Münchener Stoffwechselschule“ beitrug und der schließlich zum Zusammenbruch von Liebigs spekulativem Postulat der „Muskelarbeit-Harnstoff-Äquivalenz“ führte. Die Erörterung möglicher Gründe für Schmidts ab 1852 abrupt erfolgte Abwendung von der physiologischen Chemie beschließt die Darstellung der ersten, überaus erfolgreichen Phase seines wissenschaftlichen Wirkens.

42 Vgl.: Kapitel 3 dieser Untersuchung.

Kapitel 4 beginnt mit Schmidts Bestellung zum ordentlichen Professur für Chemie und zum Direktor des chemischen Instituts an der Dorpater Universität und bricht insofern mit der bis dahin strikt verfolgten (biographischen) Chronologie, als ihm zur notwendigen Kontextualisierung von Person und Werk zwei Passagen vorangestellt sind, die sich mit dem intellektuellen Klima an der baltischen Hochschule in der zweiten Hälfte des 19. Jahrhunderts und der Historie der Dorpater Universitätschemie bis zum Jahr 1852 beschäftigten. Als gleichsam „roter Faden" durchzieht den Text danach bis zum Kapitel 4.5.2.3 der nie enden wollende Kampf um ausreichende finanzielle Mittel insbesondere zum Betrieb des Hochschullaboratoriums, der Schmidt ebenso wie seine Vorgänger unablässig beanspruchte. Dieser setzte sich auch fort, nachdem 1857 ein Neubau für das chemische Institut bezogen worden war, und führte – wie bereits erwähnt – zu zwei Versuchen Schmidts, fortan als „consulting chemist" auf Honorarbasis tätig zu werden. Kapitel 4.6.2, das Schmidts Arbeiten auf den Gebieten der Agrikultur-, Geo- und Hydrochemie als gleichsam „lebenslange Aufgaben" benennt, kann für sich zweierlei in Anspruch nehmen: Es widmet sich möglicherweise als erstes umfassend diesen bislang fast unbeachtet gebliebenen Analysen Schmidts und entwickelt sich zudem hauptsächlich entlang des unveröffentlichten Briefwechsels Schmidts mit dem berühmten Mineralogen Hermann Abich, der bis heute als einer der Pioniere der Erforschung des Kaukasus' gilt. Die Leistungen Schmidts zur Begründung einer Umwelt-Chemie und -Hygiene finden in unserer Darstellung besondere Beachtung und wurden so noch nie präsentiert. Aus den mühsam erschlossenen Vorlesungsverzeichnissen der Universität Dorpat ergaben sich Schwerpunkte von Schmidts Lehrtätigkeit, und die Tartuer Universitätsakten enthielten detaillierte Angaben darüber, wie die praktische Laboratoriumsarbeit der Studierenden didaktisch gestaltet war. Das Ende des vierten Kapitels thematisiert Schmidts Vorlesungen zur Chemiegeschichte und versucht, deren Einfluss auf seinen berühmtesten Schüler Wilhelm Ostwald aufzuzeigen.

Die den Hauptteil beschließende „Einordnung und Würdigung"[43] Schmidts und der Dorpater Chemie leitet über zu den Anlagen. Sie umfassen neben bislang unbekannten genealogischen Angaben zu Schmidts Familie und zwei Autographen, die einerseits das Leben in seinem Elternhaus anschaulich beschreiben und andererseits Auskunft über die Hochzeitsvorbereitungen und den Polterabend geben, Photos, tabellarische Zusammenstellungen und statistische Angaben, die die Ausführungen im Haupttext unterstützen und so die Schilderung von Carl Schmidts globalem akademischen Wirken erheblich untermauern.

43 Vgl.: Kapitel 5 dieser Untersuchung.

## 1.4 Möglichkeiten und Grenzen der Untersuchung

Die vorliegende Studie bildet unseres Wissens die erste Gesamtdarstellung zu Carl Schmidt überhaupt. Sie versucht, die Ausbildung seines Wissenschaftsverständnis', seinen akademischen Werdegang und sein wissenschaftliches Wirken sowohl in den persönlichen sozialen wie den herrschenden inneruniversitären Dorpater Kontext einzuordnen und bleibt dabei immer archivaliengebunden, d. h. strikt an bislang unveröffentlichten Primärquellen orientiert. Im Verbund von Haupttext, Personenlexikon und 31 Anlagen entsteht so ein bislang einzigartig tiefenscharfes und facettenreiches Bild, das zudem gleichsam ein Kaleidoskop der zeitgenössischen Chemie darstellt. Unsere Untersuchung ist offen für weitere archivalische Funde[44] jedweder Art und eignet sich zweifellos als Ausgangspunkt für spätere Detailuntersuchungen, beispielsweise zu ausgewählten Aspekten der physiologisch-chemischen Arbeiten Schmidts oder insbesondere zu seinen agrikultur-, geo- und hydrochemischen Analysen, wobei die letztgenannten drei Felder von Fachhistorikern bearbeitet werden sollten, die zwangsläufig über weit spezifischere Kenntnisse verfügen, als wir sie für uns reklamieren können. Zu überlegen bliebe darüber hinaus auch, ob der von uns bearbeiteten Thematik gar wissenschaftstheoretisches Potential inne wohnt. Am ehesten könnte dies für die in Kapitel 3.4.3.3.6 behandelten Vorgänge im Zusammenhang mit der Luxuskonsumption und der Entstehung der so genannten „Münchener Stoffwechselschule" zutreffen. Als mögliche methodische Zugangsweisen würden sich die konstruktive Wissenschaftstheorie[45] mit ihrer Unterscheidung einer Gründe- von einer vornehmlich historisch rekonstruierten Wirkungsgeschichte und vielleicht mehr noch der kritische Rationalismus[46] eignen. Mit Blick auf letzteren läge die Methode der Wahl wohl primär nicht in Poppers ganz überwiegend ahistorisch arbeitendem Falsifikationismus.[47] Sie wäre eher in dessen Weiterentwicklung durch Lakatos zu sehen,[48] der in seinem methodischen Ansatz der

---

44 Dass zunächst ein Schmidtscher Nachlass existierte, belegt die Einleitung zu Schmidt (1897 b), S. 3, wo es heißt: „Es ist zunächst blos das erste Stück des Tagebuches dem Druck übergeben" worden. Dieses Erbe Carl Schmidts sei jedoch nach Aussagen seiner von uns befragten Nachkommen mit sehr hoher Wahrscheinlichkeit in den Wirren des ausgehenden zweiten Weltkrieges verloren gegangen.

45 Vgl.: Gethmann (2004), S. 746–758; Mittelstraß (2004 b), S. 729.

46 Vgl.: Pulte (2004 a), Sp. 945–946.

47 Vgl.: Popper (1994), S. 47–59, S. 77–98, S. 198–226.

48 In einer Hausarbeit setzten wir uns im Jahr 2005 mit der These Akeroyds (1996), S. 67–76; (1999), S. 1–5 auseinander, der zufolge Liebigs Postulat von der „Muskelarbeit-Harnstoff-Äquivalenz" durch bloße Falsifikation im Popperschen Sinne widerlegt

wissenschaftlichen Forschungsprogramme die Wissenschaftsgeschichte als entscheidenden Prüfstein für jede wissenschaftstheoretische, rationale Rekonstruktion betrachtete und so wesentlich zu einer Entwicklung beitrug, die zu der noch heute zu konstatierenden „Historisierung" der Wissenschaftstheorie führte.[49]

worden sei. Unsere damalige Detailanalyse (vgl.: Kapitel 3.4.3.3.6 dieser Untersuchung) zeigte, dass sich der entsprechende Prozess weit komplizierter gestaltete, als von Akeroyd beschrieben, und sich keineswegs auf eine einzige experimentelle Problemsituation zurückführen ließ. In Wahrheit stellte er sich vielmehr als ein rund zwei Jahrzehnte währender schleichender erosiver Vorgang dar, dessen treibende Kraft in der spekulativen Natur von Liebigs „Thier-Chemie" (Liebig [1842]) selbst lag. Die sukzessive Ablösung des Liebigschen Postulats von der „Muskelarbeit-Harnstoff-Äquivalenz" ließe sich daher wahrscheinlich besser als mit Popper durch die Methodologie historiographischer Forschungsprogramme erklären, wie sie Lakatos (1974), S. 301–306 propagierte, denn (S. 303): „In der Tat, diese Methodologie sagt zuversichtlich voraus, dass der Historiker an jenen Stellen, an denen der Falsifikationist die sofortige Niederlage einer Theorie nach einem einfachen Kampf mit einer Tatsache sieht, einen komplizierten Zermürbungskrieg entdecken wird, der lange vor dem angeblich ‚entscheidenden Experiment' beginnt und lange nach ihm endet."

49 Vgl.: Pulte (2004 b), Sp. 978.

# 2 Ausbildung und frühe intellektuelle Entwicklung Carl Schmidts

## 2.1 Elternhaus und Schulzeit

Ernst Carl Heinrich Schmidt wurde am 1./13. Juni 1822[1] im damals kurländischen Mitau geboren.[2] Sein Vater, der Apotheker Christoph Heinrich Schmidt (Anlage 1), war zunächst nach seinem Provisor-Examen[3] von 1817 bis 1837 Verwalter und ab 1837 Eigentümer der „Kummerauschen Hofapotheke" in Mitau,[4] von der „fast alle übrigen Apotheken Kurlands nur Dependenzen"[5] darstellten. Wohl um den Status der „Hofapotheke" zu wahren, führte Schmidt das „Institut" zeitlebens unter dem Namen Karl Ludwig Kummeraus, der als letzter diesen herzoglichen Titel trug.[6] Friedrich Julius Döring, ein mit Christoph Heinrich Schmidt eng befreundeter Maler und Lehrer, beschrieb die „Hofapotheke" und

---

1 Der 13. Juni bezeichnet die Zeitrechnung alten Stils nach dem Julianischen Kalender, der in Russland bis Februar 1918 allgemein galt. Die Daten des Gregorianischen Kalenders liegen 12 Tage früher.

2 Die Stadt Mitau, das heutige Jelgava in Lettland, war ursprünglich die Hauptstadt des Herzogtums Kurland. Im Laufe der Jahrhunderte änderten sich die Besitzverhältnisse allerdings häufig. Ab 1795 gehörte Kurland zu Russland, so dass Mitau bis in die zweite Hälfte des 19. Jahrhunderts die als zweitgrößte Stadt der russischen Ostseeprovinzen galt. Vgl.: Woischwill (1913), S. 5–13; Müller-Jabusch (1917), passim Mettig (1990), S. 311–324; Schlau (1995), S. 12–20; Eisenschmid und Bockamp (2000), S. 227–231.

3 Der Berufsweg eines Apothekers in Kurland begann bis etwa 1860 mit einer Lehre, die in der Regel sechs Jahre dauerte. Es folgten – nach entsprechenden Prüfungen – die dreijährige Gesellen- bzw. Gehilfenzeit und schließlich die Tätigkeit als Provisor, der eine Apotheke leiten durfte. Für die Gesellen- bzw. Gehilfenprüfung waren zunächst die Medizinalbehörden, für die Provisor- oder Apothekerexamina bereits ab 1820 die St. Petersburger Akademie bzw. die Universität Dorpat zuständig. Später zeichneten diese Institutionen dann auch für die Gesellen- bzw. Gehilfenprüfung verantwortlich. Vgl.: Otto (1915), S. 89–97. Der Verfasser dankt Herrn Prof. Dr. Arnis Viksna (Riga) für den Hinweis auf diese Veröffentlichung.

4 Carl Ludwig Kummerau hatte die „Hofapotheke" 1787 erworben und wurde noch im gleichen Jahr von Herzog Peter von Biron als „Hofapotheker" bestätigt. Nach Kummeraus Tod übernahm seine Witwe diese „Institution", die fortan von ihrem Bruder, dem kurländischen Medizinalrat Heinrich Bidder, mit Hilfe verschiedener Provisoren, wie z. B. Christoph Heinrich Schmidt, geleitet wurde. Vgl.: Otto (1915), S. 167.

5 Bidder (1959), S. 33.

6 Vgl.: Otto (1915), S. 192, S. 208.

das zugehörige Grundstück in seiner als Handschrift erhaltenen Autobiographie (Anlage 2)[7] nach Eindrücken aus den 1850er Jahren folgendermaßen: Es handelte sich um

> „ein von Feldsteinen massiv aufgeführtes niedriges Haus, das durch seine winklige Einrichtung […] sein Alter genugsam zu erkennen gibt. […] Der sehr große Hof enthält noch allerlei Baulichkeiten an Schuppen, Kleeten, Abschauern und dergl. An denselben grenzt gegen Osten der hübsche große Garten an; die Eingangstür liegt grade der Hintertür des Vorderhauses gegenüber; durch Ankauf mehrerer Nachbargärten hat Herr Schmidt den seinigen so sehr vergrößert; es befindet sich sogar eine Art Park mit hübschen Bäumen auf der Südseite des Gartens.“[8]

Christoph Heinrich Schmidt wohnte mit Sicherheit schon zu seiner Zeit als Verwalter in der „Kummerauschen Hofapotheke“,[9] die folglich auch seiner Familie zum Heim wurde (Anlage 3). Aus Schmidts erster Ehe mit der Pastorentocher Caroline Dorothea Adelheid (Ida) Bursy stammten neben dem bereits erwähnten Erstgeborenen, Carl, noch zwei weitere Söhne und sechs Töchter. Nach dem frühen Tod von Carls Mutter heiratete Christoph Heinrich Schmidt eine ihrer Schwestern, Charlotte Wilhelmina (Mina) Amalie Bursy. Aus dieser Verbindung gingen zwei Stiefbrüder und vier Stiefschwestern Carl Schmidts hervor.[10] Friedrich Julius Döring charakterisierte in seinen Erinnerungen die ihm durch jahrelangen freundschaftlichen Umgang persönlich gut bekannten Mitglieder der „Schmidtschen Großfamilie“ in Mitau Ende der 1850er Jahre einprägsam. Der Hausherr war

> „durch seine Rechtlichkeit allgemein geachtet; er hat ein ruhiges, gesetztes sehr verständiges Wesen, ist sehr gutmütig und macht durch sein Äußeres, er ist klein und dick,

7 LVVA 5759/2/1107. – Sämtliche Passagen der umfangreichen handschriftlichen Autobiographie Dörings, die sich ausdrücklich auf die Familie Christoph Heinrich Schmidts in Mitau beziehen, sind in Anlage 2 dieser Untersuchung wiedergegeben. Die sich dadurch ergebende teilweise „Doppelung“ des Textes wurde bewusst in Kauf genommen. Kommentierungen verbleiben allerdings ausschließlich in der Anlage, sofern es sich nicht um für das Verständnis unverzichtbare Zuordnungen von Namen handelt.

8 LVVA 5759/2/1107, S. 206 (Rückseite) – 207. Die Seitenangaben folgen der offiziellen Paginierung des Lettischen Historischen Staatsarchivs, die von Dörings eigenhändiger abweicht. Bei Zitaten aus zeitgenössischen Akten, Archivalien oder publizierten Beiträgen wurde durchweg die Original-Schreibweise beibehalten und somit auf eine Angleichung an die heutige Orthographie verzichtet.

9 Die Witwe des ehemaligen Hofapothekers Carl Ludwig Kummerau nutzte das Anwesen nicht, denn sie lebte in einer großen, sehr geräumigen und elegant ausgestatteten Wohnung am Mitauer Markt. Vgl.: Bidder (1959), S. 33.

10 Vgl.: Anlage 1 dieser Untersuchung.

einen sehr gemütlichen Eindruck. Er nimmt an allen geistigen Bestrebungen, trotz seines hohen Alters, einen lebhaften Anteil und erhält durch große Umsicht und Tätigkeit sein Geschäft in gutem Schwung, weshalb er auch bei seinen Mitbürgern für reich gilt, was ich nun nicht grad' glaube, da ihn sein Hausstand, seiner vielen Kinder wegen und der großen Gastfreundschaft, die daselbst geübt wird, sehr viel kosten muss. [...] Die erste Frau des Herrn Schmidt [ist] schon zeitig gestorben, [...] die jetzige Frau [ist] eine Schwester der ersten, zu deren Schilderung ich nun gelange.[11] Eine feine etwas lange Nase, blaue lebhafte Augen, die ihrem lebhaften etwas zum Exzentrischen geneigten Wesen vollkommen entsprechen, stehen ihrem länglichen Gesichte recht wohl und harmonieren mit ihrer kleinen feinen Gestalt. Sie spricht gern, ist eine sehr tätige Hausfrau, doch dem geistigen Leben gar nicht abhold. Im Gegenteil besitzt sie ein großes Talent für die Poesie und sie macht ganz hübsche Gedichte mit der größten Geläufigkeit. Diese Gabe scheint in der Bursyschen Familie heimisch zu sein, denn [ihr] Bruder Karl[12] und [ihre] Schwester Langerhausen[13] teilen diese Leichtigkeit im Dichten. Auch auf drei der Schmidtschen Kinder scheint sie übergegangen zu sein, nämlich auf Rudolf,[14] Karl[15] und Thekla.[16] Noch eine der hervorragendsten Eigenschaften der Frau Minna ist ihre große Gutmütigkeit und das Wohlwollen, das sie für alle Menschen, besonders aber für alle Hilfsbedürftigen und vorzugsweise für alle kleinen Kinder hegt und das oft genug Stoff zu Neckereien abgegeben hat. Gleich ihrem Mann liebt sie [es] nicht, aus dem Hause zu gehen und manchmal schon mögen beide dadurch Ver[an]lassung zur Unzufriedenheit ihrer Bekannten gegeben haben. Um kurz zu sein, wer Madame Schmidt näher kennt, muss ihr gut sein. [...] Rudolf hat Pharmazie studiert, zeigte aber viel mehr Lust zur Schauspielkunst, wozu er auch Talent, vorzugsweise fürs komische Fach besitzt. Auf seine Veranlassung wird oder wurde wenigstens in der Schmidtschen Familie öfter Theater gespielt. Er ist eine gute Seele, aber gar nicht hübsch, rothaarig und neigt etwas zur Schwermut. [...] Auch Schwester Amalia[17] ist nicht hübsch, aber sehr tätig und wirtlich. [...] Von Thekla, die ohne grade hübsch zu sein, doch ein recht interessantes (brünettes) Gesicht hat, kann ich noch außerdem melden, dass dieselbe eine geistreiche und sehr talentvolle Person ist; letzteres besonders in Bezug auf Poesie, Musik und Malerei. Ich rechne sie mit zu meinen begabtesten Schülerinnen. Sie hatte die Trinitatis-Töchterschule [...] besucht;

---

11 Dass man in der Beschreibung Charlotte Wilhelmina (Mina) Amalie Bursys zumindest ein Stück weit auch deren Schwester und somit die Mutter Carl Schmidts erkennen konnte, belegt Dörings Feststellung (LVVA 5759/2/1107, S. 207 [Rückseite]), Carl gleiche „in seinem Äußeren und seiner lebendigen Weise vielmehr seiner Stiefmutter als seinem Vater. Beweis genug, dass die Schwestern einander sehr ähnlich gewesen sein müssen."

12 Karl Gottlieb Heinrich Friedrich Bursy.

13 Ernestine Langerhausen (oder Langerhansen), geb. Bursy.

14 Heinrich Rudolph Schmidt. Vgl.: Anlage 1, Nr.10 dieser Untersuchung.

15 Ernst Carl Heinrich Schmidt. Vgl.: Anlage 1, Nr. 6 dieser Untersuchung.

16 Thekla Adelheide Johanna Schmidt. Vgl.: Anlage 1, Nr. 14 dieser Untersuchung.

17 Amalie Ernestine Schmidt. Vgl.: Anlage 1, Nr. 12 dieser Untersuchung.

> ein Jahr lang war sie stille Braut mit Karl Lichtenstein[18] (selbst wir hatten keine Ahnung davon), bis die Brautschaft den 24. Juni 1855 deklariert wurde, worauf abermals nach einem Jahre die Hochzeit stattfand und sie mit ihrem Mann nach Hasenpoth zog. [...] Als hübscheste der Geschwister und als ganz besonderer Liebling der Mutter habe ich nun die kleine Marie[19] zu erwähnen, die ihrer Mutter am meisten gleicht, auch in der Lebhaftigkeit derselben. Auch sie ist mehrere Jahre meine Schülerin gewesen, doch besitzt sie nicht das Talent der Schwester [Thekla]. [Für] Einzig muss ich aber ihre Begabung für mimische Darstellung halten, die sie unendliche Male in der Vorstellung lebender Bilder aufs glänzendste bewiesen hat, wobei ihr natürlich ihr hübsches Gesicht zustatten kam. [...] Die jüngste Tochter Minna (oder Ulrike Wilhelmine)[20] damals noch ganz in der Kindheit stehend, gleicht sehr dem Vater, ist rosig und blond, zart und schüchtern aber ziemlich hoch aufgewachsen, wenigstens größer als Marie und [ihre] Mutter. Sie singt etwas und hat sich sehr jung verheiratet."[21]

Das Haus des Apothekers Schmidt in Mitau war schon in den Kinderjahren Carls einer der Mittelpunkte des dortigen gesellschaftlichen Lebens. Dies bestätigte beispielsweise Friedrich Bidder, Carl Schmidts späterer Kollege, Förderer und Forschungspartner[22] an der Universität Dorpat. Bidder hatte als Schüler des Mitauer Gymnasiums[23] 1823 das Haus in der Poststraße 79[24] bezogen und nahm so für rund fünf Jahre nahezu täglich am sehr regen und vielfältigen gesellschaftlichen wie geselligen Leben in der Familie Christoph Heinrich Schmidts teil.[25] Auch während der nächsten Jahrzehnte behielt wohl das Schmidtsche Haus seine exponierte Stellung in der Mitauer „Society", wie zahllose Schilderungen in Dörings und von Huecks Erinnerungen belegen, für die exemplarisch folgende kurze Passagen stehen sollen. Das Ehepaar Döring war

> „auf den 17. September zu einer Abendgesellschaft eingeladen [...] Es wurde gerade, wie man in Kurland sagt, ein Brautpaar aufgenommen, nämlich der Apotheker Göbel,[26] ein Verwandter des Hauses mit seiner Braut Fanny Beyer, Tochter eines Arztes in Talsen. Man

---

18 Karl Gottlieb Ludwig Lichtenstein. Vgl.: Anlage 1, Nr. 15 dieser Untersuchung.

19 Maria Dorothea Schmidt. Vgl.: Anlage 1, Nr. 18 dieser Untersuchung.

20 Wilhelmina Ulrica Schmidt. Vgl.: Anlage 1, Nr. 21 dieser Untersuchung.

21 LVVA 5759/2/1107, S. 206 (Rückseite) – 208 (Rückseite).

22 Vgl. zur Zusammenarbeit Bidders mit Carl Schmidt: Kapitel 3.4.3.3–3.4.3.3.4 dieser Untersuchung.

23 Vgl. zur Geschichte und Entwicklung des Mitauer Gymnasiums, für dessen Besuch ein „Schulgeld" entrichtet werden musste, das weit höher war als an allen anderen vergleichbaren Lehranstalten des damaligen Baltikums: Dannenberg (1875), S. III–XLIV; Bidder (1959), S. 37; Schlau (ca. 1959), S. 1–23.

24 LVVA 5759/2/1107, S. 48 (Rückseite).

25 Vgl.: Bidder (1959), S. 33, S. 36.

26 Carl Hermann Göbel.

führte allerlei auf, unter anderem eine Charade (Familienkreis) in der bekannten mimisch plastischen Weise und einen sogenannten Grazientanz, letzteren von den beiden jüngsten Töchtern und deren Cousine Minna Bursy."[27]

Zu Weihnachten desselben Jahres (1850) erwartete man die beiden Söhne Carl und Rudolph aus Dorpat zu Besuch in Mitau, und Döring stellte am 27. Dezember im Schmidschen Hause einige lebende Bilder. Nach einem kleinen Einführungsstück wurden fünf Bilder durch verschiedene Darsteller und Darstellerinnen in Szene gesetzt. Der lange Abend endete erst um ein Uhr nachts und Döring glaubte, dass sich Zuschauer und Aufführende köstlich amüsiert hätten.[28] Ferdinand v. Hueck schrieb über das im Hause seiner Mitauer Verwandten Anfang der 1850er Jahre herrschende gesellige Leben:

> „Die Schwestern meines Schwagers[29] waren sehr heitere gebildete Mädchen, [sie] spielten und sangen gut. Fast jeden Abend wurde musiziert oder [es wurden] Quartette gesungen. [...] War der Papa Schmidt besonders aufgelegt, so wurde zum Abend Theater angesagt. [...] Kleine Lust- und Singspiele wurden sehr gut gegeben."[30]

In diesem zuvor geschilderten familiären und (gehoben) bürgerlichen Umfeld wuchs Carl Schmidt auf und erhielt vermutlich in seinem Elternhaus durch einen Privatlehrer bis zum 10. Lebensjahr den ersten Unterricht.[31] Zudem wurde er bereits in seiner Kindheit vom Vater selbst mit den Grundlagen der Chemie und Pharmazie vertraut gemacht.[32] Ab 1832 genoss Carl Schmidt dann regulären Schul-Unterricht am „Gymnasium illustre" seiner Vaterstadt.[33] Der Lehrbetrieb an dieser 1775 gegründeten deutschen Lehranstalt erfolgte ab 1821 in fünf Klassen und umfasste ausweislich des amtlichen Curriculums mindestens zwölf Fächer. Der pädagogische Schwerpunkt lag mit durchschnittlich rund 20 Wochenstunden eindeutig auf dem Gebiet der Philologie, und folglich beschäftigte sich Schmidt nicht nur ausgiebig mit deutscher Grammatik, Syntax und der in

27 LVVA 5759/2/1107, S. 206. – Wilhelmine von Bursy.

28 Vgl.: Anlage 2 dieser Untersuchung.

29 Ernst Carl Heinrich Schmidt.

30 Familienarchiv Helga von Grabe: Erinnerungen und Bilder, ernste und heitere, aus dem Leben meines inniggeliebten Vaters – Dr. Ferdinand von Hueck. Neben den ausgewählten Beispielen berichteten Döring und von Hueck noch von zahlreichen weiteren „künstlerischen" Darbietungen für die Gäste im Hause Christoph Heinrich Schmidts.

31 EAA 402/2/22006; UAG Med. Fak. Prom. Nr. 13 vom 12. März 1845.

32 EAA 402/2/22006; UAG Med. Fak. Prom. Nr. 13 vom 12. März 1845. Vgl.: Zaleski (1894), S. 963.

33 EAA 402/2/22006; UAG Med. Fak. Prom. Nr. 13 vom 12. März 1845.

seiner Muttersprache erschienen klassischen Literatur, sondern lernte darüber hinaus auch Griechisch, Latein, Französisch, Englisch und Russisch.[34] Unter seinen Lehrern dürfte ihn vermutlich zunächst Johann Daniel Braunschweig beeinflusst haben, der sich als Oberlehrer der allgemeinen Philologie und bekennender baltischer Patriot ganz entgegen dem herrschenden Unterrichtsstil seiner Zeit beständig auf Diskussionen mit seinen Schülern einließ, um so deren selbstständiges und kritisches Denken möglichst früh zu fördern. Erwähnung verdient in diesen Zusammenhang auch Ernst Christian Trauvetter. Er verstand es, seine Eleven derart für die Sprache des alten Roms zu begeistern, dass sie lange als die besten „Lateiner" aller baltischen Gymnasien galten[35] und hatte deshalb sicherlich wesentlichen Anteil daran, dass Carl Schmidt später vor allem „sehr gute Kenntnisse der Latinität" bescheinigt wurden.[36] Darüber hinaus legte man am Mitauer „Gymnasium illustre" auch besonderen Wert auf die Mathematik,[37] während den Naturwissenschaften offenbar nur eine eher untergeordnete Bedeutung zukam. Der seit 1821 gültige Lehrplan wies für die fünf Gymnasial-Klassen insgesamt nur sechs Wochenstunden im Fach „Naturgeschichte und Physik" aus[38] und blieb damit deutlich hinter einem Statut aus dem Jahre 1806 zurück, das innerhalb von lediglich drei Jahren zusammen noch elf Wochenstunden vorsah und die Schüler neben allgemeiner Naturgeschichte und Physik auch mit der Chemie, Technologie und den Elementen der Handlungswissenschaften einschließlich der Warenkunde vertraut machen wollte.[39] Separater Unterricht in Philosophie wurde zur Zeit Carl Schmidts am Mitauer „Gymnasium illustre" nicht mehr erteilt, da die zunächst für dieses Fach bestehende selbstständige Professur im Zuge der Umwandlung des vormaligen „Gymnasium academicum" in eine reine Gouvernements-Schule bereits im Oktober 1806 erloschen war.[40] Daher blieb für philosophische Fragestellungen wie „Logik" oder „Ästhetik",

34 Vgl.: Dannenberg (1875), S. 270: Schulstatut für den Lehrbezirk der Kaiserlichen Universität Dorpat (Dorpat, 1820) sowie zur „Vielsprachigkeit" Schmidts, die sich durchgängig auch in seinen nachgelassenen Autographen erkennen lässt: Roß und Hansel (2000), passim, Roß (2002 b), passim.

35 Vgl.: Bidder (1959), S. 38.

36 EAA 402/2/22006 vom 27. April 1838.

37 Vgl.: Dannenberg (1875), S. 271–272. Das bereits erwähnte Curriculum von 1820 sah innerhalb von fünf Jahren insgesamt 19 Wochen-Stunden Mathematik-Unterricht vor, der unter anderem Arithmetik, Geometrie, Trigonometrie und Algebra einschloss.

38 Vgl.: Dannenberg (1875), S. 271–272.

39 Vgl.: Dannenberg (1875), S. 264.

40 Vgl.: Dannenberg (1875), S. III–IV, S. 58, S. 269–276.

mit denen sich Schmidt nachweislich bereits als Schüler auseinander setzte,[41] vermutlich nur in den ausgiebigen philologischen „Kursen“ Raum, wobei wohl die Betonung auf den philosophischen Systemen der „älteren Zeit“ lag, die schon im Entwurf des ersten Curriculums der Anstalt aus dem Jahre 1773 besondere Beachtung fanden.[42] Dergestalt versehen mit einer für seine Zeit typischen und breiten humanistischen Bildung verließ Carl Schmidt nach fünf Jahren das Mitauer Gymnasium. Die unverändert fortgesetzten „Privatissima“ seines Vaters dürften etwaige aus dem spärlichen Schul-Unterricht in den Naturwissenschaften resultierende Defizite wohl kompensiert haben.[43]

## 2.2 Pharmazeutische Ausbildung

Schmidts Vater spielte auch bei der initialen Berufswahl seines Sohnes eine wichtige Rolle. Carl sollte zunächst eine Ausbildung zum Apotheken-Gehilfen absolvieren, und als „Lehrherr“ wurde Wilhelm Rose in Berlin auserkoren, den Vater Schmidt persönlich kannte, weil er früher gemeinsam mit ihm in der „Kummerauschen Apotheke“ in Mitau gearbeitet hatte.[44] Wilhelm Rose war Spross einer bekannten Apotheker-Familie[45] und der Bruder der an der Berliner Universität Chemie bzw. Mineralogie lehrenden Professoren Heinrich Rose und Gustav Rose. Die von ihm betriebene „Rosesche Apotheke“ lag in der Spandauer Straße nahe der Berliner Garnisonkirche.[46] Hier begann Carl Schmidt nach einer vor dem Königlichen Stadtphysikus abgelegten Eingangs-Prüfung im April 1838 seine Ausbildung,[47] die formal nach der preußischen „Revidierten Apothekenordnung“

41 UAG Med. Fak. Prom. Nr. 13 vom 12. März 1845.

42 Vgl.: Dannenberg (1875), S. 247–249: (Johann Georg Sulzers) Entwurf der Einrichtung des von Sr. Hochfürstl[ichen] Durchlaucht, dem Herzoge von Curland, in Mitau neugestifteten Gymnasii Academici (Dorpat, 1773). F. Von dem Professor der Philosophie.

43 Vgl.: Zaleski (1894), S. 963.

44 Vgl.: Bidder (1959), S. 73.

45 Vgl.: Friedrich (1995), S. 68–70.

46 Vgl.: Friedrich (1995), S. 68.

47 EAA 402/2/22006 vom 27. April 1838. Als Ergebnisse der Eingangsprüfung wurden Carl Schmidt sehr gute Kenntnisse der „Latinität“ und anderer Schuldisziplinen bescheinigt; außerdem schreibe er eine gut lesbare Handschrift. Diese muss sich jedoch im Zeitablauf drastisch verschlechtert haben, was durch unsere zahlreichen – sehr zeitaufwändigen und nicht selten frustranen – Versuche der Übertragung seiner persönlichen Mitteilungen, wissenschaftlichen (Reise-)Berichte, Briefe und dienstlichen Schriftstücke deutlich belegt wird. Vgl.: Roß (2002 b), S. 17–19.

von 1801 erfolgte und eine reguläre Lehrzeit von vier Jahren vorsah.[48] Schmidt entledigte sich des vorgeschriebenen Examens allerdings bereits nach knapp drei Jahren im Februar 1841.[49]

Es steht außer Frage, dass Schmidt während der Zeit bei Wilhelm Rose seine bereits vorhandenen Kenntnisse und praktischen Fertigkeiten auf den Gebieten der Pharmazie und Chemie erheblich vertiefen und erweitern konnte. Jenseits des rein Fachlichen gingen aber wohl von seinem „Lehrherrn" kaum fördernde oder gar prägende Impulse aus, denn Wilhelm Rose erscheint uns zumindest im Lichte der Lebenserinnerungen Theodor Fontanes als ein schwieriger und bestenfalls mittelmäßig begabter Charakter. Fontane war von Ostern 1836 bis Weihnachten 1839 ebenfalls in der „Roseschen Apotheke" als Lehrling tätig gewesen[50] und schrieb rückblickend über Wilhelm Rose: „Er war der Mann der ewigen sittlichen Entrüstung" und hatte außerdem noch einen zweiten großen Bourgeoiszug, nämlich

> „alles, was von ihm ausging oder ihm zugehörte, gründlich zu bewundern [...]; seine Apotheke war die berühmteste, sein Laboratorium war das schönste, seine Gehilfen und Lehrlinge waren die besten oder doch wenigstens durch sein Verdienst am besten untergebracht [...]. Jegliches, was seine Hand berührte, nahm schon dadurch einen Höhenstandpunkt ein, in Wahrheit aber war alles nur knappzu mittelmäßig."[51]

Carl Schmidt kehrte noch im Frühjahr 1841 in seine baltische Heimat zurück und richtete umgehend ein Gesuch an „Eine Hochverordnete Medicinische Facultät der Kaiserlichen Universität zu Dorpat", in dem er darum bat, ihn „zur Prüfung auf den Grad eines Gehülfen gefälligst zulassen zu wollen", um so seinen im Ausland erworbenen Abschluss in der Heimat zu bestätigen bzw. diesen auch hier zu erwerben.[52] In der am 9. April 1841 erfolgten Prüfung wurde Schmidt über zehn „Gegenstände" (theoretisch) befragt und hatte zudem vier (praktische) Aufgaben eigenhändig im Laboratorium zu bewältigen.[53]

---

48 Vgl.: Dann (1958), S. 21, S. 27; Friedrich (1995), S. 68–70.

49 EAA 402/2/22006 vom 7. April 1841. Über das Abschlusszeugnis und damit über die Fächer und die Noten des Gehilfen-Examens in Berlin schweigen die Akten; ebenso existiert keine schriftliche Erklärung für die verkürzte Lehrzeit von nur drei Jahren.

50 Vgl.: Friedrich (1995), S. 68–70.

51 Fontane (1997), S. 9–10.

52 EAA 402/2/22006 vom 7. April 1841.

53 Verglichen mit dem preußischen Staatsexamen für Apotheken-Gehilfen nach dem Medizinaledikt von 1725, das vor der Übernahme einer eigenen Apotheke in größeren Städten erforderlich war und das Schmidt in Berlin bereits abgelegt hatte, nahm sich somit das korrespondierende „Dorpater-Statut" ungleich umfangreicher und schwieriger aus. Vgl.: Dann (1958), S. 36.

Er unterzog sich dieser Herausforderung offenbar mit Bravour, denn das erhaltene Protokoll seines Apothekengehilfen-Examens weist sehr gute Leistungen in Botanik, Physik, Chemie, Pharmakognosie (pharmazeutischer Biologie), allgemeiner Pharmazie und der lateinischen Sprache aus. Nach der Ausstellung des entsprechenden Diploms war Carl Schmidt fortan berechtigt, den Grad eines Apotheken-Gehilfen auch in seiner kurländischen Heimat zu führen.[54]

## 2.3 Studium in Berlin

Die „Apotheken-Karriere" Carl Schmidts währte jedoch nicht lange. Bereits Ostern 1842 weilte er wieder in Berlin, wo er sich an der Friedrich-Wilhelms-Universität für Medizin immatrikulierte.[55]

Seine erhaltenen Tagebuchaufzeichnungen über die ersten beiden Berliner Monate belegen, dass er den Eintritt in das Studentenleben als eine Art Befreiung aus zuvor erlebter geistiger Enge empfand.[56] Er besuchte in seinen drei Berliner Semestern medizinische Vorlesungen unter anderem bei Johannes Müller[57] und Karl Reichert,[58] hörte bei Eilhard Mitscherlich „Allgemeine Chemie"[59] und gewann durch die Veranstaltungen Gustav Roses grundlegende Kenntnisse in der Mineralogie und Kristallographie.[60]

### 2.3.1 Schmidts experimentelle Arbeiten im Berliner chemischen Laboratorium von Heinrich Rose

Besonders hingezogen fühlte er sich jedoch zu Heinrich Rose, der zu dieser Zeit als einer der herausragenden analytischen Chemiker galt und seine Vorlesungen stets mit zahlreichen Experimenten begleitete und auf originäre

54 EAA 402/2/22006 vom 15. April 1841.

55 Vgl.: Zaleski (1894), S. 963; Bing (1973), S. 640.

56 Vgl.: Schmidt (1897 a); Roß (2002 b), S. 21–33.

57 UAG Med. Fak. Prom. Nr. 13 vom 12. März 1845. Vgl. zu den Vorlesungen von Johannes Müller: VLV Berlin (1842), S. 2; (1842/43), S. 2–3; (1843), S. 2–3 – „Vergleichende Anatomie", „Die gesamte Anatomie des Menschen" und „Spezielle Physiologie mit Experimenten an Thieren".

58 UAG Med. Fak. Prom. Nr. 13 vom 12. März 1845. Vgl. zu den Vorlesungen von Karl Reichert: VLV Berlin (1842), S. 2; (1842/43), S. 2–3; (1843), S. 3 – „Die Entwicklungsgeschichte der Wirbelthiere [...]" und „Anatomie des gesunden menschlichen Körpers".

59 UAG Med. Fak. Prom. Nr. 13 vom 12. März 1845. Während Schmidts Berliner Zeit bot Eilhard Mitscherlich lediglich eine Vorlesung über „Experimentalchemie" an. Vgl.: VLV Berlin (1842), S. 6; (1842/43), S. 7; (1843), S. 7.

60 UAG Med. Fak. Prom. Nr. 13 vom 12. März 1845. Vgl.: VLV Berlin (1842/43), S. 7.

Weise verwob.[61] Rose bot seinen Studenten auch die damals noch rare Möglichkeit, sich in seinem Privatlaboratorium, das er mit bescheidenen staatlichen Zuschüssen während der 1820er Jahre in der Cantianstraße 4 errichtet hatte, eigenständig experimentell zu betätigen.[62] Carl Schmidt nahm dieses ihm mehr als willkommene Angebot weidlich wahr[63] und dürfte dabei auch vom persönlichen fachlichen Austausch mit Rose profitiert haben,[64] der sich seinerzeit wissenschaftlich beispielsweise mit Quecksilberoxydulsalzen,[65] der Einwirkung des Wassers auf Schwefelverbindungen der Metalle alkalischer Erden,[66] der Zerlegung verschiedener Mineralien[67] und den unterphosphorichtsauren Salzen[68] beschäftigte.

### 2.3.2 Über das Experimentelle hinaus

Neben seinen medizinischen Studien, der Hinwendung zur Chemie und dem Erwerb seiner Grundlagen-Kenntnisse in den Wissenschaften der Mineralogie und Kristallographie blieb Schmidt in Berlin offenbar noch genügend Zeit, sich auch mit einer Reihe mehr allgemeinbildender Themen auseinander zu setzen. Genannt seien stellvertretend die von Carl Ritter vorgetragene „Vergleichende Erdkunde“ und die „Geographie Europas“,[69] Leopold von Rankes „Geschichte der

---

61 UAG Med. Fak. Prom. Nr. 13 vom 12. März 1845. Schmidt besuchte nach seinen eigenen Angaben in Berlin bei Heinrich Rose die Vorlesung „Organische Chemie“, die den offiziellen Titel „Organische Chemie mit besonderer Rücksicht auf Pharmacie“ trug. Vgl.: VLV Berlin (1842), S. 6; (1843), S. 7.

62 Vgl. zu diesem (Privat-)Laboratorium: Lockemann (1927), S. 151; Liebig (1965 d), S. 28–29; Schmitz (1969), S. 30; Kernbauer (2002), S. 61–62.

63 UAG Med. Fak. Prom. Nr. 13 vom 12. März 1845.

64 Vgl. in diesem Zusammenhang das Urteil Zaleskis (1894), S. 969, der glaubte, Carl Schmidt habe von Heinrich Rose „unmittelbar jene unnachahmliche Genauigkeit und Zuversicht bei der analytisch-chemischen Untersuchung“ erlangt, die später seine eigene experimentelle Praxis auszeichnen sollte.

65 Vgl.: Rose (1841), S. 106–110.

66 Vgl.: Rose (1842), S. 415–437.

67 Vgl.: Rose (1843 b), S. 154–169.

68 Vgl.: Rose (1843 a), S. 301–314.

69 UAG Med. Fak. Prom. Nr. 13 vom 12. März 1845. Vgl. zu den Vorlesungen Carl Ritters, den Schmidt im April 1842 in dessen Privatwohnung besucht hatte, um die üblichen Formalitäten der „Inskription“ zu erledigen: VLV Berlin (1842), S. 8; (1842/43), S. 8.

staatlichen Entwicklung Europas nach der Französischen Revolution",[70] Hendrik Steffens „Naturphilosophie" und dessen „Anthropologie"[71] sowie schließlich Karl Werders „Metaphysik und Logik".[72] Was die drei rein philosophischen Kollegien anbelangt, so lässt sich zwar deren konkreter Inhalt heute nicht mehr im Detail rekonstruieren, da unseres Wissens entsprechende publizierte Mitschriften fehlen, doch dürfen wir begründet annehmen, dass sowohl Steffens wie Werder in ihren Vorlesungen die jeweils von ihnen vertretenen spezifischen Positionen entwickelten. Bei Steffens, der selbst ausgebildeter Naturwissenschaftler war, standen diese bereits seit seinem 1801 erschienen Werk „Beyträge zur innern Naturgeschichte der Erde"[73] ganz im Banne der Gedanken Schellings.[74] Die Zielrichtung der Entwicklung aller Lebewesen war für Steffens ein Streben nach wachsender Individualität und Unabhängigkeit, das sich im Durchlaufen der Dreiheit von „Reproduktivität, Irritabilität und Sensibilität"[75] realisierte, wobei sich dieser Prozess nicht in allmählichen, fließenden Übergangen, sondern vielmehr als eine Art Stufenfolge mit jeweils entscheidenden qualitativen Unterschieden ergab.[76] Im Menschen, so Steffens, erreiche die Natur ihre höchste Stufe und Vollendung, indem ein Gleichgewicht der organischen Kräfte im Sinne einer lebenseinheitlichen inneren Harmonie herrsche.[77] Karl Werder war

70 UAG Med. Fak. Prom. Nr. 13 vom 12. März 1845. Vgl. zu den Vorlesungen von Leopold von Ranke, den Schmidt ebenfalls zu Beginn seines Studiums persönlich traf, um sich zu immatrikulieren: VLV Berlin (1842/43), S. 8.

71 UAG Med. Fak. Prom. Nr. 13 vom 12. März 1845. Vgl. zu den Vorlesungen von Hendrik Steffens: VLV Berlin (1842/43), S. 5.

72 UAG Med. Fak. Prom. Nr. 13 vom 12. März 1845. Vgl. zu den Vorlesungen von Karl Werder: VLV Berlin (1842), S. 5; (1842/43), S. 5; (1843), S. 5.

73 Steffens (1801).

74 Vgl.: Huesmann (1929), S. 27–28; Leibbrand (1937), S. 63; Paul (1973), S. 94–100.

75 Diese Trias ging auf (physiologische) Überlegungen zurück, die Carl Friedrich Kielmeyer in seiner Rede „Ueber die Verhältniße der organischen Kräfte unter einander in der Reihe der verschiedenen Organisationen, die Gesetze und Folgen dieser Verhältniße" 1793 angestellt hatte. Nach seinen Vorstellungen konnte er zeigen, dass in der aufsteigenden Reihe der Organismen „organische Kräfte" – Reproduktivität, Irritabilität und Sensibilität – in bestimmten Verhältnissen wirksam sind, die wir ebenso in der Individualentwicklung vom Embryo zum erwachsenen Organismus antreffen. Mit diesen Gedanken beeinflusste Kielmeyer die Organismusvorstellungen vieler romantischer Naturforscher und Naturphilosophen, z. B. auch die von Steffens, stark. Vgl.: Rothschuh (1968), S. 172–173; Kielmeyer (1993), S. 1–46; Kanz (2001), 5, S. 529.

76 Vgl.: Steffens (1801), passim; Huesmann (1929), S. 38–39; Paul (1973), S. 142–144.

77 Für die Entwicklung der Naturphilosophie Steffens' waren neben den ihn leitenden Gedanken Schellings und den bereits erwähnten Überlegungen noch bedeutsam:

Schüler Hegels und nach dem Tode des „Meisters“ bekennender Hegelianer. Er begeisterte seine Zuhörer durch eine gleichermaßen gekonnte wie eigentümliche Mischung aus Philosophie und Poesie, der er sich später ausschließlich zuwenden sollte.[78] Aus Schmidts bereits erwähnten Tagebuchaufzeichnungen wissen wir, dass die von ihm besuchte Vorlesung Werders zur „Metaphysik und Logik“ ganz im Geiste Hegels stand.[79] Vermutlich basierte sie wesentlich auf dem 1841 erschienenen, allerdings für die weitere Hegel-Rezeption wohl folgenlos gebliebenen Kommentar Werders zur Hegelschen Logik[80] und versuchte ausweislich des überlieferten Zeugnisses anderer Hörer, Hegels Gedankengänge vornehmlich durch den Rückgriff auf die Dichtungen Goethes und Schillers transparent zu machen.[81]

Ob nun durch die träumerisch-phantasierenden Vorlesungen Steffens[82] und den Vortrag Werders bedingt oder nur schlicht einer Art „Zeitgeist“ unter den Naturwissenschaftlern jener Tage folgend, wuchsen sich in Schmidts Berliner Semestern zwei zunächst von ihm wohl nur dumpf empfundene Auffassungen zur Gewissheit aus. Er würde fortan für sein wissenschaftliches Leben jegliche naturphilosophische Spekulation ebenso ablehnen wie eine ihm unfruchtbar erscheinende Philosophie Hegelscher Provenienz. In seinem Berliner Tagebuch notierte er in diesem Zusammenhang:

> „Philosoph oder Naturforscher, einer ist Herr des anderen – hoch über dem Naturforscher schwebt die Philosophie, ihn freundlich begleitend als ein hehres Ideal, als das geistige, selbst geschaffene Eden den Forscher nach mühevollem Tagewerk belohnend. Doch nur der vermag es zu betreten, nur der es zu schaffen, der dieser hohen Freundin mit wahrer Aufopferung und Begeisterung gedient hat. Also nicht der Federheld, der es wagt, die nie erkannte Freundin unverschämt zu bekritteln, der in der Fülle seiner Arroganz sich über den geistreichen Forscher zu erheben wagt und die Lorbeeren anderen Fleißes zu ernten gedenkt. So ist wahre Naturphilosophie eine erhabene Wissenschaft, so ist sie andererseits dem Geiste des Stümpers entsprungen,

---

Die gerade neu entwickelte Elektrizitätslehre, das Konzept der Oxydation, wie es Joseph Priestley und der Chemiker Antoine Laurent Lavoisier vertraten, sowie die Irritabilität bzw. Reizbarkeit im Sinne Albrecht von Hallers. Vgl.: Huesmann (1929), S. 28–29; Paul (1973), S. 55–56, S. 129.

78 Vgl.: Köster (1898), S. 479–485.

79 Vgl.: Schmidt (1897 a); Roß (2002 b), S. 29.

80 Vgl.: Werder (1841).

81 Vgl.: Carriere (1914), S. 38.

82 Vgl.: Carriere (1914), S. 39.

krassester Unsinn. Wann aber wird dieser erste Lehrsatz höherer Naturanschauung die allgemeine Anerkennung finden?“[83]

Und in Bezug auf Hegel und seine Philosophie hieß es an anderer Stelle:

„Ich hatte soeben die Hegelsche Logik zu studiren begonnen, zu studiren, sage ich, denn das Auffassen ist hier oft ein schwierig Ding und gelingt nach sechs-, zehn-, zwanzigmaligem Durchlesen nicht. Ein Sinn lässt sich den Worten des Propheten wohl unterlegen, auch wohl verstehen, was er eigentlich sagen will, doch diese einmalhunderttausend Unterscheidungen und in schwülstig mystischer Form gegebenen Definitionen erinnern gar zu sehr an Mephisto's […] ‚Im Ganzen – haltet Euch an Worte!‘ […] Auch mein Gefährte hatte sich den berühmten, gepriesenen und verschrieenen Reformator vorgenommen, doch sonderbarerweise mit ganz demselben Erfolge. Bis zum Sein und Werden war er glücklich durchgedrungen, doch hier, wo Hegel sagt: ‚Sein und Nichts ist eins, sie sind identisch‘ und weiter: ‚Werden ist der Uebergang vom Sein zum Nichts‘, da steht wohl jedem, selbst seiner wärmsten Anhänger, ein Weilchen der Verstand still, bis Jeder aus eigenem Ingenium und Belieben das Räthsel zu entwirren sucht.“[84]

Schmidts derartig schroffe und unversöhnliche Positionen verkannten aus heutiger Sicht zweifellos bestimmte Fortentwicklungen, die es auf dem ihn besonders interessierenden Gebiet der Chemie beispielsweise hinsichtlich der Struktur organischer Verbindungen auch während der Hochzeit der romantischen Naturphilosophie in Deutschland gegeben hatte[85] und missdeuteten andererseits Hegels Philosophie der Natur vornehmlich als einen abstrakten Katalog der Naturerkenntnis, der mit der zeitgenössischen empirischen Naturforschung in eine Art Konkurrenz um die jeweils beste Alternative treten wollte.[86] Schmidt allerdings blieb diesen beiden schon in Berlin gefassten gleichsam philosophischen Grundhaltungen zeit seines Lebens treu und bemängelte noch Jahrzehnte später in den Briefen an seinen Schüler Wilhelm Ostwald den Geist der von ihm so empfundenen philosophischen Spekulation in der Naturforschung, wo immer er glaubte, ihn aufgespürt zu haben.[87] Ebenso vehement, wie er gegen die romantische Naturphilosophie und das Hegelsche System zu Felde zog, war Schmidt rückhaltlos Liebig und dessen „neuer Physiologie“ ergeben. Er glaubte, dass Liebig durch die Veröffentlichung der „Agrikulturchemie“[88] und insbesondere der

83 Schmidt (1897 a). Vgl.: Schmidt (1897 a) (Roß [2002 b], S. 31–32).
84 Schmidt (1897 a). Vgl.: Schmidt (1897 a) (Roß [2002 b], S. 28–29).
85 Vgl.: Löw (1980), S. 1–10.
86 Vgl.: Engelhardt (1976), S. 113.
87 Vgl.: Roß und Hansel (2000), passim.
88 Liebig (1840).

sogenannten „Thier-Chemie“[89] in den Jahren 1840 und 1842 die „Physiologie um ein Jahrhundert gefördert“ habe und wollte sich, wie er es in einem Brief an Liebig vom 15. Mai 1844 ausdrückte, in die „Schar jener Kämpfer“ einreihen, der es nun obliege, die „riesenhafte Skizze auszuführen, zu deren Entwurf [...] Sie auf dem Wege vernünftiger Induction gelangt [sind].“[90] Auf Vermittlung seines Berliner Lehrers Heinrich Rose wechselte Schmidt zum Wintersemester 1843/44 nach Gießen und wurde ein „Liebig-Schüler“.[91]

## 2.4 Studium in Gießen

Als Schmidt 1843 seine Studien in Gießen fortsetzte, galt Justus Liebig als der wohl bedeutendste Chemiker Deutschlands und als einer der führenden Vertreter des Faches weltweit. Seine „Strahlkraft“ veranlasste immer mehr junge Männer aus vielen europäischen Staaten wie aus Übersee, sich an der „Ludwigs-Universität“ für Chemie, aber auch für Pharmazie zu immatrikulieren.[92] Um ihnen allen – getreu des Liebigschen Credos einer zeitgenössischen akademischen Ausbildung im Fach Chemie – eigenhändiges Arbeiten im Laboratorium zu ermöglichen, war bereits 1839 ein von Johann Philipp Hofmann konzipierter Erweiterungsbau des ursprünglichen chemischen Universitätslaboratoriums in Betrieb genommen worden.[93] Er vereinigte ein für 80–90 Studierende ausgelegtes „amphitheatralisch“ gestaltetes Auditorium, das wesentlich den langen Experimentiertisch des Professors einschließlich aller notwendigen Einrichtungen sowie einen chemischen Herd beherbergte, mit entsprechenden Laboratorien. Das analytische, mit dem Auditorium in Verbindung stehend, diente den Studenten vorzugsweise zur Ausführung eigener chemischer Untersuchungen und dem Laboratoriums-Personal zur Vorbereitung der in den Vorlesungen demonstrierten Experimente. Chemische Herde, ein hölzerner Tisch

---

89 Liebig (1842).

90 BSB Liebigiana II B, Schmidt, Karl: Brief Schmidts an Liebig vom 15. Mai 1844 (Roß [2002 b], S. 40).

91 Schmidt hatte Liebig im April 1843 persönlich kennen gelernt, als dieser Heinrich Rose in Berlin besuchte. BSB Liebigiana II B, Schmidt, Karl: Brief Schmidts an Liebig vom 3. Juni 1843 (Roß [2002 b], S. 35–37).

92 Vgl.: Kohut (1904), S. 78–79; Volhard (1909), 1, S. 85; Brock (1999), S. 51, S. 57.

93 Vgl. zur Geschichte des Gießener chemischen Universitäts-Laboratoriums einschließlich des Erweiterungsbaus und der von Liebig betriebenen „inneren Einrichtung“: Hofmann (1842), passim; Weihrich (1891), S. 3–39; Kohut (1904), S. 50–70; Volhard (1909), 1, S. 57–84; Schmitz (1969), S. 129–136; Brock (1999), S. 35–58, S. 300–307.

mit verschiedenen Apparaturen zur Stickstoffbestimmung, ein zur Gewinnung der Alkalimetalle erbauter Ofen, mit Schränken versehene Arbeitstische sowie ein geräumiges Sandbad stellten die wesentlichen Einrichtungsgegenstände dar. Von diesem analytischen Laboratorium aus konnte man in den pharmazeutischen „Experimentierraum", das Zimmer für die Bibliothek und schließlich die Instrumentensammlung gelangen.[94]

Die große Studentenzahl[95] erforderte eine Einteilung in Anfänger und Geübte sowie 1843 die Einrichtung eines „Filial-Laboratoriums" für rund 15 „Eleven", das unter der Leitung Heinrich Wills stand.[96] Eigentlichen experimentellen Unterricht im Laboratorium gab es nur für die Anfänger unter Anleitung von Liebigs Assistenten. Die Hauptaufgabe in dieser Studienphase war es, sich das analytische „Alphabet" durch Bearbeitung der so genannten „100 Flaschen" fester oder gelöster Stoffe[97] anzueignen. Für die Fortgeschrittenen, die Fruton als Liebigs „research group" bezeichnete[98] und die August Wilhelm Hofmann charakterisierte als eine „Schaar begeisterter Jünglinge, eben in die Wissenschaft eintretend und noch in dem Wahne befangen, dass man das Ziel im Sturme erreichen könnte",[99] gab es dagegen kein festes Curriculum. Hierzu schrieb Liebig selbst:

> „meine speciellen Schüler lernten nur im Verhältniss, als sie mitbrachten; ich gab die Aufgaben und überwachte die Ausführung [...]. Eine eigentliche Anleitung gab es nicht; ich empfing von jedem Einzelnen jeden Morgen einen Bericht über das, was er am vorhergehenden Tage gethan hatte sowie seine Ansichten über das, was er vorhatte; ich stimmte bei oder machte meine Einwendungen. Jeder war genöthigt, seinen eigenen Weg selbst zu suchen. In dem Zusammenleben und steten Verkehr miteinander, und indem Jeder theilnahm an den Arbeiten Aller, lernte Jeder von dem Andern."[100]

---

94 Vgl.: Hofmann (1842), S. 2–51 sowie zu den erwähnten Gerätschaften: Berzelius (1841), 10, S. 449–456, S. 489–490.

95 In den Jahren 1841–1845 immatrikulierten sich 270 der „Erstsemester" an der Gießener Hochschule für die Fächer Chemie und Pharmazie. Vgl.: Kohut (1904), S. 78–79; Volhard (1909), 1, S. 85; Brock (1999), S. 51, S. 57.

96 Dieses „Filial-Laboratorium", in dem die analytische Grundausbildung stattfand und das bis 1852 bestand, hatte Liebig in seinem Privathaus am Seltersweg eingerichtet. Vgl.: Hofmann (1888), 1, S. 233: Brief Liebigs an Wöhler vom 22. Oktober 1843; Volhard (1909), 1, S. 84; Schmitz (1969), S. 135.

97 Vgl.: Brock (1999), S. 271.

98 Vgl.: Fruton (1990), S. 277–293.

99 Hofmann (1890), S. 858.

100 Liebig (1890), S. 827.

Auf diese Weise gelang es Liebig, einen Lehrplan für die praktische Laboratoriumsarbeit angehender Chemiker zu entwickeln und zu implementieren, der fortan nicht nur in Deutschland, sondern in ganz Europa als vorbildlich galt.[101]

### 2.4.1 Schmidts experimentelle Arbeiten im Gießener chemischen Laboratorium

Carl Schmidt trat als im Vergleich zu den Anfängern bereits geübter Chemiker unmittelbar in Liebigs „research group"[102] ein (Anlage 4) und begann seine experimentellen Arbeiten unter der Leitung Hermann Kopps. Er widmete sich überwiegend der chemischen Charakterisierung einer bestimmten Klasse pflanzlicher Produkte und Sekrete, die man damals als „indifferente Stoffe" ansah und in zwei Hauptgruppen einteilte: Einerseits solche Verbindungen, bei denen neben Kohlenstoff Wasserstoff und Sauerstoff in eben jenem Verhältnis vorlagen, das sich auch im Wasser fand,[103] und andererseits Substanzen mit Wasserstoff- und Sauerstoffgehalten, die von den „wässrigen Proportionen" abwichen.[104] Auf Anraten Liebigs richtete Schmidt sein besonderes Augenmerk dabei auf die Beobachtung,

> „daß in dem Salep und Traganth, den Hauptrepräsentanten des Bassorins, Stärkemehl neben mehreren, in Wasser löslichen und unlöslichen Salzen enthalten ist, ein Umstand, den, wie es scheint, Mulder[105] nicht in Betracht gezogen [...]" hatte und der nun Anlass bot, „[...] die Untersuchung dieser Stoffe von neuem aufzunehmen."[106]

Das wesentliche Ziel der experimentellen Arbeiten Schmidts in Gießen war es also, die Frage zu beantworten, zu welcher der beiden genannten „Taxa" die pflanzlichen „Gummiarten"[107] gehörten. Die Resultate seiner Analysen, die er unter anderem an Traganth, Kirschgummi, Salep, Quitten- und Leinsamenschleim sowie Knorpeltanggallerte vornahm,[108] führten ihn – anders als zuvor Mulder – zu der

101 Vgl.: Schenck (1941), S. 47; Winderlich (1984 a), S. 24; Meinel (1994), S. 191–195.

102 Vgl.: Fruton (1990), S. 289.

103 „Es sey mir daher erlaubt, die Ersteren im Verlauf dieser Abhandlung als Kohlenhydrate zu bezeichnen" (Schmidt [1844 a], S. 30), womit ein bis heute gültiger Begriff für eine ganze Nährstoffklasse geschaffen war. Vgl.: Lieben (1935), S. 460–538.

104 Vgl.: Schmidt (1844 a), S. 30.

105 Gerhardus Johannes Mulder. Vgl.: Mulder (1838 a), S. 35–39.

106 Schmidt (1844 a), S. 30.

107 Vgl. zur Entschlüsselung der Chemie der Gummiarten und den lange Zeit unterschiedenen Gummispezies Arabin, Bassorin und Cerosin: Lieben (1935), S. 478.

108 Vgl.: Schmidt (1844 a), S. 33–60.

Überzeugung, Pflanzenschleim und Bassorin seien der ersten Gruppe von Stoffen zuzurechnen. Als Resümee seiner Untersuchungen hielt Schmidt fest:

> Das „Stärkemehl oder Gummi gleich $C_{12}$ $H_{10}$ $O_{10}$ ist gewissermasen das Protein der Kohlehydrate,[109] der Stoff, der mit einer größeren oder geringeren Quantität von Salzen [...] unter Anderem die sogenannten Pflanzenschleime der Chemiker bildet [...].
>
> Wir sehen diese Substanz $C_{12}$ $H_{10}$ $O_{10}$, man mag sie nun Stärkemehl, Gummi, oder sonst wie nennen, einerseits durch Aufnahme der Elemente des Wassers Traubenzucker, andererseits durch Austreten derselben Holzfaser bilden, jenen als veränderlichstes, diesen als beständigstes Endglied der Reihe. Zwischen beiden und dem Mittelgliede finden sich, je nach der Entwicklung der Zelle, die mannigfachsten, stetig fortlaufenden Übergänge.
>
> Als solche Übergänge von Stärkemehl oder Gummi zur Holzfaser wären nun die sogenannten Pflanzenschleime Bassorin, Cerasin, Prunin u.s.w zu betrachten.“[110]

Neben seiner praktischen Arbeit hörte Schmidt physiologische und pathologische Chemie bei Heinrich Karl Hermann Hoffmann. Bei demselben Dozenten absolvierte er auch ein Praktikum im Gebrauch des Mikroskops, während er für die analytische Chemie die Vorlesung von Carl Remigius Fresenius besuchte. Im Hinblick auf seine medizinischen Studien sind Kollegien zur Histologie ebenfalls bei Hoffmann sowie zur Physiologie und zur Chirurgie bei den Professoren Johann Bernhard Wilbrand und Adolph Wernher zu nennen. Die allgemeine Vorlesung „Hodegetik – Goethes Verhältnis zur Naturphilosophie“, gehalten von Moriz Carrière, ergänzte die fachlichen Studien Schmidts an der Ludwigs-Universität im Wintersemester 1843/44.[111]

---

109 Schmidt versuchte also, den chemischen Aufbau der „Gummiarten“ auf die Existenz eines gemeinsamen „Grundprinzips“ zurückzuführen und folgte dabei den vorangegangenen Überlegungen Mulders zur Struktur der Proteine, die von Liebig und seinen Schülern später widerlegt werden sollten. Dem von Mulder für die Eiweiße formulierten identischen „Radikal“ ($2\ C_8H_{12}N_2 + 5\ O$) setzte er für die „Gummiarten“ sein $C_{12}H_{10}O_{10}$ entgegen. Die dabei von beiden Autoren wohl unbewusst bereits vorausgeahnte und sich aus stets gleich bleibenden Untereinheiten ergebende repetitive Struktur sowohl der Proteine wie der Kohlenhydrate gilt heute als gesichert und findet Ausdruck in entsprechenden Formeln, wie beispielsweise der Projektion für Aminosäuren als kleinsten Bestandteilen der Proteine oder den Summenformeln für Pentosen ($C_5H_{10}O_5$) oder Hexosen ($C_6H_{12}O_6$) als einfachsten Bausteinen der Kohlenhydrate. Vgl.: Lieben (1935), S. 359–361; Beyer (1976), S. 51, S. 357, S. 725; Brock (1999), S. 150–174.

110 Schmidt (1844 a), S. 60–61.

111 UAG Med. Fak. Prom. Nr. 13 vom 12. März 1845. Vgl.: VLV Gießen (1843), S. 4–6.

### 2.4.2 Über das Experimentelle hinaus – Der mögliche Einfluss Liebigs

Schmidt hatte als Mitglied der „research group“ zweifellos täglichen Kontakt zu Liebig und konnte so dessen „lebendige, mündliche, nicht durch den Schraubstock der Preße, auf der Goldwaage eigener Censur erkalteten Mittheilungen“[112] unmittelbar genießen. Damit tauchte er über seine eigenen rein ergebnisorientierten Experimente zu den pflanzlichen „Gummiarten“ ein in den wissenschaftlichen Diskurs, der in den Jahren 1843 und 1844 in Liebigs Gießener Laboratorium vorgeherrscht haben dürfte. Um den Inhalt solcher möglichen „Werkstatt-Gespräche“ verständlich zu machen, ist an dieser Stelle ein Rückgriff auf Liebigs allgemeines akademisches „Schaffensprofil“ und seine wissenschaftliche Sozialisation ebenso unumgänglich wie ein schlaglichtartiges Eingehen auf die wesentlichen Resultate seiner 1842 erstmals erschienenen und überaus wirkungsmächtigen Schrift „Die organische Chemie in ihrer Anwendung auf Physiologie und Pathologie“, die später gemeinhin als „Thier-Chemie“ bezeichnet wurde.[113]

Als Schmidt 1843 zu Liebig nach Gießen kam, hatte dieser bekanntlich die als Periode der „organischen Chemie“ geltende Phase seines Wirkens (1824 bis etwa 1840) bereits abgeschlossen. Er konnte daher zurückblicken auf eine ans Fabelhafte grenzende Zahl experimenteller Einzeluntersuchungen, unter denen die organischen Elementaranalysen besonders hervorstachen.[114] Diese rund 16 Jahre umfassende Hochzeit des Experimentierens war sicherlich wesentlich bedingt durch die Erfahrungen, die Liebig während seines Pariser Aufenthaltes von November 1822 bis Ende März 1824 gewonnen hatte.[115] Dort besuchte er die Vorlesungen von Louis Joseph Gay-Lussac, Louis Jacques Thénard, Georges de Cuvier, Pierre Louis Dulong und anderen, die ihm „den Nebelschleier scheinphilosophischer Schwätzereien aus seinem Hirn [wehten] und sein Denken klar und

112 BSB Liebigiana II B, Schmidt, Karl: Brief Schmidts an Liebig vom 15. Mai 1844 (Roß [2002 b], S. 37).

113 Liebig (1842).

114 Vgl.: Winderlich (1984 a), S. 5. – Durch die von Gay-Lussac und Thénard 1810 erstmals entwickelte und später durch Berzelius und Liebig selbst perfektionierte Elementaranalyse wurde es möglich, eine Vielzahl von Stoffen und organischen Verbindungen in kurzer Zeit exakt zu charakterisieren, zu klassifizieren und die Zusammenhänge zwischen den Partnern einer chemischen Verbindung festzustellen. Vgl.: Bloch (1984 a), S. 399; Engels et al. (1989), S. 88, S. 147–148; Brock (1999), S. 29, S. 44–47 sowie zur Entwicklung der organischen Elementaranalyse: Dennstedt (1899).

115 Vgl.: Brock (1999), S. 308–309.

scharf" machten.[116] Insbesondere bei Gay-Lussac und Thénard kam noch „eine Meisterschaft in der experimentellen Beweisführung"[117] hinzu. Über deren Versuche berichtete Liebig begeistert, dass sie für ihn „ein wahrer Genuß [waren], denn sie redeten zu mir in einer Sprache, die ich verstand, und sie bewirkten mit dem Vortrage, daß die Maße von formlosen Tatsachen, die ungeordnet und regellos in meinem Kopfe durcheinander lagen, einen bestimmten Zusammenhang bekamen".[118] So wurde, wie er selbst schrieb, „eine Metamorphose, und zwar eine heilsame" bewirkt.[119] Er erkannte, „oder richtiger vielleicht es dämmerte in mir das Bewusstsein, daß nicht allein zwischen zweien oder dreien, sondern zwischen allen chemischen Erscheinungen in dem Mineral-, Pflanzen- und Thierreich ein gesetzlicher Zusammenhang bestehe",[120] was ihn bei seinen späteren eigenhändigen Untersuchungen bewog, insbesondere mögliche kausale Zusammenhänge herauszustellen.[121]

Ende der 1830er Jahre vollzog sich dann in der Arbeit Liebigs eine Hinwendung zu der heute als Biochemie bezeichneten Disziplin „einschließlich ihrer Anwendung in Landwirtschaft, Medizin und Ernährung."[122] Durch sie wollte er die sich auf vielen Gebieten stellenden chemischen Fragen aufzeigen und beantworten, denn er sah sein Fach als die zentrale Naturwissenschaft an und glaubte, die Nebenfächer erführen eine Art Verzerrung, wenn deren Repräsentanten die Fortschritte der zeitgenössischen Chemie nicht hinreichend wahrnehmen oder gar vernachlässigen würden.[123]

### *2.4.2.1 Die „Thier-Chemie"*

Bereits zwei Jahre nach dem überwältigenden Erfolg seiner „Agrikulturchemie"[124] widmete sich Liebig den Fragen der Chemie des lebendigen Organismus'.

116 Winderlich (1984 a), S. 3.
117 Esselborn (1926), S. 125.
118 Esselborn (1926), S. 125.
119 Berl (1928), S. 49: Brief Liebigs an seinen Erlanger Freund und Corpsbruder aus der Rhenania, den Theologen August Walloth, vom 23. Februar 1823. Vgl.: Schwedt (2002), S. 81, S. 96.
120 Esselborn (1926), S. 125.
121 Vgl.: Volhard (1909), 1, S. 34; Kirschke (2001), S. 379.
122 Brock (1999), S. XIII.
123 Vgl.: Benrath (1921), S. 49; Brock (1999), S. 5.
124 Liebig (1840). – Vgl. zur Bedeutung dieses Werkes, das Liebigs internationales Ansehen begründete, zu dessen weltweiter Verbreitung, den darin vertretenen Thesen

Die „Thier-Chemie"[125] umfasste in der 1842er Erstauflage drei Kapitel. Das erste stand unter dem Titel „Der chemische Prozess der Respiration und Ernährung".[126] Die Physiologie lehre, so Liebig, dass alle Teile des Tierkörpers aus dem Blut oder wenigstens durch die Materialien, die diese Flüssigkeit dem Körper zuführe, gebildet würden. Ferner bewiesen die gewöhnlichsten Erfahrungen, dass im lebenden tierischen Organismus ständig ein mehr oder minder beschleunigter Stoffwechsel stattfinde. Zur Er- bzw. Unterhaltung der Lebenserscheinungen im Tier seien gewisse Stoffe, die man Nahrungsmittel nenne, erforderlich, entweder zur Vermehrung der Körpermasse selbst (also zur Ernährung) oder zum Ersatz des Verbrauchten (also zur Reproduktion) bzw. zur Hervorbringung von Kraft.[127] Die Aufnahme von Nahrungsmitteln war folglich die erste Bedingung des Lebens, während die zweite die ständige Einsaugung von Sauerstoff aus der atmosphärischen Luft darstellte. Daraus folgte, dass sich aus der Wechselwirkung des (Luft-) Sauerstoffes mit den Bestandteilen der Nahrungsmittel alle vitalen Tätigkeiten ergäben[128] und dass die Nahrungsmenge, die der tierische Organismus zu seiner Unterhaltung bedürfe, im geraden Verhältnis zu der aufgenommenen Sauerstoffmenge stehen müsse, was für ein und dasselbe Tier von der Anzahl der Atemzüge abhängig sei.[129] Durch die Reaktion zwischen den aufgenommenen Bestandteilen der Nahrungsstoffe (Speisen) und dem im Körper verbreiteten Sauerstoff werde nun Wärme entwickelt. Für Liebig war diese Wechselwirkung die Quelle der tierischen Wärme, wobei für ihn der Kohlenstoff der Speisen, welcher sich im Tierkörper zu Kohlensäure verwandelte, ebenso viel Wärme liefern musste, „als wenn er in der Luft oder im Sauerstoff direct verbrannt worden wäre."[130] Liebig stand also in dieser Hinsicht deutlich in der Tradition Lavoisiers[131] und widersprach damit den Überzeugungen von Berzelius und anderen, die das Nervensystem und dessen

und zu den in der Folgezeit darüber entbrannten Kontroversen: Kohut (1904), S. 103–138; Volhard (1909), 2, S. 1–32; Brock (1999), S. 121–149.

125 Vgl. zur Entstehung dieser Monographie und insbesondere zu den Gründen ihrer vorzeitigen Veröffentlichung: Brock (1999), S. 150–153; Büttner (2004), S. 48.

126 Vgl.: Liebig (1842), S. 1–101.

127 Vgl.: Liebig (1842), S. 8–9; Lieben (1935), S. 105.

128 Vgl.: Liebig (1842), S. 9–10.

129 Vgl.: Liebig (1842), S. 15–16; Volhard (1909), 2, S. 110. Nach Ansicht von Holmes (2001), S. 12, dessen Einführung in die „Thier-Chemie" auch heute noch als maßgebliche Interpretation anzusehen ist, verdeutliche die Feststellung Liebigs, dass der Sauerstoffverbrauch der Zahl der Atemzüge proportional sein müsse, seine nur begrenzten physiologischen Kenntnisse.

130 Liebig (1842), S. 19.

131 Vgl.: Holmes (2001), S. 13–14.

Tätigkeit für die Bildung der tierischen Wärme verantwortlich machten.[132] Auch die Krafterzeugung im Organismus, so Liebig, lasse sich schlussendlich nur auf die Interaktion von Nahrungsbestandteilen und Luftsauerstoff zurückführen; und er ergänzte, die „einzige bekannte und letzte Ursache der Lebensthätigkeit im Thier sowohl, wie in der Pflanze ist ein chemischer Prozeß."[133] Im letzten Teil des ersten Kapitels der „Thier-Chemie" nahm Liebig – auf vorangegangenen gleich lautenden Überlegungen Prouts[134] und Magendies gründend[135] – eine Gruppierung der Nahrungsmittel in zwei Klassen vor: Die stickstoffhaltigen oder plastischen und die stickstofffreien oder respiratorischen. Die plastischen Nahrungsmittel, zu denen das Pflanzenfibrin, das -albumin, das -kasein und das Fleisch der Tiere gehörten, eigneten sich nach Liebigs Meinung allein zur Bildung von Blut, aus dem dann die Entstehung der Gewebe und Organe erfolge. Alle diese Stoffe besaßen eine identische Kernsubstanz, die Mulder auf einen Vorschlag von Berzelius hin Proteine genannt hatte.[136] Die stickstofffreien Nahrungs- oder Respirationsmittel wurden durch die Fette und Kohlenhydrate repräsentiert und vom durch die Atmung aufgenommenen Sauerstoff unter Wärmebildung direkt oxydiert.[137]

Der Titel des zweiten Hauptteils der „Thier-Chemie" „Die Metamorphosen der Gebilde"[138] erschließt sich uns Heutigen erst, wenn wir berücksichtigen, dass

---

132 Vgl.: Brodie (1812), S. 205–227; Berzelius (1831), S. 118; Liebig (1842), S. 30; Volhard (1909), 2, S. 107; Büttner (2004), S. 48. – Berzelius (1843), S. 535 und Berzelius (1844), S. 575–582 beurteilte diese These Liebigs wenig schmeichelhaft, indem er konstatierte, sie hätte ohne jeglichen experimentellen Beweis niemals als unwidersprüchliche Wahrheit aufgestellt werden dürfen.

133 Liebig (1842), S. 35.

134 Prout (1827), S. 357 hatte die Nahrungsstoffe in „the saccharine, the oily and the albuminous" eingeteilt.

135 Vgl.: Magendie (1816 b), S. 66–77; Magendie (1836), 2, S. 24–30; Mani (1956), S. 193; Mani (2001), S. 111.

136 Vgl.: Mulder (1838 b), S. 104–119; Mulder (1838 c), S. 73–82; Liebig (1842), S. 45–50; Volhard (1909), 2, S. 121. – Liebig war in seiner „Thier-Chemie" von 1842 mit Mulder also davon überzeugt, dass sämtliche pflanzlichen Nahrungsbestandteile stickstoffhaltige Substanzen enthielten, die mit dem tierischen Fibrin, Albumin oder Kasein quasi identisch waren und somit keiner wesentlichen Umwandlung bedurften, um zur Entwicklung der Organe eines tierischen Organismus sowie zu deren Vergrößerung beizutragen. Dies hinderte ihn jedoch nicht, Mulder frontal anzugreifen, nachdem im Gießener Laboratorium nachgewiesen worden war, dass das postulierte „Protein-Radikal" so nicht existierte. Vgl.: Lieben (1935), S. 359–361; Brock (1999), S. 150; Holmes (2001), S. 5–6, S. 35–36.

137 Vgl.: Liebig (1842), S. 43–50.

138 Vgl.: Liebig (1842), S. 103–195.

Liebig neben dem Begriff „Stoffwechsel", der sich zwar ab dem Beginn des 19. Jahrhunderts nachweisen lässt, 40 Jahre später aber noch keineswegs als eingebürgert gelten konnte, auch die synonymen Bezeichnungen „(chemische) Metamorphose", „Umsetzung der Gebilde" oder „Bewegung" und „Act der Umsetzung, den wir mit Stoffwechsel bezeichnet haben", verwandte.[139] Ziel dieses zweiten Kapitels war es für Liebig, die Details des tierischen Stoffwechsels chemisch zu ergründen und somit ein entsprechendes Gesamtbild zu entwerfen. Dazu bediente er sich eines methodischen Prinzips, das in Verbindung mit der von ihm selbst perfektionierten organischen Elementaranalyse zur Lösung des Problems geeignet erschien. Es bestand darin, eine chemisch unbekannte Substanz durch eine große Zahl verschiedener chemischer Reaktionen in andere Verbindungen umzuwandeln und deren Zusammensetzung elementaranalytisch zu ermitteln. Denn, so Liebig, schließlich komme es nur darauf an, „chemische Relationen" zwischen den erhaltenen Verbindungen zu erkennen, welche die untersuchte Substanz selbst zu charakterisieren vermochten und anhand von dann aufgestellten Formeln und Reaktionsgleichungen Zusammenhänge abzuleiten und aufzuzeigen.[140] Dieses Vorgehen entspreche im Übrigen ganz dem Denken der Chemiker in Reaktionsfolgen und den Grundsätzen der allgemeinen analytischen Prüfung, die im Aus- und Hinzutreten von Elementen die Verwandlung einer gegebenen Verbindung in eine zweite und dritte nachweise.[141] Ausgehend von Mulders Untersuchungen und dessen „Protein-Radikal" sowie eigenen Arbeiten in seinem Gießener Laboratorium unternahm es Liebig folglich, formelmäßig Zusammenhänge „zwischen den Eiweißkörpern und den sonstigen im Organismus und dessen Ausscheidungen (Galle und Harn) gefundenen Stoffwechselzwischen- und -endprodukten"[142] aufzudecken, indem er mögliche Beziehungen zwischen den Eiweißstoffen, dem Harnstoff, der Harnsäure, der Hippursäure, dem Allantoin und Taurin erörterte und durch Reaktionsgleichungen darstellte.[143] Das dergestalt gewählte Vorgehen sei an einem einfachen Beispiel aus der „Thier-Chemie" erläutert. Liebig sah im so genannten „harnsauren

139 Vgl.: Liebig (1842), S. 8–9, S. 178; Büttner (2001 b), S. 61.

140 Dieses methodische Vorgehen hatten Wöhler und Liebig erstmals in ihrer Gemeinschaftsarbeit zu den „Untersuchungen über die Natur der Harnsäure" im Jahre 1838 angewandt. Vgl.: Wöhler und Liebig (1838), S. 241–336; Büttner (2001 a), S. 235; Holmes (2001), S. 1–2, S. 19; Büttner (2004), S. 48; Büttner (2005), S. 24–25.

141 Vgl.: Liebig (1842), S. 165.

142 Lieben (1935), S. 112.

143 Vgl.: Volhard (1909), 2, S. 137 und zu der großen Zahl von Reaktionsgleichungen: Liebig (1842), S. 131–162.

Ammoniak“ bzw. der Harnsäure ein Produkt der Umsetzung der Muskelfaser. Die Harnsäure sollte im Organismus in identischer Weise oxydiert werden, wie er es gemeinsam mit Wöhler einige Jahre zuvor in der berühmten Arbeit über die Harnsäure in vitro experimentell nachgewiesen hatte.[144] Traten zu einem Atom Harnsäure sechs Atome Sauerstoff und vier Atome Wasser hinzu, so zerlegte sich das Edukt in zwei Atome Harnstoff und sechs Atome Kohlensäure. Die auf diese Weise erhaltenen zahlreichen Reaktionsgleichungen trugen wesentlich zur ungeheuren zeitgenössischen Attraktivität der „Thier-Chemie“ bei, legten sie doch nahe, dass bislang fast vollständig unverstandene Vorgänge im lebenden Organismus nicht nur plausibel, sondern gar chemisch exakt fassbar gemacht werden konnten.

Über die Charakterisierung des „Intermediärstoffwechsels“ in Form von Reaktionsgleichungen hinaus stellte Liebig im zweiten Kapitel seiner „Thier-Chemie“ auch die Wichtigkeit der Salze heraus. So wies er beispielsweise auf die besondere Bedeutung der Aufnahme des Kochsalzes hin, und zwar einerseits hinsichtlich des Natrongehaltes des Blutes sowie andererseits bezüglich der Bildung freier Salzsäure im Magen.[145] Abschließend erörterte er die Wirkung von Arzneistoffen und Giften, wobei der Versuch im Vordergrund stand, zwischen deren Formeln und denen von Körperstoffen Zusammenhänge nachzuweisen und so die etwaige Beeinflussung des Stoffwechsels durch Medikamente einsichtig zu machen.[146]

Der dritte Teil der Liebigschen „Thier-Chemie“ stand unter der Überschrift „Bewegungserscheinungen im Tierorganismus“[147] und stellte primär keine mechanisch-physiologische Auseinandersetzung mit den komplexen Lebenserscheinungen dar. Vielmehr entwickelte Liebig an dieser Stelle eine umfangreiche Theorie der im Organismus auftretenden Kräfte und deren Zusammenwirken. Dabei bezog er ausdrücklich alle Kräfte in seine Überlegungen ein, so dass neben der Schwerkraft, der mechanischen, elektrischen und chemischen Kraft sowie der Wärme gleichrangig auch die Lebenskraft auftauchte.[148] Dies dürfte für viele zeitgenössische Leser schwer verständlich gewesen sein, weil Liebig noch zwei Jahre zuvor in seiner Streitschrift „Ueber das Studium der Naturwissenschaften und ueber den Zustand der Chemie in Preußen“[149] eben jene Lebenskraft erbarmungslos gegeißelt hatte. Die „Thätigkeit, das Wirken der Naturphilosophen“ sei

---

144 Vgl.: Wöhler und Liebig (1838), S. 241–336.
145 Vgl.: Liebig (1842), S. 165–167; Volhard (1909), 2, S. 137; Lieben (1935), S. 112.
146 Vgl.: Liebig (1842), S. 174–176; Lieben (1935), S. 112.
147 Vgl.: Liebig (1842), S. 197–282.
148 Vgl.: Hall (1980), S. 20–59; Botsch (1997), S. 276; Büttner (2004), S. 48.
149 Vgl.: Liebig (1965 d), S. 7–36.

„die Pestilenz, der schwarze Tod des Jahrhunderts“[150] und die Lebenskraft, „dieses mit Stroh ausgestopfte und mit Schminke angestrichene todte Gerippe“,[151] „der horror vacui, der spiritus rector der Unwissenheit“.[152] Zugleich kannte er das von Robert Julius Mayer formulierte „Gesetz von der Erhaltung der Kraft“, das der Annahme einer Lebenskraft zuwiderlief, weil er Mayers Arbeit „Bemerkungen über die Kräfte der unbelebten Natur“ bereits im Frühjahr 1842 und somit vor dem Erscheinen seiner eigenen „Thier-Chemie“ zur Publikation in den „Annalen“ akzeptiert hatte.[153] In seiner „Thier-Chemie“ verstand Liebig die Lebenskraft nun als dem physikalischen Bereich zugehörig und als eine Erscheinung, deren Wirkungen „an gewisse nachforschbare Gesetze gebunden sein“[154] mussten. Er führte aus:

> Wenn „wir die Lebenskraft also gelten lassen für eine für sich bestehende Kraft, so haben wir in den Erscheinungen des organischen Lebens, wie in allen anderen Erscheinungen, welche Kräften zugeschrieben werden müssen, eine Statik (Zustand des Gleichgewichtes, bedingt durch einen Widerstand) und eine Dynamik der Lebenskraft“.[155]

So interpretiert, spielte die Lebenskraft für die „Bewegungserscheinungen im Thierkörper“ eine bedeutende Rolle. Sie war nicht nur für die Bewegung der Tiere selbst verantwortlich, sondern besaß auch die Fähigkeit, eine Zersetzung der aufgenommenen Nahrungsstoffe zu bewirken und so für eine Zunahme der Körpermasse des tierischen Organismus’ zu sorgen.[156] Es bestehe eine enge Verbindung zwischen Lebenskraft und chemischer Kraft,[157] die sich beide nur mitteilten, wenn sich die in Frage kommenden Produkte unmittelbar berührten, denn nur durch

150 Liebig (1965 d), S. 24.

151 Liebig (1965 d), S. 23.

152 Liebig (1965 d), S. 23.

153 Vgl.: Mayer (1842), S. 233–240; Mayer (1845), passim; Brock (1999), S. 251.

154 Liebig (1842), S. 200.

155 Liebig (1842), S. 8. – Man mag in dieser Formulierung Liebigs mit Schneider (2004), S. 75 eine Bezugnahme bzw. einen Vergleich auf und mit den drei Bewegungsgesetzen (Axiomen) Newtons in seinen „Principia“ erkennen, nämlich dem Trägheitsgesetz, der Wirkung einer Kraft als zeitliche Veränderung der Bewegungsgröße und der Forderung, dass jeder Kraft eine gleich große Gegenkraft entspreche.

156 Vgl.: Liebig (1842), S. 200–201.

157 Holmes (2001), S. 12 wies darauf hin, dass Liebig in seiner „Thier-Chemie“ einerseits die „chemische Kraft“ als letzte Ursache der tierischen Lebenstätigkeit benannt (Liebig [1842], S. 35), andererseits jedoch festgestellt habe, diese Funktion komme der „Lebenskraft“ zu (Liebig [1842], S. 199–225). Das sei einer der vielen von Liebig offenbar nicht bemerkten inneren Widersprüche der „Thier-Chemie“.

> „Aufhebung der zwischen den Bestandtheilen der Nahrungsstoffe wirkenden chemischen Kräfte (der Cohäsion und Affinität), durch Aenderung der Lage oder des Ortes, in welchem sich die Elementartheilchen befinden, giebt sich die Lebenskraft als bewegende Kraft zu erkennen; sie äußert sich als Bewegung erzeugende Kraft durch Ueberwindung der chemischen Anziehung der Bestandtheile der Nahrungsstoffe und als die Ursache, die sie zwingt, sich in einer neuen Ordnung mit einander zu vereinigen."[158]

Diese und ähnliche Äußerungen ließen Liebig seinen Zeitgenossen und der wissenschaftlichen Nachwelt, mit Löw,[159] als einen dezidierten „Anti-Romantiker" erscheinen, der die Lebenskraft anderen bekannten Kräften gleichstellte und sie so ihres besonderen Charakters von vornherein entkleidete. Sie lesen sich wie eine getreuliche Wiedergabe der autobiographischen Aufzeichnungen Liebigs,[160] jedenfalls insoweit, als sie der Wahrnehmung der eigenen wissenschaftlichen Sozialisation entsprechen. Liebig kam während seiner allgemeinbildenden und fachlichen Studien in Bonn (1820–1821) und Erlangen (1821–1822) selbstredend intensiv mit der romantischen Naturphilosophie in Berührung. Sein hauptsächlicher Förderer, Wilhelm Kastner, war bekanntlich der spekulativen Seite dieser philosophischen Richtung mehr als zugetan[161] und fügte sich somit durchaus nahtlos in die damals an der gerade gegründeten Universität Bonn „in den Fächern der Naturwissenschaften"[162] vorherrschende Denkweise ein. Sie war, so Liebig, gekennzeichnet durch eine „ausgeartete philosophische Forschung, wie sie in Lorenz Oken[163] und schlimmer noch in Johann Bernhard Wilbrand[164] sich verkörpert hatte".[165] Insbesondere auf seine Bonner Studienzeit zurückblickend, bewertete Liebig diesen Ansatz der zeitgenössischen Naturforschung als überaus schädlich, denn er „hatte in [...] Vortrag und Studium zu einer Nichtachtung der nüchternen Naturbeobachtung und des Experiments geführt, die für viele begabte junge Männer verderblich wurde".[166] Nachdem Kastner im Mai 1821 an die

158 Liebig (1842), S. 208.

159 Löw (1979), S. 292. Vgl. zur ablehnenden Haltung Liebigs gegenüber der Naturphilosophie auch: Engelhardt (1978), S. 169; Krätz und Priesner (1983), S. 7; Haupt (1987), S. 207.

160 Vgl.: Liebig (1890); Esselborn (1926).

161 Vgl.: Kirschke (2001), S. 218.

162 Esselborn (1926), S. 123.

163 Vgl. zu Okens naturphilosophischem Standpunkt beispielsweise: Botsch (1997), S. 200–201; Engelhardt (2001 a), S. 310–311; Blasche (2004 b), S. 1067.

164 Wilbrand verneinte im Banne Schellings den Wert der Chemie und chemischer Versuche für die Physiologie und glaubte auch nicht an die Existenz des Blutkreislaufs. Vgl.: Botsch (1997), S. 200; Brock (1999), S. 36, S. 161.

165 Esselborn (1926), S. 123.

166 Esselborn (1926), S. 128.

Universität Erlangen gewechselt war, dürften sich seine naturphilosophischen Neigungen durch den nahezu täglichen persönlichen Umgang mit Schelling unter anderem auf den regelmäßigen gemeinsamen Spaziergängen noch verstärkt haben.[167] Auch Liebig selbst, der seinem Lehrer nach Erlangen gefolgt war, konnte sich Schelling zunächst nicht entziehen, der durch seine Vorlesungen „die studierende Jugend zur Bewunderung und Nachahmung hinriss".[168] In Erlangen, so stellte Liebig folgerichtig fest, „zogen mich Schellings Vorträge eine Zeit lang an", um dann beinahe im selben Atemzug zu bekennen: Allein er „besass keine gründliche Kenntnis in den Fächern der Naturwissenschaft und das Einkleiden der Naturerscheinungen in Analogien und Bilder, was man Erklärung nannte, sagte mir nicht zu."[169]

Verfolgt man den Gebrauch des Begriffs „Lebenskraft" im dritten Teil der „Thier-Chemie" aufmerksam, so erscheint er jedoch keineswegs durchgängig anti-romantisch oder anti-vitalistisch, sondern vielmehr über weite Strecken oszillierend und daher – wenn nicht beliebig – so doch durchaus unklar. Dies wird exemplarisch deutlich durch einen Blick auf die gewählte Unterscheidung zwischen organischen bzw. organisierten Körpern oder Stoffen, die für Liebig schwer zu treffen war und daher immer wieder etwas anders formuliert wurde.[170] Die einfachen organischen Stoffe sollten keine Lebenskraft besitzen und ihre Verbindungen, zu denen Liebig beispielsweise Harnstoff,[171] Chinin, Coffein oder die pflanzlichen Farbstoffe rechnete,[172] ließen sich daher künstlich im Reagenzglas erzeugen. Dagegen galt für die organisierten Körper wie eine Muskel- oder Nervenfaser, ein Blutkügelchen oder gar ganze Organe, dass sie nur unter Mithilfe der Lebenskraft entstehen und somit nicht im Laboratorium hervorgebracht werden konnten.[173] Somit standen organische Stoffe lediglich innerhalb lebender Systeme unter Kontrolle einer Lebenskraft,[174] da für Organe selbst, „für

167 Vgl.: Kirschke (2001), S. 290.

168 Vgl.: Liebig (1965 d), S. 34.

169 Liebig (1890), S. 822.

170 Vgl.: Botsch (1993), S. 180; Botsch (1997), S. 285–289.

171 Die Unterscheidung zwischen organischen bzw. organisierten Körpern oder Stoffen wurde wohl wesentlich durch die bahnbrechende Entdeckung Friedrich Wöhlers notwendig, dem es in vitro gelungen war, die organische Verbindung Harnstoff allein aus dem anorganischen Ammoniumcyanat darzustellen, ohne hierzu einer spezifischen „Lebenskraft" zu bedürfen. Vgl.: Wöhler (1828), S. 253–256; Schütt (2001), S. 95–107.

172 Vgl.: Botsch (1993), S. 180.

173 Vgl.: Liebig (1865 d), S. 26; Botsch (1993), S. 180.

174 Vgl.: Lipman (1967), S. 167–185.

das organisierte Zusammenspiel der einzelnen Verbindungen",[175] die chemischen und physikalischen Kräfte allein nicht ausreichten. Insgesamt bot das Kapitel über die „Bewegungserscheinungen" durch die Verwendung der unterschiedlichen „Kraftbegriffe" und deren Bedeutung für die Phänomene des tierischen Lebens ein reichlich verwirrendes und schwer verständliches Bild.[176] In ihm ließen sich für Liebigs Zeitgenossen zwar eindeutige Vorbehalte gegen den Vitalismus und eine als singulär interpretierte Lebenskraft erkennen, doch fanden sich auch etliche Bereiche, wo „durchaus nicht immer eine klare Abgrenzung von den vitalistischen Gedankengängen"[177] gelang.

Wie wohl kaum eine andere Schrift Liebigs durchzogen die „Thier-Chemie" seine beeindruckenden Fähigkeiten zur umfassenden Gesamtschau, zum genialen Zusammenschließen von Fernliegendem und zum Erkennen übergeordneter Prinzipien in der Wissenschaft.[178] Dass diese Tugenden einhergingen mit der Bildung teils kühner Theorien und Hypothesen, die sehr oft der experimentellen Grundlagen entbehrten, machte die ersten beiden Auflagen der „Thier-Chemie" und damit Liebig selbst naturgemäß angreifbar.

175 Botsch (1993), S. 180.

176 Vgl.: Volhard (1909), 1, S. 290 sowie zu den Folgen dieser Irritationen in der „Liebig-Literatur": Lipman (1967), S. 175–176.

177 Dalchow (1965), S. 62–63.

178 Vgl.: Büttner (2004), S. 48. – Aufgrund dieser Eigenschaften rechnete Ostwald (1910 b), S. 371–388 in der von ihm kreierten Typologie der Gelehrtenpersönlichkeiten Liebig eindeutig zu den „Romantikern" und nicht zu den „Klassikern". Ostwalds Einteilung, die nach bestimmten Persönlichkeitseigenschaften sowie wissenschaftlichem Problemverhalten differenziert ist und sich in zeitgenössischen Wissenschaftskreisen großer Beliebtheit erfreute, sah den Hauptpunkt der Verschiedenheit in der Reaktionsgeschwindigkeit des Geistes. Die „Klassiker" seien die Langsamen, die „Romantiker" die Geschwinden. Letztere würden schnell arbeiten und viel produzieren, sie seien von Begeisterung erfüllt, die sie auf andere übertragen könnten, wechselten rasch von einer Arbeit zur anderen, kämpften aktiv für ihre Ideen, gründeten in der Regel wissenschaftliche Schulen, überträfen die „Klassiker" in der Breite ihrer Interessen und in der Vielfältigkeit der behandelten Probleme, lehrten meist erfolgreich und besäßen schließlich ein Übermaß an Gedanken, Plänen und Möglichkeiten. Vgl. zu Ostwalds historischen Beiträgen über das wissenschaftliche Schöpfertum: Zott (1985), S. 10–39.

#### *2.4.2.2 Die Auseinandersetzungen um die „Thier-Chemie“*

Die „Thier-Chemie“[179] wurde zwar von vielen enthusiastisch aufgenommen, rief aber gerade unter Fachkollegen auch erbitterte Kritik hervor. Man warf Liebig vor, er habe das Buch mit nur sehr wenig Rücksicht auf die wissenschaftlichen Regeln der Objektivität und Sorgfalt geschrieben.[180] Besonders schwer wog das in den „Jahresberichten über den Fortschritt der physischen Wissenschaften“ ausgesprochene Verdikt des Liebig-Freundes Jöns Jacob Berzelius, der damals als führende Autorität auf dem Feld der physiologischen Chemie galt. Zunächst war Berzelius von den zahlreichen Reaktionsgleichungen irritiert, die er für voreilig hielt, weil die ihnen zugrunde liegenden Daten nicht genau genug seien, um zu solchen Rechnungen zu dienen.[181] Dieser Einwand war schon allein deshalb berechtigt, da ganz unterschiedliche Verbindungen die gleiche Summenformel aufweisen konnten. Um wegen dieser „Isomerie“[182] die „Relationen“ zwischen dem Ausgangsstoff und dem gebildeten Produkt sicher zu erfassen, war man gezwungen, „auch die chemischen Eigenschaften der beteiligten Stoffe genau zu charakterisieren, bevor eine Reaktionsgleichung aufgestellt werden konnte.“[183] Liebig waren damals jedoch nur Summenformeln bekannt, die er als Beschreibung der „Constitution“ einer organischen Verbindung missverstand.[184] Ingesamt geißelte Berzelius die „Thier-Chemie“ als Ausdruck der bloßen „Probabilitäts-Physiologie“, als „Blendwerk der Hypothesen“ oder schlicht als „Radoterie“.[185] Derartiges sei auf leichte Art allein am Schreibtisch zu erdenken, da Liebig es gänzlich

179 Die erste Auflage war 1842 unter dem Titel „Die organische Chemie in ihrer Anwendung auf Physiologie und Pathologie“ erschienen (Liebig [1842]). Ab der zweiten trug die Schrift den Titel „Die Thier-Chemie oder die organische Chemie in ihrer Anwendung auf Physiologie und Pathologie“ (Liebig [1846]).

180 Vgl.: Berzelius (1843), S. 535–585; Henle (1844), S. 131–156; Kohlrausch (1844), S. 82–94. Wirkungsgeschichtlich dürften es gerade diese Kritiken und der erfahrene Widerspruch gewesen sein, die der „Thier-Chemie“ zu ihrer bleibenden Bedeutung verhalfen, denn Liebigs gewagte Schlussfolgerungen und Hypothesen regten in der Folgezeit unzählige selbständige experimentelle Arbeiten an, an deren Ende die vollständige Atomisierung der initiierenden Schrift stand. Mit Holmes (2001), S. 47 muss Liebigs Schrift daher im Rückblick als ein glückliches und seltenes Beispiel für die Wirkungsmacht experiment-ferner Spekulationen in den Naturwissenschaften gelten.

181 Vgl.: Berzelius (1843), S. 537–541; Holmes (2001), S. 24.

182 Vgl.: Berzelius (1830), S. 305–335.

183 Büttner (2004), S. 48.

184 Vgl.: Büttner (2004), S. 48.

185 Radoterie: Schwätzerei.

unterlassen habe, seine teilweise sehr gewagten Theorien durch entsprechende eigene Experimente zu untermauern.[186]

Die fortgesetzte Auseinandersetzung mit seinen namhaften Kritikern zwang Liebig, sich für eine von ihm geplante „Verteidigungsschrift"[187] sowie in der vorgesehenen dritten Auflage der „Thier-Chemie" verstärkt theoretisch mit Fragen der Methodik in den Naturwissenschaften auseinander zu setzen, und es liegt nahe anzunehmen, dass dieser Diskurs mögliche „Werkstattgespräche" in der Liebigschen „research group" während Schmidts Gießener Zeit bestimmt haben dürfte. Wegweisend wurde das gerade erschienene Hauptwerk des englischen Philosophen John Stuart Mill „A System of Logic [...]",[188] auf das Liebig wahrscheinlich durch seinen Schüler Alexander William Williamson gestoßen war.[189] Mill hatte sich in seiner „Logik" entgegen der Aussagen der erwähnten zahllosen Kritiker in Kapitel XIII lobend auf Liebigs „Thier-Chemie" bezogen[190] und beispielsweise die dort formulierte Lehre von der Fortpflanzung der chemischen Tätigkeit sowie die Theorie der tierischen Respiration als bewundernswerte Beispiele für die Anwendung der deduktiven Methode gepriesen.[191] Liebigs Nachdenken über die „Methode der Naturforschung" führte zu einem gleichnamigen Aufsatz,[192] an dem er nach eigenem Bekunden mehr als 18 Monate gearbeitet hatte[193] und der 1846 auch als separates

186 Vgl.: Berzelius (1843), S. 535; Brock (1999), S. 159. – Berzelius' fortgesetzte Kritik an der ihm gewidmeten „Thier-Chemie" führte schließlich trotz verschiedener Vermittlungsversuche Dritter zum Auseinanderbrechen der langjährigen Freundschaft zwischen Liebig und dem großen schwedischen Chemiker. Vgl.: Kohut (1904), S. 193–213 sowie beispielhaft den Brief Liebigs an Berzelius vom 2. August 1842 (Lewicki [1991], S. 245).

187 Liebig (1965 a), S. 48–82.

188 Mill (1843). – Die Tatsache, dass sich Liebig in der dritten Auflage seiner „Thier-Chemie" explizit auf Mills „Logik" bezogen hatte, veranlasste einen seiner Schüler, Jakob Schiel, 1849 zu einer teilweisen Übersetzung des philosophischen Werks ins Deutsche, die unter dem Titel „Die inductive Logik [...]" erschien. Schiel eliminierte dabei die erste und letzte Abteilung der Originalschrift, weil sie ihm entweder durch ein beliebiges deutsches Lehrbuch der „Logik" ersetzbar schien oder außerhalb seiner momentanen Intention lag. Vgl.: Mill (1849), S. V–VI.

189 Vgl.: Munday (1998), S. 413.

190 Die erste und von Mill wahrscheinlich benutzte englische Übersetzung der „Thier-Chemie" wurde von dem Liebig-Schüler William Gregory besorgt und erschien, „edited from the author's manuscript", schon 1842 bei Taylor and Walton in London.

191 Vgl.: Mill (1843), 1, S. 562–573; Mill (1849), S. 207–215.

192 Vgl.: Liebig (1846), S. 169–243; Büttner (2001 c), S. 308–309.

193 Vgl.: Schneider und Schneider (1986), S. 199: Brief Liebigs an seinen Verleger Hans Heinrich Eduard Vieweg vom 1. März 1846.

Kapitel in die dritte Auflage der „Thier-Chemie" integriert wurde.[194] Zum außerordentlichen Einfluss der Millschen „Logik" auf seine Reflexionen schrieb Liebig:

> Der Verfasser „kann hierbei nicht verschweigen, wie groß der Nutzen gewesen ist, den ihm für diesen Zweck das Studium von John Stuart Mill's A System of Logic, ratiocinative and inductive, being a connected view of the principles of evidence and the methods of scientific investigation. London, John W. Parker, West Strand, 1843. gewährt hat, ja, er glaubt, daß ihm kein anderes Verdienst hierbei zukommt, als daß er einzelne von diesem eminenten Philosophen aufgestellte Grundsätze der Naturforschung weiter ausgeführt und auf einige specielle Vorgänge angewendet hat."[195]

Inhaltlich betonte Liebig im Rahmen seiner methodischen Überlegungen, dass zwar „eine jede empirische Wissenschaft, so auch die Physiologie, im Verlaufe der Zeit den Charakter einer deductiven erlangen kann",[196] man aber von der Ermittlung allgemeiner physiologischer Gesetze und einer Erkenntnis der Ursachen und des Zusammenhangs aller Lebenserscheinungen augenblicklich noch sehr weit entfernt sei.[197] Im Umkehrschluss bedeutete dies in radikaler Abkehr von dem in den ersten beiden Auflagen der „Thier-Chemie" praktizierten Vorgehen: Physiologische Forschung musste wegen der zeitbedingten relativen Unreife des Faches ganz überwiegend induktiv ausgerichtet sein und sich im Sinne Mills an der auf dem Experiment beruhenden Erfahrung als Quelle der Erkenntnis orientieren.[198]

---

194 Vgl.: Liebig (1846), S. 141–231. – Der mit diesem „Methoden-Kapitel" abschließenden ersten Abteilung der dritten Auflage der „Thier-Chemie", die insgesamt auf 30–34 Bogen veranschlagt war und daher als sehr vermehrt bezeichnet wurde, sollte rasch der zweite Teil des Buches folgen. Eine entsprechend vorgeschaltete „Benachrichtigung" des Verlags besagte: „Die zweite Abtheilung [...], welche den eigentlich chemischen Theil enthält, ist gänzlich umgearbeitet worden, und es sind einige noch nicht vollendete Untersuchungen über die Blutbestandtheile und einzelner anderer Bestandtheile des Thierkörpers, welche die Ausgabe derselben um einige Wochen verzögern." Tatsächlich erschein der zweite angekündigte Teil nie mehr, weil sich vermutlich die hierzu notwendigen chemischen Versuche als zu komplex erwiesen oder nicht die von Liebig erhofften Resultate erbrachten. Vgl.: Brock (1999), S. 161; Holmes (2001), S. 34–35.

195 Liebig (1846), S. XVI.

196 Liebig (1846), S. 146.

197 Vgl.: Liebig (1846), S. 143.

198 Das „Methoden-Kapitel" in der dritten Auflage der „Thier-Chemie" markierte nur den Beginn der theoretischen Auseinandersetzung Liebigs mit den Problemen des Erkenntnisgewinns in den Wissenschaften. Seine späteren schriftlichen Äußerungen insbesondere zu Fragen der Induktion und Deduktion in der Kontroverse um das

Die Gedanken Liebigs erhob der noch junge Student Carl Schmidt aus Kurland zu einer Art methodischem Credo für seinen gesamten weiteren wissenschaftlichen Weg. Schmidt folgte fortan unter dem Primat des exakt ausgeführten Experiments streng dem induktiven Prinzip und trennte sich auch zeitlebens nicht mehr von der bereits in Gießen bei Liebig kennen gelernten „Logik" Mills, die in seinem Dorpater chemischen Laboratorium später stets griffbereit als gern benutztes Handbuch zur Verfügung gestanden haben soll.[199] Darüber hinaus eignete sich Schmidt von Liebig wahrscheinlich „die ihn niemals verlassende philosophische Richtung und den Ideenreichthum bei seinen Arbeiten, sowie die Kunst, seine Schüler zu beeinflussen und an sich zu fesseln an."[200]

Mit der von Liebig vorgeschlagenen Dissertation „Ueber Pflanzenschleim und Bassorin" wurde Schmidt 1844 in Gießen zum Dr. phil. promoviert, obwohl er dort niemals offiziell immatrikuliert war,[201] und setzte ab Ostern desselben Jahres auf Empfehlung Liebigs seine Studien bei Friedrich Wöhler in Göttingen fort.[202]

## 2.5 Studium in Göttingen

In Wöhler begegnete Schmidt nun einem gänzlich anderen Typus des Chemikers und Wissenschaftlers. War Liebig, folgt man der Charakteristik seines Schülers August Wilhelm Hofmann und anderen gleichlautenden Beschreibungen,

---

zentrale Werk Francis Bacons „Sylva sylvarum, sive historia naturalis, [...]" (vgl.: Liebig [1965 b], S. 220–254) oder seine Einlassungen in programmatischen Reden (vgl. z. B: Liebig [1965 c], S. 296–309), ließen beständig variierende Positionen und einen nicht immer gänzlich klaren Gebrauch der Begrifflichkeiten erkennen. Liebig verstand das Verhältnis von induktiver und deduktiver Methode zunehmend als ein wechselseitiges, lehnte die einseitige Überbetonung einer der beiden Schlussweisen als schlicht unwissenschaftlich ab, stellte die intentionale Grundlage der Induktion heraus und betonte, es hänge stark von der Individualität des Forschers und der Art des Untersuchungsgegenstandes ab, ob im Einzelfall zur Lösung eines Problems stärker induktiv oder deduktiv vorzugehen sei. Vgl.: Zott (1976), S. 76–83.

199 Vgl.: Zaleski (1894), S. 976. – In Kapitel 3.4.3.3.5 wird versucht aufzuzeigen, ob und gegebenenfalls wie sich die durch Liebig und Lotze erfahrenen (studentischen) Prägungen konkret auf die stoffwechselphysiologischen Untersuchungen Schmidts ausgewirkt haben.

200 Zaleski (1894), S. 965.

201 Persönliche Mitteilung der Universitätsbibliothek Gießen (Abt. Universitätsarchiv) vom 28. August 1996 an den Verfasser dieser Untersuchung.

202 Vgl.: Hofmann (1888), 1, S. 240: Brief Liebigs an Wöhler vom 6. Mai 1844 – „Ich empfehle Dir den Hrn. Karl Schmidt aus Kurland auf das Dringendste."

„feurig und ungestüm, einen neuen Gedanken mit Enthusiasmus ergreifend, daher aber auch wohl der Phantasie mehr als erwünscht die Zügel schießen lassend, die gewonnene Überzeugung hartnäckig verteidigend“,[203] so stand Wöhler ganz in der Tradition seines großen schwedischen „Lehrmeisters“ Jöns Jacob Berzelius, in dessen Laboratorium er 1823/24 ein Jahr lang gearbeitet hatte. Für Wöhler galt daraufhin – ebenso wie für Berzelius – die Anschauung bzw. die sinnliche Erkenntnis als das Primäre, während er Theorien undogmatisch nur als bloße Arbeitshypothesen ansah, denen von Fall zu Fall eine unterschiedliche Wahrscheinlichkeit zukam und die man unverzüglich zu verwerfen hatte, sobald der Versuch im Laboratorium ihre Unhaltbarkeit bewies.[204] Über das Gebiet des rein experimentell Beobachtbaren hinaus fühlte sich Wöhler, seinem eigenen kritischen Urteil zufolge, jedoch nicht berufen. Mit Blick auf Liebigs Veröffentlichungen[205] über Francis Bacon schrieb er beispielsweise am 12. November 1863 an seinen Freund:

> „Ich habe sie mit dem grössten Vergnügen studirt und wieder mit wahrer Bewunderung des Talentes, das Du auch nach dieser Richtung an den Tag legst. [...] Wenn ich mich schwerer auf so etwas einlasse, so ist es nicht der Mangel an Interesse sondern Ungeübtheit, in solchen Gebieten zu denken. [...] Meine Phantasie ist ziemlich beweglich, aber im Denken bin ich peinlich schwerfällig. Niemand ist weniger zum Kritiker gemacht als ich. Das Organ für philosophisches Denken fehlt mir gänzlich, wie Du längst weißt, so gänzlich wie das für Mathematik. Nur zum Beobachten habe ich, wie ich mir einbilde, eine passable Einrichtung in meinem Gehirn, womit auch eine Art Instinct, thatsächliche Verhältnisse vorauszuahnen, verbunden sein mag.“[206]

Bereits einige Monate vorher hatte sich Wöhler gegenüber Liebig in ähnlicher Weise geäußert:

> „Indem Du Dich nun auf solch' einem philosophisch-speculativem Gebiete bewegst, werden Dir chemische Mittheilungen kleinlich und langweilig vorkommen, wie schon aus Deiner früheren Äußerung hervorgeht, daß es Dir sehr gleichgültig sei, ob es noch ein Oxyd vom Silicium gäbe oder nicht, ob das Atomgewicht des letzteren 21 oder 14 sei; ich kann aber doch nicht umhin, mich noch kindisch an dergleichen freuend, zu berichten.“[207]

Wöhler war also bis in sein hohes Alter ausschließlich der eigenhändigen Laboratoriumsarbeit zugewandt und gehörte so entgegen dem „Romantiker“ Liebig

203 Hofmann (1888), 1, S. XLVIII–XLIX. – Vgl. zu diesen Eigenschaften Liebigs auch: Valentin (1949), S. 93–94.
204 Vgl.: Valentin (1949), S. 54; Schwedt (1982), S. 838–852.
205 Vgl.: Liebig (1965 b), S. 220–254.
206 Hofmann (1888), 2, S. 149–150: Brief Wöhlers an Liebig vom 12. November 1863.
207 Hofmann (1888), 2, S. 136: Brief Wöhlers an Liebig vom 3. Mai 1863.

sicher zu den „Klassikern" in dem von Wilhelm Ostwald entworfenen Klassifikationsschema der Naturwissenschaftler.[208]

Im Gegensatz zu Gießen war Schmidt in Göttingen laut Matrikeleintrag vom 9. Mai 1844 auch formal eingeschrieben. Als Studienfach war zunächst „Philosophie" eingetragen, da es eine mathematisch-naturwissenschaftliche Fakultät in Göttingen erst ab 1922 gab. Später wurde hinzugesetzt: „seit Michaelis 1844 Medizin".[209]

### 2.5.1 Schmidts experimentelle Arbeiten im Göttinger chemischen Laboratorium

Wie in Gießen hatte Schmidt auch in Göttingen das Glück, in einem „neuen" Laboratorium zu arbeiten. Auf Initiative Wöhlers war 1842 für das chemische Universitätslaboratorium ein Neubau in der Göttinger Hospitalstraße entstanden, das den in der Chemie schon Fortgeschrittenen vorbehalten war, während die Studienanfänger das benachbarte alte, bereits 1783 unter Johann Friedrich Gmelin errichtete und dann von Friedrich Stromeyer mehrmals erweiterte Institut nutzten.[210] Über die Räume, das Inventar und die umfangreiche apparative Ausstattung des „neuen" Laboratoriums sind keine Universitätsakten vorhanden. Wir können aber davon ausgehen, dass dieser Neubau zeitgemäß erstellt und eingerichtet wurde. Er besaß zur damaligen Zeit Modellcharakter für zukünftig geplante chemische Institute, was auch darin Ausdruck fand, dass die russische Regierung durch einen Abgesandten Wöhlers Laboratorium besichtigen und sehr detaillierte Zeichnungen anfertigen ließ.[211]

Dem Charakter Wöhlers als „klassischer" Chemiker entsprach auch die Ausrichtung seines „Forschungsprogramms". Während Liebig versuchte, die Arbeiten seiner Schüler strikt dem jeweils von ihm selbst verfolgten wissenschaftlichen Zweck unterzuordnen, pflegte Wöhler wohl einen eher eklektischen Forschungsstil, der ihn sein eigenes Interesse meist hinter das seiner „Eleven" zurückstellen und ihn deshalb rückblickend als Extrempol einer chemischen „research group" erscheinen ließ.[212] Diese Grundhaltung Wöhlers hatte selbstredend auch Einfluss

208 Vgl.: Ostwald (1910 b), S. 371–388.

209 Brief des Universitäts-Archivs Göttingen vom 5. September 1996 an den Verfasser dieser Untersuchung.

210 Vgl.: Ganß (1937), S. 33–65; Schwedt (2000), S. 76–78.

211 Vgl.: Wallach (1901), 2, S. 432–433; Ganß (1937), S. 54.

212 Vgl.: Fruton (1990), S. 163–229. – In dieser Abhandlung wurden die zwischen den beiden Extremen „dictatorship" und „liberality" oszillierenden Ausprägungen in der Führung einer „research group" an den Beispielen des organischen Chemikers Emil

auf die von Schmidt in Göttingen bearbeiteten Themen. Zunächst war offenbar an die nahtlose Fortführung seiner bereits in Gießen verfolgten Analysen gedacht. Schmidt widmete sich daher gleichsam als Wöhlers Privatassistent[213] und unter dessen persönlicher Leitung der genaueren Untersuchung verschiedener so genannter „ine, dem Asarin (Knospen aus Asarum europäum) und Lemonin (aus Zitronen- und Apfelsinenkernen), die Wöhler in kleiner Quantität sehr rein besaß und mir zur Untersuchung anbot."[214] Zum eigentlichen Thema der in Göttingen schließlich zu verfassenden Dissertationsschrift wurde jedoch dann ein mehr interdisziplinäres erkoren, das die vergleichende Physiologie wirbelloser Tiere zum Inhalt haben sollte.[215]

Schmidts komparative chemische Analysen niederer und höherer Tierspezies' konnten zwar für den Aufbau der inneren Organsysteme keine nennenswerten Besonderheiten ermitteln,[216] fanden aber im „Hautsystem", d. h. dem „zum Schutz gegen die Außenwelt bestimmten Hüllen",[217] entscheidende Unterschiede. Auf der höchsten Stufe des Tierreichs bestehe dieses „äußere System", so Schmidt, „aus Proteinstoffen – es ist rein animalisch."[218] In den „Außendecken" der „Gliederthiere"[219] indessen fand er ausnahmslos „eine eigenthümliche Substanz, das Chitin."[220] Dieses erschien ihm als ein Mittler zwischen dem Reich

Fischer und des Biochemikers Franz Hofmeister sowie ihrer jeweiligen Beiträge zum Problem der Proteinstruktur besonders in den Jahren 1899–1914 entwickelt.

213 Vgl.: Zaleski (1894), S. 965.

214 BSB Liebigiana II B, Schmidt, Karl: Brief Schmidts an Liebig vom 15. Mai 1844 (Roß [2002 b], S. 39). Vgl. zu den Ergebnissen dieser ersten Göttinger Arbeiten: Schmidt (1844 b), S. 338–344; Schmidt (1845 a), S. 156–174.

215 Vgl.: Schmidt (1845 b).

216 Vgl.: Schmidt (1845 b), S. 18–32.

217 Schmidt (1845 b), S. 15.

218 Schmidt (1845 b), S. 15.

219 Vgl.: Schmidt (1845 b), S. 32–52. – Die Gliedertiere umfassen rund drei Viertel der im Tierreich existierenden Stammgruppen und beinhalten die „Unterordnungen" der Ringelwürmer, Stummelfüßer, Bärentierchen, Zungenwürmer und Gliederfüßer. Vgl.: Meyer (1971–1979), 10, S. 476.

220 Schmidt (1845 b), S. 73. – Chitin, das den Hauptbestandteil der Krustazeenpanzer und der Flügeldecken von Insekten und Spinnen bildet, findet sich auch in Pilzen. Hier entdeckte es wahrscheinlich 1811 zuerst Henri Braconnot. Er behandelte Pilze mit Alkali und Wasser und nannte die dabei gewonnene Substanz „Fungin". Zwölf Jahre später beschrieb Auguste Odier dieselbe Substanz. Er hielt sie fälschlicherweise für stickstofffrei und gab ihr den Namen „Chitin". Jean-Louis Lassaigne wies 1843 den Stickstoffgehalt des „Chitins" nach. Da ihm die von Odier gewählte Bezeichnung allerdings nicht passend erschien, kreierte er die Bezeichnung „Entomaderm".

der Tiere und der Pflanzen, da es, „der Holzfaser ähnlich, [...] geradeauf die Elemente von Protein und Stärk[e]mehl oder von Ammoniak und Zucker enthält."[221] Bei den Aszidien[222] gelang es Schmidt schließlich, in der „Außenhaut" Zellulose und damit den typischen Bestandteil der Pflanzenzellmembran nachzuweisen.[223] Er hatte somit für das „Hautsystem" höherer und niederer Tiere eine ihm plausibel erscheinende Deszendenz entwickelt, die vom Protein über das Chitin bis zur Zellulose reichte.[224]

Über die rein experimentellen Befunde zur Physiologie wirbelloser Tiere hinaus, die auch im Lichte der modernen Biochemie noch weitgehend Bestand haben,[225] ist Schmidts rund 80-seitige Göttinger Dissertationsschrift mindestens in einem weiteren Punkt interessant und aufschlussreich, denn sie belehrt uns trefflich über sein bereits angeklungenes Verhältnis zur Naturphilosophie. Hatte er schon im Sommer 1842 in Berlin seinem Tagebuch anvertraut, dass er „wahre Naturphilosophie" für eine „erhabene Wissenschaft" halte und nur deren spekulative Extreme verurteilt, die experimentelle Untersuchungen und die Empirie schlechthin „unverschämt bekritteln",[226] so konnte er rund drei Jahre später befriedigt feststellen, die „unbegründeten Phantasien unberufener Jünger des jugendlichen Schelling" seien antiquiert und verdienten nur noch Erwähnung „als historische Warnungstafeln."[227] Der Verdienste „wahrer Naturphilosophie" eingedenk, verstand er seine zweite Dissertationsschrift ausdrücklich als

> „den Versuch, Reils[228] berühmten Satz: ‚Die Erscheinungen des individuellen Lebens sind das nothwendige Resultat von Form und Mischung', auf experimentellem Wege zu prüfen, den Versuch, eine neues Element, die vergleichende Chemie neben der

Vgl.: Braconnot (1811), S. 130–135; Odier (1823), S. 29–42; Lassaigne (1843), S. 1087–1089; Lieben (1935), S. 471; Jeuniaux (1996), S. 1–9; Cotterell (2010), S. 65–66 sowie zum damaligen Stand der wissenschaftlichen Diskussion um die Struktur des Chitins auch: BSB Liebigiana II B, Schmidt, Karl: Brief Schmidts an Liebig vom 3. Juli 1844 (Roß [2002 b], S. 41–49).

221 Schmidt (1845 b), S. 73.

222 Bei den Aszidien bzw. Acidiacea oder Seescheiden handelt es sich um eine artenreiche Klasse der Chordatiere, die gewöhnlich an unterseeischen Felsen sesshaft sind. Vgl.: Meyer (1971–1979), 21, S. 497.

223 Vgl.: Schmidt (1845 b), S. 61–72.

224 Vgl.: Schmidt (1845 b), S. 73–79.

225 Vgl.: Lieben (1935), S. 471.

226 Schmidt (1897 a) (Roß [2002 b], S. 31).

227 Schmidt (1845 b), S. 13.

228 Johann Christian Reil.

comparativen Anatomie, in die Physik der Organismen einzuführen und so einer rationellen Naturphilosophie neue Anhaltspunkte zu gewinnen."[229]

Schmidt bezog sich mit dem Terminus „Form und Mischung" auf ein Begriffspaar, das zum Kennwort der gesamten Reilschen Schule geworden war[230] und seine erste umfangreiche Begründung in dem berühmten Aufsatz „Von der Lebenskraft" erfahren hatte, den Reil programmatisch seinem neu begründeten „Archiv für die Physiologie" voranstellte.[231] Im Geiste der Philosophie der Aufklärung und besonders in der Nachfolge Immanuel Kants[232] hieß es dort:

> „Ich werde daher den Grund aller Erscheinungen thierischer Körper, die nicht Vorstellungen sind, oder nicht mit Vorstellungen als Ursach oder Wirkung in Verbindung stehen, in der thierischen Materie, in der ursprünglichen Verschiedenheit ihrer Grundstoffe und in der Mischung und Form derselben suchen."[233] Und weiter: „Wir bemerken, daß vorzüglich der Grund der Erscheinungen in der Mischung der Materie, nämlich in der Natur ihrer Grundstoffe und in der Art der Verbindung derselben liege. Form, Structur, Bildung, Organisation der Materie ist schon Folge ihrer Eigenschaft; also Erscheinung, und ändert nur die Gestalt und Richtung der Phänomene ab, ohne ihre Natur zu ändern.
>
> Wir legen der Materie, in so fern sie die Eigenschaft hat, durch Erscheinungen unseren Sinnen bemerkbar zu werden, Kraft bey, und bezeichnen mit diesem Ausdruck das

229 Schmidt (1845 b), S. 12.

230 Vgl.: Eulner (1960), S. 19.

231 Reil (1796), S. 8–162. – Das in der Curtschen Buchhandlung (Halle) erschienene „Archiv für die Physiologie" wies für das erste Heft des ersten Bandes als Erscheinungsdatum das Jahr 1795 aus, nannte aber für den gesamten Band das Jahr 1796. Dieses wurde daher für den Reilschen Aufsatz zugrunde gelegt. Die programmatische Abhandlung selbst trug die Überschrift „Von der Lebenskraft", während sie im Inhaltsverzeichnis des Bandes mit „Ueber die Lebenskraft" betitelt war. Carl Sudhoff machte Reils zwischenzeitlich weitgehend vergessenen Text einer breiteren Öffentlichkeit als zweiten Band seiner „Klassiker der Medizin" wieder verfügbar, denn, wie Sudhoff (1910), S. IV meinte: „So mag auch heute manchem ernsthaften Nachdenken über vitalistische und teleologische Fragen Reils klassische Studie über die Lebenskraft anregend von Nutzen sein, gerade um der zur Zeit ihres Erscheinens in der steigenden Flut der Naturphilosophie viel gescholtenen Nüchternheit willen, mit der sie ihre Gedankenketten aneinanderreiht."

232 Vgl.: Mocek (2005), S. 483–486, der in diesem Zusammenhang (S. 461–463) berechtigt auf den Einfluss hinwies, den Reils einjähriger Aufenthalt (1783) im Berliner Hause Marcus Herz' auf die Ausbildung seines frühen Wissenschaftsverständnisses ausgeübt haben könnte.

233 Reil (1796), S. 11.

Verhältniß, welches zwischen Ursach und Wirkung oder zwischen den Eigenschaften der Materie und ihren Erscheinungen vorhanden ist."[234]

Da für Reil somit die organische Materie in ihrer jeweiligen Differenziertheit selbst Träger und Ausgangspunkt aller spezifischen Lebenserscheinungen war, bedurfte es keiner außerhalb liegenden hypothetischen Kraft mehr, um die Existenz des Organischen zu begründen. Für Reil galt folglich mit Blick auf die zu seiner Zeit noch konstitutive Lebenskraft:

„Die Kräfte des menschlichen Körpers sind also Eigenschaften seiner Materie, und seine besonderen Kräfte Resultate seiner eigenthümlichen Materie [...] Lebenskraft zeigt das Verhältniß besonderer Erscheinungen, durch welche sich die lebendige Natur von der todten unterscheidet, zu einer besonders gebildeten und gemischten Materie an. Diese Kraft werden wir alsdann erst genau von den übrigen Naturkräften unterscheiden können, wenn wir durch chemische Untersuchungen die Mischung der lebendigen thierischen Materie kennen gelernt haben. Bis dahin können wir sie nur durch Darstellung ihrer vorzüglichsten sinnlichen Eigenschaften bestimmen. [Als Fußnote:] *) Die gewöhnlichen Bestimmungen der Lebenskraft sind meinem Gefühl nach dunkel, zu eng, oder unrichtig."[235]

Die grundlegenden „Linien" seiner „Lebenskraftschrift", die mit ihrem physikalisch bzw. chemischen Entwurf des Organischen bis mindestens 1806 eine Art naturtheoretischen Leitfaden seines Denkens darstellte,[236] übertrug Reil wenige

234 Reil (1796), S. 19.

235 Reil, (1796), S. 50. – Diese Textstelle wie auch der gesamte Inhalt seines Aufsatzes bezeugen eindeutig, dass Reil zwar den Begriff der „Lebenskraft" gebrauchte, ihn aber – gänzlich anders als es ihm seine zahlreichen zeitgenössischen Kritiker unterstellten – durchaus nicht im Sinne der romantischen Naturphilosophie interpretierte, denn nirgends trat sie als ein erklärendes Prinzip auf, sondern blieb, so Tepperberg (1935), S. 25, für ihn stets nur „Gerüst, das nach Vollendung des Baues überflüssig wird."

236 Vgl.: Mocek (2005), S. 465. – Es muss an dieser Stelle zwangsläufig dahingestellt bleiben, ob und inwieweit sich Reil von seiner „Lebenskraft"- (Reil [1796], S. 8–162) über die „Rhapsodien"- (Reil [1803]) und „Gebärmutter"-Schrift (Reil [1807], 402–501) bis hin zu seinen nachgelassenen Werken (Reil [1816 a, b]) tatsächlich von seinem ursprünglich verfolgten Konzept der „Form und Mischung" entfernte, um sukzessive die Terminologie Schellings zu übernehmen und schließlich vollends die Vorgaben der romantischen Naturphilosophie zu bedienen. Dem Vorwurf, dass Reil kritiklos in die (romantische) Naturphilosophie abgeglitten sei, versuchte indessen schon Hendrik Steffens (1815), S. 22–23, ein ausgewiesener Exponent eben jener geistesgeschichtlichen Richtung, in seiner Gedenkschrift zu begegnen: „Reil theilte die Heilkunde in 1) die akologische, physisch-mechanische, 2) die chemische, dynamische,

Jahre später auch in das Werk „Über die Erkenntniß und Cur der Fieber", wo er bereits in der Vorrede zum ersten Band angesichts des tatsächlichen Bestands an gesichertem Wissen die zeitgenössische kurative Medizin zu einer gewissen „Erklärungsdiätetik" aufrief und sie statt dessen auf eine strikte Empirie verwies:

> „Ich sehe es, daß organische Körper beständig Stoff aufnehmen, verarbeiten und ihn wieder von sich geben. Ich sehe es, daß sie immerhin ihre Mischung und ihren Aggregat-Zustand überhaupt, und in ihren einzelnen Theilen, aufs mannigsfaltige abändern. Ich glaube, daß wir vorjetzt davon, wie die Mischung organischer Körper bey ihren Actionen verändert werde, nichts wissen, und vielleicht nie, wenigstens in unsrem Zeitalter, davon etwas mit Zuverlässigkeit erfahren werden. Ich folgere hieraus, daß wir von den Phänomenen des gesunden und kranken Zustandes thierischer Körper, die sich auf ihre Mischung beziehn, dermalen keine wissenschaftliche Erkenntniß haben können, und deswegen alle Krankheiten dieser Art empirisch, ihrer Aetiologie, Phänomenologie und Therapie nach, studiren, alle Hypothesen verbannen und eine geläuterte Empirie einführen müssen."[237]

## 2.5.2 Weitere Prägungen – Rudolph Wagner und Julius Vogel

Durch die vergleichenden Untersuchungen an wirbellosen Tieren lernte Schmidt in Göttingen auch den Physiologen Rudolph Wagner[238] persönlich kennen, in dessen „neuem" physiologischen Institut[239] er im Sommer 1844 ebenfalls

im eigenen Sinne medicinische und 3) die psychische. Die Relativität dieser Theilung hat er anerkannt, er war über die Einheit der Quelle des Lebens niemals zweifelhaft. Aber diese Einheit konnte weder in der einen noch in der anderen, oder dritten der Richtungen liegen, sie lag also höher als alle, und er musste in der Entwicklung seiner Ideen, auf einen Punkt getrieben werden, wo er auch diese höhere Einheit anzusprechen gezwungen war. Eben daher gehörte er der Naturphilosophie ursprünglich an, trat nicht zu ihr über. Was sie aussprach, musste er, wenn auch auf eine andere Weise, zu seinem Behuf, früher oder später auch aussprechen, sie kam ihm auf einer Stufe seiner Entwicklung entgegen, wo er eben suchte, was sie gefunden zu haben glaubte. Auch eignete er sich nur dasjenige an, was ihm Bedürfniß war, was in seiner Individualität, nur verhüllt, lag. Daher waren seine Untersuchungen der von ihm sogenannten somatischen Erscheinungen des Organismus, auch, nachdem er sich der Ausdrücke der Naturphilosophie bediente, Fortsetzungen des früheren, und die Continuität der Entwicklung läßt sich auf das deutlichste nachweisen."

237 Reil (1799), S. VI–VII.

238 BSB Liebigiana II B, Schmidt, Karl: Brief Schmidts an Liebig vom 15. Mai 1844 (Roß [2002 b], S. 39).

239 Dieses neue physiologische Laboratorium, das im Winter 1842 vollendet wurde, war nach Breslau (1824) und Rostock (1838) erst das dritte Institut dieser Art in Deutschland. Vgl.: Hoffmann (1964), S. 71; Borschel (1987), S. 219, S. 241–243.

Analysen zu dieser Problematik durchführte.[240] Wagner wendete sich schon als Student unter dem Einfluss seines Lehrers Johann Lukas Schönlein weitgehend von der rein naturphilosophischen Auffassung in der Medizin ab und versuchte im Sinne der von Schönlein postulierten naturhistorischen Methode zunehmend, die Mikroskopie systematisch für seine vergleichenden anatomischen und physiologischen Arbeiten zu nutzen.[241] Bei seiner 1840 erfolgten Berufung nach Göttingen galt Wagner deshalb selbst unter seinen späteren Kritikern und erbitterten Gegnern als eine Koryphäe der physiologischen Wissenschaften.[242] Nach dem posthumen Urteil seines Sohnes Adolph befand er sich damals zweifellos in der „Blüteperiode" seines wissenschaftlichen Lebens,[243] die allerdings Mitte 1845 durch den erneuten Ausbruch eines alten „Brustübels" und eine sich anschließende fast zweijährige Phase der Rekonvaleszenz abrupt endete.[244] Als der Student Carl Schmidt Wagner im Sommer 1844 in Göttingen traf, war jedoch hiervon ebenso wenig etwas zu ahnen wie von der erst rund ein Jahrzehnt später beginnenden Auseinandersetzung im sogenannten Materialismusstreit.[245] Schmidt begegnete so einem sicherlich noch ausschließlich der Physiologie und der empirischen Wissenschaft zugewandten Rudolph Wagner, der gerade die erste Hälfte seiner „Zootomie"[246] veröffentlicht und die ersten beiden Bände

240 Vgl.: Schmidt (1845 b), S. 7.

241 Vgl.: Hoffmann (1964), S. 26; Borschel (1987), S. 35, S. 242–243; Hagner (2001 c), S. 289 sowie zur naturhistorischen Schule und der von ihr vertretenen Methode generell: Bleker (1981), passim.

242 Vgl. in diesem Zusammenhang beispielsweise die Aussage des Zoologen Carl Vogt (1855), S. 3, des hauptsächlichen Kontrahenten Wagners im sogenannten Materialismusstreit: „Als ich meine wissenschaftliche Laufbahn begann, stand Herr Wagner auf der Höhe des Rufes. […] Er hatte über viele Details der mikroskopischen Anatomie, die gerade damals Zeitfragen waren, Untersuchungen veröffentlicht, die zwar alle fragmentarisch waren, aber den Ruf des Beobachters umso mehr in die Höhe brachten, als mikroskopische Untersuchungen damals noch zu den selteneren Ausnahmen gehörten […] Damals konnte ich noch Herrn Wagner unter den Coryphäen der physiologischen Wissenschaften nennen."

243 Vgl.: Wagner (1864), S. 4.

244 Vgl.: Hoffmann (1964), S. 73; Borschel (1987), S. 250.

245 Vgl. zu dieser als „Vogt-Wagner-Streit" oder schlicht als „Materialismusstreit" apostrophierten weltanschaulichen Auseinandersetzung, die 1852 begann und nach 1854 die philosophisch-naturwissenschaftliche Diskussion zumindest in Deutschland für einige Zeit beherrschte: Meschede (1980), Sp. 868–869.

246 Wagner (1843).

des viel beachteten „Handwörterbuchs der Physiologie“[247] herausgegeben hatte. Wagner lehrte Schmidt an einem der insgesamt 28 im neu erbauten physiologischen Institut zur Verfügung stehenden Oberhäuserschen[248] Mikroskope nicht nur den sachgerechten Gebrauch des Instruments, sondern auch die Technik des exakten mikroskopischen Beobachtens.[249]

Während seiner von Wagner persönlich begleiteten Arbeit im Göttinger physiologischen Institut schloss Schmidt auch Freundschaft mit dem Histologen Heinrich Frey und dem Helminthologen Rudolf Leuckart. Zudem wurde er mit Julius Vogel, einem weiteren damals führenden Mikroskopiker bekannt.[250] Vogel war auf Betreiben Wagners 1842 als außerordentlicher Professor nach Göttingen berufen worden und hatte am dortigen physiologischen Institut die Position eines „Subdirektors“ inne.[251] Ihm oblag neben pathologischen und chemischen Untersuchungen an Tieren auch die Durchführung der an den klinischen Anstalten notwendigen Sektionen,[252] und so verdankte Schmidt Vogel zahlreiche pathologische Produkte, die er unter der Anleitung seines Lehrers akribisch mit dem Mikroskop untersuchte.[253] Wie unter anderem die explizite Widmung an Julius Vogel beweist, legten diese frühen klinisch-chemischen Analysen den Grundstein für Schmidts 1846 erschienene Schrift „Entwurf einer allgemeinen Untersuchungsmethode der Säfte und Excrete des thierischen Organismus“.[254]

---

247 Wagner (1842–1853). – Von diesem „Handwörterbuch“ erschienen insgesamt vier Bände. Vgl.: Pagel (1901), Sp. 1798.

248 Georg Oberhäuser.

249 Vgl.: Zaleski (1894), S. 965; Borschel (1987), S. 242. – Die erwähnten Mikroskope galten als sehr hochwertige „Fertigungen“ und bestachen insbesondere durch ihre optische Auflösung.

250 Vogel (1841) hatte mit seiner „Anleitung zum Gebrauch des Mikroskops“ eine Schrift vorgelegt, die sich rasch nach ihrem Erscheinen zu einer Art Standardwerk der zeitgenössischen mikroskopischen Literatur entwickelte. Vgl.: Lage (1995), S. 42.

251 Vgl.: Lage (1995), S. 15.

252 Vgl.: Schelp (1940), S. 11.

253 BSB Liebigiana II B, Schmidt, Karl: Brief Schmidts an Liebig vom 15. Mai 1844 (Roß [2002 b], S. 40).

254 Schmidt (1846 c). – In diesem Kontext sei auch die „Reihe von Versuchen theils an mir selbst, theils an dem Harn verschiedener Kranker, den ich in der Fuchs'schen Klinik erhalten konnte“, erwähnt. BSB Liebigiana II B, Schmidt, Karl: Brief Schmidts an Liebig vom 3. Juni 1844 (Roß [2002 b], S. 41). Vgl. zu der von Conrad Heinrich Fuchs geleiteten Göttinger medizinischen Klinik: Seybold (1963), passim.

### 2.5.3 Über das Experimentelle hinaus – Der mögliche Einfluss Lotzes

Auch in den beiden Göttinger Semestern besuchte Schmidt eine Reihe von Vorlesungen bzw. Praktika.[255] Besonders nachhaltig dürfte dabei das Kolleg Rudolph Hermann Lotzes über „Allgemeine Physiologie" gewesen sein, das im Wintersemester 1844/45 mit je drei Wochenstunden stattfand.[256] Lotze hatte als Nachfolger Johann Friedrich Herbarts damals gerade sein Amt in der Göttinger philosophischen Fakultät angetreten und vertrat wesentlich unter dem Einfluss seiner Leipziger akademischen Lehrer Ernst Heinrich Weber, Alfred Wilhelm Volkmann und Gustav Theodor Fechner eine mechanistische Naturauffassung,[257] in der er wohl auch durch das frühe Studium der Schriften Newtons bestärkt wurde.[258] Da keinerlei publizierte Mitschriften der Physiologie-Vorlesung Lotzes existieren,[259] lässt sich deren möglicher Inhalt nur indirekt über seine Werke erschließen. Sein medizinisch-philosophisches Konzept der Physiologie hatte Lotze erstmals ausführlich in dem 1842 erschienenen Werk „Allgemeine Pathologie und Therapie als mechanische Naturwissenschaft"[260] entwickelt, dem ein Jahr später als einleitender Beitrag für das bereits erwähnte „Handwörterbuch der Physiologie" Rudolph Wagners der programmatische Artikel „Leben – Lebenskraft"[261] folgte. 1851 schloss sich die „Allgemeine Physiologie des koerperlichen Lebens"[262] an,

255 UAG Med. Fak. Prom. Nr. 13 vom 12. März 1845. Im einzelnen handelte es sich um: „Clinische Uebungen" und „Den zweyten Theil der speciellen Patholgie u. Therapie" (Conrad Heinrich Fuchs); „Die Anatomie u. Physiologie der Pflanzen" (Rudolph Grisebach); „Anatomische Demonstrationen" (Maximilian Adolf Langenbeck); „Allgemeine Physiologie" (Hermann Lotze); „Die Lehre der Geburtshilfe und Practische Uebungen" (Jakob Siebold); „Histologie u. Anthropochemie [...]" und „Die pathologische Anatomie" (Julius Vogel); „Menschliche und vergleichende Physiologie mit Entwicklungsgeschichte, erläutert durch Demonstrationen und Experimente" und „Practische Zootomie [...]" (Rudolph Wagner); „Practische Uebungen in dem academischen Laboratorium" (Friedrich Wöhler). Vgl.: VLV Göttingen (1844), S. 6–9, S. 10 –11; (1844/45), S. 6–9, S. 11–12; Roß und Hansel (2000), S. 10–11.

256 UAG Med. Fak. Prom. Nr. 13 vom 12. März 1845. Vgl.: VLV Göttingen (1844/45), S. 10.

257 Vgl.: Wentscher (1913), S. 30–32; Fischer (1952), passim; Hennemann (1959), S. 118; Tubbesing (1964), passim; Müller-Strahl (2013), S. 127–152.

258 Vgl.: Pester (1997), S. 27.

259 Vgl.: Pester (1997), S. 353.

260 Lotze (1842 a).

261 Lotze (1842 b), S. IX–LVIII.

262 Lotze (1851).

die nachfolgend zwar zur Rekonstruktion des mutmaßlichen Vorlesungsinhalts herangezogen wurde, ohne jedoch Aussagen zu physiologischen Detailfragen zu berücksichtigen, die überwiegend dem rund sechsjährigen wissenschaftlichen Erkenntnisfortschritt geschuldet sein dürften und daher in der von Schmidt besuchten Vorlesung höchstwahrscheinlich noch nicht Gegenstand der Betrachtung waren.

#### *2.5.3.1 Lotzes Naturauffassungen*

Lotze unterschied drei Arten der Naturauffassungen, nämlich die idealen, die dynamistischen und die mechanistischen.[263]

Die idealen Naturansichten basierten auf der ästhetischen Überzeugung von einer die Welt durchdringenden Zweckmäßigkeit und waren auf den Sinn und den Wert der Natur-Gestalten und -Ereignisse im Zusammenhang der Dinge gerichtet.[264] Bei ihnen bedurfte es statt bloß empfänglicher Auffassung, wie sie der Erklärung von Gesetzen und Tatsachen vorausgehe, „selbstthätig erzeugender Ahnung, und die Bedeutung der Natur wird nur durch ein geistiges Nachschaffen ihrer Gestalten gefunden."[265] Wo man aber auf solche Erkenntnis angewiesen sei, unabhängig davon, „wie groß auch immer für den Geist der Werth der neuen Welt ist, die sie eröffnet",[266] verlasse man das Gebiet der (exakten) Wissenschaften. Die idealen Naturansichten, so Lotze, würden daher weder die Möglichkeit des Beweises und Gegenbeweises bieten, noch seien sie geeignet, unseren Anschauungen Allgemeingültigkeit und genaue Mitteilbarkeit zu verleihen.[267]

Die dynamistischen Naturauffassungen waren nach Lotze dadurch geprägt, dass für die Erklärung der Lebenserscheinungen spezifische Triebe oder Kräfte, z. B. der Bildungs-, Gestaltungs- oder Lebenstrieb sowie die Lebenskraft verantwortlich zeichneten.[268] Wie schon in seiner medizinischen Dissertationsschrift[269] wandte er sich vehement gegen den bedenkenlosen Gebrauch des Terminus Lebenskraft.[270]

263 Vgl.: Lotze (1851), S. 18–48.

264 Vgl.: Lotze (1851), S. 18–19; Pester (1997), S. 170.

265 Lotze (1851), S. 19.

266 Lotze (1851), S. 19.

267 Vgl.: Lotze (1851), S. 19–20.

268 Vgl.: Lotze (1851), S. 25–36.

269 Lotze (1885), S. 25. Der Begriff der Lebenskraft, so formulierte es Lotze (in der deutschen Übersetzung von Pester [1997], S. 58) dort, „verderbe alle Wissenschaft und eröffne der mystischen Erdichtung Tür und Tor."

270 Vgl. zu den sich wandelnden Bedeutungen des Begriffs der Lebenskraft, die teils als ein besonderer „Bildungstrieb", teils als eine spezifische „Reizbarkeit" des

Seine Kritik[271] stützte sich besonders auf die unterschiedliche Verwendung des Kraftbegriffes in der Physik und Physiologie. Während der Begriff Kraft „in der Physik von dem wohlthätigsten Einfluß auf die Berechnung der Erscheinungen gewesen" sei,[272] trete die Lebenskraft in der Physiologie stets „als die unbekannte Ursache der Erscheinungen"[273] auf, und immer dort, wo diese Erscheinungen nicht zu erklären seien, werde sie zur Begründung herangezogen. Hinzu komme, dass in der Physik dem Begriff Kraft „immer der Satz der Gleichheit der Wirkung und Gegenwirkung zugesellt" werde.[274] Das habe zur Folge, dass „die Physik in allen ihren Anwendungen den Satz der vielen Ursachen [anerkennt]; sie spricht nie von Kräften, ohne zumindest zwei Träger derselben zu haben, zwischen denen, als den zwei Prämissen der künftigen Folge, die Kraft der Bewirkung getheilt wird."[275] Dagegen höre man in der Physiologie nicht nur,

> „daß eine einzige Ursache zur Bewirkung einer Erscheinung hinreicht; nein, sondern wir lernen auch, daß man eine ganze Masse von Erscheinungen zusammenraffen könne, um sie einer Ursache zuzuschreiben, ohne daß man sich im geringsten zu zeigen bemühe, wie denn nun aus der einen Kraft so Verschiedenes hervorgehen soll."[276]

Indem sich Lotze entschieden gegen die Vorstellung wandte, man könne das Leben allein aus einer Ursache, z. B. der „Lebenskraft", der „Seele" oder dem „Trieb" ableiten, glaubte er, der Theorie der „Lebenskraft" ihre Existenzberechtigung entzogen zu haben, denn wahre Physiologie beginne erst dann, wenn solche Denkansätze aufgegeben würden.[277]

Zwar betrachtete Lotze die ideale und die sie fortbildende dynamistische Naturauffassung als „einen unentbehrlichen Durchgangspunkt in der Entwicklungsgeschichte der Wissenschaft",[278] doch ergab sich aus deren letztendlicher Ablehnung die Notwendigkeit, mit seiner mechanistischen Theorie eine alternative Erklärung des Lebens in die Naturwissenschaften einzubringen.[279]

---

organischen Körpers, bald als „Seele" schlechthin und mitunter auch nur als eine „einfache Substanz" verstanden wurde, die Quelle aller Bewegungen im Organischen sein sollte: Botsch (1997), passim.

271 Vgl.: Appunn (1984), passim.

272 Lotze (1842 b), S. XVII.

273 Lotze (1842 b), S. XIX.

274 Lotze (1842 b), S. XVIII.

275 Lotze (1842 b), S. XVIII.

276 Lotze (1842 b), S. XIX.

277 Vgl.: Lotze (1842 b), S. XVI; Pester (1997), S. 161.

278 Lotze (1851), S. 33.

279 Vgl.: Lotze (1851), S. 36–48.

Vom Standpunkt einer wissenschaftlichen Heilkunde ausgehend, könne man in den Ablauf des Naturgeschehens weder eingreifen, wenn wir nur „irgend eine Idee als wirkende Macht ansehen, die in einer Erscheinung thätig ist", noch sei dies möglich, „wenn wirklich eigenthümliche wesentliche Triebe jeden Kreis der Erscheinungen"[280] beherrschten. Es bestehe deshalb nur dort eine reale Einwirkungsmöglichkeit, wo eine „Unterordnung des Mannigfaltigsten unter allgemeine Gesetze" gelinge, da nur unter solchen Bedingungen die Heilkunst der Natur mit gleichartigen Waffen gegenüberstehe und sie zu unterstützen oder zu bekämpfen vermöge.[281] Die Unterordnung des Mannigfaltigsten unter allgemeine Gesetze sei für die mechanistische Naturauffassung charakteristisch, da sie die Erscheinungen auf ihre letzten, einfachsten Gründe zurückführe. Die Erklärung der Naturerscheinungen verlange stets das Vorhandensein und Zusammentreffen zweier Gedankenketten. Die eine gehe von der empirischen Beobachtung aus, „während die andere ihr zur Auswahl und Benutzung eine Reihe allgemeinere Wahrheiten und Gesetze entgegenbringt; die Forderung ist, das beobachtbare Einzelne diesem Allgemeinen und Umfassenden unterzuordnen."[282] In der Bestimmung der inneren Struktur der Tatsachen, die größtenteils der Beobachtung entzogen seien, waren für Lotze frühere Erfahrungen, Analogien aller Art, Hypothesen und Experimente von großem Nutzen.[283] Obwohl Lotze die Vorrangigkeit der mechanistischen Naturerklärung im Rahmen seines medizinisch-physiologischen Konzepts der Physiologie deutlich herausstellte, wollte er die beiden ihr vorangegangenen Auffassungen keineswegs gänzlich aufgeben, um so ein und denselben Gegenstand von verschiedenen Seiten beurteilen zu können.[284]

### *2.5.3.2 Lotzes Vorstellungen vom Mechanismus des Stoffwechsels*

Galt es, Stoffe und Nahrungssäfte über größere Strecken im Organismus fortzubewegen, so hatten hieran die chemischen Verwandtschaften der Elemente nur sehr geringen Anteil, denn die aus ihnen resultierenden molekularen Wirkungen würden schlichtweg zu früh erlöschen. Lotze hielt daher für den Mechanismus des Stoffwechsels grundsätzlich zusammengesetzte Wirkungen für notwendig. Sie stammten seiner Meinung nach teils aus Kräften der äußeren Natur, die unmittelbar in den Organismus eingriffen, teilweise handele es sich aber auch

280 Lotze (1851), S. 36.
281 Vgl.: Lotze (1842 b), S. X; Lotze (1851), S. 37.
282 Lotze (1851), S. 44–45.
283 Vgl.: Lotze (1851), S. 45; Pester (1997), S. 171.
284 Vgl.: Fischer (1952), S. 55; Pester (1997), S. 171.

um eigentümliche, diesen selbst innewohnende „zusammengesetzte Apparate", die den Maschinen ähnlich waren und die Erzeugung der Bewegung übernahmen.[285] Da alle Maschinenwirkungen letztlich jedoch wieder auf Molekularkräften der einzelnen Bestandteile beruhten und auch die eigentlich wirksamen Kräfte dieser „organischen Apparate" wieder in ihren chemischen Verwandtschaften und deren molekularer Anziehungskraft begründet lägen, formulierte Lotze für den Mechanismus des Stoffwechsels allgemein: Er beruhe auf den Molekularkräften der einzelnen Bestandteile. Sie stellten nichts anderes dar

> „als Systeme planmässig zusammengeordneter Molecule, aus deren vereinigter Gesammtwirkung mechanische Bewegungen hervorgehn, indem die Lagenveränderungen, welche sie durch die Gegenwirkungen ihrer eigenen Kräfte unter sich erfahren, sich in der Gestalt des Druckes und des Stosses auf grosse Mengen beweglicher Stoffe fortpflanzen."[286]

Das konkrete mechanische Arbeitsprinzip des Verdauungstraktes lag nach Lotze in seiner Fähigkeit zur peristaltischen Bewegung begründet, die die Weiterbeförderung des Nahrungsbreies bewirke. Die Aufgabe der Schleimhaut sollte darin bestehen, die Verdauungssäfte abzusondern und die umgewandelten benutzbaren Stoffe des Speisebreis aufzusaugen.[287] Den Blut- und Chylusgefäßen, die schon den Magen reichlich durchsetzten und verstärkt im unteren Darmkanal anzutreffen seien, wies Lotze die Resorptionsarbeit zu.[288] Assimilation und Sekretion sah Lotze vorläufig „als verschieden geartete Beispiele desselben allgemeinen Processes"[289] an, denn in beiden würden einzelne Bestandteile aus dem Blute austreten, welche sich zunächst in die Substanz parenchymatöser oder membranöser Gewebe begaben; dort, um in ihr zu verharren und als Ersatz ihre Funktionsfähigkeit zu garantieren, hier, „um durch sie hindurch sich in einen offenen Raum, in die Aussenwelt zu verbreiten."[290]

### *2.5.3.3 Lotzes Vorstellungen vom Chemismus des Stoffwechsels*

Für Lotze war eine stetige Massenzufuhr durch tierische und pflanzliche Nahrungsmittel erforderlich, um die Selbsterhaltung des Organismus auf Dauer zu gewährleisten. Die aufgenommenen Nahrungsbestandteile bedurften hierbei

---

285 Vgl.: Lotze (1848), S. 449–456; Lotze (1851), 227–291.
286 Lotze (1851), S. 227.
287 Vgl.: Lotze (1851), S. 254–257; Eder (1944), S. 38–39.
288 Vgl.: Lotze (1848), S. 452–454; Lotze (1851), S. 257–261.
289 Lotze (1851), S. 282.
290 Lotze (1851), S. 282.

einer chemischen Vorbereitung und Zersetzung. Für den Körper unverwendbare Nebenprodukte kehrten in die Außenwelt zurück, so dass sich mithin ein Stoffwechsel ergab, für den – so Lotze – äußere und innere Substanzen verantwortlich waren.[291]

Unter den äußeren stand der Sauerstoff im Mittelpunkt der Beobachtung. Er sei als ein lediglich mittelbar bewegender Stoff und als Quelle eines fortschreitenden Oxydationsprozesses als diejenige chemische Bewegung anzusehen, „in deren Verlauf die Anregungen zur Ausübung der Lebensthätigkeiten erzeugt werden."[292] Von den äußeren Substanzen, die den tierischen Stoffwechsel bedingten, hielt Lotze die stickstofflosen Kohlenhydrate für bloß benutzbare Materialien, die folglich als Formbestandteile des tierischen Körpers fehlten. Ihr weitaus größter Teil unterliege im Zuge der Respiration der unmittelbaren Oxydation zu Kohlensäure und Wasser, und diese Verbrennung unterhalte gemeinsam mit jener der Fette die Bildung der für den Tierkörper unerlässlichen Wärme.[293]

Waren also die Kohlenhydrate für die Bildung und Regeneration der Körpersubstanz faktisch zu vernachlässigen, so hielt Lotze die „leimgebenden Substanzen" mit ihrer großen Zähigkeit, Dehnbarkeit und Elastizität für gleichsam die Erzeugerinnen aller festen und geformten Bestandteile des Körpers.[294] Als Grundsubstanz der parenchymatösen Anfüllung der kanalförmigen bzw. zellulären Räume gab Lotze also eiweißartige Körper an, nicht ohne zu beklagen, dass die Kenntnisse über deren chemischen Bau augenblicklich noch sehr unzureichend seien.[295]

---

291 Vgl.: Lotze (1842 b), S. 28; Lotze (1851), S. 167–168.

292 Lotze (1851), S. 193.

293 Vgl.: Lotze (1848), S. 445–447; Lotze (1851), S. 194–195; Eder (1944), S. 29. – In seiner „Allgemeinen Physiologie" äußerte sich Lotze darüber hinaus sehr kenntnisreich zu weiteren Details des Metabolismus' der Kohlenhydrate. Diese Überlegungen werden jedoch hier deshalb nicht wiedergegeben, weil sie nachweislich ganz überwiegend dem seit 1845 eingetretenen wissenschaftlichen Erkenntnisfortschritt auf dem Gebiet der Physiologie der Verdauung geschuldet sind und so in der von Schmidt rund sechs Jahre zuvor besuchten Vorlesung Lotzes noch keine Rolle gespielt haben können.

294 Vgl.: Lotze (1851), S. 184.

295 Vgl.: Lotze (1851), S. 184–186. – Auch für Lotzes (1851), S. 185 niedergelegte Ausführungen zur chemischen Umsetzung der „Eiweiße" gilt der bereits zuvor einschränkend geltend gemachte „Zeitfaktor", denn sie lassen deutlich erkennen, dass er diese Substanzen als Gemenge chemisch ganz verschiedener Stoffe ansah, „die bei der Unkrystallisirbarkeit aller nicht von einander zu trennen sind." Somit lehnte er das in der Zwischenzeit durch Laskowski (1846), S. 129–166 eindeutig als unzutreffend

## 2.6 Der Weggang aus Deutschland und die Rückkehr nach Russland

Mit der von Wöhler und Wagner gemeinsam betreuten Dissertation „Zur vergleichenden Physiologie der wirbellosen Thiere" und deren öffentlicher Verteidigung schloss Schmidt seine Göttinger Studienzeit am 19. März 1845 durch den Erwerb des medizinischen Doktorgrades ab.[296] Über diese Phase schrieb er Jahrzehnte später an Wöhler: „Der Schluß meines academischen Wanderjahrs unter Ihren Auspicien ward die Embryonalperiode der ‚Verdauungssaefte und des Stoffwechsels'[297] und etwaigen Nachfolgern; es ist eins der schönsten Jahre meines geistigen Lebens".[298] Schmidts Schüler und Biograph Zaleski sah rückblickend die Bedeutung der Göttinger Zeit für seinen Lehrer vor allem darin begründet, dass ihm Wöhler die Fähigkeit vermittelte, „die zu bearbeitende Frage streng systematisch bis auf den Grund zu erforschen und die unnützen theoretischen Ausschreitungen an dem Lenkseil streng experimenteller Kritik zu vermeiden".[299] Insgesamt erscheint uns Schmidt am Ende seiner akademischen Wanderjahre durch deutsche Universitäten als ein ausschließlich dem Experiment verpflichteter Naturforscher. Zwar lehnte er rein spekulative jenseits jeglicher Empirie entstandene Erklärungsversuche entschieden ab, war aber gleichwohl um Einordnung seiner Beobachtungen in einen umfassenderen rationalen und durchaus auch (natur-)philosophischen Rahmen bemüht, wenn es um die Erklärung der bis dato noch weitgehend unverstandenen Komplexität der organischen (Lebens-)Erscheinungen ging.

---

entlarvte „Protein-Radikal" Mulders ab und äußerte sich skeptisch bezüglich der Möglichkeit, in naher Zukunft ein gemeinsames „Prinzip" zu definieren, auf dem der Bau der „Eiweiße" beruhe. Lotze (1851), S. 191 reagierte in seiner „Allgemeinen Physiologie" auch explizit auf die erhebliche Kritik an Liebigs „Thier-Chemie", indem er beispielsweise darauf hinwies, dass die komplexen Umsetzungen der „Eiweißkörper" bislang noch einer halbwegs plausiblen Erklärung harrten und in diesem Zusammenhang die Kombination der Summenformeln verschiedener in vitro erzeugter Stoffe nutzlos sei, da sie nicht verbürge, „dass sie im geringsten einen physisch möglichen Prozess" bedeute.

296 Vgl.: Schmidt (1845 b) sowie zu den Thesen, mit denen er seine Dissertation verteidigte: UAG Med. Fak. Prom. 1845, Nr. 13 vom 12. März 1845.

297 Vgl.: Bidder und Schmidt (1852) sowie Kapitel 3.4.3.3.3–3.4.3.3.4 dieser Untersuchung.

298 NSB ACC. Mss. 1975.5: Brief Schmidts an Wöhler vom 3./15. Januar 1861 (Roß [2002 b], S. 89).

299 Zaleski (1894), S. 965.

Seine beiden in kurzer Zeit erstellten Dissertationen brachten Schmidt ebenso wie seine veröffentlichten Aufsätze rasch Anerkennung in Fachkreisen ein und hätten ihm sicherlich eine Gelehrtenlaufbahn in Deutschland ermöglicht. Ungeachtet dieser günstigen Voraussetzungen kehrte er jedoch noch 1845 in seine Heimat zurück, denn die „Aussichten auf materielle Existenz, auf das Fortkommen im Staate" erschienen ihm in Deutschland als zu ungewiss, die „Bande der Familie und Freundschaft in der kleinen Heimath [dagegen als] zu lohnend."[300] Für einige Monate war Schmidt an der militär-medizinischen Akademie in St. Petersburg unter anderem bei Nikolai Pirogov beschäftigt, um den Grad eines „Arztes erster Abtheilung" zu erwerben, der es ihm erlauben sollte, auch in Russland zu praktizieren.[301] In einer Mischung aus Verzweiflung und Hoffnung schrieb Schmidt am 29. Oktober/11. November 1845 an Liebig:

> „Mir stehen [...] hier (in Petersburg) für Eßen, Trinken, Schlafen, Heirathen und Haus machen etc., kurz, was man so gewöhnlich in der Welt angenehm leben nennt, 2 Wege offen, der der medicinischen Praxis oder der der Anstellung im Ministerio z. B. der Finanzen als technischer Chemicus zu geeigneten besondern Aufträgen. Beide sind mir verhaßt, denn man ist damit für die Wißenschaft verloren, man ist gezwungen, sein ganzes Ich der ‚milchenden Kuh', mag die Milch auch noch so fett sein, zu opfern.
>
> Soeben eröffnet sich mir aber ein dritter Ausweg, und es hängt von Ihnen ab, ob meine glühende Begeisterung für Alles, was Chemie und Physiologie heißt, für immer im Uebergewicht der Materie ersticken, oder frei und frisch aufflammen, ja vielleicht die hiesigen Eisregionen schmelzen und zum Sieden bringen soll. Einer meiner hiesigen Freunde[302] hat nämlich dem Minister der Volksaufklärung den Vorschlag gemacht, in Dorpat eine Professur angewandt auf Medicin und Agricultur (N. B.: der technische Nutzen ist hier immer hervorzuheben, es ist eine Umschreibung von ‚organische Chemie' oder ‚der chemische Theil der Thier- und Pflanzenphysiologie') – verbunden mit einem öffentlichen Laboratorium zu gründen und mich dazu proponirt. Ich war an den Minister zwar persönlich, doch nur von v. Meyendorff,[303] dem Berliner Gesandten, keiner wißenschaftlichen Notabilität, empfohlen. Eine Empfehlung von Ihnen würde natürlich auf der Stelle den Ausschlag geben und mir die Möglichkeit verschaffen, nach

300 BSB Liebigiana II B, Schmidt, Karl: Brief Schmidts an Liebig vom 25. Februar 1845 (Roß [2002 b], S. 53).

301 Vgl.: Zaleski (1894), S. 965.

302 Der „hiesige Freund" war Friedrich Bidder, der zu dieser Zeit die Professur für Physiologie an der Dorpater Universität inne hatte. Durch die Bekanntschaft mit Schmidts Vater kannte Bidder Carl schon als Kind. Vgl.: Bidder (1959), S. 26.

303 Peter Leonhard Suidigerius Freiherr von Meyendorff.

> Kräften auf der unter Ihrer Führung betretenen Bahn fortzuschreiten und als Lehrer fortzuwirken.“[304]

Obwohl das von Schmidt erbetene Empfehlungsschreiben Liebigs ganz offensichtlich ausblieb[305] und er sich Anfang des Jahres 1846 in Dorpat noch im Wartestand üben musste, sollte seine akademische Karriere dennoch schnell voranschreiten.[306]

---

304 BSB Liebigiana II B, Schmidt, Karl: Brief Schmidts an Liebig vom 29. Oktober/ 11. November 1845 (Roß [2002 b], S. 57).

305 EAA 402/3/1887; RGIA 733/121/979, S. 703–714, S. 724. Keine dieser beiden Personalakten Schmidts enthält eine derartige Empfehlung Liebigs.

306 Vgl. hierzu Kapitel 3.1 dieser Untersuchung.

# 3 Von der klinischen Chemie zur Experimentalkritik des Stoffwechsels

## 3.1 Schmidt als Privatdozent an der Universität Dorpat

Schmidts „akademischer Wartestand" währte indessen nicht lange, denn der Minister der Volksaufklärung folgte schon bald dem Vorschlag des Conseils[1] und befürwortete die Anstellung des „ausländischen Doktors" Schmidt. Allerdings schränkte er ein, dass dieser nach der öffentlichen Verteidigung seiner Dissertation den Vortrag des Faches (physiologische und pathologische Chemie) ohne Gehalt übernehmen müsse, da seit Beschluss vom 8. Juli 1839 die außerplanmäßigen Privatdozenten keine Zahlung erhielten.[2] Schmidt, der von dem Inhalt des ministeriellen Schreibens vom Rektor der Universität Dorpat in Kenntnis gesetzt wurde, ließ sich von der Unentgeltlichkeit seiner zukünftigen Stellung nicht entmutigen. Durch die Verteidigung seiner Dissertation „De microcrystallometria eiusque in chemia physiologica et pathologica momento",[3] die am 3. Mai 1846 in öffentlicher Disputation zur völligen Zufriedenheit der philosophischen Fakultät ausfiel, erwarb er die Berechtigung, als außeretatmäßiger Privatdozent Vorlesungen in der medizinischen Fakultät zu halten.[4] Darüber hinaus bemühte sich Schmidt gleichzeitig, auch in seiner Heimat die medizinische Doktorwürde zu erwerben, was in Russland den Grad „Arzt" voraussetzte und ein medizinisches Doktorexamen sowie die öffentliche Verteidigung der Dissertation verlangte.[5] Als („philosophischer") Privatdozent richtete er deshalb am 28. Mai 1846 ein Gesuch an die medizinische Fakultät mit der Bitte um Zulassung zum medizinischen

1 Das Conseil der Universität Dorpat, dem alle ordentlichen Professoren angehörten und das unter dem Vorsitz des Rektors stand, war Träger der Autonomie der Institution sowie oberste Verwaltungs- und Gerichtsbehörde in allen akademischen Angelegenheiten. Vgl.: Gernet (1902), S. 19–20 sowie die nachfolgenden Ausführungen.

2 EAA 402/3/1887, Nr. 88 vom 2. April 1846.

3 Schmidt (1846 b). – Diese zweite „philosophische" Dissertation Schmidts entsprach der so genannten „Magister-Dissertation", die damals in Russland notwendig war, um Vorlesungen halten zu dürfen. Dieser Grad, der dem deutschen Dr. habil. entsprach, war unumgänglich für die Bekleidung einer Professur. Vgl.: Walden (1904), S. 26; Roß und Hansel (2000), S. 6, S. 25.

4 EAA 402/3/1887, Nr. 406 vom 6. Mai, Nr. 874 vom 5. Juni und Nr. 596 vom 8. Juni 1846.

5 Vgl.: Gernet (1902), S. 25.

Doktorexamen, zu dem Bidder als Dekan sämtliche Hochschullehrer der Medizin am 30. Mai 1846 um 3 Uhr nachmittags in sein Wohnhaus einlud.[6] Nach bestandenem „Gradual-Examen"[7] gestattete man Schmidt, zur Erlangung des medizinischen Doktorgrades eine weitere Dissertation einzureichen.[8] Mit der Verteidigung dieser neuen Arbeit, die den Titel „De digestionis natura ac de ratione, qua oxalus calcis per sanguinem in secreta organismi varia transeat"[9] trug, erwarb er am 11. November 1846 auch an der Universität Dorpat den Dr. med.

Als außeretatmäßiger Privatdozent hielt Schmidt Vorlesungen über physiologische und pathologische Chemie (Anlage 5) und fand räumlich Unterschlupf im physiologischen Institut Bidders, der Schmidt gerne mit einigen zu chemischen Untersuchungen erforderlichen Utensilien ausstattete.[10] Bereits im Dezember 1846 versuchte Bidder als Dekan der medizinischen Fakultät, die unentgeltliche Vorlesungstätigkeit Schmidts zu beenden. In einer Eingabe an das Conseil hob er zunächst den anerkennenswerten Fleiß und Eifer hervor, mit denen Schmidt seinem Fach größere Ausdehnung zu geben versuche. Für eine Anstellung als etatmäßiger Privatdozent spreche, so Bidder, dass Schmidt neben seinen vielfachen Tätigkeiten jederzeit bereitwillig chemische Analysen pathologischer Produkte für die Fakultät durchführe und neben einer selbstständigen Schrift[11] die Resultate seiner emsigen Untersuchungen zu Journalartikeln bearbeitet habe, deren Veröffentlichung in Kürze bevorstehe.[12] Nachdem das Conseil die vorgebrachten Gründe anerkannt und den Antrag befürwortend an den Minister der Volksaufklärung weitergeleitet hatte, wurde Schmidt „durch allerhöchsten Erlaß vom 8. Febr. 1847 [...] als etatmäßiger Dozent der physiologischen und pathologischen Chemie bei der Dorpater Universität angestellt."[13]

6 EAA 402/22006, Nr. 95 vom 28. und 29. Mai 1846.

7 EAA 402/22006: Protocoll über das Gradual-Examen des ausl[ändischen] Dr. med. und Arzt[es] 1. Abth[eilung] C[arl] Schmidt aus Kurland vom 9. August 1846.

8 EAA 402/22006 vom 9. August 1846.

9 Schmidt (1846 a).

10 Vgl.: Zaleski (1894), S. 966; Bidder (1959), S. 121.

11 Vgl.: Schmidt (1846 c).

12 EAA 402/3/1887, Nr. 218 vom 16. Dezember 1846. Vgl. zu den angesprochenen Journalartikeln aus dieser Zeit: Past und Tankler (2007), S. 119–120.

13 EAA 402/3/1887, Nr. 1461 vom 20. Dezember 1846 und Nr. 39 vom 25. Februar 1847.

## 3.2 Der institutionelle Kontext und das intellektuelle Klima an der Universität Dorpat in der ersten Hälfte des 19. Jahrhunderts

Schmidt trat damit als Hochschullehrer in die Kaiserliche Universität Dorpat ein. Diese war am 21. April/3. Mai 1802 auf den Fundamenten einer vormals schwedischen Universität[14] wieder eröffnet worden und stand für wenige

14 Das Schicksal der schwedischen Universität Dorpat war wesentlich bestimmt durch die kriegerischen Auseinandersetzungen im 17. und 18. Jahrhundert. König Gustav II. Adolf gründete die schwedische Landesuniversität 1632 wohl aus drei Gründen. Neben der allgemeinen Verbreitung des Protestantismus ging es ihm auch um die Eindämmung der polnisch-litauischen Expansion, wie sie sich nach der Union von Lublin (1569) und dem livländischen Krieg (1558–1582) zwangsläufig ergeben hatte. Gustav II. Adolf verfolgte zudem das Ziel der Heranbildung einer akademischen „Schicht" für sein Land. Dieses schien insofern gefährdet, als in Schweden mit der 1477 gegründeten Universität Uppsala lediglich eine höhere „Bildungsanstalt" existierte und die norddeutschen Universitäten Rostock, Greifswald und Königsberg aus dem baltischen Raum nur in sehr begrenztem Umfang von begüterten Heranwachsenden besucht wurden, die fast ausnahmslos ritterlichen und adeligen Elternhäusern entstammten. Der „Betrieb" der Dorpater Hochschule kam 1656 zum Erliegen, als Russland die Stadt sowie Teile Liv- und Estlands besetzte. In der Folge des ersten Nordischen Kriegs (1655–1660) trat die schwedische Universität Dorpat 1690 auf Anordnung König Karls XI. nochmals in Erscheinung, um im zweiten oder großen nordischen Krieg gegen Dänemark, Polen und Russland (1700–1720) endgültig unterzugehen, weil Schweden seine Großmachtstellung in Europa verlor und im Frieden von Nystadt 1721 unter anderem Liv- und Estland an Russland abtreten musste. Neuere wissenschaftshistorische Untersuchungen zeigen, dass die Leistungen der schwedischen „Academia Gustaviana" unterschätzt wurden und daher heute wohl der Auffassung Siilivasks (1987), S. 106 zuzustimmen ist, dass die schwedische Universität Dorpat „zu den mittleren Universitäten des 17. Jahrhunderts gehörte, an der sich die Lehr- und wissenschaftliche Tätigkeit entsprechend dem Stand der Wissenschaft jener Zeit vollzog." Diese Einschätzung wird dadurch gestützt, dass in Dorpat ab 1690 Vorlesungen über René Descartes gehalten wurden und im gleichen Jahr das Naturrecht nach Hugo Grotius, Samuel Pufendorf und Christian Thomasius als Fach und Methode etabliert war. Hinzu kam, dass sich in den 1690ger Jahren die Mathematik nicht mehr auf Euklid, sondern auf Isaac Newton gründete, der Dorpater Professor Jakob Below öffentlich in seinen anatomischen Übungen menschliche Leichen sezierte und die Errichtung von Observatorien, chemischen Laboratorien und die Anschaffung von physikalischen Geräten gefordert wurde. Vgl.: O. V. (1852), S. 8–16; Engelhardt (1933), S. 21; Hoffmeister (1955), S. 425, S. 473, S. 478; Aster (1980), S. 185; Koop (1982), S. 6; Piirimäe (1985), S. 18–70; Seesemann (1982), S. 9–12; Hügli (1984), Sp. 582–594; Wolf (1984),

Monate zunächst unter der Verwaltung der baltischen Ritterschaften,[15] ehe sie durch eine Umgründungsurkunde Zar Alexanders I. schon am 12./24. Dezember 1802 die (Rechts-)Stellung einer russischen Staatsuniversität erhielt.[16] Daraufhin erarbeitete eine Professoren-Kommission in nur wenigen Monaten

Sp. 560–563; Rauch (1987), S. 11–15; Seesemann (1987), S. 348–351; Wallmann (1989), Sp. 972; Meyer (1998), 13, S. 197–198; 15, S. 168, S. 301; 17, S. 70–71; 20, S. 268; Ploetz (1998), S. 980–981, S. 1046, S. 1060–1061; Donnert (2007), S. 18–19.

15 Die baltischen Ritterschaften hatten bereits im 18. Jahrhundert zahlreiche Versuche unternommen, um die Wiedereröffnung der zuvor schwedischen Dorpater Universität zu erreichen. Der wesentliche Grund dafür, dass Zar Paul I. die Neugründung schließlich genehmigte, lag wahrscheinlich darin, dass er so hoffte, die Gedanken der Aufklärung und insbesondere jene der Französischen Revolution vom eigenen Reich fernhalten zu können, denn aus seinem entsprechenden Ukas vom 9. April 1798 sprach deutlich die Furcht, dass die im westlichen Ausland studierenden Untertanen „den in gegenwärtiger Zeit auf ausländischen Schulen in Aufnahme gekommenen Prinzipien, welche die unreifen Geister zu maßlosen und verderblichen Ideen verleiten und statt des Nutzen […] nur Unheil anrichten" (Gernet [1902], S. 5), preisgegeben seien. Er verbot folglich den russischen Studenten den Besuch westlicher Hochschulen, befahl ihre Rückkehr in die Heimat und untersagte die Berufung ausländischer Professoren an russische Universitäten. Um aber vor allem der adligen Jugend Liv-, Est- und Kurlands den (lokalen) Zugang zu höherer Bildung nicht gänzlich zu versagen, gestand der Kaiser den baltischen Ritterschaften das Recht zur Gründung einer von ihnen zu unterhaltenden und zu verwaltenden protestantischen und deutschsprachigen Landesuniversität in Dorpat zu, die unter seinem Nachfolger, Zar Alexander I., am 21. April/3. Mai 1802 in Anwesenheit von 7 Professoren und 19 immatrikulierten Studenten feierlich eröffnet wurde. Vgl.: Engelhardt (1933), S. 34–40; Wittram (1952), S. 196; Palamets und Liim (1984), S. 84; Siilivask (1984), S. 7; Neuschäffer (1987), S. 19–35.

16 Gegen diese ritterschaftliche Wiederbegründung der Dorpater Hochschule als Landesuniversität formierte sich umgehend eine Oppositionsbewegung, deren Wortführer der gebürtige Franzose Georg Friedrich Parrot war. Besonderen Anstoß erregte die Bedingung des kaiserlichen Statuts, dass ein aus Vertretern des adligen Standes gebildetes Universitäts-Kuratorium die Professoren und Beamten berief, die sich ihrerseits diesem Gremium eidlich zum Gehorsam verpflichten mussten. Durch seine Freundschaft und sein Vertrauensverhältnis zu Alexander I gelang es Parrot, die ständische Universität nach nur wenigen Monaten in eine staatliche Institution umzuwandeln, der der Zar weitgehende Autonomie und eine für damalige Verhältnisse sichere und großzügige finanzielle Unterstützung zusagte. Vgl.: O. V. (1827), S. III–V; Gernet (1902), S. 15–19; Wittram (1952), S. 197; Thomson (1981), S. 287; Ilomets und Palamets (1982), S. 11 Garleff (1987), S. 146.

ein neues Statut für die Kaiserliche Universität, das am 12./24. September 1803 „Allerhöchst" bestätigt wurde.[17]

Die staatliche Universität unterstand nunmehr dem 1802 ebenfalls neu geschaffenen russischen Ministerium der Volksaufklärung. Die Verbindung zwischen dem Ministerium und der Hochschule oblag dem Kurator des betreffenden Lehrbezirks.[18] Den Dorpater Bezirk bildeten ab 1803 die Provinzen Est-, Liv- und Kurland sowie Teile Finnlands, und Friedrich Maximilian Klinger fungierte als dessen erster Kurator.[19] Praktisch waren die Dorpater Kuratoren, die bis 1835 in St. Petersburg residierten,[20] zunächst nur eine reine Vermittlungsinstanz zwischen der Universität und dem Minister der Volksaufklärung. Das Fundament der weitgehenden universitären Autonomie bildete das Conseil.[21] Es bestand aus dem Rektor und den fünf Dekanen der einzelnen Fakultäten.[22] Somit bot das Statut von 1803, das neben der generellen Autonomie der protestantischen Hochschule weitere (Sonder-)Rechte wie etwa Deutsch als Unterrichtssprache und die Möglichkeit der Bildung studentischer Korporationen[23] verbriefte, von Anbeginn genügend „Konfliktpotential" mit den Interessen der Reichsregierung, die vornehmlich auf eine kulturelle und gesellschaftliche Zentralisierung gerichtet waren.

---

17 Vgl.: Gernet (1902), S. 18–19.

18 1803 wurden für das riesige russische Reich mit Charkow, Dorpat, Kazan, Moskau, St. Petersburg und Wilna fünf in ihrer geographischen Ausdehnung sehr unterschiedliche Lehrbezirke geschaffen, die jeweils mehrere Gouvernements bzw. Provinzen umfassten. Vgl.: Meyer (1987), S. 42–45.

19 Vgl.: O. V. (1852), S. 31–32; Thomson (1981), S. 287.

20 Nach von Klinger waren dies noch der Fürst Carl Christoph von Lieven, der das Amt von 1817 bis 1828 bekleidete, und Freiherr Carl Magnus von der Pahlen, der von 1828 bis 1835 Kurator des Dorpater Lehrbezirks war. Vgl.: O. V. (1852), S. 115; Lenz (1970), S. 452–453, S. 572–573.

21 Der Rektor wurde formal jeweils für ein Jahr gewählt, doch währte seine Amtszeit tatsächlich vielfach wesentlich länger. Neben dem bereits erwähnten Georg Friedrich Parrot seien als weitere langjährige „Magnifizenzen" genannt: Der Professor der Geschichte des Staatsrechts, Gustav Ewers (1818–1830), der Philologe Christian Friedrich Neue (1843–1851) und der Anatom und Physiologe Friedrich Bidder (1858–1865). Vgl.: Lenz (1970), S. 63, S. 204, S. 545; Siilivask (1984), S. 8; Killy und Vierhaus (2001), 3, S. 200.

22 Neben den Dekanen der theologischen, medizinischen und juristischen Fakultät stellte die erweiterte philosophische Fakultät zwei Dekane, die für ein Jahr gewählt wurden. Vgl.: Gernet (1902), S. 21.

23 Vgl. zu den verschiedenen Dorpater studentischen Korporationen: Engelhardt (1933), S. 418–445; Mühlen (1987), S. 151–161.

Im ersten abgrenzbaren Zeitabschnitt der Staatsuniversität (1803–1817) repräsentierten der mehrfach wiedergewählte Rektor Georg Friedrich Parrot und der erste Kurator Friedrich Maximilian Klinger die Dorpater Hochschule nach außen. Dieser Abschnitt war wesentlich geprägt durch die Errichtung der wichtigsten Universitätsbauten, den Auf- und Ausbau der hochschulinternen Verwaltung sowie die allmähliche Etablierung und Erweiterung des wissenschaftlichen Lehrbetriebes. Für die Ausführung der Bauten zeichnete der Universitäts-Architekt Johann Wilhelm Krause verantwortlich. Unter seiner Leitung entstanden in den Jahren 1803–1805 das Anatomikum, von 1804–1806 die Universitäts-Bibliothek und von 1806–1808 die Gebäude für die medizinische, chirurgische und gynäkologische Klinik. Bereits 1806 wurde ein Botanischer Garten eingeweiht, und von 1809–1810 ein astronomisches Observatorium geschaffen. Höhepunkt dieser Phase intensiver Bautätigkeit war sicherlich der Bezug des noch heute imposanten Universitäts-Hauptgebäude im Jahr 1809, das unter anderem auch das chemische und physikalische „Kabinett“ beherbergte.[24] Nach nur wenigen Jahren waren somit die räumlichen Voraussetzungen für ein erfolgreiches wissenschaftliches Arbeiten geschaffen und der Zustand des Unterrichtens und Forschens in über die Stadt verteilten gemieteten „Lokalen“ beendet.[25] Geistig herrschte in der von der Spätaufklärung geprägten Gründungsphase der staatlichen Universität Dorpat eine kosmopolitisch-philanthropische Grundstimmung von stark rationalistischer Färbung,[26] in der herausragende wissenschaftliche Leistungen noch fehlten.[27] Die Mehrzahl der Professoren waren Deutsche, und die Universitäts-Leitung nahm rasch enge Kontakte zur Petersburger Akademie der Wissenschaften auf.[28] Erwähnenswert ist auch, dass es schon in der Anfangszeit der Dorpater Universität erste Versuche zur Stärkung der Zentralgewalt

24 Vgl.: Maiste et al. (2003), S. 153–289.

25 Vgl.: O. V. (1827), S. V, S. 3–44.; O. V. (1852), S. 38–59; Gernet (1902), S. 31–32; Raid (1993), passim.

26 Vgl.: Semel (1918), S. 15; Süss (1929), S. 204; Siilivask (1984), S. 13; Garleff (1987), S. 147.

27 Vgl.: Garleff (1987), S. 147 sowie zu den konkreten Leistungen im Bereich der Chemie auch die Ausführungen in Kapitel 4.3.1 dieser Untersuchung.

28 Die Akademie der Wissenschaften in St. Petersburg wurde 1725 gegründet und war im 18. Jahrhundert das bedeutendste wissenschaftliche Institut Russlands. Vgl.: Bloch (1926), S. 1546 sowie zu den Kontakten mit der Universität Dorpat: Koop (1982), S. 16; Siilivask (1984), S. 10; Siilivask (1987), S. 107–108.

durch den zunächst liberalen, aber nach dem Wiener Kongress (1815) zu reaktionären Tendenzen neigenden Zar Alexander I. gab.[29]

Der Anfangsperiode folgte bis Mitte der 1830er Jahre eine Phase, die rückblickend als erste Blütezeit der Dorpater Universität bezeichnet wird.[30] Sie war geprägt durch ein eigentümliches „Doppelgestirn",[31] das aus dem Kurator Fürst Carl von Lieven und dem Rektor Gustav Ewers bestand.[32] Beiden Persönlichkeiten komme, so Wittram, das Verdienst zu, den wissenschaftlichen Ruf der Universität begründet und ihr die Tür zur Wirkung nach Russland geöffnet zu haben.[33] Die nachfolgend exemplarisch angeführten Leistungen des „armen Ungelehrten" und „Kurators von bloß gutem Willen"[34] (von Lieven) sowie des hervorragenden Redners und Administrators, des Professors der russischen Geschichte und Rektors der Universität (Ewers), mögen als Belege für diese Aussage dienen:

- Von Lieven war es geschuldet, dass es nach der wirtschaftlichen Durststrecke der Napoleonischen Kriege, die einem drastischen Wertverlust des Rubels nach sich zogen, zu einer Verdreifachung des ordentlichen Universitäts-Etats kam und so die notwendigen finanziellen Mittel für einen geordneten Lehrbetrieb und die Arbeit der wissenschaftlichen Institute gesichert werden konnten.[35]
- Durch die erhebliche Aufstockung des Budgets für wissenschaftliche Reisen wurde es Dorpater Gelehrten, die dabei nicht selten mit russischen Kollegen kooperierten, möglich, wesentlich zur Erforschung noch unbekannter Gebiete des riesigen russischen Reiches, wie beispielsweise des Urals, Sibiriens oder des Kaukasus', beizutragen.[36]
- Eine weitere fachwissenschaftliche Differenzierung des Lehrbetriebes erreichten von Lieven und Ewers, indem sie zusätzliche, gut ausgebildete Professoren,

29 Vgl. zu den Ursachen und Folgen dieser ersten reaktionären Maßnahmen: Gernet (1902), S. 54–55; Semel (1918), S. 15; Meyer (1987), S. 45.

30 Vgl.: Semel (1918), S. 13–24; Engelhardt (1933), S. 61–81; Siilivask (1987), S. 108–112.

31 Vgl.: Semel (1918), S. 14.

32 Vgl. zu den Werdegängen, den persönlichen Eigenschaften und den Leistungen dieses „Doppelgestirns": Busch (1846); O. V. (1882), S. 36–37; Engelhardt (1933), S. 72–74; Lenz (1970), S. 204–205.

33 Vgl.: Wittram (1954), S. 172.

34 Semel (1918), S. 17.

35 Vgl. zu den konkreten Zahlen: O. V. (1882), S. 36; Semel (1918), S. 19; Engelhardt (1933), S. 78.

36 Vgl.: Semel (1918), S. 22; Seesemann (1982), S. 22–23; Seesemann (1987), S. 358.

darunter auch immer mehr Einheimische, beriefen und dadurch die weniger qualifizierten Hochschullehrer der Gründungsphase sukzessive ersetzten, unter denen sich auch vormalige Mittelschullehrer, praktizierende Ärzte, Advokaten und Apotheker befunden hatten.[37] Durch diese Berufungspraxis trat allerdings langsam eine wesentliche Veränderung im Geistesleben der Hochschule ein, deren Ursache hauptsächlich in der religiösen Grundhaltung von Lievens lag. Durch seine starke Hinwendung zum Pietismus, der in schroffem Gegensatz zu den Gedanken der Aufklärung und der sog. „rationalen oder vernünftigen Religion"[38] stand, wurden insbesondere die theologische Fakultät,[39] aber auch die anderen Fachbereiche gegen das deutsche Geistesleben abgeschirmt,[40] denn von Lieven war der Meinung, dass nur solche Gelehrten im Dörptschen Bezirk ihre wissenschaftliche und pädagogische Tätigkeit ausüben könnten, die seine religiöse Überzeugung teilten. Diese Auffassung führte nicht selten zu Meinungsverschiedenheiten mit dem liberaleren und geistig umfassender gebildeten Rektor Ewers, der etwa 1828 die mögliche Berufung des Historikers Leopold von Ranke nach Dorpat ausdrücklich befürwortet hatte. Sie scheiterte letztlich daran, dass von Lieven Ranke zwar als Fachgelehrten schätzte, in ihm aber nicht den „zugleich warmen Christen"[41] sah.

- Von Lieven und Ewers gelang es durch ihren Einfluss, die weitgehende Autonomie der Universität Dorpat zu wahren, als das „Umgründungsstatut" von 1803 im Jahr 1820 durch eine neue „Hochschulordnung" ersetzt wurde.[42]

---

37 Vgl.: Semel (1918), S. 20; Engelhardt (1933), S. 63.

38 In dieser „Religion", welche die „ratio" nicht nur erlaubte, sondern in Glaubensfragen sogar für absolut notwendig hielt, sollte sie das Kriterium der Offenbarung sein. Eine „doppelte Wahrheit", d. h. die verschiedenartige Auffassung und Interpretation einer Sache oder eines Sachverhaltes vom Standpunkt der Offenbarung bzw. der natürlichen Vernunft aus, durfte es nicht geben. Vgl.: Hoffmeister (1955), S. 176, S. 507.

39 Vgl. zu dieser Erneuerung der theologischen Fakultät im Sinne einer lutherisch-orthodoxen Frömmigkeit und deren Folgen für den Fachbereich sowie die gesamte Universität: Hörschelmann (1905), S. 3–13; Girgensohn (1918), S. 39–50; Seesemann (1987), S. 357–358.

40 Daher erlangten auch die philosophischen Gedanken Schellings und Hegels an der Dorpater Universität keinen nennenswerten Einfluss, so dass Wittram (1952), S. 210 konstatieren konnte: „Einen Hegelianer hat Dorpat nie gehabt."

41 Brief Lievens an Ewers aus St. Petersburg vom 10. Februar 1828 (Busch [1846], S. 170). Vgl.: Semel (1918), S. 21; Engelhardt (1933), S. 74, S. 78.

42 Vgl. zum Inhalt dieses neuen Statuts und den vollzogenen Änderungen gegenüber den Bestimmungen von 1803: Gernet (1902), S. 42–54.

Während das „Doppelgestirn“ die Dorpater Hochschule führte, nahm die Zahl der Studierenden auf 581 zu, von denen 406 aus den baltischen Staaten, 156 aus Russland und 19 aus dem Ausland stammten.[43] 1827 würdigte die Reichsregierung die erfolgreiche Tätigkeit von Lievens und Ewers' dadurch, dass sie im „Embach-Athen“ bzw. dem „Heidelberg des Nordens“[44] das sogenannte Dorpater Professoren-Institut gründete, in dem fortan besonders befähigte Studierende aus den anderen fünf russischen Universitäten[45] als Stipendiaten zu Professoren ausgebildet wurden.[46]

Für die dritte Zeitspanne der Entwicklung der Staatsuniversität (1835–1854), in der Carl Schmidt 1846 Mitglied des Dorpater Lehrkörpers wurde, wählte Semel in seiner noch heute einflussreichen Zusammenstellung die Überschrift „Westöstliche Konflikte. Das I. Stadium.“[47] Mit Zar Nikolaus I. war 1825 ein Romanow an die Macht gekommen, der den demokratisch-republikanischen Zeitgeist des Westens hasste[48] und als ein führender Repräsentant des Konservatismus[49] gelten darf. Seiner generellen Revolutionsfurcht begegnete er mit dem Festhalten an „gottgewollten“ Ordnungen. Bestärkt noch durch die Pariser Juli-Revolution von 1830[50] und den polnischen Aufstand von 1831,[51] sah sich Nikolaus I als ein Herrscher, der sich vor der Geschichte als Wahrer des Nationalbewusstseins zu rechtfertigen hatte.[52] Das Nationalgefühl Russlands gegenüber Westeuropa und dem westlich

43 Vgl.: O. V. (1882), S. 28.

44 Thomson (1981), S. 283.

45 Das waren damals (Gründungsjahr): Wilna (1579, wiedereröffnet 1803), Moskau (1755), Charkow (1804), Kazan (1805) und St. Petersburg (1819). Vgl.: Ilomets und Palamets (1982), S. 11.

46 Vgl. zur Organisation, zum Studienbetrieb und zum „Output“ dieses bis 1838 bestehenden Instituts: Schmid (1881), S. 136–166.

47 Semel (1918), S. 25–36.

48 Vgl.: Semel (1918), S. 26.

49 Der Konservativismus entwickelte sich als Reaktion auf die Restaurationsphase nach dem Wiener Kongress etwa ab 1830 und wurde fortan zur prägenden politischen Kraft in Europa. Vgl.: Ploetz (1998), S. 995.

50 Durch die dreitägige Juli-Revolution wurde König Karl X. gestürzt und sein Nachfolger, der „Bürgerkönig“ Louis Philippe von Orléans, als französischer Regent proklamiert. Vgl.: Ploetz (1998), S. 939–940.

51 Dieser November-Aufstand polnischer Patrioten in Warschau war einer der zahlreichen Versuche, den polnischen Nationalstaat wieder zu errichten. Das Königreich war seit dem Wiener Kongress (1814/1815) als „Kongresspolen“ mit Russland verbunden. Vgl.: Ploetz (1998), S. 987–988.

52 Vgl.: Engelhardt (1933), S. 82.

orientierten Baltikum stärkte er besonders durch Idee einer Weltmission, zu der der russische Staat und das russische Volk berufen seien. Hinzu kam eine verstärkte Bindung der Bevölkerung an die orthodoxe Kirche. Das Zusammentreffen dieses gesteigerten nationalen und konfessionellen Selbstwertgefühls mit der in jedem absolutistisch regierten Staat immanent und permanent vorhandenen Tendenz zur Zentralisierung und Uniformierung musste zwangsläufig zu Verwerfungen zwischen der Reichsregierung und den baltischen Provinzen mit ihren konfessionellen, nationalen und kulturellen Besonderheiten führen.[53] Anhand einiger ausgewählter administrativer Maßnahmen, deren Initiator der damalige Unterrichtsminister Graf Sergej Uwarow war und deren getreue und konkrete Umsetzung dem zuständigen Kurator des Dörptschen Lehrbezirks Gustav Craffström oblag, sei aufgezeigt, wie die Balten aus ihrer „splendid isolation" herausgeführt, vom „Dünkel" ihrer westlich kulturellen Mission geheilt und mit dem übrigen russischen Reich verschmolzen werden sollten:

- Durch das „Allgemeine Statut" für die russischen Universitäten vom 26. Juli 1835, das zwar für Dorpat offiziell nicht galt, kam es trotzdem auch an dieser Hochschule zur Erweiterung der Machtbefugnisse des Kurators und zur Einschränkung der Rechte des Rektors und des Conseils.[54]
- Ab Dezember 1836 besaß der Minister der Volksaufklärung auch an der Dorpater Universität das Recht, unabhängig von dem Votum des Conseils vakante Lehrstühle durch Professoren seiner Wahl zu besetzen.[55]
- Zur gleichen Zeit gingen die Rechte und Pflichten der Universität als Oberschulbehörde auf den Kurator des Dörptschen Lehrbezirkes über.[56]
- Mehrere Vorschriften, z. B. aus den Jahren 1834 und 1838, reglementierten das studentische Leben weitgehend und reduzierten die Freiheit der Studierenden auf ein Mindestmaß, um revolutionären Tendenzen vorzubeugen.[57]
- 1842 entließ man aus nichtigen Anlässen fünf Professoren aus dem Dienst. Ihnen sollten gleichsam im Nachgang zur 1848er Februar-Revolution und der „bürgerlichen" Revolution von 1848/49 noch zwei weitere Wissenschaftler folgen. In keinem dieser sieben Fälle fanden gewissenhafte Untersuchungen statt, und ein objektivierbarer Schuldbeweis fehlte durchweg, so dass man

53 Vgl.: Semel (1918), S. 25–27; Engelhardt (1933), S. 82–83.
54 Vgl.: Gernet (1902), S. 64; Semel (1918), S. 31.
55 Vgl.: Gernet (1902), S. 64.
56 Vgl.: Gernet (1902), S. 65; Semel (1918), S. 30.
57 Vgl.: Gernet (1902), S. 58–63.

rückblickend von Willkürakten der Universität gegenüber kritischen Vertretern in ihrem Lehrkörper sprechen muss.[58]

- Ab August 1849 wurde auch in Dorpat, wie schon zuvor an den anderen Universitäten des Landes, die Zahl der Studenten auf 300 pro Fakultät (ausgenommen die theologische und medizinische), begrenzt, um das Eindringen und den vermeintlich verderblichen Einfluss westlicher liberaler Ideen zu verhindern.[59]
- Dem Dorpater Conseil entzog die Reichsregierung im März 1850 das Recht, den Rektor und die Dekane zu wählen; dies war fortan der Entscheidung des Ministers der Volksaufklärung vorbehalten.[60]

Diese und zahlreiche weitere Zentralisierungs- und Uniformierungsmaßnahmen trugen wesentlich dazu bei, die Bevölkerung der „Ostseeprovinzen" in eine erhöhte Wachsamkeit, vielleicht sogar Opposition gegenüber der Reichsregierung zu treiben.[61] Folglich verwundert Semels These nicht, dass die Uwarowsche Ära wohl die Geburtsstunde des spezifisch baltischen Geistes und Bewusstseins gewesen sei und in dieser Zeit „die entscheidende Wende gegen den Osten und alles, was vom Osten kam,"[62] erfolgte.

Trotz der massiven administrativen Eingriffe konnte die Dorpater Universität durch die Berufung einer Reihe von hervorragenden in- und ausländischen Professoren in den Jahren zwischen 1836 und 1854 ihr wissenschaftliches Niveau, insbesondere in den Naturwissenschaften und der Medizin, steigern.[63] Die ungebrochene Anziehungskraft der Universität kam auch dadurch zum Ausdruck, dass die Anzahl der Studierenden bis zum Jahr 1856 auf ca. 630 anwuchs.[64]

---

58 Vgl. zu den Details dieser willkürlichen Abschiebungen bzw. Versetzungen des Theologen Carl Christian Ulmann, des Physiologen Alfred Wilhelm Volkmann, des Rechtshistorikers Friedrich Georg von Bunge, des Juristen Carl Otto von Madai, des Philologen Ludwig Preller, des Lektors der deutschen Sprache Viktor Hehn und des Juristen Eduard Osenbrüggen: O. V. (1882), S. 45–49; Semel (1918), S. 32–33; Engelhardt (1933), S. 90–92, S. 103; Bidder (1959), S. 101–105; Seesemann (1987), S. 361.

59 Vgl.: Gernet (1902), S. 71; Rammul (1903), S. 543–544.

60 Vgl.: Gernet (1902), S. 72.

61 Vgl.: Semel (1918), S. 34–36; Engelhardt (1933), S. 82–105.

62 Semel (1918), S. 34.

63 Vgl.: O. V. (1882), S. 43–45.

64 Vgl.: Meyer (1987), S. 48; Siilivask (1987), S. 116.

## 3.3 Schmidt als außerordentlicher Professor der Pharmazie an der Universität Dorpat

Im Frühjahr 1850 war es wiederum Bidder, der Schmidt dem Conseil zur weiteren Beförderung empfahl. Nachdem die beantragte Dienstentlassung des bisherigen Professors der Pharmazie, Kollegienrat Dr. Siller, wirksam geworden war, erging die Bitte an die medizinische Fakultät, sofort Schritte zur Wiederbesetzung dieser Stelle einzuleiten. Dekan Bidder berichtete daraufhin dem Conseil, „dass unter den vorhandenen Herren jüngere Kräfte seien, die die entsprechende Lücke schließen könnten".[65] Die medizinische Fakultät schlug daher Schmidt für die vakante Professur der Pharmazie vor. Bidder charakterisierte den „Proponierten", indem er lobend sein Engagement und seine schriftstellerische Tätigkeit hervorhob, die sich nicht auf die Überarbeitung von Bekanntem beschränke, sondern ausnahmslos zur Veröffentlichung von Originalarbeiten geführt habe.[66] Außerdem wollte Bidder den zu berechtigten Hoffnungen Anlass gebenden etatmäßigen Privatdozenten Schmidt fester an die Universität binden. Eventuellen Bedenken, dass dieser bisher nicht im Bereich der Pharmazie tätig gewesen sei, begegnete Bidder mit dem Argument, Schmidt habe schließlich eine „Apothekerlehre" mit ausgezeichnetem Ergebnis abgeschlossen. Außerdem vertrete er den erkrankten Siller bereits seit einem Jahr und halte dessen Vorlesungen über pharmazeutische Chemie mit Erfolg.[67] Da das Conseil keine anderweitige Präferenz für den vakanten Lehrstuhl äußerte, wurde schließlich der Minister der Volksaufklärung gebeten, Schmidt zum außerordentlichen Professor der Pharmazie zu bestellen.[68] Die Ernennung erfolgte am 9. Oktober 1850 und war mit der Gewährung eines Festgehaltes von 700 Rubel und 21 Kopeken jährlich verbunden.[69] Während der fünfsemestrigen pharmazeutischen Lehrtätigkeit Schmidts gehörten neben allgemein fachspezifischen und pharmakognostischen Themen auch unverändert Vorlesungen zur physiologischen und pathologischen Chemie zu seinem „Kanon" (Anlage 5).

65 EAA 402/3/1887, Nr. 88 vom 2. April 1846.

66 EAA 402/3/1887, Nr. 88 vom 2. April 1846.

67 EAA 402/3/1887, Nr. 88 vom 2. April 1846.

68 EAA 402/3/1887, Nr. 1135 vom 26. Aug. 1850.

69 EAA 402/3/1887, Nr. 1500 vom 9. Oktober und Nr. 1358 vom 10. Oktober 1850.

## 3.4 Schmidt als Forscher in der klinischen und physiologischen Chemie

### 3.4.1 Forschungsmethodik und Forschungsstil

Die induktive und die deduktive Methode des Schließens sind die beiden grundsätzlichen Vorgehensweisen, um im Unterschied zum unabgesicherten und häufig subjektiven bloßen Meinen und Glauben zu neuen Erkenntnissen im Sinne des begründeten Wissens zu gelangen.[70] Während die induktive Methode von Einzelfällen ausgeht, um allgemeine bzw. übergeordnete Aussagen zu gewinnen, will die deduktive Methode die Ableitung einer neuen These aus anderen Aussagen (Hypothesen) mit Hilfe der Regeln des logischen Schließens (logische Folgerung) erreichen.[71]

Liebig als einer der beiden hauptsächlichen Mentoren Schmidts stellte mit Blick auf das induktive bzw. deduktive Vorgehen in der zeitgenössischen Naturforschung zweifellos ein sehr ambivalentes Vorbild dar. Während Teile seiner „Thier-Chemie" anfangs als bemerkenswerte Beispiele für die Anwendung der deduktiven Methode hervorgehoben wurden, war er selbst bei der Veröffentlichung der dritten Auflage seines physiologisch-chemischen Hauptwerks (1846) der Auffassung, dass die Methode der Naturforschung allgemein und der Physiologie im besonderen ganz überwiegend induktiv ausgerichtet und an der auf dem Experiment beruhenden Erfahrung als Quelle der Erkenntnis orientiert sein müsse.[72] Auch in späteren Äußerungen ließ Liebig immer wieder variierende Positionen in Bezug auf die Anwendung der beiden fundamentalen methodischen Vorgehensweisen erkennen. So verstand er das Verhältnis von induktiver und deduktiver Methode zunehmend als ein wechselseitiges und lehnte die einseitige Betonung einer der beiden Schlussweisen sogar als unwissenschaftlich ab. Darüber hinaus betonte er, dass es stark von der Individualität des Forschers und der Art des Untersuchungsgegenstandes abhänge, ob im Einzelfall zur Problemlösung stärker deduktiv oder induktiv vorzugehen sei.[73] Im Gegensatz zu Liebig, der als Typ des „philosophischen Chemikers" zeitweise stark zur Theorien- und Hypothesenbildung neigte, war Schmidts Lehrer Wöhler, dem nach eigenen

70 Vgl.: Mittelstraß (2004 a), S. 575.

71 Vgl.: Haas (2004), S. 232–234 zur zentralen Stellung des Induktionsproblems in der Geschichte der Erkenntnistheorie sowie Lorenz (1972), Sp. 27–28 zur bedeutenden Rolle, die das Deduktionstheorem in der Theorie der Logikkalküle spielte.

72 Vgl.: Kapitel 2.4.2.2 dieser Untersuchung.

73 Vgl.: Kapitel 2.4.2.2 dieser Untersuchung sowie Liebig (1965 b), S. 220–254; Liebig (1965 c), S. 296–309; Zott (1976), S. 76–83.

Angaben das Organ für „philosophisches Denken“ gänzlich fehlte, zeitlebens ein begeisterter Laboratoriumsarbeiter und ein charakteristischer Vertreter der induktiven Forschungsmethode.[74] Auch für seine studentischen Praktikanten favorisierte er dieses Verfahren der Erkenntnisgewinnung. Im Vorwort seines 1853 erschienenen Leitfadens „Practische Übungen in der chemischen Analyse“ stellte Wöhler besonders heraus, „dass es für die meisten Köpfe leichter sei, von einem bestimmten Falle aus zu einer klaren Einsicht allgemeiner Verhältnisse und Regeln zu gelangen, als umgekehrt sich nach allgemeinen Regeln in speciellen Fällen zurecht zu finden.“[75]

In Schmidts nachfolgend besprochenen Forschungsarbeiten aus seiner „klinisch- und physiologisch-chemischen“ Phase wird vor allem der Einfluss Wöhlers deutlich. Wie sein Göttinger „Lehrmeister“ bewegte sich auch Schmidt in einer Zeit zunehmender Erfahrungsgläubigkeit[76] streng entlang des „Lenkseils“ systematischer Experimente[77] und Versuchsreihen, die man damals überwiegend als unproblematische Fragen an die Natur verstand, und vermied bei seinen induktiven Interpretationen[78] tunlichst theoretische Abschweifungen oder

---

74 Vgl.: Valentin (1949), S. 54, S. 93–94; Schwedt (2000), S. 78.

75 Wöhler (1853), Vorwort. Die 1. Auflage dieses Leitfadens („Kochbuchs“) erschien 1849 noch ohne Nennung eines Autors als „Beispiele zur Übung in der analytischen Chemie“. Die letzte Version (1861) trug den Titel „Die Mineralanalyse in Beispielen“. Vgl.: Valentin (1949), S. 118–119; Schwedt (2000), S. 79–80.

76 Vgl.: Frey (1972), Sp. 867–870.

77 Unter einem Experiment als zentralem Instrument besonders der angewandten, praktischen (Erfahrungs-)Wissenschaften und einem konstituierenden Element der neuzeitlichen Wissenschaft gegenüber ihren antiken Vorläufern versteht man erkenntnistheoretisch die planmäßige Herbeiführung variierbarer Umstände zum Zweck der systematischen Beobachtung. Die Beobachtung ihrerseits bildet das Kernstück einer verbreiteten empirischen Auffassung vom Zustandekommen (wissenschaftlichen) Erfahrungswissens. Unter dem Aspekt der methodischen Rekonstruktion sind für das Experiment folgende Handlungen von Bedeutung: Zunächst muss der Experimentator unter Umständen benötigte Instrumente entwerfen und konstruieren, um diese dann für den Start des Versuchs vorzubereiten bzw. zu präparieren. Nach dem Start ermittelt er den Verlauf, der selbst keine Handlung mehr darstellt, und dessen Endzustand, wobei auch hier wieder diverse technische Hilfsmittel zum Einsatz gelangen. Der Experimentator beobachtet also von ihm selbst künstlich (apparativ) hervorgerufene Wirkungen, die er durch die Teilhandlungen Konstruieren, Präparieren und Starten ausgelöst hat. Vgl.: Schummer (1994), S. 27–51; Janich (1997), S. 97–99; Janich (2004 a), S. 281–282; Janich (2004 b), S. 621–622; Lorenz (2004), S. 157–158.

78 In diesem Zusammenhang sei nochmals auf die mögliche Bedeutung der Logik Mills hingewiesen, die Schmidt bereits während seiner Gießener Zeit kennengelernt hatte

gar spekulative Gedankengebäude. In Dorpat arbeitete Schmidt von Beginn an in einer „research group",[79] deren Forschungsstätte das physiologisch-pathologische Institut Bidders war. Diese nach heutiger Terminologie als „Projektarbeit"[80] zu bezeichnende Form des kollektiven Forschens verband Bidder und Schmidt mit einigen ihrer fortgeschrittenen Schüler und diente in den Jahren 1848–1851 zur Vorbereitung des Gemeinschaftswerks „Die Verdauungssaefte und der Stoffwechsel".[81] Analog zu Liebigs Vorgehen in der Gießener „research group",[82] brachten auch Bidder und Schmidt für das gemeinsame Vorhaben ihre bisherigen eigenen Untersuchungen und Erfahrungen ein, verteilten spezielle Forschungsaufgaben an die Gruppenmitglieder und fügten schließlich die gewonnenen Teilergebnisse zur Gesamtlösung des Forschungsproblems zusammen. Somit entsprach die Dorpater Forschungsgruppe rückblickend bereits neueren Definitionen, die beispielsweise solche Forschungskollektive bezeichnen als „small groups of mature scientists pursuing a reasonably coherent programme of research side-by-side with advanced students in the same institutional context and engaging in direct, continuous social and intellectual interaction."[83]

---

und die bekanntlich allgemeine Aussagen über Ursachen vor allem dadurch gewinnen will, dass man Einzelfälle auf Gemeinsamkeiten hin untersucht, diese durch Hinzuziehen weiterer Einzelfälle schrittweise reduziert und den verbleibenden Rest dann als Ursache eines Phänomens bezeichnet („Eliminationstheorie"). Vgl.: Kapitel 2.4.2.2 dieser Untersuchung sowie Haas (2004), 233–234, der auch auf die problematischen Voraussetzungen der Millschen Theorie verweist.

79 Vgl. zur Diskussion über die Charakteristika von Forschungsgruppen: Morrell (1972), S. 1–46; Fruton (1990), S. 1–15.

80 Substanziell für die Projektarbeit ist, dass sie stets auf die „Werkvollendung" zielt, wobei sich das „Werk" nicht nur auf materielle Gegenstände, sondern auch wissenschaftliche Arbeiten erstrecken kann. Vgl.: Bunk (1982), S. 167, S. 170.

81 Zu diesen fortgeschrittenen Schülern gehörten vor allem: Anton von Hübbenet (Versuche zur Gewinnung des Magensafts), Nicolai Jacubowitsch (Untersuchungen über den Speichel), Carl Eduard Lenz (Arbeiten zur Fettverdauung), Reinhold Schellbach (Wirkung von Gallefisteln), Friedrich Stackmann (Ermittlung der Gallenmenge) und Robert Zander (Aussagen zur Natur und Aufgabe des Darmsafts). Vgl.: Bidder und Schmidt (1852), S. VI, S. 4, S. 35, S. 110, S. 260; Grünfeld (1893), S. 20–21; Lenz (1970), S. 754.

82 Vgl.: Kapitel 2.4 und 2.4.1 dieser Untersuchung.

83 Geison (1981), S. 23.

### 3.4.2 Die klinische Chemie Schmidts[84]

Schmidt übernahm als Privatdozent bereitwillig jederzeit chemische Analysen pathologischer Produkte für die Dorpater medizinische Fakultät, wie Bidder als Dekan in einer Eingabe an das Dorpater Universitäts-Conseil hervorhob.[85] Auch Bernhard Naunyn erinnerte sich in seinen Memoiren dankbar dieser medizinisch-chemischen Tätigkeit Schmidts, der „dem Kliniker gut bekannt [war] als einer der wenigen anerkannten Chemiker, die sich damals mit Fragen der pathologischen Chemie abgaben."[86] Schmidts erklärte Absicht war es dabei, durch vielfältige chemische Untersuchungen der klinischen Diagnostik zu dienen. So schrieb er bereits im Vorwort seiner 1846 erschienen Arbeit über „Säfte und Excrete":

> Die Analysen „betreffen die in der Thier- und Pflanzenzelle, in Harnsedimenten, Balggeschwülsten, Hydatiden (Wasserblasen) u. dergl. vorkommenden Krystalle. Zweck derselben war, dem Arzte und Physiologen ein Mittel zur rationellen Diagnostik der letzteren zu bieten."[87]

Die forensische Schrift zur Diagnostik bei Kriminalfällen[88] aus dem Jahre 1848 ist ein weiteres Indiz dafür, dass sich Schmidts wissenschaftliche Arbeit schon früh auf dem Boden auch der rein praktischen, angewandten medizinischen Chemie bewegte.

#### *3.4.2.1 Klinisch-chemische Arbeiten*[89]

Wie sich die Zusammenarbeit Schmidts mit den Dorpater „Klinikern" auf dem Gebiet der medizinisch-chemischen Diagnostik konkret gestaltete, belegen beispielhaft frühe gemeinschaftliche Untersuchungen über den „Ruhrprozess". 1846 grassierte in Dorpat wieder einmal die Ruhr und breitete sich, wie Haeser berichtete, immer weiter aus, „zumeist in den besten Stadttheilen und unter den vornehmsten Ständen", während „Studirende, die Schuljugend und Dienstboten

---

84 Nach: Roß (2001), S. 143–144. Der Verfasser dankt den Estonian Academy Publishers (Teaduste Akadeemia Kirjastus, Tallinn) für die erteilte Abdruckgenehmigung vom 20. Januar 2015.

85 EAA 402/3/1887, ohne Nr. vom 16. Dezember 1848.

86 Naunyn (1925), S. 180.

87 Schmidt (1846 c), S. VII.

88 Vgl.: Schmidt (1848).

89 Nach: Roß (2001), S. 144–146. Der Verfasser dankt den Estonian Academy Publishers (Teaduste Akadeemia Kirjastus, Tallinn) für die erteilte Abdruckgenehmigung vom 20. Januar 2015.

nur ausnahmsweise und sehr gelind ergriffen“[90] wurden. Insgesamt erkrankten von den damals 14.000 Einwohnern Dorpats rund 2.000 und annähernd 200 starben.[91] Der wohl bekannteste praktizierende Arzt der Stadt, Robert Fählmann, behandelte im Laufe der Epidemie allein 355 Ruhrkranke und urteilte in seinem zusammenfassenden Abriss „Die Ruhrepidemie in Dorpat im Herbst 1846“, dass über die gelegentlich durchgeführten Sektionen hinaus „genaue physische, chemische und mikroskopische Untersuchungen des Blutes und der Abgänge Ruhrkranker wünschenswerth“[92] seien, sich aber die Ergebnisse solcher sporadischen Untersuchungen gegenwärtig noch als zu dürftig darstellten, um für die Praxis zu taugen. „Von der Chemie allein wollen wir Aufschlüsse erwarten“,[93] so Fählmann mit Blick auf die Krankheitsursache, denn „wir wollen hoffen, dass die Medicin gleiches Glück mit den andern Naturwissenschaften haben werde, dass für so manche auf dem Wege des Schlusses gefundene Wahrheit der Erfahrungsbeweis nicht lange ausbleiben möge.“[94] In genau demselben Sinne äußerte sich auch der damalige Leiter der medizinischen Universitätsklinik in Dorpat, Friedrich Oesterlen, der zwar im Laufe seines Berufslebens schon viele Ruhrkranke behandelt hatte, aber, ebenso wie Fählmann, beklagte, dass nirgends systematische Untersuchungen zu finden seien, „weder über die Menge noch über die Zusammensetzung der Ruhrstühle.“[95] Er verband sich daher im Herbst 1847, als wieder Ruhr-Patienten seine Klinik zur stationären Behandlung aufsuchten,

> „mit Herrn Dr. C. Schmidt, welchem die Chemie schon so Manches zu danken hat, und der mit eben so grossem Eifer und Talent den chemischen Bedürfnissen unserer Klinik zu entsprechen pflegte, behufs einer weiteren Untersuchung der Ruhrstühle.“[96]

Damit bot Oesterlen Schmidt Gelegenheit, seine klinisch-chemische Tätigkeit umfangreich zu entfalten. Der nosographische und patho-anatomische Teil der Fälle oblag Oesterlen, während Schmidt die chemischen Analysen der Se- und Exkrete durchführte, die von drei 11, 18 bzw. 23 Jahre alten Patientinnen und einem 23-jährigen Mann stammten.[97] Schmidt verglich die erhaltenen Analysenergebnisse mit Messwerten, die er zuvor bereits bei Cholerakranken und in

90 Haeser (1996), S. 711.
91 Vgl.: Haeser (1996), S. 711.
92 Fählmann (1848), S. 38.
93 Fählmann (1848), S. 69.
94 Fählmann (1848), S. 101.
95 Oesterlen (1848), S. 253.
96 Oesterlen (1848), S. 255.
97 Vgl.: Schmidt (1850), S. 95.

Ausscheidungen nach der Gabe von Laxantien ermittelt hatte. Er fand, dass an Ruhr Leidende binnen 24 Stunden erheblich mehr „Albuminate", aber deutlich weniger Salze ausschieden als Cholerakranke oder Patienten nach Gabe von Abführmitteln.[98] Ausgehend von Schmidts Resultaten und eigenen tabellarischen Zusammenstellungen zog Oesterlen neben diagnostischen auch erste pathophysiologische Schlüsse und konstatierte, dass „ausser der Grösse der Stoffverluste im Allgemeinen eine auffallende Differenz in der relativen Quantität der ausgeschiedenen Stoffe je nach der Intensität und dem Stadium der Krankheit"[99] bestehe. Es ließ sich nämlich eine direkte Proportionalität zwischen der Menge der Ausscheidungen und deren „Albuminat"-Konzentration nachweisen, die somit zu einem indirekten Maß für die Schwere der Erkrankung wurde.[100] Beeindruckt durch die Menge dieser „Albuminat"-Verluste, versuchte Oesterlen die Ursache zu erklären. Da die von den Kranken nur spärlich aufgenommenen Speisen und Getränke als möglicher Ersatz für die ausgeleerten Stoffe weitgehend ausfielen, vermutete er, es müsse wohl „doch die Blutmasse sein, welche in näherer oder weiterer Instanz fast alle jene Ausgaben zu tragen hat, besonders aber die Verluste an Eiweiss, Blutkörpern und anderen organischen Materien."[101] Diese Hypothese Oesterlens untermauerte Schmidt durch die Ergebnisse seiner Blutanalysen, die er bei der 18-jährigen Ruhrpatientin im Hochstadium der Krankheit durchführte. Das Blut dieser Patientin wies tatsächlich einen nur geringen Albuminat-Gehalt, dagegen aber vermehrt anorganische Bestandteile auf, was mit der von Oesterlen postulierten „Aenderung der Blutconstitution durch einen Ruhrprocess, d. h. permanente Eiweisstranssudation durch's Darmrohr"[102] im Einklang stand. Als therapeutisches Fazit der intensiven Zusammenarbeit mit Schmidt empfahl Oesterlen für die zukünftige Behandlung ruhrkranker Patienten, den Substanzverlust durch Zufuhr geeigneter Nahrungsmittel oder, in Extremfällen, gar durch Bluttransfusionen auszugleichen. Blutentziehungen oder die ebenfalls geübte Gabe von „Merkurialien" müssten unter allen Umständen vermieden werden, da durch sie „jene Disposition der Blutmasse noch gefördert oder die Stoffverluste des Kranken noch vergrössert werden könnten."[103]

---

98 Vgl.: Schmidt (1850), S. 107.

99 Oesterlen (1848), S. 270.

100 Vgl.: Oesterlen (1848), S. 272.

101 Oesterlen (1848), S. 273.

102 Schmidt (1850), S. 100.

103 Oesterlen (1848), S. 280.

Auch nach seiner durch die Übernahme der Professur für Chemie ab 1852 bedingten stärkeren Hinwendung zur Geo-, Agrikultur- und Hydrochemie[104] wurde Schmidt unverändert um fachlichen Rat und die Vornahme medizinisch-chemischer Analysen gebeten. So untersuchte er beispielsweise 1854 den Magensaft einer Bäuerin, bei der sich zwischen der 9. und 10. Rippe eine Magenfistel gebildet hatte, und stellte in zwei Proben einen unter dem Normalwert liegenden Salzsäure-Gehalt fest.[105] Wichtiger aber noch als Schmidts direkter Beitrag zur Etablierung der medizinischen Chemie an der Dorpater Universität dürfte wiegen, dass er viele seiner klinisch tätigen Kollegen und Schüler für das Gebiet interessierte und zu entsprechenden Untersuchungen ermunterte.[106] Als Beispiele für diese jahrzehntelange Unterstützung und Förderung der klinisch-chemischen Diagnostik seien genannt: Die Arbeiten Arthur Boettchers über verschiedene Blutkristalle,[107] Carl Gaehtgens' Veröffentlichungen über die Kreatinin- und Harnsäureausscheidung sowie den diabetischen Stoffwechsel[108] und schließlich die Beiträge Bernhard Naunyns zur Natur der Transsudate und des Ikterus.[109]

#### *3.4.2.2 Zur Implementierung des Faches „Klinische Chemie" an der Universität Dorpat im Vergleich zu anderen Hochschulen*[110]

Die Situation des Faches klinische bzw. medizinische Chemie an der Dorpater Universität wies viele Parallelen zu den Gegebenheiten an anderen deutschsprachigen Hochschulen zur Mitte des 19. Jahrhunderts auf: In Berlin begann Johann Lucas Schönlein, die chemische und mikroskopische Diagnostik zu etablieren, die zunächst dem Chemiker Johann Franz Simon oblag.[111] Simon verfügte ebenso wie sein Nachfolger Wilhelm Heinrich Heintz über kein eigenes Laboratorium in der Klinik und musste daher die notwendigen Analysen in seiner Privatwohnung durchführen. In Erlangen wurde 1849 mit Eugen Franz v. Gorup-Besanez ein Mediziner und Chemiker als außerordentlicher Professor

104 Vgl.: Kapitel 4.6.2 dieser Untersuchung.

105 Vgl.: Schmidt (1854 c), S. 42–48.

106 Vgl.: O. V. (1895), S. 11.

107 Vgl.: Boettcher (1862).

108 Vgl.: Gaethgens (1866); Gaethgens (1868), S. 301–318.

109 Vgl.: Naunyn (1865), S. 166–190; Naunyn (1868), S. 401–441; Naunyn (1869), S. 579–588; Naunyn (1871), S. 174–189.

110 Nach: Roß (2001), S. 146–151. Der Verfasser dankt den Estonian Academy Publishers (Teaduste Akadeemia Kirjastus, Tallinn) für die erteilte Abdruckgenehmigung vom 20. Januar 2015.

111 Vgl. z. B.: Schönlein (1842), S. 6, S. 20, S. 22, S. 70–71.

für organische und analytische Chemie in der medizinischen Fakultät mit pathologisch-chemischen und histologischen Untersuchungen betraut, die ihm die Direktoren der Kliniken übertrugen. Von Gorup-Besanez schied, enttäuscht von seiner Position innerhalb der Erlanger medizinischen Fakultät, die ihm kein eigenes Laboratorium einrichtete, und wohl auch aus grundsätzlichen Zweifeln über das damals im medizinisch-chemischen Laboratorium Erreichbare, 1855 aus der medizinischen Fakultät aus und wechselte in die philosophische. In Wien errichtete Johann Florian Heller 1842 gegenüber dem Allgemeinen Krankenhaus ein klinisch-chemisches Laboratorium, in dem er regelmäßig und anfänglich unentgeltlich Untersuchungen im Auftrag der Professoren und Primarärzte des Krankenhauses ausführte. Im November 1844 übernahm er das Laboratorium am Allgemeinen Krankenhaus und stattete es weitgehend mit privaten Mitteln aus. Hellers Versuche, sein Labor räumlich zu erweitern, eine permanente Position zu erlangen und die Dozentur für sein Fach von der Fakultät zur außerplanmäßigen Professur erheben zu lassen, scheiterten zunächst allesamt. Seine definitive Anstellung erfolgte erst 1855. In Würzburg erhielt im Juli 1842 mit Johann Joseph Scherer ebenfalls ein Mediziner und Chemiker eine außerplanmäßige Professur für organische Chemie, die mit der Verpflichtung verbunden war, chemische Untersuchungen für die Kliniken des Juliusspitals vorzunehmen. Scherer wurde auf Kosten der Universität in der Nähe des Spitals ein Laboratorium eingerichtet, das er ausdrücklich als klinisch-chemisches bezeichnete. Am Heidelberger akademischen Krankenhaus schließlich etablierte der Arzt Marc Aurel Hoefle ab 1841 ein zeitgemäßes klinisch-chemisches Analysenspektrum. Für seine Arbeiten stand ihm nur ein kleines und vermutlich bescheiden ausgestattetes Labor im dritten Stock des Hospitals zur Verfügung.[112]

Weder an den genannten Universitäten des deutschsprachigen Raums noch in Dorpat kam es jedoch Mitte des 19. Jahrhunderts zu einer formalen Institutionalisierung des Faches medizinische Chemie, die erst mit der Errichtung planmäßiger Ordinariate bzw. entsprechender Institute als abgeschlossen betrachtet werden kann.[113] Folgt man dem von Clark vorgeschlagenen Diffusionsmodell, dann schritt der Implementierungsprozess nur bis zu einer Erprobungsphase der neuen Disziplin voran.[114] Obwohl Carl Schmidt diese „Probezeit“ der klinischen Chemie an der Dorpater Universität durchaus erfolgreich gestaltete, wie seine einschlägigen Publikationen, vor allem aber die wohlwollenden Äußerungen

112 Vgl.: Roß (1996), S. 133–140.
113 Vgl.: Eulner (1970), S. 72.
114 Vgl.: Clark (1968), S. 10–12.

seiner Kollegen bewiesen,[115] blieb doch die „Adoption“ des neuen Fachs letztlich aus. Nachvollziehbare Gründe hierfür lagen zunächst in seinem bereits dargestellten weiteren akademischen Werdegang: Schmidt boten sich Karrieremöglichkeiten, die als gleichsam außerwissenschaftliche, soziale Faktoren für die Institutionalisierung einer Disziplin entscheidend wichtig sein können,[116] früh in der physiko-mathematischen Fakultät[117] und nicht in der medizinischen, die nach seinem Wechsel über keinen namhaften Chemiker mehr verfügte. Zwar las Schmidt bis 1864 unverändert physiologische sowie pathologische Chemie auch für die Studenten der medizinischen Fakultät[118] und übte durch seine Schüler und Kollegen weiterhin einen zumindest mittelbaren Einfluss auf die Fortentwicklung der Disziplin an der Dorpater Universität aus, doch wandte er sich selbst ab 1852 wissenschaftlich ganz überwiegend Fragen der anorganischen Chemie zu.[119] Möglich, wenngleich unbewiesen, erscheint auch die Vermutung, dass Schmidt die bereits um 1850 aufkommende Enttäuschung vieler über die tatsächlichen Leistungen der pathologischen Chemie teilte, die wegen ihres unzureichenden analytischen Instrumentariums weit hinter den überschwänglichen Erwartungen vor allem der klinischen Medizin zurückgeblieben war.[120]

---

115 Vgl. neben den bereits angeführten Bemerkungen Naunyns und Oesterlens auch die Ausführungen Strümpells (1925), S. 47–48 sowie die Eingabe Bidders an das Universitäts-Conseil zur „Beförderung“ Schmidts zum etatmäßigen Privatdozenten (EAA 402/3/1887 ohne Nr. vom 16. Dezember 1846).

116 Vgl.: Ben-David und Collins (1966), S. 451–465.

117 Diese Fakultät, der die mathematischen Wissenschaften, die Naturwissenschaften und die Landwirtschaft samt Technologie angehörten, war erst 1850 durch die Teilung der philosophischen entstanden. Zur verbleibenden historisch-philosophischen Fakultät gehörten die Philosophie, die Sprachwissenschaften, die Geschichte und Statistik sowie die politische Ökonomie. Vgl.: O. V. (1866), S. 45, S. 81.

118 Vgl.: Adolphi et al. (1918), S. 68.

119 Vgl.: Kapitel 4.6 dieser Untersuchung. – Ackermann (1952), S. 186 schrieb mit Blick auf diese allgemein festzustellende Entwicklung: Die Chemiker entfernten sich „vielfach von ihrem ursprünglichen Thema der Erforschung der belebten Natur mit chemischen Methoden“. Diese Tendenz bestätigte auch Gustav Hüfner, als er in einer Rede („Über den Ursprung und die Berechtigung besonderer Lehrstühle für Physiologische Chemie“) zur Feier der Eröffnung des physiologisch-chemischen Institutes der Universität Tübingen am 9. Juni 1886 darüber klagte, „dass sich die Chemiker seit etwa 30 Jahren, hauptsächlich aber wohl seit Liebigs Weggang von Gießen im Jahre 1852, nicht mehr um die medizinische Seite der Chemie kümmerten.“ Zitiert nach: Eulner (1970), S. 67.

120 In diesem Zusammenhang seien z. B. die Erwartungen des Wiener pathologischen Anatomen Carl von Rokitansky (1846), S. 495–565 genannt, der in seinem

An der Dorpater Universität wie anderenorts überlebte die medizinische Chemie ab Mitte der 50er Jahre des 19. Jahrhunderts vor allem deshalb, weil sich der eigentlich anwendungsorientierte Teil der ehemals alten „Chemie in der Medizin“[121] zunehmend in die Klinik verlagerte.[122] Wichtig für diese Entwicklung waren die der experimentellen Forschung verpflichteten „Kliniker“ Adolph Wachsmuth, Alfred Vogel und Bernhard Naunyn[123] sowie der originäre Kontakt der klinischen Medizin zur Dorpater Pharmakologie[124] unter Rudolf Buchheim und Oswald Schmiedeberg. In der Inneren Klinik entstand ein für physiologisch-chemische und diagnostische Untersuchungen genutztes Laboratorium. Es galt als leidlich ausgestattet[125] und verfügte über einen Jahresetat von 500 Rubel.[126] 1864 richtete die Universität eine Dozentur für physiologische Chemie ein,[127] der fortan in der Nachfolge Schmidts nicht nur die Lehre des Fachs oblag, sondern die der Klinik auch insofern zugute kam, „als sie die chemische Untersuchung des Harns und sonstiger Sekrete, Exkrete und Transsudate zu klinischen Zwecken übernahm.“[128] Erster Inhaber der Dozentur war Alexander Schmidt. Ihm folgten Carl Gaethgens, Gustav von Bunge und schließlich Friedrich Carl Krüger. Ähnliche medizinisch-chemische und diagnostische Einheiten

---

humoralpathologischen Konzept der „Krasenlehre“ Veränderungen der Eiweißkörper eine besondere Bedeutung zumaß und nähere Aufschlüsse durch chemische Untersuchungen erwartete. Von Hellers Leistungen als pathologischer Chemiker zeigte sich Rokitansky später tief enttäuscht. Auch für den berühmten Internisten Joseph Skoda war Heller als pathologischer Chemiker nicht nur fachlich, sondern auch persönlich völlig ungeeignet. Als wichtige Gründe für das einstweilige Scheitern der pathologischen Chemie führte der Leipziger Chemiker Carl Gotthelf Lehmann an, dass man die chemischen Hilfsmittel völlig überschätzt und zudem fatalerweise versucht habe, eine pathologische Chemie vor einer physiologischen zu errichten. Vgl.: Schmalhofer (1980), S. 37–43; Büttner (1985 b), S. 20.

121 Maehle et al. (1990), S. 448.

122 Vgl.: Büttner (1985 a), S. 801.

123 Naunyn (1908), S. 225 schrieb zur Entwicklung klinisch-chemischer Laboratorien ab 1860: „Die Einrichtung eines Laboratoriums für seine Klinik galt bald dem Kliniker als Ehrensache; wir fingen an, die wissenschaftlichen Fragen, die uns die Klinik stellte, zu bearbeiten.“

124 Vgl.: Barkan (1930), S. 3–14; Kalnin (1985), S. 125–127.

125 EAA 402/5/87; Naunyn (1925), S. 194.

126 Vgl.: O. V. (1876), S. 4, § 6: „Mit der medicinischen Klinik ist ein chemisches Laboratorium verbunden, das unter der Leitung des Directors der medicinischen Klinik steht. Das Laboratorium hat einen eigenen Jahres-Etat von 500 Rbl.“

127 Vgl.: Adolphi et al. (1918), S. 70, S. 81.

128 Adolphi et al. (1918), S. 81.

entstanden etwa zeitgleich auch an anderen deutschsprachigen Universitäten. So wurde beispielsweise 1852 in Göttingen aus Wöhlers Laboratorium eine Abteilung für physiologische Chemie aus- und in Wagners Institut eingegliedert, deren erste Vorstände Georg Staedeler und Carl Boedeker waren.[129] In Berlin arbeiteten Felix Hoppe-Seyler und Wilhelm Kühne ab 1856 als Assistenten und Leiter des chemischen Labors im pathologischen Institut Rudolf Virchows, während in Leipzig Edmund Drechsler ab 1872 die chemische Abteilung im physiologischen Labor unter Carl Ludwig führte.[130]

Die frühe Implementierung der medizinischen bzw. klinischen Chemie vollzog sich somit an der Dorpater Hochschule um die Mitte des 19. Jahrhunderts zeitlich und inhaltlich weitgehend parallel zur Entwicklung an den Universitäten Berlin, Erlangen, Wien, Würzburg und Heidelberg. Dies ist ganz überwiegend der Leistung Carl Schmidts zu verdanken, der in der von Justus Liebig begründeten Chemiker-Tradition stand.[131] Die wissenschaftliche Nachwelt erinnerte sich zwar stets dankbar Schmidts hervorragender Verdienste vor allem auf dem Gebiet der Stoffwechsel-Physiologie[132] und rühmte die unvergleichliche Präzision seiner Analysen,[133] doch ist sein nicht zu unterschätzender Beitrag zur Verankerung chemischer Untersuchungen in der klinischen Diagnostik unverdientermaßen nahezu gänzlich in Vergessenheit geraten.

### 3.4.3 Die physiologische Chemie Schmidts

Nach seiner Rückkehr aus Deutschland arbeitete Schmidt in Dorpat nicht nur auf klinisch-chemischem Gebiet, sondern widmete sich intensiv auch dem rasch expandierenden Feld der physiologischen Chemie, deren erster steiler Aufstieg in Deutschland nachfolgend zunächst kurz skizziert werden soll.

---

129 Vgl.: Ganß (1937), S. 65–71; Borschel (1987), S. 50–51; Maehle et al. (1990), S. 447–450.

130 Vgl.: Büttner (1985 a), S. 801.

131 Vgl.: Kritsman und Hoppe (1998), S. 51–57; Zaitseva (2000), S. 117–128.

132 Vgl.: O. V. (1895), S. 6 sowie zu Schmidts Leistungen auf dem Gebiet der Stoffwechsel-Physiologie: Kapitel 3.4.3.3.3–3.4.3.3.4 dieser Untersuchung.

133 Vgl.: O. V. (1903), S. 95, wo eine Aussage des Wiener Ordinarius für medizinische Chemie Ernst Ludwig angeführt ist, der ähnlich wie Schmidt eine Vielzahl geologischer und hydrologischer Untersuchungen veröffentlichte: „Ich habe zwar schon Analysen sehr vieler Gelehrter nachzukontrollieren Gelegenheit gehabt, aber noch bei keinem derselben ist es mir wie bei Carl Schmidt so oft möglich gewesen, die vor 20, ja vor 30 Jahren gewonnenen Zahlen bis zur dritten Dezimalstelle als vollkommen richtig bestätigen zu können."

### *3.4.3.1 Der Aufstieg der physiologischen Chemie im 19. Jahrhundert*[134]

In der Übergangsphase vom 18. zum 19. Jahrhundert herrschten in der wissenschaftlichen Medizin Deutschlands mit dem Vitalismus und der auf Schelling zurückgehenden idealistischen Naturphilosophie zwei konzeptionelle Grundströmungen vor. Sie erkannten einerseits in der „vis vitalis" eine spezifische, lebenden Organismen innewohnende einzigartige Kraft als Gesetz, nach dem physiologische Vorgänge abliefen, und verliehen andererseits in Form der „Identitätslehre" unter dem Aspekt der Übereinstimmung von Geist und Materie dem rein gedanklichen Konstrukt dieselbe Beweiskraft wie dem eigentlichen Experiment, das folglich in der medizinischen Forschung in den Hintergrund trat und bisweilen gar verachtet wurde.[135]

Diese spekulative Grundhaltung bewirkte eine weitgehende Stagnation in der medizinischen Wissenschaft und vor allem der physiologischen Forschung in Deutschland,[136] die sich erst ganz allmählich unter dem Einfluss einer strikt empirischen Ausrichtung zu lösen begann, wie sie hauptsächlich die französische Physiologen-Schule unter François Magendie vorgab. Magendie bekämpfte die vitalistische Lehre wie überhaupt jede apriorische Reflexion entschieden, da für ihn die Aufgabe der Physiologie keine andere war als die der Naturwissenschaften selbst und daher das rational ausgeführte Experiment allein maßgebend für die Beurteilung und Erklärung von Lebensphänomenen sein konnte.[137] Die Physiologie Magendie'scher Prägung war zunächst eine überwiegend „vivisektorische", stark morphologisch orientierte. Man legte die inneren Organe frei und beobachtete ihre Bewegung am lebenden Tier, arbeitete mit Organresektionen oder bediente sich beispielsweise auf dem Gebiet der Sinnesphysiologie des Selbst-Experiments. Versuche, Lebenserscheinungen mit den Mitteln der Physik und Chemie aufzuklären und auf entsprechende Gesetzmäßigkeiten zurückzuführen, fanden sich dagegen zu Beginn des 19. Jahrhunderts nur ganz vereinzelt.[138] Möglich wurde eine derartige chemisch-physikalische Periode in

---

134 Nach: Roß (2002 a), S. 159–162. Der Verfasser dankt dem Shaker Verlag (Aachen) für die erteilte Abdruckgenehmigung vom 19. Januar 2015.

135 Vgl. zu den genannten beiden konzeptionellen Grundströmungen: Haeser (1884), S. 334–337; Sudhoff (1922), S. 330–359; Leibbrand (1937), passim; Hirsch (1966), S. 374–419; Engelhardt (1991), S. 95–118; Orazio (1997), S. 179–217; Jahn (2000 c), S. 290–301.

136 Vgl.: Diepgen (1951), S. 121; Rothschuh (1953), S. 91–94; Hirsch (1966), S. 477–488.

137 Vgl.: Magendie (1816 b), S. I–VI; Hirsch (1966), 479–480; Lichtenthaehler (1983), S. 785–788.

138 Vgl.: Rothschuh (1953), S. 92.

der Entwicklung der Physiologie erst, als durch rasche methodische und theoretische Fortschritte der Naturwissenschaften die hierzu notwendigen Grundlagen geschaffen waren und so diese neue Richtung physiologischen Denkens um die Mitte des 19. Jahrhunderts in Deutschland ihren ersten Höhepunkt erreichte.[139] Herausragende Repräsentanten der mehr „physikalischen Physiologie" waren beispielsweise Carl Ludwig, Hermann Helmholtz oder Emil Du Bois-Reymond, während Justus Liebig und Friedrich Wöhler als diejenigen deutschen Forscher anzusehen sind, die durch ihre Arbeiten am nachhaltigsten die überwiegend chemische Ausrichtung der physiologischen Forschung beförderten.[140]

#### *3.4.3.2 Schmidts bahnbrechende Blutanalysen*[141]

Schmidts Dorpater physiologisch-chemische Forschungen fanden einen ersten größeren Niederschlag in der 1850 erschienenen Schrift „Charakteristik der epidemischen Cholera",[142] die sich auch ausführlich mit der chemischen Konstitution des Blutes Gesunder befasste.

In den bahnbrechenden Blutanalysen Jean Louis Prévosts und Jean Baptiste Dumas[143] wie denen ihrer überwiegend französischen Nachfolger wurden gewöhnlich Wasser, Blutkörperchen, Faserstoff, feste Bestandteile, Eiweiß, Fette sowie Extraktivstoffe und Salze als Komponenten des menschlichen Bluts unterschieden.[144] Die Blutkörperchen selbst betrachtete man dabei gleichsam als „chemische Individuen" und glaubte, sie seien „vom umgebenden Plasma durchtränkt, mechanisch imbibirt".[145] Gemäß dieser Hypothese war der Inhalt der Blutzellen identisch mit dem Plasma, was Schmidt mehr als ein Jahrzehnt nach der Publikation von Theodor Schwanns „Mikroskopischen Untersuchungen über die Uebereinstimmung in der Struktur und dem Wachsthum der Thiere und Pflanzen"[146] zumindest für „höchst unwahrscheinlich", wenn nicht gar für

139 Vgl.: Rothschuh (1953), S. 169; Hirsch (1966), 374–383; Rothschuh (1968), S. 231–270.

140 Vgl.: Rothschuh (1953), S. 168–174.

141 Nach: Roß (2002 a), S. 166–171. Der Verfasser dankt dem Shaker Verlag (Aachen) für die erteilte Abdruckgenehmigung vom 19. Januar 2015.

142 Schmidt (1850).

143 Vgl.: Prévost und Dumas (1821), S. 280–296.

144 Vgl. zu den damals gebräuchlichen Methoden der Blutanalyse: Hoefle (1850), S. 124–140; Lieben (1935), S. 263–265.

145 Schmidt (1850), S. 5.

146 Schwann (1839).

eine „physikalische Unmöglichkeit“[147] hielt. Er entwickelte daher einen eigenen Analysengang,[148] für den er rund 150 Milliliter Blut benötigte. Getreu seiner erklärten Absicht, „die Constitution der Blutzelle gegenüber ihrer Intercellularflüssigkeit [...] festzustellen“,[149] führte Schmidt die Untersuchungen jeweils getrennt für Blutkörperchen und Plasma durch. Das ermittelte Verhältnis von Blutzellen und Interzellularflüssigkeit betrug 51 : 49,[150] und Schmidt erkannte als erster überhaupt die ungleiche Verteilung der Alkalisalze: Die Zellen enthielten vorwiegend Kalium, daneben vermehrt Phosphorsäure, während sich im Plasma hauptsächlich Natrium und Chlor fanden.[151] Krankheiten wie Cholera, Albuminurie oder Diabetes mellitus beeinflussten dieses physiologische Ungleichgewicht nicht wesentlich.[152]

Weitergehende Untersuchungen zur Veränderung des Blutes bei Cholerakranken führte Schmidt in der Zeit vom 10. August bis 4. Oktober 1848 an sieben Patienten durch, von denen fünf später starben.[153] Er fand, dass sich die „Dichtigkeit“ des Blutes durch einen Choleraanfall erhöhte und der relative Gehalt

---

147 Schmidt (1850), S. 7.

148 Vgl.: Schmidt (1850), S. 16–28 sowie zur Kontroverse mit Karl von Vierordt: Schmidt (1852 c), S. 293–298. – Das von Schmidt beschriebene Verfahren galt noch Jahrzehnte später als vorbildlich. So urteilte beispielsweise Eugen Franz von Gorup-Besanez (1871), S. 346: „Mehrere für die quantitative Analyse des Blutes früher in Anwendung gebrachte Methoden [...] fussen zum Theil auf Voraussetzungen, welche sich [...] als unrichtig erwiesen haben. Bezüglich der Bestimmung des wichtigsten Blutbestandtheiles, nämlich des Hämoglobins, gilt dies auch von der sonst vollkommensten Methode, jener von C. Schmidt.“ Gustav von Bunge (1898), S. 230 bezeichnete in seinem „Lehrbuch der physiologischen und pathologischen Chemie“ Schmidts Angaben als „bis auf den heutigen Tag unübertroffene Analysen.“

149 Schmidt (1850), S. 7.

150 Vgl.: Schmidt (1850), S. 30. – Die damals einschlägigen Verfahren zur Blutanalyse lieferten wohl auch deshalb von den heutigen Werten divergierende Resultate für das Verhältnis von „Blutkuchen“ zu Plasma, weil die Zentrifugation zur Durchführung von Trennungen noch nicht eingeführt war. Sie wurde für chemische Zwecke 1852 von Lambert Freiherr von Babo empfohlen und war im ärztlichen Laboratorium durch die Arbeiten Sven Hedins erst ab 1890 gebräuchlich. Vgl.: Büttner und Habrich (1984), S. 21.

151 Vgl. zur mittleren Verteilung der Alkalisalze auf 100 g anorganische Bestandteile menschlichen Blutes: Schmidt (1850), S. 14.

152 Vgl.: Schmidt (1850), S. 14.

153 Vgl.: Schmidt (1850), S. 37–52 und Kapitel 3.4.3.2 dieser Untersuchung. – Die Datumsangaben folgen dem Julianischen Kalender. Die Cholera hatte während der zweiten Pandemie Dorpat am 6. August 1848 erreicht. In ganz Russland befiel sie

an bei 120 °C nicht flüchtigen Stoffen infolge des enormen Flüssigkeitsverlusts stark zunahm, was frühere Beobachtungen, darunter seine eigenen, bestätigte.[154] Diese Steigerung erstrecke sich allerdings nur auf die organischen Bestandteile („Albuminate") und die Blutzellen selbst, dagegen nicht auf die „unorganischen Salze." Schmidt erkannte eine von ihm als „Doppelstrom" bezeichnete Wechselwirkung zwischen den Blutkörperchen und dem umgebenden Plasma als Basis für die festgestellten „Elektrolyt-Verschiebungen":

> „Im Moment des Anfalls transsudiren Wasser und Salze im Verhältnis 1000 : 4 die Capillarwand; die Intercellularflüssigkeit, eines Theils ihres Wassergehaltes beraubt, entzieht denselben rückwirkend der Blutzelle; in beiden erscheinen die Salze absolut vermehrt, relativ zur organischen Substanz vermindert [...]."[155]

Durch eine Reihe von Versuchen wollte Schmidt zudem die bei der Cholera eintretenden „Entmischungsverhältnisse" des Blutes näher charakterisieren. Er versetzte hierzu das Blut der Kranken jeweils mit Zucker, Harnstoff, Amygdalin und Asparagin als Prüfsubstanzen und beobachtete, ob diese Stoffe „fermentativ" schneller gespalten wurden als vom Blut Gesunder. Es erwies sich, dass „Cholerablut" verstärkt „Harnstoffferment" enthielt und daher Harnstoff beschleunigt in Ammoniak und Kohlensäure zersetzte. Schmidt knüpfte an seine Experimente die Hoffnung, man werde auf diese Weise in Zukunft schließlich ein choleraspezifisches Toxin identifizieren und entweder durch Impfung gegen diesen Bestandteil oder entsprechende diätetische Mittel die „ungewöhnliche Entmischungsweise" des Blutes auf die Norm zurückführen können.[156] Um für die praktische Medizin wünschenswerte „feste Standpunkte für die gleichzeitige Beurteilung des mechanischen und chemischen Stoffwechsels zu erhalten",[157] analysierte Schmidt auch das von den Cholerakranken Erbrochene, ihre Exkremente, die Galle, den Liquor sowie Rippen- und Bauchfellergüsse.[158] Die jeweils ermittelten Eiweißkonzentrationen nahmen vom Pleura- über das Peritonealtranssudat und den Liquor bis hin zum Ödem ständig ab, was Naunyn

zwischen 1847 und 1849 insgesamt 471 Städte, und mehr als eine Million Menschen erlagen der Krankheit. Vgl.: Haeser (1996), S. 834.

154 Vgl. zu diesen während der Cholera-Pandemie von 1830–1833 erhobenen Resultaten beispielhaft: Hermann (1831), S. 161–192; Andrews (1832), S. 295–305; Dulk (1832), S. 213–238; Wittstock (1832), S. 509–533.

155 Schmidt (1850), S. 56.

156 Vgl.: Schmidt (1850), S. 57–68.

157 Schmidt (1850), S. 69.

158 Vgl.: Schmidt (1850), S. 69–77.

Jahre später durch seine entsprechenden Arbeiten bestätigte.[159] Einige zur „Contagiositätslehre vom Standpunkte der Experimentalkritik" gemachte Beobachtungen Schmidts[160] gingen nicht wesentlich über frühere Mitteilungen hinaus. So wusste man schon aus der Pandemie von 1831–1833, dass Blut Cholerakranker, in die Zirkulation oder direkt in den Magen-Darm-Trakt von Versuchs-Tieren injiziert, die Krankheit nicht auslöste.[161] Auch lagen aus dieser Zeit bereits Berichte über Ärzte vor, die Transsudate ihrer Cholera-Patienten ohne jegliche nachteilige Folgen verschluckt hatten. Schmidt bemerkte hierzu freimütig: „Ich habe nicht die Überwindung gehabt, Selbstversuche in dieser Beziehung anzustellen."[162] Die „Charakteristik der epidemischen Cholera" wurde namentlich in Physiologen-Kreisen außerordentlich geschätzt und trug wesentlich zu Schmidts wissenschaftlicher Reputation in noch jungen Jahren bei.[163]

#### *3.4.3.3 Bidders und Schmidts verdauungs- und stoffwechsel-physiologische Untersuchungen*

Neben seinen klinisch-chemischen und „hämatologischen" Studien widmete sich Schmidt ab 1848 gemeinsam mit dem Physiologen Friedrich Bidder auch intensiv der physiologischen Chemie der Verdauung. Die Ergebnisse der rund dreijährigen Zusammenarbeit beider sind in der Schrift „Die Verdauungssaefte und der Stoffwechsel"[164] niedergelegt. Um deren Entstehung, aber auch ihre wesentlichen fachspezifischen Details besser einordnen zu können, erscheint es ratsam, zunächst kurz die wissenschaftliche Prägung Bidders und sein generelles Wissenschaftsverständnis darzustellen, um dann auf einige fundamentale Vorstellungen zur Verdauungs- und Stoffwechselphysiologie einzugehen, wie sie bis etwa 1850 bestanden.

159 Vgl.: Naunyn (1865), S. 166–190; Naunyn (1871), S. 174–189.

160 Vgl.: Schmidt (1850), S. 77–81.

161 Vgl.: Schmidt (1850), S. 89.

162 Schmidt (1850), S. 81.

163 Vgl.: O. V. (1895), S. 18 sowie beispielsweise Franz von Gietls (1855), S. 8 Einschätzung: „Eine klassische Schrift, welche die Muttergedanken vieler nachgefolgter Ideen und Anschauungsweisen und darauf basirter Experimente und Untersuchungen in sich schließt."

164 Bidder und Schmidt (1852).

###### *3.4.3.3.1 Die wissenschaftliche Prägung Friedrich Bidders und sein generelles Wissenschaftsverständnis*

Friedrich Bidder, der Schmidt schon von Kindesbeinen an kannte[165] und später nicht nur sein akademischer Förderer,[166] sondern auch sein wissenschaftlicher Kooperationspartner an der Dorpater Hochschule werden sollte, bezeichnete in seiner Autobiographie[167] rückblickend zwei Perioden als ausschlaggebend für seine wissenschaftliche Prägung und die Heranbildung seines grundsätzlichen Wissenschaftsverständnisses: Einerseits den einjährigen (1834–1835) postgraduierten Aufenthalt im Berliner „Kabinett" des berühmten Physiologen Johannes Müller[168] und andererseits die von 1837–1842 in Dorpat währende Zusammenarbeit mit seinem „Professoren-Kollegen" Alfred Wilhelm Volkmann, einem herausragenden Repräsentanten der zeitgenössischen physikalischen Richtung in der Physiologie. Den täglichen Umgang mit Müller, dessen Prosektor, Jacob Henle, und dem damals neuen Assistenten am anatomischen Institut, Theodor Schwann, empfand Bidder offenbar als derart anregend, dass für ihn erst „mit dem Eintritt in Müllers Cabinet […] eigentlich […] mein wissenschaftliches Leben"[169] begann. Als Volkmann 1837 einen Ruf nach Dorpat annahm, brachte er ein ihm gehörendes großes Schiecksches Mikroskop mit,[170] und Bidder konnte dieses Instrument fortan uneingeschränkt nutzen. Somit eröffnete sich für ihn mit der mikroskopischen Analyse ein neuer erfolgreicher Arbeitsweg. Volkmann bot Bidder darüber hinaus Gelegenheit, sich in experimenteller Physiologie einschließlich der Vivisektion durch „Selbsthandanlegen" umfassend zu schulen.[171]

Wie seine Lehrer, Müller und Volkmann, war Bidder kein Anhänger der spekulativen Naturphilosophie,[172] blieb aber zeitlebens Vitalist. Er trat so in Müllers

---

165 Vgl.: Kapitel 2.1 dieser Untersuchung.

166 Vgl.: Kapitel 3.1, 3.3 und 4.1 dieser Untersuchung.

167 Bidder (1959). – Für die Drucklegung dieser Lebenserinnerungen, die Bidder nach seiner aktiven Dienstzeit (ab 1869) verfasste und die ursprünglich nicht zur Veröffentlichung bestimmt waren, diente nach dem Vorwort des Herausgebers eine Abschrift des leider verloren gegangenen Originals.

168 Um diesen Aufenthalt anzutreten, verließ Bidder Dorpat am 1. August 1834 und kehrte am 20. Dezember 1835 zurück. Vgl.: Bidder (1959), S. 63–80.

169 Bidder (1959), S. 69.

170 Friedrich Wilhelm Schiek. Vgl.: Poggendorff (1863), 2, Sp. 795–796; Poggendorff (1898), 3, S. 1187.

171 Vgl.: Bidder (1959), S. 90, S. 106–107.

172 Müller studierte ab 1819 Medizin in Bonn und erhielt dort unter anderem durch den Physiologen Karl August Mayer, den Physiologen und Chirurgen Philipp Franz von Walther, den Chemiker Wilhelm Gottlob Kastner sowie den Philosophen Christian

Fußstapfen, für den es eine besondere „organische Kraft“ gab, die er oft als Lebenskraft bezeichnete,[173] und tat es Volkmann sowie anderen Vertretern der physikalischen Richtung in der Physiologie gleich,[174] die sich nie berufen gefühlt hätten, „gegen die Lebenskraft zu Felde zu ziehen, sie geriren sich vielmehr als Vitalisten, und doch haben wenig Physiker in physikalischer Durchforschung der Lebensvorgänge es ihnen gleichgethan.“[175] Bidder wollte noch 1865 „das Recht gewahrt wissen, von Lebenskraft zu sprechen, von einem Etwas, dessen nähere und allseitige Bestimmung wir zwar schon lange erstreben, aber noch immer der Zukunft, vielleicht späteren Geschlechtern überlassen müssen.“[176] Diese Aussage eines „pragmatischen Vitalisten“ hielt ihn jedoch nicht davon ab, dafür zu plädieren, mit dem vorhandenen Wissen und Können sowie den existierenden Hilfsmitteln in den Organismus einzudringen, „um das wunderbare Räderwerk kennen zu lernen, das die Lebenskraft schafft, in Bewegung erhält“[177] und so vielleicht auch diejenigen Faktoren zu identifizieren, die jenseits dieses „spiritus rectors“ für das Rätsel des Lebens insgesamt verantwortlich seien.[178]

---

August Brandis eine noch stark von der Naturphilosophie geprägte universitäre Ausbildung. Ein wichtiges Jahr (1823–1824) in Berlin, das er bei dem Anatomen und Physiologen Karl Asmund Rudolphi verbrachte, sowie die über jeden Zweifel erhabene Wissenschaftshaltung des großen schwedischen Chemikers Berzelius gaben ihm die entscheidende Ausrichtung auf seine späteren zentralen Interessen, die Anatomie und Physiologie, und führten dazu, dass er sich bereits 1825 selbst von der naturphilosophischen Krankheit als geheilt bezeichnete. Vgl.: Müller (1949), S. 264–266; Rothschuh (1953), S. 112–113; Lohff (1991), S. 120, S. 124; Botsch (1997), S. 210 sowie zur abweichenden Einschätzung des Müller-Schülers Emil Du Bois-Reymond: Ebbecke (1951), S. 10.

173 Vgl. zu den Aufgaben, Gesetzmäßigkeiten und Hintergründen dieser besonderen Lebenskraft: Müller (1844); S 21–26; Botsch (1997), S. 225.

174 Genannt seien in diesem Zusammenhang beispielsweise die Brüder Ernst Heinrich und Wilhelm Weber, die als Wegbereiter der physikalisch-chemischen Physiologie gelten. Vgl.: Rothschuh (1953), S. 110 –111.

175 Bidder (1959), S. 232.

176 Bidder (1959), S. 231.

177 Bidder (1959), S. 233.

178 Vgl.: Bidder (1959), S. 223. – Angesichts der im Vorangegangenen zitierten Einlassungen Bidders zur Lebenskraft erscheint es fraglich, ob er sie tatsächlich als „transzendent“ interpretierte. Diese Vorstellung formulierte aufgrund Bidders stark ausgeprägter Religiosität sein Schüler, der spätere Professor für Pharmazie in Dorpat, Georg Dragendorff (1894), S. 27 in seinem Nachruf: „Unerschütterlich war Deine Ueberzeugung, dass eine ewige Macht über uns Alles anordnet, Alles lenkt“. Aus dem Glauben an diese Urmacht, „welcher alles Stoffliche, alle Kraft, jedes Gesetz,

Das Gemeinschaftswerk die „Verdauungssaefte und der Stoffwechsel" entstand also durch die Kooperation eines älteren Physiologen und „aufgeklärten Vitalisten" mit dem Chemiker Carl Schmidt als „Juniorpartner". Dieser erschien bekanntlich am Ende seiner Wanderjahre durch deutsche Universitäten und während seiner initialen akademischen Tätigkeit an der Dorpater Hochschule als ein ausschließlich dem Experiment verpflichteter Naturforscher, der ebenso wie Bidder die spekulative Naturphilosophie ablehnte, aber gleichwohl um die Einordnung seiner Beobachtungen in einen größeren, durchaus auch philosophischen, Rahmen bemüht war, wenn es um die Erklärung der bis dahin noch fast völlig unverstandenen Komplexität der organischen Lebenserscheinungen ging.[179] Durch die weitgehende Kompatibilität der Wissenschaftsauffassungen Bidders und Schmidts entstand in der Mitte des 19. Jahrhunderts Bleibendes auf dem Gebiet der Verdauungs- und Stoffwechsel-Physiologie, wobei sich möglicherweise eine ähnlich glückliche Konstellation einstellte, wie sie 25 Jahre zuvor in Heidelberg bei der Entstehung des Werks „Die Verdauung nach Versuchen"[180] zwischen dem jungen Chemiker Leopold Gmelin und dem bereits erfahrenen Physiologen Friedrich Tiedemann bestanden haben mag.[181]

##### *3.4.3.3.2 Verdauungs- und stoffwechel-physiologische Vorstellungen bis ca. 1850*

Bidders und Schmidts Gemeinschaftswerk „Die Verdauungssaefte und der Stoffwechsel" fußte implizit auf einer langen Geschichte, denn die Grunderfahrung des Menschen, dass seine Existenz die Aufnahme von Nahrung erfordert, und die mit der Ernährung im Zusammenhang stehenden Vorgänge beschäftigten bereits die Ärzte und Philosophen der Antike.

Sie waren – in nuce – davon überzeugt, dass die Verdauung als „concoctio" im Magen beginne und die aufgenommenen Nahrungsmittel einer mechanischen Zerreibung bzw. Gärung oder Kochung durch Wärme unterliegen würden. Aus dem so entstandenen „Speisebrei", Chymus genannt, sollte im Darm der „Milchsaft" oder Chlyus entstehen, der Aufnahme ins Blut fand. Die unverwertbaren Bestandteile des Chymus wurden als Faeces ausgeschieden, während der absorbierte Chylus nach den Vorstellungen der antiken Ärzte eine Veränderung,

---

der Alles, was geistig ist, entstammt", sei Bidders gesamtes Schaffen und Streben entsprungen.

179 Vgl.: Kapitel 2.5.1 und 2.6 dieser Untersuchung.

180 Tiedemann und Gmelin (1826–1827).

181 Vgl.: Roß (2008/2009), S. 187–212.

„assimilatio", erfuhr, die ihn zur Bildung von Blut und festen Körperbestandteilen geeignet werden ließ.[182]

Der bereits in der Antike präformierten Zweiteilung zwischen einer mehr mechanistisch orientierten „oeconomia" und einer stärker chemisch ausgerichteten „fermentatio" folgend, entwickelten sich in der Renaissance hauptsächlich zwei Denkrichtungen, die versuchten, die komplexen Vorgänge der menschlichen Verdauung zu erklären: Die Iatrophysik und die Iatrochemie.[183]

Ein früher Repräsentant der so genannten Iatrophysiker war Santorio Santorio, dem es mit Hilfe seiner berühmten Stoffwechsel-Waage gelang, die „perspiratio insensibilis" als nicht fühlbare Wasserdampfausdünstung durch die Haut an die Umgebung zu ermitteln und auf etwa 1,25 kg pro 24 Stunden zu beziffern.[184] Descartes' bekannte Analogie des lebenden Organismus mit einer „machina"[185] führte in der Medizin der Renaissance zu einer Weiterentwicklung des antiken Konzepts der „oeconomia" hin zu einer „oeconomia animalis" bzw. „oeconomia corporis animalis",[186] die den menschlichen Körper folgerichtig als eine Art Vorrichtung auffasste, die Brennstoff erforderte und Abfall produzierte und so einen Stoffwechsel besaß. Zwar hatten seit Mitte des 17. Jahrhunderts hauptsächlich Wissenschaftler in England und den Niederlanden versucht, die Abläufe im menschlichen Körper im Sinne Descartes als rein mechanische Vorgänge zu erklären, doch setzte sich zu Anfang des 19. Jahrhunderts weitgehend die Ansicht durch, dass die Phänomene des Lebens nicht allein auf physikalisch-mechanische Vorgänge reduziert werden könnten.[187]

Unter den Iatrochemikern der Renaissance muss zunächst Theophrastus von Hohenheim, genannt Paracelsus, erwähnt werden. In seiner vermutlich um 1520

182 Vgl.: Büttner (2001 b), S. 62.

183 Vgl. zu den bekanntesten Vertretern der Iatrophysik, -mechanik und -chemie sowie deren Leistungen: Rothschuh (1953), S. 34–49; Kopp (1966), 1, S. 84–145; Rothschuh (1968), S. 76–122; Jahn (2000 d), S. 196–219.

184 Vgl.: Rothschuh (1953), S. 37; Büttner (2001 b), S. 64.

185 Descartes' Manuskript „De homine" entstand 1632, wurde aber erst 1662 in lateinischer und 1664 in französischer Sprache gedruckt. Karl Eduard Rothschuh übersetzte es zusammen mit der 1648 erschienenen Schrift „Beschreibung des menschlichen Körpers" ins Deutsche. Vgl.: Descartes (1969); Büttner (2001 b), S. 85.

186 Bevor das Wort „Stoffwechsel" ab etwa 1800 verwandt wurde, hatte man Fragen der organischen Materie und ihres Haushaltes vor allem in der physiologischen Literatur hauptsächlich unter dem Begriff „Oeconomia animalis" behandelt, dessen Ursprung in der antiken Medizin liegt. Vgl.: Rosen (1955), S. 861–867; Bing (1971), S. 158–180; Büttner (2001 b), S. 63–64; Schulz (2004), Sp. 190–197.

187 Vgl.: Büttner (1990), S. 271; Büttner (2001 b), S. 63.

niedergeschriebenen Abhandlung „Volumen Medicinae Paramirum ...“, die erstmals 1575 im Druck erschien, hieß es in der deutschen Übersetzung über den „Archeus“ als einen „inneren Alchemisten“, der als ein immaterielles Prinzip die Verdauung steuere und regele:

> „/ er scheidt das böse vom gutten / er verwandelt das gutte in ein Tinctur / er tingiert den leib zu seim leben / er ordiniert der natur das Subiect in ihr / er tingiert sie / daß sie zu blut und fleisch wirt. Diser Alchimist wohnet im magen / welcher sein Instrument ist / denn er kocht und arbeitet.“[188]

Johann Daniel Achelis erläuterte 1928 in seinem einschlägigen Kommentar diese Textstelle folgendermaßen:

> „Tinktur: Ein Ding, das andere zu einem bessern zu verwandeln vermag. Die Verwandlung, die hier vor sich geht, ist eine doppelte: Die Natur wird verwandelt (tingiert zum menschlichen Fleisch und Blut), der Leib des Menschen wird durch die anverwandelte Nahrung erst lebendig (tingiert den Leib).“[189]

Paracelsus' frühe iatrochemische Gedanken zur menschlichen Verdauung und zum Stoffwechsel wurden im 17. Jahrhundert vor allem durch den flämischen Arzt Johann Baptiste van Helmont aufgegriffen. Er sah die Ursache aller stofflichen Veränderungen in Gärungsprozessen, einer „fermentatio“ also,[190] für die die deutschen Übersetzer seiner Werke in den 1680er Jahren das Wort „Urhab“ oder „Urheb“ (Sauerteig) wählten.[191] Die Arbeiten der Vertreter der iatrochemischen Richtung, als deren vielleicht bedeutendster Repräsentant Franciscus de la Boë Silvius genannt werden muss, lieferten zwar noch bis in die 1770er Jahre hinein durch experimentelle Untersuchungen wertvolle Daten zur Konstitution des Magensafts, des Pankreassekrets und der Gallenflüssigkeit,[192] doch blieb deren exakte chemische Zusammensetzung und somit auch ihre Rolle innerhalb des Verdauungsprozesses noch weitgehend ungeklärt.[193]

---

188 Paracelsus (1575), S. 60. Vgl.: Büttner (2001 b), S. 64.

189 Zitiert nach: Büttner (2001 b), S. 86.

190 Vgl.: Büttner (2001 b), S. 64.

191 Vgl.: Büttner (2001 b), S. 64, S. 86. – Laut „Grimmschem Wörterbuch“, Band 24, Sp. 2432–2433 (verfügbar unter: http://woerterbuchnetz.de/cgi-bin/WBNetz/wbgui_py?sigle=DWB &sigle=DWB&mode=Vernetzung%20&lemid=GU14078#XGU14078. Letzter Zugang: 30. Oktober 2017) war „Urhab“ schon im Althochdeutschen (arhefan) eine Bezeichnung des „sauerteigs, der den teig hebt oder sich heben läszt, so dasz er aufgeht (urhabtaig [...])“. Alternativ hieß es: „auf den sauerteich, den man in Österreich urheb nennt, gieszt man laulecht wasser“.

192 Vgl. zu den Einzelheiten: Rothschuh (1953), S. 43–83; Mehlan (1976), S. 30–36.

193 Vgl.: Mehlan (1976), S. 45.

Obwohl die Iatrophysiker und -chemiker des 16. und 17. Jahrhunderts durch ihre unterschiedlichen Konzepte sehr zum zeitgenössischen Verständnis der Verdauungsvorgänge und des Wandels der Stoffe im menschlichen Organismus beigetragen hatten, bedurfte es zum weiteren Erkenntnisgewinn auf diesen Feldern in der Folgezeit eines vornehmlich methodisch-analytischen Fortschritts, der ganz wesentlich aus der Chemie erwuchs.[194] Hatte man bis zur Mitte des 18. Jahrhunderts „organisierte Stoffe" fast ausschließlich durch „Feuer" beispielsweise im Zuge der trockenen Destillation aufgeschlossen und zu trennen versucht, so standen ab jetzt sehr viel schonendere Verfahren wie Extraktion durch Lösungsmittel, Fällung und Kristallisation sowie die organische Elementaranalyse im Vordergrund, mittels der nicht nur die grundlegenden Komponenten organischer Verbindungen identifiziert, sondern auch deren relative Zusammensetzung entschlüsselt werden konnten.[195]

Zum Ausgangpunkt einer so genannten „neuen" oder „antiphlogistischen" Chemie wurden im letzten Viertel des 18. Jahrhunderts Untersuchungen von Antoine Laurent Lavoisier und seinen Mitarbeitern. In der vierten ihrer 1780 publizierten „Mémoires sur la chaleur", die den Titel „De la combustion et de la respiration"[196] trug, gelangten sie als Ergebnis ausgedehnter Experimente zu dem Schluss, dass im menschlichen Organismus „atembare Luft" oder auch „l'air vital" verbrannt werde und dieser Oxydationsprozess zur Bildung von „l'air fixe", Kohlendioxyd bzw. Kohlensäure, und tierischer Wärme führe. Lavoisiers „neue Chemie" wurde von der zeitgenössischen Wissenschaft rege aufgenommen und führte in Verbindung mit den sich einstellenden Fortschritten der (organisch-) chemischen Analytik auf den Gebieten der menschlichen Verdauungsvorgänge sowie des heute so bezeichneten Stoffwechsels zu einer raschen Verbreiterung des einschlägigen Wissens. Als Beispiele in dieser Hinsicht seien genannt:

- Die Charakterisierung einer Vielzahl organischer Stoffe mit Verfahren der Elementaranalyse, wie sie erstmals Lavoisier und später dann vor allem Liebig beschrieben hatten.[197]

194 Vgl.: Rothschuh (1953), S. 169; Büttner (2005), S. 19.

195 Vgl.: Büttner (2005), 19–20.

196 Lavoisier und Laplaçe (1780), S. 393–408.

197 Vgl.: Liebig (1837), passim; Dennstedt (1899), S. 1–29; Winderlich (1984 a), S. 7–11; Büttner (1985 a), 798–799; Engels et al. (1989), S. 147–148; Meyer (1998), 6, S. 32; Brock (1999), 44–47, S. 310.

- Chevreuls Untersuchungen über die tierischen Fette und seine Erkenntnis, dass sich diese aus Fettsäuren und Glyzerin zusammensetzen.[198]
- Magendies und Prouts Arbeiten über die Analyse und Einteilung der Nahrungsmittel in zwei Hauptgruppen, die stickstoffhaltigen und die stickstofffreien.[199]
- Wöhlers „Harnstoffsynthese" als Beweis dafür, dass organische Substanzen in vitro allein aus anorganischen entstehen können.[200]
- Grundlegende Untersuchungen Wöhlers und Liebigs zur elementaren Zusammensetzung der Harnsäure.[201]
- Sowie schließlich die Überzeugung Mulders vom Vorhandensein bestimmter im Pflanzen- und Tierreich identischer stickstoffhaltiger (albuminoser) Substanzen, den Proteinen.[202]

Parallel zur skizzierten insbesondere infolge der „neuen Chemie" Lavoisiers einsetzenden Verbreiterung und Vertiefung der empirischen Kenntnisse über die Verdauungsvorgänge bewahrten sich einige der damals so genannten Naturforscher den lobenswerten „Blick auf das Ganze". Für den deutschen Sprachraum muss in diesem Zusammenhang zunächst das auf ausgedehnten Tierexperimenten beruhende Gemeinschaftswerk „Die Verdauung nach Versuchen" der beiden Heidelberger Gelehrten Friedrich Tiedemann und Leopold Gmelin genannt werden. Es erschien in den Jahren 1826/27[203] und behielt seine grundlegende Bedeutung auch nach der Veröffentlichung von Liebigs „Thier-Chemie", die allerdings wegen des fast durchgängig spekulativen Charakters ihres Inhalts den Ausgangspunkt für zahlreiche weitergehende experimentelle Studien bildete.[204] Unter ihnen sind als frühe und umfassend angelegte Beispiele Frerichs' Handbuch-Beitrag aus dem Jahr 1846[205] ebenso zu nennen wie Bidder und Schmidts „Experimentalkritik" des Stoffwechsels, die 1852 in Mitau erschien.[206]

---

198 Vgl.: Chevreul (1823), passim; Lieben (1935), S. 45, S. 63; Mani (2001), S. 111–113.

199 Vgl.: Magendie (1816 a), S. 66–77; Prout (1827), S. 357; Magendie (1836), 2, S. 24–30; Mani (1956), S. 193; Mani (2001), S. 111.

200 Vgl.: Wöhler (1828), S. 253–256.

201 Vgl.: Wöhler und Liebig (1838), S. 241–336.

202 Vgl.: Mulder (1838 a), S. 35–39.

203 Vgl.: Tiedemann und Gmelin (1826–1827) sowie zu den wesentlichen Ergebnissen dieser Untersuchung: Mehlan (1976), passim; Roß (2008/2009), S. 197–202.

204 Vgl.: Kapitel 2.4.2.2 dieser Untersuchung.

205 Vgl.: Frerichs (1846), S. 658–872.

206 Vgl.: Bidder und Schmidt (1852).

#### 3.4.3.3.3 *Die Verdauungssäfte und deren Hauptaufgaben im Lichte der Untersuchungen Bidders und Schmidts*[207]

Ihre Untersuchungen führten Bidder und Schmidt an unterschiedlichen Spezies aus. Speichel, Magensaft, Galleflüssigkeit sowie Pankreas- und Darmsaft wurden, wo immer möglich, quantitativ analysiert und ihr Einfluss auf die zugeführte Nahrung bestimmt.

Bei der Analyse des Speichels stellten Bidder und Schmidt zunächst fest, die Hauptaufgabe dieses Sekrets sei „in der Umsetzung der Amylaceen in Dextrin, Zucker und Milchsäure, und der dadurch bedingten Resorptionsfähigkeit jener Nahrungsmittel"[208] zu suchen. Indem sie bei Hunden die vier großen Speichelgänge unterbanden und zudem das reine Schleimhautsekret des Mundes auffingen, gingen sie der „amylotischen Kraft"[209] des Speichels weiter nach. Es zeigte sich, dass erst „durch das Zusammentreffen des Mundschleims mit dem Submaxillardrüsensecret [...] jenes Ferment gebildet [wird], welches die Umsetzung des Amylons in Zucker fast augenblicklich bewirkt."[210] Diese Beobachtung stand in teilweisem Widerspruch zu den von Frerichs mitgeteilten Resultaten, die der ausgewaschenen Mundschleimhaut selbst eine diastatische Wirkung zuschrieben.[211] Da auch filtrierter oder durch Alkoholzusatz präzipitierter Speichel unverändert Stärke zu spalten vermochte, schlossen Bidder und Schmidt die in der Mundflüssigkeit suspendierten festen Partikel als Träger der Diastase aus.[212]

Im Magensaft kannte man zu Zeiten Bidders und Schmidts zwei für die Verdauung wesentliche Elemente: Eine freie Säure und ein stickstoffreiches Ferment. Über die Natur der freien Säure wurde kontrovers diskutiert. William Prout hatte 1824 im Kaninchenmagen freie Salzsäure nachgewiesen.[213] Tiedemann und

---

207 Nach: Roß (2002 a), S. 172–180. Der Verfasser dankt dem Shaker Verlag (Aachen) für die erteilte Abdruckgenehmigung vom 19. Januar 2015.

208 Bidder und Schmidt (1852), S. 14.

209 Bereits Tiedemann und Gmelin (1826–1827, 1, S. 290–291) schrieben dem Speichel eine die Nahrungsmittel auflösende Kraft zu. Die diastatische, stärkespaltende Wirkung des Sekrets erkannte 1831 erstmals Erhard Friedrich Leuchs. Anselme Payen und Jean François Persoz isolierten zwei Jahre später die pflanzliche Amylase. Louis Mialhe entdeckte sie 1845 auch im menschlichen Speichel. Vgl.: Mehlan (1976), S. 125–127.

210 Bidder und Schmidt (1852), S. 22.

211 Vgl.: Frerichs (1846), S. 773.

212 Vgl.: Bidder und Schmidt (1852), S. 22.

213 Vgl.: Prout (1824), S. 45–49.

Gmelin bestätigten diese Beobachtung an zahlreichen Spezies,[214] und William Beaumont konnte 1833 durch seine vielbeachteten Untersuchungen die Existenz freier Salzsäure auch im menschlichen Magensaft beweisen.[215] Nicht wenige Physiologen glaubten jedoch noch immer, dass es sich bei der freien Säure im Magensaft keineswegs um Salzsäure, sondern vielmehr um Milchsäure handele.[216] Die Säure selbst stellte aber nicht das eiweißspaltende Agens des Magensafts dar, worauf bereits Tiedemann und Gmelin, später dann beispielsweise auch Eberle hingewiesen hatten.[217] Schwann erkannte in seinen Experimenten mit „künstlichem Magensaft" aus homogenisierter Schleimhaut und zugesetzter Salzsäure, dass das eiweißverdauende Prinzip des Magensafts hitzelabil und nur in saurer Lösung entsprechend wirksam war.[218] Das von ihm Pepsin genannte Enzym stellte Wasmann drei Jahre später rein dar.[219] Die Wirkungsweise des Pepsins blieb jedoch zunächst völlig unklar. Die Analysen Bidders und Schmidts konzentrierten sich folgerichtig auf die beiden genannten strittigen Felder der Physiologie und Biochemie des Magensafts. Speichelfreien Magensaft eines Hundes gewannen die beiden Dorpater Forscher nach Unterbindung aller Speicheldrüsen über eine Magenfistel, die sie mit Hilfe eines modifizierten Bardelebenschen Apparats[220] offen hielten.[221] Die Zusammensetzung des Magensafts wurde bei reiner Fleischdiät, pflanzlicher Nahrung und nach Durchtrennung der Vagusnerven[222] untersucht. Schmidt gelang dabei der unzweideutige Nachweis, dass es sich bei

214 Vgl.: Tiedemann und Gmelin (1826–1827), 1, S. 150.

215 Vgl.: Beaumont (1833); Rosen (1977).

216 Vgl.: Lehmann (1847), S. 137–141; Heintz (1850), S. 222–234; Frerichs (1846), S. 782.

217 Vgl.: Mehlan (1976), S. 133.

218 Vgl.: Schwann (1836), S. 90–138.

219 In seiner 1839 unter Johannes Müller verfassten Dissertation „De digestione nonnulla" gelang ihm zuerst der Nachweis, dass von den beiden im Magen vorkommenden drüsigen Organen zwei verschieden wirkende Flüssigkeiten (Magenschleim und das verdauende Sekret) abgeschieden werden. Vgl.: Wasmann (1839), S. 345–350; S. 353–358; Hirsch (1966), S. 509.

220 Vgl. zu diesem von Heinrich Adolf von Bardeleben in Gießen konstruierten Instrument: Bardeleben (1849), 1–9. – Schmidt kannte von Bardeleben aus seiner Gießener Zeit und bezeichnete ihn in einem Brief an Liebig vom 29. Oktober/11. November 1845 (Roß [2002 b], S. 60) gar als „Schwager", um so wohl eine enge persönliche Beziehung anzudeuten, die zwischen ihm und von Bardeleben bestanden haben mag.

221 Vgl.: Bidder und Schmidt (1852), S. 30–34.

222 Der Chirurg Benjamin Collins Brodie wies erstmals 1814 die nervale Kontrolle der Magensaftsekretion mittels Durchtrennung des Nervus vagus nach. Vgl.: Mehlan (1976), S. 53.

der freien Säure des Magensafts um Salzsäure handelte: Er fand in acht unabhängig voneinander gewonnenen Proben speichelfreien Magensafts 0,25 % – 0,42 % freie Salzsäure. Daraufhin bestimmte er quantitativ die Menge des Chlors und aller Basen, die durch Salzsäure gesättigt werden konnten. Es blieb ein Quantum freier Salzsäure übrig, das 2,5 bis 4 Gramm pro Liter Magensaft betrug. Die Resultate dieser Gewichtsanalysen stimmten außerordentlich gut mit dem titrimetrisch ermittelten Gehalt freier Säure überein,[223] was die mehr als 30-jährige Kontroverse über die Natur der freien Säure des Magensafts endgültig beendete. Hinsichtlich der eiweißspaltenden Wirkung des Pepsins hatte Schmidt bereits 1847 – basierend auf Analogieschlüssen – eine komplexe Säure postuliert, die er Chlorpepsinwasserstoffsäure nannte. Er stellte sich die Struktur dieser Substanz ähnlich wie die der sogenannten Holzschwefelsäure vor. Das Pepsin sollte in das „Atom der Chlorwasserstoffsäure" treten und so eine komplexe Säure entstehen, „die mit Albumin, Collagen, Chondrogen etc. lösliche Verbindungen bildet."[224] Die gemeinsam mit Bidder unternommenen Magensaftuntersuchungen untermauerten nach Schmidts Meinung seine verblüffend einfache Hypothese experimentell,[225] konnten aber letztlich nicht zu einer tragfähigen Erklärung der Pepsinwirkung führen.

Bei ihren ausgedehnten Analysen der Galle gingen Bidder und Schmidt von den Versuchen Theodor Schwanns aus, der an den einschlägigen Arbeiten insbesondere kritisierte, dass seine Vorgänger zur experimentellen Erforschung der Gallewirkung stets nur den Ductus choledochus unterbunden hatten. Der beobachtete Tod der Versuchstiere konnte daher sowohl durch den fehlenden Zutritt der Galle in den Darm als auch infolge einer Art aufsteigenden Vergiftung durch die Galle selbst zustande gekommen sein. Schwann schlug deshalb zusätzlich zur Unterbindung des Ductus choledochus eine Fistelung der Gallenblase vor, um das Lebersekret nach außen abzuleiten. Er wandte diese kombinierte Technik bei 18 Hunden an und war sich sicher, dass bei sechs der später unter den Symptomen der Inanition verstorbenen Tiere der Tod ausschließlich durch den fehlenden Einstrom der Galle in den Darmkanal ausgelöst wurde. Die Galle, so Schwann, sei also kein bloßes Exkrement, sondern erfülle nach ihrer Sekretion eine lebenswichtige Aufgabe.[226] Um diese zentrale These Schwanns nachzuprüfen, aber auch, um die zwischenzeitlich von Frerichs und Blondlot geäußerte

223 Vgl.: Bidder und Schmidt (1852), S. 46–66; Bunge (1898), S. 146–147.
224 Schmidt (1847), S. 311–323.
225 Vgl.: Bidder und Schmidt (1852), S. 41.
226 Vgl.: Schwann (1844), S. 127–159.

Kritik an dessen Schlussfolgerungen zu berücksichtigen,[227] legten Bidder und Schmidt bei Hunden Gallefisteln an und unterbanden den Ductus choledochus. Von vier Versuchstieren mit bleibenden Fisteln starben zwei nach vier Wochen unter Verlust der Hälfte ihres Gewichts, während die beiden anderen, stark abgemagert zwar, mehrere Monate überlebten. Dies schien im Kern Frerichs' und Blondlots Einwände zu bestätigen und machte die Galle insbesondere dann zu einem nicht lebensnotwendigen Sekret, wenn Kohlenhydrate und Eiweiß die Hauptnährstoffe bildeten.[228] Bidder und Schmidt stellten jedoch gleichwohl fest, die Galle habe „während ihres Verweilens im Darmkanal [...] noch gewisse Aufgaben zu erfüllen [...], deren Lösung, wenn auch nicht unerlässlich für die Fortführung des Lebens, so doch förderlich für dasselbe ist."[229] In diesem Zusammenhang wiesen sie vor allem auf die „antiseptischen Wirkungen" der Galle hin, denn sie hatten bei allen Versuchstieren mit bleibenden Fisteln „nicht nur einen ausserordentlich üblen, ja fast aashaften Geruch der entleerten Fäces beobachtet, sondern auch [...] den Abgang höchst übelriechender Flatus erkennen können."[230] Allerdings entwickelte sich eine derartige gärende Zersetzung der Nahrung nur unter tierischer Kost, besonders bei ausschließlicher Fleischdiät. Wurden die Tiere dagegen ausnahmslos mit Brot gefüttert, so fanden sich zwar ungewöhnlich starkes Bauchknurren und Flatus, die abgehenden Gase und der Stuhl waren jedoch fast geruchlos.[231] Weit schwerer als dieser allgemeine Hinweis auf die „antiseptische Wirkung" wogen indessen Bidder und Schmidts Beobachtungen zur Bedeutung der Galle für die Fettresorption im tierischen Organismus. Ihnen war aufgefallen, dass alle Versuchshunde mit bleibenden Gallefisteln unter extremem Schwund des Fettgewebes litten. Einer der Hunde hatte beispielsweise innerhalb von fünf Tagen 3,035 Kilogramm „Leber- und Lungensubstanz" gefressen, die insgesamt 113,6 Gramm Fett enthielten. Hiervon schied er 72,2 Gramm, fast zwei Drittel also, wieder mit dem Stuhl aus.[232] Im Vergleich dazu nahm ein gesunder Hund ohne Gallefistel im selben Zeitraum Rindfleisch mit 460,5 Gramm Fett auf, von denen sich aber nur rund 3 %, nämlich 13,59

227 Vgl.: Frerichs (1846), S. 837–839; Blondlot (1851), S. 904–906.
228 Vgl.: Bidder und Schmidt (1852), S. 160–186.
229 Bidder und Schmidt (1852), S. 218.
230 Bidder und Schmidt (1852), S. 218.
231 Vgl.: Bidder und Schmidt (1852), S. 218.
232 Vgl.: Bidder und Schmidt (1852), S. 218, S. 221.

Gramm, später im Stuhl fanden.[233] Auf der Grundlage dieser Werte und ihrer parallel durchgeführten Chylus-Analysen[234] konstatierten Bidder und Schmidt:

> „Es steht also fest, dass die Galle bei ihrem Durchgange durch den Darmkanal die Verdauung und Aufnahme der mit der Nahrung in denselben gelangten Fettstoffe wesentlich unterstützt, so dass bei mangelnder Einwirkung der Galle der bei Weitem grösste Theil des genossenen Fettes unbenutzt bleibt und mit dem Darmkoth nach aussen geführt wird."[235]

Gesonderte Versuchsreihen galten dem damals sehr unterschiedlich beschriebenen „Kreislauf" der Galle selbst.[236] Um zu ermitteln, wie viel der ausgeschiedenen Galle aus dem Darm wieder zurück in das Blut gelangt, bestimmten Bidder und Schmidt den Gallegehalt des Stuhls bei Hunden unter standardisierter Fütterung. Ein acht Kilogramm schweres gesundes Tier schied binnen fünf Tagen bei ausschließlicher Fleischgabe 97,3 Gramm Kot aus und sezernierte gleichzeitig 39,52 Gramm wasserfreier Galle in den Darmkanal. Der entleerte Stuhl wies 40,9 Gramm fester Bestandteile auf. Lediglich 3,8 Gramm hiervon entfielen auf einen alkoholischen Auszug mit Galleprodukten. Bereits aus diesem Ergebnis ergab sich notwendig, „dass der grössere Theil der Galle vom Darmkanal aus resorbirt sein musste."[237] Noch überzeugender stellte sich der Sachverhalt in einer vergleichenden Schwefelbilanz[238] dar. Ausgehend von einem 6 %igen Schwefelgehalt der Hundegalle, enthielten die sekretierten 39,52 Gramm wasserfreier Galle annähernd 2,3 Gramm Schwefel. Die gesamte im Stuhl des Hundes während fünf Tagen nachweisbare Schwefelmenge betrug jedoch nur 0,384 Gramm, und mehr als die Hälfte dieser Masse war zweifellos den reichlich beigemischten Haaren zuzuschreiben.[239]

> „Fast aller in der Galle enthaltener S musste also in das Blut übergegangen sein, und wir müssen hierauf die Ueberzeugung gründen, dass auch von den festen Gallenbestandtheilen der bei Weitem grössere Theil, etwa 7/8, in die Säftemasse zurückkehre, um noch

233 Vgl.: Bidder und Schmidt (1852), S. 224.
234 Vgl.: Bidder und Schmidt (1852), S. 226–227.
235 Bidder und Schmidt (1852), S. 227–228.
236 Vgl.: Pettenkofer (1844), S. 90–96; Frerichs (1846), S. 839–842; Gorup-Besanez (1846), S. 51–52; Platner (1845), S. 345–353.
237 Bidder und Schmidt (1852), S. 217.
238 Den in früheren Arbeiten übersehenen Schwefelgehalt der Gallensäure Taurin hatte 1846 der Wiener Chemiker Joseph Redtenbacher zweifelsfrei nachgewiesen. Vgl.: Lieben (1935), S. 324–325.
239 Vgl.: Lieben (1935), S. 324–325.

andere Metamorphosen zu erleiden und auf anderen Wegen schliesslich aus dem Körper entfernt zu werden."[240]

Bidder und Schmidt lieferten so durch ihre funktionellen Untersuchungen einen unzweideutigen experimentellen Beleg für die Bedeutung der Galle bei der Fettresorption und erkannten zudem einen gleichsam „entero-hämatogenen" Galle-Kreislauf. Ihre Vorstellungen gelten daher zu Recht noch heute als der Prototyp einer modernen Theorie der Gallefunktion.[241]

Pankreassaft gewannen Bidder und Schmidt von Hunden über entsprechende Fisteln als „vollkommen klare, durchsichtige, klebrige und fadenziehende Flüssigkeit",[242] die alkalisch reagierte. Sie konnten sich zwar von der Richtigkeit der Resultate Claude Bernards überzeugen,[243] wonach der Bauchspeichel ex vivo „die neutralen Fette in Base und Säure zu zerlegen vermöge."[244] Wie Frerichs[245] bezweifelten sie allerdings, dass dieser Verdauungssaft auch im Organismus eine solche lipolytische Aktivität entfalte, da der saure Magensaft seine Wirkung dort neutralisiere. Somit sei die Zerlegung der Fette durch den Pankreassaft im lebenden Organismus allenfalls eine „exceptionelle Erscheinung"[246] und als einzig erwiesene Wirkung bleibe „nur die Umsetzung des Amylons in Zucker übrig."[247] Das Kapitel „Vom pankreatischen Saft" gehört zweifellos zu den schwächeren des Gemeinschaftswerks „Die Verdauung und der Stoffwechsel", so dass wesentliche Entdeckungen auf diesem Gebiet in den folgenden Jahren anderen Forschern vorbehalten bleiben sollten.[248]

---

240 Bidder und Schmidt (1852), S. 218.

241 Vgl.: Mehlan (1976), S. 146.

242 Bidder und Schmidt (1852), S. 244.

243 Vgl.: Bernard (1849), S. 249–253.

244 Bidder und Schmidt (1852), S. 248.

245 Vgl.: Frerichs (1846), S. 846–850.

246 Bidder und Schmidt (1852), S. 250.

247 Bidder und Schmidt (1852), S. 258. – Die stärkespaltende Wirkung des Pankreassaftes hatte schon Johann Nepomuk Eberle (1834), S. 244–245 in seiner „Physiologie der Verdauung, nach Versuchen auf natürlichem und künstlichem Wege" rein phänomenologisch beschrieben. 1844 wies Gustav Valentin diesem Verdauungssaft erneut eine „amylotische Kraft" zu. Ein Jahr später fanden Apollinaire Bouchardat und Claude-Marie Sandras im Pankreassekret zahlreicher Tiere und des Menschen eine stärkeumwandelnde Substanz, die sie Diastase nannten. Ihr – und nicht etwa dem Mundspeichel – maßen sie entscheidende Bedeutung beim digestiven Abbau der Stärke zu. Vgl.: Schadewaldt (1964), S. 15–17; Mehlan (1976), S. 147–149; Burmeister (2000), S. 7–16.

248 Vgl.: Schadewaldt (1964), S. 16–23.

Die Arbeiten Bidders und Schmidts zum „Darmsaft" verliefen hingegen weitaus erfolgreicher. Sie legten bei 19 Katzen und zwei Hunden nach Unterbindung des Darms Fisteln in unterschiedlicher Höhe an und führten anschließend von außen mit Tüll umhüllte Nahrungsmittel direkt in den Dünndarm ein.[249] Es fand in allen Versuchen „nicht blos eine Veränderung in dem äusseren Ansehen, der Consistenz und Farbe, so wie dem Volum des in die Darmhöhle eingeführten Eiweisses und Fleisches statt, sondern es waren auch die festen Bestandtheile derselben regelmässig […] verringert."[250] Dem alkalischen Sekret der Darmwand kam also „unabhängig von jeder Zumischung von aussen her, Verdauungskraft in Bezug auf feste eiweissartige Körper"[251] zu, die der verflüssigenden Wirkung des sauren Magensafts kaum nachstand. Diese Beobachtungen erweiterten Frerichs' in vitro Versuche[252] entscheidend und belegten durch die neue experimentaltechnische Variante der Darmfistelung, dass der Dünndarm neben seiner vornehmlich resorptiven Funktion auch Bedeutung für den direkten Abbau der Nährstoffe hat.

#### 3.4.3.3.4 *Der Stoffwechsel – Bidders und Schmidts Stoffwechselbilanzen und deren Konzept der Luxuskonsumption*[253]

Mitte des 19. Jahrhunderts waren auf dem Gebiet der quantitativen tierischen Stoffwechsel-Physiologie nur wenige gesicherte Tatsachen bekannt.[254] Magendie sowie Tiedemann und Gmelin hatten in bahnbrechenden Experimenten erstmals reine Nährstoffe bekannter chemischer Zusammensetzung verfüttert und deren Nährwert bestimmt. Magendie folgerte aus den Ergebnissen seiner Versuche, der Stickstoff in tierischen Geweben könne nur aus der aufgenommenen Nahrung und nicht etwa aus der eingeatmeten Luft stammen.[255] Ebenso wie Tiedemann und Gmelin wies er zudem nach, dass die Mischung und Mannigfaltigkeit der Nahrungsmittel den Nährwert ausmachte und „einfache Nahrungsstoffe" allein den Nutritionsprozess nicht über längere Zeit aufrecht erhalten konnten.[256] Jean Baptiste Boussingault verglich durch quantitative

249 Vgl.: Bidder und Schmidt (1852), S. 264–282.

250 Bidder und Schmidt (1852), S. 277.

251 Bidder und Schmidt (1852), S. 278–279.

252 Vgl.: Frerichs (1846), S. 851–852.

253 Nach: Roß (2002 a), S. 180–185. Der Verfasser dankt dem Shaker Verlag (Aachen) für die erteilte Abdruckgenehmigung vom 19. Januar 2015.

254 Vgl.: Mani (2001), S. 109–156.

255 Vgl.: Magendie (1816 a), S. 66–77.

256 Vgl.: Tiedemann und Gmelin (1826–1827), 2, 183–237; Magendie (1836), 2, S. 422.

Analysen des Futters einerseits sowie der Milch und der Exkremente andererseits bei Haustieren die Ein- und Ausfuhr an Kohlenstoff, stickstoffhaltigen Substanzen, Fetten und Phosphaten.[257] Dabei stellte er auch die Frage, ob der gesamte im tierischen Organismus umgesetzte Stickstoff mit dem Urin und dem Kot ausgeschieden werde. Eine mit Hirse bekannter chemischer Konstitution gefütterte Taube beispielsweise nahm mehr Stickstoff mit der Nahrung auf, als sie mit den Exkrementen abgab, und verlor gleichzeitig noch etwas an Gewicht. Boussingault meinte daher, ein Teil des zugeführten Stickstoffs werde mit der Luft ausgeatmet und formulierte so erstmals die später viel diskutierte Frage der negativen Stickstoffbilanz.[258] Während Bidder und Schmidt in Dorpat schon mit ihren intensiven und zeitaufwendigen Arbeiten zum Stoffwechsel-Gesamtkreislauf beschäftigt waren, erschien in Frankreich 1849 eine Schrift Henri Victors Regnaults und Jules Reisets, die sich allerdings entgegen der ursprünglichen Absicht der Autoren, Stoffwechsel-Bilanzen aufzustellen, ausschließlich den Vorgängen bei der Atmung widmete. Den beiden französischen Forschern gelangen mit Hilfe eines geschlossenen Respirationssystems über verfeinerte Gasanalysen erste kalorimetrische Messungen zum Stoffwechsel. Für das Verhältnis zwischen abgegebener Kohlensäure und verbrauchtem Sauerstoff führten sie den Begriff des Respirations-Quotienten ein, der nur von der Art der Nährstoffe, nicht aber von der Tierspezies abhängig sein sollte.[259]

Ziel der ersten von Bidder und Schmidt durchgeführten Versuchsreihe war die Beschreibung der im tierischen Organismus ablaufenden Stoffwechsel-Prozesse „bei ungehinderter möglichst reichlicher Aufnahme von Albuminaten und Kohlenwasserstoffen gegenüber dem möglichst niedrigsten Maasse des Stoffumsatzes während längerer Inanitionsdauer."[260] Hierzu erstellten die beiden Dorpater Gelehrten zum ersten Mal überhaupt eine genaue Bilanz aller aufgenommenen und abgehenden Stoffe. Zunächst fütterten sie eine gesunde, erwachsene Katze mit 2,18 Kilogramm Körpergewicht acht Tage lang mit soviel frischem Ochsenfleisch, wie das Tier fressen mochte. Die Katze war in einem mit drei Paar Fenstern versehenen, geräumigen Blechkasten untergebracht, aus dem über ein zentrales Abflussrohr die Exkremente abgeleitet und aufgefangen werden konnten. Die zu den Respirationsversuchen verwandte Glasglocke hatte eine Kapazität von 39,43 Litern und wurde mit durchschnittlich 15 bis 20 Litern pro Stunde

257 Vgl.: Boussingault (1844 b), S. 153–167.

258 Vgl.: Boussingault (1844 a), S. 433–456; Achard (1969), S. 41; Mani (2001), S. 115–117.

259 Vgl.: Regnault und Reiset (1849), S. 299–519.

260 Bidder und Schmidt (1852), S. 292.

belüftet, „so dass eine die Respiration beeinträchtigende Kohlensäure-Anhäufung in keinerlei Weise“[261] stattfand. Am Ende der achttägigen Versuchsperiode wog die Katze 2514 Gramm.[262] Die Gewichtszunahme von 334 Gramm konnte nun bedingt sein

> „1) durch Zurückhaltung und Ablagerung des genossenen Fettes im Körper als Fettgewebe [...]; oder
> 2) durch morphologische Umbildung des organoplastischen Theils der Nahrung, indem die Fette, zuerst oxydirt, dem Respirationsprocesse dienten; oder
> 3) durch gleichmässige Aneignung eines kleineren Theils beider, indem der grössere der Metamorphose unter dem Einflusse des Sauerstoffs unterlag.“[263]

Die zur Klärung dieser Frage vorgenommenen „Elementaranalysen“ ergaben, dass die Katze während der acht Versuchstage insgesamt 2350,7 Gramm Nahrung aufgenommen hatte, darunter 427,09 Gramm Muskelsubstanz und Sehnen bzw. Kollagen sowie 129,25 Gramm Fett. Die Summe der Ausscheidungen belief sich auf 1812,42 Gramm. Die Differenz von 538,28 Gramm entfiel auf die assimilierten 334 Gramm Nahrung und die durch „Lungen- und Haut-Gaswechsel“ ausgeschiedenen Verbindungen. Von den zugeführten 427,09 Gramm Muskelsubstanz und Sehnen trugen weniger als 10 % zur Gewichtszunahme des Versuchstiers bei, während das gesamte aufgenommene Fett assimiliert werden konnte.[264] Daher hatten, so lautete die Antwort auf die eingangs gestellte Frage, im tierischen Gesamt-Stoffwechselkreislauf bei ausreichender Nahrungszufuhr die Muskel- und Bindesubstanzen alle „stattfindenden Ausgaben in Form von Kohlensäure, Harnstoff und Fäcalmaterien zu decken; eine einigermaassen bedeutendere Betheiligung der Fette ist demnach unstatthaft.“[265] Durch die Erstellung von Stickstoff-Bilanzen gelangten Bidder und Schmidt darüber hinaus zu einer für den Eiweiß-Metabolismus fundamentalen Einsicht. Wie bereits dargelegt, hatte die Katze während des Versuchs 427,09 Gramm Muskelsubstanz und Sehnen gefressen, hiervon aber nur 40,16 Gramm assimiliert. Unterstellte man, dass „sämmtlicher Stickstoff in Form von Harnstoff aus dem Atomkomplex der Muskel- und Bindesubstanz“[266] austrete, so mussten aus der Differenz von 386,93 Gramm insgesamt 133,57 Gramm Harnstoff entstanden sein, die rechnerisch 62,41 Gramm Stickstoff enthielten. Diese Menge stimmte fast auf

261 Bidder und Schmidt (1852), S. 293.
262 Vgl.: Bidder und Schmidt (1852), S. 295–296.
263 Bidder und Schmidt (1852), S. 301.
264 Vgl.: Bidder und Schmidt (1852), S. 304.
265 Bidder und Schmidt (1852), S. 302.
266 Bidder und Schmidt (1852), S. 303.

die Dezimalstelle genau mit den 62,36 Gramm Stickstoff überein, die von der Katze während der acht Versuchstage tatsächlich ausgeschieden wurden. Der Eiweißumsatz ließ sich also mit hoher Genauigkeit allein aus dem Harn- bzw. Stickstoffgehalt des Urins berechnen.[267]

Der zweite Abschnitt der ersten Versuchsreihe widmete sich der Inanition und somit den Stoffwechselvorgängen bei Nahrungskarenz. Dieselbe Katze, die zuvor acht Tage lang soviel Fleisch fressen konnte, wie sie wollte, musste nun hungern und durfte außer Wasser nichts zu sich nehmen. Das Tier starb am 18. Versuchstag und hatte 1,197 Kilogramm an Gewicht verloren, wobei die Abnahme während des Tages weit beträchtlicher war als in der Nacht.[268] Um zu begründeten Aussagen über die Stoffwechselprozesse während dieser Hungerperiode zu gelangen, verglichen Bidder und Schmidt die täglich ausgeschiedenen Kohlensäure-, Harnstoff-, Wasser- und Fäkalmengen mit dem Gewichtsverlust des Tieres, reduzierten den Stickstoff auf sein Äquivalent an frischer Muskelsubstanz und brachten das darüber hinaus ausgeatmete „Kohlequantum" gleichsam als Fett in Rechnung.[269] Während der gesamten Dauer des Versuchs war der Gewichtsverlust der Katze stetig und regelmäßig. Bis zum achten Tag entsprach die Reduktion genau der ausgeatmeten „Kohlemenge", um dann bis zum 16. Tag schneller zu sinken als die „tägliche Respirationsgrösse." Die „Nierensecretion" nahm während der ersten drei Hungertage überproportional stark ab. Ähnliches galt für die „Lebersecretion."[270] Innerhalb der ersten 48 Stunden des Experiments oxydierte die Katze fast 50 % weniger „Albuminate" als zu Versuchsbeginn. Die Rate des „Albuminat"-Katabolismus blieb danach bis zum neunten Tag konstant, stieg aber an den beiden letzten Lebenstagen des Tiers außerordentlich stark an. Die täglich abgebaute Fettmenge zeigte demgegenüber kaum Schwankungen. Das Quantum ausgeatmeter Kohlensäure belief sich am Ende der Hungerperiode auf beinahe das Dreifache der abgebauten Körpersubstanz. Die Sauerstoffaufnahme verringerte sich hingegen stetig.[271]

Eine zweite von Bidder und Schmidt durchgeführte umfangreiche Versuchsreihe galt der „Normalgleichung des Stoffwechsels" bei unterschiedlichen

---

267 Vgl.: Bidder und Schmidt (1852), S. 302. – Auf den Harnstoff als Hauptabbauprodukt des Eiweißstoffwechsels beim Fleischfresser wies etwa zeitgleich vor allem auch Liebigs treuer Weggefährte Theodor Bischoff hin. Vgl.: Bischoff (1853); Mani (2001), S. 125; Kapitel 3.4.3.3.5 dieser Untersuchung.

268 Vgl.: Bidder und Schmidt (1852), S. 310.

269 Vgl.: Bidder und Schmidt (1852), S. 308, S. 317–318.

270 Vgl.: Bidder und Schmidt (1852), S. 311.

271 Vgl.: Bidder und Schmidt (1852), S. 319.

Fütterungsbedingungen.[272] Es stellte sich heraus, dass jedes Tier eine definierte Quantität „assimilierbarer Stoffe“ benötigte, um sein Körpergewicht über längere Zeit konstant zu halten. Dieses Nahrungsminimum wurde bestimmt durch die sogenannte „typische Respirationsgrösse“, die dem heutigen Grundumsatz entspricht. Ihrerseits hing sie wesentlich ab vom Wärmeverbrauch der Tiere und erwies sich als direkt proportional zur Körperoberfläche.[273] Überstieg die Menge der aufgenommenen Nährstoffe das Nahrungsminimum, so stellte sich das Phänomen der „Luxusconsumtion“ ein:[274] Nur ein Bruchteil des überschüssigen Nahrungs-Eiweiß’ wurde zu körpereigenem, organisiertem Protein, während das Gros direkt im Blut der Oxydation anheimfiel. Das Ausmaß der „Luxusconsumtion“ war umso geringer, je mehr Fett und Kohlenhydrate die Nahrungsmittel neben den „Albuminaten“ enthielten. Pflanzenfresser verwandten die geringe Menge des zugeführten Nahrungs-Proteins fast gänzlich zum Ersatz „histologisch geformte[r] Körperalbuminate“.[275] Jedes Tier verbrauchte eine exakt bestimmbare Proteinmenge pro Tag, die sich durch erhöhte Kalorienzufuhr in Form eiweißloser Nährstoffe nicht verringern ließ. Dieser „typische Albuminumsatz“, so Bidder und Schmidt, sei von grundlegender Bedeutung für die Ernährungsforschung und besitze zudem erhebliches nationalökonomisches Gewicht.[276] Das von Bidder und Schmidt erstmals unter dem Namen der Luxuskonsumption formulierte Konzept[277] bestätigte im Kern Frerichs’ vier Jahre zuvor mitgeteilte Beobachtungen[278] und widersprach entschieden der von Liebig in seiner „Thier-Chemie“ vertretenen Auffassung, alle stickstoffhaltigen Nährstoffe müssten vor ihrem Abbau erst zu organisiertem Körpergewebe werden.[279] Liebig hatte bekanntlich sämtliche Nahrungsmittel in zwei große Klassen eingeteilt: „Plastische“ und „respiratorische“.[280] Die „plastischen“, stickstoffhaltigen, wurden durch das Eiweiß repräsentiert und dienten aufgrund ihrer Identität im Pflanzen- und Tierreich zum Aufbau organisierter Körpersubstanz. Zuckerarten und Fette stellten als stickstofffreie „Respirationsmittel“ hingegen lediglich Substrate zur Energiegewinnung dar und hatten keinen Anteil an der Entstehung

---

272 Vgl.: Bidder und Schmidt (1852), S. 333.
273 Vgl.: Bidder und Schmidt (1852), S. 348–349.
274 Vgl.: Bidder und Schmidt (1852), S. 352–359.
275 Bidder und Schmidt (1852), S. 354.
276 Vgl.: Bidder und Schmidt (1852), S. 354–355; Mani (2001), S. 123.
277 Vgl.: Lieben (1935), S. 140.
278 Vgl.: Frerichs (1848), S, 469–491.
279 Vgl.: Liebig (1842), S. 57–68.
280 Vgl.: Liebig (1842), S. 97–98.

organisierter tierischer Substanzen.[281] Muskelarbeit führte zum ausschließlichen Abbau zuvor assimilierter „plastischer“ Nahrungsmittel. Gemäß Liebigs spekulativem Denkmodell sollten dabei die Proteine in jeweils ein kohlenstoff- und ein stickstoffhaltiges Molekül zerlegt und in den Blutstrom entlassen werden. Aus dem kohlenstoffhaltigen Teil entstand $CO_2$. Das stickstoffhaltige Abbauprodukt der Eiweiße gelangte als Harnstoff über die Nieren in den Urin. Bei gleichbleibender körperlicher Leistung eines Organismus ging somit immer ein identisches Quantum an Energie „verloren“, das durch Nahrungsproteine zu ersetzen war und dessen Menge sich auf ebenso einfache wie verlässliche Weise über die Harnstoffkonzentration des Urins bestimmen ließ, weil eventuell im Überschuss aufgenommene „plastische“ Stoffe die Stickstoffexkretion des Organismus nicht beeinflussen sollten.[282]

Diese Hypothese Liebigs, dass der Muskelstoffwechsel bzw. die geleistete Muskelarbeit über den Stickstoffgehalt des Harns quantifizierbar sei, erschien vielen zeitgenössischen Physiologen als besonders reizvoll, denn sie versprach grundlegende Einsichten in bis dahin völlig unbekannte physiko-chemische Prozesse. Wie kaum ein anderes der vielen spekulativen Postulate aus Liebigs „Thier-Chemie“ sah sich daher der Satz von der „Muskelarbeit-Harnstoff-Äquivalenz“ in den Folgejahren einer Vielzahl von Versuchen experimenteller „Bewährung“ ausgesetzt.[283]

Das Werk der beiden Dorpater Gelehrten samt seiner zur Mitte des 19. Jahrhunderts einzigartigen „Bilanz-Versuche“ bereicherte die zeitgenössische Stoffwechselforschung auf mannigfache Weise und galt daher vielen als „mit das Bedeutendste […], was auf dem Gebiete der physiologischen Chemie überhaupt erschienen ist.“[284]

#### *3.4.3.3.5 Einflüsse und Parallelen: Liebig und Lotze in Beziehung auf das Stoffwechselkonzept von Bidder und Schmidt*

Carl Schmidt hatte sich bekanntlich schon 1844 in einem Brief an Liebig euphorisch über dessen „Thier-Chemie“ geäußert, die seiner Meinung nach gemeinsam mit der „Agrikulturchemie“ die Physiologie um ein Jahrhundert gefördert habe, und angekündigt, sich nunmehr selbst in die Schar jener Kämpfer einreihen zu wollen, deren Aufgabe es sei, die „riesenhafte Skizze auszuführen, zu

281 Vgl.: Kapitel 2.4.2.1 und 3.4.3.3.6 dieser Untersuchung.
282 Vgl.: Liebig (1842), S. 199–260.
283 Vgl.: Brock (1999), S. 158; Kapitel 3.4.3.3.6 dieser Untersuchung.
284 O. V. (1895), S. 6.

deren Entwurf [...] Sie [Liebig] auf dem Wege vernünftiger Induktion gelangt [sind]."[285] Schmidt war es auch, der während der Arbeit an seiner medizinischen Dissertationsschrift in Göttingen[286]

> „den Plan zu einer Experimentalkritik des Stoffwechsels der höheren Wirbelthierklassen fasste. In dieser Arbeit sollten sämmtliche Elemente der Gleichung des Stoffumsatzes direct an wenigen typischen Thierformen in vollständig in sich geschlossenen Beobachtungsreihen quantitativ so festgestellt werden, dass die Hauptmomente: Sauerstoffaufnahme, Kohlensäure-, Harnstoff- und Wärme-Statik des nüchternen Thieres immer gleichzeitig, also unter identischen Bedingungen, an ein und demselben Individuum ermittelt würden. Mit diesen Beobachtungsnetzen über die typische Respirationsgrösse (Wärmebedarf) und Albuminatconsumtion der bestcharakterisirten natürlichen Wirbelthiergruppen sollten theils besondere, gleicherweise in sich geschlossene Versuchsreihen über die Grösse des intermediären Stoffwechsels, theils eben so geschlossene allgemeine und intermediäre Beobachtungsnetze unter dem Einfluss verschiedener Temperaturgrade, bei der Aufnahme verschiedener Mengen von Albuminaten, Kohlenwasserstoffen und Kohlehydraten combinirt, und die Summe aller Beobachtungsreihen dann zum systematischen Ganzen verwebt werden."[287]

Die inhaltlichen Vorgaben der „Thier-Chemie" waren für Bidder und Schmidt die Richtschnur für ihre eigenen experimentellen Arbeiten auf dem Gebiet der Stoffwechselphysiologie, und zumindest Schmidt verfolgte dabei das Ziel, Liebigs Thesen zu verifizieren und dem inzwischen umstrittenen Stoffwechsel-Konzept seines Lehrers wieder die ihm gebührende Stellung zu verschaffen. Diese Herangehensweise sei exemplarisch an den Ausführungen der beiden Dorpater Gelehrten zur Funktion der Galle aufgezeigt:

> „Es wird also die Galle der Hauptmasse und ihren wesentlichen Bestandtheilen nach im Darmkanal resorbirt und in die Säftemasse wieder zurückgeführt. Auf diese Thatsache gründete denn auch Liebig vorzugsweise seine Ansicht über den Antheil, den die Galle an dem Lebensprocesse nimmt, indem er behauptete, dass aller aus der Zersetzung der Nahrungsmittel der Körpergebilde hervorgehende Kohlenstoff, der nicht im Harn enthalten sei, in der Form von Kohlensäure austrete, dass auf diesem Wege auch die kohlenstoffreiche Galle den Körper endlich verlasse, dass sie also ein Respirationsmittel sei, aber ein im Körper entstandenes, und dass sie mithin nur eine Stufe in den Metamorphosen bilde, welche die organischen Substanzen während des Lebens durchlaufen, ehe sie als unbrauchbar geworden aus dem Körper fortgeschafft werden.
>
> Diese Ansicht von der Bedeutung der Galle ist um so beachtenswerther, als sie nicht nur mit den Thatsachen der quantitativen Physiologie im vollkommensten Einklange steht,

---

285 BSB Liebigiana II B, Schmidt, Karl: Brief Schmidts an Liebig vom 15. Mai 1844 (Roß [2002 b], S. 40). Vgl.: Kapitel 2.3.2 dieser Untersuchung.

286 Vgl.: Kapitel 2.5.1 dieser Untersuchung.

287 Bidder und Schmidt (1852), S. III.

sondern auch über die anderweitigen von diesem Secrete bedingten Effecte, so wie über die Veränderungen, die dasselbe im Darmkanal erleidet, nichts präjudicirt, und jede nähere Festsetzung hierüber noch offen lässt. Sie bildet gleichsam nur den Rahmen, in welchen das die Gesammtbedeutung der Galle darstellende Bild, dessen specielle Ausführung sie von ferneren Untersuchungen erwartet, eingefasst werden soll. Zu solcher Vervollständigung des erst in seinen Umrissen angelegten Gemäldes gehört nun aber in gleicher Weise wie die Kenntniss der näheren und entfernteren Bestandtheile der Galle und deren verschiedener Zersetzungsproducte, auch die möglichst genaue Bestimmung der Menge, mit der dieses Secret in den thierischen Haushalt eingreift."[288]

Ob und inwieweit indessen die beeindruckenden Ergebnisse ihrer eigenen funktionellen Untersuchungen der Galleflüssigkeit insbesondere mit Blick auf den Fettstoffwechsel und die Existenz eines gleichsam „entero-hämatogenen" Galle-Kreislaufs[289] überhaupt noch in den Rahmen des „Liebigschen Gemäldes" passten, diskutierten Bidder und Schmidt in ihrem stoffwechsel-physiologischen Gemeinschaftswerk bestenfalls ansatzweise und hoben abschließend vor allem Liebigs Verdienst hervor, die Galle nicht bloß als reines „Entleerungsprodukt" gesehen, sondern sie vielmehr als endogen gebildetes Respirationsmittel erkannt zu haben.[290]

Ist also Liebigs Einfluss auf die Entstehung des Stoffwechsel-Konzepts von Bidder und Schmidt deutlich wahrnehmbar und daher unstrittig,[291] so lassen sich Lotzes einschlägige Gedanken in „Die Verdauungssaefte und der Stoffwechsel" allenfalls indirekt nachweisen. Dies gilt beispielsweise für die zentrale Bedeutung von Versuchsreihen im Rahmen seiner mechanistischen Naturauffassung.[292] Sie müsse die letzten, einfachen Gründe der Erscheinungen aufdecken,

---

288 Bidder und Schmidt (1852), S. 115. – Vgl.: Liebig (1842), S. 62–68, S. 156–157; Volhard (1909), 2, S. 124–125; Lieben (1935) S. 109.

289 Vgl.: Kapitel 3.4.3.3.3 dieser Untersuchung.

290 Vgl.: Bidder und Schmidt (1852), S. 238 sowie zum Versuch, die eigenen experimentellen Resultate in den durch die „Thier-Chemie" vorgegebenen Rahmen auch dann noch einzufügen, wenn sie ihn bereits deutlich sprengten: Kapitel 3.4.3.3.6 dieser Untersuchung.

291 Dieser Feststellung ungeachtet, nahmen die beiden Dorpater Forscher in ihrer stoffwechsel-physiologischen Schrift eher selten explizit Bezug auf Liebigs „Thier-Chemie" (vgl. z. B.: Bidder und Schmidt [1852], S. 115, S. 238), sondern bevorzugten vielmehr die bereits 25 Jahre zurückliegenden Untersuchungen Tiedemanns und Gmelins (vgl. z. B.: Bidder und Schmidt [1852], S. 12, S. 43, S. 117, S. 225, S. 240) sowie Frerichs' 1846 erschienenen Handbuchartikel (vgl. z. B.: Bidder und Schmidt [1852], S. 19, S. 29, S. 216, S. 230, S. 240, S. 253, S. 393) als experimentelle Referenzen.

292 Vgl.: Kapitel 2.5.3.1 dieser Untersuchung.

was nur gelinge, wenn man die Erscheinungen auf eine Verknüpfung mit ihren einfachsten Bedingungen zurückführen und so das Mannigfaltigste allgemeinen Gesetzen unterordnen könne.[293] Um auf die innere Struktur der Tatsachen zuzugreifen, bediene man sich unter anderem der Hypothese und des Experiments. Mit letzterem finde man heraus, „welcher einfachere Theil eines Erfolges von welchem einfacheren Theile der Bedingungen abhängt."[294] Versuchsreihen werde man dann anstellen, wenn die bloße Tatsache der Abhängigkeit nicht ausreiche, sondern man vor allem auch das allgemeine Gesetz der Abhängigkeit begreifen wolle, um so zu beurteilen, „welche Veränderungen des Erfolges einer bestimmten Verschiebung der Bedingungen nachfolgen müssen."[295] Da sich diese – wie jedes Allgemeine – nur aus dem Vergleich vieler Einzelheiten herausfinden lasse, führe man Versuchsreihen durch, „in denen man einer und derselben Bedingung allmählich verschiedene Werthe gibt, um so zu beobachten, welche entsprechenden Werthe demgemäss der von ihr abhängige Erfolg durchläuft."[296] Bidders und Schmidts stoffwechsel-physiologisches, experimentelles Programm mit seinen unzähligen Versuchsreihen sowie der beständigen, systematischen Variation ihrer Bedingungen liest sich beinahe durchgehend wie eine getreuliche Verwirklichung dieser erkenntnistheoretischen Überlegungen Lotzes, und man ist daher fast geneigt, der verklärenden Bemerkung Zaleskis aus dessen Nachruf auf Schmidt Glauben zu schenken, dass nämlich Lotzes Schriften in Schmidts Dorpater Laboratorium stets verfügbare und gerne genutzte Handbücher gewesen seien.[297]

###### *3.4.3.3.6 Bidders und Schmidts Theorie der Luxuskonsumption und ihre Bedeutung für die Entstehung der „Münchener Stoffwechselschule"*

Wie bereits angedeutet, erfuhr Liebigs zwar spekulatives, aber wegen seiner Einfachheit gleichwohl sehr attraktives Postulat von der „Muskelarbeit-Harnstoff-Äquivalenz" in den Jahren nach 1842 zahlreiche Kritik, die aus Experimenten erwachsen war.

Friedrich Theodor Frerichs beispielsweise publizierte 1848 erstmals Befunde, die Liebigs Vorstellungen eindeutig widersprachen. Gesunde Hunde, mit denen Frerichs experimentierte, schieden – bezogen auf jeweils ein Kilogramm

293 Vgl.: Lotze (1851), S. 34, S. 37; Pester (2005), S. 311.

294 Lotze (1851), S. 41.

295 Lotze (1851), S. 41.

296 Lotze (1851), S. 41.

297 Vgl.: Zaleski (1894), S. 976.

ihres Körpergewichts – während 24 Stunden bei reiner Fleischnahrung 5,94 g Harnstoff aus und entleerten bei „gemischter vegetabilischer Kost" 4,43 g Harnstoff. Demgegenüber ließ sich bei vollständig stickstofffreier Nahrung bzw. nach dreitägigem Fasten nur rund 1 g Harnstoff im Urin nachweisen.[298] Mit Blick auf dieses augenscheinlich erheblich von der jeweiligen Eiweißaufnahme abhängige Verhältnis der Harnstoffkonzentrationen konstatierte Frerichs:

> Es „kann uns über die Verwendung der überschüssig zugeführten eiweissartigen Verbindungen kein Zweifel bleiben. Sie werden schon im Blute durch den mittelst der Respirationsbewegungen herbeigeschafften Sauerstoff oxydirt und geben dabei als Nebenproduct eine grosse Menge Harnstoff. Dasselbe ist der Fall mit dem grösseren Theil der stickstofffreien Nahrungsstoffe, nur mit dem Unterschiede, dass hier jenes Nebenproducut fehlt […] Die Rolle der Respirationsmittel im Liebig'schen Sinne können also ebenso gut die stickstoffhaltigen wie die stickstofffreien Nahrungsstoffe übernehmen: sie den letzteren ausschliesslich zu vindiciren, ist also nicht statthaft."[299]

Anders als von Liebig postuliert, erkannte Frerichs also neben der Muskelarbeit als zweite wesentliche Ursache für die Zersetzung des Eiweiß' und damit die Harnstoffbildung im tierischen Organismus die direkte Oxydation der Proteine durch den eingeatmeten Sauerstoff. Ihr unterlag jener Teil des Nahrungseiweiß', der das speziesspezifische, lebenserhaltende Proteinminimum überstieg.

Nur wenige Jahre nach dem ersten Erscheinen der „Thier-Chemie" war also die von Liebig unterstellte „Muskelarbeit-Harnstoff-Äquivalenz" faktisch falsifiziert, und die „Anschauung vom typischen Stoffumsatz und der Luxusconsumption fand bei den Physiologen fast allgemeine Anerkennung",[300] wie Carl Voit rückblickend feststellte. Nur wenige „Liebig-Getreue" versuchten fortan noch, dessen Stoffwechsel-Lehre als Ganzes zu halten. Unter ihnen fand sich an prominenter Stelle der Anatom und Physiologe Theodor Ludwig Wilhelm Bischoff. Bischoff hatte in seinen jährlichen Berichten über die „Fortschritte der Physiologie", die er für „Müllers Archiv"[301] verfasste, mehrfach die Bedeutung Liebigs herausgestellt[302] und sich wohl so die Aufmerksamkeit des Chemikers gesichert. Jedenfalls sandte Liebig 1842 seine „Thier-Chemie" an Bischoff und bat ihn, die

298 Vgl.: Frerichs (1848), S. 479–481.

299 Frerichs (1848), S. 481.

300 Voit (1881), S. 271.

301 Der berühmte Physiologe Johannes Müller gab das „Archiv für Anatomie, Physiologie und wissenschaftliche Medicin" von 1834 bis zu seinem Tode heraus. Später wurde es von seinen beiden Schülern Carl Bogislaus Reichert und Emil Du Bois-Reymond fortgeführt.

302 Vgl.: Bischoff (1841), S. I–LXVIII; Bischoff (1842), S. LXI–CXXXIII.

physiologischen Details zu überprüfen.[303] Bischoff sah „in dem Buche das Wehen des Talentes eines Genies“[304] und bekundete, dass er gerne mit Liebig zusammenarbeiten würde, der daraufhin seinen enormen Einfluss geltend machte und Bischoff zu einer Berufung an die Ludwigs-Universität verhalf. Obwohl Liebig und Bischoff in Gießen dann ab 1843 fast täglich ihre Gedanken zu Problemen der Physiologie und der physiologischen Chemie austauschten,[305] unternahmen beide zunächst keine gemeinsamen experimentellen Studien.[306] Erst im Januar 1852 begann Bischoff mit einer Versuchsreihe zur Stoffwechselphysiologie, deren Konzeption schon bald entscheidend durch das nur wenig später von Bidder und Schmidt publizierte Konzept der Luxuskonsumption beeinflusst werden sollte Anders als den beiden Dorpater Forschern ging es Bischoff explizit nicht um die Formulierung globaler Stoffwechselbilanzen, die er für zu komplex hielt; er wollte sich vielmehr ausschließlich auf die Ein- und Ausfuhr des Stickstoffs konzentrieren.[307] Zu seinen Fütterungsversuchen verwandte er nur Fleisch, das zuvor penibel von anhängendem Fett und auch von Knochenresten befreit worden war, um so verlässliche und reproduzierbare Versuchsbedingungen zu gewährleisten. Bischoffs Experimente führten zunächst zu einem ihm vielversprechend erscheinenden Resultat: Bei steigender Proteinmenge der Diät erschien der im Überschuss aufgenommene Stickstoff nicht vollständig im Harn der Versuchstiere, sondern ein Teil wurde zum Aufbau zusätzlicher Körpermasse verwandt.[308] Daher, so folgerte Bischoff in vollem Einklang mit Liebigs Stoffwechseltheorie, mussten sich bei einem Tier mit gleichbleibendem Gewicht unter konstanten Fütterungsbedingungen die Stickstoffaufnahme mit der Nahrung und die Stickstoffabgabe über den Urin die Waage halten. 100 g des von Bischoff zur Fütterung verwandten Fleischs enthielten durchschnittlich etwa 3 g Stickstoff. Mit einem Pfund Fleisch nahmen die Versuchstiere also ca. 15 g Stickstoff täglich auf.[309] Von diesen 15 g schied aber beispielsweise ein Hund binnen neun Tagen im Mittel nur etwa 9,6 g wieder aus, wobei sich die Schwankungen

303 Vgl.: Holmes (1988), S. 186; Giese (1990), S. 132–133.

304 Brief Bischoffs an Liebig vom 15. Januar 1843. Zitiert nach: Giese (1990), S. 132.

305 Vgl.: Holmes (1988), S. 186.

306 Vgl.: Holmes (1988), S. 186.

307 Vgl.: Bischoff (1853), S. 149. – Zur Harnstoffbestimmung wandte Bischoff die Titration des Urins mit Quecksilbernitrat an, die Liebig (1851), S. 123–124 als ein einfaches und dennoch verlässliches Verfahren entwickelt hatte.

308 Vgl.: Bischoff (1853), S. 75–89.

309 Vgl.: Bischoff (1853), S. 30–33, S. 49.

in der täglichen Stickstoffexkretion zwischen 4,9 g und 13,9 g bewegten.[310] Bei manchen seiner Versuchstiere konnte Bischoff unter konstanten Fütterungsbedingungen gar nur ein Drittel des mit der Kost zugeführten Stickstoffs im Urin nachweisen. Seine Befunde standen somit – objektiv betrachtet – in eklatantem Widerspruch zum von Liebig in der „Thier-Chemie" propagierten Satz der „Muskelarbeit-Harnstoff-Äquivalenz". Da Bischoff keine auch nur annähernd plausible Erklärung für die beobachteten Diskrepanzen liefern konnte,[311] führte er die Abweichungen auf Unterschiede in den experimentellen Rahmenbedingungen zurück.[312] Obwohl er sich den Unzulänglichkeiten seiner Arbeit offenbar bewusst war und daher wohl selbst kein rechtes Vertrauen in die erzielten Ergebnisse wie auch seine abschließende Interpretation besaß,[313] hielt Bischoff dennoch den Kritikern Liebigs und insbesondere den zahllosen Anhängern des Konzepts der Luxuskonsumption als publiziertes Fazit seiner experimentellen Bemühungen entgegen: „Nie ist der Harnstoff ein Product der directen Metamorphose der eiweißhaltigen Blutbestandtheile."[314]

Während der Arbeiten über den Eiweißmetabolismus und die Harnstoffbilanz des tierischen Organismus war Bischoff verschiedentlich sehr schmerzlich bewusst geworden, dass er durch den Weggang Liebigs nach München (1852) nicht nur einen überaus kompetenten Ratgeber, sondern mehr noch den „spiritus rector" seiner eigenen stoffwechsel-physiologischen Untersuchungen verloren hatte. Dieser Verlust wurde erst kompensiert, als er Ende April 1855 seine akademische Tätigkeit in München aufnahm[315] und aus Gießen das dort gemeinsam mit Liebig entwickelte Forschungskonzept als Keimzelle der später so genannten „Münchener Stoffwechselschule" mitbrachte.[316] Zu deren treibender Kraft wurde

---

310 Vgl.: Bischoff (1853), S. 50–51.

311 Vgl.: Bischoff (1853), S. 52–56, S. 64–65, S. 148.

312 Vgl. zu den möglichen Unterschieden: Bischoff (1853), S. 38.

313 Als Beleg hierfür mag ein Brief Bischoffs gelten, den er kurz nach Fertigstellung seiner Schrift über den Harnstoff als Maß des Stoffwechsels am 10. Februar 1853 an Liebig in München schrieb und in dem es hieß: „Die Arbeit ist durch u. durch unfertig und unbefriedigend, [...]. [In sie] drängen sich so viele noch unbekannte u. daher nicht berechenbare Factoren hinein, daß ich ihre Ephemerität bestimmt vor Augen sehe. Daher rührt es auch, dass ihr Styl nicht gut u. fließend ist, obgleich ich nie eine Arbeit so oft geschrieben u. abgeändert habe." Zitiert nach: Giese (1990), S. 193–195.

314 Bischoff (1853), S. 141.

315 Vgl. zu den Einzelheiten von Bischoffs Berufung an die Münchener Universität: Holmes (1988), S. 190–193; Giese (1990), S. 196–198, S. 212–214.

316 Vgl.: Müller (1933), S. 1656–1665.

ab 1856 Carl Voit, ein begeisterter Anhänger der Liebigschen Stoffwechseltheorie. Voit hatte auf Anraten Liebigs 1855 ein Jahr im Göttinger Laboratorium Friedrich Wöhlers verbracht und erschien aufgrund seiner chemischen Qualifikation als geradezu prädestiniert, die von Bischoff geplanten stoffwechsel-physiologischen Experimente durchzuführen.[317] Voits Aufgabe bestand zunächst hauptsächlich darin, Bischoffs Gießener Versuchsreihen zu kontrollieren und kritisch zu hinterfragen.[318] Aus seinen Untersuchungen zog Voit, ähnlich wie sein Mentor Bischoff vier Jahre zuvor, den seiner Meinung nach unbestreitbaren Schluss, dass der Harnstoff des Urins sehr wohl ein verlässliches Maß für den Stoffwechsel des Organismus darstelle.[319] Auf diese Weise rettete Voit vordergründig zum wiederholten Male das Postulat von der „Muskelarbeit-Harnstoff-Äquivalenz", das – rückblickend betrachtet – bereits seit Jahren als überholt gelten musste.

Mit unverdrossenem und durch die jüngsten Experimente neu belebtem Vertrauen in den Harnstoff als Maß des (Muskel-)Stoffwechsels wandten sich Bischoff und Voit dann ab Oktober 1857 einem umfangreichen gemeinschaftlichen Unternehmen zu, dessen Ziel eine weitergehende experimentelle Klärung der tierischen Stoffwechselbilanz war. Binnen zweier Jahre führten die Münchner Forscher unzählige Versuche mit Tieren durch, die eine systematisch variierte Kost erhielten.[320] Insgesamt erkannten sie angesichts ihrer immensen und noch heute beeindruckenden Datensammlung den Stoffwechsel N-haltiger Nahrungs- und Körperbestandteile als das Resultat einer komplexen Massenwirkung und sahen ihn sowohl von der Menge des Gewebes als auch dem verfügbaren

---

317 Vgl.: Frank (1910), S. 4–5.

318 Vgl.: Voit (1857), S. 3–5.

319 Vgl.: Voit (1857), S. 25–30. – Nach Holmes (1987), S. 251, S. 257–258 war wohl Carl Voit der erste, der unter dem Druck, Bischoffs Resultate aus dem Jahr 1853 nachträglich rechtfertigen zu müssen, die immense Bedeutung der analytischen Impräzision und Unrichtigkeit auch für die Interpretation quantitativer stoffwechsel-physiologischer Untersuchungen zutreffend erkannte. Alle seine Vorgänger auf diesem Feld, unter ihnen auch Frerichs sowie Bidder und Schmidt, hatten hingegen allenfalls die Übereinstimmung ihrer experimentell ermittelten Ergebnisse mit zuvor ausgeführten theoretischen Berechnungen als Beweis dafür angesehen, dass die eingesetzten Methoden zur Bearbeitung der jeweiligen Fragestellungen geeignet seien.

320 Vgl. zu dem gewählten prinzipiellen Vorgehen bei der Aufstellung von Stoffwechselbilanzen, den Versuchsergebnissen und ihren Ungereimtheiten, dem Bestreben, die eigenen Resultate trotzdem noch mit Liebigs stoffwechsel-physiologischen Grundvorstellungen in Einklang zu bringen sowie den Gründen für den Verzicht auf „Respirationsmessungen": Bischoff und Voit (1860), S. 25, S. 27–39, S. 61–64; Voit (1868), S. 23–26; Voit (1881), S. 116, S. 271.

Sauerstoffvolumen sowie endlich der Art und Anzahl der Nährstoffe gesteuert, die der Organismus aufnahm. Zu Recht merkte Frederic Holmes in seiner vielbeachteten Einleitung zum Wiederabdruck der ersten amerikanischen Ausgabe von Liebigs „Animal Chemistry" an, keine wie auch immer geartete kurze Zusammenfassung könne annähernd aufzeigen, wie brillant Bischoff und Voit ihre Beobachtungen in ein ausgefeiltes System einfügten, das auf Liebigs Gedanken beruhte. Sie glaubten, so Holmes weiter,

> „seine Theorien auf ein sicheres Fundament gestellt zu haben, indem sie diese als unvermeidliche Schlussfolgerungen aus physiologischen Experimenten darstellten. Dabei waren ihre Erläuterungen, nicht weniger als Liebigs ursprüngliche Hypothesen, nur aus Beobachtungen über den Austausch zwischen Tieren und ihrer Umwelt abgeleitet. Bei ihrem Bestreben, ihre Resultate in einen gegebenen Rahmen einzupassen, fragten sie nicht danach, ob dies der einzig passende Rahmen sei."[321]

Das Erscheinen der Schrift „Die Gesetze der Ernährung des Fleischfressers",[322] das zugleich Bischoffs aktive Teilnahme an Forschungen auf stoffwechsel-physiologischem Gebiet beschloss,[323] führte zu einer abermals heftigen Kontroverse innerhalb der Fachwelt.[324] Voit befasste sich zu diesem Zeitpunkt schon mit Untersuchungen, die sein bis dahin gemeinsam mit Bischoff verfolgtes Konzept weiterführen und ausdehnen sollten. Er wollte ermitteln, welcher Einfluss Kaffee und Kochsalz als damals in ihren Wirkungen sehr unterschiedlich beurteilten Nahrungsstoffen auf die Harnstoffbildung des tierischen Organismus zukam und zudem spezifisch der Frage nachgehen, wie sich körperliche Aktivität auf die Stickstoffbilanz auswirkte. Während die Gabe der beiden fraglichen „Zusatzstoffe" ohne nennenswerten Effekt auf die Entstehung des Harnstoffs blieb, stellten die zum Faktor „körperliche Aktivität" erhobenen Befunde Bischoffs und

321 Holmes (2001), S. 40.

322 Bischoff und Voit (1860).

323 Bischoff wandte sich fortan ausschließlich seiner auch bis dahin schon vorwiegend betriebenen Forschungsrichtung zu und widmete sich evolutionsbiologischen Themen, wie sie Darwins 1859 erstmals erschienene Schrift „On the origin of species by means of natural selection […]" vorzeichnete. Vgl.: Kupffer (1884), S. 36.

324 Vgl. in diesem Zusammenhang beispielsweise die kritischen Äußerungen Carl Ludwigs (1861), S. 600–603 im zweiten Band seines einflussreichen „Lehrbuchs der Physiologie des Menschen." Bernard (1865), S. 228 verglich die von Bischoff und Voit repräsentierte Art der quantitativen Stoffwechsel-Physiologie unter Rückgriff auf einen namentlich nicht genannten holländischen Chemiker spöttisch mit dem Unterfangen herauszufinden, was in einem Haus geschehe, indem man lediglich registriere, was zunächst durch die Tür hinein- und später aus dem Schornstein herausgehe.

Voits kurz zuvor veröffentlichte Beobachtungen mehr als peinlich infrage. Voit ließ einen Hund sechsmal täglich für jeweils zehn Minuten in einem Tretrad laufen und verglich anschließend die Harnstoffausscheidungen dieses körperlich aktiven Tiers mit denen eines in vollständiger Ruhe befindlichen Artgenossen. Eingedenk aller seiner vorangegangenen Versuche rechnete er im Einklang mit Liebigs fundamentalem Satz von der „Muskelarbeit-Harnstoff-Äquivalenz" fest damit, dass der im Tretrad laufende Hund wesentlich mehr Harnstoff ausscheiden würde als sein inaktives Pendant. Tatsächlich fand sich aber in Bezug auf die ermittelten Harnstoffmengen beider Tiere nahezu kein Unterschied. Um dem Dilemma, in das ihn seine Versuche gestürzt hatten, zumindest halbwegs zu entkommen und wohl auch, um sich vorerst das Eingeständnis zu ersparen, dass Bischoff und er die Ergebnisse ihrer bisherigen Experimente über weite Strecken unzutreffend interpretiert hatten, formulierte Voit folgende Hypothese: Auch in Ruhezeiten baue der tierische Organismus stickstoffhaltige, eiweißreiche Gewebesubstanz ab, die er allerdings in eine Art potentielle Energie umbilde und im Muskel speichere, um sie von dort abzurufen, sobald mechanische Arbeit zu leisten sei.[325] Wegen dieses „Reservoirs", das die eigentliche Ursache der kurz zuvor von Du Bois-Reymond beschriebenen elektrischen Spannung entlang der Muskeloberfläche sei,[326] könne der Abbau von Gewebesubstanz und damit die Harnstoffproduktion durchaus in gleichbleibendem Maße vonstatten gehen, selbst wenn die Nutzung der resultierenden Energie in Abhängigkeit von den jeweiligen Anforderungen an die körperliche Leistung entsprechend variiere.

Die Einlassungen Voits stießen bei vielen zeitgenössischen Physiologen auf Unverständnis und forderten zum Widerspruch heraus. Moritz Traube beispielsweise wies in einer Arbeit über die Beziehung der Atmung zur Muskeltätigkeit[327] mit Blick auf das augenfällige Beispiel der Pflanzenfresser darauf hin, dass gemäß der von Liebig inaugurierten und von Bischoff sowie Voit nachdrücklich verteidigten Stoffwechseltheorie ein schwer arbeitendes Pferd innerhalb von nur acht Stunden fast ein Drittel seiner gesamten Eiweißreserven verausgaben müsse und diesen enormen Verbrauch niemals über die mit seinem Futter aufgenommenen geringen Proteinmengen decken könne. Traube sah daher in der Verbrennung gerade der stickstofffreien Körperbestandteile das Substrat für zu leistende mechanische Arbeit. Der organisierte Teil des Muskels und mithin das Eiweiß

325 Vgl.: Voit (1860), S. 148–228.

326 Vgl.: Rothschuh (1853), S. 131.

327 Vgl.: Traube (1861), S. 386–414. – Das bleibende Verdienst dieser Publikation Traubes besteht darin, dass er hier erstmals die Zellen als hauptsächlichen Schauplatz der Verbrennung im tierischen Organismus erkannte.

werde nicht zerstört bzw. verbraucht, weshalb der Harnstoff auch kein Maß der Stoffwechsels sei. Liebigs Satz von der „Muskelarbeit-Harnstoff-Äquivalenz" entbehre inzwischen jeder Grundlage und die „Münchener Stoffwechselschule" verteidige dieses überholte Dogma unter Preisgabe der fundamentalen Tatsachen der Physik und Physiologie, wie Traube polemisch resümierte.[328]

Die gedankenscharfen Schlussfolgerungen des Ratiborer Privatgelehrten sollten einige Jahre später durch den vielbeachteten Selbstversuch von Fick und Wislicenus entscheidende Unterstützung erfahren.[329] Diese beiden in Zürich ansässigen Forscher hatten vom Brienzersee aus das 1956 m hohe Faulhorn bestiegen. Die Wanderer im Dienste der Wissenschaft stellten 17 Stunden vor Beginn ihrer „Exkursion" jeglichen Eiweißkonsum ein und nahmen auch im Laufe des kräftezehrenden Aufstiegs keine proteinhaltige Nahrung zu sich. Der während der Arbeitsleistung getrennt gesammelte Harn enthielt pro Person eine Stickstoffmenge, die dem Abbau von rund 37 g Eiweiß entsprach. Da zur damaligen Zeit die Verbrennungswärme von Proteinen noch nicht bekannt war, griffen Fick und Wislicenus bewusst auf die höheren Äquivalente für Kohlenstoff und Wasserstoff als Bestandteilen des Eiweiß' zurück. Doch reichten selbst die unter diesen Voraussetzungen berechneten Werte bei weitem nicht aus, um die während des Aufstiegs tatsächlich „verbrauchte" Energie auch nur annähernd zu decken, und das wissenschaftliche Fazit der Bergwanderung musste daher lauten:

> „Die Verbrennung von Proteinstoffen kann nicht die ausschließliche Kraftquelle des Muskels sein, denn es liegen zwei Beobachtungen vor, in welchen von Menschen mehr messbare äussere Arbeit geleistet wurde als das Aequivalent der Wärmemenge, welche sich unter geradezu lächerlich hoch gegriffenen Annahmen aus der Eiweißverbrennung berechnen lässt."[330]

Voit in München zeigte sich indessen von dem Resultat des Selbstversuchs im Berner Oberland wenig beeindruckt. Er wehrte sich gegen vorschnelle Schlüsse und glaubte, dass seine bereits vor Jahren formulierte Theorie eines kontinuierlichen Eiweißabbaus mit konsekutiver Speicherung der dabei erzeugten Energie in Form eines „Reservoirs" in den Muskeln eine mehr als hinlängliche Erklärung für die aus der Schweiz mitgeteilten Befunde liefere. Schließlich sei der von Fick und Wislicenus aufgemachten Rechnung allein dann zuzustimmen, „wenn erwiesen wäre, dass bei der Muskeltätigkeit die Verwendung eines gesammelten Vorrats nicht in Betracht kommen könnte, dass der Mensch wirklich jeden Tag an Kraft

328 Vgl.: Traube (1861), S. 386.
329 Vgl.: Fick und Wislicenus (1865), S. 317–348.
330 Fick und Wislicenus (1865), S. 337.

ausgibt, was er erzeugt hat."[331] Wie schon 1860, so hielt Voit auch jetzt weiter an Liebigs Stoffwechselkonzept fest. Durch die Einführung und nochmalige Betonung der hypothetischen Energiereserve im Muskel hatten die ursprünglichen Gedanken Liebigs jedoch mittlerweile erheblich an Anziehungskraft verloren, denn es erschien nun nicht mehr möglich, den (Gewebe-)Stoffwechsel allein mittels des einfach zu bestimmenden Harnstoffgehalts unmittelbar zu messen.[332]

Die dann in den nächsten Jahren im Rahmen seiner fortgesetzten stoffwechselphysiologischen Untersuchungen erhobenen Befunde zwangen selbst Voit, seine bisherige Haltung zu überdenken und schrittweise von Liebigs Gedankengebäude abzurücken.[333] Angesichts der in mehr als zwei Jahrzehnten aufgehäuften und nunmehr überbordenden experimentellen Evidenz, die zu einer rasanten Ablösung seiner Ernährungstheorien führte, musste Liebig schließlich 1870 sein beharrliches Schweigen zu diesem Thema brechen und antwortete seinen zahllosen Kritikern mit einer ausführlichen Abhandlung. Überraschenderweise erkannte er im Kern die Lehre von der Luxuskonsumption an und gab sogar zu, dass der Harnstoff nicht als alleiniges Maß für die geleistete Muskelarbeit tauge. Andererseits ließ er aber außer dem Eiweiß unverändert keine anderen Nährstoffe als Quellen der Muskelarbeit gelten. Wenn auch unausgesprochen, so folgte Liebig in seiner Argumentation weitgehend den Thesen Voits und sah beispielsweise im Kreatin des Muskels gewissermaßen die Materialisierung des von Voit postulierten ominösen Energiereservoirs, was nebenbei zur rechten Zeit auch den Wert seines umstrittenen Fleischextraktes zu belegen schien.[334] Liebig fasste seine erneuerten Überlegungen zur einst von ihm formulierten „Muskelarbeit-Harnstoff-Äquivalenz" nun in dem gedrängten Satz zusammen, „daß die während der Muskelarbeit umgesetzten Stickstoffverbindungen in letzter Form als Harnstoff austreten, und daß dieß vollständig nicht am Arbeitstage, sondern erst später geschieht."[335] In der ihm eigenen Art und Weise beklagte er in seiner „Verteidigungsschrift", die seit dem Erscheinen seiner „Thier-Chemie" durchgeführten stoffwechselphysiologischen Untersuchungen hätten das Gebiet zwar stark verbreitert, aber kaum nennenswert vertieft und kritisierte darüber hinaus

331 Pettenkofer und Voit (1866), S. 571.

332 Vgl.: Holmes (2001), S. 42.

333 Vgl.: Pettenkofer und Voit (1866), S. 573; Voit (1870), S. 394–399.

334 Vgl.: Liebig (1870), S. 67–138.

335 Liebig (1870), S. 99. – Dem Verfasser liegt ein Exemplar dieser Liebigschen Schrift mit folgender seltsamen Paginierung vor: […], 97, 102–103, 100–101, 98–99, 104, […].

polemisch einige der Experimente Voits.[336] Dieser, nicht weniger vehement veranlagt als Liebig, wenn es um die Wahrung seiner Interessen ging, ließ umgehend eine sorgsam durchdachte Erwiderung folgen.[337] Ohne auf die Einzelheiten der ebenso gehalt- wie geistreichen Streitschrift eingehen zu wollen, sei lediglich gesagt, dass sie zu einer „Generalabrechnung“ mit Liebigs gesamtem Modell des Muskelstoffwechsels geriet und es förmlich atomisierte. Liebig, so Voit,

> „steht noch auf dem Boden, den er sich vor 25 Jahren geschaffen; von chemischen Erfahrungen aus versucht er Uebertragungen und Schlüsse zu machen auf die Vorgänge im Thierkörper; er hat eine grosse Wirkung durch seine Ideen hervorgebracht und von seinem Wurfe ging die ganze Bewegung zum Studium der Zersetzungen im Thierkörper aus. Aber er vergaß zum Bedauern derer, die seine hohen Verdienste um die Wissenschaft wohl mehr kannten und ehrten, als seine Schmeichler, dass dies alles nur Ideen und Möglichkeiten sind, deren Richtigkeit durch den Versuch am Thier erst geprüft werden musste, und dies ist der Boden, auf den ich mich gestellt habe.“[338]

Von wenigen „Nachhutgefechten“ abgesehen, markierte diese scharfe Kontroverse den eigentlichen Schlusspunkt der jahrzehntelangen Auseinandersetzungen um das Liebigsche Postulat der „Muskelarbeit-Harnstoff-Äquivalenz“. Voit, der sich von einem glühenden Verehrer zu einer Art Totengräber der „Thier-Chemie“ gewandelt hatte, zeigte sich fortan gefeit gegen alle spekulativen Ansätze im Gesamtwerk seines einstigen Idols. Er begründete, rückblickend betrachtet, durch die Gesamtheit seiner stoffwechselphysiologischen Untersuchungen und seine methodisch-analytischen Beiträge ein Feld, das sich für ihn und seine Nachfolger noch als sehr fruchtbar erweisen sollte.[339]

---

336 Vgl.: Holmes (2001), S. 43–44. – Mit Blick auf Voits Experimente zum Ursprung des Fetts im Tierkörper und seiner Ansicht, dass Milchzucker durch Oxydation aus Fett entstehen könne, resümierte Liebig (1870), S. 132–133 beispielsweise bewusst verletzend: „Dieß ist die eigentliche Grundlage von Voit's Milchbildungstheorie und aller seiner Rechnungen; eine rein erdachte Spaltung des Eiweißes in Fett und Harnstoff, in Verhältnissen, wie sie für seine Rechnung passen und lediglich gemacht, um an der Stelle von mangelnden Thatsachen einer eingebildeten Erklärung zur Grundlage zu dienen. Damit in Uebereinstimmung steht denn sein Verfahren, die vorhandenen Thatsachen über die Milchbildung seinen Ansichten anzupassen; in seiner Hand sind sie wie Wachs, dem man durch Kneten die gewünschte Form giebt.“

337 Vgl.: Voit (1870), S. 305–401.

338 Voit (1870), S. 399.

339 Vgl.: Müller (1933), S. 1656–1665; Lieben (1935), S. 139, S. 142; Mani (2001), S. 126–156.

## 3.5 Schmidts Abwendung von der medizinischen und physiologischen Chemie[340]

Durch seine Bekanntschaft mit Liebig und Wöhler und die Möglichkeit, schon als Student in deren Laboratorien zu arbeiten, wurde Schmidt unmittelbar mit dem damals neuen physiologisch-chemischen „Denkstil“ bekannt, den Ludwik Fleck allgemein als Gesamtheit der noch nicht artikulierten Überzeugungen eines „Denkkollektivs“ beschrieb und den er für die initiale Triebfeder bei der Entstehung sowohl wissenschaftlicher Fragen wie gar ganzer Disziplinen hielt.[341] Diesem „Denkstil“ folgte Schmidt auch nach seiner Rückkehr in die baltische Heimat zunächst konsequent und publizierte, wie im Vorangegangenen dargestellt, innerhalb nur weniger Jahre medizinisch- und physiologisch-chemische Arbeiten, die zweifellos mit zu dem Bedeutendsten zählten, was die Forschung auf den noch jungen Wissenschaftsgebieten um die Mitte des 19. Jahrhunderts hervorbrachte.[342]

Umso unverständlicher mutete es daher schon Schmidts Zeitgenossen an, dass er ab 1852 an der „Physiologie vorläufig zum Apostaten“[343] wurde und sich fortan überwiegend mit Untersuchungen zur Agrikultur-, Hydro- und Geochemie befasste. Als Gründe für die Kehrtwende wurden neben der 1852 erfolgten Übernahme des Lehrstuhls für Chemie an der Dorpater Universität auch angeführt: Die mögliche Enttäuschung Schmidts über die tatsächlich nur dürftigen Leistungen der damaligen physiologischen Chemie im Vergleich zur Größe der ihr gestellten Aufgaben, sein Hang, entgegen dem auf zunehmende Spezialisierung drängenden Geist seiner Zeit, eine Art „chemischer Generalist“ zu bleiben, sowie nicht zuletzt das Streben, durch vor allem hydrologische und bodenkundliche Analysen zu unmittelbar praktisch verwertbaren Ergebnissen zu gelangen.[344] Sicherlich bedeutsam war in dieser Hinsicht auch das beinahe abrupte Ende der fruchtbaren Zusammenarbeit mit Bidder. Gleichsam offiziell führte

340 Nach: Roß (2002 a), S. 186–188. Der Verfasser dankt dem Shaker Verlag (Aachen) für die erteilte Abdruckgenehmigung vom 19. Januar 2015.

341 Vgl.: Fleck (1980), S. 129–190. – Die erstmals 1935 bei Schwabe in Basel erschienene Schrift „Entstehung und Entwicklung einer wissenschaftlichen Tatsache. Einführung in die Lehre vom Denkstil und Denkkollektiv“ bahnte wesentliche Ideen aus Thomas S. Kuhns Arbeit „Die Struktur wissenschaftlicher Revolutionen“ (1973) an, wenn sie sie nicht gar vorwegnahm.

342 Vgl.: O. V. (1895), S. 6; Tammann (1929 a), S. 196–198; Lieben (1935), S. 264; Käbin (1986), S. 128.

343 BSB Liebigiana II B, Schmidt, Karl: Brief Schmidts an Liebig vom 20. Dezember/ 1. Januar 1856/1857 (Roß [2002 b], S. 76).

344 Vgl.: Roß (2001), S. 148.

Schmidt Liebig gegenüber die Auflösung der „alten Allianz“ darauf zurück, dass sich für das gemeinsame physiologisch-chemische Tun nichts „Ersprießliches“ mehr darbot.[345] Tatsächlich kam es aber zwischen Bidder und Schmidt im Laufe der Jahre offenbar zu nicht unerheblichen persönlichen Spannungen, die einer weiteren Kooperation zumindest nicht förderlich waren. So schrieb Bidder beispielsweise, auf Schmidts Auszug aus dem physiologischen Institut im Jahr 1850 zurückblickend, ein weiterer Umgang mit ihm, Bidder, hätte sich für Schmidt wahrscheinlich als sehr vorteilhaft erwiesen, denn vielleicht wäre er so allmählich an ein „ernsteres und reiferes Urtheil über Menschen und Verhältnisse gewöhnt worden, hätte Schein und Sein besser unterscheiden und den blossen Tand und Flitter des Lebens richtiger würdigen gelernt“,[346] um dann noch die beleidigende Feststellung folgen zu lassen, dass Schmidt „bis auf den heutigen Tag bei allem, was über die Retorte und das Reagenzglas hinausgeht, den Standpunkt eines Tertianers nicht überschritten“[347] habe. Wohl auch dieser Animositäten wegen entfernten sich die wissenschaftlichen Wege Bidders und Schmidts immer mehr voneinander. Soweit ersichtlich, kam es nach 1852 nur noch zu einer punktuellen Berührung, die auch Ausdruck fand in einer nochmaligen Veröffentlichung physiologisch-chemischen Inhalts.[348]

Eine bemerkenswerte und allgemein gültige Erklärung für die Abwendung eines Wissenschaftlers von seinem bislang angestammten Arbeitsgebiet lieferte interessanterweise der berühmte Schmidt-Schüler, Wilhelm Ostwald, in „Große Männer. Studien zur Biologie des Genies.“[349] Ostwald bezog sich in diesem Zusammenhang vor allem auf eine vorangegangene „große“ oder „außergewöhnliche“ und schon in jungen Jahren erbrachte Leistung. Diese könne naturgemäß zunächst zu körperlicher und geistiger Erschöpfung führen, andererseits aber – auf psychologischer Ebene – einen sehr unbequemen Maßstab für spätere Arbeiten abgeben, denn blieben diese, was nicht ganz unwahrscheinlich sei, unter dem Niveau des „großen“ oder „außergewöhnlichen Wurfs“, so wären in der Fachwelt durchaus kränkende Urteile über die nachlassenden geistigen und innovativen Kräfte des betreffenden Forschers zu erwarten. Eine Möglichkeit, einer derartigen Entwicklung zuvorzukommen und der unvermeidlichen „Erschöpfung“ zu entrinnen, stelle, so Ostwald, der rechtzeitige Wechsel des eigenen Arbeitsgebiets

345 BSB Liebigiana II B, Schmidt, Karl: Brief Schmidts an Liebig vom 23. Januar/4. Februar 1856 (Roß [2002 b], S. 72).

346 Bidder (1959), S. 123.

347 Bidder (1959), S. 123.

348 Vgl.: Schmidt (1861 b), S. 355–369.

349 Ostwald (1910 b).

dar, wie ihn beispielsweise Liebig in der zweiten Hälfte seines Lebens weg von der eigenhändigen experimentellen organischen Chemie hin zu einer mehr spekulativ betriebenen Pflanzen- und Tierchemie vollzogen habe.[350] Spiegelt man dieses Erklärungsmodell auf Carl Schmidts wissenschaftlichen Werdegang zurück, so stellte insbesondere das gemeinsam mit Bidder 1852 veröffentlichte Werk „Die Verdauungssaefte und der Stoffwechsel" die besagte „große", „außergewöhnliche" Leistung dar, die Schmidt schon im Alter von nicht einmal 30 Jahren vollbracht hatte, und man müsste in der sicherlich durch die Übernahme der Professur für Chemie auch gleichsam institutionell bedingten späteren Hinwendung zur Agrikultur-, Hydro- und Geochemie jenen von Ostwald angesprochenen fachlichen Wechsel erblicken, mit dem Schmidt ein möglicherweise ab 1852 eingetretenes (temporäres) „burn-out" überwinden und seine ursprüngliche enorme Arbeits- und Schaffenskraft zurückerlangen wollte.[351]

Die Abkehr Schmidts von der klinischen und physiologischen Chemie war ab 1852 indessen keineswegs so absolut und rigoros, wie die beredten Klagen der wissenschaftlichen Nachwelt glauben machen.[352] Einerseits las Schmidt noch bis 1864 unverändert physiologische und pathologische Chemie für die Studenten der Dorpater medizinischen Fakultät, ehe die Lehrverpflichtung an die neu geschaffene Dozentur für physiologische Chemie überging.[353] Andererseits übte er durch seine Schüler und Kollegen weiterhin einen zumindest mittelbaren und erheblichen Einfluss auf die Entwicklung der Disziplinen an der Dorpater Hochschule aus.[354] Auch Schmidts Interesse an eigenhändigen physiologisch-chemischen Untersuchungen erlahmte in den Jahren nach 1852 nie vollständig, wie Arbeiten auf dem Gebiet der medizinischen Chemie[355] oder eine Rückkehr zu stoffwechsel-physiologischen Fragestellungen in den 60er Jahren zeigen.[356]

Es muss zwangsläufig dahingestellt bleiben, welche vermeintlich weit gedeihlichere Entwicklung Schmidt denn genommen hätte, wäre er der anfangs

350 Vgl.: Ostwald (1910 b), S. 357, S. 397; S. 401.

351 Vgl.: Ostwald (2003), S. 53. – Als ein in dieser Hinsicht objektivierbares Kriterium sei auf den Inhalt und die Zahl der Veröffentlichungen Schmidts in den Jahren 1854–1862 verwiesen, in denen er nur kleine, vergleichsweise unbedeutende Journalartikel zu Papier brachte. Vgl.: Past und Tankler (2007), S. 121–122.

352 Vgl.: Tammann (1929 a), S. 196.

353 Vgl.: Adolphi et al. (1918), S. 68–70.

354 Vgl.: Roß und Hansel (2000), S. 23–24; Roß (2001), S. 147–151.

355 Vgl.: Schmidt (1854 b), S. 33–41; Schmidt (1854 c), S. 42–48; Schmidt (1863 c), S. 126–128.

356 Vgl.: Schmidt (1861 b), Sp. 355–369.

eingeschlagenen medizinisch- bzw. physiologisch-chemischen Forschungs-Richtung nur konsequent gefolgt. Mit Blick auf seine wissenschaftliche Lebensleistung und die beeindruckende literarische Hinterlassenschaft[357] erscheinen allerdings mögliche Antworten auf diese oft gestellte Frage[358] ebenso müßig wie immer wieder geäußerte Spekulationen darüber, was Schmidt als ordentlicher Professor für Chemie an einer deutschen Hochschule hätte erreichen können.[359]

## 3.6 Privates I: Ehe und Familie

Das „private Glück" Schmidts begann am 7. Dezember 1851, als er Antonie („Toni") Elisabeth Sophie von Hueck heiratete, eine Tochter des früheren Dorpater Anatomie-Professors Alexander Friedrich von Hueck und dessen Ehefrau Amalia, geborene Jencken (Anlagen 1, 6 und 7).

Durch den Bruder der Braut, Ferdinand von Hueck, ist uns der „ungewöhnliche" Heiratsantrag Schmidts überliefert. Er, der sich bei früheren Tee-Einladungen bereits häufig mit „Toni" unterhalten und auch mit ihr im Duett gesungen hatte, sei mit seinem Bruder Rudolph am Vormittag des 14. September 1851 in das Huecksche Haus gekommen, um ihr zum Geburtstag zu gratulieren. Dann trat der „Professor Schmidt" zu „Toni", schenkte „ihr ein hübsches Buch" und bat sie, dieses Geschenk anzunehmen. Darauf hin begann er, so schnell zu sprechen, dass „Toni" ihn zuerst nicht verstand.

> „Nur zuletzt hörte sie, wie er sagte: ‚Außer diesem Geschenk habe ich noch etwas mitgebracht, mein Fräulein, das ist nämlich mein Herz; wollen sie mit mir den Spaziergang durch das Leben machen?' Toni war zuerst stumm, dann sah sie ihn mit ihren treuen blauen Augen an, reichte ihm die Hand und somit war ein Bund geschlossen, der sowohl ihr als auch unserer ganzen Familie bis zum heutigen Tage zum großen Glück und [zur] Freude gereicht hat und recht lange dauern möge! – Jetzt wurde abgemacht, die Hochzeit am 7. Dezember (1851) zu feiern, am Geburtstage meines Vaters."[360]

---

357 EAA 402/3/1887: Eigenhändiges Publikationsverzeichnis Schmidts vom 5. Dezember 1881. Vgl.: Past und Tankler (2007), S. 119 –137.

358 Vgl.: Schönberg et al. (1918), S. 138–139; Tammann (1929 a), S. 196.

359 Vgl. das Urteil von Adolf Strümpell (1925), S. 48, der in seiner Autobiographie „Aus dem Leben eines deutschen Klinikers" schrieb: „Wäre Carl Schmidt Vorstand eines größeren chemischen Instituts in Deutschland geworden, ich glaube sicher, man würde ihn zu den besten deutschen Chemikern zählen."

360 Familienarchiv Helga von Grabe: Erinnerungen und Bilder, ernste und heitere aus dem Leben meines inniggeliebten Vaters – Dr. Ferdinand von Hueck. Vgl.: Anlage 6 dieser Untersuchung.

Das Glück des jungen Ehepaares wurde auch nicht durch einen Beinbruch getrübt, den sich Schmidt am 20. Dezember 1851 nahe der Poststation Teilitz[361] auf der Reise von Dorpat nach Mitau zuzog, wo er seinen Eltern seine Frau vorstellen wollte. Durch die gute ärztliche Versorgung schon am Unfallort, den überraschenden und sicherlich wohltuenden Besuch seiner Eltern in Teilitz, die zuvor Mitau für mehr als 30 Jahre nicht verlassen hatten, seine baldige Rückkehr nach Dorpat und schließlich die dortige Pflege in der heimischen Wohnung im Hause des Barons Nolcken[362] nahm der „junge Ehemann" nach wenigen Wochen bereits wieder seine akademischen Pflichten wahr, wenn auch noch sichtlich humpelnd.[363]

Aus der Ehe Carls und seiner Frau Antonie stammten die Söhne Oskar und Carl jun. sowie die Töchter Adelheide („Alice"), Marie („Mary") und Thekla (Anlagen 7 und 8). Für seine Familie erwarb Schmidt ein Holzhaus in der Dorpater Blumenstraße 14, Ecke Sternstraße, das er in den 1850er Jahren aus- und umbaute (Anlage 9). Der älteste Sohn, Oskar, studierte Medizin in Dorpat, Wien und Prag. Er wurde 1879 in Dorpat promoviert, arbeitete von 1880–1887 als Ordinator am Moskauer Findelhaus und war ab 1890 als praktischer Arzt in Moskau tätig. Die familiären Bande mit dem „Moskowiter Doktor", der erst nach dem Tod seines Vaters Adele Strauß heiratete, waren offenbar nur schwach, denn aus dem Briefwechsel Schmidts mit Ostwald sind beispielsweise nur zwei Kurzbesuche Oskars in Dorpat in den Jahren 1884 und 1890 verbürgt.[364] Carl Schmidt jun. studierte von 1880–1885 Mathematik an der Universität Dorpat und setzte seine Studien von 1885–1887 an der Königlich Technischen Hochschule in Berlin fort. Er „diente" ab 1887 als Beamter der „Edison-Gesellschaft" in Berlin und versah ab 1890 seinen Dienst als Elektroingenieur in Schuckerts Elektrischen Werken (Nürnberg). Im Jahre 1900 heiratete er Caroline Friederike Hesselberg.

Die älteste Tochter „Alice" blieb ledig und besorgte zusammen mit der Mutter das Haus in Dorpat. Sehr häufigen Kontakt pflegten die Eltern mit ihrer Tochter

361 Die (Post-)Station Teilitz lag in der Nähe des heutigen Guts-Schlosses Sangaste (Sagnitz), also rund 16 km nordöstlich der Grenzstadt Stadt Valga (Walk). Vgl.: Eisenschmid und Bockamp (2000), S. 186.

362 Das niedersächsische Geschlecht von Nolcken kann seit ca. 1600 in Livland nachgewiesen werden; aus ihm stammen zahlreiche hohe Staatsbeamte und Landespolitiker. Vgl.: Lenz (1970), S. 548–551.

363 Familienarchiv Helga von Grabe: Erinnerungen und Bilder, ernste und heitere aus dem Leben meines inniggeliebten Vaters – Dr. Ferdinand von Hueck. Vgl.: Anlage 6 dieser Untersuchung.

364 ArBBAdW Nachlass Ostwald, Nr. 2660: Briefe Schmidts an Ostwald vom 20. August 1884 und vom 31. Juli/12. August 1890 (Roß und Hansel [2000], S. 51, S. 73).

„Mary", die mit dem Arzt Ferdinand Waldhauer verheiratet war und mit ihrer Familie in Windau[365] lebte. Das „Nesthäkchen" Thekla war ebenfalls aktiv in das Familiengeschehen eingebunden: Sie reiste mit ihren Eltern mehrmals zu längeren Besuchen zur Familie Waldhauer nach Windau und war, zusammen mit ihrer Schwester „Mary", Begleiterin ihres Vaters bei einer ausgedehnten Auslandsreise, die im Jahre 1888 nach Deutschland und Frankreich, in die Schweiz sowie nach Oberitalien führte.[366] 1897 heiratete Thekla den Magister der klassischen Philologie Bernhard von Bursy, der bis 1899 die Stellung eines Privatdozenten an der Universität Kiew bekleidete und von 1901–1905 eine Professur für griechische Philosophie am Historisch Philologischen Institut in Nezhin (Ukraine) inne hatte.[367] Von den sieben Kindern aus dieser Ehe, die zwischen 1898 und 1908 geboren wurden, erblickten fünf das Licht der Welt in Dorpat. Es ist daher berechtigt davon aus zu gehen, dass Thekla vor und nach den Geburten jeweils längere Zeiten mit ihrer Mutter und ihrer Schwester Adelheide im dortigen Elternhaus verbrachte.

365 Windau, das heutige Ventspils, liegt an der Mündung der Venta in die Ostsee und ist die wichtigste Hafenstadt Lettlands mit ca. 47.000 Einwohnern. Der Seehafen wurde urkundlich erstmals 1263 erwähnt. Vgl.: Mettig (1990), S. 345–362; Eisenschmid und Bockamp (2000), S. 299–302.

366 ArBBAdW Nachlass Ostwald, Nr. 2660: Briefe Schmidts an Ostwald vom 19. Juni und 14./26 September 1888 (Roß und Hansel [2000], S. 67–69).

367 EAA 402/3/213.

# 4 Von der klinischen und physiologischen zur allgemeinen Chemie und zum chemischen Generalismus

## 4.1 Schmidt als ordentlicher Professor für Chemie an der Universität Dorpat

Die Tätigkeit Schmidts als Professor für Pharmazie war nur von kurzer Dauer,[1] denn schon im September 1851 bemühte sich die physiko-mathematische Fakultät, die Wiederbesetzung des Lehrstuhls der Chemie zu einem erfolgreichen Abschluss zu bringen. Sie schlug daher dem Conseil als Nachfolger des verstorbenen Professors Goebel den gegenwärtigen Extraordinarius, Hofrat Dr. Schmidt, als ersten Kandidaten vor. Die physiko-mathematische Fakultät glaubte, für ihre Wahl keine weiteren Empfehlungen abgeben zu müssen, da dem Conseil der ausführliche Bericht über die Arbeiten Schmidts vorliege. Hinzu komme, „daß die Bekanntmachung neuer und wichtiger Arbeiten desselben Verfassers über physiologische Chemie in naher Aussicht steht."[2] Obwohl die Fakultät als zweiten Kandidaten noch Herrn Staatsrat Carl Ernst Claus mit ausführlicher Darstellung seines privaten und akademischen Lebensweges für den Fall „proponierte", dass „dem Conseil für den Lehrstuhl der Chemie [...] an einer Besetzung durch neue Lehrkräfte gelegen sei," wurde letztlich verfügt, nur Schmidt in das Präsentationsbuch einzutragen, da Claus die Fakultät zwischenzeitlich darüber informiert habe, dass er nicht zur Verfügung stehe.[3] Am 10. Juni 1852 erfolgte aus Anlass der 50-jährigen Jubelfeier der Universität Schmidts Bestätigung als ordentlicher Professor für Chemie;[4] sein eidliches Amts-Gelübde ist auf den 20. Dezember 1852 datiert.[5] Mit seiner Ernennung zum ordentlichen Professor für Chemie und zum Direktor des chemischen Instituts in der physiko-mathematischen Fakultät erlangte Schmidt mit nur 30 Jahren eine Position, die er für fast vier

1 Vgl.: Kapitel 3.3 dieser Untersuchung.

2 EAA 402/3/1887, Nr. 40 vom 21. September 1851. – Mit den neueren und wichtigen Arbeiten waren mit Sicherheit die im Verbund mit Bidder vorgenommen physiologischen Untersuchungen gemeint, die 1852 in dem grundlegenden Werk „Die Verdauungssaefte und der Stoffwechsel" (Bidder und Schmidt [1852]) mündeten.

3 EAA 402/3/1887, Nr. 40 vom 21. September 1851.

4 EAA 402/3/1887, Deckblätter.

5 EAA 402/3/1887 vom 20. Dezember 1852.

Dekaden an der Dorpater Universität ausfüllen sollte.[6] Diese lange Amtszeit war allerdings nur durch einen damals üblichen „Kunstgriff" möglich, denn Schmidt hätte seine Lehrtätigkeit eigentlich 1877 beenden müssen, weil nach den geltenden russischen Gesetzen alle Professoren nur für 25 Jahre „fest" angestellt wurden. Er konnte seine Position danach nur dann behalten, wenn er vom Conseil hierzu (für jeweils fünf weitere Jahre) aufgrund eines geheimen „Ballotaments"[7] mit einer Zweidrittelmehrheit legitimiert wurde. Die unterschiedlichen Begründungen der physiko-mathematischen Fakultät für eine Verlängerung der Amtszeit Schmidts, wie etwa seine vollkommene körperliche Rüstigkeit, seine gewaltige Arbeitskraft, sein Status als beliebter und geschätzter Lehrer sowie berühmter Gelehrter, seine zahlreichen verdienstvollen wissenschaftlichen Arbeiten sowie seine unzähligen Untersuchungen auf den Gebieten der geologischen Chemie, Hydrologie und Pedologie (Bodenkunde), überzeugten die Mitglieder des Conseils offenbar so sehr, dass sie in den Jahren 1872, 1877, 1881 und letztmals 1886 immer einstimmig in Schmidts und dem Sinne der Fakultät votierten.[8]

## 4.2 Der institutionelle Kontext und das intellektuelle Klima an der Universität Dorpat in der zweiten Hälfte des 19. Jahrhunderts

Schmidts Amtszeit als ordentlicher Professor für Chemie fiel überwiegend in die zweite Expansions- und Blütezeit der „deutschen" Universität Dorpat (1855–1880),[9] die nachfolgend zwecks notwendiger Kontextualisierung von Person und Werk kurz skizziert werden soll. Diese Phase wurde durch die Thronbesteigung

---

6 Jahrzehntelange Amtszeiten von Chemie-Professoren an einer Universität ließen sich während des 19. Jahrhunderts auch in Deutschland nicht selten nachweisen. So war Wöhler 46 Jahre Ordinarius in Göttingen (1836–1882), Christian Gottlob Gmelin fungierte 43 Jahre als Professor für Chemie und Pharmazie in Tübingen (1817–1860) und Bunsen vertrat in Heidelberg 37 Jahre lang das akademische Fach Chemie (1852–1889). Vgl.: Drüll (1986), S. 35; Heße und Heuser (1988), S. 60–61, S. 77; Schwedt (2000), S. 73–111.

7 Vgl. zum Ablauf des „Ballotaments" oder der „Ballontage", der geheimen Abstimmung mit weißen (zustimmenden) und schwarzen (nicht zustimmenden) Kugeln: Strümpell (1925), S. 37–38.

8 EAA 402/3/1887 vom 20. Januar 1872, vom 20. und 25. Januar 1877, vom 5. und 7. Dezember 1881 sowie vom 2. Dezember 1886. Vgl. zu Schmidts letzten Lebensjahren im Ruhestand: Kapitel 4.8 dieser Untersuchung.

9 Vgl. zur ersten Hälfte des 19. Jahrhunderts: Kapitel 3.2 dieser Untersuchung.

Zar Alexanders II., den Tod Craffströms und die folgende Ernennung Georg Friedrich von Bradkes zum neuen Kurator des Dörptschen Lehrbezirkes eingeleitet.[10] Die Reichsregierung hatte offenbar erkannt, dass die in der Ära Uwarow/ Craffström getroffenen Maßnahmen nicht der geeignete Hebel waren, um den spezifischen deutsch-baltischen Charakter der Dorpater Universität zugunsten einer zentralistischen und national-russischen Einstellung zu verändern. Daher genoss die zwar weiterhin angestrebte stärkere Verschmelzung des baltischen Universitäts- und Schulwesens mit dem der Lehrbezirke des übrigen Reiches ab 1855 nicht mehr oberste Priorität. Hinzu kam, dass die Angst vor den 1848er westlichen Revolutionen und deren Ideen allmählich abflaute und so die Hoffnung aufkeimte, die deutsch-baltische Frage in einem liberaleren Klima lösen zu können.[11] Durch den Wandel in der Regierungspolitik ergaben sich für das gesamte russische Hochschulwesen erhebliche Zugeständnisse. So erging bereits 1855 die Verfügung, an allen Universitäten wieder eine unbegrenzte Zahl Studierender zuzulassen. Unter dem Kurator von Bradke gelang es, die traditionelle Selbstständigkeit der Dorpater Universität zu wahren und die bisher im Geheimen agierenden studentischen Korporationen durch den Zar anerkennen zu lassen. Ab 1861 erhielten alle Universitäten Russlands wieder das Recht, den Rektor durch das Conseil selbst zu wählen. Im gleichen Jahr konnte von Bradke als Präses einer Kommission zur Beratung und Ausarbeitung einer neuen allgemein-russischen Universitätsverfassung für die Dorpater Hochschule ein bemerkenswertes Sonderstatut durchsetzen. 1862 wurde schließlich das Verbot der Berufung ausländischer Gelehrter an russische Universitäten aufgehoben.[12]

Die ruhige und verdienstvolle Tätigkeit von Bradkes[13] wurde von seinem Nachfolger, dem estnischen Grafen Alexander von Kayserling, fortgesetzt. Er sah in dem sich verstärkenden baltischen Nationalismus eine Gefahr für die Sonderstellung der „Grenzprovinzen" und wollte der Dorpater Universität ein stärker internationales Gepräge verleihen, weil das speziell Baltisch-Provinzielle nicht nach Dorpat gehöre.[14] Auch der ab 1861 amtierende Unterrichtsminister Alexander W. Golowin hegte die Hoffnung, die Dorpater Hochschule durch die Verpflichtung bekannter Wissenschaftler zu einer der besten Europas machen

10 Vgl.: Semel (1918), S. 37; Engelhardt (1933), S. 105–106; Thomson (1981), S. 288.

11 Vgl.: Semel (1918), S. 36–37; Engelhardt (1933), S. 105–106.

12 Vgl.: Gernet (1902), S. 76–78; Rammul (1903), S. 544; Engelhardt (1933), S. 107–113; Scholz (2003), S. 46.

13 Vgl. zum Leben und Wirken Georg von Bradkes: Bradke (1910), passim.

14 Vgl.: Engelhardt (1933), S. 106.

zu können.[15] Obwohl es ab 1862 tatsächlich gelang, einige westliche Gelehrte nach Dorpat zu holen,[16] gestaltete sich diese Aufgabe generell schwierig, was am Beispiel des berühmten Botanikers und Zellforschers Matthias Jakob Schleiden aufgezeigt werden soll. Die 1863 erfolgte und für die Universität objektiv sicherlich ehrenvolle Berufung Schleidens löste sofort einen Sturm der Entrüstung aus. Kayserling, der damit „Kampf und Bewegung in das gemächlich dahinfliessende wissenschaftliche Leben in Dorpat"[17] bringen wollte und hoffte, Schleiden werde sich als „Hecht im Karpfenteich"[18] bewähren, brachte zunächst das Conseil gegen sich auf, weil der Ruf ohne dessen Zustimmung ergangen war. Trotzdem bestätigte man am 5. Juni 1863 Schleidens Verpflichtung als Extraordinarius für Anthropologie und Pflanzenphysiologie in der seit 1850 bestehenden physiko-mathematischen Fakultät. Der Streitpunkt zwischen dem Conseil, dessen Mehrheit die konservativen deutsch-baltischen Professoren bildeten, und Kayserling als Kurator lag darin begründet, dass letzterer eine weltoffene Universität anstrebte, während Rektor und Conseil für eine „abgeschlossene" rein baltendeutsche, protestantische Hochschule eintraten.[19] Als Schleiden schließlich Anfang September 1863 in Dorpat eintraf, standen offiziell nur noch der Unterrichtsminister und der Kurator hinter ihm.[20] Nach seiner Aufsehen erregenden Antrittsvorlesung am 16. Oktober 1863 vor großem Publikum und den ersten regulären Vorträgen, die ebenfalls übermäßig gut besucht waren, nahmen insbesondere die Theologen den Kampf gegen diesen „Antichristen" auf, der aufgrund seiner darwinistischen Denkweise auch die so genannte „Affenabstammung" des Menschen erwähnte und damit „nicht nur eine tiefe Nichtachtung menschlicher Würde, sondern vor allem eine frivole Ablehnung göttlicher

---

15 Vgl.: Scholz (2003), S. 47.

16 So wurden z. B. an die Universität Dorpat berufen: 1862 der Theologe Wilhelm Volck, 1863 der Botaniker Matthias Jacob Schleiden und der Philologe Ludwig Schwabe, 1865 der Sprachwissenschaftler Leo Meyer, 1866 und 1869 die Mediziner Alfred Vogel und Bernhard Naunyn, 1869 der Botaniker Moritz Willkomm und 1871 der Philosoph Gustav Teichmüller. Vgl.: Käbin (1986), S. 309–315; Amburger (1987), S. 400; Fraga und Schmidt (2000), S. 993–994; Jahn (2000 e), S. 947; Killy und Vierhaus (2001), 7, S. 108; 9, S. 670; 10, S. 242.

17 Engelhardt (1933), S. 124.

18 Scholz (2003), S. 53: Brief Kayserlings an Karl Ernst von Baer vom 10. April 1863. – Vgl. zu Schleidens Biographie und seiner Bedeutung für die Biologie und Philosophie: Charpa (1989), S. 9–43; Eisnerova (2000), S. 310–319; Charpa (2005), S. 627–653.

19 Vgl.: Scholz (2003), S. 53.

20 Vgl.: Scholz (2003), S. 54.

Schöpferkraft“[21] zum Ausdruck brachte. Die fortgesetzt feindliche Haltung des Conseils, eine heftige Verleumdungskampagne im Dorpater Tageblatt[22] und vor allem der Tatbestand, dass in Dorpat „bisher alle Wissenschaft in Übereinstimmung mit streng konfessionellem Christentum gelehrt worden“[23] sei, führten – neben eigenen Fehlern[24] – schließlich schon im Mai 1864 zu Schleidens Scheitern an der baltischen Hochschule. Scholz interpretierte dessen Vertreibung rückblickend (im Einklang mit Ottow[25]) einerseits als eine für die Universität „verlorene Chance, Anschluss an die moderne Wissenschaft, vor allem den Darwinismus, zu gewinnen“,[26] während sie andererseits (mit v. Engelhardt[27]) in den Vorgängen überwiegend einen „Bekenntnisstreit, aber auch eine Prestigefrage für Universitätsbehörde und Kurator in ihrem Verhältnis zur Russifizierung“[28] sah.

Unter den Nachfolgern des Kurators Kayserling[29] gab es immer wieder Versuche, die Universität Dorpat stärker zu „russifizieren“. Sie scheiterten aber vor allem daran, dass sich das Conseil diesen Bestrebungen erfolgreich widersetzte und das Statut von 1865 der Hochschule unverändert eine weitreichende Autonomie sicherte. Von 1860 bis 1880 stellten die (Deutsch-)Balten die absolute Mehrheit der Professorenschaft, deren Stellung zu Russland „keinesfalls eine unbefangene und noch weniger eine kluge“ war, was wesentlich auf ihren Glauben zurückging, dass „alles Baltische allem Russischen überlegen sei und dass man in keinem Punkte Konzessionen an die Regierung machen dürfe.“[30] Die Zahl der Studenten erhöhte sich von ca. 600 um 1850 auf über 1.100 im Jahre 1880, wobei bis 1860 die (deutsch-)baltischen Studierenden mit 80 % absolut dominierten und erst danach die Zahl der Letten, Esten, und Russen allmählich zunahm.[31]

---

21 Ottow (1922), S. 130. – Vgl. zum Wissenschaftstransfer gegen den Zeitgeist und die anti-darwinistischen Dorpater Gelehrten: Mildenberger (2007), S. 59–82.

22 Die Dörptsche Zeitung als zweites lokales Presseorgan verteidigte dagegen Schleiden. Vgl.: Scholz (2003), S. 181–246.

23 Ottow (1922), S. 134.

24 Vgl. zu diesen eigenen Fehlern Schleidens: Ottow (1922), S. 140–142.

25 Vgl.: Ottow (1922), S. 135.

26 Scholz (2003), S. 67.

27 Vgl.: Engelhardt (1933), S. 125–127.

28 Scholz (2003), S. 67.

29 Dies waren Peter Gervais und Andrey Saburov, die das Kuratorenamt für den Lehrbezirk Dorpat von 1870 bis 1875 bzw. von 1875 bis 1880 ausübten. Vgl.: Donnert (2007), S. 58–59.

30 Bücher (1919), S. 305.

31 Vgl.: O. V. (1882), S. 29; Bulte (1917), S. 426, S. 429; Siilivask (1987), S. 115–116.

Das folgenschwerste Ereignis in der letzten Phase der Kaiserlichen Universität Dorpat (1880 bis 1918) war deren nunmehr endgültige „Russifizierung“. Die entsprechende Politik und die jetzt tatsächlich umgesetzte Gleichstellung der Hochschule mit den übrigen Universitäten des Reiches begann mit dem Amtsantritt von Zar Alexander III. Nach der berüchtigten Senatoren-Revision durch Nikolai Manasseïn[32] (1883) sorgten die Kuratoren Michail Kapustin und Nikolai Lav(w)rowski in der Folgezeit für die strikte Umsetzung der erlassenen Gesetze. Ab 1885 verlor das Conseil erneut das Recht zur Wahl des Rektors, der Dekane und der Professoren. Ab 1889 war die russische Sprache in den Schulen und an der Universität als Vortragssprache obligatorisch.[33] 1893 erfolgte die Umbenennung der Stadt Dorpat in Jurjew.[34] Alle diese administrativen Maßnahmen, die auch eine starke Veränderung der Zusammensetzung der Professoren- und Studierendenschaft zugunsten der Russen bewirkten, führten insgesamt dazu, dass die Dorpater Universität „in eine vom Staat gelenkte russische Bildungsanstalt umgewandelt“[35] wurde und die „deutsche“ Hochschule Dorpat ihr Ende fand. Das gleiche Schicksal ereilte im Zuge der „großen Oktoberrevolution“ dann 1918 auch die Kaiserlich russische Universität Jurjew.

## 4.3 Schmidt vor dem Hintergrund der Dorpater Universitätschemie

### 4.3.1 Die Geschichte der Dorpater Universitätschemie bis 1852

Die Geburt der Wissenschaft der Chemie in Estland ist eng verknüpft mit der Wiedereröffnung der Dorpater Universität im Jahr 1802. Obwohl man sich

32 Der Senator und Justizminister Nikolai Manasseïn hatte die Ergebnisse dieser vom Kaiser angeordneten Revision zur Prüfung der Rechtszustände und der Notwendigkeit von Reformen im Lande weitgehend verfälscht, um so für die Außenwelt Russland unter anderem als Befreier des Bauerntums aus mittelalterlich-feudaler Knechtschaft darzustellen. Vgl.: Engelhardt (1933), S. 480; Amburger (1987), S. 396.

33 Diese Maßnahme war dafür ausschlaggebend, dass Carl Schmidt „als der Reichssprache nicht genügend Kundiger“ im März 1892 seine akademische Laufbahn beenden musste. ArBBAdW Nachlass Ostwald, Nr. 2660: Brief Schmidts an Ostwald vom 13./25. September 1892 (Roß und Hansel [2000], S. 77).

34 Vgl.: Gernet (1902), S. 100–107; Seesemann (1987), S. 361–362; Siilivask (1987), S. 106–107, S. 114–117; Scholz (2003), S. 39–40.

35 Wittram (1952), S. 218.

schon an der „Academia Gustaviana Dorpatensis“[36] bemüht hatte, Hospitäler zu schaffen sowie Observatorien und chemische Laboratorien zu errichten,[37] bestimmte erst Zar Alexander I. in der Neugründungsurkunde vom 5. Januar 1802 konkret, dass in der medizinischen Fakultät ein Professor für Chemie und Pharmazeutik anzustellen sei.[38] Auf Beschluss des Vorstandes des ritterlichen Kuratoriums der Hochschule erfolgte dann die Gründung des Chemie-„Kabinetts“ und des Chemielaboratoriums am 26. April 1802 allerdings in der Philosophischen Fakultät.[39]

Der nachfolgend gedrängt gegebene Rückblick auf die Entwicklung des Fachs Chemie sowie die Errichtung und den Betrieb des chemischen Laboratoriums während der ersten 50 Jahre des Bestehens der Kaiserlichen (Staats-)Universität Dorpat ist nicht nur von allgemeinem disziplinengeschichtlichen Interesse, sondern dient vor allem dazu, Carl Schmidt in seiner gleichsam historischen Verankerung zu zeigen, ohne die sein akademisches Wirken und seine wissenschaftliche Lebensleistung nicht vollumfänglich verständlich sind.

In der Regel weisen die einschlägigen Quellen aus, dass Alexander Nikolaus Scherer der erste Professor für Chemie und Pharmazie in Dorpat gewesen sei. Er habe 1803 mit Chemie-Vorlesungen begonnen und auch das chemische Laboratorium errichtet.[40] Der das chemische „Kabinett“ betreffende offizielle Schriftwechsel, die einschlägige Personalakte und auch einige wenige Sekundärangaben zeigen aber, dass nicht Scherer, sondern Philipp Erdmann Heinrich Gottlob Arzt der erste Lehrstuhlinhaber der Chemie in Dorpat war. In seiner Privatwohnung im Hause des Glasermeisters van der Bellen hatte Arzt in der Küche ein kleines chemisches Laboratorium eingerichtet und es mit einigen Apparaten aus seinen privaten Mitteln ausgestattet. Hier hielt Arzt auch die ersten Chemie-Vorlesungen an der Dorpater Hochschule. Nach seinem plötzlichen Tod am 3. August 1802 erwarb die Universität aus seinem Nachlass „einen chemischen Ofen, eine Quantität verschiedener Gläser, den chemischen und physikalischen Apparat

36 Vgl. zur Geschichte und den Leistungen der „Academia Gustaviana Dorpatensis“: Kapitel 3.2 dieser Untersuchung.

37 Vgl.: Seesemann (1982), S. 15.

38 Vgl.: Engelhardt (1933), S. 36.

39 Vgl.: Ilomets (2004), S. 89–90. – Der Verfasser dankt Herrn Prof. Dr. T. Ilomets (Tartu), der ihm ein Exemplar des entsprechenden Sammelbands überließ.

40 Vgl.: O. V. (1866), S. 61; Schönberg et al. (1918), S. 135–136; Siilivask (1985), S. 120; Ilomets (1992), S. 6; Bettin (2002), S. 49.

[für] 13 Rubel [...] und einen von dem Kupferschmied Beckmann für 55 Rubel angefertigten Destillierkessel."[41]

Auf die nunmehr vakante Stelle wurde am 20. März 1803 besagter Alexander Nikolaus Scherer als ordentlicher Professor für theoretische und angewandte Chemie berufen, der damals schon ein bekannter und vielseitig tätiger Gelehrter und „Schriftsteller" war.[42] Scherer konnte seine Lehrtätigkeit aber krankheitsbedingt nicht sofort aufnehmen; erst ab dem Semester 1803/II[43] war er in der Lage, sein Amt in der philosophischen Fakultät auszuüben.[44] Theoretische und experimentelle Chemie lehrte bzw. demonstrierte er zunächst in den Mieträumen seiner Dorpater Privatwohnung.[45] Im Haus der verwitweten „Generalin" Anna Katharina Brandt[46] errichtete Scherer in den Jahren 1803 und 1804 dann ein Auditorium und ein Laboratorium, dessen wichtigster Ausstattungsgegenstand ein chemischer Ofen war.[47] Am 13. Juni 1804 bat er die Mitglieder des Conseils, ihm ein anderes Laboratorium zuzuweisen, da das bisherige in Anbetracht der bereits abgelaufenen Mietzeit am Ende des Semesters geräumt werden müsse und das „Lokal" hinsichtlich seines ihm zugedachten Zwecks generell unzureichend sei.[48] Das Conseil beschloss, es Scherer zu überlassen, sich ein neues „Quartier" zu suchen, in dem auf Kosten der Universität ein Laboratorium angelegt werden könne.[49] Scherer hatte indessen dieses Problem nicht mehr zu lösen, da er im August 1804 das bestehende chemische Laboratorium ordnungsgemäß übergab und an die Akademie für Chirurgie und Medizin nach St. Petersburg wechselte. Er begründete in Dorpat, seiner nur kurzen Tätigkeit ungeachtet, eine

41 EAA 402/3/41, Nr. 19 vom 2. März 1805; EAA 402/5/26, Nr. 119 vom 20. März und Nr. 349 vom 21. April 1805.

42 Vgl.: O. V. (1866), S. 61; Krause (1902), S. 362; Ilomets (2004), S. 92.

43 Die Einteilung in „Semester I" (1. Februar – 30. Juni) und „Semester II" (1. August – 1. Dezember) existierte offiziell erst seit 1863, wurde aber aus Gründen der Praktikabilität für den gesamten in dieser Studie behandelten Zeitraum übernommen.

44 Vgl.: Ilomets und Kudu (1977), S. 161. Der Verfasser dankt Herrn Prof. Dr. T. Ilomets (Tartu) für eine Photokopie dieses Artikels. – Die theoretische und experimentelle Chemie, einschließlich Pharmazie, waren nach der ersten Änderung der Gründungsakte der staatlichen Universität Dorpat durch das Statut vom 12. September 1803 aus der medizinischen Fakultät herausgenommen und in die philosophische eingegliedert worden. Vgl.: Gernet (1902), S. 18–22.

45 Vgl.: Raid (1993), S. 4.

46 Anna Katharina von Brandt.

47 Vgl.: Ilomets (2004); S. 93.

48 EAA 402/5/26, Nr. 229 vom 13. Juni 1804.

49 EAA 402/5/26, Nr. 232 vom 18. Juni 1804.

„Lehrrichtung", die die Ideen der „neuen Chemie" von Lavoisier propagierte und die Theorie der Phlogisten kritisierte.[50] Somit schuf er ein erstes theoretisches Fundament für die Ausbildung der Chemiker an dieser Hochschule.[51]

Nachdem das so genannte Rosenkranzsche Haus als mögliches Ausweichquartier für das chemische Laboratorium ausgeschieden war, beauftragte das Conseil Georg Friedrich Parrot, mit der „Generalin" von Brandt über eine längerfristige Nutzung der in ihrem Haus bisher genutzten Räume für höchstens 600 Rubel Jahresmiete zu verhandeln.[52] Das von Brandtsche Haus blieb danach bis 1809 das Domizil des Dorpater chemischen Universitäts-Laboratoriums.[53] Am 20. September 1804 erhielt David Hieronymus Grindel als Nachfolger Scherers den Ruf auf die ordentliche Professur für Chemie und Pharmazie in Dorpat. Nach den Vorstellungen des neuen Direktors des chemischen „Kabinetts" begannen Anfang Dezember 1804 entsprechende Umbauarbeiten im von Brandtschen Haus. So wurde dort in der großen Küche im Erdgeschoss ein einfaches pharmazeutisches Laboratorium eingerichtet, das unter anderem mit zwei Rundöfen und einem Destillierapparat ausgestattet war.[54] Das eigentliche chemische Laboratorium entstand „feuerfest" in einem Nebengebäude. Es war mit Kalorimetern, Aerometern und Alkoholometern, Apparaten für die pneumatische Chemie, Schmelz-, Destillier- und Kuppelöfen, Lötrohren sowie einfachen Gerätschaften

50 Vgl.: Ilomets (1992), S. 6. – Antoine Laurent Lavoisier leitete durch seine Untersuchungen zur quantitativen Bestimmung der elementaren Zusammensetzung organischer Substanzen und die Zerlegung tierischer Stoffe in ihre elementaren Bausteine eine neue, glänzende Epoche dieser Wissenschaft ein. Durch seine „Oxydationstheorie" widerlegte er die ältere „Phlogistonlehre" Georg Ernst Stahls, der zufolge aus allen brennbaren Körpern im Zuge ihrer Verbrennung der Feuerstoff „Phlogiston" entweichen sollte. Vgl.: Korn (1903), S. 462; Mani (1974), S. 170; Sepke (1984), S. 7; Bauer (2006), S. 309–310 sowie zur Kritik Scherers an der „Phlogistonlehre" und seiner Präferenz für das Konzept der „neuen Chemie": Scherer (1795), S. 4–9; Scherer (1800),S. 76–101; Scherer (1799), S. 10–17; Bettin (2002), S. 45, S. 54.

51 Vgl.: Ilomets (1992), S. 6.

52 EAA 402/5/26, Nr. 269 vom 2. August, Nr. 328 vom 18. August und Nr. 395 vom 20. September 1804.

53 Vgl.: Ilomets und Palamets (1982), S. 56. – Hier findet sich auch eine Abbildung des von Brandtschen Hauses. Das Steingebäude in der Jaani Street 20 (Johannisstraße) ist heute das älteste der Stadt Tartu und wurde erstmals in der Mitte des 16. Jahrhunderts nach seiner damaligen Bestimmung als Lagerhaus erwähnt (Raid [1993], S. 4–5).

54 Vgl. zu den genannten chemischen Apparaten und Gerätschaften: Berzelius (1841), S. 235–246, S. 449–456.

wie unterschiedlichen Retorten, Zylindern und Gläsern versehen,[55] so dass die Herstellung von Medikamenten aus Roharzneien und auch die Ausführung von komplexeren chemischen Operationen gewährleistet werden konnten.[56] Anfang September 1809 zog Grindel mit dem chemischen „Kabinett" dann in das nach den Plänen Johann Wilhelm Krauses erbaute Universitäts-Hauptgebäude um (Anlage 10). Der Chemie und Pharmazie standen in diesem imposanten Bauwerk drei große zusammenhängende Räume (Nr. 9–11) im rechten Flügel des Erdgeschosses zur Verfügung (Anlage 11). Das eigentliche Laboratorium (Raum Nr. 11 an der Hausecke) war mit Destillieröfen aus Stein, Kuppelöfen, einem Ofen für die Zersetzung, einer großen Presse, einem Gasometer sowie einem galvanischen Apparat mit entsprechenden Instrumenten eingerichtet.[57] Da in diesem Raum diejenigen chemischen Arbeiten ausgeführt wurden, die einen hohen „Feuergrad" erforderten, hatte er einen steinernen Fußboden und war zusätzlich durch ein Steingewölbe geschützt. Im Apparatesaal (Nr. 10) dienten Wandschränke zur Aufbewahrung der für die Experimente notwendigen Apparate und Instrumente. Der erste Raum rechts vom Haupteingang (Nr. 9) war der Hörsaal (Auditorium), der ca. 60 Studenten Platz bot. An seinen Wänden befanden sich Schränke, in denen Sammlungen von rohen Arzneimitteln, Mineralien sowie chemische und pharmazeutische Präparate zur Ansicht ausgestellt wurden. Im Kellergeschoss des Hauptgebäudes (Anlage 12) standen dem chemischen Institut noch zwei weitere Räume zur Verfügung, die hauptsächlich als Lagerstätte für Materialien-Vorräte gedient haben dürften.[58]

Der ständige „Mangel an Existenzmitteln" war wohl der vordringliche Grund dafür, dass Grindel seine Professur in Dorpat verließ und am 30. April 1814 das chemische „Kabinett" bis zur Wiederbesetzung des Lehrstuhls an seinen Kollegen Georg Friedrich Parrot übergab.[59] In seiner fast zehnjährigen Lehrtätigkeit in Dorpat gelang es Grindel vor allem, das Studium der Pharmazie qualitativ

55 Vgl. zu den genannten chemischen Apparaten und Gerätschaften: Berzelius (1841), S. 211–218, S. 337–414.

56 Vgl.: Ilomets und Kudu (1977), S. 172, S. 174; Ilomets (2004), S. 95–96 sowie zu den genannten chemischen Apparaten und Gerätschaften: Berzelius (1841), S. 303–314, S. 476–482.

57 Vgl. zu den genannten chemischen Apparaten und Gerätschaften: Berzelius (1841), S. 277, S. 449–456, S. 463 –464.

58 Vgl.: O. V. (1827), S. 9; Ilomets und Kudu (1977), S. 175; Martinson (1977), S. 67 (der Verfasser dankt Frau Mare Rand [Tartu University Library], die ihm eine Photokopie des Artikels zur Verfügung stellte); Ilomets (2004), S. 101.

59 EAA 402/5/26, Nr. 109 vom 30. April 1814. Vgl.: Ferchl (1937), S. 201.

zu verbessern. Grindels Vorliebe für die Pharmazie und Botanik ist durch seine ausgedehnte „schriftstellerische Tätigkeit“ auf diesen Gebieten vor und während seiner Dorpater Jahre gut dokumentiert.[60] Dagegen schien die Chemie nie sein „Steckenpferd“ gewesen zu sein,[61] obwohl er schon damals Briefe über das Fachgebiet für ein größeres Publikum veröffentlicht und auch ein Handbuch für theoretische Chemie geschrieben hatte.[62]

Nach kurzer Vakanz stand das chemische „Kabinett“ dann unter der Direktion Johann Emmanuel Ferdinand Gieses, der am 6. November 1814 als ordentlicher Professor für theoretische und angewandte Chemie an die Dorpater Universität berufen worden war.[63] Wie seine Vorgänger, so hatte auch Giese während seiner gesamten Amtszeit erhebliche Mühe, die finanzielle Basis des ihm anvertrauten Instituts zu sichern und notwendige Neuinvestitionen zu finanzieren.[64] Obwohl der neue Universitäts-Etat vom 17. August 1817 für das chemische Laboratorium jährlich statt 1.500 Silber-Rubel nun 2.400 Assignaten-Rubel vorsah, bedeutete dies keine wirkliche Steigerung, da der Wert des Assignaten-Rubels gegenüber dem Silber-Rubel (bezogen auf das Jahr 1803) um ca. 300 % gesunken war.[65] Trotz dieser unvermindert sehr angespannten Finanzlage gelang es Giese, gelegentlich chemische Gerätschaften, so z. B. zwei Luftpressen aus dem Ausland, sowie chemische und pharmazeutische Lehrbücher für sein „Kabinett“ zu erstehen.[66] Kurz nach Antritt einer Auslandsreise nach Deutschland, wo er neue

---

60 Vgl. unter anderem: Grindel (1798); Grindel (1803); Grindel (1806); Grindel (1811); Past und Tankler (2007), S. 63–72.

61 Vgl.: Schönberg et al. (1918), S. 136.

62 Vgl.: Grindel (1808); Grindel (1812–1814); O. V. (1866), S. 62.

63 EAA 402/5/26, ohne Nr. vom 14. Februar und Nr. 44 vom 18. Februar 1815. Vgl.: Krause (1902), S. 363.

64 EAA 402/5/26, ohne Nr. von 16. Februar, Nr. 45 vom 18. Februar, Nr. 59 vom 30. März, Nr. 192 vom 4. August, Nr. 219 vom 4. September, ohne Nr. vom 17. Oktober und Nr. 266 vom 18. Oktober 1815.

65 Soweit ersichtlich, ging die Einführung des Silber-Rubels auf einen Erlass Peters I. aus dem Jahr 1700 zurück; Papiergeld („Reichsassignaten“) kam erstmals 1769 unter Katharina II. in Umlauf. Da der „Assignaten-Rubel“ naturgemäß nicht mehr durch einen adäquaten Edelmetallgehalt gedeckt war, bot unter Inkaufnahme hoher Inflationsraten fortan die ungehinderte Papiergeld-Emission ein probates Mittel, um dem überwiegend durch Kriege hervorgerufenen Staatsdefizit wirksam zu begegnen. Vgl.: Gernet (1902), S. 41–42; Seljak (2012), S. 42–78.

66 EAA 402/5/26, Nr. 97 vom 30. September und Nr. 122 vom 16. Dezember 1818, Nr. 222 vom 23. Januar 1820 und Nr. 49 vom 23. Februar 1821.

Apparate und Geräte kaufen wollte,[67] starb Giese am 22. Mai 1821 in Mitau.[68] Durch seine Vorlesungen, unter denen die „Besondere Anleitung zur Anstellung chemisch-pharmaceutischer Operationen" in den Semestern 1819/I, 1820/I und 1821/I[69] hervorzuheben ist, sowie seine umfangreiche Publikationstätigkeit förderte Giese das Studium der Chemie und Pharmazie in Dorpat bedeutend. Er gab beispielsweise zusammen mit Grindel das „Russische Jahrbuch der Pharmazie und Chemie" heraus[70] und veröffentlichte zahlreiche Zeitschriftenbeiträge, die hauptsächlich analytisch-chemische sowie pharmazeutische Fragestellungen betrafen.[71] Herausragende Bedeutung erlangte sein Hauptwerk, das fünfbändige „Handbuch der allgemeinen Chemie" in russischer Sprache, das über viele Jahre hinweg an allen russischen Universitäten als Grundlage der Chemie-Vorlesungen diente.[72]

Nachfolger Gieses wurde 1823 Gottfried Wilhelm Osann, der den Dorpater Lehrstuhl für Chemie und Pharmazie jedoch nur fünf Jahre innehatte. Anlässlich der Übergabe des chemischen „Kabinetts" an den neuen Direktor führte Osann am 10. März 1823 ein vorschriftsmäßig geordnetes Schnurbuch ein.[73] Obwohl diese Original-Inventarverzeichnisse nicht mehr auffindbar waren, ergab sich aus anderen Akten, dass das chemische „Kabinett" Ende des Jahres 1827 36 „Mobilien", 56 Instrumente, 112 Apparate und 186 Gerätschaften besaß.[74]

67 EAA 402/5/26, ohne Nr. vom 27. April, ohne Nr. vom 2. Mai, Nr. 223 vom 3. Mai und Nr. 173 vom 5. Mai 1821.

68 Vgl.: Poggendorff (1863), 1, Sp. 894; Schönberg et al. (1918), S. 136.

69 Vgl.: Kapitel 4.7.1 und 4.7.2 dieser Untersuchung.

70 Vgl.: Past und Tankler (2007), S. 14.

71 Vgl.: Giese (1808), S. 30–50; Giese (1813), S. 83–128; Giese (1821), S. 63–69; Past und Tankler (2007), S. 55–60.

72 Vgl.: Schönberg et al. (1918), S. 136; O. V. (1866), S. 62; Siilivask (1985), S. 121.

73 EAA 402/5/26, Nr. 77 vom 10. März 1823 und ohne Nr. vom 8. November 1827. Das von Osann eingeführte Schnurbuch war in folgende Rubriken unterteilt: 1. Mobilien, 2. Instrumente, 3. Apparate, 4. Gerätschaften. Vgl.: O. V. (1827), S. 9–11. – Trotz jahrelanger intensiver Bemühungen waren diese Bestands- oder Inventarverzeichnisse des Dorpater chemischen „Kabinetts" im Estnischen Historischen Archiv (Tartu) nicht auffindbar. Als eine mögliche Erklärung führte Frau Dr. Tatjana Shor in einer persönlichen Mitteilung vom 25. September 2002 an, dass die Apparate- und Instrumenteninventare entweder vernichtet worden oder nicht aus Woronesch zurückgekehrt seien, wohin man die Akten des Universitätsarchivs von 1914 bis 1920 ausgelagert habe.

74 EAA 402/5/26, ohne Nr. vom 8. November 1827; EAA 402/6/348 für die Jahre 1821–1827. Vgl.: O. V. (1827), S. 9–11.

Osanns wissenschaftliche Tätigkeit während seiner Dorpater Zeit spiegelt sich insbesondere in der Monographie „Handbuch der theoretischen Chemie“[75] und den beiden Heften der „Beiträge zur Chemie und Physik“[76] wider. Hinzu kamen verschiedene Artikel über die russischen Platinerze.[77]

Am 3. November 1828 trat der ordentliche Professor für Pharmazie und Chemie, Hofrat Traugott Friedemann Goebel, die Direktion des Dorpater Instituts für Chemie an.[78] Bereits kurze Zeit später stellte er fest, dieses chemische „Kabinett“ sei besser eingerichtet als jedes beliebige Laboratorium in Deutschland.[79] Gleichzeitig lobte er die Universitätsverwaltung wegen ihrer „finanziellen Großzügigkeit“ bei der Anschaffung von Ausstattungsgegenständen.[80] Dessen ungeachtet sah sich Goebel aber schon im Februar 1829 erstmals veranlasst, auf nicht unbedeutende Mängel in seinem Institut hinzuweisen. Mit der Auflistung von neun „Fehlgruppen“ und der Bitte an den Rektor, seine Beschaffungswünsche „höheren Orts“ zu unterstützen, hoffte er, sowohl die bestehende Situation für die studentische Lehre als auch die Voraussetzungen für seine eigenen wissenschaftlichen Arbeiten entscheidend zu verbessern. Zugleich äußerte er den Wunsch, ihm über den normalen Jahresetat von 2.400 Assignaten-Rubel hinaus eine „besondere Summe“ zu gewähren, damit er bei seinem Deutschland-Besuch im Sommer viele der notwendigen Apparate nicht nur besichtigen, sondern auch schon erwerben könne.[81] Mit einem 30 Positionen umfassenden Verzeichnis von fehlenden Apparaten und Instrumenten im Gesamtwert von 600 Silber-Rubel präzisierte Goebel dann im März 1829 seine Investitionswünsche. Sie begannen mit einem vollständigen Woulfschen Apparat[82] und endeten mit der Beschaffung von Retorten, Ballons, Kolben und Kugeln aller Art[83] für phyto- und

75 Osann (1827 b).
76 Osann (1822–1824).
77 Vgl.: Osann (1826), S. 505–510; Osann (1827 a), S. 313–322; Osann (1828 b), S. 329–356; Osann (1828 a), S. 283–297; Past und Tankler (2007), S. 88–89.
78 EAA 402/5/26, ohne Nr. vom 3. November 1828.
79 Vgl.: Laur (1932), S. 1–14. – Der Verfasser dankt Frau Mare Rand (Tartu University Library), die ihm eine Photokopie des Artikels zur Verfügung stellte.
80 Vgl.: Martinson (1977), S. 69; Ilomets (2004), S. 106.
81 EAA 402/5/26, ohne Nr. vom 22. Februar 1829.
82 Mit diesem von dem englischen Chemiker Peter Woulf(e) konstruierten Apparat wurden Gase durch Flüssigkeiten hindurch geleitet oder aus ihnen resorbiert. Vgl.: Berzelius (1841), S. 525, S. 549–550; Poggendorff (1863), 2, Sp. 1368; Griffin (1877), S. 148.
83 Vgl. zu diesen „Utensilien“: Berzelius (1841), S. 324–325, S. 476–482; Griffin (1877), S. 250–251.

pharmazeutisch-chemische Zwecke.[84] Goebel vermehrte den Bestand des chemischen Universitäts-Laboratoriums bereits in seinem ersten Amtsjahr um 60 Nummern,[85] indem er von seinem Jahresetat allein 1.379 Rubel in wissenschaftliche Apparate und andere Gegenstände investierte.[86] Während seines 1829er Deutschlandaufenthaltes kaufte er die im März beantragten Gerätschaften, die mehrheitlich noch im laufenden Jahr, teilweise aber erst 1830 in Dorpat ankamen.[87] Obwohl die Etatsumme des Instituts noch durch Schulden aus den Jahren vor seiner Amtszeit belastet war, erreichte er, dass die notwendige Kaufsumme von 600 Silber-Rubel nachträglich bewilligt wurde.[88] 1830 sicherte Goebel auch die Finanzierung einer Luftpumpe mit mehreren dazu erforderlichen Apparaten für 450 preußische Taler (1.538 Assignaten-Rubel), die er ebenfalls während seiner Deutschlandreise im Vorjahr in Berlin bestellt hatte.[89]

Trotz dieser erheblichen Investitionen, die Goebels Wünsche aus dem Frühjahr 1829 sicher sehr weitgehend erfüllt haben dürften, legte er schon im November 1829 dem Rektor einen zweiten weitergehenden Mängelbericht vor, in dem er nicht nur Desiderate auflistete, sondern, basierend auf vier „Thesen", auch seine Vorstellungen darüber kundtat,[90] wie eine chemische Anstalt, die „eine öffentliche ist und zur Förderung der Wißenschaft, so wie zu den Zwecken des Unterrichts dient [...] so vollständig und zweckmäßig als möglich eingerichtet seyn" sollte.[91] Diese vier „Thesen" Goebels für eine solche chemische „Anstalt", die er allgemein für chemische Laboratorien und speziell für das Dorpater Institut aufstellte und begründete, lauteten sinngemäß:

- Sie müsse alles, was zum öffentlichen Unterricht in den chemischen Wissenschaften erforderlich sei, in sich vereinigen.
- Sie solle den Verhältnissen des Landes, ja selbst des Ortes, an dem sie existiere, angemessen sein.

84 EAA 402/5/26, ohne Nr. vom 21. März 1829.

85 EAA 402/5/26, ohne Nr. vom 5. Oktober 1829 und ohne Nr. vom 30. März 1830.

86 EAA 402/5/26, ohne Nr. vom 2. Februar 1830.

87 EAA 402/5/26, Nr. 358 vom 23. Juli 1829, Nr. 182 vom 3. Mai, Nr. 151 vom 27. August, Nr. 354 vom 3. September und Nr. 326 vom 28. Oktober 1830.

88 EAA 402/5/26, ohne Nr. vom 14. Mai, Nr. 235 vom 10. Juni und Nr. 162 vom 27. August 1830.

89 EAA 402/5/26, ohne Nr. vom 15. Oktober 1830.

90 EAA 402/5/26, ohne Nr. vom 19. November 1829.

91 EAA 402/5/26, ohne Nr. vom 19. November 1829.

- Sie habe durch ihre Einrichtung zu garantieren, dass die Umgebung und die in ihr arbeitenden Menschen nicht durch auftretende Dämpfe, pyrochemische Arbeiten oder gar Explosionen gefährdet werden.
- Schließlich müsse sie den Chemiker in den Stand setzen, die Wissenschaft möglichst zu erweitern und zu vervollkommnen.[92]

Abschließend führte Goebel in einer Zusammenfassung diejenigen Einrichtungsgegenstände auf, die für sein Institut noch angeschafft werden sollten, damit es seinen zuvor postulierten „Thesen" gerecht werde.[93] Der Rektor legte Goebels Bericht samt Antrag dem Universitäts-Conseil mit der Bemerkung vor, ihn möglichst laufend zu verfolgen bzw. zu behandeln.[94] Es muss allerdings bezweifelt werden, ob es in den Folgejahren tatsächlich zu einer kontinuierlichen „Befassung" mit Goebels Eingabe kam, denn in den Jahren von 1832 bis 1849 stieg zwar ausweislich der „Berichte über den Zustand des chemischen Kabinetts" dessen Bestand an Apparaten von 558 auf 1.551 an, jedoch wurden meist nur die unbedingt notwendigen, relativ billigen Geräte und Utensilien aus der regulären Etatsumme des Instituts beschafft. Sonderinvestitionen lassen sich, soweit ersichtlich, nur sehr selten nachweisen, so z. B. im Wirtschaftsjahr 1839, als man für 3.021 Assignaten-Rubel eine hydraulische Presse nebst Zubehör und einen elektro-magnetischen Rotations-Apparat anschaffte.[95]

Mit Blick auf die Realisierung seiner vier „Thesen" zur Verbesserung von Lehre und Forschung liegt Goebels größtes Verdienst um die Dorpater Hochschule zweifellos in der Gründung eines separaten pharmazeutischen Instituts im Jahr 1842.[96] Aufgabe dieser ersten „Einrichtung" ihrer Art in Russland sollte es sein, „Pharmaceuten für das Reich heranzubilden und den Medicinern das Studium der Pharmacie zu ermöglichen."[97] Die Neugründung wurde durch einen Ergänzungsetat vom 19. Oktober 1842 in Höhe von 23.370 Silber-Rubel ermöglicht[98] und war sicher mitverantwortlich für Goebels zentrale Stellung in der universitären Pharmazie-Ausbildung, denn noch 1865 hatte zumindest die Mehrzahl der älteren Apotheker Russlands seine Dorpater Schule durchlaufen.[99] Neben Goebels Verpflichtungen in der studentischen Lehre und seinen administrativen

92 EAA 402/5/26, ohne Nr. vom 19. November 1829.
93 EAA 402/5/26, ohne Nr. vom 19. November 1829.
94 EAA 402/5/26, Nr. 230 vom 3. Dezember 1829.
95 EAA 402/5/26, ohne Nr. vom 26. August 1839.
96 Vgl.: O. V. (1866), S. 63.
97 Gernet (1902), S. 52.
98 Vgl.: Gernet (1902), S. 52.
99 Vgl.: O. V. (1866), S. 63; Schönberg et al. (1918), S. 137.

Aufgaben als Institutsdirektor entstand während seiner Dorpater Amtszeit ein umfangreiches wissenschaftliches Oeuvre,[100] das außer den Lehrbüchern über Pharmazie[101] und Agrikulturchemie[102] noch mindestens 90 weitere Abhandlungen umfasste, z. B. die Analysen der Harnsäure, der harnigen Säure[103] und der Lithofellinsäure.[104] Nach Siilivask bestand Goebels hauptsächliche wissenschaftliche Leistung in der Entdeckung des roten Farbstoffes im Samen der weit verbreiteten Steppenpflanze „peganum harmala".[105] Sie sei damals als Naturprodukt von großer Bedeutung für die industrielle Färberei gewesen.[106] Goebels anwendungsbezogenes Interesse wurde zudem deutlich in seinen Arbeiten zur Verwendung des Pyroxylins[107] für Schießzwecke und den Analysen des Wassers der wichtigsten Salzseen und Salzbäche in der Kirgisensteppe und auf der Krim.[108] Besonders diese hydrochemischen Arbeiten sollten später durch seinen Amtsnachfolger Carl Schmidt eine umfassende Fortführung und Erweiterung erfahren.[109]

### 4.3.2 Die Institutionalisierung der Fächer Chemie und Pharmazie an der Universität Dorpat im Vergleich mit anderen russischen und deutschen Hochschulen

Die Institutionalisierung eines universitären Faches gilt nach Maßgabe der überwiegenden Mehrzahl einschlägiger Publikationen dann als abgeschlossen, wenn eine ordentliche Professur (Ordinariat) errichtet wurde.[110] Die Existenz eines

---

100 Vgl.: Past und Tankler (2007), S. 60–63.

101 Vgl.: Goebel (1840); Göbel (1843–1845).

102 Vgl.: Göbel (1850).

103 Vgl.: Göbel (1830), S. 475–480; Göbel (1851), S. 83–90.

104 Vgl.: Goebel (1841 b), S. 237–341.

105 Vgl.: Goebel (1841 a), S. 363–366. – Goebel gewann Harmalin aus dem Samen von „peganum harmala", der wilden syrischen Steppenraute. Nach dem Digerieren mit Weingeist und anderen Reagenzien entstand das so genannte Porphyrharmin, das zum Färben diente. Vgl.: Oesterlen (1861), S. 477.

106 Vgl.: Siilivask (1985), S. 121.

107 Pyroxylin oder Schießbaumwolle ist eine chemisch hochnitrierte Zellulose mit einem Stickstoffgehalt von 12,5 % bis 13,5 %. Dieser starke Explosivstoff, eine weiße, watteähnliche Substanz, brennt sehr schnell ab, wenn sie mit einem Funken oder einer Flamme in Berührung kommt. Vgl.: Eulitz et al. (1976), 2, S. 1242; Siilivask (1985), S. 121.

108 Vgl.: Göbel (1842), S. 181–187; O. V. (1866), S. 63.

109 Vgl.: Kapitel 4.6.2.1, 4.6.2.2.2 und 4.6.2.3.1 dieser Untersuchung.

110 Vgl.: Eulner (1970), S. 72; Maehle et al. (1990), S. 453 sowie zur Institutionalisierung von (neuen) Hochschul-Disziplinen allgemein und nach unterschiedlichen

selbstständigen chemischen oder pharmazeutischen Instituts setzt eigene Räume für die experimentelle Laboratoriumstätigkeit des Direktors, seiner Assistenten und der fortgeschrittenen Studenten bzw. Praktikanten voraus und erfordert zusätzlich fest zugeordnetes Personal sowie die regelmäßige Gewährung universitärer Mittel zur Sicherung seines Bestands. Vorgänger dieses Instituts waren das „Kabinett“ oder die „Sammlung“, die in der Regel nur über bescheidenes Demonstrationsmaterial für Vorlesungen und Übungen verfügten.[111]

Der Vergleich der Situation des Fachs Chemie an der Universität Dorpat mit anderen Hochschulen im russischen Reich (Anlage 13) gestaltet sich auf Basis allein jener Quellen, die nicht in Russisch erschienen sind und damit die einzigen dem Verfasser sprachlich direkt zugänglichen waren, im Detail schwierig. Möglich erscheint die Aussage, dass in Charkow, Dorpat und Kasan zeitgleich mit oder spätestens zwei Jahre nach der Universitätsgründung Lehrstühle für das Fach Chemie etabliert wurden und zwischen 1805 und 1809 auch entsprechende chemische Institute entstanden.[112] Für die Moskauer Hochschule sind als „Kennzahlen“ die Jahre 1804 und 1808 zu nennen, wobei hier möglicherweise eine frühere Institutionalisierung des Fachs Chemie durch die bereits bestehende außeruniversitäre medico-chirurgische Akademie behindert wurde.[113] Dass es in dieser Untersuchung misslang, konkrete Zeitpunkte für die Gründung eines chemischen Lehrstuhls und Instituts an der St. Petersburger Universität zu benennen, hängt wesentlich mit ihrer sehr engen Verbindung zur St. Petersburger Akademie der Wissenschaften und der mehr als schwer zu bestimmenden Genese aller jener Institutionen zusammen, die aus der Akademie entsprangen. Daher bleibt als einziges für uns konkret fassbares Datum zur Institutionalisierung des Fachs Chemie das Jahr 1929, in dem es an der St. Petersburger Universität zur

Innovationsmodellen: Ben-David (1960), S. 557–568; Ben-David und Collins (1966), S. 451–465; Clark (1968), S. 1–25; Pfetsch (1973), S. 10–90; Stichweh (1984), passim; Guntau und Laitko (1987), S. 17–92; Stichweh (1994), S. 15–51, S. 135–141.

111 Vgl. zu den verschiedenen Entwicklungsstufen naturwissenschaftlicher Institute vom „Kabinett“ bis zum „wissenschaftlichen Großinstitut“ sowie zur Funktion chemischer Laboratorien: Riese (1977), S. 215; Meinel (2000), S. 287–302.

112 Vgl.: Kapitel 4.3.2 dieser Untersuchung; Albitzkiy (1901), S. 1–71 (der Verfasser dankt Herrn Prof. Dr. T. Ilomets [Tartu] für den Hinweis auf diesen Handbuch-Artikel); Lichinger (1827), S. 233–234, S. 323–325; Laur (1932), S. 1–14; Leicester (1947), S. 438–443; Vinogradov (1965), S. 168–173; Ilomets und Kudu (1977); S. 159–184; Ilomets (1992), S. 5–10; Brooks (1998), S. 163–176; Abašnik (2004), S. 113–140; Brooks (2004), S. 89–100; Ilomets (2004), S. 89–128.

113 Vgl.: Lichinger (1927), S. 214; Lukjanov (1964), S. 59–69; Brooks (1998), S. 163–176; Zaitseva (2000), S. 117–128; Zaitseva (2002), S. 149–158; Brooks (2004), S. 89–100.

Gründung einer Fakultät für Chemie kam.[114] Soweit auf der Grundlage der direkt zugänglichen Quellen ersichtlich, gehörten die Lehrstühle der Chemie an den Universitäten Charkow, Kasan und Moskau von Anbeginn den jeweiligen physiko-mathematischen Fakultäten an,[115] während die Chemie an der Dorpater Hochschule bis 1850 in der philosophischen Fakultät angesiedelt war, um dann in der dort neu gegründeten physiko-mathematischen aufzugehen, der auch alle anderen Naturwissenschaften, die Mathematik sowie die Landwirtschaft nebst Technologie angehörten.[116] Jenseits der genannten rein formalen Jahreszahlen sei inhaltlich darauf hingewiesen, dass die „neue Chemie" in Form der Theorien Lavoisiers und seiner Nachfolger die gleichsam „außerbaltischen" russischen Hochschulen offenbar erst mit einer Latenz von zwei bis drei Jahrzehnten erreichte, so dass aus der Sicht Leicesters die chemischen Universitätsinstitute in Charkow, Kasan und Moskau ihre volle wissenschaftliche Leistungsfähigkeit erst ab 1839 entfalten konnten.[117]

Entstanden also an den russischen Universitäten Chemie-Lehrstühle und Chemie-Institute nahezu zeitgleich mit den Hochschulgründungen, so brauchte es hierfür an den meist sehr viel älteren deutschen Universitäten bisweilen Jahrhunderte (Anlage 13). An ihnen durchlief das Fach Chemie mehrere Entwicklungsstufen. Es trat ab etwa 1665 als Hilfswissenschaft in den Medizinischen Fakultäten auf, entwickelte ab ca. 1725 eine gewisse institutionelle Selbstständigkeit und war ab 1775 grundsätzlich weit genug differenziert, um nach eigenständigen Lehrstühlen und Instituten an den deutschen Hochschulen zu streben.[118] Angesichts dieser Entwicklung verwundert es daher, dass es an mittelgroßen deutschen Universitäten, die hinsichtlich ihrer Studentenzahlen mit der Dorpater Hochschule vergleichbar waren,[119] lediglich in Göttingen 1775 zu einer früheren Gründung

114 Vgl.: Anlage 13 (Erläuterung 27) dieser Untersuchung.

115 Vgl.: Albitzkiy (1901), S. 1–71; Lichinger (1827), S. 233–234, S. 323–325; Leicester (1947), S. 438–443; Vinogradov (1965), S. 168–173; Brooks (1998), S. 163–176; Abašnik (2004), S. 113–140; Brooks (2004), S. 89–100.

116 Vgl.: O. V. (1866), S. 45, S. 81.

117 Vgl.: Leicester (1947), S. 441–442.

118 Vgl. zu den skizzierten einzelnen Phasen der Entwicklung der Chemie zum selbstständigen Hochschulfach: Meinel (1985), S. 25–45; Meinel (1987), S. 147–168; Meinel (1988), S. 89–115.

119 Die Angaben zu den Standorten der deutschen Universitäten sowie die Gruppierung der Hochschulen in „große", „mittlere" und „kleine" basieren auf statistischen Daten aus dem Jahr 1850. „Mittlere" Universitäten wurden von 450 bis 800 Absolventen besucht. Vgl.: Conrad (1893), S. 118–119; Eulenburg (1904), S. 302–303; Schmeiser (1994); S. 149, S. 216.

eines Chemie-Lehrstuhls kam und nur in Tübingen (1753) und Göttingen (1783) chemische Institute bestanden, die der Dorpater Gründung vorangingen.[120] Während in Dorpat nur bis 1843 ein gemeinsamer Lehrstuhl für Chemie und Pharmazie existierte, bildeten an der Tübinger Eberhard-Karls-Universität beide Fächer praktisch während des gesamten 19. Jahrhunderts eine Einheit in der medizinischen Fakultät.[121] Die gleiche Konstellation fand sich an der Göttinger Hochschule, wo während der langen Amtszeit Wöhlers (1836–1882) auf dessen ausdrücklichen Wunsch hin sowohl die Chemie als auch die Pharmazie zur Medizinischen Fakultät gehörten.[122] Auch an der ältesten deutschen Universität in Heidelberg gab es ein gemeinsames Ordinariat für Chemie und Pharmazie innerhalb der medizinischen Fakultät.[123] Die Kombination der Chemie mit anderen Lehrfächern war auch an kleinen deutschen Universitäten[124] üblich. An der Freiburger Hochschule bildeten die Chemie und die Botanik bis 1871 einen gemeinsamen Lehrstuhl,[125] während in Erlangen-Nürnberg das Ordinariat der Chemie bis um die Mitte des 19. Jahrhunderts mit dem der Physik vereint war.[126] An der Gießener Ludwigs-Universität erhielt die Chemie, zusammen mit der Mineralogie, 1777 ihren ersten Ordinarius in der ökonomischen Fakultät,[127] was bereits auf eine stärker nicht-medizinische Ausrichtung und den späteren hauptsächlich merkantilen und kameralistischen Hintergrund des Fachs verwies. An der Mehrzahl der ausgewählten deutschen Universitäten gehörte die Chemie jedoch seit Errichtung des ersten Lehrstuhles zur medizinischen Fakultät (Anlage 13). Anders als in Dorpat vollzog sich die Eingliederung des Lehrfachs als Teil der

---

120 Vgl.: Ganß (1937), S. 17–32; Schmitz (1969), S. 137–149, S. 320–332; Riese (1977), S. 82–85; Glemser (1987), S. 61–68; Heße und Heuser (1988); Titze (1995), S. 223–225, S. 520–522; Beer (1998), S. 18–21.

121 Vgl.: Schmitz (1969), S. 320–332.

122 Vgl.: Ganß (1937), S. 17–32; Schmitz (1969), S. 137–149; Glemser (1987), S. 61–68; Beer (1998), S. 18–21.

123 Vgl.: Curtius und Rissom (1908), S. 1–5; Schmitz (1969), S. 177–189; Becke-Goehring et al. (1986), S. 332-351; Roß (1996), S. 121–146; Roß (1997), S. 467–485.

124 Die Gesamtstudierendenzahl der kleinen Universitäten betrug im 19. Jahrhundert 150 bis 450. Vgl.: Conrad (1893), S. 118–119; Eulenburg (1904), S. 302–303; Schmeiser (1994), S. 149–152, S. 216.

125 Vgl.: Lüttringhaus und Baumfelder (1957), S. 23–76; Merz (1957), S. 107–119; Schmitz (1969), S. 117–128.

126 Vgl.: Schmitz (1969), S. 96–108; Kirschke (2001), S. 294–295.

127 Vgl.: Hock (1957), S. 289; Schmitz (1969), S. 129–136; Moraw (1982), S. 135; Brock (1999), S. 36–37.

allgemeinen und angewandten Naturwissenschaften in die Philosophische Fakultät hier bestenfalls in der zweiten Hälfte des 19. Jahrhunderts.[128]

Die Institutionalisierung der Pharmazie[129] erfolgte an der Universität Dorpat in den Jahren 1842 (Errichtung eines Instituts) bzw. 1843 (Lehrstuhlgründung) und somit erheblich früher als an der Moskauer Hochschule (Anlage 13).[130] Für Charkow, Kasan und St. Petersburg konnten wir in diesem Zusammenhang allenfalls orientierende Angaben ermitteln, die allerdings nicht valide genug erschienen, um als fixe Jahreszahlen in Anlage 13 einzugehen.[131] Soweit ersichtlich, war die Pharmazie an den genannten russischen Universitäten während des 19. Jahrhunderts Bestandteil der Medizinischen Fakultät. Der Universität Dorpat kam hinsichtlich der Ausbildung von Pharmazeuten im gesamten russischen Reich eine herausragende Stellung zu. Dies war sicher vor allem ihren hervorragenden Fachvertretern geschuldet,[132] die in den Jahren von 1848 bis 1895 gut ein Viertel aller russischen Magister der Pharmazie promovierten.[133] Das eher stiefmütterliche Dasein der Pharmazie an den „außerbaltischen" russischen Universitäten

128 Vgl.: Kapitel 4.7.4 dieser Untersuchung; Meinel (1987), S. 162.

129 Vgl. zur institutionell fest gefügten „vorakademischen" Ausbildung der russischen Apotheker und Pharmazeuten: Kapitel 2.1 und 2.2 dieser Untersuchung; Claus (1855), S. 220–222, S. 225–228, S. 234–237, S. 241–244; Lichinger (1927), passim; Gakkel et al. (2000), S. 149–162; Ivachnova (2001), S. 155–164; Pijola (2001), S. 145–154; Ivachnova (2002), S. 117–130; Sorokina (2002), S. 99–116; Ivachnova (2004), S. 63–82.

130 Vgl.: Kapitel 4.3.1 dieser Untersuchung; O. V. (1866); S. 32–34; Adolphi et al. (1918), S. 74–76; Laur (1932), S. 1–14; Lukjanov (1964), S. 59–69; Ilomets und Kudu (1977), S. 159–184; Ilomets und Palamets (1982), S. 50–59; Käbin (1986), S. 131–140; Brooks (1998), S. 163–176; Zaitseva (2000), S. 117–128; Zaitseva (2002), S. 149–158; Brooks (2004), S. 89–100; Ilomets (2004), S. 89–128.

131 Vgl.: Anlage 13 (Erläuterungen 23–27) dieser Untersuchung; Walden (1909), S. 369–377; Bloch (1926), S. 1545–1551; Leicester (1947), S. 438–443; Lukjanov (1964), S. 59–69; Vinogradov (1965), S. 168–173; Figurovskii (1966), S. 45–79; Ivachnova (2004), S. 63–82.

132 Über die bereits erwähnten Professoren für Chemie und Pharmazie (Arzt bis Goebel) hinaus sind als Inhaber des separaten Pharmazie-Lehrstuhles im 19. Jahrhundert noch zu nennen: Karl Siller (1843–1850); Carl Schmidt (1850–1852); Carl Ernst Claus (1852–1864) und Georg Dragendorff (1864–1894). Vgl.: Käbin (1986), S. 356.

133 Dem Kandidaten der Chemie bzw. Pharmazie folgte als zweiter akademischer Grad der Magister in beiden Studienfächern. Neben besonderen Prüfungen hatten die Magister der Chemie und Pharmazie eine so genannte „Magister-Dissertation" anzufertigen und diese mit nicht weniger als sechs anhängenden Thesen öffentlich zu verteidigen. Vgl.: Walden (1904), S. 26; Lichinger (1927), S. 311, S. 313.

lag neben personellen und finanziellen Problemen wohl auch darin begründet, dass sie vorwiegend von nicht sehr fachkompetenten Medizinern vorgetragen wurde. Für die Universitäten von Moskau und St. Petersburg kam gleichsam institutionell erschwerend hinzu, dass Zar Alexander I. 1808 an die beiden in diesen Städten bereits existierenden medico-chirurgischen Akademien eine pharmazeutische Abteilung (Lehranstalt) zur Ausbildung von Apothekern angliedern ließ.[134] Wie abträglich sich deren Errichtung auf die universitäre Entwicklung des Fachs auswirkte, belegen exemplarisch folgende Zahlen: Von 1848 bis 1897 wurden an der medico-chirurgischen Akademie in St. Petersburg 41 Pharmazeuten zum Magister promoviert, während an der Moskauer Universität von 1847 bis 1901 mit 49 „Absolventen" nur unwesentlich mehr diesen akademischen Grad erlangten.[135] Für die St. Petersburger Hochschule liegen uns keine Vergleichszahlen vor. Es darf jedoch berechtigt angenommen werden, dass die Ausbildung von Pharmazeuten hier praktisch keine Rolle spielte.[136] Die zwar prinzipiell sehr bescheidene, aber im Vergleich zu St. Petersburg noch immer weit bessere Position der Moskauer Universität hing wahrscheinlich auch damit zusammen, dass dort 1843 die medico-chirurgische Akademie mit der medizinischen Fakultät verschmolzen wurde, was insbesondere zu einer besseren Differenzierung der Studienfächer Pharmazie und Pharmakognosie führte.[137] An den Universitäten Charkow und Kasan erlangte nur eine verschwindend kleine Zahl der dort ausgebildeten Kandidaten der Pharmazie die Magister-Promotion.[138]

An den Dorpat vergleichbaren mittelgroßen deutschen Universitäten war die Ausbildung der Pharmazeuten im 19. Jahrhundert[139] weitgehend an den chemischen Instituten und dort häufig in speziellen „analytischen und pharmazeutischen Abteilungen" angesiedelt, die von außerordentlichen Professoren oder Privatdozenten geleitet wurden. Eine Sonderstellung in Bezug auf die Institutionalisierung der Pharmazie nahm die Würzburger Hochschule ein. Hier entstanden das erste pharmazeutische Institut und die erste ordentliche Professur für pharmazeutische Chemie unter Ludwig Rumpf im Jahr 1836 in der Philosophischen Fakultät. Nach dem Tod Rumpfs (1862) vereinte man das Institut

134 Vgl.: Lichinger (1927), S. 214–217, S. 235.

135 Vgl.: Lichinger (1927), S. 313.

136 Vgl.: Lichinger (1927), S. 235.

137 Vgl.: Zaitseva (2002), S. 155.

138 Vgl.: Lichinger (1927), S. 313.

139 Vgl. zur theoretischen und praktischen „vorakademischen" Ausbildung der Apotheker und Pharmazeuten in Deutschland: Kapitel 2.2 dieser Untersuchung; Berendes (1907); S. 245–253.

mit der allgemeinen Chemie, und es dauerte bis 1888 bzw. 1890, ehe es wieder ein Institut und einen Ordinarius für angewandte Chemie und Pharmazie gab.[140] In Heidelberg existierte zwar unter Philipp Lorenz Geiger ab 1824 ein Extraordinariat für Pharmazie und ab 1835 für kurze Zeit auch eine ordentliche Professur für dieses Lehrfach innerhalb der medizinischen Fakultät, ohne dass sich jedoch im 19. Jahrhundert eine Verstetigung im Sinne der formalen Institutionalisierung ergeben hätte.[141] An der Universität Halle-Wittenberg (seit 1817 vereint) wurden die Pharmazeuten ab 1829 für rund 10 Jahre in einem Privat-Institut und später dann in einer speziellen „Pharmazeutischen Abteilung" des chemischen Laboratoriums ausgebildet.[142] Zur Institutionalisierung der Pharmazie an den kleinen deutschen Hochschulen im vorletzten Jahrhundert ist zunächst erwähnenswert, dass an der Philipps-Universität Marburg 1851 bzw. 1852 schon sehr früh ein pharmazeutischer Lehrstuhl und ein entsprechendes Institut entstanden, deren Errichtung somit in die „Ära Bunsen" (1839–1851) fiel. Dem pharmazeutisch-chemischen Institut stand als Professor in der Philosophischen Fakultät Konstantin Zwenger vor.[143] Auch an der Universität Erlangen-Nürnberg wurde schon zeitig ein selbstständiges pharmazeutisches Institut etabliert. Sein erster Direktor war 1865 Philipp Hugo Zoeller, der bereits im Vorjahr einen ordentlichen Lehrstuhl für angewandte Chemie erhalten hatte.[144] An der Ludwigs-Universität Gießen verlief die Ausbildung der Pharmazeuten im 19. und im ersten Drittel des 20. Jahrhunderts immer unter der „Oberaufsicht" der Chemie, obwohl beide Lehrfächer schon früh personell getrennt waren. Ab 1819 gab es einen Lehrstuhl für pharmazeutische Chemie in der medizinischen „Abteilung", der aber 1843 in ein Ordinariat für Pharmakologie umgewandelt wurde, so dass es in Gießen während des gesamten 19. Jahrhunderts formal nie zur Institutionalisierung des Lehrfachs Pharmazie kam. Eine „organkörperschaftliche" Sonderstellung in der Ausbildung der Apotheker respektive Pharmazeuten nahmen zeitweise die von Liebig gemeinsam mit zwei weiteren Professoren 1825 gegründete pharmazeutisch-chemische Lehranstalt und die 1908 ins Leben gerufene „Abteilung für pharmazeutische Chemie und

140 Vgl.: Koschel und Sauer (1968), S. 6–14; Schmitz (1969), S. 333–345; Grund (2002), passim.

141 Vgl.: Schmitz (1969), S. 177–189.

142 Vgl.: Schmitz (1969), S. 158–168; Kirschke (2001), S. 169–179.

143 Vgl.: Schmitz (1969), S. 244–260; Meinel (1978), S. 43–46, S. 99–102.

144 Vgl.: Schmitz (1969), S. 96–108; Simmer (1981), S. 497–509.

Lebensmittelchemie" ein.[145] Aus Anlage 13 ist auch zu ersehen, dass an jenen deutschen Universitäten, an denen die Pharmazie schon früh durch einen eigenständigen Lehrstuhl und ein selbstständiges Institut repräsentiert wurde, das Lehrfach in der Regel institutionell zur medizinischen Fakultät gehörte. Erfolgte die Etablierung hingegen erst Ende des 19. oder gar im 20. Jahrhundert, so war die Pharmazie der Philosophischen oder Mathematisch-naturwissenschaftlichen respektive der Physikalisch-mathematischen Fakultät zugeordnet.

Unter dem Aspekt der Institutionalisierung nimmt die Dorpater Hochschule im Vergleich zu anderen russischen und deutschen Universitäten bezüglich des Lehrfachs Chemie unbestreitbar eine gute bis sehr gute Position ein. Für die Pharmazie darf in diesem Kontext wohl das Prädikat hervorragend vergeben werden, denn die Dorpater „Kennzahlen" wurden an keiner anderen russischen Universität erreicht und auch an den vergleichend herangezogenen deutschen Universitäten lassen sich nur in München[146] und Würzburg frühere „pharmazeutische Gründungen" nachweisen.[147] Ansonsten existierten im 19. Jahrhundert nur noch in Breslau,[148] Erlangen-Nürnberg und Heidelberg überhaupt pharmazeutische Lehrstühle und entsprechende Institute.

## 4.4 Schmidts erste Amtsjahre als Direktor des chemischen Universitätsinstituts und -laboratoriums (1852–1857)

### 4.4.1 Die Übernahme des chemischen Universitätslaboratoriums und dessen chronische finanzielle Unterversorgung

Die Übergabe des Instituts für Chemie an seinen neuen Leiter Carl Schmidt erfolgte nach Revision der im Schnurbuch erfassten Gegenstände in der Zeit vom

---

145 Vgl.: Schmitz (1969), S. 120–136; Billig (1994), S. 56–57, S. 147–148; Brock (1999), S. 37–43; Meinel (2000), S. 289.

146 Vgl.: Schmitz (1969), S. 261–284. – An der Münchener Universität, die 1826 von Landshut dorthin verlegt worden war, bestand schon ab 1840 ein selbstständiges pharmazeutisches Institut und ein entsprechendes Ordinariat, das Johann Andreas Buchner bekleidete (Anlage 13).

147 Diese Zahlen widerlegen Luiks (1976), S. 25–28 ohnehin gewagte These, der Dorpater Pharmazie-Lehrstuhl sei weltweit der erste überhaupt gewesen.

148 Vgl.: Schmitz (1969), S. 77–87. – Die Universität Breslau verfügte ab 1866 über ein pharmazeutisches Institut. Ab dem Folgejahr bestand eine außerordentliche und ab 1879 dann eine ordentliche Professur für Pharmazie bzw. pharmazeutische Chemie (Anlage 13).

25. bis 27. März 1852.[149] Nachdem die Formalitäten mit der Nr. 1940 beendet werden konnten und die Versammelten[150]

> „sowohl die sämmtlichen Schränke und Einrichtungen des Auditoriums, Instrumenten-Zimmers und Laboratoriums, als auch die Materialien, Utensilien und Gegenstände im Keller und Vorhause inspiziert, wie auch im Schnurbuch des chemischen Cabinets fol. 79 die Uebergabe in die Hände des neuernannten Directors unterschriftlich anerkannt hatten, übernahm Herr Prof. Dr. Schmidt die sämmtlichen Schlüssel und somit auch vom heutigen Tage an die alleinige Verantwortlichkeit für die unter seinem Gewahrsam stehenden Sammlungen."[151]

Nach der Übergabe des Instituts begann Schmidt umgehend damit, verschiedene Gegenstände „auszuschreiben". So erhielt beispielsweise die Universitäts-Bibliothek 13 Bücher, unter anderem Berzelius' „Lötrohrbuch",[152] Trommsdorffs „Chemische Receptirkunst",[153] Dellfs' „Commentar"[154] und die „Analytische Chemie" Roses.[155] An das pharmazeutische Institut gingen unter anderem eine Pillenmaschine, eine Höllensteinform[156] und das Handbuch „Pharmacopoeia

149 EAA 402/5/391, ohne Nr. vom 25. März und ohne Nr. vom 26. März 1852.

150 EAA 402/5/391, ohne Nr. vom 25. März 1852. – Zu den „Versammelten" bei der Übergabe gehörten neben Schmidt der Dorpater Professor für Landwirtschaft und Technologie Alexander Petzholdt als Interims-Leiter des chemischen „Kabinetts", der Inspektor des chemischen Instituts Adolph Goebel und der Syndikus der Universität Theodor Heinrich Beise. Vgl.: Schönberg et al. (1918), S. 152; Lenz (1970), S. 40, S. 250.

151 EAA 402/5/391, ohne Nr. vom 27. März 1852.

152 Berzelius (1821). – Bei diesem Buch handelte es sich um das Werk „Von der Anwendung des Lötrohrs in der Chemie und Mineralogie", das bis 1837 dreimal aufgelegt wurde. Vgl.: Poggendorff (1863), 1, Sp. 172.

153 Trommsdorff (1797). – Trommsdorffs „Chemische Receptirkunst oder Taschenbuch für practische Aerzte" erschien 1797 erstmals in Erfurt und erlebte bis 1826 fünf Auflagen. Vgl.: Poggendorff (1863), 2, Sp. 1136–1137.

154 Delffs (1842). – Hierbei dürfte es sich um das Buch von Wilhelm Dellfs „Stöchiometrischer Commentar zur Pharmacopoea Badensis" aus dem Jahr 1842 gehandelt haben. Vgl.: Roß (1997), S. 479, S. 482.

155 Rose (1829). – Heinrich Roses „Handbuch der analytischen Chemie" erschien zwischen 1829 und 1838 in vier Auflagen. Ihm folgte das „Ausführliche Handbuch der analytischen Chemie" (Rose [1851]). Vgl.: Poggendorff (1863), 2, Sp. 688; Schaedler (1891), S. 107–108.

156 Wahrscheinlich ist von einer Form zur „Gewinnung" von Silbernitrat, $AgNO_3$ (Silbersalpeter oder Höllenstein), die Rede, das z. B. zur Herstellung von Silberspiegeln und vor allem zu photographischen Zwecken diente. Vgl.: Fischer (1893), S. 579–580.

castrensis Ruthenica".[157] Ende Mai 1852 legte Schmidt dem Universitäts-Direktorium eine umfangreiche Liste von 105 unbrauchbaren Apparaten und Utensilien vor, die von einem „Eudiometer[158] nebst Maaß [...] bis zu 24 Nomenklaturtafeln" reichte, und bat, diese zu versteigern und den erzielten Ertrag der Universitäts-Rentkammer zuzustellen.[159]

Lässt man die nur drei Monate währende Amtszeit von Arzt außer Betracht, so war Schmidt der sechste Inhaber des Lehrstuhles der Chemie in Dorpat seit der Neugründung der Universität im Jahre 1802. Bis zu seinem Amtsantritt besaß das Fach eine überwiegend pharmazeutische Ausrichtung, denn Schmidt war nach Scherer und Osann, die ja beide nur kurz in Dorpat gearbeitet hatten, erst der dritte Repräsentant einer mehr physiko-chemischen Richtung.[160] Bedingt durch die Verselbstständigung des Lehrstuhles für Pharmazie im Jahr 1843 und sicher auch durch das nimmermüde Bemühen Goebels um eine bessere Ausstattung des Instituts, dürften Schmidts Eingangsvoraussetzungen für eine erfolgreiche Arbeit insgesamt bedeutend günstiger gewesen sein als für alle seine Vorgänger. Nichtsdestotrotz bestanden zwei gravierende Mängel noch immer, die auch schon Goebel wiederholt beklagt hatte: Die chronische finanzielle Unterversorgung des Instituts einerseits und dessen insgesamt beengte Raumverhältnisse andererseits, die besonders das Laboratorium betrafen. Das unzureichende Budget von unverändert 2.400 Assignaten-Rubel[161] zwang Schmidt am 26. Oktober 1854 zu einer Eingabe an das Universitäts-Direktorium, in der er erstmals um einen außerordentlichen Zuschuss von 360 Silber-Rubel bat, um eine bei Johann August Daniel Oertling[162]

157 EAA 402/5/391, ohne Nr. vom 28. April 1852. Vgl.: Wylie (1840).

158 Ein Eudiometer zum Auffangen und Messen von Gasen besteht aus einem einseitig geschlossenen Glasrohr mit Skalierung auf der Außenseite. Vgl.: Berzelius (1841), S. 252–258.

159 EAA 402/5/391, ohne Nr. vom 30. Mai und Nr. 386 vom 31. Mai 1852.

160 Vgl.: Kapitel 4.3 dieser Untersuchung.

161 Im Zuge einer Reform galt der Silber-Rubel ab 1839 wieder als alleinige Währungseinheit. 1840 wurden 3,5 „Assignaten-Rubel" einem Silber-Rubel gleichgesetzt. Der Umtausch der „Assignaten-Rubel" gegen so genannte „Kreditbillets" begann 1834 und endete 1852, wobei die „Assignaten-Rubel" zum 1. Januar 1849 annulliert wurden. Die „Kreditbillets", die man in der Umgangssprache lange nicht vom „Assignaten-Rubel" unterschied, stellten zunächst ein vollwertiges in Silber und Gold einlösbares Papiergeld dar, verloren aber infolge des Krim-Kriegs (1853–1856) durch „Überemission" unter Ausbildung starker inflationärer Tendenzen ihren Wert. Vgl.: Seljak (2012), S. 68–78.

162 Johann August Daniel Oertling besaß seit 1826 eine mechanische Werkstatt in Berlin, die astronomische und physikalische Instrumente von hoher Qualität herstellte. Vgl.: Poggendorff (1863), 2, Sp. 313; Poggendorff (1898), 3, S. 983.

in Berlin bestellte und bereits nach Dorpat abgesandte analytische Waage bezahlen zu können. Als Begründung führte er an, er habe mit der regulären Etatsumme des Instituts bei der großen Zahl von praktischen Arbeiten und analytischen Übungen,[163] die fortwährend von den Studierenden ausgeführt werden müssten, nur die laufenden Kosten für Chemikalien, notwendige Reparaturen und Glasgerätschaften decken können. Sollte seiner Bitte um Gewährung des außerordentlichen Zuschusses letztlich nicht entsprochen werden, so bliebe ihm, angesichts der bereits gegenüber Oertling eingegangenen Verpflichtung, nur die Möglichkeit, die praktischen Laboratoriumsübungen in den nächsten Jahren bedeutend einzuschränken.[164] Weil weder das Universitäts-Direktorium noch der Kurator offenbar die „Lehre" allzu unbotmäßig beschneiden wollten, wurden die beantragten 360 Silber-Rubel schließlich als Vorschuss aus der Ökonomiesumme der Universität bewilligt.[165] Bereits weniger als zwei Jahre später musste sich Schmidt als Bittsteller erneut um einen einmaligen Zuschuss in Höhe von 300 Silber-Rubel bemühen.

> „Die raschen Fortschritte der Chemie in der jüngsten Zeit", so schrieb er, „ihre vielfachen Beziehungen zur Medicin und den verschiedensten Zweigen der Technik [machen] es zum dringendsten Bedürfniß, nicht allein bei den Vorträgen möglichst vielseitige Versuche auszuführen und Präparate, Modelle vorzuzeigen, sondern namentlich den Studirenden der Chemie, Medicin, Landwirthschaft und Technologie selbst Gelegenheit und Anleitung zu geben, sich durch eigene Arbeiten im Laboratorium die nöthige Fertigkeit im Anstellen chemischer Experimente in Ausführung synthetischer und analytischer Arbeiten anzueignen."[166]

Solche „Lehrgänge" seien allerdings mit so bedeutenden Aufwendungen verbunden, dass der ursprünglich nur für die Vorträge bestimmte Jahresetat mittlerweile nicht einmal mehr die laufenden Kosten decke und folglich größere Anschaffungen gänzlich unmöglich geworden seien.[167] Das Universitäts-Direktorium legte dem Kurator das Gesuch Schmidts unterstützend vor und sah eine Erhöhung des Budgets auf jährlich eintausend Silber-Rubel im Interesse der wissenschaftlichen Ausbildung der Studierenden als unbedingt notwendig an.[168] Der Kurator seinerseits erklärte sich zwar zur einmaligen Bewilligung der erbetenen 300 Silber-Rubel bereit,[169] verwies aber die Entscheidung über eine dauerhafte

163 Vgl.: Kapitel 4.7.2 dieser Untersuchung.
164 EAA 384/1/733, Nr. 910 vom 5. November 1854.
165 EAA 384/1/733, Nr. 910 vom 5. November und Nr. 1626 vom 9. November 1854.
166 EAA 384/1/733, Nr. 339 von 7. April 1856.
167 EAA 384/1/733, Nr. 339 von 7. April 1856.
168 EAA 384/1/733, Nr. 339 von 7. April 1856.
169 EAA 384/1/733, Nr. 759 vom 11. April 1856.

Erhöhung des Etats für das chemische Instituts dadurch an die Hochschule zurück, dass er die Eingabe Schmidts als motiviert empfand und sie deshalb als Beleg für die Beratung der „Ordnung der Geldverhältniße der Universität" den Akten des Conseils „überliefert" sehen wollte.[170]

### 4.4.2 Die wissenschaftlichen Auslandsreisen in den Jahren 1855 und 1857 als Vorarbeiten für den Neubau des chemischen Universitätsinstituts und -laboratoriums in Dorpat

Im Gegensatz zur prekären finanziellen Lage zeichnete sich im Hinblick auf die beengten räumlichen Verhältnisse des chemischen Instituts bereits in den ersten Amtsjahren Schmidts eine Verbesserung ab. Das Universitätshauptgebäude sollte durch zwei Flügel erweitert werden und das untere Stockwerk des nördlichen Anbaus zukünftig das Institut für Chemie samt Laboratorium beherbergen.[171] Als Baubeginn war das Frühjahr 1855 vorgesehen,[172] und Schmidt hielt es für dringend notwendig, tunlichst schon vorher

> „die bei der neuen Einrichtung [von] mehreren größeren Laboratorien im Auslande gemachten Erfahrungen durch persönliche Rücksprache mit den entsprechenden Fachgenossen und eigene Anschauung derselben kennen zu lernen, um sie zweckdienlich nach Maßgabe der Umstände auf unsere Verhältnisse anwenden zu können."[173]

Er bat daher das Universitäts-Conseil für den Sommer 1855 um Urlaub für eine wissenschaftliche Reise durch Deutschland, die unter Einschluss der Semesterferien von Anfang Mai bis Anfang September stattfinden sollte. Da auch das Conseil dieses Vorhaben als sehr wünschenswert ansah,[174] genehmigte der Kurator durch Erlass vom 24. April 1855 die geplante „Exkursion" unter Fortzahlung des Gehalts während der zusätzlichen Urlaubszeit und der Zusicherung einer Reisekostenunterstützung von 300 Rubel.[175] Zur Reise selbst., zu ihren einzelnen Stationen und den geführten Fachgesprächen sowie zu den gewonnenen Eindrücken und Erkenntnissen schweigen leider die zeitnahen Akten,[176] so dass letztlich der

170 EAA 384/1/733, Nr. 759 vom 11. April 1856.
171 EAA 402/3/1887, ohne Nr. vom 11. Januar 1855.
172 Der Neubau des chemischen Universitäts-Laboratoriums wurde erst von 1856 bis 1858 realisiert.
173 EAA 402/3/1887, ohne Nr. vom 11. Januar 1855.
174 EAA 402/3/1887, Nr. 81 vom 11. Februar 1855.
175 EAA 402/3/1887, Nr. 844 vom 28. April 1855.
176 EAA 402/3/1887; RGIA 733/121/979; RGIA 733/57/489.

Wert des viermonatigen Auslandsaufenthalts für den Neubau und die Ausstattung des chemischen Institutes in Dorpat unklar bleibt.

Über die 1855 zwar verschobene, aber unverändert beabsichtigte bauliche Erweiterung seines Laboratoriums berichtete Schmidt seinem Lehrer Liebig brieflich am 23. Januar 1856. In diesem Zusammenhang wies er auch darauf hin, dass man in Dorpat bei Projekten solcher Art fast ausschließlich auf die eigenen Kräfte angewiesen sei und schmerzlich die Nähe größerer industrieller „Etablissements" vermisse, in denen man sich das Notwendige leicht aus erster Hand und ohne weitläufige Korrespondenz über Hunderte von Meilen verschaffen könne.[177] Mit den konkreten Planungen für den Laboratoriumsneubau befasste sich Schmidt dann wohl erst im Laufe des Jahres 1856. Zusammen mit seinem Kollegen Ludwig Friedrich Kämtz, dessen physikalisches Institut ebenfalls im neuen rechten Seitenflügel (Nordflügel) untergebracht werden sollte, und dem zuständigen Architekten Karl Rathhaus legte er der physiko-mathematischen Fakultät einen „Kostenüberschlag" vor,[178] der allerdings nur ein ungefährer sei, da „erst nach Abfertigung des dabei mitbetheiligten Directors des chemischen Cabinets ins Ausland, behufs der nöthigen Einsichtnahme der chemischen Laboratorien zu Stockholm, Belgien und Paris [...] von letzteren Bestellorten aus detailliertere Angaben eingesandt werden können."[179] Der „Plankosten-Überschlag" bezog sich auf die gesamte Inneneinrichtung des neu erbauten Nordflügels und erfasste somit summarisch alle von Schmidt und Kämtz für das chemische wie physikalische Institut beabsichtigten Anschaffungen in Höhe von 6.396 Silber-Rubel. Mit Hilfe des offiziellen Schriftwechsels haben wir diese Gesamtsumme detailliert auf das chemische Laboratorium heruntergebrochen.[180] Die aus Anlage 14 ersichtlichen Positionen 1–6 können als apparative Ausstattung des chemischen „Kabinetts" angesehen werden, während die Punkte 7–13 benötigtes Mobiliar umfassten. Von der für die Inneneinrichtung

177 BSB Liebigiana II B, Schmidt, Karl: Brief Schmidts an Liebig vom 23. Januar/4. Februar 1856 (Roß [2002 b], S. 72).

178 EAA 402/5/492, Anlage zum Brief Nr. 12 vom 1. Februar 1857 an eine hochverordnete physiko-mathematische Fakultät.

179 EAA 402/5/492, Nr. 12 vom 1. Februar 1857. Schmidts wissenschaftliche Auslandsreise führte im Sommer 1857 nach Deutschland, Frankreich und England, so dass er keine Laboratorien in Stockholm oder Belgien besichtigen konnte. Vgl.: Roß (2002 b), S. 135–198.

180 EAA 402/5/492, Anlage zum Brief Nr. 12 vom 1. Februar 1857 an eine hochverordnete physiko-mathematische Fakultät, ohne Nr. vom 2. Dezember und Nr. 1223 vom 9. Dezember 1857.

beider Institute geplanten Gesamt-Investitionssumme in Höhe von 6.396 Silber-Rubel profitierte also das chemische Institut gegenüber dem physikalischen im Verhältnis von 62,4 % (3.989 Silber-Rubel) zu 37,6 % (2.407 Silber-Rubel).

> Um einerseits „die neu erbauten oder neu errichteten vorzüglichen chemischen Laboratorien West-Europa's zu besichtigen und von den dabei gesammelten Erfahrungen für den Neubau des unsrigen Nutzen zu ziehen, andererseits auch sofort an Stelle und Ort für letzteres die nöthigen Bestellungen zu machen, soweit die Beschaffung aus dem Auslande zweckmäßig erschiene",[181]

hatte Schmidt eine zweite Auslandsreise beantragt, die durch Erlass des Ministers der Volksaufklärung vom 16. April 1857 genehmigt wurde. Gleichzeitig mit diesem Plazet bewilligte der Minister die Verwendung von bis zu 6.396 Silber-Rubel für die Inneneinrichtung der beiden Kabinette.[182] Schmidt trat seine Reise am 17./29. Mai 1857 an und erreichte am 4. Juni Berlin.[183] Hier besichtigte er die Laboratorien Heinrich Roses und Eilhard Mitscherlichs sowie das „Lokal" der Gewerbeakademie unter der Leitung von Rammelsberg. Bei C. F. Geissler,[184] bestellte Schmidt eine Reihe feiner Glasapparate „eigentümlicher Konstruktion" für rund 203 Taler.[185] Ebenfalls in Berlin orderte er bei W. J. Rohrbeck,[186] dem Besitzer des wohl bedeutendsten deutschen Magazins für chemische Apparate und Laboratoriumsbedarf, ein Paar Ventilationstüren aus Messing (nach

181 EAA 402/3/1887, ohne Nr.: Bericht des ordentlichen Professors der Chemie Dr. C. Schmidt über seine im Auftrage der Universität vom 17./[29.] Mai bis 17./[29.] August 1857 unternommene Reise nach Deutschland, Frankreich und England (Roß [2002 b], S. 135–198).

182 EAA 402/5/492, Nr. 755 vom 16. April 1857; RGIA 733/57/642. Vgl.: Roß (2002 b), S. 135–198.

183 Vgl. zum chronologischen Verlauf der Reise: Roß (2002 b), S. 197–198.

184 C. F. Geissler & Sohn in Berlin stellten physikalische, meteorologische und chemische Apparate bzw. Instrumente her. Ab 1875 wurde dieses Unternehmen als Aktiengesellschaft geführt. Vgl.: Anderson et al. (1990), S. 31 sowie zu den nachfolgend genannten Apparaten und Gerätschaften die Erläuterungen zu Anlage 14 dieser Untersuchung.

185 EAA 402/3/1887, ohne Nr.: Bericht des ordentlichen Professors der Chemie Dr. C. Schmidt über seine im Auftrage der Universität vom 17./[29.] Mai bis 17./[29.] August 1857 unternommene Reise nach Deutschland, Frankreich und England (Roß [2002 b], S. 136–137). – Zuerst 1484 in Hall (Tirol) geprägte europäische Goldsilbermünze, die ab 1750 als Reichstaler (= 68 Groschen) und von 1857 bis 1871 als Vereinstaler (= 3 Mark) Zahlungsmittel im Deutschen Bund war. Die letzte deutsche Taler-Münze wurde 1908 außer Kurs gesetzt. Vgl.: Meyer (1998), 21, S. 241–242.

186 W. J. Rohrbeck, J. F. Luhme & Co., Fabrik für physikalische, chemische und pharmazeutische Apparate, Gerätschaften und Utensilien. Vgl.: Anderson et al (1990), S. 74.

Zeichnung) à 30 Taler, ferner Kautschuk-, Glas- und Porzellan-Apparate für 98 Taler; alles sollte Ende August über Riga nach Dorpat abgesandt werden.[187] Entsprechend Schmidts weiterer Reiseroute durch Deutschland folgten Abstecher zu den Laboratorien in Göttingen, Marburg und Gießen, zu Fresenius' privatem Institut für technisch-landwirtschaftliche Untersuchungen in Wiesbaden, zu Bunsens zwei Jahre zuvor in Heidelberg erbautem Universitätslaboratorium, zu Liebigs neuem Münchener Domizil sowie schließlich zum technischen Labor der Stuttgarter Gewerbeakademie, das unter Hermann von Fehlings Leitung stand.[188]

Aus Paris[189] sandte Schmidt am 17. Juli 1857 dem Direktorium der Dorpater Universität den Vertrag über die Lieferung des Hauptteils seiner „Einkäufe" für das neue chemische Laboratorium zu, den er mit der Maschinenbau-Firma Philippe, Nicod et Comp. abgeschlossen hatte. Darin verpflichtete sich dieses „bedeutende Atelier" folgende Gegenstände anzufertigen und zu liefern:

> „1. Einen Röhren Dampfkessel nach neuerm System[.]
> 2. Einen größern Dampftrockenapparat mit 18 kleinern und 2 größern Einsätzen, Glasthüren und Metalldrathnetzen nach Zeichnung und genauerer Rücksprache[.]
> 3. Den Condensator zu Nr. 1 aus Kupfer mit Schlangenrohr von Zinn[.]
> 4. Einen Abdampfapparat von Kupfer mit aufgeschliffenen Deckeln. Alles zusammenhängend mit den nötigen Röhren, gusseisernen Gestellen[.]
> 5. 6. und 7. Elf gußeiserne Roste und 15 Türen verschiedener Form und Größe laut Zeichnung zu den Glühöfen aus Mauerwerk."[190]

Die aufgeführten Gegenstände sollten für eine Gesamtsumme von 5.100 Francs oder ca. 1.275 Silber-Rubel[191] binnen drei Monaten hergestellt werden. Durch

---

187 Vgl.: Roß (2002 b), S. 135, S. 137. – EAA 402/5/492, ohne Nr. vom 9. September und ohne Nr. vom 28. November 1857. Die bei Geissler in Berlin bestellten feinen Glasapparate waren in Riga eingetroffen, und Schmidt bat am 28. November 1857 das Direktorium der Universität, die „Kiste CFG [C. F. Geissler] Nr. 154" ungeöffnet und zollfrei zwecks Weiterbeförderung nach Dorpat an Helmsing und Grimm zu „dirigieren". Dieses Handelshaus bestand seit 1836 und war auf den Export russischer Agrarprodukte und den Import landwirtschaftlicher Maschinen aus England spezialisiert. Die bei Rohrbeck, Luhme & Co. georderte Sendung gelangte am 3./15. September 1857 von Berlin über Tauroggen (heute: Taurage [Litauen]) nach Dorpat. Vgl.: Lenz (1970), S. 311–312.

188 Vgl.: Roß (2002 b), S. 138–146.

189 Vgl. zu Schmidts „Aktivitäten" während seines einmonatigen Aufenthaltes in der französischen Metropole: Roß (2002 b), S. 146–157.

190 EAA 402/5/492, Nr. 484 vom 5./17. Juli 1857.

191 Da der durchschnittliche Wechselkurs des Silber-Rubels im Jahr 1857 0,3906 Francs betrug, ist diese Angabe nicht nachvollziehbar. Vgl.: Seljak (2012), S. 118.

erhebliche Produktionsschwierigkeiten der Pariser Firma und nicht gezahlte Restbeträge seitens der Dorpater Universität erfolgte die Lieferung allerdings nicht vor der ersten Hälfte des Jahres 1859.[192] Zusätzlich zu diesem „Großauftrag" erwarb Schmidt in der französischen Hauptstadt bei unterschiedlichen Firmen weitere chemische Apparate und Hilfsmittel:

- Von Lufer et ses fils: Drei Zylindergebläse verschiedener Größe und Einrichtung mit gusseisernen Gestellen, Trägern und Zubehör zu den Gebläseöfen des Laboratoriums;
- von Wiesnegg: Zwei dazugehörige Lampen nach Henrie Étienne Deville und einen Gasreinigungsapparat aus Blei;
- von Beaufay Souchart et Comp.: Ziegelöfen, Muffelöfen,[193] Glasröhren, Schalen, Schmelztiegel, Röhren und Platten verschiedener Form und Größe;
- von A. Leverd et Comp.: Quecksilberwannen für pneumatische Apparate, Röhren, Platten, Trichter und Schalen aus Guttapercha[194] für Versuche mit Säuren;
- von Wiart et Comp.: Schieferöl, Paraffin und Schieferölbrenner und schließlich
- von Lasalle et Comp.: Einen Gasometer[195] nebst dazugehörigen Apparaten.[196]

Vom 22. Juli bis 5. August besuchte Schmidt London und traf dort unter anderem seine ehemaligen Gießener Studienkollegen August Wilhelm Hofmann

---

192 EAA 384/1/733, Nr. 330 vom 6. Mai 1859; EAA 402/5/492, ohne Nr. vom 4. Mai 1857 und Nr. 344 vom 1. Mai 1859.

193 Muffeln sind Reaktionsgefäße aus feuerfestem Material, die früher aus Tiegelmasse bzw. Gusseisen hergestellt wurden und die Form eines kleinen Backofens hatten. In so genannten Muffelöfen wurden sie von außen beheizt, so dass die zu glühenden oder schmelzenden Substanzen nicht mit den Heizgasen in Berührung kamen. Vgl.: Berzelius (1841), S. 427; Meyer (1998), 15, S. 68.

194 Guttapercha ist ein braunes, schwammiges Produkt, das man durch Eintrocknen des Milchsaftes von Palaquium-Bäumen gewinnt, die im Malaiischen Archipel beheimatet sind und zur Familie der Ebenholzpflanzen gehören. Es ist vulkanisierbar und diente wegen seiner Beschaffenheiten etwa zur Isolierung von Unterseekabeln und elektrischen Leitungen sowie zur Herstellung von chemikalienbeständigen Gefäßen und Kitten. Vgl.: Ditmar (1911), S. 659–663; Eulitz et al. (1976), 2, S. 509.

195 Als Gasometer bezeichnete man ursprünglich ein Instrument, das zum Messen von Gasvolumina bestimmt war. Da die meisten Gasbehälter jedoch eine Maßeinteilung besaßen, wurde das Wort Gasometer später dann praktisch synonym für Gasbehälter verwandt. Vgl.: Berzelius (1841), S. 277.

196 Diese Aufstellung beruht auf Quellen, welche die Ankunft der Apparate und Gerätschaften in Dorpat bestätigten: EAA 402/5/492, ohne Nr. vom 5. September, Nr. 847 vom 7. September und ohne Nr. vom 25. bzw. 27. November 1857.

und William Francis. Er besichtigte beispielsweise die „Royal Institution“[197] (Michael Faraday), die „Royal Mint“ (Thomas Graham)[198] und das „Royal College of Chemistry“[199] (August Wilhelm Hofmann). Besonders beeindruckt zeigte er sich von den so genannten „consulting chemists“, die als wissenschaftlich ausgebildete Chemiker zahlreiche Analysen für gewerbliche Zwecke auf privatwirtschaftlicher Basis durchführten und auf diese Weise die britische Industrie wesentlich bereicherten.[200] Mit regem und trotz der erheblichen Reisestrapazen nie erlahmendem Interesse verfolgte Schmidt auch die Entwicklung verschiedener praktischer Industriezweige in England und verschaffte sich durch zahlreiche Besuche einen unmittelbaren Eindruck von dem dort erreichten Stand der Produktionstechnologie. In seinen wissenschaftlichen „Reiseerinnerungen“ nahmen daher auch detaillierte und kenntnisreiche Beschreibungen unterschiedlicher Branchen der chemischen Industrie breiten Raum ein. Sie betrafen beispielsweise die Londoner Gasfabrikation, das Hüttenwesen in Birmingham, Manchester und Sheffield, die Soda- und Schwefelsäureproduktion in Liverpool, die englische Glasindustrie, das dortige textilverarbeitende Gewerbe und nicht zuletzt die Porzellanherstellung im berühmten „potteries district“ in Stoke upon Trent.[201]

---

197 Die „Royal Institution“ wurde 1799 etabliert. Ihre Aufgabe sollte es sein, den Nutzen der Naturwissenschaften für das Leben der Bedürftigen sowie für den aufstrebenden Mittelstand verfügbar zu machen. Vgl.: Brock (1997), S. 61, S. 97.

198 Die „Royal Mint“ ist die im Jahr 886 gegründete Münzprägeanstalt des Vereinigten Königreichs. Ab 1547 war ein „Master of the Mint“ (Münzmeister) für die Prägungen verantwortlich. Dieses Amt bekleideten viele bedeutende Persönlichkeiten, unter ihnen Sir Isaak Newton und – ab 1855 – Thomas Graham. Vgl.: Royal Mint. Verfügbar unter: https://de.wikipedia.org/wiki/Royal_Mint. Letzter Zugang: 30. Oktober 2017.

199 Das 1845 in London gegründete „Royal College of Chemistry“ hatte mit Liebigs Institut in Gießen Vieles gemein, war jedoch gänzlich auf privater Basis finanziert. Die in Deutschland übliche staatliche „Finanzsicherheit“ fehlte daher zunächst. Erst 1853 übernahm die britische Regierung die Leitung der Institution. Vgl.: Brock (1997), S. 132.

200 Vgl.: Kapitel 4.5.2 dieser Untersuchung.

201 EAA 402/3/1887, ohne Nr.: Bericht des ordentlichen Professors der Chemie Dr. C. Schmidt über seine im Auftrage der Universität vom 17./[29.] Mai bis 17./[29.] August 1857 unternommene Reise nach Deutschland, Frankreich und England (Roß [2002 b], S. 157–195). Vgl.: Ross (2005 a), S. 33–37.

### 4.4.3 Die projektierten und die tatsächlichen Kosten für die Inneneinrichtung des neuen chemischen Universitätsinstituts und -laboratoriums

Die beiden neuen Seitenflügel des Universitäts-Hauptgebäudes, die dessen strenger baulicher Würde entsprachen,[202] wurden in den Jahren 1856 bis 1858 nach den Plänen von Karl Rathhaus erbaut. Wie bereits erwähnt, siedelte das chemische Laboratorium in das erste Stockwerk (Parterre) des Nordflügels um, während der zweite Stock dem physikalischen „Kabinett" vorbehalten blieb. Der 1858 vollendete Südflügel galt als „Verwaltungstrakt".[203]

Gegenüber den bisherigen nur drei Räumen im Universitäts-Hauptgebäude (Nr. 9–11, Anlage 11) verfügte das chemische „Kabinett" nun über sieben neue (Nr. 1–7, Anlage 15),[204] wobei das Auditorium (Nr. 1) über 100 Sitzplätze aufwies.[205] Das Laboratorium (Nr. 5) war für 20 Praktikanten ausgelegt. Die Apparate und Gerätschaften dürften im Raum Nr. 6 Platz gefunden haben. Der Raum Nr. 2 könnte ein „Experimentier-Zimmer" gewesen sein.[206]

Für die Inneneinrichtung des chemischen und physikalischen Instituts entstanden tatsächliche Kosten von 8.799 Silber-Rubel. Dies entsprach im Vergleich zu den vor Baubeginn veranschlagten Aufwendungen einer Überziehung von 37,6 % (2.403 Silber-Rubel), wobei auf das chemische Institut allein 2.115 Silber-Rubel, d. h. 88 % des zu viel verausgabten Betrags entfielen (Anlage 16).[207] Die „Istkosten" verteilten sich demnach im Verhältnis von 69,4 % : 30,6 % (6.104 : 2.695 Silber-Rubel) auf die chemischen und physikalischen „Kabinette", was – bezogen auf die Planungen – eine Verschiebung der

---

202 Vgl.: Raid (1993), S. 23 sowie zur Bestätigung ihrer Einschätzung die Anlagen 10 und 15 dieser Untersuchung.

203 Vgl.: Raid (1993), S. 24.

204 Vgl.: Ilomets (2004), S. 116.

205 EAA 402/5/492, ohne Nr. vom 28 Februar 1891. Nach Ilomets (2004), S. 116 verfügte das neue Auditorium sogar über 120 Plätze.

206 Diese Informationen über die möglichen Nutzungszwecke der Räume verdankt der Verfasser einer persönlichen Mitteilung Herrn Prof. Dr. T. Ilomets' (Tartu) vom 13. Oktober 2003.

207 EAA 402/5/492, ohne Nr. vom 2., 3. und 5. Dezember, Nr. 1223 vom 9. und Nr. 1256 vom 16. Dezember 1857. – Diese Überziehung hätte gegenüber dem ursprünglichen Kostenvoranschlag sogar noch um 537 Rubel 51 Kopeken höher ausfallen müssen. Schmidt verzichtete jedoch auf einen Schrank im Apparatezimmer (181 Rubel 76 Kopeken) und zwei Seitenarbeitstische (120 Rubel). Die restliche Ersparnis in Höhe von 235 Rubel 75 Kopeken ergab sich aus Preisnachlässen der beauftragten Tischlerfirmen.

Relation zugunsten Schmidts und seines chemischen Instituts bedeutete.[208] In einem von Schmidt, Kämtz und Rathhaus gemeinsam unterzeichneten Brief an das Universitätsdirektorium argumentierten die beiden Institutsdirektoren, man habe aufgrund der von Schmidt im Ausland gewonnenen Einsichten manches in den ursprünglichen Plänen ändern müssen, wobei mit 1.141 Silber-Rubel der größte „Kostentreiber" Wasserleitungsröhren, Hähne sowie pneumatische und sonstige Apparate für das Auditorium und das analytische Laboratorium gewesen seien, die man im Kostenvoranschlag vom 1. Februar 1857 schlichtweg nicht berücksichtigt habe.[209] Schmidt führte mit Blick auf das chemische Institut gesondert aus, er sei davon überzeugt gewesen,

> „seine Anwesenheit an Ort und Stelle, persönliche Bekanntschaften etc. benutzen zu müßen, um an den betreffenden Quellen und Produktionsorten selbst das Paßende auszuwählen [und] um die nöthigsten Bestellungen [vorzunehmen], [um so] die zahlreichen durch die bisherige Unzulänglichkeit des Jahresetats des chemischen Laboratoriums veranlaßten äußerst empfindlichen Lücken"[210] zu schließen.

Er reklamierte für sich, dass er „nach bestem Wissen und sorgfältiger Erwägung stets bestrebt war, nur das bei den gegenwärtigen Anforderungen an derartige Institute unumgänglich Nothwendige zu bestellen und einzurichten."[211] In einem Rundschreiben an die Professoren und einer Eingabe an den Kurator der Universität begründete der damalige Rektor Bidder den erheblichen Mehraufwand, wobei er sich im Wesentlichen auf die Angaben und Argumente der Direktoren und des zuständigen Architekten stützte.[212] Mit dieser Einlassung und dem Hinweis, es sei schließlich darum gegangen, die beiden „Kabinette" so aufzubauen, „daß sie nicht nur den gegenwärtig[en], sondern voraussichtlich auch [den] in den nächsten Jahrzehnten an dieselben zu stellenden wissenschaftlichen Anforderungen, so weit irgend ausführbar, entsprächen"[213], gelang es Bidder, auch das Ministerium der Volksaufklärung von der Unabwendbarkeit der eingetretenen wesentlichen Kostensteigerung zu überzeugen.[214]

---

208 EAA 402/5/492, Nr. 12 vom 1. Februar 1857 und ohne Nr. vom 15. April 1858. Vgl.: Anlagen 14 und 16 dieser Untersuchung.

209 EAA 402/5/492, ohne Nr. vom 15. April 1858. Vgl.: Anlagen 14 und 16 dieser Untersuchung.

210 EAA 402/5/492, ohne Nr. vom 15. April 1858.

211 EAA 402/5/492, ohne Nr. vom 15. April 1858.

212 EAA 402/5/492, ohne Nr. vom 22. und Nr. 153 vom 25. April 1858.

213 EAA 402/5/492, Nr. 153 vom 25. April 1858.

214 EAA 402/5/492, Nr. 849 vom 20. Mai 1858.

Schmidt selbst äußerte sich 1891 rückblickend zu einzelnen Teilaspekten des Neubaus aus dem Jahr 1857 sehr positiv, so z. B. über die Größe des Auditoriums und die Zahl der Praktikantenplätze im Laboratorium.[215] Nach seiner Ansicht war das neue chemische Laboratorium „in für jene Zeit zweckmäßigster Weise“ ausgestattet,[216] was auch Ilomets bestätigte, indem er es nach damaligen Maßstäben als eines der modernsten seiner Zeit bezeichnete.[217] Erst 1950 zog das chemische Institut aus dem 1. Stockwerk (Parterre) des Nordflügels in ein neues Gebäude in der Jacobstraße 2 um, während das physikalische „Kabinett“ noch bis 1977 im Seitenflügel des Universitäts-Hauptgebäudes verblieb.[218]

## 4.5 Der ökonomische Rahmen des neuen Instituts

### 4.5.1 Der weiterhin unzureichende Jahresetat

Wurden durch den Neubau die räumlichen Engpässe (vorerst) beseitigt, so blieben die finanziellen bestehen, denn die Rahmenbedingungen für den Etat hatten sich seit August 1817 kaum verändert.[219] Mit der damals zugestandenen jährlichen Summe von 2.400 Assignaten-Rubel war es faktisch seit vielen Jahren nicht mehr möglich, auch nur den laufenden „Betrieb“ des Instituts zu bestreiten. Um Defizite zu vermeiden, mussten daher viele oft dringende Reparaturen oder auch Ergänzungen der Glas- bzw. Porzellan-Vorräte immer wieder verschoben werden.[220] Da nun die praktischen studentischen Arbeiten im Laboratorium nicht etwa eingeschränkt, sondern im Gegenteil ausgedehnt werden sollten und zudem die Studierendenzahl sukzessive anstieg,[221] stellten sich auch im neuen chemischen Universitätsinstitut zwangsläufig schnell finanzielle Probleme ein. Es verwundert daher nicht, dass Schmidt die ihm verhasste bisherige Praxis der fatalen Bittgesuche auch nach 1857 fortzusetzen hatte. Erstmals nach dem Umzug bat er das Direktorium 1859 um eine Sonderzahlung von 500 Silber-Rubel.[222] Er könne ansonsten die Restschuld für den von der Firma Philippe, Nicod et Comp. in Paris angefertigten, aber verspätet gelieferten Dampfapparat nicht

---

215 EAA 402/5/592, ohne Nr. vom 28. Februar 1891. Vgl.: Kapitel 4.7.2 dieser Untersuchung.

216 Schönberg et al. (1918), S. 135.

217 Vgl.: Ilomets (2004), S. 118.

218 Vgl.: Raid (1993), S. 24.

219 Vgl.: Gernet (1902), S. 41–42.

220 EAA 402/5/492, ohne Nr. vom 30. November 1857.

221 Vgl.: Kapitel 4.7.4 dieser Untersuchung.

222 EAA 384/1/733, Nr. 330 vom 6. Mai 1859; EAA 402/5/492, Nr. 344 vom 1. Mai 1859.

begleichen.[223] Schmidt erhielt schließlich einen außerordentlichen Zuschuss von 300 Silber-Rubel.[224] In seiner inzwischen jährlichen Bittschrift suchte er 1860 abermals um eine außerplanmäßige Etaterhöhung von 300 Silber-Rubel nach und führte neben den bereits bekannten Argumenten zusätzliche Fakten an, die aus seiner Sicht eine generelle Etaterhöhung auf 1.000 Silber-Rubel zwingend erforderten. Er schrieb, dass das momentane Budget von 685 Silber-Rubel 70 Kopeken (2.400 Assignaten-Rubel)[225] „ursprünglich nur für die die Vorträge begleitenden Experimente und Arbeiten des Profeßors bestimmt gewesen" seien und die aktuellen ungünstigen Geldkurse „die Preise aller Chemikalien und Apparate um 20 Procent gesteigert" hätten. Hinzu komme, dass es ihm aufgrund häuslicher Rücksichten unmöglich sei, neben den gerne und freiwillig erbrachten Aufwendungen an Zeit und Arbeitskraft auch „noch so bedeutende Geldopfer, wie bisher geschehen, hinzuzufügen."[226] Offenbar überzeugten diese Einlassungen, die Bidder als Rektor nachdrücklich unterstützte,[227] den Kurator des Dörptschen Lehrbezirks, denn bereits am 9. Mai genehmigte er den beantragten Zuschuss von 300 Silber-Rubel für das laufende Jahr aus den Ersparnissen des pharmazeutischen Instituts.[228] Auch 1861 gelang es Schmidt, eine einmalige Sonderzahlung von 300 Silber-Rubel zu erhalten, die diesmal aus der Stipendiensumme des pharmazeutischen Instituts stammte.[229]

### 4.5.2 Schmidt als „consulting chemist"[230]

Die permanente Finanznot des chemischen Laboratoriums war für Schmidt zumindest „hintergründig" sicherlich ein Anlass dafür, Privatpersonen und privatwirtschaftlichen Gewerbebetrieben Dienstleistungen anzubieten und so auch in seiner baltischen Heimat eine Verflechtung von Hochschulchemie und industrieller Praxis anzubahnen. Den Ausgangspunkt dieser Versuche bildeten allgemein wohl seine Eindrücke und Erfahrungen, die er bei den von ihm

---

223 Vgl.: Kapitel 4.4.2 dieser Untersuchung.
224 EAA 384/1/733, Nr. 733 vom 8. Mai 1859.
225 1840 wurden 3,5 „Assignaten-Rubel" (Rubel banco) einem Silber-Rubel gleichgesetzt. Vgl.: Seljak (2012), S. 74.
226 EAA 402/5/492, ohne Nr. vom 23. April 1860.
227 EAA 384/1/733, Nr. 329 vom 4. Mai 1860.
228 EAA 384/1/733, Nr. 329 vom 4. Mai und Nr. 803 vom 9. Mai 1860.
229 EAA 384/1/733, Nr. 396 vom 27. Mai und Nr. 996 vom 30. Mai 1861.
230 Nach: Roß (2005 b), S. 10–11. Der Verfasser dankt den Estonian Academy Publishers (Teaduste Akadeemia Kirjastus, Tallinn) für die erteilte Abdruckgenehmigung vom 20. Januar 2015.

besichtigten Betrieben unterschiedlicher praktischer Industriezweige vor allem in England während seiner wissenschaftlichen Reise im Jahre 1857 gewonnen hatte.[231] Ihre spezifische „Initialzündung“ aber fanden diese Aktivitäten in dem von Schmidt 1857 besichtigten Londoner „Royal College of Chemistry“ einerseits und der Tätigkeit der sogenannten „consulting chemists“ andererseits. Das 1845 in London gegründete „Royal College of Chemistry“, dessen erster Leiter der bereits erwähnte und Schmidt persönlich bekannte Liebig-Schüler Hofmann war, hatte mit Liebigs Institut in Gießen vieles gemeinsam, wurde jedoch gänzlich auf privater Basis finanziert. In dieser Forschungs-, Lehr- und Ausbildungsanstalt stand daher die reine Wissenschaft nicht im Vordergrund, „denn anders als das Gießener Vorbild war das College zugleich als Untersuchungsamt ausgelegt, das den privaten Geldgebern Gutachten und Analysen zu liefern hatte und dessen Arbeit sich in klingender Münze auszahlen sollte.“[232] Schmidt befand, dass es sich als zeitgemäßes Lehrinstitut für Chemie glänzend bewährt habe und nicht nur die Kosten decke, sondern darüber hinaus auch bereits ein Teil des Anlagekapitals zurückgeflossen sei.[233] Bei den „consulting chemists“, von denen Schmidt unter anderem Dugald Campbell und Watson Smith persönlich kennengelernt hatte,[234] handelte es sich durchweg um wissenschaftlich ausgebildete Chemiker, die in London zu jener Zeit rund 20 Privatlaboratorien betrieben. Durch zahlreiche Analysen für gewerbliche Zwecke förderten sie nach Schmidts Einschätzung die Industrie wesentlich, obwohl ihre Laboratorien meist nur aus einem einfachen Zimmer mit Kamin und einigen Gashähnen bestanden, die das nötige Leucht- und Heizmaterial lieferten.[235]

231 Vgl. zu den Einzelheiten der Reise Kapitel 4.4.2 dieser Untersuchung sowie zu einer weiteren „Englandvisite“ Schmidts im Jahr 1864, die ihn möglicherweise noch mehr beeindruckte als sein sieben Jahre zurückliegender Aufenthalt: TÜR, Bestand 22, Akte 1 (Roß [2002 b], S. 231–374). Vgl.: Ross (2005 a), S. 33–37.

232 Meinel (1994), S. 200. Vgl.: Meinel (1992), S. 35 sowie zu den Bemühungen Hofmanns, die Kluft zwischen Theorie und Praxis während seiner „englischen Jahre“ zu überbrücken: Roberts (1992), S. 89–99.

233 Vgl.: Roß (2002 b), S. 163.

234 Vgl.: Roß (2002 b), S. 166, S. 182.

235 Vgl.: Roß (2002 b), S. 163.

#### *4.5.2.1 Der erste Versuch, das Dorpater chemische Universitätslaboratorium für „landwirthschaftlich-technisch-merkantilisch-chemische" Analysen zu nutzen (1858)*[236]

Das ermutigende Beispiel Englands vor Augen, wagte es Schmidt Ende Mai 1858 durch eine öffentliche Bekanntmachung in der „Livländischen Gouvernements-Zeitung", das neu erbaute chemische Universitätslaboratorium als ein Institut anzubieten, das „vom 1. August d. J. ab, zur Förderung nationaler Industrie landwirthschaftlich-technisch-merkantilisch-chemische Analysen und Versuchsreihen für Landwirthe, Fabriken, Handelshäuser und Actiengesellschaften unter Leitung und Garantie des Direktors Prof. Dr. C. Schmidt ausführt."[237] Weiterhin wurde angekündigt, dass sich die Qualität der zugesandten Proben nach der Natur des Gegenstandes und der Ausdehnung der Analysen richte und das zu erhebende Honorar 5 bis 25 Rubel betrage. Das beabsichtigte und 14 Positionen umfassende „Analysenspektrum" geht aus dem vollständigen Text der Anzeige hervor, der in Anlage 17 wiedergegeben ist. Diese offiziell nicht genehmigte Verlautbarung konnte seitens der Universitätsgremien nicht unwidersprochen bleiben. Der amtierende Rektor Bidder „belehrte" Schmidt umgehend: Sämtliche Institute und deren Direktoren seien verpflichtet, die ihnen zugewiesenen Mittel ausschließlich zum Nutzen der Studierenden zu verwenden, und diese Bestimmung gelte selbstverständlich auch weiterhin für das vergrößerte und nach Verselbstständigung strebende chemische Institut wie dessen Leiter. Selbst wenn, wie im vorliegenden Fall zugegeben werden müsse, die projektierte Erweiterung des Wirkungskreises dem chemischen Laboratorium selbst und den darin beschäftigten Studierenden durchaus zugute kommen würde, habe man Schmidts Vorhaben zunächst abzulehnen, „da jede über die Gegend der Universität hinausgehende Benutzung ihrer Mittel und Kräfte ohne höhere Genehmigung nicht zulässig" sei.[238] Trotzdem schlug Bidder Schmidt vor, seinen Plan, durch den er einen größeren Aufschwung des Laboratoriums anstrebe, dem Conseil zur Prüfung vorzulegen, zumal er, Bidder, ebenso wie Vertreter höheren Orts der Ansicht seien, dass sich die Universität nach „außen" öffnen

---

236 Nach: Roß (2005 b), S. 11–13. Der Verfasser dankt den Estonian Academy Publishers (Teaduste Akadeemia Kirjastus, Tallinn) für die erteilte Abdruckgenehmigung vom 20. Januar 2015.

237 EAA 402/3/1887, Nr. 225 vom 10. Juni 1858. Vgl.: O. V. (1858 a), S. 239 sowie die inhaltsgleiche Anzeige in der „Dörptschen Zeitung" vom 6. Juni 1858 (O. V. [1858 b], S. 8; Roß [2005 b], S. 12).

238 EAA 402/3/1887, Nr. 225 vom 10. Juni 1858.

solle. Jeder Kenner der Dorpater Verhältnisse werde zudem die von Schmidt verlangte Honorarzahlung richtig interpretieren und zugeben, dass sie „eben nur den Zweck hat, das ihnen anvertraute Universitäts-Laboratorium vor allen Verlusten zu sichern."[239] Schmidt wandte Bidder gegenüber daraufhin ein, es werde wegen der Sommerferien wohl kaum möglich sein, das Universitäts-Conseil vor dem 1. August 1858 nochmals vollständig zu versammeln, um eine Genehmigung seines Planes zu erwirken. Da so der in der Anzeige ursprünglich genannte Termin hinfällig wurde, wies Schmidt mögliche Interessenten in einer zweiten Bekanntmachung darauf hin, „daß unvorhergesehene Hindernisse mir nicht gestatten, die daselbst angekündigten Arbeiten im hiesigen Universitätslabor sofort zu übernehmen."[240] Obwohl Schmidt die Absicht äußerte, das Conseil nach den Sommerferien in der von Bidder gewünschten Weise zu informieren und um wohlwollende Überprüfung seines Planes zu bitten,[241] gab er sein Vorhaben offenbar vorübergehend auf und unternahm erst rund drei Jahre später einen erneuten Anlauf, gegen Entgelt Dienstleistungen für die Privatwirtschaft zu erbringen.

#### *4.5.2.2 Die zweite Offerte des Direktors des chemischen Universitätslaboratoriums, privatwirtschaftlich tätig zu werden (1861)*[242]

Von diesem zweiten Versuch wurde das Direktorium der Universität durch den Kurator des Dörptschen Lehrbezirks v. Bradke unterrichtet. Er teilte dem Gremium mit, dass sich Schmidt durch eine Anzeige in der „St. Petersburger Zeitung"[243] unter der Rubrik „Mannigfaltiges" (Anlage 18)[244] „zu agriculturchemischen

239 EAA 402/3/1887, Nr. 225 vom 10. Juni 1858.

240 EAA 402/3/1887, ohne Nr. vom 12. Juni 1858.

241 EAA 402/3/1887, ohne Nr. vom 12. Juni 1858.

242 Nach: Roß (2005 b), S. 14–20. Der Verfasser dankt den Estonian Academy Publishers (Teaduste Akadeemia Kirjastus, Tallinn) für die erteilte Abdruckgenehmigung vom 20. Januar 2015.

243 Vgl. zu der 1727 begründeten „St. Petersburger Zeitung" sowie zu der anlässlich des 300-jährigen Stadtjubiläums veranlassten umfangreichen Mikroverfilmung dieses Periodikums: O. V. (2003). – Der Verfasser dankt Frau Luise Junqué vom Goethe-Institut in St. Petersburg für die Übersendung dieser Broschüre.

244 Vgl.: O. V. (1861 b), S. 725. – Die besagte Nummer der „St. Petersburger Zeitung" ist weder in den Beständen deutscher Bibliotheken vorhanden (vgl.: https://kvk.bibliothek.kit.edu/. Letzter Zugang: 30. Oktober 2017), noch wurde sie in die zuvor genannte Mikroverfilmung integriert. Der Verfasser weiß sich folglich Frau Külli Gailit

Analysen aller Art, so wie technisch-chemischen Untersuchungen im Interesse des landwirtschaftlichen und industriellen Fortschritts unseres Vaterlandes unter denselben Honorarbedingungen, wie sie in England bestehen,[245] bereit erklärt hat.“[246] Zwar erkannte der Kurator die grundsätzliche Nützlichkeit eines solchen Vorhabens vollkommen an, da er der Meinung war, dass die Analyse des Bodens der Landwirtschaft sehr förderlich sein könne.[247] Er wandte jedoch ein, das chemische Laboratorium sei keine Privatanstalt, sondern eine staatliche Institution. Daher müssten solche „außeruniversitären“ Leistungen des Laboratoriums, die zumal mit einer Remuneration verbunden werden sollten, unbedingt der Bestätigung durch die Universität unterliegen. Gleiches gelte auch für die speziellen Bedingungen, auf deren (Rechts-)Grundlage derartige zusätzliche Analysen erbracht werden könnten. Von Bradke forderte das Universitäts-Direktorium daher auf, die Angelegenheit einer genauen Prüfung zu unterziehen und ihn über die getroffenen Entscheidungen zu informieren.[248] Das Direktorium beschloss, zunächst nicht selbst tätig zu werden, sondern Schmidt lediglich vom Inhalt des Schreibens in Kenntnis zu setzen und ihn zugleich zu bitten, er möge so schnell als möglich eine entsprechende Erklärung vorlegen.[249] Schmidt kam dieser Aufforderung durch eine ausführliche Stellungnahme umgehend nach.[250] Für den nunmehr zweiten Versuch, sein Laboratorium nach außen zu öffnen, gab er unterschiedliche Gründe an. Er sei zunächst als Ehrenmitglied verschiedener ökonomischer Gesellschaften Russlands[251] verpflichtet, deren gemeinnütziges Wirken zu fördern und folge damit nur dem

---

(Repository Library of Estonia, Tallinn) zu besonderem Dank dafür verpflichtet, dass sie ihm die lange vergeblich gesuchte „Notiz“ schließlich doch noch zugänglich machte.

245 Die konkreten „Honorarbedingungen“ wurden in der „St. Petersburger Zeitung“ nicht genannt. Dort fand sich nur ein Hinweis auf das Januar-Heft des „Journals der kaiserlichen livländischen gemeinnützigen und ökonomischen Sozietät“ (O. V. [1861 a], S. 108–111). Der Text der dortigen Anzeige ist in Anlage 19 wiedergegeben. – Der Verfasser dankt Frau Mare Rand (Tartu University Library), die ihm eine Kopie der Bekanntmachung aus den „Livländischen Jahrbüchern der Landwirthschaft“ zur Verfügung stellte.

246 EAA 384/1/733, Nr. 1464 vom 21. August 1861.

247 EAA 384/1/733, Nr. 1464 vom 21. August 1861.

248 EAA 384/1/733, Nr. 1464 vom 21. August 1861.

249 EAA 402/5/492, ohne Nr. vom 25. August und Nr. 576 vom 28. August 1861.

250 EAA 384/1/733, ohne Nr. vom 28. August 1861.

251 Schmidt nannte in seiner Stellungnahme die „Kaiserlich livländische ökonomische Societät“ und die „Kaiserlich freie ökonomische Gesellschaft.“ Insgesamt war er weltweit Mitglied bzw. Ehrenmitglied von 27 wissenschaftlichen Gesellschaften, was

nachahmenswerten Beispiel englischer Kollegen wie John Christopher Voelcker oder James Sheridan Muspratt, die in ihren Einrichtungen an der Königlichen Agrikulturgesellschaft in London und am Königlich chemischen Institut in Liverpool ebenfalls vielfältige Analysen für die Privatwirtschaft durchführten. Aus ökonomischer Sicht argumentierte Schmidt, dass der Ackerboden das Nationalvermögen Russlands darstelle und auf seiner richtigen Kenntnis die Steuerkraft des Landes und mittelbar die eigene materielle Existenz beruhe. Seine angebotenen Analysen würden, passend angewandt, dieselbe um Millionen steigern.[252] Die Öffnung seines Laboratoriums stehe in keinem Zusammenhang mit dem ihm anvertrauten Lehrinstitut, sondern sei eine rein persönliche Angelegenheit, da er die beabsichtigten Untersuchungen alle eigenhändig in seiner Freizeit und mit von ihm privat beschafften Mitteln vornehmen wolle. Folglich würden die finanziellen Ressourcen und Zwecke des staatlichen Universitäts-Laboratoriums in keiner Weise beeinträchtigt.[253] Schmidt vertrat sogar im Gegenteil die Ansicht, dass dem Laboratorium „durch die Personal-Union des staatsökonomischen Analytikers mit dem Profeßor und Direktor des Universitäts-Institutes ein bedeutender Vortheil durch eine wesentliche Erweiterung der Lehrmittel, die Ersterer Letzterem liefert", erwachsen würde.[254] Dieser enorme Gewinn müsse sich zwangsläufig einstellen, indem er jedes an ihn übersandte und von ihm analysierte Objekt dem Universitäts-Institut übergeben wolle „als freiwillig und gern dargebotenes Geschenk zur Bildung einer Sammlung technisch-chemischer Produkte, Bodenarten etc. des gesammten Vaterlandes mit beigefügter Analyse."[255] So werde sukzessive eine Kollektion entstehen, die keine wissenschaftliche Anstalt Russlands und nur sehr wenige des Auslandes ihr Eigen nennen könnten. Eine solche „Stiftung" von hohem wissenschaftlichem Wert entsprach nach Schmidts eigenen Angaben einem schon seit langem von ihm gehegten Wunsch, der allerdings nur über den eingeschlagenen Weg realisierbar sei, zumal er auf diese Weise sogar ohne bedeutende Auslagen, ja selbst ohne Beeinträchtigung des Universitätsbudgets in Erfüllung gehe.[256]

Trotz dieser ausführlichen Begründung, die zudem Schmidts Hinweis enthielt, dass er die vorgesehenen Analysen auch in seinem Privathaus bewerkstelligen könne und sie nur aus Bequemlichkeit im Arbeitszimmer seines Laboratoriums

---

als eindrucksvoller Beweis seiner großen internationalen Reputation anzusehen ist. Vgl.: Siilivask (1985), S. 122.

252 EAA 384/1/733, ohne Nr. vom 28. August 1861.

253 EAA 384/1/733, ohne Nr. vom 28. August 1861.

254 EAA 384/1/733, ohne Nr. vom 28. August 1861.

255 EAA 384/1/733, ohne Nr. vom 28. August 1861.

256 EAA 384/1/733, ohne Nr. vom 28. August 1861.

durchführen wolle,[257] sah das Universitäts-Direktorium noch Klärungsbedarf.[258] Schmidt wurde zu einer weiteren Stellungsnahme aufgefordert. Er sollte darlegen, wie er die der Universität entstehenden Kosten, z. B. für Materialien und Utensilien sowie die unvermeidliche Abnutzung des Laboratoriums-Inventars, zukünftig zu ersetzen beabsichtige und wurde gefragt, ob hierzu das von den Auftraggebern der Analysen erhobene Entgelt vorgesehen sei.[259] In seiner Erwiderung gab Schmidt an, er habe für die geplanten Analysen bereits einen größeren Reagenzien-Vorrat aus eigenen Mitteln beschafft und wolle dies auch zukünftig tun.[260] Außerdem verursachten derartige Untersuchungen nur sehr geringfügige Ausgaben, was er dem Universitäts-Direktorium beispielhaft durch einen Kostenvoranschlag für 100 Mineralwasser-Analysen auf der Basis der Dorpater Preise illustrierte.[261] Abschließend erwähnte Schmidt noch beiläufig, er habe auch in der Vergangenheit schon stillschweigend jährlich durchschnittlich die Kosten für 200 bis 300 derartiger Bestimmungen im Interesse der Wissenschaft aus eigenen Mitteln bestritten, um die ohnehin unzureichende Laboratoriumskasse nicht weiter zu belasten.[262]

Nach dieser zusätzlichen Erklärung gelangte das Universitäts-Direktorium im Kern zu folgender Entscheidung, die man auch dem Kurator übermittelte: Bei Untersuchungen wie den vorgesehenen, die nicht für Unterrichtszwecke, sondern im Auftrag von Privatpersonen gegen Honorar durchgeführt werden, sei es Schmidts Pflicht, „in den bezüglichen Ankündigungen seine amtliche Stellung als Director des Universitäts-Laboratoriums ganz unerwähnt zu lassen, und dergleichen Arbeiten nicht in dem Laboratorium, sondern in seiner Privatwohnung vorzunehmen."[263] Der Kurator billigte in seiner Antwort an das Direktorium die getroffene Entscheidung,[264] und Bidder setzte Schmidt am 9. Oktober hiervon in Kenntnis.[265] Schmidt ließ sich jedoch durch diesen negativen Beschluss nicht entmutigen, sondern legte dem Direktorium nochmals in fünf Punkten dar, welchen Zweck er mit seinem Plan verfolge.[266] Während die ersten vier Argumente im wesentlichen Bekanntes wiederholten, bot Schmidt unter dem letzten Punkt

257 EAA 384/1/733, ohne Nr. vom 28. August 1861.
258 EAA 384/1/733, ohne Nr. vom 7. September 1861.
259 EAA 402/5/492, Nr. 611 vom 11. September 1861.
260 EAA 384/1/733, ohne Nr. vom 11. September 1861.
261 EAA 384/1/733, ohne Nr. vom 11. September 1861. Vgl.: Roß, (2005 b), S. 16.
262 EAA 384/1/733, ohne Nr. vom 11. September 1861.
263 EAA 384/1/733, ohne Nr. vom 30. September und Nr. 679 vom 3. Oktober 1861.
264 EAA 384/1/733, Nr. 1760 vom 5. Oktober 1861.
265 EAA 402/5/492, ohne Nr. vom 8. Oktober und Nr. 698 vom 9. Oktober 1861.
266 EAA 384/1/733, ohne Nr. vom 13. Oktober 1861.

dem Direktorium nun an, am Jahresende jeweils einen Bericht „über die Zahl der ausgeführten Analysen, deren vorwaltende Richtung, den Gesammtbetrag der eingegangenen Zahlungen und der davon für das Laboratorium verwendeten Summe zur Kenntnißnahme“ vorzulegen.[267] Zusätzlich bat er das Direktorium in einer weiteren Eingabe, diese konzise Formulierung „höheren Orts“ tunlichst im Original zu präsentieren,[268] was offenbar mit seinen früheren Eingaben vom 28. August und 11. September 1861 nicht geschehen sei. Da man der „Oberbehörde“ stattdessen nur einen kurzen Auszug seiner Anträge vorgelegt habe, wäre die seinen „gemeinnützigen Absichten nicht entsprechende Auffaßung der Sachlage des Schreibens des hohen Directoriums vom 9ten October Nr. 698 entstanden.“[269] Daraufhin leitete die Universität am 3. November die drei Erklärungen Schmidts zur Übernahme technisch-chemischer Analysen aller Art gegen Honorar dem Kurator des Lehrbezirks im Original zu. Gleichzeitig wiederholte der Rektor der Universität die früheren Gegenargumente und betonte abschließend, dass der Direktor des chemischen Universitäts-Kabinetts „dergleichen Arbeiten nicht in diesem Laboratorium auszuführen habe.“[270] Der Kurator schloss sich allerdings der negativen Einschätzung des Direktoriums nun nicht mehr an. Er teilte mit, dass er bei seiner schon früher geäußerten Überzeugung bleibe und die von Schmidt beabsichtigten chemisch-technischen Analysen des Bodens sowohl für die vaterländische Industrie als auch die Universitäts-Bildung für überaus wertvoll erachte. Es bestehe daher die Verpflichtung, „diejenigen Schwierigkeiten zu beseitigen, welche der Erfüllung des Vorhabens entgegentreten könnten.“[271] Konkret unterbreitete v. Bradke vier Lösungsvorschläge:

1. Das chemische Laboratorium der Universität sei Schmidt für sein Vorhaben zur Disposition zu stellen, da „ohne Benutzung desselben jedenfalls die chemischen Arbeiten schwieriger und in manchen Fällen gar nicht zu bewerkstelligen wären.“
2. Die Kosten der vorzunehmenden Untersuchungen sollten durch Schmidt überprüft und möglichst ermäßigt werden, „damit denjenigen, die solche Analysen zu erhalten wünschen[,] durch die Wohlfeilheit der Preise das nützliche Vorhaben erleichtert werde.“

267 EAA 384/1/733, ohne Nr. vom 13. Oktober 1861.
268 EAA 402/5/492, ohne Nr. vom 25. Oktober 1861.
269 EAA 402/5/492, ohne Nr. vom 25. Oktober 1861.
270 EAA 384/1/733, Nr. 764 vom 3. November 1861.
271 EAA 402/5/492, Nr. 1969 vom 7. November 1861.

3. Zur Vermeidung „jedweder kleinlicher Berechnung“ müsse Schmidt vom Direktorium ein Schnurbuch ausgehändigt werden, in das er nur „das Verzeichniß der ihm zugestellten Aufforderungen mit den dafür erhaltenen Zahlungen einzutragen hat.“ Das Direktorium könne das Schnurbuch jederzeit zur Durchsicht anfordern.
4. Schließlich sei von den erhaltenen Honoraren derjenige Teil zu bestimmen, der dem Laboratorium zur Deckung der Kosten zustehe und auch der Betrag zu ermitteln, „der als Vergütung der gehabten Mühewaltungen, ohne weitere Rechenschaftsabgabe, zur Disposition des Herrn Professors Schmidt zu stellen wäre.“[272]

Der Kurator hielt es abschließend für möglich, „dieser nützlichen Angelegenheit einen effectiven Fortgang zu geben, ohne die Universität einer besonderen Belästigung zu unterziehen.“[273] Über den Beschluss des Direktoriums wollte er informiert werden. Der Rektor teilte Schmidt die Entscheidung des Kurators mit[274] und forderte ihn seinerseits auf, zur definitiven Erledigung der Angelegenheit anzugeben, um wie viel die in England üblichen Kosten (Anlage 19)[275] der angekündigten Analysen reduziert werden könnten.[276] Schmidt erklärte sich „zu möglichster Förderung der Sache gern bereit, die Honorare in der Weise zu ermäßigen, dass die Guinee = 1 £ 1 sh. der englischen Honorare statt = 7, für unsere Verhältnisse = 5 Rub. S. etc. gesetzt wird.“[277] Hierüber wurde v. Bradke durch das Universitäts-Direktorium unterrichtet.[278] Das Direktorium betonte zwar, wie angemessen „diese Preisermäßigung sowohl der hiesigen Geldvaluta als auch dem ausgesprochen gemeinnützigen Zwecke […] sei“; es konnte sich aber trotzdem nicht mit dem Gedanken befreunden, dass eine Universitätsanstalt auf Bestellung von Privaten und für Geld arbeiten solle.[279] Allerdings schlug nun das Direktorium einen Kompromiss vor. Der Kurator wurde gebeten, für Schmidts Vorhaben einen angemessenen Zuschuss aus der Ökonomiesumme der Universität zu gewähren und so dem Laboratorium die Möglichkeit zu

272 EAA 402/5/492, Nr. 1969 vom 7. November 1861.
273 EAA 402/5/492, Nr. 1969 vom 7. November 1861.
274 EAA 402/5/492, Nr. 786 vom 10. November 1861.
275 EAA 402/5/492, Nr. 786 vom 10. November 1861. Vgl.: O. V. (1861 a), S. 108–111.
276 EAA 402/5/492, Nr. 786 vom 10. November 1861.
277 EAA 402/5/492, ohne Nr. vom 12. November 1861. – Die englische Münze Guinee, zuerst 1662 aus Gold von der Küste Guineas geprägt, hatte ab dem Jahre 1718 einen Wert von 21 Schillingen oder 1 Pfund 1 Schilling. Vgl.: Niemann (1830), S. 118.
278 EAA 384/1/733, Nr. 795 vom 15. November 1861.
279 EAA 384/1/733, Nr. 795 vom 15. November 1861.

geben, „seine ihm zunächst obliegenden Lehrzwecke mit der Förderung gemeinnütziger Intereßen zu verbinden."[280] Durch eine solche außerordentliche finanzielle Zuwendung würden zudem das chemische Kabinett, dessen Direktor und die Universität insgesamt vor Missdeutungen geschützt, die sich durch die Honorarforderungen unvermeidlich ergeben müssten.

Die uns zur Verfügung stehenden Archivalien lassen leider nicht erkennen, in welchem Umfang Schmidt in den noch verbleibenden 30 Jahren seiner Tätigkeit als Direktor des Dorpater chemischen Universitäts-Laboratoriums tatsächlich Analysen im Auftrag von Privatpersonen und Gewerbebetrieben ausführte. Wir dürfen jedoch berechtigt annehmen, dass zumindest ein Teil seiner unzähligen landwirtschaftlichen, bodenkundlichen und hydrochemischen Arbeiten und Publikationen auf derartige „Auftragsarbeiten" zurückging[281] und er so wenigstens ein Stück weit die von ihm beabsichtigte Allianz von Hochschulchemie und baltischer Privatwirtschaft samt der damit zwangsläufig verbundenen Öffnung der Universität nach außen realisieren konnte.

#### *4.5.2.3 Die Verbindung von Hochschulchemie und Privatwirtschaft im Baltikum und in Russland im Vergleich zu Frankreich, Deutschland und England*[282]

Eine „Verzahnung" von Hochschulchemie und Privatwirtschaft im Interesse der nationalen Volkswirtschaft gestaltete sich im Baltikum des 19. Jahrhunderts weit schwieriger als in der „westlichen" Welt, wo günstigere industrielle, wirtschafts- und ordnungspolitische Rahmenbedingungen herrschten. In Russland und auch seinen damaligen Ostseeprovinzen hatte dagegen die Industrialisierung mit dem Ausbau des Transportwesens faktisch nicht vor den 1830er Jahren begonnen und erreichte einen ersten Höhepunkt nach der Bauernbefreiung von 1861. Da aber die wirtschaftliche Ausrichtung auch danach weitgehend die eines Agrarstaates blieb, fehlte es für Jahrzehnte an nennenswerten industriellen Ansiedlungen, die sich erst gegen Ende des 19. Jahrhunderts in Riga, Reval und beispielsweise auch Baku als dem Zentrum der russischen

280 EAA 384/1/733, Nr. 795 vom 15. November 1861.

281 Vgl. zu diesen Arbeiten und deren Bedeutung: Kapitel 4.6.2.1 und 4.6.2.2 dieser Untersuchung.

282 Nach: Roß (2005 b), S. 4–10. Der Verfasser dankt den Estonian Academy Publishers (Teaduste Akadeemia Kirjastus, Tallinn) für die erteilte Abdruckgenehmigung vom 20. Januar 2015.

Ölindustrie ausbildeten.[283] So kam es zwar in den letzten Amtsjahren Schmidts zu einer relativen Blüte der heimischen Wirtschaft, es muss aber dahingestellt bleiben, inwieweit er, fast 70-jährig und mit zunehmenden Tendenzen einer „Russifizierung" an der Dorpater Hochschule konfrontiert, diesen industriellen Aufschwung noch zur Intensivierung der von ihm bereits 30 Jahre zuvor propagierten „Personal-Union des staatsökonomischen Analytikers mit dem Profeßor und Direktor des Universitäts-Institutes" hat nutzen können.[284]

Im Gegensatz zum russischen Reich konnten sich besonders in Frankreich und Deutschland schon bis zum 19. Jahrhundert erfolgreiche Allianzen von Hochschulchemie und Privatwirtschaft entwickeln. Nach Nipperdey lässt sich am Beispiel des Faches Chemie sogar das sich im Laufe der Disziplinen-Differenzierung sukzessive verändernde Verhältnis der Hochschulwissenschaft zur Wirtschaft besonders gut darstellen.[285] Die Chemie fungierte bis zum Beginn des 19. Jahrhunderts weitgehend als Hilfswissenschaft der Medizin, stand aber traditionell auch in enger Beziehung zum Berg-, Hütten- und Münzwesen, zur Kameralwissenschaft[286] sowie zur Pharmazie.[287] Durch die Verbindung mit den genannten Bereichen entwickelte sich langsam eine Symbiose zwischen wissenschaftlicher Hochschulchemie und den Erfordernissen der wirtschaftlichen Praxis.

In Frankreich wurden schon im 18. Jahrhundert bedeutende Gelehrte Betreiber eigener chemischer Fabriken oder Leiter staatlicher Manufakturen und chemischer Gewerbebetriebe.[288] Antoine Laurent Lavoisier beispielsweise stand als einer der reputiertesten Chemiker seiner Zeit seit 1776 den Königlichen Salpeter- und Pulverfabriken Frankreichs vor und führte zahlreiche Neuerungen in

283 Vgl.: Witt (1902), S. 98–108; Taube (1903), S. 397–458; Tammann (1929 b), S. 227; Engelhardt (1933), S. 382; Ploetz (1998), S. 986, S. 989; Kojevnikov (2002), S. 242–247; Cinis (2003), S. 21–25; Stradins (2003), S. 7–13.

284 EAA 384/1/733, ohne Nr. vom 28. August 1861.

285 Vgl.: Nipperdey (1998), S. 585–587.

286 Der Kameralismus war die deutsche Ausprägung des Merkantilismus, durch den man mit teils einschneidenden Maßnahmen eine Steigerung der jeweiligen nationalen Wirtschafts- und Handelskraft hervorbringen wollte, um so den Wohlstand der Völker, aber auch die Finanzkraft der Kaiser, Könige und Fürsten zu vermehren. Vgl.: Sellien und Sellien (1988), 1, Sp. 2724; 2, Sp. 367–368 sowie zu den einzelnen Zielen, Maßnahmen und den Hauptvertretern der durchaus unterschiedlichen nationalen merkantilistischen Wirtschaftspolitik, z. B. in Frankreich, Deutschland und England: Kruse (1959), S. 16–28; Zorn (1971), S. 531–573.

287 Vgl.: Schmauderer (1969), S. 49.

288 Vgl.: Schmauderer (1969), S. 49.

den technischen Herstellungsprozess von Kalisalpeter und Schießpulver ein.[289] Jean Antoine Chaptal, im Hauptberuf Professor für Chemie in Montpellier, gründete dort ebenso wie in Rouen und Grenoble große chemische Fabriken, unternahm als deren Leiter umfangreiche Versuche zur Sodagewinnung und förderte durch seine Arbeiten die industrielle Produktion von Salpeter, Schwefel- und Salzsäure entscheidend. Von 1800 bis 1804 war Chaptal unter Napoleon I. sogar Innenminister und gleichzeitig Direktor des Handels und der Manufakturen.[290] Der berühmte Chemiker Louis Joseph Gay-Lussac gehörte als Professor an der Pariser École polytechnique und am Jardin des Plantes der 1775 gegründeten „Régie des Poudres et Salpêtres" an und betrieb mit seinem Kollegen Michel Eugène Chevreul zudem eine Stearinkerzenfabrik.[291] Chevreul seinerseits leitete ab 1826 die Färberei der Königlichen Gobelin-Manufaktur und erwarb sich als Professor für Chemie am Musée d'histoire naturelle große Verdienste um die Farbenchemie sowie deren industrielle Nutzung.[292]

Während es also in Frankreich durch die Tätigkeit der genannten und zahlreicher anderer namhafter Chemiker[293] schon vergleichsweise früh zu einer fruchtbaren Allianz von Wissenschaft und Wirtschaft vor allem in den Bereichen der chemischen Industrie, der Metallverhüttung, der Textilherstellung sowie der Glas- und Porzellanfabrikation kam, profitierte das „Vielstaaten-Gebilde" Deutschland weit langsamer als die französische Volkswirtschaft von der Verknüpfung der Hochschulchemie mit den Zielen des Kameralismus bzw. Merkantilismus.[294] Ein früher Repräsentant der kameralistischen Denkweise unter den deutschen Hochschullehrern für Chemie war Christian Ehrenfried von Weigel, der in seiner Greifswalder Antrittsrede 1774 die Bitte äußerte, dass die Chemie „hier mehr geachtet, mehr getrieben, mehr zur Veredlung unserer Landesprodukte angewandt werden möge."[295] Weit stärker noch als von Weigel gelang es dem Apotheker Johann Wolfgang Döbereiner als außerordentlichem

289 Vgl.: Schaedler (1891), S. 65–66; Kopp (1966), 1, S. 300; Speter (1984 b), S. 333.

290 Vgl.: Poggendorff (1863), 1, Sp. 420; Schmauderer (1969), S. 50; Bloch (1984 c), S. 295.

291 Vgl.: Schaedler (1891), S. 37–38; Schmauderer (1969), S. 50; Meinel (1985), S. 38.

292 Vgl.: Poggendorff (1863), 1, Sp. 432; Schaedler (1891), S. 23.

293 Stellvertretend seien hier noch angeführt: Jean Hellot, Pierre Macquer, Claude Louis Berthollet, Louis Bernard Guyton de Morveau, Jean D'Arcet und Henri Viktor Regnault. Vgl.: Kopp (1966), 1, S. 216–218, S. 220–224, S. 329–339, S. 317–324; 2, S. 22; Schmauderer (1969), S. 49–50; Bloch (1984 b), S. 101.

294 Vgl.: Meinel (1985), S. 37.

295 Zitiert nach: Meinel (1985), S. 37.

Professor für Chemie, Pharmazie und Technologie an der Universität Jena durch sein Wirken, die Industrie vor allem des Herzogtums Sachsen-Weimar-Eisenach zu befördern. Döbereiner war 1810 auf Initiative des Herzogs Carl August nach Jena berufen worden und übernahm umgehend die Oberaufsicht über die chemisch-technischen Betriebe des Landes (z. B. Brauereien, Färbereien und Brennereien). Aufgrund seiner umfangreichen Kenntnisse in der gewerblichen bzw. technischen Chemie dürfte Döbereiner so vermutlich in nahezu idealer Weise die Erwartungen seines Landesherrn erfüllt haben, der sich für diese Position einen ausgezeichneten Vertreter der praktischen Chemie gewünscht und sich von dessen Lehre und Erfindungen einen möglichst gedeihlichen Einfluss auf die heimische Wirtschaft versprochen hatte. Neben von Weigel und Döbereiner bekannte sich unter den deutschen Hochschullehrern für Chemie beispielsweise 1818 mit Liebigs Erlanger Lehrer Karl Wilhelm Gottlob Kastner auch einer der führenden Fachvertreter seiner Zeit dazu, dass die Chemie dem Wohlergehen des Staates zu dienen habe und diese ihrerseits als Gegenleistung dafür staatliche Förderung erhalten solle. Die Notwendigkeit des praktischen Nutzens der Chemie wurde besonders in der von Kastner herausgegebenen Zeitschrift „Der Deutsche Gewerbefreund" propagiert.[296] Erstaunlicherweise pflegte auch Liebig selbst zeitlebens enge Beziehungen zur gewerblichen Wirtschaft,[297] obwohl er mit seinem neuen Ausbildungskonzept ab 1835 gerade der Chemie als „reiner Wissenschaft" an den deutschen Hochschulen wesentlich zum Durchbruch verholfen hatte und nicht nur in seinen Berichten über den Zustand der Chemie in Österreich[298] bzw. Preußen[299] sehr polemisch gegen das utilitaristische Prinzip zu Felde gezogen war. Liebig profitierte nämlich direkt von einer Fabrik, die ab 1826 die Salze und Solen von Bad Salzhausen bei Nidda zu Salzsäure und Bittersalz verarbeitete[300] und begründete als Teilhaber eine Kunstdüngerfabrik mit, die seine wissenschaftlichen Forschungsergebnisse selbstverständlich nutzte.[301] August Wilhelm

296 Nach Krätz (1973), S. 262–264 und Krätz (1999), S. 78 gehörte es zu den wichtigsten Zielsetzungen dieser Zeitschrift, der interessierten Öffentlichkeit deutlich zu machen, dass insbesondere die Chemie die Gewerbe fördern müsse und der Chemiker neben der reinen Wissenschaft ebenso der nationalen Wohlfahrt zu dienen habe. Vgl. auch: Kirschke (2001), S. 233–243.

297 Vgl.: Meinel (1984), S. 333; Brock (1999), S. 98.

298 Vgl.: Liebig (1838), S. 339–347.

299 Vgl.: Liebig (1965 d), S. 7–36.

300 Vgl.: Brock (1999), S. 99–100.

301 Es handelte sich hierbei um die 1857 gegründete Bayerische Aktiengesellschaft für chemische und landwirtschaftlich-chemische Fabrikate in Heufeld bei Bad Aibling

Hofmann, Liebigs wohl bedeutendster Schüler, verfolgte während seiner ganzen Tätigkeit ausdrücklich das Ziel, „die Allianz zwischen Industrie und Wissenschaft zu besiegeln", damit die moderne Produktionstechnologie „die Ergebnisse der wissenschaftlichen Forschung nicht lange unbenutzt lasse."[302] Diesem Credo blieb Hofmann selbstverständlich auch treu, als er 1865 als Ordinarius der Chemie an die Berliner Universität wechselte. Hier entwickelte sich über seine Schüler und deren spätere Anstellung in leitenden Positionen von Privatfirmen „bald ein überaus enges, fast symbiotisches Verhältnis zwischen dem Berliner Laboratorium und der chemischen Industrie."[303] Stellvertretend für diese Allianz sei nur Karl Alexander von Martius genannt, der in Berlin die Aktiengesellschaft für Anilinfabrikation (AGFA) leitete und in dieser Funktion gleichsam ein Monopol auf Erfindungen besaß, die Hofmanns Labor hervorbrachte.[304]

Im England des 19. Jahrhunderts verdankten hingegen Chemie, Physik und Technik ihren Aufstieg in erster Linie den industriellen Werkstätten selbst.[305] Dies beruhte vor allem darauf, dass die „Industrielle Revolution" mit ihren vielfältigen Erfindungen und Entdeckungen, die der heimischen Wirtschaft außerordentlich zugute kamen, um 1750 zuerst eben hier einsetzte und danach für einige Jahrzehnte praktisch auf England, Schottland und Wales beschränkt blieb.[306] Es verwundert daher nicht, dass auch Liebig während seiner ersten Englandreise (August bis Oktober 1837) von der Großartigkeit und Vollkommenheit der dortigen Industrie sehr beeindruckt war, umso mehr, als Deutschland damals nichts annähernd Vergleichbares zu bieten hatte. Gleichzeitig bemängelte er jedoch die Diskrepanz, die zwischen den zu bestaunenden maschinellen Anlagen und dem Mangel an chemischen Kenntnissen der in diesen Betrieben Beschäftigten bestehe.[307] Es dauerte in England fast bis zur Wende zum 20. Jahrhundert, ehe man die zumindest gleichrangige Bedeutung der Gelehrten neben

in Oberbayern, die heutige Süd-Chemie AG. Vgl.: Brock (1999), S. 108, S. 312. Brock (1999), S. 98–129 geht auch ausführlich auf vielfältige weitere Verbindungen Liebigs mit nationalen und internationalen (chemischen) Unternehmen ein und betont, dass Liebig – wenn auch mit wechselndem Erfolg – stets bemüht war, seine laufenden Entdeckungen industriell und kaufmännisch zu vermarkten.

302 Hofmann (1880), S. 1729.

303 Meinel (1992), S. 45.

304 Vgl.: Beer (1959), S. 65.

305 Vgl.: Manegold (1969), S. 144.

306 Vgl.: Treue (1966), S. 26.

307 Vgl.: Carrière (1898), S. 134: Brief Liebigs an Berzelius vom 26. November 1837; Treue (1966), S. 50–51.

den Maschinen erkannte.[308] Eine intensivere Wechselbeziehung zwischen der englischen Hochschulchemie und der industriellen Praxis bestand lediglich während der 20-jährigen Tätigkeit Hofmanns am Londoner „Royal College of Chemistry" in der Zeit von 1845 bis 1865.[309] Nach dessen Weggang „fehlte es in England an Einfluß der gelehrten Arbeit auf die chemische Industrie."[310] Durch diese quasi „wissenschaftslosen" Verhältnisse erwuchsen den englischen Betrieben ab 1870 langsam auch Nachteile gegenüber der deutschen Konkurrenz.

## 4.6 Schmidt als Forscher in der anorganischen und organischen Chemie

### 4.6.1 Forschungsmethodik und Forschungsstil

Auch als Direktor des Dorpater chemischen Universitätslaboratoriums erwies sich Schmidt zunächst als ein versierter Experimentator, der die erhaltenen Ergebnisse seiner Untersuchungen unverändert kritisch induktiv interpretierte und zudem eine kollektive Form des Forschens in einer Gruppe pflegte.[311] So versuchte er Ende der 1850er Jahre, gemeinsam mit Bretschneider,[312] Stürzwage und Chomse im Zuge der von ihnen angefertigten Dissertationsschriften[313] durch entsprechende Versuchsreihen die physiologisch-toxikologische Wirkung von Arsen generell[314] und die des Kakodyloxyds, der Kakodylsäure[315] und der

308 Vgl.: Treue (1966), S. 51.

309 Vgl.: Schmauderer (1969), S. 53; Brock (1997), S. 132; Roß (2002 b), S. 159.

310 Willstätter (1984), S. 332.

311 Vgl.: Kapitel 3.4 dieser Untersuchung.

312 Vgl. zur Zusammenarbeit mit Bretschneider auch Kapitel 4.6.2.3.3 dieser Untersuchung.

313 Vgl.: Bretschneider (1858); Chomse (1859); Stuerzwage (1859); Grünfeld (1893), S. 31–33.

314 Vgl.: Schmidt und Bretschneider (1859), S. 146–157.

315 Vgl.: Schmidt und Chomse (1859), S. 122–145. – Das metallhaltige organische Radikal Kakodyl, eine unerträglich widerlich riechende Flüssigkeit, die sich an der Luft entzündet, wurde 1837 erstmals von Bunsen dargestellt, dessen Untersuchungen auf dem Kakodyloxyd (Alkarsin) beruhten, das Louis Claude Cadet 1760 entdeckt hatte. In organischer Verbindung, als Kakodylsäure, zeigte das Arsen gar keine oder nur höchst unbedeutende giftige Eigenschaften, obwohl das Radikal Kakodyl über 50 % Arsen enthielt. Vgl.: Bunsen (1837 a), S. 224; Bunsen (1837 b), S. 145–147; Oesterlen (1861), S. 90; Kopp (1966), 4, S. 98; Eulitz et al. (1976), 1, S. 610.

arsenigen Säure speziell auf den Stoffwechsel[316] nachzuweisen. Die Experimente erfolgten an jungen Katzen, einem Huhn und an Stuten.[317] Darüber hinaus bestanden im Dorpater Laboratorium Schmidts in den Jahren von 1855 bis 1866 offenbar noch einige „Mini-Forschungsgruppen". Genannt seien die „Tandems" Goebel/Schmidt und Lemberg/Schmidt zur Untersuchung des heilsamen Meeresschlamms an den Küsten der Insel Oesel,[318] der Dolomit-Kalksteine der oberen silurischen Gesteinsgruppen Liv- und Estlands[319] und eines unterdevonischen Profils an der Bergstraße in Dorpat.[320] Außerdem lassen sich die „Gespanne" Budberg/Schmidt,[321] Larssen/Schmidt[322] und Lieven/Schmidt[323] nachweisen, die agrikultur- oder feststoff-chemische Analysen ausführten.

Ab 1860 trat Schmidt als kenntnisreicher und innovativer Experimentator kaum mehr in Erscheinung. Er widmete sich in den verbleibenden mehr als drei Jahrzehnten seiner Forschungstätigkeit als leidenschaftlicher und äußerst fleißiger „Einzelkämpfer" fast ausschließlich Untersuchungen zur Agrikultur-, Geo- und Hydrochemie, die meist sehr eintönig ausgelegt waren. Dieses Tatbestands ungeachtet, empfand er große Befriedigung, wenn ihm Forschungsreisende „Wasserproben aus entlegenen Seen und Flüssen, oder auch Ackerböden"[324] zur Analyse mitbrachten.

### 4.6.2 Schmidts Arbeiten auf den Gebieten der Agrikultur-, Geo- und Hydrochemie als „lebenslange Aufgaben"

Nachdem Carl Schmidt 1852 die Professur für Chemie und die Direktion des chemischen Institutes an der Dorpater Universität übernommen hatte, wurde er „an der Physiologie vorläufig zum Apostaten" und sah sich „zum Hüttenbau"[325] auf neuen Feldern veranlasst. Für seine Arbeiten auf diesen Wissenschaftsgebieten

316 Vgl.: Schmidt und Stürzwage (1859), S. 283–296. – Arsenige Säure ist eine durchsichtige, glasige oder weiße, porzellanartige Masse, die sich beim Erhitzen in weißen, geruchlosen Dämpfen verflüchtigt. Vgl.: Fresenius (1869), S. 184–185.

317 Vgl.: Schmidt und Chomse (1859), S. 122.

318 Vgl.: Lemberg (1867), S. 85–99; Schmidt (1852 a), Sp. 481–482.

319 Vgl.: Goebel (1854), S. 113–292.

320 Vgl.: Lemberg (1867), S. 85–99.

321 Vgl.: Budberg (1855), S. 67–114; O. V. (1866), S. 66.

322 Vgl.: Larssen (1863), S. 50–97; O. V. (1866), S. 66.

323 Vgl.: Lieven (1867), S. 45–84; O. V. (1866), S. 66.

324 Tammann (1929 a), S. 196.

325 BSB Liebigiana II B, Schmidt, Karl: Brief Schmidts an Liebig vom 20. Dezember 1856/1 Januar 1857 (Roß [2002 b], S. 76).

hatte er sich schon während seiner Studienjahre profunde Grundlagen geschaffen. So erlernte er bekanntlich bei Heinrich Rose in Berlin insbesondere die Kunst der chemischen Analyse, erwarb sich bei dessen Bruder Gustav basale Kenntnisse in der Mineralogie und Kristallographie und beschäftigte sich bei Liebig in Gießen und bei Wöhler und Wagner in Göttingen peripher auch mit Fragen der Landwirtschaft.

#### *4.6.2.1 Die Agrikulturchemie*

Schmidt knüpfte bereits in den ersten Jahren seiner Tätigkeit an der Universität Dorpat über die Bekanntschaft mit Karl Eduard von Liphart und über die Livländische Gemeinnützige Ökonomische Societät[326] Kontakte zur heimischen Landwirtschaft, die er in den Folgejahren weiter pflegte und intensivierte. Die allgemeinen Ziele der „Ökonomischen Societät", wie sie in Kurzform genannt wurde, waren die „Vervollkommnung des landwirtschaftlichen Gewerbes im weitesten Sinne, und [die] Beförderung jedes gemeinnützigen, für das Land wohltätigen Vorhabens."[327] In einer 1795 anonym erschienenen Denkschrift hieß es, die „Societät" wolle eine Verbesserung der Landwirtschaft erreichen, weil diese die Quelle darstelle, aus der die gesamte Ökonomie schöpfen müsse.[328] Schmidt arbeitete zweifellos an der Verwirklichung dieser agrarpolitischen Ziele mit, denn schließlich hatte schon sein Lehrer Liebig in der „Agrikulturchemie" propagiert, es gebe kein Gewerbe, „das sich an Wichtigkeit [mit] dem Ackerbau, der Hervorbringung von Nahrungsmitteln für Menschen und Thiere vergleichen"[329] lasse. Der Ackerbau stelle die Grundlage

326 Die 1792 in Riga gegründete „Livländische Gemeinnützige und Ökonomische Societät" war die erste landwirtschaftliche Gesellschaft in den seit 1721 (Estland und Livland) bzw. 1795 (Kurland) zu Russland gehörenden Ostseeprovinzen. 1813 verlegte sie ihren Sitz nach Dorpat und wurde 1939 aufgelöst. Vgl.: O. V. (1795), passim; Blanckenhagen (1973), S. 81–88; Engelhardt und Neuschäffer (1983), S. 1.

327 Blanckenhagen (1973), S. 81.

328 Vgl.: O. V. (1795), S. 31.

329 Liebig (1840), S. 124. – Ein Rückgriff auf Werke der Nationalökonomie zeigt, dass die Ziele der „Ökonomischen Societät" und auch Liebigs Ansichten keineswegs originär waren. Bereits der irische Nationalökonom Richard Cantillon erklärte als Vertreter der so genannten „Physiokraten" im Jahre 1725, der Boden sei die Quelle oder der Stoff, woraus man den Reichtum gewinne. Auch der berühmte schottische Philosoph, Sozial- und Nationalökonom Adam Smith vertrat als klassischer (Wirtschafts-)Liberaler in seinem Aufsehen erregenden Werk „Inquiry into the Nature and Causes of the Wealth of Nations" die Ansicht, neben der menschlichen Arbeitskraft bilde der landwirtschaftlich genutzte Boden die Quelle allen

des Allgemeinwohls, des Reichtums der Staaten und somit auch die Basis für alle Industrie dar. Wie dringend notwendig eine Verbesserung der damals noch vollständig aus Erfahrung betriebenen Landwirtschaft der Ostsee-Provinzen[330] war, z. B. durch chemische Bodenanalysen und wissenschaftliche Untersuchungen zur Zusammensetzung, zum Einsatz und zur Wirkung von natürlichem und künstlichem Dünger sowie zum Anbau und zu den Erträgen von Getreidearten und anderen heimischen landwirtschaftlichen Produkten, zeigte sich sogar noch rund 70 Jahre später. Während 1910 der Durchschnittsertrag der mit Weizen, Roggen und Gerste bebauten Fläche in den drei baltischen Ostseeprovinzen bei 1.141 kg je Hektar lag, betrug der Vergleichswert in Ostpreußen 1.500 kg.[331]

Frühe Belege für Schmidts agrarchemische Arbeiten konnten wir im Protokoll der General-Sitzung der „Ökonomischen Societät" vom 17. Januar 1849 unter der Leitung ihres Präsidenten von Liphart nachweisen.[332] Schmidt wurde hier im Alter von nur 27 Jahren zum Ehrenmitglied der Gesellschaft gewählt.[333] Unter Tagesordnungspunkt 19 wiesen von Wrangell[334] und von

---

Wohlstandes. Vgl.: Smith (1776), S. 182–202; Liebig (1876), S. 74–75; Cantillon (1959), S. 2–3; Kruse (1959), S. 42, S. 50; Schmölders (1961), S. 33.

330 Vgl.: O. V. (1895), S. 12. – Nach der gesetzlichen Aufhebung der Leibeigenschaft in den Jahren 1816 bis 1820 bewirtschafteten um 1850 Bauern ca. 50 % des Bodens. Die andere Hälfte befand sich in Form von Gutsland oder Hofgütern in den Händen der ritterlichen Groß-Grundbesitzer. Die Rittergüter wiesen um 1900 eine Durchschnittsgröße von 1.500 Hektar auf. Die Bauernhöfe oder „Gesinde" brachten es im Durchschnitt auf ca. 38 (Estland), 48 (Kurland) bzw. 49 Hektar (Livland). Vgl.: Engelhardt (1916), S. 126–127; Wittram (1954), S. 152–166; Engelhardt und Neuschäffer (1983), S. 68; Scholz (2003), S. 29.

331 Vgl.: Engelhardt (1916), S. 131.

332 EAA 1185/1/155. Die „Societät" hielt im Einklang mit den §§ 6 und 7 ihrer Satzung jährlich zwei General-Sitzungen ab, die mehrere Tage dauerten; eine zu Johannis (12./24. Juni), die andere Anfang Dezember. Außerdem gab es noch spezielle Zusammenkünfte. Vgl.: Engelhardt und Neuschäffer (1983), S. 183.

333 EAA 1185/1/155; EAA 1185/1/207. Nach § 2 der Satzung der „Ökonomischen Societät" gehörten der Gesellschaft 13 ordentliche oder wirkliche Mitglieder an. Sie waren aus dem livländischen Adel zu wählen. Hinzu kam eine unbestimmte Zahl von Ehrenmitgliedern, die ohne Unterschied des Ranges und der Nationalität bestimmt wurden. 1850 zählte die Gesellschaft 45 Ehrenmitglieder. Vgl.: Engelhardt und Neuschäffer (1983), S. 182.

334 Das zuerst 1277 erwähnte Geschlecht derer von Wrangel(l) gehörte zum Uradel Estlands und verzweigte sich auch nach Russland, Schweden, Preußen und Holland. Der genannte „Berichterstatter" konnte unter den zahlreichen Offizieren,

Hagemeister[335] in ihrem Bericht über das Düngen des Roggens mit Gips auf Schmidts einschlägige chemische Analysen verschiedener Gipsproben hin.[336] Darüber hinaus diente gemahlener Rohgips auch als vorzüglicher Mineraldünger für Wiesen und für den Kleeanbau.[337] Aus einem weiteren 1849er Sitzungsprotokoll der „Ökonomischen Societät" ist zu entnehmen, dass die Gesellschaft Schmidt für einen Zeitraum von sechs Jahren 300 Silber-Rubel für seine Analysen bewilligte.[338]

Während des 19. Jahrhunderts baute man im Baltikum neben den üblichen Getreidearten auch Hülsenfrüchte, Rüben, Kartoffeln, Klee und Flachs an. Klee als Saatgut sowie Flachs waren wichtige Exportgüter der Ostseeprovinzen.[339] Schmidt untersuchte in diesem Zusammenhang das Wasser der Flachsweiche[340] chemisch-quantitativ und unterwarf die so erhaltenen Ergebnisse einer strengen

---

Diplomaten, Landräten und Ritterschaftshauptmännern der baltischen Linie nicht eindeutig identifiziert werden. Vgl.: Lenz (1970), S. 882–891; Meyer (1998), 24, S. 127–128.

335 Das aus Pommern stammende Geschlecht derer von Hagemeister siedelte sich Ende des 17. Jahrhunderts in Liv- und Estland an. Das Mitglied der „Ökonomischen Societät" könnte Heinrich von Hagemeister gewesen sein, der ab 1848 Besitzer des Gutes Alt-Drostenhof in Livland war. Vgl.: Lenz (1970), S. 282–283.

336 EAA 1185/1/155. Die „Ökonomische Societät" arbeitete im Laufe des 19. Jahrhunderts nicht nur mit Schmidt, sondern auch mit den Inhabern des Dorpater Lehrstuhls für Landwirtschaft und Technik zusammen, die – wie Schmidt – ständig versuchten, ihre Theorien mit der landwirtschaftlichen Praxis zu verbinden. Von ihnen seien genannt (Dauer des Ordinariats): Johann Friedrich Schmaltz (1829–1845), Paul Alexander Petzholdt (1846–1872), Carl Hehn (1873–1875) und Georg Bernhard Brunner (1875–1890). Vgl.: Schmidt (1875), S. 7–8; Schönberg et al. (1918), S. 152–153; Engelhardt und Neuschäffer (1983), S. 37, S. 68–70; Järvesoo (1987), S. 202–203; Donnert (2007), S. 128–129.

337 Vgl.: Fischer (1893), S. 820.

338 EAA 1185/1/206.

339 Schon in den Jahren 1800 bis 1850 wurde der Samen für den Flachsanbau in Deutschland vor allem aus dem Baltikum eingeführt. Vgl.: Engelhardt (1916), S. 130, S. 231, S. 237; Franz (1976), S. 288.

340 Die Flachsweiche oder Flachsröste ist notwendig, um die mit Pektin „zusammengeleimten" Fasern aus dem Gewebeverband zu lösen und einer weiteren Bearbeitung zugänglich zu machen. Zur Entfernung des Pektins gab es zahlreiche Verfahren. Bei der natürlichen Wasserweiche wurden die Flachsstengel mit Steinen beschwert und so lange unter der Oberfläche gehalten, bis eine Art Fäulnis eintrat. Bei der Landröste übernahm der Tau die Funktion des Wassers und wirkte auf die Pflanzen ein, welche man zuvor in dünnen Schichten auf den Feldern ausgebreitet hatte. Vgl.: Fischer (1893), S. 994; Dietrich und Stöcker (1976), S. 247–248.

vergleichenden Bewertung.[341] Die Zusammensetzung der Leinpflanze vor und nach der Weiche, dem Mazerations-Prozeß also, zeige, so Schmidt, dass von den unorganischen Bestandteilen, insbesondere den Salzen, über 95 % im Weichwasser verblieben und so höchstens 5 % mit dem gebrochenen Produkt[342] in den Handel gebracht würden. Nach Schmidts Auffassung hatte zwar Robert Kane einige schätzenswerte Untersuchungen über die Flachs-Anbaugebiete in Irland und Belgien publiziert,[343] aber leider „den für die Oekonomie der Flachsbauer wichtigsten Punkt, die directe quantitative Bestimmung der sich so im Wasser bestimmter Flachsweichen anhäufenden Bestandtheile, unerörtert" gelassen.[344] Diese Lücke wollte Schmidt auf analytischem Wege schließen. Daher schöpfte er aus zwei in der Nähe Dorpats gelegenen Seen große Wassermengen und bestimmte deren Zusammensetzung. Der sechs Meilen (6,4 km) südlich von Dorpat liegende „Linnajerw" war von Morast umgeben, ca. 15 Fuß (rund 4 m) tief und bei stillem Wetter hervorragend zur Flachsweiche geeignet. Starker Wind während der „Weichezeit" wirkte sich nachteilig auf die Farbe des Flachses aus. Sein klares farbloses Wasser ergab beim Eintrocknen einen gelblich-braunen Rückstand. Dieser enthielt eine bedeutende Menge an Alkalien. Sie waren an organische Substanzen gebunden, die sich ihrerseits durch einen hohen Stickstoffgehalt auszeichneten. In 100 Litern Wasser fanden sich im Mittel 13,48 Gramm wasserfreie Substanz, wobei die Summe der unorganischen Bestandteile, z. B. Chlor, Phosphor, Kalium, Natron oder Kalk, 6,67 Gramm ausmachte. Die übrigen 6,81 Gramm entfielen auf Ammoniak und organische Substanzen.[345] Der ebenfalls zur Flachsweiche genutzte „Kullajerw" war von Wald umgeben und so weitgehend vor Stürmen geschützt, weshalb er in manchen Jahren bessere Flachsprodukte erbracht habe als sein Nachbar. 100 Liter des hier geschöpften Wassers enthielten nach übereinstimmenden Analysen 27,43 Gramm

341 Vgl.: Schmidt (1852 d), S. 321–325. In der Sekundärliteratur wird diese Veröffentlichung in „Liebigs Annalen" wahrscheinlich zutreffend mit dem Titel „Zur Statistik des Flachsbaues" angegeben. Vgl.: Lewickij (1902), S. 249.

342 Nach der Flachsweiche der Leinstengel folgte das Brechen der Fasern. Die holzigen Teile (Schebe) wurden zerklopft (gebrochen), während der Bast wegen seiner größeren Zähigkeit fast unversehrt blieb. Die letzte Phase der „Zurichtung" war das Hecheln, um saubere und lange Fasern zu gewinnen. Die Aufgabe der Spinnerei bestand darin, die gehechelten Fasern so auszuziehen, dass ein gedrehter Faden von möglichst gleicher Stärke entstand. Vgl.: Fischer (1893), S. 995.

343 Vgl.: Kane (1844), S. 98–104; Kane (1847), S. 36–45, S. 105–114.

344 Schmidt (1852 d), S. 322.

345 Vgl.: Schmidt (1852 d), S. 322–323.

wasserfreie Substanz. Die Summe der unorganischen Bestandteile bezifferte sich auf 17,47 Gramm, die von Ammoniak und organischen Stoffen auf 9,96 Gramm. Schmidts weitere Berechnungen zeigten, dass das Wasser eines solchen zur Flachsweiche genutzten Sees von hypothetischen 1.000 englischen Fuß Länge und Breite sowie 10 Fuß mittlerer Tiefe, wenn es über den Ackerboden verbreitet würde, diesem „die durch circa 8.000 Hectoliter Weizen oder circa 5.400 Hectoliter Leinsaat entzogenen phosphorsauren Salze u. s. w. wieder ersetzt."[346] Er schlug als praktische Schlussfolgerung aus seinen Untersuchungen vor, zweckmäßig angelegte Stau- und Rieselsysteme zu installieren, denn die Verwendung des überaus mineralstoffreichen „Weichewassers" habe schließlich wesentliche Bedeutung für die Ökonomie der heimischen Flachsdistrikte und müsse einem rationell arbeitenden Agronomen dringend empfohlen werden.[347]

1861 veröffentlichte Schmidt einen längeren Beitrag zur Mineraldüngung[348] durch Bodenübertragung.[349] Er beruhte auf systematischen Untersuchungen von Bodenproben des Guts Bersemünde,[350] die dessen Besitzer Friedrich Alexander Buhse an den Dorpater Ordinarius mit der Bitte übersandt hatte, „durch Analyse derselben die Grundlagen zu einer rationellen Bewirthschaftung, namentlich Mineraldüngung" mit Erden des Gutes selbst zu prüfen, weil er durch den Einsatz von einigen 100 Zentnern Guano[351] keine nennenswerten Erfolge erzielt habe. Anders als Liebig stellte Schmidt den Gang der einzelnen Bodenanalysen

346 Schmidt (1852 d), S. 325.

347 Vgl.: Schmidt (1852 d), S. 325.

348 Nach Liebig (1840), S. 143–180 wurden um 1840 die animalische, die vegetabilische und die mineralogische Düngung eingesetzt, wobei unter den anorganischen Mitteln Asche, Gips, Mergel, gebrannter Kalk und Kohlenpulver dominierten.

349 Vgl.: Schmidt (1861 a), S. 109–121 sowie zu den Einzelheiten der damaligen chemischen Bodenanalyse einschließlich der zweckmäßigen „statistischen" Darstellung der Resultate: Fresenius (1847), S. 485–501; Wöhler (1853), S. 167–172; Fresenius (1862), S. 864, S. 869–885. – Der Verfasser dankt Frau Inta Smitina (Academic Library of the University of Latvia, Riga) dafür, dass sie ihm eine Photokopie der Arbeit Schmidts aus dem Jahr 1861 zur Verfügung stellte.

350 Dieses Gut lag ca. 20 Werst oder etwa 21 km nördlich von Riga am linken Düna-Ufer. Vgl.: Schmidt (1861 a), S. 109.

351 Der stickstoff- und phosphorsäurehaltige Mineraldünger Guano bestand aus mehr oder weniger zersetzten Exkrementen von Seevögeln und war z. B. an den küstennahen Inseln Perus bis zu 60 Meter hoch abgelagert. 1853 schätzte man die dort vorhandene Menge auf ca. 12 Millionen Tonnen. Dieser gigantische Vorrat erlosch aber bereits am Ende des 19. Jahrhunderts fast vollständig. Vgl.: Fischer (1893), S. 526; Eulitz et al. (1976), 1, S. 507.

umfassend dar.[352] Er beschrieb zunächst die sechs Bodengruppen bzw. Bodenklassen vom Sandboden, leichten und kalkigen Tonboden, dem Ton- und Kalkmergel bis hin zum Moorboden, die sich auf Gut Bersemünde fanden. Diesen Angaben folgten Ausführungen zu früheren Nutzungen, Erträgen sowie zur Mächtigkeit der Ackerkrume der aus verschiedenen Lofstellen[353] entnommenen Proben.[354] Durch zahllose Einzelanalysen ermittelte Schmidt auf der Basis von 100 Teilen luftgetrockneter Spezimen deren jeweilige Zusammensetzung und konnte deshalb die Konstitution der eingesandten Bodenproben ziemlich exakt beurteilen. Sandboden enthielt beispielsweise 90 bis 94 % Kieselsäure, 3 bis 5 % Tonerde und Eisenoxyd, 0,1 bis 1,6 % Kalk und 0,6 bis 1,2 % Alkalien, während die leichten Tonboden-Proben 75 bis 82 % Kieselsäure, 10 bis 14 % Tonerde und Eisenoxyd, 0,3 bis 1,5 % Kalk und 2,7 bis 3,9 % Alkalien aufwiesen.[355] Nach der „Teileberechnung" für jede der Bodenproben erstellte Schmidt Tabellen, aus denen ersichtlich wurde, wieviel von den anorganischen Bestandteilen in Salzsäure löslich und demnach durch „Atmosphärilien" wie Stickstoff, Sauerstoff, Kohlensäure und Wasserdampf aufschließbar war. Die Summe der so löslichen festen Stoffe schwankte bei den Proben der fünf Sandbodenfelder zwischen 1,78 und 2,40 %. Den höchsten Gesamtwert an löslichen Bestandteilen erreichte der Kalkmergel (50,51 %),[356] der sich in ca. 1 Fuß Mächtigkeit unter dem Moorboden

---

352 Nach Brock (1999), S. 122, S. 136 hatte Liebig erst in der 2. Auflage seiner „Agrikultur-Chemie" den Grundbestandteilen des Bodens breiten Raum zugestanden und in diesem Zusammenhang auch 47 Bodenanalysen Karl Sprengels wiedergegeben, womit er zum einzigen Mal Sprengels Priorität hinsichtlich der so genannten „Mineraltheorie" anerkannte. Liebig war jedoch der Ansicht, dass es nicht notwendig sei, im Detail zu beschreiben, wie solche Bodenanalysen ausgeführt werden müssten. Die Angaben Brocks, so Schwenke (2008), S. 50, würden sich allerdings auf die zweite englische Ausgabe der „Agrikultur-Chemie" beziehen, während man in der vierten deutschen Auflage aus dem Jahr 1842 Sprengels Name vergeblich suche.

353 Das Flächenmaß Lofstätte oder Lofstelle war das mit einem Lof Getreide besäte Landstück, das eine Größe von 3.716 $m^2$ hatte. In Riga ergaben zwei Lof Getreide eine Tonne; in Estland (Reval) entsprachen drei Lof einer Tonne. Vgl.: Niemann (1830), S. 164; Kahnt und Knorr (1987), S. 169.

354 Vgl.: Schmidt (1861 a), S. 110–112.

355 Vgl.: Schmidt (1861 a), S. 113–118.

356 Das feinkörnige Sedimentgestein Mergel enthält ein bestimmtes Mischungsverhältnis von Kalk und Ton. So finden sich z. B. im Kalkmergel zwischen 36 % und 65 % Kalk sowie 35 % und 64 % Ton, während Tonmergel aus 16 % – 25 % Kalk und 75 % – 84 % Ton besteht. Vgl.: Klein (1979), S. 135; Graubner (1980), S. 237.

des Guts Bersemünde befand.[357] Aus den Untersuchungsergebnissen leitete Schmidt Empfehlungen für geeignete Bodenübertragungen zur Erhöhung der Ernteerträge ab. Sandböden seien weder durch die Düngung mit Guano noch mit Kalksuperphosphat allein zu verbessern, solange nicht gleichzeitig eine Bodenübertragung der Ton- und Mergelgruppe oder eine solche mit einem Gemenge der leichten Tonbodengruppe mit der des Kalkmergels stattfinde.[358] In diesem Zusammenhang wies Schmidt nochmals darauf hin, dass man Tausende von Zentnern Guano und Kalksuperphosphat nicht nur im Baltikum, sondern auch in England, der Heimat des Kunstdüngers, auf den Feldern nutzlos vergrabe, wenn man die chemische Bodenzusammensetzung nicht kenne.[359] Für die einzelnen Glieder der Bersemünder „Tonboden-Gruppe" gelte, dass sie ohne Kalkzuschlag, entweder in Form von Kalk selbst oder Mergel, keine rationelle Düngung erfahren könnten. Möglich sei auch, den Tonboden mit Moorerde aufzulockern, woraufhin er nur noch der Zufuhr von Phosphorsäure bedürfe, die nicht notwendigerweise aus Guano stammen müsse, sondern in hinreichender Konzentration auch im Superphosphat oder im konventionellen heimischen Kunstdünger vorkomme.[360] Schmidts Fazit in Bezug auf das Gut Bersemünde lautete, dass Buhse „durch wechselseitige Bodenübertragung von einer Parcelle auf die andere, nach Maaßgabe der Analysen, seinen Zweck in viel ausgedehnterer Weise mit der Hälfte der bisherigen Kosten"[361] erreichen würde. Als generelle weit über das Fallbeispiel hinausgehende Schlussfolgerung formulierte er:

> „Nur wenn der Landwirth durch genaue Analysen über die Zusammensetzung seines Bodens und die Lokal-Vertheilung [der] in demselben enthaltenen Schätze so wie der zu ersetzenden Mängel außer Zweifel ist, kann er sie rationell gegeneinander austauschen, die Stallmist-Düngung durch eine rationelle Boden-Wechsel- und Misch-Wirthschaft auf's unentbehrlichste Minimum herabdrücken und mit gleichem Capitale das doppelte und dreifache Areal in voller Cultur erhalten."[362]

Über die Flachsweiche und das Problem der Bodenübertragung zur Düngung hinaus befasste sich Schmidt in seinen agrikulturchemischen Untersuchungen

---

357 Vgl.: Schmidt (1861 a), S. 113–118 sowie zur Zubereitung und Anwendung der Chlorwasserstoff- oder Salzsäure als „Prüf-Mittel": Fresenius (1862), S. 100; Fresenius (1869), S. 52–53.

358 Vgl.: Schmidt (1861 a), S. 113–118.

359 Vgl.: Schmidt (1861 a), S. 118.

360 Vgl.: Schmidt (1861 a), S. 118–119.

361 Schmidt (1861 a), S. 109.

362 Schmidt (1861 a), S. 120.

unter anderem auch noch mit dem Zuckergehalt der Mohr- und Runkelrübe,[363] der Zusammensetzung von Getreidearten seiner Heimat,[364] dem Stärkegehalt der Kartoffel und ihrem Wasserverdunstungs-Koeffizienten,[365] Ton- und Mergel-Lagern und deren technischer Verwendung sowie der mittleren „Komposition" des baltischen Heues[366] und der „Konstitution" verschiedener Düngemittel sowie ihrem sinnvollen Einsatz.[367] Schmidts Einfluss auf die Entwicklung eines stärker wissenschaftlich betriebenen Ackerbaus im Baltikum um die Mitte des 19. Jahrhunderts kann folglich kaum überschätzt werden.

#### *4.6.2.2 Die Geo- und Hydrochemie*[368]

Schmidts ab 1852 erfolgte Hinwendung zur Hydrochemie und „in's Gebiet der kosmisch-tellurischen Schwester"[369] der Physiologie bescherte der Nachwelt eine große Zahl wissenschaftlicher Spezialarbeiten. Von seinen insgesamt rund 120 Publikationen befassen sich mehr als 60 mit hydrochemischen Aspekten, und mehr als zwei Dutzend sind geochemischen Untersuchungen gewidmet.[370] Die Vielzahl der hydrochemischen Analysen, die sich vor allem auf den europäischen und asiatischen Teil Russlands erstreckten, trug Schmidt bei seinen Schülern und Fachkollegen den Spitznamen „Wasser-Schmidt" ein.[371]

---

363 Vgl.: Schmidt (1852 b), S. 325–328.

364 Vgl.: Schmidt (1863 a), S. 129–148. – Der Verfasser dankt Frau Inta Smitina (Academic Library of the University of Latvia, Riga) dafür, dass sie ihm eine Photokopie dieser Arbeit Schmidts zur Verfügung stellte.

365 Vgl.: Schmidt (1864 a), S. 184–195; Schmidt (1864 b), Sp. 167–169. – Der Verfasser dankt Frau Inta Smitina (Academic Library of the University of Latvia, Riga) dafür, dass sie ihm Photokopien dieser Arbeiten Schmidts zur Verfügung stellte.

366 Vgl.: Schmidt (1865 a), S. 31–38; Schmidt (1865 b), S. 89–103. – Der Verfasser dankt Frau Inta Smitina (Academic Library of the University of Latvia, Riga) dafür, dass sie ihm Photokopien dieser Arbeiten Schmidts zur Verfügung stellte.

367 Vgl.: Schmidt (1866), Sp. 569–574; Schmidt (1867), Sp. 733–739.

368 Die in den folgenden Kapiteln genannten Flüsse, Hochebenen, Städte, Ortschaften oder Gemeinden ließen sich leider häufig nicht zweifelsfrei den heute gebräuchlichen Namen zuordnen. Die von Abich und Schmidt verwandten Bezeichnungen und geographischen Angaben wurden daher beibehalten.

369 BSB Liebigiana II B, Schmidt, Karl: Brief Schmidts an Liebig vom 20. Dezember 1856/1. Januar 1857 (Roß [2002 b], S. 76).

370 Vgl.: Zaleski (1894), S. 976; Past und Tankler (2007), S. 119–137.

371 Dieser Spitzname hatte auch einen praktischen Vorteil, denn er unterschied Carl Schmidt von seinem Namensvetter, dem Physiologen Alexander Schmidt, den man

Angesichts der allenfalls minimalen Kenntnisse des Verfassers dieser Untersuchung auf den Gebieten der Geo- und Hydrochemie verbot sich der Versuch einer summarisch wertenden Darstellung der einschlägigen Arbeiten Schmidts von vornherein. Um sich trotzdem zu dessen zentralen Arbeitsgebieten äußern zu können, verfiel er auf den Gedanken, sie anhand des Briefwechsels Schmidts mit Hermann Abich darzustellen, der sich unter den in der russischen Nationalbibliothek verwahrten Handschriften befindet.[372] Dieses Ansinnen versprach nicht nur die Möglichkeit, sich auf einige wenige Aspekte der geo- und hydrochemischen Analysen Schmidts beschränken zu können, sondern bot gleichzeitig den Charme, den bislang unveröffentlichten Schriftwechsel der Vergessenheit zu entreißen[373] und ihn so weiterer Bearbeitung zugänglich zu machen.

Hermann Abich war ab 1842 Professor für Mineralogie an der Universität Dorpat. Ab 1844 verbrachte er mit kurzen Unterbrechungen 28 Jahre damit, das Kaukasus-Gebiet geologisch und mineralogisch zu erforschen,[374] was Zittel posthum urteilen ließ: „In der Geschichte der Geologie wird der Name Abich stets einen hervorragenden Platz einnehmen."[375] Dieser historische Verdienst Abichs war indessen, wie im Nachfolgenden wohl erstmals überhaupt dargestellt, zu einem guten Teil auch Carl Schmidt zu verdanken, mit dem sich Abich schon früh verbündet hatte, weil er ihn persönlich kannte und ihn für einen Naturforscher durch und durch hielt, für den es kein höheres Prinzip als die Wissenschaft gebe und der selbsttätig und rasch entdeckend wirke.[376] Die uns vorliegenden 30 Briefe Schmidts an Abich umfassen die Jahre 1855 bis 1886 und lassen inhaltlich mehrere, in den nachfolgenden Kapiteln näher ausgeführte Schwerpunkte erkennen:

- Untersuchungen von Borsäure-Mutterlaugen und vulkanischen Salz-Sublimaten aus Italien,
- Analysen des Wassers und der Gase von Thermalquellen aus dem Kaukasus,

---

aufgrund seiner grundlegenden Forschungen zur Blutgerinnung den „Blut-Schmidt" nannte. Vgl.: Käbin (1986), S. 113.

372 RNB 2/403 (Sammlung Abich).

373 Nach einer Mitteilung von Frau Elena Tsvetkova (St. Petersburg) wies das Benutzerverzeichnis der Akte RNB 2/403 (Sammlung Abich) bis zu der von uns beauftragten Einsichtnahme keinerlei Eintragungen auf.

374 Vgl.: Seibold und Seibold (2006), S. 1087–1100.

375 Zittel (1900), S. 686.

376 Vgl.: Abich (2005–2006), 1, S. 483: Brief Hermann Abichs an seine Mutter und seine Schwestern vom 21. Juni 1851.

- Untersuchungen zur Naphtha- und Paraffingewinnung im Großen Kaukasus[377] und auf der Halbinsel Abşeron,
- Analysen der russischen Schwarzerde und der Salpetererde aus dem Kubantal sowie
- Untersuchungen von Gesteinen aus verschiedenen (Gipfel-)Regionen des Kaukasus.

##### *4.6.2.2.1 Untersuchungen von Borsäure-Mutterlaugen und vulkanischen Salz-Sublimaten aus Italien*

Schmidts bereits vorhandenes Interesse an geologischen Fragestellungen intensivierte sich nach einer Exkursion in die Toskana, die er während einer wissenschaftlichen Auslandsreise 1855 von Florenz aus unternommen hatte.[378] Über Pisa und Pomarance erreichte er den 386 m hohen Monte Cerboli und die gleichnamige Ortschaft, wo er sieben Tage zubrachte. Sein Augenmerk richtete sich zunächst auf die Konstitution der Borsäure-Fumarolendämpfe, die unterirdisch durch vulkanisches Magma entstehen und in rhythmischen Dampffontänen (so genannten Soffionen oder Soffioni) aus der Erde schießen bzw. große Schlammpfützen (Lagoni) aus kochendem Wasser bilden.[379] An Ort und Stelle sammelte Schmidt deshalb einige Gasproben (ca. einen Liter kondensierten Fumarolendampf) direkt aus einer (Berg-)Spalte ohne „Dazwischenkunft" von Wasser, um sich „auf's Entschiedenste von der Gegenwart bedeutender Mengen Borsäure, Ammoniak neben Schwefelwasserstoff, Schwefelammonium, Stickstoff, Kohlensäure und höchst unbedeutenden Sauerstoffmengen"[380] zu überzeugen. Leider zerbrachen beim Transport später einige Flaschen und Glasröhren, in denen sich die unmittelbar durch Abkühlen der Dämpfe erhaltenen Kondensflüssigkeiten befanden. Dieses Missgeschick machte es Schmidt unmöglich zu bestimmen, in welchem Verhältnis der Borsäure- und Schwefelwasserstoffgehalt der Fumarolendämpfe einerseits und die Bor- sowie

377 Zum Kaukasus gehören der Große und der Kleine Kaukasus. Das Hochgebirge des Großen Kaukasus' umfasst ein Gebiet, das sich mit einer Länge von 1.300 und einer Breite von 100 bis 150 km von der Halbinsel Taman am Asowschen Meer bis zur Halbinsel Apşeron am Kaspischen Meer erstreckt. Der Kleine Kaukasus, der die nördlichen Randketten des Ararathochlandes erfasst, erreicht zwar Höhen über 3.000 m, weist aber im allgemeinen Mittelgebirgscharakter auf. Vgl.: Meyer (1998), 11, S. 195; Seibold und Seibold (2006), S. 1093.

378 RNB 2/403 (Sammlung Abich): Brief Schmidts an Abich vom 26. Mai/7. Juni 1856.

379 Vgl.: Eulitz et al. (1976), 1, S. 198; 2, S. 910; Graubner (1980), S. 123, S. 359.

380 RNB 2/403 (Sammlung Abich): Brief Schmidts an Abich vom 26. Mai/7. Juni 1856.

Schwefelsäurekonzentrationen der Lagoni andererseits standen.[381] Er dürfte sich deshalb gefreut haben, dass ihm Abich Borsäure-Mutterlaugen[382] vom Monte Cerboli zur Verfügung stellte, die er dort vermutlich im Oktober 1853 gesammelt hatte.[383] Die entsprechenden Ergebnisse seiner eigenhändigen Analyse teilte Schmidt Abich Ende März 1855 mit.[384] In 100 Teilen der Mutterlauge befanden sich z. B. 6,72 Teile Schwefelsäure, 1,53 Gramm Ammoniak und 1,75 Teile Borsäure. Im Vergleich dazu ermittelte Schmidt aus einer von ihm selbst am 29. Januar 1855 aus einem Kristallisierbottich der „Borsäure-Fabriken" in Monte Cerboli geschöpften Mutterlauge[385] durch wiederholte chemische Analysen in 100 Teilen 7,76 Gramm Schwefelsäure, 2,93 Gramm Ammoniak und 3,01 Teile Borsäure.[386] Weitere geplante Studien zur „Borsäure-Problematik" einschließlich einer geologischen Erklärung zur Bildung der Säure konnte Schmidt offenbar nicht realisieren,[387] denn er veröffentlichte lediglich noch einen Artikel zur chemischen Zusammensetzung von Serpentinen und Kalksteinen, die aus der unmittelbaren Umgebung der Soffioni stammten und von der Säure durchbrochen bzw. zersetzt waren.[388]

Eine zweite geochemisch-vulkanologische „Dienstleistung" erbrachte Schmidt im Jahr 1857, als ihn Abich einlud, kompakte Sublimationsprodukte[389]

---

381 RNB 2/403 (Sammlung Abich): Brief Schmidts an Abich vom 26. Mai/7. Juni 1856. Vgl.: Schmidt (1856 a), S. 279.

382 Als Mutterlauge bezeichnet man die nach der Kristallisation einer chemischen Verbindung aus ihrer Lösung zurückbleibende Flüssigkeit. Vgl.: Eulitz et al. (1976), 1, S. 198; 2, S. 910; Graubner (1980), S. 123, S. 359.

383 Vgl.: Abich (2005–2006), 1, S. 602.

384 RNB 2/403 (Sammlung Abich): Brief Schmidts an Abich vom 11. April 1855.

385 RNB 2/403 (Sammlung Abich): Briefe Schmidts an Abich vom 20. März und 11. April 1855. Eine von Schmidt erbetene und von Abich ausgestellte Empfehlungskarte an den Conte Larderell, den Gründer und Eigentümer dieser Fabriken, dürfte ihm sicher von Nutzen gewesen sein. – Noch heute werden in Larderello, einem Ortsteil der Großgemeinde Pomarance in der Provinz Pisa, aus den austretenden heißen Gasen chemische Grundstoffe wie Schwefel und Borsäure gewonnen. Vgl.: Meyer (1998), 13, S. 18.

386 Vgl.: Schmidt (1856 a), S. 284–285.

387 RNB 2/403 (Sammlung Abich): Schmidts Brief an Abich vom 10. März 1857; BSB Liebigiana II B, Schmidt, Karl: Briefe Schmidts an Liebig vom 23. Januar/4. Februar 1856 und vom 20. Dezember 1856/1. Januar 1857 (Roß [2002 b], S. 69–76).

388 Vgl.: Schmidt (1857), S. 190–203.

389 Unter Sublimation versteht man – aus geologischer Sicht – allgemein den Niederschlag aus Dämpfen; im engeren Sinne den Niederschlag aus vulkanischen Dämpfen. Schwefel stellt z. B. ein häufiges Sublimationsprodukt dar. Chemisch bezeichnet man

(Bruchstücke von Salzmassen) zu analysieren,[390] die er am 25. Juli 1836 eigenhändig vom Kraterboden des Stromboli „gehoben“ hatte.[391] Grund für die Bitte sei, dass bei seinen eigenen Untersuchungen mehr oder minder große Unterschiede, z. B. hinsichtlich des Gehalts von Ammoniaksalzen, Schwefel und freier Schwefelsäure, zutage getreten wären und Schmidts (Kontroll-) Analysen wohl „den besten mittleren Ausdruck für die Zusammensetzung des in Rede stehenden Salzes“[392] ergeben würden. Schmidt ging mit Vergnügen auf Abichs Anliegen ein. Einen Abschlusstermin für diese Arbeiten könne er aber nicht nennen, da er die erforderlichen Bestimmungen sämtlich selbst vornehmen wolle. Seine Praktikanten seien für derartige Untersuchungen noch nicht weit genug ausgebildet, und generell begegne er den Resultaten anderer pedantisch vorsichtig, zumal dann, wenn diese Analysen die Grundlage von geologischen Schlüssen bilden sollten.[393] Das „Stromboli-Material“ wies einen sehr hohen Chlor- und Ammoniakgehalt (57,7 % bzw. 29,5 %) auf, Borsäure war jedoch überhaupt nicht oder höchstens spurenweise vorhanden,[394] was Schmidt ebenso wie Abich deshalb überraschte, weil bei früheren Analysen eines Handstückes aus dem Krater von Vulcano[395] erhebliche Mengen an Borsäure nachgewiesen worden waren, die „ganze mit Schwefel und Salmiak alternierende Schichten“[396] gebildet hatten. Schmidt mutmaßte daher, dass

den unmittelbaren Übergang eines festen Stoffes in den gasförmigen Zustand bei einer bestimmten druckabhängigen Temperatur als Sublimation. Bei Abkühlung des Dampfes erhält man durch Kondensation das Sublimat. Vgl.: Eulitz et al. (1976), 2, S. 1356; Graubner (1980), S. 372.

390 RNB 2/403 (Sammlung Abich): Brief Schmidts an Abich vom 16./28. Juni 1856.

391 Abich hatte bereits 1833–1834 eine zweijährige Forschungsreise nach Italien, unter anderem zum Vesuv, Ätna und Stromboli, unternommen. Vgl. zu dem 1836 erfolgten lebensgefährlichen Einstieg in den Krater des Stromboli, zur Möglichkeit, dessen „Innenbau“ mit dem anderer italienischer Vulkane zu vergleichen, zur äußerst schwierigen Materialsammlung aus dem gesamten Kratergebiet sowie zum abenteuerlichen Rückzug aus dieser glühenden Atmosphäre: Abich (1857), S. 397–402.

392 Abich (1857), S. 404.

393 RNB 2/403 (Sammlung Abich): Brief Schmidts an Abich vom 16./28. Juni 1856.

394 RNB 2/403 (Sammlung Abich): Briefe Schmidts an Abich ohne Datum und vom 10. März 1857. Vgl.: Abich (1857), S. 404.

395 Vulcano gehört wie Lipari, Salina und Stromboli zu den Liparischen Inseln nördlich von Sizilien. Die Vulkane Stromboli und Vulcano sind noch heute aktiv. Vgl.: Schmidt (1856 a), S. 273; Meyer (1998), 13, S. 174.

396 RNB 2/403 (Sammlung Abich): Brief Schmidts an Abich ohne Datum. Vgl.: Abich (1857), S. 404.

diese von einer anderen älteren Eruption stammten und aufsteigende Dämpfe sich einen Weg durch das darunter liegende Gestein, vielleicht borsäurehaltige Serpentine, gebahnt haben könnten.[397] Ein weiteres von Schmidt analysiertes Gemenge aus weißem Salzsublimat ergab gegenüber dem zuvor untersuchten einen erheblich höheren Gehalt an Schwefel (25,2 % zu 4,3 %), weshalb es Schmidt auch als Abart des ersten bezeichnete.[398]

#### *4.6.2.2.2 Analysen des Wassers und der Gase von Thermalquellen aus dem Kaukasus*

Die geo- und hydrochemische Kooperation zwischen Schmidt und Abich im Zusammenhang mit dessen kaukasischen Forschungsreisen begann ausweislich des uns vorliegenden Briefwechsels 1865/1866 mit der Analyse des Gases der heißen Therme[399] von Michailowsk,[400] deren Hauptquelle 1860 eine maximale Temperatur von 57 °R (entsprechend 71,25 °C) aufwies.[401] Abich hatte die mit dem

397 RNB 2/403 (Sammlung Abich): Brief Schmidts an Abich ohne Datum.

398 RNB 2/403 (Sammlung Abich): Brief Schmidts an Abich ohne Datum.

399 Thermalquellen, die warmes oder heißes Wasser mit Temperaturen von über 20 °C mit gelösten Mineralstoffen ausschütten, das zu Trinkkuren und Bädern verwandt wird, um Leiden zu lindern oder die Gesundheit zu stärken, waren als Badeanlagen ab dem 5. Jahrhundert v. Chr. bei den Griechen und ab dem 2. Jahrhundert v. Chr. bei den Römern als gesellschaftliche Zentren bekannt. Thermalquellen sind meist vulkanischen Ursprungs und werden heute, je nach Temperatur, eingeteilt in Hilarothermen (18–30 °C), Euthermen (30–50 °C) sowie Akro- und Hyperthermen, die Temperaturen von 50 bis 70 bzw. über 70 °C aufweisen. Die chemische Analyse des Thermenwassers (Mineralwassers) zielte auf die Bestimmung möglichst vieler Bestandteile einschließlich der gelösten Gase ab. Von der Mineralwasser-Untersuchung war die Bestimmung der Gase zu unterscheiden, die der Quelle frei entströmten. Vgl.: Dietrich und Stöcker (1976), S. 676; Graubner (1980), S. 381; Meyer (1998), 22, S. 15–16 sowie zu den damaligen Analysen der Mineralwasser und der freien Quellengase: Wöhler (1853), S. 164–167; Fresenius (1862), S. 666–667, S. 684–702; Fresenius (1869), S. 357–367.

400 RNB 2/403 (Sammlung Abich): Brief Schmidts an Abich vom 17. Januar/8. Februar 1866. – Michailowsk, so Abich, liege am Ufer des Flusses Sundja, der bei Bragun in den Terek münde. Im Gebiet zwischen Terek und Sundja befänden sich neben der Therme von Michailowsk unter anderem noch die besonders heißen Quellen von Starajourt und Bragun, deren Wasser zu therapeutischen Zwecken genutzt werde. Vgl.: Abich (1865), S. 3–17.

401 Die chemische Zusammensetzung des Mineralwassers der Thermen von Michailowsk hatte der St. Petersburger Professor der Chemie, Nicolai Zinin (Sinin), bereits quantitativ vorgenommen. Vgl.: Abich (1865), S. 6, S. 9–10.

Thermenwasser aufsteigenden Gase in Flaschen aufgefangen und am 25. September 1865 an Schmidt nach Dorpat abgesandt.[402] Schmidts Analyse des Michailowsker Quellengases ergab – bezogen auf 100 Teile – 46,2 % Grubengas (brennbares Kohlenwasserstoff- oder Sumpfgas), 40,4 % Stickstoff und 13,1 % Kohlensäure; Schwefelwasserstoff und Sauerstoff waren nur in minimalen Mengen enthalten (0,2 bzw. 0,1 %).[403] Die chemische Untersuchung bestätigte damit die von Abich bereits zuvor erkannte Brennbarkeit des Gases. Ähnliche Resultate erhielt Schmidt auch für die Gase der Thermalquelle von Psekup,[404] was Abich von der generischen Gleichheit beider Standorte sprechen ließ.[405] Die „Michailowsker-" und „Psekuper-Ergebnisse" hatten für Abich indessen nicht nur einen punktuellen bzw. regionalen Stellenwert, sondern dienten ihm darüber hinaus zu einem Vergleich mit denjenigen Gasgemischen, die in den Regionen der Schlammvulkane auf deren Höhen, Abhängen und in ihrer Umgebung ausströmten.[406] In diesem Zusammenhang waren für Abich auch Schmidts chemische Analysen von Quellengasen hilfreich, die er während einer früheren Exkursion zur Halbinsel Apşeron (1852) aufgefangen hatte.[407] Als „Freundschaftsdienst" für Abich untersuchte Schmidt darüber hinaus die Gase der heißen Thermen von Tiflis und Malka.[408]

402 Vgl.: Abich (1865), S. 4–5; Abich (2005–2006), 2, S. 206: Brief Abichs an seine Schwester Rosanna vom 24. September 1865.

403 RNB 2/403 (Sammlung Abich): Brief Schmidts an Abich vom 17. Januar/8. Februar 1866. Vgl. auch: Abich (1867 a), Sp. 400.

404 RNB 2/403 (Sammlung Abich): Brief Schmidts an Abich vom 31. Dezember 1866/11. Januar 1867, der jedoch keine Einzelwerte enthielt. – Die heißen Quellen von Psekup hatten durch ihr stark geschwefeltes Thermalwasser schon im 19. Jahrhundert eine große medizinisch-balneologische Bedeutung. Vgl.: Abich (1865), S. 56, S. 58; Abich (2005–2006), 2, S. 307.

405 Vgl.: Abich (1867 a), Sp. 400.

406 Schlammvulkane entstehen durch den Austritt von stark wasserhaltigem Schlamm und Gasen, z. B. leicht brennbarem Methangas, an der Erd- und Meeresoberfläche. Abich beschäftigte sich intensiv mit dieser vulkanischen „Entität", z. B. auf den Halbinseln Apşeron und Taman. Vgl.: Ali-Zade et al. (1976), S. 483; Graubner (1980), S. 343; Bohrmann et al. (2006), S. 162; Seibold und Seibold (2006), S. 1096.

407 Vgl.: Abich (1856), Sp. 49–72; Abich (1867 a), Sp. 400–401.

408 RNB 2/403 (Sammlung Abich): Briefe Schmidts an Abich vom 31. Dezember 1866/11. Januar 1867 und 2./14. Oktober 1873. – Im Tal der Malka, die als linker Nebenfluss des Terek in den Gletschern an den nördlichen Hängen des Elbrus entspringt, gab es zahlreiche heiße Thermalquellen, deren höchste rund 2.400 Meter über dem Meeresspiegel lag, und eine Temperatur von 17,6 °R (entsprechend 22 °C) aufwies. Vgl.: Abich (1865), S. 40; Meyer (1998), 7, S. 110; Malka. Verfügbar unter https://de.wikipedia.org/wiki/Malka. Letzter Zugang: 30. Oktober 2017.

Schmidt analysierte für Abich neben den aus Thermalquellen aufsteigenden Gasen auch Mineralwasser. So erhielt er 1875 sieben Proben mit kaltem salinischem Sauerwasser. Sie stammten aus der Doggerformation,[409] die sich im Norden des Elbrusgebirges vom Baksan bis zum Kuban[410] mit zunehmender Breite entwickelt hatte. Die Sauerwasser traten teils aus dem Doggergestein, teils aus tieferen quarzreichen Konglomeraten ans Tageslicht.[411] Schmidts Bestimmungen ergaben zunächst, dass die Wasser in vier Gruppen aufzuteilen waren: Salinische, salinische Sodawasser, zu Schwefelwasser reduzierte Gipswasser und reine reduzierte Sodawasser. Bei seinen Untersuchungen konzentrierte er sich besonders auf den Chlornatrium- und den gesamten Salz-Gehalt, die er bezogen auf jeweils ein Kilogramm ermittelte, wobei die Zahlen in der Regel aus mehrmals wiederholten und weitgehend übereinstimmenden Versuchen stammten.[412] Schmidt hielt es mit Blick auf eine geplante Veröffentlichung der Resultate für unbedingt notwendig, sämtliche angewandten Methoden detailliert zu beschreiben, da man „zur Entscheidung der säkularen Änderungen der Zusammensetzung jener Ausgangswasser, die wir Mineralquellen etc. nennen",[413] nur so feste und später belastbare Vergleichswerte erhalte. Nach Abichs Einschätzung erwies Schmidt mit diesen Mineralwasser-Untersuchungen der Wissenschaft einen überaus dankenswerten Dienst.[414]

Mit seinen Mineralwasseranalysen befand sich Schmidt in guter Gesellschaft, denn auch seine Lehrer, seine Vorgänger auf dem Dorpater Lehrstuhl für Chemie und zahlreiche seiner westeuropäischen Kollegen waren auf diesem Gebiet

---

409 Der Dogger oder der braune Jura stellt geologisch die mittlere Abteilung der Juraformation im Zeitalter des Mesozoikums dar, das erdgeschichtlich 180 Millionen Jahre umfasste. Vgl.: Klein (1979), S. 104; Graubner (1980), S. 132.

410 Der Baksan als Hauptnebenfluss der Malka kommt aus dem westlichen Hochgebirgs-Kaukasus. Sein Gletschertal dringt tief in das Elbrussystem ein. Eine der letzten Forschungsreisen Abichs führte ihn 1874 nochmals in das Baksantal. Der 906 km lange Fluss Kuban in Nordkaukasien entspringt im Elbrusgebirge und mündet ins Asowsche Meer. Vgl.: Meyer (1998), 11, S. 194; 12, S. 225; Abich (2005–2006), 1, S. 436; 2, S. 98, S. 303.

411 RNB 2/403 (Sammlung Abich): Brief Schmidts an Abich vom 28. März 1875. Vgl.: Abich (1877), Sp. 161–162.

412 RNB 2/403 (Sammlung Abich): Brief Schmidts an Abich vom 28. März 1875.

413 RNB 2/403 (Sammlung Abich): Brief Schmidts an Abich vom 28. März 1875. Vgl.: Fresenius (1862), S. 706.

414 Vgl.: Abich (1877), Sp. 162.

tätig gewesen oder bearbeiteten es noch immer.[415] Schmidts einschlägige Aktivitäten passten auch gut in jenen Rahmen, den Zar Peter I. am 24. Juli 1717 durch seinen Erlass „Über die Suche nach Mineralwässern in Russland" abgesteckt hatte. Danach begann im riesigen russischen Imperium die intensive Suche nach (Thermal-)Quellen.[416] Rund zweihundert Jahre später waren 1926 allein an den Hängen des Kaukasus' mehr als 400 und im Ural mehr als 150 Thermalquellen unterschiedlicher Zusammensetzung und Temperatur registriert.[417] Somit verfügten Russland sowie die Sowjetunion über einen gewaltigen balneologischen Reichtum, zu dessen Aufdeckung im Kaukasus Carl Schmidt beitrug.[418]

#### *4.6.2.2.3 Untersuchungen zur Naphtha- und Paraffingewinnung im Großen Kaukasus und auf der Halbinsel Apşeron*

Naphtha, Petroleum, Steinöl oder Bergöl waren synonyme Bezeichnungen für das heutige Erdöl, ein natürlich vorkommendes Gemisch verschiedener Kohlenwasserstoffe, das man früher unverarbeitet zur Feuerung verwandte. In Russland wurde um 1850 auf der Krim, im Kaukasus und besonders auf der Halbinsel Apşeron Naphtha in geringem Umfang gefördert. Ab 1860 begann dann die Erdölgewinnung und -verarbeitung weltweit den Charakter einer (chemischen) Großindustrie anzunehmen. In diesen Zusammenhang sind auch die systematischen Untersuchungen der Ölquellen im nordwestlichen Kaukasus einzuordnen, die zur Steigerung der bereits existierenden Förderung und möglichst auch zur Erschließung neuer „Felder" führen sollten.[419]

Im Frühjahr 1866 erhielt Abich von der Hauptverwaltung des Statthalters im Kaukasus den offiziellen Auftrag zu einem Bericht über die Naphtha-Vorkommen im nordwestlichen Teil der Region.[420] Die dafür notwendige Exkursion begann mit

---

415 Vgl.: Poggendorff (1863), 2, Sp. 687–692 (für Heinrich Rose); Fresenius (1869), S. 357; Paoloni (1968), z. B. S. 51, S. 69–71, S. 88, S. 96, S. 136 (für Liebig); Schwedt (2000), S. 71–72 (für Wöhler); Past und Tankler (2007), S. 55–60, S. 60–63, S. 63–72, S. 89–100, S. 115–119 (für Giese, Goebel, Grindel, Osann und Scherer).

416 Vgl.: Iodko (2000 a), S. 53–56; Iodko (2000 b), S. 95–101; Iodko (2004), S. 83–100.

417 Vgl.: Iodko (2004), S. 86.

418 Neben Mineralwasserproben aus dem Kaukasus hatte Schmidt schon 1854 auch die seiner Heimat näher liegenden Salz-/Solequellen von Staraja-Russa analysiert, das ab 1828 offiziell als Kurort firmierte. Vgl.: Schmidt (1854 a), S. 293–328; Iodko (2004), S. 87.

419 Vgl.: Fischer (1893), S. 123–141; Börnstein (1911), S. 131–132; Eulitz et al. (1976), 1, S. 371–375.

420 Vgl.: Abich (1867 b), S. 289; Abich (2005–2006), 2, S. 307. – Zwischen den Flusstälern des Nepitels, des Psip(h)s und des Kudakos befanden sich auf einer Fläche von

kurzen Aufenthalten in Kertsch und auf der Halbinsel Taman, die der Information über die dort bisher durchgeführten Bohrarbeiten dienten. Am 13. Mai 1866 erreichte Abich den „Naphthabrunnen“ von Kudako, wo die Bohrungen vor etwa dreieinhalb Monaten begonnen hatten.[421] Bereits am 3. Februar 1866 war hier aus einer Tiefe von 123 ½ Fuß (ca. 37 Metern) ein „Naphthastrahl“ an die Oberfläche empor geschossen und hatte zu einer gewaltigen Explosion geführt. Daraus schloss Abich, dass das Erdöl bereits im Boden mit Gasen vermischt sei. Diese wären „als das eigentliche und Haupt-Agens zu betrachten, welches die Naphtha überhaupt an die Oberfläche bringt.“[422] Folglich fing er aus dem Bohrloch von Kudako eine Flasche Gas auf, die Schmidt Ende 1866 wohlbehalten und noch immer gut verschlossen in Dorpat erreichte.[423] In dem uns vorliegenden Briefwechsel finden sich jedoch keine entsprechenden Analysenergebnisse.

Besser gestaltet sich die „Quellenlage“ hinsichtlich der gemeinschaftlichen Untersuchungen Abichs und Schmidts zur Naphtha- und Paraffingewinnung auf der Halbinsel Apşeron.[424] Ausgangspunkt für Schmidts Analysen waren dieses Mal Proben, die Abich im Juni 1872 dort gewonnen hatte. Sie stammten aus einer homogenen sandsteinähnlichen Schicht von bräunlich-grüner Färbung, auf die man beim Anlegen eines großen Sammelbeckens für gewonnenes Naphthalin in der Gegend von Balachani[425] gestoßen war. Einige Pfund dieser frisch abgestochenen Masse nahm Abich mit. In Baku unter einen hermetischen Glas-Verschluss gebracht, transportierte er sie dann weiter nach Tiflis und versandte sie nach einigen Monaten an Schmidt in Dorpat. Obwohl das Untersuchungsgut auf dem Transport von Baku nach Tiflis in dem Glasgefäß zerdrückt

ca. 50 Quadratwerst (ca. 57 km$^2$) die größten und ergiebigsten Naphthaquellen im nordwestlichen Kaukasus. Sie wurden artesisch erbohrt, indem das Erdöl durch die mit ihm vermischten Gase oftmals in Form eines gewaltigen Strahls an die Erdoberfläche empor schoss. Vgl.: Abich (1867 b), S. 293, S. 297; Graubner (1980), S. 259.

421 Vgl.: Abich (1867 b), S. 289–323; Abich (2005–2006), 2, S. 213–217.

422 Abich (1867 b), S. 317. Vgl. auch: Abich (1867 b), S. 297; Abich (2005–2006), 2, S. 217.

423 RNB 2/403 (Sammlung Abich): Brief Schmidts an Abich vom 31. Dezember 1866/11. Januar 1867.

424 Vgl. über die Naphthavorkommen auf Apşeron, deren Auffindung und Ergiebigkeit: Abich (1876), Sp. 493–509; Abich (1879), S. 165–188; Alichanov und Buniat-Zade (1976), S. 487–494; Ali-Zade et al. (1976), S. 479–485.

425 In der Umgebung des Dorfes Balachani auf Apşeron existierten bereits vor der planmäßigen Ausbeutung des Erdöls um die 70 Schachtbrunnen (gezimmerte Schächte) zur Naphthaförderung, die aus alter Zeit stammten und sich Mitte des 19. Jahrhunderts noch immer in Betrieb befanden. Vgl.: Abich (1876), Sp. 493–494.

worden war und sich wegen der langen Lagerung bei der Ankunft in Dorpat in eine körnig bröcklige Masse verwandelt hatte, berichtete Schmidt Ende März 1875 an Abich: „Der Petroleum-Sandstein ist ein Gemenge von 10,15 % Petroleum und Paraffin[426] mit 89,85 % Sandstein und einer Spur Chlornatrium, etwas Gyps und Bittersalz.“[427] Schmidt vermutete, dass sich der Gehalt an Petroleum mit zunehmender Tiefe noch steigern dürfte. Er war zudem der Ansicht, man müsse eine größere Menge des Sandsteins mit überhitztem Wasserdampf „abblasen“, um den zweifellos sehr bedeutenden Paraffingehalt des Bodens exakter beurteilten zu können und fügte noch hinzu, dass sich das Paraffin im Kleinen schlecht zur Kristallisation bringen lasse, so dass man diesen Versuch sicherlich besser in einer Petroleumraffinerie oder Paraffinfabrik direkt vor Ort in Baku gewissermaßen en gros ausführen solle.[428]

Schmidts Resultate bestätigten für die oberen Schichten des Naphthafeldes Balachini jene Analysenergebnisse, die er bereits zwei Jahre zuvor für ein anderes Terrain der Halbinsel Apşeron ermittelt hatte,[429] und widerlegten aus Abichs Sicht die lange vertretene, irrige Annahme, auf Apşeron seien paraffinhaltige Kohlenwasserstoff-Verbindungen schwerlich auffindbar, „weil die Anwesenheit jenes Körpers in der Naphtha dieser Region chemisch noch nicht mit Sicherheit habe constatiert werden können.“[430] Darüber hinaus, so Abich, gebühre Schmidt das Verdienst, dass er sich auch der Charakterisierung der unterschiedlichen unlöslichen Bestandteile des Paraffins inklusive der eingeschlossenen Mineralien gewidmet und somit einen wertvollen Beitrag zur Gesteinsbildung in den sedimentären Schichten der kaspischen Region geleistet habe.[431]

426 Paraffine kommen hauptsächlich im Erdöl vor. Nach neuerer Nomenklatur entsprechen sie den Alkanen und weisen die Summenformel $C_nH_{2n+2}$ auf. Die historische Bezeichnung als „parum affinis“ (wenig reaktionsfähig) ist heute kaum mehr haltbar, da selbst langkettige aliphatische Kohlenwasserstoffe unter bestimmten Reaktionsbedingungen zahlreichen chemischen Modifikationen zugänglich sind. Vgl.: Beyer (1976), S. 51–52; Eulitz et al. (1976), 2, S. 41; Graubner (1980), S. 48–49, S. 106.

427 RNB 2/403 (Sammlung Abich): Brief Schmidts an Abich vom 28. März 1875.

428 RNB 2/403 (Sammlung Abich): Brief Schmidts an Abich vom 28. März 1875. Vgl.: Abich (1876), Sp. 497–500.

429 RNB 2/403 (Sammlung Abich): Brief Schmidts an Abich vom 16./28. April 1873.

430 Abich (1876), Sp. 500.

431 Vgl.: Abich (1876), Sp. 506.

#### *4.6.2.2.4 Untersuchungen von Bodenproben aus den russischen Schwarzerde-Regionen und aus dem Kubantal*

Der dunkelbraune bis schwarze Bodentyp der so genannten Schwarzerde (russisch: Tschernosjom) ist ein fruchtbarer und tiefgründiger Boden, der auf Löss oder Mergeln der Steppen gebildet und zuerst im Süden Russlands beschrieben wurde. Er zeichnet sich insbesondere durch seinen hohen Humusgehalt und seine optimale Bodengare aus und bietet daher hervorragende Bedingungen für das Pflanzenwachstum.[432]

Im Sommer 1877 beauftragte die Kaiserlich freie Ökonomische Gesellschaft in St. Petersburg mit Wassilij Doku(t)schajew einen Geologen damit, Untersuchungen zu den Lagerungs- und Bildungsverhältnissen der Schwarzerde in verschiedenen Gebieten des europäischen Teils von Süd-Russland vorzunehmen.[433] Diese „Mission" bescherte Schmidt in Dorpat 26 Erdproben aus acht Orten in den Gouvernements Saratow, Charkow, Kursk, Kiew, Jaroslaw/Rostow, Cherson, dem Siwasch-Ufer und der Landzunge von Astrabat zur geochemischen Untersuchung.[434] Er stellte generell fest, dass der Humusgehalt der einzelnen Schwarzerde-Spezimen proportional zum Stickstoffgehalt und in der Regel auch zur Phosphorsäurekonzentration mit zunehmender Tiefe stetig abnehme. Da das Verhältnis von Tonerde zu Kali und Natron den Maßstab für den Fortschritt der Kaolinisierung des im Boden vorhandenen Feldspatpulvers darstelle, folgerte Schmidt: „Je höher der Humus-Gehalt der Ackerkrume und je tiefer derselbe in die tieferen Boden-Schichten hinabrückt, desto weiter ist die Verwitterung des Feldspath-Mehls im Boden fortgeschritten, desto ärmer ist derselbe demnach an Alkalien geworden."[435] Generell sei das Verhältnis von 10 bis 12 Teilen Kalk (CaO) auf 100 Teile Humus für die meisten Schwarzerden Süd-Russlands charakteristisch.[436] Im Rahmen der Expedition Doku(t)schajews erreichte Schmidt eine zweite Sendung mit Untersuchungsgut, die 15 Schwarzerde-Proben aus

432 Vgl.: Dietrich und Stöcker (1976), S. 748; Graubner (1980), S. 347, S. 391; Meyer (1998), 3, S. 97; 19, S. 266.

433 Vgl.: Schmidt (1880), Sp. 421.

434 Vgl. zu den einzelnen Gouvernements an der Wolga, in der Ukraine sowie dem Siwasch-Ufer am Faulen Meer vor der Nordostküste der Krim: Schmidt (1880), Sp. 421–424; Diercke Weltatlas (2002), S. 142–143.

435 Schmidt (1880), Sp. 429.

436 Vgl: Schmidt (1880), Sp. 430–431 sowie zur Bedeutung, die man damals dem Humus, dem Stickstoff, der Tonerde, der Phosphorsäure und den Alkalien im Boden als „Pflanzennahrungsmitteln" zumaß: Brock (1999), S. 121–149; Schling-Brodersen (1989), S. 1–109.

den Gouvernements Ufa und Samara umfasste.[437] Schmidt unterwarf sie Untersuchungsbedingungen, die der ersten Versuchsreihe vergleichbar waren, stellte jedoch zusätzlich den Kohlenstoffgehalt „der organischen Substanzen (Humus etc.) elementar-analytisch durch Verbrennung der betreffenden Schwarzerden auf dem Platinschiffe im Sauerstoffstrome“[438] fest. Das zusammengefasste Ergebnis der Analysen lautete: Kohlenstoff und Stickstoff verhielten sich parallel. Dies galt im Wesentlichen auch für die Phosphorsäure, allerdings mit größeren Schwankungen. Chlor und Schwefelsäure waren in den Proben nur in äußerst geringen Mengen vorhanden.[439] Diese umfangreichen Studien waren wohl die weltweit ersten mit den Methoden der geochemischen Analyse durchgeführten Schwarzerde-Untersuchungen und dienten Schmidt als Basis für eine von ihm skizzierte generelle Theorie der Entstehungsgeschichte dieses Bodentyps.[440] Darüber hinaus prädestinierten sie ihn zu weiteren Analysen auf diesem geologischen Spezialgebiet.

Offenbar erinnerte sich auch Abich an Schmidts einschlägige Expertise, denn er bat ihn 1884, entsprechende Proben aus dem Kaukasus zu untersuchen. Abich hatte die Spezimen in der Vereinigungsregion des Samsar- und Toporawanflusses im nördlichen Teil der Hochebene von Akalkalaki gesammelt und sie Schmidt zur Analyse nach Dorpat gesandt.[441] Dessen Beschreibung der Spezifika der akalkalakischen Schwarzerde lautete: „sie ist dunkelchocoladenbraun, lufttrocken, zäh und schwer zu pulvernd, klumpenbildend, im Wasser allmählich aufweichend und zu dunkelbraunem Schlamm zergehend.“[442] Sie war kohlensäurefrei und der in ihr enthaltene Kalk nur locker gebunden, was ihn den Pflanzenwurzeln leicht zugänglich machte. Der Tonerde- und Eisenoxydgehalt war mit 23,4 % bzw. 6,3 %, bezogen auf 100 Teile der bei 110 °C getrockneter Schwarzerde, sehr

---

437 Vgl.: Schmidt (1881), Sp. 265. – Das Gouvernement Ufa liegt heute in der Republik Baschkortostan (Baschkirien) im südlichen Ural. Hauptstadt des Gebietes Samara an der Wolga ist seit 1851 die gleichnamige, heutige Millionenstadt. Vgl.: Meyer (1998), 2, S. 175; 19, S. 52–53; 22, S. 207.

438 Schmidt (1881), Sp. 267–268.

439 RNB 2/403 (Sammlung Abich): Brief Schmidts an Abich vom 10./22. März 1879. Vgl.: Schmidt (1881), Sp. 271–277.

440 Vgl.: Siilivask (1985), S. 121; Siilivask (1987), S. 114.

441 RNB 2/403 (Sammlung Abich): Briefe Schmidts an Abich vom 12./24. März, 18./30. August und 25. August/6. September 1884, aus denen man schließen kann, dass die von Abich übersandten Proben wohl zwischen Ende März und Ende Juli 1884 in Dorpat eingetroffen sein dürften. Vgl.: Abich (1887), S. 48–49 sowie zur Hochebene von Akalkalaki: Abich (1887), S. 10–80.

442 RNB 2/403 (Sammlung Abich): Brief Schmidts an Abich vom 18./30. August 1884.

hoch und übertraf „den sämtlicher von mir untersuchten Schwarzerden des europäischen Russlands incl. des Wolgagebietes.“[443] Schmidt bezeichnete daher die kaukasische Schwarzerde als humusreichen Ton. Für Abich bestand der besondere Wert der Schmidtschen Darstellung seiner Untersuchungsergebnisse vor allem in ihrem tabellarisch-vergleichenden Ansatz, der Besonderheiten leicht erkennen lasse. So sei beispielsweise auf den ersten Blick folgendes ersichtlich: 100 Teile getrockneter Schwarzerde des Hochlandes von Akalkalaki enthielten 13,9 % humuseinschließende Bestandteile, die 3,17 % wasserfreiem, bei 150 °C getrocknetem Humus entsprachen. Demgegenüber ergaben 12 Analysen von Schwarzerden aus dem europäischen Russland einen Mittelwert von 15,9 % humuseinschließender Bestandteile, entsprechend 3,63 % wasserfreiem Humus. Nach Schmidts Aussagen schwankte die prozentuale Stickstoffkonzentration des trockenen Humus bei allen Schwarzerde-Proben zwischen 3 bis 4 %. Je geringer der Humusgehalt der Schwarzerde sei, desto kleiner erscheine auch der relative Stickstoffgehalt.[444] Schließlich zeigte die tabellarische Zusammenstellung der Werte auch Parallelen zwischen den Phosphorsäure- und Stickstoffkonzentrationen, die „interessante und praktisch für die Landwirtschaft der betr. Gegenden sehr wichtige Beziehungen“[445] darstellten.

Im Kubantal war schon in früheren Zeiten durch die Bergvölker im nordwestlichen Kaukasus und später durch deren Unterwerfer nach natürlicher salpeterhaltiger Erde gegraben worden. Abich besuchte 1874 einen dieser Orte, die „in neuster Zeit Gegenstand aufmerksamer Beachtung und Untersuchung geworden“ seien, weil man dort in Bezug auf die „technische Verwerthung dieses Naturproduktes zu aufmunternden Resultaten“[446] gelangt war. Bei seiner Visite befand sich Abich in Begleitung des regionalen Dirigenten der Steinkohlenförderung, Herrn Outjakof, der aufgrund der Ergebnisse eigener Versuche eine lokale Salpetergewinnung für lohnend hielt.[447] Abich nahm zahlreiche Proben aus dem Doggergestein und brachte sie später zur näheren geochemischen Analyse auf den Weg zu Schmidt nach Dorpat. Dieser erhielt durch Auslaugen der

443 RNB 2/403 (Sammlung Abich): Brief Schmidts an Abich vom 18./30. August 1884.

444 RNB 2/403 (Sammlung Abich): Brief Schmidts an Abich vom 25. August/6. September 1884. Vgl.: Abich (1887), S. 50.

445 RNB 2/403 (Sammlung Abich): Brief Schmidts an Abich vom 25. August/6. September 1884.

446 Abich (1877), Sp. 148.

447 Vgl.: Abich (1877), Sp. 162–163, Sp. 167 sowie zu Erklärungsversuchen bezüglich der Entstehung des Salpeters im Doggersandstein: Abich (1877), Sp. 164–166. – Zu Herrn Outjakof konnten keine biographischen Daten ermittelt werden.

Salpetererde mit Wasser lösliche Salze und unlösbare Quarz- und Silikatrückstände. In 100 Teilen der bei 110 °C getrockneten Salpetererde befanden sich 9,4 % lösliche Salze, davon 5,6 % Salpeter. Die unlöslichen Quarz- und Silikatrückstände machten 89,2 % aus (58,1 Teile wasserfreie Silikate, 2,7 Teile von nicht entweichendem Hydratwasser der Silikate und 28,4 Teile Quarzsand). Der verbleibende Rest entfiel auf hygroskopisches Wasser.[448] Zur Frage, ob sich eine Salpetergewinnung aus dem Doggergestein des Kubantales tatsächlich rentiere, äußerte sich Schmidt nicht.

#### *4.6.2.2.5 Analysen von Gesteinen aus verschiedenen Gipfel-Regionen des Kaukasus'*

Den dritten Teil der „Geologischen Forschungen in den kaukasischen Ländern", der die Darstellung über Armenien abschließen sollte, konnte Abich selbst nicht mehr vollenden.[449] Nach seinem Tod (1886) standen lediglich die Vorbemerkungen, der vollständige erste Abschnitt, der Anfang des zweiten und die notwendigen geologischen Karten zur Verfügung.[450] Da somit das hinterlassene Material für Eduard Suess und Abichs Witwe Adelaide schwerlich zu einer beabsichtigten posthumen Publikation ausgereicht hätte, entschlossen sich beide als Herausgeber, eine große Zahl an petrographischen Untersuchungen[451] von Fels- und Gesteinsarten in den Band aufzunehmen. Sie stammten von Friedrich Becke, einem ehemaligen Mitarbeiter Abichs, und beinhalteten 100 „Befunde" für Proben, die Abich Jahre zuvor von Akakalaki bis zum Meskischen Gebirge an der Südspitze des Kaukasus gesammelt hatte. Beckes Ergebnisse bildeten schließlich den dritten Abschnitt des posthum erschienen Bandes.[452] Im vierten Kapitel listeten Adelaide Abich und Eduard Suess Resultate geochemischer Analysen von kaukasischen Fels- und Gesteinsarten auf, die von einem weiteren ehemaligen „Mitarbeiter" des Verschiedenen erhoben worden waren, Carl Schmidt nämlich. Schmidt hatte Abich im Februar 1883 brieflich mitgeteilt, dass er mit dem größten Vergnügen die chemische Analyse der Gesteine aus dem östlichen

448 Vgl.: Abich (1877), Sp. 167–168, in denen er die vollständigen Analysen-Resultate Schmidts wiedergab.

449 Vgl.: Abich (1887) sowie zu den ersten beiden Teilen: Abich (1878); Abich (1882).

450 Vgl.: Abich (1887), S. VII, S. 1–83.

451 Der Petrographie kommt als Zweig der Geologie die Aufgabe zu, sich mit der Zusammensetzung, der Entstehung, der Umbildung und dem natürlichen Vorkommen der Gesteine zu befassen. Vgl.: Klein (1979), S. 157; Graubner (1980), S. 288.

452 Vgl.: Abich (1887), S. 84–152.

Teil Armeniens übernehmen wolle.[453] Er werde diese Untersuchungen nach der von Abich gewünschten Reihenfolge natürlich selbst ausführen und hoffte, „über die Resultate der mikroskopischen Dünnschliff-Analyse das Wesentliche zu erfahren, um die Ergebnisse der Bauschanalyse mit denselben vergleichen zu können."[454] Ende Juli 1883 trafen die Gesteinsproben in Dorpat ein. Noch einmal vertrat Schmidt Abich gegenüber schriftlich seinen Standpunkt, dass Dünnschliffe und eventuell auch mechanische Analysen durch Schlämmen mit Quecksilberjodid, Jodkalium oder Wolframitlösungen unerlässlich seien und er davon ausgehe, dass Abich in Wien oder anderweitig für diese mikroskopischen und mechanischen Kontrollarbeiten vergleichsweise leicht entsprechende Spezialisten finden könne. Zusätzlich fügte er an: „ohne beide geniert man sich, eine Bauschanalyse vom Stapel zu lassen, die unwillkürlich an den mit Haut und Haaren, Knochen und Nerven zerhackten Hund der Physiologen erinnert."[455] Der von Schmidt angewandte Gang der Analyse bei den Gesteinsuntersuchungen begann regelmäßig mit dem Wasserentzug durch fortwährendes Glühen der Proben bei zunächst 120 °C, dann bei 120 bis 200 °C und schließlich bei 200 bis 500 °C. Hieran schloss sich die Bestimmung der wasserfreien Silikate an, in denen Schmidt stets elf Substanzen, vom Kali bis zur Kohlensäure, ermittelte.[456] Er fasste die Ergebnisse seiner Analysen von 17 Kaukasus-Ararat-Gesteinen in Form einer von ihm so bezeichneten „Generaltabelle" zusammen und sandte diese Ende März 1884 an Abich in Wien.[457] Abichs Tod verhinderte eine ausführliche Darstellung der geochemischen Resultate im dritten Teil der „Geologischen

453 RNB 2/403 (Sammlung Abich): Brief Schmidts an Abich vom 20. Februar/4. März 1883.

454 RNB 2/403 (Sammlung Abich): Brief Schmidts an Abich vom 20. Februar/4. März 1883. Mit dem Begriff „Bauschanalysen" meinte Schmidt wohl die Untersuchung des Gesteins auf seine gesamte chemische Zusammensetzung. Ob er von Beckes Dünnschliff-Arbeiten wusste, muss im Lichte des uns vorliegenden Briefwechsels mit Abich bezweifelt werden. – Die geschnittenen und heute bis auf eine Reststärke von 0,02–0,04 mm ausgedünnten Gesteins- oder Mineralblättchen werden für die Durchlichtmikroskopie benötigt und lassen praktisch alle gesteinsbildenden Mineralien durchsichtig erscheinen. Vgl.: Graubner (1980), S. 93.

455 RNB 2/403 (Sammlung Abich): Brief Schmidts an Abich vom 29. Juli/10. August 1883.

456 RNB 2/403 (Sammlung Abich): Briefe Schmidts an Abich vom 20. Februar/4. März 1883 und vom 12./24. März sowie vom 25. März/6. April 1884. Vgl.: Abich (1887), S. 153–155.

457 RNB 2/403 (Sammlung Abich): Briefe Schmidts an Abich vom 29. Juli/10. August 1883, vom 12./24. März und vom 25. März/6. April 1884.

Forschungen in den kaukasischen Ländern", so dass sich Schmidt bedauerlicherweise 1887 wohl nur noch davon überzeugen konnte, dass seine summarische Auflistung Eingang in den posthumen und vom Umfang her eher bescheidenen Band gefunden hatte.[458]

Der im Vorangegangenen skizzierte, bisher unveröffentlichte und mehrere Jahrzehnte umfassende Briefwechsel zwischen Hermann Abich und Carl Schmidt weist den Dorpater Ordinarius für Chemie eindeutig als Repräsentanten der „chemischen Geologie" aus. Diese Einschätzung bestätigte auch Schmidts langjähriger Assistent, der Geochemiker und Mineraloge Johann Lemberg, der darauf hinwies, dass die im Dorpater Laboratorium betriebenen geochemischen Analysen ausschließlich auf Gustav Bischof beruhten.[459] Bischof gilt als der Begründer der „chemischen Geologie" in Deutschland.[460] In seinem berühmten mehrbändigen „Lehrbuch der chemischen und physikalischen Geologie"[461] bezeichnete er das Wasser als das primäre Agens in der geologischen Entwicklung der Erde und fand heraus, „dass sich auch in der unbelebten, uns umgebenden Natur Kreisprozesse vollziehen".[462] Möglicherweise lag ein wesentlicher Antrieb für die Gesamtheit der hydrochemischen Publikationen Schmidts, die allesamt das Ziel verfolgten, die Mineralbestände „aller Gewässer der Erde nach einheitlichem Verfahren festzustellen"[463] und eine wenig abwechslungsreiche, unermüdliche und zugleich kolossale experimentelle Arbeit bedeuteten, in dem Wunsch begründet, einen analytischen Nachweis für Bischofs grundlegendes Postulat zu erbringen und so nach seinen früheren Untersuchungen über den Metabolismus der Tiere[464] nun auch gleichsam den anorganischen Stoffwechsel der Erdrinde zu ermitteln.[465] Nach Ostwalds Lesart war Schmidt davon überzeugt, dass dieser als

458 Vgl.: Abich (1887), S. 153–159.

459 Vgl.: Ostwald (2003), S. 49.

460 Vgl.: Diergart (1927), S. 202; Ostwald (2003), S. 49.

461 Bischof (1847–1855).

462 Vernadsky (1930), S. 11. – Dass Bischof heute einhellig als „Neptunist" gilt, ist insofern erstaunlich, als er zu Beginn der Entstehung des ersten Bandes seiner „Geologie" (1847) noch eindeutig ein „Plutonist" war und daher der magmatischen Theorie der Erdentstehung zuneigte, die insbesondere die Bildung aller Gesteine der Wirkung des Feuers zuschrieb. Vgl. zur „Konversion" Bischofs vom Vulkanisten/Plutonisten zum (Neo-)Neptunisten und der Vulkanismus-Neptunismus-Kontroverse in der Geschichte der Geowissenschaft (ca. 1770–1850) allgemein: Zittel (1899), S. 306; Fritscher (1991), S. 3.

463 Schimkat (1998), S. 230.

464 Vgl.: Kapitel 3.4.3.3.2–3.4.3.3.4 dieser Untersuchung.

465 Vgl.: Ostwald (2003), S. 48.

eine Art Kreisprozess folgendermaßen funktioniere: Das niederfallende Regenwasser lauge den Boden langsam aus und sorge gleichzeitig für den Zerfall der Gesteine. Durch solche Vorgänge komme es immer wieder zur Erzeugung und Aufnahme löslicher Stoffe, die als wässrige Auszüge in Bäche und Flüsse gelangen würden, um sich dort zu mischen. In den Weltmeeren, die schließlich ihrerseits diese Stoffe aufnähmen und konzentrierten, verdampfe nur reines Wasser, das seinerseits wiederum an die „Luftmeere" abgegeben werde.[466]

Schmidt konnte, wie auch seine Zeitgenossen, die immense Fülle seiner geo- und hydrochemischen Daten nur deskriptiv beschreiben, da es im 19. Jahrhundert noch an einer adäquaten vereinheitlichten Theorie des Fachs fehlte.[467] Es wäre ihm daher zu wünschen gewesen, dass er zumindest seinen schon zu Beginn der 1860er Jahre entwickelten gigantischen Plan hätte verwirklichen können, der die Erstellung einer kartographischen Verteilung der Hydrosphäre für Gesamt-Russland aufgrund seiner hydrochemischen Untersuchungsergebnisse vorsah.[468] Obwohl dieser Versuch letztlich misslang,[469] verfällt man wohl kaum in den Ungeist des „de mortuis nihil nisi bene", wenn man Schmidts hydrochemische Lebensarbeit als einen „in seiner Art einzig dastehenden Beitrag zur Hydrologie und Hydrochemie Osteuropas und Nordasiens"[470] bezeichnet. Darüber hinaus ahnten sowohl Abich als auch Schmidt ab der Mitte des 19. Jahrhunderts wohl einen Aspekt voraus, der später wesentlich zur Etablierung des Fachs Geochemie selbst und auch zu dessen universitärer Institutionalisierung beitragen sollte:[471] Sie hatte zunehmend ihren Beitrag zur Erschließung von dringend benötigten Rohstoffen zu leisten, wobei sich unter diesem Primat der „verwertbaren Stoffe" nach Goldschmidt stets auch theoretische Weiterentwicklungen des Fachs einstellten.[472]

---

466 Vgl.: Ostwald (2003), S. 48.

467 Vgl.: Manten (1966), S. 5–31; Brock (1979), S. 147–170; Fritscher (1991), S. 285–289; Guntau (1998), S. 331–345; Cahan (2003), S. 10; Oldroyd (2003), S. 88–128.

468 Vgl.: Zaleski (1894), S. 976.

469 Vgl.: Siilivask (1995), S. 117.

470 Zaleski (1894), S. 976.

471 Vgl. zur Entwicklung und Institutionalisierung der Geochemie vorwiegend im 20. Jahrhundert: Manten (1966), S. 5–31; Brock (1979), S. 147–170; Fritscher (1991), S. 285–289; Guntau (1998), S. 331–345; Cahan (2003), S. 10; Oldroyd (2003), S. 88–128.

472 Vgl.: Goldschmidt (1926), S. 39, S. 50.

#### 4.6.2.3 *Die frühe Etablierung einer Umwelthygiene und -medizin an der Dorpater Universität*

Unter Umwelthygiene versteht man heute die Wissenschaft und Lehre von den direkten und indirekten Einflüssen physikalischer, chemischer und biologischer Faktoren (Agenzien) auf die menschliche Gesundheit. Sie zielt besonders auf die Sicherstellung gesundheitlich einwandfreier Verhältnisse ab und bildet so ein wesentliches Element des Gesundheitsschutzes.[473] In Deutschland wird Johann Peter Frank als Begründer der modernen Hygiene des öffentlichen Gesundheitswesens und der Umweltmedizin angesehen, während Max von Pettenkofer als „Vater“ der neuzeitlichen wissenschaftlichen (Umwelt-)Hygiene gilt.[474]

Die Universität Dorpat verfügte ab 1844 über einen Lehrstuhl für Staatsarzneikunde (gerichtliche Medizin und Hygiene), an dem sich ab 1888 vor allem Bernhard Körber zusammen mit seinen Schülern verstärkt mit Fragen und Problemen der Umwelthygiene und -medizin beschäftigte.[475] Vor Körber war bereits der Dorpater Internist Victor Weyrich mit Publikationen in den genannten Disziplinen hervorgetreten.[476] Wie im Nachfolgenden dargestellt, leistete aber auch Carl Schmidt wesentliche Beiträge, die man durchaus im Sinne einer frühen Etablierung der Umwelthygiene und -medizin an der Dorpater Hochschule sehen kann.

##### 4.6.2.3.1 *Die chemische Untersuchung der Dorpater Trinkwasser*

Die zahlreichen ab den 1870er Jahren vorgelegten Arbeiten Schmidts zur globalen Hydrosphäre des europäischen und asiatischen Teils des russischen Reiches[477] hatten in der umfangreichen chemischen Untersuchung der Wasserversorgung Dorpats einen bemerkenswerten „lokalen“ Vorläufer.[478] In dem Werk aus dem Jahr 1863 präsentierte Schmidt die Ergebnisse seiner Analysen von 124 Dorpater Brunnen- und zwei Quell-Wassern. Außerdem untersuchte er noch einen Teich und den Embach, der Dorpat durchfließt. Alle diese

473 Vgl.: Exner (2007), S. 1429.

474 Vgl. zur weiteren Entwicklung der Umwelthygiene durch Einbeziehung des interdisziplinären Faches Mikrobiologie (Bakteriologie, Virologie und weiterer Subdisziplinen): Gundermann (1997), S. 29–42, S. 89–95; Köhler (2000), S. 620–641; Exner (2007), S. 1429–1430.

475 Vgl. zu den Aktivitäten Körbers und seiner Schüler: Grünfeld (1893), S. 118; Käbin (1986), S. 202.

476 Vgl. z. B.: Weyrich (1873), S. 193–342.

477 Vgl.: Past und Tanker (2007), S. 126–137.

478 Vgl.: Schmidt (1863 b).

Quellen dienten damals zur Wasserversorgung der Dorpater Bevölkerung.[479] Insbesondere durch die chemische Analyse der zahlreichen „Brunnengewässer“ wollte Schmidt für eine mittelgroße ältere Stadt „eine feste Grundlage zur Beurtheilung ihrer physiologischen Wirkungen, sowie des Grades und der Art und Weise ihrer stetig fortschreitenden Verschlechterung“[480] gewinnen, weil er davon überzeugt war, dass die steigende Zahl der Einwohner zwangsläufig auch die der Konsumenten untauglichen Wassers und schlussendlich die Anzahl derjenigen Personen erhöhen müsse, die durch das verunreinigte Wasser erkrankten. Hinzu komme, dass die wenigsten Städte Wasserleitungen besäßen oder an großen Flüssen mit starker Strömung lägen, die ihnen hinreichend reines und gutes Wasser zuführten. Aus diesen Gründen sei die Mehrzahl der Städte auf Brunnen und/oder kleinere Flüsse mit geringen Wassermassen angewiesen, „die gleichzeitig Abzugslöcher und Kanäle für Gossen und Kloaken bilden.“[481] Bevor Schmidt die Resultate seiner „Gewässer-Analysen“ präsentierte, nannte er einige geologische und topologische Fakten dafür, warum Dorpat nach seiner Meinung für eine derartige Studie besonders geeignet sei. Im Gegensatz zu ebenen Städten präge Dorpat eine „amphitheaterliche Erhebung“ auf beiden Seiten des Embachs. So erfordere z. B. die Höhe von 120 russischen Fuß (ca. 36,3 Metern) bis hinauf zum Domplateau am rechten Flussufer (Anlage 20) Brunnentiefen[482] von null Fuß bei Quellen am Flussufer selbst bis hin zu 86,3 Fuß (ca. 26,3 Metern) für den neuen Brunnen gegenüber der Marienstraße.[483] Der mehrfache Wechsel von rotem Ton, Dolomit, Sand und unterschiedlich eisenoxydreichen Dolomitmergeln des devonischen Systems[484] gestattete es Schmidt, Wasseransammlungen in verschiedenen Tiefen und geringer Entfernung voneinander zu studieren.[485]

Fundierte Aussagen zur Qualität des Dorpater Stadtbrunnen-Wassers konnten Schmidt nur dann gelingen, wenn er das „Nass“ zahlreicher Brunnen aus den verschiedenen Stadtteilen einer chemischen Analyse unterzog. Folgerichtig

479 Vgl.: Schmidt (1863 b), S. 11.

480 Schmidt (1863 b), S. 5.

481 Schmidt (1863 b), S. 5.

482 Die Brunnentiefe stellte die Tiefe des Brunnenwasserspiegels unter der Bodenfläche dar. Vgl.: Schmidt (1863 b), S. 12, S. 216.

483 Vgl.: Schmidt (1863 b), S. 5, S. 103, S. 216.

484 Vgl. zu den geognostischen Verhältnissen Dorpats und seiner Umgebung sowie zur chemischen Konstitution des Untergrundes und deren Bedeutung für das Quell- und Brunnenwasser: Schmidt (1856 b), S. 483–500; Grewingk (1861), S. 479–774.

485 Vgl.: Schmidt (1863 b), S. 5.

untersuchte er im Stadtteil I 74 Brunnen, im Stadtteil II 47 und im Stadtteil III 3 Brunnen[486] (Anlage 20). Da die steileren beidseitigen oberen Abhänge des Embach-Flusstals im Nordwesten der Stadt eng beieinander liegen, um sich dann weiter flussabwärts, aber noch innerhalb des Stadtgebietes, bedeutend zu erweitern und abzufallen, waren in der damaligen Zeit Gebiete in der Flussniederung jährlichen Überschwemmungen ausgesetzt und stellten ausgedehntes Sumpfterrain dar. Dies traf besonders für den ersten Stadtteil am oberen Flusslauf (rechtes Embach-Ufer) bis zur ersten (Holz-)Brücke zu, galt aber auch für die tiefer liegenden Straßen des zweiten Stadtteils am rechten Embachufer bis an den unteren Flusslauf. Die Niederungen des dritten Stadtteils am linken Ufer bildeten ebenfalls mehr oder weniger starkes Sumpfgebiet. Die höher gelegenen Straßen und Areale der Bezirke I und II waren nicht sumpfig und weniger dicht bebaut. Hier lebten überwiegend gebildetere und reichere Bürger Dorpats. Im Gegensatz dazu wiesen die „Sumpfgebiete“ aller drei Stadtteile eine eher ärmliche und besonders in Ufernähe dichte Bebauung auf, die fast ausschließlich von Arbeitern bewohnt war. In den höher angesiedelten Bezirken des dritten Stadtteils, der sich insgesamt als dünner besiedelt darstellte,[487] befanden sich die guten Boden- und Wohnlagen der Stadt.[488]

Die quantitative Bestimmung bei chemischen Analysen (süßer) Gewässer umfasste um die Mitte des 19. Jahrhunderts gewöhnlich den Gehalt an Basen und Säuren, die Menge der vorhandenen Salze und das Vorkommen organischer Verbindungen.[489] Schmidt folgte bei seinen Wasseruntersuchungen in der Stadt Dorpat dieser „Bestimmungsregel“. Zunächst wurden 7 bis 10 Liter Wasser aus den verschiedenen „Schöpfstellen“ in drei großen Platinschalen im Dampfbad bis auf etwa 120 $cm^3$ eingedampft, der entstandene Niederschlag auf einem Filter gesammelt und, nachdem man das Filtrat weggenommen hatte, mit heißem Wasser gut ausgewaschen. Durch Prüfung des Niederschlags und des Filtrats konnten nun die in den verschiedenen Wasserproben enthaltenen

486 Vgl.: Schmidt (1863 b), S. 11.

487 Diese eher spärliche Besiedlung mag ein Grund dafür gewesen sein, dass Schmidt aus dem dritten Dorpater Stadtteil nur drei Brunnenwasser untersuchte.

488 Vgl.: Schmidt (1863 b), S. 197; Weyrich (1873), S. 193–195; Heymann (1892), S. 7–8, S. 13–15; Woloshinsky (1892), S. 23–32.

489 Vgl. zur zeitgenössischen chemischen Analyse von Quell-, Brunnen-, Bach- und Flusswasser: Wöhler (1853), S. 164–167; Fresenius (1862), S. 661–666; Fresenius (1869), S. 353–357.

Bestandteile bestimmt werden,[490] wobei Schmidt auf die Ermittlung organischer Substanzen verzichtete,[491] da sie seiner Meinung nach zu zeitaufwendig und daher nicht lohnend sei.[492] Auf keinen Fall unterließ er hingegen die exakte Ermittlung des Ammoniak-, Salpetersäure- und Phosphorgehaltes der zahlreichen Wasserproben, denn diese Substanzen seien „als Maassstab des raschen Fortschreitens der Salpeterbildung aus zerfallener Thiersubstanz auf kalk-, magnesia- und alkalireichem Boden“[493] von großem Interesse. Schmidt stellte die Ergebnisse seiner Wasseruntersuchungen in einheitlichen Tabellen dar. Dabei bezog er sich stets auf die in 10.000 Teilen enthaltenen Einzelbestandteile „oder, was dasselbe sagt, die in 10 Litres enthaltenen Grammen und deren Bruchteile bis zur vierten Decimale.“[494]

Ausgewählte Ergebnisse der Schmidtschen „Trinkwasser-Analysen“ sind in Anlage 21 dargestellt, wobei die Angaben zu den Salz-, Salpetersäure- und Magnesia-Gehalten durch den ebenfalls ermittelten Härtegrad[495] ergänzt wurden. Die Anordnung der jeweiligen „Schöpfquellen“ nach Brunnentiefe ergab für die drei Stadtteile Dorpats folgende Resultate: Im Stadtbezirk I enthielten die in einer Tiefe von 4,0 bis 7,2 Fuß gelegenen Brunnen im Vergleich zu ihren in 43,3 bis 82,4 Höhe angesiedelten Pendants im Durchschnitt 2,81-fach mehr

490 Vgl. zu den von Schmidt vorwiegend mittels der Gewichtsmethode und vereinzelt auch durch Maßanalyse bestimmten Stoffen im Dorpater Trinkwasser: Schmidt (1863 b), S. 7–10; Fresenius (1869), S. 353.

491 Die im Wasser enthaltenen organischen Bestandteile stammten aus Zersetzungen von Pflanzenüberresten oder stellten stickstoffhaltige Zersetzungsprodukte animalischer Abfälle dar. Vgl.: Sendtner (1896), S. 526.

492 Vgl. zu den Schwierigkeiten der quantitativen Bestimmung organischer Substanzen im Zuge von Wasseruntersuchungen: Fresenius (1862), S. 664–665 sowie Kapitel 4.6.2.3.2 dieser Untersuchung zur entsprechenden Fortführung der Arbeiten Schmidts in der „bakteriologischen Ära“.

493 Schmidt (1863 b), S. 10.

494 Schmidt (1863 b), S. 12.

495 Vgl.: Schmidt (1863 b), S. 13–143, S. 200, S. 206–211 (Tabellen). – Man unterschied bereits im 19. Jahrhundert zwischen der permanenten oder bleibenden und der temporären oder vorübergehenden Härte. Auf die permanente Härte, die z. B. durch Chloride, Kalzium- und Magnesiumsulfate bedingt war, hatte das Kochen des Wassers keinen Einfluss. Die temporäre Härte, die vor allem auf den Karbonaten des Kalkes und Magnesiumverbindungen beruhte, verschwand beim Kochen hingegen durch Fällung der genannten Bestandteile. Die Summe aus permanenter und temporärer Härte ergab die Gesamthärte des Wassers, die im gewöhnlichen Sprachgebrauch einfach als „Härte“ bezeichnet wurde. Vgl.: Wolffhügel (1882), S. 19–20; Kabrhel (1900), S. 67–68.

Salze, 2,65-fach mehr Salpetersäure und 3,73-fach mehr Magnesia.[496] Tendenziell vergleichbare Ergebnisse lieferten Schmidts Brunnenwasser-Analysen im zweiten Dorpater Stadtteil,[497] während die Situation im dritten wegen der nur drei einbezogenen Entnahmestellen und deren nicht eindeutiger Charakterisierung mit Blick auf die potentielle Belastung des Trinkwassers unklar blieb.[498] Die Untersuchung von Frischwasser-Quellen erbrachte vergleichsweise ermutigende Resultate.[499] Auch das Embach-Wasser erwies sich erstaunlicherweise gegen den bedeutenden Zufluss der Dorpater „Stadtlauge" als weitgehend resistent.[500] Die niedrigste Belastung mit anorganischen Stoffen lag bei einem Teich bzw. einer Zisterne im zweiten Stadtbezirk vor.[501] Insgesamt stellte sich somit für alle drei Stadtteile Dorpats ein unmittelbarer Zusammenhang zwischen der Lage der Brunnen, ihrer Tiefe und der jeweiligen Belastung dar. Bei größerer Brunnentiefe könne, so Schmidt, die „Stadtlauge" vollständiger auf den durchbohrten Tonlagen abfließen oder besser gesagt: filtriert werden, was zu einem reineren Trinkwasser führe.[502] Je geringer die Brunnentiefe hingegen ausgelegt sei, desto bedeutender fiele die Belastung durch die eigene und „die vom beiderseitigen Plateau auf die flache Thonmulde hinabrieselnde faulende Stadtlauge"[503] aus. Schmidt Analysenergebnisse und seine Schlussfolgerungen stimmten damit sehr weitgehend mit der desolaten hygienischen Situation in den Dorpater Sumpfgebieten überein, die sich dort gewissermaßen prima facie offenbarte. Viele Straßen waren überhaupt nicht oder nur teilweise gepflastert. Eine Kanalisation war kaum und wenn, dann nur mangelhaft vorhanden. Eine Drainage existierte nicht. Fast sämtliches Regenwasser und die anfallenden Abwässer, die auch den Inhalt der oft undichten Abtrittgruben enthielten, wurden in oberirdischen offenen Gräben abgeführt, die häufig nur ein ungenügendes Gefälle aufwiesen, was zur teilweisen Stagnation des unangenehm riechenden Schmutzwassers führte. Die Lage wurde noch dadurch verschlimmert, dass der Boden in den sumpfigen Flussniederungen größtenteils auch das Schmutzwasser der höher gelegenen Wohngebiete aufnehmen musste. Mithin war das Grund- bzw. Brunnenwasser in diesen Gegenden wegen mangelnder Filtration durch den Boden stark belastet.

496 Vgl.: Schmidt (1863 b), S. 15–90.
497 Vgl.: Schmidt (1863 b), S. 91–138.
498 Vgl.: Schmidt (1863 b), S. 139–143.
499 Vgl.: Schmidt (1863 b), S. 13–14, S. 78, S. 105, S. 139.
500 Vgl.: Schmidt (1863 b), S. 13–14.
501 Vgl.: Schmidt (1863 b), S. 105.
502 Vgl.: Schmidt (1863 b), S. 185.
503 Schmidt (1863 b), S. 197.

Die „Stadtlauge" stellte ein Gemisch aus ehemals normalem reinem Grundwasser mit wässerigen Lösungen dar, die seit Jahrhunderten durch von „Menschen und Thiere[n] gebildete Auswurfstoffe, Abfall von Gewerben, Schlächtereien, Kehrichthaufen etc."[504] entstanden seien. Den Bewohnern der sumpfigen Stadtgebiete, die zur Anlage ihrer Flachbrunnen nur die obersten Torfbodenschichten durchstechen mussten, stehe also zur Deckung ihres täglichen Wasserbedarfs nichts anderes als diese bestenfalls durch Regenwasser verdünnte „Stadtlauge" zur Verfügung.[505]

Zur Zeit Schmidts ließen sich chemische Trinkwasseruntersuchungen nur sehr schwer interpretieren, da keinerlei Normal- oder Grenzwerte für die anorganischen Bestandteile existierten, die auch nur eine annähernde Einschätzung der Güte des Wassers erlaubt hätten. Ein derartiger überregionaler und später häufig herangezogener Vergleichsmaßstab fand sich, soweit ersichtlich, erstmals 1864 und damit ein Jahr nach der Publikation von Schmidts Dorpater Wasser-Analysen im „Bericht über die Erhebungen der Wasser-Versorgungs-Commission des Gemeinderathes der Stadt Wien".[506] Hier galt für die Salpetersäure ein Maximum von 15 mg/l reinen Wassers, und es bestand ein Grenzwert von 1.300 mg/l, ab dem Wasser als „abnorm" bezeichnet wurde. Die entsprechenden Referenzwerte für den Gehalt an Magnesiaverbindungen beliefen sich auf 50 bzw. 500 mg/l.[507] Der akzeptable Härtegrad wurde mit 18 angegeben.[508] Bezogen auf die Dorpater Trinkwasser-Verhältnisse bedeutete dies für die von uns aus Schmidts

504 Schmidt (1863 b), S. 6. – Vgl. zur ähnlichen Abwasser-Entsorgung in anderen Städten des Baltikums, z. B. in Schmidts Geburtsstadt Mitau: Schlau (1995), S. 101–102, S. 245–246.

505 Vgl.: Schmidt (1863 b), S. 197; Heymann (1892), S. 17.

506 Wasserversorgungs-Commission (1864).

507 Vgl.: Wasserversorgungs-Commission (1864), S. 12–19, S. 30–31; Flügge (1889), S. 200; Kabrhel (1900), S. 78.

508 Vgl.: Wasserversorgungs-Commission (1864), S. 30. – In den Folgejahren fehlte es nicht an Versuchen von verschiedenen Seiten, alternative Grenzwerte für die zumutbare Wasserhärte zu propagieren. Bei gleichzeitiger Verwendung örtlicher Gewässer als Nutzwasser zum Waschen oder Kochen und als Trinkwasser war man der Auffassung, 20 deutsche Härtegrade würden einen akzeptablen Grenzwert darstellen. Bei Brunnenwässern, welche (nur) zum Trinken bestimmt waren, sollten 50 deutsche Härtgrade nie überschritten werden. Heute weist sehr weiches und weiches Wasser 0–8°, mittelhartes und ziemlich hartes Wasser 8–18°, hartes 18–30° und sehr hartes Wasser mehr als 30 deutsche Härtegrade auf. Vgl.: Weyrich (1873), S. 196–197; Wolffhügel (1882), S. 19–20, S. 22; Löffler (1896), S. 771; Flügge (1889), S. 207–208; Kabrhel (1900), S. 69–70; Trapp (1998), S. 133–134.

Untersuchungen exemplarisch ausgewählten „Schöpfstellen“ (Anlage 21): Nur das Embach-Wasser, der Teich bzw. die Zisterne im Stadtbezirk II und zwei Brunnen im Stadtteil III genügten der Grenzkonzentration für die Salpetersäure, während die für alle anderen „Reservoirs“ ermittelten Gehalte zwischen 22,85 und 620,0 mg/l lagen und damit allesamt weniger als die Hälfte derjenigen Konzentration erreichten, die für „abnormes“ Wasser galt. Der Embach und fünf der ausgewählten Stadtbrunnen konnten auch mit Blick auf ihre „Magnesia-Belastung“ als unbedenklich gelten. Die höchste Magnesiakonzentration im Brunnenwasser betrug ca. 270 mg/l. Nur sieben der 28 Dorpater (Trink-)Wasser unterschritten zur damaligen Zeit den Grenzwert von 18 H°.

Zur umwelthygienischen und vor allem umweltmedizinischen Relevanz seiner Wasseruntersuchungen in der Stadt Dorpat äußerte sich Schmidt als Chemiker und Arzt in einem separaten Kapitel unter der Überschrift „Die Stadtbrunnen vom Standpunkt der öffentlichen Gesundheitspflege“.[509] Einleitend stellte er fest, dass die bedeutenden Schwankungen in der Zusammensetzung des Dorpater Trinkwassers zwangsläufig Rückwirkungen auf die dort lebenden Menschen haben müssten. Hinsichtlich der Gesamtkonzentration der Salze sei wohl das menschliche „Darmrohr“ die am besten geeignete Waage. Es registriere mit hoher Sicherheit eine plötzliche Verzehnfachung des Salzgehaltes im Trinkwasser von beispielsweise 0,4 auf 4 Kilogramm je Kubikmeter, während die halbe Steigerung nur noch von einem Teil und eine Verdoppelung nur von besonders reizbaren Individuen wahrgenommen werde.[510] Befürchtungen, ein zu hoher Salzgehalt der Nahrungsmittel stelle eine gesundheitliche Gefährdung dar, begegnete Schmidt mit einem Hinweis auf das Backen von Brot. Da der Brotteig ohnehin etwas gesalzen bzw. gewürzt werde, sei der Salzgehalt des Wassers beim Zubereiten nicht von wesentlicher Bedeutung, denn selbst bei einer Konzentration von 1.000 bis 1.200 Gramm je Kubikmeter Wasser werde der (Essens-)Geschmack nicht beeinträchtigt. Auch gegenteilige Überlegungen, dass etwa ein zu geringer „Salzbestand“ der Nahrung den Aufbau und das Wachstum des menschlichen Knochengerüstes beeinträchtigen könnte und daher des Ausgleichs durch das Trinkwasser bedürfe, trat er mit Verweis auf die Salzmengen in gewöhnlich verzehrten Nahrungsmitteln deutlich entgegen.[511] Detaillierte

509 Vgl.: Schmidt (1863 b), S. 184–198 sowie zu ähnlichen Analysen in deutschen Städten ab 1850 und allgemein zum bis ins alte Ägypten reichenden Nachdenken, welchen Einfluss das Wasser auf die menschliche Gesundheit ausüben könnte: Fischer (1878), S. 106–107; Wolffhügel (1882), S. 62–64.

510 Vgl.: Schmidt (1863 b), S. 184.

511 Vgl.: Schmidt (1863 b), S. 188–190.

Aussagen dazu, ab welcher Höhe die Gesamtkonzentration der Salze im Trinkwasser für den Menschen als schädlich anzusehen sind, sucht man indessen sowohl in der 1863er Zusammenstellung als auch in ihrem 1876er Nachfolger[512] vergeblich, in dem sich Schmidt auch nicht über die sehr allgemeine Aussage hinaus traute, dass aufsteigende Salzgehalte mit einer absteigenden hygienischen und technischen Brauchbarkeit der Wasser korrespondierten.[513] Salpetersäure schmecke im Trinkwasser mehr widrig reizend als kühlend und affizierte zudem die Verdauung stärker als andere Säuren.[514] Zwar rief Schmidt in diesem Zusammenhang mit einem für ihn typischen ausladenden Vergleich die wohl allgemein akzeptierte Tatsache in Erinnerung, dass auch in Dorpat „pain et biscuit" nicht mit „eau d'oranges doubles", sondern wie in Paris „mit doppelt und dreifach durch die Bevölkerung filtrierter Stadtlauge"[515] gebacken würden, doch mangelte es auch hier an konkreten Angaben über eventuelle gesundheitliche Schäden durch den Verzehr von Nahrungsmitteln, die durch hohe Salpetersäure-Konzentrationen belastet waren.[516] Allgemein schlug Schmidt vor, für die Herstellung von Speisen gekochtes Embach-Wasser oder abgekochtes Wasser von „reineren" Brunnen zu verwenden, sich aus den besten Brunnen der Nachbarschaft zu versorgen und die Brunnen-Bohrlöcher möglichst tief hinab zu treiben, um so die Wasserqualität bedeutend zu verbessern.[517] Sehr konkret äußerte sich Schmidt hingegen zu den potentiell gesundheitsschädlichen Auswirkungen des Magnesiagehaltes im Trinkwasser. Wie auch andere Fachkollegen[518] schrieb er dem Chlormagnesium und den salpetersauren Magnesia erhebliche Wirkungen auf die menschliche Verdauung zu. So habe der Hausarzt vermehrt gegen Durchfälle zu kämpfen, sobald eine Familie aus einem Quartier mit reinem Quellwasser in ein anderes der „Stadtlaugenregion" umgezogen sei. Umgekehrt gelte, dass er nach einer allmählichen Gewöhnung an diese habituellen Laxantien Verstopfungen kurieren müsse, wobei sich nach entsprechenden Wohnungswechseln

512 Vgl.: Schmidt (1876), S. I – II. – In dieser zweiten umfangreichen chemisch-hydrologischen Forschungsarbeit analysierte Schmidt 43 neue Dorpater Brunnengewässer, unterzog einen Teil der schon 1862/63 untersuchten einer Überprüfung und bestimmte so die im zurückliegenden Jahrzehnt eingetretenen Veränderungen.

513 Vgl.: Schmidt (1876), S. 120, S. 199–205.

514 Vgl.: Oesterlen (1861), S. 229.

515 Schmidt (1863 b), S. 185.

516 Vgl. zur erst später eindeutig erkannten Schädlichkeit der Salpetersäure im Trinkwasser: Reichardt (1880), S. 143; Ruetz (1882), S. 27.

517 Vgl.: Schmidt (1863 b), S. 185–187.

518 Vgl.: Oesterlen (1861), S. 186; Flügge (1889), S. 208; Kabrhel (1900), S. 68–69.

Frauen und Kinder als besonders anfällig erweisen würden.[519] Die Bedeutung der Härtegrade des Wassers[520] schließlich würdigte Schmidt detailliert nur mit Blick auf die technische Verwendbarkeit,[521] während Kommentare zur potentiellen Relevanz für die menschliche Gesundheit ebenfalls sehr allgemein ausfielen. Er empfahl seinen kosmopolitischen Mitbürgern, „die gewohnt sind, die Produkte aller drei Welttheile des klassischen Alterthums zur gastronomischen Tagesordnung zu einen",[522] sich hierzu Wasser mit möglichst geringem Härtegrad auszusuchen und vorzugsweise jene zu verwenden, die auch nach dem Kochen nur einen minimalen Härtegrad aufwiesen.[523] Den Wirtinnen der Stadt sei ohnehin bekannt, dass man Hülsenfrüchte nicht mit hartem Wasser kochen solle, und die Kenner der feineren Tee- und Kaffeesorten würden sich für den Aufguss seit jeher weichen Wassers, z. B. auch Regen- oder Schneewassers, bedienen, um deren Aroma zu bewahren.[524] Anders als einige seiner Fachkollegen[525] war sich Schmidt insgesamt wohl deutlich bewusst, dass selbst imposante Zahlenreihen wie die von ihm 1863 vorgelegten und zehn Jahre später ausgedehnten keine ausreichende wissenschaftliche Basis boten, um beispielsweise die Rolle der Salz-, Salpetersäure- und Magnesiakonzentrationen sowie des Härtegrades des Trinkwassers für die Entstehung von Krankheiten auch nur annähernd verlässlich zu ermitteln. Daher konnten seine Zusammenstellungen lediglich „unsern Klinikern und Privatärzten die Uebersicht für künftige ausführlichere Beobachtungsreihen erleichtern"[526] und sie ermuntern, im Rahmen der „Krankenstatistik" der Stadt möglichst auch die anorganische Beschaffenheit des Trinkwassers

519 Vgl.: Schmidt (1863 b), S. 195.

520 Vgl.: Schmidt (1863 b), S. 13–143, S. 200, S. 206–211 (Tabellen); Anlage 21 dieser Untersuchung.

521 Vgl.: Schmidt (1863 b), S. 199–205. – Gewöhnlich erachtete man damals in der Technik ein Wasser bis zu 10° Härte noch als weich. Vgl.: Wolffhügel (1882), S. 20.

522 Schmidt (1863 b), S. 187.

523 Vgl.: Schmidt (1876), S. 1.

524 Vgl.: Schmidt (1863 b), S. 187.

525 In diesem Zusammenhang glaubte z. B. Reich (1869), S. 60–102 in Berlin 1866 eine Relation zwischen der Cholerasterblichkeit und dem Salpetergehalt der Brunnenwasser nachgewiesen zu haben, obwohl sich dieses Verhältnis bei einer genaueren Untersuchung der Zahl der Todesfälle nach Polizeirevieren und damit Stadtbezirken nicht bestätigen ließ. Auch Bulk (1876), S. 45–46 ging für eine im Herbst 1875 in Barmen aufgetretene Ruhrepidemie von einer engen Beziehung zur Beschaffenheit der Brunnenwasser und insbesondere zu deren Salpeter- und Chlorkonzentrationen aus. Vgl.: Wolffhügel (1882), S. 91.

526 Schmidt (1863 b), S. 195.

in Betracht zu ziehen.[527] Auf diese Weise sei es vielleicht dereinst denkbar, dass sich „eine bedeutende Zahl chronischer Darm- und Nierenleiden erklären und durch Brunnenveränderungen dauernd beseitigen“ lasse .[528]

Schmidts umwelthygienische und -medizinische Schlussfolgerungen aus seinen 1863er und 1876er Dorpater Trinkwasser-Untersuchungen fielen zwar fast schüchtern aus. Doch maß er als Anhänger Pettenkofers[529] und Befürworter von dessen „Boden- und Grundwasser-Theorie“[530] seinen eigenen Beobachtungsreihen sehr weitgehende Bedeutung zu, wenn es um die Entwicklung der so genannten miasmatisch-epidemischen Krankheiten, wie z. B. Typhus, Ruhr oder Cholera, ging. Denn schließlich biete der an beiden Seiten des Embach-Ufers angehäufte, „von organischem Detritus strotzende Brei“[531] im Sommer nahezu ideale Möglichkeiten zur Entwicklung der „Embryonen nächstsommerlicher Epidemien“.[532] Schmidt wollte sich 1863 wegen des Fehlens einer ausreichenden Grundlage für eine derartige nosographische Statistik noch nicht näher zu diesen Sachverhalten einlassen,[533] hoffte aber, dem Mangel schon bald abhelfen zu können. Folgerichtig plante er, einen tüchtigen, poliklinisch vorgebildeten Doktoranden aus dem „Schülerkreis“ des Internisten Alfred Vogel mit einem Vergleich seiner Dorpater Trinkwasser-Untersuchungen und der Typhusstatistik der Stadt zu beauftragen.[534] Gleichzeitig appellierte Schmidt an die Dorpater

527 Vgl.: Schmidt (1863 b), S. 195–196.

528 Schmidt (1863 b), S. 196.

529 BSB Pettenkoferiana II.2, Schmidt, Karl: Brief Schmidts an von Pettenkofer vom 24. Januar 1871 (Roß [2002 b], S. 97).

530 Vgl. zu dieser Theorie, die Pettenkofer zunächst für die Entstehung der Cholera entwickelt und später auf die Ätiologie des Typhus ausgedehnt hatte, und ihrem zeitgenössischen Widerstreit mit der bakteriologischen Lehre Kochs von den Infektionskrankheiten (Cholera- bzw. „Kommabazillus“): Pettenkofer (1855), S. 247–297; Pettenkofer (1869), S. 7–22; Koch (1912), S. 20–68; Leven (1997), S. 83–141; Winkle (1997), S. 153–251.

531 Schmidt (1863 b), S. 197.

532 Schmidt (1863 b), S. 198.

533 Vgl.: Schmidt (1863 b), S. 199.

534 Eine entsprechende Dissertationsschrift lässt sich nicht nachweisen, da Woldemar Brandts Analysen (Brandt [1872]) schwerlich auf Schmidts Trinkwasser-Untersuchungen zurückgegangen sein dürften. Erst unter dem Hygieniker und Professor für Staatsarzneikunde, Bernhard Körber, erschienen ab 1890 eine Reihe von „bakteriologisch-hygienisch-medizinischen“ Dissertationen, so z. B.: Keck (1890); Heymann (1892); Woloshinsky (1892). Vgl.: Grünfeld (1893), S. 44–46; S. 71, S. 138–142; Käbin (1986), S. 202.

Medizinische Gesellschaft,[535] „durch Beiträge aus ärztlichen Praxisjournalen möglichst umfangreiches und sicheres Material zu beschaffen, da die poliklinischen Akten nur einen Theil deßelben aus bestimmten Schichten der Gesellschaft behandeln.“[536]

Vielleicht hegte Schmidt zusammengenommen mit seinen umfangreichen Untersuchungen des Dorpater Trinkwassers insgeheim die Idee, die Grundlagen für eine zukünftige rationelle Hydro-Pathologie zu schaffen.[537] Ilomets sah in ihnen vor allem ein wichtiges Fundament, auf das sich spätere Studien zur Lösung sozialhygienischer Probleme beziehen konnten. Eines dieser Felder stellte zweifellos die sich nahezu explosionsartig entwickelnde Bakteriologie dar.[538]

### *4.6.2.3.2 Schmidts Dorpater Trinkwasser-Untersuchungen als Basis für weiterführende Analysen in der „bakteriologischen Ära“*

Numerisch bakteriologische Wasseruntersuchungen erfreuten sich in der zweiten Hälfte des 19. Jahrhunderts großer Beliebtheit,[539] denn man sah die Höhe des Keimgehalts als ein wichtiges Kriterium für die Wasserqualität an. So könne z. B. eine hohe Keimzahl im Brunnenwasser darauf hindeuten, dass es

535 Die Dorpater Medizinische Gesellschaft wurde 1865 gegründet. Vgl.: Käbin (1986), S. 95.

536 BSB Pettenkoferiana II.2, Schmidt, Karl: Brief Schmidts an von Pettenkofer vom 24. Januar 1871 (Roß [2002 b], S. 96–97). – Zu den „bestimmten Schichten der Gesellschaft“ schrieb der Dorpater Professor für innere Medizin Bernhard Naunyn (1925), S. 193: „Meine poliklinischen Kranken wohnten in der Peripherie der Stadt, in schmutzigen, zum Teil ungepflasterten Querstraßen, zum großen Teil im ‚Jenseits‘, auch die ‚überflüssige Seite‘ genannt, d. h. in dem Stadtteile jenseits des Embachs“, wo regelmäßig Überschwemmungen eine Anhäufung von „Affluvien“ bewirkten.

537 Vgl.: Schmidt (1863 b), S. 196.

538 Vgl.: Ilomets (1989), S. 3–15.

539 Vgl.: Bolton (1886), S. 76–114; Heraeus (1886); Roth (1886), S. 293–305; Wolffhügel und Riedel (1886), S. 445–480; Haudring (1888); Keck (1890); Rubner (1890), S. 365–395; Heymann (1892); Woloshinsky (1892); Kabrhel (1900), S. 83–106. – Numerische bakteriologische Bodenuntersuchungen zeigten, dass die Keimzahl des Bodens sich umgekehrt proportional zu dessen Tiefe verhielt, und bereits 1,5 m unterhalb der Oberfläche praktische „Keimfreiheit“ bestand. „Sterilität“ wurde mehrheitlich auch für das Grundwasser postuliert. Diese Entdeckungen stellten Pettenkofers „Boden-Grundwasser-Theorie“ sehr ernsthaft infrage und verhalfen schließlich Kochs Kontagiositäts-Lehre zum Durchbruch. Vgl.: Fränkel (1887), S. 564–582; Flügge (1889), S. 192–198; Eberbach (1890), S. 25–51; Heymann (1892), S. 34; Woloshinsky (1892), S. 13–14; Kabrhel (1900), S. 25–26, S. 119–126; Koch (1912) S. 20–60, S. 61–68.

oberflächlichen, unreinen Zuflüssen ausgesetzt sei und unter Umständen auch pathogene Erreger enthalte. Analog zu den chemischen Wasseranalysen wurden daher auch für die Keimzahlen Grenzwerte festgelegt. Gutes Brunnenwasser und filtriertes Leitungswasser sollten nur Werte von 50 bis 150/cm$^3$ aufweisen, und Trinkwasser generell mit nicht mehr als 500 entwicklungsfähigen Keimen belastet sein.[540]

Ein Beispiel für eine numerisch bakteriologische Analyse von 49 Dorpater Brunnenwassern aus den Stadtbezirken I und II, das auch die Ergebnisse von Schmidts vorangegangenen hydrologischen Untersuchungen einschloss, war Adolf Woloshinskys medizinische Dissertationsschrift aus dem Jahr 1892. Bezogen auf die vorgenannten Grenzwerte lieferten elf der ausgewählten Brunnen gutes Trinkwasser, 17 waren mit 151–500 Keimen/cm$^3$ belastet und 21 enthielten Wasser, das aus rein numerisch bakteriologischer Sicht zum Trinken nicht mehr geeignet war, wobei die höchste ermittelte Erregerzahl 34.510/cm$^3$ betrug. Der Keimgehalt schien dabei in einer gewissen Relation zur Brunnentiefe zu stehen, denn im vergleichsweise höher gelegenen Stadtzentrum fanden sich unter 13 Brunnen fünf bzw. drei „Schöpfquellen" mit gutem respektive noch tolerablem Trinkwasser. Alle acht auf dem Plateau der Stadt gewonnenen Proben zeichneten sich durch eine gute bis zumindest hinreichende Qualität aus.[541] Woloshinsky entnahm, wie bereits erwähnt, nur Spezimen in den ersten beiden Dorpater Stadtbezirken, die 1871 von der Cholera betroffen gewesen waren. Die folglich für den dritten Dorpater Stadtteil links des Embachs fehlenden Daten lieferte Eugen Heymann in einer „Ergänzungsarbeit", die ebenfalls 1892 erschien. Er untersuchte 53 Brunnen, das Flusswasser des Embachs und das Quellwasser des Malzmühlen Teichbrunnens.[542] 20 Wasser enthielten eine Keimzahl von unter 500/cm$^3$, d. h. nur 36 % der überprüften „Schöpfstellen" lieferten gutes bis qualitativ noch ausreichendes Trinkwasser.[543] Die betreffenden Brunnen lagen, so Heymann, ausschließlich im Zentrum und im nordwestlichen Teil des dritten Stadtbezirks, waren technisch gut gebaut und nur von begüterten Bürgern angelegt worden.[544] Für elf Brunnen wurden Keimzahlen von unter 2.000/cm$^3$

540 Vgl.: Heraeus (1886), S. 19; Woloshinsky (1892), S. 15.

541 Vgl.: Woloshinsky (1892), S. 23–50, S. 66–68 (zusammenfassende Tabellen) sowie zur von Schmidt nachgewiesenen Abhängigkeit der chemischen Wasserbelastung von der Brunnentiefe: Kapitel 4.6.2.3.1 dieser Untersuchung.

542 Vgl.: Heymann (1892), S. 7.

543 Vgl.: Heymann (1892), S. 39, S. 69–70.

544 Vgl.: Heymann (1892), S. 33, S. 42–51.

ermittelt; in den restlichen fanden sich zwischen 3.108 und 95.426 Erreger/cm$^3$. Der Vergleichswert für das Embach-Wasser betrug 5.743/cm$^3$.[545]

Während Heymann über keine Untersuchungen zur chemischen Zusammensetzung der von ihm analysierten Wasser verfügte,[546] konnte Woloshinsky in immerhin 13 Fällen auf Schmidts Vorarbeiten zurückgreifen (Anlage 22). Er teilte weitgehend die damals offenbar vorherrschende Meinung, dass die chemische Wasserqualität für die Vermehrung der Bakterien indifferent sei. Es gebe also keine gesetzmäßige Beziehung zwischen der Höhe des Keimgehaltes und den durch chemische Analyse ermittelten anorganischen Bestandteilen des Trinkwassers.[547] Für Dorpat drängte sich ihm jedoch der Eindruck auf, „als ob mit steigendem Salzgehalt der Keimgehalt“[548] zunehme. Woloshinsky schränkte diese Vermutung allerdings sogleich wieder ein, indem er darauf hinwies, dass die zu geringe Zahl der verglichenen Brunnen in diesem Kontext keine sicheren Rückschlüsse zulasse.[549]

Ebenso wie Schmidts umfangreiche und akribische „Brunnen-Analysen“ blieben auch die Untersuchungen seiner „bakteriologischen Nachfolger“ zunächst ohne jegliche praktische Konsequenz. Daher musste die hygienische Situation in Dorpat noch zu Ende des 19. Jahrhunderts als überaus kläglich gelten.[550] Diesen Umstand bemängelte beispielsweise auch der ehemalige Dorpater Stadt-Ingenieur Peter Wilde, der 1891 mit seiner kleinen Schrift „Canalisation und Wasserleitung für Dorpat“[551] einen konkreten Plan zur „Sanierung“ der Stadt vorlegte. Er schlug für Dorpat die Etablierung eines „Kanalisations-Schwemmsystems“[552]

545 Vgl.: Heymann (1892), S. 52–70.

546 Vgl.: Heymann (1892), S. 25. – Wie aus Anlage 21 dieser Untersuchung ersichtlich, hatte Schmidt 1863 in diesem Stadtteil nur drei Brunnen und eine Quelle chemisch analysiert. Auch zehn Jahre später wählte er aus dem dritten Dorpater Bezirk nur drei Brunnen aus. Vgl.: Schmidt (1876), S. 99–107.

547 Vgl.: Bolton (1886), S. 76–114; Roth (1886), S. 293–305; Woloshinsky (1892), S. 51–53.

548 Woloshinsky (1892), S. 53. Vgl.: Anlage 22 dieser Untersuchung.

549 Vgl.: Woloshinsky (1892), S. 53.

550 Vgl.: Leppik (2007), S. 55.

551 Wilde (1891). – Der Verfasser dankt Frau Mare Rand (Tartu University Library) dafür, dass sie ihm diese kleine Schrift in digitalisierter Form zugänglich machte.

552 Das Schwemmsystem setzte das Bestehen einer Wasserleitung voraus. Baulich bestand es aus Hauptkanälen, in die Zweigkanäle oder Siele führten. Die Hauptkanäle mündeten in Sammelkanäle. Die „Schmutzlast“ der Haushalte wurde in dieses System eingeleitet und mittels Durchschwemmen entsorgt. Vgl.: Wilde (1891), S. 7; Fischer (1893), S. 361.

vor, da die von Liernur[553] und Shone[554] alternativ propagierten Ansätze zur Abwasserbeseitigung für die Stadt unerschwinglich seien.[555] Wilde beschrieb detailliert, wie eine derartige „Schwemm-Kanalisation" für die einzelnen Stadtbezirke eingerichtet werden müsste[556] und ging insbesondere auf den „entwässerungstechnisch" schwierigen, weil geographisch sehr tief gelegenen dritten Bezirk ein. Für diesen hatte er schon zu Beginn seiner Amtszeit als Dorpater Stadt-Ingenieur (1880)[557] einen Vorschlag erarbeitet, der auf dem Verlegen von lediglich hölzernen Leitungen basierte. Da sich die Kosten selbst für dieses einfache „Röhren-Systems" jedoch auf rund 50.000 Rubel beliefen, ließ ihn die damalige Dorpater Stadtspitze wissen: „Wollen wir das Projekt fallen lassen, 50.000 Rubel in die Erde gebaut, sieht ja kein Mensch."[558] Des negativen Bescheids ungeachtet, widmete sich Wilde auch weiterhin der von ihm erkannten Problematik und berechnete überschlagsweise, welche Mittel die Stadt Dorpat aufzuwenden hätte, wollte sie sowohl eine „Schwemm-Kanalisation" als auch eine effiziente Wasserleitung zur Versorgung der Bevölkerung mit hygienisch einwandfreiem Trinkwasser errichten. Zur Kanalisation waren nach Wildes Kalkulationen in den Stadtbezirken I und II 10.130 Faden[559] und im Bezirk III 6.000 Faden Rohrleitungen zu verlegen.[560] Dies hätte schätzungsweise Kosten von 356.000 Rubel verursacht. Für das Anlegen unterschiedlicher Schächte, das Anbringen von Verschlusstüren und notwendige Pflasterarbeiten wären zusätzlich 114.615 Rubel zu veranschlagen gewesen, so dass die Stadt Dorpat allein für die von Wilde vorgeschlagenen

553 Das von Liernur in Amsterdam realisierte Kanalisationssystem beruhte darauf, dass die Fäkalienabfuhr in einem Rohrnetz durch Ansaugen in große Sammelreservoire erfolgte. Vgl.: Wilde (1891), S. 7; Büsing (1894), S. 164–165.

554 Der Amerikaner Shone betrieb die Ausfuhr der Fäkalien – im Gegensatz zu Liernur – mit komprimierter Luft. Für das Regenwasser sahen beide Systeme zusätzliche Leitungen vor. Vgl.: Wilde (1891), S. 7.

555 Vgl.: Wilde (1891), S. 7–8.

556 Vgl.: Wilde (1891), S. 8–12.

557 Vgl.: Wilde (1891), S. 3.

558 Wilde (1891), S. 12.

559 Das Längenmaß Faden wurde zur damaligen Zeit in Russland als „Sasche" mit 2,134 Metern, in Preußen mit 1,884 und in Livland (Dorpat) mit 1,65 Metern angegeben. Vgl.: Niemann (1830), S. 85, S. 290. – 10.130 Faden entsprachen somit nach livländischen bzw. russischen Maßstäben einer Rohrleitungslänge von 16.715 bzw. 21.617 Metern für die Stadtbezirke I und II. Für den dritten Stadtteil ergaben sich mit 6.000 Faden 9.900 bzw. 12.804 Meter.

560 Vgl.: Wilde (1891), S. 18.

Kanalisationsmaßnahmen rund 480.000 Rubel hätte bezahlen müssen.[561] Die Kosten für die Einrichtung einer Wasserleitung berechnete Wilde auf der Basis von 32.000 Einwohnern und einem angenommenen täglichen Pro-Kopf-Verbrauch von fünf Kubikfuß auf rund 300.000 Rubel.[562] Da sich somit die Summe der Investitionen für die projektierten „sanitären Maßnahmen" auf annähernd schier unglaubliche 800.000 Rubel bezifferte, war sich Wilde der wahrscheinlichen Wirkungen seiner Einlassungen durchaus bewusst, indem er als Fazit äußerte: „Das Bild, das ich im Vorstehenden von einer für Dorpat einzurichtenden Canalisation und Wasserleitung gegeben habe, wird zunächst entschieden nicht dazu beitragen, die Hoffnung auf die Einführung dieser so überaus wünschenswerthen Einrichtung zu heben."[563] Die Entwicklung während des nächsten Jahrzehnts sollte ihm vollends Recht geben, denn noch im Jahr 1902 fasst Bernhard Körber die hygienische Situation in Dorpat folgendermaßen zusammen:

> „In den kanalisierten Stadttheilen besitzen die meisten senkrecht zum Fluss verlaufenden Straßen ein eigenes Magistralrohr, welches von der Peripherie der Stadt in der Richtung zum Fluss führt und während des Verlaufs die Siele aus den benachbarten Querstraßen in sich aufnimmt. In den nicht gepflasterten Straßen finden sich offene Gräben, [...]"[564] Die Abtritte „entsprechen in den allerseltensten Fällen den Anforderungen der Hygiene. Da eine Wasserleitung fehlt, giebt es auch keine Wasserclosets."[565]

Halbwegs akzeptable hygienische Verhältnisse stellten sich in Dorpat wohl erst im Laufe der 1930er Jahre ein, als man schließlich die seit langem geforderte öffentliche Wasserleitung[566] errichtete und endlich auch eine funktionsfähige Kanalisation anlegte, die der von Gustav Post schon rund vier Jahrzehnte zuvor gegründeten Poudrettenfabrik mildernd zur Seite trat.[567]

561 Vgl.: Wilde (1891), S. 20.
562 Vgl.: Wilde (1891), S. 24.
563 Wilde (1891), S. 25.
564 Körber (1902), S. 238.
565 Körber (1902), S. 243.
566 Die Dorpater Universität hatte sich durch den Bau eines hochschuleigenen Wasserwerks schon lange von der Stadt „emanzipiert". Dieses entstand unter der Leitung des Architekten Reinhold Guleke, nutzte eine im Tal des Dombergs gelegene „Ader" mit angemessener Kapazität und umfasste im Wesentlichen ein Pumpenhaus sowie Reservoirs, die man am Nordturm der Ruinen der Domkirche angelegt hatte. Vgl.: Guleke (1889), S. 32–48; Ilomets (2004), S. 119–120.
567 Vgl.: Leppik (2007), S. 42. – Poudrette war ein aus menschlichen Exkrementen hergestellter Streudünger.

#### 4.6.2.3.3 *Die Schädlichkeit arsenhaltiger Tapeten*

Aus einem amtlichen Bericht der zum Innenministerium gehörenden Livländischen Medizinal-Verwaltung an den Civil-Gouverneur[568] vom 11. April 1858 ging hervor, dass in den letzten Jahren Tapeten mit arsenhaltigen Farben, meist Schweinfurter Grün,[569] in den Handel gelangt und verwandt worden seien.[570] Rigaer und Dorpater Ärzte hätten in diesem Zusammenhang wiederholt gesundheitsschädliche Folgen beobachtet. Vier frei praktizierende Mediziner richteten deshalb ein Gesuch an den Dörptschen Kreisarzt, in dem sie darauf hinwiesen, dass das besagte „Grün" in vielen Fällen als obere deckende Farbe in großen Mengen aufgetragen sei, allerdings derart locker, dass schon eine leichte Reibung genüge, um es in Form von Staub abzulösen. Einatmen des Staubs habe ebenso wie das Verdunsten der arsenhaltigen Farben in den zurückliegenden Jahren immer wieder Gesundheitsstörungen verursacht.[571] Zur Absicherung ihrer Eingabe fügten die Dorpater Ärzte ein Zeugnis Carl Schmidts bei. Schmidt führte aus: In ca. 80 % derjenigen Tapetenproben, die mit reinem Schweinfurter Grün bestrichen waren, habe er dieses „so locker adhärirend gefärbt gefunden [...], dass beim Biegen, leichtem Bürsten oder darüber Hinfahren mit einem Wischtuche eine bedeutende Menge des Farbstoffes"[572] abgegeben worden sei. Schweinfurter Grün, so Schmidt weiter, enthalte „eßig-arseniksaures Kupferoxyd 58,5 p. t. (Prozent) Arseniksäure (weißen Arsenik)."[573] Da mehrere der von ihm untersuchten Tapeten bis zu einem halben Millimeter mit der Farbe bestrichen waren, folgerte er, dass über die Tapete unschwer ½ bis 1 Pfund Arsenik in größere Räume gelangen könne, wo es dann bei jedem Stäuben oder Fegen zur Freisetzung einer mehr oder minder erheblichen Menge des Farbstoffs komme. Dies sei geeignet, durch Einatmen zu einer allmählichen Arsen-Vergiftung zu führen.[574]

---

568 Von 1847 bis 1862 war Heinrich Magnus Wilhelm von Essen livländischer Zivil-Gouverneur. Das alte baltische Adelsgeschlecht derer von Essen entstand Ende des 16. Jahrhunderts in Kurland. Vgl.: Lenz (1970), S. 200–202.

569 Zur Herstellung dieser Farbe löste man gleiche Teile von Arseniksäure und Grünspan in Wasser und mischte die konzentrierten Lösungen siedend heiß miteinander. Vgl.: Fischer (1893), S. 581–584.

570 EAA 296/4/2108, Nr. 335 vom 11. April 1858.

571 EAA 296/4/2108, Nr. 335 vom 11. April 1858.

572 EAA 296/4/2108, Nr. 335 vom 11. April 1858.

573 EAA 296/4/2108, Nr. 335 vom 11. April 1858.

574 EAA 296/4/2108, Nr. 335 vom 11. April 1858. – Eine spätere gemeinsame Publikation Schmidts und Bretschneiders (1859), S. 157 relativierte jedoch dieses Urteil insofern, als „die arsenhaltigen Tapeten in feuchten Wohnzimmern der Gesundheit

Die Eingabe der vier praktischen Dorpater Ärzte dürfte im Verbund mit Schmidts Stellungnahme wesentlich dafür verantwortlich gewesen sein, dass der General-Gouverneur von Liv-, Est- und Kurland[575] den livländischen Zivil-Gouverneur bereits am 20. April 1858 anwies, geeignete Maßnahmen zur Abwendung der vermeintlichen Gesundheitsgefährdung zu ergreifen. Diese sahen vor:

- Die Stadt- und Kreisärzte sollten unter Polizeischutz die vorhandenen Lager revidieren und die schädlichen Tapeten konfiszieren.
- Diese seien in Gegenwart der örtlichen Polizei zu verbrennen.
- Die Medizinal-Verwaltung habe demnächst in der heimischen Presse die Bevölkerung über die Gefahren zu unterrichten, die von arsenhaltigen Tapeten ausgehen und vor deren Benutzung zu warnen.[576]

Zusätzlich teilte der General-Gouverneur mit, dass er die Minister des Innern und der Finanzen darum bitten werde, die Einfuhr ausländischer und die Fabrikation inländischer Tapeten einer sanitärpolizeilichen Kontrolle zu unterwerfen.[577]

Im Laufe des Monats Mai 1858 bestätigten die Bürger- oder Polizeimeister der Städte Pernau, Wolmar, Wenden, Dorpat, Fellin und Riga den Vollzug der angeordneten Maßnahmen. So wurden z. B. in Dorpat 180 Rollen stark arsenhaltiger Tapeten verbrannt und 368 weitere weniger belastete sichergestellt.[578] Bis Ende November 1858 verpflichteten sich alle Bürgermeister der livländischen Städte gegenüber dem Zivil-Gouverneur, dafür Sorge zu tragen, dass der Verkauf von arsenhaltigen Tapeten durch die ortsansässigen Händler nur dann erfolgen dürfe, wenn sie zuvor von der Medizinal-Veraltung oder den Kreis- und Stadtärzten überprüft und als unbedenklich eingestuft worden seien.[579]

---

nicht nachtheilig werden können." Diese Aussage beruhte auf den Ergebnissen von vier Versuchen, bei denen ein dünner Brei aus Schweinfurter Grün, Roggenmehl und Wasser zusammengerührt wurde. Einschränkend führten die Autoren an, dass vielleicht die trockenen arsenhaltigen Tapeten durch „Schwängerung" der Luft mit dem Farbenstaub schädlich wären, doch schien auch diese Gefahr kaum gegeben, vorausgesetzt, dass die Farbe durch ein gutes „Bindemittel" mit dem Papier fest genug verbunden sei. Vgl.: Bretschneider (1858), passim; Schmidt und Bretschneider (1859), S. 146–157.

575 Zu dem damals amtierenden Generalgouverneur konnten keine Daten ermittelt werden.

576 EAA 296/4/2108, Nr. 2685 vom 20. April 1858.

577 EAA 296/4/2108, Nr. 1243 vom 26. April 1858.

578 EAA 296/4/2108, ohne Nr. vom 25. Mai 1858.

579 EAA 296/4/2108, ohne Nr. vom 8. und 12. November 1858.

Soweit ersichtlich, ergingen im Baltikum nach 1858 keine gesetzlichen Regelungen zum „Inverkehrbringen" arsenhaltiger Tapeten. Allerdings existierten Normen, so beispielsweise die unter der Leitung von Georg Thoms an der landwirtschaftlich-chemischen Versuchs- und Samen-Kontroll-Station des Rigaer Polytechnikums ausgearbeiteten.[580] Sie sahen vor, dass in 100 $cm^2$ nicht mehr als $^5/_{100}$ mlg arsenige Säure enthalten sein dürfe.[581] Mit dieser Festlegung, so Thoms, sei auch sein Dorpater Lehrer Carl Schmidt völlig einverstanden.[582] Praktisch erfolgte die Tapetenkontrolle in Riga gegen Ende des 19. Jahrhunderts dergestalt, dass $^1/_{10}$ mlg Arsen in 100 $cm^2$ Tapete den zulässigen Grenzwert bildete. In Dorpat galt die von Thoms vorgeschlagene Konzentration $^5/_{100}$ mlg arseniger Säure als Maximum.[583] In Schweden trat am 1. Juli 1880 ein „Giftgesetz" in Kraft, das am 26. Januar 1883 ergänzt wurde und forthin vorschrieb,[584] eine Ware dürfe dann nicht mehr gehandelt werden, wenn in 200 $cm^2$ des Untersuchungsmaterials „ein Spiegel gewonnen werden kann, der einem unter Anwendung von $^1/_{10}$ mlg arseniger Säure dargestellten gleichkommt oder diesen übertrifft."[585] In Deutschland war es ab Mitte 1887 gänzlich verboten, „häusliche" Gegenstände mit arsenhaltigen Farben zu versehen.[586] Wenige Jahre später besaß diese Problematik dann offenbar nicht einmal mehr den Status einer historischen Randnotiz, denn sie fehlte in einschlägigen Lehrbüchern wie beispielsweise dem Beitrag „Wohnung" von Rudolf Emmerich und Georg Recknagel im „Handbuch der Hygiene und der Gewerbekrankheiten" vollständig.[587]

#### *4.6.2.4 Schmidt und die organische Chemie*

Von Schmidts wohl bekanntesten Schülern, Ostwald und Tammann, sind Aussagen überliefert, die vermuten lassen, dass ihr „Lehrmeister" den Bereich der

580 Vgl.: Thoms (1882), S. 155–178.

581 Vgl.: Thoms (1882), S. 157–159; Jorban (1889), S. 14.

582 Vgl.: Thoms (1882), S. 170.

583 Vgl.: Jorban (1889), S. 14.

584 Vgl.: Thoms (1882), S. 164; Jorban (1889), S. 12–13.

585 Jorban (1889), S. 13.

586 Vgl.: Gesetz betreffend die Verwendung gesundheitsschädlicher Farben bei der Herstellung von Nahrungsmitteln, Genussmitteln und Gebrauchsgegenständen vom 5. Juli 1887, § 7 (verfügbar unter http://www.umwelt-online.de/recht/lebensmt/lebensmb.ges/farben.htm. Letzter Zugang: 30. Oktober 2017) sowie zur Arsen-Problematik in Deutschland beispielhaft: Schmelck (1883), S. 321–326; Kirchgässer (1868), S. 96–160; Brüger (1889); Roßbach (1890); Seidel (1890).

587 Vgl.: Emmerich und Recknagel (1894), S. 3–510.

organischen Chemie gemieden habe. Nach Ostwald waren die Ausflüge in die organische Chemie im Dorpater Laboratorium etwas Ungewöhnliches. Zwar seien auch nach dem Ende seiner „klinisch- und physiologisch-chemischen" Phase im Dorpater Laboratorium gelegentlich noch rein organische Untersuchungen ausgeführt worden, doch habe man diese etwa um 1860 beendet, wohl weil Schmidt mit nur geringer Achtung, ja sogar mit Missmut auf die schnell ansteigende Zahl organisch präparativer Arbeiten schaute.[588] Für Tammann war die Ausbildung der Chemiker in Dorpat insgesamt vielseitig; aber von der eigentlichen Chemie seien nur die anorganische und besonders die analytische ernsthaft betrieben worden. „Die organische Chemie wurde wenig berücksichtigt."[589]

Schmidt stand, wie viele namhafte Chemiker jener Zeit, der organischen Chemie also reserviert bis ablehnend gegenüber,[590] denn um die Mitte des 19. Jahrhunderts befand sich die noch junge Disziplin in einer chaotischen Situation. Für die herrschende, fast schon babylonische Verwirrung waren hauptsächlich folgende Gründe verantwortlich:

---

588 Vgl.: Ostwald (2003), S. 51–52. – Nach Ostwalds Dafürhalten könnte Schmidts Geringschätzung der organischen Chemie zumindest partiell auch dadurch entstanden sein, dass er miterleben musste, wie in Deutschland die ordentlichen Lehrstühle der Chemie nach 1860 fast durchgängig nur noch von „Organikern" besetzt wurden, während man für „Anorganiker" Extraordinariate für angemessen hielt. Dies habe ihn in einer Art standespolitischen Erwägung vielleicht dazu gebracht, weiterhin ausschließlich an der „Anorganik" als seinem ab 1852 angestammten Arbeitsfeld festzuhalten.

589 Tammann (1929 b), S. 227.

590 Der vielleicht schärfste Kritiker der damaligen organischen Chemie war Robert Wilhelm Bunsen. Obwohl er zu Beginn der 1840er Jahre durch seine Forschungen zur „Kakodylreihe" selbst einen bedeutenden Beitrag für Entwicklung des Fachs geleistet hatte, mied er später das „organische Reich", da er theoretischen Spekulationen skeptisch und dem neuen „Formelkram" ablehnend gegenüberstand. Diese Abneigung Bunsens führte soweit, dass in Heidelberg „seine" Privatdozenten, darunter auch Kekulé, das chemische Universitäts-Laboratorium verlassen mussten, sobald sie begannen, sich mit organischer Chemie zu befassen. Sie konnten ihre diesbezüglichen Arbeiten danach zunächst nur in bescheidenen Privatlaboratorien fortsetzen. Vgl.: Bodenstein (1936), S. 194–195; Dawydoff (1957), S. 30–31; Freudenberg (1964), S. 90; Fuchs (1984), S. 85.

- Die Anhänger Berzelius'[591] versuchten, dessen elektrochemisch-dualistische Theorie[592] auch noch nach seinem Tod im Jahr 1848 zu verteidigen, obwohl sie ursprünglich nur für die Charakterisierung der anorganischen Verbindungen entwickelt worden war und daher den Spezifika der organischen Stoffe nie ausreichend gerecht werden konnte. Streng genommen musste dieser Ansatz daher bereits seit 1840 als weitgehend überwunden gelten.[593]
- Auch die Vertreter der älteren Radikaltheorie,[594] zu denen etwa Gay-Lussac, Dumas, Wöhler, Liebig und Bunsen zählten, waren nicht widerstandslos bereit, ihre Ansichten über den Aufbau organischer Verbindungen aufzugeben.

591 Berzelius verwandte die Begriffe organische Verbindungen und organische Moleküle erstmals für solche Substanzen, die seiner Meinung nach nur durch den lebenden Organismus erzeugt werden konnten. Die untrennbare Verknüpfung mit den Lebensvorgängen führte die organische Chemie in den Sog der vitalistischen Theorie und Berzelius zu der Überzeugung, dass die organische Synthese zwingend an das Leben gebunden und daher mit chemischen Mitteln im Laboratorium nicht künstlich durchführbar sei. Vgl.: Dawydoff (1957), S. 14; Engels et al. (1989), S. 294 sowie zur Geschichte der organischen Chemie allgemein: Ladenburg (1907); Hjelt (1916); Kopp (1966), 4, S. 233–411; Graebe (1972); Schorlemmer (1984); Brock (1997), S. 134–171.

592 Diese Theorie, die Berzelius 1812 entwickelt hatte, ging von der Annahme aus, dass alle Stoffe, gleich ob anorganisch oder organisch, aus Teilchen mit positiver und negativer Ladung zusammengesetzt seien und dass eine chemische Verbindung ohne diesen Gegensatz nicht erfolgen könne. Vgl.: Engler (1892), S. 338; Bodenstein (1936), S. 194; Dawydoff (1957), S. 14; Söderbaum (1984), S. 440–446; Engels et al. (1989), S. 88; Brock (1997), S. 98–104.

593 Vgl.: Stock (1933), S. 7; Bloch (1984 b), S. 92; Engels et al. (1989), S. 24.

594 Die Vertreter der älteren Radikaltheorie waren der Auffassung, die Vielfalt der organischen Verbindungen könne auf das Vorhandensein einiger typischer Grundkörper, der sogenannten Radikale, zurückgeführt werden. Nach Liebig sollte ein Radikal der nicht wechselnde Bestandteil in einer Reihe von (organischen) Verbindungen sein. Die Untersuchungen und Veröffentlichungen Bunsens über die „Kakodylreihe" in den Jahren 1841 bis 1843 stellten den Höhepunkt der älteren Radikaltheorie dar. Vgl.: Liebig (1834), S. 1–39; Liebig (1837), S. 1–31; Wöhler und Liebig (1832), S. 249–282; Bunsen (1841), S. 1–57; Bunsen (1842), S. 14–46; Bunsen (1843), S. 1–48; Henrich (1984 a), S. 61; Engels et al. (1989), S. 332.

- Ähnlich verhielten sich die Verfechter der älteren[595] und neueren Typenlehre,[596] als deren hauptsächliche Repräsentanten Dumas und Gerhardt galten.
- Zusätzlich bestanden erhebliche Differenzen darüber, ob ein Unterschied zwischen den Ausdrücken Molekül und Atom erforderlich und der Äquivalentbegriff empirisch und damit unabhängig von Molekülen und Atomen sei.[597]
- Neben diesen unterschiedlichen Theorien zum Aufbau der organischen Verbindungen sowie den fundamentalen Begriffsdifferenzen herrschte auch eine Art Anarchie bezüglich der Weise, wie man dem chemischen Verhalten der Stoffe Ausdruck in Formeln verleihen sollte. Dadurch, dass man die verschiedenen Begriffe von Atom, Molekül und Äquivalent nebeneinander verwandte, war es nicht verwunderlich, dass es beispielsweise für die Essigsäure allein 19 verschiedene Formeln gab. Jede von ihnen sollte generell dasselbe bedeuten, aber im Detail doch etwas anderes aussagen, je nachdem, welcher Theorie ihr Autor angehörte oder zuzurechnen war.[598]

In der Zeit seiner „klinisch- und physiologisch-chemischen Phase" sowie während der ersten Jahre als Professor für Chemie an der Dorpater Hochschule vertrat Schmidt als enthusiastischer Anhänger Liebigs wohl dessen „Radikaltheorie". Diese Annahme wird indirekt dadurch bestätigt, dass er in einem Brief an Liebig ausführte:

---

595 Die ältere Typenlehre wurde 1829 von Dumas entwickelt. Er ging dabei von der Überlegung aus, dass es in der organischen Chemie gewisse Typen von Verbindungen gebe, die auch dann bestehen blieben, wenn anstelle des Wasserstoffs eine äquivalente Menge an Chlor, Brom oder Jod eingeführt werde. Als Beispiele für Verbindungen des gleichen Typs, welche die gleiche Anzahl von Äquivalenten in identischer Weise binden konnten und ähnliche Grundeigenschaften aufwiesen, führte er unter anderem die Essigsäure und die Trichloressigsäure sowie Grubengas (Methan) und Chloroform an. Vgl.: Dumas (1839), S. 609–622; Dawydoff (1957), S. 16–17; Henrich (1984 a), S. 62–63; Engels et al. (1989), S. 390; Brock (1997), S. 137–139.

596 Nach der neueren in den Jahren von 1839 bis 1843 entstandenen Typenlehre Gerhardts sollten sich alle organischen Stoffe von den vier einfachen Verbindungen (Typen) Wasser, Ammoniak, Wasserstoff und Chlorwasserstoff ableiten lassen. Vgl.: Gerhardt (1842), S. 439–464; Gerhardt (1843), S. 34–53, S. 65–100; Bloch (1984 b), S. 105–114; Engels et al. (1989), S. 390–391; Brock (1997), S. 150.

597 Vgl.: Engler (1892), S. 349; Stock (1933), S. 15.

598 Vgl.: Engler (1892), S. 345–346; Stock (1933), S. 7.

> „Die ‚Typen-Leute' jenseits des Rheins dürften schwerlich triumphieren", weil es in der deutschen Wissenschaft „dank sei es Ihnen, mein verehrter Lehrer, [...] auch chemische Laboratorios und Köpfe [gibt], die die höheren speculativen Fragen der Chemie zu beurteilen und zu bearbeiten wißen." Weiter teilte er mit, es sei sein höchster Wunsch, sich in seiner Heimat „eines Liebig nicht unnütz zu zeigen."[599]

Als Leiter eines an der Dorpater Universität geplanten (später aber dann nicht realisierten) neuen Instituts wolle er die organische Chemie dort gerne etablieren, denn in dieser Hinsicht sei in Dorpat bisher „garnichts geschehen."[600] Ab 1856 schloss sich Schmidt dann der neueren Typenlehre Gerhardts an und empfahl daher seinen Studenten in den Jahren 1857–1865 auch dessen „Lehrbuch der organischen Chemie."[601]

Eine Lösung der damals existierenden grundsätzlichen Probleme in der organischen Chemie erhofften sich viele von einem internationalen Kongress, der vom 3. – 5. September 1860 in Karlsruhe stattfand und an dem ca. 140 Chemiker aus zahlreichen Nationen teilnahmen. Auch Schmidt war eingeladen, verzichtete jedoch auf die strapaziöse Reise, weil er von dem „Konvent" von vornherein keine Einigung in den widerstreitenden Grundsatzfragen und schon gar keine bindenden Beschlüsse erwartete. Er sollte Recht behalten[602] und schrieb mit Blick auf seine pessimistische Grundhaltung später an Wöhler,

> dass „(Gerhardt)-Kekulé, Limpricht[603] einerseits, Kolbe,[604] Frankland[605] und Williamson[606] mit ihren Parteigängern [...] andererseits viel zu grosse Enthusiasten und feurige

599 BSB Liebigiana II B, Schmidt, Karl: Brief Schmidts an Liebig vom 3. Juli 1844 (Roß [2002 b], S. 48).

600 BSB Liebigiana II B, Schmidt, Karl: Brief Schmidts an Liebig vom 29. Oktober/11 November 1845 (Roß [2002 b], S. 57).

601 Vgl.: Kapitel 4.7.1 dieser Untersuchung; Akademija nauk SSSR (1961), S. 69–71: Briefe P. D. Boborykins an Butlerow vom 10. Oktober 1856 und 7. Februar 1857; Musabekov (1970), S. 151 (der Verfasser dankt Herrn Dr. H. Tankler † [Tartu University Library] für den Hinweis auf diesen Artikel).

602 Vgl.: Engler (1892), S. 346–354; Stock (1933), passim.

603 Heinrich Limpricht.

604 Kolbe war als Repräsentant einer speziellen Variante der neueren Radikaltheorie, die er durch Streichung unbrauchbarer Teile der älteren und selbst gewonnene Einsichten entwickelte hatte, ein erbitterter Gegner der Strukturtheorie Kekulés. Vgl.: Kolbe (1850 a), S. 211–239; Kolbe (1850 b), S. 1–73; Kolbe (1857), S. 257–265; Kolbe (1860), S. 293–332; Dawydoff (1957), S. 25–27; Graebe (1972), S. 186–190; Lockemann (1984), S. 124–135; Brock (1997), S. 170–171.

605 Edward Frankland.

606 Alexander William Williamson.

> Köpfe, viel zu radical [sind], um mit den ‚Radicalisten' ein bindendes Concordat schließen zu können[, …] so sehr ich das entgegengesetzte Resultat gewünscht hätte", denn „bei der heillosen Confussion der gegenwärtigen Übergangsperiode, die namentlich den Anfänger total verwirrt macht, [täte es Not,] feste Normen für alle chemischen Autoren und Compilatoren aufzustellen."[607]

Um 1865 bejahte Schmidt die Strukturlehre Alexander Butlerows.[608] Erstmals formulierte Butlerow, der sich vorher zumindest bedingt zur Typenlehre Gerhardts bekannte hatte,[609] diese neue Theorie umfassend und eindeutig am 19. September 1861 in einem Vortrag auf der 36. Versammlung der Deutschen Naturforscher und Ärzte in Speyer.[610] Ausgehend von der grundsätzlichen Bedeutung der „Atomigkeit" (Wertigkeit) stellte er fest:

> „Wir wissen zwar nicht, welcher Zusammenhang zwischen der chemischen Einwirkung, die die Atome im Inneren des zusammengesetzten Molecül's auf einander ausüben, und ihrer gegenseitigen mechanischen Lage stattfindet, wir wissen sogar nicht, ob in einem zusammengesetzten Molecül, zwei unmittelbar chemisch auf einander wirkende Atome unmittelbar nebeneinander liegen, aber wir können doch, den Begriff der physikalischen Atome gänzlich unberücksichtigt lassend, nicht leugnen, dass die chemischen Eigenschaften eines Körpers besonders durch den chemischen Zusammenhang der ihn constituirenden Elemente bedingt werden. Von der Annahme ausgehend, dass einem jeden chemischen Atome nur eine bestimmte und beschränkte Menge der chemischen Kraft (Affinität), mit welcher es an der Bildung eines Körpers Theil nimmt, innewohnt, möchte ich diesen chemischen Zusammenhang, oder die Art und Weise der gegenseitigen Bindung der Atome in einem zusammengesetzten Körper, mit dem Namen der chemischen Structur bezeichnen. Die bekannte Regel, welche sagt, dass die Natur eines zusammengesetzten Molecül's durch die Natur, die Quantität und die Anordnung seiner elementaren Bestandtheile bedingt wird, könnte dann vorläufig folgendermassen umgeändert werden: die chemische Natur eines zusammengesetzten Molecül's wird durch die Natur und Quantität seiner elementaren Bestandtheile und durch seine chemische Structur bedingt."[611]

---

607 NSB Acc. Mss 1975.5: Brief Schmidts an Wöhler vom 3./15. Januar 1861 (Roß [2002 b], S. 90–92).

608 Vgl.: Musabekov (1970), S. 151.

609 Vgl.: Dawydoff (1957), S. 38.

610 Vgl.: O. V. (1861 c), S. 14: „Dr. Butlerow über die chemische Structur der Körper. Vorlesung einer schriftlichen Arbeit, die demnächst im Druck erscheinen wird" sowie zu den Einzelheiten dieses bahnbrechenden Referats und dessen Interpretation: Butlerow (1861), S. 549–560; Arbusow (1953), S. 8–14; Shdanow (1953), S. 26, S. 30–40; Dawydoff (1957), S. 39–44.

611 Butlerow (1861), S. 553.

Die Weiterentwicklung der Strukturtheorie,[612] so Bulterow,

> „würde uns die Gesetze der Abhängigkeit der chemischen Eigenschaften der Körper von ihrer chemischen Structur kennen lehren [... und] auch zeigen, in wiefern die oben ausgesprochene Regel wahr ist und was ihr noch fehlt und welchen Einfluss zwei Atome auf den gegenseitigen chemischen Character ausüben können, wenn sie, ohne chemisch unmittelbar auf einander zu wirken in das Innere eines und desselben Molecül's treten."[613]

Diese Theorie erschien als ein neues Denkmodell von Anfang an als wegweisend für das Fortschreiten der organischen Chemie, denn es

> „wurde durch Butlerow einerseits klar gemacht, dass die chemische Struktur etwas ganz anderes war als die rationelle Zusammensetzung im Sinne der Typentheorie, d. h. nur ein Ausdruck der Analogie- und Umsetzungsverhältnisse. Andererseits wollte die Struktur nichts über die mechanische Lagerung im Molekül aussagen, also nicht das sein, was Gerhardt und anfangs auch Kekulé unter ‚constitution moleculaire' verstand[en], nämlich ‚le véritable arrangement de leurs atomes'. Sie bedeutete vielmehr nur den bestehenden, aber für jede Substanz bestimmten chemischen Zusammenhang der Atome im Molekül."[614]

Butlerows und auch Kekulés Arbeiten bildeten somit samt der zunehmend aufgestellten Strukturformeln[615] fortan die Grundlage für die Entstehung der

---

612 Vgl. zur Weiterentwicklung der Strukturtheorie, zu der neben Butlerows Arbeiten auch die Untersuchungen Kekulés entscheidend beitrugen, den Unterschieden in den beiden „Strukturkonzepten" sowie den Gründen, warum viele Chemiehistoriker bis heute Kekulé als den wahren Schöpfer dieser Lehre ansehen: Kekulé (1861), S. 95–230; Butlerow (1862), S. 297–304; Butlerow (1863), S. 500–534; Butlerow (1864 b), S. 513–532; Kekulé (1861), 95–230; Kekulé (1866), S. 129–196; Butlerow (1868), S. 82–100; Butlerow und Ossokin (1868), S. 257–271; Ladenburg (1907), S. 264; Shdanow (1953), S. 27–30; Dawydoff (1957), S. 46–53; Hein (1966), S. 1–12; Leicester (1966), S. 13–23; Fisher (1974), S. 29–52; Rocke (1981), S. 27–57; Winderlich (1984 c), S. 204; Brock (1997), S. 162–163.

613 Butlerow (1861), S. 553–554.

614 Hjelt (1916), S. 250.

615 Die chemischen Summenformeln, auch als Brutto- oder empirische Formeln bezeichnet, geben bis heute lediglich die Art und die Anzahl der in einer Verbindung enthaltenen Atome wieder, gewähren aber keinerlei Aufschluss über ihre Bindungsverhältnisse im Molekül. Dies erlauben allein die Strukturformeln, auch Valenz- oder Konstitutionsformeln genannt, die ein bindendes Elektronenpaar durch Striche darstellen. Meilensteine für die Anwendung von Strukturformeln bildeten die seit 1862 erschienen Arbeiten Butlerows und Kekulés. Vgl.: Kekulé (1866), S. 129–196 über die „Konstitution der aromatischen Verbindungen", deren „Urbild" er im Benzol sah, sowie: Engler (1892), S. 358; Cordier (1928), S. 155–163; Dawydoff (1957), S. 54–72;

modernen Auffassung vom Wesen der organischer Verbindungen. Jenseits des Speyerer Vortrags, der im selben Jahr als Aufsatz in der „Zeitschrift für Chemie und Pharmacie" erschien,[616] fanden Butlerows grundlegende Überlegungen auch eine gewisse Verbreitung durch sein in den Jahren 1864–1866 in russischer Sprache veröffentlichtes Lehrbuch „Einführung in das vollständige Studium der organischen Chemie".[617]

Schmidt hatte die eminente Bedeutung der von Butlerow vorgeschlagenen Strukturtheorie früh erkannt und versuchte daher bereits Anfang April 1865, ihn zu einer Übersetzung der russischen Ausgabe seiner „Einführung" zu bewegen, um so der neuen Theorie internationale Bekanntheit zu sichern. Schmidt bedankte sich in seinem Brief (Anlage 23) zunächst – wenn auch verspätet – mit „herzlicher Freude" für die Zusendung des ersten Teils der „Philosophie de chimie organique" und bemerkte, dass er „dem 2. Theile mit gespanntem Interesse entgegensehe". Ferner schrieb er, „jede Uebergangsperiode in der Culturgeschichte" bringe „einen gewissen [...] Zustand der Dinge mit sich, der Zeit zur Abklärung braucht, auf sozialem und politischem Gebiete wie auf rein wissenschaftlichem." Der „Gang, den Sie in ihrem Werke nehmen, [ist] sehr geeignet, diesen Uebergang von früheren zu jetzigen Anschauungen möglichst zu vermitteln [...] Sie würden sich durch die Herausgabe in deutscher oder französischer Sprache für den Westen den Dank vieler junger Chemiker erwerben, denen die Vermittlung zwischen Kekulé und Kolbe, diesen geschworenen Antipoden, eine schwierige Aufgabe ist."[618] Zudem sei er davon überzeugt, so Schmidt, „dass viele unserer westlichen Collegen Ihr Werk mit gleicher Freude und Anerkennung begrüßen würden, wie ich, wenn sie es nur mit Leichtigkeit lesen könnten."[619] Die Hoffnung Schmidts auf eine deutsche Übersetzung der „Einführung" erfüllte sich erstaunlich schnell, denn Friedrich Konrad Beilstein, einem Kollegen Butlerows in St. Petersburg, war es Ende 1866 gelungen, mit Quandt und Händel in Leipzig

---

Graebe (1972), S. 235; Eulitz et al. (1976), 1, S. 433; Winderlich (1984 c), S. 206–216; Wurtz (1987), S. 125–135.

616 Vgl.: Butlerow (1861), S. 549–560.

617 Bereits 1865 lag eine deutsche Rezension der beiden ersten, 385 Seiten umfassenden Lieferungen der russischen Ausgabe von Butlerows „Einleitung" vor, die 1864–1865 in Kazan erschienen waren. Die dritte Lieferung erfolgte 1866. Der Rezensent B[eilstein] (1865), S. 727–730 war der Auffassung, das Buch sei eine wertvolle Hilfe beim Studium der organischen Chemie und Bulerow solle es durch eine Übersetzung einem „größeren Publikum" zugänglich machen.

618 PFA RAN 22/2/256: Brief Schmidts an Butlerow vom 1./12. April 1865.

619 PFA RAN 22/2/256: Brief Schmidts an Butlerow vom 1./12. April 1865.

sehr empfehlenswerte Verleger zu finden; „strebsame junge Leute, die vor Begierde brennen, tüchtige chemische Produktionen herauszugeben.“[620] Butlerow möge sich nur direkt an diese Herren wenden und sich bei allen Dingen auf ihn, Beilstein, berufen, der auch vorschlug, „gleich der deutschen Ausgabe einige Ergänzungen anfügen“.[621] Ganz offensichtlich war Schmidt in Dorpat als einer der Fachlektoren für die erste Lieferung der deutschen Übersetzung der Butlerowschen „Einleitung“ vorgesehen, denn wie sonst wäre es erklärlich, dass er schon am 19./31. Dezember 1866 seinem Kollegen in Kasan mitteilte, er habe soeben von dessen Verleger „die ersten Bögen des Manuskripts der deutschen Ausgabe Ihres Werkes zur gefälligen Durchsicht“[622] erhalten und werde es nun wagen, als „sage femme bei der Geburt dieses deutschen Zwillings-Bruders [...] zu operiren.“[623] Schmidt war der Meinung, die Übersetzung lese sich „sehr gut“ und könne „vollständig als deutsche Original-Ausgabe gelten“,[624] weshalb er sich auf nur wenige Verbesserungsvorschläge und Korrekturen beschränkt habe (Anlage 23). Warum nach diesem rasanten Beginn Ende 1866 die deutsche Übersetzung dann erst zwei Jahre später unter dem Titel „Lehrbuch der organischen Chemie. Einführung in das specielle Studium derselben“ erschien, bleibt zunächst unklar. Vielleicht lässt sich die Verzögerung durch Kommentare Beilsteins erklären, der erfahren haben wollte,

> „daß die deutsche Übersetzung nicht sehr deutlich übersetzt sei. Die Perioden seien zu lang, die Ausdrücke nicht immer deutlich und das Ganze daher etwas schwer verständlich. Nachdem was Sie mir über Ihren Übersetzer schrieben glaubte ich gerade, daß diese äußere Seite Ihres Werkes nichts zu wünschen übrig lassen würde.“[625]

---

620 Brief Beilsteins an Butlerow vom 6./18. November 1866. Zitiert nach: Bykow und Bekassova (1966), S. 279.

621 Brief Beilsteins an Butlerow vom 6./18. November 1866. Zitiert nach: Bykow und Bekassova (1966), S. 279. – Beilsteins Vorschlag setzte Butlerow (1868), Vorwort insofern um, als er sich bemühte, die deutsche Bearbeitung „dem neuesten Stand der Wissenschaft gemaess zu vervollkommnen. Hierbei habe ich jedoch die wesentlichsten und besonders alle die das Theoretische betreffenden Zusätze nicht anders als neueingeschaltete Paragraphen (wie z. B. 28 a, 69 a, u. s. w.) oder als Anmerkungen zur deutschen Übersetzung angebracht.“

622 PFA RAN 22/2/256: Brief Schmidts an Butlerow vom 19./31. Dezember 1866.

623 PFA RAN 22/2/256: Brief Schmidts an Butlerow vom 19./31. Dezember 1866.

624 PFA RAN 22/2/256: Brief Schmidts an Butlerow vom 19./31. Dezember 1866.

625 Brief Beilsteins an Butlerow vom 29./17. August 1867. Zitiert nach: Bykow und Bekassova (1966), S. 282.

Beilstein Informierte Quandt und Händel von diesen Schwächen der ersten deutschen Lieferung und stellte Butlerow gegenüber fest: „Auf das klare Verständnis ist aber das grösste Gewicht zu legen u. ich denke Sie werden Schritte gethan haben, diesem Übelstande abzuhelfen, der leicht der Verbreitung Ihrer trefflichen Schrift hindernd in den Weg treten kann."[626] Auch wenn nicht bekannt ist, wie Butlerow hierauf konkret reagierte, erscheint es doch durchaus denkbar, dass er Schmidt fortan sein Vertrauen entzog und auf dessen „Lektoratstätigkeit" verzichtete. So wäre auch erklärlich, warum Butlerow Schmidt in der deutschen Ausgabe nirgends dankend erwähnte und als Übersetzer seines Werks „Herrn Roesch, Oberlehrer an der Agronomieschule in Kasan" bezeichnete.[627]

Schmidts Vorlesungsankündigungen[628] lassen nicht erkennen, ob er die Strukturtheorie Butlerows ab Mitte der 1860er Jahre noch in seine Lehrveranstaltungen über organische Chemie einbezog. Fest steht nur, dass er der weiteren Entwicklung hin zu einer Chemie der Kohlenstoffverbindungen im Kekuléschen Sinne ablehnend, ja beinahe feindlich gegenüberstand.[629] Obwohl er sich das weite Feld der organischen Chemie selbst experimentell nicht mehr fruchtbar zu erschließen vermochte, war er rege an Versuchen zu deren weiteren theoretischen Fundierung interessiert, was ihn in seinen einschlägigen Vorlesungen, die er ab Semester 1884/I unter dem Titel „Chemie, Teil II; Kohlenstoffverbindungen (organische Chemie)" anbot, befähigte, eigenen Vorstellungen und Klassifikationsschemata zu folgen.[630] Diese Einschätzung bestätigte auch Ostwald, der

626 Brief Beilsteins an Butlerow vom 15./27. Oktober 1867. Zitiert nach: Bykow und Bekassova (1966), S. 283.

627 Butlerow (1868), Vorwort. – Angesichts dieser Überlegungen erscheint die noch heute vorherrschende Meinung wenig plausibel, dass Schmidt der Übersetzer von Butlerows „Lehrbuch der organischen Chemie" ins Deutsche gewesen sei. Unsere Versuche, den tatsächlichen Anteil Schmidts an deren Entstehen weiter aufzuklären, scheiterten allesamt. So ergaben zwar beispielsweise Anfragen an den Börsenverein des Deutschen Buchhandels e. V. (Frankfurt [Main]) und eine von uns beauftragte Recherche der Deutschen Bibliothek, dass Quandt und Händel 1908 an J. A. Barth übergegangen sei und sich das Archiv des Barth Verlags heute in den Beständen des Staatsarchivs Leipzig befinde. Die dort noch erhaltenen Schriftstücke beinhalteten jedoch lediglich Angaben über allgemeine, meist kaufmännische Vorgänge.

628 Vgl.: Kapitel 4.7.1 dieser Untersuchung.

629 ArBBAdW Nachlass Ostwald, Nr. 2660: Briefe Schmidts an Ostwald vom 21. März/ 2. April, 24. April und 26. Juli 1892 (Roß und Hansel [2000], S. 39–44).

630 ArBBAdW Nachlass Ostwald, Nr. 2660: Schmidts Briefe an Ostwald vom 21. Marz/ 2. April, 24. April und 26. Juli 1882 (Ros und Hansel [2000], S. 39–44). Vgl.: Kapitel 4.6.2.4 dieser Untersuchung.

in seinen „Lebenslinien" feststellte: „Übrigens vernachlässigte Schmidt in der Vorlesung keineswegs die neue Entwicklung der organischen Chemie und gab uns pflichtgemäß ein klares und tunlichst vollständiges Bild dieses schnell sich entwickelnden Gebietes."[631]

### 4.6.3 Die „eigene Schule"

Die „schola" wurde schon in der Spätzeit der römischen Republik als Stätte geistiger Bildung verstanden. Von den Inhalten der Elementarschule („ludus") befreit, galt sie fortan in erweitertem Sinne auch als eine Art Anhängerschaft, die in ihrer jeweiligen Personifizierung bereits in der Antike bekannt war.[632] Diese allgemeine, antike Definition der „Schule" erfuhr im Zuge der Etablierung „universitärer Erziehung" eine zunehmende Einengung und wurde zu Zeiten Schmidts wesentlich durch folgende Parameter charakterisiert: Die Gesamtzahl der potentiell „Hörenden" eines „Lesenden" und diejenigen, denen es als seinen eigentlichen „Schülern" entweder gelang, dauerhafte akademische Positionen zu bekleiden oder führende Stellungen in der Privatwirtschaft zu besetzen.[633]

Zwölf Schüler Schmidts hatten später Lehrstühle, außerplanmäßige Professuren bzw. Dozenturen inne (Anlage 24), wobei auffällig ist, dass sich diese Schar ehemaliger Dorpater „Schützlinge" auf ganz unterschiedliche Disziplinen verteilte. Ostwald und Tammann beispielsweise waren bedeutende Vertreter der physikalischen Chemie, Bunge ein reputierter physiologischer Chemiker, Lemberg während seiner Tätigkeit in Dorpat stets ein Geochemiker, während Luther als „Photochemiker" galt. Mit Woldemar und Julius von Schröder gelangten zwei der „Schmidt-Eleven" sogar zu akademischen Würden in der Pharmakologie und in den Forstwissenschaften. Der gelegentlich erhobene Vorwurf, Schmidt habe es versäumt, eine eigene, akademische Schule zu begründen, erscheint daher unberechtigt und sollte zumindest dahingehend abgemildert werden, dass er „keine Schule im Sinne einer bestimmten Forschungsrichtung"[634] etablieren konnte.

Von 16 aus der Dorpater Matrikel und anderen Quellen[635] ausgewählten Schülern Schmidts, die man als spätere praktische Chemiker bezeichnen kann

631 Ostwald (2003), S. 52.

632 Vgl.: Klemenz (1992), 8, Sp. 1472.

633 Vgl.: Tammann (1901), S. 4–5; Schütt (1973), S. 285–309. – Der Verfasser dankt Herrn Prof. Dr. T. Ilomets (Tartu) für den Hinweis auf den Handbuch-Artikel Tammanns.

634 Schönberg et al. (1918), S. 139. Vgl. auch: Tammann (1901). S. 11.

635 Vgl.: Hasselblatt und Otto (1889), passim; Poggendorff (1898), 3, S. 528; Lenz (1970), S. 700, S. 702; Hansel et al. (1999), S. 4.

(Anlage 24), avancierten mit Ruthenberg, Salomon, Spiegel und Vielrose vier zu Eigentümern oder Teilhabern chemischer Fabriken bzw. eines Naphtha-Unternehmens in Riga, St. Petersburg und Baku. Neun stiegen im Laufe ihres Berufslebens zu „Direktoren“ auf und leiteten neben klassischen Chemie-Unternehmen beispielsweise eine Glashütte (Benrath[636]), Mineralwasseranstalten (Koch), eine Gas-Fabrik (Kuhlberg) sowie eine landwirtschaftliche Versuchsanstalt (Sponholz). Die verbliebenen drei ehemaligen Schmidt-Schüler (v. Behaghel, Goebel und Senff) fanden Anstellungen in der Salpeter-, Zucker- und Teer-Fabrikation bzw. in der russischen Verwaltung. Von allen 16 verließ einzig v. Behaghel seine baltische Heimat bzw. Russland auf Dauer in Richtung Deutschland. Die Viten dieser aus der „Schmidtschen Schule“ ausgewählten späteren praktischen Chemiker erscheinen rückblickend fast ausnahmslos als ungewöhnlich, weil sie sich gleichsam entgegen spezifisch negativer Tatbestände vollzogen, wie sie im damaligen russischen Reich und seinen Ostseeprovinzen bestanden. Hier gab es, im Gegensatz z. B. zu Preußen, kaum chemische Unternehmen, die den Universitätsabgängern eine berufliche Perspektive hätten bieten können,[637] und ein „Auswandern“ etwa nach Baku mit seiner bereits vorhandenen Erdöl-Industrie war außerordentlich unbeliebt. Auch die öffentliche Verwaltung bot für „Jungchemiker“ nur wenige Beschäftigungsmöglichkeiten, so dass ihnen, anders als ihren Kollegen in Deutschland,[638] England oder Frankreich, Anstellungen im Medizinalwesen, in Museen, Patentämtern, Ministerien, im Münzwesen und der Zollverwaltung sowie in technischen Prüfungsämtern oder der Gewerbeaufsicht weitgehend verwehrt blieben. Angesichts dieser Verhältnisse[639] verwundert es daher nicht, dass viele ausgebildete Chemiker, die die Dorpater Universität verließen, noch das Examen als Lehrer ablegten, um an den mittleren Klassen des Gymnasiums oder den wenigen Realschulen unterrichten zu können.[640]

636 Hermann Eugen Isaak Benrath und Victor Christoph Lieven standen nachweislich auch als Direktoren einer Glashütte in Lisette sowie Zementfabriken in Riga und Kunda noch in den Jahren 1869 bis 1871 bzw. 1878 in brieflichem Kontakt zu Schmidt. TÜR, Bestand 22, Akte 11: Briefe Benraths an Schmidt vom 12./24. September und 25. Oktober 1869 sowie vom 14., 22. und 26. März 1871 (Roß [2002 b], S. 117–124); TÜR, Bestand 22, Akte 13: Brief Lievens an Schmidt vom 11. Januar 1878 (Roß [2002 b], S. 130–132).

637 Vgl.: Schütt (1973), S. 285–309.

638 Vgl.: Schütt (1973), S. 285–309; Beer (1998), S. 12.

639 Vgl. auch: Kapitel 4.5.2 dieser Untersuchung.

640 Vgl.: Tammann (1929 b), S. 227. Auch die Matrikel der Universität Dorpat (Hasselblatt und Otto [1889], passim) verbürgt, dass zahlreiche Chemiker diese „Umschulungs-Maßnahme“ nutzten.

## 4.7 Schmidt als akademischer Lehrer der Chemie

### 4.7.1 Schwerpunkte der Vorlesungstätigkeit

Schmidts Chemie-Vorlesungen in der physiko-mathematischen Fakultät begannen im Semester 1852/I und endeten im Semester 1891/II (Anlage 25). Diese fast vier Jahrzehnte währende Lehrtätigkeit als Professor für Chemie und Direktor des chemischen Laboratoriums lässt vier Schwerpunkte erkennen: Die anorganische und organische Chemie sowie die analytische und die technische Chemie.

Die anorganische Chemie als Teil I der „Allgemeinen Chemie" las Schmidt an den ersten fünf Wochentagen von 10 bis 11 Uhr vormittags im zweiten Semester der betreffenden Jahre. Die Grundlage seiner Vorträge bildeten in den Semestern von 1852/II bis 1865/II die verschiedenen Auflagen von Regnaults „Cours élémentaire de Chimie".[641] Ab dem Semester 1866/II wurde zwar die anorganische Chemie bis zum Ausscheiden Schmidts aus dem akademischen Dienst weiterhin zur gewohnten Zeit fünfstündig pro Woche angeboten, es fehlten aber fortan nicht nur für diese Teildisziplin, sondern auch für sämtliche anderen Veranstaltungen die Angaben, auf welche Lehrbücher sich die Vorlesungen stützten.[642]

Die organische Chemie als Teil II der „Allgemeinen Chemie" bot Carl Schmidt in den Semestern 1853/I bis 1863/I an den ersten drei Wochentagen vormittags von 10 bis 11 Uhr an. Lediglich im Semester 1864/I fand diese Vorlesung zur gleichen Zeit an den ersten fünf Wochentagen statt. In den Semestern 1853/I bis 1856/I war Schlossbergers „Lehrbuch der organischen Chemie"[643] die Basis für Schmidts Referate, worauf auch Schlossberger selbst in einem Brief vom 29. November 1858 an König Wilhelm I. von Württemberg hinwies, in dem er ihn um die Verleihung eines ordentlichen Lehrstuhles bat und unter anderem ausführte, dass sein Lehrbuch „auf den meisten Universitäten, auch in Dorpat u. in Utrecht eingeführt [ist] oder empfohlen [wird]."[644] Ab dem Semester 1857/I bis zum

641 Regnault (1850, 1854, 1859–1860). – Schmidt zitierte in seinen Vorlesungsankündigungen nicht nur die Lehrbücher, auf die er sich bezog, bisweilen unzutreffend, sondern verwechselte auch deren verschiedene Auflagen nicht selten. Versuche des Verfassers, derartige Irrtümer zu benennen und, wo möglich, auszuräumen, finden sich in Anlage 25 dieser Untersuchung.

642 Wahrscheinlich entfielen die entsprechenden Literaturangaben ab diesem Zeitpunkt, um die ohnehin bereits umfangreichen Vorlesungsverzeichnisse nicht noch weiter „aufzublähen".

643 Schlossberger (1852, 1854).

644 Heße und Heuser (1988), S. 17.

Semester 1865/I empfahl Schmidt seinen Studierenden Gerhardts „Traité de chimie organique".[645] Der Lehrbuch-Wechsel dürfte wohl deshalb erfolgt sein, weil Schmidt ab 1856 ein Anhänger der „Typenlehre" Gerhardts war, wie dieser sie im vierten Band seines „Traité" am genauesten herausgearbeitet hatte.[646] Auffallend ist, dass die Semester-Wochenstunden-Zahl für die organische Chemie in den Jahren 1853 bis 1865 lediglich drei betrug, während die anorganische Chemie stets fünf Stunden wöchentlich vorgetragen wurde. Erst ab dem Semester 1865/II fanden beide Teile der „Allgemeinen Chemie" bis zum Abschluss der universitären Laufbahn Schmidts mit jeweils fünf Wochenstunden eine paritätische Repräsentanz. Ab dem Semester 1884/I firmierte die Vorlesung zur organischen Chemie unter dem Titel „Chemie, Teil II, Kohlenstoffverbindungen (organische Chemie)." Mit dieser Umbenennung wollte Schmidt sicherlich zum Ausdruck bringen, dass man nach 1860 unter der organischen Chemie überwiegend die Chemie der Kohlenstoffverbindungen verstand.[647]

Die analytische Chemie gilt als der älteste und einer der bedeutendsten Zweige der Chemie insgesamt. Von einer wissenschaftlichen analytischen Chemie, deren Aufgabe heute allgemein im Nachweis und der quantitativen Bestimmung chemischer Elemente und Verbindungen besteht, spricht man seit etwa der Wende zum 19. Jahrhundert.[648] Carl Schmidt las diese Disziplin ab dem Semester 1852/II bis zum Semester 1861/II für Chemiker, Pharmazeuten und Mediziner in der Regel einmal jährlich mit fünf, in manchen Semestern auch mit sechs Wochenstunden. Literarische Basis seiner Ausführungen war während dieser Jahre das „Ausführliche Handbuch der analytischen Chemie" seines Berliner Lehrers Heinrich Rose.[649] Ab dem Semester 1863/I bezog sich Schmidt auf die „Analytische Chemie" nach Fresenius' Anleitung, womit die „Anleitung zur quantitativen Analyse" gemeint war.[650] Ab dem Semester 1883/II las Schmidt die analytische Chemie nur noch mit vier Wochenstunden.

645 Gerhardt (1853–1856).

646 Vgl.: Kapitel 4.6.2.4 dieser Untersuchung; Musabekov (1970), S. 151.

647 So hatte z. B. Carl Schorlemmer bereits 1871 in seinem „Lehrbuch der Kohlenstoffverbindungen oder der organischen Chemie" (Schorlemmer [1871]) diese Gleichsetzung vorgenommen, die noch heute gültig ist. Vgl.: Engels et al. (1989), S. 295.

648 Vgl.: Szabadváry (1966), S. 5; Engels et al. (1989), S. 64; Meyer (1998), 4, S. 62.

649 Rose (1851). Vgl.: Kapitel 2.3.1 dieser Untersuchung; Poggendorff (1863), 2, Sp. 688; Engels et al. (1989), S. 339.

650 Fresenius (1862).

Die technische Chemie oder chemische Technologie, die im 19. Jahrhundert an den meisten deutschen Universitäten als Lehrfach angeboten wurde[651] und unter der man heute einen Zweig der angewandten Naturwissenschaft mit Prozess-, Stoff- und ökonomischen Aspekten versteht,[652] stellte den vierten Vorlesungs-Schwerpunkt Schmidts dar. Seit seinem Dienstantritt als Direktor des chemischen Instituts trug er die „Technische Chemie“ bis zum Ende seiner akademischen Karriere im „Dreijahres-/Dreisemester-Rhythmus“ vor. Dadurch wurde jedem Absolventen während seiner vierjährigen Studienzeit die Möglichkeit geboten, diese Vorlesung mindestens einmal zu hören. In den Semestern 1852/II bis 1858/II erfolgten seine Referate nach dem „Handbuch der technischen Chemie“ von Ernst Ludwig Schubarth mit fünf Wochenstunden.[653] Ab dem Semester 1861/I las er diesen Teilbereich der Chemie 3 bis 6 Stunden pro Woche nach dem Werk Muspratts „Chemistry, theoretical, practical, analytical as applied and relating to the arts and manufactures.“[654] Dieses Lehrbuch seines ehemaligen Studienkollegen aus Liebigs Gießener Laboratorium zeichnete sich durch eine konsequente Betonung der Chemietechnik aus und konzentrierte sich auf die Beschreibung und Erläuterung der industriellen Verfahren.[655] Es ist anzunehmen, dass Schmidt auch nach dem Semester 1866/I weiterhin Muspratts Lehrbuch nach der deutschen Übersetzung von Friedrich Stohmann[656] für seine Vorlesungen verwandte; allerdings fehlen, wie bereits erwähnt, in den Vorlesungsverzeichnissen ab diesem Semester jegliche Literaturangaben.

Neben diesen vier Vorlesungs-Schwerpunkten widmete sich Schmidt als Ordinarius der Chemie auch weiterhin der physiologischen (und pathologischen)

---

651 Vgl.: Engels et al. (1989), S. 116.

652 Vgl.: Engels et al. (1989), S. 116.

653 Schubarth (1851). – Carl Schmidt lernte das nach seinen Worten „schöne“ Laboratorium Schubarths in der Berliner Gewerbeakademie bereits während seiner ersten wissenschaftlichen Reise nach Deutschland kennen. Vgl.: Poggendorff (1863), 2, Sp. 849; Poggendorff (1898), 3, S. 1215; Roß (2002 b), S. 136.

654 Muspratt (1860). – Wie sehr der Dorpater Lehrstuhlinhaber von der technischen Chemie begeistert war, beweisen insbesondere seine beiden Berichte über die wissenschaftlichen Auslandsreisen aus den Jahren 1857 und 1864. In diesen beiden „Ego-Dokumenten“ als Quellen der „Mikrohistorie“ lieferte Schmidt unter anderem detaillierte und kenntnisreiche Beschreibungen unterschiedlicher Branchen der chemischen Industrie in Deutschland, Frankreich, England, Schweden, Schottland und Wales. Vgl.: Kapitel 4.4.2 dieser Untersuchung; Medick (1994), S. 40–53; Dekker (1996), S. 33–57; Roß (2002 b), S. 6–10, S. 135–198, S. 199–391; Ross (2005 a), S. 33–37.

655 Vgl.: Brock (1997), S. 174–175.

656 Vgl.: Stohmann (1856–1860).

Chemie, die er bereits seit 1846 an der Dorpater Hochschule vertreten hatte. Ab dem Semester 1853/II war diese Lehrveranstaltung im „Zweijahres-Rhythmus" mit drei Wochenstunden so in den Studiengang der Chemiker, Mediziner und Pharmazeuten integriert, dass die Absolventen während ihrer Studienzeit mindestens einmal die Möglichkeit hatten, sie zu besuchen. In den Jahren 1853 bis 1862 benutzte Schmidt das „Lehrbuch der physiologischen Chemie" bzw. das „Handbuch der physiologischen Chemie" von Carl Gotthelf Lehmann als literarische Basis.[657] Lediglich im Semester 1864/I trug er seine letzte Vorlesung in dieser chemischen Spezialdisziplin nach dem 3. Band des „Lehrbuchs der Chemie" von Gorup v. Besanez aus dem Jahre 1862 vor.[658] Ab 1864 ging die Lehrverpflichtung in den Verantwortungsbereich der neu geschaffenen „Dozentur für physiologische Chemie" über.[659]

Mit seinen Vorlesungen zur „Agrikulturchemie" setzte Schmidt eine Tradition fort, die sein Amtsvorgänger Friedemann Goebel schon relativ früh an der Dorpater Hochschule etabliert hatte. In den Semester 1829/II bis 1832/II bot Goebel auf Wunsch der Studierenden Privatissima über einzelne Zweige der Chemie an, die auch die Agrikulturchemie einbezogen.[660] Im Semester 1835/I las er seine erste zweistündige offizielle Vorlesung zur „Agrikulturchemie" nach dem Lehrbuch Sprengels.[661] In den Semestern 1845/I, 1846/I, 1849/I, 1849/II und 1851/I[662] referierte Goebel über diesen Zweig der Chemie nach den Lehrbüchern von Julius Otto,[663] Justus Liebig,[664] Carl Remigius Fresenius[665] und seiner eigenen Agrikulturchemie aus dem Jahre 1850.[666] Schmidt hielt die Agrikulturchemie-Vorlesung in den Jahren 1853 bis 1877 jeweils mit drei Wochenstunden

657 Lehmann (1850–1853); Lehmann (1854).

658 Gorup-Besanez (1862).

659 Vgl.: Kapitel 3.5 dieser Untersuchung.

660 Vgl.: VLV Dorpat (1803–1856): 1829/II (S. 13); 1830/I (S. 8); 1830/II (S. 9); 1831/I (S. 11); 1831/II (S. 11); 1832/I (S. 11); 1832/II (S. 11).

661 Vgl.: Sprengel (1831–1832); VLV Dorpat (1803–1856): 1835/I (S. 10).

662 Vgl.: VLV Dorpat (1803–1856): 1845/I (S. 8); 1846/I (S. 8); 1849/I (S. 9); 1849/II (S. 9); 1850/I (S. 10).

663 Vgl.: Otto (1840). – Ottos Lehrbuch wurde von Goebel für die Semester 1845/I und 1846/I als Referenz angegeben. Es handelte sich somit um die zweite Auflage aus dem Jahr 1840, da die dritte und vierte „Revision" erst 1848 und 1855 erfolgten.

664 Vgl.: Liebig (1840) – Es bleibt unklar, aus welcher der zwischen 1840–1849 erschienen Auflagen der „Agriculturchemie" Goebel las.

665 Vgl.: Fresenius (1847).

666 Vgl.: Göbel (1850).

im Dreijahres-Rhythmus nach verschiedenen Auflagen von Liebigs Lehrbuch.[667] Seine letzte agrikulturchemische Vorlesung fand im Semester 1877/I statt. Das Ende dieser Vortragstätigkeit hing möglicherweise mit einer von Schmidt angestrebten Reduzierung seiner „Lehrbürden" und wesentlicher wohl auch damit zusammen, dass sich fortan Dozenten und Professoren der Landwirtschaft sowie Technologie innerhalb der physiko-mathematischen Fakultät verstärkt der Agrikulturchemie annahmen. So hielt beispielsweise Woldemar von Knierim in den Jahren 1877 bis 1880 drei- und vierstündige Vorlesungen zur Agrikulturchemie, die er in drei Teilen anbot.[668] Nach Knierims Ausscheiden[669] übernahm Bernhardt Brunner[670] diese Lehrveranstaltung. Im Laboratorium seines ökonomisch-technischen Kabinetts wurden auf Bitten der Landwirte unter anderem auch chemische und physikalische Untersuchungen des Bodens und der Futtermittel durchgeführt[671] Gelegentlich bot selbst Carl Schmidts langjähriger Assistent Lemberg unentgeltlich ein- oder zweistündige Vorlesungen zur Bodenchemie (Agrikulturchemie) an, so z. B. in den Semestern 1884/I, 1886/I, 1888/I, 1889/II und 1891/II.[672]

Die Stöchiometrie beinhaltete zu damaliger Zeit allgemein die Beschreibung und Erklärung der quantitativen Beziehungen zwischen Massen und Volumen der bei chemischen Reaktionen eingesetzten und entstehenden Stoffe.[673] Schmidt trug diese Grundlage der wissenschaftlichen Chemie in den Jahren 1854 bis 1875 mit einer oder zwei Wochenstunden im Turnus von drei Jahren vor. In den Semestern 1854/I bis 1863/II zog er für diese Lehrveranstaltung das „Handbuch der Chemie", Teil I, von Leopold Gmelin aus dem Jahr 1852 heran.[674] Schmidt hielt im Semester 1875/II seine letzte zweistündige Vorlesung

667 Vgl.: Liebig (1843, 1862).

668 Vgl.: VLV Dorpat (1857–1891): 1877/I („Pflanzenernährungslehre", S. 12); 1877/II („Fütterungslehre", S. 12); 1878/I („Bodenkunde", S. 12); 1878/II („Pflanzenproductionslehre", S. 12); 1879/I („Fütterungslehre", S. 13); 1879/II („Colloquium über neuere Arbeiten auf dem Gebiete der Agriculturchemie", S. 12); 1880/I („Bodenkunde", S. 12).

669 1880 wurde Knierim als Professor der Landwirtschaft an das Rigaer Polytechnikum berufen. Vgl.: Lenz (1970), S. 391.

670 Vgl.: Schönberg et al. (1918), S. 153.

671 Vgl.: Schönberg et al. (1918), S. 153.

672 Vgl.: VLV Dorpat (1857–1891): 1884/I (S. 12); 1886/I (S. 12); 1888/I (S. 12); 1889/II (S. 12); 1891/II (S. 12).

673 Vgl.: Engels et al. (1989), S. 366.

674 Gmelin (1852). – Vgl. zur „Auflagen-Geschichte" des „Handbuchs": Pietsch und Beyer (1939), S. 32; Max-Planck-Gesellschaft (1988), S. 44–45.

zur Stöchiometrie; danach nahmen ihm seine Assistenten diese Verpflichtung ab. Zunächst war es Ostwald, der in den Semestern 1878/I, 1878/II, 1880/I und 1881/II dieses Spezialgebiet als Vorlesung auch unter dem Namen „Verwandtschaftslehre" anbot und zusätzlich im Semester 1878/I auch ein „Colloquium über Verwandtschaftslehre" ankündigte.[675] Nach dem Wechsel Ostwalds an das Polytechnikum in Riga oblag es Lemberg, diese Vorlesung im jeweils zweiten Semester in den Jahren 1882 bis 1886 sowie im Jahr 1888 mit zwei Wochenstunden unentgeltlich fortzuführen.[676] Tammann löste Lemberg im Jahre 1889 ab, weil dieser 1888 zum Professor für Mineralogie berufen worden war.[677] Entsprechend der zunehmenden Bedeutung der Stöchiometrie, die heute die Gesetze der stöchiometrischen Proportionen und der ganzzahligen Volumenverhältnisse ebenso enthält wie die Formulierung chemischer Substanzformeln und entsprechender Gleichungen,[678] wurde sie von Tammann mit zwei Wochenstunden in den Semestern von 1889/I bis 1890/I angezeigt.[679]

Den Vortragsstil und die Rhetorik Carl Schmidts beurteilten zwei seiner Schüler folgendermaßen: Zaleski bezeichnete seine Stimme als ein Organ ohne besonderen Vollklang. Er habe seine Ausführungen schnell vorgetragen und gleichzeitig Silben verschluckt, wodurch seine Rede eine für ihn charakteristische Kürze erhielt. Es sei aber möglich gewesen, sich an diesen Mangel zu gewöhnen, ohne ihn dann noch zu bemerken.[680] Für Ostwald war Schmidts Sprache laut und sehr schnell, so dass die Studenten sagten, er könne „Limonade gazeuse" in einer Silbe aussprechen. Schmidt hatte sich daher angewöhnt, um seine Hörer in der Vorlesung nicht durch den Strom seiner Worte zu überwältigen, „kurze Sätze schnell hervorzustoßen und dann ebenso lange Pausen zu machen."[681] Die schnelle und mitunter undeutliche Aussprache charakterisierte indessen nicht nur seine „öffentliche" Vortragstätigkeit, sondern fand sich auch im Privatleben.[682]

---

675 Vgl.: VLV Dorpat (1857–1891): 1878/I (S. 13); 1887/II (S. 13); 1880/I (S. 12); 1881/II (S. 12).

676 Vgl.: VLV Dorpat (1857–1891): 1882/II (S. 12); 1883/II (S. 11); 1884/II (S. 12); 1885/II (S. 12); 1886/II (S. 13); 1888/II (S. 13).

677 Vgl.: Schönberg et al. (1918), S. 143–144.

678 Vgl.: Engels et al. (1989), S. 366.

679 Vgl.: VLV Dorpat (1857–1891): 1889/I (S. 13); 1889/II (S. 13); 1890/I (Stöchiometrie [Photochemie und Elektrochemie], S. 12).

680 Vgl.: Zaleski (1894), S. 968.

681 Ostwald (2003), S. 49.

682 Als ein Beispiel hierfür sei Schmidts Heiratsantrag an Antonie (Toni) v. Hueck angeführt. Vgl.: Kapitel 3.6 und Anlage 6 dieser Untersuchung.

### 4.7.2 Organisation und methodisch-didaktische Strukturierung der studentischen Laboratoriumsarbeit

Praktische Übungen für Pharmazeuten, Chemiker und Mediziner im chemischen Laboratorium wurden in den Dorpater Vorlesungs-Verzeichnissen erstmals für das Semester 1819/I angezeigt. Giese offerierte damals am Sonnabend von 2 bis 4 Uhr den Kurs „Besondere Anleitung zur Anstellung von pharmazeutisch-chemischen Operationen". Auch in den Semestern 1820/I und 1821/I fand diese Veranstaltung privatissime statt.[683] Gieses Nachfolger Osann und Goebel „belegten" das chemische Laboratorium sporadisch auch für ihre Vorlesungen, wie beispielsweise „Theoretische und experimentale Chemie" oder „Theoretische und Experimental-Chemie" (Osann)[684] bzw. „Chemie der organischen Verbindungen […]" und „Chemie der unorganischen Körper/Verbindungen, durch Experimente erläutert" (Goebel).[685] Als Stätte der permanenten praktischen studentischen Ausbildung erschien dieser Lernort[686] allerdings erst im Semester 1845/II, als Goebel den Kurs „Analytische Chemie mit Übungen im Laboratorio" mit insgesamt sechs Wochenstunden annoncierte.[687] In seinen letzten fünf Amtsjahren, den Semestern 1847/I bis 1851/I, nutzte Goebel das Laboratorium mit wöchentlich sechs bzw. 12 Stunden durch zusätzliche praktische Angebote noch intensiver für die studentische Ausbildung als zuvor.[688]

Auch Carl Schmidt nahm diese praktische Lehr- und Lernstätte während seiner gesamten Tätigkeit als Direktor des chemischen Instituts stark in Anspruch.

683 Vgl.: VLV Dorpat (1803–1856): 1819/I (S. 4–5, S. 8); 1820/I (S. 5); 1821/I (S. 6).

684 Vgl.: VLV Dorpat (1803–1856): 1824/I (S. 11); 1825/I (S. 11); 1826/I (S. 8); 1827/I (S. 11); 1828/I (S. 11).

685 Vgl.: VLV Dorpat (1803–1856): Chemie der organischen Verbindungen, z. B. 1836/II (S. 11); 1840/I (S. 9); 1845/I (S. 7–8); 1850/I (S. 9), und Chemie der unorganischen Verbindungen, z. B. 1836/I, (S. 9); 1839/I (S. 10); 1845/II (S. 9); 1850/II (S. 11).

686 Unter Lernorten im Bildungswesen versteht man anerkannte öffentliche (gelegentlich auch privat getragene) Einrichtungen, die Bildungsangebote organisieren. Im universitären Lernortverbund stellen z. B. die Hörsäle und Seminarräume Lernorte dar, in denen vorrangig theoretische Bildung vermittelt wird. Der Übungs- oder Experimentierplatz im Laboratorium ist dagegen vornehmlich ein Lernort für arbeits- bzw. forschungsorientiertes und erfahrungsbetontes Lernen. Vgl.: Meyer (1988), S. 271.

687 Vgl.: VLV Dorpat (1803–1856): 1845/II (S. 9).

688 Goebel bot in einigen Semestern beispielsweise zusätzlich „technische Chemie" mit fünf Stunden wöchentlich an. Vgl.: VLV Dorpat (1803–1856), z. B. 1848/I (S. 9); 1849/II (S. 9). Die Pharmazie besaß ab 1842 ein eigenes Institut, in dem die Studierenden praktisch-pharmazeutisch arbeiten konnten. Ihre praktisch-chemische Ausbildung erfolgte jedoch weiterhin im chemischen Universitäts-Laboratorium.

Vom Semester 1852/II bis zum Semester 1858/I offerierte er speziell für Pharmazeuten und Chemiker, aber auch für Studierende anderer Disziplinen jeweils eigene sechsstündige Kurse in Form von „Analytischen Übungen", „Analytischen Praktika" oder als „Praktische Arbeiten im chemischen Laboratorium" (Anlage 25). Nachdem der Neubau bezogen worden war,[689] wurden in den Semestern 1858/II bis 1891/II die „Praktischen Arbeiten und analytischen Übungen im Laboratorium" an allen Tagen der Woche von 11 bis 12 Uhr angezeigt; in den Semestern 1882/II bis 1888/II gemeinsam mit Lemberg und danach (Semester 1889/I – 1891/II) zusammen mit Tammann. Insgesamt versuchte Schmidt, die praktische Ausbildung auch in Dorpat „nach den Methoden zu gestalten, welche, von Liebig geschaffen, in Deutschland schon Verbreitung gefunden hatten."[690]

Wie die Praktika konkret organisiert waren, lassen zwei Laboratoriumsordnungen (Anlagen 26 und 27)[691] erkennen, die auch die inhaltliche Grundlage für die Instruktionen der „Laboratoriums-Hilfskräfte" bildeten (Anlage 28). Das erste „Reglement" aus dem Jahr 1870[692] war nach Schmidt das „Resultat mehrjähriger Erfahrungen".[693] In das zweite „Statut" gingen dann wahrscheinlich Änderungen ein, wie sie sich bis zum Ende der Amtszeit Schmidts ergeben haben dürften.[694] Aus den Laboratoriumsordnungen ist zunächst ersichtlich, dass bei den praktischen

689 Vgl.: Kapitel 4.4.2–4.4.3 dieser Untersuchung.

690 Schönberg et al. (1918), S. 138. Vgl. zur studentischen Ausbildung im Gießener Laboratorium Liebigs: Kapitel 2.4 dieser Untersuchung.

691 EAA 402/5/592, Beilage zum Brief an das hochverordnete Direktorium ohne Nr. vom 8. Juli 1870 und Beilage zum Brief an das hochverordnete Direktorium ohne Nr. vom 1. August 1891.

692 Vgl.: EAA 402/5/592, ohne Nr. vom 8. Juli 1870 (hinzugefügte Notizen auf diesem Brief). – Obwohl Schmidt um Bestätigung des Reglements und den Druck von 300 Exemplaren gebeten hatte, damit jeder Praktikant zu Beginn seiner Arbeiten im Laboratorium eines erhalten könne, wurde der Entwurf der Ordnung am 10. Juli 1870 dem Direktorium zwar vorgetragen, die Entscheidung darüber jedoch vertagt. Nach erneuter Vorlage am 28. Juli 1870 war eine Bestätigung nicht mehr notwendig, weil Schmidt inzwischen seinen Antrag zurückgezogen hatte. Es kann jedoch berechtigt davon ausgegangen werden, dass diese Formalie folgenlos blieb und die praktischen studentischen Arbeiten im Dorpater chemischen Universitäts-Laboratorium vor 1870 und in den Jahren danach organisatorisch genau so abliefen, wie sie im Reglement beschrieben sind.

693 EAA 402/5/592, ohne Nr. vom 8. Juli 1870.

694 Vgl.: EAA 402/5/592, Beilage zum Brief an das hochverordnete Direktorium ohne Nr. vom 1. August 1891. – Die Ordnung von 1891 kann als offiziell bestätigt gelten, und Schmidt erhielt die von ihm erbetenen 200 Exemplare, um sie an die Praktikanten weiterzugeben.

Arbeiten zwischen Anfängern und Geübteren unterschieden wurde.[695] Geübtere Studierende waren jene, die die Vorträge über analytische Chemie bereits gehört hatten.[696] Rein zeitlich durften die Anfänger das Laboratorium täglich von 11 bis 12 Uhr, die Geübteren von 9 bis 13 benutzen. Während erstere am Mitteltisch des analytischen Laboratoriums arbeiteten, führten letztere ihre Untersuchungen an den Fensterplätzen dieses Raumes, evtl. auch im Bibliothekszimmer und dem Herdlaboratorium durch.[697] Studierende der Chemie sollten mindestens vier Semester im Laboratorium arbeiten.[698] Die Nachmittagsstunden blieben den Vorträgen und den wissenschaftlichen Arbeiten des Direktors und seinen Assistenten[699] vorbehalten.[700] Gemäß des zweiten „Statuts" von 1891 waren die Räume des Laboratoriums für die jüngeren Praktikanten täglich von 9 bis 13 Uhr geöffnet, ausgenommen die Sonn- und Feiertage sowie die Semesterferien. Den älteren standen sie ebenfalls von 9 bis 13 Uhr und zusätzlich am Nachmittag von 15 bis 18 Uhr zur Verfügung.[701] Den Quellen ist zu entnehmen, dass Schmidt die praktischen Arbeiten und analytischen Übungen im Laboratorium selbst leitete. Alle Praktikanten hatten sich nach der Registrierung in der Universitätskanzlei bei ihm zu melden, um einen Arbeitsplatz zu erhalten und die vorgesehenen analytischen Arbeiten zu besprechen.[702] Unterstützt wurde der Institutsdirektor bei der praktischen

695 EAA 402/5/592, § 1 des Reglements vom 8. Juli 1870 und Ziffer (1) der Laboratoriums-Ordnung vom 10. August 1891.

696 EAA 402/5/592, § 1 des Reglements vom 8. Juli 1870. – Die geübteren, älteren Praktikanten Schmidts entsprachen in etwa den fortgeschrittenen bzw. den speziellen Schülern in Liebigs Gießener Laboratorium. Vgl.: Kapitel 2.4 dieser Untersuchung.

697 Vgl. den in Anlage 15 dargestellten Grundriss des chemischen Laboratoriums im rechten Seitenflügel des Universitäts-Hauptgebäudes.

698 EAA 402/5/592, §§ 1 und 2 des Reglements vom 8. Juli 1870.

699 So bezeichnete Schmidt in einem Brief an Liebig etwa Jacob Natanson als seinen zeitweiligen Privatassistenten, der unter seiner Aufsicht im Laboratorium arbeite. BSB Liebigiana II B, Schmidt, Karl: Brief Schmidts an Liebig vom 23. Januar/4. Februar 1856 (Roß, [2002 b], S. 71).

700 EAA 402/5/592, § 11 des Reglements vom 8. Juli 1870.

701 EAA 402/5/592, Ziffer (1) der Laboratoriums-Ordnung vom 10. August 1891.

702 EAA 402/5/592, § 3 des Reglements vom 8. Juli 1870 und Ziffer (1) der Instruktion für den Direktorgehilfen vom 10. August 1891.

Ausbildung der Studenten durch den Direktorgehilfen,[703] den Laboranten[704] und den Diener[705] des chemischen Laboratoriums (Anlage 28). Dem Direktorgehilfen kam nach dem Reglement von 1870 z. B. die Aufgabe zu, den Praktikanten die Platin- und Silbertiegel, Schalen, Messapparate, Büretten, Pipetten, Eudiometer, die analytischen Waagen nebst Stammgewichts-Sätzen und Zubehör aller Art für Mikroskope sowie Spektroskope auszuhändigen und diese „Utensilien" später wieder in Empfang zu nehmen.[706] Entsprechend der Instruktion von 1891 hatte er den Direktor auch bei der Leitung der praktischen Arbeiten zu unterstützen, die für die Analysen vorgesehenen Stoffmengen und Mischungen zu besorgen und zu

703 Von 1866–1888 war der Chemiker Johann Lemberg Schmidts Direktorgehilfe. Er wurde 1888 von Gustav Tammann „beerbt", der seinerseits 1892 zum direkten Nachfolger Schmidts in Dorpat avancierte. Für seine Tätigkeit erhielt der Direktorgehilfe nach dem vierten Statut der Dorpater Universität vom 9. Juni 1865 ein Gehalt von 700 Silber-Rubel jährlich. Zum Vergleich betrugen die Vergütungen der ordentlichen Professoren 2.400 Silber-Rubel (inklusive Quartiergelder) pro Jahr. Vgl.: Gernet (1902), S. 85, S. 90; Lenz (1970), S. 444, S. 783.

704 EAA 402/5/26, Bericht über den Zustand des chemischen Labors für das Jahr 1849; EAA 384/1/733, Nr. 136 vom 20. März 1850 und Nr. 2221 vom 24. Dezember 1861; EAA 402/3/1252, ohne Nr. vom 27. Februar 1880; TÜR, Bestand 22, Akte 11 (Roß [2002 b], S. 117–124). – Das Amt des Laboranten wurde Im Nachgang zu einem am 19. Oktober 1842 bewilligten Ergänzungs-Etat geschaffen und ersetzte den früheren Laboratoriums-Inspektor. Der Laborant war – anders als der Inspektor – „Staatsdiener" und bezog nach dem vierten Dorpater Universitäts-Statut jährlich 500 Silber-Rubel, während sich der Inspektor noch mit 600 Assignaten-Rubel hatte begnügen müssen. Die Laboranten Schmidts waren: Adolph Friedemann Goebel (ab Mai 1849 zunächst unentgeltlich, dann von 1851 bis 1861 hauptamtlich), Hermann Eugen Isaak Benrath (1862–1864), Johann Lemberg (1865–1866) und Julius Schröder (1866–1868). Mit den uns zur Verfügung stehenden Archivalien ist nach 1868 kein lückenloser Nachweis für die Besetzung dieses Amtes mehr möglich. Es erscheint aber wahrscheinlich, dass Gustav Bunge von 1872 bis 1874 als Laborant fungierte. Ostwald hatte diese Position vom 1. März 1880 bis 31. Dezember 1881 inne, ehe sie wahrscheinlich von Gustav Tammann mit kurzen Unterbrechungen von 1882 bis 1888 bekleidet wurde. Vgl.: O. V. (1852), S. 146; Poggendorff (1898), 3, S. 528; Tammann (1901), S. 41–42; Gernet (1902), S. 90; Tammann (1929 b), S. 228; Lenz (1970), 444, S. 700, S. 738; Roß und Hansel (2000), S. 15–16.

705 EAA 384/1/733, Nr. 625 von 30. Juni 1856; EAA 402/5/492, ohne Nr. vom 20. Oktober 1858. – Im Jahre 1856 wurde im chemischen Labor „für die zweckentsprechenden Leistungen der Anstalt" ein besonderer Diener angestellt, der 86 Silber-Rubel Jahresentlohnung erhielt. Das Salär stieg 1858 auf 12 Silber-Rubel monatlich, verbunden mit der Ankündigung, die Pflichten des Dieners demnächst „aufzuzeigen".

706 EAA 402/5/592, §§ 4–6 des Reglements vom 8. Juli 1870.

ergänzen sowie die Praktikanten in die Handhabung der Apparate, insbesondere der Waagen und Gewichte, der Wasser-Gebläse und der Aspiratoren einzuweisen.[707] Der Laborant war für die Ausgabe der erforderlichen Reagenzien, Präparate und titrierten Lösungen aller Art verantwortlich, welche die Praktikanten unentgeltlich erhielten. Die hergestellten Präparate verblieben im Laboratorium.[708] Das Aufgabengebiet des Laboranten wurde zunehmend umfangreicher, da ihm später teilweise auch Tätigkeiten oblagen, die zuvor der Direktorgehilfe ausgeübt hatte.[709] Der Laboratoriums-Diener schließlich kümmerte sich unter anderem um die Reinigung der Räume, der Geräte und Arbeitsplätze, besorgte die Heizung der Öfen, übergab den Praktikanten „Reagier-", Bechergläser, kleine Trichter und Porzellanschalen für quantitative Prüfungen und hielt die Schwefelwasserstoff-Apparate funktionsfähig.[710]

Gegenstand des fachpraktischen Unterrichts,[711] den die Studenten im zweiten oder dritten Semester im Dorpater chemischen Universitäts-Laboratorium begannen, war zunächst die gesamte qualitative anorganische Analyse. Jeder Absolvent hatte dabei 90 Übungsaufgaben zu lösen, von denen 30 bestimmte Salze und die restlichen 60 zum Teil komplizierte Verbindungen betrafen. Dieser Teil war für einen durchschnittlichen (Chemie-)Studenten innerhalb eines Jahres zu bewältigen. Nach den Anfangs-Übungen folgte der Kurs in allgemeiner Analyse,

---

707 EAA 402/5/592, Ziffern (2) – (4) der Instruktion für den Direktorgehilfen des Laboratoriums vom 10. August 1891.

708 EAA 402/5/592, §§ 7 und 13 des Reglements vom 8. Juli 1870.

709 EAA 402/5/592, Instruktion für den Laboranten des Laboratoriums vom 10. August 1891.

710 EAA 402/5/592, §§ 7 und 12 des Reglements vom 8. Juli 1870 sowie die Ziffern (1), (3) und (4) der Instruktion für den Laboratoriumsdiener.

711 EAA 384/1/733, Nr. 339 vom 7. April 1856; EAA 402/5/592, Ziffern (1) – (3) und (8) der Laboratoriums-Ordnung vom 10. August 1891. – Der fachpraktische Unterricht ist von der eigentlichen Vorlesung zu trennen. Schmidt selbst benutzte in Bezug auf die praktische Ausbildung am/im Lernort Laboratorium den Begriff des „Lehrgangs". Nach heutiger Terminologie dürfte es sich dabei um eine planmäßige, aufeinander aufbauende Anordnung von Lehrstoffen für die Grund- und Fachausbildung gehandelt haben, die in einzelnen Lehr- und Lernschritten theoretisch vermittelt und durch Übungen intensiv praktisch umgesetzt wurden. Auch Tammann, der den Lembergschen Unterricht in den Jahren 1880 bis 1882 als Student noch selbst erlebte, beschrieb in seinen Erinnerungen die „Unterweisung" im Dorpater chemischen Laboratorium als Form eines Lehrgangs im Sinne der vorangegangenen Definition. Vgl.: Tammann (1929 b), S. 227; Lenz (1970), S. 783; Bunk (1982), S. 167; Meyer (1988), S. 263.

in dem 20 obligatorische Aufgaben meist in 40 Arbeitstagen auszuführen waren. Weitere 29 analytische Übungsaufgaben umfassten acht einfache Definitionen, sieben chemische Trennungen und 14 Gesamtanalysen. Außerdem waren fünf weitere Übungen in Elementarchemie obligatorisch. Alle diese 34 praktischen Aufgaben konnten von den Studierenden in der Regel während eines Semesters durchgeführt werden. Den Abschluss der praktischen Arbeiten bildeten für die Fortgeschrittenen zum Ende ihres (Chemie-)Studiums 30 Übungen auf dem Feld der organischen Chemie. Es mussten zwar keine organischen Präparate hergestellt werden, manche Aufgaben erforderten aber die Zubereitung von Mischungen, in denen organische Stoffe enthalten und zu deren Lösung eine bestimmte Erfahrung und gute Beobachtungsgabe erforderlich waren. Das Examen schließlich bestand aus einer sowohl qualitativen wie quantitativen Analyse eines komplizierten Minerals und der zusätzlichen „Entschlüsselung" eines weitaus schwierigeren Prüfungspräparates, wobei jede dieser Arbeiten in einem Zeitraum von acht Tagen abgeschlossen werden musste.[712] Nachdem Schmidt ab dem Semester 1882/II den praktischen Unterricht weitgehend „seinem" Privatdozenten Lemberg überließ, verlangte dieser von jedem Studierenden auch gewisse Kenntnisse der anorganischen Chemie, bevor er ihn überhaupt zum Praktikum zuließ.[713]

Vergleicht man die methodisch-didaktische Strukturierung dieses fachpraktischen Unterrichts im Dorpater chemischen Laboratorium mit dem Gießener „Vorbild", so bestanden natürlich Parallelen, aber durchaus auch Unterschiede:

- In beiden Laboratorien bildeten die Anfänger und die Geübteren (Älteren oder Fortgeschrittenen) jeweils eigene Lerngruppen. Die im Unterricht zu lösenden fachpraktischen Übungsaufgaben für die Anfänger dürften starke Übereinstimmungen aufgewiesen haben.
- In beiden Praktika waren selbstständiges Lernen und das Gewähren gegenseitiger Hilfestellung[714] von besonderer Bedeutung, denn nur so konnte es trotz des rasanten Fortschritts der zeitgenössischen Chemie und der sich hieraus ergebenden zahllosen Querverbindungen beispielsweise zur Medizin und Technik gelingen, sich unter Anleitung „durch eigene Arbeiten im

712 Vgl.: Tammann (1901), S. 4; Tammann (1929 b), S. 227.
713 Vgl.: Tammann (1929 a), S. 197.
714 EAA 384/1/733, Nr. 339 vom 7. April 1856; EAA 402/5/592, § 8 des Reglements vom 8. Juli 1870.

Laboratorium die nöthige Fertigkeit im Anstellen chemischer Experimente [...] anzueignen."[715]

- Anders als in Gießen erhielten im Dorpater chemischen Universitäts-Laboratorium nicht nur die sogenannten Anfänger, sondern alle Studierenden praktischen Unterricht nach einem festgeschriebenen Curriculum.
- Unterschiede gab es auch hinsichtlich der „Chefbetreuung" während der fachpraktischen Arbeiten, was unter anderem auf die sehr verschiedenen Persönlichkeiten und Präferenzen der beiden Direktoren, aber auch auf die in Gießen weit höhere Zahl der Praktikanten zurückzuführen war.[716] Konnte oder wollte Liebig aufgrund seiner mannigfachen, auch „außerwissenschaftlichen" Tätigkeiten und Verpflichtungen[717] lediglich die an seine speziellen Schüler übergebenen Aufgaben überwachen und kritisch begleiten,[718] war Schmidt permanent im Laboratorium anwesend. Sein großes Talent als Experimentator ließ ihn im Verbund mit seiner immer wieder gerühmten Humanität möglichst alle Studenten selbst umfangreich anleiten, den Arbeitsfortschritt ständig vor Ort überwachen und natürlich keinem seiner Schüler weder Rat noch Unterstützung und Hilfe bei auftretenden Schwierigkeiten versagen.[719]

Auf diese Weise gelang es Schmidt unter Berücksichtigung der spezifischen Dorpater Verhältnisse, die praktische Arbeit in seinem chemischen Laboratorium für alle Studenten methodisch-didaktisch weitgehend so zu gestalten, wie er sie in Gießen bei Liebig selbst erfahren und schätzen gelernt hatte.

### 4.7.3 Die Examensfächer

Die Examensfächer für die Studierenden der Chemie an der Universität Dorpat änderten sich während der gesamten, fast vier Dekaden umfassenden Amtszeit Schmidts als Direktor des chemischen Instituts kaum. Es gab neben

715 EAA 384/1/733, Nr. 339 vom 7. April 1856.

716 In Gießen immatrikulierten sich in den Jahren von 1836 bis 1840 durchschnittlich 75 Studierende für Chemie. Von 1841 bis 1845 stieg diese Zahl auf 174 an, um im Fünfjahres-Zeitraum von 1846 bis 1850 dann wieder auf 143 zu fallen. Vgl.: Brock (1999), S. 57 sowie zu den Zahlen der Chemiestudenten in Dorpat allein und in Relation zu etwa gleichgroßen deutschen Universitäten: Kapitel 4.7.4 dieser Untersuchung.

717 Vgl. zu den vielfältigen „außerwissenschaftlichen" Tätigkeiten und Verpflichtungen Liebigs: Volhard (1909), 1, S. 324–402; 2, S. 309–321, S. 348–368, S. 382–392; Brock (1999), S. 98–120, S. 222–253.

718 Vgl.: Liebig (1890), S. 827.

719 Vgl.: Zaleski (1894), S. 968.

15 obligatorischen noch sieben weitere empfohlene Disziplinen.[720] Aus Anlage 29 sind nicht nur die einzelnen Fächer ersichtlich, sondern aus deren aufsteigender Listung ist auch erkennbar, in welcher Abfolge der Besuch der zugehörigen Vorlesungen „offiziell“ erwünscht war. Die Chemiestudenten sollten mit den Vorträgen zur anorganischen Chemie (Chemie, Teil 1) beginnen. Neben dieser zentralen Veranstaltung war für die erste Hälfte des Studiums die Absolvierung von sieben weiteren Vorlesungen bzw. Übungen vorgesehen. Dabei handelte es sich um die (theoretische) Physik, die Trigonometrie, die analytische Geometrie, die Grundlagen der höheren Analyse, die allgemeine Mineralogie, die Kristallographie und die Übungen zur praktischen Physik. Im zweiten Studienabschnitt bildete die organische Chemie (Chemie, Teil 2) die beherrschende Lehrveranstaltung. Darüber hinaus sollten die Absolventen noch analytische und technische Chemie, Technologie, Bio- und Agrikultur-Chemie sowie Stöchiometrie hören. Die empfohlenen sieben Wahl- oder Nebenfächer begannen mit der Logik und Metaphysik und endeten mit der Physiologie, der allgemeinen Botanik und der Geschichte der Literatur der Chemie.

Am Ende eines jeden Semesters bestand die Möglichkeit, sich einem Teil-Examen zu unterziehen und so die Fächer in mehrere Prüfungs-„Blöcke“ aufzuteilen. Verbindliche Prüfungen waren für einige mathematische Bereiche, Mineralogie, Geologie und vor allem die Physik vorgesehen. Obwohl dies grundsätzlich auch für alle chemischen Teildisziplinen galt, erfolgten trotzdem etwa die Examina „in physiologischer, technologischer und Agrikulturchemie [...] mehr pro forma.“[721] Im Jahr 1883 ersetzte die mechanische Wärmelehre das bisherige Prüfungsfach Trigonometrie. Nach der Amtszeit Schmidts gab es ab 1893 nur noch Pflicht-Prüfungsfächer, zu denen nun auch die allgemeine Zoologie, die Botanik, die elementare Mathematik und später auch noch die analytische Mechanik zählten. Die neue Prüfungsordnung enthielt auch Fristen, die den Zeitpunkt für das Ablegen der entsprechenden Examina bestimmten. So waren bis zum Ende des ersten Studienjahres die Fächer elementare Mathematik, analytische Geometrie, Experimentalphysik und Chemie, Teil 1 (Anorganik) zu prüfen. Die Grundlagen der höheren Analyse, die Kristallographie, die Mineralogie und die analytische Chemie bildeten die Prüfungsgegenstände des zweiten Jahres. Im folgenden Studienjahr standen „Testate“ über die Grundlagen der analytischen Mechanik und die Geologie an. Den Abschluss der Teilexamina

720 Vgl.: Tammann (1901), S. 1–2.

721 Tammann (1929 a), S. 198.

bildeten schließlich die Chemie, Teil 2 (Organik), die physikalische, die analytische, die physiologische und die technische Chemie.[722]

Die zuvor genannten Examensfächer und die ihnen zugrunde liegenden Curricula bestätigen Tammanns Auffassung, dass die theoretische Ausbildung der Chemiker in Dorpat erhebliche Unterschiede im Vergleich zu den Lehrplänen an anderen russischen, aber auch ausländischen, vor allem westlichen Universitäten aufwies. In Dorpat wurden die angehenden Chemiker mit der gesamten wissenschaftlichen Bandbreite der Mathematik und der Physik vertraut gemacht, was zweifellos dazu beitrug, dass das Chemiestudium auf dem Niveau exakter Wissenschaften verlaufen konnte.[723] Die Dorpater Absolventen waren somit mathematisch-physikalisch orientiert, während sie an den anderen russischen Hochschulen eine mehr naturkundliche Prägung erhielten. Eine inhaltliche Annäherung des Dorpater Chemie-Curriculums an die übrigen russischen Lehrpläne erfolgte erst am Ende des 19. Jahrhunderts, als auch an der „baltischen" Universität die Fächer allgemeine Zoologie und Botanik für das Chemiestudium obligat wurden.[724]

In Deutschland fehlten bis zum Ende des 19. Jahrhunderts an den Universitäten einheitliche Curricula für den Studiengang Chemie, obwohl an den einzelnen Hochschulen durchaus derartige Lehrpläne existierten.[725] Eine entscheidende Vereinheitlichung dieser unterschiedlichen Pläne, deren Stoffauswahl und Schwerpunkte oft nicht unerheblich durch die entsprechenden Forschungsinteressen der jeweiligen Ordinarien und Institutsleiter geprägt waren, kam erst 1898 durch die Einführung des so genannten „Verbandsexamens" zustande, das einen auf breiter Front geregelten Studiengang der Chemie an deutschen Hochschulen erforderte.[726] Die Implementierung dieses Examens, das zukünftig Voraussetzung für die Anfertigung einer Dissertation sein sollte, war wesentlich den Initiativen der chemischen Industrie, des Vereins Deutscher Chemiker[727] und des 1897 gegründeten Verbands der Laboratoriumsvorstände an deutschen Hochschulen zu verdanken.[728] Das Verbandsexamen bestand „aus einer praktischen Prüfung in qualitativer, quantitativer und Maßanalyse und ferner in einer

722 Vgl.: Tammann (1901), S. 7.
723 Vgl.: Tammann (1901), S. 5; Ilomets (2004), S. 118.
724 Vgl.: Tammann (1901), S. 5.
725 Vgl. zu diesen in Deutschland vorhandenen Studienplänen für das Fach Chemie: Kolbe (1865), S. 17–28; Kolbe (1872), S. XXXV–XLV; Meinel (1978), S. 173.
726 Vgl.: Toepper (1903), S. 30–34; Meinel (1978), S. 173.
727 Der Verein Deutscher Chemiker wurde 1887 gegründet. Vgl.: Brock (1997), S. 281.
728 Vgl.: Meinel (1978), S. 174–175.

mündliches Prüfung in analytischer und anorganischer Chemie, sowie in den Elementen der organischen Chemie.“[729] In der Regel erfolgte die Prüfung in zwei Teilen: Der erste fand am Ende des 5. Semesters statt, während der zweite Abschnitt, der organische „Block“, am Ende des 7. bzw. 8. Semesters den Abschluß bildete. An einzelnen Universitäten war auch eine freiwillige Zusatzprüfung in physikalischer Chemie möglich, die zumindest anfangs jedoch nur von wenigen Chemie-Studenten abgelegt wurde.[730]

### 4.7.4 Die Entwicklung der Studierendenzahlen im Fach Chemie an der Universität Dorpat

Als Carl Schmidt 1852 den Lehrstuhl der Chemie und die Direktion des chemischen Instituts in Dorpat übernahm, waren von den insgesamt 676 Studierenden der Universität lediglich fünf für das Fach Chemie immatrikuliert. Die physiko-mathematische Fakultät zählte im gleichen Jahr 94 Absolventen.[731] Somit entsprach das 1857 bezogene neue Domizil im rechten Seitenflügel des Universitäts-Hauptgebäudes mit seinen 100 Sitzplätzen im Auditorium und dem auf 20 Praktikanten berechneten Laboratorium vollauf den damaligen Anforderungen.[732] Hieran dürfte sich auch in den folgenden rund zweieinhalb Jahrzehnten nur wenig geändert haben, denn die Zahl der Dorpater Chemiestudenten überschritt bis zum Jahr 1882 lediglich in den Semestern 1871/I, 1872/II und 1873/I die Schwelle von 35 (Anlage 30).[733] Ab Mitte der 1880er Jahre stieg dann die Studentenzahl allmählich an, um in den Semestern 1890/I und 1890/II 80 bzw. 86 zu erreichen, was kurioserweise auch darauf zurückzuführen war, dass mit dem Beginn der „Russifizierung“ der juristischen Fakultät viele angehende Rechtswissenschaftler auf Chemie umsattelten, von denen allerdings nur rund

729 Toepper (1903), S. 30. Vgl. zu den Ausführungsbestimmungen und den Zielen dieser praktischen und mündlichen Prüfung: Toepper (1903), S. 30–34.

730 Vgl.: Meinel (1978), S. 174–178.

731 EAA 402/5/592, ohne Nr.: Beilage zum Brief Schmidts an das Direktorium vom 28. Februar 1891 (Verzeichnis der Gesamtzahl der Studierenden an der Universität Dorpat, der Absolventen der physiko-mathematischen Fakultät sowie der für das Fach Chemie Eingeschriebenen in den Jahren 1860–1890).

732 EAA 402/5/592, ohne Nr.: Brief Schmidts an das Direktorium vom 28. Februar 1891. Vgl. auch: Kapitel 4.7.2 und Anlage 15 dieser Untersuchung.

733 EAA 402/5/592, ohne Nr.: Beilage zum Brief Schmidts an das Direktorium vom 28. Februar 1891 (Verzeichnis der Gesamtzahl der Studierenden an der Universität Dorpat, der Absolventen der physiko-mathematischen Fakultät sowie der für das Fach Chemie Eingeschriebenen in den Jahren 1860–1890).

die Hälfte dieses neue Studienfach auch abschließen konnten.[734] Die gestiegenen Absolventenzahlen beeinträchtigten insbesondere den praktischen „Übungsbetrieb“ immer stärker, so dass sich Schmidt gezwungen sah, unbedingt zusätzliche Arbeitsräume zu akquirieren. Da er aber offensichtlich selbst weder an eine kurzfristige umfassende „Aufrüstung“ des bestehenden chemischen „Kabinetts“ noch gar an einen selbständigen Neubau auf dem Domberg glaubte, schlug er im Laufe des Frühjahrs 1891 vor, durch den Ausbau des Kellers zu Laboratoriumsräumen 15 zusätzliche Arbeitsplätze zu schaffen und so der drückenden Raumnot wirkungsvoll zu begegnen. Schmidts detaillierte Planungen sahen auch vor, durch den Kellerausbau endlich eine „Dienerwohnung“ einzurichten, da die ständige Anwesenheit des „Kastellans“ infolge der Verdreifachung der Praktikantenzahl mittlerweile unumgänglich geworden sei.[735] Der Umbau der zum chemischen Kabinett gehörenden Kellerräume scheiterte daran, das die mit ca. 4.000 Rubel veranschlagten Kosten die disponible Bausumme für das Jahr 1891 überschritten und keine zusätzlichen Mittel bereitgestellt werden konnten.[736] Um doch noch zu einer Lösung zu gelangen, verfiel Schmidt auf eine Ausweichmöglichkeit zur Schaffung von drei neuen Räumen. Er führte an, seiner Meinung nach bestehe die Möglichkeit, das dem chemischen Auditorium benachbarte Auditorium Nr. VII samt dem daran anstoßendem mathematischen Kabinett in das neue „Hörsaalzentrum“ des Musengebäudes zu überführen.[737] Durch die Verwirklichung dieser kostengünstigeren Minimalvariante bis zum Beginn des Semesters 1891/II konnte die dringende Raumnot des chemischen „Kabinetts“ vorerst beseitigt und so für die nächste Zukunft eine reibungslose Lehrtätigkeit gesichert werden.[738]

Dank der Eingabe Schmidts an das Universitäts-Direktorium aus dem Jahr 1891 verfügen wir für Dorpat über eine primäre Quelle, aus der sich selbst die Zahl der für das Fach Chemie Immatrikulierten exakt ergibt. Ob für die anderen russischen Universitäten vergleichbare, bereits publizierte Aktenstücke oder

734 EAA 402/5/592, ohne Nr.: Briefe Schmidts an das Direktorium vom 28. Februar und 1. August 1891. Vgl. auch: Tammann (1929 b), S. 227–228.

735 EAA 402/5/592, ohne Nr.: Beilage zum Brief Schmidts an das Direktorium vom 28. Februar 1891 (Grundriß der zum chemischen Kabinett gehörenden Kellerräume).

736 EAA 402/5/592, ohne Nr: Brief Schmidts an das Direktorium vom 1. August 1891.

737 EAA 402/5/592, ohne Nr.: Brief Schmidts an das Direktorium vom 1. August 1891.

738 EAA 402/5/592, ohne Nr.: Brief Schmidts an das Direktorium vom 1. August 1891.

relevante Sekundärliteratur existieren, ist dem des Russischen unmächtigen Verfasser leider nicht bekannt.[739] Er muss sich daher in diesem Kontext vor allem auf die Aussagen seiner estnischen Kollegen verlassen, denen zufolge im 19. Jahrhundert die Dorpater physiko-mathematische Fakultät und insbesondere die in ihr praktizierte Ausbildung von Chemikern einen unangefochtenen Spitzenplatz in der russischen Hochschullandschaft einnahmen,[740] der allerdings in späteren geschichtlichen Abhandlungen zur russischen Chemie vielfach nur sehr stiefmütterlich dargestellt wurde.[741]

Ein Vergleich der Dorpater Zahlen mit entsprechenden Angaben für deutsche Universitäten ist nur eingeschränkt möglich. Für den Zeitraum von 1830 bis 1941 lässt sich in den Einzelfächern Evangelische und Katholische Theologie, Jurisprudenz und Medizin zwar eine saubere Abgrenzung der langfristigen Studentenströme relativ einfach darstellen, „weil die fachliche Klassifikation hier mit der Fakultätszugehörigkeit weitgehend identisch" war.[742] Wesentlich schwieriger gestaltet sich dagegen der Versuch, Studentenzahlen für einzelne Fächer oder Disziplinen der Philosophischen Fakultät zu ermitteln, die im frühen 19. Jahrhundert nicht nur an deutschen Universitäten eine Art „Sammelbecken" für viele Studierende, darunter auch die angehenden Chemiker, bildete. Erste Ansätze, die traditionelle Fakultätszugehörigkeit durch eine stärkere Fächerdifferenzierung zu überwinden, gab es in Deutschland erst in den 1860er Jahren. 1863 wurde in Tübingen erstmals an einer deutschen Hochschule eine selbstständige Naturwissenschaftliche Fakultät gegründet und damit unter anderem die Fächer Physik, Chemie und Botanik aus der philosophischen bzw. medizinischen Fakultät ausgegliedert.[743] Wenn auch die Etablierung selbstständiger (Mathematisch)-Naturwissenschaftlicher Fakultäten und damit die Teilung und inhaltliche Umstrukturierung der „alten" Philosophischen Fakultät an den einzelnen deutschen

---

739 Möglicherweise enthält die Lomonossov-Festschrift mit Materialien zur Entwicklungsgeschichte der Chemie in Russland, die auch Tammanns (1901), S. 1–46 detaillierten Grundriss über die Entstehung des Chemielaboratoriums an der Dorpater Universität (1802–1992) umfasst, derartige essentielle Informationen. Da wir jedoch die Kosten für Übertragungen russischer Texte ins Deutsche ausnahmslos aus privaten Mitteln bestreiten mussten, war es bedauerlicherweise nicht möglich, sich auch die anderen Aufsätze dieses vielhundertseitigen Bandes inhaltlich zugänglich zu machen.

740 Vgl.: Schönberg et al. (1918), S. 122–123, S. 135; Ilomets (2004), S. 118; Tankler und Past (2005), S. 8–9, S. 36–37.

741 Vgl.: Bloch (1926), S. 1545–1551; Leicester (1947), S. 438–443.

742 Titze (1987), S. 82.

743 Vgl.: Titze (1987), S. 82; Titze (1995), S. 530.

Hochschulen über einen Zeitraum von 100 Jahren mehr als schleppend verlief,[744] so bot doch die ab 1866/67 grundsätzlich mögliche statistische Erfassung der Studentenströme auch für die (Mathematisch)-Naturwissenschaftlichen „Sektionen“ erstmals eine Orientierung, wenn es in diesem Bereich um den Vergleich einzelner deutscher Universitäten ging.[745]

Aus den Zahlenwerten der Anlage 31 ist ersichtlich, dass die Universität Dorpat in der zweiten Hälfte des 19. Jahrhunderts bezüglich der Zahl ihrer „Naturwissenschaftler“ sehr wohl mit mittelgroßen deutschen Universitäten wie etwa Göttingen, Halle-Wittenberg, Heidelberg, Tübingen oder Würzburg konkurrieren konnte. Im Semester 1867/I zählte die bereits seit 1850 eigenständige Dorpater physiko-mathematische Fakultät 77 Studierende und stellte damit 13,4 % aller an der Hochschule eingeschriebenen 573 Absolventen. Die entsprechenden Werte für die mittelgroßen deutschen Universitäten variierten zwischen 8 (1,4 %) und 73 Studierenden (8,9 %) an den Hochschulen in Würzburg bzw. Göttingen. 1877 hielt Göttingen mit 188 Studenten (26,5 %) die Spitzenposition, während in Dorpat 84 (9,9 %) Studierende an der physiko-mathematischen Fakultät ausgebildet wurden. Von den vorgenannten deutschen Universitäten wies Tübingen 1877 mit 4,1 % die niedrigste Quote für Studierende in der Mathematisch-Naturwissenschaftlichen Fakultät auf. Halle-Wittenberg, Heidelberg und Würzburg erreichten mit 78 (9,4 %), 63 (8,2 %) und 89 Absolventen (9,2 %) in etwa das Niveau der Dorpater Hochschule. Auch im Jahr 1887 behauptete Göttingen seine führende Stellung; die Mathematisch-Naturwissenschaftliche Fakultät zählte 166 Köpfe, d. h. 15,7 % aller Studierenden. Mit 130 Studenten (7,8 %) verzeichnete Dorpat im Vergleich mit Halle-Wittenberg, Heidelberg und Würzburg deutlich mehr „Naturwissenschaftler“. Insgesamt bleibt daher festzustellen, dass die eigenständige physiko-mathematische Dorpater Fakultät im Zeitraum von 1867 bis 1887 hinsichtlich ihrer Studentenzahlen nur

---

744 Die Universität Marburg erhielt beispielsweise erst 1964 durch die Teilung der Philosophischen eine eigenständige Mathematisch-Naturwissenschaftliche Fakultät. Vgl.: Titze (1987), S. 84.

745 Der preußischen Statistik gebührt in diesem Kontext gewissermaßen ein Sonderlob, da sie ab 1866/67 das „Sammelbecken Philosophie“ in drei Fächergruppen und zwei Einzelfächer aufgliederte: 1. Philosophie, Philologie und Geschichte, 2. Mathematik und Naturwissenschaften, 3. Landwirtschaft, Kameralia und Nationalökonomie, 4. Zahnmedizin und 5. Pharmazie. Ab dem Wintersemester 1903/1904 wurde das Fach Chemie aus der Sammelgruppe Mathematik und Naturwissenschaften herausgenommen und statistisch gesondert ausgewiesen. Vgl.: Titze (1987), S. 82; Titze (1995), S. 70–566.

vom Göttinger mathematisch-naturwissenschaftlichen „Fachbereich“ übertroffen wurde, was sicherlich auch mit der „Sogkraft“ eines Friedrich Wöhlers zusammenhing.

### 4.7.5 Schmidt als „Chemiehistoriker“

#### *4.7.5.1 Chemiehistorische Vorlesungen*

Carl Schmidt kann als Begründer der chemiehistorischen Vorlesungen an der Dorpater Universität angesehen werden. Die Verzeichnisse der Vorlesungsankündigungen aus den Jahren 1802 bis 1891 zeigen, dass seit der Hochschul-Neugründung im Jahre 1802 lediglich der Professor für Chemie, Alexander Nikolaus Scherer, wegen seiner besonderen Vorliebe für chemiehistorische und biographische Arbeiten[746] im Semester 1804/I eine unentgeltliche einstündige Vorlesung „Über einzelne Gegenstände aus der Geschichte der Chemie, zur Erläuterung der in der allgemeinen Chemie abgehandelten Gegenstände“ anbot.[747] Danach trat eine gleichsam chemiehistorische Vakanz ein, die bis zum Semester 1854/II anhielt, in dem Schmidt erstmals die „Geschichte der Chemie“ nach Kopps Lehrbuch einstündig vortrug (Anlage 25).[748] Ab diesem Semester hielt Schmidt die Chemiegeschichts-Vorlesungen in einem bestimmten Rhythmus bis zum Semester 1880/II. Von 1854/II bis 1862/II bot er sie, auch als „Geschichte und Literatur der Chemie“ nach Kopp, einstündig am Samstag-Vormittag von 10 bis 11 Uhr an. Ab dem Semester 1865/II bis zum Semester 1880/II las Schmidt die Chemiegeschichte (und Literatur der Chemie) mit zunächst einer und ab 1868/II mit zwei Wochenstunden am Samstag-Vormittag und am Montag von 17 bis 19 Uhr. Lemberg führte die Schmidtsche Tradition chemiegeschichtlicher Vorlesungen an der Dorpater Universität in den Semestern 1883/I, 1885/I und 1887/I fort.[749] In den Semestern 1889/I und 1891/I las sie Tammann als Privatdozent einstündig.[750]

---

746 Vgl.: Poggendorff (1863), 1, Sp. 951; Poggendorff (1863), 2, Sp. 357; Bettin (2002), S. 51.

747 Vgl.: VLV Dorpat (1802–1856): 1804/I (S. 3).

748 Vgl.: Kopp (1966). – Hermann Kopp hielt ab dem Wintersemester 1841/42 an der Gießener Universität Vorlesungen zur Chemiegeschichte. Sein vierbändiges Standardwerk zur „Geschichte der Chemie“ erschien 1843–1847. Weyer (1974), S. 83–99 analysierte Kopps Chemiegeschichte nicht nur hinsichtlich der in ihr waltenden Methoden und Prinzipien, sondern verglich diesen „Klassiker“ auch ausführlich mit anderen Werken der chemischen Historiographie. Vgl.: Kopp (1966), 1, S. VII; Killy und Vierhaus (2001), 6, S. 38; Kritzmann (2004), S. 335–336.

749 Vgl.: VLV Dorpat (1857–1991): 1883/I (S. 12); 1885/I (S. 12); 1887/I (S. 12).

750 Vgl.: VLV Dorpat (1857–1991): 1889/I (S. 13); 1891/I (S. 12).

Schmidts „Pharmazie-Kollege" Carl Ernst Claus hob dessen Leidenschaft für die Geschichte des Faches Chemie in einem Brief an seinen ehemaligen Kasaner Schüler Butlerow hervor, nachdem dieser ihn von der Möglichkeit der Verteidigung seiner Doktordissertation (Habilitationsschrift) in Dorpat unterrichtet hatte. Claus antwortete unter anderem:

> „Chemieprofessor Schmidt, Ihr Hauptprüfer, ist ein großartiger Mensch, vor allem für solche Prüflinge wie Sie, die solch ein gutes Wissen vorweisen. Sie sollten für alle Fälle mehr Aufmerksamkeit der Chemiegeschichte sowie der physiologischen Chemie zuwenden, da diese seine Lieblingswissensbereiche sind."[751]

Da Schmidt in den Jahren 1854 bis 1865 nachweislich ausnahmslos nach Kopps Lehrbuch las (Anlage 25), es für einen danach erfolgten Wechsel der „literarischen" Grundlage keinerlei Hinweise gibt[752] und Schmidt zudem seinem ehemaligen unmittelbaren „Betreuer" in Liebigs Gießener Laboratorium[753] auch Jahrzehnte später offenbar noch sehr zugetan war,[754] ist berechtigt davon auszugehen, dass er in sämtlichen seiner chemiegeschichtlichen Vorlesungen getreulich Kopps Intention vertrat, die jener mit seiner Chemiegeschichte von Anfang an verfolgt hatte. Kopps Absicht war es nämlich, im ersten Band (1843) die allgemeine Geschichte der Chemie darzustellen,[755] deren Aufgabe er generell darin

751 Musabekov (1970), S. 155: Brief Carl Ernst Claus' an Butlerow vom 11. August 1853 (Akademija nauuk SSSR [1961], S. 164–165). – Seine „Doktordissertation" verteidigte Butlerow dann wohl 1854 an der Moskauer Hochschule und nicht in Dorpat. Vgl.: American Council of Learned Societies (2000), S. 158.

752 ArBBAdW Nachlass Ostwald, Nr. 2660: Brief Schmidts an Ostwald vom 3./15. Dezember 1892 (Roß und Hansel [2000], S. 79), in dem er bekundete, dass er die Koppsche Chemiegeschichte auch fast fünf Jahrzehnte nach ihrem Erscheinen noch immer als konkurrenzlos ansehe und er sich wünsche, dass sie von einem Liebhaber fortgeschrieben werde.

753 Vgl.: Kapitel 2.4 dieser Untersuchung.

754 NSB Acc. Ms. 1975.5: Brief Schmidts an Wöhler vom 3./15. Januar 1861 (Roß [2002 b], S. 89–92). In diesem Brief bezog sich Schmidt auf einen internationalen Chemiker-Kongress, der vom 3. bis 5. September 1860 in Karlsruhe stattgefunden hatte und den zeitgenössischen Problemen der organischen Chemie gewidmet war. Da dort keinerlei Annäherung zwischen den Anhängern der „Radikaltheorie" und der „Typenlehre" erreicht werden konnte, hoffte Schmidt im Nachgang auf die Hilfe Kopps, der nach seiner Ansicht als unparteiischer Mann des Zentrums am ehesten geeignet sei, als Vermittler zu fungieren. Vgl.: Kapitel 4.6.2.4 dieser Untersuchung.

755 Die Darstellung der speziellen Geschichte der Chemie sollte den nachfolgenden Bänden vorbehalten sein. So enthält Band 2 (1844) hauptsächlich Ausführungen über die einzelnen Zweige der Chemie und einige ihrer wichtigsten theoretischen Lehren.

sah zu zeigen, „wie sich der Gesammtzustand der chemischen Kenntnisse nach und nach entwickelt hat."[756] Dieses Vorhaben wollte er nicht wie die bisherigen Historiographen der Chemie durch eine detaillierte Auflistung und Beschreibung aller einzelnen Teile des Fachs, aller chemischen Lehren und der Kenntnis aller einzelnen Körper verwirklichen, sondern vielmehr versuchen, die leitenden Ansichten und geistigen Richtungen der verschiedenen Zeitalter[757] darzustellen und deren möglichen Zusammenhang mit den kulturgeschichtlichen Ereignissen nachzuweisen. Dabei sollten die Eigentümlichkeiten der chemischen Wissenschaft in den verschiedenen Epochen so exakt wie möglich bestimmt und durch ausführliche Schilderungen der bedeutenden Gelehrten anschaulich gemacht werden.[758] Kopp wollte sich unter diesem biographischen Aspekt explizit auf jeweils die „vorzüglichsten Repräsentanten"[759] als jene konzentrieren, die es verstanden hatten, sich mit ihren Ideen in ihrer Zeit durchzusetzen,[760] und war überzeugt, dass, „aus der genaueren Kenntniß aller Arbeiten Eines ausgezeichneten Chemikers sich eher eine Vorstellung über seine Zeit ergiebt, als aus unvollständigen Angaben über viele."[761]

### 4.7.5.2 *Der Einfluss dieser Vorlesungen auf Wilhelm Ostwald*

Wilhelm Ostwald studierte von 1872 bis 1875 Chemie an der physiko-mathematischen Fakultät der Dorpater Hochschule.[762] Während seiner gesamten Studienzeit, so bekannte Ostwald später freimütig, habe er kaum eine Vorlesung regelmäßig gehört.[763] Er begründete diese Weigerung vor allem mit seiner Vorliebe und Dankbarkeit gegenüber dem Buch, das geduldig sei, da es warte, bis man fertig gedacht

Die Bände 3 und 4 (1845 und 1847) widmen sich der Historie der anorganischen und organischen Substanzen sowie der ihnen zugehörigen Gegenstände. Vgl.: Kopp (1966), 1, S. X; 2, S. 3.

756 Kopp (1966), 1, S. 3.

757 Die von Kopp identifizierten fünf Zeitalter umfassen chronologisch: Die Kenntnisse der Alten, das Zeitalter der Alchemie, das der medizinischen Chemie und abschließend die Perioden der phlogistischen Theorie und der quantitativen Untersuchungen. Vgl.: Kopp (1966), 1, S. XV–XIX.

758 Vgl.: Kopp (1966), 1, S. IX–X, S. 3.

759 Kopp (1966), 1, S. X.

760 Vgl.: Kopp (1966), 1, S. 86, S. 304.

761 Kopp (1966), 1, S. XII.

762 Vgl.: Roß und Hansel (2000), S. 25; Remane (2001 b), S. 311–312; Ostwald (2003), S. 39–55.

763 Vgl.: Ostwald (2003), S. 46.

habe und danach wieder ein Fortschreiten in beliebiger Geschwindigkeit erlaube,[764] während in der Vorlesung „das Zeitmaß meiner Gedanken durch den Vortragenden bestimmt wurde und nicht durch mein Bedürfnis, hier länger zu verweilen und dort schneller voranzukommen.“[765] Diese generelle Antipathie Ostwalds der Vorlesung gegenüber erfuhr nur eine einzige Ausnahme, Schmidts Veranstaltung „Geschichte und Literatur der Chemie“ im Semester 1874/II.[766] Ostwald schrieb später selbst: Schmidts „zweistündige Vorlesung über die Geschichte der Chemie [ist] meines Erinnerns das einzige Kolleg gewesen, das ich als Student regelmäßig gehört habe.“[767] Den gesamten chemie-historischen Vortrag Schmidts empfand Ostwald eher als ein eigenartiges Gemisch. So liebte es Schmidt beispielsweise, „vor der Vorlesung in stundenlanger Arbeit die Tafel in seiner kleinen Schrift mit allerlei Daten voll zu schreiben, deren Auseinandersetzung dann einen großen Teil der Vorlesung beanspruchte und fürchterlich langweilig war.“[768] Diesen Teil ertrug Ostwald offenbar nur deshalb, weil dazwischen und wegen der geschwinden Sprache Schmidts praktisch blitzgleich „eine Darstellung von so sprühender Lebendigkeit und so scharf umrissener Zeichnung der einen oder anderen Persönlichkeit [erfolgte], dass ich gern die langen Tabellen in Kauf nahm, um mich jener Blitze zu erfreuen.“[769] Einer dieser „Blitze“ war in der Erinnerung Ostwalds die Art und Weise, wie Schmidt seinen Studenten damals „eine so fernliegende Persönlichkeit, wie Raymundus Lullius, in anschaulichster Lebendigkeit vorzuführen wußte.“[770]

---

764 Ostwalds lebenslange starke Hinwendung zum Buch war wohl auch darauf zurückzuführen, dass er schon vor seinem Eintritt in die Elementarschule lesen gelernt hatte. Zudem versorgten ihn während seiner Schulzeit am Rigaer Realgymnasium seine Kameraden großzügig mit „Lesestoff“, so etwa mit mehreren Jahrgängen der 1853 gegründeten Wochenschrift „Die Gartenlaube – Illustriertes Familienblatt“ als einem Vorläufer der heutigen „Illustrierten“, aber auch mit einem Exemplar des Werks „Schule der Chemie“ von Julius Adolf Stöckhardt. Vgl.: Ostwald (2003), S. 13, S. 16, S. 26.

765 Ostwald (2003), S. 45.

766 Ein späterer Besuch dieser Vorlesung, z. B. im Semester 1877/II, scheidet praktisch aus, weil Ostwald im Januar 1875 sein Kandidatenexamen bestand, exmatrikuliert wurde und im gleichen Jahr im physikalischen Institut bei Arthur von Oettingen seine wissenschaftliche Arbeit aufnahm. Vgl.: Ostwald (1953), S. 14; Roß und Hansel (2000), S. 25; Ostwald (2003), S. 54, S. 56–58.

767 Ostwald (2003), S. 169. – Leider ließen sich keine nachgelassenen Mitschriften dieser Vorlesung Schmidts ermitteln.

768 Ostwald (1910 b), S. 6.

769 Ostwald (1910 b), S. 6.

770 Ostwald (1910 b), S. 6.

Aus dieser wie aus anderen biographischen Miniaturen Schmidts gewann Ostwald die für ihn wesentliche Erkenntnis, dass in der Wissenschaftsgeschichte Namen nicht als abstrakte Überbegriffe für gewisse Tatsachensammlungen zu betrachten seien, sondern weit eher „als Hinweise auf lebende Persönlichkeiten ‚mit den landesüblichen Rundungen vorn und hinten'", die keineswegs „himmelhoch über aller Denk- und Verständnismöglichkeit eines armen Sterblichen" standen, mussten doch auch sie sich ihre „Gaben […] oft unter den größten Mühen und nach mannigfachen Mißgriffen abringen".[771] Ostwald bekannte, die in Schmidts chemiegeschichtlicher Vorlesung gewonnenen Eindrücke seinen letztlich ausschlaggebend für sein späteres Werk „Große Männer"[772] gewesen, in dem er herausragende Persönlichkeiten der Wissenschaft[773] von ihrer menschlichen Seite her zeichnete[774] und sich so in der Technik der plastischen, biographischen Rekonstruktion übte, die gleichzeitig als Grundlage seiner „Gelehrtentypologie" angesehen werden kann.[775] Hervorragende Beispiele derartiger „Sketche" stellen ein Vortrag aus dem Jahre 1894[776] und sein 1896 erschienenes Buch „Elektrochemie. Ihre Geschichte und Lehre"[777] dar, in denen es ihm gelang, die Verdienste Johann Wilhelm Ritters, des Begründers der wissenschaftlichen Elektrochemie, neu zu würdigen und zu bewerten.[778] Ebenso eindrucksvoll sind die historisch-biographischen Ausführungen über den wissenschaftlichen Urvater der Thermochemie, German Henri Hess, den Ostwald mit seinem „Lehrbuch der allgemeinen Chemie"[779] und durch die Herausgabe von Hess' „Thermodynamischen Untersuchungen"[780] möglicherweise

771 Ostwald (1910 b), S. 6.

772 Ostwald (1910 b) – Dieses Werk bildete den ersten Band der von Ostwald begründeten und herausgegebenen Reihe „Große Männer. Studien zur Biologie des Genies", dem bis 1932 elf weitere anderer Autoren folgten. Vgl.: Zott (1985), S. 6.

773 Zu diesen ursprünglich in Vorlesungen dargestellten Forscherpersönlichkeiten gehörten in chronologischer Folge: Der Chemiker Humphry Davy, der Arzt Julius Robert Mayer, die Chemiker Michael Faraday, Justus Liebig und Charles Gerhardt sowie der Physiologe Hermann Helmholtz.

774 Vgl.: Ostwald (1910 b), S. 6.

775 Vgl.: Ostwald (1910 b), S. 6 sowie zu seiner „Gelehrtentypologie": Ostwald (1910 b), S. 371–388; Rodnyj und Solowjew (1977), S. 274–276; Simmer (1978), S. 277–296.

776 Vgl.: Ostwald (1894), S. 13–23.

777 Ostwald (1896 b).

778 Vgl. zu Ritters Persönlichkeit und seinen fachspezifischen Leistungen: Ostwald (1896 b), S. 67–71, S. 111–115; Walden (1904), S. 96.

779 Ostwald (1885); Ostwald (1887).

780 Hess (1890). Vgl.: Ostwald (1890), S. 97–102.

bleibend der Vergessenheit entriss.[781] Für Ostwald waren diese historisch-biographischen Studien über seine bedeutenden Vorgänger der Schlüssel zu deren Denk- und Arbeitsstil sowie zu den Spezifika ihres individuellen Vermögens zur Problemlösung.[782] Auch die von Ostwald bearbeiteten, kommentierten oder von ihm übersetzten Bände seiner 1889 begründeten Reihe „Klassiker der exakten Wissenschaft“,[783] nicht wenige seiner kürzeren Vorträge sowie Reden und Nachrufe[784] verbinden ihn bis heute über die biographischen „Blitze“ mit seinem Dorpater Lehrer Carl Schmidt, der seinerseits im durchaus biographisch geprägten Koppschen Verständnis der zeitgenössischen Chemiegeschichtsschreibung stand. In seinen „Lebenslinien“ schrieb denn Ostwald auch: Gedenke „ich meines Chemielehrers Karl Schmidt, so beseelt mich warme Dankbarkeit, denn als Mensch wie als Gelehrter hat er mir sehr viel gegeben“,[785] darunter die „Hochachtung der Geschichte der Wissenschaft“[786] sowie die „Liebhaberfreude an historischer Kleinarbeit“,[787] die wohl Schmidts stärkster Impuls für sein späteres Gelehrtenleben gewesen sei.[788]

Ein über die Bedeutung der historischen Biographie hinausgehender Einfluss Schmidts auf Ostwalds wissenschaftsgeschichtliche und wissenschaftstheoretische Schriften ist zu verneinen. In Ihnen versuchte Ostwald, kurz gefasst, zurückliegende Ereignisse[789] zunehmend vor dem Hintergrund der Wissenschaftstheorie[790] zu reflektieren und stetig herauszuarbeiten, welche grundlegenden Prozesse die von ihm behandelten (Teil-)Disziplinen entscheidend fortentwickelt hatten.[791] Vor diesem Hintergrund muss auch sein Bemühen beurteilt werden, einzelne chemische Theorien nicht nur eindimensional, sondern gleichsam multifaktoriell mit Blick auf die ihnen zugrunde liegenden

781 Vgl.: Walden (1904).
782 Vgl.: Zott (1985), S. 15.
783 Vgl. zu den erschienenen Bänden dieser Reihe und zu deren Bedeutung für die Wissenschaftsgeschichte: Dunsch und Müller (1989), passim.
784 Vgl.: Ostwald (1892), S. 61–71; Ostwald (1894), S. 13–23; Ostwald (1896 a), S. 663–667; Ostwald (1897), S. 741–747; Ostwald (1901), S. 608–618.
785 Ostwald (2003), S. 47.
786 Ostwald (2003), S. 169.
787 Ostwald (2003), S. 169.
788 Vgl.: Ostwald (1910 b), S. 5.
789 Vgl. z. B.: Ostwald (1896 b), S. 1–9; S. 292–357; S. 426–492; Ostwald (1904), S. 3–12; Ostwald (1906), S. III–VI; S. 129; S. 150.
790 Vgl. z. B: Ostwald (1910 a), S. 282–317; Ostwald (1912), S. 98–102.
791 Vgl.: Rodnyj und Solowjew (1977), S. 308; Zott (1985), S. 20–21.

„Leitlinien“[792] zu bewerten und sie damit in einen größeren, allgemeingültigen Kontext einzuordnen. Dies gilt heute nicht wenigen als ein erster Meilenstein für die Entstehung einer Ideen- und Problemgeschichte der Chemie.[793]

## 4.8 Privates II: Die letzten Lebensjahre

Nach 25 „gesetzmäßigen“ Dienstjahren und 20 zusätzlichen Amtsjahren durch vier erfolgreiche „Ballotaments“[794] schied Schmidt am 15. März 1892 aus dem Dienst der Universität Dorpat aus. Wirtschaftlich dürften er und seine Familie für die damalige Zeit mit einer jährlichen Pension von 2.573 Rubel, 28 Kopeken, welche die Dorpater Kreisrentei ab 8. Februar 1892 zu zahlen hatte,[795] gut versorgt gewesen sein. Über die Zeit seines Ruhestands, die er als „Ferien in Permanenz“ bezeichnete, und seine „Rolle als officieller Invalide, d. h. der Reichssprache nicht genügend Kundiger“,[796] enthält der Schriftwechsel zwischen ihm und Ostwald vielfältige, interessante Details.[797] An seinen berühmten Schüler, der sich das alte Laboratorium in Dorpat nicht ohne seinen früheren Lehrer und diesen nicht ohne das Laboratorium vorstellen konnte,[798] berichtete Schmidt, dass der „neue Curs“[799] nicht jedermanns Sache sei und, bezogen auf seine eigene Person, dazu geführt habe, dass man „unmodern“ zu werden pflege – „der Mohr hat seine Schuldigkeit gethan, der Mohr kann gehen.“[800] An seiner ehemaligen Fakultät seien aktuell vier Stellen vakant, was insofern nicht verwundere, als jeder, der einen Ruf von einer anderen Universität erhalte, zugreife und Dorpat schnellst

792 Ostwald (1906). – In der 2. Auflage (Ostwald [1908]) wurde der Titel in „Der Werdegang einer Wissenschaft“ geändert.

793 Vgl.: Weyer (1974), S. 122; Rodnyj und Solowjew (1977), S. 320 sowie zu den verschiedenen Darstellungsweisen des historisch Erforschbaren: Weyer (1974), S. 5–15.

794 Vgl. zu den vier erfolgreichen „Ballotaments“ (geheimen Abstimmungen) in den Jahren 1872, 1877, 1881 und 1886: Kapitel 4.1 und Anlage 25 dieser Untersuchung.

795 EAA 402/3/1887, ohne Nr. vom 1. August 1892; EAA 402/3/1888, ohne Nr vom 18. und 26. August 1892.

796 ArBBAdW Nachlass Ostwald, Nr. 2660: Brief Schmidts an Ostwald vom 13./25. September 1892 (Roß und Hansel [2000], S. 77).

797 Vgl.: Roß und Hansel (2000), S. 76–90.

798 ArBBAdW Nachlass Ostwald, Nr. 6089: Brief Ostwalds an Schmidt vom 20. September 1892 (Roß und Hansel [2000], S. 76).

799 Dieser neue Kurs bezog sich auf die konsequente „Russifizierung“ der Universität Dorpat ab 1889. Vgl.: Kapitel 4.2 dieser Untersuchung.

800 ArBBAdW Nachlass Ostwald, Nr. 2660: Brief Schmidts an Ostwald vom 13./25. September 1892 (Roß und Hansel [2000], S. 77).

möglichst verlasse. Als seinen Nachfolger wünsche er sich „Freund Tammann", den er nach Kräften unterstütze, auch wenn ein Erfolg keinesfalls sicher sei.[801] Seine Vormittage verbringe er, so Schmidt, von 10 bis 14 Uhr in der chemischen Universitäts-Bibliothek, um dort die Akademie-Abhandlungen verschiedener Universitäten auf dem Gebiete der reinen und angewandten Chemie (chemische Geologie und Hydrologie) zu „durchforsten".[802] Diese Aufgabe habe ihn schon seit Jahrzehnten sehr interessiert und daher wolle er fortan „ganz historisch werden".[803] Diese Absichtserklärung mag Ostwald dazu bewogen haben, seinen Lehrer zum Fortschreiten in der eingeschlagenen Richtung zu ermuntern, denn in einem Brief vom 1. Dezember 1891 schrieb er,

> „dass Sie [Schmidt] jetzt der richtige Mann in der richtigen Lage wären, einige Erinnerungen aus jener großen Zeit der Chemie, die Sie empfänglichen Gemüthes erlebt haben, aufzuzeichnen und zu veröffentlichen. Ich vermisse in unsrer chemischen Literatur sehr historische Arbeiten, die mit Sorgfalt und abschließend einzelne Entwicklungszüge wesentlicher Ideen klarstellten, und das abstrakte Ergebnis durch die Farbe des persönlichen Erlebnisses dem Leser nahe brächten; Sie sind der Mann dazu, derartiges zu machen."[804]

In seinem Antwortschreiben äußerte Schmidt die Hoffnung, „Lebensläufe und Entwicklungsgeschichten von Ideenaßociationen (Hypothesen und Theorien) entdeckt" zu haben. Diese könnten sich vielleicht „zu einigen Essay's oder Fortsetzungen der bezüglichen Abschnitte von Kopps Geschichte der Chemie [eignen], für die sich seit 5 Jahrzehnten kein Liebhaber finden will."[805] Im selben Brief

801 ArBBAdW Nachlass Ostwald, Nr. 2660: Brief Schmidts an Ostwald vom 13./25. September 1892 (Roß und Hansel [2000], S. 77–78). Die unbesetzten „Katheder" waren: „Meteorologie", „Technologie und Landwirtschaft", „Chemie" sowie „reine Mathematik".

802 ArBBAdW Nachlass Ostwald, Nr. 2660: Brief Schmidts an Ostwald vom 13./25. September 1892 (Roß und Hansel [2000], S. 77–78).

803 ArBBAdW Nachlass Ostwald, Nr. 2660: Brief Schmidts an Ostwald vom 13./25. September 1892 (Roß und Hansel [2000] S. 78); EAA 402/3/1888: Brief Schmidts an das Universitätsdirektorium vom 18. August 1892, in dem er dieses Gremium bat, ihm auch nach seinem offiziellen Rücktritt die Benutzung der Universitätsbibliothek und der Fachbibliothek des chemischen Kabinetts zu gestatten, um sich „mit einer Arbeit über die Geschichte und Litteratur der Chemie" zu befassen. Die Zustimmung der fünf Direktoriumsmitglieder befindet sich als Zusatz auf dem genannten Schreiben.

804 ArBBAdW Nachlass Ostwald, Nr. 6089: Brief Ostwalds an Schmidt vom 1. Dezember 1892 (Roß und Hansel [2000], S. 81).

805 ArBBAdW Nachlass Ostwald, Nr. 2660: Brief Schmidts an Ostwald vom 3./15. Dezember 1892 (Roß und Hansel [2000], S. 79). – Als ein Ergebnis der chemiehistorischen Betätigung Schmidts können die „Synchronistischen Tabellen über die

unterrichtete Schmidt Ostwald darüber, dass Tammann sein Nachfolger geworden sei, natürlich verbunden mit der unerlässlichen Bedingung, in der „Reichssprache" zu dozieren. Wie es mit dem Verständnis der Zuhörer stehe, könne man sich denken.[806] Ohne Pessimist sein zu wollen, war Schmidt der Ansicht, dass „Dorpat als deutsche Universität eine halbverklungene Mythe geworden sei", falls der eingeschlagene Kurs noch einige Jahre konsequent fortgesetzt würde. Außerdem befürchtete er, die Heranbildung kommender Generationen zu selbstständig denkenden Menschen werde überall auf erhebliche Hindernisse stoßen.[807]

Neben dem kursorischen Austausch über Wissenschaftliches belegt der Briefwechsel zwischen Schmidt und Ostwald in den Jahren 1892 bis 1894 auch eindeutig, dass für den „offiziell pensionierten Invaliden" nun die Familie eindeutig im Vordergrund stand. Seine ursprünglich gehegte Absicht, nach seiner Pensionierung auf Reisen zu gehen, habe er vertagen müssen, da seine beiden Großsöhne Waldhauer, Carl und Oscar,[808] „eben in's hiesige Kollmann'sche Privatgymnasium[809] […]"[810] eingetreten seien. Somit bleibe ihm vorerst nur, das chemische mit dem nicht minder interessanten pädagogischen Experiment zu vertauschen. Seine beiden Enkel würden das alte Haus in der Blumenstraße wieder beleben und erinnerten ihn gelegentlich an die Zeit, als seine eigenen Kinder das Heim „bevölkerten". Der Großvater kümmere sich nun um das geistige Gedeihen der Enkel und fördere auch deren musische Begabung nach Kräften. Der ältere Enkel Carl spiele Violine und zusätzlich Viola (Bratsche), während der drei Jahre jüngere Oscar, ebenso wie sein Vater Ferdinand, das

---

Naturwissenschaftliche Journalliteratur von 1650–1893" angesehen werden, die posthum 1895 erschienen (Schmidt [1895]). Jenseits seiner historischen Arbeiten fand Schmidt offenbar auch Zeit, sich weiterhin mit den aktuellen Entwicklungen der Chemie zu befassen. Jedenfalls arbeitete er offenbar während seines Ruhestands einige ihm zugesandte Fachbeiträge und Bücher Ostwalds möglichst umgehend und intensiv durch, um danach die meisten von ihnen überschwänglich zu loben.

806 ArBBAdW Nachlass Ostwald, Nr. 2660: Briefe Schmidts an Ostwald vom 3./15. November 1892 und vom 8./20 September 1893 (Roß und Hansel [2000], S. 80, S. 85).

807 ArBBAdW Nachlass Ostwald, Nr. 2660: Brief Schmidts an Ostwald vom 3./15. November 1892 (Roß und Hansel [2000], S. 80).

808 Vgl.: Anlage 7 dieser Untersuchung.

809 Vgl. zur Historie dieser 1875 gegründeten Privat-Lehranstalt, die auch als „Dorpater Privat-Knabenanstalt", „Volcksche Schule" oder unter dem Begriff des „Kollmannschen Privatgymnasiums" wohl bekannt war: Zeddelmann (1900), S. 1–20.

810 ArBBAdW Nachlass Ostwald, Nr. 2660: Brief Schmidts an Ostwald vom 3./15. November 1892 (Roß und Hansel [2000], S. 80).

Cellospiel erlernt habe. Für den Großvater sei es ein Vergnügen, wenn er in den Ferien mit seinen Enkeln in Windau in den Wogen der Ostsee schwimmen und sich an den Sommerabenden als „Strandgut“ an den Darbietungen und Leistungen der „Waldhauer-Hauskapelle“ erfreuen könne. Diese bestehe aus Carl und Oskar sowie den jüngeren Enkelinnen Edith und Marie und werde von der Mutter Marie, der „Frau Doktern“, dirigiert und auf ihrem „Bechstein“ begleitet.[811] Ostwald antwortete, dass Schmidts anmutige Schilderung der „Enkelkinder-Hauskapelle“ seine Frau bewogen habe, darüber nachzudenken, ob nicht auch die Familie Ostwald solcher Freuden teilhaftig werden könne, obwohl die Kinder bisher nur einen überaus „verdünnten“ und daher „unschädlichen“ Klavierunterricht genössen.[812]

Der Leser der Schmidt-Ostwald-Korrespondenz erfährt auch, wie sich die Familie auf den Besuch ihres „Moskowiters Oskar“[813] freute, der auf der Durchreise nach Europa im September 1893 einige Tage Urlaub in der Dorpater Heimat verbrachte, und wohl endgültig die dunklen Schatten des Vormonats vertrieb, als in der Blumenstraße ein Riesenfeuer wütete, das viele Häuser zerstörte, weil die Bewohner gerade im Sommerurlaub weilten, aber das Schmidtsche Haus zum Glück verschonte.[814] Für seine Enkel war Schmidt sogar bereit, fast vollständige Serien bekannter chemischer Zeitschriften zu veräußern, weil er einige seiner Bibliotheksschränke für die beiden Windauer Großsöhne räumen wollte.[815]

Leider konnte Carl Schmidt seine „Ferien in Permanenz“ nur weniger als zwei Jahre lang genießen. Er starb er am 27. Februar 1894 an einer Herzkrankheit und wurde in einer bewegenden Totenfeier am 3. März auf dem Neuen Kirchfriedhof an der Revalschen Straße in Dorpat beigesetzt.[816] Ein geplantes Denkmal und eine Büste für Schmidt ließen sich aus Kostengründen nicht verwirklichen.

811 ArBBAdW Nachlass Ostwald, Nr. 2660: Briefe Schmidts an Ostwald vom 3./15. November 1892, 8./20. September 1893 und 2./14. Januar 1894 (Roß und Hansel [2000], S. 80, S. 85, S. 87). Vgl. auch: Anlage 7 dieser Untersuchung.

812 ArBBAdW Nachlass Ostwald, Nr. 6089: Brief Ostwalds an Schmidt vom 26. Januar 1894 (Roß und Hansel [2000], S. 90).

813 Vgl.: Anlage 7 dieser Untersuchung.

814 ArBBAdW Nachlass Ostwald, Nr. 2660: Brief Schmidts an Ostwald vom 8./20. September 1893 (Roß und Hansel [2000], S. 85).

815 ArBBAdW Nachlass Ostwald, Nr. 2660: Briefe Schmidts an Ostwald vom 3./15. November 1892 und 2./14. Januar 1894; ArBBAdW Nachlass Ostwald, Nr. 6089: Brief Ostwalds an Schmidt vom 1. Dezember 1892 (Roß und Hansel [2000], S. 80–81, S. 87).

816 Vgl.: Briefe Tammanns an Ostwald vom 15. Februar und 11. April 1894 (Roß und Hansel [2000], S. 29–30).

Eine Gedenktafel mit russischem Text wurde als unpassend abgelehnt. Auch ein Album für ihn, das anlässlich seines 50-jährigen Doktor-Jubiläums am 1. Mai 1894 von seinen Schülern bereits geplant war, scheiterte aus finanziellen Gründen.[817] Aus heutiger Sicht fällt es schwer, diese vordergründigen monetären Einwendungen[818] nachzuvollziehen und man ist daher geneigt, Hansel zuzustimmen, der vermutete, dass den mehrheitlich russischen Schülern Schmidts das nicht zu leugnende Risiko einer deutlichen Sympathieerklärung für den „deutschen" Professor und erklärten „Systemkritiker" bei weitem als zu hoch erschien.[819]

817 Vgl.: Roß und Hansel (2000), S. 29–30.

818 Es wurden rund 150 ehemalige Schüler Schmidts angeschrieben und um einen Beitrag von umgerechnet sechs Mark gebeten, was für einen Assistenten am Ostwaldschen Institut in Leipzig 1894 etwa 0,6 % seines Jahreseinkommens entsprach. Vgl.: Roß und Hansel (2000), S. 30.

819 Vgl.: Roß und Hansel (2000), S. 30.

# 5 Versuch einer Einordnung und Würdigung

Ein gängiges Modell zur Periodisierung der Entwicklung der Chemie im 19. Jahrhundert ist noch heute ein dreistufiges, das von Lavoisiers „chemischer Revolution"[1] seinem Ausgang nimmt, um sich über die Begründung der strukturellen organischen Chemie ab Mitte des Jahrhunderts zur physikalischen Chemie fortzusetzen, die um etwa 1870 entstand. Ihm wird häufig ein zweites Entwicklungsschema zur Seite gestellt, um die Entstehung der chemischen Industrie in einem nachgeordneten Gleichschritt erscheinen zu lassen: Am Anfang stand die „Schwer-Chemie" (Schwefelsäure und Soda), der mit dem Advent der organischen Strukturlehre eine gleichsam feinchemische Industrie folgte, die synthetische Farbstoffe und Arzneimittel hervorbrachte, während im letzten Drittel des 19. Jahrhunderts die industriellen Anwendungen der physikalischen Chemie wertvolle Innovationen darstellten.[2]

Dieser Periodisierung eingedenk, unternahm der mit einer für seine Zeit charakteristischen breiten humanistischen Bildung versehene Carl Schmidt seine ersten Schritte auf dem Feld der Chemie unter dem Leitstern Lavoisiers. Er wurde dabei nicht nennenswert behindert durch die Extreme der romantischen Naturphilosophie Schellingscher Prägung,[3] sondern hatte das Glück, während seiner Wanderschaft durch deutsche Universitäten in Kontakt und persönlichen Umgang mit Hochschullehrern zu kommen, die fast ausnahmslos als Koryphäen ihrer Disziplinen galten. Von Heinrich Rose in Berlin übernahm er die außergewöhnliche Genauigkeit und technische Vollendung seiner analytisch-chemischen Bestimmungen.[4] Liebig in Gießen verdankte er als wohl bedeutendste Anregung das intensive Nachdenken über die in der Naturforschung eingesetzte Methodik im Sinne einer beständigen und das eigene wissenschaftliche Tun in Frage stellenden „Experimentalkritik". Dieses verließ ihn zeitlebens eben so wenig wie die bereits in Gießen kennengelernte „Logik" Mills, die ein viel genutztes Handbuch in Schmidts Dorpater Laboratorium gewesen sein soll.[5] In Wöhler begegnete Schmidt dem Prototypen des „klassischen" Chemikers, mit dem ihn die

1 Vgl.: Kapitel 3.4.3.3.2 dieser Untersuchung.
2 Vgl.: Bensaude-Vincent (2003), S. 196–200.
3 Vgl.: Kapitel 2.3.2 und 2.4.2.1 dieser Untersuchung.
4 Vgl.: Kapitel 2.3.1 dieser Untersuchung.
5 Vgl.: Kapitel 2.4.2 und 2.4.2.2 dieser Untersuchung.

nie versiegende Leidenschaft für das eigenhändige Experiment verband[6] und dessen fachliche Eigenschaften er später derart weitgehend übernahm, dass sich die von Schmidts Zeitgenossenen gegebenen Beschreibungen seiner Persönlichkeit auf frappante Weise mit Charakteristiken decken, wie sie von Wöhler überliefert sind. Gustav Rose, Rudolph Wagner und Julius Vogel schließlich lehrten Schmidt nicht nur den professionellen Gebrauch des Mikroskops, sondern ließen ihn auch früh dessen eminenten Wert für kristallographische, histologische und klinisch-chemische Untersuchungen erkennen.[7]

Obwohl ihm seine beiden in kurzer Zeit angefertigten Dissertationsschriften und einige begleitende Publikationen in damals angesehenen Fachjournalen zweifellos auch eine Gelehrtenlaufbahn in Deutschland ermöglicht hätten, kehrte Schmidt zurück in seine baltische Heimat und begann seine akademische Karriere 1846 an der Universität Dorpat (Tartu). Er trat damit ein in eine deutschsprachige Hochschule im damaligen Russland, die sich in diesen Jahren einerseits zwar konfrontiert sah mit zahlreichen Zentralisierungs- und Uniformierungsmaßnahmen durch die absolutistisch herrschenden Zaren, die es andererseits aber auch verstand, ihre „baltische Autonomie" weitgehend zu wahren, indem sie qualifizierte in- und ausländische Professoren berief, damit das wissenschaftliche Niveau vor allem in den Naturwissenschaften und der Medizin merklich hob und so stetig an studentischem Zuspruch gewann.[8] Die Jahre 1846 bis 1852 bedeuteten für Schmidt eine Phase ausgesprochen erfolgreichen Arbeitens. Er etablierte, wie in unserer Untersuchung erstmals aufgezeigt, durch seine Analysen in Dorpat eine medizinisch-chemische Diagnostik, die gleichartigen frühen Versuchen an deutschen Universitäten, wie beispielsweise in Berlin, Würzburg oder Heidelberg, in nichts nachstand.[9] Seine Forschungen auf dem Gebiet der sich rasch entwickelnden physiologischen Chemie fanden hauptsächlich Niederschlag in der 1850 erschienenen „Charakteristik der epidemischen Cholera" und dem 1852 gemeinsam mit dem Physiologen Bidder veröffentlichten Werk „Die Verdauungssaefte und der Stoffwechsel". Während die erste Schrift wesentlich zur Festigung von Schmidts wissenschaftlicher Reputation in noch jungen Jahren beitrug, zählte das Gemeinschaftswerk mit zu dem Bedeutendsten, was die Forschung auf dem noch jungen Wissenschaftsgebiet um die Mitte des 19. Jahrhunderts hervorgebracht hatte.[10] Gleichzeitig stellte es ein Paradebeispiel für

6 Vgl.: Kapitel 2.5 dieser Untersuchung.
7 Vgl.: Kapitel 2.3 und 2.5.2 dieser Untersuchung.
8 Vgl.: Kapitel 3.2 dieser Untersuchung.
9 Vgl.: Kapitel 3.4.2 dieser Untersuchung.
10 Vgl.: Kapitel 3.4.3.2, 3.4.3.3.3 und 3.4.3.3.4 dieser Untersuchung.

Schmidts wissenschaftlichen Arbeitsstil dar. Er folgte bei seinen Forschungsprojekten strikt dem am Experiment ausgerichteten induktiven Prinzip, wie er es unter dem Eindruck der methodologischen Reflexionen Liebigs in Gießen zu seinem Credo erhoben hatte und es anschließend vor allem in der Person Wöhlers nahezu idealtypisch verkörpert sah.

Schmidt war also unter dem Leitstern von Lavoisiers „antiphlogistischer Chemie" in weniger als zehn Jahren zu einem „Begriff" in der chemischen Fachwelt geworden und gab zu berechtigten Hoffnungen Anlass. Doch die „Koordinaten" begannen, sich zu verändern. Generell erschien um die Mitte des 19. Jahrhunderts – zunächst fade, dann aber immer heller leuchtend – am Firmament der Chemiker ein neuer Stern: Die organische Strukturchemie, während sich im Schmidtschen „Mikrokosmos" 1852 mit der Berufung zum ordentlichen Professor für Chemie an der Universität Dorpat eine entscheidende Zäsur ergab. Über seine danach abrupte Abwendung von der physiologischen Chemie hin zur Agrikultur-, Geo- und Hydrochemie wurde viel spekuliert, wobei von den veröffentlichten Erklärungsversuchen der Ansatz des Schmidt-Schülers Wilhelm Ostwald als der wohl plausibelste gelten muss.[11] Uns erscheint dieser folgenschwere Entschluss Schmidts als das Resultat einer komplexen „Gemengelage". Mit der Übernahme der Professur für Chemie sah sich Schmidt mit bislang völlig ungewohnten administrativen Pflichten und einer schier erdrückenden „Lehrlast" konfrontiert.[12] Zudem musste er erkennen, dass das Budget des chemischen Instituts noch nicht einmal ausreichte, um die studentische Lehre zu finanzieren und folglich an kostspielige Forschungsarbeiten überhaupt nicht zu denken war.[13] Fachlicherseits befand sich die von Schmidt bislang betriebene physiologische Chemie um 1850 in einer ernsthaften Krise, denn sie vermochte aufgrund fehlender methodischer Fortschritte die weit gespannten Erwartungen beispielsweise der klinischen Medizin nicht zu erfüllen.[14] Die organische Strukturchemie hingegen bewegte sich zeitgleich noch in einem heillosen Durcheinander und konnte für ihre endgültige Etablierung unumgängliche Fragen erst rund ein Jahrzehnt später vor allem im Zuge der Arbeiten Butlerows und Kekulés klären.[15] Angesichts dieser ihm alles andere als viel versprechend erscheinenden „Gemengelage" entschied sich Schmidt dafür, seinen weiteren akademischen

11 Vgl.: Kapitel 3.5 dieser Untersuchung.
12 Vgl.: Kapitel 4.7.1 dieser Untersuchung.
13 Vgl.: Kapitel 4.4.1 dieser Untersuchung.
14 Vgl.: Kapitel 3.4.2.2 dieser Untersuchung.
15 Vgl.: Kapitel 4.6.2.4 dieser Untersuchung.

Weg als „chemischer Polyhistoriker“[16] zu beschreiten. So bereicherte er in den Folgejahren die zuvor rein empirisch betriebene baltische Landwirtschaft durch seine Beiträge im Sinne einer stets praxisbezogenen „Verwissenschaftlichung“.[17] Mit seinen unzähligen Wasseranalysen, die bereits vielen Zeitgenossen und auch einem Großteil der wissenschaftlichen Nachwelt als eklektizistisch erschienen, verfolgte er nach Ostwalds Meinung einen kühnen Plan, der sich gar nicht wesentlich von der früher gemeinsam mit Bidder betriebenen „Experimentalkritik“ des tierischen Metabolismus unterschied und gleichsam auf die Ermittlung des anorganischen Stoffwechsels der Erdrinde und damit auch auf eine Kartographie der terrestrischen Hydrosphäre zielte.[18] Die geologischen Arbeiten Schmidts erbrachten wertvolle Erkenntnisse zur Entwicklungsgeschichte der sedimentären Schichten der kaspischen Region, lieferten die weltweit ersten systematischen mit den Methoden der chemischen Analyse durchgeführten Schwarzerdebestimmungen[19] und stellten teilweise auch einen vorausschauenden Beitrag zu einer Geologie der wirtschaftlich verwertbaren Stoffe dar.[20] Da es jedoch den „Erdwissenschaften“ im 19. Jahrhundert nicht gelang, eine vereinheitlichende Theorie zu entwickeln, die die ungeheure Fülle von Einzelbeobachtungen hätte bündeln können, und auch die frühen umwelthygienischen bzw. -medizinischen Untersuchungen Schmidts[21] weder wissenschaftliche noch gar „sanitätspolizeiliche“ Konsequenzen nach sich zogen, nahm die Strahlkraft des Dorpater „chemischen Polyhistorikers“ unter dem neuen Leitstern der organischen Strukturchemie rasch ab und erholte sich auch nicht mehr, als mit dem Heraufziehen der physikalischen Chemie eine weitere neue Disziplin entstand, der sich zwar Wilhelm Ostwald und Gustav Tammann, nicht aber ihr Lehrer Carl Schmidt erfolgreich zuwandten.

---

16 Valentin (1949), S. 93. – Bensaude-Vincent (2003), S. 199 schrieb zu den allgemeinen Gründen, die im 19. Jahrhundert dazu geführt haben könnten, sich z. B. der neuen chemischen Strukturlehre oder der physikalischen Chemie nicht zuzuwenden: „Whether the resistance to novelties was due to individual psychological prejudices (related perhaps to the training or age of a given chemist), to institutional strategies occasioned by chemists’ position in the hierarchy of the chemical establishment, or to more or less loose connections with the centre of power due to their geographical location at the so-called periphery – all this was a matter of debate that fuelled rival models of scientific change.“

17 Vgl.: Kapitel 4.6.2.1 dieser Untersuchung.

18 Vgl.: Kapitel 4.6.2.2.2 und 4.6.2.2.5 Kapitel dieser Untersuchung.

19 Vgl.: Kapitel 4.6.2.2.4 dieser Untersuchung.

20 Vgl.: Kapitel 4.6.2.2.3 dieser Untersuchung.

21 Vgl.: Kapitel 4.6.2.3.1 dieser Untersuchung.

Unsere Untersuchung widerlegt die nicht selten geäußerte Behauptung, Schmidt habe es versäumte, eine eigene Schule zu gründen. Darüber hinaus zeigt sie deutlich, dass der Dorpater Ordinarius für Chemie insofern kein Bindeglied zwischen seinem Lehrer Liebig und seinem sicher berühmtesten „Eleven" Ostwald darstellt, als er sich zwar – ähnlich wie diese – stets ein „Organ" für das die engen Grenzen seiner Fachwissenschaft Überschreitende bewahrte, jedoch nie mit umfassenden methodologischen Reflexionen, ideen- oder problemgeschichtlichen Arbeiten oder gar wissenschaftstheoretischen Untersuchungen hervortrat.

Schmidt bewältigte bis ins hohe Alter eine heute kaum mehr vorstellbare „Lehrlast" und erfreute sich wahrscheinlich auch daran, dass er gerade die praktische akademische Ausbildung der angehenden Chemiker in Dorpat nach Liebigs Gießener Vorbild in beispielhafter Weise organisiert hatte.[22] Als „chemischer Generalist", der sich einer unausweichlichen Spezialisierung versagte, verkörperte er jedoch einen Gelehrtentypus, der bereits weitgehend der Vergangenheit angehörte, und wirkte so, als sei er in gewisser Weise aus der eignen Zeit gefallen.[23] In Bezug auf die Mineralogie und möglicherweise implizit auch auf die zweite Hälfte seiner akademischen Laufbahn zurückblickend, klagte er in einem Brief an Ostwald denn auch:

> „In unserem Spezialisten-Jahrhundert giebt's aber keine Mineralogen mehr, die gleichzeitig gründlich durchgebildete selbstständig forschende Krystallographen, Geologen und Paläontologen, Bergleute und Hüttenmänner sind. Mein dahingeschiedener alter Freund und jugendlicher Wandergenosse Grewingk war vielleicht das letzte Exemplar dieser ausgestorbenen Species. Der Kampf um's Dasein hat sie ausgerottet wie die Stellersche Seekuh[24] im Ochotzkischen Meer und den Vogel Dada resp[ektive] Dronte[25] auf Madagascar."[26]

22 Vgl.: Kapitel 4.7.2 dieser Untersuchung.

23 Vgl. zur Ausbildung eines teilweise neuen Wissenschaftsbegriffs als Folge auch der zunehmenden Spezialisierung und Fächerdifferenzierung: Kapitel 1.1 dieser Untersuchung.

24 Georg Wilhelm Steller beschrieb als Teilnehmer der Expedition Berings 1737 diese nach ihm benannte Spezies, die heute als ausgestorben gilt. Vgl.: Roß und Hansel (2000), S. 66.

25 Ein im 17. Jahrhundert ausgestorbener Taubenvogel. Vgl.: Roß und Hansel (2000), S. 66.

26 ArBBAdW Nachlass Ostwald, Nr. 2660: Brief Schmidts an Ostwald vom 24. Dezember/5. Januar 1887/88 (Roß und Hansel [2000], S. 66).

Ob Schmidts Karriere an einer deutschen Universität wissenschaftlich durchgängig erfolgreich verlaufen wäre oder er heute nicht zu den fast Vergessenen der Chemiegeschichte zählte, hätte er weiter auf physiologisch-chemischem Gebiet gearbeitet oder sich das Riesenreich der organischen Chemie fruchtbar erschlossen, wird für immer unbeantwortet bleiben.

Wir hoffen, mit der von uns vorgelegten quellengesättigten ersten Gesamtdarstellung Carl Schmidt wieder ein deutlich konturiertes Gesicht gegeben und für den Leser jenen Stellenwert aufgezeigt zu haben, den seine Lebensleistung nicht nur für die Entwicklung des Fachs Chemie an der Universität Dorpat, sondern auch für die Geschichte dieser Wissenschaft im 19. Jahrhundert besitzt.

# Anlagen*

* In den nachfolgenden (auszugsweisen) Wiedergaben von zeitgenössischen Akten, Archivalien oder publizierten Beiträgen wurde durchweg die Original-Schreibweise beibehalten und somit auf eine Angleichung an die heutige Orthographie verzichtet.

# Verzeichnis der Anlagen


1 Stammbaum der Familie Levin Michael Schmidts ........ 285
2 Friedrich Julius Döring – Was ich nicht gern vergessen möchte oder Erinnerungen aus meinem Leben ........ 290
3 Das Elternhaus Carl Schmidts in Mitau ........ 312
4 Carl Schmidt als Student in Gießen ........ 313
5 Verzeichnis der von Carl Schmidt in den Semestern 1846/II–1852/I an der Dorpater Universität gehaltenen Vorlesungen und Übungen ........ 314
6 Erinnerungen und Bilder, ernste und heitere, aus dem Leben meines inniggeliebten Vaters – Dr. Ferdinand von Hueck ........ 318
7 Stammbaum der Familie Ernst Carl Heinrich Schmidts ........ 334
8 Die Kinder Antonie und Carl Schmidts ........ 341
9 Das Wohnhaus der Familie Carl Schmidts in der Dorpater Blumenstraße ........ 342
10 Ansicht der Vorderseite des im Jahr 1809 bezogenen Hauptgebäudes der Universität Dorpat ........ 344
11 Grundriss des ersten Stockwerks (zu ebener Erde) im Hauptgebäude der Universität Dorpat ........ 345
12 Grundriss des Kellergeschosses im Hauptgebäude der Universität Dorpat ........ 346
13 Die Institutionalisierung der Chemie und Pharmazie an ausgewählten deutschen und russischen Universitäten ........ 347
14 Plankosten-Überschlag für die Einrichtung des chemischen „Kabinetts" im rechten Seitenflügel des Universitäts-Hauptgebäudes ........ 354
15 Der rechte Seitenflügel des Dorpater Universitäts-Hauptgebäudes ........ 357
16 Ist-Kosten-Rechnung (Silber-Rubel) für die Einrichtung des chemischen „Kabinetts" im rechten Seitenflügel des Universitäts-Hauptgebäudes sowie Ersparnisse bzw. Erhöhungen im Vergleich zum Plankosten-Überschlag ........ 359
17 Anzeige in der „Livländischen Gouvernements-Zeitung" vom 30. Mai 1858 (Nr. 60), mit der Carl Schmidt seinen ersten Versuch unternahm, als „consulting chemist" tätig zu werden ........ 361
18 Notiz in der „St. Petersburger Zeitung" vom 17. August 1861 (Nr. 180) ........ 364

19 Bekanntmachung der „Kaiserlichen livländischen gemeinnützigen und ökonomischen Societät“ vom Januar 1861, mit der Carl Schmidt seinen zweiten Versuch unternahm, als „consulting chemist“ tätig zu werden ..... 366
20 Plan der Stadt Dorpat im Jahr 1858 ..... 369
21 Exemplarische Werte aus Carl Schmidts Analysen des Dorpater Brunnen- und Quellwassers ..... 370
22 Von Adolf Woloshinsky ermittelte aufsteigende Keimzahlen Dorpater Brunnenwässer im Vergleich zu den von Carl Schmidt fast drei Jahrzehnte zuvor veröffentlichten anorganischen Analysenergebnissen ..... 373
23 Zwei Briefe Carl Schmidts an Alexander Michailowitsch Butlerow (1865 und 1866) ..... 375
24 Aus der „Schule“ Carl Schmidts hervorgegangene bekannte Chemiker, die später eine wissenschaftliche bzw. „praktische“ Laufbahn einschlugen ..... 379
25 Verzeichnis der von Carl Schmidt in den Semestern 1852/II–1891/II an der Dorpater Universität gehaltenen Vorlesungen und Übungen ..... 381
26 Reglement für die praktischen Arbeiten im chemischen Laboratorium vom 8. Juli 1870 ..... 397
27 Laboratoriums-Ordnung vom 10. August 1891 ..... 399
28 Instruktion für den Direktorgehilfen, den Laboranten und den Diener des chemischen Kabinetts und Laboratoriums vom 10. August 1891 ..... 403
29 Die obligatorischen und empfohlenen Examensfächer für die Dorpater Chemiestudenten in den Jahren 1850–1893 ..... 405
30 Gesamtzahl der Studierenden an der Universität Dorpat, der Absolventen der physiko-mathematischen Fakultät sowie der für das Fach Chemie Eingeschriebenen in den Jahren 1860–1890 ..... 406
31 Die Universität Dorpat im Vergleich zu ausgewählten deutschen Hochschulen (1867–1887) in Bezug auf die Gesamtzahl der Studierenden sowie die an den mathematisch-naturwissenschaftlichen Fakultäten/Fachbereichen Immatrikulierten ..... 408

**Anlage 1:** Stammbaum der Familie Levin Michael Schmidts. Den Namen in der Graphik nachgestellte Ziffern beziehen sich auf die in den folgenden Erläuterungen (S. 286–289) enthaltenen biographischen Angaben.

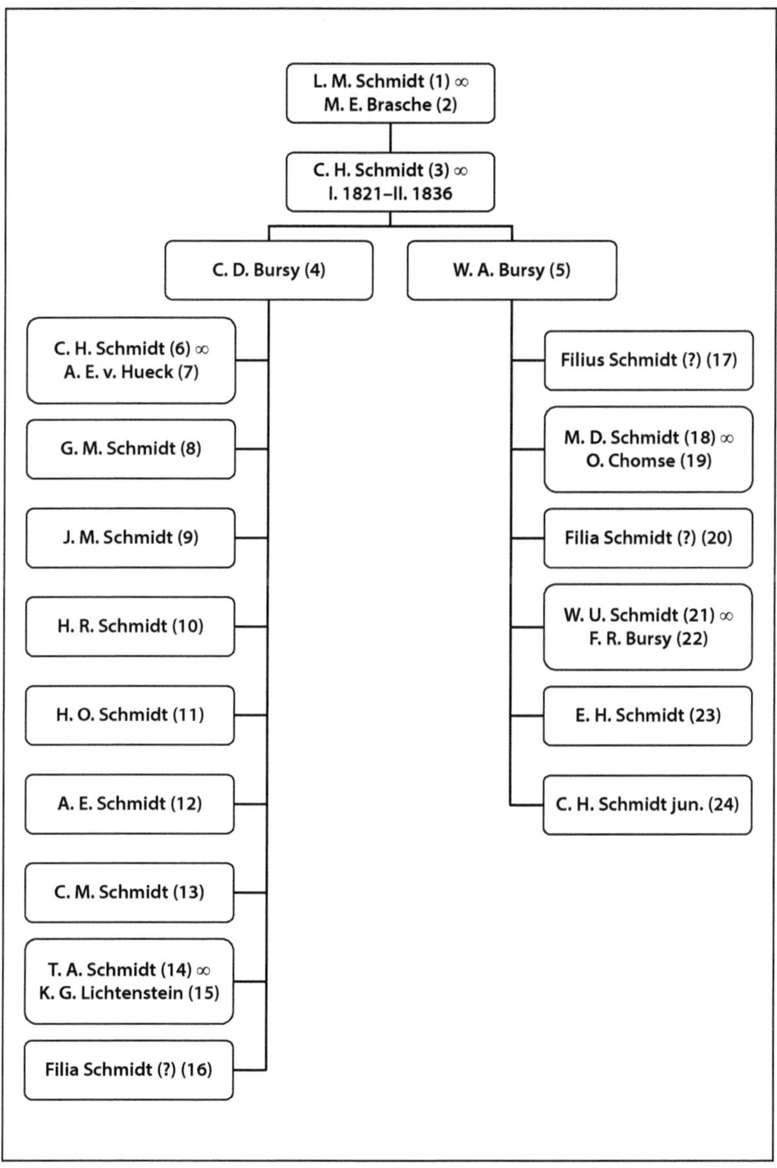

## Erläuterungen zu Anlage 1

- Die gewählte graphische Form ergab sich auf eine vom Verfasser intuitiv als leicht nachvollziehbar empfundene Weise. Sie folgt somit nicht der in den zurückliegenden mehr als 100 Jahren im Rahmen der genealogischen Methodik sukzessive entwickelten komplexen Symbolik.[1]
- Die Daten ließen sich im Einzelfall nicht exakt dem Julianischen bzw. Gregorianischen Kalender zuordnen, so dass Abweichungen von jeweils zwölf Tagen möglich sind.
- Die Namen der Mitglieder der Familie Levin Michael Schmidts finden sich auch im Personenlexikon.

(1) Levin Michael Schmidt. * 22. Dezember 1740 in Kalleten (Kurland)[2] als Sohn eines Predigers. Er studierte in Leipzig, wurde Rektor in Goldingen[3] und war ab 1871 Adjunkt des dortigen deutschen Predigers. Ab 1782 hatte er das Amt des Pastors in Goldingen inne. † 1815.[4]

(2) Margarethe Elisabeth Brasche. * 1756. Getauft am 9. August 1756. Sie heiratete Levin Michael Schmidt (1).[5] † (?)

(3) Christoph Heinrich Schmidt. * 13. Februar 1787 in Goldingen. Getauft 27. Februar 1787 in Goldingen. † 4. September 1866 in Mitau (Cholera). Begraben am 8. September 1866 in Mitau.[6]

(4) Caroline Dorothea Adelheid („Ida") Bursy. * 4. Juli 1803 als Tochter des Pastors Ernst Daniel Bursy (1756–1831) und der Marie Magdalena Bursy (?–?), geb. Schulz. Getauft am 28. Juli 1803 in Blieden.[7] Heirat mit Christoph

1 Vgl.: Fischer (1996), S. 18–29, S. 162–180.

2 Vgl. zu Kalleten: Feldmann und zur Mühlen (1990), S. 255–256.

3 Vgl. zu Goldingen: Feldmann und zur Mühlen (1990), S. 187–188.

4 LVVA 235/5/73, S. 82 (1787); LVVA 5759/2/1107, S. 204 (Rückseite) – 205. Es wurde die offizielle Seitenzählung des lettischen Staatsarchivs zugrunde gelegt, die von Dörings eigenhändiger abweicht; Familienarchiv Bernhard von Bursy: Ahnenpass der Thekla v. Bursy, geb. Schmidt, S. 14.

5 LVVA 235/5/73, S. 82 (1787); Familienarchiv Bernhard von Bursy: Ahnenpass der Thekla v. Bursy, geb. Schmidt, S. 14.

6 LVVA 235/5/73, S. 82 (1787); LVVA 235/2/961, S. 162–163 (1866). Vgl. zu Mitau: Feldmann und zur Mühlen (1990), S. 395–396.

7 Vgl. zu Blieden: Feldmann und zur Mühlen (1990), S. 81.

Heinrich Schmidt (3) am 26. Juni 1821 in Grenzhof.[8] † 20. April 1835 in Mitau (Lungenentzündung). Begraben am 24. April 1835 in Mitau.[9]

(5) Wilhelmina („Mina“) Amalie Henriette Adelheid Bursy. * 4. März 1807 als Tochter des Pastors Ernst Daniel Bursy (1756–1831) und der Marie Magdalena Bursy (?–?), geb. Schulz. Heirat mit Christoph Heinrich Schmidt (3) am 3. Mai 1836 in Mitau. † 23. Januar 1874 in Mitau (Lungenentzündung). Begraben am 27. Januar 1874 in Mitau.[10]

(6) Ernst Carl Heinrich Schmidt. * 1. Juni 1822 in Mitau. Getauft am 12. Juni 1822 in Mitau. † 27. Februar 1894 in Dorpat (Herzleiden). Begraben am 3. März 1894 in Dorpat.[11]

(7) Antonie Elisabeth Sophie von Hueck. * 14. September 1833 in Munalas bei Reval als Tochter des Alexander Friedrich von Hueck (1802–1842), Dr. der Medizin, ab 1833 Professor für Anatomie in Dorpat, und der Amalie Jencken (1811–1898). Heirat mit Carl Ernst Heinrich Schmidt (6) am 7. Dezember 1851. † 30. April 1912 in Dorpat.[12]

(8) Gottliebe Maria Dorothea Adelheide Schmidt. * 9. Oktober 1823 in Mitau. Getauft am 29. November 1823 in Mitau. † 1. April 1834 in Mitau (Herzfehler).[13]

(9) Johanna Maria Schmidt. * 24. Juni 1825 in Mitau. Getauft am 20. August 1825 in Mitau. † 17. Mai 1834 in Mitau (Masern). Begraben am 22. Mai 1834 in Mitau.[14]

(10) Heinrich Rudolph Schmidt. * 24. Oktober 1826 in Mitau. Getauft am 5. Januar 1827 in Mitau. Er studierte Pharmazie in Dorpat, legte 1851 sein Provisor-Examen ab, war ab 1852 in der väterlichen Apotheke tätig und übernahm diese 1866. 1873 verkaufte er die ererbte Kummerausche (Hof-) Apotheke an Johann Friedrich Drexler (1841–?). Von 1875–1888 besaß er

8 Vgl. zu Grenzhof: Feldmann und zur Mühlen (1990), S. 197.

9 LVVA 235/5/56, S. 33 (1803); LVVA 235/5/59, S. 125 (1821); LVVA 235/2/960, S. 9–10 (1835).

10 LVVA 235/5/59, S. 20 (1807); LVVA 235/2/991, S. 15 (1836); LVVA 235/2/961, S. 211–212 (1874).

11 LVVA 235/5/27, S. 160 (1822). Vgl. zu Dorpat: Westermann et al. (1985), S. 53–55.

12 EAA 1254/1/213, S. 15; EAA 1254/1/222, S. 477–478; EAA 1674/2/339, Nr. 2315, Nr. 2317 und Nr. 3989. Vgl.: Lenz (1970), S. 345.

13 LVVA 235/5/27, S. 180 (1823); LVVA 235/2/960, S. 2–3 (1834).

14 LVVA 235/5/27, S. 203 (1825); LVVA 235/2/960, S. 3–4 (1834).

ein Magazin für optische Geräte und Gummiwaren in Mitau. † 10. Juni 1889 (ledig) in Mitau (Magenleiden). Begraben am 15. Juni 1889 in Mitau.[15]

(11) Hermann Otto Schmidt. * 9. Juni 1828 in Mitau. Getauft am 4. Juli 1828 in Mitau. † 22. Juni 1829 in Mitau.[16]

(12) Amalie Ernestine Schmidt. * 8. Januar 1830 in Mitau. Getauft am 13. Februar 1830 in Mitau. † 9. April 1872 in Mitau.[17]

(13) Clara Maria Wilhelmina Schmidt. * 3. Januar 1832 in Mitau. Getauft am 13. Februar 1832 in Mitau. † 1844 (?) in Mitau.[18]

(14) Thekla Adelheide Johanna Schmidt. * 7 Februar 1834 in Mitau. Getauft am 28. März 1834 in Mitau. † 5. Januar 1914.[19]

(15) Karl Gottlieb Lichtenstein. * 2. November 1827. Lichtenstein studierte von 1852 bis 1853 Pharmazie an der Universität Dorpat. Er heiratete im Juli 1856 Thekla Adelheide Johanna Schmidt (14) und war als Schwiegersohn Christoph Heinrich Schmidts (3) fortan als Apotheker in Hasenpoth[20] tätig. † 15. April 1904.[21]

(16) Filia Schmidt. ? - ? .[22]

(17) Filius Schmidt. * 13. April 1837 (?). † 15. Mai 1837 (?)[23]

(18) Maria Dorothea Schmidt. * 21. April 1838 in Mitau. Getauft am 14. Mai 1838 in Mitau. † 26. Dezember 1879 (?).[24]

(19) Oswald Chomse. * 14. März 1832. Chomse war der Sohn einer Cousine bzw. eines Cousins von Carl Ernst Heinrich Schmidt (6). Er studierte von 1852 bis 1857 Medizin an der Universität Dorpat und wurde dort 1859 zum Doktor der Medizin promoviert.[25] Am 28. Juli 1860 heiratete er Maria

15 LVVA 235/5/27, S. 216 (1827); LVVA 235/6/489, S. 66–67 (1889). Vgl.: Hasselblatt und Otto (1889), S. 403; Otto (1915), S. 138, S. 192.

16 LVVA 235/5/27, S. 228 (1828); LVVA 5759/2/1107, S. 204 (Rückseite) - 205; persönliche Mitteilung von Bernhard und Friedrich von Bursy.

17 LVVA 235/5/27, S. 251 (1830); LVVA 5759/2/1107, S. 204 (Rückseite) - 205.

18 LVVA 235/5/27, S. 270 (1832); LVVA 5759/2/1107, S. 204 (Rückseite) - 205.

19 LVVA 235/2/955, S. 14 (1834); LVVA 5759/2/1107, S. 204 (Rückseite) - 205. Vgl.: Otto (1915), S. 169.

20 Vgl. zu Hasenpoth: Feldmann und zur Mühlen (1990), S. 209–211.

21 Vgl.: Hasselblatt und Otto (1889), S. 427; Otto (1915), S. 169.

22 Persönliche Mitteilung von Bernhard und Friedrich von Bursy.

23 Persönliche Mitteilung von Bernhard und Friedrich von Bursy.

24 LVVA 235/2/955, S. 85 (1838); LVVA 5759/2/1107, S. 204 (Rückseite) - 205; persönliche Mitteilung von Bernhard und Friedrich von Bursy.

25 Vgl.: Chomse (1859).

Dorothea Schmidt (18). Chomse war von 1859–1865 als Arzt in Allendorf (Livland), danach in Mitau tätig. † 5. April 1890.[26]

(20) Filia Schmidt. * 14. November 1839 (?). † 28. November 1839 (?).[27]

(21) Wilhelmina Ulrica Schmidt. * 26. Juni 1841 in Mitau. Getauft am 10. Juli 1841 in Mitau. † 22. Mai 1930.[28]

(22) Friedrich Reinhold Bursy. * 29. Dezember 1824. Kameralhofbeamter in Mitau. Er heiratete am 29. Dezember 1860 Wilhelmina Ulrica Schmidt (21). † 18. Juni 1892.[29]

(23) Emilie Henriette Schmidt. * 5. Mai 1844 in Mitau. Getauft am 20. Mai 1844 in Mitau. † 3. Januar 1845 in Mitau. Begraben am 7. Januar 1845 in Mitau.[30]

(24) Christoph Heinrich Schmidt jun. * 13. Februar 1849 in Mitau. Getauft am 4. März 1849 in Mitau (Pate: Prof. Dr. Carl Schmidt [6]). † 22. Januar 1850 in Mitau.[31]

---

26 LVVA 5759/2/1107, S. 204 (Rückseite) - 205. Vgl.: Hasselblatt und Otto (1889), S. 434.

27 Persönliche Mitteilung von Bernhard und Friedrich von Bursy.

28 LVVA 235/2/955, S. 125 (1841); LVVA 5759/2/1107, S. 204 (Rückseite) - 205; Familienarchiv Bernhard von Bursy: Sterberegister der ev.-luth. Kirche St. Trinitatis, Stadtgemeinde in Mitau, Jahrgang 1930, Nr. 20.

29 LVVA 5759/2/1107, S. 204 (Rückseite) - 205, S. 205 (Rückseite) - 206; persönliche Mitteilung von Bernhard und Friedrich von Bursy.

30 LVVA 235/2/955 S. 155 (1844); LVVA 235/2/960, S. 36–37 (1845).

31 LVVA 235/2/956, S. 16 (oder 76?) (1849); LVVA 235/2/961, S. 32–33 (1850).

**Anlage 2:** Friedrich Julius Döring — Was ich nicht gern vergessen möchte oder Erinnerungen aus meinem Leben[32]

[48, Rückseite][33]

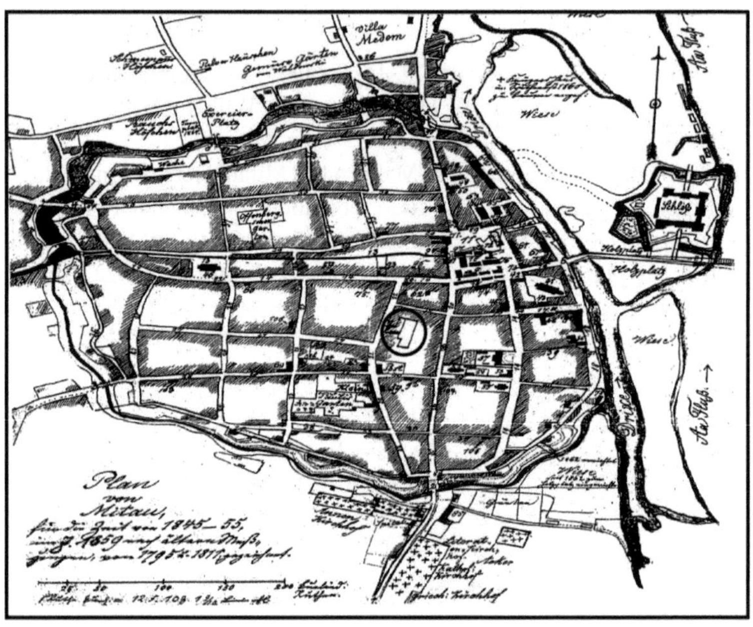


[Erläuterungen zur Zeichnung in „Klarschrift": Plan von Mitau für die Zeit von 1845 – [18]55, im J[ahr] 1859 nach älteren Messungen, von 1795 und 1811 gezeichnet. Kurländ[ische] Ruthen. 1 Ruthe kurl[ändisch] = 12 F[aden] 10 Z[entimeter] 1 $^{9}/_{10}$ Linien …][34]

---

32 LVVA 5759/2/1107 (2. Band, 1. Abteilung, den 16. November 1859 angefangen). Nachfolgend sind nur diejenigen Teile des umfangreichen Manuskripts wiedergegeben, die sich ausdrücklich auf die Familie Christoph Heinrichs Schmidts in Mitau beziehen, wobei eine teilweise „Doppelung" des Textes in Kapitel 2.1 sowie in dieser Anlage bewusst in Kauf genommen wurde. Dörings Lebenserinnerungen dürfen unter anderem auch deshalb als unveröffentlicht gelten, weil eine entsprechende Schrift über den Karlsruher Virtuellen Katalog (https://kvk.bibliothek.kit.edu/. Letzter Zugang: 30. Oktober 2017) nicht nachweisbar ist, der bekanntlich mehrere hundert Millionen Medien weltweit umfasst.

33 In eckigen Klammern eingefügte Zahlen bezeichnen die jeweiligen Seiten des Manuskripts. Dabei wurde die offizielle Seitenzählung des Lettischen Historischen Staatsarchivs zugrunde gelegt, die von Dörings eigenhändiger abweicht.

34 Die Lage des Schmidtschen Anwesens wurde durch einen nachträglich angebrachten Kreis hervorgehoben.

[49, Rückseite] […] Erklärung des Planes: […] 79. Kummerausche Hofapotheke (Schmidt)[35]

[204] […] Das Neugeborene[36] war ein Mädchen mit schwarzen Haaren. Auch die Augen färbten sich bald braun. Feiner und kleiner als Stephan[37] blieb das junge Wesen immer […]. Durch die Erfahrung bei Stephan gewitzigt, nahmen wir gleich anfangs eine Amme für die Kleine, die schon den anderen Abend (den 8ten) eintraf, es war eine kleine schnippische Person mit Namen Liese Seeting aus Friedrichshof,[38] die einen Prozeß gegen ihren Ammenmacher persönlich ohne Advokat ausfocht.[39] Ihres anmaßenden und zänkischen Wesen halber entließen wir dieselbe schon nach sechs Monaten wieder, wo denn Ella auch entwöhnt wurde. Wir kürzten nämlich den Namen Gabriela, den unsere Tochter in der Taufe am 1./13. Dezember[40] erhielt, auf solche Weise ab. Noch hatte sie die Namen Angela Sophie bekommen, ersteren nach Frau von Baranowska,[41] den anderen von Frau von Haaren (Duhren),[42] welche sie während der Taufhandlung gehalten. Die anderen Paten waren die alte Frau Natalie von Heyking, geb. v. Heyking (bekannt unter dem Namen Nante H. und welche den 13ten Dezember 1854 in Mitau gestorben)[43] und der junge Robert Grosewsky aus Sessau.[44] Außer diesen hatten wir noch geladen: Frau

35 Vgl. zur Geschichte der Kummerauschen Hofapotheke: Otto (1915), S. 87, 145, 155, 167, 170, 192, 207–208; Schlau (1995), S. 13, S. 17; Kapitel 2.1 dieser Untersuchung.

36 Vgl. zu der nur kurzen irdischen Wanderschaft Gabriela (Ella) Dörings den nachfolgenden Text.

37 Der älteste Sohn Dörings, Stephan, starb bereits im Jahre 1866. Vgl.: Moeller (1970), S. 296–297.

38 Das Baltische Historische Ortslexikon für Lettland (Feldmann und zur Mühlen [1990], S. 172–173) enthält unter diesem Namen 18 Einträge, so dass eine eindeutige Zuordnung nicht gelang.

39 Zu Liese Seeting und dem von ihr geführten Prozess konnten weder biographische Angaben noch einschlägige Gerichtsakten ermittelt werden.

40 Die Zeitrechnung alten Stils nach dem Julianischen Kalender galt in Russland bis 1918. Die Daten des Gregorianischen Kalenders liegen 12 Tage früher.

41 Das russische Geschlecht Baranow (Baranoff) siedelte sich Ende des 16. Jahrhunderts in Estland an und erhielt die est- und livländische Staatsbürgerschaft. Vgl.: Lenz (1970), S. 26–28. Biographische Daten zu Frau von Baranowska fanden sich leider nicht.

42 Zu Frau von Haaren (Duhren) ließen sich in den uns zur Verfügung stehenden Findmitteln keine biographischen Angaben ermitteln.

43 Angehörige des rheinländischen Uradelsgeschlechts von Heyking siedelten sich Ende des 15. Jahrhunderts als Vasallen des Deutschen Ordens in Kurland an. Vgl.: Lenz (1970), S. 316. Zu Frau Natalie von Heyking lagen keine weiterführenden Daten vor.

44 Theodor Robert Grosewsky. Vgl. zu Sessau: Feldmann und zur Mühlen (1990), S. 586.

von Klein,[45] Herrn und Madame Reyher,[46] den Dr. Bluhm[47] nebst Frau, die Frau Hofrätin Kymmel,[48] die damals in unserem Hause wohnte, und Fräulein O. von Bolschwing.[49] Der Herr Pastor Neander[50] vollzog die heilige Handlung. Um 2 Uhr ging die Gesellschaft wieder auseinander. Es war nur Schokolade und nachher Wein mit Mandeltorte gereicht worden. Meine Frau[51] hatte die Krankheit der Entbindung glücklich überstanden und war den 13. November zum ersten Male wieder ausgegangen [...]

Wenige Zeit vor diesem eben berichteten Ereignis, hatten wir eine wichtige Bekanntschaft in der Familie des Apothekers Schmidt[52] gemacht, mit der wir bald sehr befreundet wurden und in deren liebenswürdigem Kreise wir unzählbare angenehme Stunden erlebt haben und mit der wir bis [zu] diese[r] Stunde (Dezember 1861) in der innigsten Freundschaft leben. Eigentlich danken wir der Madame Ruhde,[53] als Bekannte[r] von Madame Schmidt,[54] die Veranlassung dazu. Sie hatte ihre Freundin bewogen, ihr im Januar (1850) gestorbenes jüngstes Kind[55] als Leiche von mir zeichnen zu lassen, was, da es zur großen Befriedigung der trauernden Mutter ausgefallen [war], den Wunsch in ihr rege machte, mit uns in näheren Umgang zu kommen. Nach einem im Laufe des Herbstes dort gemachten Besuchs wurden wir auf den 17. September zu einer Abendgesellschaft eingeladen, wo wir uns sehr gefielen. Es wurde gerade, wie man in Kurland sagt, ein Brautpaar aufgenommen, nämlich der Apotheker Göbel, ein Verwandter des Hauses mit seiner Braut, Fanny Beyer, Tochter eines Arztes in

45 Zu Frau von Klein konnten keine biographischen Daten ermittelt werden.

46 Gustav Adolph Reyher.

47 Karl Hermann Bluhm.

48 Zur Hofrätin Kymmel konnten keine biographischen Angaben ermittelt werden.

49 Bei Fräulein O(tti) von Bolschwing mag es sich um eine Verwandte des in Mitau lebenden kurländischen Beamten Wilhelm von Bolschwing gehandelt haben. Vgl.: Schlau (1995), S. 272.

50 Friedrich Eduard Neander.

51 Friedrich Julius Döring heiratete am 12. Juli 1847 Luise, geb. Weck, die aus Dresden stammte. Vgl.: Lenz (1970), S. 172; Moeller (1970), S. 296–297.

52 Christoph Heinrich Schmidt.

53 Zur der von Döring benannten Madame Ruhde liegen keine weitergehenden biographischen Angaben vor.

54 Wilhelmine (Mina) Amalie Henriette Adelheid Schmidt, geb. Bursy. Vgl.: Kapitel 2.1 und Anlage 1, Nr. 5 dieser Untersuchung.

55 Es handelte sich um Christoph Heinrich Schmidt jun. Vgl.: Anlage 1, Nr. 24 dieser Untersuchung.

Talsen.[56] Man führte allerlei auf, unter anderem [205] eine Charade (Familienkreis) in der bekannten mimisch plastischen Weise[57] und einen sogenannten Grazientanz, letzteren von den beiden jüngsten Töchtern und deren Cousine Minna Bursy.[58] [...] [206] Obgleich die eigentliche Seele des Hauses, wenigstens in gesellschaftlicher Beziehung, die liebenswürdige Madame Schmidt ist, so fange ich bei der näheren Schilderung der Familie doch billigerweise mit dem Hausherrn an, der durch seine Rechtlichkeit allgemein geachtet ist; er hat ein ruhiges, gesetztes sehr verständiges Wesen, ist sehr gutmütig und macht durch sein Äußeres, er ist klein und dick, einen sehr gemütlichen Eindruck. Er nimmt an allen geistigen Bestrebungen, trotz seines hohen Alters, einen lebhaften Anteil und erhält durch große Umsicht und Tätigkeit sein Geschäft in gutem Schwung, [206, Rückseite] weshalb er auch bei seinen Mitbürgern für reich gilt, was ich nun nicht grad' glaube, da ihn sein Hausstand, seiner vielen Kinder wegen und der großen Gastfreundschaft, die daselbst geübt wird, sehr viel kosten muss. Ich weiß nicht, warum seine Apotheke, deren Eigentümer er ist, noch immer den Namen des vorherigen Besitzers C. L. Kummerau führt.[59] Diese ist eigentlich die alte herzogliche Hofapotheke und schon über 100 Jahre in dem jetzigen Gebäude auf der Poststraße (vergl. den Plan, [...] Nr. 79), das ein von Feldsteinen massiv aufgeführtes niedriges Haus ist und durch seine winklige Einrichtung, die früher noch größer gewesen [ist], sein Alter genugsam zu erkennen gibt. Der hier folgende [207] Grundriss, der übrigens nur aus der Erinnerung entworfen ist, aber dennoch ziemlich genau sein mag, weil ich ja unzählige Male im Hause gewesen bin, enthält nur die unteren Räume d. h. zu ebener Erde; die oberen kenne ich weniger, am meisten noch die beiden Zimmer, welche über dem Kontor und des alten Schmidt Schreibzimmer[s] gelegen sind.

56 Carl Hermann Göbel. – Talsen (Talsi) ist dank seiner Seen, Hügel und der vielen Parks noch immer eine der schönsten Kleinstädte Lettlands. Vgl.: Feldmann und zur Mühlen (1990), 634–635; Eisenschmid und Bockamp (2000), S. 289.

57 Die mimisch-plastische Darstellung nach Gemälden berühmter Maler war damals sehr beliebt und verbreitet. Sogar Schauspieler-Gruppen zeigten auf Tourneen ihre so genannten „lebenden Bilder“. Vgl.: Schlau (1995), S. 291–292.

58 Wilhelmine von Bursy.

59 Vgl. zu den Gründen der Beibehaltung des ehemaligen Apotheken-Namens: Kapitel 2.1 dieser Untersuchung.

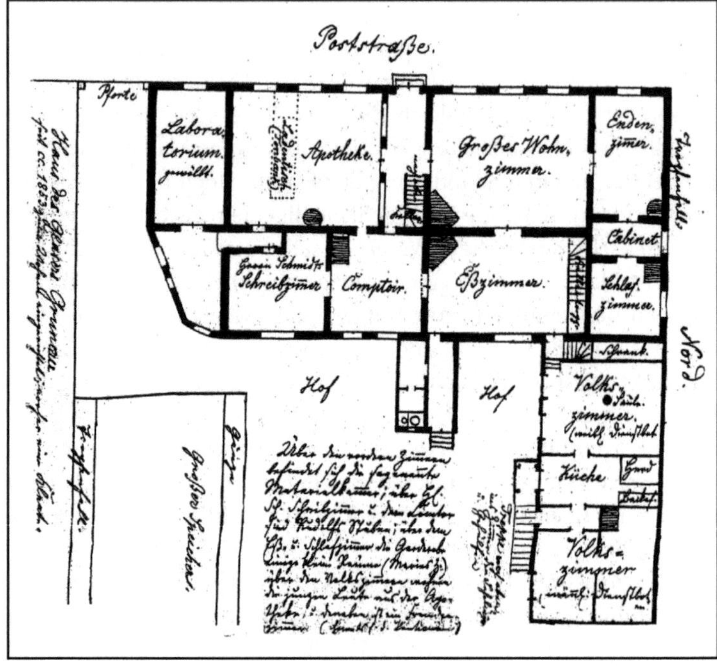


[Erläuterungen zur Zeichnung in „Klarschrift", von oben nach unten und von links nach rechst: Poststraße; Haus des Glasers Grunau seit cc. 1853 zum Wohnen eingerichtet; vorher eine Kleete; Pforte; Laboratorium, gewölbt; Ladentisch (Tonbank), Apotheke; großes Wohnzimmer; Endenzimmer; Tropfenfall; Nord; Herrn Schmidts Schreibzimmer; Comptoir; Eßzimmer; Kellertreppe; Cabinet; Schlafzimmer; Hof; Hof; Schrank; Volkszimmer, weibl[iche] Dienstbot[en], Säule; Tropfenfall; großer Speicher; Gänge; Über den vorderen Zimmern befindet sich die sogenannte Materialkammer; über H[errn] Sch[midts] Schreibzimmer u[nd] dem Labor sind Rudolfs Stuben; über dem Eß- und Schlafzimmer die Garderobe, einige kleine Räume (Maries Z[immer]); über dem Volkszimmer wohnen die jungen Leute aus der Apotheke u[nd] daneben ist ein Fremdenzimmer (ehemals f[ür] d[ie] Pensionäre); Treppe nach oben und Zimmer der Lehrlinge u[nd] Gehilfen; Küche; Herd; [...] (?); Volkszimmer männl[iche] Dienstbot[en]].[60]

60 Der von Döring skizzierte Erdgeschoss-Grundriss des Schmidtschen Hauses stimmt exakt mit einer Aufnahme der Fassade des Anwesens um 1940 überein, die nachfolgend als Anlage 3 wiedergegeben ist.

In ihnen hat ehemals der Maler Oechs[61] bis zu seinem Tode gehaust; später hat dieselben Mad[ame] Schmidts ältere Schwester, die Pastorin Mylich,[62] bewohnt. Nach deren Tode (1849) bezog Thekla[63] dieselben und als sie sich verheiratete (1856)[64] wurde Fräulein Lauw,[65] von der noch die Rede sein wird, ins Haus genommen als Pensionärin. Nach ungefähr einem Jahr verließ sie dasselbe wieder, weil diese Zimmer für Rudolf[66] eingerichtet werden sollten. Das geschah Ostern 1858; seitdem bewohnt Rudolf diese Zimmer. Der sehr große Hof enthält noch allerlei Baulichkeiten an Schuppen, Kleeten, Abschauern und dergl. An denselben grenzt gegen Osten der hübsche große Garten an; die Eingangstür liegt grade der Hintertür des Vorderhauses gegenüber; durch Ankauf mehrerer Nachbargärten hat Herr Schmidt den seinigen so sehr vergrößert; es befindet sich sogar eine Art Park mit hübschen Bäumen auf der Südseite des Gartens (vielleicht ist auf dem Plan der Garten etwas zu breit, d. h. von Westen nach Osten).

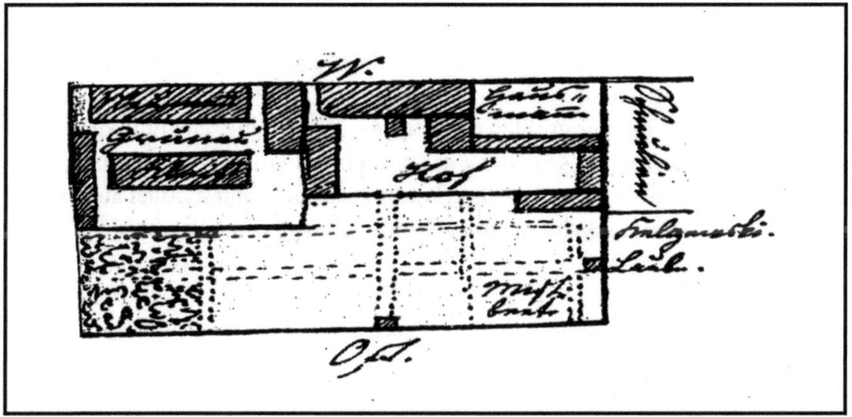


61 Joseph Domenikus Oechs.

62 Entweder handelte es sich hier um Carolina Dorothea, geb. Bursy, oder Amalie, geb. Bursy. Beide waren mit einem Pastor Mylich (in Edsen bzw. Blieden) verheiratet. LVVA 5759/2/1107; S. 205 (Rückseite); persönliche Mitteilung von Bernhard und Friedrich von Bursy.

63 Thekla Adelheide Johanna Schmidt. Vgl.: Anlage 1, Nr. 14 dieser Untersuchung.

64 Thekla Schmidt heiratete im Juli 1856 Karl Gottlieb Lichtenstein. Vgl.: Anlage 1, Nr. 15 dieser Untersuchung.

65 Zu Fräulein Lauw ließen sich keine biographischen Daten ermitteln.

66 Heinrich Rudolf Schmidt. Vgl.: Anlage 1, Nr. 10 dieser Untersuchung.

[Erläuterungen zur Zeichnung [auf S. 295] in „Klarschrift“, von oben nach unten und von links nach rechts: W[est]; [...] (?); Hausmann; Grunau; Schmulian (?); [...] (?); Hof; [...] (?); Laube; Mistbeet; Ost][67]

Außer diesem Grundstück besitzt Herr Schmidt noch ein zweites auf der Schwethöfschen Straße,[68] auf dem aber kein Wohnhaus, sondern nur Speicher und ein Obstgarten befindlich [sind]. Schmidts nennen dasselbe „den Platzgarten“. In den Speichern hält Herr Schmidt seine Vorräte, zu welchem Zwecke er sogar noch einen großen Keller seinem Wohnhause gegenüber im Tilingschen Hause[69] gemietet hat. In Hasenpoth besitzt Herr Schmidt eine zweite Apotheke,[70] die früher ein gewisser Herr Hesse,[71] seit 1856 sein Schwiegersohn Lichtenstein, verwaltet. Die erste Frau des Herrn Schmidt [ist] schon zeitig gestorben, [...] die jetzige Frau [ist] eine Schwester der ersten,[72] zu deren Schilderung ich nun gelange. Eine feine etwas lange Nase, blaue lebhafte Augen, die ihrem lebhaften etwas zum Exzentrischen geneigten Wesen vollkommen entsprechen, stehen ihrem länglichen Gesichte recht wohl und harmonieren mit ihrer kleinen feinen Gestalt. Sie spricht gern, ist [207, Rückseite] eine sehr tätige Hausfrau, doch dem geistigen Leben gar nicht abhold. Im Gegenteil besitzt sie ein großes Talent für die Poesie und sie macht ganz hübsche Gedichte mit der größten Geläufigkeit. Diese Gabe scheint in der Bursyschen Familie heimisch zu sein, denn der Bruder Karl[73] und die Schwester Langerhausen [Langenhansen?][74] teilen diese Leichtigkeit im Dichten. Auch auf drei der Schmidtschen Kinder scheint sie übergegangen zu sein, nämlich auf Rudolf, Karl[75]

67 Die angegebenen, sehr schwer lesbaren Namen der Nachbarsfamilien ließen sich nicht eindeutig ermitteln.

68 Die Schwethöfsche Straße führte in Richtung Westen aus der Stadt Mitau heraus und mündete auf die Dammstraße. Vgl.: Müller-Jabusch (1917), S. 13, Stadtplan.

69 Bei dem Tilingschen Haus könnte es sich sowohl um das Eigentum von Johann August Tiling als auch den Besitz von Robert Tiling gehandelt haben. Vgl.: Lenz (1970), S. 799–801; Schlau (1995), S. 272.

70 Die Geschichte Hasenpots (heute Aizpute) geht bis ins 13. Jahrhundert zurück. Die Hansestadt war bis zum Ende des 16. Jahrhundert Sitz des Domkapitels und ein wichtiges Handelszentrum mit Seehafen, der jedoch verlandete und durch den Hafen Libaus (Liepaja) ersetzt wurde. Vgl.: Mettig (1990), S. 282–298; Feldmann und zur Mühlen (1990), S. 209–211; Eisenschmid und Bockamp (2000), S. 244.

71 Es könnte hier von Otto Christian Hess(e) die Rede gewesen sein.

72 Vgl. zu den beiden Ehefrauen Christoph Heinrich Schmidts: Anlage 1, Nr. 4 und 5 dieser Untersuchung.

73 Karl Gottlieb Heinrich Friedrich von Bursy.

74 Ernestine Langerhausen oder Langerhansen, geb. Bursy.

75 Ernst C(K)arl Heinrich Schmidt.

und Thekla. Noch eine der hervorragendsten Eigenschaften der Frau Minna ist ihre große Gutmütigkeit und das Wohlwollen, das sie für alle Menschen, besonders aber für alle Hilfsbedürftigen und vorzugsweise für alle kleinen Kinder hegt und das oft genug Stoff zu Neckereien abgegeben hat. Gleich ihrem Mann liebt sie [es] nicht, aus dem Hause zu gehen und manchmal schon mögen beide dadurch Ver[an]lassung zur Unzufriedenheit ihrer Bekannten gegeben haben. Um kurz zu sein, wer Madame Schmidt näher kennt, muss ihr gut sein. Und wir haben alle Ursache, solche Gesinnungen für sie zu hegen. Der Stolz der Familie ist der älteste Sohn, der Staatsrat und Professor der Chemie in Dorpat, Karl Schmidt. Ein ausgezeichneter Mann, sowohl als Gelehrter als auch als Mensch, der nächst Liebig der vorzüglichste seines Faches unter den deutschen Chemikern sein soll. Auch wurde er im Jahre 1851, als Liebig nach München übersiedelte, an dessen Stelle nach Marburg berufen.[76] Doch zog er es vor, seinem Vaterlande zu dienen. Ich machte seine Bekanntschaft zu Weihnachten dieses Jahres (1850) und wurde sogleich von seiner Liebenswürdigkeit für ihn eingenommen. Er gleicht in seinem Äußeren und seiner lebendigen Weise vielmehr seiner Stiefmutter als seinem Vater. Beweis genug, dass die Schwestern einander sehr ähnlich gewesen sein müssen. Seine Frau, die Tochter eines Dorpater Professors der Medizin,[77] ist recht hübsch, erscheint mir eher unbedeutend, wenigstens im Vergleich mit ihm. Der zweite Bruder Rudolf hat Pharmazie studiert, zeigte aber viel mehr Lust zur Schauspielkunst, wozu er auch Talent, vorzugsweise fürs komische Fach besitzt. Auf seine Veranlassung wird oder wurde wenigstens in der Schmidtschen Familie öfter Theater gespielt. Er ist eine gute Seele, aber gar nicht hübsch, rothaarig und neigt etwas zur Schwermut, was wohl auch mit seinem etwas verfehlten Lebenszweck zusammenhängen mag. Seit dem Anfang unserer Bekanntschaft ist er mehrere Male und auf längere Zeit in Dorpat gewesen. Unter anderem war er von August bis Anfang Dezember 1851 daselbst [208] und vom Herbst 1852 bis [?]. 1853 hat er eine Reise in Deutschland gemacht. Jetzt ist er schon seit einigen Jahren ins Geschäft des Vaters eingetreten und lebt still und eingezogen vor sich hin. Auch Schwester Amalia[78] ist nicht hübsch, aber sehr tätig und wirtlich. Im August 1851 ging sie als Gouvernante

---

76 Liebig lehrte bekanntermaßen in Gießen und nicht in Marburg. Er verließ die Ludwigs-Universität 1852, als er einem Ruf nach München folgte. Die von Döring behauptete Berufung Carl Schmidts als Nachfolger Liebigs ist nirgends nachweisbar und muss daher wohl unter den Begriff „Hörensagen“ subsumiert werden. Vgl.: Brock (1999), S. 235–240.

77 Antonie Elisabeth Sophie Schmidt, geb. von Hueck. Vgl.: Anlage 1, Nr. 7 dieser Untersuchung.

78 Amalie Ernestine Schmidt. Vgl.: Anlage 1, Nr. 12 dieser Untersuchung.

nach Estland zu einer Frau von Dehn[79] in [?], wo sie bis Johannis 1855 blieb. Und hierauf wurde sie Hilfslehrerin in der Gläserschen Schule[80] zu Mitau. Um ihrer Schwester Thekla in der Wirtschaft zu helfen, gab sie letztere Beschäftigung Ende 1857 auf und zog nach Hasenpoth. Doch blieb sie nicht immer dort, sondern kam nach längerer Zeit ins elterliche Haus zurück; reiste jedoch den 30. November 1861 wieder dorthin. Von Thekla, die ohne grade hübsch zu sein, doch ein recht interessantes (brünettes) Gesicht hat, kann ich noch außerdem melden, dass dieselbe eine geistreiche und sehr talentvolle Person ist; letzteres besonders in Bezug auf Poesie, Musik und Malerei. Ich rechne sie mit zu meinen begabtesten Schülerinnen. Sie hatte die Trinitatis-Töchterschule[81] ([?] Pfingsten) besucht; ein Jahr lang war sie stille Braut mit Karl Lichtenstein[82] (selbst wir hatten keine Ahnung davon), bis die Brautschaft den 24. Juni 1855 deklariert wurde, worauf abermals nach einem Jahre die Hochzeit stattfand und sie mit ihrem Mann nach Hasenpoth zog. Letzterer ein prächtiger einzig guter Mensch, ein Sohn des bekannten Arztes,[83] hatte seine Lehrzeit in der Schmidtschen Apotheke bestanden und war damals Gehilfe in derselben. Er ist groß, mager, brünett und sehr haarreich; dass er seit seiner Verheiratung die Verwaltung der Apotheke in Hasenpoth übernommen, die seinem Schwiegervater zugehört, ist schon erwähnt worden und dass er dort allgemein geliebt wird, muss ich noch hinzusetzen. Als hübscheste der Geschwister und als ganz besonderer Liebling der Mutter habe ich nun die kleine Marie[84] zu erwähnen, die ihrer Mutter am meisten gleicht, auch in der Lebhaftigkeit derselben. Auch sie ist mehrere Jahre meine Schülerin gewesen, doch besitzt sie nicht das Talent der Schwester. Einzig muss ich aber ihre Begabung für mimische Darstellung halten, die sie unendliche Male in der Vorstellung lebender Bilder aufs glänzendste bewiesen hat, wobei ihr natürlich ihr hübsches Gesicht zustatten kam. Ihr jetziger Mann,[85] damals, d. h. im Anfang unserer Bekanntschaft, noch Gymnasiast

---

79 Das Geschlecht derer von Dehn stammte aus Rostock und ließ sich ab dem 17. Jahrhundert im Baltikum nieder. Biographische Daten zu der von Döring erwähnten Frau von Dehn konnten allerdings nicht ermittelt werden. Vgl.: Lenz (1970), S. 160–161.

80 Es könnte sich hier um eine der zahlreichen Schulen gehandelt haben, die in geräumigen Privathäusern betrieben wurden. Vgl.: Schlau (1995), S. 279.

81 Die Trinitatis-Töchterschule, die im Jahre 1805 aus der deutschen Schreib- und Rechenschule zu St. Trinitatis (gegr. 1739) hervorgegangen war, befand sich auf der Ostseite der Poststraße. Vgl.: Schlau (1995), S. 107.

82 Karl Gottlieb Lichtenstein.

83 Hans (Johann) Claes (Nikolaus) Heinrich Lichtenstein.

84 Maria Dorothea Schmidt. Vgl.: Anlage 1, Nr. 18 dieser Untersuchung.

85 Oswald Chomse. Vgl.: Anlage 1, Nr. 19 dieser Untersuchung.

in Mitau, kam sehr viel in das Schmidtsche [208, Rückseite] Haus, wo er seiner musikalischen Talente wegen, gern gesehen war (auch ist er ja dem Hause verwandt). Schon damals scheint sich die beiderseitige Zuneigung gebildet zu haben, obgleich Marie noch fast ein Kind war. Die jüngste Tochter Minna (oder Ulrike Wilhelmine)[86] damals noch ganz in der Kindheit stehend, gleicht sehr dem Vater, ist rosig und blond, zart und schüchtern aber ziemlich hoch aufgewachsen, wenigstens größer als Marie und [ihre] Mutter. Sie singt etwas und hat sich sehr jung verheiratet.[87] Ich weiß nicht wie es sich machte, dass ich mit ihr auf einem eigentümlichen Fuß zu stehen kam, indem sie sich von mir sehr viele Neckereien gefallen lassen musste, obgleich sie es mir auch mitunter ganz tüchtig wieder heim gab. Ganz kurz will nun noch der Hausgenossen gedenken, die seit Anfang unserer Bekanntschaft, teils als Gehilfen teils als Lehrlinge, in der Apotheke daselbst wohnten, doch kann ich mich auf die Reihenfolge nicht mehr genau besinnen. Von [den] Gehilfen habe ich zu nennen: Antonius,[88] dessen Bruder in Sessau bei Grosewski lebte, Kannenberg,[89] Eckhof[f],[90] zwei Gebrüder Lindblohm[91] […], ferner Karl Lichtenstein, Köhler,[92] Makinski,[93] Fehrmann[94] aus Riga und Jansohn,[95] […] Eckhof[f], der mit einem Fräulein von Maydell[96] verheiratet ist, lebt jetzt in Russland und Köhler besitzt eine Apotheke in Dorpat, ihm soll es recht gut gehen. Von den Lehrlingen, die aber auch teilens als Gehilfen in derselben Apotheke gestanden,

86 Wilhelmina Ulrica Schmidt. Vgl.: Anlage 1, Nr. 21 dieser Untersuchung. – Döring konnte in seiner „Chronologie" Emilie Henriette Schmidt, die rund drei Jahre nach Wilhelmina Ulrica geboren wurde und schon im Säuglingsalter starb, wohl deshalb nicht berücksichtigen, weil er diesem nachweislich jüngsten weiblichen Spross der Familie Christoph Heinrichs Schmidts niemals selbst begegnet war. Vgl.: Anlage 1, Nr. 23 dieser Untersuchung.

87 Wilhelmina Ulrica Schmidt war ab 1860 mit Friedrich Reinhold von Bursy verheiratet. Vgl.: Anlage 1, Nr. 22 dieser Untersuchung.

88 Es könnte sich um Julius Antonius gehandelt haben. Vgl. zur damaligen Ausbildung der Pharmazeuten und den an russischen Hochschulen vergebenen Graden: Otto (1915), S. 93–101.

89 Carl Kannenberg.

90 Friedrich Eckhoff.

91 Es handelte sich um Karl Eduard Lindblohm und Theodor August Lindblohm.

92 Theodor Köhler.

93 Möglicherweise sprach Döring hier von Hermann Makinski.

94 Woldemar Fehrmann.

95 Vielleicht war Eduard Jannsohn gemeint.

96 Vermutlich ging es hier um eine Verwandte des Barons Georg Gustav von Maydell aus dem gleichnamigen estländischen Uradelsgeschlecht. Vgl.: Lenz (1970), S. 495; Schlau (1995), S. 77–78.

weiß ich nur noch Hartmann[97] (im Jahre 1859 in Szadow Besitzer der Apotheke), Alexander Grabbe,[98] jetzt Inhaber der Goldingschen[99] Apotheke, Wierzbicki,[100] Sohn des Mitauer Veterinärarztes und Neffe des bekannten Demagogen Corvin-Wierzbicki,[101] Leukhard,[102] Worms,[103] († 185?), Strauß,[104] Sponholz,[105] Wallenburger,[106] Buck[107] und Isakowitsch[108] [...] Man kann aber nicht grad sagen, dass die jungen Leute häufig in den engeren Kreis der Familie gezogen würden. Der Schmidtsche Bekanntenkreis ist ein sehr ausgedehnter, schon der großen Verwandtschaft wegen. Sie haben Besuch ohne Ende und ich werde jetzt nur einige der damals am häufigsten daselbst verkehrenden Personen anführen, zu denen vor allen Dingen der Bruder von Madame Schmidt, der bekannte Arzt in Mitau, der Staatsrat Dr. Karl Bursy zu rechnen [209] ist, ein alter freundlicher Herr mit feingeschnittenen Gesichtszügen und mageren Wangen, sehr geachtet als Arzt (und Chef der kurländischen Medizinalbehörde) und dem ich auch sehr zugetan bin. Über seine Familie ist zur Genüge in der Geschlechtstafel, Seite 407,[109] gesagt. Nur so viel sei noch erwähnt, daß seine Frau sehr korpulent und der älteste Sohn früher in Petersburg angestellt war und sich erst im Jahre 185[?] nach Mitau überführen ließ.[110] Die Grenzhöfschen Bursys[111] kamen natürlicherweise seltener zu Schmidts,

---

97 Zu dem Apotheker-Lehrling Hartmann ließen sich keine biographischen Daten ermitteln.

98 Alexander Grab(b)e.

99 Vgl. zu Goldingen: Feldmann und zur Mühlen (1990), S. 187–190.

100 Otto Wiersbitzk(i)y.

101 Otto Julius Bernhard von Corvin-Wiersbitzki.

102 Zu dem Apotheker-Lehrling Leukhard ließen sich keine biographischen Daten ermitteln.

103 Es könnte sich um Wilhelm Worms gehandelt haben.

104 Zu dem von Döring erwähnten Lehrling oder Gehilfen Strauß ließen sich keine biographischen Daten ermitteln.

105 Hermann Sponholz.

106 Biographische Daten zum Apotheker-Lehrling Wallenburger waren in den uns zur Verfügung stehenden Findmitteln nicht enthalten.

107 August Nikolai Soeren Buck.

108 Zum Apotheker-Lehrling Isakowitsch enthielten die uns zugänglichen Findmittel keine biographischen Angaben.

109 LVVA 5759/2/1107, S. 206, da die offizielle Seitenzählung des lettischen Staatsarchivs von Dörings eigenhändiger abweicht.

110 Friedrich Reinhold von Bursy.

111 Bei den Grenzhofschen Bursys handelte es sich um den Probst Otto Ernst Konrad Bursy und dessen Ehefrau Emilie, geb. von Rahden, sowie deren Kinder. Der älteste Sohn Friedrich war ebenfalls Pfarrer in Grenzhof und in erster Ehe mit Bertha von

doch war Hugo[112] mehrere Jahre im Schmidtschen Hause Pensionär, als er das Mitausche Gymnasium besuchte.[113] Auch ein gewisser Fedor Czernay,[114] Sohn des Grünhöfschen Arztes,[115] wohnte in gleicher Eigenschaft dort. Es ist derselbe, der im Herbst 1861 als Lehrer am Mitauschen Gymnasium angestellt wurde. Des Letzteren Bruder Hugo[116] kam nach seines Bruders Abgang zur Universität auch zu Schmidts. Mit ihm ein gewisser Schilling[117] aus Hasenpoth. Damals gab es viel Leben im Hause auch noch dadurch, daß die Pensionäre oft Besuch ihrer Kameraden hatten, aber auch an jungen Damen fehlte es nicht gerade; außer den Bursyschen Mädchen[118] und denen des Pastors Schultz,[119] auch eines Verwandten, führe ich nur an ein junges sehr schönes und talentiertes Mädchen, das großen Beifall hatte, besonders bei uns Männern. Als Theklas Schulfreundin war sie im Hause bekannt [ge]worden und fast täglich dort zu finden.[120] Noch [ge]denke [ich] mit Freuden der schönen Stunden, wo des Abends bei Schmidts Quartett-Gesänge ausgeführt wurden, in denen Lina Brauwert (eigentlich hieß sie Kallweit; ihr Vater war Postmeister in Bauske,[121] vorher Postbeamter in Mitau. [Sie] wurde aber gewöhnlich mit obigem Namen, als dem ihres Adoptiv-Vaters, welcher Pächter des Gutes

---

Stempel, in zweiter mit Luise Zachersohn verheiratet. LVVA 5759/2/1107, S. 205 (Rückseite); persönliche Mitteilung von Bernhard und Friedrich von Bursy. Vgl. zu Grenzhof: Feldmann und zur Mühlen (1990), S. 196–197.

112 Hugo Bursy.

113 Vgl. zur Geschichte und Entwicklung des Mitauer Gymnasiums: Dannenberg (1875), S. III–XLIV; Schlau (ca. 1959), S. 1–23.

114 Bei diesem hier erwähnten „Fedor" Czernay unterlief Döring wohl eine Verwechslung des Vornamens, denn bei dem beschriebenen Pensionär im Schmidtschen Hause muss es sich um Theodor Czernay gehandelt haben.

115 Bei dem Grünhofschen Arzt handelte es sich wahrscheinlich um Fedor Czernay. Vgl. zu Grünhof: Feldmann und zur Mühlen (1990), S. 204.

116 Hugo Czernay.

117 Vermutlich war hier von Carl Schilling die Rede.

118 Hier handelte es sich um die Töchter des Staatsrats Dr. Karl von Bursy und seiner Ehefrau Anna, geb. von Dieterich. LVVA 5759/2/1107, S. 206.

119 Wahrscheinlich ging es um die Schwestern des Mitauer Lehrers Karl Schulz, der ab 1844 mit Johanna von Bursy, der Tochter Carl von Bursys, verheiratet war. LVVA 5759/2/1107, S. 206; persönliche Mitteilung von Bernhard und Friedrich von Bursy.

120 Dieses von Döring als „Talent" bezeichnete Geschöpf konnte nicht identifiziert werden.

121 Bauske (Bauska) ist eine Stadt mit ca. 10.000 Einwohnern und liegt etwa 65 km südlich von Riga. Sie wurde urkundlich erstmals in der Mitte des 15. Jahrhunderts erwähnt und erhielt 1584 Stadtrechte. Vgl.: Feldmann und zur Mühlen (1990), S. 59–61; Eisenschmid und Bockamp (2000), S. 201.

Klein-Elley ist, benannt)[122] den Sopran sang. Sie hatte eine reizende Stimme, klar, metallreich und weich. Ich habe wohl kaum eine schönere gehört. Im Tableau sah sie wunderschön aus, wie ich bald zu erfahren Gelegenheit hatte. Nicht nur zur Musik, sondern auch zum Zeichnen verriet sie viel Talent; auch nahm sie einige Zeit bei mir Unterricht (27. Oktober 1851–15. März 1852). Zum großen Leidwesen ihrer Verehrer heiratete sie im Februar 1853 einen russischen Offizier Nicolai Twanieff,[123] der uns allen sehr unbedeutend erschien und zog mit ihm nach Petersburg, wo sie noch jetzt lebt. Im Herbst 1863 trat Lina Twanieff zu unserer großen Verwunderung in St. Petersburg als Sängerin [an] der russischen Oper auf und erhielt großen Beifall (in Martha).[124] Sie nennt sich pseudonym Platonow (Julie von Platonoff). Ich sprach sie zu Johannis 1865 in Mitau; sie wollte in Dubbeln[125] das Seebad besuchen. In dem erwähnten Quartett wirkten noch Thekla und Rudolf Schmidt sowie Oswald Chomse mit, letzterer als Tenor und Dirigent. Oft haben mich diese [209, Rückseite] einfachen Gesänge in andere Welten entrückt. Am meisten gefiel uns immer der Mendelsohnsche Liederzyklus: „Entflieh' mit mir und sei mein Weib und ruh" usw.[126] Ich kann die Schilderung des Schmidtschen Hauses nicht beschließen, ohne vorher noch zwei andere fleißige Besucher desselben zu nennen; ich meine die schon früher erwähnte Madame Ruhde und ein älteres Fräulein Minna Lauw, eine sehr achtbare und gute Dame, die von einer Frau von Langenhausen erzogen, von derselben ein kleines Vermögen geerbt, still und eingezogen in Mitau lebte und später ganz ins Schmidtsche Haus zog. Jetzt wohnt sie schon seit einigen Jahren in Dresden [...]

[210, Rückseite] [...] Nach unserem ersten Abendbesuch bei Schmidts am 17. September wiederholten wir denselben Sonntag, den 3. Dezember. Da zu den Weihnachtsfeiertagen die beiden Söhne Karl und Rudolf zum Besuch von Dorpat kamen, so baten mich Schmidts, denselben zu Ehren einige lebende

---

122 Es ließen sich keine biographischen Daten zu Lina Brauwert bzw. Lina Kallweit ermitteln. Das Gut Klein-Elley umfasste 189 Hektar Hofland und wurde vermutlich 1571 erstmals belehnt. Vgl.: Feldmann und zur Mühlen (1990), S. 150.

123 Auch der Name Nicolai Twanieffs war in den uns zugänglichen Findmitteln nicht enthalten.

124 Möglicherweise sang Lina Twanieff die Lady Harriet Durham in der Oper „Martha" von Friedrich von Flotow. Vgl.: Beaujean et al. (1995), S. 241–243.

125 Der Strandort Dubbeln lag etwa 20 Kilometer westlich des Stadtzentrums von Riga. Vgl.: Feldmann und zur Mühlen (1990), S. 126–127.

126 Bei dem von Döring erwähnten Liederzyklus von Felix Mendelssohn-Bartholdy handelte es sich um: Sechs Lieder, op. 41 Nr. 2 MWV F 4. Vgl.: Liste der Werke von Felix-Mendelssohn Bartholdy. Verfügbar unter: https://de.wikipedia.org/wiki/Liste_der_Werke_von_ Felix_Mendelssohn_Bartholdy. Letzter Zugang: 30. Oktober 2017.

Bilder zu stellen, was wir den 27. Dezember ins Werk setzten. Den Tag über schlug ich eine passende Bühne dazu auf im Eckzimmer in der Tür zum großen Zimmer und abends stellte ich nun, nachdem vorher das kleine Stück „33 Minuten in Grüneberg"[127] von Thekla, Rudolf und Lina Brauwert gespielt worden [war], folgende Bilder: 1. „Die Söhne Eduards" nach Hildebrandt,[128] von Marie und Minna dargestellt, die Mörder durch Rudolf und Chomse. 2. „Die Heimatklänge"[129] durch Pilger veranschaulicht; die Darsteller weiß ich nicht mehr. 3. „Anbetung der heiligen drei Könige"[130], wo Lina Brauwert die Madonna machte und sich sehr gut ausnahm. 4. „Die Brautschmückung".[131] 5. „Eine Wahrsagerin".[132] Außer Lina Brauwert sah noch recht gut aus: Frl. Marie Beyer[133] in der Brautschmückung, auch deren Schwester Cäcilie[134] als Pilgerin [machte] sich recht gut. [Beide] sind die Töchter des Talsener Arztes Beyer. Erstere heirate 1853 einen Offizier, Hilferding von der Wippen,[135] ward aber schon nach einigen Jahren Witwe; Cäcilie ist seit 185[?] die Gattin des Talsener Arztes Strauß,[136] eines Sohnes des Mitauer Akteurs, starb jedoch 1862. Erst um 1 Uhr in der Nacht wurden wir fertig und ich glaube, nicht nur die Zuschauer, sondern auch die Darsteller haben sich herrlich amüsiert. […]

[211, Rückseite] […] Das neue Jahr brachte für meine Frau und Tochter eine mehrtägige leichte Krankheit. Dass dieselbe nicht viel zu bedeuten hatte, kann

127 Ein wahrscheinlich von Carl von Holtei stammendes Bühnenstück. Vgl.: Kürschner (1881), S. 3–5; Meyer (1971–1979), 12, S. 196–197.

128 Der Maler Theodor Hildebrandt verdankte seine Berühmtheit hauptsächlich Gemälden, in denen er Szenen aus den Tragödien William Shakespeares darstellte, so z. B. „Die Söhne Eduards IV […] vor der Ermordung" (nach „Richard III"). Vgl.: Blanckarts (1880), S. 405–406.

129 Die uns zur Verfügung stehenden Findmittel enthielten keine näheren Angaben zu diesem Gemälde.

130 Da es sich bei der Anbetung der heiligen drei Könige um ein bekanntes und unzählige Male verwandtes Motiv der bildenden Kunst handelt, ist die Zuordnung zu einem konkreten Gemälde leider nicht möglich.

131 Vielleicht war hier von einem „lebenden Bild" die Rede, das Döring nach dem gleichnamigen Gemälde von Florent Willems gestellt hatte. Vgl.: Willems, Florent. Verfügbar unter: http://www.retrobibliothek.de/retrobib/seite.html?id=67262. Letzter Zugang: 30. Oktober 2017.

132 Es existieren zahlreiche Gemälde mit dem Titel „Die Wahrsagerin", so dass auch in diesem Fall keine exakte Bestimmung erfolgen konnte.

133 Marie Beyer.

134 Vgl. zu Cäcilie Beyer: Brennsohn (1929), S. 386.

135 Zum Offizier Hilferding von der Wippen fanden sich keine weiterführenden Angaben.

136 Emil Wilhelm Strauss.

man daran messen, dass ich gleich den Neujahrstag Abend zu Schmidts in Gesellschaft ging und mich dort recht gut vergnügte, denn es wurde die bekannte Posse „Köck und Guste“[137] von Rudolf und Lina Brauwert und Thekla recht gut aufgeführt, nachher gab's noch Tanz und Gesang. Den 3. Januar erhielten wir Besuch von einem Verwandten meiner Frau. [...] [212] [...] An diesem Abend gab es bei Schmidts abermals Theater und diesmal begleitete mich Luise, denn sie war soweit wieder gesund. Man gab „Die Theaterprobe“;[138] [als] dies vorbei [war], las der kleine Dr. Meyer[139] noch drei Akte aus Gutzkows „Herz und Welt“[140] natürlich sehr schön. Zuletzt wurde wieder viel gesungen, sowohl Quartett als Unisono, vor der ganzen Gesellschaft, die sehr zahlreich war. [...] Bei Schmidts wurde den 10. Januar schon wieder gespielt und zwar die Posse mit Gesang „Lorenz und seine Schwester“[141] und wir gehörten abermals zu den Zuschauern. Die Hauptschauspieler waren damals Rudolf, Thekla, Lina, Karl und Anton Lichtenstein,[142] auch Chomse spielte zuweilen mit. [...]

[214, Rückseite] [...] Besser gefiel es uns bei Bursys am 11ten Februar, denn da wurden zur Feier des Geburtstages der Hausfrau zwei kleine Stücke: Der neue Narziß von Scribe[143] und Der Meuchelmörder von Cosmar[144] recht hübsch aufgeführt. Die Rollen hatten die Bursyschen Töchter Dasche (Dorothea), Betty

---

137 Diese Posse in einem Aufzug erschien 1846 als freie Übersetzung aus dem Französischen von W. Friedrich (d. h. Friedrich Wilhelm Riese) beim Julius Springer Verlag in Berlin. Vgl.: Köck und Guste – Posse in einem Aufzuge. Verfügbar unter: http://www.europeana.eu/portal/record/09428/muradora_objectView_action_pid_demo_bm_14190842.html. Letzter Zugang: 30. Oktober 2017.

138 Nähere Angaben zu diesem Bühnenstück ließen sich leider nicht ermitteln.

139 Johann Friedrich Wilhelm Clemens Ludwig Meyer.

140 Karl Gutzkow. Sein Schauspiel „Werner oder Herz der Welt“ erschien 1840. Vgl.: Haacke (1966), S. 354–357.

141 Die Posse in einem Akt „Lorenz und seine Schwestern“ stellte eine freie Bearbeitung W. Friedrichs (d. h. Friedrich Wilhelm Rieses) aus dem Französischen dar, die er während seiner Hamburger Zeit für das dortige Thalia-Theater schuf. Vgl.: Lorenz und seine Schwester. Fortsetzung von: „Das Hausgesinde“. Verfügbar unter: https://opacplus.bsb-muenchen.de/metaopac/search?View=default&db=100&id=BV036440201. Letzter Zugang: 30. Oktober 2017.

142 Anton Lichtenstein könnte ein Bruder Karl Lichtensteins und ein Sohn des Mitauer Arztes Johann Nikolaus Heinrich Lichtenstein gewesen sein. Vgl.: Brennsohn (1929), S. 275; Lenz (1970), S. 450.

143 Augustin Eugène Scribe.

144 Alexander Cosmar.

und Nanny[145] sowie Thekla Schmidt, Alexander Grabbe und Herr und Frau Dr. Metz[146] übernommen. Unser Hauptschauspieler Rudolf Schmidt war nicht mehr in Mitau, sondern schon wieder in Dorpat. Zum ersten Male feierten wir am 13. Februar den Geburtstag unseres alten Schmidt, was wir seitdem jedes Jahr wiederholten. Diesmal fand eine Abendgesellschaft statt. [...]

[217, Rückseite] [...] Den 9. Mai fing Thekla Schmidt an bei mir Stunden zu nehmen [...] Wie gewöhnlich nahmen wir auch in diesem Jahr das heilige Abendmahl am Karfreitag, der auf den 6. April fiel. Nachmittags gingen wir bei schönem mildem Frühlingswetter, schon hatten die Sträucher große Knospen, mit Schmidts nach der Buschwächterei Straute-Krisch oder Strautneek[147] 3 Werst von der Stadt auf der Bausker Straße, unweit des jüdischen Begräbnisplatzes, gelegen, wo wir schon den 26. März eine Sommerwohnung (für 16 Rbl.) im voraus gemietet hatten. Schmidts hatten das gleiche getan. [...]

[224, Rückseite] Wie schon [...] erwähnt [...], hatten wir uns dort [in Straute-Krisch] eingerichtet und meine Frau war [...] hinausgezogen. Währenddessen wurden in unserer Stadtwohnung Wände und Dielen neu gemalt und gestrichen [...] Solches Aufputzen der Wohnung geschieht in Mitau gewöhnlich alle drei Jahre und zwar stets auf Kosten des Hausbesitzers und nicht wie in Dresden auf die des Mieters [...] Eine große Annehmlichkeit für uns bestand in der Anwesenheit von Madame Schmidt, die mit ihren Töchtern zwei untere Zimmer bewohnte. Wir waren fast immer beisammen und gleich den anderen Tag nach meiner Ankunft wurde unten Theater gespielt, wobei ich aus Tüchern, Laken und Schirmen die Bühne zusammengestellt hatte. Luise spielte jedoch mit, sie machte die Jungfer Nelkenstroh in Kotzebues „Schelmischer Freyer".[148] Thekla und Marie Schmidt gaben die anderen Rollen. Außer der Schmidtschen Familie

145 Caroline Betty von Bursy, Dorothea von Bursy, Nanny von Bursy. Persönliche Mitteilung von Bernhard und Friedrich von Bursy.

146 Zum Ehepaar Metz ließen sich keine weiterführenden biographischen Angaben ermitteln.

147 Diese Buschwächtereien oder „Höfchen" waren ländliche Anwesen, die sich wohlhabende Bürger in der Umgebung der Stadt erbauen ließen und auf denen sie die Abende, Wochenenden, Feiertage oder auch die gesamte Sommerzeit zu verbringen pflegten. Vgl.: Schlau (1995), S. 89.

148 Dieses Lustspiel August Friedrich von Kotzebues erschien 1818 und bildete den dritten Band der Reihe „Neue deutsche Schaubühne oder Dramatische Bibliothek der neuesten Lust-, Schau-, Sing- und Trauerspiele". Vgl.: Karlsruher Virtueller Katalog. Verfügbar unter: https://kvk.bibliothek.kit.edu/. Letzter Zugang: 30. Oktober 2017.

waren noch einige Bekannte Zuschauer. Nach der Aufführung aßen wie recht fröhlich im Pavillon zu Abend. Derselbe, recht geräumig, stand hart neben der Straße unter hohen Kiefernbäumen auf einem grünen Plan; jetzt ist derselbe verschwunden. Schon nach 3 Tagen, nämlich den 16. Juli, gab es abermals Theater; Rudolf (der unlängst aus Dorpat heimgekehrt), Thekla, Lina Brauwert und Karl Lichtenstein führten das kleine Lustspiel von Th. Wehl: „Man soll den Teufel nicht an die Wand malen“[149] recht gut auf. An demselben Nachmittag erlebten wir eine ringförmige Sonnenfinsternis, die [225] von ¾ 4 bis ¾ 6 dauerte, leider war die Witterung nicht sehr günstig und gerade während der größten Verfinsterung trat eine dunkle Wolke vor die Sonne; doch war das, was wir bemerken konnten, recht interessant. Es wurde zwar merklich dunkel, doch nicht mehr, als wenn bei teilweise heiterem Himmel ein dunkles Gewölk plötzlich aufzieht; auch schien die ganze Natur in einer ähnlichen Stimmung zu sein, als wie wenn ein Gewitter loszubrechen im Begriff ist. Es schien auch auf die Menschen dem ähnlich zu wirken, und Frl. Lina brach darüber in Tränen aus. Ich habe nicht bemerkt, dass Hühner und andere Vögel zur Ruhe gegangen wären, noch weniger war von Sternen etwas zu sehen, obgleich der Himmel größtenteils wolkenfrei war. In diesem Sommer gab es recht heftige Gewitter, schon in Alt-Autz[150] hatte ich ein außerordentlich heftiges und langandauerndes, und zwar am 22. Juni früh 3 Uhr, erlebt und hier in Straute-Kirsch [ge]witterte es noch viermal, am stärksten den 13., den 19. und 21. Juli; auch regnete es ziemlich viel. Ein alter Freund des Herrn Schmidt, der greise Akteur Strauß, der schon seit 18 Jahren allsommerlich das nahe Käshof[151] bewohnte, hatte uns freundlichst zu sich eingeladen und wir verbrachten, d. h. in Gemeinschaft der Familie Schmidt, einen sehr angenehmen Abend, den 18ten, bei ihm und machten noch eine Bootsfahrt nach dem nahen Ledding.[152] Die Nacht war wundervoll und spät kamen wir

---

149 Es handelte sich um einen der fidelen Einakter Fedor von Wehls. Vgl.: Fränkel (1898), S. 448–455.

150 Die Kleinstadt Alt-Autz (heute Auce) liegt etwa 60 km südwestlich von Mitau. Die Grafen Medem, die aus dem uralten niedersächsischen Adelsgeschlecht stammten, waren seit dem 15. Jahrhundert in Kurland ansässig. Sie ließen sich 1843 in Alt-Autz von dem Berliner Architekten Friedrich August Stüler ein Schloss bauen. Vgl.: Lenz (1970), S. 499; Feldmann und zur Mühlen (1990), S. 45; Eisenschmid und Bockamp (2000), S. 234.

151 Das Privatgut Käshof mit 64 Hektar Hofland befand sich rund 2,5 Kilometer südöstlich des Mitauer Schlosses an der Würzau. Vgl.: Feldmann und zur Mühlen (1990), S. 271.

152 Der heutige Name des Ortes Ledding ließ sich auch unter Zuhilfenahme einschlägiger historischer Ortslexika nicht ermitteln.

nach Hause. In Käshof hatten wir auch Frl. Marie Beyer aus Talsen angetroffen. Weil Frl. Amalia Schmidt bald nach Estland abreisen wollte, so wurden, um ihren Abschied glänzend zu feiern, den 20. Juli lebende Bilder von mir unten bei Schmidts gestellt [...] Unsere Tableaux fanden also statt: zuerst kam „Amaliens Schutzengel",[153] dargestellt von den drei Schwestern, Thekla, Marie, Minna Schmidt, die als Genien und Engel einen mit Amaliens Namen [225, Rückseite] beschriebenen und mit Girlanden bekränzten Schild hielten. Im 2ten Bilde, „Wein, Musik und Liebe",[154] machte ich selbst den ersten, Rudolf Schmidt, als greiser Barde, das zweite und die Liebe wurde von Lina Brauwert dargestellt, wobei Stephan den Amor abgab. In „Tasso mit den beiden Leonoren"[155] wirkte Karl Lichtenstein als Dichter und Thekla nebst Lina als Prinzessinnen. Das letzte Bild stellte die Märchen erzählende Scheherazade[156] vor, und zwar gab eine Schwester unserer Lina Brauwert, Pauline Kallweit,[157] die Titelrolle, während Lichtenstein den Sultan machte. Im tollen Jubel zogen wir nach Beendigung der Tableaux, angetan als Zigeuner, jeder nahm, was er gerade von den Kostümstücken erwischen konnte, hinaus ins Freie. Auf einem kleinen Hügel jenseits der Straße (neben dem jetzt eine Hütte gebaut steht) ward ein Feuer angezündet, ein Kessel darüber gehängt und die Bande lagerte sich teilweise um dasselbe herum, teils umtanzten es wieder andere nach dem heiseren Gesange der alten Zigeunermutter, die, eine Gitarre im Arm, von der alten Langerhausen[158] sehr gut dargestellt wurde.

153 Eine mögliche Vorlage für dieses „lebende Bild" konnte nicht nachgewiesen werden.

154 Die von Döring genannte Trias „Wein, Musik und Liebe" ist Gegenstand unzähliger Darstellungen der bildenden Kunst. Daher war eine konkrete Zuordnung des gestellten Bildes leider nicht möglich.

155 Das Schauspiel Johann Wolfgang von Goethes, am 16. Februar 1807 in Weimar erstmals aufgeführt, gestaltete in seiner Urform wohl zunächst nur die Liebesbeziehung des berühmten italienischen Dichters der Spätrenaissance zu einer Prinzessin, rückte aber später das problematische Verhältnis Tassos zur zeitgenössischen Gesellschaft ins Zentrum. Die bildkünstlerische Verarbeitung bediente sich des Themas während des 19. Jahrhunderts auch in den Ländern des heutigen Deutschlands ausgiebig. Eine mögliche Vorlage für das von Döring gestellte Tableaux könnte Carl Ferdinand Sohns „Tasso an einer Quelle dichtend, belauscht von den beiden Leonoren" aus dem Jahr 1839 gewesen sein, das sich heute im Düsseldorfer Kunstmuseum befindet. Vgl.: Kindlers Literatur Lexikon (1974), 21, S. 9445–9446; Kohle (1995), S. 301–316.

156 Bei der Scheherazade handelt es sich bekanntlich um die Märchenerzählerin in Tausend und eine Nacht. Vgl.: Meyer (1998), 19, S. 137.

157 Zu Pauline Kallweit ließen sich keine biographischen Daten ermitteln.

158 Bei der „alten Langerhausen" (oder Langerhansen) handelte es sich wahrscheinlich um Ernestine Langerhausen (oder Langerhansen).

Zuweilen beleuchtete bengalisches Feuer die phantastische Gruppe und Bauern sollen unter dem Schreckensrufe „Wels“ = Teufel schnell vorbeigejagt sein, andere aber mit offenem Munde dagestanden haben. Bis tief in die Nacht hinein sangen, tanzten und jubelten wir, bis endlich die Gäste zur Stadt zurückfuhren. Nach drei Tagen, den 23ten zogen Schmidts wieder zur Stadt zurück und wir folgten den 1ten August. [...]

[230] [...] Die Zeichenstunden hatten den 25. August wieder begonnen [...], ferner arrangierte sich seit dem 27. Oktober beim Apotheker Schmidt eine Stunde, an der seine Tochter Thekla und Frl. Lina Brauwert teilnahmen [...] [231] [...] Den 7. November gaben wir unseren Schmidtschen Freunden eine Abendgesellschaft, zu welcher die drei Schwestern Thekla, Marie und Minna Schmidt, Frl. L. Brauwert, Antonie Müller,[159] [...] die eine Schwester unserer Naney ist, geladen und gekommen waren. Von [den] Herren hatten sich eingestellt: Chomse, Karl Lichtenstein, Hugo Bursy und Fedor Czernay,[160] alle außer dem zweiten, noch Gymnasiasten. Wir waren recht lustig. Rudolf Schmidt war deswegen nicht anwesend, weil er sich noch in Dorpat befand, von wo er erst den 13. Dezember zurückkehrte. Er hatte daselbst noch kurz zuvor, den 7ten, der Hochzeitsfeier seines Bruders Karl beigewohnt,[161] die auch hier bei den Eltern mit einem Glase Punsch, wozu wir eingeladen, begangen wurde. Das junge Ehepaar hatte die Absicht, die Weihnachtsfeiertage in Mitau zuzubringen, und [um] dasselbe würdig zu empfangen, wurden allerlei Vergnügungen vorbereitet, an deren Spitze die damals sehr beliebten lebenden Bilder standen. Wir fingen den 12. Dezember damit an und waren so ziemlich mit den Vorbereitungen fertig, als plötzlich, es war den 23. Dezember, die betrübende Nachricht eintraf, der junge Ehemann habe auf der Reise durch Umsturz des Schlittens das Bein gebrochen und liege in der Station Teilitz bei Walk[162] darnieder. Auf diese Schreckensbotschaft hin, setzten sich Herr und Madame Schmidt sofort in den Schlitten und fuhren, den Sohn zu besuchen,

159 Zu Antonie Müller ließen sich keine biographischen Daten ermitteln.

160 Theodor Czernay.

161 Vgl. zur Hochzeit Antonie Elisabeth Sophie und Ernst Carl Heinrich Schmidts: Anlage 6 dieser Untersuchung.

162 Walk (heute lettisch Valka bzw. estnisch Valga), durch dessen Ortsmitte seit 1920 die lettisch/estnische Grenze verläuft, wurde bereits 1286 erstmals wegen seiner verkehrsgünstigen Lage an den Handelsstraßen von Riga nach Pskow und Tartu (Dorpat) erwähnt. Die Poststation Teilitz lag in der Nähe des heutigen Guts-Schlosses Sangaste (Sagnitz), also rund 16 km nordöstlich von Valka (Valga). Vgl.: Feldmann und zur Mühlen (1990), S. 676–677; Eisenschmid und Bockamp (2000), S. 185–186, S. 298.

was eigentlich sehr hoch anzurechnen war, denn der alte Schmidt ging fast nie aus dem Hause und hatte seit langer Zeit keine größere Reise unternommen.[163] Den 27ten kamen sie wieder zurück und brachten ziemlich tröstliche Nachrichten mit. Aber unsere Freude war dennoch gestört, doch brachten wir den ersten Feiertag Abend bei Schmidts zu und trieben auch allerhand Kurzweil mit dem jungen Volk. Seit diesem Herbst war es überhaupt bei uns Gebrauch [ge]worden, die Sonntagabende in dieser Familie zuzubringen. […]

[233] […] Den Weihnachtsabend brachten wir bei Kleins zu, wo Stephan und Ella, welch letztere seit dem 25. November angefangen hatte, allein zu gehen, von allen sehr reich beschenkt wurden. Bei uns fand die Bescherung den ersten Feiertag früh statt. Abends gingen wir zu Schmidts und den anderen Abend zu Bursys. Den 27. Dezember hielten wir abends bei Schmidts Generalprobe zum „Pariser Taugenichts",[164] worin meine Frau die Rolle der Madame Morin machte. Während dessen kamen Herr und Madame Schmidt aus Livland zurück […] Trotz des erzählten Unfalls kamen die vorbereiteten Tableaux doch noch bei Schmidts zur Ausführung, und zwar am 30. Dezember […] Um 2 Uhr in der Nacht kamen wir erst nach Hause. Auch den Sylvesterabend brachten wir bei Schmidts zu und erwarteten dort bei einem Glase Punsch und allerlei Kurzweil, zu denen ein Genien- und Bergmannstanz gehörte, das Neue Jahr. […]

[235] […] Bei Schmidts hatten wir am 4. Januar den „Pariser Taugenichts" aufgeführt, wobei ich den Regisseur, Luise aber Madame Morin gemacht hatte. Die Titelrolle gab Thekla Schmidt, die Liebhaberrollen hatten O. Chomse und Lina Brauwert übernommen, Rudolf spielte den Nachbar Bisnau und K. Lichtenstein den alten General. Nach 14 Tagen stellte ich bei Schmidts wieder Tableaux, und zwar am 16. Januar. Es war solches bei Gelegenheit der Brautaufnahme des Dr. Bidder,[165] der sich mit einem Fräulein Vorkampf[f]-Laue, einem sehr blonden Mädchen verlobt hatte […] Nach der Vorstellung waren wir noch

163 Vgl. zu den Ereignissen auf der Reise des jungen Paares nach Mitau: Anlage 6 dieser Untersuchung.

164 Es handelte sich um ein Lustspiel in zwei Aufzügen, das Theodor Dunkel nach dem französischen Original von Jean-François Bayard und Émile Vandenburch ins Deutsche übersetzt hatte und das 1837 in Berlin bei Hayn erschien. Vgl.: Karlsruher Virtueller Katalog. Verfügbar unter: https://kvk.bibliothek.kit.edu/. Letzter Zugang: 30. Oktober 2017.

165 Alexander August Bidder. Er heiratete nach dem Tode seiner ersten Frau (1850) im Jahre 1852 Emmy Vorkampff-Laue, die möglicherweise eine Schwester des Mitauer Oberhofgerichts-Advokaten, Gustav Vorkampff-Laue, war. Vgl.: Hasselblatt und Otto (1889), S. 311; Brennsohn (1929), S. 93; Schlau (1995), S. 200.

sehr lustig, wobei der Gesang nicht fehlte. Es war dies einer der angenehmsten Abende, die ich je bei Schmidts erlebt [hatte]. Noch waren nicht 2 Wochen um, so gab es bei Schmidts wieder Gesellschaft, diesmal einem gewissen Herrn Schultz,[166] der ein Bruder des lettischen Predigers [war], zu Ehren. Es wurde „Köck und Guste" von Rudolf und L. Brauwert aufgeführt. Zu Herrn Schmidts Geburtstag, den 13. Februar, auf den wir uns schon lange gefreut hatten, ging es recht lustig zu. Ohne Theater konnte nichts mehr gefeiert werden. Heute kam „Der reisende Student"[167] und „Das Herz vergessen" [ein] Lustspiel von Putlitz[168] zur Aufführung. Beim ersteren machte ich den Regisseur und es spielten Rudolf, Lina, Eckhof (Ingenieur)[169] und meine Frau, welche die alte Margarethe gab, mit. Im 2ten Stück aber Thekla. [235, Rückseite] Heute Abend glaubte ich deutlich zu bemerken, dass sich Rudolf für Lina und Lina für Rudolf interessierte und hätte er nur Mut gehabt zum Freien, ihm wäre sicherlich kein Korb [gegeben] worden und seine ganze Zukunft dürfte sich freundlicher gestaltet haben. Kurz vorher, nämlich den 11. Februar, hatten wir auch bei Bursys Theater gehabt, wo zur Feier von Madame Bursys Geburtstag eine große Gesellschaft gegeben wurde, die mit der Aufführung von „Lorenz und seine Schwester", worin Rudolf Schmidt den Lorenz machte, begann und mit einem großen Ball endete. Wir kamen erst um 3 Uhr nach Hause [...] Außer den genannten Gesellschaften machten wir eine mit beim Dr. Gramkau,[170] Schwager des Advokaten Neumann,[171] am 7. Januar, eine beim Dr. und Staatsrat Bursy, den 12. Januar, wo unter anderem eine Art Tableau zur nachträglichen Feier des jungen Schmidtschen Ehepaares in Dorpat aufgestellt wurde, bei der ich aber nur als Zuschauer beteiligt war. [...]

[236, Rückseite] [Am] 16ten [nahm die Krankheit] einen so gefährlichen Charakter an, dass der Dr. Gramkau zugezogen werden musste. Ich wachte die halbe Nacht an ihrem [Ellas] Bett und jetzt erst kam mir eine Ahnung ihres nahen Todes, die mir unsäglichen Schmerz verursachte. Montagabend gaben sie die Ärzte auf und obgleich ich selbst vor Schmerz und Aufregung halb krank war, wachte ich doch fast die ganze Nacht an ihrem Bettchen, sie bei ihren Anfällen

166 Zu Herrn Schultz ließen sich keine biographischen Daten ermitteln.

167 Eventuell ging es um eine Darstellung frei nach Albert Lortzings gleichnamiger Oper.

168 Es handelte sich um ein Lustspiel, das Gustav Heinrich Gans Edler Herr von und zu Putlitz geschrieben hatte. Vgl.: Karlsruher Virtueller Katalog. Verfügbar unter: https://kvk.bibliothek.kit.edu/. Letzter Zugang: 30. Oktober 2017.

169 Bei dem Ingenieur Eckhof(f) könnte es sich um einen Bruder des Pharmazeuten Friedrich Eckhoff gehandelt haben.

170 Carl Wilhelm Gramkau.

171 Carl August Neumann.

unterstützend […] Nach und nach wurde Ella ruhiger und um ¾ 7 Uhr (abends) hauchte sie ihren letzten leisen Atemzug aus […] Die Ärzte erklärten erst, ein organischer Fehler in der Stimmritze sei die Ursache des Todes gewesen, kamen aber später überein, dass es wohl der sehr selten vorkommende Stimmritzenkrampf gewesen sein dürfte, den nur höchst selten ein Kind übersteht. Von allen Seiten erhielten wir Zeichen lebhaftester Teilnahme, besonders gerührt waren wir von einem Schreiben Rudolf Schmidts, das ich seines liebevollen Inhaltes wegen hier einrücke. „Teure Freunde! Nicht Mangel an Teilnahme war es, was mich in den Tagen des Kummers von Ihrem Hause ferne hielt, [237] sondern lediglich der drückende Gedanke in keinem Falle etwas nützen zu können; denn wer wäre wohl arrogant genug sich einzubilden, dem erschütterten Gemüte eines Vaters, dem tiefbetrübten Mutterherzen durch leere Worte Trost spenden zu können. Herzenswunden macht nur die Zeit vernarben und der einzige lindernde Balsam dafür, der einzige Trost quillt aus dem eigenen Seelenleben und aus dem richtigen Begreifen der waltenden Gottheit. Als Beweis, dass ich auch in diesen Tagen des Schmerzes im Geiste nicht fern von Ihnen war, mögen Ihnen die wenigen Strophen dienen, die ich zum Gedächtnis an den kleinen Engel niederschrieb. Sie sind mir unmittelbar aus dem Herzen geflossen; möchten sie Ihnen doch willkommen sein. In steter Freundschaft R. Schmidt

**Nachruf an Ella!**

Schlummerst sanft in kühler Erde, schlummerst sanft im kleinen Schrein; liebend rief der Vater droben früh dich ab zum bessern Sein. — Eingewiegt vom Mutterarme, ruhend an der treuen Brust, gingst noch träumend du hinüber, dort ins Reich der ew'gen Lust. — Kurz nur war dein Erdenwallen einen Jahres schöner Traum; ahntest noch des Lebens Freuden und des Lebens Schmerzen kaum. — Eine Welt voll Freud und Wonne, lag dir in der Eltern Blick; durftest doch nicht länger weilen; mußtest zur Heimat bald zurück. — Glücklich wer im Traum geschieden, unberührt von Sorg und Leid; ohne Schmerz zum ew'gen Frieden ohne Kampf zur Seeligkeit. — Wandelst jetzt im Engelskreise, dort im hellen Lichtgewand; schaust lächelnd wohl hernieder aus dem großen Vaterland. — Schlummre sanft in kühler Erde, von den Eltern tief beweint; schlummre sanft im kleinen Schrein bald seid wieder ihr vereint.

**Anlage 3:** Das Elternhaus Carl Schmidts in Mitau[172]

## Erläuterungen zu Anlage 3

Da die Photographie die zurückliegenden Jahrzehnte leider nicht unbeschadet überstand, war ein Riss in der Glasplatte und damit auch in deren Reproduktion unvermeidlich. Die hier abgebildete Fassade korrespondiert exakt mit der Grundrisszeichnung Dörings aus dem Jahre 1859, die in Anlage 2 dieser Untersuchung wiedergegeben ist.

172 Die Aufnahme wurde freundlicherweise zur Verfügung gestellt von Frau Annette Otterbach, Bildarchiv Photo Marburg, Deutsches Dokumentationszentrum für Kunstgeschichte, Philipps-Universität Marburg. In dieser Sammlung ist sie – nach ihrem Besitzer Johann Hertel – als „Ehemalige Hertelsche Apotheke“ beschriftet, und als Entstehungsdatum des Photos wird das Jahr 1940 angegeben.

**Anlage 4:** Carl Schmidt als Student in Gießen[173]

## Erläuterungen zu Anlage 4

Die von Carl Reisser[174] im Jahre 1843 gefertigte Daguerreotypie[175] zeigt Carl Schmidt (9) im Kreise der damaligen wissenschaftlichen Mitarbeiter Liebigs: Thomas Anderson [1], Theodor Schlosser [2], William K. Sullivan [3], Aleksej Nikitič Tichomandrickij [4], Gustav Adolf Kayser [5], Joseph Theyer [6], Alexej I. Chodnew [7], Theodor Poleck [8], James E. Blake [10] und Otto Döpping [11]. Biographische Angaben zu den nachträglich durch Ziffern kenntlich gemachten Liebig-Schülern finden sich im Personenlexikon.

173 Die Abbildung wurde in digital bearbeiteter Form dankenswerterweise zur Verfügung gestellt von Herrn Dr. Klaus Judel, Justus-Liebig-Gesellschaft Gießen.

174 Carl Reisser kam nachweislich 1843 nach Gießen und portraitierte dort nicht nur Liebigs damalige „Schülerschaft", sondern auch den „Meister" selbst, der noch im selben Jahr in seinen „Annalen" einen Aufsatz Reissers (1843), S. 359–366 „Ueber die Anfertigung von Lichtbildern […]" publizierte und mit einer wohlwollenden editorischen Fußnote begleitete. Vgl.: Caesar (2003), S. 95 (6455) - 98 (6458).

175 Das als Daguerrotypie bezeichnete erste praktisch anwendbare photographische Verfahren geht auf den Maler und Erfinder Louis Jacques Daguerre zurück. Vgl.: Meyer (1971–1979), 6, S. 172–173; Caesar (2003), S. 95 (6455) - 98 (6458).

**Anlage 5:** Verzeichnis der von Carl Schmidt in den Semestern 1846/II–1852/I an der Dorpater Universität gehaltenen Vorlesungen und Übungen[176]

| Jahr/Semester | Titel der Vorlesung, Stundenzahl, Wochentag, [...] |
|---|---|
| | **Medicinische Facultät** |
| 1846/II (S. 8–9)[177] | Physiologische und pathologische Chemie, erläutert durch Experimente und mikroskopische Demonstration, nach seinem Entwurf einer Untersuchungsmethode der Säfte und Exkrete des tierischen Organismus [...], Mitau und Leipzig, 1846,[178] Montag, Mittwoch, Freitag von 12–1 Uhr<br>Anleitung zu mikroskopisch-chemischen Untersuchungen mit besonderer Berücksichtigung der Bedürfnisse des praktischen Arztes, Montag von 2–4 Uhr |
| 1847/I (S. 8) | Über die Anwendung der mikroskopischen und chemischen Analyse in der gerichtlichen Medizin und medizinischen Polizei, erläutert durch chemische Experimente und mikroskopische Demonstrationen, nach Christison u. a.,[179] Montag, Mittwoch und Donnerstag von 11–12 Uhr |

176 VLV Dorpat (1803–1856). – Vorlesungsverzeichnisse der Universität Dorpat aus dem 19. Jahrhundert sind an deutschen Bibliotheken nur lückenhaft nachgewiesen (vgl.: Schröder [1964], Blatt 25–26) und auch in der zeitgenössischen periodischen Literatur nur unvollständig abgedruckt (vgl.: Blanke [1983], S. 214; Blanke [1988], S. 108). Der zweifellos umfangreichste Bestand findet sich in der Staatsbibliothek Berlin, Preußischer Kulturbesitz. Er umfasst den gesamten in dieser Untersuchung interessierenden Zeitraum und wurde dem Verfasser dankenswerterweise vom Fernleihdienst der Staatsbibliothek zur Einsichtnahme überlassen.

177 VLV Dorpat (1803–1856). Die Einteilung in „Semester I" (1. Februar – 30. Juni) und „Semester II" (1. August – 1. Dezember) existierte offiziell erst seit 1863, wurde aber aus Gründen der Praktikabilität an dieser Stelle auch für die Jahre 1846–1852 übernommen. In nachgestellten Klammern sind für die entsprechenden Vorlesungsverzeichnisse die jeweiligen Seitenzahlen angegeben. – Das Conseil der Universität Dorpat hielt die Errichtung einer außerordentlichen Professur für physiologische und pathologische Chemie für wünschenswert und wollte hierzu Schmidt vorläufig als etatmäßigen Privatdozenten anstellen, sobald er die venia legendi erworben habe. Der Minister der Volksaufklärung folgte diesem Vorschlag, schränkte aber ein, dass Schmidt „den Vortrag des erwähnten Faches ohne Gehalt übernehme[n] [müsse], da seit Beschluß vom 8. Juli 1839 die außerplanmäßigen Privatdozenten keine Zahlung erhalten." Somit fungierte Schmidt für zwei Semester lediglich als außeretatmäßiger Privatdozent. EAA 402/3/1887 vom 28. Dezember 1845 und 2. April 1846.

178 Schmidt (1846 c).

179 Vgl.: Christison (1831); Christison (1845) – Es muss dahingestellt bleiben, ob Schmidt für seine Vorlesungen die vierte Auflage von Robert Christisons „A treatise on poisons in relation to medical jurisprudence, physiology, and the practice of

## Noch Anlage 5

| | |
|---|---|
| 1847/I (S. 8) | Anleitung zu physiologisch-chemischen Untersuchungen mit besonderer Berücksichtigung der klinischen Bedürfnisse, Montag von 2–4 Uhr, Dienstag von 2–3 Uhr |
| 1847/II (S. 8)[180] | Physiologische und pathologische Chemie, erläutert durch Experimente und mikroskopische Demonstrationen, mit Berücksichtigung seines Entwurfs einer Untersuchungsmethode der Säfte und Exkrete des tierischen Organismus […], Mitau und Leipzig, 1846, an den drei letzten Wochentagen von 2–3 Uhr<br>Ein gerichtlich-chemisches Praktikum, Sonnabend von 3–6. Uhr |
| 1848/I (S. 8) | Über die Anwendung der mikroskopischen und chemischen Analyse in der gerichtlichen Medizin und medizinischen Polizei, erläutert durch chemische Experimente und mikroskopische Demonstrationen, nach Christison u. a., Donnerstag, Freitag und Sonnabend von 3–4 Uhr<br>Anleitung zu physiologisch-chemischen Untersuchungen, mit besonderer Berücksichtigung der klinischen Bedürfnisse, Sonnabend von 4–7 Uhr. |
| 1848/II (S. 8) | Physiologische und pathologische Chemie, erläutert durch chemische Experimente und mikroskopische Demonstrationen, mit Berücksichtigung seines Entwurfs einer Untersuchungsmethode […], Leipzig, 1846, 3stündig, Donnerstag, Freitag, Sonnabend von 3–4 Uhr.<br>Anleitung zu physiologisch-chemischen Untersuchungen mit besonderer Berücksichtigung der klinischen Bedürfnisse, 3stündig, Donnerstag, von 4–7 Uhr. |
| 1849/I (S. 8) | Über die Anwendung des Mikroskops und der chemischen Analyse in der gerichtlichen Medizin und medizinischen Polizei, mit Rücksicht auf seine Diagnostik verdächtiger Flecke […], Leipzig, 1848,[181] Donnerstag, Freitag und Sonnabend von 3–4 Uhr<br>Anleitung zu physiologisch-chemischen Untersuchungen mit besonderer Berücksichtigung medico-forensischer Objekte, Sonnabend von 4–7 Uhr |

physics“ (1845) oder die deutsche Übersetzung einer früheren Ausgabe dieses Werkes nutzte, die 1831 in Weimar unter dem Titel „Abhandlung über die Gifte in Bezug auf gerichtliche Arzneikunde, Physiologie und practische Medicin“ erschienen war.

180 Bereits im Dezember 1846 versuchte Bidder als Dekan der medizinischen Fakultät, die unentgeltliche Vorlesungstätigkeit Schmidts zu beenden. Das Universitäts-Conseil stimmte seiner diesbezüglichen Eingabe zu, und Schmidt wurde daraufhin „durch allerhöchsten Erlaß vom 8. Febr. 1847 […] als etatmäßiger Dozent der physiologischen und pathologischen Chemie bei der Dorpater Universität angestellt.“ Diese Position hatte er bis Ende 1850 inne. EAA 402/3/1887 vom 16. und 20. Dezember 1846 sowie vom 25. Februar 1847.

181 Schmidt (1848).

**Noch Anlage 5**

| Jahr/Semester | Titel der Vorlesung, Stundenzahl, Wochentag, [...] |
|---|---|
| | **Medicinische Facultät** |
| 1849/II (S. 8) | Physiologische und pathologische Chemie, erläutert durch chemische Experimente und mikroskopische Demonstrationen, mit Berücksichtigung seines Entwurfs einer Untersuchungsmethode [...], Leipzig, 1846, 3stündig, Donnerstag von 5–6 und Freitag von 5–7<br>Anleitung zu physiologisch-chemischen Untersuchungen mit besonderer Berücksichtigung der klinischen Bedürfnisse, Sonnabend von 3–6 Uhr |
| 1850/I (S. 7–8) | Gerichtliche Chemie, erläutert durch chemische Experimente und mikroskopische Demonstrationen, 3stündig, Montag von 5–7 Uhr und Donnerstag von 5–6 Uhr<br>Pharmazeutische Chemie, 2. Teil nach Sillers Lehrbuch der Pharmazie, Bd. 1,[182] an den 5 ersten Wochentagen von 9–10 Uhr<br>Ein gerichtlich-chemisches Praktikum, 3stündig, Sonnabend von 3–6 Uhr |
| 1850/II (S. 8) | Stellvertretend für Pharmazeuten: Pharmazeutische Chemie, 1. Teil, nach Siller, 5stündig von 9–10 Uhr<br>Physiologische und pathologische Chemie, Dienstag von 11–12 Uhr und Freitag von 11–1 Uhr<br>Anleitung zu physiologisch-chemischen Untersuchungen sowie zum Gebrauch des Mikroskops, 3stündig, Sonnabend von 3–6 Uhr |
| 1851/I (S. 7)[183] | Pharmazie für Mediziner nach Siller, 3stündig, Montag, Dienstag, Mittwoch von 11–12 Uhr<br>Pharmakognosie für Mediziner nach Siller,[184] 3stündig, Donnerstag, Freitag von 11–12, Sonnabend von 9–10 Uhr |

182 Siller (1848).

183 Nachdem der bisherige Professor der Pharmazie, Kollegienrat Siller, aus dem Dienst entlassen worden war und somit die von ihm bekleidete Position als vakant gelten musste, erging die Bitte an die medizinische Fakultät, sofort Schritte zur Wiederbesetzung dieser Stelle zu unternehmen. Bidder als Dekan berichtete daraufhin dem Conseil, „daß unter den vorhandenen Herren jüngere Kräfte seien, die die entsprechende Lücke schließen könnten." Angesichts dieser Sachlage schlug die medizinische Fakultät Schmidt für die vakante Professur der Pharmazie vor. Am 9. Oktober 1850 setzte der Kurator das Conseil davon in Kenntnis, dass der Minister der Volksaufklärung Schmidt als außerordentlichen Professor der Pharmazie bestätigt habe. In diesem Amt verblieb er bis Mitte 1852. EAA 402/3/1887 vom 14. und 26. August sowie vom 9. und 10. Oktober 1850.

184 Vgl.: Siller (1850).

## Noch Anlage 5

| | |
|---|---|
| 1851/I (S. 7) | Pharmazeutische Chemie, 2. Teil für Pharmazeuten nach Siller, 3stündig, Montag, Dienstag, Mittwoch von 9–10 Uhr<br>Praktische Arbeiten im Gebiete der Pharmazie und gerichtlichen Chemie im Laboratorio des pharmazeutischen Instituts, täglich 3–5 Uhr |
| 1851/II (S. 8) | Für Pharmazeuten: Pharmazie und pharmazeutische Chemie nach Siller, an den 5 ersten Wochentagen von 9–10 Uhr<br>Pharmakognosie nach demselben, 3stündig, Donnerstag, Freitag und Sonnabend von 11–12 Uhr<br>Für Mediziner: Physiologische und pathologische Chemie, 3stündig, Donnerstag, Freitag und Sonnabend von 3–4 Uhr<br>Stellvertretend: Analytische Chemie mit praktischen Übungen im Laboratorio des pharmazeutischen Instituts, an den ersten 3 Wochentagen von 3–5 Uhr |
| 1852/I (S. 7–8)[185] | Pharmazeutische Chemie, Teil 2 nach Siller, Lehrbuch der Pharmazie, Dorpat, 1850 (für Pharmazeuten) an den ersten 3 Wochentagen von 11–12 Uhr<br>Pharmazie nach demselben (für Mediziner), an den ersten 3 Wochentagen von 9–10 Uhr<br>Pharmakognosie nach demselben Lehrbuch, 2. Teil, Donnerstag und Freitag von 11–12 Uhr, Sonnabend von 9–10 Uhr<br>Organische Chemie nach Schloßberger, Organische Chemie, Stuttgart, 1852, 2. Aufl.,[186] an den ersten 3 Wochentagen von 10–11 Uhr |

185 Im September 1851 bemühte sich die physiko-mathematische Fakultät, die Wiederbesetzung des Lehrstuhles für Chemie zu einem erfolgreichen Abschluss zu bringen. Sie unterbreitete daher dem Conseil als Nachfolger des verstorbenen Professors Göbel Hofrat Schmidt als ersten Kandidaten, brachte jedoch für den Fall, dass „dem Conseil für den Lehrstuhl der Chemie […] an einer Besetzung durch neue Lehrkräfte gelegen sei", auch Staatsrat Carl Claus, ordentlicher Professor für Chemie an der Universität Kasan, ins Gespräch. Das Conseil verfügte schließlich, nur Professor Schmidt in das Präsentationsbuch einzutragen, was sicher dadurch erleichtert wurde, dass Claus von sich aus auf einen „Listenplatz" verzichtet hatte. Am 10. Juni 1852 wurde Schmidt somit aus Anlass der 50-jährigen „Jubelfeier" der Dorpater Hochschule als ordentlicher Professor der Chemie bestätigt; sein eidliches Gelübde für das Amt datierte auf den 20. Dezember 1852. EAA 402/3/1887 vom 21. September 1851 und 20. Dezember 1852. – Eine Aufstellung derjenigen Vorlesungen, die Schmidt als ordentlicher Professor für Chemie und Direktor des chemischen Universitätslaboratoriums in den Semestern 1852/II–1891/II hielt, findet sich in Anlage 25 dieser Untersuchung.

186 Schlossberger (1852, 1854).

**Anlage 6:** Erinnerungen und Bilder, ernste und heitere, aus dem Leben meines inniggeliebten Vaters – Dr. Ferdinand von Hueck[187]

## Band 1

[110][188] [...] Meine gute Mama[189] wollte mich in der Nähe haben [...] [und so kamen wir] [...] glücklich in Dorpat an und bezogen das Tomsonsche Haus.[190] Im anderen Hause von Tomson, das auf der Ecke lag, vis à vis unserer früheren Wohnung bei Stackelberg,[191] wohnten, wie der alte Tomson sagte: „Vier grausam gelehrte Professoren." Diese waren: Professor C. Schmidt, Dr. phil Helmling,[192] Rudolph Schmidt (Bruder des Professors)[193] und Dr. phil Meyer (später Redakteur der Petersburger Deutschen Zeitung).[194] Alle vier Herren waren beschäftigt, gelehrte Grade zu erwerben. C. Schmidt und Helmling wurden Professoren; Rudolph Schmidt Provisor und Dr. Meyer hatte mit dem „klügsten Europäer", d. h. mit Professor Kruse,[195] einen Streit im Examen und der ließ ihn durchfallen. Meyer ärgerte sich, schüttelte den Staub von seinen Füßen und zog nach Petersburg, wo es ihm als Redakteur der Petersburger Zeitung später sehr gut ging. Carl Schmidt vergaß das aber Kruse nie und konnte ihn seit der Zeit nicht leiden. Wir hatten damals noch keine Ahnung, daß der Professor Carl Schmidt bald unser Schwager werden sollte. Wir wunderten uns über ihn, daß er mit furchtbar langen Schritten, sich kerzengerade haltend, düster vor sich herblickend, vorbeisauste. Am düstersten sah er aus, wenn er [111] Schwester Toni begegnete. Wir wußten auch nicht, als wir noch im Stackelbergschen Hause wohnten, daß vis à vis in der Tomsonschen Wohnung an den stets verhängten Fenstern in den Gardinen Löcher angebracht waren, durch die der Professor der Chemie astronomische Beobachtungen anstellte. – Doch von Tonis Brautschaft später. [...]

187 Familienarchiv Helga von Grabe. Das Manuskript Ferdinand von Huecks wird hier nach einer maschinenschriftlichen Fassung wiedergegeben.

188 In eckigen Klammern eingefügte Zahlen bezeichnen die jeweiligen Seiten der Abschrift.

189 Amalie von Hueck, geb. von Jencken.

190 Zum Tomsonschen Haus konnten keine weiterführenden Informationen ermittelt werden.

191 Das Geschlecht derer zu Stackelberg gehört zum baltischen Uradel und ist seit dem 14. Jahrhundert nachweisbar. Vgl.: Lenz (1970), S. 744.

192 Peter Helmling.

193 Heinrich Rudolph Schmidt.

194 Johann Friedrich Wilhelm Clemens Ludwig Meyer.

195 Friedrich Karl Hermann von K(C)ruse.

[113] […] In Dorpat erzählten mir die Meinigen, daß unsere Nachbarn im Tomsonschen Hause, der Professor C. Schmidt, sein Bruder und der Professor Helmling, bei uns Visite gemacht hätten. Nach dieser Visite waren die Herren sehr häufig Gäste zum Tee. Professor Schmidt unterhielt sich sehr viel mit Schwester Toni, sang mit ihr im Duette und man fing an, so eine Ahnung zu bekommen: Am Ende werden diese beiden ein Brautpaar. So kehrte ich nach Nüggen[196] zurück und kam erst zu Tonis Geburtstag am 14. September in die Stadt. Hier fand ich das Haus in größter Aufregung. Mama und die Schwestern rannten mit geröteten Wangen hin und her; bei Schwester Johanna waren die Augen 3 mal größer als gewöhnlich. Schwester Toni saß nachdenklich an ihrem Tisch. „Ist hier jemand ermordet oder ist hier [etwas] gestohlen worden?" fragte ich; große Verwunderung [darüber], daß ich nichts wußte. Endlich, endlich [114] wurden alle ruhiger und Mama teilte mir mit, daß heute Vormittag die Gebrüder Schmidt und Professor Helmling gekommen wären, um Toni zu ihrem Geburtstage zu gratulieren. Dann sei der Professor Schmidt zu Toni getreten und hätte ihr ein hübsches Buch geschenkt und gebeten, dieses Geschenk anzunehmen. Darauf habe er aber angefangen, so schnell zu sprechen, daß Toni ihn zuerst nicht verstand.[197] Nur zuletzt hörte sie, wie er sagte: „Außer diesem Geschenk habe ich noch etwas mitgebracht, mein Fräulein, das ist nämlich mein Herz; wollen sie mit mir den Spaziergang durch das Leben machen?" Toni war zuerst stumm, dann sah sie ihn mit ihren treuen blauen Augen an, reichte ihm die Hand und somit war ein Bund geschlossen, der sowohl ihr als auch unserer ganzen Familie bis zum heutigen Tage zum großen Glück und Freude gereicht hat und recht lange dauern möge! – Jetzt wurde abgemacht, die Hochzeit am 7. Dezember (1851) zu feiern, am Geburtstage meines Vaters.[198] Es erschienen täglich neue Gratulationsscharen; die Klatschbasen waren höchst ungehalten, daß diese Verlobung ihnen so schnell über den Hals gekommen war. Einige von ihnen, die Töchter hatten, sprühten noch lange, wenn sie an unserem Hause vorübergingen, das grüne Neidfeuer aus den Augen. Endlich aber beruhigte sich die Stadt Dorpat und man gewöhnte sich an den Gedanken, daß Toni Hueck

---

196 Das rund 16 Kilometer südwestlich von Dorpat gelegene Gut Nüggen wurde 1759 in „Alt-" und „Neu"-Nüggen geteilt. Die uns zugänglichen Findmittel lassen nicht eindeutig erkennen, auf welcher der beiden Besitzungen Ferdinand von Hueck von August 1851 bis Februar 1852 eine landwirtschaftliche Ausbildung absolvierte, um den Beruf eines Gutsverwalters anzustreben. Vgl.: Westermann et al. (1985), S. 393–394.

197 Den schnellen Sprechstils Schmidts bestätigten auch seine Studenten, die – glaubt man einer Einlassung Ostwalds (2003), S. 49 – behaupteten, er könne „Limonade gazeuse" in einer Silbe aussprechen.

198 Alexander Friedrich von Hueck.

Professor Carl Schmidt heiraten werde. Carl Schmidt richtete sich jetzt die untere Wohnung im Baron Nolckenschen[199] Hause bei der Universität ein und zog mit seinem Bruder hinein. Professor Helmling nahm die obere Etage vom Tomsonschen Hause ein und Mama siedelte ins Quartier über, wo früher Carl Schmidt gewohnt hatte. […]

## Band 2

[1] 10. Kapitel: „Von der Hochzeit meiner Schwester Toni bis zu meinem Studentenexamen. Vom 1. Dez. 1851 – II$^{ten}$ Semester 1852."

Ich war noch immer bei Tomson und lernte eifrig den Branntweinsbetrieb, als die Zeit zu Tonis Hochzeit heranrückte. Drei Tage vorher erbat ich mir einen 7tägigen Urlaub, spannte meinen Schweißfuchs an und rutschte lustig nach Dorpat. Hier war alles in voller Tätigkeit mit den Vorbereitungen zur Hochzeit. Ich wurde abkommandiert zu Rudolph Schmidt, der [es] als Pharmazeut übernommen hatte, den Punsch zu brauen für den Polterabend und den Imbiß zu besorgen. Eingeladen waren gegen 200 Personen und da sie weder in Mamas noch in Carls Quartier Platz hatten, so hatte Mama Frl. Feldmann[200] gebeten, uns ihr großes Lokal für die Tage des Polterabends und der Hochzeit abzutreten. Frl. Feldmann war so freundlich, unsere Bitte zu erfüllen und wurde mit all' ihren Pensionären zu beiden Abenden eingeladen. Wir hatten somit einen Saal mit 5 Fenstern, in dem 50 Paare bequem tanzen konnten, neben dem Saal ein kleines Zimmer und auf der anderen Seite 2 große Zimmer zum Speisen und Rauchen, dann noch die große Küche und ein Vorzimmer. Am Morgen des Polterabends zog ich mit Rudolph Schmidt hinüber ins besagte Quartier, um alles einzurichten. Einige Diener und eine firme Köchin waren schon dort, um uns behilflich zu sein. Zuerst wurde der große Saal ausgekramt und an den Wänden Stühle gestellt. Der Flügeltür gegenüber im kleinen Nebenzimmer des Saales wurde eine Bühne aufgerichtet und mit einem bunten Teppich bedeckt; die Wand hinter der Bühne mit schwarzem Tuch beschlagen; hier sollten Tableaus gestellt werden.[201] Im Speisezimmer wurde ein

199 Das niedersächsische Geschlecht derer von Nolcken ist seit ca. 1600 in Livland nachweisbar. Vgl.: Lenz (1970), S. 548–551.

200 Zu Frl. Feldmann und deren Pensionat enthielten die uns zugänglichen Findmitteln keine Informationen.

201 „Lebende Bilder" waren als „stumme allegorische Körperkompositionen" populär und wurden als kleiner Nebenzweig der Theaterkunst sowohl an familiär geselligen Abenden wie auf der Bühne dargeboten. In Dorpat gastierten während des 19. Jahrhunderts regelmäßig Künstlergruppen, die unter regem Publikumsinteresse derartige mimisch-plastische Vorstellungen gaben. Vgl.: Kampus (1998), S. 351–353.

Tisch mit kaltem Imbiß besetzt, dann die Tische zum Abendessen gedeckt, der Teetisch mit 120 [2] Gläsern fertig hergerichtet. Dann begaben wir uns in die Küche und brauten verschiedene Sorten Punsch, füllten den fertigen in Flaschen, kurz wir hatten alle Vorkehrungen getroffen, daß die Gäste weder zu hungern noch zu dürsten brauchten. Dann gingen wir nach Hause, um uns etwas auszuruhen und unsere Kostüme fertig [hin] zulegen. (Ich stand in einem Tableau und Rudolph machte die Fama Dorpats.) Um 7 Uhr brachte ich die Schwestern,[202] dann Amalie Schmidt (Schwager Carls Schwester)[203] und schließlich Mama und Toni ins festlich erleuchtete Haus. Meinem Schwager war gesagt worden, man müsse, da alle seine Kollegen eingeladen seien, auch Prof. Cruse bitten. Carl war jedoch sehr böse und wollte von ihm nichts wissen, weil derselbe, wie schon erwähnt, seinen Freund Meyer im Examen hatte durchfallen lassen. Ja, mein Schwager drohte, wenn Cruse käme, ihn hinauszuwerfen. Endlich waren alle Gäste versammelt und es konnte mit den Überraschungen begonnen werden. Zuerst wurden Tableaus angekündigt und die Gäste gebeten, sich der Flügeltür gegenüber zum kleinen Zimmer niederzulassen. Es klingelte und indem Rudolph sein Melodrama vortrug, öffnete sich die Flügeltür zwölf mal und ebenso viele Bilder wurden gezeigt: z. B. Egmont und Klärchen,[204] Templer und Jüdin,[205] Maria Stuart und Elisabeth.[206] Ich machte den Templer! Nach diesen Tableaus, die sehr gefallen hatten,

202 EAA 1674/2/339, Nr. 2317, Nr. 2318 und Nr. 4003; EAA 1674/2/370, ohne S.; 1674/2/371, ohne S. Bei den Schwestern handelte es sich um Pauline von Hueck sowie Johanna von Hueck. Letztere war die Ehefrau des Pastors Gustav Hesselberg und die Mutter von Caroline Friederike (Ina) Hesselberg, einer der Schwiegertöchter Carl Schmidts. Vgl.: Hasselblatt und Otto (1889), S. 416; Lenz (1970), S. 531; Anlage 7, Nr. 17 dieser Untersuchung.

203 Amalie Ernestine Schmidt.

204 Ausgangspunkt für dieses „Tableau" war zweifellos Goethes 1788 erschienenes Trauerspiel „Egmont", das in der Folgezeit regen Widerhall in der bildenden Kunst fand. Als besonders bekannte Darstellung gilt noch heute Angelika Kaufmanns Zeichnung, die später in Form eines Stichs auch als „Titelkupfer" verwandt wurde. Vgl.: Lautenbach (2004), S. 534.

205 Möglicherweise war hier von einem „lebenden Bild" die Rede, das man nach der gleichnamigen und 1829 in Leipzig uraufgeführten romantischen Oper Heinrich Marschners gestellt hatte. Vgl.: Meyer (1971–1979), 15, S. 672.

206 Die Genealogie der Stuarts und Tudors, die Ehen Heinrichs VIII. sowie der Thronstreit zwischen Maria Stuart und Elisabeth I. von England gehören zum historischen Hintergrund des fünfaktigen Trauerspiels „Maria Stuart" von Friedrich von Schiller, auf dem daher die beschriebene Darstellung beruht haben mag. Vgl.: Sautermeister (1974), 14, S. 6034–6036.

trat die Professorin Maedler[207] auf als Wissenschaft und Wahrsagerin und sprach in Versen, sehr hübsch, wie einer der eifrigsten Jünger der Wissenschaft dieser mit einmal untreu geworden sei. Und der Grund sei ein hübsches Mädchen, das ihn gefesselt habe. Um ihn aber der Wissenschaft wieder zuzuführen, müsse man das Pärchen trauen, dann würde alles wieder ins alte Geleise kommen. Kaum hatte sie [3] geendet, so öffnete sich die Tür und Rudolph Schmidt tanzte als Dame gekleidet herein. Die ganze Kleidung war aus Zeitungen zusammengeklebt; er stellte die Göttin Fama[208] dar und sagte ein launiges Gedicht her über die Dorpatschen Klatschschwestern. Jetzt erhob sich im Vorzimmer ein schrecklicher Lärm. Man hörte zankende Stimmen und Hin- und Herstapfen. Alles sah erstaunt hin und Schwager Carl runzelte die Stirne. Der Lärm und das Stimmengewirr kamen näher und in der Saaltür erschien Professor Cruse (der klügste Europäer). Er wurde von 4 Wilden (Indianer und Neger) an seinem blauen Volksaufklärungsfrack hineingezerrt und wehrte sich nach Möglichkeit. Es half ihm nichts, er wurde bis vor Carl Schmidt geschleppt. Hier erkannte man, daß es nicht der echte Professor Cruse war, sondern daß die Rolle von einem Kurländer, Emil Bursy,[209] gemacht wurde, der an Gestalt und Gesicht am meisten Ähnlichkeit mit ihm hatte; man hatte ihm das Gesicht so gut angemalt, daß die Täuschung fast vollkommen war. Bursy sprach mit Cruses Stimme und erzählte, wie er sich in seinem Zimmer mit Altertumskunde beschäftigt habe und sagte: „Über den Ursprung der Normannen; über die alten livländischen Kaffeekannen; ob der Regen vor 100 Jahren auch naß gewesen; ob die Kamtschadalen gerne Erdbeeren essen; ob die Waräger wollene Strümpfe getragen; ob die Kalmücken ‚Prost Mahlzeit‘ sagen usw.“ Da geht plötzlich die Türe auf, erzählt er weiter, und es stürzen 4 Wilde ins Zimmer, die ihn in einer unbekannten Sprache anreden, ihn packen und mit sich schleppen. Unterwegs hatte er noch Zeit, sich bei Karow[210] ein amerikanisches, australisches, afrikanisches und asiatisches Lexikon zu kaufen. Da erfuhr er endlich, daß diese 4 anscheinend Wilden 4 gelehrte Doktoren seien, aus den 4 Weltteilen, die nach

207 Bei der Professorin (Minna) Maedler dürfte es sich um die Ehefrau Johann Heinrich Maedlers gehandelt haben.

208 Die Gottheit Fama war in der römischen Dichtung die Personifikation des „Gerüchts“. Als gefiedertes Ungeheuer mit unzähligen Augen, Zungen und Ohren nahm sie begierig alles Gerede auf und trug es in Windeseile weiter. Vgl.: Meyer (1971–1979), 8, S. 492.

209 Emil Bursy.

210 Im Dorpater Verlag E. J. Karows erschienen im 19. Jahrhundert zahlreiche wissenschaftliche Abhandlungen vor allem von Professoren und Absolventen der dortigen Universität.

Europa gekommen seien, und hier den größten Professor und klügsten Europäer mitgenommen hätten, um dem berühmten Professor der Chemie, Carl Schmidt, einen Doktorhut zu überreichen. Mit diesen Worten wurde Carl Schmidt ein roter dreieckiger [4] Doktorhut überreicht, wie man ihn im vorigen Jahrhundert trug. Dieser Doktorhut erwies sich als Tabakdose. Der Spaß war köstlich gelungen und alle lachten. Carl dachte nicht daran, den Pseudo-Cruse hinauszuwerfen. Zuletzt trat noch Professor Helmling als Amor in rosa Glatze und Trikot mit goldenen Flügeln auf und pries in Versen die Macht und Schalkheit des Liebesgottes. Die Uhr war unterdessen schon ½ 11 geworden, die jungen Leute harrten schon ziemlich ungeduldig des Tanzes. Endlich öffneten sich die Flügeltüren zum Zimmer, wo die Tableaus gestellt waren und auf der Bühne saßen sämtliche Stadtzinkenisten[211] und auf ein Zeichen von mir donnerte eine Polka los. Carl und Toni eröffneten den Ball und jetzt begann ein fröhliches Tanzen. Von den Tableaus her waren viele in ihren Kostümen geblieben, was dem Ganzen ein anmutiges und buntes Bild gab. Im Saal waren 50 Paare; ich tanzte mehrere Françaisen und die Anglaise natürlich mit meiner heißgeliebten Natalie. Das hinderte mich aber nicht daran, an diesem Abend eine niedliche Pensionärin der Frl. Feldmann mehrere Male zu küssen, die mir ihre Liebe gestanden hatte.[212] Es waren mehrere Herren im Saal, von denen es sich erwies, daß sie weder unsere noch Carls Bekannte waren. Diese hatten sich im Ballkostüm ins Vorzimmer geschlichen, kamen in den Saal, nahmen die erste beste Dame auf und tanzten darauf los, ohne daß jemand sie daran gehindert hätte. Endlich gegen 6 Uhr trat allgemeine Müdigkeit ein und die Gäste fingen an, auseinander zu fahren. Schwester Johanna[213] wollte noch tanzen; sie war den ganzen Abend beschäftigt gewesen, den enggeschnürten Gustav Hesselberg [5] durch ihre geistreiche Unterhaltung zu fesseln, aber die Musikanten spielten nicht weiter, da Müdigkeit und Betrunkenheit die Arme lähmten. Ich verließ das Ballhaus kurz vor 6 Uhr mit dem ältesten Bosse (Julius – Tintenklecks).[214] Wie wir

211 Musikanten, die bei feierlichen Anlässen aufspielten.

212 Weder die „heißgeliebte Natalie“ noch die erwähnte Pensionärin der Frl. Feldmann konnten identifiziert werden. Ferdinand von Hueck heiratete am 18. März 1859 Elisabeth von Maydell. Vgl.: Hasselblatt und Otto (1889), S. 448; Brennsohn (1905), S. 214; persönliche Mitteilung von Frau Helga von Grabe.

213 Johanna von Hueck.

214 Bei Julius Bosse könnte es sich um den Prediger in Wohlfahrt (Livland) gehandelt haben, der von 1848–1852 an der Universität Dorpat für Philosophie und Theologie immatrikuliert war. Sein Spitzname „Julius Tintenklecks“ ging möglicherweise auf seinen Vater Anton Georg Bosse zurück, der Geistlicher, Maler und ein begabter „Kunst-Dilettant“ war. Vgl.: Hasselblatt und Otto (1889), S. 385; Lenz (1970), S. 92.

beide auf die Straße traten, stand vor der Tür eine alte Kutsche mit 2 lebensmüden Pferden. In diesen Wagen sahen oder hörten wir vielmehr die Frau von Reutz einsteigen mit ihren 3 hübschen Töchtern (Jutta, Alla und Jenny).[215] Die Damen unterhielten sich im Wagen sehr lustig und lachten viel. Bosse und ich, um nicht zu Fuß zu gehen, benutzten die schöne Gelegenheit, stiegen hinten aufs Dienerbrett und fuhren mit. Wir hatten beide getrunken und waren sehr frisch gestimmt, so daß wir zu singen anfingen: „Mädel ruck, ruck, ruck usw." Der Wagen hielt plötzlich an und Frau von Reutz erkundigte sich, wer die unverschämten Menschen seien, die sich unterstanden hätten, hinten auf die Equipage zu steigen und jetzt laut zu singen. Bosse teilte ihr mit: „Aber gnädige Frau, den ganzen Abend haben wir uns mit Ihren Fräulein Töchtern gedreht und die fanden uns höchst liebenswürdig." So fuhren wir singend, dabei öfters anhaltend und mit Frau v. Reutz zankend, durch die dunklen Straßen nach Hause, am Hotel London, der Kreisschule vorbei und auf dem Stationsberge bog der Wagen nach rechts am Stackelbergschen Hause vorbei. Beim Reissnerschen Hause,[216] wo Bosse wohnte, sprangen wir beide hinten ab und liefen heim. Frau v. Reutz hat nie die Namen der unverschämten Sänger erfahren. Im Quartier tanzten wir noch einen Pas des Deux, ließen Bosses Pudel Kunststücke machen und legten uns schlafen. Um 2 Uhr erwachten wir wohl gestärkt und tranken höchst gemütlich Kaffee. Aber [6] unser gemütliches Zusammensein wurde durch Mamas Köchin unterbrochen, die mich sofort zu Mama bestellte. Ich ging hin und erhielt von ihr den Befehl, den Feldmannschen Saal in Ordnung bringen zu lassen, da um 7 Uhr die Trauung sein sollte. Jetzt gab es gründlich zu arbeiten und zu tun und um 6 Uhr war alles fertig. Für das zu trauende Paar war eine hübsche Laube hergerichtet. Um 7 Uhr fingen die Gäste an sich zu versammeln und schließlich erschien das Brautpaar mit 8 Marschällen und Brautschwestern. Der Oberpastor Bienemann[217] traute sie und erwähnte in seiner Rede, daß er meine Schwester getauft und konfirmiert und jetzt die Freude habe, sie zu trauen. Dann wurde mit Champagner auf die Gesundheit des jungen Paares getrunken und alles fuhr auseinander. Mama war voraus ins Schmidtsche Quartier gefahren und hatte dort den Teetisch gedeckt und die Wohnung festlich erleuchtet. Als mein Schwager mit meiner Schwester von der Trauung herunterkam, um in den Wagen zu steigen, war ich auf der Treppe. Er trug mir auf, seinen Hut und Degen zu suchen, die er oben vergessen hatte. Ich war vom Champagner sehr schwindlig und geriet auf meiner Suche zu Tante Borg in die Wohnung, die

---

215 Frau von Reutz und ihre Töchtern waren wohl Familienangehörige Alexander von Reutz'.

216 Zum Reissnerschen Haus können keine weiterführenden Angaben gemacht werden.

217 Friedrich Gustav Bienemann.

sich mit ihren Söhnen und Onkel Carl Hueck[218] eben an den Teetisch setzten wollte. Sie wollte sich totlachen über den Unsinn, den ich in meiner Champagnerbegeisterung sprach und traktierte mich lächelnd mit Tee und saurem Hering; dann nahm mich einer ihrer Söhne unter den Arm und brachte mich mit einem Fuhrmann zu Mama, wo ich auf mein Bett niedersank und mich von den Hochzeitsstrapazen und dem Champagner gründlich ausruhte. […]

[7] Am 20. Dezember bekam ich von Mama einen Brief, in dem sie mir schrieb, daß das junge Schmidtsche Ehepaar am folgenden Tage das Gut Nüggen passieren würde, um nach Mitau zu den Eltern meines Schwagers zu fahren. Am nächsten Tage hatte ich mein Pferd angespannt und erwartete die Geschwister; und richtig, um 10 Uhr rollte eine Kutsche des Weges daher und drin saß das junge glückliche Paar und Carls Schwester Amalie. Ich begleitete sie bis zur Station Uddern,[219] wo wir sehr lustig Abschied nahmen. Am Nachmittag kam ich nach Nüggen zurück, den Abend verplauderte ich mit Tomson und ging in mein Zimmer. Kaum hatte ich mich hingelegt und ein paar Stunden geschlafen, als an mein Fenster geklopft wurde. Als ich öffnete, trat der Nüggensche Kutscher mit einem Postknecht hinein, der mir eine Stafette von meiner Schwester Toni bracht. Die schrieb mir, daß Schwager Carl in Teilitz[220] das Bein gebrochen hätte.[221] Dort von der Station geht der Weg gleich bergab, und es waren wilde Pferde vor dem Wagen, die gleich durchgingen und den Berg hinunter rasten. Unten war eine Floßbrücke und dann rannten die Pferde über einen Graben, wo der Wagen umschlug. Mein Schwager ist immer sehr schnell und gewandt und sprang in dem Moment heraus, wo der Wagen umfiel, jedoch so unglücklich, daß der Fuß am Tritt hängen blieb und der schwere Wagen mit der ganzen Wucht auf den linken Unterschenkel fiel. Er blieb liegen und als Hilfe kam [und] er aufgehoben wurde, ergab es sich, daß er sich das Bein gebrochen hatte. In diesem Zustande trug man ihn auf die Station zurück und legte ihn aufs Bett. Der Stationshalter, Herr Frank,[222] hatte nach Dr. Koch[223]

218 „Onkel Carl", d. h. Carl Ferdinand von Hueck, heiratete am 13. September 1840 Charlotte von der Borg, die hier erwähnte „Tante Borg". Vgl.: Lenz (1970), S. 345.

219 Die Poststation Uddern (Mellin) befand sich seit 1796 nahe des Dorfes an der Straße, die von Dorpat nach Valga (Walk) führte. Vgl.: Westermann et al. (1985), S. 614.

220 Die Post-Station Teilitz in der Nähe des heutigen Guts-Schlosses Sangaste (Sagnitz) lag rund 16 km nordöstlich der Stadt Valga (Walk). Vgl.: Westermann et al. (1985), S. 587–588; Eisenschmid und Bockamp (2000), S. 186.

221 Vgl. zu dem Unfall des jungen Paares auf der Fahrt nach Mitau auch: Anlage 2 und Kapitel 3.6 dieser Untersuchung.

222 Zum Stationshalter Frank konnten keine biographischen Daten ermittelt werden.

223 Es könnte sich um Ernst Adolph Koch gehandelt haben.

nach Walk geschickt, der auch sofort kam und einen Verband anlegte. Während dieser Zeit war meine arme Schwester auf einen Stuhl gesunken und [8] weinte heiße Tränen. Die Wirtin der Station trat mitleidig herzu und fragte: „Liebes Fräulein, was weinen Sie?“ Und als meine Schwester ihr mitteilte, daß ihr Mann sich den Fuß gebrochen habe, sagte sie ungläubig: „Das ist nicht möglich, daß ein so junges Fräulein verheiratet ist.“ Nachher war sie sehr erstaunt, als es sich erwies, daß Toni doch verheiratet sei. – Dies alles teilte mir Toni im Brief mit und bat mich, sofort nach Dorpat zu fahren und von dort Mama und einen alten Mediziner zu holen und eine bequeme große Kutsche nach Teilitz zu bringen, damit man Carl liegend in derselben platzieren könnte. Ich spannte mein Pferd an und fuhr mit dem Hiobsbrief sofort nach Dorpat, wo sowohl in Mamas Hause als bei allen Bekannten und Freunden die größte Aufregung entstand. Herr von Liphard,[224] der Doktor, war so liebenswürdig und gab seinen prachtvollen Reisewagen, der so eingerichtet war, daß auf der einen Seite ein Bett aufgemacht werden konnte. In diesen Wagen setzten sich dann Mama, der Mediziner Reissner[225] und ich. Es fuhren noch mit uns, die Gelegenheit benutzend, die Philister Berkholz und Strauch,[226] die nach Riga fuhren. Am Nachmittage desselben Tages waren wir in Teilitz, wo uns Toni weinend entgegenkam und froh war, Mama bei sich zu haben. Wir fanden unseren lieben Carl, nach Verhältnis, in gutem Humor. Dr. Koch hatte noch keinen Verband anlegen können, da der Unterschenkel noch geschwollen war und man das Abfallen der Geschwulst noch abwarten mußte; auch konnte er daher nicht früher nach Dorpat gebracht werden. So mußte man sich in Geduld fassen und wir ließen uns häuslich auf der Station nieder. Schwester Toni und Carl wohnten in einem hübschen Eckzimmer, Mama schlief im Zimmer nebenan, Reissner schlief bei Herrn Frank, den er von früher her kannte und ich fand ein Unterkommen in dem Zimmer des Stationsschreibers, wo unsere Betten und ein Tisch [9] Platz hatten. Mit dem Raum mußte sparsam umgegangen werden, da damals, als noch keine Eisenbahnen gingen, die Rigasche Straße eine Hauptverkehrsader zwischen Petersburg und dem übrigen Europa war und stets genügend Platz sein mußte für die Durchreisenden. Der Verkehr war daher fürchterlich. Tag und Nacht dröhnte das Pflaster vor der Station von ankommenden und abfahrenden Postequipagen. 200 und mehr Pferde waren kaum genügend, diesen Verkehr zu bewältigen. Die Reisenden verlangten bald zu essen, bald zu trinken, so daß in der Küche das Feuer nicht ausging. Die Station verdiente durch Verabfolgung von

224 Karl Eduard von Liphart.

225 Carl Wilhelm August Andreas Reissner.

226 Zu den Philistern Berkholz und Strauch konnten keine biographischen Daten ermittelt werden.

Speis' und Trank ein schweres Geld. Eine Nacht ist mir noch lebhaft im Gedächtnis und soll zeigen, wie lebhaft es damals auf der Station herging. Ich schlief, wie gesagt, mit dem Stationsschreiber in einem Zimmer und konnte von 10 Uhr abends bis 8 Uhr morgens buchstäblich nicht meine Augen zumachen. Wir hatten alle sehr gemütlich Tee getrunken an Schwager Carls Bett; er war sehr guter Laune und wir plauderten sehr gemütlich. Das Bein war gut gelagert und Carl empfand keine besonderen Schmerzen. Am Tage war die schwere Post aus Petersburg durchgekommen und als Passagiere fuhren mit derselben 2 Amerikaner, Kaufleute, mit denen Carl im Auslande zusammen studiert hatte.[227] Als sie erfuhren, daß Carl Schmidt auf der Station krank liege, kamen sie zu ihm hinein, und Carl freute sich sehr, die alten Kommilitonen wiederzusehen. Als die Herren weiterfuhren, schenkte der eine ihm eine Kiste echter Havannas, die wirklich sehr fein waren. [...]

[12] [...] Carl war der Beinbruch sehr unerwünscht gekommen. Er hatte sich so gefreut, zu seinen Eltern nach Mitau zu fahren und ihnen seine junge Frau [13] vorzustellen. Man hatte ihnen den Unfall des Sohnes gleich gemeldet, aber es war bis dato keine Antwort erfolgt. Da, an einem Nachmittage, es war schon dunkel geworden, kam ich mit Dr. Reissner von einem Spaziergange und wir standen vor der Station, als eine kleine Kalesche den Berg hinaufflog und vor der Türe hielt. Aus derselben stiegen eine Dame und ein Herr, beide nicht sehr groß von Gestalt, dafür aber desto solider eingepackt. Im Zimmer erkundigte sich der alte Herr mit etwas zitternder Stimme, ob dies die Station Teilitz sei und ob hier der Prof. Schmidt läge. Als wir das bejahten, fragte er weiter, wie es dem Professor jetzt gehe und als man ihm mitteilte, daß er sich nach Umständen recht wohl befände, setzte sich der alte Herr hin, wischte sich die Augen und sagte: „Gott sei Dank, daß mein Sohn außer Gefahr ist." So wie ich das hörte, lief ich auf die andere Seite und rief meine Schwester heraus, teilte ihr mit, daß ihre Schwiegereltern[228] aus Mitau gekommen seien. Zugleich bat ich Mama, den Kranken auf die Ankunft der Eltern vorzubereiten. Das ging auch alles ohne Folgen für Carl ab und das Wiedersehen zwischen den Eltern, besonders zwischen Vater und Sohn, war ein freudig bewegtes. In den Augen des Vaters leuchtete der Stolz, solch einen Sohn zu besitzen. Sehr gemütlich vergingen so einige Tage. Dann brach der Papa Schmidt wieder nach Mitau auf, da sein großes Geschäft seine Gegenwart verlangte. Über 30 Jahre hatte

227 Die amerikanischen Kommilitonen Schmidts aus seiner Gießener und Göttinger Studienzeit sind zwar bekannt, doch scheiterte unser Versuch, die beiden erwähnten Kaufleute zuzuordnen. Vgl.: Beer (2001), S. 399–412; Fruton (2001), S. 373–397.

228 Christoph Heinrich und Wilhelmina (Mina) Amalie Henriette Adelheid Schmidt.

sich der alte Schmidt nicht aus Mitau gerührt; aber der Unfall seines Sohnes ließ ihm keine Ruhe zu Hause und so hatte er sich aufgemacht und war Tag und Nacht gefahren, mit der Energie eines Jünglings, bis er in Teilitz war und sich selbst überzeugt hatte, wie der Zustand seines Sohnes war. Die Geschwulst am Unterschenkel hatte soweit nachgelassen, [14] daß man Carl nach Dorpat bringen konnte, und so trieb er selbst zur Eile, da ihm das Leben auf der Station langweilig geworden war. Wir hoben ihn daher an einem Nachmittage vorsichtig in den Wagen, wo für das Bein eine Schwebe angebracht war, und so ging die Fahrt schnell und bequem nach Dorpat. Hier lag mein lieber Schwager noch ein paar Wochen. Dann fing er an auf einem Bein herumzuspringen und ging auch ins Kollegium, von denen er kein einziges versäumte. Nach 6 Wochen war der Bruch schon verheilt und mein Schwager konnte gehen.

Im Februar war mein halbes Jahr bei Tomson in Nüggen um; ich kam zu meiner Mutter nach Dorpat zurück. Hier wußte ich nicht recht, was ich anfangen sollte. Ich wollte Verwalter auf einem Gute werden. Aber die Stellen waren alle so jämmerlich, daß es sich nicht lohnte, eine solche anzunehmen. Dann sah ich mich um, ein kleines Gut zu arrendieren,[229] aber dazu war bares Geld nötig. Das konnte ich aber nicht auftreiben. Moritz Mühlen war schon daran, mir die Hoflage von Mühlenhof[230] zu verarrendieren, aber das zerschlug sich wieder und so saß ich in Dorpat ohne irgendwelche Beschäftigung, was mir täglich drückender wurde. Da kam ich eines Abends zu meinem Schwager und war recht unglücklich und ratlos. Da half er mir mit seinem Rate; fragte mich zuerst, ob ich in Dorpat studieren wolle, und da ich das verneinte und von meiner Landwirtschaft nicht ließ, so machte er mir den Vorschlag, dieselbe in Gorigoretzk (im Mohilowschen Gouvernement)[231] zu studieren, in der dortigen Akademie. Er meinte ganz richtig, daß in Rußland zum Fortkommen ein gelehrter Grad durchaus nötig sei und die Akademie in Gorigoretzk verließ man nach 4jährigem Studium mit den Rechten und dem Grade eines Kandidaten. Meine Mutter bat die Staatsrätin Parrot,[232] an

---

229 Zu pachten.

230 Eine eindeutige Zuordnung des Namens Moritz Mühlen war mit den uns zugänglichen Findmitteln nicht möglich. Das Erbgut Mühlenhof, das auch die erwähnte Hoflage umfasste, befand sich rund 31 km südlich von Dorpat. Vgl.: Westermann et al. (1985), S. 366.

231 Zu dieser (russischen) Landwirtschaftsschule konnten in der uns zugänglichen Sekundärliteratur keine weitergehenden Informationen ermittelt werden.

232 Die „Staatsrätin" Emilie von Parrot, eine Tochter des Universitäts-Baumeisters Johann Wilhelm Krause und dessen Ehefrau Juliane, war in zweiter Ehe mit dem

ihren [15] Bruder, den Professor Crause,[233] zu schreiben und umgehend kam von ihm die Antwort, ich solle nur kommen, meinem Eintritt stände nichts im Wege.

[…] So ausgerüstet erwartete ich den Tag der Abreise. Endlich rückte derselbe heran. Ich hatte mir einen Platz in [der] Diligence der schweren Post genommen, um bis Riga zu fahren. Mama, die Schwestern, Schwager Carl sowie meine Freunde (besonders Moritz Parrot)[234] begleiteten mich auf die Station und klopfenden Herzens sah ich die schwere Post vorfahren. Als ich meine Sachen abgegeben hatte, blies der Kondukteur, noch ein letzter Kuß meiner Lieben und hinaus rollten wir aus dem Städtchen. […]

[16] […] Mein Schwager Schmidt hatte vor meiner Abreise aus Dorpat nach Mitau an seine Eltern geschrieben und dieselben gebeten, mir in ihrem Hause ein paar Wochen Aufnahme zu gewähren, bis die Wege besser würden. Das alte Ehepaar Schmidt hatte nichts dagegen und lud mich ein, in ihrem Hause abzusteigen. Ich nahm daher von Miss Newton (Inhaberin des Hotels)[235] Abschied und erhielt vom cand. theol. Schwarz[236] gute Lehren auf den Weg. Ich begab mich in das Mitausche Diligencecomptoir, wo man für 75 Kopeken einen Platz nach Mitau erhielt. Punkt 8 Uhr ging die Diligence ab. Es gingen damals zwischen Mitau und Riga 4 Diligencen, und zwar um 8 und 9 Uhr morgens und 4 und 5 Uhr nachmittags. Die Chaussee führt durch Moräste und flache Gegenden, die hin und wieder, besonders nach Mitau hin, mit Tannen bewachsen sind. In Mitau kam ich kurz vor 12 Uhr an und die Diligence hielt auf dem Markte vor dem Comptoir still. Mitau machte auf mich zuerst keinen guten Eindruck. Die niedrigen Häuser und die vielen Juden stachen sehr gegen das elegante Riga ab. Auf mein Gepäck stürzten sich eine Menge Judenjungen und wollten mir dasselbe aus den Händen reißen. Ich wehrte sie mit Mühe ab und nahm einen langen Juden, den ich mit all den Sachen belud. Dann fragte ich ihn, ob er die Schmidtsche Apotheke[237] kenne und bekam zur Antwort: „Wer kennt die nicht." So ging mein Träger voran und ich hinterdrein. Wir nahmen den Weg über den Markt, unter den Kolonnaden durch bis zur Poststraße und bogen in dieselbe ein. Hier

---

Arzt, Physiker und Forschungsreisenden Johann Jakob Friedrich Wilhelm von Parrot verheiratet. Vgl.: Lenz (1970), S. 413, S. 579.

233 Wilhelm K(C)rause.

234 Moritz Friedrich von Parrot.

235 Zu Miss Newton, die ein Hotel in Riga besaß, konnten keine biographischen Daten ermittelt werden.

236 August Wilhelm Theodor Schwartz.

237 Vgl. zur Schmidtschen (Kummerauschen) Apotheke: Kapitel 2.1 sowie Anlagen 2 und 3 dieser Untersuchung.

zeigte der Träger auf ein einstöckiges Steinhaus [17] mit einem Adler über der Tür und bezeichnete mir dieses als die berühmte Schmidtsche Apotheke. Mir klopfte das Herz ein wenig, da ich nicht wußte, welcher Empfang mir werden würde. Ich trat ein und sah hinter dem Rezepturtische an einem vergitterten Pult den Provisor mit einem kleinen Backenbart sitzen (Herr Lindblom[238]), der mich höflich fragte, was ich wünsche. Ich teilte ihm mit, daß ich den alten Herrn Schmidt zu sprechen wünsche. Lindblom sagte, daß er nicht zu sprechen sei. Da bat ich ihn denn, er möge den jungen Schmidt rufen und nach ein paar Minuten betrat Rudolph Schmidt die Apotheke. Als er mich sah, streckte er mir die Hand entgegen und rief: „Ach Ferdinand" und stellte mich den jungen Leuten in der Apotheke als den Schwager von Carl Schmidt vor. Ich wurde von allen umringt und mit biederem kurländischem Handschlag begrüßt. In der Apotheke waren folgende: der Provisor Lindblom, der 30 Jahre bei Schmidts war, Rudolph Schmidt, der arbeitete im Laboratorium und Antonius, der die Rezepte ins [...]buch schrieb. Dann kamen die Gehilfen Eckhof und Hartmann und zuletzt der Lehrling Grabbe.[239] Rudolph führte mich durch die Apotheke und das Speisezimmer in den Saal und stellte mich seinen Schwestern Thekla, Marie und Minna[240] vor, ebenso der Gouvernante, Fräulein Piolé.[241] Zuletzt erschien das Ehepaar Schmidt und begrüßte mich herzlich und freundlich und die Mama Schmidt[242] wies mir mein Bett an in einem Zimmer, das hinter dem Speisezimmer lag und zu dem man einige Stufen hinaufgehen mußte. In diesem Zimmer traf ich die beiden Pensionäre des Hauses, die auch hier schliefen, Fedor Czernay[243] und Hugo Bursy,[244] beides Sekundaner, mit denen ich gleich gute Freundschaft schloß. Dann waren noch im Hause 3 Knechte und die alte Lahwis[245] mit ihrem [18] Sohne Krisch. Im Stalle stand ein dickes braunes Pferd und auf dem Hofe liefen ein gelblicher Hund „Hektor" und [ein] großer grauer Kater „Branz" herum, die beide, zu meinem Erstaunen, friedlich aus einer Schüssel fraßen. Eine Menge Hühner

---

238 Karl Eduard Lindblohm.

239 Vgl. zu den Apotheken-Gehilfen und -Lehrlingen in der Schmidtschen „Offizin" auch: Anlage 2 dieser Untersuchung.

240 Wilhelmina Ulrica Schmidt.

241 Zu Fräulein Piolé enthielten die uns zugänglichen Findmittel keine biographischen Angaben.

242 Wilhelmina (Mina) Amalie Henriette Adelheid Schmidt.

243 Theodor Czernay.

244 Hugo Bursy.

245 Zu Fräulein Lahwis (Lauw) und ihrem Sohn ließen sich keine biographischen Daten ermitteln.

gackerten stets vor der Hintertür und waren die speziellen Pfleglinge von Minna Schmidt. Das ganze Haus und die Einrichtung darin hatten etwas sehr Solides und dabei fühlte man sich warm und wohl aufgehoben. Die Schwestern meines Schwagers waren sehr heitere gebildete Mädchen, spielten und sangen gut. Fast jeden Abend wurde musiziert oder Quartette gesungen.[246] Die Stimmen waren folgendermaßen besetzt: Rudolph Schmidt: erster Baß, Chomse: zweiter Baß,[247] Thekla Schmidt: Alt und die Freundin Theklas, die schöne Lina Brauwert: Sopran.[248] Diese vier hatten sich sehr hübsch eingesungen und man hörte mit Vergnügen zu. War der Papa Schmidt besonders aufgelegt, so wurde zum Abend Theater angesagt. Zu diesem Zwecke waren 6 Schirme, jeder mit 2 Klappen, gemacht, auf deren verschiedenen Seiten ein Zimmer, eine Straße und ein Wald gemalt waren. Diese wurden zu drei und drei aufgestellt, hinten die letzten Schirme durch einen Vorhang geschlossen, der den Hintergrund bildete und vorne ein Brett mit Blechleuchtern, das die Bühne vom Zuschauerraum trennte und so war das Theater fertig. Kleine Lust- und Singspiele wurden sehr gut gegeben. Rudolph Schmidt hatte großes Talent zum Schauspieler, besonders zum Komiker und ebenso spielten und sangen Thekla und Lina Brauwert gut. Letztere ist später wirklich aufs Theater gegangen und in Petersburg an der russischen Oper, bis vor kurzem unter dem Namen Madame Platonowa, Sängerin gewesen. So verflossen die Tage im Schmidtschen Hause mir nur zu schnell. Das Wetter wurde wärmer, die Wege trocken, so daß ich mich endlich entschließen mußte, den Tag der Abreise zu bestimmen. Eines schönen Morgens machte ich mich auf. Mit schwerem Herzen trennte ich [19] mich von dem lieben Hause und den mir so lieb gewordenen Menschen. Rudolph Schmidt und Lindblom geleiteten mich auf das Diligencecomptoir, wo mich der alte gelbe Wagen aufnahm und nach Riga zu Miss Newton brachte, die mich freundlich begrüßte und mir mein altes Zimmer anwies. In Riga besorgte ich mir meine Podoroschna,[249] die von Riga bis Gorigoretzk auf 664 Werst lautete und an einem Dienstagmorgen, Ende März 1852, machte ich mich allein, stolz mit einem zweispännigen Postwagen fahrend, auf den Weg zur landwirtschaftlichen Akademie. […]

246 Vgl. zu den regelmäßigen künstlerischen Darbietungen im Mitauer Hause Christoph Heinrich Schmidts auch: Anlage 2 dieser Untersuchung.

247 Oswald Chomse.

248 Vgl. zu Lina Brauwert, verheiratete Twanieff auch: Anlage 2 dieser Untersuchung.

249 Unter „Podoroschna“ war für Reisende eine Berechtigung zur Forderung von Postpferden zu verstehen.

[19] XI Kapitel: „Fortsetzung des vorigen. Reise nach Gorigoretzk und zurück. Die Sommerferien 1852 in Mitau im Schmidtschen Haus; Arbeiten zum Studentenexamen, Jubelfest der ‚Universität Dorpat'; mein Studentenexamen."

[33] [...] Endlich am Abend des 5. Tages, in der Dämmerung, kam ich in Dorpat an. [...] Ich erzählte, wie schrecklich ich alles in Gorigoretzk gefunden und wie es jetzt mein innigster Wunsch sei, nur in Dorpat zu studieren. Mama ging am anderen Tage zu Schwager Carl und erzählte von der Heimkehr des verlorenen Sohnes, worüber Carl zuerst etwas ärgerlich war, aber als ich zu ihm kam, verzieh er mir großmütig und erklärte mir, ich müsse vom nächsten Semester ab scharf arbeiten, um nach einem Jahr mein Studentenexamen zu machen; ich müsse dann ein Brotfach wählen, und zwar Medizin. [...]

[35] [...] Mich speziell zum Studentenexamen vorzubereiten, hatte sich ein Verwandter von Schwager Carl erboten: der fleißige Theologe Carl Bursy,[250] und zwar sollte ich vom 2. Semester 1852 ab mit ihm zusammenwohnen. Er wollte mir fast in allen Fächern Stunden geben. Nur Mathematik war Professor Helmling so freundlich, mir beizubringen und Russisch der Student Michailow.[251] So war ich glücklich, für alle Fächer tüchtige Lehrer zu haben. Da die Meinigen nicht wußten, wo sie mich in den Sommerferien lassen sollten, war mein lieber Schwager Carl wieder so freundlich, an seine Eltern zu schreiben und zu bitten, mich aufzunehmen. Er erhielt eine bejahende Antwort. Ich war überglücklich und konnte kaum den Tag der Abreise erwarten. Endlich, an einem schönen Morgen, Mitte Juni, fuhr ich mit unserem jungen Theologen Gustav Hesselberg in einem Postzweispänner lustig nach Mitau. In Riga trennten wir uns; G. Hesselberg blieb hier [36] und ich schlief eine Nacht bei der alten Miss Newton. Damals wußte ich noch nicht, daß Hesselberg einst mein Schwager, der Mann meiner Schwester Johanna werden würde. Am anderen Morgen rollte ich in der alten gelben Diligence nach Mitau; hier wurde ich in der Schmidtschen Apotheke mit allgemeinem Hallo empfangen und von Rudolph Schmidt ins Zimmer geführt, wo mich die Schwestern meines Schwagers lachend als den „Peter in der Fremde" empfingen. Ich war zuerst ein wenig verlegen, aber das alte Ehepaar Schmidt und auch die anderen im Hause waren alle so freundlich, daß ich bald wieder meine Falten bekam. Nie kann ich diesen herrlichen frohen Sommer (1852) im Schmidtschen Hause vergessen; jeder Tag brachte neue Freuden und Lustbarkeiten. Des Abends saß man gewöhnlich in der Laube im schönen schattigen Garten[252] und dann wurden Quartette und

250 Carl Bursy.

251 Es könnte von Jakob Michailow die Rede gewesen sein.

252 Vgl. zum Anwesen Christoph Heinrich Schmidts in Mitau auch: Kapitel 2.1 sowie Anlagen 2 und 3 dieser Untersuchung.

Chorgesänge gesungen; dabei lies der Papa Schmidt es nie an Wein oder Punsch fehlen. War das Wetter nicht gut, so spielte man Theater. Zu Neu-Johanni kamen mehrere Pastoren vom Lande [her]ein, die teils bei Schmidts wohnten, teils täglich zu Besuch waren. Unter ihnen waren mehrere Originale, z. B. der Pastor Milich.[253] Derselbe war Junggeselle und fuhr immer Schritt mit seinen 4 kastendicken Pferden, sobald es aber regnete, [glaubte] der alte Herr sein Leben in Gefahr, ließ das Verdeck aufschlagen und fuhr Carrière[254] nach Hause. Ein paar andere Pastore nebst dem alten Doktor Langerhausen aus Schaggern[255] saßen gewöhnlich abends nebeneinander und sahen unverwandt die schöne Lina Brauwert an, über deren Schönheit und Anmut sie laut ihr Entzücken äußerten. Ich geriet oft in Verlegenheit, denn die alten Herren forderten mich auf, mit zu schwärmen für die schöne Lina. Ich mußte mich sehr zusammennehmen, denn die schöne Festung wurde schon sehr stark belagert von 3 jungen Herren und ich konnte unmöglich deren Eifersucht rege machen, da diese [37] aufeinander schrecklich aufpaßten. Aber die schöne Lina hatte ein gutes Herz und Mitleid mit meiner Qual und ich brauchte mich später über ihre Hartherzigkeit nicht zu beklagen. Diese schönen Sommerferien gingen endlich zu Ende und kalt überlief es mich, wenn ich an Dorpat dachte, wo ich jetzt hin mußte, um mich in die Wissenschaften zu vergraben. Mit schwerem Herzen und vielen Tränen nahm ich von der schönen Lina Abschied auf immer und sah sie nur noch, als sie auf der Chaussee nach Elly fuhr auf das Gut, das ihr Vater zur Arrende hatte. Sie nickte mir noch so lange zu, wie es nur möglich war und dann habe ich sie auch nie mehr gesehen. [...]

[43] [...] Am 25. Juli 1853 wurde ich durch den üblichen Handschlag, den ich dem Rektor Haffner[256] gab, als Student der Medizin immatrikuliert. Mit aufjauchzender Freude stürzte ich aus der Universität in mein kleines Zimmer, das mir mein Schwager in seinem Quartier abgetreten hatte, setzte mich auf den Stuhl und faltete meine Hände, dankbar gegen Gott, der mir über diesen Berg geholfen hatte und dankbar gegen meinen teuren Schwager Carl Schmidt, durch dessen Rat und Hilfe ich Student geworden war. Mit meiner Matrikel[257] in der Hand lief ich hinüber zu Schmidts, umarmte und küßte meinen Schwager Carl und Toni. Ich war stud. med. der Alma Mater Dorpatensis.

---

253 Bei dem erwähnten Pastor könnte es sich um Otto Mylich gehandelt haben, der von 1839–1864 in Blieden (Kurland) tätig war. Vgl.: Hasselblatt und Otto (1889), S. 107.

254 D. h.: Ohne Umweg oder geradewegs nach Hause.

255 Christian Wilhelm Carl Eduard Langerhausen.

256 Johann Samuel Eduard von Haffner.

257 Diese Matrikel trug die Nr. 6126. Vgl.: Hasselblatt und Otto (1889), S. 448.

**Anlage 7:** Stammbaum der Familie Ernst Carl Heinrich Schmidts. Den Namen in der Graphik nachgestellte Ziffern beziehen sich auf die in den folgenden Erläuterungen enthaltenen biographischen Angaben.

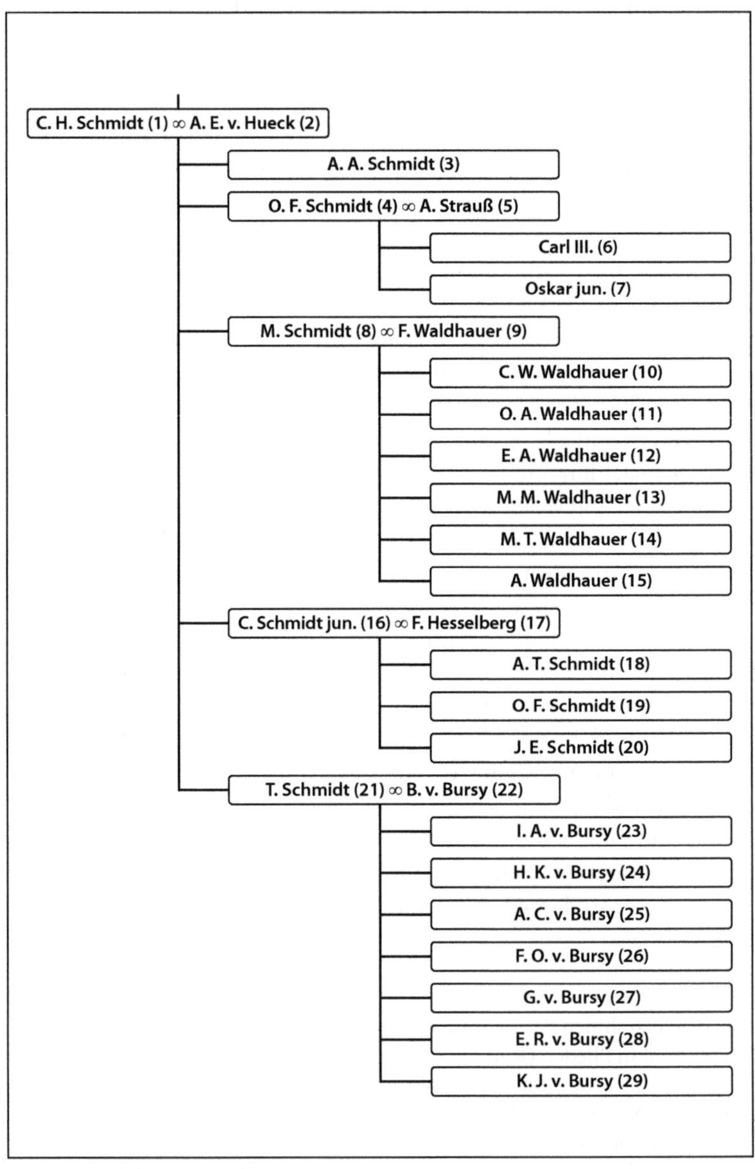

**Erläuterungen zu Anlage 7**

- Die gewählte graphische Form ergab sich auf eine vom Verfasser intuitiv als leicht nachvollziehbar empfundene Weise. Sie folgt somit nicht der in den zurückliegenden mehr als 100 Jahren im Rahmen der genealogischen Methodik sukzessive entwickelten komplexen Symbolik.[258]
- Die Daten ließen sich im Einzelfall nicht exakt dem Julianischen bzw. Gregorianischen Kalender zuordnen, so dass Abweichungen von jeweils zwölf Tagen möglich sind.
- Die Namen der Mitglieder der Familie Ernst Carl Heinrich Schmidts finden sich auch im Personenlexikon.

(1) Ernst Carl Heinrich Schmidt. * 1. Juni 1822 in Mitau. Getauft am 12. Juni 1822 in Mitau. † 27. Februar 1894 in Dorpat (Herzleiden).[259]

(2) Antonie Elisabeth Sophie von Hueck. * 14. September 1833 in Munalas bei Reval als Tochter des Alexander Friedrich von Hueck (1802–1842), Dr. der Medizin, ab 1833 Professor für Anatomie in Dorpat, und der Amalie Jencken (1811–1898). Heirat mit Carl Ernst Heinrich Schmidt (1) am 7. Dezember 1851. † 30. April 1912 in Dorpat.[260]

(3) Adelheide („Alice") Amalie Wilhelmine Schmidt. * 10. Februar 1853 in Dorpat. † 17. November 1917 in Dorpat (ledig).[261]

(4) Oskar Friedrich Heinrich Schmidt. * 29. Juni 1854 in Dorpat. Er studierte Medizin in Dorpat, Wien und Prag und wurde 1879 in Dorpat zum Dr. med. promoviert.[262] Von 1880–1887 war Schmidt Ordinator am Moskauer Findelhaus und ab 1890 praktischer Arzt in Moskau, wo er wahrscheinlich bis 1911 tätig war. Er bewohnte bis 1912 zunächst ein eigenes Haus in der B. Kozlovski Straße und nach dessen Verkauf Wohnungen in der M. Lubianka (1912–1913) und der Chistye Prudy. † 10. Dezember 1917 in Moskau.[263]

---

258 Vgl.: Fischer (1996), S. 18–29, S. 162–180.

259 LVVA 235/5/27, S. 160 (1822).

260 EAA 1254/1/213, S. 15; EAA 1254/1/222, S. 477–478; EAA 1674/2/339, Nr. 2315, Nr. 2317 und Nr. 3989. Vgl.: Lenz (1970), S. 345.

261 EAA 1253/1/52, S. 5 (1853); EAA 1254/1/78, S. 1 (1917); RGIA 733/121/979, S. 707; ArBBAdW Nachlass Ostwald, Nr. 2660: Brief Schmidts an Ostwald vom 8./20. September 1893 (Roß und Hansel [2000], S. 85).

262 Vgl.: Schmidt (1879).

263 EAA 402/2/22031; EAA 402/2/22032; EAD ID 76962 (oid 77916); RGIA 733/121/979, S. 707; ArBBAdW Nachlass Ostwald, Nr. 2660: Briefe Schmidts an Ostwald vom 5./17. Juni 1886 und vom 31. Juli/12. August 1890 (Roß und Hansel [2000], S. 61, S. 73). Vgl.: Hasselblatt und Otto (1889), S. 669; O. V. (1900–1917), passim.

(5) Adele Strauß. ?–?. Tochter des Kaufmanns Eduard Strauß (?–?). Heirat mit Oskar Friedrich Heinrich Schmidt (4) im Jahr 1896.[264] † (?).
(6) Carl Schmidt III. * 10. Dezember 1897 in Moskau.[265] † (?).
(7) Oskar Schmidt jun. * 2. März 1900 in Moskau.[266] † (?).
(8) Marie („Mary") Schmidt. * 23. März 1856 in Dorpat. † 21. Dezember 1946 in Flensburg.[267]
(9) Christoph Ferdinand Waldhauer. * 2. Februar 1853 in Kirchholm (Livland) als Sohn des Ophthalmologen Karl W. Waldhauer (1821–1899) und der Mathilde Waldhauer, geb. Schmidt (1821–1906). Getauft am 8. März 1853. Waldhauer studierte von 1872–1878 Medizin in Dorpat, wo er 1879 mit der Dissertation „Zur Anthropologie der Liven"[268] zum Dr. med. promoviert wurde. Heirat mit Marie Schmidt (8). Ab 1879 war er Arzt in Windau, ab Oktober desselben Jahres auch Kreisarzt. † 14. Oktober 1907 in Windau.[269]
(10) Carl Werner Waldhauer. * 26. April 1880 in Windau. Getauft am 5. Juni 1880. Er heiratete am 11. August 1905 in Windau Else Kupfer (1880–?). Die Ehe blieb kinderlos. † 2. Juli 1942 in Posen.[270]
(11) Oskar August Waldhauer. * 2. März 1883 in Windau. Getauft am 6. März 1883. Er studierte Archäologie in München und wurde 1903 zum Dr. phil. promoviert. Waldhauer war 1908–1918 Lehrer der griechischen Sprache, Geschichte und Kunstgeschichte sowie Beamter der Petersburger Eremitage. Ab 1918 leitete er die dortige Antikensammlung und hatte eine Professur für antike Kunstgeschichte inne. Er heiratete 1922 Nina von Rücker (?–?). † 14. Januar 1935.[271]

---

264 EAD ID 76962 (oid 77916).
265 Persönliche Mitteilung von Frau Helga von Grabe.
266 Persönliche Mitteilung von Frau Helga von Grabe.
267 RGIA 733/121/979, S. 707; ArBBAdW Nachlass Ostwald, Nr. 2660: Briefe Schmidts an Ostwald vom 15./27. August 1889 und vom 31. Juli//12. August 1890 (Roß und Hansel [2000], S. 71, S. 73).
268 Waldhauer (1879).
269 LVVA 235/4/1043, S. 1 (1853); ArBBAdW Nachlass Ostwald, Nr. 2660: Brief Schmidts an Ostwald vom 15./27. August 1889 (Roß und Hansel [2000], S. 71). Vgl.: Hasselblatt und Otto (1889), S. 668; Brennsohn (1929), S. 410–411; Lenz (1970).
270 LVVA 235/2/2424, S. 5 (1880); ArBBAdW Nachlass Ostwald, Nr. 2660: Brief Schmidts an Ostwald vom 2./14. Januar 1894 (Roß und Hansel [2000], S. 87); persönliche Mitteilung von Frau Helga von Grabe.
271 LVVA 235/2/2427, S. 3 (1883); ArBBAdW Nachlass Ostwalds, Nr. 2660: Brief Schmidts an Ostwald vom 2./14. Januar 1894 (Roß und Hansel [2000], S. 87). Vgl.: Lenz (1970), S. 846; Lullies (1982), S. 266–270.

(12) Edith Antonie Mathilde Waldhauer. * 19. Mai 1885 in Windau. Getauft am 24. Juli 1885. Sie heiratete am 5. Mai 1912 in St. Petersburg Werner von Oettingen (1876–1945). † 25. Oktober 1945 in Blankenburg (Harz).[272]

(13) Marie Mathilde Waldhauer. * 20. Juli 1887 in Windau. Getauft am Tag der Geburt. Sie heiratete am 5. Juni 1908 den Lehrer Erich Alexander Theodor Hoffmann (1881–1939). † 26. März 1960 in Flensburg.[273]

(14) Martha Thekla Waldhauer. * 27. Oktober 1890 in Windau. Getauft am 29. Oktober 1890. Sie heiratete am 26. November 1915 Robin Franz Josef von Eltz (1887–1953). † 19. Juli 1964 in Göttingen.[274]

(15) Anna Waldhauer. * 26. Juni 1894. † 8. Juli 1975 in Flensburg.[275]

(16) Carl Schmidt jun. * 23. November 1859 in Dorpat. Er studierte an der Universität Dorpat und, ab Juli 1882, an der Königlich Technischen Hochschule zu Berlin, wo er zunächst für „Allgemeine Wissenschaften, insbesondere für Mathematik und Naturwissenschaften", ab 1886 dann für „Maschinen- und Ingenieurwesen mit Einschluß des Schiffbaus" unter der Nummer 2735 immatrikuliert war. Schmidt war zunächst „Beamter" der „Edison-Gesellschaft" in Berlin und arbeitete dann ab 1890 als Elektroingenieur bei Schuckerts Elektrischen Werken in Nürnberg. Am 27. März 1912 trat er seinen Dienst bei den Siemens-Schuckertwerken in Berlin an und war bis zu seiner Pensionierung am 30. September 1928 hier vor allem mit der Planung von Zentralanlagen und Fragen des Großkraftwerksbetriebs befasst. † 4. März 1938 in Heringsdorf.[276]

---

272 LVVA 235/6/1070, S. 5 (1885); ArBBAdW Nachlass Ostwald, Nr. 2660: Briefe Schmidts an Ostwald vom 14. Juli 1885 und vom 2./14. Januar 1894 (Roß und Hansel [2000], S. 59, S. 87); persönliche Mitteilung von Frau Helga von Grabe.

273 LVVA 235/6/1072, S. 14 (1887); ArBBAdW Nachlass Ostwald, Nr. 2660: Brief Schmidts an Ostwald vom 2./14. Januar 1894 (Roß und Hansel [2000], S. 87); persönliche Mitteilung von Frau Helga von Grabe.

274 LVVA 235/6/1076, S. 5 (1890); persönliche Mitteilung von Frau Helga von Grabe.

275 Familienarchiv Christiane Benke: Brief Ellen Kappels, geb. Hoffmann, an Christa von Eltz vom 15. Juli 1975.

276 RGIA 733/121/979, S. 707; EAA 402/2/21997; ArBBAdW Nachlass Ostwald, Nr. 2660: Briefe Schmidts an Ostwald vom 5./17. Juni 1886 und vom 31. Juli/12. August 1890 (Roß und Hansel [2000], S. 61, S. 73); Familienarchiv Helga von Grabe: Abgangszeugnis der Königlich Technischen Hochschule zu Berlin, Nr. 2194 vom 16. Juni 1887; Zeugnis der Siemens-Schuckertwerke AG, Berlin-Siemensstadt, 30. September 1928 (ZV 9 Pb/AZ 12); persönliche Mitteilung der technischen Universität Berlin vom 8. Januar 2007. Vgl.: Hasselblatt und Otto (1889), S. 781.

(17) Caroline Friederike Hesselberg. * 10. Juli 1873 in Preekuln als Tochter des Pastors Gustav Hesselberg (1832–1888) und seiner Ehefrau Johanna, geb von Hueck (?–?). Sie heirate am 10. Juni 1900 in Riga Carl Schmidt jun. (16). Caroline erkrankte 1910 an Tuberkulose, konnte nicht umhin, sich von ihrer Familie zu trennen und verbrachte ihre letzten Lebensjahre in Sanatorien (z. B. in Neuendettelsau bei Nürnberg und in Meran). Carl Schmidt jun. musste sich hoch verschulden, um die entstehenden Behandlungskosten zu tragen. † 14. Januar 1913 in Meran.[277]

(18) Antonie Thekla Ellen Schmidt. * 9. Juni 1902. Sie heiratete im April 1932 Henri Abel (1896–1955), einen französischen Kolonial-Beamten. † 12. Mai 1986.[278]

(19) Oskar Ferdinand Gustav Schmidt. * 8. August 1903 in Dorpat. Er war verheiratet mit Charlotte Ziehm (1932–1987). Die Ehe blieb kinderlos. † 26. Januar 1991 in Röckingen (Kreis Ansbach).[279]

(20) Julius Ernst Carl Maximilian Schmidt. * 16. September 1905 in St. Petersburg. Er war von 1936–1948 verheiratet mit Elisabeth Werdemann (1910–1970). Aus dieser Ehe gingen vier Kinder hervor. Am 23. Dezember 1948 heiratete Maximilian Schmidt Erna Harte (1921–2012), mit der er zwei Kinder hatte. † 1. Juli 1988.[280]

(21) Thekla Schmidt. * 25. Mai 1870 in Dorpat. Getauft am 14. Juni 1870 in Dorpat. † 2. November 1946 in Naumburg (Saale).[281]

(22) Johann Wilhelm Bernhard von Bursy. * 24. Juli 1863 in Mitau als Sohn des Friedrich Reinhold von Bursy (1824–1892) und der Wilhelmina Ulrica Schmidt (1841–1930), einer der Stiefschwestern Ernst Carl Heinrich

---

277 EAA 1674/2/370, ohne S.; 1674/2/371, ohne S.; Familienarchiv Werner Schmidt: Liste der Eheschließungen der Rigaer Ev.-Luth. Kathedrale, Nr. 88, 1900; Pfarramt der Ev. Kirchengemeinde in Meran, Band 15, S. 38 vom 27. Januar 1913; persönliche Mitteilung von Frau Helga von Grabe. Vgl.: Hasselblatt und Otto (1889), S. 416.

278 Persönliche Mitteilung von Frau Helga von Grabe; Familienarchiv Werner Schmidt: Todesanzeige Henri Abels.

279 Familienarchiv Werner Schmidt: Sterbeurkunde des Standesamts Ehingen vom 28. Januar 1991; persönliche Mitteilung von Frau Helga von Grabe.

280 Familienarchiv Werner Schmidt: Liste der Geborenen und Getauften der Ev.-Luth. Gemeinde St. Anna zu Petrograd; persönliche Mitteilung von Frau Helga von Grabe.

281 RGIA 733/121/979, S. 707; EAD ID 1352 (oid 1377); ArBBAdW Nachlass Ostwald, Nr. 2660: Briefe Schmidts an Ostwald vom 14. Juli 1885, vom 31. Juli/12. August 1890 und vom 8./20. September 1893 (Roß und Hansel [2000], S. 59, S. 73, S. 85); Familienarchiv Bernhard von Bursy: Sterbeurkunde des Standesamts Naumburg (Saale), Nr. 1140/1946.

Schmidts (1). Getauft am 31. August 1863 in Mitau. Bursy erwarb 1895 den Grad eines Magisters der klassischen Philologie an der Universität Dorpat. Er heiratete am 16. August 1897 Thekla Schmidt (21) und war danach bis 1899 als Privatdozent an der Universität Kiew tätig. Von 1901 bis 1905 bekleidete von Bursy eine Professur für griechische Philologie am Historisch Philologischen Institut in Nezhin (Ukraine). † 7. Oktober 1909 in Nezhin.[282]

(23) Irmgard Antonie Wilhelmine von Bursy. * 26. Juli 1898 in Dorpat. Sie war verheiratet mit Hellmuth Frey (1902–1982). Die Ehe blieb kinderlos. † 28. Juli 1954 in Bethel.[283]

(24) Helmuth Karl Alexander von Bursy. * 12. September 1899 in Dorpat. Er heiratete am 19. Juni 1927 in Kurtna Alice Elisabeth Katharina Luchsinger (1905–1953). Seine zweite Ehefrau war Dorothea Wolf (1919–2003). Aus beiden Ehen gingen insgesamt drei Kinder hervor. † 23. Juni 1973 in Zewen.[284]

(25) Arthur Carl von Bursy. * 11. März 1901 in Nezhin (Ukraine). Er war Dipl. Volkswirt und Steuerberater. Am 1. November 1929 heiratete er in Kurtna Hedwig Schneider (1906–1958). Aus der Ehe gingen fünf Kinder hervor. 1945 geriet er in Posen in sowjetische Gefangenschaft. † (?).[285]

(26) Friedrich Oskar Hugo von Bursy. * 8. Juli 1902 in Dorpat. Er war Pfarrer in Rastenberg (Thüringen). Er heiratete am 16. Oktober 1929 in Berlin Elisabeth Schaudinn (1902–?). Aus der Ehe gingen zwei Kinder hervor. † 21. Dezember 1957 in Rastenberg.[286]

(27) Gertrud von Bursy. * 9. Oktober 1903 in Mitau. † 22. März 1987 (ledig) in Zewen.[287]

(28) Erich Reinhold Ernst von Bursy. * 13. Dezember 1905 in Dorpat. Er war Apotheker und in erster Ehe mit Ingeborg Mathilde Genz (1910–?) verheiratet, von der er geschieden wurde. Am 21. August 1932 heiratete er die

282 EAA 402/3/213; Familienarchiv Bernhard von Bursy: Auszug aus dem Register der Verlobten, Aufgebotenen und Getrauten der ev.-luth. Universitätskirche zu Dorpat im Jahre 1897; Familienarchiv Helga von Grabe: Verzeichnis der Geborenen und Getauften der ev.-luth. St. Trinitatiskirche in Mitau, Jahrgang 1863, Nr. 87. Vgl.: Lenz (1970), S. 133.

283 Persönliche Mitteilung von Bernhard und Friedrich von Bursy.

284 Persönliche Mitteilung von Bernhard und Friedrich von Bursy.

285 Persönliche Mitteilung von Bernhard und Friedrich von Bursy.

286 Persönliche Mitteilung von Bernhard und Friedrich von Bursy.

287 Persönliche Mitteilung von Bernhard und Friedrich von Bursy.

Apothekerin Liselotte Greta Rosalie Gerban (1905–1981), die in Dorpat Pharmazie studiert hatte. † Januar 1945 in Posen (?).[288]

(29) Kurt Julius Friedrich von Bursy. *3. Januar 1908 in Dorpat. Er war verheiratet mit Käthe Ibelshäuser (1906–1977). Die Ehe blieb kinderlos. † 21. April 1960 in Marburg (Lahn).[289]

288 Persönliche Mitteilung von Bernhard und Friedrich von Bursy.

289 Persönliche Mitteilung von Bernhard und Friedrich von Bursy.

**Anlage 8:** Die Kinder Antonie und Carl Schmidts[290]

**Erläuterungen zu Anlage 8**

A: Adelheide („Alice") (rechts), gemeinsam mit ihrer Mutter Antonie und ihrer jüngeren Schwester Marie („Mary"). B: Oskar. C: Marie („Mary"). D: Carl jun. E: Thekla.

290 Familienarchiv Christiane Benke: Photos A und C; Familienarchiv Helga von Grabe: Photos B und D; Familienarchiv Bernhard von Bursy: Photo E.

**Anlage 9:** Das Wohnhaus der Familie Carl Schmidts in der Dorpater Blumenstraße[291]

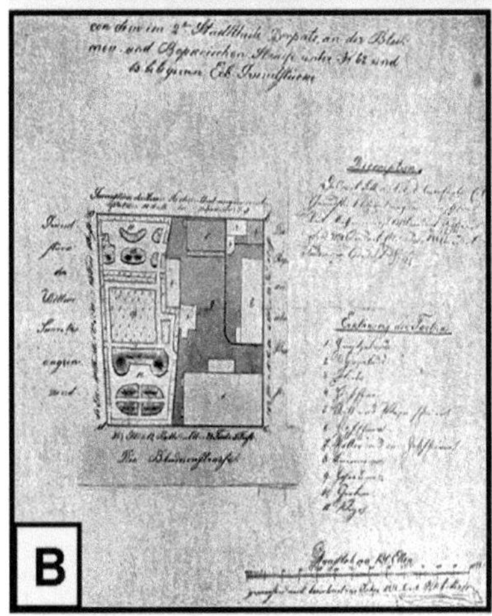

291 Die Reproduktionen wurden dankenswerterweise zur Verfügung gestellt von Frau Mare Rand (Tartu University Library). Die Ansichten stammen aus Zmigrodskij (1902), Anhang, Abbildungen 1 und 2 (A, B) bzw. aus der Photosammlung der Tartu University Library (C).

**Erläuterungen zu Anlage 9**

Das Wohnhaus der Familie Carl Schmidts in der Dorpater Blumenstraße (Nr. 14, Ecke Sternstraße). Die Abbildungen zeigen das Gebäude nach 1858 (A), eine Zeichnung des Grundstücks (B) sowie eine Photographie des Hauses um 1897 (C). Schmidt erwarb das Anwesen 1858 von der Familie von Maydell. Später gestaltete er das Wohnhaus unter anderem durch Hinzufügen eines Erkers um. Zuvor hatten sich im Dachgeschoss vermutlich nur zwei Zimmer befunden. Der wohl bekannteste Bewohner dieser ehemaligen Mansarde war von 1815–1817 der berühmte Dichter Vasily Andreyevich Zhukovsky.[292] Die handschriftlichen Zusätze in Abbildung B ließen sich leider nur bruchstückhaft entziffern, weshalb auf eine entsprechende Wiedergabe in „Klarschrift“ verzichtet werden musste. EAA 402/4/1070, S. 3; EAA 995/1/26494; EAA 995/1/26769; RGIA 733/121/979, S. 707.

292 Vgl.: Zmigrodskij (1902), passim.

**Anlage 10:** Ansicht der Vorderseite des im Jahr 1809 bezogenen Hauptgebäudes der Universität Dorpat

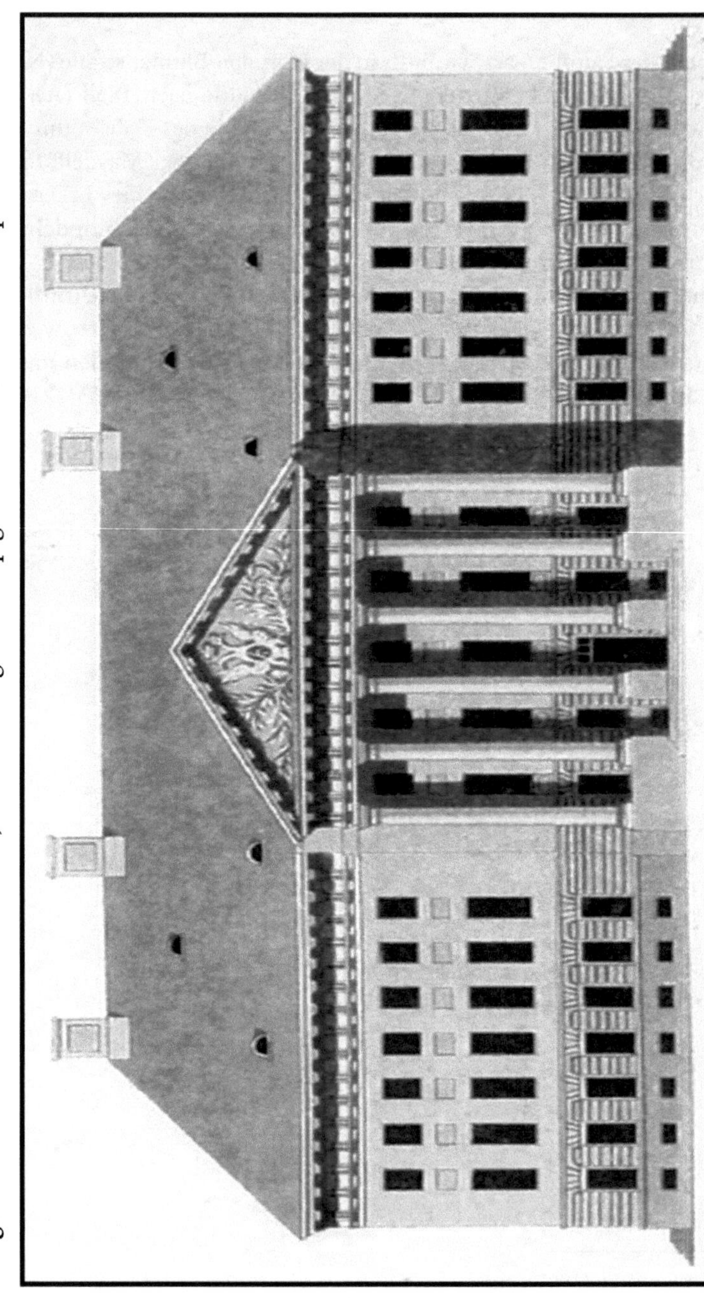

Aus: O. V. (1827), Tafel V, O. – Eine digitalisierte Version dieser anlässlich des 25. Jahrestags der Neugründung der Universität Dorpat erschienenen „Denkschrift" wurde dankenswerterweise zur Verfügung gestellt von Frau Mare Rand (Tartu University Library).

**Anlage 11:** Grundriss des ersten Stockwerks (zu ebener Erde) im Hauptgebäude der Universität Dorpat

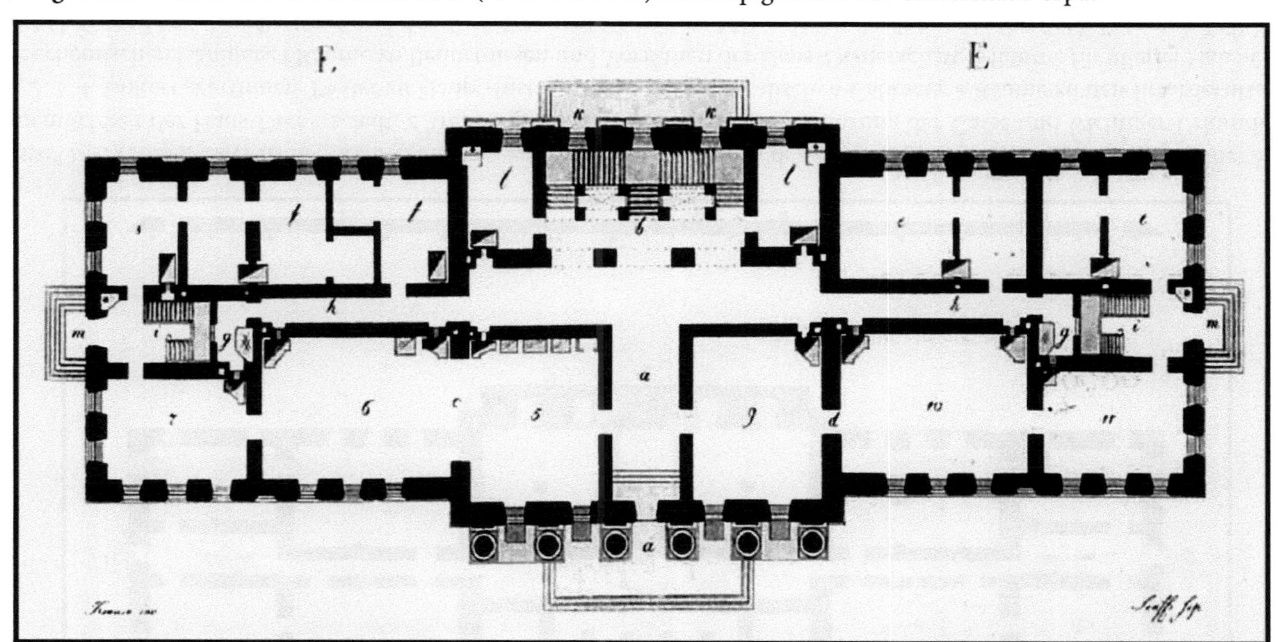


Aus: O. V. (1827), Tafel III, E. – Zum „chemischen Cabinet" (d) gehörten: Hörsaal (9), Apparate-Saal (10), Laboratorium (11). Dem „physicalischen Cabinet" (c) waren die mit (5–8) bezeichneten Räume zugeordnet. (a) Haupteingang und Hausflur, (b) massive Haupttreppe, (e) Wohnungen für zwei Pedelle, (f) Wohnungen für zwei Kalfaktoren, (g) kleine Küchen, (h) Korridor, (i) Seitentreppen, die vom Keller aus auf den Boden führten, (k) zwei Türen, die dem Ausgang zum Hof erlaubten, (l) zwei Karzer und (m) zwei Türen zu den jeweiligen Seitenstraßen.

**Anlage 12:** Grundriss des Kellergeschosses im Hauptgebäude der Universität Dorpat

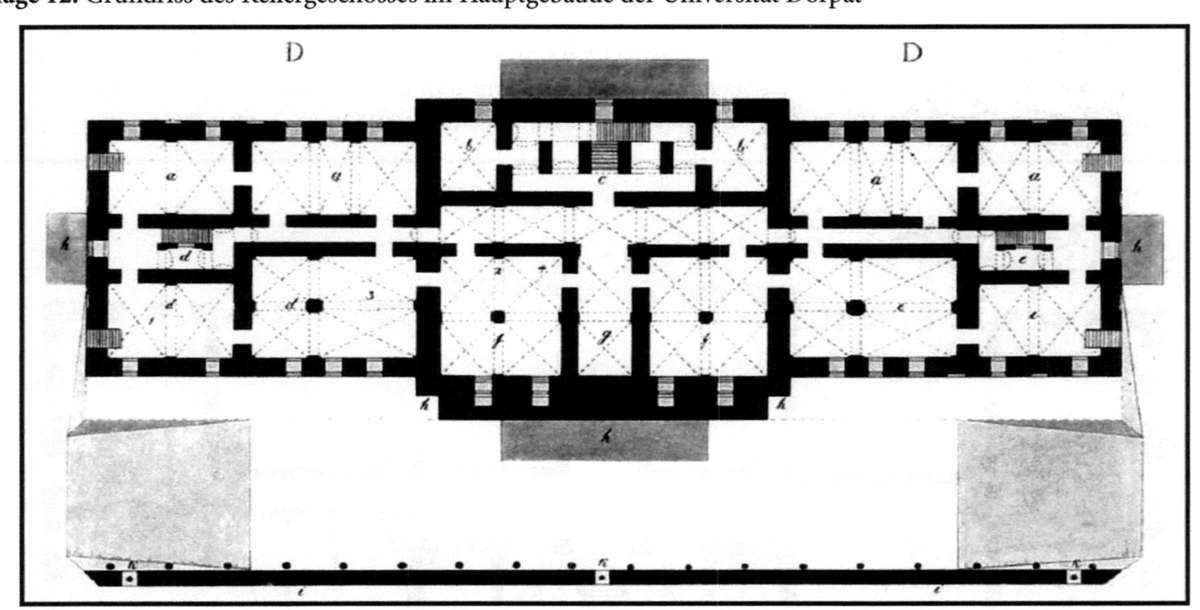


Aus: O. V. (1827), Tafel III, D. Erläuterungen – „a Räume zum Ablegen des Archivs […]; b Räume zu ökonomischer Bequemlichkeit der Haus-Dienerschaft; c Treppengrund; d Räume zur Aufbewahrung der Casse und wichtiger Urkunden; 1, 2, 3, 4, isoliert gegründete Pfeiler zu Haupt-Instrumenten des physicalischen Cabinets; e Räume zu den Erfordernissen des chemischen Cabinets; f Räume zu Bedürfnissen und Vorräthen der Haus-Dienerschaft; g Räume für allerlei Haus-Geräth; h Gründe zu dem Porticus und den Frei-Treppen; i Terassen-Mauer längs der Johannis-Straße; k Laternen-Pfähle; l Granit-Kegel mit Ketten untereinander verbunden.“

**Anlage 13:** Die Institutionalisierung (1)[293] der Chemie und Pharmazie an ausgewählten deutschen und russischen Universitäten

| Universität (2) | Gründungsjahr | Einrichtung (Jahr) des ersten Lehrstuhls (Lst.) (3)/Instituts (Inst.) (4) | | | | Eingliederung der Fächer Chemie/ Pharmazie in die Fakultät für (5) | |
|---|---|---|---|---|---|---|---|
| | | Chemie (Lst.) | Chemie (Inst.) | Pharm. (Lst.) | Pharm. (Inst.) | Chemie | Pharmazie |
| **„Grosse“ dt. Univ.** München (6) | 1826 | 1826 | 1826 | 1840 | 1840 | Philosophie | Medizin |
| Berlin (7) | 1810 | 1810 | 1867 | 1896 | 1902 | Philosophie | Medizin |
| Bonn (8) | 1818 | 1818 | 1820 | 1925 | 1924 | Medizin | Philosophie |
| Leipzig (9) | 1409 | 1784 | 1805 | 1926 | 1938 | Medizin | Philosophie |
| Breslau (10) | 1811 | 1815 | 1820 | 1867 | 1866 | Philosophie | Philosophie |
| **„Mittlere“ dt. Univ.** Tübingen (11) | 1477 | 1849 | 1753 | 1936 | 1943 | Medizin | Naturwissenschaften |
| Göttingen (12) | 1734 | 1775 | 1783 | 1920 | 1920 | Medizin | Philosophie |
| Halle/Wittenberg (13) | 1604 | 1843 | 1863 | 1927 | 1931 | Philosophie | Naturwissenschaften |
| Würzburg (14) | 1582 | 1782 | 1836 | 1836 | 1836 | Medizin | Philosophie/Medizin |
| Heidelberg (15) | 1386 | 1817 | 1818 | – | – | Medizin | – |

293 Die Vielzahl der notwendigen Anmerkungen erlaubte keine Darstellung im klassischen „Fußnoten-Format“. Deshalb wurden Erläuterungen im „Fließtext“ angefügt (S. 349–353) und durch in Klammern nachgestellte Ziffern kenntlich gemacht.

**Noch Anlage 13**

| Universität (2) | Gründungsjahr | Einrichtung (Jahr) des ersten Lehrstuhls (Lst.) (3)/Instituts (Inst.) (4) | | | | Eingliederung der Fächer Chemie/ Pharmazie in die Fakultät für (5) | |
|---|---|---|---|---|---|---|---|
| | | Chemie (Lst.) | Chemie (Inst.) | Pharm. (Lst.) | Pharm. (Inst.) | Chemie | Pharmazie |
| **„Kleine“ dt. Univ.** Gießen (16) | 1608 | 1777 | 1783 | – | – | Ökonomie | – |
| Erlangen/Nürnb. (17) | 1743 | 1855 | 1855 | 1865 | 1865 | Medizin | Philosophie |
| Jena (18) | 1548 | 1789 | 1810 | 1903 | 1902 | Philosophie | Philosophie |
| Freiburg (19) | 1461 | 1871 | 1882 | 1938 | 1944 | Philosophie | Math.-Nat.-Wiss. |
| Marburg (20) | 1527 | 1805 | 1811 | 1852 | 1851 | Medizin | Philosophie/Medizin |
| **Russische. Univ.** Moskau (21) | 1755 | 1804 | 1808 | 1864 | 1932 | Physik.-math. | Medizin |
| Dorpat (22) | 1802 | 1802 | 1809 | 1843 | 1842 | Philosophie | Medizin |
| Kasan (23) | 1804 | 1806 | 1806 | ? (24) | ? | Physik.-math. | ? |
| Charkow (25) | 1805 | 1805 | 1805 | ? (26) | ? | Physik.-math. | ? |
| St. Petersburg (27) | 1819 | ? | ? | ? | ? | ? | ? |

**Erläuterungen zu Anlage 13**

(1) Als Kriterium für die abgeschlossene Institutionalisierung eines universitären Faches wurde die Errichtung eines planmäßigen Ordinariats und/oder eines entsprechenden Institutes herangezogen.[294]

(2) Die Angaben zu den Standorten der deutschen Universitäten sowie die Gruppierung der Hochschulen in „große" (München bis Breslau), „mittlere" (Tübingen bis Heidelberg) und „kleine" (Gießen bis Marburg) basieren auf statistischen Daten aus dem Jahr 1850. „Große" Universitäten besaßen im 19. Jahrhundert eine Gesamtstudentenzahl von mehr als 800, „mittlere" wurden von 450–800 Absolventen besucht, während „kleine" sich einer Frequenz von 150–450 erfreuten.[295] Die russischen Hochschulen wurden in erster Linie nach ihrem Gründungsjahr ausgewählt.[296]

(3) Von einem chemischen oder pharmazeutischen Lehrstuhl gingen wir aus, wenn das entsprechende Fach zur Selbstständigkeit aufgewertet, ausgebaut und in der Regel durch einen Ordinarius vertreten wurde. Diese institutionelle Verankerung vollzog sich an den Universitäten für die Chemie ab 1775, als sie sich stärker von der Medizin löste und allmählich zur „reinen" Chemie aufstieg. Für die Pharmazie setzte eine derartige Entwicklung erst im ersten Drittel des 20. Jahrhunderts auf breiter Front ein. Besondere chemische Professuren mit einer spezifisch medizinischen, botanischen oder technologischen Ausrichtung gab es dagegen an den Hochschulen weitaus früher, so z. B. in Marburg, wo man mit der Errichtung eines der „Heilkunst" verpflichteten Lehrstuhls für „Chymiatrie" 1609 das älteste bislang bekannte chemische Universitätsinstitut der Welt schuf.[297] Ebenso existierten schon früher außerordentliche und ordentliche Professuren für Pharmazie oder pharmazeutische Chemie unter der „Oberaufsicht" des Ordinarius für Chemie; so beispielsweise ab 1825 in Jena.[298] Die von uns

---

294 Vgl.: Eulner (1970), S. 72; Maehle et al. (1990), S. 453 sowie zur Institutionalisierung von (neuen) Hochschul-Disziplinen allgemein und mittels unterschiedlicher Innovationsmodelle: Ben-David (1960), S. 557–568; Ben-David und Collins (1966), S. 451–465; Clark (1968), S. 1–25; Pfetsch (1973), S. 10–90; Stichweh (1984), passim; Guntau und Laitko (1987), S. 17–92; Stichweh (1994), S. 15–51, S. 135–141.

295 Vgl.: Conrad (1893), S. 118–119; Eulenburg (1904), S. 302–303; Schmeiser (1994), S. 149, S. 216.

296 Vgl.: Zaitseva (2001), S. 209–226; Abašnik (2004), S. 113–140; Zaitseva (2002), S. 149–158.

297 Vgl.: Schmitz (1969), S. 244; Meinel (1978), S. 1; Meinel (1988), S. 89–115.

298 Vgl.: Schmitz (1969), S. 195.

aus den jeweils spezifischen Quellen ermittelten Jahreszahlen für die Errichtung chemischer oder pharmazeutischer Lehrstühle können durchaus von den Angaben in vornehmlich statistischen Werken abweichen, da hier meist das Semester der ersten Nennung des Fachs stillschweigend mit der Etablierung eines Lehrstuhls gleichgesetzt wurde.[299]

(4) Von einem selbständigen chemischen oder pharmazeutischen Institut gingen wir aus, wenn in eigenen Räumen eine experimentelle Laboratoriumstätigkeit des Direktors, der fortgeschrittenen Studenten bzw. Praktikanten sowie auch der Doktoranden stattfand, eigenes Personal verfügbar war und entsprechende universitäre Finanzmittel regelmäßig gewährt wurden. Der Vorgänger dieses naturwissenschaftlichen Instituts war das „Kabinett" oder die „Sammlung", die in der Regel bescheidenes Demonstrationsmaterial für Vorlesungen und Übungen enthielten. Experimentelle Arbeiten und Untersuchungen führte in dieser Entwicklungsstufe – wenn überhaupt – lediglich der Fachvertreter selbst in seinem „Privat-Laboratorium" durch.[300] Die von uns aus den jeweils spezifischen Quellen ermittelten Jahreszahlen für die Errichtung eines selbstständigen chemischen oder pharmazeutischen Instituts können durchaus von den Angaben in vornehmlich statistischen Werken abweichen, da hier meist das Semester der ersten Nennung des Fachs stillschweigend mit der Etablierung eines eigenständigen Instituts gleichgesetzt wurde.

(5) Die Angaben zur Eingliederung in die jeweilige Fakultät (nach der Errichtung des ersten ordentlichen – vereinzelt des ersten außerordentlichen – Lehrstuhls) folgen der verfügbaren Spezialliteratur.

(6) Vgl. zur Institutionalisierung der Chemie und Pharmazie an der Universität München: Schmitz (1969), S. 261–284; Titze (1995), S. 448–452.

(7) Vgl. zur Institutionalisierung der Chemie und Pharmazie an der Universität Berlin: Lockemann (1927), S. 150–151; Schmitz (1969), S. 18–31; Sepke (1984), S. 35–63; Engel und Engel (1992), S. 5–8; Titze (1995), S. 74–79.

(8) Vgl. zur Institutionalisierung der Chemie und Pharmazie an der Universität Bonn: Schmitz (1969), S. 52–63; Titze (1995), S. 97–100.

(9) Vgl. zur Institutionalisierung der Chemie und Pharmazie an der Universität Leipzig: Schmitz (1969), S. 231–239; Titze (1995), S. 404–409.

(10) Vgl. zur Institutionalisierung der Chemie und Pharmazie an der Universität Breslau: Schmitz (1969), S. 77–87; Titze (1995), S. 123–125.

---

299 Vgl.: Titze (1995), S. 48–566.

300 Vgl. zu den verschiedenen Entwicklungsstufen naturwissenschaftlicher Institute vom „Kabinett" bis zum „wissenschaftlichen Großinstitut" sowie zur Funktion und Disposition chemischer Laboratorien: Riese (1977), S. 215; Meinel (2000), S. 287–302.

(11) Vgl. zur Institutionalisierung der Chemie und Pharmazie an der Universität Tübingen: Schmitz (1969), S. 320–332; Riese (1977), S. 82–85; Titze (1995), S. 520–522.

(12) Vgl. zur Institutionalisierung der Chemie und Pharmazie an der Universität Göttingen: Ganß (1937), 17–32; Schmitz (1969), S. 137–149; Glemser (1987), S. 61–68; Titze (1995), S. 223–225; Beer (1998), 18–21.

(13) Vgl. zur Institutionalisierung der Chemie und Pharmazie an der Universität Halle/Wittenberg: Sackmann (1961), S. 1021–1028; Schmitz (1969), S. 158–168; Titze (1995), S. 264–265; Kirschke (2001), S. 147–187; Kernbauer (2002), S. 57–61.

(14) Vgl. zur Institutionalisierung der Chemie und Pharmazie an der Universität Würzburg: Koschel und Sauer (1968), passim; Schmitz (1969), S. 333–345; Bergmann (1984), 2, S. 408–420; Titze (1995), S. 545–547; Büttner (2001), S. 177–217; Grund (2002), passim.

(15) Vgl. zur Institutionalisierung der Chemie und Pharmazie an der Universität Heidelberg: Curtius und Rissom (1908), passim; Pietsch und Beyer (1939), S. 5–33; Schmitz (1969), S. 177–189; Riese (1977), S. 215–225, S. 368; Henrich (1984 b), S. 374–390; Becke-Goehring et al. (1986), S. 332–351; Fluck (1988), S. 89–106; Titze (1995), S. 301–303; Roß (1996), S. 121–146; Roß (1997), S. 467–481. An der Universität Heidelberg hatte Lorenz Geiger von 1824–1835 ein Extraordinariat für Pharmazie inne und bekleidete für kurze Zeit auch eine ordentliche Professur innerhalb der medizinischen Fakultät. Danach kam es jedoch zu keiner Institutionalisierung des Fachs, so dass während des 19. Jahrhunderts in Heidelberg faktisch weder ein selbstständiger pharmazeutischer Lehrstuhl noch ein eigenständiges pharmazeutisches Institut bestanden.

(16) Vgl. zur Institutionalisierung der Chemie und Pharmazie an der Universität Gießen: Hock (1957), S. 288–307; Schmitz (1969), S. 129–136; Billig (1994), S. 56–57, S. 147–148; Titze (1995), S. 203–205; Meinel (2000), S. 289. Soweit ersichtlich, kam es auch an der Gießener Hochschule im 19. Jahrhundert nicht zu einer formalen Etablierung der Disziplin Pharmazie, obwohl seit 1819 ein Lehrstuhl für pharmazeutische Chemie in der medizinischen Abteilung existierte, der allerdings 1843 in ein Ordinariat für Pharmakologie umgewandelt wurde.

(17) Vgl. zur Institutionalisierung der Chemie und Pharmazie an der Universität Erlangen/Nürnberg: Schmitz (1969), S. 96–108; Simmer (1981), S. 497–509; Titze (1995), S. 149–151; Kirschke (2001), S. 294–295.

(18) Vgl. zur Institutionalisierung der Chemie und Pharmazie an der Universität Jena: Schmitz (1969), S. 190–201; Titze (1995), S. 325–328.

(19) Vgl. zur Institutionalisierung der Chemie und Pharmazie an der Universität Freiburg: Lüttringhaus und Baumfelder (1957), S. 23–76; Merz (1957), S. 107–119; Schmitz (1969), S. 117–128; Titze (1995), S. 182–184.

(20) Vgl. zur Institutionalisierung der Chemie und Pharmazie an der Universität Marburg: Schmitz (1969), S. 244–260; Meinel (1978), passim; Meinel (1988), S. 89–115; Titze (1995), S. 429–430.

(21) Vgl. zur Institutionalisierung der Chemie und Pharmazie an der Universität Moskau: Lukjanov (1964), S. 59–69; Brooks (1998), S. 163–176; Zaitseva (2000), S. 117–128; Zaitseva (2002), S. 149–158; Brooks (2004), S. 89–100.

(22) Vgl. zur Institutionalisierung der Chemie und Pharmazie an der Universität Dorpat: Laur (1932), S. 1–14; Ilomets und Kudu (1977), S. 159–184; Ilomets (1992), S. 5–10; Ilomets (2004), S. 89–128; Past und Tankler (2007), S. 9–49.

(23) Vgl. zur Institutionalisierung der Chemie an der Universität Kasan: Albitzkiy (1901), S. 1–71; Lichinger (1927), S. 233–234, S. 323–325; Leicester (1947), S. 438–443; Vinogradov (1965), S. 168–173; Brooks (1998), S. 163–176; Abašnik (2004), S. 113–140; Brooks (2004), S. 89–100.

(24) Zwar ist weithin bekannt, dass schon Carl Ernst Claus ab 1839 Vorlesungen über Pharmazie an der Universität Kasan hielt, doch ließ die uns zugängliche Literatur keine detaillierte Rekonstruktion der geschichtlichen Entwicklung des Fachs an dieser Hochschule zu. Zur Gründung einer pharmazeutischen Fakultät kam es offenbar erst 1975 im staatlichen Medizinischen Institut, das 1930 aus der 1814 etablierten Medizinischen Fakultät der Universität hervorgegangen war. Vgl.: Lichinger (1927), S. 234, S. 323–324.

(25) Vgl. zur Institutionalisierung der Chemie an der Universität Charkow: Leicester (1947), S. 438–443; Brooks (1998), S. 163–176; Abašnik (2004), S. 113–140; Brooks (2004), S. 89–100.

(26) An der Charkower Universität bot Ferdinand Giese zunächst als Professoradjunkt, ab 1805 dann als außerordentlicher Professor und ab 1811 als ordentlicher Professor für Chemie und Pharmazie pharmazeutische Vorlesungen an. Diversen „Internet-Auftritten" ist zu entnehmen, dass die „Kharkiv National University of Pharmacy" ihre Ursprünge auf eben das Jahr 1805 gründet. Man habe bereits 1812 ein erstes pharmazeutisches Universitätslaboratorium eingerichtet. Jedoch sei es bis zum Jahr 1921 nicht gelungen, ein (selbstständiges) Institut zu etablieren. Die uns verfügbare Sekundärliteratur erlaubte keine unabhängige Überprüfung dieser Angaben. Daher verzichteten wir auf die Nennung der entsprechenden Jahreszahlen, denen somit bestenfalls orientierender Charakter zukommt. Vgl.: Abašnik (2004), S. 117–119, S. 130.

(27) Vgl. zur Institutionalisierung der Chemie und Pharmazie an der Universität St. Petersburg: Bloch (1926), S. 1545–1551; Stieda (1926), S, 133–137; Leicester (1947), S. 438–443; Lipski (1953), S. 349–354; Brooks (1998), S. 163–176; Kritsmann und Hoppe (1998), S. 51–57; Brooks (2004), S. 89–100; Saint Petersburg State University Department of Chemistry. Verfügbar unter: https://en.wikipedia.org/wiki/Saint_Petersburg_State_University_Institute_of_Chemistry. Letzter Zugang: 30. Oktober 2017. – Dass es trotz dieser zahlreichen nicht in russischer Sprache erschienenen Veröffentlichungen misslang, konkrete Zeitpunkte für die Gründung chemischer und pharmazeutischer Lehrstühle bzw. Institute an der St. Petersburger Universität anzugeben, erklärt sich wesentlich aus der Geschichte der Russischen Akademie der Wissenschaften und der mehr als schwierig zu entschlüsselnden Genese aller jener Institutionen, die ihr entsprangen. Zeitgleich mit der Akademie wurde durch kaiserliches Dekret 1725 ein zugehöriges Gymnasium und eine Universität begründet. Beide sollten der Akademie gleichsam zuarbeiten, fristeten jedoch in den folgenden Jahrzehnten ein nur sehr kümmerliches Dasein. 1731 beispielsweise verzeichnete die Hochschule keinen einzigen Studenten. Zwischen 1751–1765 besaß sie nur 8–18 Absolventen. Angesichts dieser Tatsachen erscheint es fragwürdig, ob die Institutionalisierung der Chemie an der Universität St. Petersburg tatsächlich im Jahre 1748 mit der Errichtung eines ersten chemischen Laboratoriums durch Lomonossov begann, wie es die Homepage der dortigen Fakultät heute vollmundig behauptet. Im Februar 1819 erfolgte die Neugründung der Hochschule. Sie ersetzte das Pädagogische Institut, das seinerseits 1806 aus dem unmittelbar auf der einstigen Petrinischen Universität fußenden Akademischen Kolleg hervorgegangen war. Die institutionelle Geschichte des Fachs Chemie bleibt auch nach dieser Reorganisation für uns über weite Strecken unklar, so dass als wohl einzig unstrittiges Datum das Jahr 1929 erscheint, in dem es an der Universität St. Petersburg zur Etablierung einer Fakultät für Chemie kam. Soweit ersichtlich, erlangte das Fach Pharmazie in St. Petersburg weder im 18. noch im 19. Jahrhundert nennenswerte „Hochschul-Repräsentanz". Dies war zweifellos auch der Gründung der medico-chirurgischen Fakultät geschuldet. Sie erwies sich der universitären Ausbildung allgemein als abträglich und verhinderte wohl durch die 1808 erfolgte Einrichtung einer pharmazeutischen Abteilung samt zugehörigen Kabinetts für 40 „Zöglinge" maßgeblich die Verankerung des Fachs Pharmazie an der St. Petersburger Hochschule.

**Anlage 14:** Plankosten-Überschlag für die Einrichtung des chemischen „Kabinetts" im rechten Seitenflügel des Universitäts-Hauptgebäudes[301]

| Pos. | Bezeichnung der Einrichtungsgegenstände | Kosten (R./S.) (1) |
|---|---|---|
| 1 | Dampfdestillieraggregate (2) zum Abdampfen und Trocknen | 250,00 (3) |
| 2 | Apparat zur Darstellung von Oelgas (4), Gasometer (5) mit ca. 40 Brennern (6) verschiedener Form | 900,00 (3) |
| 3 | Tragbare Oefen (7), Gebläse, Ummauerung[en], gußeiserne Deckplatten und gußeiserne Thüren | 400,00 |
| 4 | Etagen-Oefen (3 Stück à 150) | 450,00 (3) |
| 5 | Deville's Glühöfen (8) verschiedener Form | 400,00 |
| 6 (9) | Schiebetafel und Fenster [...] und [...] neuer Experimentirtisch im Auditorio | 190,00 |
| 7 | Die Glasschränke, [...] nebst der Wand zum Gaszimmer | 500,00 |
| 8 | Im Apparatensaal ein Tisch in der Mitte und einen an der Fensterwand | 100,00 |
| 9 | Für das analytische und Heerd-Laboratorium Schränke [...] | 500,00 |
| 10 | Wandschränke, Arbeitstische und sonstiges Mobiliar im Zimmer des Directors | 60,00 (3) |
| 11 | Neue Bänke und Tische im chemischen Auditorio | 200,00 |
| 12 | Stühle | 24,00 (3) |
| 13 (10) | Lehnstühle | 15,00 (3) |
| Σ | | **3.989,00 (11)** |

301 Die Vielzahl der notwendigen Anmerkungen erlaubte keine Darstellung im klassischen „Fußnoten-Format". Deshalb wurden Erläuterungen im „Fließtext" angefügt und durch in Klammern nachgestellte Ziffern kenntlich gemacht. Der ursprünglich gemeinsam von den Direktoren des chemischen und physikalischen Instituts Carl Schmidt und Ludwig Friedrich Kämtz eingereichte und durch die Unterschrift des Universitätsarchitekten Rathhaus bestätigte „Plankosten-Überschlag" bezog sich auf die gesamte „innere Einrichtung der in den neuerbauten Flügel des Hauptgebäudes überzuführenden Cabinette" und erfasste somit summarisch die für das chemische wie für das physikalische „Kabinett" beabsichtigten Anschaffungen. Mit Hilfe des „offiziellen Schriftwechsels" wurde diese Gesamtsumme detailliert auf das chemische Laboratorium herunter gebrochen. EAA 402/5/492, Nr. 12 vom 1. Februar, ohne Nr. vom 2. Dezember und Nr. 1223 vom 9. Dezember 1857.

**Erläuterungen zu Anlage 14**

(1) Auf die russische Rechnungsmünze Rubel entfielen 100 Kopeken. In Silbergeld rechnete man den Rubel zu 1 Taler, 2 Silbergroschen, 3 2/3 Pfennigen um.[302]

(2) Aus Kupferblech oder sonstigen metallischen Abschirmungen geformte Dampfdestillieraggregate ersetzten damals zunehmend die herkömmlichen offenen Wasserbäder.[303]

(3) Die im ursprünglichen Gesamt-Plankosten-Überschlag ausgewiesene Summe wurde je zur Hälfte auf beide „Kabinette" aufgeteilt.[304]

(4) Ölgas, das große Leuchtkraft besaß, entstand durch sehr starkes Erhitzen von Fetten, Erdgasrückständen oder Paraffinöl.[305]

(5) Behälter zum Auffangen und Speichern von erzeugtem Gas.[306]

(6) Zur damaligen Zeit existierten vielfältige Formen von Laboratoriumsbrennern, wie ein Blick in einschlägige Kataloge entsprechender „Ausrüster" zeigt.[307]

(7) Öfen gehörten zu den unentbehrlichen Gerätschaften eines chemischen Laboratoriums. Mit Zug- oder Windöfen konnte man ohne Gebläse ein sehr starkes Feuer für hohe Temperaturen entfachen und unterhalten.[308]

(8) In dem von Henri Étienne Deville (Sainte-Claire-Deville) konstruierten Gebläseofen wurde das Feuer durch einen doppelten Blasebalg angefacht. Um einen höheren Wirkungsgrad zu erzielen, ließ man später beispielsweise durch acht gegenüberstehende Öffnungen die Luft um den Tiegel herum einströmen. Als Brennmaterial diente Holzkohle. Mittels dieses Ofens verbesserte Deville auch entscheidend seine Methoden zur Produktion des damals neuen und noch wenig bekannten Metalls Aluminium.[309]

(9) Die Positionen 1–6 können als „apparative Ausstattung" des „chemischen Kabinetts" angesehen werden, so dass von der hierzu für beide Kabinette geplanten Investitionssumme von 4.310 Silber-Rubel 60 % auf die technische Ausstattung des chemischen und 40 % für die Einrichtung

---

302 Vgl.: Niemann (1830), S. 283.

303 Vgl.: Roß (2002 b), S. 142–143.

304 EAA 402/5/492, Nr. 12 vom 1. Februar, ohne Nr. vom 2. Dezember und Nr. 1223 vom 9. Dezember 1857.

305 Vgl.: Fischer (1893), S. 120–121.

306 Vgl.: Berzelius (1841), S. 277; Engels et al. (1989), S. 181–182.

307 Vgl.: Griffin (1877), S. 87–94.

308 Vgl.: Berzelius (1841), S. 449, S. 452.

309 Vgl.: Berzelius (1841), S. 453–455; Day (1996), S. 206.

des physikalischen Laboratoriums entfielen (2.590 Silber-Rubel zu 1.720 Silber-Rubel).[310]

(10) Die Positionen 7–13 müssen als „mobiliare Bestückung“ des „chemischen Kabinetts“ gelten. Somit verteilte sich die im Plankosten-Anschlag für diesen „Posten“ insgesamt projektierte Summe von 2.086 Silber-Rubel in einem Verhältnis von 67 % zu 33 % auf das chemische bzw. physikalische „Kabinett“ (1.399 Silber-Rubel zu 687 Silber-Rubel).[311]

(11) Von der geplanten Gesamt-Investitionssumme in Höhe von 6.396 Silber-Rubel für die „innere Einrichtung“ beider Institute sollte also letztlich das chemische „Kabinett“ zu 62,4 % (3.989 Silber-Rubel) und das physikalische zu 37,6 % (2.407 Silber-Rubel) profitieren.[312]

310 EAA 402/5/492, Nr. 12 vom 1. Februar, ohne Nr. vom 2. Dezember und Nr. 1223 vom 9. Dezember 1857.

311 EAA 402/5/492, Nr. 12 vom 1. Februar, ohne Nr. vom 2. Dezember und Nr. 1223 vom 9. Dezember 1857.

312 EAA 402/5/492, Nr. 12 vom 1. Februar, ohne Nr. vom 2. Dezember und Nr. 1223 vom 9. Dezember 1857.

**Anlage 15:** Der rechte Seitenflügel des Dorpater Universitäts-Hauptgebäudes (Erläuterungen: S. 358)

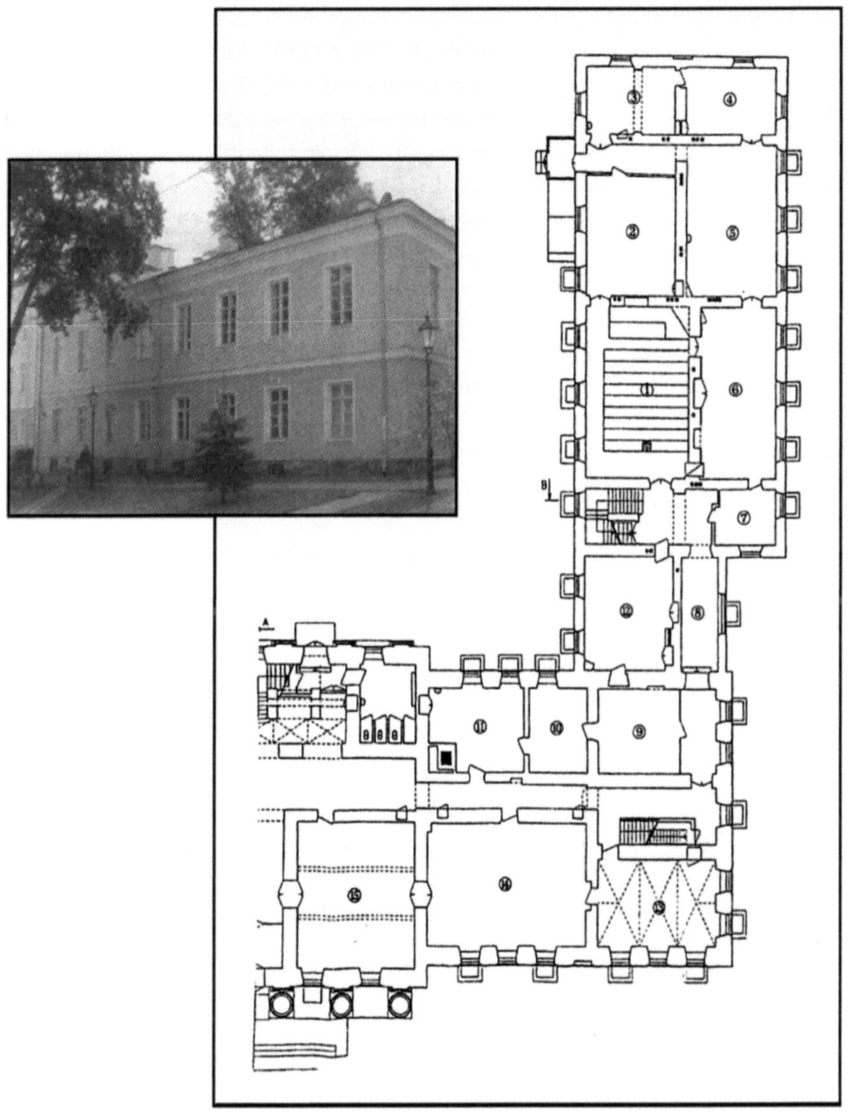

## Erläuterungen zu Anlage 15

Die Abbildung zeigt einerseits die Fassade des 1857 als Anbau fertig gestellten rechten Seitenflügels des Dorpater Universitäts-Hauptgebäudes und gibt andererseits den Grundriss seines Erdgeschosses wieder, das ab 1857 das chemische Universitätslaboratorium beherbergte. (1) Auditorium mit 120 Plätzen, (2–7) Räume des chemischen Laboratorium, (8) Verbindungskorridor zum Hauptgebäude (erbaut in den 1870er Jahren), (9–11) ab 1891 zusätzlich genutzte Räume des chemischen Laboratoriums im Hauptgebäude, (13–15) Räume, in denen das „Chemiekabinett" in den Jahren 1809–1857 im Hauptgebäude untergebracht war. – Aus: Ilomets (2004), S. 113, S. 116. Da laut einer schriftlichen Mitteilung der „Tartu University Press" vom 5. Juli 2011 das Urheberrecht für den Sammelband nicht beim Verlag, sondern vielmehr bei den einzelnen Autoren liegt, erfolgt der erneute Abdruck der Abbildungen mit ausdrücklicher Genehmigung von Herrn Prof. Dr. Tullio Ilomets (Tartu), dem für sein Entgegenkommen vom 28. April 2011 Dank gebührt.

**Anlage 16:** Ist-Kosten-Rechnung (Silber-Rubel [1][313]) für die Einrichtung des chemischen „Kabinetts“ im rechten Seitenflügel des Universitäts-Hauptgebäudes sowie Ersparnisse bzw. Erhöhungen im Vergleich zum Plankosten-Überschlag

| Pos. | Bezeichnung der Einrichtungsgegenstände | Ist-Kosten | Plan-Kosten | Ersparnis | Erhöhung |
|---|---|---|---|---|---|
| 1 (2) | Dampfdestillieraggregate zum Abdampfen und Trocknen | 710,00 | 250,00 | – | 460,00 |
| 2 (2) | Apparat zur Darstellung von Oelgas, Gasometer mit ca. 40 Brennern … | 1.019,50 | 900,00 | – | 119,50 |
| 3 | Tragbare Oefen, Gebläse, Ummauerung[en], […] | 416,00 | 400,00 | – | 16,00 |
| 4 (2) | Etagen-Oefen (3 Stück à 150) | 502,00 | 450,00 | – | 52,00 |
| 5 | Deville's Glühöfen verschiedener Form | 436,00 | 400,00 | – | 36,00 |
| 6 | Schiebetafel und Fenster […] und […] neuer Experimentirtisch im Auditorio | 195,00 | 190,00 | – | 5,00 |
| 7 | Die Glasschränke, […] nebst der Wand zum Gaszimmer | 570,00 | 500,00 | – | 70,00 |
| 8 | Im Apparatensaal ein Tisch in der Mitte und einen an der Fensterwand | – | 100,00 | 100,00 | – |
| 9 | Für das analytische und Heerd-Laboratorium Schränke […] | 805,00 | 500,00 | – | 305,00 |
| 10 (2) | Wandschränke, Arbeitstische und sonstiges Mobiliar im Zimmer des Directors | 60,00 | 60,00 | – | – |
| 11 | Neue Bänke und Tische im chemischen Auditorio | 220,00 | 200,00 | – | 20,00 |
| 12 | Stühle | – | 24,00 | 24,00 | – |
| 13 | Lehnstühle | – | 15,00 | 15,00 | – |
| 14 (2, 3) | (Holz-)Innentreppe in den Keller des Kabinettsflügels | 29,50 | – | – | 29,50 |
| 15 (3) | Waßerleitungsröhren, Hähne, pneumatische und sonstige Apparate […] | 1.141,00 | – | – | 1.141,00 |
| **Σ (4)** | | **6.104,00** | **3.989,00** | **139,00** | **2.254,00** |

313 EAA 402/5/492, ohne Nummer vom 15. April 1858. Vgl.: Anlage 14 dieser Untersuchung (Plankosten-Überschlag). Notwendige Anmerkungen wurden nicht im klassischen „Fußnoten-Format“, sondern als Erläuterungen im „Fließtext“ angefügt (S. 360) und durch in Klammern nachgestellte Ziffern kenntlich gemacht.

**Erläuterungen zu Anlage 16**

(1) Auf die russische Rechnungsmünze Rubel entfielen 100 Kopeken. In Silbergeld rechnete man den Rubel zu 1 Taler, 2 Silbergroschen, 3 2/3 Pfennigen um.[314]

(2) Die Ist-Kosten wurden je zur Hälfte auf beide „Kabinette“ aufgeteilt.

(3) Diese Positionen waren im Plankosten-Überschlag vom Februar 1857 nicht enthalten.[315]

(4) Die für die Einrichtung des „chemischen Kabinetts“ entstandenen Kosten (6.104 Silber-Rubel) überstiegen die ursprünglich veranschlagten (3.989 Silber-Rubel) um rund 53 %. Im Vergleich zum Plankosten-Überschlag, der für die Ausstattung des chemischen und physikalischen „Kabinetts“ eine Relation von 62,4 % zu 37,6 % (3.989,00 versus 2.407,00 Silber-Rubel) auswies, gestaltete sich die abschließende Aufteilung der Ist-Kosten für das chemische Universitätslaboratorium noch vorteilhafter (69,4 % zu 30,6 % bzw. 6.104,00 versus 2.695,00 Silber-Rubel).

314 Vgl.: Niemann (1830), S. 283.

315 Vgl.: Anlage 14 dieser Untersuchung.

**Anlage 17:** Anzeige in der „Livländischen Gouvernements-Zeitung“ vom 30. Mai 1858 (Nr. 60), mit der Carl Schmidt seinen ersten Versuch unternahm, als „consulting chemist“ tätig zu werden[316]

## Annahme landwirthschaftlich-technisch-merkantilisch-chemischer Arbeiten bei dem Universitätslaboratorium in Dorpat

Im neuerbauten Universitätslaboratorium zu Dorpat werden vom 1. August d. J. ab, zur Förderung nationaler Industrie landwirthschaftlich-technisch-chemische Analysen und Versuchsreihen für Landwirthe, Fabriken, Handelshäuser und Actiengesellschaften unter Leitung und Garantie des Direktors Prof. Dr. C. Schmidt ausgeführt.

Die Quantität einzusendender Proben richtet sich nach der Natur des Gegenstandes und der Ausdehnung der Analyse; bei solchen von geringem Werthe ¼ Pfd. bis 1 Pfd., bei werthvollen 5–10 Solotnik[317] und darüber. Das Honorar beträgt 5 bis 25 Rbl. S.,[318] je nach der Natur und Ausdehnung der Analysen und der Zahl der eingesandten Proben; davon sind 5 Rbl. S. sofort bei Einsendung der Proben dem Begleitschreiben beizulegen, beide an den Director „Prof. Dr. C. Schmidt, Dorpat in Livland“, zu adressieren. Die Untersuchungen umfassen folgende Gegenstände:

316 O. V. (1858 a), S. 239. – Die in Riga erschienene „Livländische Gouvernements-Zeitung“ ist an deutschen Bibliotheken lediglich für den kurzen Zeitraum vom 1. (13.) November 1852–17. (31.) Dezember 1853 nachgewiesen (vgl.: Karlsruher Virtueller Katalog. Verfügbar unter: https://kvk.bibliothek.kit.edu/. Letzter Zugang: 30. Oktober 2017). Die Annonce vom 30. Mai 1858, welche gleichlautend am 6. Juni 1858 auch in der „Dörptschen Zeitung“ erschien (Roß [2005 b], S. 12), fand sich jedoch unter: http://dea.nlib.ee/index.php?lid=283&byea=1858&bmon=5. Letzter Zugang: 30. Oktober 2017. Der Text ist auf den folgenden Seiten in „Klarschrift“ wiedergegeben und wurde mit einigen erläuternden Anmerkungen versehen.

317 Der Solotnik war ein russisches Gewicht. Drei Solotnik ergaben ein Lot, 96 Solotnik entsprachen einem Pfund. Vgl.: Niemann, 1830, S. 321.

318 Auf die russische Rechnungsmünze Rubel entfielen 100 Kopeken. In Silbergeld rechnete man den Rubel zu 1 Taler, 2 Silbergroschen, 3 2/3 Pfennigen um. Vgl.: Niemann, 1830, S. 283.

## A. Vorwaltend landwirthschaftlich[319]

1) Guano, Poudrette, Knochenmehl, Noir animalisé und andere Düngerarten; Bestimmung des Gehaltes an Wasser, Stickstoff, Phosphorsäure, Alkalien etc.
2) Gyps und Gypsthon; Bestimmung des Gehalts an reinem krystalisirtem Gyps etc.
3) Bodenarten: Kalk, Thon und Mergel etc. Bestimmung des Gehalts an kohlensaurem Kalk, kohlensaurer Magnesia, Phosphorsäure, leicht und schwer aufschließbarer Alkalien etc., des Wasserbindungsvermögens, des Gewichts à Kubikfuß im trocknen und feuchten Zustande; mechanische Analyse durch Schlämmen etc.
4) Getreide, Knollen und Hülsenfrüchte, Futterkräuter (Heu, Stroh etc.), Schlämpe, Oelkuchen und anderes Fütterungs- und Mastungsmaterial; Bestimmung des Gehalts an Stickstoff (Eiweiß ähnlichen Stoffen), Stärkemehl, Zucker etc., demnach des Nahrungswerthes und Futteräquivalents.
5) Fluß-, Quell-, See-, Drainage- und Flachsröst-Wasser; Bestimmung der Kalk-, Gyps-, Chlor-, Schwefelsäure-, Phosphorsäure-, Ammoniak- und Alkali-Gehalts, Anwendungsfähigkeit zu Berieselungen etc.

## B. Technisch-chemisch[320]

6) Baumaterialien: Kalkstein, Dolomite, thonige Kalke etc. hinsichtlich ihrer Anwendbarkeit zu Mörtel, hydraulischem Cement (Portland-Cement etc.), feuerfesten Steinen, Thonwaaren, Drainröhren etc. und dem dabei einzuschlagenden Verfahren.
7) Leucht- und Brennmaterialien: Holz, Torf, Braunkohle, Steinkohle, bituminöse Schiefer etc.; Bestimmung der durch passende Fabrikationsmethoden davon zu erhaltenden Mengen: Coaks (Kohlen), Paraffin, Naphtalin, Leuchtgas, Benzin und anderer ölartigen Kohlenwasserstoffen; des Leuchtvermögens der Gase in rohem und gereinigtem Zustande, der durch Verbrennen derselben erzeugten Wärmemenge, Angabe der zweckmäßigsten Fabrikationsweise nach Maßgabe der örtlichen Verhältnisse etc.

---

319 Vgl. zur Durchführung der genannten „vorwaltend landwirthschaftlichen" Analysen z. B.: Liebig (1876), S. 108 –117, S. 151 –173, S. 235–278; Fresenius (1862), S. 661–713, S. 863–899; Fresenius (1869), S. 352–376; Fischer (1893), S. 525–532.

320 Vgl. zu den Einzelheiten der angebotenen technisch-chemischen Untersuchungen z. B.: Fischer (1893), S. 1–177, S. 187–237, S. 650–732, S. 777–835, S. 1078–1129; Dammer (1910), S. 732–802; Dammer (1911), S. 1–131, S. 481–520, S. 535–545, S. 805–823.

8) Gerbmaterialien; Bestimmung des Gerbsäuregehalts von Eichenlohe, Weiden- und Birkenrinde, Sumak, Divi-divi, Galläpfeln, Catechu etc.
9) Oelsamen; Bestimmung des Oelgehaltes von Raps, Leinsaat, Hanfsaat, Sonnenblumensamen etc.
10) Fette und Seifen; Bestimmung des Fett- und Fettsäuregehaltes roher Fettsorten, verschiedener Abfälle von Gerbereien, Druckereien etc.; des Wasser-, Alkali- und Fettsäurengehalts von Seifen etc.
11) Farben für sich oder auf Tapeten, Zeugen etc., Prüfung derselben auf Arsenik (Schweinfurtergrün) etc.
12) Metalle, Metallcompositionen, Erze; Analysen von Eisenerzen, Roheisen, Stahl und Schmiedeeisen; Bestimmung des Gehalts an reinem Eisen, Kohle, Schwefel, Phosphor, Silicium etc.; Gold- und Silberproben, Analysen von Messing, Bronze, Kanonen- und Glockenmetall, Argentan, Tomback, Similor, Neugold, Zinn- und Bleicompositionen, Britischmetall etc.

**C. Mercantilisch-chemisch**[321]

13) Auf die chemische Analyse gegründete Feststellung des Handelswerthes von Kochsalz, Pottasche, Soda, Chlorkalk, Braunstein (Manganerz), Salpeter, Borax, Glaubersalz, Weinstein, Weinsäure, Citronensäure, Schwefelsäure, Salpetersäure, Essigsäure, Holz- und Schnellessig etc. deren Verunreinigungen und Verfälschungen.
14) Prüfung von Leinwand, Wolle oder Seide auf Einmengung von Baumwolle; Bestimmung der Menge letzterer etc.

Wegen genauerer oder anderweitiger Angaben und Auskünfte bittet man sich unter den oben erwähnten Bedingungen, ohne deren Erfüllung keine sofortige Beantwortung und Ausführung der betreffenden Versuche und Analysen zugesagt werden kann, an den genannten Director des Laboratoriums, Professor Dr. Schmidt, zu wenden.

Dorpat, April 1858. (Mitth. d. fr. ök. Ges.)

321 Details zu den von Schmidt avisierten „mercantilisch-chemischen" Bestimmungen finden sich beispielsweise in: Fischer (1893), S. 485–486, S. 1000–1002; Dammer (1910), S. 198–201, S. 250–253, S. 672–673; Dammer (1911), S. 820–825.

**Anlage 18:** Notiz in der „St. Petersburger Zeitung" vom 17. August 1861 (Nr. 180)[322]

## Mannigfaltiges

[Chemische Analysen für Landwirthe und Industrielle.] Alle unsere Industriellen und Landwirthe machen wir auf eine sehr wichtige Mittheilung in dem Januar-Heft des „Journals der Kaiserlichen livländischen gemeinnützigen und ökonomischen Societät" aufmerksam. Daselbst werden die Honorarbedingungen mitgetheilt, unter denen agriculturchemische Analysen aller Art im landwirthschaftlichen Centralinstitute Englands, dem Royal Agricultural College, von Herrn Dr. August Völker, F. C. S., Professor der Chemie an demselben und Chemiker der Königlichen Agrikulturgesellschaft von England, so wie technisch-chemische Untersuchungen im Royal College of Chemistry, – in Liverpool von Herrn Dr. J. Sheridan Muspratt, Director und Professor der Chemie an demselben, ausgeführt werden. Dabei wird bemerkt, dass Herr Prof. Dr. C. Schmidt, Director des neuen Universitäts-Laboratoriums in Dorpat, sich zur Uebernahme sämmtlicher bezeichneter Untersuchungen und Entscheidungen im Interesse des landwirthschaftlichen und industriellen Fortschritts unseres Vaterlandes unter denselben Bedingungen bereit erklärt hat.

Von Bodenarten, Rüben, Kartoffeln, Cerealien, Torf, Steinkohlen und anderen Produkten geringern Werthes ist circa 1 Pfund, von werthvolleren entsprechend weniger, einzusenden. Von Quell- und Flußwasser je zwei Selters-Wasser-Flaschen voll, gut verkorkt und verharzt, außerdem der Rückstand von 4 bis 5 Wedro in einem blankgescheuerten kupfernen Kessel bis auf 1/2 Kruschka (1/2 Stof) bei gelinder Wärme, eingedampften Wassers. Der sich beim Eindampfen abscheidende Bodensatz ist mit einem silbernen Löffel und reiner Federfahne sorgfältig von der Kesselwand abzukratzen, und mit dem Wasserrückstande in die Flasche zu spülen.

### Erläuterungen zu Anlage 18

Offenbar war der Dorpater Universitätsverwaltung Schmidts zweiter Versuch, zukünftig als „consulting chemist" tätig zu werden, zunächst entgangen, denn sie reagierte nicht auf seine „Offerte" in den „Livländischen Jahrbüchern der Landwirthschaft"[323] vom Januar 1861. Erst der am 17. August 1861 in der „St. Petersburger Zeitung" (Nr. 180) erschienene Hinweis führte zu den in

322 O. V. (1861 b), S. 725.

323 Vgl.: O. V. (1861 a), S. 108–111; Anlage 19 dieser Untersuchung.

Kapitel 4.5.2.2 dieser Untersuchung näher geschilderten Interventionen. Die besagte Nummer der „St. Petersburger Zeitung“ ist weder in den Beständen deutscher Bibliotheken vorhanden (vgl.: Karlsruher Virtueller Katalog. Verfügbar unter: https://kvk.bibliothek.kit.edu/. Letzter Zugang: 30. Oktober 2017), noch wurde sie in eine umfangreiche Mikroverfilmung dieser Tageszeitung integriert, die anlässlich des 300-jährigen Stadtjubiläums von St. Petersburg im Jahr 2003 erschien.[324] Der Autor weiß sich folglich Frau Külli Gailit (Repository Library of Estonia, Tallinn) zu besonderem Dank dafür verpflichtet, dass sie ihm die lange vergeblich gesuchte „Notiz“ schließlich doch noch zugänglich machte.

324 Vgl.: O. V. (2003).

**Anlage 19:** Bekanntmachung der „Kaiserlichen livländischen gemeinnützigen und ökonomischen Societät“ vom Januar 1861, mit der Carl Schmidt seinen zweiten Versuch unternahm, als „consulting chemist“ tätig zu werden[325]

## Bekanntmachung

Zur Vermeidung zahlreicher Correspondenzen theilen wir nachstehend die Honorarbedingungen mit, unter denen agriculturchemische Analysen aller Art im landwirthschaftlichen Centralinstitute Englands, dem Royal Agricultural College, Cirencester and 12 Hannover Square, London, von Herrn Dr. August Völker, F. C. S., Professor der Chemie an demselben und Chemiker der Königlichen Agrikulturgesellschaft von England,[326] so wie technisch-chemische Untersuchungen im Royal College of Chemistry, Duke Street, Liverpool, von Herrn Dr. J. Sheridan Muspratt, Director und Professor der Chemie an demselben,[327] ausgeführt werden. Wir haben dieselben bequemerer Uebersicht halber in runde Zahlen der Columne rechts auf hiesige Münzverhältnisse reduciert und freuen uns, dabei bemerken zu können, dass unser Mitglied, Herr Prof. Dr. C. Schmidt, Director des neuen Universitäts-Laboratoriums in Dorpat, sich zur Uebernahme sämmtlicher bezeichneter Untersuchungen und Entscheidungen im Interesse des landwirthschaftlichen und industriellen Fortschritts unseres Vaterlandes unter denselben Bedingungen bereit erklärt hat.

325 O. V. (1861 a), S. 108–111. – Eine Kopie des hier in „Klarschrift“ wiedergegebenen Texts aus den „Livländischen Jahrbüchern der Landwirthschaft“ wurde dankenswerterweise von Frau Mare Rand (Tartu University Library) zur Verfügung gestellt.

326 August Völker.

327 James Sheridan Muspratt.

## Noch Anlage 19

### Honorar für agriculturchemische und technisch-chemische Untersuchungen

1 Guinee = 21 Sh. = 1 £. 1Sh. = 7 Rbl.[328]

| | | | £. | Sh. | R. S. |
|---|---|---|---|---|---|
| **A. Vollständige Analyse von**[329] | | | | | |
| 1) | Bodenarten | von | 2 | 2 | 14 |
| | | bis | 5 | 5 | 35 |
| 2) | Fluß-, Quell-, Brunnen- und Mineralwasser | von | 2 | 2 | 14 |
| | | bis | 5 | 5 | 35 |
| 3) | Düngerarten: Poudrette, Compost, Guano, Knochenmehl, Knochenasche, Thierkohle, noir animalisé, Superphospat, Ungulithen, Coprolithen, Osteolithen | von | 2 | 2 | 14 |
| | | bis | 5 | 5 | 35 |
| 4) | Kartoffeln, Turnips, Korn, Hülsenfrüchte, Wiesenheu und anderen Futterkräutern | von | 2 | 2 | 14 |
| | | bis | 5 | 5 | 35 |
| 5) | Oelsaamen, Oelkuchen, Branntweinschlempe, Träbern und anderweitigen künstlichen Futtermitteln | von | 2 | 2 | 14 |
| | | bis | 5 | 5 | 35 |
| 6) | Mehl, Brod, Zucker, Tabak, Fett, Oel, Kaffee, Thee, Chokolade etc. | von | 2 | 2 | 14 |
| | | bis | 3 | 3 | 21 |
| 7) | Kalkstein, Gyps, hydraulischen Cämenten etc. | von | 2 | 2 | 7 |
| | | bis | 3 | 3 | 21 |
| 8) | Ziegelthon, Charmotte, feuerfestem und Porcellan-Thon etc. | | 3 | 3 | 21 |
| 9) | Seifen, Silicaten aller Art, Alaun, Eisen, Kupfer, Blei, Zink etc. Erzen, Schlacken und Hüttenprodukten | von | 2 | 2 | 14 |
| | | bis | 4 | 4 | 28 |
| 10) | Metallcompositionen jeder Art | | 2 | 2 | 14 |
| 11) | Leucht- und Brennmaterialien, Steinkohlen, Torf, Asphalt etc. | von | 2 | 2 | 14 |
| | | bis | 5 | 5 | 35 |
| **B. Qualitative und theilweise quantitative Analysen** | | | | | |
| | Jeder Art, nach Maaßgabe ihres Umfangs | von | 1 | 1 | 7 |
| | | bis | 3 | 3 | 21 |

328 Der englischen Münze Guinee, zuerst 1662 aus Gold von der Küste Guineas geprägt, kamen bereits seit 1718 die angegebenen Werte zu. Schmidt reduzierte im Laufe der Auseinandersetzungen um seine Bestrebungen, als „consulting chemist" tätig zu werden, das Verhältnis Guinee : Rubel von 1 : 7 auf 1 : 5. Vgl.: Niemann, 1830, S. 118 sowie zu den entsprechenden Einzelheiten der Kontroverse Schmidts mit der Dorpater Universitätsverwaltung: Kapitel 4.5.2.2 dieser Untersuchung.

329 Vgl. zur Durchführung der unter A – C aufgeführten Analysen die in Anlage 17 dieser Untersuchung exemplarisch genannte Sekundärliteratur.

**Noch Anlage 19**

| | | £. | Sh. | R. S. |
|---|---|---|---|---|
| **C. Quantitative Einzelbestimmungen, und zwar des Gehalts an** | | | | |
| 12) | Stickstoff in Futterstoffen und Düngemitteln | 1 | 1 | 7 |
| 13) | Oel und Talg in Oelsaamen, Oelkuchen, Gerberabfällen und anderen pflanzlichen und thierischen Produkten | 1 | 1 | 7 |
| 14) | Gerbstoff in Galläpfeln, Knoppern, Rinden, Divi-divi, Valonia, Mimosa etc. | 1 | 1 | 7 |
| 15) | Farbstoff im Indigo, Krapp etc. | 1 | 1 | 7 |
| 16) | Zucker in Rohrzuckersorten, Syrup, frischen und getrockneten Runkelrüben und anderen Vegetabilien, ihren Preßrückständen und sonstigen Fabrikabfällen | 1 | 1 | 7 |
| 17) | Stärkemehl in Kartoffeln, Cerealien etc. mit Feststellung der aus denselben darstellbaren Brantweinmengen | 1 | 1 | 7 |
| 18) | Weingeist in Wein, Bier und Spirituosen jeder Art | 1 | 1 | 7 |
| 19) | Reinem wasserfreien kohlensauren Kali und Natron in käuflicher Asche, Pottasche und Soda | 1 | 1 | 7 |
| 20) | Reinem salpetersauren Kali und Natron in käuflichem rohen und halbraffinirten ostindischen und Chili-Salpeter | 1 | 1 | 7 |
| 21) | Reiner wasserfreier Säure in käuflicher Schwefelsäure, Salpetersäure, Salzsäure, Essigsäure, Schnellessig, Holzessig etc. | 1 | 1 | 7 |
| 22) | Reinem Mangansuperoxyd im käuflichen Braunstein, nebst Feststellung der damit darstellbaren Chlor-Menge | 1 | 1 | 7 |
| 23) | Bleichendem Chlor im käuflichen Chlorkalk, Chlorwasser und Bleichflüssigkeiten jeder Art | 1 | 1 | 7 |

Von Bodenarten, Rüben, Kartoffeln, Cerealien, Torf, Steinkohlen und anderen Produkten geringern Werthes ist circa 1 Pfund, von werthvolleren entsprechend weniger, einzusenden. Von Quell- und Flußwasser je zwei Selters-Wasser-Flaschen voll, gut verkorkt und verharzt, außerdem der Rückstand von 4 bis 5 Wedro in einem blankgescheuerten kupfernen Kessel bis auf 1/2 Kruschka (1/2 Stof)[330] bei gelinder Wärme, eingedampften Wassers. Der sich beim Eindampfen abscheidende Bodensatz ist mit einem silbernen Löffel und reiner Federfahne sorgfältig von der Kesselwand abzukratzen, und mit dem Wasserrückstande in die Flasche zu spülen.

330 Das russische Flüssigkeitsmaß Wedro (Eimer) umfasste 8 Kruschka bzw. 10 Stofs. Ein Kruschka dürfte somit 1,25 Stof entsprochen haben, so dass die an dieser Stelle erfolgte Gleichsetzung beider Hohlmaße unschlüssig bleibt. Vgl.: Niemann (1830), S. 371–372.

**Anlage 20:** Plan der Stadt Dorpat im Jahr 1858

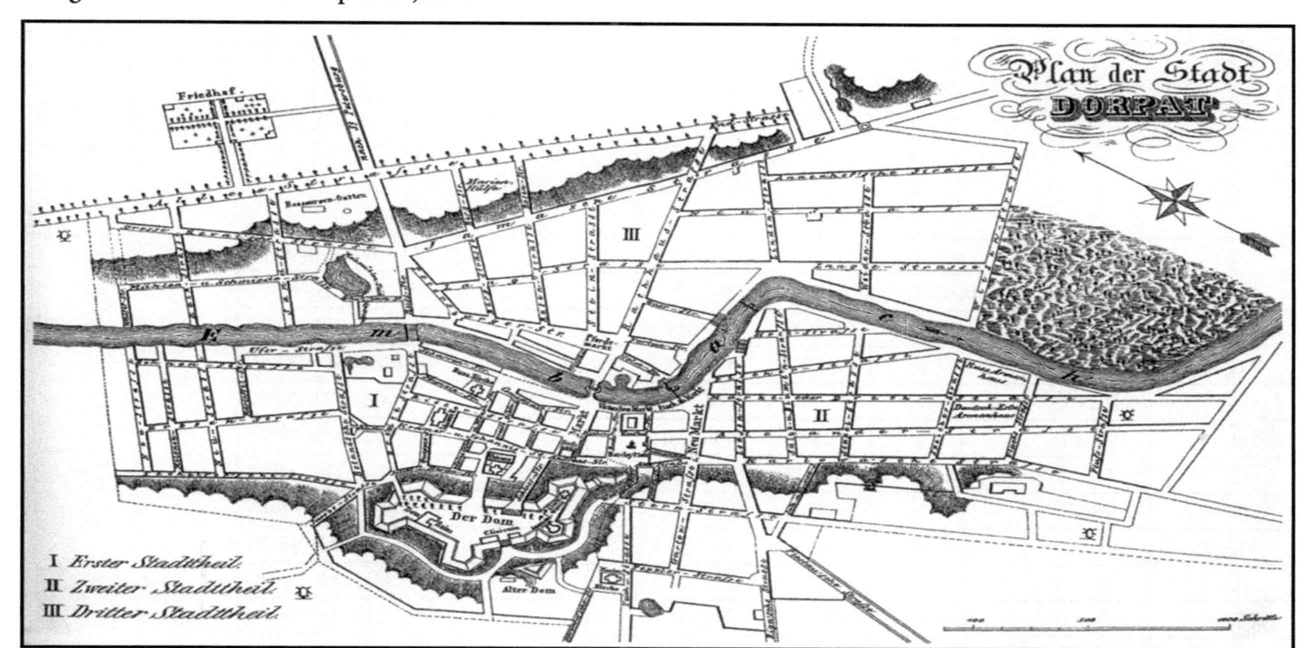


Aus: Raid (2015), S. 81. Dieser „Grundriss" im Maßstab von ca. 1 : 18.000 stellte vermutlich einen „Vorwegabzug" dar, der zwei Jahre später im „Album von Dorpat und Umgebungen" bei Höflinger im Druck erschien. Der Verfasser dankt der Grenader Grupp OÜ (Tallinn) für die Abdruckgenehmigung vom 3. März 2016.

**Anlage 21:** Exemplarische Werte aus Carl Schmidts Analysen des Dorpater Brunnen- und Quellwassers[331]

| Stadtteil (1) | Straße (Hausnr.) (2) | Brunnentiefe | Gramm pro 10 Liter Wasser | | | Härtegrad (4) |
|---|---|---|---|---|---|---|
| | | Fuß (3) (Meter) | Salze | Salpetersäure | Magnesia | |
| Stadtteil I | Dom- 40 a (41, 206) | 43,3 (13,10) | 6,7740 | 0,9151 | 0,5835 | 21,737 |
| | Dom- 65 (51, 206) | 82,4 (25,00) | 5,1718 | 0,4954 | 0,4382 | 17,173 |
| | Jacobs- 143 (87, 206) | 62,0 (18,80) | 5,1552 | 0,4182 | 0,4364 | 18,585 |
| | Jacobs- 143a (88, 206) | 58,1 (17,60) | 5,2491 | 1,0530 | 0,4080 | 17,735 |
| | Jacobs- 144 (89, 208) | 57,8 (17,50) | 8,3102 | 1,9153 | 0,6643 | 27,596 |
| | Johannis- 34 (38, 210) | 7,2 (2,20) | 29,5336 | 6,2003 | 2,6748 | 66,607 |
| | Küter- 33 (37, 210) | 4,9 (1,50) | 21,7568 | 3,5332 | 2,0727 | 54,309 |
| | Magazin- 86 (63, 210) | 6,0 (1,80) | 18,8727 | 1,2746 | 2,1975 | 51,881 |
| | Markt 9 (20, 208) | 4,0 (1,20) | 8,1985 | 1,4814 | 0,9428 | 26,866 |
| | Mönch- 79 (60, 208) | 6,9 (2,10) | 8,2440 | 0,2285 | 0,6320 | 24,314 |
| Quellen | Breite- 122 (78, 206) | 3,0 (0,60) | 6,6519 | 0,3877 | 0,7157 | 22,403 |
| | Embach, Herbst (14, 206) | 0,0 (0) | 2,3430 | 0,0050 | 0,1649 | 8,599 |
| | Embach, Winter (13, 206) | 0,0 (0) | 2,7012 | 0,0002 | 0,2157 | 9,892 |

331 Notwendige Anmerkungen wurden nicht im klassischen „Fußnoten-Format", sondern als Erläuterungen im „Fließtext" angefügt (S. 372) und durch in Klammern nachgestellte Ziffern kenntlich gemacht.

**Noch Anlage 21**

| | | | | | | |
|---|---|---|---|---|---|---|
| Stadtteil II | Alexander- 197 (134, 210) | 3,0 (0,60) | 15,0342 | 3,9240 | 1,2822 | 44,555 |
| | Domgraben 40 (98, 206) | 61,7 (18,70) | 6,0818 | 0,3079 | 0,5843 | 21,822 |
| | Garten- 25 (92, 210) | 6,2 (1,90) | 16,0610 | 3,4584 | 1,4514 | 48,548 |
| | Karlowa- 142 (110, 210) | 7,5 (2,30) | 25,3136 | 4,7606 | 1,5621 | 52,659 |
| | Marienhofsche- 62 (103, 2016) | 86,2 (26,10) | 6,6505 | 0,9233 | 0,5438 | 22,701 |
| | Marienhofsche- 63 (104, 206) | 84,0 (25,50) | 3,9053 | 0,3863 | 0,3167 | 14,383 |
| | Promenaden- 33 (94, 210) | 5,0 (1,50) | 18,4865 | 3,2667 | 1,9186 | 55,758 |
| | Rigasche- 157 (116, 210) | 4,4 (1,30) | 23,4139 | 5,3266 | 2,0903 | 60,816 |
| | Stern- 98 (106, 206) | 64,0 (19,40) | 7,3449 | 1,3570 | 0,6989 | 26,752 |
| | Teich- 99a (107, 208) | 67,2 (20,40) | 10,8639 | 2,9095 | 1,0072 | 36,660 |
| Quelle | Teich- 75 (Teich, Zisterne) (105, 206) | 98,0 (29,70) | 1,5065 | 0,0122 | 0,0542 | 2,798 |
| Stadtteil III | Berg- 123 (142, 206) | 50,8 (15,40) | 6,6009 | 0,9723 | 0,6854 | 23,692 |
| | Russische- 68 (140, 206) | 94,0 (28,50) | 4,2216 | 0,0327 | 0,3657 | 15,732 |
| | Stein- 162 (143, 208) | 4,9 (1,50) | 8,2544 | 0,1086 | 0,7927 | 26,116 |
| Quelle | Embachufer 39 (139, 206) | ? (?) | 5,2223 | 0,0582 | 0,4360 | 19,356 |

**Erläuterungen zu Anlage 21**

(1) Für die Stadtteile I und II wurden je zehn Brunnen von 74 bzw. 47 exemplarisch ausgewählt, während wir für den III. Stadtteil sowie mit Blick auf die „Quellen“ alle „Schöpfstellen“ angeführt haben. Vgl. zu den Dorpater Stadtteilen: Anlage 20.

(2) Die in Klammern angegebenen Seitenzahlen beziehen sich auf: Schmidt (1863 b).

(3) Der russische Fuß entsprach 0,30303 Metern. Die Zahlenangaben wurden entsprechend ab- bzw. aufgerundet.[332]

(4) Nach Schmidt war ein Härtegrad (H°) das Kalk-Äquivalent der in 100.000 Teilen Wasser enthaltenen alkalischen Erden (Kalk und Magnesia). Somit entfiel ein Gramm Kalk auf 100 Liter Wasser.[333]

332 Vgl.: Schmidt (1863 b), S. 217.

333 Vgl.: Schmidt (1863 b), S. 11–12, S. 199.

**Anlage 22:** Von Adolf Woloshinsky[334] ermittelte aufsteigende Keimzahlen Dorpater Brunnenwässer im Vergleich zu den von Carl Schmidt fast drei Jahrzehnte zuvor veröffentlichten anorganischen Analysenergebnissen

| Straße, Hausnr. | Keimzahl pro Milliliter Wasser (1) | Schmidts „Brunnenanalysen“[335] | | | | | |
|---|---|---|---|---|---|---|---|
| | | Stadtteil (2) | Alte Hausnr. (3) | Gebiet (4) | Milligramm pro Milliliter Wasser (5) | | |
| | | | | | Salze | Salpetersäure | Ammoniak |
| Scharren- 3 | 39 | I | 81 (61, 206) | SG | 0,474 | 0,008 | 0,0004 |
| Compagnie- 3 | 46 | I | 2 (15, 206) | SG | 0,755 | 0,104 | 0,0010 |
| Küter- 9 | 114 | I | 31 (35, 206) | SG | 0,612 | 0,043 | 0,0016 |
| Magazin- 2 | 128 | I | 89 (65, 206) | SG | 0,602 | 0,059 | 0,0009 |
| Blumen- 2 | 176 | II | 311 (138, 208) | SG | 0,918 | 0,201 | 0,0014 |
| Stern- 3 | 208 | II | 98 (106, 206) | GL | 0,734 | 0,136 | 0,0006 |
| Johannis- 18 | 216 | I | 45 (44, 206) | SG | 0,687 | 0,082 | 0,0002 |
| Marienhof- 3 | 244 | II | 63 (104, 206) | GL | 0,391 | 0,039 | 0,0004 |
| Carlowa- 12 | 368 | II | 293 (135, 206) | SG | 0,647 | 0,139 | 0,0004 |
| Johannis- 10 | 365 | I | 19 (27, 210) | SG | 1,367 | 0,201 | 0,0016 |
| Großer Markt 14 | 1.262 | I | 29 (33, 210) | SG | 1,181 | 0,097 | 0,0125 |
| Breite- 18 | 2.507 | I | 125 (80, 206) | SG | 0,711 | 0,059 | 0,0015 |
| Küter- 1 | 9.500 | I | 34 (38, 210) | SG | 2,953 | 0,620 | 0,0008 |

334 Vgl.: Woloshinsky (1892), S. 51. Die ursprüngliche „Reihung“ der Tabelle wurde beibehalten, obwohl hinsichtlich der geringeren Keimzahl der Brunnen in der Johannisstr. 10 vor demjenigen in der „Carlowa-12“ hätte rangieren müssen. Notwendige Anmerkungen wurden nicht im klassischen „Fußnoten-Format“, sondern als Erläuterungen im „Fließtext“ angefügt (S. 374) und durch in Klammern nachgestellte Ziffern kenntlich gemacht.

335 Vgl.: Schmidt (1863 b). In Woloshinskys Angaben für den Ammoniakgehalt des Brunnens in der Johannisstr. 18 und für die Salzkonzentration der „Schöpfstelle“ in der Johannisstr. 10 haben sich „Zahlendreher“ eingeschlichen, die mit Schmidts Originalwerten in Einklang gebracht wurden.

**Erläuterungen zu Anlage 22**

(1) Die angegebenen Zahlen repräsentieren die im Durchschnitt bei multiplen Untersuchungen des entsprechenden Brunnenwassers von Woloshinsky ermittelten Werte.
(2) Die Lage der drei Dorpater Stadtbezirke ergibt sich aus Anlage 20.
(3) Die in Klammern angegebenen Seitenzahlen beziehen sich auf: Schmidt (1863 b).
(4) Hierunter verstand Schmidt Sumpfgebiete (SG) bzw. gute Boden-/Wohnlagen (GL).
(5) Die von Schmidt ursprünglich für 10 Liter Wasser angegebenen Grammzahlen wurden auf Milligramm/Milliliter umgerechnet, um so dieselbe Basis zu schaffen, wie sie Woloshinsky seinen „Keimzahlbestimmungen“ zugrunde legte.

**Anlage 23:** Zwei Briefe Carl Schmidts an Alexander Michailowitsch Butlerow (1865 und 1866)[336]

**Brief vom 1./12. April [18]65 (Dorpat)**

Hochgeehrter Herr College,

entschuldigen Sie freundlichst, dass ich Ihnen so spät meinen Dank für die Zusendung Ihrer „Philosophie de chimie organique", sowie die höchst interessanten Experimentalstudien über den trimethylierten Metylalcohol[337] und das [...], sage. Von einer Sommerexkursion nach England, Frankreich und Deutschland erst Ende September heimgekehrt,[338] fand ich eine solche Fülle von Arbeiten und Correspondenzen vor, dass ich mich erst während der Weihnachtsferien an das Studium Ihres Werkes machen konnte. Es ist kein leeres Compliment, wenn ich sage, dass ich diesen östlichen Cousin von Wurtz's gleichnamigen Studien, die ich in Paris frisch aus der Presse als hommage de l'auteur meines geehrten Freundes erhielt und auf der Paris-Lyoner Eisenbahn durchlas,[339] mit herzlicher Freude begrüßt habe, und dem 2. Theile mit gespanntem Interesse entgegensehe.[340] Sie sind mit demselben einem wesentlichen Bedürfnisse entgegen[ge]kommen und haben die Aufgabe, die Sie sich gestellt, in sehr glücklicher Weise gelöst. Es ist gegenwärtig viel schwieriger und undankbarer, ein „Handbuch" zu schreiben, als selbstständige Experimentalstudien durchzuführen. Jede Uebergangsperiode

336 PFA RAN 22 (Butlerov)/2/256. Eine russische Übersetzung der deutschsprachigen Brieforiginale findet sich in: Akademija nauk SSSR (1961), S. 402–404.

337 Schmidt bedankte sich wohl für die Zusendung der ersten beiden Lieferungen der von Butlerow in Russisch verfassten „Einleitung in das Studium der organischen Chemie", die ausweislich einer Rezension Beilsteins (1865), S. 727–730 385-seitig 1864–1865 in Kasan erschienen war. Vgl. zu den beiden erwähnten Experimentalstudien: Butlerow (1864 a), S. 385–402.

338 Carl Schmidt bezog sich hier auf seine wissenschaftliche Reise, die ihn vom 17. Juni bis zum 24. September 1864 durch Schweden, England, Frankreich und Deutschland führte. Vgl.: Roß (2002 b), S. 199–391.

339 Schmidt hatte Charles Adolphe Wurtz während seines Paris-Aufenthaltes vom 1. bis 5. September 1864 in dessen Pariser Laboratorium an der École de medecine getroffen. Anlässlich dieses Besuches dürfte er von Wurtz das noch druckfrische Werk „Leçons de Philosophie chimique" als „hommage de l'auteur" erhalten haben, das eine Einführung in die theoretische Chemie darstellte. Vgl.: Bugge (1984 b), S. 123; Roß (2002 b), S. 344–348.

340 Der von Schmidt mit Spannung erwartete zweite Teil des russischen Lehrbuches erschien 1866 als dritte Lieferung. Vgl.: Bykow und Bekassova (1966), S. 273.

in der Culturgeschichte bringt einen gewissen […] Zustand der Dinge mit sich, der Zeit zur Abklärung braucht, auf sozialem und politischem Gebiete wie auf rein wissenschaftlichem. Der Gang, den Sie in Ihrem Werke nehmen, ist sehr geeignet, diesen Uebergang von früheren zu jetzigen Anschauungen möglichst zu vermitteln, wenn es auch auf den ersten Blick frappirt, dem C Aequivalente = 3 und dem Stickstoff = 4 $^{2}/_{3}$ zu begegnen. Die 4 Atomigkeit des Kohlen- und die 3 Atomigkeit des Stickstoffs tritt so von vornherein in prägnanter Weise entgegen, und die Beziehungen zwischen Molekül und Aequivalent sind in klarer Form ausgedrückt. Sie würden sich durch Herausgabe des Werkes in deutscher oder französischer Sprache für den Westen den Dank vieler junger Chemiker erwerben, denen die Vermittlung zwischen Kekulé und Kolbe, diesen geschworenen Antipoden, eine schwierige Aufgabe ist.[341] Sie schreiben so gewandt, dass es Ihnen nicht die mindesten Schwierigkeiten machen wird, und werden bei dem vielseitigen Interesse des Gegenstandes leicht einen Verleger finden. Ich bin überzeugt, dass viele unserer westlichen Collegen Ihr Werk mit gleicher Freude und Anerkennung begrüßen würden, wie ich, wenn sie es nur mit Leichtigkeit lesen könnten, und möchte in dieser Beziehung an Sawitsch's Astronomie erinnern, deren deutsche Uebersetzung im Westen weit verbreitet ist.[342]

Ich hatte gehofft, Sie im vorigen Sommer in der „societé de chimie" [in] Paris oder auf der Naturforscherversammlung in Gießen zu sehen.[343] Letztere Versammlung war sehr zahlreich besucht und vereinigte viele Freunde aus Ost und West, die sich zum Theil seit Jahrzehnten nicht gesehen [hatten]. Ich freute mich, Herrn Semenoff aus Moskau kennenzulernen,[344] der in Heidelberg sehr thätig ist. A. W. Hofmann,[345] Wurtz, Erlenmeyer,[346] Limpricht[347] u. A. übertrugen mir herzliche Grüße an Sie, die ich mit Vergnügen in diesem Sommer persönlich nach

---

341 Vgl. zur Auseinandersetzung dieser geschworenen Antipoden und der Stellung Schmidts zur organischen Chemie: Kapitel 4.6.2.4 dieser Untersuchung.

342 Der Briefschreiber erinnerte hier an Alexej Sawitschs im Jahr 1846 in Russland erschienenes Werk, das 1850 unter dem deutschen Titel „Practische Astronomie, vorzüglich in Anwendung auf geographische Ortsbestimmung" in zwei Bänden erschien. Vgl.: Poggendorff (1863), 1, Sp. 763; Poggendorff (1898), 3, S. 1175.

343 Vgl. zur Naturforscherversammlung in Gießen, die vom 17. bis 23. September 1864 mit 1.083 Teilnehmern stattfand, und deren Verlauf nach Schmidts eigenhändiger Darstellung: Roß (2002 b), S. 353–375.

344 Zum Moskauer Professor Semenoff ließen sich in den uns zugänglichen Findmitteln keine weiteren Daten ermitteln.

345 August Wilhelm Hofmann.

346 Richard Gustav Carl Emil Erlenmeyer.

347 Heinrich Limpricht.

Kasan überbracht hätte, wenn das Decanat und Familienangelegenheiten mich nicht hier zurückhielten. Jedenfalls hoffe ich das Versäumte auf einer Exkursion in den Ural baldmöglichst nachzuholen[348] und bitte Sie vorläufig als „souvenir d'amitié" inliegende Karte freundlichst aufzunehmen, durch deren Austausch gegen die Ihrige Sie mich sehr erfreuen würden. Letztere wird in meinem „chemischen Album" einen großen Kreis von Pariser und Heidelberger Freunden finden, der Sie in offizio herzlich in seiner Mitte willkommen heißen wird.

Mit der Bitte, mich Ihren Collegen Petrow[349] und Rosen[350] als alten lieben Freunden und Mitarbeitern im Dorpater Laboratorio, freundlichst zu empfehlen, in echter Hochachtung und Freundschaft ganz der Ihrige C. Schmidt

**Brief vom 19./31. Dezember 1866 (Dorpat)**

Hochgeehrter Freund und College,

soeben erhalte ich von Ihrem Verleger die ersten Bögen des Manuscripts der deutschen Ausgabe Ihres Werkes „zur gefälligen Durchsicht". Das lebhafte Interesse, mit dem ich dasselbe bereits früher in seinem ursprünglichen Gewande begrüßt, wird mich veranlassen, Ihrem freundlichen Vertrauen bestens zu entsprechen. Ich danke Ihnen demnach recht herzlich für letzteres und wage es, als „sage femme" bei der Geburt dieses deutschen Zwillings-Bruders sogar in so energischer Weise zu operiren, dass ich ihm den von ihrem Papa beigelegten viel zu bescheiden, oder richtiger zu unscheinbar erklingenden Namen „Einleitung zur vollständigen Erlernung" in „Grundzüge" zu verändern vorschlage. Diese Bezeichnung erscheint mir trefflicher und charakteristischer dem „Werthe" und der Bedeutung Ihres Werkes zu entsprechen. Ferner proponiere ich den Nachsatz „dem neusten Zustande etc.", wie geschehen, zu streichen, den Titel demnach kurz und präzis lauten zu Lassen: Grundzüge der organischen Chemie von Dr. A. Butlerow ord. Prof. d. Chemie an der Kaiserl. Universität Kasan.[351] Dass Butlerow auf dem „neusten Standpunkt der Wissenschaft" steht, ist den

348 Nach den uns zur Verfügung stehenden Quellen unternahm Schmidt keine Exkursion in den Ural.

349 Bei dem Kollegen Petrow könnte es sich um Alexander Petrow gehandelt haben.

350 Ein weiterer Kasaner Kollege Alexander Butlerovs war der Mineraloge Friedrich von Rosen.

351 Vgl. zur Entstehung der deutschen Übersetzung des „Lehrbuchs der organischen Chemie. Zur Einführung in das specielle Studium derselben", das 1868 erschien, und dem Anteil Carl Schmidts am „deutschen Zwillingsbruder": Kapitel 4.6.2.4 dieser Untersuchung.

Fachmännern bekannt und durch die Leistungen meines verehrten Freundes bereits mehrfach bewiesen, demnach ein Pleonasmus; dass derselbe aber mit voller Klarheit Deutsch und Französisch schreibt, demonstrieren seine in den westeuropäischen Archiven der Wissenschaft niedergelegten Argumente hinreichend. Einige stylistische Abkürzungen und sprachliche Wendungen, die ich Ihnen im Beginne oktroyirt, widerlegen diese Thatsache nicht im mindesten; es sind nur unbedeutende Formänderungen, die dem Vorworte den „Gesellschaftsfrack" ein wenig eleganter garnieren, mit dem der Autor seinen Lesern, den Hut in der Hand, sein Compliment macht.

In dem wesentlichen Haupttheile Ihres Werkes finden Sie kaum hin und wieder ein Komma oder dergl. eingeschaltet; es liest sich sehr gut und kann vollständig als deutsche Original Ausgabe gelten. Dagegen vermisse ich den Schluß des letzten Bogens und vermuthe darin eine Flüchtigkeit Ihres Verlegers, der die Reinschrift Ihres Manuscripts vielleicht vor der Absendung nicht angesehen [hat]. Es ist der Hauptgrund dieser Rücksendung, falls Sie mit den übrigen kleinen Formänderungen einverstanden sind, von denen ich die Wiedertäuferei in bezeichneter Weise als die wesentlichste ansehe, die nothwendigerweise der väterlichen Zustimmung bedarf, ehe der Täufling das Licht der Welt erblickt.

Schicken Sie demnach das Manuscript nach Hinzufügung des fehlenden Schlußsatzes direkt nach Riga; es ist vollkommen druckfertig. Wollen Sie Ihr freundliches Vertrauen in gleicher Weise weiter ausdehnen, so bevollmächtigen Sie mich künftig ein für allemal, die folgenden Bögen direkt nach Riga zu senden. Doch würde ich Ihnen rathen, entweder die 2te Correctur nach Kasan schicken zu lassen, oder, falls der Verleger diese Verzögerung des Satzes zu schwierig findet, dieselbe mir von Riga hierher senden zu lassen, wo ich sie unter Kreuzband mit umgehender Post nach sofortiger Durchsicht zurücksenden werde. Die dadurch bedingte Verzögerung des Abziehens der Auflage umfaßt dann nur 4 höchstens 5 Tage, was nicht die mindeste Schwierigkeit hat. Ich bin mit größtem Vergnügen dazu bereit und werde mich sehr freuen, Ihnen einen Gefallen damit erweisen zu können.

Mit herzlichem Gruß Ihnen heitere Ferien und ein glückspendendes neues Jahr sammt zahlreichen Nachfolgern wünschend, in steter Hochachtung Ihr treu ergebener — C. Schmidt

**Anlage 24:** Aus der „Schule" Carl Schmidts hervorgegangene bekannte Chemiker, die später eine wissenschaftliche bzw. „praktische" Laufbahn einschlugen (Erläuterungen: S. 380)

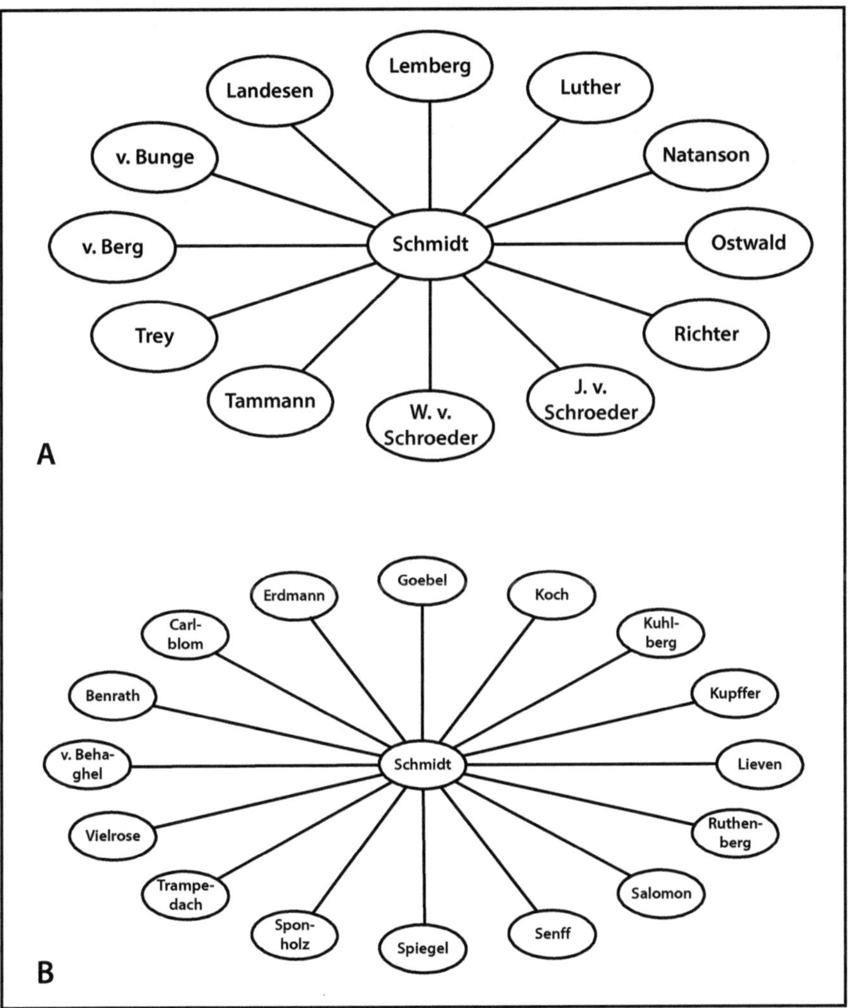

## Erläuterungen zu Anlage 24[352]

Aus der „Schule“ Carl Schmidts hervorgegangene bekannte Chemiker, die später eine wissenschaftliche (A) bzw. „praktische“ (B) Laufbahn einschlugen. Bei den überwiegend wissenschaftlich tätigen Schülern Carl Schmidts handelte es sich um: Paul von Berg (Dozent für analytische Chemie), Gustav Piers Alexander von Bunge (Professor für physiologische Chemie), Georg Rudolph Landesen (Professor für Chemie), Johann Lemberg (Professor für Mineralogie), Robert Luther (Professor für Photographie), Jacob Natanson (Professor für Chemie), Friedrich Wilhelm Ostwald (Professor für physikalische Chemie), Victor Richter (Professor für Chemie), Julius von Schroeder (Professor für Chemie), Woldemar von Schroeder (Professor für Pharmakologie), Gustav Tammann (Professor für physikalische Chemie) und Heinrich Trey (Professor für Chemie). Bekannte „Eleven“, die nachfolgend überwiegend Positionen in der Industrie bekleideten, waren: Hermann von Behaghel (Tätigkeiten in Salpeter-, Zucker- und Teer-Fabriken), Hermann Eugen Isaak Benrath (Direktor einer Glashütte), Alexander Carlblom (Direktor einer Bleiweiß-Fabrik), Robert Erdmann (Direktor einer Chemie- und Stearin-Fabrik), Adolph Goebel (Konservator), Theodor Koch (Leiter von Mineralwasser-Anstalten), Alphons Kuhlberg (Leiter einer Gasgesellschaft), August Kupffer (Fabrik-Direktor), Viktor Christoph Lieven (Direktor einer Zement-Fabrik), Maximilian Ruthenberg (Teilhaber einer Chemie-Fabrik), Sigismund Salomon (Teilhaber an erdölverarbeitenden Betrieben), Theodor Senff (Tätigkeiten in der chemischen Industrie), Carl Spiegel (Besitzer einer chemischen Fabrik), Konrad Sponholz (Leiter einer landwirtschaftlichen Versuchsanstalt), Alexander Trampedach (Leiter einer chemischen Fabrik) und Friedrich Vielrose (Besitzer einer chemischen Fabrik).

352 Vgl.: Hasselblatt und Otto (1889), S. 412, S. 473, S. 490, S. 504, S. 507, S. 528, S. 534, S. 540, S. 566, S. 571, S. 576, S. 584, S. 618–619, S. 625, S. 647, S. 650, S. 659, S. 756, S. 759; Lenz (1970), S. 44, S. 133, S. 440, S. 444, S. 452, S. 742, S. 812; Hansel et al. (1999), S. 4; Ilomets (2004), S. 89–128; Past und Tankler (2007), S. 24–34.

**Anlage 25:** Verzeichnis der von Carl Schmidt in den Semestern 1852/II–1891/II an der Dorpater Universität gehaltenen Vorlesungen und Übungen[353]

| Jahr/Semester | Titel der Vorlesung, Stundenzahl, Wochentag, [...] |
|---|---|
| | **Physico-mathematische Facultät** |
| 1852/II<br>(S. 11–12)[354] | Allgemeine Chemie, Teil I nach Regnault: Cours élémentaire de Chimie, Paris, 1850,[355] an den ersten 5 Wochentagen von 10–11 Uhr<br>Analytische Chemie nach H. Rose: Ausführliches Handbuch der analytischen Chemie, Braunschweig, 1851,[356] Donnerstag von 12–1 Uhr, Freitag und Sonnabend von 12–2 Uhr |

353 VLV Dorpat (1803–1856); VLV Dorpat (1857–1891). — Vorlesungsverzeichnisse der Universität Dorpat aus dem 19. Jahrhundert sind an deutschen Bibliotheken nur lückenhaft nachgewiesen (vgl.: Schröder [1964], Blatt 25–26) und auch in der zeitgenössischen periodischen Literatur nur unvollständig abgedruckt (vgl.: Blanke [1983], S. 214; Blanke [1988], S. 108). Der zweifellos umfangreichste Bestand findet sich in der Staatsbibliothek Berlin, Preußischer Kulturbesitz. Er umfasst den gesamten hier interessierenden Zeitraum und wurde dem Verfasser dankenswerterweise vom Fernleihdienst der Staatsbibliothek zur Einsichtnahme überlassen.

354 VLV Dorpat (1803–1856); VLV Dorpat (1857–1891). Die Einteilung in „Semester I" (1. Februar - 30. Juni) und „Semester II" (1. August - 31. Dezember) existierte offiziell erst seit 1863, wurde aber aus Gründen der Praktikabilität an dieser Stelle auch für die Jahre 1852–1862 übernommen. In nachgestellten Klammern sind für die entsprechenden Vorlesungsverzeichnisse die jeweiligen Seitenzahlen angegeben. Eine Aufstellung derjenigen Vorlesungen, die Schmidt als Privatdozent und außerordentlicher Professor der Pharmazie in den Semestern 1846/II–1852/I hielt, findet sich in Anlage 5 dieser Untersuchung.

355 Regnault (1850, 1854, 1859–1860). - Schmidt benutzte in diesem Semester die zweite Auflage des „Cours élémentaire de Chimie".

356 Rose (1851). - Die eigentlich fünfte Auflage des Roseschen „Handbuchs" erschien 1851 zweibändig unter verändertem Titel als „Ausführliches Handbuch der analytischen Chemie", für das die Auflagenzählung nicht fortgeführt wurde. Rose (1851), 1, S. V führte mit Blick auf die Änderung des Titels aus: „Bei der neuen Umarbeitung des Handbuchs hat sich nun durch die Aufnahme vielfältiger neuer Erfahrungen und Untersuchungsmethoden der Umfang des Werkes abermals so bedeutend vergrößert, dass der Verfasser es vorgezogen hat, dasselbe unter einem veränderten Titel erscheinen zu lassen, um es schon dadurch von den kürzeren Anleitungen zu unterscheiden. Es ist in dieser neuen Form zwar ebenfalls von Anfängern zu benutzen, aber besonders ist es für solche bestimmt, welche schon einige Uebung in analytischen Untersuchungen erlangt haben."

**Noch Anlage 25**

| Jahr/Semester | Titel der Vorlesung, Stundenzahl, Wochentag, […] |
|---|---|
| | **Physico-mathematische Facultät** |
| 1852/II (S. 11–12) | Technische Chemie nach Schubarths Handbuch der technischen Chemie, 4. Aufl., Berlin, 1851,[357] Montag von 12–1 Uhr, Dienstag und Mittwoch von 12–2 Uhr<br>Gerichtliche Chemie nach Orfila: Traité de Toxicologie, Paris, 1843, 4. édit.,[358] Sonnabend von 10–11 Uhr<br>Analytische Übungen am Montag und Donnerstag von 3–6 Uhr |
| 1853/I (S. 11) | Allgemeine Chemie, Teil II, organische Chemie nach Schloßbergers Lehrbuch der organischen Chemie, 2. Aufl., Stuttgart, 1852,[359] Montag, Dienstag und Mittwoch von 10–11 Uhr<br>Agriculturchemie mit Rücksicht auf Liebig: Die Chemie in ihrer Anwendung auf Agricultur und Physiologie, 5. Aufl., Braunschweig 1840,[360] Donnerstag, Freitag und Sonnabend von 10–11 Uhr<br>Analytische Übungen (für Pharmazeuten), Montag und Donnerstag von 3–6 Uhr |
| 1853/II (S. 12) | Allgemeine Chemie, Teil I nach Regnault: Cours élémentaire de Chimie, Paris, 1850, an den ersten 5 Wochentagen von 10–11 Uhr<br>Analytische Chemie (für Pharmazeuten) nach H. Rose: Ausführliches Handbuch der analytischen Chemie, Braunschweig, 1851, Dienstag, Mittwoch, Sonnabend von 3–4 Uhr und Freitag von 3–6 Uhr<br>Physiologische Chemie nach Lehmann: Handbuch der physiologischen Chemie, Leipzig, 1850, 2. Aufl.,[361] Donnerstag, Freitag und Sonnabend con 12–1 Uhr<br>Analytisches Praktikum, am Montag und Donnerstag von 3–6 Uhr |

357 Schubarth (1851).

358 Orfilia (1843). – Nach den Angaben im Karlsruher Virtuellen Katalog (https://kvk.bibliothek.kit.edu/. Letzter Zugang: 30. Oktober 2017) erschien Matthieu Joseph Bonaventure Orfilas Werk bis zur dritten Auflage unter dem Titel „Traité des poisons tirés des règnes minéral, végétal et animal ou toxicologie générale, considérée sous les rapports de la physiologie, de la pathologie et de la médecine légale", um ab der vierten Ausgabe als „Traité de toxicologie" zu firmieren.

359 Schlossberger (1852, 1854).

360 Liebig (1843, 1862). – Schmidt benutzte in seiner Vorlesung offenbar die fünfte Auflage von Liebigs „Agrikulturchemie" aus dem Jahr 1843.

361 Lehmann (1850–1853). – Schmidt verwandte sicherlich Carl Gotthelf Lehmanns „Lehrbuch der physiologischen Chemie", da dessen „Handbuch" erst ab 1854 verfügbar war. Lehmann hatte den ersten Band seines „Lehrbuchs" 1842 der Öffentlichkeit übergeben, zögerte aber mit der Veröffentlichung der zweiten „Abteilung". Als er

**Noch Anlage 25**

| | |
|---|---|
| 1854/I (S. 11) | Allgemeine Chemie, Teil II, organische Chemie nach Schloßberger: Lehrbuch der organischen Chemie, 2. Aufl., Stuttgart, 1852, Montag, Dienstag, Mittwoch von 10–11 Uhr<br>Stöchiometrie nach L. Gmelin: Handbuch der Chemie, Teil I, 5. Aufl., Heidelberg, 1853,[362] Donnerstag von 10–12 Uhr<br>Analytische Übungen (für Pharmazeuten), Montag und Donnerstag von 3–6 Uhr |
| 1854/II (S. 11) | Allgemeine Chemie, Teil I nach Regnault: Cours élémentaire de Chimie, Paris, 1850, an den ersten 5 Wochentagen von 10–11 Uhr<br>Geschichte der Chemie nach Kopp: Geschichte der Chemie, Braunschweig, 1843,[363] Sonnabend von 10–11 Uhr<br>Analytische Übungen für Pharmazeuten, Montag und Donnerstag von 3–6 Uhr |
| 1855/I (S. 11) | Allgemeine Chemie, Teil II (organische Chemie) nach Schloßbergers Lehrbuch der organischen Chemie, 3. Aufl., Stuttgart, 1854, Montag, Dienstag und Mittwoch von 10–11 Uhr<br>Technische Chemie nach Schubarth: Handbuch der technischen Chemie, 4. Aufl., Berlin, 1851, Donnerstag 10–11, Freitag und Sonnabend von 10–12 Uhr<br>Analytische Chemie nach H. Rose: Ausführliches Handbuch der analytischen Chemie, Braunschweig, 1851, Montag, Dienstag und Mittwoch von 12–2 Uhr<br>Analytische Übungen, Montag und Donnerstag von 3–6 Uhr (besonders für Pharmazeuten) |
| 1855/II (S. 11) | Allgemeine Chemie, Teil I nach Regnault: Cours élémentaire de Chimie, Paris, 1850, an den 5 ersten Wochentagen von 10–11 Uhr<br>Analytische Übungen, Montag und Donnerstag von 3–6 Uhr |

diese schließlich fertig gestellt hatte, erschien sie 1850 bei Engelmann in Leipzig gemeinsam mit einer gründlichen Überarbeitung des ersten Bands (2. Auflage).

362 Gmelin (1852). – Der erste Teil der fünften Auflage des „Handbuchs der anorganischen Chemie“ war bereits 1852 verfügbar. Vgl.: Max-Planck-Gesellschaft (1988), S. 44–45.

363 Kopp (1966). – Das Jahr 1843 markierte den Beginn des chemiegeschichtlichen Standardwerks von Hermann Kopp, dem bis 1847 drei weitere Bände folgen sollten.

**Noch Anlage 25**

| Jahr/Semester | Titel der Vorlesung, Stundenzahl, Wochentag, […] |
|---|---|
| | **Physico-mathematische Facultät** |
| 1856/I (S. 11) | Allgemeine Chemie, Teil II, organische Chemie nach Schloßbergers Lehrbuch der organischen Chemie, 3. Aufl., Stuttgart, 1854, Montag, Dienstag und Mittwoch von 10–11 Uhr<br>Analytische Chemie nach H. Rose: Ausführliches Handbuch der analytischen Chemie, Braunschweig, 1851, Donnerstag, Freitag und Sonnabend von 10–12 Uhr<br>Physiologische und polizeilich-gerichtliche Chemie für Mediziner nach C. G. Lehmanns Lehrbuch der physiologischen Chemie, 3. Aufl., Leipzig, 1854,[364] Freitag von 4–5 Uhr und Sonnabend von 4–6 Uhr<br>Analytische Übungen, Montag und Donnerstag von 3–6 Uhr |
| 1856/II (S. 11) | Allgemeine Chemie, Teil I nach Regnault: Cours élémentaire de chimie, Paris, 1850, an den 5 ersten Wochentagen von 10–11 Uhr<br>Agriculturchemie mit Rücksicht auf Liebig: Die Chemie in ihrer Anwendung auf Agricultur und Physiologie, 5. Aufl., Braunschweig, 1840, Montag, Dienstag und Mittwoch von 12–1 Uhr<br>Praktische Arbeiten im Laboratorio an den 5 ersten Wochentagen von 11–12 Uhr<br>Analytische Übungen (für Pharmazeuten), Montag und Donnerstag von 3–6 Uhr |

364 Lehmann (1854). – Schmidt bezog sich hier wahrscheinlich auf das 1854 erstmals veröffentlichte „Handbuch der physiologischen Chemie", mit dem Lehmann (1854), S. V den Versuch gewagt hatte, „die positiven Thatsachen, welche für jetzt als sichres Besitzthum der physiologischen Chemie angesehen werden können, in möglich gedrängter Form zusammenzustellen, und nur die Schlussfolgerungen zur Geltung zu bringen, welche unsern heutigen physikalischen Anschauungen nach den Stempel relativer Wahrheit an sich tragen." Soweit ersichtlich, existiert keine dritte Auflage des Lehmannschen „Lehrbuchs", für das sich folgender Erscheinungsverlauf ergibt: Band 1 – 1842, [2]1850, [2, zweite Umarbeitung]1853; Band 2 – 1850, [2]1853; Band 3–1852, [2]1853. Die zweite Auflage wurde ergänzt durch einen von Otto Funke (1853) zusammengestellten „Atlas der physiologischen Chemie", auf den Lehmann (1853), 1, S. VI lobend hinwies, denn wir „selbst hätten […] keine bessern Abbildungen unserm Werke beifügen können; wir rechnen es daher als einen nicht geringen Vorzug dieser neuen Auflage an, dass wir im Stande waren, in den einzelnen einschlagenden Capiteln und Gegenständen auf die betreffenden Abbildungen des Funke'schen Atlas […] zu verweisen."

**Noch Anlage 25**

| | |
|---|---|
| 1857/I (S. 11) | Allgemeine Chemie, Teil II, organische Chemie nach Ch. Gerhardt: Traité de chimie organique, Paris, 1856,[365] an den 3 ersten Wochentagen von 10–11 Uhr<br>Analytische Chemie (für Pharmazeuten) nach H. Roses ausführlichem Handbuch der analytischen Chemie, Braunschweig, 1851, an den 3 letzten Wochentagen von 12–2 Uhr<br>Praktische Arbeiten im Laboratorium, an den 3 ersten Wochentagen von 11–1 Uhr<br>Analytische Übungen (für Pharmazeuten) Montag und Donnerstag von 3–6 Uhr |
| 1857/II (S. 11) | Allgemeine Chemie, Teil I nach Regnault: Cours élémentaire de chimie, Paris, 1850, an den ersten 5 Wochentagen von 10–11 Uhr<br>Stöchiometrie nach L. Gmelin: Handbuch der Chemie, Teil I, 5. Aufl., Heidelberg, 1853, Sonnabend von 10–11 Uhr<br>Praktische Arbeiten im chemischen Laboratorium, an den 3 ersten Wochentagen von 11–1 Uhr<br>Analytische Übungen (für Pharmazeuten), Montag und Donnerstag von 3–6 Uhr |
| 1858/I (S. 11) | Allgemeine Chemie, Teil 2, organische Chemie nach Ch. Gerhardt: Traité de chimie organique, Paris, 1856, an den 3 ersten Wochentagen von 10–11 Uhr<br>Physiologische Chemie nach C. G. Lehmanns Lehrbuch der physiologischen Chemie, Leipzig, 1854, 3. Aufl., an den 3 letzten Wochentagen von 4–5 Uhr<br>Analytische Übungen und praktische Arbeiten im Laboratorium, an den 3 ersten Wochentagen von 11–1 |
| 1858/II (S. 11) | Allgemeine Chemie, Teil I nach Regnault: Cours élémentaire de chimie, Paris, 1854,[366] an den 5 ersten Wochentagen von 10–11 Uhr<br>Analytische Chemie nach H. Roses ausführlichem Handbuch der analytischen Chemie, Braunschweig 1851, Donnerstag und Freitag von 12–2 Uhr und Sonnabend von 12–1 Uhr |

365 Gerhardt (1853–1856). – Im Jahr 1856 erschien der vierte und letzte Teil des Gerhardtschen „Traité".

366 Regnault (1850, 1854, 1859–1860). – Es handelte sich um die 1854 erschienene vierte Auflage dieses Standardwerks.

## Noch Anlage 25

| Jahr/Semester | Titel der Vorlesung, Stundenzahl, Wochentag, [...] |
|---|---|
| | **Physico-mathematische Facultät** |
| 1858/II (S. 11) | Technische Chemie nach Schubarths Handbuch der technischen Chemie, 4. Aufl., Berlin, 1854,[367] Montag und Dienstag von 12–2 Uhr und Mittwoch von 12–1 Uhr<br>Geschichte der Chemie nach Kopp: Geschichte der Chemie, Braunschweig, 1843, Sonnabend von 10–11 Uhr<br>Praktische Arbeiten und analytische Übungen im Laboratorium täglich von 11–12 Uhr |
| 1859/I (S. 11) | Allgemeine Chemie, Teil II, organische Chemie nach Ch. Gerhardt: Traité de chimie organique, Paris, 1856, an den 3 ersten Wochentagen von 10–11 Uhr<br>Agriculturchemie mit Rücksicht auf Liebig: Die Chemie in ihrer Anwendung auf Agricultur [...], 5. Aufl., Braunschweig, 1840, an den 3 letzten Wochentagen von 10–11 Uhr<br>Analytische Übungen und praktische Arbeiten im Laboratorium, täglich von 11–12 Uhr |
| 1859/II (S. 10) | Allgemeine Chemie, Teil I nach Regnault: Cours élémentaire de chimie, Paris, 1854, an den 5 ersten Wochentagen von 10–11<br>Praktische Arbeiten und analytische Übungen im Laboratorium, täglich von 11–12 Uhr |
| 1860/I (S. 11) | Allgemeine Chemie, Teil II, organische Chemie nach Ch. Gerhardt: Traité de chimie organique, Paris, 1856, an den 3 ersten Wochentagen von 10–11 Uhr<br>Physiologische Chemie nach C. G. Lehmanns Lehrbuch der physiologischen Chemie, Leipzig, 1854, 3. Aufl., an den 3 letzten Wochentagen von 10–11 Uhr<br>Analytische Chemie nach H. Rose: Ausführliches Handbuch der analytischen Chemie, Braunschweig, 1851, an den 5 ersten Wochentagen von 12–1 Uhr<br>Praktische Arbeiten und analytische Übungen im Laboratorium, täglich von 11–12 Uhr |
| 1860/II (S. 11) | Allgemeine Chemie, Teil I nach Regnault: Cours élémentaire de chimie, Paris 1854, an den 5 ersten Wochentagen von 10–11 Uhr<br>Stöchiometrie nach L. Gmelin: Handbuch der Chemie, Teil I, 5. Aufl., Heidelberg, 1853, Sonnabend von 10–11 Uhr<br>Praktische Arbeiten und analytische Übungen im Laboratorium, täglich von 11–12 Uhr |

367 Das Schubarthsche Handbuch erschien in vierter Auflage im Jahr 1851.

**Noch Anlage 25**

| | |
|---|---|
| 1861/I (S. 10) | Allgemeine Chemie, Teil II, organische Chemie nach Gerhardt: Traité de chimie organique, Paris, 1856, an den 3 ersten Wochentagen von 10–11 Uhr<br>Technische Chemie nach Muspratt: Chemistry, theoretical, practical and analytical as applied and relating to the arts and manufactures, London, 1857–1860,[368] deutsch, Braunschweig, 1857–1860,[369] Donnerstag und Freitag von 10–12 Uhr, Sonnabend von 10–11 Uhr<br>Polizeiliche und gerichtliche Chemie, Sonnabend von 11–12 Uhr<br>Praktische Arbeiten und analytische Übungen im Laboratorium, täglich: an den 3 ersten Wochentagen von 11–12 Uhr, an den 3 letzten Wochentagen von 12–1 Uhr |
| 1861/II (S. 11) | Allgemeine Chemie, Teil I nach Regnault: Cours élémentaire de chimie, Paris, 1854, an den ersten 5 Wochentagen von 10–11 Uhr<br>Analytische Chemie nach H. Rose: Ausführliches Handbuch der analytischen Chemie, 1851, an den ersten fünf Wochentagen von 12–1 Uhr<br>Praktische Arbeiten und analytische Übungen im Laboratorium, täglich von 11–12 Uhr |

368 Muspratt (1860). – Die Informationen zum Erscheinungsverlauf von Muspratts großem Werk zur technischen Chemie sind widersprüchlich, weshalb hier die Eintragungen aus online einsehbaren englischen Bibliothekskatalogen wiedergeben werden (vgl.: Karlsruher Virtueller Katalog. Verfügbar unter: https://kvk.bibliothek.kit.edu/. Letzter Zugang: 30. Oktober 2017). Demnach bestand der erste Band (Acetic Acid – Ether) aus drei Lieferungen, während der zweite (Fuel – Zinc) die Folgen 4–7 umfasste. Unter der Herausgeberschaft von Charles Wilson Vincent wurde zwischen 1877 und 1879 eine achtbändige Überarbeitung publiziert, für die „writers of eminence" verantwortlich zeichneten. Vgl. auch: Poggendorff (1863), 2, Sp. 246; Broad (1981), S. 19; Partington (1996), 4, S. 437; Brock (1997), S. 172–175, S. 438.

369 Stohmann (1856–1860). – Die „Theoretische, praktische und analytische Chemie in Anwendung auf Künste und Gewerbe" erschien zwischen 1856 und 1860 in Braunschweig bei Schwetschke und Sohn. Sie stellte eine dreibändige von Friedrich Stohmann und Theodor Gerding (Band 1) bzw. von Stohmann allein (Bände 2 und 3) angefertigte freie deutsche Bearbeitung des englischen Originals dar und trug den Nebentitel „Encyklopädie der technischen Chemie". Ab der dritten Auflage erschien das Werk unter dem Titel „Enzyklopädisches Handbuch der technischen Chemie" und sein Umfang schwoll rasch auf viele Bände an. Vgl.: Partington (1996), 4, S. 437; Karlsruher Virtueller Katalog. Verfügbar unter: https://kvk.bibliothek.kit.edu/. Letzter Zugang: 30. Oktober 2017.

**Noch Anlage 25**

| Jahr/Semester | Titel der Vorlesung, Stundenzahl, Wochentag, [...] |
|---|---|
| | **Physico-mathematische Facultät** |
| 1862/I (S. 11) | Allgemeine Chemie, Teil II, organische Chemie nach Gerhardt: Traité de chimie organique, Paris, 1856, an den ersten 3 Wochentagen von 10–11 Uhr<br>Agriculturchemie mit Rücksicht auf Liebig: Die Chemie in ihrer Anwendung auf Agricultur etc., 5. Aufl., Braunschweig, 1840, an den 3 letzten Wochentagen von 10–11 Uhr<br>Physiologische Chemie nach C. G. Lehmann: Lehrbuch der physiologischen Chemie, Leipzig, 1854, 3. Aufl., an den 3 ersten Wochentagen von 12–1 Uhr<br>Praktische Arbeiten und analytische Übungen im Laboratorium, täglich von 11–12 Uhr |
| 1862/II (S. 11) | Allgemeine Chemie, Teil I nach Regnault: Cours élémentaire de chimie, Paris, 1854, an den 5 ersten Wochentagen von 10–11 Uhr<br>Geschichte der Chemie nach Kopp: Geschichte der Chemie, Braunschweig, 1843, Sonnabend von 10–11 Uhr<br>Praktische Arbeiten und analytische Übungen im Laboratorium, täglich von 11–12 Uhr |
| 1863/I (S. 10) | Allgemeine Chemie, Teil II, organische Chemie nach Ch. Gerhardt: Traité de chimie organique, Paris, 1856, an den 3 ersten Wochentagen von 10–11 Uhr<br>Analytische Chemie nach Fresenius' Anleitung, 5. Aufl., 1861,[370] an den 5 ersten Wochentagen von 12–1 Uhr<br>Praktische Arbeiten und analytische Übungen im Laboratorium, täglich von 11–12 Uhr |
| 1863/II (S. 10) | Allgemeine Chemie, Teil I nach Regnault: Cours élémentaire de chimie, Paris, 1862,[371] an den 5 ersten Wochentagen von 10–11 Uhr<br>Stöchiometrie nach L. Gmelin: Handbuch der Chemie, Teil I, 5. Aufl., Heidelberg, 1853, Sonnabend von 10–11 Uhr<br>Praktische Arbeiten und analytische Übungen im Laboratorium, täglich von 11–12 Uhr |

370 Fresenius (1862). – Es handelte sich um die fünfte Auflage der Freseniusschen „Anleitung zur quantitativen chemischen Analyse", die allerdings nicht 1861, sondern im Jahr 1862 auf den Markt kam.

371 Regnault (1850, 1854, 1859–1860). – Da die fünfte Auflage des „Cours élémentaire de chimie" von 1859–1860 erschien und die sechste sich erst von 1868–1869 anschloss, bleibt die von Schmidt angegebene Jahreszahl unklar. Vgl.: Karlsruher Virtueller

**Noch Anlage 25**

| | |
|---|---|
| 1864/I (S. 10) | Allgemeine Chemie, Teil II, organische Chemie nach Ch. Gerhardt: Traité de chimie organique, Paris, 1856, an den 5 ersten Wochentagen von 10–11 Uhr<br>Technische Chemie nach Muspratt, theoretische, praktische und analytische Chemie, deutsch von Stohmann, 2. Aufl., Braunschweig, 1863,[372] an den 3 letzten Wochentagen von 10–11 Uhr<br>Physiologische und pathologische Chemie nach Gorup-Besanez' Lehrbuch, Bd. III, Braunschweig, 1862,[373] an den 3 ersten Wochentagen von 4–5 Uhr<br>Praktische Arbeiten und analytische Übungen im Laboratorium, täglich von 11–12 Uhr |
| 1864/II (S. 10) | Allgemeine Chemie, Teil I nach Regnault: Cours élémentaire de chimie, Paris, 1862, täglich von 10–11 Uhr<br>Analytische Chemie nach Fresenius' Anleitung, 5. Aufl., 1861, täglich von 12–1 Uhr<br>Praktische Arbeiten und analytische Übungen im Laboratorium, täglich von 11–12 Uhr |
| 1865/I (S. 10) | Allgemeine Chemie, Teil II, organische Chemie nach Gerhardt: Traité de chimie organique, Paris, 1856, an den ersten 3 Wochentagen von 10–11 Uhr<br>Agriculturchemie nach Liebig: Die Chemie in ihrer Anwendung auf Agricultur und Physiologie, Braunschweig, 1862,[374] an den letzten 3 Wochentagen von 10–11 Uhr<br>Praktische Arbeiten und analytische Übungen, täglich von 11–12 Uhr |
| 1865/II (S. 9) | Allgemeine Chemie, Teil I nach Regnault: Cours élémentaire de chimie, Paris, 1862, 5stündig, an den 5 ersten Wochentagen von 10–11 Uhr<br>Geschichte und Literatur der Chemie nach Kopp: Geschichte der Chemie, Braunschweig 1843, 1stündig, Sonnabend von 10–11 Uhr<br>Praktische Arbeiten und analytische Übungen, täglich von 11–12 Uhr |

Katalog. Verfügbar unter: https://kvk.bibliothek.kit.edu/. Letzter Zugang: 30. Oktober 2017.

372 Entgegen der Angabe Schmidts war die zweite Auflage der deutschen Übersetzung des Werks erst ab 1865 in sechs Bänden verfügbar. Die beiden ersten Bände (1865–1866) bearbeitete unverändert Friedrich Stohmann. Die Bände 3–6 (1868–1870) wurden von Bruno Kerl, Professor an der Königlichen Bergakademie in Berlin, besorgt.

373 Gorup-Besanez (1862). – Vgl.: Schaedler (1890), S. 43; Simmer (1981), S. 497–509; Partington (1996), 4, S. 402; Roß (1996), S. 143; Killy und Vierhaus (2001), 4, S. 99–100.

374 Liebig (1843, 1862). – Es handelte sich um die zweibändige siebte Auflage der „Agrikulturchemie" aus dem Jahr 1862. Vgl.: Paoloni (1995), S. 319–320.

**Noch Anlage 25**

| Jahr/Semester | Titel der Vorlesung, Stundenzahl, Wochentag, [...] |
|---|---|
| | **Physico-mathematische Facultät** |
| 1866/I (S. 9)[375] | Allgemeine Chemie, Teil II, organische Chemie, 3stündig, an den ersten 3 Wochentagen von 10–11 Uhr<br>Analytische Chemie, 6stündig, an den letzten 3 Wochentagen von 10–11 Uhr und 12–1 Uhr<br>Praktische Arbeiten und analytische Übungen, täglich von 11–12 Uhr |
| 1866/II (S. 9) | Allgemeine Chemie, Teil I, 5stündig, an den 5 ersten Wochentagen von 10–11 Uhr<br>Stöchiometrie, 1stündig, Sonnabend von 10–11 Uhr<br>Praktische Arbeiten und analytische Übungen im Laboratorium, täglich von 11–12 Uhr |
| 1867/I (S. 9) | Allgemeine Chemie, Teil II, organische Chemie, 5stündig, an den ersten 5 Wochentagen von 10–11 Uhr<br>Technische Chemie, 5stündig, an den ersten 5 Wochentagen von 12–1 Uhr<br>Colloquium über neuere und ältere Quellenliteratur, 2stündig, Mittwoch von 5–7 Uhr<br>Praktische Arbeiten und analytische Übungen im Laboratorium, täglich von 11–12 Uhr |
| 1867/II (S. 10) | Allgemeine Chemie, Teil I, 5stündig, an den ersten 5 Wochentagen von 10–11 Uhr<br>Analytische Chemie, 6stündig, täglich von 12–1 Uhr<br>Colloquium über Quellenliteratur, 2stündig, Sonnabend von 9–11 Uhr<br>Praktische Arbeiten und analytische Übungen im Laboratorium, täglich 11–12 Uhr |
| 1868/I (S. 10) | Allgemeine Chemie, Teil II, organische Chemie, 5stündig, an den ersten 5 Wochentagen von 10–11 Uhr<br>Agriculturchemie, 3stündig, an den ersten 3 Wochentagen von 12–1 Uhr<br>Praktische Arbeiten und analytische Übungen im Laboratorium, täglich von 11–12 Uhr |
| 1868/II (S. 10) | Allgemeine Chemie, Teil I, 5stündig, Montag, Dienstag, Mittwoch, Donnerstag und Freitag von 10–11 Uhr<br>Geschichte und Literatur der Chemie, 2stündig, Sonnabend von 10–11 und 12–1 Uhr |

375 Offenkundig wurden ab 1866 die den Vorlesungen zugrunde liegenden Quellen nicht mehr explizit genannt. Eine Erklärung hierfür fehlt allerdings in den offiziellen Verzeichnissen.

**Noch Anlage 25**

| | |
|---|---|
| 1869/I (S. 10) | Allgemeine Chemie, Teil II, organische Chemie, an den ersten 5 Wochentagen von 10–11 Uhr<br>Analytische Chemie, 6stündig, von 12–1 Uhr<br>Praktische Arbeiten und analytische Übungen im Laboratorium, täglich von 11–12 Uhr |
| 1869/II (S. 10) | Allgemeine Chemie, Teil I, an den ersten 5 Wochentagen von 10–11 Uhr<br>Stöchiometrie, 2stündig, Sonnabend von 9–11 Uhr<br>Praktische Arbeiten und analytische Übungen im Laboratorium, täglich von 11–12 Uhr |
| 1870/I (S. 10) | Allgemeine Chemie, Teil II, organische Chemie, an den 5 ersten Wochentagen von 10–11 Uhr<br>Technische Chemie, 6stündig, Mittwoch, Donnerstag und Freitag von 3–5 Uhr<br>Praktische Arbeiten und analytische Übungen im Laboratorium, täglich von 11–12 Uhr |
| 1870/II (S. 9) | Allgemeine Chemie, Teil I, anorganische Chemie, an den 5 ersten Wochentagen von 10–11 Uhr<br>Analytische Chemie, 6stündig, an den 3 ersten Wochentagen von 3–5 Uhr<br>Praktische Arbeiten und analytische Übungen im Laboratorium, täglich von 11–12 Uhr |
| 1871/I (S. 9) | Allgemeine Chemie, Teil II, organische Chemie, an den 5 ersten Wochentagen von 10–11 Uhr<br>Agriculturchemie, an den 3 ersten Wochentagen von 12–1 Uhr<br>Praktische Arbeiten und analytische Übungen im Laboratorium, täglich von 11–12 Uhr |
| 1871/II (S. 10) | Allgemeine Chemie, Teil I, anorganische Chemie, an den 5 ersten Wochentagen von 10–11 Uhr<br>Geschichte und Literatur der Chemie, 2stündig, Montag von 5–7 Uhr<br>Praktische Arbeiten und analytische Übungen im Laboratorium, täglich von 11–12 Uhr |
| 1872/I (S. 10) | Allgemeine Chemie, Teil II, organische Chemie, an den 5 ersten Wochentagen von 10–11 Uhr<br>Analytische Chemie, an den 3 ersten Wochentagen von 3–5 Uhr<br>Praktische Arbeiten und analytische Übungen im Laboratorium, täglich von 11–12 Uhr |
| 1872/II (S. 10) | Allgemeine Chemie, Teil I, anorganische Chemie, 5stündig, an den ersten 5 Wochentagen von 10 - 11 Uhr<br>Stöchiometrie, 2stündig, Sonnabend von 9 - 11 Uhr<br>Praktische Arbeiten und analytische Übungen im Laboratorium, täglich von 11 - 12 Uhr |

## Noch Anlage 25

| Jahr/Semester | Titel der Vorlesung, Stundenzahl, Wochentag, [...] |
|---|---|
| | **Physico-mathematische Facultät** |
| 1873/I (S. 10)[376] | Allgemeine Chemie, Tei II, organische Chemie, 5stündig, an den 5 ersten Wochentagen von 10–11 Uhr<br>Chemische Quellenliteratur, 1stündig, Sonnabend von 10–11 Uhr<br>Technologie, 6stündig, Mittwoch, Donnerstag und Freitag von 4–6 Uhr<br>Praktische Arbeiten und analytische Übungen im Laboratorium täglich von 11–12 Uhr |
| 1873/II (S. 10) | Allgemeine Chemie, Teil I, anorganische Chemie, 5stündig, an den 5 ersten Wochentagen von 10–11 Uhr<br>Analytische Chemie, 6stündig, Mittwoch, Donnerstag und Freitag von 4–6 Uhr<br>Praktische Arbeiten und analytische Übungen im Laboratorium, täglich von 11–12 Uhr |
| 1874/I (S. 10) | Allgemeine Chemie, Teil II, organische Chemie, 5stündig, an den 5 ersten Wochentagen von 10–11 Uhr<br>Agriculturchemie, 3stündig, Mittwoch von 4–6 Uhr und Donnerstag von 4–5 Uhr<br>Praktische Arbeiten und analytische Übungen im Laboratorium, 6stündig, täglich von 11–12 Uhr |
| 1874/II (S. 10) | Allgemeine Chemie, Teil I, anorganische Chemie, 5stündig, an den 5 ersten Wochentagen von 10–11 Uhr<br>Geschichte und Literatur der Chemie, 2stündig, Montag von 5–7 Uhr<br>Praktische Arbeiten und analytische Übungen im Laboratorium, täglich von 11–12 Uhr |
| 1875/I (S. 10) | Allgemeine Chemie, Teil II, organische Chemie, 5stündig, an den 5 ersten Wochentagen von 10–11 Uhr<br>Analytische Chemie, 6stündig, Mittwoch, Donnerstag und Freitag von 4–6 Uhr<br>Praktische Arbeiten und analytische Übungen im Laboratorium, 6stündig, täglich von 11–12 Uhr |
| 1875/II (S. 9) | Allgemeine Chemie, Teil I, anorganische Chemie, 5stündig, an den 5 ersten Wochentagen von 10–11 Uhr<br>Stöchiometrie, 2stündig, Sonnabend von 9–11 Uhr<br>Praktische Arbeiten und analytische Übungen im Laboratorium, 6stündig, täglich von 11–12 Uhr |

376 Schmidt wurde im Vorlesungsverzeichnis der Universität ab 1873 als „Emeritus“ geführt, da nach den geltenden Gesetzen alle Professoren nur für 25 Jahre „fest“ angestellt waren. Die mögliche fünfjährige Verlängerung der Amtszeit setzte im

**Noch Anlage 25**

| | |
|---|---|
| 1876/I (S. 10) | Allgemeine Chemie, Teil II, organische Chemie, 5stündig, an den 5 ersten Wochentagen von 10–11 Uhr<br>Chemische Technologie, 4stündig, Mittwoch und Donnerstag von 4–6 Uhr<br>Praktische Arbeiten und analytische Übungen im Laboratorium, 6stündig, täglich von 11–12 Uhr |
| 1876/II (S. 9) | Allgemeine Chemie, Teil I, anorganische Chemie, 5stündig, an den 5 ersten Wochentagen von 10–11 Uhr<br>Analytische Chemie, 6stündig, Mittwoch, Donnerstag und Freitag von 4–6 Uhr<br>Praktische Arbeiten und analytische Übungen im Laboratorium, 6stündig, täglich von 11–12 Uhr |
| 1877/I (S. 11) | Chemie, Teil II, organische Chemie, 5stündig, an den 5 ersten Wochentagen von 10–11 Uhr<br>Agriculturchemie, 3stündig, Mittwoch von 4–6 Uhr und Donnerstag von 5–6 Uhr<br>Praktische Arbeiten und analytische Übungen, 6stündig, täglich von 11–12 Uhr |
| 1877/II (S. 11) | Chemie, Teil I, 5stündig, an den 5 ersten Wochentagen von 10–11 Uhr<br>Geschichte und Literatur der Chemie, 2stündig, Montag von 5–7 Uhr<br>Praktische Arbeiten und analytische Übungen im Laboratorium, 6stündig, täglich von 11–12 Uhr |
| 1878/I (S. 11) | Chemie, Teil II, organische Chemie, 5stündig, an den 5 ersten Wochentagen von 10–11 Uhr<br>Analytische Chemie, 6stündig, Mittwoch, Donnerstag und Freitag von 4–6 Uhr<br>Praktische Arbeiten und analytische Übungen, 6stündig, täglich von 11–12 Uhr |
| 1878/II (S. 11) | Chemie, Teil I, 5stündig, an den 5 ersten Wochentagen von 10–11 Uhr<br>Praktische Arbeiten und analytische Übungen im Laboratorium, 6stündig, täglich von 11–12 Uhr |

---

Conseil eine Zweidrittelmehrheit voraus. Das hierzu vorgesehene „Ballotament“ ergab am 4. Februar 1872 eine einhellige Zustimmung. Weitere „Prolongationen“ erfolgten im Februar 1877, Dezember 1881 und – letztmalig – im Dezember 1886. EAA 402/3/1887 vom 20. Januar 1872, 11. und 18. Mai 1877, 5. und 7. Dezember 1881 sowie 2. Dezember 1886. Vgl. zum Ablauf des „Ballotaments“ oder der „Ballontage“, der geheimen Abstimmung mit weißen (zustimmenden) und schwarzen (nicht zustimmenden) Kugeln im Conseil der Universität Dorpat: Strümpell (1925), S. 37–38.

**Noch Anlage 25**

| Jahr/Semester | Titel der Vorlesung, Stundenzahl, Wochentag, […] |
|---|---|
| | **Physico-mathematische Facultät** |
| 1879/I (S. 11) | Chemie, Teil II, organische Chemie, 5stündig, an den 5 ersten Wochentagen von 10–11 Uhr<br>Technische Chemie, 4stündig, Freitag von 4–6 Uhr und Sonnabend von 9–11 Uhr<br>Praktische Arbeiten und analytische Übungen im Laboratorium, 6stündig, täglich von 11–12 Uhr |
| 1879/II (S. 10) | Chemie, Teil I, 5stündig, an den 5 ersten Wochentagen von 10–11 Uhr<br>Analytische Chemie, 6stündig, Montag, Mittwoch und Donnerstag von 4–6 Uhr<br>Praktische Arbeiten und analytische Übungen, 6stündig, täglich von 11–12 |
| 1880/I (S. 11) | Chemie, Teil II, organische Chemie, 5stündig, an den 5 ersten Wochentagen von 10–11 Uhr<br>Praktische Arbeiten und analytische Übungen, 6stündig, täglich von 11–12 Uhr |
| 1880/II (S. 11) | Chemie, Teil I, 5stündig, an den 5 ersten Wochentagen von 11–12 Uhr<br>Geschichte und Literatur der Chemie, 2stündig, Sonnabend von 9–11 Uhr<br>Praktische Arbeiten und analytische Übungen, 6stündig, täglich von 11–12 Uhr |
| 1881/I (S. 11) | Chemie, Teil II, organische Chemie, 5stündig, an den 5 ersten Wochentagen von 10–11 Uhr<br>Analytische Chemie, 6stündig, Montag, Mittwoch und Donnerstag von 4–6 Uhr<br>Praktische Arbeiten und analytische Übungen, 6stündig, täglich von 11–12 Uhr |
| 1881/II (S. 11) | Chemie, Teil I, 5stündig, an den 5 ersten Wochentagen von 10–11 Uhr<br>Praktische Arbeiten und analytische Übungen, 6stündig, täglich von 11–12 Uhr |
| 1882/I (S. 11) | Chemie, Teil II, organische Chemie, 5stündig, an den 5 ersten Wochentagen von 10–11 Uhr<br>Technische Chemie, 4stündig, Mittwoch und Donnerstag von 4–6 Uhr<br>Praktische Arbeiten und analytische Übungen im Laboratorium, 6stündig, täglich von 11–12 Uhr |
| 1882/II (S. 11) | Chemie, Teil I, 5stündig, an den 5 ersten Wochentagen von 10–11 Uhr<br>Analytische Chemie, 6stündig, Mittwoch, Donnerstag und Freitag von 4–6 Uhr<br>Praktische Arbeiten und analytische Übungen im Verein mit Dr. Lemberg, 6stündig, täglich von 11–12 Uhr |

**Noch Anlage 25**

| | |
|---|---|
| 1883/I (S. 11) | Chemie, Teil II, organische Chemie, 5stündig, an den 5 ersten Wochentagen von 10–11 Uhr<br>Praktische Arbeiten und analytische Übungen im Verein mit Dr. Lemberg, 6stündig, täglich von 11–12 Uhr |
| 1883/II (S. 10) | Chemie, Teil I, 5stündig, an den 5 ersten Wochentagen von 10–11 Uhr<br>Analytische Chemie, 4stündig, Mittwoch und Donnerstag von 4–6 Uhr<br>Praktische Arbeiten und analytische Übungen im Verein mit Dr. Lemberg, 6stündig, täglich von 11–12 |
| 1884/I (S. 11) | Chemie, Teil II, Kohlenstoffverbindungen (organische Chemie), 5stündig, an den 5 ersten Wochentagen von 10–11 Uhr<br>Praktische Arbeiten und analytische Übungen im Verein mit Dr. Lemberg, 6stündig, täglich von 11–12 Uhr |
| 1884/II (S. 11) | Chemie, Teil I, 5stündig, an den 5 ersten Wochentagen von 10–11 Uhr<br>Praktische Arbeiten und analytische Übungen im Verein mit Dr. Lemberg, 6stündig, täglich von 11–12 Uhr |
| 1885/I (S. 11) | Chemie, Teil II, Kohlenstoffverbindungen (organische Chemie), 5stündig, an den 5 ersten Wochentagen von 10–11 Uhr<br>Analytische Chemie, 4stündig, Mittwoch und Donnerstag von 4–6 Uhr<br>Praktische Arbeiten und analytische Übungen im Verein mit Dr. Lemberg, 6stündig, täglich von 11–12 Uhr |
| 1885/II (S. 11) | Chemie, Teil I, 5stündig, an den 5 ersten Wochentagen von 10–11 Uhr<br>Technische Chemie, 4stündig, Mittwoch und Donnerstag von 4–6 Uhr<br>Praktische Arbeiten und analytische Übungen im Verein mit Dr. Lemberg, 6stündig, täglich von 11–12 Uhr |
| 1886/I (S. 11) | Chemie, Teil II, Kohlenstoffverbindungen (organische Chemie), 5stündig, an den 5 ersten Wochentagen von 10–11 Uhr<br>Praktische Arbeiten und analytische Übungen im Verein mit Dr. Lemberg, 6stündig, täglich von 11– 12 Uhr |
| 1886/II (S. 11) | Chemie, Teil I, 5stündig, an den 5 ersten Wochentagen von 10–11 Uhr<br>Analytische Chemie, 4stündig, Dienstag und Mittwoch von 4–6 Uhr<br>Praktische Arbeiten und analytische Übungen im Verein mit Dr. Lemberg, 6stündig, täglich von 11–12 Uhr |
| 1887/I (S. 11) | Chemie, Teil II, Kohlenstoffverbindungen (organische Chemie). 5stündig, an den 5 ersten Wochentagen von 10–11 Uhr<br>Praktische Arbeiten und analytische Übungen im Verein mit Dr. Lemberg, 6stündig, täglich von 11–12 Uhr |
| 1887/II (S. 11) | Chemie, Teil I, 5stündig, an den 5 ersten Wochentagen von 10–11 Uhr<br>Praktische Arbeiten und analytische Übungen im Verein mit Dr. Lemberg, 6stündig, täglich von 11–12 Uhr |

## Noch Anlage 25

| Jahr/Semester | Titel der Vorlesung, Stundenzahl, Wochentag, [...] |
|---|---|
| | **Physico-mathematische Facultät** |
| 1888/I (S. 11) | Chemie, Teil II, Kohlenstoffverbindungen (organische Chemie), 5stündig, an den 5 ersten Wochentagen von 10–11 Uhr<br>Analytische Chemie, 4stündig, Dienstag und Mittwoch von 4–6 Uhr<br>Praktische Arbeiten und analytische Übungen im Verein mit Dr. Lemberg, 6stündig, täglich von 11–12 Uhr |
| 1888/II (S. 11) | Chemie, Teil I, 5stündig, an den 5 ersten Wochentagen von 10–11 Uhr<br>Technische Chemie, 4stündig, Dienstag und Mittwoch von 4–6 Uhr<br>Praktische Arbeiten und analytische Übungen im Verein mit Dr. Lemberg, 6stündig, täglich von 11–12 Uhr |
| 1889/I (S. 11) | Chemie, Teil II, Kohlenstoffverbindungen, 5stündig, an den 5 ersten Wochentagen von 10–11 Uhr<br>Praktische Arbeiten und analytische Übungen im Verein mit Mag. Tammann, 6stündig, täglich von 11–12 Uhr |
| 1889/II (S. 11) | Chemie, Teil I, 5stündig, an den 5 ersten Wochentagen von 10–11 Uhr<br>Analytische Chemie, 4stündig, Dienstag und Mittwoch von 4–6 Uhr<br>Praktische Arbeiten und analytische Übungen im Verein mit Mag. Tammann, 6stündig, täglich von 11–12 Uhr |
| 1890/I (S. 11) | Chemie, Teil II, Kohlenstoffverbindungen, 5stündig, an den 5 ersten Wochentagen von 10–11 Uhr<br>Praktische Arbeiten und analytische Übungen im Verein mit Mag. Tammann, 6stündig, täglich von 11–12 Uhr |
| 1890/II (S. 11) | Chemie, Teil I, 5stündig, an den 5 ersten Wochentagen von 10–11 Uhr<br>Praktische Arbeiten und analytische Übungen im Verein mit Dr. Tammann, 6stündig, täglich von 11–12 Uhr |
| 1891/I (S. 11) | Chemie, Teil II, Kohlenstoffverbindungen, 5stündig, an den 5 ersten Wochentagen von 10–11 Uhr<br>Praktische Arbeiten und analytische Übungen im Verein mit Dr. Tammann, 6stündig, täglich von 11–12 Uhr |
| 1891/II (S. 11)[377] | Chemie, Teil I, 5stündig, an den 5 ersten Wochentagen von 10–11 Uhr<br>Technische Chemie, 4stündig, Dienstag und Mittwoch von 5–7 Uhr<br>Praktische Arbeiten und analytische Übungen im Verein mit Dr. Tammann, 6stündig, täglich von 11–12 Uhr |

377 Nach über 45 Jahren im Dienst der Universität Dorpat wurde Schmidt am 15. März 1892 in den Ruhestand versetzt. Er bat das Direktorium, auch weiterhin die Universitätsbibliothek und die Fachbibliothek des chemischen Kabinetts nutzen zu dürfen, um so Zugriff auf die Quellen zu haben, die er für eine „Arbeit über Geschichte und Litteratur der Chemie“ dringend benötige. EAA 402/3/1888 vom 1., 18. und 26. August 1892.

**Anlage 26:** Reglement für die praktischen Arbeiten im chemischen Laboratorium vom 8. Juli 1870[378]

§ 1 Die praktischen Arbeiten der Anfänger finden täglich von 11–12 Uhr statt; Geübtere, die die Vorträge über analytische Chemie bereits gehört haben, arbeiten täglich von 9–1 Uhr. Erstere am Mitteltische des analytischen Laboratoriums, Letztere an den Fensterplätzen deßelben, eventuell auch des Bibliothekzimmers und Heerdlaboratoriums.

§ 2 Chemiker arbeiten mindestens 4 Semester im Laboratorium, hören die Vorträge über analytische Chemie demnach sachgemäß im dritten oder vierten Semester.

§ 3 Alle Praktikanten, Studirende, wie Nichtstudirende (freie Zuhörer) melden sich nach § 12 Beilage A der Vorschriften für die Studirenden, in der Universitätskanzlei; dann bei dem Direktor behufs Anweisung des Arbeitsplatzes, Eintheilung und Besprechung der vorzunehmenden Arbeiten.

§ 4 Platin- und Silber-Tiegel, Schaalen, Löffel, Spaten, Blech, Drath etc.[379] erhalten die Praktikanten vom Direktorgehülfen[380] und übergeben sie demselben wieder, persönlich, in gutem Zustande.

§ 5 Das Gleiche gilt von Meßapparaten, graduirten Cylindern, Maaßflaschen, Büretten, Pipetten, Piknometern, Eudiometern, Polarisations-, Spektroskop- und Mikroskop-Zubehör aller Art.

§ 6 Die analytischen Waagen[381] nebst Grammengewichts Sätzen werden den geübteren Praktikanten vom Direktorgehülfen angewiesen und sorgfältige Behandlung derselben besonders anempfohlen.

---

378 EAA 402/5/592, ohne Nr. vom 8. Juli 1870. Schmidt fügte seinem „Reglements-Vorschlag" ein Anschreiben bei, in dem es hieß: „Als Resultat mehrjähriger Erfahrungen hat sich mir beifolgendes Reglement für die praktischen Arbeiten im Laboratorium am zweckmäßigsten erwiesen. Ich ersuche daher ein hochv[erordnetes] Direktorium um Bestätigung und Abdruck deßelben in 300 Exemplaren auf einer Seite Druckfolio mit großen Lettern, damit jeder Praktikant außer dem im Laboratorium anzuschlagenden Exemplare beim Beginn der Arbeiten je einen Abdruck erhalten kann."

379 Vgl. zu den im „Reglement" von 1870 genannten Gerätschaften und den benötigten Reagenzien die einschlägigen zeitgenössischen Kompendien, z. B.: Berzelius (1841), passim; Fresenius (1869), passim.

380 Vgl. zu den Aufgaben des Direktorgehilfen am Dorpater chemischen Universitätslaboratorium auch die entsprechenden „Instruktionen" vom August 1891, die in Anlage 28 wiedergegeben sind.

381 Vgl. zu den damals im chemischen Laboratorium gebräuchlichen Waagen: Loewenherz (1878), S. 207–278; Jenemann (1979), S. 36–54; Jenemann (1982), S. 97–119.

§ 7 Reagentien, Präparate und titrirte Lösungen aller Art verabfolgt der Laborant,[382] Reagirgläser, Bechergläser, Porzellanschaalen der Diener.[383]

§ 8 Das Laboratorium mit allen Apparaten und die Bibliothek ist dem Schutze und der Obhut aller Praktikanten anvertraut. Jeder hat das Recht und die Pflicht seine Mitarbeiter freundlichst mit Rath und Tath zu unterstützen; das Seinige zur Erhaltung der Ordnung und Verhütung von Beschädigungen, namentlich der Platingeräthschaften, Waagen, Gewichte, volumetrischen Apparate etc. beizutragen.

§ 9 Die Bibliothek steht allen Praktikanten während der Arbeitsstunden 9–1 Uhr vor Ort und Stelle ohne Weiteres zur Disposition. Zur Benutzung derselben während der Nachmittagsstunden ist die besondere Genehmigung des Direktors erforderlich.

§ 10 Wer ein Buch aus der Bibliothek nach Hause mitzunehmen wünscht, hat sich an den Direktorgehülfen zu wenden und in Gegenwart deßelben im Bibliotheksjournale über den Empfang zu quittiren. Oft benutzte Handbücher und Zeitschriften dürfen nur ausnahmsweise, auf einen oder einige Tage, durch Ausleihe der allgemeinen Benutzung im Laboratorium entzogen werden.

§ 11 Die Nachmittagstunden bleiben den Vorträgen und wißenschaftlichen Arbeiten des Direktors und seiner Aßistenten vorbehalten.

§ 12 Für Reinigung der Geräthschaften und Arbeitsplätze erhält der Laboratoriumsdiener von jedem Praktikanten 1 Rub. per Semester, der beim Beginn der Arbeiten dem Direktorgehülfen zu übergeben ist. Anderweitige Zahlungen an das Laboratorium finden nicht statt.

§ 13 Alle Reagentien, Aether, Weingeist und sonstiges Versuchs- und Brenn-Material erhalten die Praktikanten unentgeltlich vom Laboratorium; die dargestellten Präparate verbleiben Letzterem.

§ 14 Im allgemeinen Intereße wird den Praktikanten beim Gebrauche von Glas- und Porzellan-Geräthschaften möglichste Vorsicht, hinsichtlich der Reagentien und Präparate fachgemäße Oekonomie anempfohlen, ohne die eine solche, den Laboratorien Deutschlands, Frankreichs und Englands fremde, Liberalität fernerhin unausführbar wird.

Prof. Dr. C. Schmidt Direktor

---

382 Vgl. zu den Aufgaben des Laboranten am Dorpater chemischen Universitätslaboratorium auch die entsprechenden „Instruktionen“ vom August 1891, die in Anlage 28 wiedergegeben sind.

383 Vgl. zu den Aufgaben des Dieners am Dorpater chemischen Universitätslaboratorium auch die entsprechenden „Instruktionen“ vom August 1891, die in Anlage 28 wiedergegeben sind.

**Anlage 27:** Laboratoriums-Ordnung vom 10. August 1891[384]

1. Arbeitszeit. Die Räume des Laboratoriums sind den Herrn Praktikanten täglich, mit Ausnahme der Ferien, Sonn- und Feiertage geöffnet. Den sich mit qualitativen Arbeiten beschäftigenden von 9–1 Uhr Vorm.; den ältern Praktikanten 9–1 Vorm. und 3–6 Nachm.
2. Glas- und Pozellangeräthe.[385] Jeder Praktikant erhält vom Laboratoriumsdiener ein Gestell mit Reagirgläsern, kleine Trichter und Schalen zu qualitativen Prüfungen. Grössere Schalen, Porzellantiegel, Bechergläser, Ballons etc., werden vom Herrn Laboranten[386] gegen Empfangsquittung im betr. Buche geliefert und sind diesem bei Einstellung der Arbeiten am Semesterschlusse, Messpipetten, Büretten, graduirte Zylinder, Messkolben, Thermometer nach jedesmaligem Gebrauch, rein, trocken und unversehrt wieder zuzustellen.
3. Benutzung und Behandlung der Platin- und Silber-Tiegel und Schalen. Jeder mit quantitativen Arbeiten beschäftigte Praktikant erhält vom Laboranten für das laufende Semester einen Platintiegel à 25 Cc; zu Silicatanalysen mit Flusssäure auf je 5 Tage eine grössere Platinschale mit Spatel und Deckel; zu Schwefelbestimmungen auf je 2 Tage eine Silberschale mit Spatel und Deckel resp. einen Silbertiegel. In Platingefässen dürfen keine Metalle, Alkalien, Alkalinitrate, leicht reducirbare Metallsalze, Sulfide, Thiosulfate, Sulfocyanide, saure Phospate, und Arseniate bei Anwesenheit reducirender Stoffe stark erhitzt, keine Chlor entwickelnden Säuregemische erwärmt werden. Silbertiegel dürfen nicht über 800° erhitzt, mithin nur auf einfachem Bunsenbrenner, nicht auf Gebläselampen, geglüht werden, sie dienen nur zum Schmelzen von kaustischen Alkalien mit Salpeter und Sulfiden behufs Gesammtschwefelbestimmung.
4. Reagentien. Die zum allgemeinen Gebrauch bestimmten Reagentien, so wie die in demselben Schranke stehenden zu analysirenden Mischungen Nr. 1–130 sind an Ort und Stelle zu benutzen und nicht aus dem Repositorium zu entfernen. Die Stöpsel der Reagentienflaschen dürfen nie auf die Tische gelegt, verwechselt oder irgendwie verunreinigt werden. Lösungen,

384 EAA 402/5/592, ohne Nr. vom 1. August 1891.

385 Vgl. zu den im Nachfolgenden genannten Glas- bzw. Porzellangerätschaften sowie den Reagenzien: Berzelius (1841), passim; Fresenius (1869), passim.

386 Vgl. zu den Aufgaben des Laboranten am Dorpater chemischen Universitätslaboratorium die in der Anlage 28 wiedergegebenen „Instruktionen“ vom 10. August 1891.

zu denen Silbernitrat gesetzt worden ist, sind in einer zu diesem Zwecke auf dem Tische stehenden Flasche zu sammeln, ebenso Platin haltige Flüssigkeiten und Niederschläge in bez. Standflaschen. Den Präparatesammlungen und Vorrathsschränken dürfen die Praktikanten nichts selbst entnehmen, sondern haben sich im Bedarfsfalle an einen der Herrn Assistenten zu wenden.

5. Gasbrenner. Bei Benutzung des Gases ist jeder unnöthige Versuch zu vermeiden. Das zu erwärmende Gefäss ist dem Brenner möglichst zu nähern, die Gasflamme möglichst klein zu halten. Die Beleuchtungsflammen sind bei halb geöffneten Hähnen zu benutzen und nur bei besonderen Gelegenheiten ganz zu öffnen. Flammen, welche momentan nicht gebraucht werden, sind sofort auf ein Minimum zu reduciren oder auszulöschen. Behufs Verhütung des Zurückschlagens der Flamme sind die Bunsenbrenner[387] mit Drahtnetzkappen zu überdecken.
6. Wasserleitung und Abflussbecken. Der im Keller unter der Treppe befindliche Haupthahn ist immer offen zu lassen. Der kleinere Drehhahn neben der Kellerpumpe schliesst die Domreservoirleitung vom Dachreservoir des Laboratoriums ab,[388] welches direkt aus den Kellerbrunnen durch die Druckpumpe in demselben füllbar ist. Letzteres versorgt die dünnwandigen Kupferröhren des Arbeitssaales neben dem Direktorzimmer und die 3 Wasserbadkessel im Heerdlaboratorium. In die Ausgussbecken dürfen keine festen Gegenstände (Papier, Zündhölzer, Scherben, Filtra mit Niederschlägen etc.), kein Quecksilber, keine concentrirten Säuren geschüttet oder gegossen werden, wodurch die bleiernen Abflussröhren verstopft oder angefressen werden.

---

387 Heidelberg besaß seit 1853 eine eigene Gasanstalt. Die permanente Verfügbarkeit des Gases im neu errichteten chemischen Universitäts-Laboratorium war für Robert Wilhelm Bunsen eine entscheidende Voraussetzung für die erfolgreiche Konstruktion des nach ihm benannten Gasbrenners, der seinem Namen besondere Popularität verschaffte. Vgl.: Fuchs (1984), 2, S. 87.

388 Die Dorpater Universität hatte sich bezüglich einer zentralen Wasser-Versorgung für ihre Einrichtungen 1889 von der Stadt durch die Errichtung eines hochschuleigenen Wasserwerks „emanzipiert". Dieses entstand unter der Leitung des Architekten Reinhold Ludwig Ernst Guleke, nutzte eine im Tal des Dombergs gelegene „Ader" mit angemessener Kapazität und umfasste im wesentlichen ein Pumpenhaus sowie Reservoirs, die man am Nordturm der Ruinen der Domkirche angelegt hatte. Vgl.: Guleke (1889), S. 32–48; Ilomets (2004), S. 119–120.

7. Gesundheitsschädliche Gase und Dämpfe. Chlor, Brom, Schwefelwasserstoff, Säuredämpfe oder sonstige Gesundheitsschädliche Gase und Dämpfe dürfen nur unter den Abzugschränken oder im Glasvorzimmer zum Hofe hin entwickelt werden. Im Arbeitssaale neben dem Hörsaale, vor dem Wagenzimmer, dürfen weder saure Gase und Dämpfe entwickelt, noch Flüssigkeiten eingedampft werden.
8. Waagen[389] und Gewichte. Es wird vorausgesetzt, dass die meisten Praktikanten, welche die Waagen benutzen, sich im physikalischen Practicum mit dem Gebrauche derselben vertraut gemacht haben. Die Ungeübten wird der Direktorgehilfe[390] oder Laborant darin unterweisen. Die Waagen und Gewichte werden den Praktikanten gruppenweise übergeben. Jede Gruppe benutzt ausschliesslich die ihr zugewiesene Waage und Gewichte und haftet für deren sorgfältige Behandlung. Die Gewichte dürfen nur mit der Elfenbeinspitzen-Pincette gefasst, die kleinen Platingewichte nicht verbogen werden. Alle Wägungen sind im geschlossenen Platin- oder Porzellantiegel, resp. zwischen geklammerten Uhrgläsern, vorzunehmen. Sämmtliche Gewichte sind nach jeder Wägung in den Kasten zurückzulegen. Waage und Gewichte sind auf's sorgfältigste vor Berührung mit Quecksilber, Säuren, Salzen etc. zu bewahren.
9. Bibliothek. Die Handbibliothek des Laboratoriums ist während der Arbeitszeit allen Praktikanten und Fachgenossen geöffnet. Ausserhalb des Laboratoriums können Bücher nur mit Erlaubnis des Direktors, Direktorgehilfen oder Laboranten auf höchstens 8 Tage entliehen werden. Diese, sowie die im Laboratorium an den Arbeitsplätzen der ältern Praktikanten von Letztern

389 Zweifellos wurden im Dorpater chemischen Universitätslaboratorium Ende des 19. Jahrhunderts ausschließlich kurzarmige Analysenwaagen eingesetzt. Ein von Paul Bunge 1870 konstruiertes derartiges Instrument mit einer Tragkraft von 250 g hatte beispielsweise zwei Balken von nur 13 cm Länge und eine von ihm entworfene Probierwaage für die Bestimmung des Edelmetallgehaltes in Erzen wies nur eine Balkenlänge von 7 cm auf. Demgegenüber maß der Balken einer Schickertschen langarmigen Präzisionswaage (um 1860) 35 cm. Auch Balken von 50 cm Länge und mehr waren Mitte des 18. Jahrhunderts durchaus üblich. Da die kurzarmigen Waagen in Bezug auf die Messgenauigkeit den langarmigen nicht nachstanden, waren die Analytiker in den Laboratorien fortan vom „Martyrium der langen Wägezeiten" erlöst. Vgl.: Jenemann (1979), S. 42–44.

390 Vgl. zu den Aufgaben des Direktorgehilfen am Dorpater chemischen Universitätslaboratorium die in Anlage 28 wiedergegebenen „Instruktionen" vom 10. August 1891.

benutzten, sind im Quittungsbuche mit vollem Titel, Namen und Adresse des Empfängers, Datum der Aus- und Rückgabe zu verzeichnen.
10. Abgangszeugniss. Zur Exmatriculation ist der Universitäts-Canzellei ein Zeugniss vorzulegen, dass der Praktikant alle Verpflichtungen gegen das Laboratorium erfüllt hat.

Anmerkungen:

Ad 2 und 3: Den Praktikanten steht es frei, ihre eigenen Glas- und Porzellan-Geräthe, Wagen, Messapparate, Statife u. a. m. zu benutzen. Lötrohr, Platindraht, Platinblech und ein Handtuch mit eingeschriebenem Namen hat jeder Praktikant selbst zu stellen. Statife und Apparate aller Art dürfen nicht auseinandergenommen oder Theile derselben anderweitig verwendet werden. Für Reinigung der von ihm gebrauchten Gefässe, sowie saubere Instandhaltung seines Arbeitsplatzes hat jeder Praktikant selbst zu sorgen. Wer es vorzieht, die Defecte am Semesterschlusse nicht in natura, sondern, betreffs Wiederbeschaffung, ihrem Werthe nach zu ersetzen hat sich darüber auf Grundlage des illustrierten Preiscourants von J. Rüting & Co. in St. Petersburg,[391] mit dem Laboranten zu verständigen. Ad 10. Dieses Zeugnis wird, analog den üblichen Bibliothekszeugnissen, vom Laboranten ausgestellt und vom Direktor unterzeichnet.

In Gemäßheit des Art. 36, II des Statuts der Universität Dorpat von dem Directorium bestätigt. Dorpat, den 10. August 1891, Nr. 1826. Rector: O. Meykow.[392] Secretaire: F. Tomberg.[393]

391 Zur Firma J. Rüting & Co in St. Petersburg ließen sich keine Daten ermitteln.
392 Ottomar Johann Friedrich Meykow.
393 From(m)hold Tomberg.

**Anlage 28:** Instruktion für den Direktorgehilfen, den Laboranten und den Diener des chemischen Kabinetts und Laboratoriums vom 10. August 1891[394]

### Der Directorgehilfe

1) ist während der Arbeitszeit 9–1 Vorm. und 3–6 Uhr Nachm., mit Ausnahme der Ferien, Sonn- und Feiertage, im Laboratorium anwesend;
2) unterstützt den Director bei Leitung der Practischen Arbeiten und analytischen Uebungen im Laboratorium;
3) besorgt und ergänzt die zu Analysen bestimmten Mengen und Mischungen;
4) unterweist die Practicanten in Behandlung der Apparate, chemischen Operationen, Handhabung der Wagen und Gewichte, Wasser-Gebläse und Aspiratoren;
5) revidirt am Semesterschlusse nach Beendigung der practischen Arbeiten und Rückgabe aller benutzten Geräthe und Apparate seitens der Practicanten, gemeinschaftlich mit dem Laboranten die Bibliothek, Wagen, Gewichte, wichtigen und kostbaren Apparate, Thermometer, Platin- und Silber-Geräthe.

Director Prof. Dr. Carl Schmidt

In Gemäßheit des Art. 36, II des Statuts der Universität Dorpat von dem Directorium bestätigt. Dorpat, den 10. August 1891, Nr. 1828. Rector: O. Meykow. Secretär: F. Tomberg

### Der Laborant

1) ist während der Arbeitszeit 9–1 Uhr Vorm. und 3–6 Uhr Nachm., mit Ausnahme der Ferien, Sonn- und Feiertage, im Laboratorium anwesend;
2) unterstützt den Direktor bei den Vorträgen durch Vorbereitung der bezüglichen Experimente und Demonstrationen;
3) besorgt und ergänzt die Präparate und Reagentien, giebt den Practicanten die erforderlichen Materialien, Apparate und Geräthe, letztere gegen Quittung im bez. Buche und nimmt dieselben am Semesterschlusse oder nach jedesmaligem Gebrauche rein, trocken und unversehrt wieder entgegen;
4) giebt den Practicanten und Fachgenossen Bücher aus der Bibliothek auf höchstens 8 Tage gegen Quittung im bez. Buche mit deutlich geschriebenem Titel des Werkes, Namen und Adresse des Empfängers, Datum der Ausgabe und Rückgabe;

394 EAA 402/5/592, ohne Nr. vom 10. August 1891.

5) revidirt am Semesterschlusse, nach Beendigung der practischen Arbeiten und Rückgabe aller benutzten Geräthe und Apparate seitens der Practicanten, gemeinschaftlich mit dem Direktorgehilfen, die Bibliothek, Wagen, Gewichte, wichtigen und kostbaren Apparate, Platin- und Silber-Geräthe;
6) stellt den Practicanten am Schlusse ihrer Studien auf Grundlage des Quittungsbuches das in § 10 der Laboratoriumsordnung erwähnte Zeugnis aus, dass Sie alle Verpflichtungen gegen das Laboratorium erfüllt haben;
7) notirt alle Defecte und Desiderate von Geräthen, Apparaten und Chemicalien im Desideratenbuche behufs möglichst rascher Beschaffung und Ergänzung derselben.

Director Prof. Dr. Carl Schmidt

In Gemäßheit des Art. 36, II des Statuts der Universität Dorpat von dem Directorium bestätigt. Dorpat, den 10. August 1891, Nr. 1849. Rector: O. Meykow. Secretär: F. Tomberg

**Der Laboratoriumsdiener**

1) besorgt die Heizung der Oefen und Säuberung aller Räume des Cabinets und Laboratoriums;
2) heizt während der Arbeitszeit 9–1 Vorm. und 3–6 Nachm. die Dampfbäder und destillirt Wasser;
3) übergiebt jedem Practicanten ein Gestell mit Reagircylindern, kleine Trichter und Porzellanschalen;
4) füllt und hält die Schwefelwasserstoff-Apparate in Ordnung;
5) revidirt am Schlusse jedes Arbeitstages alle Gas- und Wasser-Hähne;
6) beleuchtet das Auditorium und schliesst die Gashähne sofort nach den Vorträgen, falls dieselben nicht aufeinanderfolgen;
7) erfüllt sonstige auf die Laboratoriumsarbeiten bezügliche Anordnungen des Directors, Directorgehilfen und Laboranten.

Director Prof. Dr. Carl Schmidt

In Gemäßheit des Art. 36, II des Statuts der Universität Dorpat von dem Directorium bestätigt. Dorpat, den 10. August 1891, Nr. 1827. Rector: O. Meykow. Secretär: F. Tomberg

**Anlage 29:** Die obligatorischen und empfohlenen Examensfächer für die Dorpater Chemiestudenten in den Jahren 1850–1893

## Obligatorische Examensfächer

1 Chemie Teil 1
2 Physik
3 Trigonometrie
4 Elementare analytische Geometrie der Flächen und des Raums
5 Grundlagen der höheren Analyse
6 Allgemeine Mineralogie
7 Kristallographie
8 Praktische Physik
9 Chemie Teil 2
10 Analytische Chemie
11 Technische Chemie
12 Technologie
13 Physiologische Chemie
14 Agrikulturelle Chemie
15 Stöchiometrie

## Zusätzlich empfohlene Examensfächer

1 Logik und Metaphysik
2 Oryktognosie [Mineralogie]
3 Histologie
4 Anatomie
5 Physiologie
6 Allgemeine Botanik
7 Geschichte und Literatur der Chemie

## Erläuterungen zu Anlage 29

Die Reihenfolge der Examensfächer in den offiziellen Lehrplänen ergab sich aus der Abfolge des gewünschten Besuchs der angebotenen Lehrveranstaltungen. Examina konnten am Ende jedes Semesters abgelegt werden. Im Jahr 1883 wurde das Fach Trigonometrie durch eine Prüfung in mechanischer Wärmetheorie ersetzt. Ab 1893 waren im Lehrprogramm ausschließlich Pflichtfächer zu finden.[395]

395 Vgl.: Tammann (1901), S. 6–7.

**Anlage 30:** Gesamtzahl der Studierenden an der Universität Dorpat, der Absolventen der physiko-mathematischen Fakultät sowie der für das Fach Chemie Eingeschriebenen in den Jahren 1860–1890[396]

| Jahr | Semester | Studierende (N) | | |
|---|---|---|---|---|
| | | Univ. Dorpat | Phys.-Math. Fak. | Chemie |
| 1860 | – | 633 | 91 | 9 |
| 1861 | – | 627 | 110 | 14 |
| 1862 | – | 582 | 94 | 23 |
| 1863 | – | 601 | 76 | 22 |
| 1864 | – | 560 | 68 | 22 |
| 1865 | – | 594 | 65 | 22 |
| 1866 | I[397] | 625 | 79 | 29 |
| | II | 607 | 81 | 32 |
| 1867 | I | 573 | 77 | 30 |
| | II | 582 | 82 | 33 |
| 1868 | I | 562 | 76 | 31 |
| | II | 593 | 65 | 18 |
| 1869 | I | 633 | 72 | 24 |
| | II | 679 | 75 | 27 |
| 1870 | I | 710 | 89 | 29 |
| | II | 696 | 86 | 33 |
| 1871 | I | 728 | 83 | 30 |
| | II | 742 | 94 | 35 |
| 1872 | I | 748 | 95 | 37 |
| | II | 728 | 98 | 40 |
| 1873 | I | 747 | 96 | 39 |
| | II | 768 | 89 | 32 |
| 1874 | I | 754 | 87 | 28 |
| | II | 779 | 89 | 28 |

396 EAA 402/5/592, ohne Nr.: Beilage zum Brief Schmidts an das Direktorium vom 28. Februar 1891.

397 Eine detaillierte Aufschlüsselung der Studierendenzahlen für die jeweiligen Semester (nach der preußischen Statistik) ist erst ab 1866/67 möglich. Vgl. Titze (1987), S. 82; Titze (1995), S. 70–566.

**Noch Anlage 30**

| | | | | |
|---|---|---|---|---|
| 1875 | I | 811 | 87 | 29 |
| | II | 832 | 75 | 21 |
| 1876 | I | 833 | 72 | 22 |
| | II | 859 | 75 | 26 |
| 1877 | I | 853 | 84 | 31 |
| | II | 858 | 87 | 27 |
| 1878 | I | 902 | 90 | 27 |
| | II | 938 | 91 | 29 |
| 1879 | I | 979 | 83 | 26 |
| | II | 1.048 | 76 | 20 |
| 1880 | I | 1.089 | 80 | 24 |
| | II | 1.105 | 78 | 26 |
| 1881 | I | 1.150 | 83 | 26 |
| | II | 1.222 | 85 | 25 |
| 1882 | I | 1.256 | 95 | 29 |
| | II | 1.366 | 101 | 29 |
| 1883 | I | 1.426 | 107 | 31 |
| | II | 1.484 | 109 | 35 |
| 1884 | I | 1.522 | 112 | 38 |
| | II | 1.595 | 132 | 45 |
| 1885 | I | 1.613 | 124 | 37 |
| | II | 1.704 | 127 | 42 |
| 1886 | I | 1.685 | 132 | 48 |
| | II | 1.734 | 145 | 54 |
| 1887 | I | 1.675 | 130 | 52 |
| | II | 1.685 | 142 | 59 |
| 1888 | I | 1.693 | 155 | 63 |
| | II | 1.743 | 169 | 69 |
| 1889 | I | 1.759 | 171 | 65 |
| | II | 1.741 | 176 | 75 |
| 1890 | I | 1.748 | 179 | 80 |
| | II | 1.812 | 188 | 86 |

**Anlage 31:** Die Universität Dorpat im Vergleich zu ausgewählten deutschen Hochschulen (1)[398] (1867 [2] – 1887) in Bezug auf die Gesamtzahl der Studierenden sowie die an den mathematisch-naturwissenschaftlichen Fakultäten/Fachbereichen (3) Immatrikulierten

| **Universität** | **Jahr** | **Studierende (N)** | |
|---|---|---|---|
| | | **Gesamt** | **Math.-Natwiss. (%)** |
| Dorpat (4) | 1867 | 573 | 77 (13,4) |
| | 1877 | 853 | 84 (9,9) |
| | 1887 | 1.675 | 130 (7,8) |
| **Deutsche Universitäten** | | | |
| Tübingen (5) | 1867 | 769 | 13 (1,7) |
| | 1877 | 1.086 | 44 (4,1) |
| | 1887 | 1.445 | 52 (3,6) |
| Göttingen (6) | 1867 | 818 | 73 (8,9) |
| | 1877 | 917 | 188 (26,5) |
| | 1887 | 1.056 | 166 (15,7) |
| Halle/Wittenberg (7) | 1867 | 838 | 29 (3,5) |
| | 1877 | 827 | 78 (9,4) |
| | 1887 | 1.482 | 93 (6,3) |
| Würzburg (8) | 1867 | 565 | 8 (1,4) |
| | 1877 | 972 | 89 (9,2) |
| | 1887 | 1.453 | 86 (5,9) |
| Heidelberg (9) | 1867 | 690 | 30 (4,4) |
| | 1877 | 766 | 63 (8,2) |
| | 1887 | 938 | 71 (7,6) |

398 Notwendige Anmerkungen wurden nicht im klassischen „Fußnoten-Format", sondern als Erläuterungen im „Fließtext" angefügt und durch in Klammern nachgestellte Ziffern kenntlich gemacht.

**Erläuterungen zu Anlage 31**

(1) Die Auswahl der herangezogenen und etwa gleich großen deutschen Hochschulen erfolgte auf der Grundlage der jeweiligen Gesamtzahl der Studierenden.[399]
(2) Für den Fachbereich Mathematik/Naturwissenschaften konnten die Studentenzahlen detailliert erst nach einer Umstellung der „preußischen Statistik" ab dem WS 1866/67 ausgewiesen werden, da die Studierenden zuvor lediglich undifferenziert im „Sammelbecken" der ungeteilten Philosophischen Fakultät firmierten und teils auch unter den „Medizinern" auftauchten.[400]
(3) Fakultäten, an deren Spitze Dekane standen, waren traditionell große Organisationseinheiten der Universitäten, welche die ihnen zugeordneten Studienfächer eines Fachgebietes in Lehre und Forschung zu vertreten und durch akademische Prüfungen zu bewerten hatten. Die Fakultäten wurden in der Neuzeit durch kleinere Verwaltungseinheiten, z. B. Fachbereiche oder Fachgruppen, weitgehend ersetzt.[401]
(4) Vgl. zur Universität Dorpat: Anlage 30.
(5) Vgl. zur Universität Tübingen: Titze (1995), S. 525, S. 531.
(6) Vgl. zur Universität Göttingen: Titze (1995), S. 228–229, S. 234.
(7) Vgl. zur Universität Halle/Wittenberg: Titze (1995), S. 269, S. 274.
(8) Vgl. zur Universität Würzburg: Titze (1995), S. 550–551, S. 557.
(9) Vgl. zur Universität Heidelberg: Titze (1995), S. 306–307, S. 312.

399 Vgl.: Titze (1987), S. 81–85.
400 Vgl.: Titze (1987), S. 82–85.
401 Vgl.: Paulsen (1893), S. 13; Meyer (1988), S. 144; Meyer (1998), 6, S. 250–251.

# Personenlexikon

Abich, Otto Wilhelm Hermann (1806–1886). Abich wurde 1842 Professor für Mineralogie an der Dorpater Universität. Ab 1844 verbrachte er mit nur kurzen Unterbrechungen 28 Reisejahre damit, das Kaukasus-Gebiet geologisch und mineralogisch zu erforschen. Er lehrte auch in St. Petersburg und wurde 1853 in die dortige Akademie der Wissenschaften aufgenommen. 1877 übersiedelte er nach Wien.[1]

Alexander I. (1777–1825). Als Nachfolger seines Vaters Pauls I. war Alexander I. von 1801 bis 1825 russischer Kaiser. Er hatte eine Erziehung im Geiste der französischen Aufklärung genossen und versuchte (zumindest im ersten Jahrzehnt seiner Regentschaft), durch Bildungsreformen neuzeitliche (westliche) Staats- und Verfassungsgrundsätze in Russland zu implementieren.[2]

Alexander II. (1818–1881). Er regierte als russischer Zar von 1855 bis zu seiner Ermordung im Jahr 1881. Während seiner Regentschaft erhielten die Bauern zwar ihre persönliche Freiheit (1861), doch verarmten sie wirtschaftlich. Neben der Bauernbefreiung wurden unter Alexander II. die Rechtsprechung und die Verwaltung neu geordnet.[3]

Alexander III. (1845–1894). Alexander III. war von 1881 bis 1894 Kaiser von Russland. Er lehnte Reformen des Staatswesens ab und verstärkte die Autokratie.[4]

Anderson, Thomas (1819–1874). Thomas Anderson war 1841 in Edinburgh promoviert worden und immatrikulierte sich im Jahr 1843 in Gießen für Chemie, wo er zu Liebigs „research group“ gehörte. Anderson arbeitete auch bei Jöns Jacob Berzelius in Stockholm. Von 1852 bis 1874 war er Professor für Chemie an der Universität Glasgow.[5]

Anna Amalia (1739–1807). Die Herzogin von Sachsen-Weimar-Eisenach fungierte an Stelle ihres noch minderjährigen Sohnes Karl August von 1758 bis 1775 als Regentin des Herzogtums. Die Anna Amalia Bibliothek erinnert noch heute an die große Förderin des Geisteslebens in Weimar.[6]

1 Vgl.: Seibold und Seibold (2006), S. 1087–1100.

2 Vgl.: Meyer (1998), 1, S. 121; Ploetz (1998), S. 987.

3 Vgl.: Ploetz (1998), S. 989–991.

4 Vgl.: Meyer (1998), 1, S. 121; Ploetz (1998), S. 991.

5 Vgl.: Fruton (2001), S. 373.

6 Vgl.: Meyer (1998), 1, S. 203; Ploetz (1998), S. 830.

Antonius, Julius (1815–1901). Er hatte von 1844 bis 1845 in Dorpat Pharmazie studiert und sein Provisorexamen abgelegt. Danach arbeitete er als Verwalter verschiedener Apotheken, zuletzt in Wolmar.[7]

Arzt, Philipp Erdmann Heinrich Gottlob (1766 oder 1767–1802). Philipp Erdmann Heinrich Gottlob Arzt erwarb seinen philosophischen Doktorgrad im Jahre 1801 an der Universität Jena. Zuvor war er Apotheker in Reval. 1800 wurde als erster Professor der Chemie nach Dorpat berufen. Arzt traf nach den Eröffnungsfeierlichkeiten (21./22. April 1802) in Dorpat ein, starb aber bereits am 3. August 1802 nahe seiner Wohnung unter ungeklärten Umständen im Embach.[8]

Babo, Lambert, von (1818–1899). Von Babo war Student der Medizin in Heidelberg, wo er 1842 promoviert wurde. Unter dem Einfluss Leopold Gmelins wandte er sich der Chemie zu und arbeitete 1843 zeitweise in Liebigs Gießener Laboratorium. 1844 wechselte von Babo nach Freiburg, habilitierte sich dort (1845) und gründete ein chemisches Privatlabor. 1854 wurde er außerordentlicher Professor der Chemie und Leiter des chemischen Laboratoriums an der Freiburger Universität. 1859 erfolgte die Ernennung zum Ordinarius.[9]

Bacon, Francis (1561–1626), Baron von Verulam. Bacon war ein englischer Philosoph und Staatsmann. Er gilt als der Begründer des Empirismus und als Verfechter der induktiven Methode, die auf der Erfahrung basiert. Mit dieser empirischen Erkenntnislehre gab Bacon eine Hauptrichtung der englischen Philosophie vor.[10]

Bardeleben, Heinrich Adolf, von (1819–1895). Bardeleben studierte Medizin in Berlin, Heidelberg und Paris. Nach der Promotion (1841) habilitierte er sich in Gießen (1843/44). Hier lehrte und arbeitete er als Extraordinarius und folgte 1849 einem Ruf als ordentlicher Professor der Chirurgie an die Universität Greifswald. 1868 wechselte er an die Universität Berlin.[11]

Beaumont, William (1785–1853). Beaumont, ein amerikanischer Militärchirurg, stellte seine grundlegenden Studien zur Verdauung in den Jahren 1824 bis 1833 an einem verwundeten kanadischen Soldaten an, dem er den Namen

7 Vgl.: Hasselblatt und Otto (1889), S. 344; Otto (1915), S. 125–126.

8 EAA 402/3/41, ohne Nummer vom 5. August 1802. Vgl.: O. V. (1852), S. 34; Ilomets (2004), S. 90; Past und Tankler (2007), S. 12.

9 Vgl.: Killy und Vierhaus (2001), 1, S. 234; Stumm (2012), S. 554.

10 Vgl.: Aster (1980), S. 216; Kambartel (2004), S. 244–245.

11 Vgl.: Killy und Vierhaus (2001), 1, S. 293.

Alexis St. Martin gab. 1839 verließ Beaumont die Armee und ging in eine allgemeine Praxis nach St. Louis, Missouri.[12]

Becke, Friedrich (1855–1931). Dem Studium der Naturwissenschaften in Wien folgte 1880 die Promotion und 1881 die Habilitation für Petrographie. Als Professor der Mineraloge lehrte er in Czernowitz (1882–1890), Prag (1890–1898) und in den Jahren 1998 bis 1927 in Wien. Becke hatte für Hermann Abich schon die notwendigen petrographischen Untersuchungen für dessen zweiten Band der „Geologischen Forschungen in den kaukasischen Ländern“[13] übernommen. Auch für den dritten Teil dieses Standardwerkes, das 1887 posthum erschien, lieferte er umfangreiche mikroskopische Analysen der Felsarten.[14]

Behaghel, Hermann, von (1848–?). Er hatte von 1868–1873 Chemie an der Universität Dorpat studiert. Danach bekleidete er eine Assistentenstelle am chemischen Laboratorium in Königsberg. Ab 1877 arbeitete von Behaghel in Salpeter-, Zucker- und Teer-Fabriken in Hamburg, Mülheim (Rhein), Hannover und Höchst (Main).[15]

Beilstein, Friedrich Konrad (1838–1906). Beilstein hatte bei Bunsen, Liebig und Wöhler Chemie studiert und wurde 1858 in Göttingen zum Doktor der Philosophie promoviert. Nach seiner Habilitation (1860) avancierte er dort zum Privatdozenten und 1865 zum Extraordinarius. 1866 erhielt Beilstein einen Ruf als ordentlicher Professor der Chemie an das Technologische Institut seiner Heimatstadt St. Petersburg.[16]

Beise, Theodor Heinrich (1818–1878). Nach dem Jurastudium in den Jahren 1835 bis 1838 an der Dorpater Universität hatte Beise unterschiedliche Verwaltungsstellen inne. Von 1851 bis 1869 war er z. B. Syndikus der Universität Dorpat. 1853 erwarb er den philosophischen Doktorgrad an der Universität Jena.[17]

Below, Jakob (1669–1716). Below war Professor der Anatomie an der (schwedischen) Universität Dorpat.[18]

Benrath, Hermann Eugen Isaak (1838–1885). Er hatte zunächst Medizin und von 1858 bis 1862 dann Chemie in Dorpat studiert. Nach einer Tätigkeit als Laborant im chemischen Institut Carl Schmidts wurde Benrath 1865 Direktor

12 Vgl.: Muir (1994), S. 40–41.

13 Abich (1882).

14 Vgl.: Abich (1887), S. VII; Becke (1887), S. 84–152; Killy und Vierhaus (2001), 1, S. 374.

15 Vgl.: Hasselblatt und Otto (1889), S. 618–619.

16 Vgl.: Girnus (2003), S. 134–135.

17 Vgl.: Lenz (1970), S. 40.

18 Vgl.: Donnert (2007), S. 18–19.

der Glashütte zu Lisette bei Woisek in Livland. 1871 erlangte er den Doktortitel der Chemie.[19]

Berg, Paul, von (1852–1910). Nach seinem Chemiestudium in Dorpat setzte Paul von Berg seine akademische Ausbildung in St. Petersburg fort. Eine „berufliche Heimat“ fand er an der Versuchstation des Rigaer Polytechnikums, wo er als Assistent sowie als Dozent für analytische Chemie wirkte.[20]

Bering, Vitus Jonassen (1680–1741). Der dänische Asienforscher war ab 1703 Marineoffizier in russischen Diensten. 1728 stellte er durch die nach ihm benannte „Beringstraße“ die Trennung Asiens und Amerikas fest. Ab 1733 fungierte Bering als Leiter der Großen Nordischen Expedition, die zur Entdeckung der Nordwest-Küste Amerikas führte. Die Südküste Alaskas und Teile der Aleuten fand er 1841.[21]

Bernard, Claude (1813–1878). Bernard, dessen wissenschaftliches Werk noch heute vielfach als Fundament der naturwissenschaftlichen Medizin angesehen wird, war zunächst Apotheker und studierte ab 1832 Medizin und Naturwissenschaften in Paris. Ab 1854 hatte er eine Professur für Physiologie an der Sorbonne und später am Musée du Jardin des Plantes inne.[22]

Berthollet, Claude Louis (1748–1822). Berthollet hatte von 1768 bis 1770 Medizin an der Turiner Universität studiert. 1772 ging er nach Paris, wo er sich chemischen Studien widmete. 1784 in die Dienste des Staates eingetreten, wurde er unter anderem Inspektor der staatlichen Färbereien. 1794 erhielt Berthollet schließlich eine Professur an der École normale in Paris.[23]

Berzelius, Jöns Jacob (1779–1848). Berzelius hatte an der Universität Uppsala ein Medizin- und Chemiestudium absolviert. Ab 1802 war er in Stockholm wissenschaftlich tätig. 1810 erlangte er eine Professur der Chemie und Pharmazie am neu gegründeten medizinisch-chirurgischen Institut in Stockholm. Berzelius verfasste die „Jahresberichte über den Fortschritt der physischen Wissenschaften“ als ein zentrales Rezensions- und Referate-Organ, das von der Schwedischen Akademie der Wissenschaften herausgegeben wurde. Als einer der herausragenden Chemiker seiner Zeit bereicherte

19 Vgl.: Benrath (1868), S. 4; Poggendorff (1898), 3, S. 108; Lenz (1970), S. 44.

20 Vgl.: Hasselblatt und Otto (1889), S. 659; Paul von Berg. Verfügbar unter: https://www.geni.com/people/Paul-von-Berg/6000000041737392174. Letzter Zugang: 30. Oktober 2017.

21 Vgl.: Meyer (1998), 2, S. 269–270.

22 Vgl.: Poggendorff (1898), 3, S. 113; Rudolph (1991), S. 135–159; Stahnisch (2003), S. 147–149.

23 Vgl.: Färber (1984), S. 342–349; Stolz (2003 a), S. 153–155.

er fast alle Felder der damals stark aufstrebenden physiologischen Chemie durch eigene grundlegende Arbeiten.[24]

Beyer, Cäcilie (1833–1862). Sie war die Tochter des Talsener Kreisarztes Johann Balthasar Beyer und mit dem Arzt Emil Wilhelm Strauß verheiratet.[25]

Beyer, Franziska (?–?). Sie war ab 1850 mit dem Apotheker Carl Hermann Göbel verheiratet, der allerdings kurz nach der Eröffnung einer Apotheke in Saßmacken verstarb. Sie blieb zunächst Besitzerin dieser „Einrichtung", verkaufte sie jedoch 1862.[26]

Beyer, Johann Balthasar (1781–1860). Beyer studierte Medizin in Wien und trat 1808 in den russischen Militärdienst ein. 1811 bestätigte ihn die medizinisch-chirurgische Akademie in St. Petersburg als Arzt. Ab 1817 praktizierte er in Kurland und war dort von 1824 bis 1867 als Talsener „Kreisphysikus" tätig.[27]

Beyer, Marie (?–?). Sie war eine Tochter von Johann Balthasar Beyer, die Schwester von Cäcilie sowie von Franziska Beyer und heiratete 1853 den Offizier Hilferding von der Wippen. Schon nach einigen Ehejahren wurde sie Witwe.[28]

Bidder, Alexander August (1823–1895). Alexander August Bidder hatte an der Dorpater Universität Medizin studiert. Von 1848 bis 1867 war er als Arzt an den Anstalten des Kollegiums der allgemeinen Fürsorge in Mitau tätig und wirkte dort von 1883 bis 1888 auch als praktischer Arzt.[29]

Bidder, Friedrich (1810–1894). Er hatte von 1828 bis 1834 Medizin in Dorpat studiert, wo er auch promoviert wurde. Studien- und Arbeitsaufenthalten in Berlin, Halle und Leipzig folgte 1836 die Ernennung zum außerordentlichen und 1842 zum ordentlichen Professor der Anatomie an der Dorpater Universität. Von 1843 bis zu seinem Ausscheiden aus dem akademischen Dienst im Jahre 1869 war Bidder dort dann Ordinarius für Physiologie und Pathologie.[30]

Bidder, Heinrich Nikolaus (1783–1833). Heinrich Nikolaus Bidder war zunächst Apothekergehilfe und studierte nach der Lehrzeit Medizin unter anderem in Berlin, Jena und Würzburg. 1809 erwarb er den medizinischen Doktorgrad in Königsberg und arbeitete danach als praktischer Arzt in St. Petersburg und

---

24 Vgl.: Poggendorff (1863), 1, Sp. 172; Bugge (1984 a), S. 428–429; Söderbaum (1984), S. 429–449; Schwenk (1998), S. 154.

25 Vgl.: Brennsohn (1929), S. 386.

26 Vgl.: Otto (1915), S. 146.

27 Vgl.: Brennsohn (1929), S. 92.

28 LVVA 5759/2/1107, S. 210 (Rückseite). Vgl.: Anlage 2 dieser Untersuchung.

29 Vgl.: Hasselblatt und Otto (1889), S. 311; Brennsohn (1929), S. 93.

30 Vgl.: Engelhardt (1933), S. 139–151; Bidder (1959), passim; Lenz (1970), S. 63; Fischer (2012), S. 31–35.

Mitau. Zugleich bekleidete er das Amt eines Brunnenarztes in Baldohn, um ab 1825 zum Leiter der kurländischen Medizinalverwaltung aufzurücken.[31]

Bienemann, Friedrich Gustav (1794–1863). Er hatte Theologie in Königsberg und Dorpat studiert, war Oberlehrer am Mitauer Gymnasium und wirkte von 1825 bis 1855 als Oberpastor an der Johannis-Kirche in Dorpat. Seinen Lebensabend verbrachte Bienemann in Stuttgart.[32]

Biron, Peter, von (1724–1800). Peter von Biron war der letzte Herzog Kurlands und regierte als Förderer von Theater, Musik und Wissenschaft von 1769 bis 1795. Nach dem Teilungsvertrag zwischen Österreich und Russland, dem Preußen beitrat, musste er abdanken. Das Herzogtum fiel an Russland; Peter Biron lebte danach in Deutschland.[33]

Bischof, K(C)arl Gustav (1792–1870). Er begann seine wissenschaftliche Laufbahn 1815 als Privatdozent für Chemie und Physik an der Universität Erlangen. Ab 1822 lehrte er als ordentlicher Professor für Chemie und Technologie an der Universität Bonn.[34]

Bischoff, Theodor Ludwig Wilhelm (1807–1882). Bischoff hatte in Bonn und Heidelberg Medizin studiert und erwarb die Doktorgrade der Philosophie und Medizin. 1834 habilitierte er sich an der Universität Bonn. Nach einer Lehrtätigkeit in Heidelberg (1835–1843) wechselte er zum Wintersemester 1843/44 als ordentlicher Professor an die Gießener Hochschule. Von 1855 bis 1878 wirkte Bischoff, der eng mit Justus Liebig befreundet war, als Ordinarius für Anatomie an der Universität München.[35]

Blake, James E. (1814–1893). Blake war Industriechemiker in Liverpool.[36]

Blondlot, Nicolas (1808 oder 1810–1877). Blondlot hatte eine Professur für Chemie und Pharmazie an der medizinischen Schule in Nancy inne. Der Fachwelt wurde er besonders durch seine Arbeiten über die Verdauung und die Wirksamkeit der Magen- und Darmsäfte bekannt.[37]

Bluhm, Karl Hermann (1812–1904). Er hatte in den Jahren 1831 bis 1836 Medizin in Dorpat studiert und wurde anschließend dort auch promoviert. Von 1837 bis 1892 arbeitete er als praktischer Arzt in Mitau und trat zugleich von 1840 bis 1874 als Brunnenarzt in Baldohn auf.[38]

---

31 Vgl.: Bidder (1959), S. 238; Lenz (1970), S. 63–64.

32 Vgl.: Hasselblatt und Otto (1889), S. 90.

33 Vgl.: Lenz (1970), S. 68–69; Ploetz (1998), S. 1064.

34 Vgl.: Gümbel (1875), S. 665–669.

35 Vgl.: Drüll (1986), S. 21–22.

36 Vgl.: Caesar (2003), S. 96 (6456); Anlage 4 dieser Untersuchung.

37 Vgl.: Poggendorff (1898), 3, S. 145; Hirsch (1962), 1, S. 574.

38 Vgl.: Brennsohn (1929), S. 99; Lenz (1970), S. 75.

Boë Silvius, Franciscus, de la (1614–1672). Er studierte in Basel und wurde hier 1637 zum Doktor der Medizin promoviert. Danach wirkte er als praktischer Arzt unter anderem in Hanau und Leyden (Leiden). Ab 1658 lehrte er als Professor der Medizin an der Universität Leyden in den Niederlanden.[39]

Boedeker, Carl Heinrich (1815–1895). Boedeker habilitierte sich 1850 an der Universität Bonn für pharmazeutische Chemie und wurde 1853 als außerordentlicher Professor Nachfolger von Georg Staedeler am chemischen Laboratorium des Göttinger physiologischen Instituts.[40]

Boettcher, Arthur (1831–1889). Boettcher hatte an der Universität Dorpat Medizin studiert und wurde 1856 dort auch promoviert. Nach pathologisch-anatomischen Arbeiten in Wien, Paris und vor allem in Berlin bei Rudolf Virchow erhielt er 1858 den Titel eines Dozenten und 1861 die Professur für allgemeine Pathologie und pathologische Anatomie an der Dorpater Hochschule. Boettcher, der in Dorpat ein pathologisches Institut nach Virchows Vorstellungen gründete, musste 1883 aus gesundheitlichen Gründen seine akademische Laufbahn beenden.[41]

Bolschwing, Wilhelm, von (1800–1859). Der Jurist trat 1825 in die kurländische Beamtenlaufbahn ein, in der er in Mitau die Positionen des Sekretärs der Gouvernements-Regierung und des Rentmeisters der kurländischen Ritterschaft bekleidete.[42]

Bosse, Anton Georg (1792–1860). Bosse studierte von 1812 bis 1814 Theologie in Dorpat. Er erhielt ab 1815 über mehr als vier Jahrzehnte Kunstunterricht, der es ihm ermöglichte, neben seinem geistlichen Amt auch als Maler zu wirken.[43]

Bosse, Georg Joachim Julius (1828–1899). Philosophie und Theologie waren in den Jahren 1845 bis 1852 Bosses Studienfächer an der Universität Dorpat. Ab 1857 fungierte er als Prediger in Wohlfahrt (Livland), wo er vermutlich die Nachfolge seines Vaters Anton Georg Bosse antrat.[44]

Bouchardat, Apollinaire (1806–1886). Er hatte sich neben dem Medizinstudium besonders der Chemie und Pharmazie gewidmet. 1832 wurde er in Paris zum Doktor der Medizin promoviert und arbeitete zunächst als Apotheker in der französischen Hauptstadt. Später lehrte er als Professor für Hygiene an der

---

39 Vgl.: Poggendorff (1863), 2, Sp. 1061–1062.

40 Vgl.: Poggendorff (1863), 1, Sp. 221; Poggendorff (1898), 3, S. 148; Ganß (1937), S. 67.

41 Vgl.: Käbin (1986), S. 192–195, S. 357.

42 Vgl.: Schlau (1995), S. 272.

43 Vgl.: Hasselblatt und Otto (1889), S. 50; Lenz (1970), S. 92.

44 Vgl.: Hasselblatt und Otto (1889), S. 50, S. 385; Lenz (1970), S. 92; Bosse, Georg Joachim Julius. Verfügbar unter: https://www.geni.com/people/Georg-Joachim-Bosse-Zwilling/6000000026435968821. Letzter Zugang: 30. Oktober 2017.

Pariser medizinischen Fakultät. Bouchardat, der auch mehrere Lehrbücher der Chemie verfasste, ist bis heute in medizinischen Kreisen vor allem durch seine Arbeiten zum Pankreassekret bekannt.[45]

Boussingault, Jean Baptiste (1802–1887). Boussingault war zunächst Professor der Chemie in Lyon und hatte ab 1839 eine Professur für Landwirtschaft und analytische Chemie in Paris inne.[46]

Braconnot, Henri (1781–1855). Er war Professor der Naturkunde am Lyzeum in Nancy und Direktor des dortigen botanischen Gartens. Die Pflanzen- und Tier-Chemie stellten seine wesentlichen Forschungsgebiete dar.[47]

Bradke, Georg Friedrich, von (1796–1862). Georg Friedrich von Bradke trat nach seiner militärischen Laufbahn in den zivilen Staatsdienst ein und fungierte von 1832 bis 1838 als Kurator des Lehrbezirks Kiew. Von 1854 bis 1862 war er Kurator des Dörptschen Lehrbezirks und setzte in dieser Funktion ein Sonderstatut für die Universität Dorpat durch. Außerdem gelang es ihm, das bestehende Verbot der Berufung ausländischer Professoren aufheben zu lassen.[48]

Brandis, Christian August (1790–1867). Er hatte Theologie, Philologie und Philosophie in Kiel studiert. 1821 wurde er Professor für Philosophie an der Universität Bonn.[49]

Brandt, Anna Katharina, von (1735–1815/16). Sie war ab 1768 die zweite Ehefrau des Generalleutnants Jakob von Brandt (1714–1774), der ab 1770 als Gouverneur von Kazan amtierte. Im Privathaus der verwitweten „Generalin" von Brandt wurde in gemieteten Räumen das Dorpater chemische Universitätslaboratorium untergebracht (1803–1809).[50]

Brandt, Woldemar (1846–?). Er studierte von 1865 bis 1872 Medizin an der Dorpater Universität, wo er auch den Doktorgrad erwarb. Nach einer kurzen Assistententätigkeit an dieser Hochschule (1870–1872) arbeitet er als Schiffsarzt, unternahm mehrjährige Expeditionen unter anderem nach China sowie Japan und wirkte später als Ordinarius am Marine-Hospital in Kronstadt.[51]

Brasche, Margarethe Elisabeth (1756–?). Sie war mit Levin Michael Schmidt, dem Pastor von Goldingen, verheiratet. Beide waren die Eltern von Christoph

45 Vgl.: Hirsch (1962), 1, S. 646–647.
46 Vgl.: Poggendorff (1863), 1, Sp. 262–263; Poggendorff (1898), 3, S. 177.
47 Vgl.: Partington (1996), 4, S. 251.
48 Vgl.: Bradke (1910), S. 3–32; Engelhardt (1933), S. 106–113; Lenz (1970), S. 95.
49 Vgl.: Killy und Vierhaus (2001), 2, S. 64.
50 EAD ID 2183 (oid 2225). Vgl.: Lenz (1970), S. 96; Ilomets (2004); S. 93.
51 Vgl.: Grünfeld (1883), S. 45; Hasselblatt und Otto (1889), 583.

Heinrich Schmidt und somit die Großeltern von Ernst Carl Heinrich Schmidt.[52]

Braunschweig, Johann Daniel (1786–1857). Johann Daniel Braunschweig studierte Theologie an der Universität Dorpat und bekleidete neben seiner Stelle als Oberlehrer von 1819 bis 1837 auch das Amt des Direktors am Mitauer Gymnasium.[53]

Bretschneider, Emil (1833–1901). Bretschneider studierte in Dorpat zunächst ein Jahr Physik und von 1855 bis 1858 Medizin. Er wurde mit der Arbeit „Quaedam de arsenici efficatia disquisitiones"[54] promoviert. Später war Bretschneider Arzt in den russischen Gesandtschaften in Teheran und Peking. Während seiner Pekinger Zeit (1866–1883) bereiste er unter anderem Japan, Nord-Amerika und Sibirien.[55]

Brodie, Benjamin Collins (1783–1862). Brodie war Chirurg im „St. George's Hospital" in London und wurde 1819 vom „College of Surgeons" zum Professor für vergleichende Anatomie ernannt. 1828 stieg er zum Chirurgen des Königs auf und wurde 1858 von der Royal Society zum Präsidenten gewählt.[56]

Brunner, Bernhardt (1835–1892). Brunner, der Doktor der Medizin, Oberlehrer der Mathematik und Sekretär der „Livländischen Gemeinnützigen und ökonomischen Societät" war, hatte zudem von 1875 bis 1890 das Amt des Professors für Landwirtschaft und Technologie an der Dorpater Hochschule inne.[57]

Buchheim, Rudolf (1820–1879). Er hatte Medizin in Dresden und Leipzig studiert und wurde 1845 zum Dr. med. promoviert. Bereits 1846 erhielt er einen Ruf nach Dorpat und entwickelte sich dort in den zwanzig Jahren seiner Tätigkeit zu einem der Begründer der wissenschaftlichen Pharmakologie.[58]

Buchner, Johann Andreas (1783–1852). Buchner studierte Pharmazie und war ab 1809 Oberapotheker in München. 1818 stieg er zum außerordentlichen Professor für Pharmazie, Arzneimittellehre und Toxikologie an der Universität Landshut auf und avancierte dort 1822 zum Ordinarius. Den ersten selbstständigen, d. h. von der Chemie getrennten, pharmazeutischen Lehrstuhl behielt

52 LVVA 235/5/73, S. 82 (1787); LVVA 5759/2/1107, S. 204 (Rückseite) - 205; Anlage 1, Nr. 2 dieser Untersuchung.

53 Vgl.: Dannenberg (1875), S. 25–26, S. 57–58.

54 Bretschneider (1858).

55 Vgl.: Hasselblatt und Otto (1889), S. 438–439; Lenz (1970), S. 101–102.

56 Vgl.: Pagel (1901), Sp. 251–252; Hirsch (1962), 1, S. 709–710; Fruton (1990), S. 278.

57 Vgl.: Schönberg et al. (1918), S. 153; Roß und Hansel (2000), S. 77.

58 Vgl.: Schmiedeberg (1911), S. 1–54; Käbin (1986), S. 144–157.

Buchner auch nach der 1826 erfolgten Verlagerung der Landshuter Universität nach München.[59]

Buck, August Nikolai Soeren (1839–1908). Er hatte seine Provisorprüfung nach dem Pharmaziestudium in Dorpat abgelegt. 1865 übernahm er die elterliche Apotheke in Windau und fungierte dort als Ratsherr, Stadtrat und stellvertretendes Stadtoberhaupt. Von 1887 bis 1900 besaß er auch eine Apotheke in Popen.[60]

Budberg, Alexander, von (1834–1906). Von Budberg absolvierte von 1855 bis 1858 ein Studium der Chemie an der Universität Dorpat, das er mit dem Grad eines Kandidaten der Chemie abschloss. Nach einem Auslandsaufenthalt (1859–1861) lebte er ab 1861 als Gutsbesitzer im Gouvernement Kowno.[61]

Buhse, Friedrich Alexander (1821–1898). Buhse studierte Botanik an den Universitäten Dorpat, Berlin und Heidelberg, wo er 1843 zum Dr. phil. promoviert wurde. 1857–1862 war er (Pfand-)Besitzer des Gutes Bersemünde in Livland.[62]

Bunge, Friedrich Georg, von (1802–1897). Friedrich Georg von Bunge hatte Philosophie und Rechtswissenschaften in Dorpat studiert und erwarb 1826 den juristischen Doktorgrad in Heidelberg. An der Dorpater Universität wirkte er als Lektor der russischen Sprache (1822–1825), Dozent (1823–1831) und von 1831 bis 1842 als ordentlicher Professor des baltischen Provinzialrechts. 1841 musste er die Universität wegen des „Falls Ulmann" verlassen. Nach seiner Entlassung aus dem Staatsdienst hatte von Bunge unter anderem Positionen als Syndikus und Bürgermeister der Stadt Reval inne.[63]

Bunge, Gustav Piers Alexander, von (1844–1920). Er hatte in den Jahren 1863 bis 1871 Chemie und Medizin an der Dorpater Universität studiert. Ab 1872 arbeitete er als Assistent im chemischen Laboratorium bei Carl Schmidt und wurde 1874 zum Doktor der Chemie promoviert. Ab 1874 war von Bunge dann Dozent für Physiologie in Dorpat. Er wechselte 1885 als ordentlicher Professor für physiologische Chemie an die Universität Basel. Bahnbrechend waren vor allem seine Arbeiten auf dem Gebiet des Mineralstoffwechsels.[64]

Bunge, Paul (1839–1888). Paul Bunge erhielt in seiner Geburtsstadt Halle (Saale) eine Ausbildung im Brückenbau und gründete 1866 eine feinmechanische

59 Vgl.: Killy und Vierhaus (2001), 2, S. 187.

60 Vgl.: Hasselblatt und Otto (1889), S. 557; Otto (1915), S. 134.

61 Vgl.: Hasselblatt und Otto (1889), S. 465; Alexander Carl Andreas Johann Nicolaus von Budberg. Verfügbar unter: https://www.geni.com/people/Johann-Alexander-von-Budberg/6000000025901385720. Letzter Zugang: 30. Oktober 2017.

62 Vgl.: Lenz (1970), S. 128; Kapitel 4.6.2.1 dieser Untersuchung.

63 Vgl.: Lenz (1970), S. 132.

64 Vgl.: Käbin (1986), S. 113–119; Tähepold und Ilomets (1995), S. 138–159; Fischer (2013), S. 27–30.

Werkstatt in Hamburg. Hier stellte er unter anderem neuartige Feinwaagen mit wesentlich kürzeren Waagebalken her, die die gleiche Tragkraft besaßen. Durch den enormen „Masseverlust“ der neuen Balken verkürzte sich die Zeitdauer der Balkenschwingung auf nur wenige Sekunden.[65]

Bunsen, Robert Wilhelm (1811–1899). Bunsen war Student der Naturwissenschaften in Göttingen und wurde 1831 zum Dr. phil. promoviert. Studienreisen führten ihn in den Jahren 1832 und 1833 nach Frankreich, in die Schweiz und nach Österreich. Im Januar 1834 habilitierte er sich in Göttingen und ging Ende März 1836 an die polytechnische Schule in Kassel. 1839 wurde er zum außerordentlichen Professor an der Universität Marburg ernannt. Dort stieg er 1841 zum ordentlichen Professor und Direktor des chemischen Instituts auf. Ab August 1851 war er kurzzeitig Lehrstuhlinhaber an der Breslauer Universität, um dann ab August 1852 als Ordinarius und Direktor des chemischen Laboratoriums langfristig an der Universität Heidelberg zu forschen. Am 1. August 1889 beendete Bunsen auf eigenen Wunsch seine akademische Laufbahn.[66]

Bursy, Amalie (1783–1849). Diese Schwester von Caroline Dorothea Adelheid Schmidt, geb. Bursy, und Wilhelmina Amalie Henriette Adelheid Schmidt, geb. Bursy, den beiden Ehefrauen des Apothekers Christoph Heinrich Schmidt, war mit dem Pastor Gotthilf Heinrich Mylich in Blieden verheiratet.[67]

Bursy, Arthur Carl, von (1901–1945?). Arthur Carl von Bursy, ein Enkel Ernst Carl Heinrich Schmids, war das dritte Kind von Thekla, geb. Schmidt, und Johann Wilhelm Bernhard von Bursy. Der Dipl. Volkswirt und Steuerberater heiratete im November 1929 Hedwig Schneider. Aus der Ehe gingen fünf Kinder hervor.[68]

Bursy, Carolina Dorothea (1784–1842). Caroline Dorothea Bursy war eine Tante mütterlicherseits von Ernst Carl Heinrich Schmid. Von ihr ist lediglich bekannt, dass sie mit Otto Christian Mylich, Pastor in Edsen, verheiratet war.[69]

Bursy, Carolina Dorothea Adelheid („Ida“) (1803–1835). „Ida“, wie sie im Familienkreis genannt wurde, war die am 4. Juli 1803 geborene Tochter des Pastors Ernst Daniel Bursy und dessen Ehefrau Marie Magdalena, geb. Schulz. Am 26. Juni 1821 wurden sie und der Apotheker Christoph Heinrich Schmidt

---

65 Vgl.: Jenemann (1979), S. 42–43.

66 Vgl.: Fuchs (1984), S. 78–91; Drüll (1986), S. 35.

67 LVVA 5759/2/1107, S. 205 (Rückseite) - 206; persönliche Mitteilung von Bernhard und Friedrich v. Bursy.

68 Persönliche Mitteilung von Bernhard und Friedrich von Bursy. Vgl.: Anlage 7, Nr. 25 dieser Untersuchung.

69 LVVA 5759/2/1107, S. 205 (Rückseite) - 206.

in Blieden getraut. Ihr erstes gemeinsames Kind war Ernst Carl Heinrich Schmidt. „Ida" starb am 20. April 1935 an einer Lungenentzündung in Mitau.[70]

Bursy, Caroline Betty, von (1822–?). Sie war die zweite Tochter von Dr. Karl von Bursy und Anna, geb. von Dieterichs, und blieb ledig. Betty war eine Cousine Ernst Carl Heinrich Schmids.[71]

Bursy, Dorothea, von (1832–1903). Dorothea von Bursy war eine Tochter von Dr. Carl Bursy und Anna, geb. von Dieterichs. Sie heiratete im Jahr 1852 Johann Friedrich Wilhelm Clemens Ludwig Meyer. Dorothea, auch „Dascha" genannt, war eine Cousine Ernst Carl Heinrich Schmidts.[72]

Bursy, Emil (1828–1852). Emil Bursy war einer der Söhne des Pastors und Propstes Otto Ernst Konrad Bursy und der Emilie von Rahden. Er war von 1850 bis 1852 für Physik bzw. Medizin an der Dorpater Hochschule immatrikuliert und starb noch während seiner Studententage im Juli 1852. Emil Bursy war ein Vetter mütterlicherseits von Ernst Carl Heinrich Schmidt.[73]

Bursy, Erich Reinhold Ernst, von (1905–1945?). Das sechste Kind von Thekla, geb. Schmidt, und Johann Wilhelm Bernhard von Bursy war Apotheker und in erster Ehe mit Ingeborg Mathilde Genz verbunden, von der er geschieden wurde. Am 21. August 1932 heiratete er die Apothekerin Liselotte Greta Rosalie Gerban, die in Dorpat Pharmazie studiert hatte.[74]

Bursy, Ernestine (1795–?). Ernestine Bursy, eine Schwester von Ernst Carl Heinrich Schmids Mutter „Ida", geb. Bursy, war mit dem Arzt Dr. Christian Wilhelm Carl Eduard Langerhausen (oder Langerhansen) in Szagarren verheiratet.[75]

Bursy, Ernst Daniel (1756–1831). Er studierte Theologie in Königsberg und war Pfarrer in Blieden und in Grenzhof. Ab 1813 fungierte er als Propst und ab

70 LVVA 235/5/56, S. 33 (1803); LVVA 235/5/59, S. 125 (1821); LVVA 235/2/960, S. 9–10 (1835); Anlage 1, Nr. 4 dieser Untersuchung.

71 LVVA 5759/2/1107; S. 205 (Rückseite) – 206; Caroline Betty Bursy. Verfügbar unter: https://www.geni.com/people/Caroline-Bursy/6000000038870393411?through=60000000 28974162184#/tab/timeline. Letzter Zugang: 30. Oktober 2017; persönliche Mitteilung von Bernhard und Friedrich von Bursy.

72 LVVA 5759/2/1107, S. 205 (Rückseite) – 206; persönliche Mitteilung von Bernhard und Friedrich von Bursy.

73 LVVA 5759/2/1107, S. 205 (Rückseite) – 206. Vgl.: Hasselblatt und Otto (1889), S. 406.

74 Persönliche Mitteilung von Bernhard und Friedrich von Bursy. Vgl.: Anlage 7, Nr. 28 dieser Untersuchung.

75 LVVA 5759/2/1107; S. 205 (Rückseite) – 206. Vgl.: Hasselblatt und Otto (1889), S. 57; Brennsohn (1929), S. 269.

1824 als Konsistorialrat in Grenzhof (Kurland). Bursy war verheiratet mit Maria Magdalena, geb. Schulz. Das Ehepaar hatte 10 Kinder, zu denen unter anderem die beiden Frauen Christoph Heinrich Schmidts gehörten.[76]

Bursy, Friedrich (1824–1883). Friedrich Bursy war der älteste Sohn von Otto Ernst Konrad Bursy und Emilie, geb. von Rahden. Er war Pastor in Grenzhof und in erster Ehe mit Berta von Stempel verheiratet. Seine zweite Frau war Luise Zachersohn. Friedrichs Vater war ein Bruder der Mutter Ernst Carl Heinrich Schmidts.[77]

Bursy, Friedrich Oskar Hugo, von (1902–1957). Der Pfarrer Friedrich Oskar Hugo von Bursy war ein Sohn von Thekla, geb. Schmidt, und Johann Wilhelm Bernhard von Bursy. Er hatte eine Pfarrstelle in Rastenberg (Thüringen) inne und heiratete am 16. Oktober 1929 Elisabeth Schaudinn. Der Ehe entstammten zwei Kinder.[78]

Bursy, Friedrich Reinhold, von (1824–1892). Er war Kameralhofsbeamter in Mitau und heiratete am 29. Dezember 1860 Wilhelmina Ulrica, eine Stiefschwester Ernst Carl Heinrich Schmidts.[79]

Bursy, Gertrud, von (1903–1987). Die ledige Gertrud von Bursy war eine Tochter von Thekla, geb. Schmidt, und Johann Wilhelm Bernhard von Bursy, also eine Enkelin Ernst Carl Heinrich Schmidts.[80]

Bursy, Helmuth Karl Alexander, von (1899–1973). Er war der älteste Sohn von Thekla, geb. Schmidt, und Johann Wilhelm Bernhard von Bursy. Aus seinen beiden Ehen mit Alice Elisabeth Katharina Luchsinger und Dorothea Wolf gingen insgesamt drei Kinder hervor.[81]

---

76 LVVA 235/5/56, S. 33 (1803); LVVA 235/5/59, S. 20 (1807); LVVA 235/5/59, S. 125 (1821); LVVA 5739/2/1107, S. 205 (Rückseite) - 206. Vgl.: Lenz (1970), S. 133.

77 LVVA 5759/2/1107, S. 205 (Rückseite) - 206; persönliche Mitteilung von Bernhard und Friedrich von Bursy.

78 Persönliche Mitteilung von Bernhard und Friedrich von Bursy. Vgl.: Anlage 7, Nr. 26 dieser Untersuchung.

79 LVVA 5759/2/1107, S. 204 (Rückseite) - 205, S. 205 (Rückseite) - 206; persönliche Mitteilung von Bernhard und Friedrich von Bursy. Vgl.: Anlage 1, Nr. 22 dieser Untersuchung.

80 Persönliche Mitteilung von Bernhard und Friedrich von Bursy. Vgl.: Anlage 7, Nr. 27 dieser Untersuchung.

81 Persönliche Mitteilung von Bernhard und Friedrich von Bursy. Vgl.: Anlage 7, Nr. 24 dieser Untersuchung.

Bursy, Hugo (1833–1865). Der unvermählte Hugo Bursy war einer der Söhne des Pastors und Propstes Otto Ernst Konrad Bursy und der Emilie von Rahden. Er studierte in Dorpat Physik sowie Medizin und wurde 1863 promoviert.[82]

Bursy, Irmgard Antonie Wilhelmine, von (1898–1964). Die älteste Tochter von Thekla, geb. Schmidt, und Johann Wilhelm Bernhard von Bursy war mit Hellmuth Frey verheiratet. Die Ehe blieb kinderlos.[83]

Bursy, Johann Wilhelm Bernhard, von (1863–1909). Er erwarb 1895 den Grad eines Magisters der klassischen Philologie an der Universität Dorpat und heiratete am 16. August 1897 seine Verwandte Thekla Schmidt. Aus der Ehe gingen sieben Kinder hervor. Von Bursy war ab 1899 als Privatdozent an der Universität Kiew tätig. Von 1901 bis 1905 bekleidete er eine Professur für griechische Philologie am Historisch Philologischen Institut in Nežhin (Ukraine).[84]

Bursy, Johanna, von (1825–1891). Johanna von Bursy war eine Tochter des Arztes und Staatsrats Dr. Karl Gottlieb Heinrich Friedrich von Bursy und der Anna, geb. von Dieterichs, also Ernst Carl Heinrich Schmidts Cousine mütterlicherseits. Am 28. Juni 1844 heiratete sie den Lehrer (C)Karl Schulz. Nach dessen Tod ging sie im Jahr 1855 eine Verbindung mit dem Mitauer Organisten Rudolf Postel ein.[85]

Bursy, Karl Gottlieb Heinrich Friedrich, von (1791–1870). Er hatte von 1811 bis 1815 Medizin in Dorpat und Berlin studiert. 1816 wurde er in Berlin zum Doktor der Medizin promoviert. Von 1816 bis 1826 war er Arzt in Grenzhof. Ab 1826 setzte er seine Tätigkeit in Mitau fort und bekleidete zugleich von 1826 bis 1840 die Stelle eines Brunnenarztes in Baldohn. Von 1840 bis 1867 fungierte von Bursy als Inspektor der kurländischen Medizinalverwaltung. Verheiratet war er ab Juni 1820 mit Anna von Dieterichs. Aus der Ehe gingen

82 LVVA 5759/2/1107, S. 205 (Rückseite) – 206. Vgl.: Hasselblatt und Otto (1889), S. 482.

83 Persönliche Mitteilung von Bernhard und Friedrich von Bursy. Vgl.: Anlage 7, Nr. 23 dieser Untersuchung.

84 EAA 402/3/213; Familienarchiv Helga von Grabe: Verzeichnis der Geborenen und Getauften der ev.-luth. St. Trinitatiskirche in Mitau, Jahrgang 1863, Nr. 87; Familienarchiv Bernhard von Bursy: Auszug aus dem Register der Verlobten, Aufgebotenen und Getrauten der ev.-luth. Universitätskirche zu Dorpat im Jahre 1897; LVVA 5759/2/1107; S. 204 (Rückseite) – 205, S. 205 (Rückseite) – 206. Vgl.: Lenz (1970), S. 133; Anlage 7, Nr. 22 dieser Untersuchung.

85 LVVA 5759/2/1107, S. 205 (Rückseite) – 206; persönliche Mitteilung von Bernhard und Friedrich von Bursy. Vgl.: Hasselblatt und Otto (1889), S. 273.

14 Kinder hervor. Von Bursy war ein Bruder der beiden Ehefrauen Christoph Heinrich Schmidts, also ein Onkel Ernst Carl Heinrich Schmidts.[86]

Bursy, Kurt Julius Friedrich, von (1908–1960). Kurt von Bursy, der jüngste Sohn von Thekla, geb. Schmidt, und Johann Wilhelm Bernhard von Bursy, war mit Käthe Ibelshäuser verheiratet. Die Ehe blieb kinderlos.[87]

Bursy, Nanny, von (1821–1906). Die älteste Tochter von Dr. Carl von Bursy und Anna, geb. von Dieterichs, blieb ledig. Nanny war eine Cousine Ernst Carl Heinrich Schmidts.[88]

Bursy, Otto Ernst Konrad (1786–1853). Er war Pastor und Propst in Grenzhof und mit Emilie von Rahden verheiratet. Sein verwandtschaftliches Verhältnis zu Ernst Carl Heinrich Schmid ging auf dessen Mutter „Ida", geb. Bursy, zurück, die eine jüngere Schwester Otto Ernst Bursys war.[89]

Bursy, Wilhelmina („Mina") Amalie Henriette Adelheid (1807–1874). „Mina" Bursy war eine Tochter des Pastors Ernst Daniel Bursy und der Marie Magdalena Bursy, geb. Schulz. Am 3. Mai 1836 heiratete sie den verwitweten Apotheker Christoph Heinrich Schmidt, den Vater Ernst Carl Heinrich Schmidts, dessen Stiefmutter sie fortan war. Nur zwei ihrer insgesamt fünf Nachkommen überlebten das Säuglings- bzw. Kindesalter.[90]

Bursy, Wilhelmine, von (1841–?). Sie war die Tochter von Dr. Karl Gottlieb Friedrich von Bursy und seiner Ehefrau Anna, geb. von Dieterichs. Vor ihrer Heirat mit dem Mediziner Eugène Theodor Haarmann aus Jakobstadt arbeitete sie als Lehrerin an der Gläserschen Schule in Mitau.[91]

Butlero(v)w, Alexander Michailowitsch (1828–1886). Butlerow war von 1844 bis 1849 Student der mathematisch-physikalischen Abteilung der Universität Kazan. Ab 1857 fungierte er als Professor der Chemie an dieser Hochschule. Von 1869 bis 1886 hatte er die gleiche Position an der Universität St. Petersburg inne.[92]

---

86 LVVA 5759/2/1107; S. 205 (Rückseite) – 206. Vgl.: Brennsohn (1929), S. 120–121; Lenz (1970), S. 133; Schlau (1995), S. 125.

87 Persönliche Mitteilung von Bernhard und Friedrich von Bursy. Vgl.: Anlage 7, Nr. 29 dieser Untersuchung.

88 LVVA 5759/2/1107; S. 205 (Rückseite) – 206; persönliche Mitteilung von Bernhard und Friedrich von Bursy.

89 LVVA 5759/2/1107; S. 205 (Rückseite) – 206; persönliche Mitteilung von Bernhard und Friedrich von Bursy.

90 LVVA 235/5/59, S. 20 (1807); LVVA 235/2/991, S. 15 (1836); LVVA 235/2/961, S. 211–212 (1874). Vgl.: Anlage 1, Nr. 5 dieser Untersuchung.

91 LVVA 5759/2/1107, S. 206. Vgl.: Brennsohn (1929), S. 185.

92 Vgl.: Engels et al. (1989), S. 99; Kritzmann (2003), S. 286–288.

Cadet de Gassicourt, Louis Claude (1731–1799). Cadet de Gassicourt war Apotheker in Paris, Oberapotheker der Armee in Spanien und später Mitglied des Collège de Pharmacie und der Akademie der Wissenschaften in Paris. In der Porzellanfabrik von Sèvres fungierte er als Direktor für die chemischen Arbeiten.[93]

Campbell, Dugald (1818–1882). Campbell hatte Chemie bei Thomas Graham in London studiert; danach war er als „Demonstrator" tätig. Anschließend arbeitete er als „consulting chemist" und analytischer Chemiker am Londoner „Brompton Hospital". Campbell wurde vor allem durch seine Wasseruntersuchungen bekannt.[94]

Cantillon, Richard (1680–1734). Cantillon war ein irischer Nationalökonom und lebte als Bankier in Paris. Er lieferte Beiträge zur Geld- und Außenwirtschaftstheorie und stellte die Bedeutung des Bodens für den Reichtum einer Nation heraus, wodurch er später Einfluss auf die Physiokraten ausüben sollte.[95]

Carlblom, Alexander Christlieb (1845–1910). Er fungierte nach seinem Medizin- und Chemiestudium an der Dorpater Hochschule zunächst als Direktor einer Bleiweiß-Fabrik und führte danach eine „Salpeter-Verarbeitung" in der Nähe von St. Petersburg.[96]

Carrière, Philipp Mori(t)z (1817–1895). Seine philosophischen Studien in Gießen und Berlin hatte er 1838 mit der Promotion abgeschlossen. Nach der Habilitation in Gießen (1842) hielt der Schwiegersohn Justus Liebigs dort als Privatdozent und außerordentlicher Professor philosophische und literarische Vorlesungen. 1853 folgte Carrière Liebig nach München, wo er an der Kunstakademie und ab 1887 an der Universität als Professor für Ästhetik lehrte.[97]

Chaptal, Jean Antoine (1756–1832). Jean Antoine Chaptal hatte Arzneikunde und Naturwissenschaften studiert und war Arzt und Professor der Chemie in Montpellier. Er besaß große chemische Fabriken und fungierte unter Napoleon I. in den Jahren 1800 bis 1804 als Minister des Inneren.[98]

93 Vgl.: Poggendorff (1863), 1, Sp. 357; Kopp (1966), 4, S. 98.

94 Vgl.: Poggendorff (1898), 3, S. 229.

95 Vgl.: Sellien und Sellien (1988), 1, Sp. 1039.

96 Vgl.: Hasselblatt und Otto (1889), S. 584; Alexander Christlieb Carlblom. Verfügbar unter: https://www.geni.com/people/Alexander-Christlieb-Carlblom/6000000018379005474. Letzter Zugang: 30. Oktober 2017.

97 Vgl.: Moraw (1982), S. 133; Killy und Vierhaus (2001), 2, S. 288.

98 Vgl.: Poggendorff (1863), 1, Sp. 420–421; Kopp (1966), 2, S. 134–135.

Chevreul, Michel Eugène (1786–1889). Chevreul war ab 1830 Professor der Chemie am Muséum national d'Histoire naturelle in Paris, dessen Direktion er unter Beibehaltung seiner Professur 1879 aufgab. Chevreuls chemische Arbeiten und Veröffentlichungen beziehen sich vorzugsweise auf die Konstitution der Fette, die Seifenbildung und die Farbenchemie.[99]

Chodnew, Alexey (1818–1883). Der Begründer der Biochemie in Russland arbeitete von 1844 bis 1846 in Liebigs Gießener Laboratorium und wurde 1846 promoviert. Von 1846 bis 1854 lehrte er als Professor für Chemie an der Universität Charkow. Danach war er Mitglied des Kriegsgelehrten-Komitees in St. Peterburg.[100]

Chomse, Oswald (1832–1890). Chomse hatte an der Universität Dorpat Medizin studiert und wirkte von 1859 bis 1865 als Arzt in Allendorf (Livland). Er heiratete am 28. Juli 1860 Maria Dorothea Schmidt, eine Tochter Christoph Heinrich Schmidts aus dessen zweiter Ehe mit Charlotte Wilhelmina Amalie Henriette Adelheid, geb. Bursy. Folglich war Chomses Frau eine Stiefschwester Ernst Carl Heinrich Schmidts. Später ließ sich Chomse als Arzt in Mitau nieder.[101]

Claus, Carl Ernst (1796–1864). Er hatte 1816 sein Provisor-Examen an der Universität Dorpat abgelegt. Nach der Gründung einer eigenen Apotheke in Kazan war er in den Jahren 1831 bis 1839 als Assistent (Inspektor) von Carl Christian Traugott Friedemann Goebel am chemischen Institut der Dorpater Hochschule beschäftigt. Von 1839 bis 1852 fungierte er als Professor der Chemie an der Universität Kazan und folgte Ernst Carl Heinrich Schmidt 1852 als ordentlicher Professor für Pharmazie und Direktor des pharmazeutischen Instituts an der Universität Dorpat nach.[102]

Corvin-Wiersbitzki, Otto Julius Bernhard, von (1812–1886). Er stammte aus polnisch-westpreußischem Adel. Nach seinem Ausscheiden aus der Armee ließ er sich als Publizist in Leipzig nieder, begab sich in antiklerikale Kreise und führte 1848 die Revolution im Elsass und am Oberrhein an. 1849 verhaftet und zum Tode verurteilt, begnadigte man ihn schließlich zu sechs Jahren Zuchthaus. Nach seiner Entlassung berichtete er als freier Mitarbeiter für renommierte Zeitungen.[103]

---

99 Vgl.: Poggendorff (1863), 1, Sp. 432–434; Poggendorff (1898), 3, S. 267–268.

100 Vgl.: Poggendorff (1863), 1, Sp. 440; Abašnik (2004), S. 124; Pfrepper und Pfrepper (2004), S. 308–309; Fischer (2013), S. 34–36.

101 Vgl.: Hasselblatt und Otto (1889), S. 434; Grünfeld (1893), S. 32. Vgl.: Anlage 1, Nr. 19 dieser Untersuchung.

102 Vgl.: Lenz (1970), S. 146–147; Käbin (1986), S. 132–133; Past und Tankler (2007), S. 23–24.

103 Vgl.: Killy und Vierhaus (2001), 2, S. 379–380.

Cosmar, Alexander (1805–1842). Alexander Cosmar lebte als Schriftsteller in Berlin und publizierte auch unter dem Pseudonym M. Larceso. Er war der weit gereiste und humanistisch gebildete Sohn eines Justizkommissars und Rittergutsbesitzers. 1830 gründete er den Dichteralmanach „Odeum“ und 1832 den „Berliner Modenspiegel“. Darüber hinaus schrieb er zahlreiche Lustspiele, Erzählungen und Satiren.[104]

Craffström, Gustav (1784–1854). Craffström, ein ehemaliger russischer General, war von 1835 bis 1854 Kurator des Dorpater Lehrbezirkes und residierte in dieser Funktion in Dorpat.[105]

Cuvier, Georges (Georg Leopold Christian Friedrich Dagobert), de (1769–1832). Cuvier hatte in Stuttgart an der Karlsschule Philosophie und Kameralia studiert. Schon 1795 wurde er Professor für vergleichende Anatomie am Collège de France in Paris. Ab 1798 hatte er eine Professur am Muséum national d'Histoire naturelle inne. Cuvier bekleidete außerdem zahlreiche öffentliche Ämter.[106]

Czernay, Fedor (1811–1889). Czernay hatte von 1828 bis 1832 in Dorpat Medizin studiert und war von 1832 bis 1886 als Ökonomie-Arzt in Grünhof (Kurland) tätig.[107]

Czernay, Hugo (1839–1905). Nach dem Studium der Philologie und Theologie in Dorpat (1857–1861) arbeitete Czernay als Prediger in Würzau (1867–1875), Frauenburg (1875–1889) und Blieden (ab 1889).[108]

Czernay, Theodor (1835–1907). Theodor Czernay hatte 1853 bis 1857 in Dorpat Philosophie studiert und war in den Jahren 1860 und 1861 Lehrer an der Höheren Kreisschule in Pernau. Von 1861 bis 1866 fungierte er als wissenschaftlicher Lehrer und von 1866 bis 1882 als Oberlehrer für griechische Sprache am Mitauer Gymnasium.[109]

Daguerre, Louis Jacques (1787–1851). Auf den französischen Maler und Erfinder geht das erste praktisch anwendbare photographische Verfahren zurück, das daher auch als Daguerreotypie bezeichnet wird. 1837 entwickelt, kaufte es die französische Regierung bereits zwei Jahre später auf und stellte es

---

104 Vgl.: Killy und Vierhaus (2001), 2, S. 381.

105 Vgl.: Gernet (1902), S. 63–75; Semel (1918), S. 27–28; Engelhardt (1933), S. 86–89; Bidder (1959), S. 142–146; Amburger (1987), S. 390; Donnert (2007), S. 39.

106 Vgl.: Poggendorff (1863), 1, Sp. 507; Jahn (2000 a), S. 803; Lefèvre (2003), S. 366–368.

107 Vgl.: Brennsohn (1929), S. 128.

108 Vgl.: Hasselblatt und Otto (1889), S. 494; Hugo Peter Ferdinand Czernay. Verfügbar unter: https://www.geni.com/people/Hugo-Peter-Ferdinand-Czernay/6000000038889200832. Letzter Zugang: 30. Oktober 2017.

109 Vgl.: Hasselblatt und Otto (1889), S. 445; Lenz (1970), S. 155.

der Weltöffentlichkeit zur Verfügung. Auf einer versilberten Kupfer-Platte wurde eine lichtempfindliche Silberjodidschicht erzeugt, in der Kamera längere Zeit belichtet und anschließend unter Quecksilberdämpfen entwickelt. Auf diese Weise schied sich an den vom Licht getroffenen Stellen ein weißer Amalgam-Niederschlag ab, während nicht belichtetes Silberjodid durch Fixieren mit starker Kochsalzlösung bzw. in Natriumthiosulfat entfernt wurde.[110]

D'Arcet oder Darcet, Jean (1725–1801). Er war promovierter Mediziner, Professor am Collège de France und Leiter der medizinischen Fakultät in Paris. Später hatte er die Position des Direktors der Königlichen Porzellan-Manufaktur in Sèvres inne und war auch Generalinspekteur der Königlichen Münze sowie der Gobelin-Manufakturen.[111]

Darwin, Charles Robert (1809–1882). Der Begründer der modernen Evolutionstheorie hatte zunächst Medizin in Edinburgh und danach Theologie in Cambridge studiert. Eine Weltreise auf dem Forschungsschiff „Beagle" in den Jahren 1831 bis 1836 war der Ausgangspunkt für seine naturwissenschaftlichen Arbeiten. Nach Auswertung seiner umfangreichen Reisebeobachtungen sowie spezieller Studien zu einer Theorie des Artenwandels erschien 1859 sein Hauptwerk „The Origin of Species [...]", dessen erste deutsche Ausgabe 1860 vorlag und das zu einem entscheidenden Anstoß für unterschiedliche grundlegende Entwicklungen in der Biologie wurde.[112]

Davy, Humphry, Sir (1778–1829). Davy absolvierte ab 1794 eine Lehre bei einem Arzt, während der er auch mit Fragen und Problemen der Chemie konfrontiert wurde. 1798 wechselte er als Assistent an ein „Pneumatisches Institut" in Clifton bei Bristol. 1801 nahm er eine Dozentenstelle an der „Royal Institution" in London an, wo er bereits im darauffolgenden Jahr zum Professor für Chemie avancierte. 1812 gab Davy diese Position auf und war danach als Privatgelehrter tätig. Von 1820 bis 1827 fungierte er als Präsident der „Royal Society".[113]

Dellfs, Friedrich Wilhelm Hermann (1812–1894). Dellfs war Medizinstudent an der Universität Kiel, wo er 1834 promoviert wurde und in den folgenden Jahren bis 1840 als „privatim docent" physikalisch-chemische Vorlesungen hielt. Im April 1840 habilitierte er sich an der philosophischen Fakultät der Universität Heidelberg und wurde 1843 zum außerordentlichen Professor ernannt. Nach der vertretungsweisen Übernahme der Dienstgeschäfte des Chemie-Ordinarius in den Jahren 1851/52 und der 1852 erfolgten Berufung

110 Vgl.: Meyer (1971–1979), 6, S. 172–173; Caesar (2003), S. 95 (6455) – 98 (6458).

111 Vgl.: Poggendorff (1863), 1, Sp. 521; Partington (1996), 3, S. 104.

112 Vgl.: Junker (2003), S. 377–384; Wolters (2004 a), S. 427–430.

113 Vgl.: Poggendorff (1863), 1, Sp. 528–530; Stolz (2003 b), 386–388.

Robert Wilhelm Bunsens als Gmelin-Nachfolger an die philosophische Fakultät der Heidelberger Hochschule wurde Dellfs im April 1853 zum Ordinarius der Chemie in der medizinischen Fakultät berufen. Diese Position bekleidete er bis September 1889.[114]

Descartes, René (1596–1650). René Descartes, der ein abwechslungsreiches Leben führte, hatte Rechtswissenschaften studiert und beschäftigte sich ab 1625 in Paris mit Mathematik, Physik und Philosophie. Seine längste und fruchtbarste wissenschaftliche Schaffensperiode verbrachte er ab 1628 für fast 20 Jahre in den Niederlanden. 1649 folgte er einer Einladung an den schwedischen Königshof.[115]

Deville, Henri Étienne (Sainte-Claire-Deville) (1818–1881). Er war von 1845 bis 1851 zunächst Dozent in Besançon und lehrte danach als Professor der Chemie an der École normale und der Sorbonne in Paris.[116]

Dieterichs, Anna, von (?–1853). Die Tochter eines russischen Generals heiratete im Juni 1820 den Arzt Dr. Carl von Bursy, der ein Onkel mütterlicherseits von Ernst Carl Heinrich Schmidt war. Mit ihrer Familie lebte sie ab 1831 in Mitau.[117]

Döbereiner, Johann Wolfgang (1780–1849). Döbereiner hatte vor der Übernahme der außerordentlichen Professur für Chemie, Pharmazie und Technologie in Jena (1810) zwischen 1802 und 1806 eine kleine Fabrik für Arzneistoffe und Chemikalien betrieben. Anschließend lernte er als Betriebsleiter einer Bleicherei und Färberei, später dann einer Brauerei und Brennerei nicht nur die Probleme dieser Branchen kennen, sondern eignete sich auch jene umfangreichen Kenntnisse in der gewerblich bzw. technischen Chemie an, die grundlegend für seine Jenaer Tätigkeit werden sollten.[118]

Döpping, Otto (1814–1863). Ab 1842 in Gießen als Student der Pharmazie immatrikuliert, wurde er 1844 zum Dr. phil. promoviert. Später arbeitete Döpping unter anderem als Chemiker an der kaiserlichen Porzellanfabrik in St. Petersburg und in der Nevsky-Stearinfabrik.[119]

---

114 Vgl.: Roß (1997), S. 467–478.

115 Vgl.: Aster (1980), S. 196–197; Keil (1987), 2, S. 15; Störig (1987), S. 313, Jahn (2000 b), S. 807; Schütt (2003), S. 395–400; Janich und Mittelstraß (2004), S. 453–455.

116 Vgl.: Poggendorff (1863), 2, Sp. 737; Poggendorff (1898), 3, S. 1162.

117 LVVA 5759/2/1107; S. 205 (Rückseite) – 206; persönliche Mitteilung von Bernhard und Friedrich von Bursy.

118 Vgl.: Schaedler (1891), S. 29; Schiff (1914), S. 23–24; Gutbier (1926), S. 11; Schmauderer (1969), S. 51; Killy und Vierhaus (2001), 2, S. 568.

119 Vgl.: Poggendorff (1863), 1, Sp. 585; Fruton (2001), S. 375.

Döring, Friedrich Julius (1818–1898). Döring war ausgebildeter Historienmaler und lebte ab 1845 mit seiner Familie in Mitau. 1859–1890 hatte er eine Stelle als Zeichenlehrer am dortigen Gymnasium inne. Döring war bekannt als Maler von Altarbildern, darunter „Christus am Kreuz“ in der Mitauer Johanniskirche, und Portraitzeichnungen, deren Zahl er selbst auf 1.106 bezifferte. Unter ihnen befanden sich beispielsweise Konterfeis des Mitauer Bürgermeisters Franz von Zuccalmaglio und des Staatsrats Karl von Bursy. Zudem war er Urheber eines baltischen Künstlerlexikons. Döring heiratete am 12. Juli 1847 Luise Weck, die aus Dresden stammte.[120]

Döring, Gabriella (?–1852). Die Tochter von Luise, geb. Weck, und Friedrich Julius Döring starb als Kind an einem Stimmritzenkrampf.[121]

Döring, Stephan (?–1866). Er war der Sohn von Luise, geb. Weck, und Friedrich Julius Döring.[122]

Doku(t)schajew, Wassilij (1846–1903). Er hatte Naturwissenschaften, speziell Mineralogie und Geologie, an der St. Petersburger Universität studiert. 1883 erschien seine berühmte Monographie „Russische Schwarzerde“. Im selben Jahr wurde er als Professor für Mineralogie und Geologie an die Universität St. Petersburg berufen. Er gilt heute als Begründer der wissenschaftlichen Bodenkunde (Pedologie) in Russland.[123]

Dragendorff, Johann Georg Noel (1836–1898). Dragendorff hatte nach einer Apotheker-Lehre in Rostock und Heidelberg Pharmazie und Chemie studiert und war von 1858 bis 1860 Apotheker in Heidelberg. Nach kurzen wissenschaftlichen Tätigkeiten in Heidelberg und ab 1862 in St. Petersburg hatte er von 1864 bis 1893 die Positionen eines ordentlichen Professors der Pharmazie und des Direktors des pharmazeutischen Instituts an der Dorpater Universität inne.[124]

Drechsler, Heinrich Ferdinand Edmund (1843–1897). Er stand ab 1872 der chemischen Abteilung im Leipziger physiologischen Institut Carl Ludwigs vor. Dort wurde er 1878 außerordentlicher Professor der physiologischen Chemie. 1892 wechselte Drechsler als ordentlicher Professor der Pharmakologie und pathologischen Chemie an die Universität Bern.[125]

Du Bois-Reymond, Emil (1818–1896). Nach theologischen, geistes- und naturwissenschaftlichen Studien in Berlin und Bonn widmete er sich ab 1839 bei

120 LVVA 5759/2/1107. Vgl.: Lenz (1970), S. 172; Moeller (1970), S. 296–297; Schlau (1995), S. 110, S. 363.

121 LVVA 5759/2/1107, S. 204, S. 233, S. 236 (Rückseite) - 237.

122 LVVA 5759/2/1107. Vgl.: Moeller (1970), S. 296–297.

123 Vgl.: Krüger (2003), S. 417–418.

124 Vgl.: Lenz (1970), S. 174; Käbin (1986), S. 133.

125 Vgl.: Poggendorff (1898), 3, S. 380; Poggendorff (1904), 4, S. 347–348.

Johannes Müller in Berlin der Medizin. 1843 wurde er promoviert und habilitierte sich 1846. Du Bois-Reymond unterrichtete danach Anatomie an der Akademie der Künste in Berlin. 1855 wurde er an der Universität Berlin zum außerordentlichen Professor für Physiologie ernannt. 1858 folgte er Johannes Müller als ordentlicher Professor für Physiologie nach. 1877 gründete du Bois-Reymond ein eigenes physiologisches Institut. Er gilt heute als einer der Pioniere auf dem Gebiet der Elektrophysiologie.[126]

Dulong, Pierre Louis (1785–1838). Dulong war Laborassistent bei Louis Jacques Thénard und Mitarbeiter im Privatlaboratorium des Chemikers Claude Berthollet an der Société d'Arcueil bei Paris. Ab 1820 fungierte er als Professor für Physik an der École polytechnique.[127]

Dumas, Jean Baptiste (1800–1884). Er arbeitete zunächst als Pharmazeut in Genf und ging 1821 nach Frankreich, wo er in der Folge Professuren für Chemie an verschiedenen Institutionen innehatte.[128]

Dunkel, Theodor (?–?). Dunkel übersetzte unter anderem das Lustspiel in zwei Aufzügen „Pariser Taugenichts" nach dem französischen Original von Jean-François Bayard und Émile Vandenburch ins Deutsche.[129]

Eberle, Johann Nepomuk (1798–1834). Eberle war Arzt in Nürnberg und gilt heute neben Theodor Schwann und Karl Gotthelf Lehmann als früher Repräsentant der Forschungen zum Proteinmetabolismus.[130]

Eckhoff, Friedrich (1829–1865). Er hatte in den Jahren 1854 bis 1855 Pharmazie in Dorpat studiert und war später Apotheker im Gebiet von Witebsk (Russland).[131]

Elisabeth I. (1533–1603). Sie herrschte von 1558 bis 1603 über England. Politisch herausragende Ereignisse in ihrer Regierungszeit waren die Wiederherstellung der anglikanischen (Staats-)Kirche (1559), der gewonnene Seekrieg gegen Spanien (1588) sowie der Aufstieg zur See- und angehenden Wirtschaftsmacht, begleitet durch eine Blütezeit des geistigen Lebens. Ihre katholische und politische Nebenbuhlerin, die schottische Königin Maria Stuart, die bis 1567 amtierte, war ab 1568 in England inhaftiert und wurde 1587 hingerichtet.[132]

---

126 Vgl.: Rothschuh (1953), S. 130–139; Hagner (2001 a), S. 630–631; Fischer (2012), S. 70–72.

127 Vgl.: Steinle (2003), S. 430–431.

128 Vgl.: Poggendorff (1863), 1, Sp. 621; Poggendorff (1898), 3, S. 387; Henrich (1984 a), S. 53–68.

129 Vgl.: Karlsruher Virtueller Katalog. Verfügbar unter: https://kvk.bibliothek.kit.edu/. Letzter Zugang: 30. Oktober 2017.

130 Vgl.: Haeser (1884), S. 346; Eckart (1998), S. 370.

131 Vgl.: Hasselblatt und Otto (1889), S. 453.

132 Vgl.: Meyer (1998), 6, S. 39; Ploetz (1998), S. 960–961.

Eltz, Robin Franz Joseph, von (1887–1953). Robin von Eltz wurde in Dorpat geboren und wuchs mit drei Geschwistern in Riga auf. 1907 bestand er das russische Abitur und begann danach ein Studium der Naturwissenschaften, besonders der Chemie in Leipzig; später wandte er sich der Medizin zu. 1914 kehrte er wegen der Kriegswirren nach Riga zurück. Er lernte Martha Waldhauer kennen und heiratete die Enkelin Ernst Carl Heinrich und Antonie Elisabeth Sophie Schmidts am 26. November 1915. Nach dem Krieg erlangte er seinen Studienabschluss und wurde in Leipzig zum Dr. med. promoviert. Ab 1824 betrieb von Eltz eine Praxis in Dahlenwarsleben.[133]

Erdmann, Johann Friedrich (1778–1846). Erdmann war nach dem Studium von 1804–1808 Professor der Medizin an der Universität Wittenberg. 1810 folgte er einen Ruf auf eine Professur an der Universität Kazan. 1817 bis 1823 lehrte und forschte Erdmann dann als Professor für Pathologie, Therapie und Klinik an der Dorpater Hochschule: Nach seinem Weggang aus Dorpat war er Leibarzt des Königs Friedrich August I. von Sachsen in Dresden. Von 1830 bis 1838 schließlich nahm Erdmann die Aufgaben des Direktors am Dorpater Professoren-Institut wahr. Er starb 1846 in Wiesbaden.[134]

Erdmann, Robert (1844–1909). Er hatte nach seinem Studium in Dorpat und Heidelberg von 1869–1870 als Assistent an der landwirtschaftlichen Versuchsstation in Tharandt gearbeitet. Danach bekleidete er Direktoren-Stellungen in einer St. Petersburger Stearin- (1872–1884) und einer in Jekatarinenburg angesiedelten Chemie-Fabrik.[135]

Erlenmeyer, Richard Gustav Carl Emil (1825–1909). Nach dem Studium der Pharmazie und Chemie an der Universität Gießen (1845–1847) war Erlenmeyer bis 1851 Assistent in einer Wiesbadener Apotheke. 1851 erwarb er in Gießen den philosophischen Doktorgrad. Einer erneuten Tätigkeit als Apotheker folgte 1857 seine Habilitation in Heidelberg. 1863 wurde Erlenmeyer außerordentlicher Professor der Chemie in Heidelberg. Ab Ende September 1868 lehrte er als ordentlicher Professor der Chemie am Polytechnikum in München. 1883 schied er auf eigenen Wunsch aus dem Staatsdienst aus und arbeitete fortan als Privatgelehrter in Frankfurt (Main) und Aschaffenburg.[136]

133 Familienarchiv Christiane Benke: Robin von Eltz: Lebenslauf der Familie von Eltz (in Auszügen). Aufgezeichnet im Jahre 1944.

134 Vgl.: Käbin (1986), S. 142, S. 300–301.

135 EAD ID 65395 (oid 66315). Vgl.: Hasselblatt und Otto (1889), S. 507.

136 Vgl.: Drüll (1986), S. 64; Killy und Vierhaus (2001), 3, S. 152.

Ernst August II. (1737–1758). Er regierte das Herzogtum Sachsen-Weimar-Eisenach. 1756 hatte er Anna Amalia geheiratet, die nach seinem Tod als Vormund ihres Sohnes, Herzog Karl August, bis 1875 die Amtsgeschäfte führen sollte.[137]

Essen, Heinrich Magnus Wilhelm, von (1796–1869). Von Essen war von 1847 bis 1862 Zivil-Gouverneur von Livland. Das alte baltische Adelsgeschlecht derer von Essen entstand Ende des 16. Jahrhunderts in Kurland.[138]

Euklid von Alexandria (um 360 – um 295 v. Chr.). Euklid wird allgemein nicht als der genialste, aber als der wirkungsreichste Mathematiker der Antike angesehen. Sein Name und sein Hauptwerk „Die Elemente" galten lange als Synonym für Mathematik schlechthin.[139]

Ewers, Johann Philipp Gustav, von (1781–1830). Ewers war ab 1799 Student der Theologie in Göttingen und arbeitete ab 1803 als Hauslehrer in Livland. An der Universität Dorpat lehrte er ab 1810 unter anderem Geographie und die Geschichte Russlands sowie ab 1826 als Professor für Staats- und Völkerrecht. Von 1818 bis 1830 hatte er das Amt des Rektors inne.[140]

Fählmann, Friedrich Robert (1798–1850). Er hatte ab 1818 Medizin an der Universität Dorpat studiert und wurde dort 1826 zum Dr. med. promoviert. Nach dem Weggang Johann Friedrich Erdmanns (1842) kurzfristig mit der Vertretung des Lehrstuhls für Innere Medizin betraut, praktizierte Fählmann zugleich mit großem Erfolg als Arzt in Dorpat und erwarb sich darüber hinaus bleibende Verdienste um seine estnische Muttersprache.[141]

Faraday, Michael (1791–1867). Faraday war zunächst Assistent am chemischen Laboratorium der Royal Institution in London und erhielt 1827 dort eine Professur für Chemie.[142]

Fechner, Gustav Theodor (1801–1887). Fechner hatte in Leipzig erst einige Semester Medizin studiert, um sich dann ausschließlich der Physik zu widmen. 1834 in Leipzig zum ordentlichen Professor der Physik ernannt, musste er zwischen 1839 und 1843 aufgrund einer depressiven Psychose seine Lehrtätigkeit unterbrechen und dann schließlich ganz aufgeben. Später hielt er philosophische Vorlesungen. Das „Webersche Gesetz" entwickelte Fechner

137 Vgl.: Meyer (1998), 1, S. 203; Ploetz (1998), S. 830.

138 Vgl.: Lenz (1970), S. 200–202.

139 Vgl.: Schreiber (2003), S. 484–486.

140 Vgl.: Busch (1846), passim; Semel (1918), S. 17–18; Lenz (1970), S. 204; Killy und Vierhaus (2001), 3, S. 200.

141 Vgl.: Käbin (1986), S. 142–143.

142 Vgl.: Poggendorff (1863), 1, Sp. 719; Poggendorff (1898), 3, S. 427; Bowers (1996), S. 251.

1880 zum „Weber-Fechnerschen Gesetz" weiter, nach dem die Empfindung proportional zum Logarithmus des Reizes ist.[143]

Fehling, Hermann, von (1811–1885). Von Fehling, ein Liebig-Schüler, bekleidete eine Professur für Chemie an der polytechnischen Schule bzw. Technischen Hochschule in Stuttgart.[144]

Fehrmann, Woldemar (1838–?). Er hatte von 1861 bis 1862 Pharmazie in Dorpat studiert, legte aber wahrscheinlich das Provisorexamen nicht ab. Sein beruflicher Weg führte ihn später als Buchhalter in ein Rigaer Kaufmannsgeschäft.[145]

Fick, Adolf (1829–1901). Adolf Fick hatte in Marburg zunächst Mathematik studiert und wechselte dann zur Medizin. Nach seiner Promotion ging er 1852 an die Universität Zürich, wo er sich der (physikalischen) Physiologie zuwandte. 1862 wurde Fick dort zum Ordinarius ernannt. 1868 wechselte er an die Universität Würzburg.[146]

Fischer, Emil Hermann (1852–1919). Emil Hermann Fischer hatte Chemie an den Universitäten Bonn und Straßburg studiert, wo er 1874 zum Doktor der Philosophie promoviert wurde. Nach seiner Assistentenzeit in Straßburg und München habilitierte er sich 1878 und stieg zum außerordentlichen Professor am chemischen Institut der Universität München auf. Es folgten Chemie-Ordinariate an den Hochschulen Erlangen (1882–1885), Würzburg (1885–1892) und schließlich in Berlin (1892–1919). Fischer gilt heute als einer der Begründer der neueren Biochemie. Seine überragende Bedeutung beruht auf dem Streben nach struktureller Klarstellung der organischen Stoffe, wobei er sich mit Vorliebe der Aufklärung organischer Naturstoffe widmete.[147]

Fleck, Ludwik (1896–1961). Er hatte zunächst als Arzt und Mikrobiologe in Lwow gearbeitet. Nach der Deportation in nationalsozialistische Konzentrationslager setzte er seine Tätigkeit in Lublin und Breslau fort, ehe er 1957 nach Israel übersiedelte. Bekannt ist vor allem seine Schrift „Entstehung und Entwicklung einer wissenschaftlichen Tatsache. Einführung in die Lehre vom Denkstil und Denkkollektiv",[148] die wesentliche Ideen aus Thomas S. Kuhns

143 Vgl.: Heidelberger (2004), S. 11–12.

144 Vgl.: Poggendorff (1863), 1, Sp. 729; Poggendorff (1898), 3, S. 434.

145 Vgl.: Hasselblatt und Otto (1889), S. 537.

146 Vgl.: Poggendorff (1898), 3, S. 440; Poggendorff (1904), 4, S. 417; Killy und Vierhaus (2001), 3, S. 286–287; Fischer (2012), S. 79–80.

147 Vgl.: Bergmann (1984), S. 408–420; Remane (2001 a), S. 313–314.

148 Fleck (1980).

Arbeit „Die Struktur wissenschaftlicher Revolutionen“[149] anbahnte, wenn nicht gar vorwegnahm.[150]

Flotow, Friedrich, von (1812–1883). Der Komponist vollendete seine musikalische Ausbildung in Paris, wo er ab 1828 lebte. 1848 vertrieb ihn die Französische Revolution nach Mecklenburg. Von 1855 bis 1863 wirkte er als Intendant der Hofmusik und des Hoftheaters in Schwerin. Wien, das väterliche Gut in Mecklenburg und ein Gut bei Darmstadt waren seine letzten Lebensstationen. Von seinen 25 Opern wird heute nur noch das 1847 entstandene Werk „Martha“ regelmäßig auf den Bühnen der Welt aufgeführt.[151]

Fontane, Theodor (1819–1898). Fontane hatte nach seiner Schulzeit von 1836 bis 1839 eine Apothekerlehre bei Wilhelm Rose in Berlin absolviert. Bis 1849 arbeitete er in verschiedenen Städten als Apothekergehilfe. Danach versuchte er sich als freier Schriftsteller, was ihm aber zunächst misslang und erst nach Tätigkeiten als Journalist, Kriegsberichterstatter und Theaterkritiker ab 1876 endgültig glückte.[152]

Francis, William (1817–1904). Francis hatte unter anderem in Berlin und Gießen studiert und war als Dr. phil. Besitzer des Buchdruckergeschäftes „Taylor & Francis“ in London.[153]

Frank, Johann Peter (1745–1821). Johann Peter Frank, der die Doktorwürden der Philosophie und Medizin besaß, war Professor in Göttingen, Pavia und Wien sowie ein führender Reformer des lombardischen und österreichischen Medizinalwesens. Sein sechsbändiges Werk „System einer vollständigen medicinischen Policey“ erschien in den Jahren 1779 bis 1819.[154]

Frankland, Edward (1825–1899). Frankland, der bei Justus Liebig und Robert Willhelm Bunsen Chemie studiert hatte, war später Professor der Chemie in Manchester und London.[155]

Frerichs, Friedrich Theodor, von (1819–1885). Er hatte Medizin in Göttingen studiert und dort 1841 den medizinischen Doktorgrad erworben. Ab 1846 arbeitete er an der Göttinger Universität, wo er 1848 zum außerordentlichen Professor ernannt wurde. 1850 folgte Frerichs einem Ruf an die Kieler Klinik.

149 Kuhn (1973).

150 Vgl.: Roß (2002 a), S. 186.

151 Vgl.: Beaujean et al. (1995), S. 240.

152 Vgl.: Fontane (1997), S. 3–35; Bruyn (2001), S. 369–371.

153 Vgl.: Poggendorff (1863), 1, Sp. 788; Poggendorff (1898), 3, S. 469; Fruton (2001), S. 376.

154 Vgl.: Sahmland (2007), S. 420–421.

155 Vgl.: Winderlich (1984 c), S. 201.

1852 wechselte er an die Universität Breslau und wurde schließlich 1859 Nachfolger Johann Lukas Schönleins in Berlin.[156]

Fresenius, (K)Carl Remigius (1818–1897). Fresenius hatte sein Studium der Pharmazie und Naturwissenschaft an der Universität Bonn im Jahre 1840 begonnen. 1841 wechselte er nach Gießen, wo einer von Liebigs Assistenten wurde. Nach Promotion und Habilitation arbeitete Fresenius als Professor für analytische Chemie am landwirtschaftlichen Institut in Wiesbaden. Hier gründete er 1848 sein eigenes Institut für angewandte Chemie, das internationalen Ruf erlangte. Fresenius galt als der führende deutsche chemische Analytiker seiner Zeit. Seine Lehrbücher waren „Klassiker" und wurden in viele Sprachen übersetzt.[157]

Frey, Heinrich (1822–1890). Sein Medizinstudium in Bonn, Berlin und Göttingen schloss Frey 1845 mit der Promotion ab. Danach trat er als Assistent Rudolph Wagners in dessen Institut ein. Frey wechselte nach seiner 1847 in Göttingen erfolgten Habilitation 1848 als Professor für vergleichende Anatomie und Zoologie an die medizinische Fakultät der Universität Zürich.[158]

Friedrich August I. (1750–1827). Er war als Friedrich August III. zunächst Kurfürst und von 1806 bis 1827 dann König von Sachsen.[159]

Friedrich Wilhelm I. (1688–1740). Als König von Preußen (1713–1740) gelang es ihm, vor allem durch Sparsamkeit, Fleiß und Verwaltungsreformen einen gut organisierten Einheitsstaat mit starker Armee zu errichten. Der als „Soldatenkönig" bezeichnete Herrscher schuf dadurch die Voraussetzungen für die spätere Großmachtstellung Preußens in Europa.[160]

Friedrich Wilhelm II. (1744–1797). Er war als Nachfolger Friedrichs des Großen von 1786 bis 1797 preußischer König.[161]

Fuchs, Conrad Heinrich (1803–1855). Er war ein führender Vertreter der naturhistorischen Schule und ab 1838 Professor in Göttingen sowie nach 1853 alleiniger Leiter der dortigen medizinischen Universitätsklinik.[162]

Gaehtgens, Carl (1839–1915). Carl Gaehtgens studierte von 1858 bis 1865 Medizin in Dorpat und war von 1868 bis 1873 Dozent für physiologische und pathologische Chemie an der Dorpater Universität. Später hatte er Professuren

156 Vgl.: Pagel (1901), Sp. 543–544.
157 Vgl.: Fruton (2001), S. 376; Killy und Vierhaus (2001), 3, S. 427.
158 Vgl.: Hirsch (1962), 2, S. 617; Killy und Vierhaus (2001), 3, S. 435.
159 Vgl.: Meyer (1998), 7, S. 224; Ploetz (1998), S. 702.
160 Vgl.: Meyer (1998), 7, S. 222; Ploetz (1998), S. 827.
161 Vgl.: Ploetz (1998), S. 821, S. 830.
162 Vgl.: Seybold (1963), passim; Bleker (2006), S. 130.

für physiologische Chemie in Rostock (1875–1880) und für Pharmakologie in Gießen (1880–1898) inne.[163]

Gay-Lussac, Louis Joseph (1778–1850). Als ausgezeichneter Chemiker und Physiker wurde er 1809 zum Professor für Chemie an der École polytechnique ernannt. Von 1809 bis 1832 war er auch Professor für Physik an der Sorbonne. Danach wirkte Gay-Lussac am Jardin des Plantes in Paris.[164]

Geiger, Philip Lorenz (1785–1836). Er arbeitete nach einer Apothekerlehre als Gehilfe und Provisor unter anderem in Heidelberg, Rastatt und Karlsruhe. Von 1814 bis 1821 besaß er die Universitäts-Apotheke in Heidelberg. Nach seiner Promotion (1817) und Habilitation (1818) wurde er im Oktober 1824 zum außerordentlichen Professor der Pharmazie an der Universität Heidelberg ernannt.[165]

Gerding, Theodor (1820 – nach 1874). Der Wöhler-Schüler war ab 1848 Apotheker in Körner (Thüringen), danach Lehrer der Naturwissenschaften in Jena und Altena (Westfalen). Ab 1858 bekleidete er das Amt eines Direktors und Dozenten für Naturwissenschaften und Technologie an dem von ihm in Göttingen gegründeten Technikum. Ab 1874 fehlt von ihm jede Spur.[166]

Gerhardt, Charles (1816–1856). Gerhardt, der Chemie in Karlsruhe und Halle (Saale) studiert hatte, trat 1834 in die Bleiweiß-Fabrik seines Vaters ein, die er aber bald wieder verließ. In den Jahren 1836 und 1837 arbeitete er im Gießener Laboratorium Liebigs und fand danach auf dessen Empfehlung eine Anstellung in Frankreich. Nach seiner Promotion (1841) wurde ihm eine Professur an der naturwissenschaftlichen Fakultät in Montpellier angeboten; anfangs provisorisch und ab 1844 endgültig.[167]

Gervais, Peter (1832–1890). Er war von 1870 bis 1875 Kurator des Dorpater Lehrbezirkes. Gervais wurde abgelöst, weil er angeblich den Anforderungen seines Amtes nicht entsprechen konnte.[168]

Giese, Johann Emmanuel Ferdinand (1781–1821). Giese war zunächst Pharmazeut und Apothekergehilfe in Berlin und Wien. 1803 begann er seine Tätigkeit an der Universität Charkow, an der er ab 1811 als ordentlicher Professor

163 EAA 402/3/435. Vgl.: Käbin (1986), S. 101, S. 355; Fischer (2013), S. 55–56.

164 Vgl.: Poggendorff (1863), 1, Sp. 860–861; Schaedler (1891), S. 37–38; Bloch (1984 a), S. 386–404.

165 Vgl.: Drüll (1986), S. 80–81.

166 Vgl.: Theodor Gerding: Verfügbar unter: https://de.wikipedia.org/wiki/Theodor_Gerding. Letzter Zugang: 30. Oktober 2017.

167 Vgl.: Bloch (1984 b), S. 92–114; Göbel (2004), S. 95–96.

168 Vgl.: Donnert (2007), S. 59.

für Chemie lehrte. Von 1814 bis 1821 hatte er die gleiche Funktion an der Dorpater Universität inne.[169]

Gmelin, Christian Gottlob (1792–1860). Nach dem Chemiestudium unternahm er mehrere längere Auslandsreisen, z. B. nach England, Frankreich und Schweden, wo er bei Jöns Jacob Berzelius arbeitete. 1817 wurde er ordentlicher Professor für Chemie und Pharmazie an der Universität Tübingen und hatte diese Position bis zu seinem Tod inne.[170]

Gmelin, Johann Friedrich (1748–1804). Gmelin hatte in Tübingen Medizin und Naturwissenschaften studiert. Ab 1772 war er außerordentlicher Professor in Tübingen und ab 1775 in gleicher Funktion an der Universität Göttingen tätig. Dort wurde er 1778 ordentlicher Professor für Medizin und Chemie und ließ 1783 in der heutigen Hospitalstraße ein chemisches Laboratorium errichten.[171]

Gmelin, Leopold (1788–1853). In Göttingen, Tübingen und Wien hatte Leopold Gmelin Chemie und Medizin studiert. 1813 habilitierte er sich in Heidelberg und wurde im September 1814 zum außerordentlichen Professor an der dortigen Universität ernannt. Ab Oktober 1817 wirkte er als Ordinarius der Chemie und Direktor des chemischen Laboratoriums an der ältesten Universität Deutschlands. Im April 1851 schied er aus gesundheitlichen Gründen aus dem Staatsdienst aus.[172]

Goebel, Adolph (1826–1895). Er war nach dem Studium der Chemie von 1850 bis 1861 Laborant am chemischen Kabinett der Universität Dorpat. 1861 trat er als Konservator der mineralogischen Sammlung in den Dienst der St. Petersburger Akademie der Wissenschaften ein.[173]

Goebel (Göbel), Carl Christian Traugott Friedemann (1794–1851). Nach einer Tätigkeit als Universitätsapotheker bekleidete Goebel von 1825 bis 1828 eine außerordentliche Professur an der Universität Jena. Von November 1828 bis Juli 1843 lehrte er als ordentlicher Professor für Chemie und Pharmazie an der Dorpater Hochschule. Bis 1851 war er dann nur noch für das Fach Chemie zuständig.[174]

---

169 Vgl.: Poggendorff (1863), 1, Sp. 893–894; Schönberg et al. (1918), S. 138; Past und Tankler (2007), S. 15–17.

170 Vgl.: Poggendorff (1863), 1, Sp. 917, Sp. 1569.

171 Vgl.: Pietsch und Beyer (1939), S. 8; Fluck (1988), S. 91; Killy und Vierhaus (2001), 4, S. 40.

172 Vgl.: Drüll (1986), S. 85–86.

173 Vgl.: Hasselblatt und Otto (1889), S. 358; Poggendorff (1898), 3, S. 528.

174 Vgl.: Poggendorff (1863), 1, Sp. 920; Past und Tankler (2007), S. 19–23.

Göbel, Carl Hermann (1809–1857). Der Neffe Christoph Heinrich Schmidts hatte in den Jahren 1839 und 1840 Pharmazie an der Universität Dorpat studiert und verwaltete nach bestandenem Examen als Provisor von 1840 bis 1846 eine Apotheke in Pernau. Von 1850 bis 1857 stand Göbel der Apotheke in Talsen vor. Dort heiratete er 1850 Franziska Beyer, die Tochter des Kreisarztes Johann Balthasar Beyer. 1856 eröffnete Göbel eine Apotheke in Saßmacken.[175]

Goethe, Johann Wolfgang, von (1749–1832). Er war vom Vater und eigenen Hauslehrern unterrichtet worden. Ab 1765 studierte er Rechtswissenschaften in Leipzig, das damals ein Zentrum der Aufklärung war. Nach einer Krankheit wechselte er im Frühjahr 1770 nach Straßburg, um seine Studien fortzusetzen. Als Lizentiat der Rechte kehrte er Ende 1771 in seine Heimatstadt Frankfurt (Main) zurück. Es begann eine vierjährige Anwaltstätigkeit. Von 1775 bis 1786 war er Erzieher und Minister am Hofe des Herzogs Karl August in Weimar. Es folgten in den Jahren 1786–1788 und 1790 zwei Italienreisen. Ab 1816 bis zu seinem Tod war Goethe als Staatsminister für alle Landesanstalten der Kunst und Wissenschaft des Großherzogtums Sachsen-Weimar-Eisenach zuständig.[176]

Goldschmidt, Victor Moritz (1888–1947). Goldschmidt, der in Oslo Mineralogie und Chemie studiert hatte, wurde 1918 Professor für Mineralogie und Direktor des Mineralogischen Instituts an der dortigen Universität. Von 1929 bis 1935 lehrte und forschte er als Mineraloge und Petrologe an der Göttinger Universität, bis ihn seine jüdische Herkunft zur Rückkehr nach Oslo zwang.[177]

Golow(v)in, Alexander (1821–1886). Er war von 1862 bis 1866 Minister der Volksaufklärung und leitete liberale Reformen im russischen Bildungswesen ein.[178]

Gorup-Besanez, Eugen Franz, von (1817–1878). Von Gorup-Besanez hatte Medizin in Wien, Padua und München studiert. Danach absolvierte er eine physiologische und klinisch-chemische Ausbildung an der Universität München sowie bei Friedrich Wöhler in Göttingen eine Weiterbildung in organisch-chemischer und analytischer Chemie. 1846 habilitierte sich von Gorup-Besanez in Erlangen und wurde dort 1849 zum außerordentlichen Professor ernannt. 1855 avancierte er zum Ordinarius für Chemie in der philosophischen Fakultät der Universität Erlangen.[179]

175 Vgl.: Hasselblatt und Otto (1889), S. 290; Otto (1915), S. 146.

176 Vgl.: Meyer (1998), 8, S. 224–227; Hölscher-Lohmeyer (2001), S. 140–143.

177 Vgl.: Fritscher (2004), S. 114–117.

178 Vgl.: Scholz (2003), S. 49–50.

179 Vgl.: Simmer (1981), S. 497–509; Killy und Vierhaus (2001), 4, S. 99–100.

Grab(b)e, Alexander (1834–1910). Er hatte sein Dorpater Pharmazie-Studium (1858 bis 1859) als Provisor abgeschlossen und erwarb 1861 eine eigene Apotheke in Goldingen.[180]

Graham, Thomas (1805–1869). Graham war von 1830 bis 1837 Professor für Chemie an der Anderson's Institution in Glasgow und lehrte von 1837 bis 1855 Chemie an der Londoner Universität. Ab 1855 hatte er das Amt des „Master of the Mint" in London inne.[181]

Gramkau, Carl Wilhelm (1806–1890). Gramkau hatte Medizin studiert und war von 1832 bis 1887 als Arzt an den Anstalten des Kollegiums der allgemeinen Fürsorge in Mitau beschäftigt.[182]

Gregory, William (1803–1858). Er war bereits promovierter Mediziner, als er von 1835 bis 1841 in Liebigs Gießener Laboratorium arbeitete. Als Professor für Chemie lehrte er an der Anderson's Institution in Glasgow (1837–1838) sowie an den Universitäten Aberdeen (1839–1844) und Edinburgh (1844–1858). Bekannt wurde Gregory vor allem durch die englischen Übersetzungen einiger der populären Bücher seines Lehrers Liebig.[183]

Grewingk, Caspar Andreas Constantin (1819–1887). Der spätere Geo- und Archäologe absolvierte ein Studium an der Dorpater Universität, das er mit dem Grad des Kandidaten der Mineralogie abschloss. Danach unternahm er Auslandsreisen und arbeitete als Konservator und Bibliothekar. 1854 begann er seine wissenschaftliche Tätigkeit an der Dorpater Hochschule, wo er ab 1861 ordentlicher Professor der Mineralogie war. Neben vielen Reisen, z. B. in den Ural und nach Westsibirien, bildete die Erforschung der Geologie der Ostsee-Provinzen einen Schwerpunkt seiner Arbeit. Ende der 1860er Jahre war er als Archäologe im Baltikum aktiv.[184]

Grindel, David Hieronymus (1776–1836). Grindel hatte ab 1795 Naturwissenschaften in Jena studiert und wurde zum Dr. phil. promoviert. Danach war er Apotheker in seiner Geburtsstadt Riga. Nach einer Lehrtätigkeit als Professor für Chemie und Pharmazie in Dorpat (1804–1814) führte er in Riga eine ihm gehörende Apotheke, um dann von 1820 bis 1822 in Dorpat Medizin zu studieren und zum Dr. med. zu avancieren. Ab 1823 war Grindel praktischer Arzt und später Kreisarzt in Riga.[185]

---

180 Vgl.: Hasselblatt und Otto (1889), S. 499; Otto (1915), S. 147.

181 Vgl.: Speter (1984 a), S. 69–77.

182 Vgl.: Hasselblatt und Otto (1889), S. 139; Brennsohn (1929), S. 174.

183 Vgl.: Poggendorff (1863), 1, Sp. 949–950; Fruton (2001), S. 377.

184 Vgl.: Lenz (1970), S. 259; Donnert (2007), S. 162–163.

185 Vgl.: Poggendorff (1863), 1, Sp. 955; Killy und Vierhaus (2001), 4, S. 174; Past und Tankler (2007), S. 13–15.

Grisebach, Heinrich August Rudolph (1814–1879). Das Studium der Medizin und Botanik in Göttingen und Berlin (1832–1836) beendete er mit der Promotion. Die Habilitation fand 1837 in Göttingen statt, wo er 1841 zum außerordentlichen und 1847 zum ordentlichen Professor der Botanik ernannt wurde. 1875 erfolgte seine Ernennung zum Direktor des Botanischen Gartens in Göttingen.[186]

Grosewsky, Theodor Robert (1823–1866). Er hatte von 1842 bis 1844 Wirtschaftswissenschaften in Dorpat studiert und wurde 1855 in Jena zum Doktor der Philosophie promoviert. Grosewsky war später Schüler des Landschaftsmalers Millner in München und lebte zurückgezogen auf Gut Lambertshof (Sessau [Kurland]).[187]

Grotius, Hugo (1583–1645). Grotius gilt heute als einer der Begründer des modernen Völkerrechts und lehrte von 1621 bis 1625 in Paris. Von 1635 bis 1645 wirkte der niederländische Rechtsgelehrte und Theologe als Gesandter Schwedens in Frankreich.[188]

Guleke, Reinhold Ludwig Ernst (1834–1927). In den Jahren 1855 bis 1857 hatte Guleke Zoologie und Chemie an der Universität Dorpat studiert. Danach setzte er seine wissenschaftliche Ausbildung in Paris und am Polytechnikum in Karlsruhe fort (1862–1864). Nach Eintritt in das Berufsleben leitete Guleke unter anderem Papierfabriken in Livland und in Hohenkrug bei Stettin. Von 1875 bis 1881 war er als Stadtarchitekt in Pernau tätig und fungierte von 1881 bis 1906 als Universitäts-Architekt und Dozent für Baukunst in Dorpat. Guleke plante in dieser Funktion beispielsweise das hochschuleigene Dorpater Wasserwerk. Ab 1906 lebte er in Berlin, später dann in Hamburg und Jena.[189]

Gustav II. Adolf (1594–1632). Er war von 1611 bis 1632 schwedischer König. 1630 griff er in den Dreißigjährigen Krieg ein, in dessen Verlauf er in der Schlacht bei Lützen in der Nähe von Leipzig im Jahre 1632 tödlich verwundet wurde.[190]

Gutzkow, Karl (1811–1878). Gutzkow war unter anderem Schriftsteller, Herausgeber von Zeitschriften, Dramaturg am Dresdner Hoftheater und Generalsekretär der deutschen Schillerstiftung in Weimar.[191]

---

186 Vgl.: Poggendorff (1863), 1, Sp. 956–957; Poggendorff (1898), 3, S. 551; Killy und Vierhaus (2001), 4, S. 175.

187 Vgl.: Lenz (1970), S. 262.

188 Vgl.: Störig (1987), S. 293; Meyer (1998), 9, S. 37.

189 Vgl.: Lenz (1970), S, 277; Ilomets (2004), S. 119–120.

190 Vgl.: Ploetz (1998), S. 1045.

191 Vgl.: Haacke (1966), S. 354–357.

Guyton de Morveau, Louis Bernard (1737–1816). Er studierte Rechtswissenschaften und Chemie in Dijon und Paris. Von 1760 bis 1782 war er General-Advokat am Parlament seiner Geburtsstadt Dijon, an deren Universität er seit 1776 auch als Professor für Chemie lehrte. 1778 gründete Guyton de Morveau eine private Salpetermanufaktur und 1783 eine erste Sodafabrik. Ab 1794 lehrte er in Paris als Professor für Chemie an der École polytechnique. 1799 wurde Guyton de Morveau General-Administrator der Münze.[192]

Haffner, Johann Samuel Eduard, von (1804–1889). Er hatte in den Jahren 1823 bis 1827 Theologie in Dorpat studiert. 1831 wurde er an der Universität Rostock zum Dr. phil. promoviert und war von 1838 bis 1851 Gouvernements-Schuldirektor in Livland. Das Amt des Rektors der Universität Dorpat versah Haffner in den Jahren 1851 bis 1857, um danach bis 1877 als Stadtschuldirektor in Riga zu fungieren.[193]

Haller, Albrecht, von (1708–1777). Albrecht von Haller hatte in Tübingen und Leiden Medizin studiert und wurde 1727 promoviert. Von 1729 bis 1736 praktizierte er als Arzt in Bern. 1736 wurde er als Professor für Anatomie, Botanik und Chirurgie nach Göttingen berufen. 1753 kehrte er nach Bern zurück. Eine erneute Berufung nach Göttingen lehnte er 1769 ab. Haller wies mit Hilfe zahlreicher Tierversuche den Sitz biologischer Elementarkräfte bestimmten Strukturen zu, so beispielsweise die Sensibilität den Nerven und die Irritabilität (Reizbarkeit) den Muskeln.[194]

Hedin, Sven Gustav (1859–1933). Der Doktor der Philosophie (Chemie) und Medizin war ab 1893 Dozent für medizinische Chemie und ab 1895 Leiter des Laboratoriums für Physiologie an der schwedischen Universität Lund. 1900 wechselte er als Leiter der Abteilung für pathologische Chemie an das Jenner Institut für präventive Medizin nach London. 1908 wurde er ordentlicher Professor für medizinische und physiologische Chemie sowie Vorstand des entsprechenden Instituts an der Universität Uppsala, an der er bis 1924 lehrte und forschte.[195]

Hegel, Georg Wilhelm Friedrich (1770–1831). Hegel war 1788 in das Tübinger Stift eingetreten und hatte an der dortigen Universität Theologie und Philosophie studiert. Danach lebte er als Hauslehrer in Bern (1793–1796) und von 1797 bis 1799 in Frankfurt (Main). 1801 konnte er sich durch Vermittlung seines Freundes Friedrich Wilhelm Joseph Schelling in Jena habilitieren. Nach seinen Jenaer Jahren (1801–1807) unterrichtete er von 1808 bis 1816 als

192 Vgl.: Poggendorff (1863), 1, Sp. 981–982; Kopp (1966), 1, S. 317–320.

193 Vgl.: Lenz (1970), S. 282.

194 Vgl.: Toellner (1991), S. 245–261; Boschung (2001), S. 345–346.

195 Vgl.: Fischer (1962), 1, S. 596.

Professor und Direktor am Ägidiengymnasium in Nürnberg. Von 1816 bis 1818 setzte er seine akademische Karriere als Professor für Philosophie an der Universität Heidelberg fort. 1818 erfolgte seine Berufung an die Berliner Universität, wo er bis zu seinem Tod den philosophischen Ruhm erwarb, der ihm seine herausragende Wirkung verschaffte.[196]

Hehn, Carl Georg Franz (1821–1875). Hehn studierte von 1838 bis 1842 Ökonomie an der Universität Dorpat und erwarb 1843 den Kandidaten-Grad. Nach einer Tätigkeit als Hauslehrer unterrichtete er Landwirtschaft an der Dorpater Veterinärschule. Von 1852 bis 1857 arbeitete Hehn an der Universitätsbibliothek und bekleidete in den Jahren 1860 bis 1868 das Amt des Sekretärs der „Kaiserlich Livländischen Gemeinnützigen und Ökonomischen Societät". Hehn gab die „Livländischen Jahrbücher der Landwirtschaft" heraus und hatte von 1868 bis 1873 eine Professur für Landwirtschaft am Rigaer Polytechnikum inne. Danach lehrte er bis 1875 als ordentlicher Professor an der Universität Dorpat.[197]

Hehn, Viktor Amadeus (1813–1890). Nach seinem Studium der klassischen Philologie, Geschichte und Philosophie in Dorpat (1830–1835) arbeitete er als Hauslehrer. Von 1838 bis 1840 bildete Hehn sich durch Studien in Berlin und auf Reisen in Deutschland, Frankreich und Italien weiter. Einer Oberlehrer-Tätigkeit in Pernau (1841–1846) folgte von 1846 bis 1851 eine Position als Lektor der deutschen Sprache an der Universität Dorpat. 1851 wurde Hehn wegen seiner liberalen Gesinnung verhaftet und verbannt. 1855 amnestiert, bekleidete er die Stelle eines Hof-Bibliothekars in St. Petersburg (1856–1873) und lebte ab 1874 als kaiserlich russischer Staatsrat in Berlin.[198]

Heinrich VIII. (1491–1547). Dieser englische König aus dem Hause Tudor amtierte von 1509 bis 1547. Herausragende Ereignisse seiner Regentschaft waren die drei Kriege gegen Frankreich und die Abspaltung der englischen Kirche von Rom im Jahre 1533, nachdem der Papst sich geweigert hatte, die erste Eheschließung Heinrichs für nichtig zu erklären. Der König, der fortan Oberhaupt der anglikanischen Kirche war, wurde auch durch seine insgesamt sechs Heiraten und die Hinrichtung zweier seiner Ehefrauen bekannt und berüchtigt.[199]

Heintz, Wilhelm Heinrich (1817–1880). Der Doktor der Philosophie war zunächst Privatdozent in Berlin. Ab 1850 hatte er eine außerordentliche und ab

---

196 Vgl.: Kimmerle (1989), S. 263–278; Fulda und Wildenauer (2001), S. 162–163; Blasche (2004 a), S. 48–54.

197 Vgl.: Schmidt (1875), passim; Schönberg et al. (1918), S. 152–153; Lenz (1970), S. 306.

198 Vgl.: Lenz (1970), S. 307–308; Killy und Vierhaus (2001), 4, S. 484.

199 Vgl.: Meyer (1998), 9, S. 118–119; Ploetz (1998), S. 958–960.

1856 eine ordentliche Professur für Chemie an der Universität Halle (Saale) inne und stand in dieser Funktion auch dem pharmazeutischen Institut vor. 1863 konnte Heintz den Neubau eines chemischen Laboratoriums in Betrieb nehmen.[200]

Heller, Johann Florian (1813–1871). Er hatte in Prag Chemie studiert, wo er 1837 auch promoviert wurde. Ab 1842 bearbeitete er pathologisch-chemische Fragestellungen am Allgemeinen Krankenhaus in Wien und war ab 1847 als Dozent an der Wiener medizinischen Fakultät tätig.[201]

Hellot, Jean (1685–1765 oder 1766). Hellot begann nach dem Studium der Naturwissenschaften in Paris eine Weiterbildung in England. Bedingt durch erlittene Vermögensverluste, musste er nach seiner Rückkehr in Paris neben der Chemie nach anderen Einnahmequellen suchen. Auch deshalb übernahm er in den Jahren von 1718 bis 1732 die Redaktion des politischen Blattes „Gazette de France“. 1735 wurde Hellot Mitglied der französischen Akademie der Wissenschaften.[202]

Helmholtz, Hermann, von (1821–1894). Er hatte eine militärische Ausbildung in Berlin durchlaufen und war dort Chirurg und Militärarzt. 1849 wurde er außerordentlicher und 1851 ordentlicher Professor für Physiologie an der Universität Königsberg. Danach bekleidete Helmholtz Professuren für Physiologie und Anatomie an den Hochschulen in Heidelberg und Bonn. 1871 wechselte er auf den Lehrstuhl für Physik an die Berliner Universität.[203]

Helmling, Peter (1817–1901). Peter Helmling war ab 1846 Oberlehrer für Mathematik in Dorpat. 1850 wurde er in Heidelberg zum Dr. phil. promoviert und avancierte danach an der Dorpater Hochschule zum etatmäßigen Privatdozenten und zum außerordentlichen Professor. 1859 erwarb Helmling den Doktorgrad im Fach Mathematik und hatte anschließend bis zum Jahr 1887 das Amt eines ordentlichen Professors der reinen Mathematik in Dorpat inne.[204]

Helmont, Jan (Johannes) Baptista, van (1579–1644). Er studierte an der Universität Löwen Medizin, wo er 1599 zum Dr. med. promoviert wurde. Nach einigen Wanderjahren durch verschiedene Länder Europas wurde er 1606 in Vilvoorde bei Brüssel sesshaft. Hier experimentierte er im eigenen Laboratorium und war auch als Arzt tätig.[205]

200 Vgl.: Poggendorff (1863), 1, Sp. 1152; Poggendorff (1898), 3, S. 606–607; Sackmann (1961), S. 1023–1024.

201 Vgl.: Schmalhofer (1980), passim; Kernbauer (2002), S. 3–7.

202 Vgl.: Kopp (1966), 1, S. 216–217.

203 Vgl.: Kaiser (2001), S. 573–574; Schiemann (2004), S. 182–185.

204 Vgl.: Lenz (1970), S. 311.

205 Vgl.: Laitko (2004 a), S. 185.

Henle, Friedrich Gustav Jacob (1809–1885). Er hatte sich 1837 in Berlin habilitiert und war ab 1840 ordentlicher Professor und Direktor des anatomischen Instituts in Zürich. In gleicher Funktion wirkte er ab 1844 an der Universität Heidelberg und ab 1852 an der Göttinger Hochschule.[206]

Herbart, Johann Friedrich (1776–1841). Herbart hatte in Jena Philosophie studiert, war anschließend Hauslehrer in Bern und habilitierte sich 1802 in Göttingen, wo er ab 1805 auch eine außerordentliche Professur für Philosophie und Pädagogik inne hatte. 1809 erhielt er in Königsberg den Lehrstuhl Immanuel Kants und kehrte 1833 nach Göttingen zurück.[207]

Hertel, Johann (1858–1912). An der Universität Dorpat hatte Hertel den Grad eines Magisters der Pharmazie erworben und wurde 1886 in Berlin zum Dr. phil. promoviert. Er übernahm 1888 die Schmidtsche Apotheke (Kummerausche Hofapotheke) in Mitau.[208]

Herz, Mar(c)kus (1747–1803). Ab 1766 hatte Herz in Königsberg als Schüler Kants Medizin und Philosophie studiert. Sein Medizinstudium schloss er 1774 an der Universität Halle (Saale) mit der Promotion ab. Herz arbeitete danach am jüdischen Krankenhaus in Berlin und unterhielt mit seiner Frau einen Salon, der zu einem der Mittelpunkte des geistigen Lebens der Stadt wurde. Darüber hinaus las er privat über Philosophie und wurde 1787 vom preußischen König Friedrich Wilhelm II. zum Professor der Philosophie ernannt.[209]

Hess, Germain Henri (1802–1850). Hess wurde nach dem Studium der Medizin 1825 in Dorpat promoviert. 1829 erhielt er in St. Petersburg eine Professur für Chemie, nachdem er zuvor bei Berzelius in Stockholm gearbeitet hatte. Besonders bekannt sind Hess' Arbeiten auf den Gebieten der Thermo- und Mineralchemie.[210]

Hess(e), Otto Christian (1805–1883). Er verwaltete von 1829 bis 1856 als Provisor die Apotheke in Hasenpoth und erhielt 1858 die Erlaubnis, eine weitere Apotheke in Libau zu eröffnen, die er jedoch 1870 wieder veräußerte.[211]

Hesselberg, Caroline Friederike (1873–1913). Sie war die Tochter des Pastors Gustav Hesselberg und dessen Ehefrau Johanna, geb. von Hueck. Am 10. Juni 1900 heiratete sie Carl Schmidt jun., den zweiten Sohn des Dorpater Chemieprofessors Ernst Carl Heinrich Schmidt und dessen Ehefrau Antonie, geb. von Hueck. Caroline Friedericke erkrankte 1910 schwer an Tuberkulose, musste

---

206 Vgl.: Drüll (1986), S. 109.
207 Vgl.: Jahn (2001), S. 172–173; Gabriel (2004 a), S. 80–81.
208 Vgl.: Otto (1915), S. 155.
209 Vgl.: Killy und Vierhaus (2001), 4, S. 658.
210 Vgl.: Fresenius (1869), S. 25–33; Hirsch (1962), 3, S. 199; Engels et al. (1989), S. 206.
211 Vgl.: Otto (1915), S. 155.

sich folglich von ihrer Familie trennen und verbrachte ihre letzten Lebensjahre in Sanatorien. Carl Schmidt jun. verschuldete sich hoch, um die entstandenen Behandlungskosten zu begleichen, konnte aber letztlich den allzu frühen Tod Caroline Friederikes am 14. Januar 1913 in Meran nicht verhindern.[212]

Hesselberg, Gustav (1832–1888). Er hatte von 1851 bis 1855 Theologie an der Universität Dorpat studiert und war in den Jahren 1858 bis 1860 Pastor der Annenkirche in St. Petersburg. Von 1860 bis 1881 arbeitete Hesselberg als Prediger in Preekuln und wirkte schließlich von 1881 bis 1888 als Pfarrer in Wallhof (Kurland).[213]

Hildebrandt, Theodor (1804–1874). Der Maler Theodor Hildebrandt hatte ab 1820 an der Berliner Kunstakademie studiert und folgte einem seiner Lehrer nach Düsseldorf. In den Jahren 1829 bis 1844 unternahm er Kunstreisen, die ihn unter anderem nach Belgien, Italien und St. Petersburg führten. Ab 1832 unterrichtete Hildebrandt an der Düsseldorfer Kunstakademie, musste seine außerordentliche Professur krankheitsbedingt aber ab 1854 ruhen lassen und konnte den Dienst erst wieder 1866 aufnehmen. Zu seinen bekanntesten Werken gehören „Die Räuber“ (1829), „Die Ermordung der Söhne Eduards IV.“ (1835) sowie zahlreiche Portraits.[214]

Hoefle, Marc Aurel (1818–1855). Er hatte Medizin an den Universitäten Freiburg und Heidelberg studiert und war 1843 promoviert worden. Seine Habilitation erfolgte 1844. Ab dem Wintersemester 1844/45 begann Hoefle seine Vorlesungstätigkeit an der Heidelberger Universität.[215]

Hoffmann, Erich Alexander Theodor (1881–1939). Erich Hoffmann hatte – wie viele seiner Vorfahren im Erbpastorat St. Marien (Estland) - ursprünglich in Dorpat Theologie studiert. Er wurde dann aber als Oberlehrer für alte Sprachen an der Deutschen Reformierten Schule in St. Petersburg tätig. Am 5 Juni 1908 heiratete er Marie Mathilde Waldhauer, eine Tochter von Marie, geb. Schmidt, und dem bereits verstorbenen Christoph Ferdinand Waldhauer, die folglich eine Enkelin des Dorpater Chemieprofessors Ernst Carl Heinrich Schmidt war.[216]

---

212 EAA 1674/2/370, ohne S.; EAA 1674/2/371, ohne S.; Familienarchiv Werner Schmidt: Liste der Eheschließungen der Rigaer Ev.-Luth. Kathedrale, Nr. 88, 1900; Pfarramt der Ev. Kirchengemeinde in Meran, Band XV, S. 38, vom 27. Januar 1913; persönliche Mitteilung von Frau Helga von Grabe. Vgl.: Hasselblatt und Otto (1889), S. 416; Anlage 7, Nr. 17 dieser Untersuchung.

213 Vgl.: Hasselblatt und Otto (1889), S. 416; Lenz (1970), S. 531.

214 Vgl.: Killy und Vierhaus (2001), 5, S. 37.

215 Vgl.: Roß (1996), S. 121–146.

216 Familienarchiv Christiane Benke: Robin von Eltz: Lebenslauf der Familie von Eltz (in Auszügen). Aufgezeichnet im Jahre 1944.

Hoffmann, Heinrich Karl Hermann (1819–1891). Hoffmann war nach der Promotion zum Dr. med. ab 1842 Privatdozent, später dann außerordentlicher und ab 1853 ordentlicher Professor für Botanik an der Universität Gießen. Er hielt anfänglich Vorlesungen und Kollegien über physiologische bzw. pathologische Chemie und veröffentlichte 1845 auch eine entsprechende Monographie unter dem Titel „Grundlinien der physikalischen und pathologischen Chemie für Aerzte und Studierende".[217]

Hofmann, August Wilhelm (1812–1892). August Wilhelm Hofmann war ab 1843 Assistent bei Liebig in Gießen und wurde 1845 außerordentlicher Professor der Chemie in Bonn. Von hier wechselte er noch im selben Jahr als ordentlicher Professor der Chemie an das Royal College of Chemistry in London. 1864 kehrte er kurzfristig nach Bonn zurück und wurde 1865 Nachfolger Eilhard Mitscherlichs in Berlin.[218]

Hofmann, Johann Philipp (1776–1842). Johann Philipp Hofmann, der Vater des späteren Liebig-Schülers und Professors der Chemie August Wilhelm Hofmann, war Offizier im dänischen Dienst, Architekt in Friedberg und danach Provinzial-Baumeister, Hofkammerrat und Universitäts-Baumeister in Gießen.[219]

Hofmeister, Franz (1850–1922). Hofmeister hatte Medizin an den Universitäten Prag, Leipzig und Straßburg studiert. Nach seiner Promotion (1874) habilitierte er sich an der Universität Prag 1879 für angewandte Chemie und 1881 auch für Pharmakologie, um dort dann 1883 zunächst ein Extraordinariat und 1885 schließlich das Ordinariat für experimentelle Pharmakologie zu erhalten. 1896 wurde Hofmeister als ordentlicher Professor für physiologische Chemie an die Universität Straßburg berufen. 1919 wechselte er in gleicher Funktion an die Würzburger Hochschule. Zu seinen Forschungsschwerpunkten zählten unter anderem die Chemie und Biologie der Eiweißkörper, der intermediäre Stoffwechsel sowie die Blutgerinnung.[220]

Holtei, (C)Karl, von (1798–1880). Der Schriftsteller und Schauspieler hatte zunächst als Landwirtschaftsgehilfe gearbeitet, danach Rechtswissenschaften studiert und sich gleichzeitig bereits als Schauspieler betätigt. Berufliche Stationen seines unsteten Lebens waren: Theaterdichter und -sekretär in Breslau (ab 1821), Stückeschreiber für das Hoftheater in Berlin (ab 1833), Tourneen durch große Städte (ab 1833) sowie die Positionen eines Theaterdirektors an

217 Vgl.: Poggendorff (1898), 3, S. 644–645.

218 Vgl.: Poggendorff (1863) 1, Sp. 1128; Lepsius (1984), S. 136–153; Teichmann (2004 a), S. 229–230.

219 Vgl.: Heße und Heuser (1988), S. 13.

220 Vgl.: Rothschuh (1953), S. 177–179; Killy und Vierhaus (2001), 5, S. 134.

verschiedenen Orten (z. B. in Riga). Ab 1864 verbrachte von Holtei seinen Lebensabend in einem Breslauer Kloster.[221]

Hoppe (Hoppe-Seyler), Ernst Felix (1825–1895). Er hatte Medizin an den Hochschulen in Halle (Saale), Leipzig und Berlin studiert. Von 1856 bis 1861 war Hoppe bei Rudolf Virchow in Berlin tätig, wo er als Leiter des chemischen Laboratoriums am pathologischen Institut 1860 zum außerordentlichen Professor aufstieg. 1861 ging er als Professor für angewandte Chemie nach Tübingen und wechselte schließlich 1872 als Ordinarius für physiologische Chemie an die Universität Straßburg.[222]

Hübbenet, Anton, von (1824–1901). Anton von Hübbenet hatte sein Dorpater Medizinstudium (1844–1849) mit einer Promotion (1850) bei Friedrich Bidder abgeschlossen. Danach wirkte er als praktischer Arzt in Dorpat, Charkow und St. Petersburg.[223]

Hueck, Alexander Friedrich, von (1802–1842). Er war zunächst Prosektor am anatomischen Institut der Universität Dorpat. 1830 wurde er dort zum außerordentlichen Professor ernannt. Drei Jahre später erfolgte seine Bestellung zum ordentlichen Professor und Direktor des anatomischen Instituts. Von Hueck heiratete am 24. Dezember 1830 Amalie von Jencken.[224]

Hueck, Antonie Elisabeth Sophie, von (1833–1912). „Toni" von Hueck war die Tochter von Alexander Friedrich von Hueck und seiner Ehefrau Amalie, geb. Jencken. Am 7. Dezember 1851 heiratete sie Ernst Carl Heinrich Schmidt.[225]

Hueck, Ferdinand, von (1832–1887). Ferdinand von Hueck war der Sohn Alexander Friedrich von Huecks und Amalies, geb. Jencken. Er hatte von 1853 bis 1858 in Dorpat Medizin studiert und war danach drei Jahre lang Hospitalarzt in Irkutsk. Nach einer Tätigkeit im livländischen Tschorna (1861–1865) folgten zahlreiche weitere berufliche Stationen, unter anderem in Polen und Riga, ehe von Hueck 1880 als Arzt nach Tschorna zurückkehrte.[226]

Hueck, Johanna, von (1836?–1902). Johanna von Hueck war die Tochter des Professors für Anatomie an der Universität Dorpat, Alexander Friedrich von Hueck, und die Schwester von Antonie Elisabeth Sophie, Carl Schmidts Ehefrau. Sie heiratete den Pastor Gustav Hesselberg, der in Dorpat Theologie

221 Vgl.: Kürschner (1881), S. 3–5; Killy und Vierhaus (2001), 5, S. 154–155.

222 Vgl.: Pagel (1901), Sp. 778–780.

223 Vgl.: Hasselblatt und Otto (1889), S. 335; Grünfeld (1893), S. 22, S. 95.

224 Vgl.: Bidder (1959), S. 240; Lenz (1970), S. 345.

225 Persönliche Mitteilung von Frau Helga von Grabe. Vgl.: Lenz (1970), S. 685; Roß (2007), S. 199–200; Anlage 1, Nr. 7 dieser Untersuchung.

226 Persönliche Mitteilung von Frau Helga von Grabe. Vgl.: Hasselblatt und Otto (1889), S. 448; Brennsohn (1905), S. 214.

studiert hatte. Die Tochter der Eheleute Hesselberg, Caroline Friederike, heirate am 10. Juni 1900 Carl Schmidt jun., den Sohn Carl Schmidts.[227]

Hueck, Pauline, von (1836–1907). Pauline von Hueck war eine Tochter des Dorpater Anatomen Alexander von Hueck und dessen Ehefrau Amalie, geb. von Jencken, und folglich eine Schwester von Ernst Carl Heinrich Schmidts Ehefrau Antonie, geb. von Hueck.[228]

Hüfner, Gustav (1840–1908). Gustav Hüfner hatte sich bei Robert Wilhelm Bunsen in Heidelberg profunde Kenntnisse der allgemeinen und der physiologischen Chemie im Besonderen angeeignet. Nach seiner Promotion (1866) wurde er in Leipzig Leiter der physiologisch-chemischen Abteilung am Institut Carl Ludwigs. 1872 wechselte Hüfner als Professor an die Tübinger Hochschule. Ab 1886 stand er dem dortigen neu erbauten und selbstständigen physiologisch-chemischen Institut vor, das erst das zweite seiner Art in Deutschland war.[229]

Jacubowitsch, Nicolai (1816 oder 1817–1879). Nach dem Ende seines Medizinstudiums in Charkow (1838) bildete er sich dort drei Jahre auf dem Gebiet der Chirurgie weiter. Jacubowitsch wechselte dann an die Universität Dorpat, um sich bei Friedrich Bidder physiologischen und histologischen Studien zu widmen. 1848 wurde er zum Dr. med. promoviert. Nach langen Auslands-Aufenthalten, unter anderem in Berlin und Paris, kam er 1860 nach St. Petersburg, wo er zum Professor der Histologie ernannt wurde. 1871 musste Jacubowitsch seine Lehrtätigkeit aus gesundheitlichen Gründen aufgeben.[230]

Jannsohn, Eduard (1841–?). Nach seinem Pharmaziestudium in Dorpat (1864–1865) und anschließender Provisorprüfung war er in einer Apotheke in Riga beschäftigt.[231]

227 EAA 1674/2/370, ohne S.; EAA 1674/2/371, ohne S.; Familienarchiv Werner Schmidt: Liste der Eheschließungen der Rigaer Ev.-Luth. Kathedrale, Nr. 88, 1900; Pfarramt der Ev. Kirchengemeinde in Meran, Band 15, S. 38 vom 27. Januar 1913; Johanna Karoline Hesselberg von Hueck. Verfügbar unter: https://www.geni.com/people/Johanna-Karoline-Hesselberg/6000000007187847910. Letzter Zugang: 30. Oktober 2017; persönliche Mitteilung von Frau Helga von Grabe. Vgl.: Hasselblatt und Otto (1889), S. 416.

228 EAA 1674/2/339, Nr. 2318; persönliche Mitteilung von Frau Helga von Grabe.

229 Vgl.: Rothschuh (1953), S. 155; Eulner (1970), S. 79, S. 93; Fischer (2013), S. 81–82.

230 Vgl.: Grünfeld (1893), S. 20, S. 95; Hirsch (1962), 3, S. 401–402; Fischer (2012), S. 128–130.

231 Vgl.: Hasselblatt und Otto (1889), S. 575.

Jencken, Amalie, von (1811–1898). Sie war ab dem 24. Dezember 1830 die Ehefrau des Dorpater Universitätsprofessors für Anatomie Alexander Friedrich von Hueck.[232]

Kämtz, Ludwig Friedrich (1801–1867). Kämtz war ab 1834 ordentlicher Professor der Physik an der Universität Halle (Saale) und von 1842 bis 1865 in gleicher Funktion an der Dorpater Universität tätig. Danach arbeitete er in St. Petersburg.[233]

Ka(e)yserling, Alexander, Graf von (1815–1891). Graf von Ka(e)yserling, der bei Johannes Müller in Berlin studiert hatte, wurde 1841 in St. Petersburg Beamter für besondere Aufgaben, speziell für die geologische Erforschung Russlands. Er nahm an zahlreichen Expeditionen in Süd- und Ostrussland teil. Nach 1850 bekleidete er unterschiedliche Positionen, so z. B. von 1862 bis 1869 die des Kurators des Dörptschen Lehrbezirkes.[234]

Kane, Robert, Sir (1810–1890). Kane war ab 1832 zunächst Professor der Chemie am pharmazeutischen Lehrinstitut in Dublin. Es folgte von 1845 bis 1847 eine Professur für Naturgeschichte, ehe er als Präsident an das Corker Queens College wechselte.[235]

Kannenberg, Carl (1829–?). Er bestand nach seinem Pharmaziestudium (1851–1852) in Dorpat das Provisorexamen und war von 1853 bis 1858 in einer Mitauer Apotheke tätig.[236]

Kant, Immanuel (1724–1804). Immanuel Kant hatte von 1740 bis 1746 an der Universität seiner Geburtsstadt Königsberg Philosophie, Mathematik und Theologie studiert und arbeitete danach als Hauslehrer bei verschiedenen ostpreußischen Familien. Erst 1755 wurde Kant an der Universität Königsberg promoviert, wo er sich im selben Jahr auch habilitierte. Von 1755 bis 1770 trat er als unbesoldeter Privatdozent in Königsberg auf und (über)lebte dank der Einnahmen aus seinen erfolgreichen, bis zu 28 Semesterwochenstunden umfassenden Vorlesungen über Logik, praktische Philosophie, Metaphysik und Naturrecht. Seiner wirtschaftlich prekären Lage ungeachtet, lehnte er Rufe nach Erlangen (1769) und Jena (1770) ab, um endlich 1770 ein Ordinariat für Logik und Metaphysik in Königsberg anzutreten. Dort hielt er im Wintersemester 1796 auch seine letzten Vorlesungen.[237]

---

232 Vgl.: Lenz (1970) S. 345.

233 Vgl.: Poggendorff (1863), 1, Sp. 1216; Poggendorff (1898), 3, S. 705.

234 Vgl.: Engelhardt (1933), S. 114; Lenz (1970), S. 373–374.

235 Vgl.: Poggendorff (1898), 3, S. 707.

236 EAD ID 69441 (oid 70378). Vgl.: Hasselblatt und Otto (1889), S. 421.

237 Vgl.: Keil (1987), 2, S. 53; Cramer (2001), S. 207–208. Wolters und Schwemmer (2004), S. 343–361.

Kapustin, Michail (1828–1899). Er war von 1883 bis 1890 Kurator des Dörptschen Lehrbezirkes und Nachfolger des Freiherrn Alexander von Stackelberg, der dieses Amt von 1880 bis 1883 ausgeübt hatte.[238]

Karl X. (1757–1836). Er war von 1824–1830 französischer König und wurde durch die dreitägige Juli-Revolution gestürzt. Am 2. August 1830 dankte er zugunsten seines Enkels, des Herzogs Louis Philippe von Orleans, ab und ging ins Exil nach England.[239]

Karl August I. (1757–1828). Karl August I. war Herzog und seit 1815 Großherzog von Sachsen-Weimar-Eisenach. Nach dem frühen Tod des Vaters, Ernst August II., im Jahr 1758 stand er unter Vormundschaft seiner Mutter Anna Amalia, die folglich bis zu seiner Volljährigkeit auch die Regierungsgeschäfte führte. Im September 1775 übernahm Karl August I. die Regentschaft im Herzogtum. Er wurde unter anderem von seinem Minister Johann Wolfgang von Goethe beraten und förderte neben Gewerbe und Handel auch die Wissenschaft und die Künste. Im Zuge der Entscheidungen des Wiener Kongresses erhielt er den Titel eines Großherzogs und konnte sein Territorium beträchtlich erweitern.[240]

Kastner, Carl Wilhelm Gottlob (1783–1857). Kastner, der Lehrer Justus Liebigs, hatte nach einer Tätigkeit als Apotheker in Jena Medizin und Naturwissenschaften studiert. 1804 promoviert, lehrte er von 1805 bis 1812 als Professor für Chemie in Heidelberg. Von 1812 bis 1818 bekleidete er eine Professur für Chemie und Physik in Halle (Saale) und war von 1818 bis 1821 an der Universität Bonn tätig. An der Erlanger Hochschule wirkte er in gleicher Funktion von 1821 bis 1857.[241]

Katharina II. (1729–1796). Katharina die Große war von 1762 bis 1796 Kaiserin Russlands. Durch Reformpläne versuchte sie, die Machtstellung Russlands zu festigen und auszubauen. Ihre imperialistische Außenpolitik war unter anderem gegen Polen gerichtet, was die erste bis dritte polnische Teilung (1772–1795) dokumentiert.[242]

Kaufmann, Angelika (1741–1807). Sie schuf eine noch heute bekannte Zeichnung zu Goethes 1788 erschienenem Trauerspiel „Egmont“, die in der bildenden Kunst regen Widerhall fand.[243]

238 Vgl.: Lenz (1970), S. 745.
239 Vgl.: Ploetz (1998), S. 924, S. 939–940.
240 Vgl.: Ploetz (1998), S. 830, S. 836; Greiling (2001), S. 446–447.
241 Vgl.: Kirschke (2001), S. 414–415.
242 Vgl.: Ploetz (1998), S. 983–985.
243 Vgl.: Lautenbach (2004), S. 534.

Kayser, Gustav Adolf (1817–1878). Kayser immatrikulierte sich 1843 als Student der Chemie an der Universität Gießen und gehörte nach Fruton zu Liebigs „selected other pupils". 1844 zum Dr. phil. promoviert, war er später als Apotheker in Hermannstadt tätig.[244]

Kekulé, Friedrich August (von Stradonitz) (1829–1896). Kekulé hatte Chemie in Gießen studiert und war dort 1852 zum Dr. phil. promoviert worden. 1856 habilitierte er sich in Heidelberg. Danach versah er Professuren in Gent und Bonn.[245]

Kerl, Georg Heinrich Bruno (1824–1905). Kerl besuchte 1840–1843 die Bergschule in Clausthal und studierte anschließend in Göttingen Chemie, Mineralogie und Technologie. Danach kehrte er nach Clausthal zurück und wurde dort 1862 zum Professor ernannt. 1867 folgte er einem Ruf an die Bergakademie in Berlin.[246]

Kielmeyer, Carl Friedrich (1765–1844). Er hatte ein Medizin- und Naturgeschichte-Studium an der Karlsakademie in Stuttgart absolviert, das er 1786 mit einer Promotion im Fach Chemie abschloss. An der inzwischen zur Universität erhobenen Hohen Karlsschule wurde er 1790 Lehrer für Naturgeschichte und 1792 ordentlicher Professor für Chemie. Kielmeyer bekleidete ab 1796 eine ordentliche Professur für Chemie an der Tübinger Hochschule und fungierte dort ab 1801 als Ordinarius für Botanik, vergleichende Anatomie und Materia medica. 1817 wurde er Staatsrat und wechselte als Direktor der königlich wissenschaftlichen Sammlungen nach Stuttgart. Durch seine Lehre von der hierarchischen Stufung der „organischen Kräfte" prägte er die Vorstellungen der romantischen Naturphilosophie wesentlich.[247]

Klinger, Friedrich Maximilian, von (1752–1831). Der Dichter der „Sturm- und Drangzeit" hatte von 1803 bis 1817 als erster das Amt des Kurators der Dorpater Hochschule inne. Unterstützt durch den Rektor der Universität, Georg Friedrich Parrot, war Klingers Amtszeit vor allem geprägt durch die Umsetzung des neuen Universitäts-Statuts, den Auf- und Ausbau der Universitätsverwaltung und die Errichtung wichtiger Universitätsbauten.[248]

Knierim, Woldemar, von (1849–1935). Von Knierim hatte in Dorpat Ökonomie und Chemie studiert und trat an der dortigen Hochschule später als Dozent für Agrikulturchemie in Erscheinung. 1880 wurde er zum Professor der

244 Vgl.: Fruton (2001), S. 391.
245 Vgl.: Winderlich (1984 c), S. 200–216.
246 Vgl.: Killy und Vierhaus (2001), 5, S. 509.
247 Vgl.: Kanz (2001), S. 529; Hess (2006), S. 190.
248 Vgl.: Gernet (1902), S. 19; Engelhardt (1933), S. 58–60; Amburger (1987), S. 394.

Landwirtschaft am Rigaer Polytechnikum berufen und firmierte ab 1882 auch als Direktor der Versuchs-Station Peterhof.[249]

Koch, Ernst Adolph (1811–1867). Er hatte von 1831 bis 1836 in Dorpat Medizin studiert und wurde an der dortigen Universität auch zum Dr. med. promoviert. Nach Tätigkeiten als Arzt in livländischen Städten praktizierte er später in Walk (Valga).[250]

Koch, Robert (1843–1910). Koch, einer der Pioniere der modernen Bakteriologie und Hygiene, hatte zunächst das Amt eines Kreisarztes im pommerschen Wollstein inne (1872–1880). Danach wurde er am Kaiserlichen Gesundheitsamt in Berlin tätig. In dieser Zeit (1882) identifizierte Koch den Tuberkelbazillus. Drei Jahre später erreichte ihn der Ruf zur Leitung des neu errichteten Hygiene-Institutes an der medizinischen Fakultät der Berliner Universität.[251]

Koch, Theodor (1840–?). Er leitete nach seinem Physik- und Chemie-Studium in Dorpat (1861–1864) und anschließendem Kandidaten-Examen (1866) „Mineralwasser-Anstalten" in Nowgorod und Rybinsk an der Wolga.[252]

Köhler, Theodor (1826–?). Köhler hatte sein Dorpater Pharmaziestudium (1850–1851) mit dem Provisorexamen abgeschlossen. Danach war er zunächst in Mitau angestellt und später als Apotheker in Dorpat tätig.[253]

Körber, Bernhard (1837–1915). Körber war 1861 nach seinem Medizin-Studium in Dorpat promoviert worden. Von 1875 bis 1895 lehrte er an der Dorpater Hochschule als Professor für Staatsarzneikunde.[254]

Kolbe, Adolph Wilhelm Hermann (1818–1884). Kolbe studierte Chemie in Göttingen und Marburg. Nach seiner Promotion (1843) wurde er Assistent bei Robert Wilhelm Bunsen. Später arbeitete er in Braunschweig als Redaktionsleiter des „Handwörterbuches der reinen und angewandten Chemie" und trat 1851 die Nachfolge seines Lehrers Bunsen in Marburg an. 1865 schließlich folgte Kolbe dem Ruf auf das Ordinariat für Chemie an die Leipziger Hochschule, wo er das damals größte deutsche chemische Universitäts-Institut leitete.[255]

Kopp, Hermann (1817–1892). Kopp hatte in Heidelberg und Marburg Physik und Chemie studiert und wurde 1838 in Marburg zum Dr. phil. promoviert. 1839 wechselte er zu Justus Liebig nach Gießen. Dort habilitierte er sich 1841

249 Vgl.: Lenz (1970), S. 391.

250 Vgl.: Hasselblatt und Otto (1889), S. 208.

251 Vgl.: Elkeles (1991), S. 247–271; Gradmann (2004), S. 326–329.

252 EAD ID 70290 (oid 71227). Vgl.: Hasselblatt und Otto (1889), S. 534.

253 Vgl.: Hasselblatt und Otto (1889), S. 405.

254 Vgl.: Käbin (1986), S. 202, S. 356.

255 Vgl.: Lockemann (1984), S. 124–135; Killy und Vierhaus (2001), 6, S. 12; Teichmann (2004 b), S. 330–331.

und stieg über eine außerordentliche Professur 1853 zum Ordinarius für Physik und Chemie auf. 1864 ging Kopp an die Heidelberger Hochschule. Dort lehrte er bis 1890. Bekannt wurde er besonders durch seine vierbändige „Geschichte der Chemie",[256] die in den Jahren 1843 bis 1847 erschien.[257]

Kotzebue, August Friedrich, von (1761–1819). August Friedrich von Kotzebue entstammte einer angesehenen Weimarer Familie und hatte Rechtswissenschaften studiert. Er ging, protegiert durch den preußischen Gesandten in St. Petersburg, nach Russland, wo er hohe Ämter bekleidete. Später begann er als Gründer und Leiter des Liebhabertheaters in Reval eine schriftstellerische Tätigkeit, die ihm 1798 eine Position als Dichter am Wiener Burgtheater eintrug. Zurückgekehrt nach Russland, geriet er in den Verdacht, ein Jakobiner zu sein, und wurde nach Sibirien verbannt. Zar Paul I. begnadigte ihn nicht nur, sondern ernannte ihn auch zum Direktor des Deutschen Hofschauspiels in St. Petersburg. 1806 zog Kotzebue nach England. Obwohl seine Stücke als trivial kritisiert wurden, war er dennoch der meistgespielte Theaterdichter seiner Zeit.[258]

Krause, Johann Wilhelm (1757–1828). Er hatte in Leipzig sieben Semester Theologie studiert und leistete danach wegen Mittellosigkeit einen Militärdienst in Amerika ab. Später war er in Livland als Landwirt und Zeichner tätig. Ab 1803 versah Krause eine ordentliche Professur für Ökonomie und Architektur an der Universität Dorpat. In dieser Funktion plante er wichtige Universitätsbauten; z. B. das Universitäts-Hauptgebäude, das Anatomikum und die Sternwarte.[259]

K(C)rause, Wilhelm (1809–1867). Von 1827 bis 1834 für Ökonomie an der Universität Dorpat immatrikuliert, setzte er seine Studien im Ausland fort und wurde 1841 in Jena zum Dr. phil. promoviert. Von 1842 bis 1863 war Krause Professor an der landwirtschaftlichen Akademie zu Gorigoretzk und behielt diese Position auch nach der Verlegung des Instituts nach St. Petersburg.[260]

Krüger, Friedrich Carl (1862–1938). Er übernahm nach dem Medizinstudium in Dorpat 1888 die an der dortigen Hochschule vakante Dozentur für physiologische Chemie. Später lehrte er an der Universität Tomsk und wurde 1919 Professor in Rostock.[261]

256 Kopp (1966).
257 Vgl.: Drüll (1986), S. 145–146; Killy und Vierhaus (2001), 6, S. 38.
258 Vgl.: Lorenz (2001), S. 55–56.
259 Vgl.: Krause (1902), S. 362; Lenz (1970), S. 413.
260 Vgl.: Hasselblatt und Otto (1889), S. 167; Lenz (1970), S. 413.
261 EAA 402/3/885. Vgl.: Käbin (1986), S. 124; Fischer (2013), S. 96–98.

Kruse, Friedrich Karl Hermann, von (1790–1866). Kruse hatte ab 1810 Theologie in Leipzig studiert, wo er 1813 zum Dr. phil. promoviert wurde. Von 1821 bis 1828 war er außerordentlicher Professor für Alte und Mittlere Geschichte in Halle (Saale), um dann von 1828 bis 1853 als ordentlicher Professor Weltgeschichte und russische Geschichte an der Dorpater Universität zu lehren.[262]

Kühne, Wilhelm (1837–1900). Ab 1861 war Wilhelm Kühne chemischer Assistent am Berliner pathologischen Institut Virchows. Von 1868 bis 1871 lehrte er als ordentlicher Professor der Physiologie in Amsterdam und wurde danach Direktor des physiologischen Instituts an der Heidelberger Universität.[263]

Kuhlberg, Alphons (1840–1912). Er war nach dem Studium und einer Assistentenzeit an der Universität Dorpat zunächst Laborant am technologischen Institut in St. Petersburg. Von 1877 bis 1886 leitete er die dortige alte Gas-Gesellschaft. Danach ließ er sich als Gutsbesitzer in Kurland nieder.[264]

Kummerau, Carl Ludwig (1751–1808). Kummerau erwarb 1787 die Apotheke in Mitau und wurde auf seinen Antrag hin von Herzog Peter von Biron als Hofapotheker bestätigt. Nach seinem Tod übernahm die Witwe diese „Institution“ und führte sie mit Hilfe ihres Bruders, des kurländischen Medizinalrats Heinrich Bidder, und verschiedener Provisoren weiter, unter denen sich auch Christoph Heinrich Schmidt, der Vater Ernst Carl Heinrich Schmidts, befand.[265]

Kupffer, August (1842–1916). Von 1864 bis 1868 hatte Kupffer Mathematik und Chemie an der Dorpater Hochschule studiert und dort dann die Position des Laboranten am chemischen Kabinett inne. Ab 1872 war er Direktor einer Moskauer Fabrik.[266]

Lakatos, Imre (1922–1974). Lakatos studierte Mathematik, Physik und Philosophie an der Universität Debrecen und arbeitete nach dem Ende des zweiten Weltkriegs an der Universität Budapest. Er geriet in politische Haft und trat nach seiner Freilassung 1954 eine Position am mathematischen Forschungsinstitut der ungarischen Akademie der Wissenschaften an. Dort kam er erstmals in den Kontakt mit den Schriften Hayecks und Poppers. Während des Volksaufstands floh er 1956 aus Ungarn nach Wien und gelangte danach mit einem Rockefeller-Stipendium zum Studium an die Universität Cambridge.

262 Vgl.: Lenz (1970), S. 420–421; Donnert (2007), S. 111–112.

263 Vgl.: Pagel (1901), Sp. 922–923.

264 EAD ID 71123 (oid 72060). Vgl.: Hasselblatt und Otto (1889), S. 540.

265 Vgl.: Otto (1915), S. 102–103, S. 167–168.

266 EAD ID 71179 (oid 72116). Vgl.: Hasselblatt und Otto (1889), S. 571.

Nach seiner Promotion wechselte er 1960 an die London School of Economics, wo er 1969 eine Professur für Logik erhielt.[267]

Landesen, Georg Rudolph (1867–1935). Er studierte von 1885 bis 1891 Chemie in Dorpat und blieb dieser Hochschule auch während seiner gesamten nachfolgenden wissenschaftlichen Karriere treu, die ihn schließlich 1919 in die Position eines Professors für anorganische und analytische Chemie sowie in die Stellung des Direktors des analytischen Universitätslaboratoriums führen sollte.[268]

Langenbeck, Maximilian Adolf (1818–1877). Dem ab 1835 begonnenen Studium der Medizin in Göttingen, Paris und Berlin folgte 1842 die Promotion in seiner Heimatstadt Berlin, wo 1843 auch die Habilitation stattfand. Er hielt danach Vorlesungen über Anatomie, Chirurgie und Augenheilkunde. Nach der 1846 erfolgten Ernennung zum Professor gab er 1848 seinen Lehrauftrag freiwillig zurück und ging 1851 als praktischer Arzt nach Hannover.[269]

Langerhausen (oder Langerhansen), Christian Wilhelm Carl Eduard (1792–1865). Er hatte von 1813 bis 1815 in Dorpat Medizin studiert und wirkte ab 1818 als Arzt, zuerst in Frauenburg und dann bis zu seinem Tod in Szagarren. Verheiratet war er mit Ernestine Bursy, einer Schwester von Ernst Carl Heinrich Schmidts Mutter „Ida".[270]

Larssen, Friedrich (1833–?). Larrsen hatte von 1855 bis 1860 Physik und Medizin in Dorpat studiert und arbeitete später in den livländischen Akziseverwaltungen in Werro und Riga.[271]

Lassaigne, Jean Louis (1800–1859). Lassaigne war Professor für industrielle Chemie an der Handelsschule in Paris und Professor für Chemie an einer Veterinärschule. Ab 1854 arbeitete er als Chemiker beim Tribunal der Seine-Departements.[272]

Lavoisier, Antoine Laurent, de (1743–1794). De Lavoisier konnte als wohlhabender Bürger die Chemie als Privatwissenschaftler betreiben. Aufgrund seiner wissenschaftlichen Arbeiten wurde er 1768 zum Mitglied der Pariser Akademie ernannt und fungierte ab 1776 als Verwalter der königlichen Pulver- und Salpeterfabriken. Der Übergang von der alten Phlogiston- zur bis heute gültigen Sauerstofftheorie der Verbrennung wurde durch ihn in den Jahren 1775

267 Vgl.: Watkins (1974), S. 323–324.

268 Vgl.: Lenz (1970), S. 440; Past und Tankler (2007), S. 42–43.

269 Vgl.: Hirsch (1962), 3, S. 668; Killy und Vierhaus (2001), 6, S. 240.

270 LVVA 5759/2/1107; S. 205 (Rückseite) - 206. Vgl.: Hasselblatt und Otto (1889), S. 57; Brennsohn (1929), S. 269.

271 Vgl.: Hasselblatt und Otto (1889), S. 473.

272 Vgl.: Poggendorff (1863), 1, Sp. 1380–1382; Poggendorff (1898), 3, S. 778.

und 1776 vollzogen. In den Nachwirren der Französischen Revolution starb de Lavoisier 1794 unter der Guillotine.[273]

Lav(w)rowski, Nikolai (1827–1899). Er bekleidete das Amt des Kurators für den Dorpater Lehrbezirk von 1890 bis 1899 und war auch Professor für Pädagogik an der Universität Dorpat.[274]

Lehmann Carl Gotthelf (1812–1863). Lehmann hatte Medizin in Leipzig studiert und lehrte dort ab 1842 als außerordentlicher Professor physiologische Chemie an der medizinischen Fakultät. 1856 wechselte er als Ordinarius für allgemeine Chemie an die Universität Jena.[275]

Lemberg, Johann (1842–1902). Johann Lemberg hatte von 1861 bis 1864 Chemie in Dorpat studiert und wurde 1877 zum Doktor der Chemie promoviert. Von 1866 bis 1888 war er Assistent Ernst Carl Heinrich Schmidts. Ab 1889 lehrte er als Professor für Mineralogie an der Dorpater Hochschule.[276]

Lenz, Carl Eduard (1820–1892). Lenz war nach seinem Medizinstudium an der Universität Dorpat (1838–1843) und der bei Friedrich Bidder angefertigten Dissertationsschrift zunächst als Schiffsarzt (1847/48) und dann als Landarzt (1850–1854) tätig. 1854 wechselte er als medizinischer Beamter nach St. Petersburg.[277]

Leuchs, Erhard Friedrich (1800–1837). Er hatte eine Real- und Handelschule in seiner Geburtsstadt Nürnberg besucht. Geschäftsreisen führten ihn in mehrere europäische Länder. 1820 übernahm er die Redaktion der Handelszeitung in Nürnberg. Seine eigentliche Liebe galt jedoch den Natur- und Agrarwissenschaften. Durch Selbststudium eignete er sich ein umfangreiches Wissen an.[278]

Leuckart, Rudolf (1822–1898). Leuckart hatte Medizin und Naturwissenschaften in Göttingen studiert. Hier wurde er 1845 zum Dr. med. promoviert und habilitierte sich 1847 für Zoologie, vergleichende Anatomie und Physiologie. 1850 wechselte Leuckart als außerordentlicher Professor an die Gießener Universität, wo er 1855 zum Ordinarius ernannt wurde. 1870 übernahm er die Professur für Zoologie und Zootomie an der Universität Leipzig.[279]

---

273 Vgl.: Poggendorff (1863), 1, Sp. 1392–1394; Schaedler (1891), S. 65–66; Speter (1984 b), S. 304–333; Laitko (2004 b), S. 375–378.

274 Vgl.: Engelhardt (1933), S. 480; Amburger (1987), S. 395; Donnert (2007), S. 59.

275 Vgl.: Poggendorff (1863), 1, Sp. 1411–1412; Poggendorff (1898), 3, S. 791; Rothschuh (1968), S. 378.

276 Vgl.: Lenz (1970), S. 444; Past und Tankler (2007), S. 30–31.

277 Vgl.: Grünfeld (1893), S. 22, S. 95; Lenz (1970), S. 445–446.

278 Vgl.: Erhard Friedrich Leuchs: Verfügbar unter: http://de.wikipedia.org/wiki/Erhard_Friedrich_Leuchs. Letzter Zugang: 30. Oktober 2017.

279 Vgl.: Killy und Vierhaus (2001), 6, S. 352.

Lichtenstein, Anton (1826–1902). Er hatte von 1848 bis 1851 Philosophie an der Universität Dorpat studiert. Danach war er Hauslehrer in Kurland, Beamter des Handels-Departments und Mitglied des Zollamts Riga.[280]

Lichtenstein, Johann Nikolaus Heinrich (1787–1848). Seine Studien in Braunschweig und an der Universität Helmstedt (ab 1806) hatte er 1809 mit der medizinischen Promotion abgeschlossen. Von 1809 bis 1814 war er Kirchspielarzt in Neuburg (Kurland). Ab 1815 ließ er sich als praktischer Arzt in Mitau nieder. In den Jahren 1825 bis 1840 fungierte er als Beamter der kurländischen Medizinalbehörde.[281]

Lichtenstein, Karl Gottlieb (1827–1904). Karl Gottlieb Lichtenstein hatte in den Jahren 1852 bis 1853 in Dorpat Pharmazie studiert. Im Juli 1856 heiratete er Thekla Adelheide Johanna Schmidt, eine Tochter aus der ersten Ehe Christoph Heinrich Schmidts mit Caroline Dorothea Adelheid, geb. Bursy, die folglich eine Schwester Ernst Carl Heinrich Schmidts war. Fortan war Lichtenstein als Apotheker in der Hasenpother „Dependance" seines Schwiegervaters tätig. Er kaufte diese Apotheke 1864 und übergab sie 1886 an seinen Sohn Oswald Julius.[282]

Liebig, Justus, von (1803–1873). Liebig hatte eine Apothekerlehre nach 10 Monaten im November 1817 abgebrochen. Er studierte ab Oktober 1820 bei Karl Wilhelm Gottlob Kastner Chemie in Bonn und folgte diesem 1821 nach Erlangen. Nach einem 18-monatigen Studienaufenthalt in Paris kehrte er in seine Heimatstadt Darmstadt zurück und wurde im Mai 1824 außerordentlicher und im Dezember 1825 ordentlicher Professor der Chemie an der Universität Gießen. Ab November 1852 bis zu seinem Tod lehrte er in München. Liebig war nicht nur der angesehenste Gelehrte der Ludwigs-Universität Gießen, sondern wurde auch als der größte Chemiker seines Zeitalters gefeiert.[283]

Lieven, Carl Christoph, von (1767–1844). Er war nach einer Militärkarriere von 1817 bis 1828 Kurator des Dorpater Lehrbezirkes und von 1828 bis 1833 Minister der Volksaufklärung.[284]

Lieven, Viktor Christoph (1841–1910). Lieven hatte von 1863 bis 1865 als Schüler Ernst Carl Heinrich Schmidts in Dorpat studiert und erwarb den Grad

---

280 EAD ID 71673 (oid 72612). Vgl.: Hasselblatt und Otto (1889), S. 381.

281 Vgl.: Brennsohn (1929), S. 275; Lenz (1970), S. 450.

282 LVVA 5759/2/1107, S. 204 (Rückseite) - 205. Vgl.: Hasselblatt und Otto (1889), S. 427; Otto (1915), S. 116, S. 169; Lenz (1970), S. 450; Anlage 1, Nr. 15 dieser Untersuchung.

283 Vgl.: Paoloni (1968), S. 9–10; Moraw (1982), S. 136–137; Winderlich (1984 a), S. 1–30; Brock (1999), S. 308–313; Schütt (2004), S. 412–417.

284 Vgl.: Lenz (1970), S. 453.

eines Kandidaten. 1865/66 vervollständigte er seine Kenntnisse in Berlin und Gießen. Nach der Promotion war Lieven für zwei Jahre Direktor der Portlandzement-Fabrik in Proderaa bei Riga. Später stand er einer von ihm in Kunda (Estland) gegründeten Portlandzement-Fabrik vor und fungierte dann als Direktor anderer Industriebetriebe.[285]

Limpricht, Heinrich (1827–1909). Limpricht war Assistent Liebigs und Wöhlers. 1854 wurde er außerordentlicher Professor der Chemie in Göttingen und wechselte 1859 als Ordinarius an die Universität Greifswald.[286]

Lindblohm, Karl Eduard (1821–1900?). Karl Eduard Lindblohm arbeitete nach seinem Dorpater Studium (1849–1850) von 1850 bis 1872 in der Mitauer Apotheke der Familie Schmidt.[287]

Lindblohm, Theodor August (1828–1906). Er hatte an der Universität Dorpat studiert (1853–1854) und war danach in Apotheken in Mitau, Riga und Windau beschäftigt.[288]

Liphart, Karl Eduard, von (1808–1891). Von Liphart war promovierter Mediziner, Bildungsreisender und Kunstsachverständiger. Von 1847 bis 1862 nahm er das Amt des Präsidenten der „Livländischen Gemeinnützigen und Ökonomischen Societät" wahr.[289]

Lomonossov, Michail Wassiljewitsch (1711–1765). Lomonossov hatte zunächst seine versäumte Schulbildung nachgeholt, studierte daraufhin in den Jahren 1837 bis 1841 in Marburg, Freiberg (Sachsen) sowie in Holland und erhielt so eine fundierte naturwissenschaftliche Ausbildung. 1841 kehrte er nach Russland zurück und war fortan an der Akademie der Wissenschaften in St. Petersburg tätig. An dieser Einrichtung lehrte er auch ab 1745 als Professor für Chemie. Lomonossov gilt heute als einer der Begründer der modernen Wissenschaft in Russland.[290]

Lortzing, Albert (1801–1859). Der spätere Opernkomponist war zunächst Schauspieler am Detmolder Hoftheater (1826–1833) und anschließend bis 1845 Dirigent, Sänger und Regisseur am Theater in Leipzig. Nach einem zweijährigen Aufenthalt in Wien, wo er unter anderem als Kapellmeister arbeitete, folgten wirtschaftlich schwierige Jahre. Auch eine Tätigkeit in Berlin konnte diese Situation kaum verbessern. Die heute noch aufgeführten wenigen

285 Vgl.: Lenz (1970), S. 452; Roß (2002 b), S. 130.

286 Vgl.: Poggendorff (1863), 1, Sp. 1263; Hofmann (1888), 2, S. 372; Poggendorff (1898), 3, S. 814.

287 Vgl.: Hasselblatt und Otto (1889), S. 392; Otto (1915), S. 170.

288 Vgl.: Hasselblatt und Otto (1889), S. 448; Otto (1915), S. 170.

289 Vgl.: Lenz (1970), S. 463–464; Engelhardt und Neuschäffer (1983), S. 41, S. 191.

290 Vgl.: Borchardt (2004), S. 707–708; Hoffmann (2004), S. 430.

Opern Lortzings stellen nur einen geringen Teil seines komponistischen Schaffens dar, das siebzehn vollendete Bühnenwerke umfasst.[291]

Lotze, Rudolph Hermann (1817–1881). Lotze hatte ab 1834 Medizin und Philosophie an der Universität Leipzig studiert und wurde 1838 zum Dr. med. promoviert. Nach kurzer Tätigkeit als praktischer Arzt in seiner Heimatstadt Zittau kehrte er im Mai 1839 nach Leipzig zurück, um sich dort noch im selben Jahr an der medizinischen Fakultät zu habilitieren. 1843 zum außerordentlichen Professor der Philosophie in Leipzig ernannt, folgte er 1844 als Nachfolger Herbarts einem Ruf an die Universität Göttingen und wechselte 1881 schließlich nach Berlin, wo er bereits nach kurzer Zeit starb.[292]

Ludwig, Carl (1816–1895). Er war ab 1846 außerordentlicher Professor für vergleichende Anatomie in Marburg. 1849 nach Zürich und 1855 nach Wien berufen, kam Ludwig 1865 als Ordinarius für Physiologie nach Leipzig und baute dort ein physiologisches Institut auf, das unter seiner Leitung Weltgeltung erlangte.[293]

Ludwig, Ernst (1842–1915). Ernst Ludwig hatte nach einer Apothekerlehre Chemie und Pharmazie an den Universitäten Wien, Heidelberg und Berlin studiert. 1864 erwarb er in Wien den Doktorgrad und habilitierte sich dort 1865 für analytische und organische Chemie. Ab 1869 lehrte er als Professor für Chemie an der Wiener Handelsakademie. 1872 wurde er zum außerordentlichen und 1874 zum ordentlichen Professor für medizinische Chemie an der Universität der österreichischen Hauptstadt ernannt.[294]

Lullius (Lullus oder Lull), Rai(y)mundus (zwischen 1232 und 1235–1315 oder 1316). Der katalanische Philosoph, Dichter, Enzyklopädist und Alchemist hatte in Montpellier bzw. Paris studiert und den Grad eines Dr. theol. erworben. Wissenschaftliche Reisen führten ihn durch Frankreich, Deutschland und Italien. Als Franziskaner wirkte er missionarisch bei den Muslimen in Nordafrika und in Vorderasien. Angeblich kam er durch Steinigung zu Tode.[295]

Luther, Robert (1868–1945). Er hatte in den Jahren 1885 bis 1889 ein Studium der Chemie an der Universität Dorpat absolviert, sich 1899 in Leipzig habilitiert und fungierte danach einige Jahre als „Subdirektor" des physikalisch-chemischen Instituts unter Wilhelm Ostwald. Von 1908 bis 1935 bekleidete Luther

291 Vgl.: Beaujean et al. (1995), S. 436–446.

292 Vgl.: Wentscher (1913), passim, Pester (1997), passim, Wahrig-Schmidt (2001), S. 258–259; Gabriel (2004 b), S. 714.

293 Vgl.: Pagel (1901), Sp. 1055–1058; Rothschuh (1953), S. 118–123, S. 150–161; Fischer (2012), S. 163–165.

294 Vgl.: Lesky (1965), S. 521–529; Killy und Vierhaus (2001), 6, S. 508.

295 Vgl.: Kopp (1966), 1, S. 67–68; Meyer (1998), 13, S. 264–265.

eine ordentliche Professur am wissenschaftlich-photographischen Institut der Hochschule in Dresden.[296]

Macquer, Pierre Joseph (1718–1784). Macquer, der Medizin und Chemie studiert hatte, war promovierter Mediziner und wirkte als Professor für Chemie am Jardin des Plantes in Paris. 1845 wurde er Mitglied der Akademie der Wissenschaften zu Paris.[297]

Madai, Carl Otto, von (1809–1850). Von Madai hatte Rechtswissenschaften in Halle (Saale) und Berlin studiert. 1832 wurde er Privatdozent und 1835 Professor an der Universität Halle. Von 1837 bis 1842 lehrte er als ordentlicher Professor Strafrecht und Rechtsgeschichte an der Dorpater Universität. Nach seiner Entlassung im Zusammenhang mit der „Ulmann-Affäre" (1842) nahm er ab 1843 in Deutschland unterschiedliche universitäre, öffentliche und politische Aufgaben wahr.[298]

Mae(ä)dler, Johann Heinrich (1794–1874). Nach der Schulzeit in Berlin war Maedler in den Jahren 1817 bis 1828 Seminarlehrer und besuchte an der Berliner Universität Vorlesungen über Astronomie und Mathematik. Ab 1830 widmete er sich intensiv der Astronomie und war von 1836 bis 1840 Assistent am Berliner Observatorium. Von 1840 bis 1865 bekleidete er eine Professur für Astronomie an der Universität Dorpat und firmierte in dieser Funktion auch als Direktor der dortigen Sternwarte.[299]

Magendie, François (1783–1855). Magendie, einer der Begründer der naturwissenschaftlichen Medizin, wurde nach seiner Promotion zum Prosektor der medizinischen Fakultät in Paris ernannt und hielt in dieser Eigenschaft Vorlesungen über Anatomie und Physiologie. Ab 1836 versah er das Amt eines Professors für Physiologie und allgemeine Pathologie am Collège de France.[300]

Makinski, Hermann (1833–?). Er hatte im Jahr 1862 seine Provisorprüfung in Dorpat ablegt und arbeitete später als Apotheker in Russland.[301]

Manasseïn, Nikolai (1834–1895). Der spätere Justizminister war einer der Hauptbefürworter der Russifizierungsbestrebungen in den baltischen Ostsee-Provinzen.[302]

Marschner, Heinrich (1795–1861). Marschner hatte seine musikalische Laufbahn 1816 im slowakischen Pressburg begonnen. 1820 kam er nach Dresden,

296 Vgl.: Hansel et al. (1999), S. 4.

297 Vgl.: Poggendorff (1863), 2, Sp. 7–8; Kopp (1966), 1, S. 220–224.

298 Vgl.: Killy und Vierhaus (2001), 6, S. 554; Donnert (2007), S. 100–101.

299 Vgl.: Lenz (1970), S. 483.

300 Vgl.: Rothschuh (1953), S. 102–103; Stahnisch (2004), S. 457; Prüll (2006 a), S. 218.

301 Vgl.: Hasselblatt und Otto (1889), S. 505.

302 Vgl.: Donnert (2007), S. 87.

wo er 1824 zum Musikdirektor der Oper avancierte. Nach mehreren Auslandsreisen hatte er Positionen als Kapellmeister in Leipzig und Hofkapellmeister in Hannover (1831 bis 1859) inne.[303]

Martius, Karl Alexander, von (1838–1920). Von Martius, ein Schüler Liebigs und ab 1860 Assistent August Wilhelm Hofmanns in London, arbeitete ab 1862 in einer Farbenfabrik. 1865 nach Deutschland zurückgekehrt, wurde er nochmals für kurze Zeit Mitarbeiter Hofmanns in Berlin, ehe er sich als Mitbegründer und langjähriger Leiter der AGFA zu einem der Pioniere der deutschen Farbenindustrie entwickelte.[304]

Maydell, Georg Gustav, von (1791–1876). Nach einer Militärkarriere in den Jahren 1807 bis 1825 wechselte er in den (staatlichen) Zivildienst. Von 1825 bis 1852 fungierte er als Vize-Gouverneur von Kurland; danach war er Präsident des Kurländischen Kameralhofes. 1863 schied er aus dem Staatsdienst aus.[305]

Mayer, Julius Robert, von (1814–1878). Der Arzt und Physiker hatte in Tübingen und München studiert. Nach seiner Promotion (1838) ging er von 1839 bis 1841 auf Reisen und arbeitete unter anderem als Schiffsarzt. Bekannt wurde Mayer, der später als Stadtarzt in seiner Geburtsstadt Heilbronn angestellt war, vor allem durch die Begründung des Gesetzes von der Erhaltung der Kraft.[306]

Mayer, Karl August (1787–1865). Nach dem in Tübingen mit der Promotion (1812) abgeschlossenen Medizinstudium, wechselte er als Prosektor an die Universität Bern, wo er 1815 Professor für Anatomie, pathologische Anatomie und Physiologie wurde. Von 1819 bis 1856 war er in gleicher Funktion an der Universität Bonn tätig.[307]

Mendelsohn-Bartholdy, Felix (1809–1847). Der Pianist, Komponist und Dirigent wirkte ab 1835 bis zu seinem frühen Tod als Kapellmeister am Leipziger Gewandhaus. 1843 gründete er dort das erste deutsche Konservatorium. Es trug wesentlich dazu bei, dass die Stadt in der ersten Hälfte des 19. Jahrhunderts zu einem musikalischen Zentrum von Rang in Europa aufstieg. Mendelsohns musikalische Bedeutung beruht vor allem auf seinen drei großen Oratorien und Schauspielmusiken, z. B. der berühmten zu Shakespeares „Ein Sommernachtstraum", die er 1843 komponierte.[308]

Meyendorff, Peter Leonhard Suidigerius, von (1796–1863). Von Meyendorff war ab 1817 als Diplomat im russischen Staatsdienst beschäftigt und vertrat sein

303 Vgl.: Beaujean et al. (1995), S. 454–457.

304 Vgl.: Engels et al. (1989), S. 266; Killy und Vierhaus (2001), 6, S. 642.

305 Vgl.: Lenz (1970), S. 495; Schlau (1995), S. 77–79.

306 Vgl.: Hirsch (1962), 4, S. 133–134; Meyer (1998), 14, S. 137.

307 Vgl.: Killy und Vierhaus (2001), 6, S. 5.

308 Vgl.: Beaujean et al. (1995), S. 485.

Land beispielsweise von 1839 bis 1850 als Gesandter für Preußen und Mecklenburg in Berlin.[309]

Meyer, Johann Friedrich Wilhelm Clemens Ludwig (1824–1899). Meyer, der auch unter dem Pseudonym Friedrich Meyer von Waldeck publizierte, hatte Literaturwissenschaften in Berlin studiert und wurde dort 1845 zum Dr. phil. promoviert. Er war danach Hauslehrer in Kurland und ab 1849 stellvertretender Leiter einer Knabenschule in Mitau. 1852 heiratet er Dorothea von Bursy, eine Tochter Karl von Bursys, und trat im selben Jahr die Position des Chefredakteurs der St. Petersburger Deutschen Zeitung an. 1875 übersiedelte er nach Heidelberg, wo er sich 1880 habilitierte und ab 1882 eine außerordentliche Professur in der philosophischen Fakultät bekleidete.[310]

Meyer, Leo (1830–1910). Der Linguist, der in Göttingen und Berlin studiert hatte, habilitierte sich 1856 in Göttingen für griechische, lateinische und deutsche Sprache sowie für Sanskrit. 1862 an der Göttinger Hochschule zum außerordentlichen Professor ernannt, übernahm er 1865 den Lehrstuhl für deutsche und vergleichende Sprachkunde an der Universität Dorpat, wo er bis 1898 tätig war. Ab 1899 lehrte Meyer erneut als Professor in Göttingen.[311]

Meykow, Ottomar Johann Friedrich (1823–1894). Er studierte von 1842 bis 1846 Rechtswissenschaften in Dorpat und wurde dort 1850 zum Dr. jur. promoviert. Ab 1865 war Meykow ordentlicher Professor des römischen Rechts an der Dorpater Hochschule und hatte das Amt des Rektors von 1876 bis 1891 inne.[312]

Mialhe, Louis (1807–1882 oder 1886). Der promovierte Mediziner war zunächst Leiter der Hospitalsapotheke St. Antoine in Paris. Später arbeitete er als außerordentlicher Professor an der Pariser medizinischen Fakultät.[313]

Michailow, Jakob (1828–1869). Er hatte von 1851 bis 1855 an der Dorpater Universität Rechtswissenschaften studiert und war danach bis ins Jahr 1869 als Kanzleigehilfe des kurländischen Zivil-Gouverneurs beschäftigt.[314]

Mill, John Stuart (1806–1873). Mill, von 1866 bis 1868 Mitglied des englischen Unterhauses, war nicht nur Philosoph, sondern auch ein bedeutender Nationalökonom und Soziologe. Für ihn stellte die Erfahrung die einzige Quelle der Erkenntnis und die Induktion das wesentliche Verfahren des Wissensgewinns dar.[315]

---

309 Vgl.: Lenz (1970), S. 513–514.

310 LVVA 5759/2/1107, S. 206. Vgl.: Stieda (1906), S. 333–337; Drüll (1986), S. 178.

311 Vgl.: Killy und Vierhaus (2001), 7, S. 108; Donnert (2007), S. 139.

312 Vgl.: Engelhardt (1933), S. 395; Lenz (1970), S. 517–518.

313 Vgl.: Poggendorff (1863), 2, Sp. 142–143; Poggendorff (1898), 3, S. 911.

314 Vgl.: Hasselblatt und Otto (1889), S. 421.

315 Vgl.: Störig (1987), S. 476–477; Meyer (1998), 14, S. 258; Wimmer (2004), S. 891–893.

Millner, Karl (1825–1895). Der in Mindelheim im Allgäu geborene Millner kam um 1850 nach München und machte sich dank seiner Bekanntschaft mit Carl Rottmann und Eduard Schleich dem Älteren rasch einen Namen als Maler akribisch ausgestalteter alpenländischer Landschaften.[316]

Mitscherlich, Eilhard (1794–1863). Der Chemiker und Mineraloge hatte ab 1811 zunächst orientalische Sprachen und Geschichte studiert und 1814 den philosophischen Doktorgrad erworben. 1817 begann er in Göttingen ein Medizinstudium, besuchte Chemie- sowie Physik-Vorlesungen und setzte seine wissenschaftliche Ausbildung ab 1818 in Berlin fort. Nach einem Aufenthalt bei Jöns Jacob Berzelius in Stockholm (1819 bis 1821) wurde Mitscherlich zunächst außerordentlicher und 1825 ordentlicher Professor für Chemie an der Berliner Universität.[317]

Müller, Johannes Peter (1801–1858). Müller hatte sein Medizinstudium in Bonn begonnen und setzte es in Berlin fort, wo er 1822 auch promoviert wurde. Nach seiner Habilitation (1824) in Bonn stieg er dort 1830 zum ordentlichen Professor auf. Ab 1833 hatte er den Lehrstuhl für Anatomie und Physiologie in Berlin inne. Müller zählt heute zu den interessantesten und bedeutendsten Persönlichkeiten der wissenschaftlichen Medizin und Biologie des 19. Jahrhunderts.[318]

Mulder, Gerardus Johannes (1802–1882). Er hatte 1825 den medizinischen Doktorgrad an der Universität Utrecht erworben und lehrte danach unter anderem an der Medizin-Schule in Rotterdam. Ab 1840 war er Professor für Chemie an der Utrechter Hochschule. Als Ergebnis seiner Forschungen zur Eiweißstruktur führte Mulder 1839 erstmals die Bezeichnung „Protein" in die wissenschaftliche Nomenklatur ein.[319]

Muspratt, James Sheridan (1821–1871). Der Liebig-Schüler (1843–1845) hatte 1844 die philosophische Doktorwürde erworben und arbeitete in den Jahren 1845 bis 1848 zusammen mit August Wilhelm Hofmann in London. 1848 gründete er das Royal College of Chemistry in Liverpool, an dem er fortan als Professor für Chemie wirkte.[320]

---

316 Vgl.: Karl Millner: Verfügbar unter: https://de.wikipedia.org/wiki/Karl_Millner. Letzter Zugang: 30. Oktober 2017.

317 Vgl.: Engel und Engel (1992), S. 1–2; Killy und Vierhaus (2001), 7, S. 155.

318 Vgl.: Ebbecke (1951), passim; Rothschuh (1953), S. 112–118; Lohff (1991), S. 119–134; Hagner (2001 b), S. 271.

319 Vgl.: Poggendorff (1863), 2, Sp. 233; Poggendorff (1898), 3, S. 949; Lieben (1935), S. 359–361.

320 Vgl.: Poggendorff (1863), 2, Sp. 246; Fruton (2001), S. 380.

Mylich, Gotthilf Heinrich (1773–1837). Er war Pastor in Blieden und mit Amalie Bursy verheiratet. Diese war eine Schwester von Caroline Dorothea Adelheid Schmidt und Wilhelmina Amalie Henriette Adelheid Schmidt, den beiden Ehefrauen des Apothekers Christoph Heinrich Schmidt.[321]

Mylich, Otto (1800–1877). Der Sohn von Otto Christian Mylich und Caroline Dorothea, geb. Bursy, war ein Vetter Ernst Carl Heinrich Schmidts. Er hatte ein Studium der Theologie in Dorpat begonnen und in Deutschland fortgesetzt. Stationen seines weiteren Lebensweges waren: Hauslehrer (bis 1834), Prediger in Sackenhausen und Lippaicken (1835–1839) sowie in Blieden (1839 bis 1864). Nach seiner Pensionierung lebte der ledige Otto Mylich in Doblen, wo er am 28. August 1877 verstarb.[322]

Mylich, Otto Christian (1770–1811). Der in Bauske geborene Otto Christian Mylich war verheiratet mit Carolina Dorothea Bursy, einer Tante Ernst Carl Heinrich Schmidts. Mylich bekleidete das Amt des Pastors in Edsen.[323]

Napoleon Bonaparte (1769–1821). Nach einer Militärkarriere (1804 bis 1814) regierte er Frankreich als Kaiser Napoleon I. Seine politischen Hauptziele waren die Vorherrschaft Frankreichs in Europa, die Ausschaltung Englands und die Verbreitung der „civilisation française".[324]

Natanson, Jacob (1832–1884). Er hatte von 1850 bis 1854 Pharmazie und Chemie in Dorpat studiert und dort 1855 den chemischen Magistergrad erworben. Später war er ordentlicher Professor für Chemie an der Universität Warschau.[325]

Naunyn, Bernhard (1839–1925). Naunyn arbeitete nach dem Studium der Medizin in Berlin bis 1869 zunächst als Assistent bei Friedrich Theodor Frerichs, ehe er einem Ruf an die Universität Dorpat folgte. Es schlossen sich Professuren für Innere Medizin in Bern (1871–1872), Königsberg (1872–1888) und Straßburg (1888–1904) an.[326]

Neander, Friedrich Eduard (1802–1895). Er studierte an der Universität Dorpat Theologie (1820–1823) und war von 1836 bis 1876 als deutscher Frühprediger bzw. geistlicher Konsistorialrat in Mitau tätig.[327]

---

321 LVVA 5759/2/1107, S. 205 (Rückseite) – 206; persönliche Mitteilung von Bernhard und Friedrich v. Bursy.

322 LVVA 5759/2/1107, S. 205 (Rückseite) – 206. Vgl.: Hasselblatt und Otto (1889), S. 107.

323 LVVA 5759/2/1107, S. 205 (Rückseite) – 206; persönliche Mitteilung von Bernhard und Friedrich v. Bursy. Vgl.: Brennsohn (1929), S. 305.

324 Vgl.: Ploetz (1998), S. 934–937.

325 Vgl.: Poggendorff (1898), 3, S. 957.

326 Vgl.: Naunyn (1925), passim.

327 Vgl.: Lenz (1970), S. 542; Schlau (1995), S. 126.

Neudörf(f)er, Johann der Ältere (1497–1563). Er war ein Schreib- und Rechenmeister in Nürnberg, der sich schon früh mit Kalligraphie befasste. In seiner Heimatstadt leitete er eine eigene Schreibschule. Er veröffentlichte bedeutende Lehrbücher zur Entwicklung der deutschen Schreibschrift.[328]

Neue, Christian Friedrich (1799–1886). Neue war zunächst Oberlehrer für alte Sprachen in Schulpforta, einem heutigen Stadtteil von Bad Kösen in Sachsen-Anhalt. In den Jahren 1831 bis 1861 hatte er in Dorpat eine Professur für Literaturgeschichte, altklassische Philologie und Pädagogik inne. Von 1842 bis 1850 fungierte er als Rektor der Universität.[329]

Neumann, Carl August (1809–1863). Neumann studierte in Dorpat Rechtswissenschaften und bekleidete später das Amt eines kurländischen Oberhofgerichts-Sekretärs und -Advokats.[330]

Newton, Isaac, Sir (1643–1727). Der Astronom, Physiker, Mathematiker und Naturphilosoph Isaac Newton studierte ab Sommer 1661 am Trinity College der Universität Cambridge, wo er von 1669 bis 1701 dann den Lehrstuhl für Mathematik inne hatte. 1699 übernahm er zusätzlich das Amt des Direktors der Königlichen Münze in London und wurde 1703 auch zum Präsidenten der Royal Society gewählt. Berühmtheit erlangte er vor allem durch das 1666 formulierte Gravitationsgesetz und sein 1687 erschienenes Hauptwerk „Philosophiae Naturalis Principia Mathematica", das eine Zusammenfassung der Mechanik des 17. Jahrhunderts und deren Ausbau zu einem geschlossenen System darstellte.[331]

Nikolaus I. (1796–1855). Er regierte als russischer Zar von 1825 bis 1855. Seine Reformen abgeneigte, reaktionäre Haltung stützte sich auf die Vormacht der Bürokratie, speziell der Polizei, und die enge Verbindung mit der orthodoxen Kirche.[332]

Oberhäuser, Georg (1798–1868). Oberhäuser war Mechaniker in Paris und fertigte zwischen 1831 und 1856 in seiner dortigen Werkstatt rund 3.000 Mikroskope, die sich durch höchste Präzision auszeichneten.[333]

Odier, Auguste (1802–1870). Über die frühen Jahre Odiers und seine akademische Ausbildung ist nichts bekannt. 1817/18 besuchte er den „cours de chimie" Thénards in Paris. Sein zeitweiliges Interesse für die Chemie dürfte sich auf

---

328 Vgl.: Killy und Vierhaus (2001), 7, S. 375.

329 Vgl.: Lenz (1970), S. 545; Meyer (1998), 2, S. 116.

330 Vgl.: Lenz (1970), S. 545.

331 Vgl.: Aster (1980), S. 234, S. 476; Kutschmann (1989), S. 171–186; Mittelstraß und Mainzer (2004), S. 997–1005; Schneider (2004), S. 72–78.

332 Vgl.: Ploetz (1998), S. 988.

333 Vgl.: Poggendorff (1863), 2, Sp. 305; Poggendorff (1898), 3, S. 981; Roß (1996), S. 127.

die Tatsache gegründet haben, dass er damals in einem chemischen Laboratorium arbeitete. Dieses gehörte zu einer Tuchmalerei im französischen Wesserling, an der sein Vater als Bankier beteiligt war. Die Mitteilung über das Chitin[334] legte Odier wahrscheinlich schon Mitte 1819 vor. Sie erschien jedoch erst 1823 im Druck. Ab 1826 studierte er Architektur an der Pariser École des Beaux Arts, um 1832 eine Stellung als „Conseiller Référendaire" am französischen Rechnungshof anzutreten.[335]

Oechs, Joseph Domenikus (1776–1836). Oechs stammte aus Erbach (Württemberg) und war in den Jahren 1824 bis 1836 als Zeichenlehrer am Gymnasium in Mitau angestellt.[336]

Oertling, Johann August Daniel (1803–1866). Er besaß seit 1826 eine mechanische Werkstatt in Berlin, die astronomische und physikalische Instrumente von hoher Qualität herstellte.[337]

Oesterlen, Friedrich (1812–1877). Oesterlen hatte Medizin in Tübingen studiert und habilitierte sich 1843 an der dortigen Universität. In den Jahren 1846/47 war er Professor der Materia medica, von 1847 bis 1848 dann Professor der Therapie und Klinik in Dorpat. Nach seiner von ihm erbetenen Entlassung aus dem Staatsdienst lebte und praktizierte Oesterlen in Heidelberg, Zürich und Stuttgart.[338]

Oettingen, Arthur, von (1836–1920). Arthur von Oettingen studierte Astronomie (1853–1855) und Physik (1855–1958) an der Universität Dorpat. Danach setzte er seine Studien in Paris und Berlin fort. Den Grad eines Doktors der Physik erwarb er 1865 in Dorpat, wo er im folgenden Jahr außerordentlicher Professor wurde. Von 1867 bis 1894 lehrte er als ordentlicher Professor an dieser Hochschule. Von 1880 bis 1886 war von Oettingen Dekan der physiko-mathematischen Fakultät und gründete 1875 das Meteorologische Observatorium der Universität.[339]

Oettingen, Werner, von (1876–1945). Von Oettingen war russischer Konsul in Buenos Aires. Seine geplante Ernennung zum Botschafter in Hamburg wurde durch den 1. Weltkrieg vereitelt. Er trat deshalb in eine St. Petersburger Bank ein. Am 5. Mai 1912 heiratete von Oettingen Edith Waldhauer, eine gefeierte

334 Vgl.: Odier (1823), S. 29–42.

335 Vgl.: Théodoridès (1960/1962), S. 125–128; Auguste Alfred Odier: Verfügbar unter: http://gw.geneanet.org/bourelly?lang=fr;p=auguste+alfred;n=odier. Letzter Zugang: 30. Oktober 2017.

336 Vgl.: Lenz (1970) S. 482, S. 554; Schlau (1995), S. 297.

337 Vgl.: Poggendorff (1863), 2, Sp. 313; Poggendorff (1898), 3, S. 983.

338 Vgl.: Käbin (1986), S. 143, S. 303–304, S. 358; Killy und Vierhaus (2001), 7, S. 472.

339 Vgl.: Hasselblatt und Otto (1889), S. 449–450; Lenz (1970), S. 556.

Violinvirtuosin. Sie war eine Tochter von Marie, geb. Schmidt, und Christoph Ferdinand Waldhauer und somit eine Enkelin Ernst Carl Heinrich Schmidts und Antonies Elisabeth Sophies, geb. v. Hueck.[340]

Oken (eigentlich Okenfuß), Lorenz (1779–1851). Oken, von 1805 bis 1807 Privatdozent in Göttingen, wechselte 1807 als außerordentlicher Professor für Medizin nach Jena, wo er 1812 zum ordentlichen Professor für Naturgeschichte aufstieg. Er lehrte ab 1827 Physiologie an der Münchner Universität und hatte ab 1832 die Professur für Naturgeschichte, Naturphilosophie und Physiologie an der Hochschule in Zürich inne. Okens Arbeiten spiegelten teils deutlich den Geist der romantischen Naturphilosophie Schellingscher Prägung wider, ließen andererseits aber auch seinen eigenen naturphilosophischen Standpunkt erkennen.[341]

Orleans, Louis Philippe, von (1773–1850). Der Nachfolger Karls X. wurde am 9. August 1830 zum König von Frankreich gewählt. Als Aufständische den Königspalast bedrohten, dankte er am 24. Februar 1848 ab.[342]

Osann, Gottfried Wilhelm (1797–1866). Osann hatte in Berlin, Jena, Erfurt und Erlangen studiert. Er wurde 1819 Privatdozent für Physik und Chemie in Erlangen und kehrte von 1821 bis 1823 in dieser Funktion an die Universität Jena zurück. Nach seiner Dorpater Lehrtätigkeit (1823–1828) war er ordentlicher Professor der Physik und Chemie an der Universität Würzburg.[343]

Osenbrüggen, Eduard (1809–1879). Er studierte Rechtswissenschaften, Geschichte und Philologie an den Universitäten Leipzig und Kiel und war für klassische Philologie und römisches Recht habilitiert. Von 1843 bis 1851 lehrte er als ordentlicher Professor des Kriminalrechts und der Rechtsgeschichte an der Dorpater Universität. 1851 wegen „politischer Umtriebe" aus dem russischen Staatsdienst entlassen, vertrat er fortan verschiedene Rechtsgebiete an der Züricher Hochschule.[344]

Ostwald, Friedrich Wilhelm (1853–1932). In den Jahren 1872 bis 1875 hatte Ostwald ein Chemiestudium an der Universität Dorpat absolviert, das er 1878 mit der Promotion abschloss. Als Privatdozent und Assistent Ernst Carl Heinrich Schmidts am chemischen Laboratorium (1880–1881) beschäftigte er sich

340 LVVA 235/6/1070, S. 5 (1885); Familienarchiv Christiane Benke: Robin von Eltz: Lebenslauf der Familie von Eltz (in Auszügen). Aufgezeichnet im Jahre 1944.

341 Vgl.: Botsch (1997), S. 200–201; Engelhardt (2001 a), S. 310–311; Blasche (2004 b), S. 1067.

342 Vgl.: Ploetz (1998), S. 924, S. 939–941.

343 Vgl.: Poggendorff (1863), 2, Sp. 335; Poggendorff (1898), 3, S. 990; Schönberg et al. (1918), S. 136; Past und Tankler (2007), S. 17–18.

344 Vgl.: Killy und Vierhaus (2001), 7, S. 511; Donnert (2007), S. 101.

bereits mit physikalisch-chemischen Fragestellungen. 1882 wurde Ostwald Professor für Chemie am Polytechnikum in Riga und folgte 1887 einem Ruf als Professor für physikalische Chemie an die Universität Leipzig, wo sich zur damaligen Zeit der einzige Lehrstuhl für dieses Fachgebiet befand. Ab 1906 arbeitete er als freier Forscher auf dem Landsitz „Energie" in Großbothen bei Leipzig. Hier beschäftigte sich Ostwald vorwiegend mit chemiehistorischen, wissenschaftsorganisatorischen und philosophischen Fragen sowie seinen Untersuchungen zur Farbenforschung. Im Jahr 1909 erhielt er den Nobelpreis für Chemie für seine grundlegenden Arbeiten zur Katalyse.[345]

Otto, Julius (1809–1870). Julius Otto studierte Chemie, Pharmazie und Naturwissenschaften in Jena. Ab 1835 war er Professor für angewandte Chemie am Collegium Carolinum in Braunschweig.[346]

Pahlen, Carl Magnus, von der (1779–1863). Nach dem Ende seiner Offizierslaufbahn (1818) war er unter anderem von 1821 bis 1827 estnischer Landrat und in den Jahren 1828 bis 1835 Kurator des Dorpater Lehrbezirkes.[347]

Paracelsus (Theophrastus von Hohenheim) (ca. 1493–1541). Er trat um 1509 – wahrscheinlich in Wien – ein Studium der Artes liberales mit dem Ziel an, Arzt zu werden. In Wien erwarb er 1511 den unteren akademischen Grad des Baccalaureus und schloss seine medizinischen Studien 1516 in Ferrara vermutlich mit einer Promotion ab. Danach begann für Paracelsus ein unstetes Leben mit Reisen nach Süditalien, Spanien und Frankreich. Von 1516 bis 1529 nahm er wohl als Feldchirurg an mehreren Kriegen teil. Es schlossen sich weitere berufliche Stationen in Salzburg und Straßburg an. 1527 erhielt Paracelsus aufgrund seiner ärztlichen Reputation eine Anstellung als Stadtarzt in Basel, verbunden mit dem Vorlesungsrecht an der dortigen Universität, das allerdings wegen auftretender Konflikte mit den Stadtoberen bereits im Folgejahr wieder erlosch. Ab 1530 kehrte dann in Paracelcus' Leben endlich Ruhe ein, denn Freiherr Hans Bernhard von Stauff gewährte ihm in seinem Schloss in Beratzhausen bei Regensburg eine Bleibe und ein wirkliches Zuhause. Hier entstanden wichtige und bis heute nachwirkende naturphilosophische, medizinische und theologische Schriften.[348]

---

345 EAA 402/3/1251; EAA 402/3/1252. Vgl.: Walden (1904); Rodnyj und Solowjew (1977), passim; Roß und Hansel (2000), S. 6, S. 25–31; Remane (2001 b), S. 311–312; Ostwald (2003), passim; Gabriel (2004 c), S. 1100–1102; Zott (2004), S. 108–114; Past und Tankler (2007), S. 31–34.

346 Vgl.: Killy und Vierhaus (2001),7, S. 534–535.

347 Vgl.: O. V. (1852), S. 115; Lenz (1970), S. 572–573.

348 Vgl.: Schipperges (1989), S. 99–116; Schipperges (2001 a), S. 314–315; Thiel (2004), S. 30–33.

Parrot, Georg Friedrich, von (1767–1852). Er wurde im Dezember 1800 als ordentlicher Professor für Physik an die Universität Dorpat berufen. Besonders während seiner mehreren Rektorate trat er für die Aufhebung der Leibeigenschaft der Bauern ein, forderte das Recht zu höherer Bildung für alle Stände und versuchte, die Hochschule zur Wortführerin sozialer Reformen zu machen.[349]

Parrot, Johann Jakob Friedrich Wilhelm, von (1791 oder 1792–1841). Parrot hatte Medizin an der Universität Dorpat studiert (1807–1814) und war dort auch promoviert worden. Anschließend arbeitete er als Arzt in Wien, in der russischen Armee und in Heilbronn. Es folgten mehrere Bildungsreisen durch Europa, ehe Parrot an der Dorpater Hochschule von 1821 bis 1826 das Amt des ordentlichen Professors für Physiologie, Pathologie und Semiotik bekleidete, um danach bis 1841 als Ordinarius für Physik tätig zu sein. Während seiner Dorpater Jahre führten ihn Forschungsreisen auf den Ararat ins armenische Hochland (1829/30) und zum Nordkap (1837).[350]

Parrot, Moritz Friedrich, von (1831–1882). Von Parrot hatte zwischen 1850 und 1854 Physik in Dorpat studiert. Später stand er der Werkschule der Telegraphen-Verwaltung in St. Petersburg vor.[351]

Paul I. (1754–1801). Der Sohn Katharinas II. (der Großen) folgte seiner Mutter 1796 auf dem Zarenthron und war bis 1801 Kaiser des russischen Reiches. Während seiner kurzen und vermutlich durch Ermordung beendeten Amtszeit reduzierte Paul I. die Zahl der Lokalbehörden und führte die Besteuerung des Adels wieder ein.[352]

Payen, Anselme (1795–1871). Payen war zunächst als praktischer Chemiker tätig und unter anderem Dirigent einer Zuckerrübenfabrik. Ab 1842 hatte er eine Professur für industrielle Chemie an der École des Arts et Métiers in Paris inne.[353]

Persoz, Jean François (1805–1868). Persoz war von 1826 bis 1832 Präparator bei Louis Jacques Thénard am Collège de France in Paris, anschließend Professor für Chemie sowie Direktor der Oberschule der Pharmazie in Straßburg und ab 1852 Professor für Chemie am Conservatoire Nationale des Arts et Métiers in Paris.[354]

---

349 Vgl.: Bienemann (1902), S. 97–254; Krause (1902), S. 362; Wittram (1952), S. 197; Lenz (1970), S. 579; Palamets und Liim (1984); S. 85; Garleff (1987), S. 146.

350 Vgl.: Lenz (1970), S. 579; Donnert (2007), S. 144 –145.

351 Vgl.: Hasselblatt und Otto (1889), S. 399; Lenz (1970), S. 580.

352 Vgl.: Ploetz (1998), S. 983–987.

353 Vgl.: Schaedler (1891), S. 89.

354 Vgl.: Poggendorff (1863), 2, Sp. 408–409; Poggendorff (1898), 3, S. 1024.

Peter I. (1672–1725). Zar Peter I., der Große, war von 1689 bis 1725 Regent Russlands. Durch eine Heeres-Reform und Veränderungen in Verwaltung und Wirtschaft gilt er als Begründer der russischen Großmacht-Stellung. Sein militärischer Hauptgegner um die Vorherrschaft im Ostsee-Raum war Schweden, was beispielsweise von 1700 bis 1720 zum zweiten oder großen Nordischen Krieg zwischen den Kontrahenten führte.[355]

Petrow, Alexander (1837–1885). Er hatte von 1854 bis 1859 in Kazan und danach in Dorpat sowie in Berlin Medizin studiert und wurde 1862 promoviert. Ab 1864 war er Professor für pathologische Anatomie an der Universität Kazan.[356]

Pettenkofer, Max, von (1818–1901). Von Pettenkofer studierte Pharmazie und Medizin an der Universität München, wo er 1843 promoviert wurde. Nach seiner Weiterbildung, die ihn auch in das Gießener chemische Laboratorium Justus Liebigs führte, erlangte er 1847 zunächst eine außerordentliche Professur für medizinische Chemie an der Universität München und avancierte dort 1853 zum Ordinarius für dieses Fach. 1865 wurde er in München auf den ersten deutschen Lehrstuhl für Hygiene berufen.[357]

Petzhold, Paul Alexander (1810–1889). Nach dem Medizinstudium und anschließender Promotion (1833) war Petzhold zunächst praktischer Arzt in Dresden. Danach wandte er sich den Naturwissenschaften zu und initiierte die Etablierung eines Lehrstuhls für Mineralogie an der Universität Leipzig und für Agrikulturchemie an der Forstakademie von Tharandt. Von 1847 bis 1872 lehrte Petzhold als Professor der Landwirtschaft und Technologie in Dorpat, wo er auch ein agrikulturchemisches Laboratorium und ein ökonomisch-technologisches Kabinett errichtete.[358]

Pirogov(w)(ff), Nicolai (1810–1881). Pirogov(w)(ff) hatte Medizin in Moskau und Dorpat studiert und wurde 1832 an der „Alma Mater Tartuensis“ promoviert. Die Hochschulen in Berlin, Göttingen und Würzburg waren seine folgenden Aus- und Weiterbildungsstätten. Von 1836 bis 1840 wirkte Pirogov(w)(ff) als Professor für Chirurgie in Dorpat. Danach bekleidete er Professuren an der medico-chirurgischen Akademie in St. Petersburg und an den Universitäten Odessa und Kiew.[359]

Poleck, Theodor (1821–1906). Nach einer pharmazeutischen Ausbildung hatte Poleck von 1843 bis 1848 Chemie in Gießen und Berlin studiert und war 1849 in Halle (Saale) promoviert worden. Von 1853 bis 1867 führte er die väterliche

355 Vgl.: Ploetz (1998), S. 981–982.
356 Vgl.: Hirsch (1962), 4, S. 573–574.
357 Vgl.: Voswinckel (2001), S. 624–625; Müller-Jahncke (2006), S. 257–258.
358 Vgl.: Schönberg et al. (1918), S. 152; Killy und Vierhaus (2001), 7, S. 627.
359 Vgl.: Schneck (2006 a), S. 261.

Apotheke in Neisse. Danach war er bis 1902 als ordentlicher Professor für pharmazeutische Chemie und Direktor des pharmazeutischen Instituts an der Universität in Breslau tätig.[360]

Popper, Karl Raimund (1902–1994). Popper studierte in seiner Heimatstadt Wien Geschichte, Literatur, Psychologie, Philosophie, Mathematik sowie Physik und promovierte 1928 mit einer Arbeit „Zur Methodenfrage der Denkpsychologie". 1937 verließ er Österreich und lehrte in den folgenden Jahren als „senior lecturer" Philosophie am Canterbury College in Christchurch (Neuseeland). Ab Anfang 1946 las er als außerordentlicher Professor an der Universität London und erhielt dort 1949 eine ordentliche Professur für Logik und wissenschaftliche Methodenlehre, die er bis zu seiner Emeritierung inne hatte.[361]

Post, Gustav (?–?). Der Unternehmer Gustav Post kaufte den größten Teil der in Dorpat und Umgebung anfallenden Fäkalien auf und verarbeitete sie in seiner Fabrik nahe der Stadt zu getrockneten Düngermischungen (Poudrette).[362]

Preller, Ludwig (1809–1861). Ludwig Preller hatte in Leipzig, Berlin und Göttingen Theologie und Philosophie studiert und wurde an der Universität Göttingen promoviert. 1833 habilitierte er sich in Kiel für klassische Philologie. Als ordentlicher Professor für Beredsamkeit und klassische Philologie lehrte er von 1838 bis 1843 an der Universität Dorpat und bekleidete 1846 kurzzeitig eine Professur an der Jenaer Hochschule. 1847 erlangte Preller die Position des Vorstands der Großherzoglichen Bibliothek in Weimar.[363]

Presser, Jacob (1899–1970). Nach dem Studium der Geschichte und des Niederländischen wurde Presser 1926 an der Universität Amsterdam promoviert und arbeitete danach als Lehrer an einem Gymnasium. 1948 wurde er Professor für Zeitgeschichte und ab 1959 lehrte er als Professor für Neuere Geschichte an der Amsterdamer Hochschule. Sein Hauptwerk „Die Verfolgung und Vernichtung des niederländischen Judentums 1940–1945" erschien 1965 in zwei Bänden.[364]

Prévost, Jean Louis (1790–1850). Er promovierte 1818 in Edinburgh zum Dr. med. und war ab 1820 als praktischer Arzt in Genf tätig.[365]

---

360 Vgl.: Fruton (2001), S. 381; Killy und Vierhaus (2001), 8, S. 24.

361 Vgl.: Keuth (2000), S. XV, Bohnet und Stadler (2002), S. 276–278.

362 Vgl.: Leppik (2007), S. 55.

363 Vgl.: Killy und Vierhaus (2001), 8, S. 61.

364 Vgl.: Jacques Presser. Verfügbar unter: http://de.wikipedia.org/wiki/Jacques_Presser. Letzter Zugang: 30. Oktober 2017.

365 Vgl.: Poggendorff (1863), 2, Sp. 527.

Priestley, Joseph (1733–1804). Der englische Philosoph, Theologe und Naturforscher war Schullehrer, Prediger und Hauslehrer. 1794 emigrierte er nach Amerika.[366]

Prout, William (1785–1850). Er hatte in Edinburgh studiert, wo er 1811 den medizinischen Doktorgrad erwarb. Anschließend arbeitete er als praktischer Arzt in London und beschäftigte sich insbesondere mit Fragen der organischen Chemie. Prout hielt ab 1813 in seinem Privathaus Vorlesungen, in denen er sich unter anderem mit aktuellen Themen der physiologischen und medizinischen Chemie auseinander setzte.[367]

Pufendorf, Samuel, von (1632–1694). Pufendorf hatte an den Universitäten Leipzig und Jena theologische und juristisch-philosophische Studien betrieben, die er 1658 abschloss. Im folgenden Jahr erhielt er einen Ruf auf den ersten Lehrstuhl für Natur- und Völkerrecht an der Universität Heidelberg. 1670 wechselte er an die schwedische Universität Lund. Ab 1676 arbeitete er als Hofhistoriograph in Stockholm und ab 1688 als brandenburgisch-preußischer Hofhistoriker in Berlin. Pufendorf entwickelte ein in Deutschland für mindestens einhundert Jahre gültiges System des Naturrechts.[368]

Putlitz, Gustav Heinrich, von und zu (1821–1890). Von Putlitz hatte Rechtswissenschaften in Berlin studiert, entschied sich dann aber ab 1846 für eine schriftstellerische Laufbahn. Er schrieb Lustspiele, die sich vor allem an französischen Vorbildern orientierten. Von 1863 bis 1867 nahm er die Intendanz des Hoftheaters in Schwerin wahr. Ab 1873 hatte er die Leitung der künstlerischen Anstalten in Karlsruhe inne.[369]

Rammelsberg, Karl Friedrich (1813–1899). Rammelsberg war ab 1846 Professor für Chemie an der Berliner Universität und lehrte ab 1850 auch am Königlichen Gewerbe-Institut.[370]

Ranke, Leopold, von (1795–1886). Leopold von Ranke hatte 1814 sein Theologiestudium an der Universität Leipzig begonnen. In dessen Verlauf widmete er sich zunehmend der Philosophie und wurde so auch zur historisch-philosophischen Quellenkritik geführt. Die Hinwendung zur Geschichtswissenschaft verstärkte sich noch, nachdem von Ranke ab 1818 als Oberlehrer an einem Gymnasium tätig war. 1825 erhielt er einen Ruf an die Berliner Universität

366 Vgl.: Poggendorff (1863), 2, Sp. 528–529; Meyer (1998), 17, S. 212.

367 Vgl.: Hirsch (1962), 4, S. 680–681; Muir (1994), S. 420–421.

368 Vgl.: Ebert (2001), S. 331.

369 Vgl.: Killy und Vierhaus (2001), 8, S. 93.

370 Vgl.: Poggendorff (1863), 2, Sp. 562; Poggendorff (1898), 3, S. 1985; Poggendorff (1904), 4, S. 1209.

und blieb dieser Hochschule als Begründer der wissenschaftlichen Geschichtsschreibung bis zu seinem Lebensende treu.[371]

Rathhaus, Karl (1805–1872). Rathhaus, der unter anderem die beiden neuen Flügel des Hochschul-Hauptgebäudes entwarf und deren Bau beaufsichtigte, war von 1851 bis 1869 Universitäts-Architekt in Dorpat.[372]

Redtenbacher, Joseph (1810–1870). Der österreichische Chemiker wurde 1834 in Wien promoviert. Nach einer Assistentenzeit am dortigen botanischen Lehrstuhl und kurzer Professorentätigkeit in Salzburg (1839) erhielt Redtenbacher 1840 eine ordentliche Professur für allgemeine und pharmazeutische Chemie an der Prager Universität. 1849 kehrte er in dieser Funktion an die Wiener Hochschule zurück.[373]

Regnault, Henri Victor (1810–1878). Er arbeitete vor allem auf den Gebieten der organischen und physikalischen Chemie, war ab 1840 Professor für Chemie an der École polytechnique und ab 1841 als Professor für Physik am Collège de France in Paris tätig. 1854 trat Regnault das Amt des Direktors der staatlichen Porzellanmanufaktur in Sèvres an.[374]

Reichert, Karl Bogislaus (Bogislaw), von (1811–1883). Reichert studierte Medizin in Berlin, wo er unter anderem Schüler Johannes Müllers war. Er wurde 1836 an der Berliner Hochschule promoviert. Bevor er 1843 als ordentlicher Professor auf den Anatomie-Lehrstuhl an die Dorpater Universität berufen wurde, war er Assistent bei Johannes Müller am Berliner Anatomischen Institut. 1853 folgte er einem Ruf nach Breslau, ehe er 1858 Müllers Nachfolger in Berlin wurde.[375]

Reil, Johann Christian (1759–1813). Reil hatte Medizin an den Universitäten Göttingen und Halle (Saale) studiert, wo er 1783 zum Doktor der Medizin promoviert wurde. Nach einigen Jahren praktischer ärztlicher Tätigkeit in Norden wurde er 1787 zum außerplanmäßigen Professor an der Universität Halle bestellt, um dort schon im darauffolgenden Jahr eine ordentliche Professur für Therapie zu erhalten und als Direktor dem medizinischen Klinikum vorzustehen. 1810 an die Berliner Hochschule berufen, starb Reil 1813 nach der Völkerschlacht bei Leipzig an den Folgen einer Typhus-Infektion.[376]

371 Vgl.: Vierhaus (2001), S. 137–138.

372 Vgl.: Raid (1993), S. 23.

373 Vgl.: Poggendorff (1863), 2, Sp. 585; Killy und Vierhaus (2001), 8, S. 181.

374 Vgl.: Muir (1994), S. 430.

375 Vgl.: Käbin (1986), S. 43–47; Killy und Vierhaus (2001), 8, S. 203.

376 Vgl.: Steffens (1815), S. 1–9; Sudhoff (1910), S. V–VIII; Eulner (1960), S. 7–31; Mocek (2005), S. 460–477.

Reiset, Jules (1818–1896). Neben Arbeiten zur Konstitution der Platinbasen wurde der französische Chemiker Reiset der Fachwelt vor allem durch seine Versuche über die Atmung der Tiere bekannt, die er unter der Federführung von Henri Victor Regnault durchführte.[377]

Reisser, Carl (?–?). Der Pharmazeut Carl Reisser, über dessen Leben sehr wenig bekannt ist, war Anfang der 1840er Jahre als wandernder Daguerreotypist tätig. Als solcher fertigte er beispielsweise noch heute erhaltene Lichtbilder von Justus Liebig sowie seiner damaligen Schülerschaft an.[378]

Reissner, Carl Wilhelm August Andreas (1818–1873). Reissner hatte von 1841 bis 1845 und nochmals im Jahr 1852 Medizin an der Universität Dorpat studiert. Von 1853 bis 1870 war er Betriebsarzt der Amelungschen Spiegelfabrik Catharina bei Woiseck, um danach bis zu seinem Tod in freier Praxis in Bolderaa zu arbeiten.[379]

Reutz, Alexander, von (1799–1862). Der Dorpater Student der Jurisprudenz (1818–1821) war nach einer zweijährigen Auslandsreise im Jahre 1824 an der Universität Tübingen zum Dr. jur. promoviert worden. Von 1825 bis 1830 hatte er an der Dorpater Hochschule eine außerordentliche Professur inne und stieg dort danach zum Ordinarius für russisches Recht auf.[380]

Reyher, Gustav Adolph (1794–1868). Er ließ sich als Verlagsbuchhändler 1826 in einem Anwesen gegenüber dem Mitauer Rathaus nieder. Bei Reyher erschienen fortan die Werke vieler Dorpater Professoren.[381]

Richter, Victor (1841–1891). Victor Richter studierte Physik und Chemie an der Universität Dorpat. Von 1864 bis 1872 war er Assistent und Dozent sowohl am technologischen Institut in St. Petersburg als auch an der dortigen Universität. 1875 über die landwirtschaftliche Anstalt Nowo-Alexandria (Polen) an die Universität Breslau gewechselt, hatte Richter hier ab 1879 eine außerordentliche Professur für Chemie inne.[382]

Ritter, Carl (1779–1859). Ritter hatte in Halle (Saale) Kameralwissenschaften studiert und gleichzeitig Vorlesungen in Theologie, Geschichte, Physik, Chemie und Medizin besucht. 1798 trat er eine Stelle an einem Frankfurter Gymnasium an und erhielt 1820, zunächst als außerplanmäßiger Professor, einen

377 Vgl.: Schaedler (1891), S. 102–103; Partington (1996), 3, S. 476; 4, S. 429.

378 Vgl.: Caesar (2003), S. 95 (6455) – 98 (6458).

379 Vgl.: Brennsohn (1905), S. 331.

380 Vgl.: Hasselblatt und Otto (1889), S. 83; Lenz (1970), S. 625.

381 Vgl.: Woischwill (1913), S. 17; Lenz (1970), S. 626; Schlau (1995), S. 205.

382 Vgl.: Hasselblatt und Otto (1889), S. 504; Poggendorff (1898), 3, S. 1120.

Ruf an die Universität Berlin, an der er dann ab 1825 als Ordinarius lehrte. Ritter gehört zu den Begründern der wissenschaftlichen Geographie.[383]

Ritter, Johann Wilhelm (1776–1810). Er arbeitete zunächst als Apotheker. 1796 begann Ritter ein Studium der Naturwissenschaften an der Universität Jena, das er in Weimar und Gotha mit privaten Forschungen fortsetzte. Ab 1805 arbeitete er an der Bayerischen Akademie der Wissenschaften in München.[384]

Rokitansky, Carl, von (1804–1878). Von Rokitansky hatte zunächst Philosophie und ab 1822 dann Medizin an den Universitäten Prag und Wien studiert. 1828 erwarb er den medizinischen Doktorgrad. Nach verschiedenen beruflichen Stationen avancierte er 1834 zum außerordentlichen und 1844 zum ordentlichen Professor der pathologischen Anatomie am Wiener Allgemeinen Krankenhaus. Trotz seiner Krasenlehre, mit der er eine eigentümliche Sicht von den Körpersäften und deren „Mischung" vertrat, gilt von Rokitansky heute mehrheitlich als einer der Begründer der naturwissenschaftlichen Pathologie.[385]

Rose, Gustav (1798–1873). Der ehemalige Bergbauschüler war 1820 in Berlin promoviert worden und hatte sich 1823 dort auch habilitiert. Ab 1826 lehrte er zunächst als außerordentlicher, dann als ordentlicher Professor für Mineralogie an der Universität Berlin, wo er ab 1856 auch Leiter des mineralogischen Instituts war. Rose gilt als wesentlicher Begründer der heute noch bestehenden Systematik für Kristalle.[386]

Rose, Heinrich (1795–1864). Heinrich Rose, der ab 1812 den Beruf des Apothekers erlernt hatte, arbeitete ab 1816 unter anderem in der späteren Schmidtschen Apotheke in Mitau. Der Schüler von Jöns Jacob Berzelius wurde 1821 promoviert, habilitierte sich ein Jahr später in Berlin und trat an der dortigen Hochschule 1835 eine ordentliche Professur für Chemie an. Roses Forschungsschwerpunkte waren die analytische und mineralogische Chemie.[387]

Rose, Wilhelm (1792–1867). Der Bruder der bekannten Professoren Heinrich und Gustav Rose war Spross einer namhaften Apotheker-Familie und besaß die Rosesche Apotheke in der Spandauer Straße, die nahe der Berliner Garnisonkirche lag.[388]

Rosen, Friedrich, von (1834–1902). An der Dorpater Universität hatte von Rosen in den Jahren zwischen 1855 und 1859 Ökonomie und Mineralogie studiert

383 Vgl.: Büttner (2001), S. 326–327.
384 Vgl.: Engelhardt (2001 b), S. 330.
385 Vgl.: Killy und Vierhaus (2001), 8, S. 373; Prüll (2006 b), S. 279–280.
386 Vgl.: Killy und Vierhaus (2001), 8, S. 387.
387 Vgl.: Rammelsberg (1866), S. 1–31; Killy und Vierhaus (2001), 8, S. 387; Fischer (2013), S. 149–151.
388 Vgl.: Friedrich (1995), S. 68.

und war dort 1867 auch promoviert worden. Später vertrat er das Fach Mineralogie als Professor an der Universität Kazan.[389]

Rudolphi, Karl Asmund (1771–1832). Er lehrte zunächst an der Universität Greifswald. Ab 1819 fungierte er als Professor für Anatomie und Physiologie an der Berliner Hochschule, wo er in der Folgezeit eine bedeutende anatomische Sammlung aufbauen sollte.[390]

Rumpf, Ludwig Daniel (1793–1862). Nachdem er das Studium der Naturwissenschaften abgeschlossen hatte, habilitierte er sich 1824. 1826 erhielt Rumpf eine ordentliche Professur für Mineralogie an der philosophischen Fakultät der Universität Würzburg. Gleichzeitig vertrat er dort auch die pharmazeutische Chemie bei den Medizinern.[391]

Ruthenberg, Maximilian (1860–?). Er hatte sein Studium an der Universität Dorpat 1883 als Kandidat der Chemie beendet, war dann zunächst in einer Fabrik in Görlitz beschäftigt und (ab 1886) Teilhaber einer „chemischen Produktionsstätte" in Riga.[392]

Saburov, Andrej (1837–1916). Der hoch gebildete russische Jurist fungierte von 1875 bis 1880 als Kurator für den Dorpater Lehrbezirk. 1880/81 war er kurzfristig auch Minister für Volksaufklärung.[393]

Salomon, Sigismund (1851–?). Salomon war nach seinem Studium der Medizin und Chemie in Dorpat ab 1875 in der chemischen Industrie tätig und später an mehreren Naphtha-Unternehmen in Baku beteiligt.[394]

Sandras, Claude-Marie (1802–1856). Sandras, der in Paris Medizin studiert hatte und 1827 promoviert worden war, versah kurzzeitig eine außerordentliche Professur an der dortigen medizinischen Fakultät. Ab 1836 arbeitete er als Arzt am „Bureau central" der Hospitäler in der französischen Hauptstadt.[395]

Santorio, Santorio (1561–1636). Das Medizinstudium in Padua schloss er mit der Promotion ab. Anschließend war er praktischer Arzt in Venedig und ab 1611 Professor für theoretische Medizin an der Universität Padua.[396]

389 Vgl.: Hasselblatt und Otto (1889), S. 473; Lenz (1970), S. 645.

390 Vgl.: Hagner (2006), S. 285–286.

391 Vgl.: Koschel und Sauer (1968), S. 11; Killy und Vierhaus (2001), 8, S. 464.

392 Vgl.: Hasselblatt und Otto (1889), S. 756.

393 Vgl.: Donnert (2007), S. 59.

394 EAD ID 81863 (oid 82938). Vgl.: Hasselblatt und Otto (1889), S. 647.

395 Vgl.: Hirsch (1962), 5, S. 13.

396 Vgl.: Poggendorff (1863), 2, Sp. 750–751; Rothschuh (1968), S. 383; Büttner (2001 b), S. 85.

Sawitsch, Alexej Nikolajewitsch (1811–1883). Sawitsch war ab 1840 Professor für Astronomie und Geodäsie an der Universität St. Petersburg sowie ab 1868 Mitglied der dortigen Akademie der Wissenschaften.[397]

Schellbach, Reinhold (1825–1857). Schellbach arbeitete nach seinem Medizinstudium in Dorpat (1844–1850) und der bei Friedrich Bidder angefertigten Dissertationsschrift als Militärarzt im Gouvernement Minsk.[398]

Schelling, Friedrich Wilhelm Joseph, von (1775–1854). Schelling, der bedeutendste Vertreter der romantischen Naturphilosophie in Deutschland, hatte ab 1790 Theologie in Tübingen studiert. Dort erwarb er 1792 den Titel eines Magisters der Philosophie und beendete sein Studium mit einer theologischen Dissertation. Später lehrte er – abgesehen von einer Tätigkeit an der Akademie der Wissenschaften in München (1806–1820) – als Professor durchweg an universitären Einrichtungen: In Jena (1798–1803), in Würzburg (1803–1806), in Erlangen (1820–1827), in München (1827–1840) und Berlin (ab 1841).[399]

Scherer, Alexander Nikolaus, von (1771–1824). Scherer hatte in Jena zunächst Theologie studiert, sich aber schon bald der Chemie zugewandt. Nach seiner Promotion (1794) hielt er in Jena und Weimar chemische Vorlesungen. Ab 1800 war er Professor für Physik an der Universität Halle (Saale). In Dorpat lehrte er 1803 kurzfristig Chemie und Pharmazie und wechselte bereits im darauffolgenden Jahr an die medico-chirurgische Akademie in St. Petersburg, wo er ebenfalls diese Fächer vertrat.[400]

Scherer, Johann Joseph, von (1814–1869). Er war in den Jahren 1842/43 Assistent Liebigs in Gießen. Ab 1847 hatte er eine ordentliche Professur für medizinische Chemie in Würzburg inne.[401]

Schiek, Friedrich Wilhelm (1790–1890). Schiek betrieb als Mechaniker eine Werkstatt in Berlin, aus der über 1.000 nach ihm benannte Mikroskope hervorgingen, die sich durch höchste optische Präzision auszeichneten.[402]

Schiel, Jakob Heinrich Wilhelm (1813–1889). Schiel, der zu Liebigs „research group" zählte, wurde 1842 in Heidelberg zum Dr. phil. promoviert. 1845

---

397 Vgl.: Poggendorff (1863), 1, Sp. 763; Poggendorff (1898), 3, S. 1175.

398 Vgl.: Hasselblatt und Otto (1889), S. 342; Grünfeld (1893), S. 22, S. 95.

399 Vgl.: Schmied-Kowarzik (1989), S. 241–262; Jacobs (2001), S. 364–365; Wolters (2004 c); S. 691–697.

400 Vgl.: Poggendorff (1863), 2, Sp. 788; Bettin (2002), S. 41–53; Past und Tankler (2007), S. 12–13.

401 Vgl.: Poggendorff (1863), 2, Sp. 790; Koschel und Sauer (1968), S. 19–21; Büttner (1978), S. 478–483; Roß (1996), S. 144; Grund (2002), S. 1–91.

402 Vgl.: Vogel (1841), S. 123–127; Poggendorff (1863), 2, Sp. 795–796; Poggendorff (1898), 3, S. 1187.

habilitierte er sich dort für Chemie und hielt bis 1848 theoretische Vorlesungen sowie praktische Übungen. 1849 ging Schiel nach Amerika. Nach seiner Rückkehr (1859) war er noch bis 1861 an der Universität Heidelberg tätig, ließ sich danach beurlauben und verzichtete schließlich 1863 auf die venia legendi.[403]

Schiller, Friedrich, von (1759–1805). Schiller hatte Rechtswissenschaften und Medizin studiert. Ab 1780 diente er als Regimentsarzt in Stuttgart, floh aber 1782 aus dieser Stellung und erhielt eine Position als Theaterdichter in Mannheim. Danach arbeitete er literarisch in Leipzig bzw. Dresden und zog 1787 nach Weimar, wo er durch Herzog Karl August I. zum „Fürstlichen Rat" ernannt wurde. Der Vermittlung seines Freundes Goethe verdankte er eine (Geschichts-)Professur an der Universität Jena. Von 1799 bis zu seinem frühen Tod ließ sich Schiller dann wieder in Weimar nieder.[404]

Schilling, Carl (1839–1888). Er hatte von 1859 bis 1863 an der Universität Dorpat Rechtswissenschaften studiert, war danach kurzzeitig Sekretär des kurländischen Oberhofgerichtes und fungierte schließlich von 1865 bis 1888 als Oberhofgerichts-Advokat in Mitau.[405]

Schlegel, August Wilhelm, von (1767–1845). Schlegel hatte in Göttingen Theologie und Philosophie studiert und betätigte sich anschließend als Hauslehrer, Schriftsteller, Kritiker, Rezensent und Übersetzer. Zwischen 1797 und 1810 erschienen von ihm 14 Shakespeare-Dramen in deutscher Sprache. Nach seiner Berufung als Professor für Literatur an die Bonner Universität (1818) widmete sich Schlegel verstärkt der indischen Philologie.[406]

Schleiden, Matthias Jacob (1804–1881). Schleiden hatte zunächst Jurisprudenz in Heidelberg und ab 1832 Medizin in Göttingen und Berlin studiert. Nach Professuren in Jena (1840–1862) und Dorpat (1863/64) war er ab 1864 als Privatgelehrter unter anderem in Dresden, Frankfurt (Main) und Wiesbaden tätig. Schleiden gilt heute gemeinsam mit Theodor Schwann als Begründer der modernen „Zellentheorie".[407]

Schloßberger, Julius Eugen (1819–1860). Schloßberger, der Medizin studiert hatte, arbeitete als Assistent in den chemischen Laboratorien Liebigs (1843/44), Mulders (1845) und Heinrich Roses (1846). Ab dem Wintersemester 1846/47

403 Vgl.: Curtius und Rissom (1908), S. 24–25; Fruton (2001), S. 382–383.

404 Vgl.: Meyer (1998), 19, S. 160–162; Koopmann (2001), S. 366–368.

405 Vgl.: Lenz (1970), S. 678.

406 Vgl.: Paulin (2001), S. 659–660.

407 Vgl.: Jahn (2004), S. 256–259.

nahm er seine Lehrtätigkeit als Professor der Chemie an der Universität Tübingen auf.[408]

Schlosser, Theodor (1822–1907). Nach einer Lehre in der Wiener väterlichen Apotheke studierte er ab 1843 Chemie an den Universitäten Gießen und Berlin. Aufenthalten in Paris und London folgte 1848 die Promotion in Wien. Später arbeitete Schlosser als Gerichtschemiker, Verbandsvertreter und als wissenschaftlicher und praktischer Pharmazeut.[409]

Schmal(t)z, Johann Friedrich (1781–1847?). Er war gelernter Landwirt und hatte vor seiner Berufung an die Dorpater Hochschule unter anderem als Administrator eines Gutes im Erzgebirge und als Gutspächter in Thüringen gearbeitet. In Dresden und Jena bildete er sich durch Vorlesungsbesuche auf den Gebieten der Architektur, Technologie und Chemie weiter. Als ordentlicher Professor der Ökonomie und Technologie in Dorpat (1829–1845) gründete er 1834 ein (privates) landwirtschaftliches Institut auf dem Gut Alt-Kusthof nahe Tartu und förderte so die praktische Ausbildung der Landwirte durch den engen Kontakt zur heimischen Landwirtschaft.[410]

Schmidt, Adelheide Amalie Wilhelmine (1853–1917). „Alice" war das älteste Kind von Antonie Elisabeth Sophie, geb. v. Hueck, und Ernst Carl Heinrich Schmidt. Sie blieb ledig.[411]

Schmidt, Alexander (1831–1894). Er hatte in Dorpat Medizin studiert und sich dort 1862 habilitiert. Von 1864 bis 1868 war er an der Dorpater Hochschule Dozent für physiologische Chemie. 1869 wurde er als ordentlicher Professor für Physiologie Nachfolger seines Lehrers Friedrich Bidder.[412]

Schmidt, Amalie Ernestine (1830–1872). Die unverheiratete Amalie war eine Tochter des Apothekers Christoph Heinrich Schmidt aus dessen erster Ehe mit Caroline Dorothea Adelheid, geb. Bursy, und folglich eine Schwester Carl Schmidts. Sie arbeitete von 1851 bis 1855 als Gouvernante in Estland. Nach ihrer Rückkehr war sie als Hilfslehrerin in Mitau beschäftigt. Diese Tätigkeit gab sie Ende 1857 auf, um ihrer Schwester Thekla Lichtenstein in Hasenpoth

408 Vgl.: Heße und Heuser (1988), S. 14–15.

409 Vgl.: Killy und Vierhaus (2001), 8, S. 686.

410 Vgl.: Lenz (1970), S. 684–685; Järvesoo (1987), S. 202–203.

411 EAA 1253/1/52, S. 5 (1853); EAA 1254/1/78, S. 1 (1917); RGIA 733/121/979, S. 707; ArBBAdW Nachlass Ostwald, Nr. 2660: Brief Schmidts an Ostwald vom 8./20. September 1893. Vgl.: Roß und Hansel (2000), S. 85; Anlage 7, Nr. 3 dieser Untersuchung.

412 EAA 402/3/1885; EAA 402/5/591. Vgl.: Schmidt (1929), S. 63–71; Käbin (1986), S. 100–113; Fischer (2012), S. 249–252.

als Hilfe zur Seite zu stehen. Später pendelte sie zwischen dem elterlichen Haus in Mitau und Hasenpoth, wann immer ihre Hilfe dort benötigt wurde.[413]

Schmidt, Antonie Thekla Ellen (1902–1986). Sie war die Tochter von Carl Schmidt jun. und seiner Ehefrau Friederike, geb. Hesselberg. Im April 1923 heiratete sie den französischen Kolonialbeamten Henri Abel.[414]

Schmidt, Carl jun. (1859–1938). Der zweite Sohn Ernst Carl Heinrich und Antonie Elisabeth Sophie Schmidts hatte an den Universitäten Dorpat und Berlin studiert. In Berlin war er zunächst ab 1882 für „Allgemeine Wissenschaften, insbesondere für Mathematik und Naturwissenschaften“, ab 1886 dann für „Maschinen- und Ingenieurwesen mit Einschluß des Schiffbaus“ unter der Matrikel-Nr. 2735 eingeschrieben. Ab 1887 arbeitete Schmidt als „Beamter“ der „Edison-Gesellschaft“ in Berlin und ab 1890 dann als Ingenieur in Schuckerts Elektrischen Werken (Nürnberg). Am 10. Juni 1900 heiratete er Caroline Friederike Hesselberg. Am 27. März 1912 trat er seinen Dienst bei den Siemens-Schuckertwerken in Berlin an und war bis zu seiner Pensionierung am 30. September 1928 hier vor allem mit der Planung von Zentralanlagen und Fragen des Großkraftwerksbetriebs befasst.[415]

Schmidt, Carl III. (1897–?). Der 1897 geborene Carl Schmidt III. war der Sohn von Oskar Schmidt und seiner Frau Adele, geb. Strauß.[416]

Schmidt, Christoph Heinrich (1787–1866). Der Vater Ernst Carl Heinrich Schmidts hatte bereits während seiner Ausbildung in der Kummerauschen (Hof-)Apotheke in Mitau gearbeitet, die damals weit über die Grenzen Kurlands hinaus als Institution galt. Nach bestandenem Provisor-Examen in Dorpat unterstand ihm diese „Offizin“ seit 1817. Im Jahr 1837 erwarb er die

413 LVVA 235/5/27, S. 251 (1830); LVVA 5759/2/1107, S. 204 (Rückseite) - 205, S. 208. Persönliche Mitteilung von Bernhard und Friedrich von Bursy. Vgl.: Anlage 1, Nr. 12 dieser Untersuchung.

414 Persönliche Mitteilung von Frau Helga von Grabe und Herrn Werner Schmidt. Vgl.: Anlage 7, Nr. 18 dieser Untersuchung.

415 RGIA 733/121/979, S. 707; EAA 402/2/21997; Familienarchiv Helga von Grabe: Abgangszeugnis der Königlich Technischen Hochschule zu Berlin, Nr. 2194 vom 16. Juni 1887; Zeugnis der Siemens-Schuckertwerke AG, Berlin–Siemensstadt, 30. September 1928 (ZV 9 Pb/AZ 12); EAA 1674/2/370, ohne S.; EAA 1674/2/371, ohne S.; Familienarchiv Werner Schmidt: Liste der Eheschließungen der Rigaer Ev.-Luth. Kathedrale, Nr. 88, 1900; Pfarramt der Ev. Kirchengemeinde in Meran, Band 15, S. 38, vom 27. Januar 1913; persönliche Mitteilung der Technischen Universität Berlin vom 8. Januar 2007. Vgl.: Hasselblatt und Otto (1889), S. 416, S. 781; Anlage 7, Nr. 16 dieser Untersuchung.

416 Persönliche Mitteilung von Frau Helga von Grabe. Vgl.: Anlage 7, Nr. 6 dieser Untersuchung.

(Hof-)Apotheke und verwaltetet sie bis zu seinem Tod im September 1866 selbstständig. Christoph Heinrich Schmidt heiratete am 26. Juni 1821 Caroline Dorothea Adelheid Bursy und nach deren Tod (20. April 1835) am 3. Mai 1836 eine ihrer jüngeren Schwestern, nämlich Wilhelmina Amalie Henriette Adelheid Bursy.[417]

Schmidt, Christoph Heinrich jun. (1849–1850). Das Patenkind Ernst Carl Heinrich Schmidts, das gleichzeitig auch sein Stiefbruder war, starb bereits im Säuglingsalter.[418]

Schmidt, Clara Maria Wilhelmina (1832–1844). Diese Schwester Enst Carl Heinrich Schmidts starb schon mit 12 Jahren.[419]

Schmidt, Emilie Henriette (1844–1845). Sie war eine im Säuglingsalter gestorbene Stiefschwester Carl Schmidts aus der Ehe seines Vaters Christoph Heinrich Schmidt mit „Mina", geb. Bursy.[420]

Schmidt, Ernst Carl Heinrich (1822–1894). Das erste Kind Christoph Heinrich und „Ida" Schmidts hatte von 1838–1841 eine Lehre als Apothekergehilfe bei Wilhelm Rose in Berlin absolviert und immatrikulierte sich dann für das Fach Medizin an der dortigen Hochschule. Schmidt setzte seine Studien 1843/44 bei Justus Liebig in Gießen fort, wo er 1844 zum Dr. phil. promoviert wurde. Auf Empfehlung Liebigs wechselte er nach Göttingen zu Friedrich Wöhler, Rudolph Wagner und Julius Vogel, um im Jahr 1845 seinen medizinischen Doktorgrad zu erwerben. Schmidt erhielt 1846 eine Privatdozentur für physiologische und pathologische Chemie an der Universität Dorpat und hatte hier später vorübergehend die Professur für Pharmazie inne. Von 1852–1892 wirkte er schließlich als ordentlicher Professor für Chemie und Direktor des Dorpater chemischen Universitäts-Laboratoriums. Am 7. Dezember 1851 heiratete er Antonie Elisabeth Sophie von Hueck, eine Tochter des Dorpater Anatomie-Professors Alexander Friedrich von Hueck und seiner Ehefrau Amalie, geb. von Jencken.[421]

417 LVVA 235/5/73, S. 82 (1787); LVVA 235/5/56, S. 33 (1803); LVVA 235/5/59, S. 125 (1821); LVVA 235/2/960, S. 9–10 (1835); LVVA 235/2/961, S. 162–163 (1866). Vgl.: Otto (1915), S. 192; Anlage 1, Nr. 3 dieser Untersuchung.

418 LVVA 235/2/956, S. 16 (oder S. 76) (1849); LVVA 235/2/961, S. 32–33 (1850). Vgl.: Anlage 1, Nr. 24 dieser Untersuchung.

419 LVVA 235/5/27, S. 270 (1832); LVVA 5759/2/1107, S. 204 (Rückseite) – 205; persönliche Mitteilung von Bernhard und Friedrich von Bursy. Vgl.: Anlage 1, Nr. 13 dieser Untersuchung.

420 LVVA 235/2/955 S. 155 (1844); LVVA 235/2/960, S. 36–37 (1845). Vgl.: Anlage 1, Nr. 23 dieser Untersuchung.

421 EAA 402/2/22006; EAA 402/3/1888. Vgl.: Zaleski (1894), S. 963–978; Past und Tankler (2007), S. 24–30; Roß (2007), S. 199–200; Fischer (2013), S. 168–171; Anlage 1, Nr. 6 und Anlage 7, Nr. 1 dieser Untersuchung.

Schmidt, Gottliebe Maria Dorothea Adelheide (1823–1834). Diese Schwester Ernst Carl Heinrich Schmidts, die nur ein Jahr jünger war als er selbst, starb aber schon mit 11 Jahren an einem Herzfehler.[422]

Schmidt, Heinrich Rudolph (1826–1889). Der zweite Sohn Christoph Heinrich und „Ida" Schmidts hatte Pharmazie an der Universität Dorpat studiert und 1851 sein Provisor-Examen abgelegt. Ab 1852 war Rudolph in der väterlichen Apotheke in Mitau tätig, übernahm diese 1866 nach dem Tod seines Vaters und verkaufte sie schließlich 1873 an Johann Friedrich Drexler. Von 1875 bis 1888 besaß Rudolph Schmidt ein Magazin für optische Geräte und Gummiwaren in Mitau. Er starb an einem Magenleiden. Zu seinem Bruder Ernst Carl Heinrich Schmidt und dessen Familie in Dorpat hatte der ledige Rudolph ein gutes Verhältnis.[423]

Schmidt, Hermann Otto (1828–1829). Dieses Kind der Eheleute „Ida" und Christoph Heinrich Schmidt starb bereits im Säuglingsalter.[424]

Schmidt, Johanna Maria (1825–1834). Ernst Carl Heinrich Schmidt verlor seine jüngere Schwester, die nur acht Jahre alt wurde, infolge einer Maserninfektion.[425]

Schmidt, Julius Ernst Carl Maximilian (1905–1988). Maximilian Schmidt war das dritte Kind von Friederike, geb. Hesselberg, und Carl Schmidt jun. Seine erste Ehe mit Elisabeth Werdemann wurde 1948 geschieden. Am 23. Dezember 1948 heiratete er Erna Harte. Aus beiden Verbindungen gingen insgesamt sechs Kinder hervor.[426]

Schmidt, Levin Michael (1740–1815). Der Großvater Ernst Carl Heinrich Schmidts hatte an der Universität Leipzig studiert, wurde Rektor in Goldingen und war ab 1871 Adjunkt des dortigen deutschen Predigers. Ab 1782

---

422 LVVA 235/5/27, S. 180 (1823); LVVA 235/2/960, S. 2–3 (1834). Vgl.: Anlage 1, Nr. 8 dieser Untersuchung.

423 LVVA 235/5/27, S. 216 (1827); LVVA 235/6/489, S. 66–67 (1889). Vgl.: Hasselblatt und Otto (1889), S. 403; Otto (1915), S. 138, S. 192; Anlage 1, Nr. 10 dieser Untersuchung.

424 LVVA 235/5/27, S. 228 (1828); LVVA 5759/2/1107, S. 204 (Rückseite) – 205; persönliche Mitteilung von Bernhard und Friedrich von Bursy. Vgl.: Anlage 1, Nr. 11 dieser Untersuchung.

425 LVVA 235/5/27, S. 203 (1825); LVVA 235/2/960, S. 3–4 (1834). Vgl.: Anlage 1, Nr. 9 dieser Untersuchung.

426 Familienarchiv Werner Schmidt: Liste der Geborenen und Getauften der Ev.-Luth. Gemeinde St. Anna zu Petrograd; persönliche Mitteilung von Frau Helga von Grabe. Vgl.: Anlage 7, Nr. 20 dieser Untersuchung.

hatte er das Amt des Pastors in Goldingen inne. Er war verheiratet mit Margarethe Elisabeth Brasche.[427]

Schmidt, Maria Dorothea (1838–1879). Sie war eine Tochter Christoph Heinrich Schmidts und seiner zweiten Ehefrau Wilhelmina, geb. Bursy, und somit eine Stiefschwester Ernst Carl Heinrich Schmidts. Am 28. Juli 1860 heiratete sie Dr. Oswald Chomse.[428]

Schmidt, Marie (1856–1946). Sie wurde innerhalb der Familie „Mary" genannt und war das dritte Kind von Antonie Elisabeth Sophie, geb. v. Hueck, und Ernst Carl Heinrich Schmidt, „Mary" verband sich später mit dem Arzt Christoph Ferdinand Waldhauer. Aus dieser Ehe gingen sechs Kinder hervor, auf die ihr Großvater sehr stolz war. Er berichtete über sie beispielsweise in seinen Briefen an Wilhelm Ostwald. Nach dem frühen Tod ihres Mannes zog Marie Waldhauer zu ihrem Sohn Oskar, dem Direktor der Antikensammlung der Eremitage. Auch ihre Töchter Edith und Marie sowie deren Ehemänner Werner v. Oettingen und Erich Hoffmann lebten damals in St. Petersburg.[429]

Schmidt, Oskar Ferdinand Gustav (1903–1991). Er war der zweite Sohn von Friederike, geb. Hesselberg, und Carl Schmidt jun. und mit Charlotte Ziehm verheiratet. Die Ehe blieb kinderlos.[430]

Schmidt, Oskar Friedrich Heinrich (1854–1917). Der älteste Sohn Ernst Carl Heinrich und Antonie Elisabeth Sophie Schmidts hatte Medizin in Dorpat, Wien und Prag studiert. Er wurde 1879 in Dorpat zum Dr. med. promoviert. Von 1880 bis 1887 war Oskar Schmidt Ordinator am Moskauer Findelhaus. Ab 1890 arbeitete er als praktischer Arzt in Moskau und war dort wahrscheinlich bis 1911 tätig. Oskar bewohnte bis 1912 zunächst ein eigenes Haus in der B. Kozlovski Straße und nach dessen Verkauf Wohnungen in der M. Lubianka (1912–1913) und der Chistye Prudy in Moskau. Er heiratete

427 LVVA 235/5/73, S. 82 (1787); LVVA 5759/2/1107, S. 204 (Rückseite) – 205; Familienarchiv Bernhard von Bursy: Ahnenpaß der Thekla v. Bursy, geb. Schmidt, S. 14. Vgl.: Anlage 1, Nr. 1 dieser Untersuchung.

428 LVVA 235/2/955, S. 85 (1838); LVVA 5759/2/1107, S. 204 (Rückseite) – 205; persönliche Mitteilung von Bernhard und Friedrich von Bursy. Vgl.: Anlage 1, Nr. 18 dieser Untersuchung.

429 RGIA 733/121/979, S. 707; ArBBAdW Nachlass Ostwald, Nr. 2660: Briefe Schmidts an Ostwald vom 13./25 September 1892 und vom 2./14. Januar 1894 (Roß und Hansel [2000], S. 77, S. 87); Familienarchiv Christiane Benke: „Unsere Kindheit". Ein Bericht der drei Kinder von Erich Hoffmann und Marie, geb. Waldhauer. Vgl.: Anlage 7, Nr. 8 dieser Untersuchung.

430 Familienarchiv Werner Schmidt: Sterbeurkunde des Standesamts Ehingen vom 28. Januar 1991; persönliche Mitteilung von Frau Helga von Grabe. Vgl.: Anlage 7, Nr. 19 dieser Untersuchung.

1896 die Kaufmannstochter Adele Strauß, mit der er zwei Söhne hatte, nämlich Carl III und Oskar jun.[431]

Schmidt, Oskar jun. (1900–?). Oskar Schmidt war der zweite Sohn von Oskar Friedrich Heinrich Schmidt und Adele, geb. Strauß.[432]

Schmidt, Thekla (1870–1946). Thekla war das Nesthäkchen im Hause von Antonie Elisabeth Sophie und Ernst Carl Heinrich Schmidt in Dorpat. Sie vermählte sich am 16. August 1897 mit Johann Wilhelm Bernhard von Bursy, einem Sohn Friedrich Reinhold von Bursys und der Wilhelmina Ulrica, geb. Schmidt, einer der Stiefschwestern Carl Schmidts.[433]

Schmidt, Thekla Adelheide Johanna (1834–1914). Diese Schwester Ernst Carl Heinrich Schmidts, die wahrscheinlich die Patentante seiner Tochter Thekla war, heiratete im Juli 1856 den Apotheker Karl Gottlieb Lichtenstein.[434]

Schmidt, Wilhelmina Ulrica (1841–1930). Sie war eine der beiden Töchter aus der Ehe „Minas", geb. Bursy, und Christoph Heinrich Schmidts, die das Erwachsenenalter erreichte. Die Stiefschwester Ernst Carl Heinrich Schmidts heiratete am 29. Dezember 1860 den Kameralhofbeamten Friedrich Reinhold Bursy.[435]

Schmiedeberg, Oswald (1838–1921). Schmiedeberg, ein Schüler Ernst Carl Heinrich Schmidts und Rudolf Buchheims, hatte von 1860 bis 1866 in Dorpat Medizin studiert, wurde dort 1867 zum Privatdozenten ernannt und bekleidete von 1869 bis 1872 die Professur für Pharmakologie an der Dorpater Universität. 1872 erhielt er einen Ruf an die Universität Straßburg, dem er folgte. Hier lehrte er bis zum Jahr 1918 als Professor der Pharmakologie und stand als Direktor dem pharmakologischen Institut vor.[436]

---

431 EAD ID 76962 (oid 77916); EAA 402/2/22031; EAA 402/2/22032; RGIA 733/121/979, S. 707. Vgl.: Hasselblatt und Otto (1889), S. 669; N. N. (1900–1917), passim; Anlage 7, Nr. 4 dieser Untersuchung.

432 Persönliche Mitteilung von Frau Helga von Grabe. Vgl.: Anlage 7, Nr. 7 dieser Untersuchung.

433 EAD ID 1352 (oid 1377); RGIA 733/121/979, S. 707; Familienarchiv Bernhard von Bursy: Sterbeurkunde des Standesamts Naumburg (Saale), Nr. 1140/1946. Vgl.: Anlage 7, Nr. 21 dieser Untersuchung.

434 LVVA 235/2/955, S. 14 (1834); LVVA 5759/2/1107, S. 204 (Rückseite) – 205; persönliche Mitteilung von Bernhard und Friedrich von Bursy. Vgl.: Anlage 1, Nr. 14 dieser Untersuchung.

435 LVVA 235/2/955, S. 125 (1841); Familienarchiv Bernhard von Bursy: Auszug aus dem Sterberegister der ev.-luth. Kirche St. Trinitatis, Stadtgemeinde in Mitau, Jahrgang 1930, Nr. 20; LVVA 5759/2/1107, S. 204 (Rückseite) – 206; persönliche Mitteilung von Bernhard und Friedrich von Bursy. Vgl.: Anlage 1, Nr. 21 dieser Untersuchung.

436 Vgl.: Käbin (1986), S. 157–168; Killy und Vierhaus (2001), 9, S. 27.

Schönlein, Johann Lucas (1793–1864). Schönlein hatte in Landshut und Würzburg von 1811 bis 1816 Medizin studiert und habilitierte sich nach zwei Praxisjahren in verschiedenen Städten 1817 an der Würzburger Hochschule. Später lehrte er an dieser Universität als Ordinarius für spezielle Pathologie und Therapie und war gleichzeitig ärztlicher Leiter des Juliushospitals. Von 1833 bis 1840 wirkte er an der Universitätsklinik Zürich, um dann einem Ruf an die Berliner Charité zu folgen. Nach seinem Ausscheiden aus dem Staatsdienst (1859) kehrte der Begründer der naturhistorischen Schule in seine Geburtsstadt Bamberg zurück.[437]

Schorlemmer, Carl Ludwig (1834–1892). Der Chemiker Schorlemmer war zunächst Assistent am Owens College in Manchester, wo er ab 1874 als Professor für organische Chemie lehrte.[438]

Schroeder, Julius, von (1843–1895). Von Schroeder studierte Chemie in Dorpat, und war danach drei Jahre Laborant an dieser Hochschule. Nach einer weiteren Station in Heidelberg wurde er Professor für Chemie an der Forstakademie in Tharandt.[439]

Schroeder, Woldemar, von (1850–1898). Woldemar von Schroeder hatte Medizin und Chemie studiert. Ab 1883 trat er als Privatdozent der Pharmakologie an der Universität Straßburg auf und vertrat dieses Fach dann ab 1890 als ordentlicher Professor an der Heidelberger Hochschule.[440]

Schubarth, Ernst Ludwig (1797–1868). Der Mediziner und Naturwissenschaftler war von 1819 bis 1824 Privatdozent und danach außerordentlicher Professor an der Universität Berlin. Von 1821 bis 1849 und wieder ab 1856 lehrte er zudem Naturwissenschaften am Königlichen Gewerbe-Institut.[441]

Schulz, (C)Karl (1818–1849). Nach dem Studium der Theologie an der Dorpater Universität (1837–1842) war Schulz Lehrer und Vorsteher an einer privaten Lehr- und Pensions-Anstalt in Mitau. Am 28. Juni 1844 heiratete er Johanna von Bursy, eine Tochter des Arztes und Staatsrates Carl von Bursy und seiner Frau Anna, geb. v. Dieterichs.[442]

---

437 Vgl.: Bleker (1981), S. 40–80; Bleker (1991), S. 81–94; Bauer (2001), S. 98.

438 Vgl.: Engels et al. (1989), S. 350.

439 Vgl.: Hasselblatt und Otto (1889), S. 540; Lenz (1970), S. 700.

440 Vgl.: Hasselblatt und Otto (1889), S. 625; Lenz (1970), S. 702.

441 Vgl.: Poggendorff (1863), 2, Sp. 849; Poggendorff (1898), 3, S. 1215; Roß (2002 b), S. 136.

442 LVVA 5759/2/1107, S. 205 (Rückseite) – 206. Vgl.: Hasselblatt und Otto (1889), S. 273.

Schulz, Maria Magdalena (?–?). Marie Magdalena Schulz war verheiratet mit dem Pastor Ernst Daniel Bursy. Das Ehepaar hatte 10 Kinder, zu denen unter anderem die beiden Frauen Christoph Heinrich Schmidts gehörten.[443]

Schwabe, Ludwig (1835–1908). Er bekleidete von 1863 bis 1872 die Professur für klassische Philologie an der Universität Dorpat. Danach lehrte er an der Tübinger Hochschule.[444]

Schwann, Theodor Ambrose Hubert (1810–1882). Nach dem Studium der Medizin, Naturwissenschaften, Mathematik und Philosophie in Bonn, Würzburg und Berlin wurde Schwann 1834 mit einer bei Johannes Müller angefertigten Dissertationsschrift promoviert. Ab 1839 hatte er eine Professur für Anatomie und Physiologie an der Universität Löwen inne. 1848 wechselte Schwann als Professor für Anatomie an die belgische Staatsuniversität in Lüttich. Ab 1858 schließlich wirkte er hier als Professor für Physiologie und zeitweise auch als Fachvertreter für allgemeine Anatomie und Embryologie (1858–1872).[445]

Schwartz, August Wilhelm Theodor (1825–1904). Er hatte von 1845 bis 1848 Philosophie und danach Theologie an der Universität Dorpat studiert. Im Jahre 1852 erwarb er den Grad eines Kandidaten der Theologie. Später bekleidete er von 1855 bis 1891 das Amt des Pastors an der St. Johannis-Kirche in Dorpat.[446]

Scribe, Augustin Eugène (1791–1861). Er schrieb, teilweise mit zahlreichen Mitarbeitern, mehr als 400 geistreiche Lustspiele und Texte zu Opern.[447]

Senff, Theodor Eduard (1845–1896). Nach einem Studium der Chemie an der Universität Dorpat (1864–1870) fand Senff sein Auskommen zunächst bis 1880 als Laborant am dortigen chemischen Kabinett. Danach hatte er als Chemiker eine Position in einem Moskauer Unternehmen inne.[448]

Shakespeare, William (1564–1616). Herkunft und Leben des führenden englischen Dramatikers liegen bis heute weitgehend im Dunklen. Ab etwa 1589 dürfte der Schauspieler und Dichter in London gelebt und gearbeitet haben, wo er ab 1599 auch Teilhaber an verschiedenen Theatern war. Um 1612 zog er nach Stratford, um sich rund ein Jahr später gänzlich vom Theaterleben zu

443 LVVA 235/5/56, S. 33 (1803); LVVA 235/5/59, S. 20 (1807); LVVA 235/5/59, S. 125 (1821); LVVA 5739/2/1107, S. 205 (Rückseite) – 206. Vgl.: Lenz (1970), S. 133.

444 Vgl.: Amburger (1987), S. 400; Donnert (2007), S, 131.

445 Vgl.: Bergdolt (2001), S. 222–223; Gradmann (2006), S. 295.

446 Vgl.: Lenz (1970), S. 710.

447 Vgl.: Meyer (1998), 19, S. 316.

448 Vgl.: Hasselblatt und Otto (1889), S. 576; Theodor Eduard Senff. Verfügbar unter: https://www.geni.com/people/Theodor-Eduard-Senff/6000000034730731636. Letzter Zugang: 30. Oktober 2017.

verabschieden. Durch seine zahlreichen Historien- oder „Königs-Dramen", Tragödien und Komödien erlangte Shakespeare Weltgeltung.[449]

Siebold, Eduard Kaspar Jakob (1801–1861). Dem Medizinstudium in Berlin und Göttingen folgte 1826 die Promotion in Berlin, wo er 1827 auch für Geburtshilfe habilitiert wurde. Nach kurzer Tätigkeit in Berlin erhielt er 1829 einen Ruf als ordentlicher Professor für Geburtshilfe nach Marburg und wechselte 1833 auf den entsprechenden Lehrstuhl in Göttingen.[450]

Siller, Eduard (1801–1854). Siller war Apotheker und erwarb an der Universität Jena den philosophischen Doktorgrad. Von 1843 bis 1850 war er der erste Inhaber des selbstständigen Lehrstuhls der Pharmazie an der Dorpater Universität.[451]

Simon, Johann Franz (1807–1843). Er war zunächst Apotheker und studierte später Chemie in Berlin. Ab 1840 oblag es Simon, den Studenten während Schönleins Unterricht klinisch-chemische Untersuchungen direkt am Krankenbett zu demonstrieren.[452]

Skoda, Joseph (1805–1881). Skoda hatte Medizin in Wien studiert und wurde dort 1831 promoviert. Ab 1832 wirkte er – mit Unterbrechungen – am Wiener Allgemeinen Krankenhaus. Hier stieg er 1846 zum Primarius auf und lehrte bis 1871 als Professor an der medizinischen Klinik in der eigens für ihn geschaffenen Station für Brustkranke. Skoda wurde vor allem bekannt durch die Weiterentwicklung physikalischer Untersuchungsmethoden wie Auskultation und Perkussion. Heute gilt er als einer der (Neu-)Begründer der physikalischen Diagnostik.[453]

Smith, Adam (1723–1790). Der englische Nationalökonom und Philosoph etablierte im Rahmen seiner Arbeitswerttheorie, nach der die menschliche Arbeit und die Arbeitsteilung als Quellen des Wohlstandes einer Nation gelten, als einer der ersten die klassische Nationalökonomie. Neben dem volkswirtschaftlichen „Wealth of Nations" (1776) ist die „Theory of Moral Sentiments" (1759) Smiths philosophisches Hauptwerk.[454]

Smith, Watson (?–?). Bei Watson Smith handelte es sich wohl um einen „consulting chemist" am Owens College in Manchester, der verschiedene Arbeiten über analytische Techniken veröffentlichte.[455]

449 Vgl.: Meyer (1998), 20, S. 79–81.

450 Vgl.: Pagel (1901), Sp. 1589; Killy und Vierhaus (2001), 9, S. 307–308.

451 Vgl.: Siilivask (1985), S. 126; Käbin (1986), S. 132.

452 Vgl.: Bleker (1981), S. 132–133; Sepke (1984), S. 68–71; Roß (1996), S. 142–143.

453 Vgl.: Killy und Vierhaus (2001), 9, S. 346; Schneck (2006 b), S. 304.

454 Vgl.: Sellien und Sellien (1988), 2, Sp. 1491.

455 Vgl.: Broad (1981), S. 41.

Sohn, Carl Ferdinand (1805–1867). Der spätere Maler hatte ab 1823 an den Akademien in Berlin und Düsseldorf studiert. Ab 1832 unterrichtete er an der Düsseldorfer Kunstakademie.[456]

Spiegel, Carl (1837–?). Carl Spiegel hatte Chemie an der Universität Dorpat studiert und leitete, nach Vervollkommnung seiner akademischen Ausbildung in Paris und Edinburgh, ab 1867 seine eigene chemische Fabrik in St. Petersburg.[457]

Sponholz, Hermann (1839–1891). Er hatte von 1868 bis 1870 Pharmazie in Dorpat studiert und war danach als Provisor in verschiedenen Apotheken tätig.[458]

Sponholz, Konrad (1863–1930). Er verließ die Universität Dorpat als Kandidat der Chemie, um danach am dortigen chemischen Laboratorium in den Jahren 1887 bis 1895 als Laborant bzw. „Direktor-Gehilfe" zu arbeiten. Ab 1897 leitete Sponholz die Landwirtschaftliche Versuchsanstalt der „Kaiserlichen Livländischen Gemeinnützigen und Ökonomischen Societät" in Dorpat.[459]

Sprengel, Carl (1787–1859). Sprengel hatte Naturwissenschaften in Göttingen studiert und wurde dort 1827 zum Privatdozenten für Agrikulturchemie ernannt. Ab 1831 lehrte er als Privatdozent und ab 1835 als Professor für Landwirtschaft am Collegium Carolinum in Braunschweig. 1842 schließlich avancierte er zum Leiter des landwirtschaftlichen Lehrinstituts (ab 1846 Landakademie) in Regenwalde.[460]

Stackelberg, Alexander, von (1833–1898). Freiherr von Stackelberg versah seinen Dienst ab 1853 unter anderem im Justizministerium in St. Petersburg und war von 1865 bis 1873 kurländischer Gouvernements Staats- und Oberstaatsanwalt. Von 1880 bis 1883 bekleidete er das Amt des Kurators für den Dorpater Lehrbezirk.[461]

Stackmann, Friedrich (1822–1898). Stackmann hatte an der Universität Dorpat Ökonomie studiert (1843/44), um sich danach von 1844 bis 1849 der Medizin mit anschließender Promotion (1850) zuzuwenden. Als Arzt arbeitete er überwiegend im Militärdienst, so z. B. von 1882 bis 1888 als Oberarzt am Militärhospital in Wilna.[462]

Staedeler, Georg Andreas (1821–1871). Er war von 1849 bis 1853 Privatdozent bzw. außerordentlicher Professor für Chemie in Göttingen. Ab 1852 leitete

456 Vgl.: Killy und Vierhaus (2001), 9, S. 361.
457 Vgl.: Hasselblatt und Otto (1889), S. 473.
458 EAD ID 78300 (oid 79225). Vgl.: Hasselblatt und Otto (1889), S. 616.
459 Vgl.: Lenz (1970), S. 742.
460 Vgl.: Höxtermann und Schmidt (2000), S. 961; Killy und Vierhaus (2001), 9, S. 418.
461 Vgl.: Lenz (1970), S. 745.
462 Vgl.: Grünfeld (1893), S. 21, S. 95; Lenz (1970), S. 754–755.

Staedeler das dortige physiologisch-chemische Laboratorium und wechselte im darauffolgenden Jahr als Professor für Chemie an die Universität Zürich.[463]

Stahl, Georg Ernst (1659–1734). Ernst Georg Stahl hatte Medizin in Jena studiert und wurde dort 1684 promoviert. Nach kurzer Lehrtätigkeit wirkte er als herzoglicher Leibarzt in Weimar. 1694 folgte Stahl einem Ruf als Professor für Medizin an die neu gegründete Universität Halle (Saale). 1715 wurde er zum ersten Leibarzt von König Friedrich Wilhelm I. von Preußen und zum Präsidenten des Collegiums Medicum in Berlin ernannt.[464]

Steffens, Hendrik (1773–1845). Steffens studierte Naturwissenschaften in Kopenhagen und Kiel. Er kam 1798 in Jena mit dem romantischen Kreis um Goethe, Schelling und Schlegel in Berührung, was sein Denken und seine Persönlichkeit fortan prägen sollte. Über Halle (Saale) (ab 1804 ordentlicher Professor für Naturphilosophie, Physiologie und Mineralogie) und Breslau (ab 1811 Professor für Physik und Naturphilosophie) gelangte Steffens durch die persönliche Bekanntschaft mit dem preußischen Thronfolger schließlich im Sommer 1832 an die Universität Berlin, wo er bis zu seinem Tod 1845 lehrte.[465]

Steller, Georg Wilhelm (1709–1746). Steller, der in Wittenberg, Leipzig, Halle (Saale) und Jena Theologie, Naturwissenschaften und Medizin studiert hatte, wurde 1734 Haus- und Leibarzt des Erzbischofs von Nowgorod. 1737 nahm er als Gehilfe der Akademie der Wissenschaften in St. Petersburg an der großen Expedition zur Erforschung Nord-Asiens unter der Führung des dänischen Forschers Vitus Jonassen Bering teil. 1741/42 bereiste Steller zusammen mit Bering die Südküste Alaskas und weilte in den Jahren 1742 bis 1744 in Kamtschatka.[466]

Stöckhardt, Julius Adolph (1809–1886). Nach einer Apothekerlehre studierte Stöckhardt ab 1832 Pharmazie in Berlin und beendete diese Ausbildung 1833 mit der staatlichen Abschlussprüfung als preußischer Apotheker. Es folgten Studienreisen durch Frankreich und England sowie die Promotion an der Universität Leipzig (1837). 1838 erhielt Stöckhardt einen Lehrauftrag an der staatlichen Gewerbeschule in Chemnitz. 1847 wurde er zum Professor für Agrikulturchemie an der land- und forstwirtschaftlichen Akademie in Tharandt bei Dresden ernannt, wo er bis 1883 lehrte und forschte.[467]

---

463 Vgl.: Poggendorff (1863), 2, Sp. 978; Poggendorff (1898), 3, S. 1279; Borschel (1987), S. 50–51.

464 Vgl.: Ploetz (1998), S. 827; Bauer (2006), S. 309–310.

465 Vgl.: Huesmann (1929), S. 28–29; Paul (1973), S. 55–56, S. 129; Engelhardt (2001 c), S. 402–403.

466 Vgl.: Meyer (1998), 2, S. 269–270; Killy und Vierhaus (2001), 9, S. 503.

467 Vgl.: Höxtermann (2000), S. 966; Killy und Vierhaus (2001), 9, S. 542.

Stohmann, Friedrich Carl Adolf (1832–1897). Stohmann hatte in Göttingen und London studiert. Später arbeitete er in den landwirtschaftlichen Instituten von Weende (Göttingen), Braunschweig, München und Halle (Saale). 1871 stieg Stohmann zum Professor und Direktor des landwirtschaftlich/physiologischen Instituts an der Universität Leipzig auf.[468]

Strauß, Adele (?–?). Sie war die Tochter des Kaufmanns Eduard Strauß und heiratete 1896 den ältesten Sohn von Antonie Elisabeth Sophie und Ernst Carl Heinrich Schmidt, Oskar Friedrich Heinrich. Aus der Ehe gingen zwei Söhne hervor.[469]

Strauß, Emil Wilhelm (1830–1889). Seine Studien an der Universität Dorpat in den Jahren 1851 bis 1855 hatten zunächst auf dem Gebiet der Physik begonnen, um sich dann auf die Humanmedizin zu verlagern. 1857 wurde er zum Dr. med. promoviert und war von 1857 bis 1889 Kreisarzt in Talsen (Kurland). In erster Ehe war Strauß mit der Arzttochter Cäcilie Beyer verheiratet.[470]

Stromeyer, Friedrich (1776–1835). Stromeyer hatte ab 1793 Medizin und Chemie in Göttingen studiert. Hier wurde er 1800 promoviert und habilitierte sich 1802. Ab 1805 lehrte er in Göttingen als außerordentlicher und ab 1810 als ordentlicher Professor für Medizin. 1806 wurde Stromeyer Direktor des Göttinger chemischen Laboratoriums und erhielt 1817 die Nominalprofessur für Chemie und Pharmazie.[471]

Strümpell, Adolf, von (1853–1925). Nach dem Medizinstudium in Dorpat und Leipzig wurde er 1876 Assistent an der medizinischen Klinik in Leipzig. 1878 habilitierte sich Strümpell für innere Medizin und war ab 1882 als außerordentlicher Professor und Direktor der medizinischen Poliklinik in Leipzig tätig. 1886 nahm er einen Ruf als ordentlicher Professor nach Erlangen an. Weitere Wechsel erfolgten 1893 nach Breslau, 1909 nach Wien und 1910 wieder nach Leipzig. Strümpells Hauptarbeits- und -forschungsgebiet stellten die neurologischen Erkrankungen dar.[472]

Stuart, Maria (1542–1587). Die Königin von Schottland musste nach der Ermordung ihres zweiten Ehemanns, Lord Darnley, 1567 abdanken. Während ihrer Flucht geriet sie in englische Gefangenschaft, wurde von ihrer Gegenspielerin Königin Elisabeth I. 19 Jahre lang inhaftiert und schließlich 1587 hingerich-

---

468 Vgl.: Poggendorff (1863), 2, Sp. 1015; Poggendorff (1898), 3, S. 1297.

469 EAD ID 76962 (oid 77916); persönliche Mitteilung von Frau Helga von Grabe. Vgl.: Anlage 7, Nr. 5 dieser Untersuchung.

470 Vgl.: Brennsohn (1929), S. 386.

471 Vgl.: Ganß (1937), S. 33–45; Killy und Vierhaus (2001), 9, S. 594.

472 Vgl.: Killy und Vierhaus (2001), 9, S. 597; Thom (2006), S. 313.

tet. Das Trauerspiel Schillers (1801) spiegelt den geschichtlichen Hintergrund dieser Epoche wider.[473]

Stüler, Friedrich August (1800–1865). Stüler hatte in Berlin studiert. 1829 zum Hofbauinspektor ernannt, stieg er in der (Beamten-)Hierarchie schnell auf und wurde 1845 alleiniger Bauberater des preußischen Königs. Er führte zahlreiche öffentliche und private Aufträge aus und zeichnete so beispielsweise für die Errichtung der Gebäude der Universität Königsberg, des Nationalmuseums in Stockholm und des Schlosses der Grafen Medem in Alt-Autz (Kurland) verantwortlich.[474]

Stürzwage (Stuerzwage), Ewald (1834–1878). Stürzwage war von 1852 bis 1858 Student in Dorpat. 1859 erwarb er den Doktorgrad der Medizin.[475]

Sudhoff, Karl (1853–1938). Sudhoff hatte in Erlangen und Tübingen Medizin studiert und war ab 1879 als praktischer Arzt tätig. 1904 zum Professor für Geschichte der Medizin an der Leipziger Universität ernannt, galt er bereits zu Lebzeiten als der führende deutsche Medizinhistoriker und genoss hohes internationales Ansehen.[476]

Sullivan, William Kirby (1821–1893). Er war 1842 als Student der Chemie in Gießen immatrikuliert und gehörte zu Liebigs „research group". Später arbeitete Sullivan am Museum of Irish Industry, um danach von 1873 bis 1893 dem Queen's College in Cork als Präsident vorzustehen.[477]

Tammann, Gustav Heinrich Johann Apollon (1861–1938). Der bekannte physikalische Chemiker hatte von 1879 bis 1882 an der Dorpater Universität zunächst mit dem Studium der Physik begonnen und sich dann intensiv der Chemie zugewandt. Von 1882 bis 1888 war er Assistent Schmidts am chemischen Laboratorium; ab 1888 auch als Direktorgehilfe. 1885 promoviert, lehrte Tammann nach seiner Habilitation (1887) als Dozent an der baltischen Hochschule. 1892 avancierte er als außerordentlicher Professor und Leiter des chemischen Instituts zum Nachfolger seines Lehrers und hatte von 1894 bis 1903 das Ordinariat für Chemie in Dorpat inne. Danach wirkte Tammann bis 1929 zunächst als Lehrstuhlinhaber für anorganische und ab 1907 für physikalische Chemie an der Universität Göttingen.[478]

---

473 Vgl.: Meyer (1998), 14, S. 73; Ploetz (1998), S. 960.

474 Vgl.: Killy und Vierhaus (2001), 9, S. 609.

475 Vgl.: Hasselblatt und Otto (1889), S. 433; Grünfeld (1893), S. 33.

476 Vgl.: Schipperges (2001 b), S. 625.

477 Vgl.: Fruton (2001), S. 384.

478 Vgl.: Hasselblatt und Otto (1889), S. 759; Killy und Vierhaus (2001), 9, S. 653; Past und Tankler (2007), S. 34–40.

Tasso, Torquato (1544–1595). Der italienische Dichter lebte ab 1565 am Hofe des Adelsgeschlechts Este in Ferrara, wo auch der größte Teil seiner Werke entstand. Von 1579 bis 1586 in einer Irrenanstalt festgehalten, war Tasso später Mittelpunkt zahlreicher Dichtungen, als deren berühmtestes Beispiel wohl Goethes Schauspiel „Torquato Tasso" (1790) gelten muss.[479]

Teichmüller, Gustav (1832–1888). Nach dem Studium der Philosophie in Tübingen und Berlin arbeitete er als Hauslehrer, Erzieher und Gymnasiallehrer. 1860 habilitierte sich Teichmüller an der Universität Göttingen für Philosophie und hatte dort ab 1867 eine außerordentliche Professur inne. Nach einer kurzen Lehrtätigkeit an der Baseler Hochschule übernahm er 1871 den philosophischen Lehrstuhl an der Universität Dorpat, den er bis zu seinem Tode versah.[480]

Thénard, Louis Jacques (1777–1857). Thénard hatte Professuren für Chemie an der École polytechnique und am Collège de France inne. Von 1845 bis 1852 war er als Kanzler in der französischen Universitätsverwaltung tätig.[481]

Theyer, Joseph (?–?). Theyer war 1843 als Student der Chemie in Gießen immatrikuliert und arbeitete dort über die Galleflüssigkeit. Laut Fruton gehörte er zu Liebigs „selected pupils".[482]

Thomasius, Christian (1655–1728). Er hatte aufgrund seiner Begeisterung für das moderne Naturrecht Rechtswissenschaften in Leipzig und Frankfurt (Oder) studiert. Der heute als einer der Väter der deutschen Aufklärung geltende Thomasius wirkte ab 1690 in Halle (Saale), wo er 1694 die Universität mitbegründete, an der er fortan auch als Professor lehrte.[483]

Thoms, Georg (1843–1902). Thoms, der von 1864 bis 1866 in Dorpat Ökonomie studiert hatte, begab sich von 1867 bis 1869 zu chemischen Studien ins Ausland. Ab 1872 war er an der landwirtschaftlich-chemischen Versuchs- und Samen-Kontroll-Station am Polytechnikum in Riga tätig; ab 1877 lehrte er dort als Professor für Agrikultur- und Tierchemie sowie landwirtschaftliches Versuchswesen.[484]

Tichomandrickij, Aleksej Nikitič (1814–1853). Tichomandrickij war Absolvent der Moskauer Universität und einer der 13 russischen Praktikanten, die in den Jahren 1836 bis 1850 in Liebigs Gießener Laboratorium arbeiteten und

479 Vgl.: Meyer (1998), 21, S. 260.

480 Vgl.: Killy und Vierhaus (2001), 9, S. 670.

481 Vgl.: Poggendorff (1863), 2, Sp. 1088–1089; Schaedler (1891), S. 133; Bloch (1984 a), S. 401–404; American Council of Learned Societies (2000), S. 865–866.

482 Vgl.: Fruton (2001), S. 396.

483 Vgl.: Schneiders (2001), S. 422–423.

484 Vgl.: Hasselblatt und Otto (1889), S. 571; Poggendorff (1904), 4, S. 1494.

forschten. Diese jungen Wissenschaftler trugen nach ihrer Rückkehr entscheidend zur Verbreitung der Liebigschen Schule in Russland bei.[485]

Tiedemann, Friedrich (1781–1861). Tiedemann studierte Naturwissenschaften und Medizin in Marburg, Bamberg und Würzburg. Ab 1805 war er Ordinarius in Landshut und von 1816 bis 1849 ordentlicher Professor für Anatomie und Physiologie in Heidelberg.[486]

Tiling, Johann August (1797–1861). Einer kurzen Militärkarriere in den Jahren 1813 bis 1816 folgte ein Studium der Jurisprudenz an den Universitäten Dorpat (1816/17) und Heidelberg (1817–1819). Über das Hauptkammergericht in Talsen kam er nach Mitau, wo er von 1823 bis 1861 als Oberhofgerichts-Advokat fungierte.[487]

Tiling, Robert (1806–1872). Der ehemalige Dorpater Medizinstudent (1824–1827) arbeitete in den Jahren 1827 bis 1855 als praktischer Arzt. Nach einem kurzen Intermezzo als Landwirt (Besitzer des Gutes Grenzhof und Verwalter des Gutes Alt-Rahden in Kurland, 1855–1859) ging Tiling in Mitau wieder seinem Beruf als Arzt nach.[488]

Tomberg, From(m)hold (1850–1931?). Er hatte in den Jahren 1869 bis 1876 Philosophie und Rechtswissenschaften an der Universität Dorpat studiert und arbeitete dort ab 1885 als Sekretär des Direktoriums.[489]

Trampedach, Alexander (1848–1921). Nach Abschluss seines Chemiestudiums in Dorpat (1877) und Tätigkeiten in der Süßwaren-Industrie bzw. als Oberlehrer am Gouvernements-Gymnasium in Mitau leitete Trampedach ab 1887 eine chemische Fabrik in Blumenhof bei Riga.[490]

Traube, Moritz (1826–1894). Das Studium der Chemie in Gießen, Breslau und Berlin beendete er 1847 mit der Promotion. Danach wechselte er ins väterliche Weingeschäft in Ratibor (Schlesien), dessen Sitz er 1866 nach Breslau verlegte und in dem er ein Privatlaboratorium errichtete. Nach der Aufgabe

485 Vgl.: Brock (1999), S. 57; Zaitseva (2000), S. 118; Pfrepper (2002), 334.

486 Vgl.: Lickteig (1939), passim.

487 Vgl.: Lenz (1970), S. 779–780; Schlau (1995), S. 272.

488 Vgl.: Brennsohn (1929), S. 395–396; Lenz (1970), S. 801.

489 Vgl.: Hasselblatt und Otto (1889), S. 633; Aleksander Fromhold Tomberg. Verfügbar unter: https://www.geni.com/people/Aleksander-Fromhold-Tomberg/6000000036877608174. Letzter Zugang: 30. Oktober 2017.

490 Vgl.: Hasselblatt und Otto (1889), S. 650; Alexander Wilhelm Trampedach. Verfügbar unter: https://www.geni.com/people/Alexander-Trampedach/6000000059843889141. Letzter Zugang: 30. Oktober.

der Geschäftsleitung (1886) widmete sich Traube ausschließlich seinen (bio-) chemischen Forschungen. 1891 zog er nach Berlin.[491]

Trauvetter, Ernst Christian (1780–1859). Trauvetter, der sich 1806 als Privatlehrer im kurländischen Mitau niedergelassen hatte, erhielt im Februar 1810 die Berufung als Oberlehrer der lateinischen Sprache und Literatur am dortigen Gymnasium. Er schied 1838 aus dem Staatsdienst aus und leitete danach ein von ihm gegründetes privates „Lehrinstitut".[492]

Trey, Heinrich (1851–1916). Er war nach dem Studium an der Universität Dorpat ab 1879 zunächst am chemischen Laboratorium des Rigaer Polytechnikums tätig. Hier avancierte er später zum Privatdozenten, Adjunkt-Professor und schließlich zum Professor für Chemie.[493]

Trommsdorff, Johann Bartholomäus (1770–1837). Trommsdorff war gelernter Apotheker und arbeitete als Apothekergehilfe in mehreren Städten. 1790 übernahm er die Schwan-Ring-Apotheke in Erfurt, die er bis zu seinem Lebensende leiten sollte. 1794 wurde er an der Erfurter Universität zum Dr. phil. promoviert und nahm an dieser Hochschule 1795 seine Vorlesungstätigkeit in der medizinischen Fakultät auf. Im gleichen Jahr gründete er ein chemisch-pharmazeutisches Privatinstitut, das 33 Jahre bestand und als „Pflanzstätte" für Apotheker, Lehrer der Chemie und Pharmazie sowie entsprechende Gewerbetreibende galt. 1805 erwarb Trommsdorff an der Universität Erfurt auch den medizinischen Doktorgrad. 1811 wurde er dort zum ordentlichen Professor an der medizinischen Fakultät ernannt.[494]

Ulmann, C(K)arl Christian (1793–1871). Ullmann hatte Theologie in Dorpat, Jena und Göttingen studiert. Er arbeitete als Pastor in Livland und erwarb den philosophischen Doktorgrad in Jena. Von 1835 bis 1842 lehrte Ulmann als Professor für praktische Theologie an der Universität Dorpat, deren Rektor er von 1839 bis 1841 war. 1842 wurde er aus politischen Gründen aus dem Hochschuldienst entlassen und bekleidete in der Folgezeit unterschiedliche schulische und kirchliche (Verwaltungs-)Positionen.[495]

Uwarow, Sergej, Graf, von (1786–1855). Graf Uwarow war von 1833 bis 1849 Leiter des russischen Unterrichtsministeriums und in dieser Funktion ein bedeutender Verfechter der Zentralisierung, Uniformierung und Russifizierung.

---

491 Vgl.: Killy und Vierhaus (2001), 10, S. 71.

492 Vgl.: Dannenberg (1875), S. 22.

493 Vgl.: Lenz (1970), S. 812.

494 Vgl.: Kopp (1966), 2, S. 117–118; Friedrich (2001), S. 96.

495 Vgl.: Lenz (1970), S. 820.

Er erwies sich somit auch als ein einflussreicher Gegner der sich anbahnenden geistigen und gesellschaftlichen Sonderstellung der baltischen Staaten.[496]

Valentin, Gabriel Gustav (1810–1883). Er schloss sein Medizinstudium in Breslau 1832 mit der Promotion ab und arbeitete danach als praktischer Arzt. Von 1836 bis 1881 hatte Valentin eine ordentliche Professur für Physiologie an der Universität Bern inne.[497]

Vielrose, Friedrich (1835–1873). Er hatte seine akademische Ausbildung 1860 als Kandidat der Chemie an der Universität Dorpat beendet und besaß danach eine chemische Fabrik in Riga.[498]

Vierordt, Karl, von (1818–1884). Nach dem Medizinstudium in Heidelberg, Göttingen, Berlin und Wien sowie der Promotion in Heidelberg ließ sich Vierordt als praktischer Arzt in Karlsruhe nieder. Aufgrund ausgezeichneter literarischer Fachbeiträge erhielt er eine außerordentliche Professur für theoretische Medizin an der Universität Tübingen und stieg dort 1855 zum Ordinarius und Direktor des physiologischen Instituts auf.[499]

Vieweg, Hans Heinrich Eduard (1796–1869). Der Verleger trat 1825 in das Familienunternehmen ein und übernahm 1838 dessen Leitung. Im Verlagsprogramm fanden sich führende Autoren der „Allgemein-Literatur" und es gelang Vieweg sukzessive, auch das naturwissenschaftliche Portfolio ausbauen.[500]

Vincent, Charles Wilson (?–?). Vincent gab zwischen 1877 und 1879 eine mehrbändige Überarbeitung von Muspratts 1860 erschienenem Werk über technische Chemie heraus, für die „writers of eminence" verantwortlich zeichneten.[501]

Virchow, Rudolf Ludwig Carl (1821–1902). Virchow wurde nach seinem Medizinstudium in Berlin 1843 Unterarzt an der Charité. 1847 habilitierte er sich mit der Schrift „De ossificatione pathologica". Zwei Jahre später erhielt er einen Ruf an die Universität Würzburg und kehrte 1856 als Direktor des

496 Vgl.: Semel (1918), S. 27–28; Meyer (1987), S. 45–47, Amburger (1987), S. 402; Seesemann (1987) S. 360.

497 Poggendorff (1863), 2, Sp. 1165–1166; Poggendorff (1898), 3, S. 1381–1382; Killy und Vierhaus (2001), 10, S. 178.

498 Vgl.: Hasselblatt und Otto (1889), S. 490.

499 Vgl.: Pagel (1901), Sp. 1768–1770.

500 Vgl.: Killy und Vierhaus (2001), 10, S. 208.

501 Vgl.: Charles Wilson Vincent: Verfügbar unter: https://kvk.bibliothek.kit.edu/. Letzter Zugang: 30. Oktober 2017.

neuerbauten pathologischen Instituts nach Berlin zurück, dessen Leitung er bis zu seinem Tod inne haben sollte.[502]

Voelcker (Völker), John Christopher August (1822–1884). Voelcker hatte 1847 an der Universität Göttingen den philosophischen Doktorgrad erworben und war danach wissenschaftlicher Assistent von Friedrich Wöhler und Gerardus Mulder. Ab 1850 lehrte er als Professor für Chemie in England, z. B. ab 1859 an der Königlichen Agrikulturgesellschaft in London.[503]

Vogel, Alfred (1829–1890). Er hatte Humanmedizin in München, Berlin und Würzburg studiert und war danach als Assistent, Privatdozent und außerordentlicher Professor an der Münchener Hochschule tätig. Von 1866 bis 1886 wirkte er als ordentlicher Professor und Direktor an der Dorpater Universitäts-Klinik, um dann als Honorarprofessor nach München zurückzukehren.[504]

Vogel, Julius (1814–1880). Vogel, der in München Medizin studiert hatte, wurde dort 1838 promoviert. Er habilitierte sich 1840 in Göttingen für Pathologie, war ab 1842 außerordentlicher Professor und folgte 1846 einem Ruf an die Universität Gießen. 1855 übernahm Vogel die Direktion der internistischen Klinik und eine Professur für spezielle Pathologie in Halle (Saale).[505]

Vogt, Carl (1817–1895). Carl Vogt hatte in Gießen und Bern Medizin studiert. 1847 wurde er Professor für Zoologie in Gießen. In seinen „Physiologischen Briefen" (1847) deutete er – durchaus in politischer Absicht – naturwissenschaftliches Wissen vornehmlich materialistisch und atheistisch, was schließlich zu seiner Enthebung aus dem deutschen Lehramt führte (1849). Ab 1852 versah er dann eine Professur für Geologie in Genf.[506]

Voit, Carl, von (1831–1908). Nach dem Studium der Humanmedizin in München, Würzburg und Göttingen bekleidete Voit ab 1856 eine Assistentenstelle am physiologischen Institut der Universität München, zu dessen Leiter er 1863 als ordentlicher Professor aufstieg.[507]

Volck, Wilhelm (1835–1904). Volck hatte in Erlangen und Leipzig ein Theologie- und Orientalistik-Studium absolviert. Nach der theologischen Promotion (1859) war er Pfarrer in Erlangen, wo er sich 1861 habilitierte. Von 1862

502 Vgl.: Mann (1991), S. 203–215; Schipperges (2001 c), S. 213–214.

503 Vgl.: Poggendorff (1863), 1, Sp. 1215; Poggendorff (1863), 2, Sp. 1394.

504 Vgl.: Käbin (1986), S. 309–310; Killy und Vierhaus (2001), 10, S. 224.

505 Vgl.: Schelp (1940), S. 4–15, Lage (1995), S. 4–20.

506 Vgl.: Ingensiep (2001), S. 233.

507 Vgl.: Pagel (1901), Sp. 1787–1788.

bis 1898 lehrte er Theologie an der Universität Dorpat, ab 1863 als Ordinarius. Es folgten Professuren an den Universitäten Greifswald und Rostock.[508]

Volkmann, Alfred Wilhelm (1800–1877). Er war Privatdozent und außerordentlicher Professor an der medizinischen Fakultät der Universität Leipzig. Ab 1837 versah er eine ordentliche Professur für Physiologie und Pathologie an der Dorpater Hochschule. 1843 wechselte Volkmann nach Halle (Saale).[509]

Vorkampff-Laue, Gustav (1828–1918). In den Jahren von 1847 bis 1850 hatte er ein Studium der Rechtswissenschaften an der Universität Dorpat absolviert. Von 1851 bis 1854 arbeitete Vorkampff-Laue als Anwalt des kurländischen Domänenhofes, ab 1854 als Obersekretär und ab 1858 als Advokat des kurländischen Obergerichts in Mitau.[510]

Wachsmuth, Adolph (1827–1865). Nach dem Studium der Medizin, das er in Göttingen und Berlin (1846–1850) absolviert hatte, war Wachsmuth zunächst Assistenzarzt der medizinischen Klinik und Poliklinik in Göttingen. Dort hielt er ab 1852 als Privatdozent auch Vorlesungen über physikalische Diagnostik. 1860 nahm Wachsmuth einen Ruf nach Dorpat an, wo er als Professor – abwechselnd mit Victor Weyrich – eine stationäre Klinik bzw. die Poliklinik leitete.[511]

Wagner, Adolph Heinrich Gotthilf (1835–1917). Der Sohn Rudolph Wagners hatte Wirtschaftswissenschaften in Göttingen und Heidelberg studiert. Seine 1857 abgeschlossene Promotion über ein modernisiertes Bankensystem brachte ihm eine Professur an der Wiener Handelsakademie ein, wo er fortan Vorlesungen im Sinne der Theorie des Sozialökonomen John Stuart Mill hielt und als Regierungsberater bei einer Verfassungs- und Währungsreform fungierte. Nach einem Zwischenspiel in Hamburg wechselte Wagner an die Universität Dorpat. Die dort von ihm mitentwickelte Agiotheorie ging in die katholische Soziallehre ein. 1870 kam er an die Universität Berlin und etablierte zwei Jahre später mit seinem Kollegen Gustav von Schmoller den „Verein für Socialpolitik". 1878 beteiligte sich Wagner an der Gründung der „Christlich-Socialen Arbeiterpartei" und wirkte später auch als Berater des Reichskanzlers Bernard von Bülow.[512]

---

508 Vgl.: Killy und Vierhaus (2001), 10, S. 242.

509 Vgl.: Poggendorff (1863), 2, Sp. 1229–1230; Bidder (1959), S. 241; Fischer (2012), S. 322–325.

510 Vgl.: Hasselblatt und Otto (1889), S. 370; Brennsohn (1929), S. 93; Schlau (1995), S. 200.

511 Vgl.: Pagel (1901), Sp. 1795; Käbin (1986), S. 308.

512 Vgl.: Rubner (2001), S. 277.

Wagner, Rudolph (1805–1864). Wagner hatte ab 1822 Medizin in Erlangen und Würzburg studiert, wo er 1826 mit einer Schrift über die Entwicklung epidemischer und kontagiöser Krankheiten promoviert wurde. Nach seinem Studium verbrachte er einige Monate bei George Cuvier in Paris, der ihn zur vergleichenden Anatomie und Embryologie führte. 1829 habilitierte sich Wagner in Erlangen und wurde dort 1832 zunächst zum außerordentlichen, 1833 dann zum ordentlichen Professor ernannt. 1840 erhielt er den Lehrstuhl für Physiologie, Zoologie und vergleichende Anatomie in Göttingen.[513]

Waldhauer, Anna (1894–1975). „Anning", wie sie im Familienkreis genannt wurde, war das jüngste Kind von Marie, geb. Schmidt, und Christoph Ferdinand Waldhauer. Sie ging in Dorpat zur Schule und besuchte danach das Konservatorium „Schneidersche Musikschule" in Dresden. Nach den Wirren des ersten Weltkrieges lebte die unverheiratete Anna mit ihrer Mutter zusammen in Flensburg, wo sie ebenso wie ihre Schwester Marie Hoffmann als Klavierlehrerin tätig war.[514]

Waldhauer, Carl Werner (1880–1942). Der in Windau geborene älteste Sohn von Marie, geb. Schmidt, und Christoph Ferdinand Waldhauer hatte in München, Altenburg und Hannover ein Ingenieur-Studium absolviert. Er heiratete am 11. August 1905 Else Kupfer, die Tochter des Mitauer Bürgermeisters. Die Ehe blieb kinderlos. Ab 1935 erschwerte ihm ein Herzleiden das Leben, und seine Situation verschlechterte sich infolge der späteren zwangsweisen Umsiedlung der Balten weiter.[515]

Waldhauer, Christoph Ferdinand (1853–1907). Er hatte von 1872 bis 1878 Medizin in Dorpat studiert, wo er im darauffolgenden Jahr mit der Dissertation „Zur Anthropologie der Liven" zum Dr. med. promoviert wurde. Nach seiner Heirat mit Marie Schmidt, einer Tochter Antonie Elisabeth Sophies, geb. v. Hueck, und Ernst Carl Heinrich Schmidts, war er Arzt in Windau und bekleidete ab Oktober 1879 auch die Funktion des dortigen Kreisarztes.[516]

Waldhauer, Edith Antonie Mathilde (1885–1945). Edith Waldauer war eine Tochter von Marie, geb. Schmidt, und Christoph Ferdinand Waldhauer. Sie vermählte sich am 5. Mai 1912 in St. Petersburg mit Werner von Oettingen.

---

513 Vgl.: Hoffmann (1964), passim; Knoch (1987), passim; Hagner (2001 c), S. 289.

514 Familienarchiv Christiane Benke: Brief Ellen Kappels, geb. Hoffmann, an Christa von Eltz vom 15. Juli 1975; Robin von Eltz: Lebenslauf der Familie von Eltz (in Auszügen). Aufgezeichnet im Jahre 1944. Vgl.: Anlage 7, Nr. 16 dieser Untersuchung.

515 LVVA 235/2/2424, S. 5 (1880); Familienarchiv Christiane Benke: Robin von Eltz: Lebenslauf der Familie von Eltz (in Auszügen). Aufgezeichnet im Jahre 1944. Vgl.: Anlage 7, Nr. 10 dieser Untersuchung.

516 LVVA 235/4/1043, S. 1 (1853). Vgl.: Hasselblatt und Otto (1889), S. 668; Brennsohn (1929), S. 411; Lenz (1970), S. 846; Anlage 7, Nr. 9 dieser Untersuchung.

Edith kam bereits mit 16 Jahren zu dem damals wohl bedeutendsten Violinisten Joseph Joachim nach Berlin und absolvierte dort die Musikhochschule. Sie wurde eine gefeierte Geigenvirtuosin. Eine schwere Erkrankung machte es ihr später unmöglich, diesen Beruf weiter auszuüben. Als nach der Flucht aus der baltischen Heimat ihre eigenen finanziellen Mittel sowie die ihres Mannes aufgezehrt waren, setzten Edith und Werner v. Oettingen am 25. Oktober 1945 ihrem Leben in Blankenburg (Harz) ein Ende.[517]

Waldhauer, Marie Mathilde (1887–1960). Marie Waldauer war eine Tochter von „Mary", geb. Schmidt, und Christoph Ferdinand Waldhauer, die am Leipziger Konservatorium Musik studiert hatte. Sie liebte ganz besonders das Klavierspiel. Am 5. Juni 1908 ging sie die Ehe mit dem Lehrer Erich Alexander Theodor Hoffmann ein. Zuerst lebten beide mit ihren drei Kindern in St. Petersburg. Später floh die Familie Hoffmann nach Leipzig und fand schließlich in Flensburg eine Bleibe.[518]

Waldhauer, Martha Thekla (1890–1964). Martha war das fünfte der sechs vielseitig begabten Waldhauerschen Kinder, die eine unbeschwerte Kindheit in der Hafenstadt Windau verbrachten. Sie alle spielten mehrere Instrumente und bildeten ein eigenes Streichquartett. Martha ging unter der Aufsicht ihrer Großeltern Antonie Elisabeth Sophie und Ernst Carl Heinrich Schmidt in Dorpat zur Schule und absolvierte ab 1908 in Berlin eine Ausbildung zur medizinisch-technischen Assistentin. Sie hatte eigentlich Medizin studieren wollen, aber eine Typhuserkrankung und der frühe Tod ihres Vaters machten diesen Plan zunichte. Am 26. November 1915 heiratete sie Robin Franz Josef von Eltz.[519]

Waldhauer, Oskar August (1883–1935). Der Sohn von Marie und Christoph Ferdinand Waldhauer studierte Archäologie in München und wurde 1903 zum Dr. phil. promoviert. Waldhauer war von 1908 bis 1918 Lehrer der griechischen Sprache, Geschichte und Kunstgeschichte sowie Beamter der

517 LVVA 235/6/1070, S. 5 (1885); Familienarchiv Christiane Benke: Robin von Eltz: Lebenslauf der Familie von Eltz (in Auszügen). Aufgezeichnet im Jahre 1944; persönliche Mitteilung von Frau Helga von Grabe. Vgl.: Anlage 7, Nr. 12 dieser Untersuchung.

518 EAD ID 68702 (oid 69639); LVVA 235/6/1072, S. 14 (1887); Familienarchiv Christiane Benke: Robin von Eltz: Lebenslauf der Familie von Eltz (in Auszügen). Aufgezeichnet im Jahre 1944; persönliche Mitteilung von Frau Helga von Grabe. Vgl.: Anlage 7, Nr. 13 dieser Untersuchung.

519 LVVA 235/6/1076, S. 5 (1890); Familienarchiv Christiane Benke: Robin von Eltz: Lebenslauf der Familie von Eltz (in Auszügen). Aufgezeichnet im Jahre 1944; persönliche Mitteilung von Frau Helga von Grabe. Vgl.: Anlage 7, Nr. 14 dieser Untersuchung.

Petersburger Eremitage. Ab 1918 leitete er die dortige Antikensammlung und hatte eine Professur für antike Kunstgeschichte an der Leningrader Universität inne. Er heiratete 1922 Nina von Rücker. Beide hatten nachweislich eine Tochter. Nach Oskar Waldhauers Tod am 14. Januar 1935 und der feierlichen Beisetzung wurden seine Frau und seine Tochter Edith verhaftet.[520]

Walloth, August (1802–1870). Der Theologe August Walloth war Liebigs Corpsbruder in der „Rhenania“ und erhielt in den Jahren 1823/24 mehrere eigenhändige Briefe des später berühmten Chemikers.[521]

Walther, Philipp Franz, von (1782–1847). Er hatte Medizin und Philosophie studiert und war mit Schelling befreundet. Ab 1804 hatte er eine Professur für Physiologie und Chirurgie an der Universität Landshut inne und folgte 1818 einem Ruf an die Bonner Hochschule. Von dort wechselte er 1830 an die zwischenzeitlich nach München verlagerte bayerische Landesuniversität.[522]

Was(s)mann, Adolph (1807–1853). Adolph Was(s)mann wurde 1839 mit einer bei Johannes Müller angefertigten Dissertationsschrift in Berlin promoviert.[523]

Weber, Ernst Heinrich (1795–1878). Ernst Heinrich Weber hatte in Wittenberg und Leipzig Medizin studiert. Nach der Promotion (1815) und der Habilitation (1817) wurde er 1818 zunächst außerordentlicher Professor für vergleichende Anatomie in Leipzig. 1821 übernahm er dort die ordentliche Professur für Anatomie und 1840 auch die für Physiologie. Bekanntheit erlangte Weber vor allen durch das nach ihm benannte Gesetz, das die Stärke von Reizen mit der Stärke von Empfindungen in Beziehung setzt.[524]

Weber, Wilhelm (1804–1891). Wilhelm Weber hatte ab 1822 in Halle (Saale) Naturwissenschaften studiert, wurde 1826 promoviert und habilitierte sich bereits ein Jahr später. 1828 erfolgte die Ernennung zum außerordentlichen Professor und 1831 der Wechsel auf eine ordentliche Professur für Physik an der Universität Göttingen. Als Mitglied der so genannten „Göttinger Sieben“

---

520 LVVA 235/2/2427, S. 3 (1883); ArBBAdW Nachlass Ostwald, Nr. 2660: Brief Schmidts an Ostwald vom 2./14. Januar 1894 (Roß und Hansel [2000], S. 87); Familienarchiv Christiane Benke: Lebenslauf der Edith Jakowkina, geb. Waldauer (geschrieben im Juni 1990 während eines Aufenthalts in Deutschland). Vgl.: Lenz (1970), S. 846; Lullies (1982), S. 266–270; Anlage 7, Nr. 11 dieser Untersuchung.

521 Vgl.: Berl (1928), S. 49, S. 71, S. 75, S. 88; Schwedt (2002), S. 81, S. 96.

522 Vgl.: Engelhardt (2001 d), S. 325.

523 Vgl.: Hirsch (1966), S. 509.

524 Vgl.: Killy und Vierhaus (2001), 10, S. 352.

verlor Weber 1837 sein Amt. Ab 1843 lehrte er wieder als ordentlicher Professor für Physik, zunächst in Leipzig und ab 1849 erneut an der Göttinger Hochschule.[525]

Weck, Luise (?–1885). Sie stammte aus Dresden und war ab dem 12. Juli 1847 die Ehefrau Friedrich Julius Dörings.[526]

Wehl, Fedor, von (1821–1890). Von Wehl studierte Philosophie und Literaturwissenschaften in Berlin und Jena. Von 1874 bis 1884 bekleidete er die Generalintendanz am Stuttgarter Hoftheater. Er veröffentlichte Novellen, Erzählungen sowie Gedichte und war ein bekannter Lustspieldichter.[527]

Weigel, Christian Ehrenfried, von (1748–1831). Von Weigel hatte Medizin und Naturwissenschaften studiert. 1772 wurde er in Greifswald Privatdozent für Botanik und Mineralogie. Von 1775 bis 1805 war er dort ordentlicher Professor für Botanik, Chemie und Pharmazie. Sein bekanntestes Werk ist der „Grundriß der reinen und angewandten Chemie", dessen zwei Bände 1777 erschienen.[528]

Werder, Karl (1806–1893). Werder, der ab 1825 zunächst Rechtswissenschaften in Berlin studiert hatte, wechselte unter dem Einfluss Hegels zur Philosophie. 1833 mit einer Dissertation über Platons Parmenides promoviert, habilitierte er sich im darauffolgenden Jahr und las ab 1838 als außerordentlicher Professor mit großem Erfolg Kollegien, die ganz im Geiste Hegels standen.[529]

Wernher, Adolph (1809–1883). Wernher wurde 1832 in Gießen promoviert. Nach einem zweijährigen Auslandsaufenthalt in Paris und London arbeitete er als praktischer Arzt in Offenbach. Ab 1835 war er an der chirurgischen Klinik in Gießen tätig, wo er 1837 zum ordentlichen Professor und Direktor aufstieg.[530]

Weyrich, Victor (1819–1876). Nach seinem Studium der Humanmedizin in Dorpat (1838 bis 1844) wirkte Weyrich einige Jahre als praktischer Arzt in Russland und erwarb 1853 in Dorpat den medizinischen Doktorgrad. Von 1857 bis 1868 nahm er eine Professur für innere Medizin an der Dorpater Hochschule war, um danach dort von 1869 bis 1876 das Amt des Ordinarius' für Staatsarzneikunde zu bekleiden.[531]

Wiersbitzk(i)y, Otto (1839–?). Er hatte seine Dorpater Studien im Jahr 1870 mit dem Provisorexamen beendet. Danach war er Verwalter und Besitzer

525 Vgl.: Killy und Vierhaus (2001), 10, S. 362.
526 Vgl.: Lenz (1970), S. 172; Moeller (1970), S. 296–297.
527 Vgl.: Fränkel (1898), S. 448–455.
528 Vgl.: Killy und Vierhaus (2001), 10, S. 385–386.
529 Vgl.: Köster (1898), S. 479–485.
530 Vgl.: Pagel (1901), Sp. 1837–1838.
531 Vgl.: Käbin (1986), S. 305, S. 356, S. 358.

verschiedener Apotheken und betätigte sich später auch als Lehrer für deutsche Sprache im russischen Mariupol.[532]

Wilbrand, Johann Bernhard (1779–1846). Wilbrand beendete sein Medizinstudium 1805 in Würzburg und erwarb dort 1806 den medizinischen Doktorgrad. Wissenschaftlichen Aufenthalten in Bamberg sowie Paris und der Habilitation in Münster folgte 1809 ein Ruf als ordentlicher Professor für vergleichende Anatomie, Physiologie und Naturgeschichte an die Universität Gießen.[533]

Wilde, Peter (1849–?). Wilde war von 1880–1890 Stadt-Ingenieur in Dorpat.[534]

Will, Heinrich (1812–1890). Will hatte in Gießen Chemie studiert und 1839 den philosophischen Doktorgrad erworben. Der Assistent Justus Liebigs lehrte danach in Gießen, ab 1844 zunächst als Privatdozent, dann als Extraordinarius (1845–1852) und von 1852 bis 1882 als ordentlicher Professor für Chemie.[535]

Williamson, Alexander William (1824–1904). Williamson gehörte zu Liebigs Gießener „research group" und wurde 1845 zum Dr. phil. promoviert. Nach einem Forschungsaufenthalt in Paris hatte er von 1849 bis 1887 eine Professur für Chemie am University College in London inne.[536]

Willkomm, Moritz (1821–1895). Willkomm war zunächst von 1855 bis 1868 Professor für organische Naturkunde an der sächsischen Forstakademie Tharandt. In den Jahren 1868 bis 1874 hatte er eine ordentliche Professur für Botanik an der Dorpater Hochschule inne und fungierte zugleich als Direktor des botanischen Gartens.[537]

Wislicenus, Johannes Adolph (1835–1902). Er hatte in Halle (Saale) und Boston studiert und war 1856 als Assistent seines Lehrers Wilhelm Heintz nach Halle zurückgekehrt. 1860 wechselte Wislicenus nach Zürich, wo er sich auch habilitierte. Nach einer Lehrertätigkeit an der Kantonsschule wurde er 1867 zum ordentlichen Professor ernannt. 1872 folgte Wislicenus einem Ruf als ordentlicher Professor für Chemie an die Universität Würzburg, um ab 1885 dieses Amt in Leipzig zu versehen.[538]

---

532 EAD ID 80993 (oid 82067). Vgl.: Hasselblatt und Otto (1889), S. 555.

533 Vgl.: Hirsch (1962), 5, S. 932–933; Murken (2006), S. 345–346.

534 Vgl.: Wilde (1891), Titelblatt.

535 Vgl.: Poggendorff (1863), 2, Sp. 1329; Poggendorff (1898), 3, S. 1447; Fruton (2001), S. 386.

536 Vgl.: Fruton (2001), S. 386.

537 Vgl.: Fraga und Schmidt (2000), S. 993–994.

538 Vgl.: Koschel und Sauer (1968), S. 25–30; Killy und Vierhaus (2001), 10, S. 542.

Wöhler, Friedrich (1800–1882). Wöhler hatte Medizin in Marburg und Heidelberg studiert. 1823 in Heidelberg zum Dr. med. promoviert, verbrachte er ein Gastjahr im Stockholmer Laboratorium von Jöns Jacob Berzelius. Anschließend war er von 1825 bis 1831 Chemielehrer an der Berliner und von 1831 bis 1836 Chemieprofessor an der Kasseler Gewerbeschule. 1836 folgte Wöhler Friedrich Stromeyer auf dem Lehrstuhl für Chemie und Pharmazie an der Göttinger Georg-August-Universität, den er bis 1882 inne hatte. Wichtige Arbeiten zur (organischen) Chemie entstanden in Kooperation mit seinem Freund Justus Liebig.[539]

Woloshinsky, Adolf (1863–?). Nach einem Studium der Medizin in Dorpat (1882 bis 1888) war er als praktischer Arzt tätig. 1892 wurde er mit einer bei Bernhard Körber entstandenen Dissertationsschrift promoviert und arbeitete danach an verschiedenen Kliniken in St. Petersburg. Ab Herbst 1893 praktizierte Woloshinsky in Riga.[540]

Worms, Wilhelm (1829–1859). Nach seinem pharmazeutischen Studium (1855–1856) und der Prüfung zum Provisor an der Universität Dorpat versah er seinen Dienst in einer Pernauer Apotheke.[541]

Woulf(e), Peter (etwa 1727–1803 oder 1805). Woulf war Chemiker und lebte teils in Paris, teils in London, wo er ein finanziell gut ausgestattetes Laboratorium betrieb. Eine seiner bekannten Erfindungen war der Woulfsche Apparat, der zum Hindurchleiten oder Aufsaugen von Gasen durch Flüssigkeiten diente.[542]

Würtz (Wurtz), Karl Adolph (Charles Adolphe) (1817–1884). Würtz hatte zunächst Medizin in Straßburg studiert und wechselte 1842 nach Gießen, um sich bei Justus Liebig der Chemie zu widmen. 1843 wurde er in Straßburg zum Dr. med. promoviert. 1844 übersiedelte er nach Paris, wo er bis 1848 Assistent von Jean Baptiste Dumas war. Danach lehrte Würtz als Professor für Chemie am Institut agricole in Versailles und an der École de médecine. Dort trat er 1853 die Nachfolge Jean Baptiste Dumas an.[543]

Zaleski, Stanislaw (1858–1923). Der aus Warschau stammende Zaleski studierte von 1876 bis 1881 Medizin an der Universität seiner Geburtsstadt und erwarb 1886 den Doktorgrad. Die Jahre 1882 bis 1888 verbrachte er an der Universität

---

539 Vgl.: Valentin (1949), passim; Winderlich (1984 b), S. 31–52; Schwedt (2000), passim; Meinel (2001), S. 555; Teichmann (2002), S. 87-112.

540 Vgl.: Hasselblatt und Otto (1889), S. 811; Grünfeld (1893), S. 142; Brennsohn (1905), S. 436–437.

541 Vgl.: Hasselblatt und Otto (1889), S. 472.

542 Vgl.: Berzelius (1841), S. 525, S. 549–550; Poggendorff (1863), 2, Sp. 1368–1369; Griffin (1877), S. 148; Partington (1996), 3, S. 300–301.

543 Vgl.: Bugge (1984), S. 115–123; Fruton (2001), S. 386.

Dorpat, um sich bei Schmidt und Lemberg weiterzubilden. Von 1888 bis 1894 lehrte und forschte Zaleski als Professor für anorganische, organische, und medizinische Chemie an der Universität Tomsk und verlagerte ab 1897 seine Tätigkeit nach St. Petersburg.[544]

Zander, Robert (1824–1856). Zander hatte von 1844 bis 1849 Medizin an der Dorpater Hochschule studiert und wurde dort 1850 mit einer bei Friedrich Bidder entstandenen Arbeit promoviert. Später wirkte er unter anderem als Stadt- und Kreisarzt sowie als praktischer Arzt auf einem großen landwirtschaftlichen Gut.[545]

Zhukovsky, Vasily Andreyevich (1783–1852). Im Jahr 1826 wurde Zhukovsky Erzieher des späteren Zaren Alexanders II. Er verhalf in der russischen Vorromantik den Gattungen Elegie und Ballade zum Durchbruch. Mit seinem umfangreichen Übersetzungswerk trug er zudem substanziell dazu bei, dass der zu seiner Zeit vorherrschende Einfluss der französischen Literatur auf die russische sukzessive zurückgedrängt wurde.[546]

Zinin (Sinin), Nicolai (1812–1880). Zinin, der in Gießen bei Liebig studiert hatte, versah ab 1840 eine Professur an der Universität Kasan und wechselte 1848 als Professor für Chemie und Physik an die medico-chirurgische Akademie in St. Petersburg.[547]

Zoeller, Philipp Hugo (1832–1885). Zoeller war nach dem Studium der Naturwissenschaften 1856 an der Münchener Universität promoviert worden. Ab 1857 arbeitete er als Chemiker an der Münchener landwirtschaftlichen Versuchsstation. Nach einer sich anschließenden Tätigkeit am dortigen botanischen Garten avancierte Zoeller 1864 zum ordentlichen Professor für angewandte Chemie an der Erlanger Hochschule. 1872 übernahm er den Lehrstuhl für Agrikulturchemie in Göttingen und wechselte 1873 als ordentlicher Professor an die Hochschule für Bodenkultur nach Wien.[548]

Zuccalmaglio, Franz Andreas Hubertus, von (1800–1873). Der in Mülheim (Rhein), einem heutigen Stadtteil von Köln, geborene Zuccalmaglio hatte ab 1817 Rechtswissenschaften in Halle (Saale) und Berlin studiert, schloss aber diese Ausbildung nicht ab. Nach schwierigen Wanderjahren erreichte er über Leipzig, Dresden und Polen 1822 schließlich Kurland. Hier war er von 1825 bis 1836 als Beamter am Kurländischen Kameralhof tätig. Im Juni 1836 wurde

---

544 Vgl.: Hasselblatt und Otto (1889), S. 881; Fischer (2013), S. 205–208.

545 Vgl.: Grünfeld (1893), S. 22, S. 95; Brennsohn (1905), S. 439.

546 Vgl.: Meyer (1971–1979), 21, S. 294; Lauer (2005), S. 69–71.

547 Vgl.: Poggendorff (1863), 2, Sp. 1415; Poggendorff (1898), 3, S. 1486; Engels et al. (1989), S. 357.

548 Vgl.: Killy und Vierhaus (2001), 10, S. 683.

er zum Bürgermeister von Mitau gewählt. Dieses Amt übte Zuccalmaglio bis zu seinem Lebensende aus.[549]

Zwenger, (C)Konstantin (1814–1884). Zwenger hatte in Gießen Pharmazie und Chemie studiert, wurde 1841 promoviert und habilitierte sich noch im selben Jahr. Anschließend lehrte er als außerordentlicher Professor für Medizin an der Marburger Universität und wurde dort 1852 zum ordentlichen Professor für pharmazeutische Chemie und zum Direktor des pharmazeutisch-chemischen Instituts ernannt.[550]

549 Vgl.: Schlau (1995), passim.
550 Vgl.: Meinel (1978), S. 45; Killy und Vierhaus (2001), 10, S. 707.

# Verzeichnis der verwandten Archivalien

## 1 Öffentliche Archive und Datenbanken

### 1.1 Bayerische Staatsbibliothek (München)

BSB Liebigiana II B, Schmidt, Karl – Bayerische Staatsbibliothek Liebigiana II B, Schmidt, Karl: Zehn Briefe von Carl Schmidt an Justus Liebig.

BSB Pettenkoferiana II.2, Schmidt, Karl – Bayerische Staatsbibliothek Pettenkoferiana II.2, Schmidt, Karl.: Zwei Briefe von Carl Schmidt an Max von Pettenkofer.

### 1.2 Archiv der Berlin–Brandenburgischen Akademie der Wissenschaften (Berlin)

ArBBAdW Nachlass Ostwald, Nr. 2660 – Archiv der Berlin–Brandenburgischen Akademie der Wissenschaften, Nachlass Ostwald, Nr. 2660: 34 Briefe und sieben Karten von Carl Schmidt an Wilhelm Ostwald.

ArBBAdW Nachlass Ostwald, Nr. 6089 – Archiv der Berlin–Brandenburgischen Akademie der Wissenschaften, Nachlass Ostwald, Nr. 6089: Drei Briefe von Wilhelm Ostwald an Carl Schmidt.

### 1.3 Eesti Ajalooarchiiv, Estnisches Historisches Archiv (Tartu)

EAA 296/4/2108 – Eesti Ajalooarchiiv 296/4/2108: Akte Nr. 617 aus dem Bestand der „Kanzlei des Livländischen Gouverneurs“[,] betreffend die Gefährlichkeit der mit arsenikhaltigen Farben gefärbten grünen Tapeten (11. April–9. Nov. 1858).

EAA 384/1/733 – Eesti Ajalooarhiiv 384/1/733: Acta des Curatoriums des Dorpatischen Lehrbezirks[,] betreffend das chemische Cabinet der Universität. Briefwechsel mit dem Ministerium der Volksaufklärung und dem Konseil der Dorpater Universität in Wirtschaftsangelegenheiten des chemischen Cabinets der Universität (16. Februar 1838–13. Dezember 1861).

EAA 402/2/21997 – Eesti Ajalooarchiiv 402/2/21997: Acta des Conseils der Kaiserlichen Universität zu Dorpat[,] betreffend Carl Schmidt [jun.]. Angefangen, d[en] 28. August 1880.

EAA 402/2/22006 – Eesti Ajalooarhiiv 402/2/22006: Studentenakte des ordentlichen Professors der Dorpater Universität und wirklichen Staatsraths Dr. C. Schmidt (1841–1847).

EAA 402/2/22031 – Eesti Ajalooarhiiv 402/2/22031: Acta des Conseils der Kaiserlichen Universität zu Dorpat, betreffend Oscar Friedrich Heinrich Schmidt (1872–1879).

EAA 402/2/22032 – Eesti Ajalooarhiiv 402/2/22032: Promotionsverfahren des Oscar Friedrich Heinrich Schmidt einschließlich Dissertation und Prüfungsergebnissen.

EAA 402/3/41 – Eesti Ajalooarhiiv 402/3/41: Acta des Conseils und Directoriums der Kaiserlichen Universität zu Dorpat, betreffend Philipp Erdmann Heinrich Gottlob Arzt (1802–1805).

EAA 402/3/213 – Eesti Ajalooarhiiv 402/3/213: Bestand Universität Tartu/Dorpat 1803–1918: Personalakte von Johann Wilhelm Bernhard von Bursy als Bibliotheksgehilfe, Magister phil., Professor des Historisch-Philologischen Instituts in Nezhin [Ukraine] (1898–1909).

EAA 402/3/435 – Eesti Ajalooarhiiv 402/3/435: Acta des Conseils und Directoriums der Kaiserlichen Universität zu Dorpat, betreffend Carl Wilhelm Gaehtgens. Angefangen, den 5. August 1858. Geschlossen 1874.

EAA 402/3/885 – Eesti Ajalooarhiiv 402/3/885: Acta des Conseils und Directoriums der Kaiserlichen Universität zu Dorpat, betreffend Friedrich Carl Krüger. Angefangen, den 17. Aug[ust]. 1879. Geschlossen 1912.

EAA 402/3/1251 – Eesti Ajalooarhiiv 402/3/1251: Personalakte [mit Formulärliste] des Laboranten der Chemie Privatdocenten Collegien-Saecretaires Dr. Wilhelm, Gottfried's Sohn, Ostwald an der Universität zu Dorpat (1872–1882).

EAA 402/3/1252 – Eesti Ajalooarhiiv 402/3/1252: Personalakte des Laboranten Wilhelm Ostwald (1875–1881).

EAA 402/3/1885 – Eesti Ajalooarhiiv 402/3/1885: Formulärliste über den Dienst des Professors emeritus und ordentlichen Professors der Physiologie der Universität Dorpat, wirklichen Staatsraths Dr. Alexander Schmidt [mit dazugehörigem Schriftverkehr] (1862–1890).

EAA 402/3/1887 – Eesti Ajalooarhiiv 402/3/1887: Acta des Conseils und Directoriums der Kais[erlichen] Universität zu Dorpat mit Formulärliste über den Dienst des Prof[essors] emer[itus] und des ordentlichen Professors der Dorpater Universität und wirklichen Staatsraths Dr. C. Schmidt 1845–1910.

EAA 402/3/1888 – Eesti Ajalooarhiiv 402/3/1888: Inhalts-Verzeichnis der Professor Carl Schmidt betreffenden Acte (1864–1892).

EAA 402/4/1070 – Eesti Ajalooarhiiv 402/4/1070: Verzeichnis des Personals der Universität nebst einer Beilage. II. Semester 1879.

EAA 402/5/26 – Eesti Ajalooarhiiv 402/5/26: Acta des Conseils und Directoriums der Kaiserlichen Universität zu Dorpat, betreffend das chemische Cabinet

(Vol. I.). Berichte, Protokollextrakte und Briefwechsel mit dem Direktor des chemischen Cabinetts, mit [dem] Curator des Dorpater Lehrbezirks (1803–1845) und anderen über [die] Einrichtung eines Chemischen Laboratoriums, den Zustand des Cabinetts, Anschaffung von Apparaten, Instrumenten und Büchern und anderes (7. April 1803–31. Dezember 1845).

EAA 402/5/87 – Eesti Ajalooarhiiv 402/5/87: Schnurbuch für die wissenschaftlichen Apparate der Medizinischen Section der vereinten medizinischen Institute. Verzeichnis des Inventars der medizinischen Abteilungen der klinischen Anstalten (1808–1848).

EAA 402/5/391 – Eesti Ajalooarhiiv 402/5/391: Acta des Conseils und Directoriums der Kaiserlichen Universität zu Dorpat, betreffend das chemische Cabinet (Vol. II). Berichte, Protokoll-Extrakte und Briefwechsel mit dem Director des chemischen Cabinetts, dem Rigaschen Zollamt und anderen über den Zustand des Cabinetts und die Anschaffung von Apparaten, Instrumenten und Büchern. Angefangen, d[en] 23. Februar 1846. Geschlossen, d[en] 9. Januar 1857.

EAA 402/5/492 – Eesti Ajalooarhiiv 402/5/492: Acta des Directoriums der Kaiserlichen Universität zu Dorpat, betreffend das chemische Cabinet der Universität (Vol. III.). Briefwechsel mit dem Director des chemischen Cabinetts, dem Kurator des Dorpater Lehrbezirkes und anderen in Sachen dieses Cabinetts. Angefangen d[en] 23. Januar 1857. Geschlossen d[en] 15. December 1861.

EAA 402/5/591 – Eesti Ajalooarhiiv 402/5/591: Acta des Directoriums der Kaiserlichen Universität zu Dorpat, betreffend das physiologische Cabinet (Vol. III.). Fortsetzung der Acte „Das pathologisch-physiologische Cabinet“ (27. Januar 1862–10. Januar 1918). Briefwechsel mit dem Direktor des physiologischen Cabinetts, dem Kurator des Dorpater Lehrbezirks und anderen über die Reorganisation des Cabinetts, Anschaffung von Instrumenten und Apparaten, Erweiterung der Räume und anderes.

EAA 402/5/592 – Eesti Ajalooarhiiv 402/5/592: Acta des Directoriums der Kaiserlichen Universität zu Dorpat, betreffend das chemische Cabinet (Vol. IV). der Universität (7. Februar 1862–24. September 1892). Laboratoriums-Ordnung und Briefwechsel mit dem Direktor des chemischen Cabinetts, dem Kurator des Dorpater Lehrbezirks und anderen in Sachen dieses Cabinetts.

EAA 402/6/348 – Eesti Ajalooarhiiv 402/6/348: Dorpater Universität Rentkammer Nr. 130: Schnurbuch über die Einnahmen und Ausgaben des chemischen Kabinetts und Laboratoriums (Januar 1821 – Februar 1833).

EAA 995/1/26494 – Eesti Ajalooarhiiv 995/1/26494: 19.11.1855–28.11.1855: Akte betreffend die Taxation der an der Blumenstrasse (Lille tn) unter Polizeinummer

304 auf Grund Nr. 62 belegenen Gebäude der Therese von Maydell, geborenen von Müller.

EAA 995/1/26769 – Eesti Ajalooarhiiv 995/1/26769: 19.11.1855–28.11.1855. Akte betreffend die Taxation des an der Sternstrasse (Tähe tn) unter Polizeinummer 305 auf Grund Nr. 63 belegenen Wohnhauses und Gartens der Therese von Maydell, geborenen von Müller.

EAA 1185/1/155 – Eesti Ajalooarhiiv 1185/1/155: Livländische Gemeinnützige und Ökonomische Societät Dorpat (Liivimaa Üldkasulik ja Ökonoomiline Sotsieteet ...). Protokolle der Verhandlungen für den Zeitraum: 21. Januar 1846 bis 21. Januar 1850.

EAA 1185/1/206 – Eesti Ajalooarhiiv 1185/1/206: Livländische Gemeinnützige und Ökonomische Societät Dorpat (Liivimaa Üldkasulik ja Ökonoomiline Sotsieteet ...). Protokoll-Konzepte der Sozietät für den Zeitraum: 17. Januar 1849 bis 15. Juni 1849.

EAA 1185/1/207 – Eesti Ajalooarhiiv 1185/1/207: Livländische Gemeinnützige und Ökonomische Societät Dorpat (Liivimaa Üldkasulik ja Ökonoomiline Sotsieteet ...). Jahresbericht der Sozietät 1849 nebst Mitgliederverzeichnis und Briefwechsel mit dem Departement der Landwirtschaft: Zeitraum: 30. Oktober 1849 bis 12. April 1850.

EAA 1253/1/52 – Eesti Ajalooarhiiv 1253/1/52: St. Johannis Deutsche Gemeinde Dorpat. Kirchenbuch der Geborenen, Getauften, Getrauten und Verstorbenen (1853).

EAA 1254/1/78 – Eesti Ajalooarhiiv 1254/1/78: Universitätsgemeinde Dorpat: Kirchenbuch über Geborene, Getaufte, Getraute, Verstorbene (1917–1926).

EAA 1254/1/213 – Eesti Ajalooarhiiv 1254/1/213: Universitätsgemeinde Dorpat. Kirchenbuch. Teil Verstorbene (1912).

EAA 1254/1/222 – Eesti Ajalooarhiiv 1254/1/222: Universitätsgemeinde Dorpat: Kirchenbuch über Getaufte (1888–1909), Verlobte (1888–1809), Getraute (1888–1903) und Begrabene (1888–17. Januar 1910).

EAA 1674/2/339 – Eesti Ajalooarhiiv 1674/2/339: Matrikel-Kommission des Estländischen Gemeinnützigen Verbandes. Necropolis von Livland. Band 1. Dorpat (1927–1929).

EAA 1674/2/370 – Eesti Ajalooarhiiv 1674/2/370: Matrikel-Kommission des Estländischen Gemeinnützigen Verbandes. Kartothek der deutschen Familien. Dorpat. Band Fl – Hek.

EAA 1674/2/371 – Eesti Ajalooarhiiv 1674/2/371: Matrikel-Kommission des Estländischen Gemeinnützigen Verbandes. Kartothek der deutschen Familien. Dorpat. Band Hel – Kie.

## 1.4 Erik-Amburger-Datenbank: Ausländer im vorrevolutionären Russland (Institut für Ost- und Südosteuropaforschung, Regensburg)

EAD ID 1352 (oid 1377) – Erik-Amburger-Datenbank ID 1352 (oid 1377): Johann Wilhelm Bernhard von Bursy (1863–1909).

EAD ID 2183 (oid 2225) – Erik-Amburger-Datenbank ID 2183 (oid 2225): Anna Katharina von Brandt, geb. Kruse (1735–1815/16).

EAD ID 65395 (oid 66315) – Erik-Amburger-Datenbank ID 65395 (oid 66315): Robert Julius Erdmann (1844–1909).

EAD ID 68702 (oid 69639) – Erik-Amburger-Datenbank ID 68702 (oid 69639): Erich Alexander Theodor Hoffmann (1881–1939).

EAD ID 69441 (oid 70378) – Erik-Amburger-Datenbank ID 69441 (oid 70378): Karl Kannenberg (1829–?).

EAD ID 70290 (oid 71227) – Erik-Amburger-Datenbank ID 70290 (oid 71227): Theodor August Koch (1840–?).

EAD ID 71123 (oid 72060) – Erik-Amburger-Datenbank ID 71123 (oid 72060): Alphons Gottlieb Kuhlberg (1840–1912).

EAD ID 71179 (oid 72116) – Erik-Amburger-Datenbank ID 71179 (oid 72116): August Eduard Justus Kupffer (1842–1916).

EAD ID 71673 (oid 72612) – Erik-Amburger-Datenbank ID 71673 (oid 72612): Anton Ernst Nikolaus Lichtenstein (1826–1902).

EAD ID 76962 (oid 77916) – Erik-Amburger-Datenbank ID 76962 (oid 77916): Oskar Friedrich Heinrich Schmidt (1854–1917).

EAD ID 78300 (oid 79255) – Erik-Amburger-Datenbank ID 78300 (oid 79255): Hermann Karl Sponholz (1839–1891).

EAD ID 80993 (oid 82076) – Erik-Amburger-Datenbank ID 80993 (oid 82076): Otto Wiersbitzky (1839–?).

EAD ID 81863 (oid 82938) – Erik-Amburger-Datenbank ID 81863 (oid 82938): Sigismund Salomon (1851–?).

## 1.5 Latvijas Valsts Vestures Arhivs, Lettisches Historisches Staatsarchiv (Riga)

LVVA 235/2/955 – Latvijas Valsts Vestures Arhivs 235/2/955: Mitau, Geborene und Getaufte [im Jahre] 1834, 1838, 1841, 1844.

LVVA 235/2/956 – Latvijas Valsts Vestures Arhivs 235/2/956: Mitau, Verzeichnis der Geborenen und Getauften [im Jahre] 1849, 1861.

LVVA 235/2/960 – Latvijas Valsts Vestures Arhivs 235/2/960: Mitau, Verstorbene im Jahre 1834, 1835, 1845.

LVVA 235/2/961 – Latvijas Valsts Vestures Arhivs 235/2/961: Mitau, Verstorbene im Jahre 1850, 1866, 1874.

LVVA 235/2/991 – Latvijas Valsts Vestures Arhivs 235/2/991: Mitau, Getraute im Jahre 1836.

LVVA 235/2/2424 – Latvijas Valsts Vestures Arhivs 235/2/2424: Kirchenbuch der Windauschen St[adt] Gemeinde, Verzeichniß der Geborenen und Getauften 1880.

LVVA 235/2/2427 – Latvijas Valsts Vestures Arhivs 235/2/2427: Kirchenbuch der Windauschen St[adt] Gemeinde, Verzeichniß der Geborenen und Getauften 1883.

LVVA 235/4/1043 – Latvijas Valsts Vestures Arhivs 235/4/1043: Kirchenbuch d[er] Uexkull-Kircholmschen Gemeinde, Verzeichniß der Geborenen und Getauften 1853.

LVVA 235/5/27 – Latvijas Valsts Vestures Arhivs 235/5/27: Kirchenbuch von Mitau (Trinitatiskirche, Stadtgemeinde), Getaufte 1806–1833.

LVVA 235/5/56 – Latvijas Valsts Vestures Arhivs 235/5/56: Kirchenbuch Blieden 1742–1833.

LVVA 235/5/59 – Latvijas Valsts Vestures Arhivs 235/5/59: Kirchenbuch Grenzhof 1756–1833 (Getaufte 1756–1833; Getraute 1756–1833).

LVVA 235/5/73 – Latvijas Valsts Vestures Arhivs 235/5/73: Kirchenbuch Goldingen, Getaufte 1768–1798.

LVVA 235/6/489 – Latvijas Valsts Vestures Arhivs 235/6/489: Mitau, Verstorbene im Jahre 1889.

LVVA 235/6/1070 – Latvijas Valsts Vestures Arhivs 235/6/1070: Kirchenbuch der Windauschen Stadt Gemeinde, Verzeichniß der Geborenen und Getauften 1885.

LVVA 235/6/1072 – Latvijas Valsts Vestures Arhivs 235/6/1072: Kirchenbuch der Windauschen Stadt Gemeinde, Verzeichniß der Geborenen und Getauften 1887.

LVVA 235/6/1076 – Latvijas Valsts Vestures Arhivs 235/6/1076: Kirchenbuch der Windauschen St[adt] Gemeinde, Verzeichniß der Geborenen und Getauften 1890.

LVVA 5759/2/1107 – Latvijas Valsts Vestures Arhivs 5759/2/1107: J. Döring. Was ich nicht gern vergessen möchte oder Erinnerungen aus meinem Leben.

## 1.6 Niedersächsische Staats- und Universitätsbibliothek (Göttingen)

NSB Acc. Mss 1975.5 – Niedersächsische Staats- und Universitätsbibliothek Acc. Mss 1975.5: Brief Carl Schmidts an Friedrich Wöhler vom 3./15. Januar 1861.

## 1.7 Niedersächsische Staats- und Universitätsbibliothek, Universitätsarchiv (Göttingen)

UAG Med. Fak. Prom. Nr. 13 – Universitätsarchiv Göttingen Med. Fak. Prom. Nr. 13: Gesuch: Carl Schmidts an den Dekan einer Hohen medicinischen Facultät zu Göttingern um Zulassung zur Facultätsprüfung behufs Erlangung des medicinischen Doctorgrads vom 12. März 1845.

## 1.8 Rossiiskaia natsional'naia biblioteka (Otdel rukopisei), Russische Nationalbibliothek (Handschriften-Sammlung) (St. Petersburg)

RNB 2/403 – Rossiiskaia natsional'naia biblioteka 2/403: Schmidt Karl, chimik, prof. Derptskogo universiteta. Pis'ma (30) Germanu Vilgelmovitchu Abichu (1855–1886) (Schmidt, Karl, Chemiker, Professor der Universität Dorpat. Briefe [30] an Hermann Wilhelmowitsch Abich [1855–1886]).

## 1.9 Rossiiskii gosudarstvennyi istoricheskii arkhiv, Russisches Historisches Staatsarchiv (St. Petersburg)

RGIA 733/57/489 – Rossiiskii gosudarstvennyi istoricheskii arkhiv 733/57/489: Ob uvol'nenii v otpusk za granitsu ordinarnogo professora Derptskogo Universiteta kollezhskogo sovetnika Shmidta s vydachei posobiia (Befristeter Dispens für Prof. K. Schmidt [Universität Dorpat] von seinen Pflichten im Zusammenhang mit seiner Reise ins Ausland und der ihm hierzu gewährten finanziellen Unterstützung).

RGIA 733/57/642 – Rossiiskii gosudarstvennyi istoricheskii arkhiv 733/57/642: Ob otpravke professora khimii Derptskogo Universiteta kollezhskogo sovetnika Shmidta za granitsu dlia priobreteniia apparatov i snariadov dlia khimicheskoi laboratorii Universiteta (Beurlaubung des Prof. K. Schmidt [Universität Dorpat] für eine Auslandsreise, um die Ausrüstung für das chemische Universitäts-Laboratorium zu erwerben).

RGIA 733/121/979 – Rossiiskii gosudarstvennyi istoricheskii arkhiv 733/121/979: Ob ostavlenii nekotorykh lits na sluzhbe (Die Verlängerung bestehender Anstellungen betreffend), S. 703–714, 724: Korrespondenz mit dem Kurator des Dörptschen Lehrbezirks über die Verlängerung der Tätigkeit des Prof. Schmidt über das Jahr 1886 hinaus.

### 1.10 Sankt Petersburgskii filial Arkhiva Rossiiskoi Akademii Nauk, Archiv der Russischen Akademie der Wissenschaften, Niederlassung St. Petersburg

PFA RAN 22/2/256 – Sankt Petersburgskii filial Arkhiva Rossiiskoi Akademii Nauk 22/2/256: Pis'ma K. G. Schmidta, professora Derptskogo universiteta, chlena-korrespondenta Peterburgskoy akademii nauk akademiku A. M. Butlerovu (1864–1866) (Briefe Carl H. Schmidts, Professor der Universität Dorpat und korrespondierendes Mitglied der St. Petersburger Akademie der Wissenschaften, an das Akademiemitglied A. M. Butlerov [1864–1866]).

### 1.11 Tartu Ülikooli Raamatukogu, Universitätsbibliothek Tartu, Handschriften- und Rara-Abteilung

TÜR, Bestand 22, Akte 1 – Tartu Ülikooli Raamatukogu Bestand 22, Akte 1: Bericht des Professors der Chemie Dr. Carl Schmidt über seine im Sommer 1864 unternommene wissenschaftliche Reise durch Schweden, England, Frankreich und Deutschland.

TÜR, Signatur Bestand 22, Akte 11 – Tartu Ülikooli Raamatukogu Bestand 22, Akte 11: Fünf Briefe Hermann Eugen Isaak Benraths an Carl Schmidt.

TÜR, Signatur Bestand 22, Akte 13 – Tartu Ülikooli Raamatukogu Bestand 22, Akte 13: Brief Victor Christoph Lievens an Carl Schmidt vom 11. Januar 1878.

## 2 Familenarchive

### 2.1 Familienarchiv Christiane Benke (Kahl [Main])

Brief Ellen Kappels, geb. Hoffmann, an Christa von Eltz vom 15. Juli 1975.

Lebenslauf der Edith Jakowkina, geb. Waldauer. Geschrieben im Juni 1990 während eines Aufenthaltes in Deutschland. Übersetzung: Margarethe Arssenjewa.

Photos von Adelheide („Alice") Schmidt und Marie („Mary") Waldhauer, geb. Schmidt.

Robin von Eltz: Lebenslauf der Familie von Eltz (in Auszügen). Aufgezeichnet im Jahre 1944.

„Unsere Kindheit". Ein Bericht der drei Kinder von Erich Hoffmann und Marie, geb. Waldhauer.

## 2.2 Familienarchiv Bernhard von Bursy (Zeven)

Ahnenpaß der Thekla v. Bursy, geb. Schmidt, S. 14.

Auszug aus dem Register der Verlobten, Aufgebotenen und Getrauten der ev.-luth. Universitätskirche zu Dorpat im Jahre 1897.

Photo von Thekla Schmidt.

Sterberegister der ev.-luth. Kirche St. Trinitatis, Stadtgemeinde in Mitau, Jahrgang 1930, Nr. 20.

Sterbeurkunde des Standesamts Naumburg (Saale), Nr. 1140/1946.

## 2.3 Familienarchiv Helga von Grabe (München)

Abgangszeugnis der Königlich Technischen Hochschule zu Berlin, Nr. 2194 vom 16. Juni 1887.

Erinnerungen und Bilder, ernste und heitere, aus dem Leben meines inniggeliebten Vaters – Dr. Ferdinand von Hueck.

Photos von Oskar Schmidt und Carl Schmidt jun.

Verzeichnis der Geborenen und Getauften der ev.-luth. St. Trinitatiskirche in Mitau, Jahrgang 1863, Nr. 87.

Zeugnis der Siemens-Schuckertwerke AG, Berlin-Siemensstadt, 30. September 1928 (ZV 9 Pb/AZ 12).

## 2.4 Familienarchiv Werner Schmidt (Ganderkesee)

Liste der Eheschließungen der Rigaer Ev.-Luth. Kathedrale, Nr. 88, 1900.

Liste der Geborenen und Getauften der Ev.-Luth. Gemeinde St. Anna zu Petrograd.

Pfarramt der Ev. Kirchengemeinde in Meran. Band XV, S. 38, vom 27. Januar 1913.

Sterbeurkunde des Standesamts Ehingen vom 28. Januar 1991.

Todesanzeige Henri Abels.

# Literaturverzeichnis[1]

Abašnik (2004) – Vladimir A. Abašnik: Die Medizinische Fakultät der Universität Char'kov und ihre Beziehungen zu Deutschland (1804–1920). In: Ingrid Kästner, Regine Pfrepper (Hrsg.): „… so ist die Naturwissenschaft das wahre internationale Band der Völker." Wissenschaftsbeziehungen in Medizin und Naturwissenschaften zwischen Deutschland und dem Russischen Reich im 18. und 19. Jahrhundert (= Deutsch-russische Beziehungen in Medizin und Naturwissenschaften, 9). Aachen: Shaker, 2004, S. 113–140.

Abich (2005–2006) – Adele Abich (Hrsg.): Aus kaukasischen Ländern. Reisebriefe von Hermann Abich. Herausgegeben von dessen Witwe. Zwei Bände. Nachdruck der Ausgabe Wien 1896 (= Elibron Classics). New York: Adegi Graphics, 2005–2006.

Abich (1856) – [Hermann] Abich: Sur les derniers tremblements de terre dans la Perse septentrionale et dans le Caucase, ainsi que sur des eaux et des gaz s'y trouvant en rapport avec ces phénomènes. In: Bulletin de la classe physico-mathématique de l'Académie Impériale des Sciences de St. Pétersbourg 1856, 14, Sp. 49–72.

Abich (1857) – [Hermann] Abich: Besuch des Kraterbodens vom Stromboli am 25. Juli 1836. In: Zeitschrift der Deutschen Geologischen Gesellschaft 1857, 9, S. 392–406.

Abich (1865) – H[ermann] Abich: Beiträge zur geologischen Kenntniss der Thermalquellen in den kaukasischen Ländern. Tiflis: Civil-Hauptverwaltung Sr. Kaiserlichen Hoheit des Statthalters von Kaukasien, 1865.

Abich (1867 a) – [Hermann] Abich: Über das Vorkommen des brennbaren Kohlenwasserstoffs in den Gasgemengen der kaukasischen Thermen. In: Bulletin de l'Académie Impériale des Sciences de St. Pétersbourg 1867, 11, Sp. 397–412.

Abich (1867 b) – Herm[ann] von Abich: Ueber die Naphta Bezirke des nordwestlichen Kaukasus. In: Bulletin de la Société Impériale des Naturalistes de Moscou 1867, 40, S. 289–323.

Abich (1876) – H[ermann] Abich: Über Paraffin enthaltende Mineralstoffe auf der apscheronschen Halbinsel. In: Bulletin de l'Académie Impériale des Sciences de St. Pétersbourg 1876, 21, Sp. 493–509.

1 Ergänzungen der abgekürzten Vornamen der Autoren sowie sonstige spärliche „Einschaltungen" wurden durch eckige Klammern kenntlich gemacht. Die Original-Schreibweise wurde beibehalten. In „fremdsprachigen" Titeln sind nur Eigennamen groß geschrieben.

Abich (1877) – H[ermann] Abich: Über das geologische Alter der nordkaukasischen Jura-Kohlensandsteine und über in denselben vorkommenden natürlichen Salpeter im Kubanthale. In: Bulletin de l'Académie Impériale des Sciences de St. Pétersbourg 1877, 22, Sp. 148–170.

Abich (1878) – Hermann Abich: Geologische Forschungen in den kaukasischen Ländern. Teil 1: Eine Bergkalkfauna aus der Araxesenge bei Djoulfa in Armenien. Wien: Hölder, 1878.

Abich (1879) – Hermann Abich: Ueber die Productivität und die geotektonischen Verhältnisse der kaspischen Naphtaregion. In: Jahrbuch der Kaiserlich-Königlichen Geologischen Reichsanstalt 1879, 29, S. 165–188.

Abich (1882) – Hermann Abich: Geologische Forschungen in den kaukasischen Ländern. Teil 2: Geologie des Armenischen Hochlandes. I. Westhälfte. Wien: Hölder, 1882.

Abich (1887) – Hermann Abich: Geologische Forschungen in den kaukasischen Ländern. Teil 3: Geologie des armenischen Hochlandes. II. Osthälfte. Herausgegeben von Eduard Suess und Adélaide Abich. Wien: Hölder, 1887.

Achard (1969) – Thomas Achard: Der Physiologe Friedrich Bidder 1810–1894 (Diss., Zürich) (= Züricher medizingeschichtliche Abhandlungen, 69). Zürich: Juris Druck + Verlag, 1969.

Ackermann (1952) – D[ankwart] Ackermann: Die Bedeutung der Physiologischen Chemie für die Medizin. In: Die Medizinische 1952, 6, S. 186–187.

Adolphi et al. (1918) – [Hermann] Adolphi, [Friedrich Carl] Krüger, [Carl] Dehio, [Joseph] Zoege v. Manteuffel, [Ernst] Masing, [Maximilian] Bresowsky: Die Medizinische Fakultät. In: Hugo Semel (Redaktion): Die Universität Dorpat (1802–1918). Dorpat: Laakmann, 1918, S. 60–98.

Akademija nauk SSSR (1961) – Akademija nauk SSSR. Institut istorii Estestvoznanija i techniki (Sowjetische Akademie der Wissenschaften. Institut für Geschichte der Naturwissenschaften und Technik) (Hrsg.): Pisma russkich chimikov k A. M. Butlerovu (Briefe russischer Chemiker an A. M. Butlerov) (= Nauchnoe nasledstvo, 4 [Wissenschaftliches Erbe, 4]). Moskau: Akademija nauk SSSR (Sowjetische Akademie der Wissenschaften), 1961.

Akeroyd (1996) – F. Michael Akeroyd: Poppers Beitrag für eine Philosophie der Chemie. In: Nikos Psarros, Klaus Ruthenberg, Joachim Schummer (Hrsg.): Philosophie der Chemie. Bestandsaufnahme und Ausblick. Würzburg: Königshausen und Neumann, 1996, S. 67–76.

Akeroyd (1999) – F. Michael Akeroyd: Popper and the biochemical sciences. In: Nikos Psarros, Kostas Gavroglu (Hrsg.): Ars mutandi. Issues in philosophy and history of chemistry (= Leipziger Schriften zur Philosophie, 13). Leipzig: Leipziger Universitätsverlag, 1999, S. 1–5.

Albitzkiy (1901) – A. Albitzkiy: Kafedra chimii i chimicheskaya laboratoriya Imperatorskogo Kazanskogo universiteta v ich proshlom i nastoyashem. (Die Abteilung für Chemie und das chemische Laboratorium an der Kaiserlichen Universität Kasan – Vergangenheit und Gegenwart) In: Izdanie Chimicheskogo Otdeleniya Imperatorskogo Obschestva Lyubitelei Estestvoznaniya, Antropologii i Etnografii (Veröffentlichung der Sektion Chemie der Kaiserlichen Gesellschaft der Amateure für Naturwissenschaften, Anthropologie und Ethnographie): Lomonosovskyi Sbornik. Materialy dlya Istorii Razvitiya Chimii v Rossii (Lomonossov Festschrift. Materialien zur Entwicklungsgeschichte der Chemie in Russland). Moskau: Tip. Mamontova, 1901, S. 1–71.

Alichanov und Buniat-Zade (1976) – Enver Nazarovič Alichanov, Zija Alievič Buniat-Zade: Hermann W. Abich und die Geologie des Kaspisees. In: Zeitschrift für geologische Wissenschaften 1976, 4, S. 487–494.

Ali-Zade et al. (1976) – Ali Ašraf Abdul Gusejn Ogly Ali-Zade, Ibragim Alekperovič Abbasov, Azdar Ali Ogly Aliev: H. W. Abich – der erste Erforscher des geologischen Baus und der Erdöllagerstätten der Halbinsel Apscheron. In: Zeitschrift für geologische Wissenschaften 1976, 4, S. 479–485.

Amburger (1987) – Erik Amburger: Personenregister. In: Gert von Pistohlkors, Toivo U. Raun, Paul Kaegbein (Hrsg.): Die Universitäten Dorpat/Tartu, Riga und Wilna/Vilnius 1579–1979. Beiträge zu ihrer Geschichte und ihrer Wirkung im Grenzbereich zwischen West und Ost (= Quellen und Studien zur Baltischen Geschichte, 9). Köln, Wien: Böhlau, 1987, S. 388–404.

American Council of Learned Societies (2000) – American Council of Learned Societies: Concise dictionary of scientific biography. New York: Scribner's, [2]2000.

Anderson et al. (1990) – R[obert] G. W. Anderson, J[ohn] Burnett, B. Gee: Handlist of scientific instrument-maker's trade catalogues. 1600–1914 (= National Museums of Scotland Information Series, 8). Edinburgh: National Museums of Scotland, 1990.

Andrews (1832) – Thomas Andrews: Chemical researches on the blood of cholera patients. In: Philosophical Magazine 1832, 1 (Serie 3), S. 295–305.

Appunn (1984) – Hans Jürgen Appunn: Die Kritik Rudolf Hermann Lotzes am Vitalismus (Diss., Bonn). Bonn: Universität Bonn, 1984.

Arbusow (1953) – A. J. Arbusow: Ohne Titel (Einleitung). In: Ohne Herausgeber: Die Strukturtheorie Butlerows (= Große Sowjet-Enzyklopädie. Reihe Chemie, 2). Ins Deutsche übertragen von E. Kukulies. Leipzig: Akademische Verlagsgesellschaft Geest und Portig, 1953, S. 1–25.

Aster (1980) – Ernst von Aster: Geschichte der Philosophie (= Kröners Taschenausgabe, 108). Stuttgart: Kröner, [17]1980.

Bardeleben (1849) – [Heinrich Adolf von] Bardeleben: Beiträge zur Lehre von der Verdauung. In: Archiv für physiologische Heilkunde 1849, 8, S. 1–9.

Barkan (1930) – Georg Barkan: Dorpats Bedeutung für die Pharmakologie. Antrittsrede am 13. November 1929 anlässlich der Übernahme des Lehrstuhls der Pharmakologie an der Universität Tartu-Dorpat (Estland). In: Acta et Commentationes Universitatis Tartuensis (Dorpatensis), Reihe A: Mathematica, Physica, Medica 1930, 20, S. (8) 1–14.

Bauer (2001) – Axel W. Bauer: Schönlein, Johann Lukas. In: Walther Killy, Rudolf Vierhaus (Hrsg.): Deutsche biographische Enzyklopädie. Band 9. München: Deutscher Taschenbuch-Verlag, 2001, S. 98.

Bauer (2006) – Axel [W.] Bauer: Stahl, Georg Ernst. In: Wolfgang U. Eckart, Christoph Gradmann (Hrsg.): Ärzte Lexikon. Von der Antike bis zur Gegenwart. Heidelberg: Springer, [3]2006, S. 309–310.

Beaujean et al. (1995) – Alfred Beaujean, Monika Beer, Oliver Buslau, Yvonne Drynda, Beatrice Gehlhoff, Rita Häußler, Andreas Kluge, Gerhard Persché, Teresa Pieschacón Raphael, Dieter Zöchling (Autoren): Harenberg Opernführer. Der Schlüssel zu 500 Opern, ihrer Handlung und Geschichte. Dortmund: Harenberg-Kommunikaton, [3]1995.

Beaumont (1833) – William Beaumont: Experiments and observations on the gastric juice, and the physiology of digestion. Plattsburgh: Allen, 1833.

Becke (1887) – F[riedrich] Becke: Mikroskopische Untersuchungen der Felsarten. In: Hermann Abich: Geologische Forschungen in den kaukasischen Ländern. Teil 3: Geologie des armenischen Hochlandes. II. Osthälfte. Herausgegeben von Eduard Suess, Adélaide Abich. Wien: Hölder, 1887, S. 84–152.

Becke-Goehring et al. (1986) – Margot Becke-Goehring, Ekkehard Fluck, Herbert Grünewald, Karl Rumpf, Günther Wilke: Betrachtungen zur Chemie in Heidelberg. In: Wilhelm Doerr (Hrsg.): Semper apertus. Sechshundert Jahre Ruprecht-Karls-Universität Heidelberg 1386–1986. Band 2: Das neunzehnte Jahrhundert (1803–1918). Berlin et al.: Springer, 1986, S. 332–351.

Beer (1998) – Günther Beer: Die chemischen Dissertationen der Universität Göttingen 1734–1900. Eine Bibliographie. Göttingen: Museum der Chemie, 1998.

Beer (2001) – Günther Beer: Dissertationen unter Friedrich Wöhler an der Universität Göttingen. In: Johannes Büttner, Wilhelm Lewicki (Hrsg.): Stoffwechsel im tierischen Organismus: Historische Studien zu Liebigs „Thier-Chemie" (1842) (= Edition Lewicki-Büttner, 1). Seesen: HisChymia-Buchverlag, 2001, S. 399–412.

Beer (1959) – J. J. Beer: The emergence of the German dye industry (= Illinois studies in the social sciences, 44). Urbana: University of Illinois Press, 1959.

Beilstein (1865) – [Friedrich Konrad] Beilstein: Rezension zur „Einleitung in das Studium der organischen Chemie von A. Butlerow" (russ. Ausgabe: 1. u. 2. Lieferung, Kasan 1864–65). In: Zeitschrift für Chemie. Archiv für das gesamte Gebiet der Wissenschaft 1865, 1 (N. F.), S. 727–730.

Ben-David (1960) – Joseph Ben-David: Roles and innovations in medicine. In: The American Journal of Sociology 1960, 65, S. 557–568.

Ben-David und Collins (1966) – Joseph Ben-David, Randall Collins: Social factors in the origins of a new science: The case of psychology. In: American Sociological Review 1966, 31, S. 451–465.

Benrath (1921) – Alfred Benrath: Justus Liebig und seine Zeit (= Bücherei der Volkshochschule, 26). Bielefeld, Leipzig: Velhagen und Klasing, 1921.

Benrath (1868) – H[ermann] E[ugen] Benrath: Die Normal-Zusammensetzung bleifreien Glases und die Abweichungen von derselben in der Praxis (Diss., Dopat). Aachen: Georgi, 1868.

Bensaude-Vincent (2003) – Bernadette Bensaude-Vincent: Chemistry. In: David Cahan (Hrsg.): From natural philosophy to the sciences. Writing the history of nineteenth-century science. Chicago et al.: University of Chicago Press, 2003, S. 196–220.

Berendes (1907) – J[ulius] Berendes: Das Apothekenwesen. Seine Entstehung und geschichtliche Entwicklung bis zum XX. Jahrhundert. Stuttgart: Enke, 1907.

Bergdolt (2001) – Klaus Bergdolt: Schwann, Theodor (Ambrose Hubert). In: Walther Killy, Rudolf Vierhaus (Hrsg.): Deutsche biographische Enzyklopädie. Band 9. München: Deutscher Taschenbuch-Verlag, 2001, S. 222–223.

Bergmann (1984) – Max Bergmann: Emil Fischer. In: Günther Bugge (Hrsg.): Das Buch der großen Chemiker. Band 2: Von Liebig bis Arrhenius. 6. unveränderter Nachdruck der 1. Auflage 1929. Weinheim et al.: Verlag Chemie, 1984, S. 408–420, S. 514–515 (Bibliographie).

Berl (1928) – Ernst Berl (Hrsg.): Briefe von Justus Liebig. Nach neuen Funden. Gießen, Darmstadt: Gesellschaft Liebig-Museum, Liebighaus-Stiftung, 1928.

Bernard (1849) – Cl[aude] Bernard: Recherches sur les usages du suc pancréatique dans la digestion. In: Comptes rendus hebdomadaires des séances de l'Académie des Sciences 1849, XXVIII, S. 249–253.

Bernard (1865) – Claude Bernard: Introduction à l'étude de la médecine expérimentale. Paris: Baillière et Fils, 1865.

Berzelius (1821) – Jac[ob] Berzelius: Von der Anwendung des Lötrohrs in der Chemie und Mineralogie. Aus der Handschrift übersetzt von Heinr[ich] Rose. Nürnberg: Joh[ann] Leonhard Schrag, 1821.

Berzelius (1830) – J[öns] J[acob] Berzelius: Ueber die Zusammensetzung der Weinsäure und Traubensäure (John's Säure aus den Vogesen), über das Atomgewicht des Bleioxyds, nebst allgemeinen Bemerkungen über solche Körper, die gleiche Zusammensetzung, aber ungleiche Eigenschaften besitzen. In: Annalen der Physik und Chemie 1830, 19 (95), S. 305–335.

Berzelius (1831) – J[öns] Jacob Berzelius. Lehrbuch der Chemie. Band 4, 1: Lehrbuch der Thier-Chemie. Aus dem Schwedischen übersetzt von F. Wöhler. Dresden: Arnoldische Buchhandlung, 1831.

Berzelius (1841) – J[öns] J[acob] Berzelius: Lehrbuch der Chemie. Band 10: Chemische Operationen und Geräthschaften, nebst Erklärung chemischer Kunstwörter, in alphabetischer Ordnung. Dresden, Leipzig: Arnoldische Buchhandlung, 1841.

Berzelius (1843) – J[öns] Jacob Berzelius: Thierchemie. In: Jahres-Bericht über die Fortschritte der Chemie und Mineralogie 1843, 22, S. 535–585.

Berzelius (1844) – J[öns] Jacob Berzelius: Thierchemie. In: Jahres-Bericht über die Fortschritte der Chemie und Mineralogie 1844, 23, S. 572–690.

Bettin (2002) – Hartmut Bettin: Alexander Nicolaus Scherer (1771–1824) und das Verhältnis von Theorie und Praxis in der Chemie. In: Ingrid Kästner, Regine Pfrepper (Hrsg.): Naturforschung, Experiment und Klinik. Deutsch-russische Beziehungen in der naturwissenschaftlichen Medizin des 19. Jahrhunderts (= Deutsch-russische Beziehungen in Medizin und Naturwissenschaften, 6). Aachen: Shaker, 2002, S. 39–56.

Beyer (1976) – Hans Beyer: Lehrbuch der organischen Chemie. Stuttgart: Hirzel, [18]1976.

Bidder (1959) – Friedrich von Bidder: Aus dem Leben eines Dorpater Universitätslehrers. Erinnerungen des Mediziners Prof. Dr. Friedrich v. Bidder 1810–1894 (= Ostdeutsche Beiträge aus dem Göttinger Arbeitskreis, XI). Würzburg: Holzner, 1959.

Bidder und Schmidt (1852) – F[riedrich] Bidder, C[arl] Schmidt: Die Verdauungssaefte und der Stoffwechsel. Eine physiologisch-chemische Untersuchung. Mitau, Leipzig: Reyher, 1852.

Bienemann (1902) – Friedrich Bienemann: Der Dorpater Professor Georg Friedrich Parrot und Kaiser Alexander I. Zum Säkulargedächtnis der alma mater Dorpatensis. Reval: Kluge, 1902.

Billig (1994) – Christine Billig: Pharmazie und Pharmaziestudium an der Universität Gießen (= Quellen und Studien zur Geschichte der Pharmazie, 67). Stuttgart: Wissenschaftliche Verlags-Gesellschaft, 1994.

Bing (1971) – Franklin C. Bing: The history of the word ‚Metabolism'. In: Journal of the History of Medicine and Allied Sciences 1971, 26, S. 158–180.

Bing (1973) – Franklin C. Bing: Friedrich Bidder (1810–1894) and Carl Schmidt (1822–1894). A biographical sketch. In: Journal of Nutrition 1973, 103, S. 639–648.

Bischof (1847–1855) – Gustav Bischof: Lehrbuch der chemischen und physikalischen Geologie. Zwei Bände (Band 2 in drei Abteilungen). Bonn: Marcus, 1847–1855.

Bischoff (1841) – Theod[or] Ludw[ig] Wilh[elm] Bischoff: Bericht über die Fortschritte der Physiologie im Jahre 1840. In: Archiv für Anatomie, Physiologie und wissenschaftliche Medicin 1841, S. I–LXVIII.

Bischoff (1842) – Th[eodor] Ludw[ig] Wilh[elm] Bischoff: Bericht über die Fortschritte der Physiologie im Jahre 1841. In: Archiv für Anatomie, Physiologie und wissenschaftliche Medicin 1842, S. LXI–CXXXIII.

Bischoff (1853) – Th[eodor] L[udwig] W[ilhelm] Bischoff: Der Harnstoff als Maass des Stoffwechsels. Giessen: Ricker, 1853.

Bischoff und Voit (1860) – Th[eodor] L[udwig] W[ilhelm] Bischoff, Carl Voit.: Die Gesetze der Ernährung des Fleischfressers durch neue Untersuchungen festgestellt. Leipzig, Heidelberg: Winter, 1860.

Blanckarts (1880) – M. Blanckarts: Hildebrandt, Theodor. In: Historische Commission bei der Königlichen Akademie der Wissenschaften (Hrsg.): Allgemeine Deutsche Biographie. Band 12. Leipzig: Duncker und Humblot, 1880, S. 405–406.

Blanckenhagen (1973) – Herbert von Blanckenhagen: Die Kaiserliche Livländische Gemeinnützige und Öconomische Societät. In: Jahrbuch des baltischen Deutschtums 1973, 20, S. 81–88.

Blanke (1983) – Horst Walter Blanke: Bibliographie der in periodischer Literatur abgedruckten Vorlesungsverzeichnisse deutschsprachiger Universitäten 1700–1899. Teil I. In: Berichte zur Wissenschaftsgeschichte 1983, 6, S. 205–227.

Blanke (1988) – Horst Walter Blanke: Bibliographie der in periodischer Literatur abgedruckten Vorlesungsverzeichnisse deutschsprachiger Universitäten 1700–1926. Teil III: Nachträge zu den Teilen I (Nr. 1–32) und II (Nr. 33–66). In: Berichte zur Wissenschaftsgeschichte 1988, 11, S. 105–117.

Blasche (2004 a) – Siegfried Blasche: Hegel, Georg Wilhelm Friedrich. In: Jürgen Mittelstraß (Hrsg.): Enzyklopädie Philosophie und Wissenschaftstheorie. Sonderausgabe. Band 2. Stuttgart, Weimar: Verlag J. B. Metzler, 2004, S. 48–54.

Blasche (2004 b) – Siegfried Blasche: Oken (eigentlich Ockenfuss), Lorenz. In: Jürgen Mittelstraß (Hrsg.): Enzyklopädie Philosophie und Wissenschaftstheorie. Sonderausgabe. Band 2. Stuttgart, Weimar: Verlag J. B. Metzler, 2004, S. 1067.

Bleker (1981) – Johanna Bleker: Die naturhistorische Schule 1825–1845. Stuttgart, New York: Fischer, 1981.

Bleker (1991) – Johanna Bleker: Johann Lukas Schönlein (1793–1864). In: Dietrich von Engelhardt, Fritz Hartmann (Hrsg.): Klassiker der Medizin. Band 2: Von Philippe Pinel bis Viktor von Weizsäcker. München: Beck, 1991, S. 81–94, S. 402–404 (Anmerkungen und Literatur).

Bleker (2006) – Johanna Bleker: Fuchs, Konrad Heinrich. In: W. U. Eckart, C. Gradmann (Hrsg.): Ärzte Lexikon. Von der Antike bis zur Gegenwart. Heidelberg: Springer, [3]2006, S. 130.

Bloch (1926) – M[ax] Bloch: Über die geschichtliche Entwicklung der russischen Chemie. In: Zeitschrift für angewandte Chemie 1926, 39, S. 1545–1551.

Bloch (1984 a) – M[ax] Bloch: Gay-Lussac und Thenard. In: Günther Bugge (Hrsg.): Das Buch der großen Chemiker. Band 1: Von Zosimos bis Schönbein. 6. unveränderter Nachdruck der 1. Auflage 1929. Weinheim et al.: Verlag Chemie, 1984, S. 386–404, S. 489–490 (Band 2, Bibliographie).

Bloch (1984 b) – M[ax] Bloch: Gerhardt und Laurent. In: Günther Bugge (Hrsg.): Das Buch der großen Chemiker. Band 2: Von Liebig bis Arrhenius. 6. unveränderter Nachdruck der 1. Auflage 1929. Weinheim et al.: Verlag Chemie, 1984, S. 92–114, S. 501–502 (Bibliographie).

Bloch (1984 c) – M[ax] Bloch: Nicolas Leblanc. In: Günther Bugge (Hrsg.): Das Buch der großen Chemiker. Band 1: Von Zosimos bis Schönbein. 6. unveränderter Nachdruck der 1. Auflage 1929. Weinheim et al.: Verlag Chemie, 1984, S. 291–303, S. 485–486 (Band 2, Bibliographie).

Blondlot (1851) – N[icolas] Blondlot: Inutilité de la bile dans la digestion proprement dite. Mémoire complémentaire à l'essai sur les fonctions du foie. In: Comptes rendus hebdomadaires des séances de l'Académie des Sciences 1851, XXXII, S. 904–906.

Bodenstein (1936) – Max Bodenstein: Robert Wilhelm Bunsens Stellung zur organischen Chemie. Zur 125. Wiederkehr seines Geburtstages (31. März 1811). In: Die Naturwissenschaften 1936, 24, S. 193–196.

Börnstein (1911) – E. Börnstein: Erdöl. In: Otto Dammer (Hrsg.): Chemische Technologie der Neuzeit. Band 2. Stuttgart: Enke, 1911, S. 131–161.

Boettcher (1862) – A[rthur] Boettcher: Ueber Blutkrystalle (Haematokrystallin). Eine physiologisch-chemische Abhandlung. Dorpat: Karow, 1862.

Bohnet und Stadler (2002) – Heidi Bohnet, Klaus Stadler (Hrsg.): Karl R. Popper. Alle Menschen sind Philosophen. München, Zürich: Piper, 2002.

Bohrmann et al. (2006) – Gerhard Bohrmann, Achim Kopf, Volkhard Spieß: Vulkane, die Schlamm statt Lava speien. In: Gerold Wefer (Hrsg.): Expedition Erde. Wissenswertes und Spannendes aus den Geowissenschaften.

Bremen: GeoUnion, Alfred-Wegener-Stiftung zur Förderung der Geowissenschaften, [2]2006, S. 162–169.

Bolton (1886) – Meade Bolton: Ueber das Verhalten verschiedener Bacterienarten im Trinkwasser. In: Zeitschrift für Hygiene 1886, 1, S. 76–114.

Borchardt (2004) – Peter Borchardt: Lomonossow (Lomonossov) Michail Wasiljewitsch. In: Jürgen Mittelstraß (Hrsg.): Enzyklopädie Philosophie und Wissenschaftstheorie. Sonderausgabe. Band 2. Stuttgart, Weimar: Verlag J. B. Metzler, 2004, S. 707–708.

Borschel (1987) – Christiane Borschel: Das Physiologische Institut der Universität Göttingen 1840 bis zur Gegenwart (Diss., Göttingen). Göttingen: Universität Göttingen, 1987.

Boschung (2001) – Urs Boschung: Haller, Albrecht, von. In: Walther Killy, Rudolf Vierhaus (Hrsg.): Deutsche Biographische Enzyklopädie. Band 4. München: Deutscher Taschenbuch-Verlag, 2001, S. 345–346.

Botsch (1993) – Walter Botsch: Wöhler, Liebig und die Lebenskraft. Naturwissenschaftliche Rundschau 1993, 46, S. 176–182.

Botsch (1997) – Walter Botsch: Die Bedeutung des Begriffs Lebenskraft für die Chemie zwischen 1750 und 1850 (Diss., Stuttgart). Stuttgart: Universität Stuttgart, 1997.

Boussingault (1844 a) – [Jean Baptiste] Boussingault: Analyses comparées de l'aliment consommé et des excréments rendus par une tourterelle, entreprises pour rechercher s'il y a exhalation d'azote pendant la respiration de granivores. In: Annales de Chimie et de Physique 1844, 11 (3. Serie), S. 433–456.

Boussingault (1844 b) – [Jean Baptiste] Boussingault: Expériences sur l'alimentation des vaches avec des betteraves et des pommes de terre. In: Annales de Chimie et de Physique 1844, 12 (3. Serie), S. 153–167.

Bowers (1996) – Brian Bowers: Faraday, Michael. In: Lance Day, Ian McNeil: Biographical dictionary of the history of technology. London, New York: Routledge, 1996, S. 251.

Braconnot (1811) – Henri Braconnot: De la fongine, ou analyse des champignons. In: Journal de Physique, de Chimie, et de l'Histoire Naturelle 1811, LXXIII, S. 130–135.

Bradke (1910) – E. von Bradke: Erinnerungen an Georg von Bradke, weil. Kurator des Dorpater Lehrbezirks, 1854–1862. In: Heimatstimmen. Ein Baltisches Hausbuch 1910, 4, S. 3–32.

Brakel (1996) – Jaap van Brakel: Über die Vernachlässigung der Philosophie der Chemie. In: Nikos Psarros, Klaus Ruthenberg, Joachim Schummer (Hrsg.): Philosophie der Chemie. Bestandsaufnahme und Ausblick. Würzburg: Königshausen und Neumann, 1996, S. 13–26.

Brandt (1872) – Woldemar Brandt: Beiträge zur klinischen Kenntniss des Typhus in Dorpat (Diss., Dorpat). Dorpat: Laakmann, 1872.

Brennsohn (1905) – I[sidorus] Brennsohn: Die Ärzte Livlands von den ältesten Zeiten bis zur Gegenwart. Ein biographisches Lexikon nebst einer historischen Einleitung über das Medizinalwesen Livlands. Riga: Bruhns, 1905.

Brennsohn (1929) – Isidorus Brennsohn: Die Ärzte Kurlands. Vom Beginn der herzoglichen Zeit bis zur Gegenwart. Ein biographisches Lexikon nebst einer historischen Einleitung über das Medizinalwesen Kurlands. Riga: Plates, [2]1929.

Bretschneider (1858) – Aemilius Bretschneider: Quaedam de arsenici efficacia disquisitiones (Diss., Dorpat). Dorpati Livonorum: Schümann und Mattiesen, 1858.

Broad (1981) – D. W. Broad: Centennial history of the Liverpool Section Society of Chemical Industry 1881–1981. London: Society of Chemical Industry, 1981.

Brock (1979) – W[illiam] H. Brock: Chemical geology or geological chemistry? In: L. J. Jordanova, Roy S. Porter (Hrsg.): Images of the earth. Essays in the history of the environmental sciences (= BSHS Monographs, 1). Chalfont St. Giles: British Society for the History of Science 1979, S. 147–170.

Brock (1997) – W[illiam] H. Brock: Viewegs Geschichte der Chemie. Aus dem Englischen übersetzt von Brigitte Kleidt und Heike Voelker. Braunschweig, Wiesbaden: Vieweg, 1997.

Brock (1999) – W[illiam] H. Brock: Justus von Liebig. Eine Biographie des großen Naturwissenschaftlers und Europäers. Übersetzt aus dem Englischen von Georg E. Siebeneicher. Braunschweig, Wiesbaden: Vieweg, 1999.

Brocke (1993) – Bernhard vom Brocke: Das Elend der Wissenschaftsgeschichte in Deutschland. Zur Entwicklung der Wissenschaftsgeschichte seit Ranke, insbesondere im 20. Jahrhundert. In: Mitteilungen der Österreichischen Gesellschaft für Wissenschaftsgeschichte 1993, 13, S. 3–81.

Brocke (1995) – Bernhard vom Brocke: Das verschenkte Erbe. Über die Vernachlässigung der Wissenschaftsgeschichte in Deutschland. In: Neue Horizonte. Ein Forum der Naturwissenschaften 1995, S. 109–155.

Brodie (1812) – B[enjamin] C[ollins] Brodie: Further experiments and observations on the action of poisons on the animal system. In: Philosophical Transactions 1812, 102, S. 205–227.

Brooks (1998) – Nathan M. Brooks: The evolution of chemistry in Russia during eighteenth and nineteenth centuries. In: David Knight, Helge Kragh (Hrsg.): The making of the chemist. The social history of chemistry in Europe 1789–1914. Cambridge: Cambridge University Press, 1998, S. 163–176.

Brooks (2004) – Nathan M. Brooks: Chemistry laboratories in Russia: 1700–1917. In: Historia Scientiarum 2004, 14, S. 89–100.

Brüger (1889) – K[arl] Brüger: Der Prozeß gegen den Drahtwaarenfabrikanten Eduard Otto und dessen Ehefrau in Jena wegen Verdachts des vollendeten und versuchten Giftsmords. Jena: Fischer, 1889.

Bruyn (2001) – Günter de Bruyn: Fontane, Theodor. In: Walther Killy, Rudolf Vierhaus (Hrsg.): Deutsche biographische Enzyklopädie. Band 3. München: Deutscher Taschenbuch-Verlag, 2001, S. 369–371.

Budberg (1855) – Alex[ander] Baron Budberg: Relation des specifischen Gewichts und der Zusammensetzung verschiedener Ceralien und Leguminosen. In: Livländische Jahrbücher der Landwirthschaft 1855, 13, S. 67–114.

Bücher (1919) – K[arl] Bücher: Lebenserinnerungen. Band 1: 1847–1890. Tübingen: Laupp, 1919.

Büsing (1894) – F. W. Büsing: Die Kanalisation. In: R. Blasius, F. W. Büsing (Bearbeiter): Die Städtereinigung. Einleitung, Abfuhrsysteme, Kanalisation (= Weyls Handbuch der Hygiene. Band 2, 1). Jena: Fischer, 1894, S. 115–296.

Büttner (1978) – J[ohannes] Büttner: Johann Joseph von Scherer (1814–1869). Ein Beitrag zur frühen Geschichte der Klinischen Chemie. In: Journal of Clinical Chemistry and Clinical Biochemistry 1978, 16, S. 478–483.

Büttner (1985 a) – J[ohannes] Büttner: Die Entwicklung der Klinischen Chemie im Spannungsfeld zwischen Medizin und Chemie. In: Journal of Clinical Chemistry and Clinical Biochemistry 1985, 23, S. 797–804.

Büttner (1985 b) – J[ohannes] Büttner: Wechselbeziehungen zwischen Chemie und Medizin im 19. Jahrhundert. Jahrbuch des Instituts für Geschichte der Medizin der Robert Bosch Stiftung 1985, 2, S. 7–24.

Büttner (1990) – Johannes Büttner: Leitgedanken in der Geschichte der Klinischen Chemie. In: Medizinhistorisches Journal 1990, 25, S. 268–285.

Büttner (2001 a) – Johannes Büttner: Einführung zur Arbeit von Friedrich Wöhler und Justus Liebig „Untersuchungen über die Natur der Harnsäure“. In: Johannes Büttner, Wilhelm Lewicki (Hrsg.): Stoffwechsel im tierischen Organismus: Historische Studien zu Liebigs „Thier-Chemie“ (1842) (= Edition Lewicki-Büttner, 1). Seesen: HisChymia-Buchverlag, 2001, S. 235–245.

Büttner (2001 b) – Johannes Büttner: Von der oeconomia animalis zu Liebigs Stoffwechselbegriff. In: Johannes Büttner, Wilhelm Lewicki (Hrsg.): Stoffwechsel im tierischen Organismus: Historische Studien zu Liebigs „Thier-Chemie“ (1842) (= Edition Lewicki-Büttner, 1). Seesen: HisChymia-Buchverlag, 2001, S. 61–94.

Büttner (2001 c) – Johannes Büttner: Vorbemerkung zum Abdruck von Liebigs Arbeit „Das Verhältniß der Physiologie und Pathologie zu Chemie und Physik, und die Methode der Forschung in diesen Wissenschaften“. In: Johannes Büttner, Wilhelm Lewicki (Hrsg.): Stoffwechsel im tierischen Organismus.

Historische Studien zu Liebigs „Thier-Chemie“ (1842) (= Edition Lewicki-Büttner, 1). Seesen: HisChymia-Buchverlag, 2001, S. 307–311.

Büttner (2004) – Johannes Büttner: Justus von Liebigs „Chemische Physiologie“. Schritte zu einer Chemie des Lebens. In: Mitteilungen der Fachgruppe Geschichte der Chemie der Gesellschaft Deutscher Chemiker 2004, 17, S. 42–61.

Büttner (2005) – Johannes Büttner: Der „Chemische Lebensprozeß“ gerät in den Blick der Chemiker: Die Anfänge der Physiologischen Chemie. In: Mitteilungen der Fachgruppe Geschichte der Chemie der Gesellschaft Deutscher Chemiker 2005, 18, S. 18–30.

Büttner und Habrich (1984) – Johannes Büttner, Christa Habrich (Bearbeiter): Vom Lötrohr zum Analysenautomaten. Ausstellung aus Anlaß des Symposiums „Geschichte der Biochemischen Analyse“ im Rahmen der Tagung Biochemische Analytik 84 in München vom 10. bis 12.4.1984. Katalog. Gräfeling: Demeter Verlag, 1984.

Büttner (2001) – Manfred Büttner: Ritter, Carl. In: Walther Killy, Rudolf Vierhaus (Hrsg.): Deutsche Biographische Enzyklopädie. Band 8. München: Deutscher Taschenbuch-Verlag, 2001, S. 326–327.

Bugge (1984 a) – G[ünther] Bugge: Berzelius (Vorwort). In: Günther Bugge (Hrsg.): Das Buch der großen Chemiker. Band 1: Von Zosimos bis Schönbein. 6. unveränderter Nachdruck der 1. Auflage 1929. Weinheim et al.: Verlag Chemie, 1984, S. 428–429.

Bugge (1984 b) – G[ünther] Bugge: Würtz, Karl Adolph. In: Günther Bugge (Hrsg.): Das Buch der großen Chemiker. Band 2: Von Liebig bis Arrhenius. 6. unveränderter Nachdruck der 1. Auflage 1929. Weinheim et al.: Verlag Chemie, 1984, S. 115–123, S. 502 (Bibliographie).

Bulk (1876) – C. Bulk: Beziehungen zwischen Ruhrkrankheit und Beschaffenheit des Genusswassers während der Epidemie im Herbste 1875 zu Barmen. In: Correspondenzblatt des Niederrheinischen Vereins für Öffentliche Gesundheitspflege 1876, 5, S. 45–46.

Bulte (1917) – Heinrich Bulte: Die Geschichte der Universität Dorpat. In: Deutsche Rundschau 1917, CLXX, S. 414–430.

Bunge (1898) – G[ustav] von Bunge: Lehrbuch der physiologischen und pathologischen Chemie. Leipzig: Vogel, [4]1898.

Bunk (1982) – Gerhard P[aul] Bunk: Einführung in die Arbeits-, Berufs- und Wirtschaftspädagogik (= Uni-Taschenbücher, 1172). Heidelberg: Quelle und Meyer, 1982.

Bunsen (1837 a) – G[ustav] [Robert] [Wilhelm] Bunsen: Ueber eine Reihe organischer Verbindungen, welche Arsenik als Bestandtheil enthalten. In: Annalen der Physik und Chemie 1837, 40 (116), S. 219–233.

Bunsen (1837 b) – G[ustav] R[obert] [Wilhelm] Bunsen: Ueber eine Reihe organischer Verbindungen, welche Arsenik als Bestandteil enthalten (Fortsetzung). In: Annalen der Physik und Chemie 1837, 42 (118), S. 145–158.

Bunsen (1841) – [Gustav Robert Wilhelm] Bunsen: Untersuchungen über die Kakodylreihe. In: Annalen der Chemie und Pharmacie 1841, XXXVII, S. 1–57.

Bunsen (1842) – [Gustav] R[obert] [Wilhelm] Bunsen: Untersuchungen über die Kakodylreihe (Fortsetzung). In: Annalen der Chemie und Pharmacie 1842, XLII, S. 14–46.

Bunsen (1843) – [Gustav] R[obert] [Wilhelm] Bunsen: Untersuchungen über die Kakodylreihe (Fortsetzung). In: Annalen der Chemie und Pharmacie 1843, XLVI, S. 1–48.

Burmeister (2000) – Karl Heinz Burmeister: Dr. med. Johann Eberle aus Buch (1798–1834). In: Alemannia Studens. Mitteilungen des Vereins für Vorarlberger Bildungs- und Studenten-Geschichte 2000, 10, S. 7–16.

Busch (1846) – Friedrich Busch: Der Fürst Karl Lieven und die Kaiserliche Universität Dorpat unter seiner Oberleitung. Aus der Erinnerung und nach seinen Briefen und amtlichen Erlassen geschildert. Dorpat, Leipzig: Karow, 1846.

Butlerow (1861) – A[lexander) M[ichailowitsch] Butlerow: Einiges über die chemische Structur der Körper. In: Zeitschrift für Chemie und Pharmacie 1861, IV, S. 549–560.

Butlerow (1862) – A[lexander) M[ichailowitsch] Butlerow: Ueber die Verwandtschaft der mehraffinen Atome. In: Zeitschrift für Chemie und Pharmacie 1862, 5, S. 297–304.

Butlerow (1863) – A[lexander) M[ichailowitsch] Butlerow: Ueber die verschiedenen Erklärungsweisen einiger Fälle von Isomerie. In: Zeitschrift für Chemie und Pharmacie 1863, 6, S. 500–534.

Butlerow (1864 a) – A[lexander) M[ichailowitsch] Butlerow: Ueber den tertiären Pseudobutylalkohol (den trimethylierten Methylalkohol). In: Zeitschrift für Chemie und Pharmacie 1864, 7, S. 385–402.

Butlerow (1864 b) – A[lexander) M[ichailowitsch] Butlerow: Ueber die systematische Anwendung des Princips der Atomigkeit zur Prognose von Isomerie- und Metameriefällen. In: Zeitschrift für Chemie und Pharmacie 1864, 7, S. 513–532.

Butlerow (1868) – A[lexander) M[ichailowitsch] Butlerow: Lehrbuch der organischen Chemie. Zur Einführung in das specielle Studium derselben. Aus dem Russischen übersetzte deutsche Ausgabe. Leipzig: Quandt und Händel, 1868.

Butlerow und Ossokin (1868) – A[lexander) M[ichailowitsch] Butlerow, M. Ossokin: Ueber eine synthetische Bildungsart der Alkohole und die chemische Struktur des Aethylens. In: Annalen der Chemie und Pharmacie 1868, CXLV, S. 257–271.

Bykow und Bekassova (1966) – G. W. Bykow, L. M. Bekassova: Beiträge zur Geschichte der Chemie der 60-er Jahre des 19. Jahrhunderts. II. F[riedrich] Beilsteins Briefe an A[leksandr] M. Butlerow. In: Physis. Rivista internazionale di storia della scienza 1966, 8, S. 267–285.

Caesar (2003) – Wolfgang Caesar: Pharmazie und Fotografie. In: Deutsche Apotheker Zeitung 2003, 143, S. 95 (6455) – 98 (6458).

Cahan (2003) – David Cahan: Looking at nineteenth-century science: An introduction. In: David Cahan (Hrsg.): From natural philosophy to the sciences. Writing the history of nineteenth-century science. Chicago, London: The University of Chicago Press, 2003, S. 3–15.

Cantillon (1959) – Richard Cantillon: Essai sur la nature du commerce en général. Edited with an English translation and other material by Henry Higgs. London: Frank Cass and Company, 1959.

Carrière (1898) – Justus Carrière (Hrsg.): Berzelius und Liebig. Ihre Briefe von 1831–1845 mit erläuternden Einschaltungen aus gleichzeitigen Briefen von Liebig und Wöhler sowie wissenschaftlichen Nachweisen. München: Lehmann, [2]1898.

Carriere (1914) – Moriz Carriere: Lebenserinnerungen. Herausgegeben von Wilhelm Diehl. Separatdruck aus dem Archiv für Hessische Geschichte und Altertumskunde. Neue Folge. Band 10. Darmstadt: Verlag des Historischen Vereins für das Großherzogtum Hessen, 1914.

Charpa (1989) – Ulrich Charpa: Einführung. In: Ulrich Charpa (Hrsg.): Matthias Jacob Schleiden. Wissenschaftsphilosophische Schriften. Mit kommentierenden Texten von Jakob Friedrich Fries, Christian G. Nees von Esenbeck und Gerd Buchdahl (= Geschichte der Wissenschaftsphilosophie. History of Philosophy of Science). Köln: Dinter, 1989, S. 9–43.

Charpa (2005) – Ulrich Charpa: Matthias Jacob Schleiden. In: Thomas Bach, Olaf Breidbach (Hrsg.): Naturphilosophie nach Schelling (= Schellingiana, 17). Stuttgart-Bad Cannstadt: Frommann-Holzboog, 2005, S. 627–653.

Chevreul (1823) – M[ichel] E[ugène] Chevreul: Recherches chimiques sur les corps gras d'origine animale. Paris: Levrault, 1823.

Chomse (1859) – Oswald Chomse: De ratione, qua se habeant oxydum atque acidum kakodylicum in organismo animalium disquisitiones (Diss., Dorpat). Dorpati Livonorum: Laakmann, 1859.

Christison (1831) – Robert Christison: Abhandlung über die Gifte, in Bezug auf gerichtliche Arzneikunde, Physiologie und practische Medicin. Aus dem

Englischen. Weimar: Verlag des Großh[erzoglich] Sächs[ischen] pr[ivilegierten] Landes-Industrie-Comptoirs, 1831.

Christison (1845) – Robert Christison: A treatise on poisons, in relation to medical jurisprudence, physiology, and the practice of physic. Edinburgh: Black, [4]1845.

Cinis (2003) – Andis Cinis: Rīgas industriālais mantojums pilsētvidē. Industrial heritage of Riga in the urban environment. In: A. Biedriņš (Hrsg.): Industriālais mantojums modernā pilsētvidē. Starptautiska konference, Rīgā, 2002, gada 20. septembrī. Industrial heritage in the modern urban environment. International conference, Riga, 20th of September, 2002. Riga: Rigas dome, 2003, S. 21–25.

Clark (1968) – Terry N. Clark: Institutionalization of innovations in higher education: Four models. In: Administrative Science Quarterly 1968, 13, S. 1–25.

Claus (1855) – [Carl Ernst] Claus: Skizze der Entwicklungsgeschichte der Pharmacie in Russland. In: Medicinische Zeitung Russlands 1855, 12, S. 220–222, S. 225–228 (Fortsetzung), S. 234–237 (Fortsetzung), S. 241–244 (Schluss).

Conrad (1893) – J. Conrad: Allgemeine Statistik der Deutschen Universitäten. In: W. Lexis (Hrsg.): Die Deutschen Universitäten. Für die Universitätsausstellung in Chicago. Band 1. Berlin: Asher, 1893, S. 115–168.

Cordier (1928) – Victor Cordier: Die chemische Zeichensprache einst und jetzt. Graz: Leykam, 1928.

Cotterell (2010) – Brian Cotterell: Fracture and life. London: Imperial College Press, 2010.

Cramer (2001) – Konrad Cramer: Kant, Immanuel. In: Bruno Jahn (Bearbeiter): Biographische Enzyklopädie deutschsprachiger Philosophen. Darmstadt: Wissenschaftliche Buchgesellschaft, 2001, S. 207–208.

Curtius und Rissom (1908) – Theodor Curtius, Johannes Rissom (Hrsg.): Geschichte des Chemischen Universitäts-Laboratoriums zu Heidelberg seit der Gründung durch Bunsen. Heidelberg: Rochow, 1908.

Dalchow (1965) – Klaus Dalchow: Die Überwindung vitalistischer Denkweisen in der Chemie des neunzehnten Jahrhunderts. In: Internationale Zeitschrift für Geschichte und Ethik der Naturwissenschaften, Technik und Medizin 1965, 2, S. 56–65.

Dammer (1910) – Otto Dammer (Hrsg.): Chemische Technologie der Neuzeit. Band 1. Stuttgart: Enke, 1910.

Dammer (1911) – Otto Dammer (Hrsg.): Chemische Technologie der Neuzeit. Bände 2 und 3. Stuttgart: Enke, 1911.

Dann (1958) – Georg Edmund Dann: Martin Heinrich Klaproth (1743–1817). Ein deutscher Apotheker und Chemiker. Sein Weg und seine Leistung. Berlin: Akademie-Verlag, 1958.

Dannenberg (1875) – Karl Dannenberg: Zur Geschichte und Statistik des Gymnasiums zu Mitau. Mitau: Steffenhagen, 1875.

Darwin (1859) – Charles Darwin: On the origin of species by means of natural selection or the preservation of favoured races in the struggle for life. London: John Murray, 1859.

Dawydoff (1957) – W. N. Dawydoff: Über die Entstehung der chemischen Strukturlehre unter besonderer Berücksichtigung der Arbeiten von A. M. Butlerow. Berlin: Verlag Technik, 1957.

Day (1996) – Lance Day: Deville, Henry Étienne Sainte-Claire. In: Lance Day, Ian McNeil (Hrsg.): Biographical dictionary of the history of technology. London et al.: Routledge, 1996, S. 206–207.

Dekker (1996) – Rudolf Dekker: Ego-Dokumente in den Niederlanden vom 16. bis zum 17. Jahrhundert. In: Winfried Schulze (Hrsg.): Ego-Dokumente. Annäherung an den Menschen in der Geschichte. Berlin: Akademie Verlag, 1996, S. 33–57.

Delffs (1842) – Wilhelm Dellfs: Stöchiometrischer Commentar zur Pharmacopoea Badensis. Heidelberg: Winter, 1842.

Dennstedt (1899) – M[ax] [Eugen Hermann] Dennstedt: Die Entwickelung der organischen Elementaranalyse. Stuttgart: Enke, 1899.

Descartes (1969) – René Descartes: Über den Menschen (Traité de l'homme, 1632) sowie Beschreibung des menschlichen Körpers (La description du corps humain, 1648). Übersetzt und mit einer historischen Einleitung und Anmerkungen versehen von Karl E[duard] Rothschuh. Heidelberg: Schneider, 1969.

Diepgen (1951) – Paul Diepgen: Geschichte der Medizin. Die historische Entwicklung der Heilkunde und des ärztlichen Lebens. Band 2, 1: Von der Medizin der Aufklärung bis zur Begründung der Zellularpathologie (ca. 1740 – ca. 1858). Berlin: de Gruyter, 1951.

Diercke Weltatlas (2002) – Diercke Weltatlas. Braunschweig: Westermann, [5]2002.

Diergart (1927) – Paul Diergart: Zur Stellung von Karl Gustav Bischof (Bonn) in der Chemie der 19. Jahrhunderts. In: Julius Ruska (Hrsg.): Studien zur Geschichte der Chemie. Festgabe Edmund O. von Lippmann zum siebzigsten Geburtstage. Berlin: Springer, 1927, S. 195–203.

Dietrich und Stöcker (1976) – Gerhard Dietrich, Friedrich W. Stöcker (Hrsg.): Fachlexikon ABC Biologie. Ein alphabetisches Nachschlagewerk für Wissenschaftler und Naturfreunde. Thun, Frankfurt (Main): Deutsch, [3]1976.

Ditmar (1911) – R. Ditmar: Guttapercha. In: Otto Dammer (Hrsg.): Chemische Technologie der Neuzeit. Band 3. Stuttgart: Enke, 1911, S. 659–663.

Dohna (2001) – Berthold zu Dohna: Warum nicht mal deutsch? Übungsbuch für die deutsche Schreibschrift. Herausgegeben von der Initiative Deutsche Schrift (IdS). Hamburg: Christians, [4]2001.

Donnert (2007) – Erich Donnert: Die Universität Dorpat-Jurjev 1802–1918. Ein Beitrag zur Geschichte des Hochschulwesens in den Ostseeprovinzen des Russischen Reiches. Frankfurt (Main): Lang, 2007.

Dragendorff (1894) – Georg Dragendorff: Nachruf (auf Friedrich Bidder). In: O. V.: Zur Erinnerung an den weil. Herrn Professor emer. Dr. Friedrich Bidder. Riga: Hoerschelmann, 1894, S. 24–28.

Drüll (1986) – Dagmar Drüll: Heidelberger Gelehrtenlexikon. 1803–1932. Berlin et al.: Springer, 1986.

Dulk (1832) – Fr[iedrich] Ph[ilipp] Dulk: Chemische Untersuchungen der Auswurfsstoffe des Darmkanals und des Blutes von Cholerakranken, nebst einigen zur Meteorologie gehörigen, und auf den Verlauf der Choleraepidemie sich beziehenden Beobachtungen. In: Archiv für Chemie und Meteorologie 1832, 5, S. 213–238.

Dumas (1839) – [Jean Baptiste] Dumas: Mémoire sur la constitution de quelques corps organique et sur la théorie des substitutions (extrait). In: Comptes rendus hebdomadaires des séances de l'Académie des Sciences 1839, VIII, S. 609–622.

Dunsch und Müller (1989) – Lothar Dunsch, Hella Müller: Ein Fundament zum Gebäude der Wissenschaften. Einhundert Jahre Ostwalds Klassiker der exakten Naturwissenschaften (1889–1989). Leipzig: Akademische Verlagsgesellschaft Geest und Portig, 1989.

Ebbecke (1951) – Ulrich Ebbecke: Johannes Müller. Der große rheinische Physiologe (= Heilkunde und Geisteswelt, 4). Hannover: Schmorl und von Seefeld, 1951.

Eberbach (1890) – Oscar Eberbach: Ueber das Verhalten der Bacterien im Boden Dorpats in der Embachniederung nebst Beschreibung von 5 am häufigsten daselbst vorkommenden Bacterienarten (Diss., Dorpat). Dorpat: Mattiesen, 1890.

Eberle (1834) – J[ohann] N[epomuk] Eberle: Physiologie der Verdauung, nach Versuchen auf natürlichem und künstlichem Wege. Würzburg: C. C. Etlinger'sche Verlagsbuchhandlung, 1834.

Ebert (2001) – Ina Ebert: Pufendorf, Samuel Frh. von. In: Bruno Jahn (Bearbeiter): Biographische Enzyklopädie deutschsprachiger Philosophen. Darmstadt: Wissenschaftliche Buchgesellschaft, 2001, S. 331.

Eckart (1998) – Wolfgang U. Eckart: Geschichte der Medizin. Berlin et al.: Springer, [3]1998.

Eckart und Jütte (2007) – Wolfgang Uwe Eckart, Robert Jütte: Medizingeschichte. Eine Einführung. Köln et al.: Böhlau, 2007.

Eder (1944) – Maria Eder: Die physiologischen Probleme bei Hermann Lotze (Diss., München). München: Universität München, 1944.

Eisenschmid und Bockamp (2000) – Rainer Eisenschmid, Gisela Bockamp (Bearbeiter): Baltikum. Estland. Lettland. Litauen. Königsberger Gebiet. Ostfildern: Baedecker, [3]2000.

Eisnerova (2000) – Vera Eisnerova: Botanische Disziplinen. In: Ilse Jahn (Hrsg.): Geschichte der Biologie. Theorien, Methoden, Institutionen, Kurzbiographien. Heidelberg, Berlin: Spektrum Akademischer Verlag, [3]2000, S. 310–331.

Elkeles (1991) – Barbara Elkeles: Robert Koch (1843–1910). In: Dietrich von Engelhardt, Fritz Hartmann (Hrsg.): Klassiker der Medizin. Band 2: Von Philippe Pinel bis Viktor v. Weizsäcker. München: Beck, 1991, S. 247–271, S. 430–434 (Anmerkungen und Literatur).

Emmerich und Recknagel (1894) – R[udolf] Emmerich, G[eorg] Recknagel: Die Wohnung (= Handbuch der Hygiene und der Gewerbekrankheiten. Teil 1: Individuelle Hygiene. 2. Abtheilung, 4. Heft). Leipzig: Vogel, [3]1894, S. 3–510.

Engel und Engel (1992) – Michael Engel, Brita Engel (Bearbeiter): Chemie und Chemiker in Berlin. Die Ära August Wilhelm von Hofmann 1865–1892. Katalog und Lesebuch zur Ausstellung anläßlich des 100. Todestags August Wilhelm von Hofmanns am 5. Mai 1992 vom 4. Mai bis 31. Mai 1992 im Thaer-Saal der Fakultät für Landwirtschaft und Gartenbau der Humboldt-Universität zu Berlin (= Studien und Quellen zur Geschichte der Chemie, 1). Berlin: Verlag für Wissenschafts- und Regionalgeschichte Engel, 1992.

Engelberg und Schleier (1990) – Ernst Engelberg, Hans Schleier: Zur Geschichte der historischen Biographie. In: Zeitschrift für Geschichtswissenschaft 1990, 38, S. 195–217.

Engelhardt (1916) – A[lexis] Frh. von Engelhardt: Die deutschen Ostseeprovinzen Rußlands. Ihre politische und wirtschaftliche Entwicklung. München: Müller, 1916.

Engelhardt (1976) – Dietrich von Engelhardt: Hegel und die Chemie. Studie zur Philosophie und Wissenschaft der Natur um 1800 (= Schriften zur Wissenschaftsgeschichte, 1). Wiesbaden: Pressler, 1976.

Engelhardt (1978) – Dietrich von Engelhardt: Romantik – im Spannungsfeld von Naturgefühl, Naturwissenschaft und Naturphilosophie. Einführendes Referat. In: Richard Brinkmann (Hrsg.): Romantik in Deutschland. Ein interdisziplinäres Symposion (= Deutsche Vierteljahresschrift für Literaturwissenschaft und

Geistesgeschichte. Sonderband, Germanistische Symposien-Berichtsbände, 2). Stuttgart: Metzler, 1978, S. 167–174.

Engelhardt (1981) – Dietrich von Engelhardt: Zu einer Sozialgeschichte der romantischen Naturforschung. In: Sudhoffs Archiv. Zeitschrift für Wissenschaftsgeschichte 1981, 65, S. 209–225.

Engelhardt (1991) – Dietrich von Engelhardt: Romantische Mediziner. In: Dietrich von Engelhardt, Fritz Hartmann (Hrsg.): Klassiker der Medizin. Band 2: Von Philippe Pinel bis Viktor von Weizsäcker. München: Beck, 1991, S. 95–118, S. 404–408 (Anmerkungen und Literatur).

Engelhardt (2001 a) – Dietrich von Engelhardt: Oken, Lorenz, bis 1803 Ockenfuß. In: Bruno Jahn (Bearbeiter): Biographische Enzyklopädie deutschsprachiger Philosophen. Darmstadt: Wissenschaftliche Buchgesellschaft, 2001, S. 310–311.

Engelhardt (2001 b) – Dietrich von Engelhardt: Ritter, Johann Wilhelm. In: Walther Killy, Rudolf Vierhaus (Hrsg.): Deutsche Biographische Enzyklopädie. Band 8. München: Deutscher Taschenbuch-Verlag, 2001, S. 330.

Engelhardt (2001 c) – Dietrich von Engelhardt: Steffens, Henrik. In: Bruno Jahn (Bearbeiter): Biographische Enzyklopädie deutschsprachiger Philosophen. Darmstadt: Wissenschaftliche Buchgesellschaft, 2001, S. 401–403.

Engelhardt (2001 d) – Dietrich von Engelhardt: Walther, Philipp Franz, von: In: Walther Killy, Rudolf Vierhaus (Hrsg.): Deutsche Biographische Enzyklopädie. Band 10. München: Deutscher Taschenbuch-Verlag, 2001, S. 325.

Engelhardt und Neuschäffer (1983) – Hans Dieter von Engelhardt, Hubertus Neuschäffer: Die Livländische Gemeinnützige und Ökonomische Sozietät (1792–1939). Ein Beitrag zur Agrargeschichte des Ostseeraums (= Quellen und Studien zur baltischen Geschichte, 5). Köln, Wien: Böhlau, 1983.

Engelhardt (1933) – Roderich von Engelhardt: Die Deutsche Universität Dorpat in ihrer geistesgeschichtlichen Bedeutung. Reval: Kluge, 1933.

Engels et al. (1989) – Siegfried Engels, Rüdiger Stolz, Wolfgang Göbel, Franz Nawrocki, Alois Nowak (Hrsg.): ABC Geschichte der Chemie. Leipzig: Deutscher Verlag für Grundstoffindustrie, 1989.

Engler (1892) – Karl Engler: Vier Jahrzehnte chemischer Forschung unter besonderer Rücksicht auf Baden als Heimstätte der Chemie. In: Technische Hochschule Karlsruhe (Hrsg.): Festgabe zum Jubiläum der vierzigjährigen Regierung seiner Königlichen Hoheit des Grossherzogs Friedrich von Baden. In Ehrfurcht dargebracht von der Technischen Hochschule in Karlsruhe. Karlsruhe: Technische Hochschule, 1892, S. 333–374.

Esselborn (1926) – Karl Esselborn: Justus von Liebig. Eigne biographische Aufzeichnungen. Eingeleitet und erläutert von Karl Esselborn. In: Die Starkenburg. Blätter für Heimatkunde und Heimatpflege 1926, 3, S. 121–128.

Eulenburg (1904) – Franz Eulenburg: Die Frequenz der Deutschen Universitäten von ihrer Gründung bis zur Gegenwart. Leipzig: Teubner, 1904.

Eulitz et al. (1976) – Christa-Maria Eulitz, Sigrid Scheuermann, Hans-Joachim Thier (Verantwortliche Redakteure): Fachlexikon ABC Chemie. Zwei Bände. Frankfurt (Main), Thun: Deutsch, [2]1976.

Eulner (1960) – Hans-Heinz Eulner: Johann Christian Reil, Leben und Werk. In: Rudolph Zaunick (Hrsg.): Johann Christian Reil 1759–1813. Vier auf der Reil-Feier in Halle am 25. Februar 1959 gehaltene Vorträge (= Nova Acta Leopoldina, 22 [N. F.]). Leipzig: Barth, 1960, S. 7–50.

Eulner (1970) – Hans-Heinz Eulner: Die Entwicklung der medizinischen Spezialfächer an den Universitäten des deutschen Sprachgebietes. Stuttgart: Enke, 1970.

Exner (2007) – Martin Exner: Umweltmedizin, -hygiene. In: Werner E. Gerabek, Bernhard D. Haage, Gundolf Keil, Wolfgang Wegner (Hrsg.): Enzyklopädie Medizingeschichte. Band 3. Berlin, New York: de Gruyter, 2007, S. 1429–1430.

Fählmann (1848) – Friedr[rich] Rob[ert] Fählmann. Die Ruhrepidemie in Dorpat im Herbst 1846. Dorpat: Karow, 1848.

Färber (1984) – Eduard Färber: Berthollet. In: Günther Bugge (Hrsg.): Das Buch der großen Chemiker. Band 1: Von Zosimos bis Schönbein. 6. unveränderter Nachdruck der 1. Auflage 1929. Weinheim et al.: Verlag Chemie, 1984, S. 342–349, S. 487 (Band 2, Bibliographie).

Feldmann und zur Mühlen (1990) – Hans Feldmann, Heinz von zur Mühlen (Hrsg.): Baltisches historisches Ortslexikon. Teil 2. Lettland (Südlivland und Kurland) (= Quellen und Studien zur Baltischen Geschichte, 8, 2). Köln, Wien: Böhlau, 1990.

Ferchl (1937) – Fritz Ferchl: Chemisch-Pharmazeutisches Bio- und Bibliographikon. Mittenwald: Nemayer, 1937.

Fick und Wislicenus (1865) – A[dolf] Fick, J[ohannes Adolph] Wislicenus: Ueber die Entstehung der Muskelkraft. In: Vierteljahresschrift der Naturforschenden Gesellschaft in Zürich 1865, 10, S. 317–348.

Figurovskii (1966) – N[ikolaij] A[leksandrovič] Figurovskii: The history of chemistry in ancient Russia. In: Chymia 1966, 11, S. 45–79.

Fischer (1878) – Ferdinand Fischer: Die chemische Technologie des Wassers. Braunschweig: Vieweg, 1878.

Fischer (1893) – Ferdinand Fischer: Handbuch der chemischen Technologie (zugleich 14. völlig umgearbeitete Auflage von R. von Wagner's Handbuch der chemischen Technologie). Leipzig: Wigand, 1893.

Fischer (1996) – Hans Fischer: Lehrbuch der genealogischen Methode (= Ethnologische Paperbacks). Berlin: Reimer, 1996.

Fischer (1952) – Hubert Fischer: Die Pathologie als mechanische Naturwissenschaft bei Rudolph Hermann Lotze (Diss., München). München: Universität München, 1952.

Fischer (1962) – I[sidor] Fischer (Hrsg.): Biographisches Lexikon der hervorragenden Ärzte der letzten fünfzig Jahre. Zugleich Fortsetzung des Biographischen Lexikons der hervorragenden Ärzte aller Zeiten und Völker. München et al.: Urban und Schwarzenberg, [2, 3]1962.

Fischer (2012) – Marta Fischer: Lebensmuster. Biobibliographisches Lexikon der Physiologen zwischen Deutschland und Russland im 19. Jahrhundert (= Relationes. Wissenschaftsbeziehungen im 19. Jahrhundert zwischen Deutschland und Russland auf den Gebieten Chemie, Pharmazie und Medizin, 9). Aachen: Shaker, 2012.

Fischer (2013) – Marta Fischer: Lebendige Verbindungen. Biobibliographisches Lexikon der Biochemiker zwischen Deutschland und Russland im 19. Jahrhundert (= Relationes. Wissenschaftsbeziehungen im 19. Jahrhundert zwischen Deutschland und Russland auf den Gebieten Chemie, Pharmazie und Medizin, 12). Aachen: Shaker, 2013.

Fisher (1974) – N. W. Fisher: Kekulé and organic classification. In: Ambix 1974, 21, S. 29–52.

Fleck (1980) – Ludwik Fleck: Entstehung und Entwicklung einer wissenschaftlichen Tatsache. Einführung in die Lehre vom Denkstil und Denkkollektiv (= Suhrkamp-Taschenbuch Wissenschaft, 312). Frankfurt (Main): Suhrkamp, [2]1980.

Fluck (1988) – Ekkehard Fluck: Leopold Gmelin – Ein Heidelberger Chemiker und sein Werk. In: Heidelberger Jahrbücher 1988, 32, S. 89–106.

Flügge (1889) – C[arl] Flügge: Grundriss der Hygiene für Studirende und praktische Ärzte, Medicinal- und Verwaltungsbeamte. Leipzig: Veit, 1889.

Fontane (1997) – Theodor Fontane: Von Zwanzig bis Dreißig. Autobiographisches (= Sammlung Dieterich, 180). Köln: Parkland-Verlag, 1997.

Fränkel (1887) – Carl Fränkel: Untersuchungen über das Vorkommen von Mikroorganismen in verschiedenen Bodenschichten. In: Zeitschrift für Hygiene 1887, 2, S. 521–582.

Fränkel (1898) – Ludwig Fränkel: Wehl, Feodor von. In: Historische Commission bei der Königlichen Akademie der Wissenschaften (Hrsg.): Allgemeine Deutsche Biographie. Band 44. Leipzig: Duncker und Humblot, 1898, S. 448–455.

Fraga und Schmidt (2000) – Xosé A. Fraga Vázquez, Isolde Schmidt: Willkomm, Heinrich Moritz. In: Ilse Jahn (Hrsg.): Geschichte der Biologie. Theorien, Methoden, Institutionen, Kurzbiographien. Heidelberg, Berlin: Spektrum Akademischer Verlag, [3]2000, S. 993–994.

Frank (1910) – Otto Frank: Carl von Voit. Gedächtnisrede gehalten in der öffentlichen Sitzung der k[öniglichen] Akademie der Wissenschaften am 9. März 1910. München: Verlag der k[öniglich] b[ayerischen] Akademie der Wissenschaften, 1910.

Franz (1976) – Günther Franz: Landwirtschaft 1800–1850. In: Hermann Aubin, Wolfgang Zorn (Hrsg.): Handbuch der deutschen Wirtschafts- und Sozialgeschichte. Band 2. Stuttgart: Klett, 1976, S. 276–320.

Frerichs (1846) – F[riedrich] Th[eodor] Frerichs: Die Verdauung. In: Rudolph Wagner (Hrsg.): Handwörterbuch der Physiologie mit Rücksicht auf physiologische Pathologie. Band 3, 1. Braunschweig: Vieweg, 1846, S. 658–872.

Frerichs (1848) – Fr[iedrich] Th[eodor] Frerichs: Ueber das Maass des Stoffwechsels, sowie über die Verwendung der stickstoffhaltigen und stickstofffreien Nahrungsstoffe. In: Archiv für Anatomie, Physiologie und wissenschaftliche Medicin 1848, S. 469–491.

Fresenius (1847) – C[arl] Remigius Fresenius: Lehrbuch der Chemie für Landwirthe, Forstmänner und Cameralisten. Zum Gebrauche bei Vorlesungen und zum Selbstunterrichte. Braunschweig: Vieweg, 1847.

Fresenius (1862) – C[arl] Remigius Fresenius: Anleitung zur quantitativen chemischen Analyse oder die Lehre von der Gewichtsbestimmung und Scheidung der in der Pharmacie, den Künsten, Gewerben und der Landwirthschaft häufiger vorkommenden Körper in einfachen und zusammengesetzten Verbindungen. Für Anfänger und Geübtere. Braunschweig: Vieweg, [5]1862.

Fresenius (1869) – C[arl] Remigius Fresenius: Anleitung zur qualitativen chemischen Analyse oder die Lehre von den Operationen, von den Reagentien und von dem Verhalten der bekannteren Körper zu Reagentien, sowie systhematisches Verfahren zur Auffindung der in der Pharmacie, den Künsten, Gewerben und der Landwirthschaft häufiger vorkommenden Körper in einfachen und zusammengesetzten Verbindungen. Für Anfänger und Geübtere. Braunschweig: Vieweg, [13]1869.

Freudenberg (1964) – Karl Freudenberg: Die Chemie in Heidelberg zur Zeit von L. Gmelin, R. Bunsen, V. Meyer und Th. Curtius. In: Heidelberger Jahrbücher 1964, 8, S. 87–92.

Frey (1972) – G. Frey: Experiment. In: Joachim Ritter, Karlfried Gründer (Hrsg.): Historisches Wörterbuch der Philosophie. Band 2. Darmstadt: Wissenschaftliche Buchgesellschaft, 1972, Sp. 867–870.

Friedrich (1995) – Christoph Friedrich: Die Apotheke von innen gesehen. Apothekerautobiographien aus zwei Jahrhunderten. Frankfurt (Main): Govi-Verlag, 1995.

Friedrich (2001) – Christoph Friedrich: Trommsdorff, Johann Bartholomäus. In: Walther Killy, Rudolf Vierhaus (Hrsg.): Deutsche biographische Enzyklopädie. Band 10. München: Deutscher Taschenbuch-Verlag, 2001, S. 96.

Fritscher (1991) – Bernhard Fritscher: Vulkanismusstreit und Geochemie. Die Bedeutung der Chemie und des Experiments in der Vulkanismus-Neptunismus-Kontroverse (Diss., München) (= Boethuis. Texte und Abhandlungen zur Geschichte der Mathematik und der Naturwissenschaften, 25). Stuttgart: Steiner, 1991.

Fritscher (2004) – Bernhard Fritscher: Goldschmidt, Victor Moritz. In: Dieter Hoffmann, Hubert Laitko, Staffan Müller-Wille (Hrsg.): Lexikon der bedeutenden Naturwissenschaftler. Band 2. München: Elsevier, Spektrum Akademischer Verlag, 2004, S. 114–117.

Fruton (1990) – Joseph S. Fruton: Contrast in scientific style: Research groups in the chemical and biochemical sciences. Philadelphia: American Philosophical Society, 1990.

Fruton (2001) – Joseph S. Fruton: The Liebig research group and selected other Liebig pupils. In: Johannes Büttner, Wilhelm Lewicki (Hrsg.): Stoffwechsel im tierischen Organismus: Historische Studien zu Liebigs „Thier-Chemie" (1842) (= Edition Lewicki-Büttner, 1). Seesen: HisChymia-Buchverlag, 2001, S. 373–397.

Fuchs (1984) – O[tto] Fuchs: Bunsen. In: Günther Bugge (Hrsg.): Das Buch der großen Chemiker. Band 2: Von Liebig bis Arrhenius. 6. unveränderter Nachdruck der 1. Auflage 1929. Weinheim et al.: Verlag Chemie, 1984, S. 78–91, S. 500–501 (Bibliographie).

Füssel (2014) – Mariam Füssel: Wie schreibt am Universitätsgeschichte? In: Zeitschrift für Geschichte der Wissenschaften, Technik und Medizin. Journal of the History of Science, Technology, and Medicine 2014; 22 (N. S.), S. 287–293.

Fulda und Wildenauer (2001) – Hans Friedrich Fulda, Mirjam Wildenauer: Hegel, Georg Wilhelm Friedrich. In: Bruno Jahn (Bearbeiter): Biographische Enzyklopädie deutschsprachiger Philosophen. Darmstadt: Wissenschaftliche Buchgesellschaft, 2001, S. 162–163.

Funke (1853) – Atlas der physiologischen Chemie. Zugleich als Supplement zu C. G. Lehmanns Lehrbuch der physiologischen Chemie. Leipzig: Engelmann, 1853.

Gabriel (2004 a) – Gottfried Gabriel: Herbart, Johann Friedrich. In: Jürgen Mittelstraß (Hrsg.): Enzyklopädie Philosophie und Wissenschaftstheorie. Sonderausgabe. Band 2. Stuttgart, Weimar: Verlag J. B. Metzler, 2004, S. 80–81.

Gabriel (2004 b) – Gottfried Gabriel: Lotze, (Rudolf) Hermann. In: Jürgen Mittelstraß (Hrsg.): Enzyklopädie Philosophie und Wissenschaftstheorie. Sonderausgabe. Band 2. Stuttgart, Weimar: Verlag J. B. Metzler, 2004, S. 714.

Gabriel (2004 c) – Gottfried Gabriel: Ostwald, Wilhelm. In: Jürgen Mittelstraß (Hrsg.): Enzyklopädie Philosophie und Wissenschaftstheorie. Sonderausgabe. Band 2. Stuttgart, Weimar: Verlag J. B. Metzler, 2004, S. 1100–1102.

Gaethgens (1866) – Carl Gaethgens: Ueber den Stoffwechsel eines Diabetikers verglichen mit dem eines Gesunden (Diss., Dorpat). Dorpat: Karow, 1866.

Gaethgens (1868) – Carl Gaethgens: Ueber Kreatinin- und Harnsäure-Ausscheidung in einem fieberhaft und tödtlich endenden Falle von Diabetes mellitus. In: Medicinisch-chemische Untersuchungen. Aus dem Laboratorium für angewandte Chemie zu Tübingen 1868, 3, S. 301–318.

Gakkel et al. (2000) – Tat'jana A. Gakkel, Elena I. Sakanjan, Irina E. Kozja: Deutsche Pharmazeuten und Homöopathen in St. Petersburg und Petrograd. In: Ingrid Kästner, Regine Pfrepper (Hrsg.): Medizin und Pharmazie im 18. und 19. Jahrhundert. Beiträge zur Geschichte der Wissenschaftsbeziehungen zwischen Deutschland und dem Russischen Reich (= Deutsch-russische Beziehungen in Medizin und Naturwissenschaften, 2). Aachen: Shaker, 2000, S. 149–162.

Ganß (1937) – Gustav-Adolf Ganß: Geschichte der pharmazeutischen Chemie an der Universität Göttingen, dargestellt in ihrem Zusammenhang mit der allgemeinen und der medizinischen Chemie (Diss., Göttingen). Marburg: Eucker, 1937.

Garleff (1987) – Michael Garleff: Dorpat als Universität der baltischen Provinzen im 19. Jahrhundert. In: Gert von Pistohlkors, Toivo U. Raun, Paul Kaegbein (Hrsg.): Die Universitäten Dorpat/Tartu, Riga und Wilna/Vilnius 1579–1979. Beiträge zu ihrer Geschichte und ihrer Wirkung im Grenzbereich zwischen West und Ost (= Quellen und Studien zur Baltischen Geschichte, 9), Köln, Wien: Böhlau, 1987, S. 143–150.

Geison (1981) – Gerald L. Geison: Scientific change, emerging specialities and research schools. In: History of Science 1981, 19, S. 20–40.

Gerber (2014) – Stefan Gerber: Wie schreibt am Universitätsgeschichte? In: Zeitschrift für Geschichte der Wissenschaften, Technik und Medizin. Journal of the History of Science, Technology, and Medicine 2014; 22 (N. S.), S. 277–286.

Gerhardt (1842) – Ch[arles] Gerhardt: Untersuchungen über die chemische Classification der organischen Substanzen. Theoretischer Theil. In: Journal für praktische Chemie 1842, 27, S. 439–464.

Gerhardt (1843) – Ch[arles] Gerhardt: Untersuchungen über die chemische Classification der organischen Substanzen. Experimenteller Theil. In: Journal für praktische Chemie 1843, 28, S. 34–53, S. 65–100 (Schluss).

Gerhardt (1853–1856) – Charles Gerhardt: Traité de chimie organique. Vier Bände. Paris, Leipzig: Firmin Didot Frères, 1853–1856.

Gernet (1902) – A[xel] von Gernet: Die im Jahre 1802 eröffnete Universität Dorpat und die Wandlungen in ihrer Verfassung. Reval: Kluge, 1902.

Gethmann (2004) – Carl F. Gethmann: Wissenschaftstheorie, konstruktive. In: Jürgen Mittelstraß (Hrsg.): Enzyklopädie Philosophie und Wissenschaftstheorie. Sonderausgabe. Band 4. Stuttgart, Weimar: J. B. Metzler, 2004, S. 746–758.

Giese (1990) – Christian Giese: Theodor Ludwig Wilhelm von Bischoff (1807–1882). Anatom und Physiologe (Habil., Gießen). Gießen: Universität Gießen, 1990.

Giese (1808) – [Johann Immanuel] F[erdinand] Giese: Bestimmung der Verhältnisse, in welchen sich die Kohlenstoffsäure mit dem Kali verbindet. In: Russisches Jahrbuch der Pharmacie 1808, 6, S. 30–50.

Giese (1813) – [Johann Immanuel Ferdinand] Giese: Classification des substances végétales et animales, selon leurs propriétés chimiques. In: Mémoires de la Société Impériale des Naturalistes de Moscou 1813, 4, S. 83–128.

Giese (1821) – [Johann Immanuel] F[erdinand] von Giese: Ueber blausäurehaltige Oele und Wasser und über die zweckmäßigste Darstellung von wässriger Blausäure. In: Journal für Chemie und Physik 1821, 31, S. 63–69.

Gietl (1855) – Franz X[aver] von Gietl: Die Cholera nach Beobachtungen auf der I. medicin. Klinik und Abtheilung im städtischen Hospital zu München. München: Buchhandlung von Christian Kaiser, 1855.

Girgensohn (1918) – Karl Girgensohn: Die theologische Fakultät. In: Hugo Semel (Redaktion): Die Universität Dorpat (1802–1918). Dorpat: Laakmann, 1918, S. 39–50.

Girnus (2003) – Wolfgang Girnus: Beilstein, Friedrich Konrad. In: Dieter Hoffmann, Hubert Laitko, Staffan Müller-Wille (Hrsg.): Lexikon der bedeutenden Naturwissenschaftler. Band 1. München: Elsevier, Spektrum Akademischer Verlag, 2003, S. 134–135.

Glemser (1987) – Oskar Glemser: Die Entwicklung der Chemie in Göttingen seit Gründung der Universität 1734. In: Georgia Augusta, 1987, Heft Mai, S. 61–68.

Gmelin (1852) – Leopold Gmelin: Handbuch der Chemie. Erster Band: Cohäsion, Adhäsion, Affinität, unwägbare Stoffe und unorganische Verbindungen der nichtmetallischen wägbaren Stoffe. Heidelberg: Winter, [5]1852.

Goebel (1854) – Adolph Goebel: Der heilsame Meeresschlamm an den Küsten der Insel Oesel, nebst Untersuchungen über das Bedingende der Färbung in den grauen und gelben Dolomiten und Kalksteinen der obern Silurischen Gesteinsgruppe Liv- und Ehstlands. Aus dem Archiv für die Naturkunde Liv-, Ehst- und Kurlands, 1. Serie, Band 1 (S. 113–292) besonders abgedruckt. Dorpat: Laakmann, 1854.

Göbel (1830) – [Carl Christian Traugott Friedemann] Göbel: Chemische Constitution und Sättigungscapacität der Harnsäure. In: Journal für Chemie und Physik 1830, 58, S. 475–480.

Goebel (1840) – C[arl] Chr[istian] Traug[ott] Friedemann Goebel: Handbuch der phamaceutischen Chemie für Vorlesungen so wie auch zum Gebrauch für Aerzte und Apotheker entworfen. Eisenach: Bärecke, [3]1840.

Goebel (1841 a) – [Carl Christian Traugott] Fr[iedemann] Goebel: Ueber das Harmalin. In: Annalen der Chemie und Pharmacie 1841, XXXVIII, S. 363–366.

Goebel (1841 b) – [Carl Christian Traugott] Fr[iedemann] Goebel: Ueber Lithofellinsäure, einen neuen Bestandtheil der Gallenconcremente. In: Annalen der Chemie und Pharmacie 1841, XXXIX, S. 237–341.

Göbel (1842) – [Carl Christian Traugott] F[riedemann] Göbel: Resultate der chemischen Zerlegung des Wassers der wichtigsten Salzseen und Salzbäche in der Kirgisensteppe und der Krym. In: Annalen der Physik und Chemie 1842, Ergänzungsband (nach Band 51 einzuschalten), S. 181–187.

Göbel (1843–1845) – C[arl] Ch[ristian] Traug[ott] Friedemann Göbel: Die Grundlehren der Pharmacie. Ein Handbuch zur Selbstbelehrung angehender Apotheker, Aerzte und Droguisten. Drei Bände. Erlangen: Enke, 1843–1845.

Göbel (1850) – C[arl] Chr[istian] Traug[ott] Friedem[ann] Göbel: Agriculturchemie für Vorträge auf Universitäten und in landwirthschaftlichen Lehranstalten so wie auch zum Gebrauche für gebildete Landwirthe. Erlangen: Enke, 1850.

Göbel (1851) – [Carl Christian Traugott] Fr[iedemann] Göbel: Neue Wahrnehmungen über die harnige Säure (Marcet's Xanthicoxyd). In: Annalen der Chemie und Pharmacie 1851, LXXIX, S. 83–90.

Göbel (2004) – Wolfgang Göbel: Gerhardt, Charles Frédéric. In: Dieter Hoffmann, Hubert Laitko, Staffan Müller-Wille (Hrsg.): Lexikon der bedeutenden Naturwissenschaftler. Band 2. München: Elsevier, Spektrum Akademischer Verlag, 2004, S. 95–96.

Goldschmidt (1926) – V[ictor] M[oritz] Goldschmidt: Probleme und Methoden der Geochemie. In: Gerlands Beiträge zur Geophysik 1926, 15, S. 38–50.

Gorup-Besanez (1846) – E[ugen Franz] Freyh[err] von Gorup-Besanez: Untersuchungen über Galle. Ein Beitrag zur physiologischen und pathologischen Chemie. Erlangen: Enke, 1846.

Gorup-Besanez (1862) – E[ugen] F[ranz] von Gorup-Besanez: Lehrbuch der Chemie für den Unterricht auf Universitäten, technischen Lehranstalten und für das Selbststudium. Dritter Band: Physiologische Chemie. Braunschweig: Vieweg, 1862.

Gorup-Besanez (1871) – E[ugen Franz] Freyh[err] von Gorup-Besanez: Lehrbuch der Chemie. Erster Band. Anorganische Chemie. Braunschweig: Vieweg, [4]1871.

Gradmann (2004) – Christoph Gradmann: Koch, Heinrich Hermann Robert. In: Dieter Hoffmann, Hubert Laitko, Staffan Müller-Wille (Hrsg.): Lexikon der bedeutenden Naturwissenschaftler. Band 2. München: Elsevier, Spektrum Akademischer Verlag, 2004, S. 326–329.

Gradmann (2006) – Christoph Gradmann: Schwann, Theodor Ambrose Hubert. In: Wolfgang U. Eckart, Christoph Gradmann (Hrsg.): Ärzte Lexikon. Von der Antike bis zur Gegenwart. Heidelberg: Springer, [3]2006, S. 295.

Graebe (1972) – Carl Graebe: Geschichte der organischen Chemie. Band 1. Reprint der Ausgabe Berlin 1920. Berlin et al.: Springer, 1972.

Graubner (1980) – Rudolf Graubner: Lexikon der Geologie, Minerale und Gesteine. München: Vollmer, 1980.

Greiling (2001) – Werner Greiling: Karl August, Herzog, seit 1815 Großherzog von Sachsen-Weimar-Eisenach. In: Walther Killy, Rudolf Vierhaus (Hrsg.): Deutsche biographische Enzyklopädie. Band 5. München: Deutscher Taschenbuch-Verlag, 2001, S. 446–447.

Grewingk (1861) – C[onstantin] Grewingk: Geologie von Liv- und Kurland mit Inbegriff einiger angrenzender Gebiete. Aus dem Archiv für die Naturkunde Liv-, Ehst- und Kurlands, 1. Serie, Band 2 (S. 479–774) besonders abgedruckt. Dorpat: Laakmann, 1861.

Griffin (1877) – John Joseph Griffin: Chemical handicraft. A classified and descriptive catalogue of chemical apparatus, suitable for the performance of class experiments, for every process of chemical research and for chemical testing in the arts. Accompanied by copious notes, explanatory of the construction and use of the apparatus. London: John Joseph Griffin and Sons, 1877.

Grindel (1798) – D[avid] H[ieronymus] Grindel: Allgemeine Uebersicht der neuern Chemie zur Einleitung für Anfänger dargestellt. Mitau: Steffenhagen, 1798.

Grindel (1803) – D[avid] H[ieronymus] Grindel: Botanisches Taschenbuch für Liv-, Cur- und Ehstland. Riga: Hartmann, 1803.

Grindel (1806) – D[avid] H[ieronymus] Grindel: Grundriss der Pharmacie zu Vorlesungen. Riga: Hartmann, 1806.

Grindel (1808) – D[avid] H[ieronymus] Grindel: Handbuch der theoretischen Chemie zu akademischen Vorlesungen. Dorpat: Gauger, 1808.

Grindel (1811) – D[avid] H[ieronymus] Grindel: Die organischen Körper chemisch betrachtet. Zwei Bände. Riga: Meinshausen, 1811.

Grindel (1812–1814) – D[avid] H[ieronymus] Grindel: Briefe über die Chemie zur belehrenden Unterhaltung für Dilettanten. Zwei Bände. Riga: Hartmann, 1814.

Grünfeld (1893) – Abraham Grünfeld: Verzeichniss der von der medicinischen Facultät zu Dorpat seit ihrer Gründung (1802–1892) veröffentlichten Schriften. Nach den Archiven der Universität zusammengestellt. Separatabdruck aus Band III (1893) der Historischen Studien aus dem pharmakologischen Institute der Kaiserlichen Universität Dorpat (S. 1–135). Halle (Saale): Tausch und Grosse, 1893.

Grund (2002) – Christina Renata Grund: Der Würzburger Chemiker Johann Joseph von Scherer und die Begründung der Klinischen Chemie im 19. Jahrhundert (Diss., Würzburg) (= Berichte aus der Medizin, Medizingeschichte), Aachen: Shaker, 2002.

Gümbel (1875) – [Carl Wilhelm von] Gümbel: Bischof, Karl Gustav. In: Historische Kommission bei der Königlichen Akademie der Wissenschaften (Hrsg.): Allgemeine Deutsche Biographie. Band 2. Leipzig: Duncker und Humblot, 1875, S. 665–669.

Guleke (1889) – Reinhold Guleke: Ueber Lage, Ergiebigkeit und Güte der Brunnen Dorpats. Vortrag gehalten am 30. September 1888 in der Dorpater Naturforscher-Gesellschaft. Dorpat: Verlag der Dorpater Naturforscher-Gesellschaft, 1889.

Gundermann (1997) – Knut Olaf Gundermann: Umwelt und Gesundheit. Wege und Ziele der Umwelthygiene (= Becksche Reihe, 2064). München: Beck, 1997.

Guntau (1998) – Martin Guntau: Zur Entstehung der Geochemie als wissenschaftliche Disziplin. In: Bernhard Fritscher, Fergus Henderson (Hrsg.): Toward a history of mineralogy, petrology, and geochemistry. Proceedings of the International Symposium on the History of Mineralogy, Petrology, and Geochemistry. Munich, March 8-9, 1996 (= Algorismus. Münchener Universitätsschriften, 23). München: Institut für Geschichte der Naturwissenschaften, 1998, S. 327–359.

Guntau und Laitko (1987) – Martin Guntau, Hubert Laitko: Entstehung und Wesen wissenschaftlicher Disziplinen. In: Martin Guntau, Hubert Laitko (Hrsg.): Der Ursprung der modernen Wissenschaften: Studien zur Entstehung wissenschaftlicher Disziplinen. Berlin: Akademie-Verlag, 1987, S. 17–92.

Gutbier (1926) – Alexander Gutbier: Goethe, Großherzog Carl August und die Chemie in Jena. Rede gehalten zur Feier der akademischen Preisverteilung am 19. Juni 1926 (= Jenaer akademische Reden, 2). Jena: Fischer, 1926.

Haacke (1966) – Wilmont Haacke: Gutzkow, Karl Ferdinand. In: Historische Kommission der Bayerischen Akademie der Wissenschaften (Hrsg.): Neue Deutsche Biographie. Band 7. Berlin: Duncker und Humblot, 1966, S. 354–357.

Haas (2004) – Gerrit Haas: Induktion. In: Jürgen Mittelstraß (Hrsg.): Enzyklopädie Philosophie und Wissenschaftstheorie. Sonderausgabe. Band 2. Stuttgart, Weimar: J. B. Metzler, 2004, S. 232–234.

Haeser (1884) – Heinrich Haeser: Grundriss der Geschichte der Medicin. Jena: Fischer, 1884.

Haeser (1996) – Heinrich Haeser: Lehrbuch der Geschichte der Medizin und der epidemischen Krankheiten. Band 3: Geschichte der epidemischen Krankheiten. Zweiter Nachdruck der 3. völlig umgearbeiteten Auflage Jena 1882. Hildesheim et al.: Olms, 1996.

Hagner (2001 a) – Michael Hagner: Du Bois-Reymond, Emil (Heinrich). In: Walther Killy, Rudolf Vierhaus (Hrsg.): Deutsche biographische Enzyklopädie. Band 2. München: Deutscher Taschenbuch-Verlag, 2001, S. 630–631.

Hagner (2001 b) – Michael Hagner: Müller, Johannes Peter. In: Walther Killy, Rudolf Vierhaus (Hrsg.): Deutsche biographische Enzyklopädie. Band 7. München: Deutscher Taschenbuch-Verlag, 2001, S. 271.

Hagner (2001 c) – Michael Hagner: Wagner, Rudolph. In: Walther Killy, Rudolf Vierhaus (Hrsg.): Deutsche biographische Enzyklopädie. Band 10. München: Deutscher Taschenbuch-Verlag, 2001, S. 289.

Hagner (2006) – Michael Hagner: Rudolphi, Karl Asmund. In: Wolfgang U. Eckart, Christoph Gradmann (Hrsg.): Ärzte Lexikon. Von der Antike bis zur Gegenwart. Heidelberg: Springer, [3]2006, S. 285–286.

Hall (1980) – Vance M. D. Hall: The role of force or power in Liebig's physiological chemistry. In: Medical History 1980, 24, S. 20–59.

Hankins (1979) – Thomas L. Hankins: In defence of biography: The use of biography in the history of science. In: History of Science 1979, 17, S. 1–16.

Hansel et al. (1999) – Karl Hansel, Ulf Messow, Konrad Quitzsch (Hrsg.): Robert Luther und Wilhelm Ostwald in ihren Briefen (= Mitteilungen der Wilhelm-Ostwald-Gesellschaft, Sonderheft, 5). Großbothen: Wilhelm-Ostwald-Gesellschaft, 1999.

Hasselblatt und Otto (1889) – A[rnold] Hasselblatt, G[ustav] Otto (Bearbeiter): Album Academicum der Kaiserlichen Universität Dorpat. Dorpat: Matthiesen, 1889.

Haudring (1888) – Eduard von Haudring: Bacteriologische Untersuchungen einiger Gebrauchswässer Dorpats (Diss., Dorpat). Dorpat: Laakmann, 1888.

Haupt (1987) – Bettina Haupt: Deutschsprachige Chemiebücher (1775–1850) (Diss., Marburg) (= Quellen und Studien zur Geschichte der Pharmazie, 35). Stuttgart: Deutscher Apotheker-Verlag, 1987.

Heidelberger (2004) – Michael Heidelberger: Fechner, Gustav Theodor. In: Dieter Hoffmann, Hubert Laitko, Staffan Müller-Wille (Hrsg.): Lexikon der bedeutenden Naturwissenschaftler. Band 2. München: Elsevier, Spektrum Akademischer Verlag, 2004, S. 11–12.

Hein (1966) – George E. Hein: Kekulé and the architecture of molecules. In: O. Theodor Benfey (Hrsg.): Kekulé centennial (= Advances in chemistry series, 61). Washington DC: American Chemical Society, 1966, S. 1–12.

Heintz (1850) – W[ilhelm] Heintz: Ueber die Natur der Säure im Magensaft. In: Jenaische Annalen für Physiologie und Medicin 1850, 1, S. 222–234.

Henle (1844) – J[acob] Henle: Bericht über die Arbeiten im Gebiet der rationellen Pathologie seit Anfang 1839. In: Zeitschrift für rationelle Medicin 1844, 2, S. 1–411.

Hennemann (1959) – Gerhard Hennemann: Naturphilosophie im 19. Jahrhundert. Freiburg, München: Alber, 1959.

Henrich (1984 a) – F[erdinand] Henrich: Dumas. In: Günther Bugge (Hrsg.): Das Buch der großen Chemiker. Band 2: Von Liebig bis Arrhenius. 6. unveränderter Nachdruck der 1. Auflage 1929. Weinheim et al.: Verlag Chemie, 1984, S. 53–68, S. 499–500 (Bibliographie).

Henrich (1984 b) – F[erdinand] Henrich: Victor Meyer. In: Günther Bugge (Hrsg.): Das Buch der großen Chemiker. Band 2: Von Liebig bis Arrhenius. 6. unveränderter Nachdruck der 1. Auflage 1929. Weinheim et al.: Verlag Chemie, 1984, S. 374–390, S. 512 (Bibliographie).

Heraeus (1886) – Wilhelm Heraeus: Ueber das Verhalten der Bacterien im Brunnenwasser sowie über reducirende und oxydirende Eigenschaften derselben (Diss., Berlin). Leipzig: Veit, 1886.

Hermann (1831) – R[udolph] Hermann: Ueber die Veränderungen, die die Secretionen des menschlichen Organismus durch die Cholera erleiden. In: Annalen der Physik und Chemie 1831, 22 (98), S. 161–192.

Hess (1890) – G. H. Hess: Thermochemische Untersuchungen 1839–1842 (= Ostwalds Klassiker der exakten Wissenschaften, 9). Leipzig: Engelmann, 1890.

Hess (2006) – Volker Hess: Kielmeyer, Karl Friedrich. In: Wolfgang U. Eckart, Christoph Gradmann (Hrsg.): Ärzte Lexikon. Von der Antike bis zur Gegenwart. Heidelberg: Springer, [3]2006, S. 190.

Heße und Heuser (1988) – Fritz Heße, Emil Heuser (Hrsg.): Justus von Liebig und Julius Eugen Schloßberger in ihren Briefen von 1844–1860 (zugleich ein Beitrag zur Geschichte der physiologischen Chemie in Tübingen). Mannheim: Bionomica-Verlag, 1988.

Heymann (1892) – Eugen Heymann: Bacteriologische Untersuchung einiger Gebrauchswässer Dorpats, unter besonderer Berücksichtigung der im Jahre 1871 von der Cholera verseucht gewesenen Bezirke (Diss., Dorpat). Dorpat: Schnakenburg, 1892.

Hirsch (1962) – August Hirsch (Hrsg.): Biographisches Lexikon der hervorragenden Ärzte aller Zeiten und Völker. Fünf Bände. München, Berlin: Urban und Schwarzenberg, [3]1962.

Hirsch (1966) – August Hirsch: Geschichte der medizinischen Wissenschaften in Deutschland (= Geschichte der Wissenschaften in Deutschland, 22). Nachdruck der Ausgabe München und Leipzig 1893. New York, Hildesheim: Johnson, Olms 1966.

Hjelt (1916) – Edv[ard] Hjelt: Geschichte der organischen Chemie von ältester Zeit bis zur Gegenwart. Braunschweig: Vieweg, 1916.

Hock (1957) – Lothar Hock: Beitrag zur Geschichte der Chemie in Gießen. In: Ohne Herausgeber: Ludwigs-Universität, Justus Liebig-Hochschule 1607–1957. Festschrift zur 350-Jahrfeier. Gießen: von Münchowsche Universitäts-Druckerei Wilhelm Schmitz, 1957, S. 288–307.

Hoefle (1850) – Mark-Aurel Hoefle: Chemie und Mikroskop am Krankenbette. Ein Beitrag zur medizinischen Diagnostik, mit besonderer Rücksicht auf das Bedürfnis des praktischen Arztes. Erlangen: Enke, [2]1850.

Hölscher-Lohmeyer (2001) – Dorothea Hölscher-Lohmeyer: Goethe, Johann Wolfgang von. In: Bruno Jahn (Bearbeiter): Biographische Enzyklopädie deutschsprachiger Philosophen. Darmstadt: Wissenschaftliche Buchgesellschaft, 2001, S. 140–143.

Hörschelmann (1905) – D[ietrich] F[erdinand] Hörschelmann: Geschichte der theologischen Fakultät. In: Johannes Frey (Hrsg.): Die Theologische Fakultät der Kaiserlichen Universität Dorpat-Jurjew 1802–1903. Historisch-biographisches Album mit Beiträgen früherer und jetziger Glieder der Fakultät. Reval: Kluge, 1905.

Höxtermann (2000) – Ekkehard Höxtermann: Stöckhardt, Julius Adolph. In: Ilse Jahn (Hrsg.): Geschichte der Biologie. Theorien, Methoden, Institutionen,

Kurzbiographien. Heidelberg, Berlin: Spektrum Akademischer Verlag, ³2000, S. 966.

Höxtermann und Schmidt (2000) – Ekkehard Höxtermann, Isolde Schmidt: Sprengel, Carl. In: Ilse Jahn (Hrsg.): Geschichte der Biologie. Theorien, Methoden, Institutionen, Kurzbiographien. Heidelberg, Berlin: Spektrum Akademischer Verlag, ³2000, S. 961.

Hoffmann (1964) – Dieter Hoffmann: Die Persönlichkeit des Göttinger Physiologen Rudolph Wagner im Spiegel bisher unveröffentlichter Dokumente aus seinem Nachlaß (Diss., Göttingen). Göttingen: Universität Göttingen, 1964.

Hoffmann (2004) – Dieter Hoffmann: Lomonossow, Michail Wassiljewitsch. In: Dieter Hoffmann, Hubert Laitko, Staffan Müller-Wille (Hrsg.): Lexikon der bedeutenden Naturwissenschaftler. Band 2. München: Elsevier, Spektrum Akademischer Verlag, 2004, S. 430.

Hoffmeister (1955) – Johannes Hoffmeister (Hrsg.): Wörterbuch der philosophischen Begriffe (= Philosophische Bibliothek, 225). Hamburg: Meiner, ²1955.

Hofmann (1880) – A[ugust Wilhelm] Hofmann: Ueber sechsfach methylirtes Benzol. In: Berichte der deutschen chemischen Gesellschaft 1880, 13, S. 1729–1732.

Hofmann (1888) – A[ugust] W[ilhelm] Hofmann (Hrsg.): Aus Justus Liebig's und Friedrich Wöhler's Briefwechsel in den Jahren 1829–1873. Unter Mitwirkung von Fräulein Emilie Wöhler. In: Wilhelm Lewicki (Hrsg.): Wöhler und Liebig. Briefe von 1829–1873. Ungekürzte Neuausgabe Band 1 und 2 im Sammelband. Göttingen: Cromm, ²1982.

Hofmann (1890) – A[ugust] W[ilhelm] von Hofmann: Heinrich Will. Ein Gedenkblatt. In: Berichte der deutschen Chemischen Gesellschaft 1890, 23, S. 852–899.

Hofmann (1842) – J[ohann] P[hilipp] Hofmann: Das Chemische Laboratorium der Ludwigs-Universität zu Gießen. Heidelberg: Winter, 1842.

Holmes (1987) – Frederic L. Holmes: The intake-output method of quantification in physiology. In: Historical Studies in Physical and Biological Sciences 1987, 17, S. 235–270.

Holmes (1988) – Frederic L. Holmes (Hrsg.): The formation of the Munich School of Metabolism. In: William Coleman, Frederic L. Holmes (Hrsg.): The investigative enterprise. Experimental physiology in nineteenth-century medicine. Berkeley et al.: University of California Press, S. 179–210.

Holmes (2001) – Frederic L. Holmes: Einführung in Liebigs „Thier-Chemie." Deutsche Übersetzung der „Introduction" zu Liebigs „Animal Chemistry" von Wolfgang Caesar und Georg E. Siebeneicher. In: Johannes Büttner und Wilhelm Lewicki (Hrsg.): Stoffwechsel im tierischen Organismus: Historische

Studien zu Liebigs „Thier-Chemie“ (1842) (= Edition Lewicki-Büttner, 1). Seesen: HisChymia-Buchverlag, 2001, S. 1–59.

Hügli (1984) – A. Hügli: Naturrecht. IV. Neuzeit. In: Joachim Ritter, Karlfried Gründer (Hrsg.): Historisches Wörterbuch der Philosophie. Band 6. Darmstadt: Wissenschaftliche Buchgesellschaft, 1984, Sp. 582–594.

Huesmann (1929) – Else Huesmann: Henrich Steffens in seinen Beziehungen zur deutschen Frühromantik unter besonderer Berücksichtigung seiner Naturphilosophie (Diss., Kiel). Heide (Holstein): Westholsteinische Verlagsdruckerei „Heider-Anzeiger“, 1929.

Ilomets (1989) – T[ullio] Ilomets: O roli Karla Šmita I Georga Dragendorfa v issledovanii okružhajuščei sredõ (Über die Rolle Carl Schmidts und Georg Dragendorffs in der Umweltchemie). In: Acta et Commentationes Universitatis Tartuensis 1989, 844, S. 3–15.

Ilomets (1992) – Tullio Ilomets: The development of research in the field of chemistry at Tartu University and the problems of genealogy of science. In: Sydsvenska Medicinhistoriska Sällskapets Årsskrift, Supplementum 1992, 17, S. 5–10.

Ilomets (2004) – Tullio Ilomets: Tartu Ülikooli keemiaosakonna ajaloost aastail 1802–1919 (Zur Geschichte der Chemieabteilung der Universität Tartu in den Jahren 1802–1919). In: Ivar Piir (Hrsg.): Täppisteaduste ajaloost Eestis. Pühendatud Wilhelm Ostwaldi 150. sünniaastapäevale (Zur Geschichte exakter Wissenschaften in Estland. Gewidmet dem 150. Jahrestag der Geburt von Wilhelm Ostwald) (= Teaduse ajaloo lehekülgi Eestist [Zur Geschichte der Wissenschaft in Estland], XIII). Tartu: Tartu Ülikooli Kirjastus, 2004, S. 89–128.

Ilomets und Kudu (1977) – T[ullio] Ilomets, E. Kudu: Tartu ülikooli keemiakabinet ja -laboratoorium 19. sajandi algusaastail (Das Chemiekabinett und Laboratorium der Universität Tartu Anfang des 19. Jahrhunderts). In: Tartu Ülikooli ajaloo küsimusi V (TRÜ ajaloo komisjoni materjalid) (Fragen zur Geschichte der Universität Tartu V [Materialien des Geschichtsausschusses der Staatlichen Universität Tartu]). Tartu: Tartu Riiklik Ülikool, 1977, S. 159–184.

Ilomets und Palamets (1982) – Tullio Ilomets, Hillar Palamets (Hrsg.): Alma mater Tartuensis. Tartu Riiklik Ülikool. Tartu State University. Staatliche Universität Tartu 1632–1982. Tallinn: Kirjastus „Eesti Raamat“, 1982.

Ingensiep (2001) – Hans Werner Ingensiep: Vogt, Carl. In: Walther Killy, Rudolf Vierhaus (Hrsg.): Deutsche biographische Enzyklopädie. Band 10. München: Deutscher Taschenbuch-Verlag, 2001, S. 233.

Iodko (2000 a) – Olga Vladimirovna Iodko: Deutsche Einflüsse auf die Entwicklung der russischen Balneologie. In: Ingrid Kästner (Hrsg.): Deutsch-russische

Beziehungen in der Medizin des 18. und 19. Jahrhunderts (= Deutsch-russische Beziehungen in Medizin und Naturwissenschaften, 1). Aachen: Shaker, 2000, S. 53–56.

Iodko (2000 b) – Olga V. Iodko: Zur Entstehung des kaukasischen Kurortes Mineral'nye Vody – ein Beitrag zur Geschichte der Balneologie. In: Ingrid Kästner, Regine Pfrepper (Hrsg.): Medizin und Pharmazie im 18. und 19. Jahrhundert. Beiträge zur Geschichte der Wissenschaftsbeziehungen zwischen Deutschland und dem Russischen Reich (= Deutsch-russische Beziehungen in Medizin und Naturwissenschaften, 2). Aachen: Shaker, 2000, S. 95–101.

Iodko (2004) – Olga V. Iodko: Das Bäderwesen in Russland. In: Ingrid Kästner, Regine Pfrepper (Hrsg.): „... so ist die Naturwissenschaft das wahre internationale Band der Völker." Wissenschaftsbeziehungen in Medizin und Naturwissenschaften zwischen Deutschland und dem Russischen Reich im 18. und 19. Jahrhundert (= Deutsch-russische Beziehungen in Medizin und Naturwissenschaften, 9). Aachen: Shaker, 2004, S. 83–100.

Ivachnova (2001) – Anna M. Ivachnova: Zur wissenschaftlichen und gesellschaftlichen Tätigkeit deutscher Pharmazeuten in St. Petersburg bis 1917. In: Regine Pfrepper, Ingrid Kästner, Dietrich von Engelhardt (Hrsg.): Von Samuel Gottlieb Gmelins Reise durch Russland bis zum Niedergang der Apothekerfamilie Poehl (= Deutsch-russische Beziehungen in Medizin und Naturwissenschaften, 4). Aachen: Shaker, 2001, S. 155 –164.

Ivachnova (2002) – Anna M. Ivachnova: Apotheken und Apotheker in St. Petersburg. In: Ingrid Kästner, Regine Pfrepper (Hrsg.): Naturforschung, Experiment und Klinik. Deutsch-russische Beziehungen in der naturwissenschaftlichen Medizin des 19. Jahrhunderts (= Deutsch-russische Beziehungen in Medizin und Naturwissenschaften, 6). Aachen: Shaker, 2002, S. 117–130.

Ivachnova (2004) – Anna M. Ivachnova: Die Ausbildung der Apotheker im Russischen Reich und ihr Verhältnis zur akademischen Medizin. In: Ingrid Kästner, Regine Pfrepper (Hrsg.): „... so ist die Naturwissenschaft das wahre internationale Band der Völker." Wissenschaftsbeziehungen in Medizin und Naturwissenschaften zwischen Deutschland und dem Russischen Reich im 18. und 19. Jahrhundert (= Deutsch-russische Beziehungen in Medizin und Naturwissenschaften, 9). Aachen: Shaker, 2004, S. 63–82.

Jacobs (2001) – Wilhelm G. Jacobs: Schelling, Friedrich Wilhelm Joseph von. In: Bruno Jahn (Bearbeiter): Biographische Enzyklopädie deutschsprachiger Philosophen. Darmstadt: Wissenschaftliche Buchgesellschaft, 2001, S. 364–365.

Järvesoo (1987) – Elmar Järvesoo: The role of Tartu University and Riga Polytechnic Institute in introducing rational agriculture into the Baltic Provinces and Russia. In: Gert von Pistohlkors, Toivo U. Raun, Paul Kaegbein (Hrsg.): Die Universitäten Dorpat/Tartu, Riga und Wilna/Vilnius 1579–1979. Beiträge zu ihrer Geschichte und ihrer Wirkung im Grenzbereich zwischen West und Ost (= Quellen und Studien zur Baltischen Geschichte, 9). Köln, Wien: Böhlau, 1987, S. 197–215.

Jahn (2001) – Bruno Jahn: Herbart, Johann Friedrich. In: Bruno Jahn (Bearbeiter): Biographische Enzyklopädie deutschsprachiger Philosophen. Darmstadt: Wissenschaftliche Buchgesellschaft, 2001, S. 172–173.

Jahn (2000 a) – Ilse Jahn: Cuvier, Georges [Georg Leopold Christian Friedrich Dagobert], de. In: Ilse Jahn (Hrsg.): Geschichte der Biologie. Theorien, Methoden, Institutionen, Kurzbiographien. Heidelberg, Berlin: Spektrum Akademischer Verlag, [3]2000, S. 803.

Jahn (2000 b) – Ilse Jahn: Descartes, [Cartesius] René. In: Ilse Jahn (Hrsg.): Geschichte der Biologie. Theorien, Methoden, Institutionen, Kurzbiographien. Heidelberg, Berlin: Spektrum Akademischer Verlag, [3]2000, S. 807.

Jahn (2000 c) – Ilse Jahn: Die Spezifik der romantischen Naturphilosophie. In: Ilse Jahn (Hrsg.): Geschichte der Biologie. Theorien, Methoden, Institutionen, Kurzbiographien. Berlin, Heidelberg: Spektrum Akademischer Verlag, [3]2000, S. 290–301.

Jahn (2000 d) – Ilse Jahn: Naturphilosophie und Empirie in der Frühaufklärung (17. Jh.). In: Ilse Jahn (Hrsg.): Geschichte der Biologie. Theorien, Methoden, Institutionen, Kurzbiographien. Heidelberg, Berlin: Spektrum Akademischer Verlag, [3]2000, S. 196–230.

Jahn (2000 e) – Ilse Jahn: Schleiden, Matthias Jacob. In: Ilse Jahn (Hrsg.): Geschichte der Biologie. Theorien, Methoden, Institutionen, Kurzbiographien. Heidelberg, Berlin: Spektrum Akademischer Verlag, [3]2000, S. 947.

Jahn (2004) – Ilse Jahn: Schleiden, Matthias Jacob. In: Dieter Hoffmann, Hubert Laitko, Staffan Müller-Wille (Hrsg.): Lexikon der bedeutenden Naturwissenschaftler. Band 3. München: Elsevier, Spektrum Akademischer Verlag, 2004, S. 256–259.

Janich (1981) – Peter Janich (Hrsg.): Wissenschaftstheorie und Wissenschaftsforschung. München: Beck, 1981.

Janich (1997) – Peter Janich: Kleine Philosophie der Naturwissenschaften. München: Beck, 1997.

Janich (2004 a) – Peter Janich: Beobachtung. In: J. Mittelstraß (Hrsg.): Enzyklopädie Philosophie und Wissenschaftstheorie. Sonderausgabe. Band 1. Stuttgart, Weimar: J. B. Metzler, 2004, S. 281–282.

Janich (2004 b) – Peter Janich: Experiment. In: J. Mittelstraß (Hrsg.): Enzyklopädie Philosophie und Wissenschaftstheorie. Sonderausgabe. Band 1. Stuttgart, Weimar: J. B. Metzler, 2004, S. 621–622.

Janich und Mittelstraß (2004) – Peter Janich, Jürgen Mittelstraß: Descartes, René. In: Jürgen Mittelstraß (Hrsg.): Enzyklopädie Philosophie und Wissenschaftstheorie. Sonderausgabe. Band 1. Stuttgart, Weimar: J. B. Metzler, 2004, S. 453–455.

Jenemann (1979) – Hans R[ichard] Jenemann: Die Waage des Chemikers. Betrachtung zu einer Darstellung im Dechema-Haus. Frankfurt (Main): Dechema, 1979.

Jenemann (1982) – Hans R[ichard] Jenemann: Zur Geschichte der Waage in der Wissenschaft. In: E. H. W. Giebeler, K. A. Rosenbauer (Hrsg.): Historia scientiae naturalis. Beiträge zur Geschichte der Laboratoriumstechnik und deren Randgebiete. Darmstadt: G-I-T Verlag Ernst Giebeler, 1982, S. 97–119.

Jeuniaux (1996) – Charles Jeuniaux: A brief survey of the early contribution of European scientists to chitin knowledge. In: European Chitin Society (EUCHIS) (Hrsg.): Proceedings of the 1st International Conference of the European Chitin Society (= Advances in Chitin Sciences, 1). Lyon: Jacques André, 1996, S. 1–9.

Jorban (1889) – Nicolai Jorban: Vergleichende Untersuchungen der wichtigeren zum Nachweise von Arsen in Tapeten und Gespinnsten empfohlenen Methoden (Diss., Dorpat). Dorpat: Laakmann, 1889.

Jütte (1990) – Robert Jütte: Sozialgeschichte der Medizin: Inhalte, Methoden, Ziele. In: Medizin, Gesellschaft und Geschichte 1990, 9, S. 149–164.

Junker (2003) – Thomas Junker: Darwin, Charles Robert. In: Dieter Hoffmann, Hubert Laitko, Staffan Müller-Wille (Hrsg.): Lexikon der bedeutenden Naturwissenschaftler. Band 1. München: Elsevier, Spektrum Akademischer Verlag, 2003, S. 377–384.

Kabrhel (1900) – Gustav Kabrhel: Theorie und Praxis der Trinkwasser-Beurteilung. München, Leipzig: Oldenbourg, 1900.

Käbin (1986) – Ilo Käbin: Die medizinische Forschung und Lehre an der Universität Dorpat/Tartu 1802–1940 (Diss., Lund) (= Sydsvenska Medicinhistoriska Sällskapets Årsskrift, Supplementum 6). Lüneburg: Nordostdeutsches Kulturwerk, 1986.

Kahnt und Knorr (1987) – Helmut Kahnt, Bernd Knorr: Alte Maße, Münzen und Gewichte. Mannheim et al.: Bibliographisches Institut, 1987.

Kaiser (2001) – Walter Kaiser: Helmholtz, Hermann (Ludwig Ferdinand) von. In: Walther Killy, Rudolf Vierhaus (Hrsg.): Deutsche biographische Enzyklopädie. Band 4. München: Deutscher Taschenbuch-Verlag, 2001, S. 573–574.

Kalnin (1985) – V. Kalnin: Medical sciences. In: K. Siilivask (Hrsg.): History of Tartu University 1632–1982. Tallinn: Perioodika, 1985, S. 122–129.

Kambartel (2004) – Friedrich Kambartel: Bacon, Francis, Baron von Verulam. In: Jürgen Mittelstraß (Hrsg.): Enzyklopädie Philosophie und Wissenschaftstheorie. Sonderausgabe. Band 1. Stuttgart, Weimar: Verlag J. B. Metzler, 2004, S. 244–245.

Kampus (1998) – Evald Kampus: Geselliges Leben, Zeitvertreib und Unterhaltung der Deutschen im 19. Jahrhundert in Dorpat. In: Enn Küng (Hrsg.): Festschrift für Vello Helk zum 75. Geburtstag. Beiträge zur Verwaltungs-, Kirchen- und Bildungsgeschichte des Ostseeraumes. Tartu: Eesti Ajalooarhiiv, 1998, S. 333–368.

Kane (1844) – Robert Kane: Abstract of a memoir on the chemical constitution of the plants of flax and hemp, considered with the relation to the conditions of their growth and preparation. In: The London, Edinburgh, and Dublin Philosophical Magazine and Journal of Science 1844, XXIV (3. Ser.), S. 98–104.

Kane (1847) – Sir Robert Kane: Researches on the composition and characters of certain soils and waters belonging of the flax districts of Belgium, and on the chemical constitution of ashes of the flax plant. In: The London, Edinburgh, and Dublin Philosophical Magazine and Journal of Science 1847, XXXI (3. Ser.), S. 36–45, S. 105–114 (Fortsetzung).

Kanz (2001) – Kai Torsten Kanz: Kielmeyer, Carl Friedrich von. In: Walther Killy, Rudolf Vierhaus (Hrsg.): Deutsche biographische Enzyklopädie. Band 5. München: Deutscher Taschenbuch-Verlag, 2001, S. 529.

Kaulbach (1984) – F. Kaulbach: Naturphilosophie. V. Von Kant bis zur Gegenwart. In: Joachim Ritter, Karlfried Gründer (Hrsg.): Historisches Wörterbuch der Philosophie. Band 6. Darmstadt: Wissenschaftliche Buchgesellschaft, 1984, Sp. 548–560.

Keck (1890) – Eduard Keck: Ueber das Verhalten der Bacterien im Grundwasser Dorpats nebst Beschreibung von 10 am häufigsten in demselben vorkommenden Bacterienarten (Diss., Dorpat). Dorpat: Schnakenburg, 1890.

Keil (1987) – Günther Keil: Philosophiegeschichte II. Von der Aufklärung bis zur Gegenwart (= Theologische Wissenschaft, 14, 2). Stuttgart et al.: Kohlhammer, 1987.

Kekulé (1861) – Aug[ust] Kekulé: Lehrbuch der Organischen Chemie oder der Chemie der Kohlenstoffverbindungen. Band 1. Erlangen: Enke, 1861.

Kekulé (1866) – Aug[ust] Kekulé: Untersuchungen über aromatische Verbindungen. In: Annalen der Chemie und Pharmacie 1866, CXXXVII, S. 129–196.

Kernbauer (2002) – Alois Kernbauer (Hrsg.): Die „klinische Chemie“ im Jahre 1850. Johann Florian Hellers Bericht über seine Studienreise in die deutschen Länder, in die Schweiz, nach Frankreich und Belgien im Jahre 1850 (= Sudhoffs Archiv, Beihefte, 49). Stuttgart: Steiner, 2002.

Keuth (2000) – Herbert Keuth: Die Philosophie Karl Poppers (= UTB Wissenschaft, 2156). Tübingen: Mohr (Paul Siebeck), 2000.

Kielmeyer (1993) – Carl Friedrich Kielmeyer: Ueber die Verhältniße der organischen Kräfte unter einander in der Reihe der verschiedenen Organisationen, die Gesetze und Folgen dieser Verhältniße (= Basilisken-Druck, 8). Faksimile der Ausgabe Stuttgart 1793. Marburg (Lahn): Basilisken-Presse, 1993.

Killy und Vierhaus (2001) – Walther Killy, Rudolf Vierhaus (Hrsg.): Deutsche biographische Enzyklopädie. Zehn Bände. München: Deutscher Taschenbuchverlag, 2001.

Kimmerle (1989) – Heinz Kimmerle: Georg Wilhelm Friedrich Hegel (1770–1831). In: Gernot Böhme (Hrsg.): Klassiker der Natur-Philosophie. Von den Vorsokratikern bis zur Kopenhagener Schule. München: Beck, 1989, S. 263–278, S. 423–425 (Anmerkungen und Literatur).

Kindlers Literatur-Lexikon (1974) – Redaktion Kindlers Literatur-Lexikon: Torquato Tasso. In: W. von Einsiedel, G. Woerner (Hrsg.). Kindlers Literatur-Lexikon. Band 21. München: Deutscher Taschenbuchverlag, 1974, S. 9445–9446.

Kirchgässer (1868) – Gisbert Kirchgässer: Ueber die Vergiftung durch grüne Zimmerfarben. Ein Beitrag zur Lehre von der chronischen Arsenikintoxikation. In: Vierteljahresschrift für gerichtliche und öffentliche Medicin 1868, 9 (N. F.), S. 96–160.

Kirschke (2001) – Martin Kirschke: Liebigs Lehrer Karl W. G. Kastner (1783–1857). Eine Professorenkarriere in Zeiten naturwissenschaftlichen Umbruchs (Diss., Regensburg). Berlin, Diepholz: Verlag für Geschichte der Naturwissenschaften und der Technik, 2001.

Klein (1979) – Johannes Klein (Bearbeiter): Herder Lexikon. Geologie und Mineralogie. Freiburg et al.: [5]1979.

Klemenz (1992) – D. Klemenz: Schule. In: Joachim Ritter, Karlfried Gründer (Hrsg.): Historisches Wörterbuch der Philosophie. Band 8. Darmstadt: Wissenschaftliche Buchgesellschaft, 1992, Sp. 1472–1478.

Knoch (1987) – Arno Knoch: Der Zusammenhang zwischen Philosophie und Medizin, dargestellt anhand des Arztes und Physiologen Rudolph Wagner (Diss., Erfurt). Erfurt: Medizinische Akademie, 1987.

Koch (1912) – J. Schwalbe (Hrsg.): Gesammelte Werke von Robert Koch. Band 2, 1. Leipzig: Thieme, 1912.

Köhler (2000) – Werner Köhler: Entwicklung der Mikrobiologie mit besonderer Berücksichtigung der medizinischen Aspekte. In: Ilse Jahn (Hrsg.): Geschichte der Biologie. Theorien, Methoden, Institutionen, Kurzbiographien. Heidelberg, Berlin: Spektrum Akademischer Verlag, [3]2000, S. 620–641.

König (1984) – Gerd König: Naturwissenschaften. In: Joachim Ritter, Karlfried Gründer (Hrsg.): Historisches Wörterbuch der Philosophie. Band 6. Darmstadt: Wissenschaftliche Buchgesellschaft, 1984, Sp. 641–650.

Körber (1902) – B. Körber: Die Stadt Dorpat (Jurjew) in statistischer und hygienischer Beziehung. Jurjew: Mattiesen, 1902.

Köster (1898) – Albert Köster: Werder, Karl Friedrich. In: Historische Commission bei der Königlichen Akademie der Wissenschaften (Hrsg.): Allgemeine Deutsche Biographie. Band 44. Leipzig: Duncker und Humblot, 1898, S. 479–485.

Kohle (1995) – Hubertus Kohle: Das Tassobild der deutschen Malerei des 19. Jahrhunderts. In: Achim Aurnhammer (Hrsg.): Torquato Tasso in Deutschland. Seine Wirkung in Literatur, Kunst und Musik seit der Mitte des 18. Jahrhunderts (= Quellen und Forschungen zur Literatur- und Kulturgeschichte, 3 [237]). Berlin, New York: de Gruyter, 1995, S. 301–316.

Kohlrausch (1844) – O. Kohlrausch: Physiologie und Chemie in ihrer gegenseitigen Stellung, beleuchtet durch eine Kritik von Liebigs Thierchemie. Göttingen: Dieterichsche Buchhandlung, 1844.

Kohut (1904) – Adolph Kohut: Justus von Liebig. Sein Leben und sein Wirken. Auf Grund der besten und zuverlässigsten Quellen geschildert. Gießen: Roth, 1904.

Kojevnikov (2002) – Alexei Kojevnikov: The Great War, the Russian Civil War, and the invention of Big Science. In: Science in Context 2002, 15, S. 239–275.

Kolbe (1850 a) – H[ermann] Kolbe: Ueber die chemische Constitution und Natur der organischen Radicale. In: Annalen der Chemie und Pharmacie 1850, LXXV, S. 211–239.

Kolbe (1850 b) – H[ermann] Kolbe: Ueber die chemische Constitution und Natur der organischen Radicale. Schluß. In: Annalen der Chemie und Pharmacie 1850, LXXVI, S. 1–73.

Kolbe (1857) – Hermann Kolbe: Ueber die rationelle Zusammensetzung der fetten und aromatischen Säuren, Aldehyde, Acetone, u. s. w., und ihre Beziehungen zur Kohlensäure. In: Annalen der Chemie und Pharmacie 1857, CI, S. 257–265.

Kolbe (1860) – H[ermann] Kolbe: Ueber den natürlichen Zusammenhang der organischen mit den unorganischen Verbindungen, die wissenschaftliche Grundlage zu einer naturgemässen Classification der organischen chemischen Körper. In: Annalen der Chemie und Pharmacie 1860, CXIII, S. 293–332.

Kolbe (1865) – Hermann Kolbe (Hrsg.): Das Chemische Laboratorium der Universität Marburg und die seit 1859 darin ausgeführten chemischen

Untersuchungen nebst Ansichten und Erfahrungen über die Methode des chemischen Unterrichts. Braunschweig: Vieweg, 1865.

Kolbe (1872) – Hermann Kolbe (Hrsg.): Das Chemische Laboratorium der Universität Leipzig und die seit 1866 darin ausgeführten chemischen Untersuchungen. Braunschweig: Vieweg, 1872.

Koop (1982) – A. Koop: 350 Jahre Universität Tartu. Übersetzt aus dem Estnischen von Tiiu Mikenberg und Laine Paavo. Tallinn: Perioodika, 1982.

Koopmann (2001) – Helmut Koopmann: Schiller, (Johann Christoph) Friedrich von. In: Bruno Jahn (Bearbeiter): Biographische Enzyklopädie deutschsprachiger Philosophen. Darmstadt: Wissenschaftliche Buchgesellschaft, 2001, S. 366–368.

Kopp (1966) – Hermann Kopp: Geschichte der Chemie. Reprographischer Nachdruck der Ausgabe Braunschweig 1843–1847. Vier Bände. Hildesheim: Olms, 1966.

Korn (1903) – Georg Korn: Medizinische Chemie. In: Max Neuburger, Julius Pagel (Hrsg.): Handbuch der Geschichte der Medizin. Band 2. Jena: Fischer, 1903, S. 457–472.

Koschel und Sauer (1968) – Klaus Koschel, Gerhard Sauer: Zur Geschichte des Chemischen Instituts der Universität Würzburg. Eine Materialsammlung. Würzburg: Chemische Institute der Universität Würzburg, 1968.

Krätz (1973) – Otto Krätz: Der Chemiker in den Gründerjahren. In: Eberhard Schmauderer (Hrsg.): Der Chemiker im Wandel der Zeiten. Skizzen zur geschichtlichen Entwicklung des Berufsbildes. Weinheim: Verlag Chemie, 1973, S. 259–284.

Krätz (1999) – Otto Krätz: 7000 Jahre Chemie. Alchemie, die schwarze Kunst, Schwarzpulver, Sprengstoffe, Teerchemie, Farben, Kunststoffe, Biochemie und mehr. Von den Anfängen im alten Orient bis zu den neuesten Entwicklungen im 20. Jahrhundert. Hamburg: Nikol Verlagsgesellschaft, 1999.

Krätz und Priesner (1983) – Otto Paul Krätz, Claus Priesner (Hrsg.): Liebigs Experimentalvorlesung. Vorlesungsbuch und Kekulés Mitschrift. Weinheim et al.: Verlag Chemie, 1983.

Krause (1902) – Johann Wilhelm Krause: Das erste Jahrzehnt der ehemaligen Universität Dorpat. Aus den Memoiren des Professors Johann Wilhelm Krause. In: Baltische Monatsschrift 1902, 44, (LIII. Band), S. 229–250, S. 330–346 (Fortsetzung), S. 361–385 (Fortsetzung); 44, (LIV. Band), S. 81–103 (Schluss).

Kritsman und Hoppe (1998) – Viktor A. Kritsman, Brigitte Hoppe: Der „Urgroßvater“ russischer Chemiker – die Begründer der Chemie in Rußland lernten in Justus von Liebigs chemischem Laboratorium in Gießen. In: Kultur und Technik. Zeitschrift des Deutschen Museums 1998, 2, S. 51–57.

Kritzmann (2003) – Viktor A. Kritzmann: Butlerow (Butlerov), Alexander Michajlowitsch. In: Dieter Hoffmann, Hubert Laitko, Staffan Müller-Wille (Hrsg.): Lexikon der bedeutenden Naturwissenschaftler. Band 1. München: Elsevier, Spektrum Akademischer Verlag, 2003, S. 286–288.

Kritzmann (2004) – Viktor A. Kritzmann: Kopp, Hermann Franz Moritz. In: Dieter Hoffmann, Hubert Laitko, Staffan Müller-Wille (Hrsg.): Lexikon der bedeutenden Naturwissenschaftler. Band 2. München: Elsevier, Spektrum Akademischer Verlag, 2004, S. 335–336.

Krüger (2003) – Peter Krüger: Dokutschajew, Wassilij Wassiljewitsch. In: Dieter Hoffmann, Hubert Laitko, Staffan Müller-Wille (Hrsg.) Lexikon der bedeutenden Naturwissenschaftler. Band 1. München: Elsevier, Spektrum Akademischer Verlag, 2003, S. 417–418.

Kruse (1959) – Alfred Kruse: Geschichte der volkswirtschaftlichen Theorien. Berlin: Duncker und Humblot, [4]1959.

Kürschner (1881) – Joseph Kürschner: Holtei, Karl von. In: Historische Commission bei der Königlichen Akademie der Wissenschaften (Hrsg.): Allgemeine Deutsche Biographie. Band 13. Leipzig: Duncker und Humblot, 1881, S. 3–5.

Kuhn (1973) – Thomas S[amuel] Kuhn: Die Struktur wissenschaftlicher Revolutionen. Aus dem Amerikanischen übersetzt von Kurt Simon (= Suhrkamp-Taschenbuch Wissenschaft, 25). Frankfurt (Main): Suhrkamp, 1973.

Kupffer (1884) – Carl Kupffer: Gedächtnissrede auf Theodor L. W. von Bischoff gehalten in der öffentlichen Sitzung der k[öniglich] b[ayerischen] Akademie der Wissenschaften zu München zur Feier ihres einhundert und fünfundzwanzigsten Stiftungstages am 28. März 1884. München: Verlag der k[öniglich] b[ayerischen] Akademie, 1884.

Kutschmann (1989) – Werner Kutschmann: Isaak Newton (1643–1727). In: Gernot Böhme (Hrsg.): Klassiker der Natur-Philosophie. Von den Vorsokratikern bis zur Kopenhagener Schule. München: Beck, 1989, S. 171–186, S. 412–414 (Anmerkungen und Literatur).

Ladenburg (1907) – A[lbert] Ladenburg: Vorträge über die Entwicklungsgeschichte der Chemie von Lavoisier bis zur Gegenwart. Braunschweig: Vieweg, [4]1907.

Lage (1995) – Cristina Lage: Carl Julius Vogel (1814–1880). Sein Leben und wissenschaftliches Werk (Diss., Gießen). Gießen: Universität Gießen, 1995.

Laitko (2004 a) – Hubert Laitko: Helmont, Jan (Johannes) Baptista van. In: Dieter Hoffmann, Hubert Laitko, Staffan Müller-Wille (Hrsg.): Lexikon der bedeutenden Naturwissenschaftler. Band 2. München: Elsevier, Spektrum Akademischer Verlag, 2004, S. 185.

Laitko (2004 b) – Hubert Laitko: Lavoisier, Antoine Laurent de. In: Dieter Hoffmann, Hubert Laitko, Staffan Müller-Wille (Hrsg.): Lexikon der bedeutenden Naturwissenschaftler. Band 2. München: Elsevier, Spektrum Akademischer Verlag, 2004, S. 375–378.

Lakatos (1974) – Imre Lakatos: Die Geschichte der Wissenschaft und ihre rationalen Rekonstruktionen. In: Imre Lakatos, Alan Musgrave (Hrsg.): Kritik und Erkenntnisfortschritt. Abhandlungen des Internationalen Kolloquiums über die Philosophie der Wissenschaft, London, 1965. Band 4 (= Wissenschaftstheorie, Wissenschaft und Philosophie, 9). Braunschweig: Vieweg, 1974, S. 271–311.

Larssen (1863) – Friedrich Larssen: Das Verhältniss des specifischen Gewichtes der Kartoffeln zu ihrem Gehalt an Trockensubstanz und Stärkemehl. In: Livländische Jahrbücher der Landwirthschaft 1863, 16, S. 50–97.

Laskowski (1846) – N[icolai] Laskowski: Ueber die Proteintheorie. Annalen der Chemie und Pharmacie 1846, LVIII, S. 129–166.

Lassaigne (1843) – J[ean] [Louis] Lassaigne: Sur la tissu tégumentaire des insectes de différents orders. In: Comptes rendus hebdomadaires des séances de l'Academié des Sciences 1843, XVI, 1087–1089.

Lauer (2005) – Reinhard Lauer: Kleine Geschichte der russischen Literatur. München: Beck, 2005.

Laur (1932) – A. Laur: Jooni Tartu Ülikooli Keemia-Instituudi ajaloost (Grundzüge der Geschichte des Chemieinstituts der Universität Tartu). In: Keemia Teated (Chemische Mitteilungen) 1932, 1, S. 1–14.

Lautenbach (2004) – E. Lautenbach: Lexikon Goethe-Zitate. Auslese für das 21. Jahrhundert aus Werk und Leben. München: Iudicium, 2004.

Lavoisier und Laplaçe (1780) – [Antoine Laurent] Lavoisier, [Pierre Simon] de la Plaçe: Mémoire sur la chaleur. Article IV. De la combustion et de la respiration. In: Histoire de l'Académie Royale des Sciences Anneé MDCCLXXX, MDCCLXXXIV, S. 393–408.

Lefèvre (2003) – Wolfgang Lefèvre: Cuvier, Georges Léopold Chrétine Frédérik Dagobert. In: Dieter Hoffmann, Hubert Laitko, Staffan Müller-Wille (Hrsg.): Lexikon der bedeutenden Naturwissenschaftler. Band 1. München: Elsevier, Spektrum Akademischer Verlag, 2003, S. 366–368.

Lehmann (1847) – [Carl Gotthelf] Lehmann: Ueber die saure Reaction des Magensaftes. In: Journal für praktische Chemie 1847, 40, S. 137–141.

Lehmann (1850–1853) – C[arl] G[otthelf] Lehmann: Lehrbuch der physiologischen Chemie. Drei Bände. Leipzig: Engelmann, [2]1850 (Band 1), 1850 (Band 2), 1852 (Band 3), [2, zweite Umarbeitung] 1853 (Band 1), [2]1853 (Bände 2 und 3).

Lehmann (1854) – C[arl] G[otthelf] Lehmann: Handbuch der physiologischen Chemie. Leipzig: Engelmann, 1854.

Leibbrand (1937) – Werner Leibbrand: Romantische Medizin. Hamburg, Leipzig: Goverts, [2]1937.

Leicester (1947) – Henry M. Leicester: The history of chemistry in Russia prior to 1900. In: Journal of Chemical Education 1947, 24, S. 438–443.

Leicester (1966) – H. M. Leichester: Kekulé, Butlerov, Markovnikov: Controversies on chemical structure from 1860 to 1870. In: O. T. Benfey (Hrsg.): Kekulé centennial (= Advances in chemistry series, 61). Washington DC: American Chemical Society, 1966, S. 13–23.

Lemberg (1867) – J[ohann] Lemberg: Chemische Untersuchung eines unterdevonischen Profils an der Bergstraße in Dorpat. In: Archiv für die Naturkunde Liv-, Ehst- und Kurlands, 1. Serie, Band 4, 1867, S. 85–99.

Lenz (1970) – Wilhelm Lenz (Hrsg.): Deutschbaltisches biographisches Lexikon 1710–1960. Köln, Wien: Böhlau, 1970.

Leppik (2007) – Lea Leppik: Der Markt für medizinische Dienstleistungen und die Modernisierung der Gesellschaft am Beispiel der Stadt Tartu/Dorpat/Jurjew im 19. Jahrhundert. In: Burghart Schmidt (Hrsg.): Von der Geschichte zur Gegenwart und Zukunft: Wissenstransfer und Innovationen rund um das Mare Balticum (= Studien zum Ostseeraum, 4). Hamburg: DOBU, Wissenschaftlicher Verlag Dokumentation und Buch, 2007, S. 42–58.

Lepsius (1984) – B[ernhard] Lepsius: A. W. von Hofmann. In: Günther Bugge (Hrsg.): Das Buch der großen Chemiker. Band 2: Von Liebig bis Arrhenius. 6. unveränderter Nachdruck der 1. Auflage 1929. Weinheim et al.: Verlag Chemie, 1984, S. 136–153. S. 503 (Bibliographie).

Lesky (1965) – Erna Lesky: Die Wiener medizinische Schule im 19. Jahrhundert (= Studien zur Geschichte der Universität Wien, 6). Graz, Köln: Böhlau, 1965.

Leven (1997) – Karl-Heinz Leven: Die Geschichte der Infektionskrankheiten. Von der Antike bis ins 20. Jahrhundert (= Fortschritte in der Präventiv- und Arbeitsmedizin, 6). Landsberg (Lech): ecomed, 1997.

Levickij (1902) – Grigorij V. Levickij (Hrsg.): Biografičeskij slovar' professorov i prepodavatelej Imperatorskago Jur'evskago, byvšago Derptskago Universiteta za sto let ego suščestvovanija (1802–1902) (Biographisches Lexikon der Professoren und Lehrer der Kaiserlichen Jurjewer, früher Dorpater Universität während ihres 100jährigen Bestehens [1802–1902]). Band 1. Jur'ev: Tip. Mattisena, 1902.

Lewicki (1991) – Wilhelm Lewicki (Hrsg.): Berzelius und Liebig. Ihre Briefe 1831–1845 mit gleichzeitigen Briefen von Liebig und Wöhler. Göttingen: Cromm, [5]1991.

Lichinger (1927) – F. Lichinger: Aus Russlands pharmazeutischer Vergangenheit. Riga: Peterson, 1927.

Lichtenthaehler (1983) – Charles Lichtenthaehler: Die sechs Leitgedanken von Magendies medizinischer Revolution. In: Zeitschrift für ärztliche Fortbildung 1983, 77, S. 785–788.

Lickteig (1939) – Konrad Lickteig: Die Verdienste des Heidelberger Professors Friedrich Tiedemann um die Entwicklung der Heilkunde (Diss., Düsseldorf) (= Düsseldorfer Arbeiten zur Geschichte der Medizin, 9). Düsseldorf: Nolte, 1939.

Lieben (1935) – Fritz Lieben: Geschichte der physiologischen Chemie. Leipzig, Wien: Deuticke, 1935.

Liebig (1834) – Justus Liebig: Ueber die Constitution des Aethers und seiner Verbindungen. In: Annalen der Pharmacie 1834, IX, S. 1–39.

Liebig (1837) – Justus Liebig: Anleitung zur Analyse organischer Körper. Braunschweig: Vieweg, 1837.

Liebig (1838) – Justus Liebig: Der Zustand der Chemie in Österreich. In: Annalen der Pharmacie 1838, XXV, S. 339–347.

Liebig (1840) – Justus Liebig: Die organische Chemie in ihrer Anwendung auf Agricultur und Physiologie. Braunschweig: Vieweg, 1840.

Liebig (1842) – Justus Liebig: Die organische Chemie in ihrer Anwendung auf Physiologie und Pathologie. Braunschweig: Vieweg, 1842.

Liebig (1843, 1862) – Justus Liebig, Justus von Liebig: Die Chemie in ihrer Anwendung auf Agricultur und Physiologie. Braunschweig: Vieweg, $^{5}$1843, $^{7}$1862 (zwei Bände).

Liebig (1846) – Justus Liebig: Die Thier-Chemie oder die organische Chemie in ihrer Anwendung auf Physiologie und Pathologie. Erste Abtheilung. Braunschweig: Vieweg, $^{3}$1846.

Liebig (1851) – J[ustus] L[iebig]: Reagens auf Harnstoff. In: Annalen der Chemie und Pharmacie 1851, LXXX, S. 123–124.

Liebig (1870) – Justus von Liebig: Ueber Gährung, über Quelle der Muskelkraft und Ernährung. Leipzig, Heidelberg: Winter, 1870.

Liebig (1876) – Justus von Liebig: Die Chemie in ihrer Anwendung auf Agricultur und Physiologie. Im Auftrage des Verfassers herausgegeben von Ph. Zöller. Braunschweig: Vieweg, $^{9}$1876.

Liebig (1890) – Justus von Liebig. Eigenhändige biographische Aufzeichnungen. Mitgetheilt von Dr. Georg Frhr. von Liebig. Berichte der Deutschen chemischen Gesellschaft 1890, XXIII, S. 817–828.

Liebig (1965 a) – Justus von Liebig: Bemerkungen über das Verhältniss der Thier-Chemie zur Thier-Physiologie (1844). In: M[oriz] Carriere, Georg von Liebig (Hrsg.): Reden und Abhandlungen von Justus von Liebig. Neudruck der Ausgabe Heidelberg 1874. Wiesbaden: Sändig, 1965, S. 48–82.

Liebig (1965 b) – Justus von Liebig: Francis Bacon von Verulam und die Geschichte der Naturwissenschaften. Rede in der öffentlichen Sitzung der k[öniglichen] Akademie der Wissenschaften am 28. März 1863. In: M[oriz] Carriere, Georg von Liebig (Hrsg.): Reden und Abhandlungen von Justus von Liebig. Neudruck der Ausgabe Heidelberg 1874. Wiesbaden: Sändig, 1965, S. 220–254.

Liebig (1965 c) – Justus von Liebig: Induction und Deduction. Rede, gehalten in der Sitzung der k[öniglichen] Akademie der Wissenschaften in München am 28. März 1865. In: M[oriz] Carriere, Georg von Liebig (Hrsg.): Reden und Abhandlungen von Justus von Liebig. Neudruck der Ausgabe Heidelberg 1874. Wiesbaden: Sändig, 1965, S. 296–309.

Liebig (1965 d) – Justus von Liebig: Ueber das Studium der Naturwissenschaften und über den Zustand der Chemie in Preussen (1840). In: M[oriz] Carriere, Georg von Liebig (Hrsg.): Reden und Abhandlungen von Justus von Liebig. Neudruck der Ausgabe Heidelberg 1874. Wiesbaden: Sändig, 1965, S. 7–36.

Lieven (1867) – Victor Lieven: Die Anwendbarkeit der Dolomitthone des Dünaufers zu Wassermörtel. In: Archiv für die Naturkunde Liv-, Ehst- und Kurlands. 1. Serie, Band 4, 1867, S. 45–84.

Lipman (1967) – Thimothy O. Lipman: Vitalism and reductionism in Liebig's physiological thought. In: Isis 1967, 58, S. 167–185.

Lipski (1953) – Alexander Lipski: The foundation of the Russian Academy of Sciences. In: Isis 1953, 44, S. 349–354.

Lockemann (1927) – Georg Lockemann: Der chemische Unterricht an den deutschen Universitäten im ersten Viertel des 19. Jahrhunderts. In: Julius Ruska (Hrsg.): Studien zur Geschichte der Chemie. Festgabe Edmund O. von Lippmann zum siebzigsten Geburtstage. Berlin: Springer, 1927, S. 148–158.

Lockemann (1984) – G[eorg] Lockemann: Kolbe. In: Günther Bugge (Hrsg.): Das Buch der großen Chemiker. Band 2: Von Liebig bis Arrhenius. 6. unveränderter Nachdruck der 1. Auflage 1929. Weinheim et al.: Verlag Chemie, 1984, S. 124–135, S. 502–503 (Bibliographie).

Löffler (1896) – F[riedrich] Löffler: Die Beurteilung des Wassers vom sanitären Standpunkte aus. In: Th[eodor] Weyl (Hrsg.): Handbuch der Hygiene. Band 1. Jena: Fischer 1896, S. 770–782.

Löw (1979) – Reinhard Löw: Pflanzenchemie zwischen Lavoisier und Liebig (= Münchner Hochschulschriften. Reihe Naturwissenschaften, 1). Straubing, München: Donau-Verlag, $^{2}$1979.

Löw (1980) – Reinhard Löw: The progress of organic chemistry during the period of German Romantic Naturphilosophie (1795–1825). In: Ambix 1980, 27, S. 1–10.

Loewenherz (1878) – Leop[old] Loewenherz: Apparate für Messen und Wägen (Metrologische Apparate). In: A[ugust] W[ilhelm] Hofmann (Hrsg.): Bericht über die wissenschaftlichen Apparate auf der Londoner Internationalen Ausstellung im Jahre 1876. Braunschweig: Vieweg, 1878, S. 207–278.

Lohff (1991) – Brigitte Lohff: Johannes Müller (1801–1858). In: Dietrich von Engelhardt, Fritz Hartmann (Hrsg.): Klassiker der Medizin. Band 2: Von Philippe Pinel bis Viktor von Weizsäcker. München: Beck, 1991, S. 119–134, S. 409–410 (Anmerkungen und Literatur).

Lorenz (1972) – K[uno] Lorenz: Deduktion. In: Joachim Ritter (Hrsg.): Historisches Wörterbuch der Philosophie. Band 2. Darmstadt: Wissenschaftliche Buchgesellschaft, 1972, Sp. 27–28.

Lorenz (2004) – K[uno] Lorenz: Hypothese. In: Jürgen Mittelstraß (Hrsg.): Enzyklopädie Philosophie und Wissenschaftstheorie. Sonderausgabe. Band 2. Stuttgart, Weimar: J. B. Metzler, 2004, S. 157–158.

Lorenz (2001) – Sabine Lorenz: Kotzebue, August (Friedrich) von. In: Walther Killy, Rudolf Vierhaus (Hrsg.): Deutsche biographische Enzyklopädie. Band 6. München: Deutscher Taschenbuch-Verlag, 2001, 6, S. 55–56.

Lotze (1842 a) – R[udolph] H[ermann] Lotze: Allgemeine Pathologie und Therapie als mechanische Naturwissenschaften. Leipzig: Weidmann, 1842.

Lotze (1842 b) – R[udolph] H[ermann] Lotze: Leben. Lebenskraft. In: Rudolph Wagner (Hrsg.): Handwörterbuch der Physiologie mit Rücksicht auf physiologische Pathologie. Band 1. Braunschweig: Vieweg, 1842, S. IX–LVIII.

Lotze (1848) – Rudolph Hermann Lotze: Allgemeine Pathologie und Therapie als mechanische Naturwissenschaften. Leipzig: Weidmann, [2]1848.

Lotze (1851) – Rudolph Hermann Lotze: Allgemeine Physiologie des koerperlichen Lebens. Leipzig: Weidmann, 1851.

Lotze (1885) – [Rudolph] Hermann Lotze: Kleine Schriften. Herausgegeben von David Peipers. Leipzig: Hirzel, 1885.

Ludwig (1861) – C[arl] Ludwig: Lehrbuch der Physiologie des Menschen. Band 2: Aufbau und Verfall der Säfte und Gewebe. Thierische Wärme. Leipzig, Heidelberg: Winter, [2]1861.

Lüttringhaus und Baumfelder (1957) – Arthur Lüttringhaus, Christamaria Baumfelder: Die Chemie an der Universität Freiburg i. Br. von den Anfängen bis 1920. In: Eduard Zentgraf (Hrsg.): Aus der Geschichte der Naturwissenschaften an der Universität Freiburg i. Br. (= Beitrage zur Freiburger

Wissenschafts- und Universitätsgeschichte, 18). Freiburg: Albert, 1957, S. 23–76.

Luik (1976) – B. Luik: Farmaatsia Kateeder (Der Lehrstuhl der Pharmazie). In: V. Kalnin, E. Raudam (Hrsg.): Tartu riikliku ülikooli arstiteaduskond aastail 1802–1975 (Die Medizinische Fakultät der Staatlichen Universität Tartu 1802–1975). Tartu: Tartu Riiklik Ülikool, 1976, S. 25–28.

Lukjanov (1964) – P. M. Lukjanov: The first chemical laboratories in Russia. In: Chymia 1964, 9, S. 59–69.

Lullies (1982) – Reinhard Lullies: Oskar Waldhauer †, aus dem Nachlaß von Ludwig Curtius herausgegeben und kommentiert. In: Boreas. Münstersche Beiträge zur Archäologie 1982, 5, S. 266–270.

Maehle et al. (1990) – Andreas-Holger Maehle, Marlies Glase, Ulrich Tröhler: Der Göttinger Weg von der medizinischen zur physiologischen Chemie 1840–1940. In: Biological Chemistry Hoppe-Seyler 1990, 371, S. 447–454.

Magendie (1816 a) – F[rançois] Magendie: Mémoire sur les propriétés nutritives des substances qui ne contiennent pas d'azote. In: Annales de Chimie et de Physique 1816, 3, S. 66–77.

Magendie (1816 b) – F[rançois] Magendie: Précis élémentaire de physiologie. Tome premier. Contenant les notions préliminaires; l'histoire de la vue, de l'ouïe, de l'odorat, du goût, du toucher; celle de l'intelligence, de l'instinct, des passions, de la voix, des attitudes et des mouvemens. Paris: Méquignon-Marvis, 1816.

Magendie (1836) – F[rançois] Magendie: Handbuch der Physiologie. Nach der dritten vermehrten und verbesserten Ausgabe aus dem Französischen übersetzt mit Anmerkungen und Zusätzen von C. F. Heusinger. Band 2. Eisenach: Bäreke, Wien: Geroldsche Buchhandlung, 1836.

Maiste et al. (2003) – Juhan Maiste, Kadi Polli, Mariann Raisma (Hrsg.): Alma Mater Tartuensis. Tartu Ülikool ja tema arhitekt Johann Wilhelm Krause. Alma Mater Tartuensis. Die Universität Tartu und ihr Architekt Johann Wilhelm Krause. Alma Mater Tartuensis. Tartu University and its architect Johann Wilhelm Krause. Tallinn: Eesti Keele Sihtasutus, 2003.

Manegold (1969) – Karl-Heinz Manegold: Das Verhältnis von Naturwissenschaft und Technik im 19. Jahrhundert im Spiegel der Wissenschaftsorganisation. In: Ohne Herausgeber: Geschichte der Naturwissenschaften und der Technik im 19. Jahrhundert. 5. Gespräch der Georg-Agricola-Gesellschaft (= Technikgeschichte in Einzeldarstellungen, 11). Düsseldorf: VDI-Verlag 1969, S. 141–187.

Mani (1956) – Nikolaus Mani: Das Werk von Friedrich Tiedemann und Leopold Gmelin: „Die Verdauung nach Versuchen“ und seine Bedeutung für die Entwicklung der Ernährungslehre in der ersten Hälfte des 19. Jahrhunderts. In: Gesnerus 1956, 13, S. 190–214.

Mani (1974) – Nikolaus Mani: Johann Florian Heller und die frühe klinische Chemie in der Mitte des 19. Jahrhunderts. In: Erna Lesky (Hrsg.): Wien und die Weltmedizin. 4. Symposium der internationalen Akademie für Geschichte der Medizin der Universität Wien (17.–19. Sept. 1973). Wien et al.: Böhlau, 1974, S. 170–182.

Mani (2001) – Nikolaus Mani: Die wissenschaftliche Ernährungslehre im 19. Jahrhundert. In: Johannes Büttner, Wilhelm Lewicki (Hrsg.): Stoffwechsel im tierischen Organismus. Historische Studien zu Liebigs „Thier-Chemie" (1842) (= Edition Lewicki-Büttner, 1). Seesen: HisChymia-Buchverlag, 2001, S. 109–156.

Mann (1991) – Gunter Mann: Rudolf Virchow (1821–1902). In: Dietrich von Engelhardt, Fritz Hartmann (Hrsg.): Klassiker der Medizin. Band 2: Von Philippe Pinel bis Viktor von Weizsäcker. München: Beck, 1991, S. 203–215, S. 421–424 (Anmerkungen und Literatur).

Manten (1966) – A. A. Manten: Historical foundations of chemical geology and geochemistry. In: Chemical Geology 1966, 1, S. 5–31.

Martinson (1977) – Helle Martinson: Tartu Ülikooli keemiakabineti materiaalse baasi kujunemisest 1917. astani (Über die Herausbildung der ökonomischen Basis des Kabinetts für Chemie an der Tartuer Universität bis zum Jahr 1917). In: Tartu Ülikooli ajaloo küsimusi V (TRÜ ajaloo komisjoni materjalid) (Fragen zur Geschichte der Universität Tartu V [Materialien des Geschichtsausschusses der Staatlichen Universität Tartu]). Tartu: Tartu Riiklik Ülikool, 1977, S. 66–81.

Max-Planck-Gesellschaft (1988) – Max-Planck-Gesellschaft (Hrsg.): Gmelin-Institut für Anorganische Chemie und Grenzgebiete der Max-Planck-Gesellschaft (= Max-Planck-Gesellschaft zur Förderung der Wissenschaften. Berichte und Mitteilungen, 88, 3). München: Generalverwaltung der Max-Planck-Gesellschaft, Referat Presse- und Öffentlichkeitsarbeit, 1988.

Mayer (1842) – J[ulius] R[obert] Mayer: Bemerkungen über die Kräfte der unbelebten Natur. In: Annalen der Chemie und Pharmacie 1842, XLII, S. 233–240.

Mayer (1845) – J[ulius] R[obert] Mayer: Die organische Bewegung in ihrem Zusammenhange mit dem Stoffwechsel. Ein Beitrag zur Naturkunde. Heilbronn: Drechslersche Buchhandlung, 1845.

Medick (1994) – Hans Medick: Mikrohistorie. In: Winfried Schulze (Hrsg.): Sozialgeschichte, Alltagsgeschichte, Mikro-Historie. Eine Diskussion (= Kleine Vandenhoeck-Reihe, 1569). Göttingen: Vandenhoeck und Ruprecht, 1994, S. 40–53.

Mehlan (1976) – Willi Mehlan: Das Werk von Friedrich Tiedemann und Leopold Gmelin „Die Verdauung nach Versuchen." Seine Voraussetzungen und seine Auswirkungen auf die Physiologie und Physiologische Chemie der

Verdauung in der ersten Hälfte des 19. Jahrhunderts (Diss., Bonn). Bonn: Universität Bonn, 1976.

Meinel (1978) – Christoph Meinel: Die Chemie an der Universität Marburg seit Beginn des 19. Jahrhunderts. Ein Beitrag zu ihrer Entwicklung als Hochschulfach (Diss., Marburg) (= Academia Marburgensis, 3). Marburg: Elwert, 1978.

Meinel (1984) – Christoph Meinel: „... die Chymie anwendbarer und gemeinnütziger zu machen". Wissenschaftlicher Orientierungswandel in der Chemie des 18. Jahrhunderts. In: Angewandte Chemie 1984, 96, S. 326–334.

Meinel (1985) – Christoph Meinel: Reine und angewandte Chemie. Die Entstehung einer neuen Wissenschaftskonzeption in der Chemie der Aufklärung. In: Berichte zur Wissenschaftsgeschichte 1985, 8, S. 25–45.

Meinel (1987) – Christoph Meinel: Zur Sozialgeschichte des chemischen Hochschulfaches im 18. Jahrhundert. In: Berichte zur Wissenschaftsgeschichte 1987, 10, S. 147–168.

Meinel (1988) – Christoph Meinel: Artibus academicis inseranda: Chemistry's place in eighteenth and early nineteenth century universities. In: History of Universities 1988, VII, S. 89–115.

Meinel (1992) – Christoph Meinel: August Wilhelm Hofmann. „Regierender Oberchemiker". In: Christoph Meinel, Hartmut Scholz (Hrsg.): Die Allianz von Wissenschaft und Industrie. August Wilhelm Hofmann (1818–1892). Zeit, Werk, Wirkung. Weinheim et al.: Verlag Chemie, 1992, S. 27–64.

Meinel (1994) – Christoph Meinel: Das Forschungslaboratorium und die Organisation des chemischen Hochschulunterrichts. In: Altfrid Gramm, Helmut Lindemann, Elke Sumfleth (Hrsg.): Naturwissenschaftsdidaktik (= Naturwissenschaften und Unterricht, 21). Magdeburg: Westarp-Wissenschaften, 1994, S. 187–206.

Meinel (2000) – Christoph Meinel: Chemische Laboratorien: Funktion und Disposition. In: Berichte zur Wissenschaftsgeschichte 2000, 23, S. 287–302.

Meinel (2001) – Christoph Meinel: Wöhler, Friedrich. In: Walther Killy, Rudolf Vierhaus (Hrsg.): Deutsche biographische Enzyklopädie. Band 10. München: Deutscher Taschenbuch-Verlag, 2001, S. 555.

Merz (1957) – Kurt Walther Merz: Die Entwicklung der Pharmazie an der Universität Freiburg i. Br. In: Eduard Zentgraf (Hrsg.): Aus der Geschichte der Naturwissenschaften an der Universität Freiburg i. Br. (= Beiträge zur Freiburger Wissenschafts- und Universitätsgeschichte, 18). Freiburg: Albert, 1957, S. 107–119.

Meschede (1980) – K. Meschede: Materialismusstreit. In: Joachim Ritter, Karlfried Gründer (Hrsg.): Historisches Wörterbuch der Philosophie. Band 5. Darmstadt: Wissenschaftliche Buchgesellschaft, 1980, Sp. 868–869.

Mettig (1990) – C. Mettig: Baltische Städte. Skizzen aus der Geschichte Liv-, Est- und Kurlands. 2. Nachdruck der 2. vermehrten Auflage Riga 1905. Hannover-Döhren: von Hirschheydt, 1990.

Meyer (1987) – Klaus Meyer: Die Universität im Russischen Reich in der ersten Hälfte des 19. Jahrhunderts. In: Gert von Pistohlkors, Toivo U. Raun, Paul Kaegbein (Hrsg.): Die Universitäten Dorpat/Tartu, Riga und Wilna/Vilnius 1579–1979. Beiträge zu ihrer Geschichte und ihrer Wirkung im Grenzbereich zwischen West und Ost (= Quellen und Studien zur Baltischen Geschichte, 9). Köln, Wien: Böhlau, 1987, S. 37–50.

Meyer (1971–1979) – Meyers Enzyklopädisches Lexikon. 25 Bände. Mannheim: Bibliographisches Institut, 1971–1979.

Meyer (1988) – Meyers kleines Lexikon Pädagogik. Mannheim et al.: Meyers Lexikonverlag, 1988.

Meyer (1998) – Meyers Großes Taschenlexikon. 24. Bände. Mannheim et al.: B. I. Taschenbuchverlag, 1998.

Mildenberger (2007) – Florian Mildenberger: Wissenstransfer gegen den Zeitgeist. Antidarwinistische Gelehrte aus Dorpat in Mitteleuropa nach 1870. In: Burghart Schmidt (Hrsg.): Von der Geschichte zur Gegenwart und Zukunft: Wissenstransfer und Innovationen rund um das Mare Balticum (= Studien zum Ostseeraum, IV). Hamburg: DOBU, Wissenschaftlicher Verlag Dokumentation und Buch, 2007, S. 59–82.

Mill (1843) – John Steward Mill: A system of logic, ratiocinative and inductive, being a connected view of the principles of evidence, and the methods of scientific investigation. Zwei Bände. London: Parker, MDCCCXLIII.

Mill (1849) – John Steward Mill: Die inductive Logik. Eine Darlegung der philosophischen Principien wissenschaftlicher Forschung, insbesondere der Naturforschung. Nach dem Englischen des John Stuart Mill ins Deutsche übertragen von J. Schiel. Braunschweig: Vieweg: 1849.

Mittelstraß (2004 a) – Jürgen Mittelstraß: Erkenntnis. In: Jürgen Mittelstraß (Hrsg.): Enzyklopädie Philosophie und Wissenschaftstheorie. Sonderausgabe. Band 1. Stuttgart, Weimar: J. B. Metzler, 2004, S. 575.

Mittelstraß (2004 b) – Jürgen Mittelstraß: Wissenschaftsgeschichte. In: Jürgen Mittelstraß (Hrsg.): Enzyklopädie Philosophie und Wissenschaftstheorie. Sonderausgabe. Band 4. Stuttgart, Weimar: J. B. Metzler, 2004, S. 727–730.

Mittelstraß und Mainzer (2004) – Jürgen Mittelstraß, Klaus Mainzer: Newton, Isaak. In: Jürgen Mittelstraß (Hrsg.): Enzyklopädie Philosophie und Wissenschaftstheorie. Sonderausgabe. Band 2. Stuttgart, Weimar: Verlag J. B. Metzler, 2004, S. 997–1005.

Mocek (2005) – Reinhard Mocek: Johann Christian Reil. In: Thomas Bach, Olaf Breidbach (Hrsg.): Naturphilosophie nach Schelling (= Schellingiana, 17), Stuttgart-Bad Cannstatt: Frommann-Holzboog, 2005, S. 459–505.

Moeller (1970) – Walter Moeller: Der Mitauer Geschichts- und Bildnismaler Julius Döring. In: Ostdeutsche Familienkunde 1970, 18, S. 296–297.

Moraw (1982) – Peter Moraw: Kleine Geschichte der Universität Gießen 1607–1982. Gießen: Verlag der Ferber'schen Universitäts-Buchhandlung, 1982.

Morrell (1972) – J. B. Morell: The chemist breeders. The research schools of Liebig and Thomas Thomson. In: Ambix 1972, 19, S. 1–46.

Mühlen (1987) – Heinz von zur Mühlen: Deutsch-baltische Korporationen und die Studentenschaft der Universität Dorpat (1802–1939). In: Gert von Pistohlkors, Toivo U. Raun, Paul Kaegbein (Hrsg.): Die Universitäten Dorpat/Tartu, Riga und Wilna/Vilnius 1579–1979. Beiträge zu ihrer Geschichte und ihrer Wirkung im Grenzbereich zwischen West und Ost (= Quellen und Studien zur Baltischen Geschichte, 9). Köln, Wien: Böhlau, 1987, S. 151–161.

Müller (1933) – Friedrich Müller: Die Entwicklung der Stoffwechsellehre und die Münchener Schule. In: Münchener Medizinische Wochenschrift 1933, 43, S. 1656–1665.

Müller (1844) – Johannes Müller: Handbuch der Physiologie des Menschen für Vorlesungen. Band 1. Coblenz: Hölscher, [4]1844.

Müller (1949) – Johannes Müller: Von dem Bedürfnis der Physiologie nach einer philosophischen Naturbetrachtung. Antrittsvorlesung, gehalten zu Bonn am 19. Oktober 1824. In: Adolf Meyer-Abich (Hrsg.): Biologie der Goethezeit. Stuttgart: Hippokrates-Verlag Marquardt & Cie., 1949, S. 256–281.

Müller-Jabusch (1917) – Maximilian Müller-Jabusch: Führer durch Mitau mit Stadtplan. Berlin (Steglitz): Würtz, 1917.

Müller-Jahncke (2006) – Wolf-Dieter Müller-Jahncke: Pettenkofer, Max von. In: Wolfgang U. Eckart, Christoph Gradmann (Hrsg.): Ärzte Lexikon. Von der Antike bis zur Gegenwart. Heidelberg: Springer [3]2006, S. 257–258.

Müller-Strahl (2013) – Gerhard Müller-Strahl: Metaphysik des Mechanismus im teleologischen Idealismus. In: Journal for General Philosophy of Science 2013, 44, S. 127–152.

Muir (1994) – Hazel Muir (Hrsg.): Larousse dictionary of scientists. Edinburgh et al.: Larousse, 1994.

Mulder (1838 a) – G[erhardus] J[ohannes] Mulder: Composition du mucilage végétal. In: Bulletin des Sciences Physique et Naturelles en Néerlande 1838, S. 35–39.

Mulder (1838 b) – G[erhardus] J[ohannes] Mulder: Sur le composition de quelque substances animales. In: Bulletin des Sciences Physique et Naturelles en Néerlande 1838, S. 104–119.

Mulder (1838 c) – G[erhardus] J[ohannes] Mulder: Zusammensetzung von Fibrin, Albumin, Leimzucker, Leucin u. s. w. In: Annalen der Pharmacie 1838, XXVIII, S. 73–82.

Munday (1998) – Pat Munday: Politics by other means: Justus von Liebig and the German translation of John Stuart Mill's Logic. In: The British Journal for the History of Science 1998, 31, S. 403–418.

Murken (2006) – Axel Hinrich Murken: Wilbrand, Johann Bernhard. In: Wolfgang U. Eckart, Christoph Gradmann (Hrsg.): Ärzte Lexikon. Von der Antike bis zur Gegenwart. Heidelberg: Springer, [3]2006, S. 345–346.

Musabekov (1970) – J. S. Musabekov: Iz istorii nauchnych svyazei Tartusskich chimikov (Aus der Geschichte wissenschaftlicher Beziehungen Tartuer Chemiker). In: Iz istorii estestvoznaniya i techniki Pribaltiki (Aus der Geschichte der Naturwissenschaften und Technik in den Baltischen Staaten) 1970, 2, S. 149–158.

Muspratt (1860) – Sheridan Muspratt: Chemistry, theoretical, practical, analytical as applied and relating to the arts and manufactures. Zwei Bände. Glasgow et al.: William Mackenzie, 1860.

Naunyn (1865) – B[ernhard] Naunyn: Ueber die Chemie der Transsudate und des Eiters. In: Archiv für Anatomie, Physiologie und wissenschaftliche Medicin 1865, S. 166–190.

Naunyn (1868) – B[ernhard] Naunyn: Beiträge zur Lehre vom Icterus. In: Archiv für Anatomie, Physiologie und wissenschaftliche Medicin 1868, S. 401–441.

Naunyn (1869) – B[ernhard] Naunyn: Beitrag zur Lehre vom Icterus (Fortsetzung). In: Archiv für Anatomie, Physiologie und wissenschaftliche Medicin, 1869, S. 579–588.

Naunyn (1871) – B[ernhard] Naunyn: Beitrag zur Pathologie der Transsudate. In: Dorpater medicinische Zeitschrift 1871, 1, S. 174–189.

Naunyn (1908) – B[ernhard] Naunyn: Die Berliner Schule vor 50 Jahren. In: Sammlung klinischer Vorträge 1908, 478 (143 [Innere Medizin]), S. 209–235.

Naunyn (1925) – B[ernhard] Naunyn: Erinnerungen, Gedanken und Meinungen des Dr. B. Naunyn. München: Bergmann, 1925.

Neuschäffer (1987) – Hubertus Neuschäffer: Die baltischen Provinzen ohne Universität von 1721 bis 1802. In: Gert von Pistohlkors, Toivo U. Raun, Paul Kaegbein (Hrsg.): Die Universitäten Dorpat/Tartu, Riga und Wilna/Vilnius 1579–1979. Beiträge zu ihrer Geschichte und ihrer Wirkung im Grenzbereich zwischen West und Ost (= Quellen und Studien zur Baltischen Geschichte, 9). Köln, Wien: Böhlau, 1987, S. 19–35.

Niemann (1830) – D. Friedr. Alb. Niemann: Vollständiges Handbuch der Münzen, Maße und Gewichte aller Länder der Erde. Quedlinburg, Leipzig: Basse, 1830.

Nipperdey (1998) – Thomas Nipperdey: Deutsche Geschichte. 1866–1918. Band 1: Arbeitswelt und Bürgergeist. München: Beck, 1998.

Odier (1823) – Auguste Odier: Mémoire sur la composition chimique des parties cornées des insectes. In: Mémoires de la Société d'Histoire Naturelle de Paris 1823, 1, S. 29–42.

Oesterlen (1848) – Fr[iedrich] Oesterlen: Zur Chemie der Ruhr. In: Zeitschrift für rationelle Medicin 1848, 7, S. 253–280.

Oesterlen (1861) – Fr[iedrich] Oesterlen: Handbuch der Heilmittellehre. Tübingen: Laupp, [7]1861.

Oldroyd (2003) – David R. Oldroyd: The earth sciences. In: D. Cahan (Hrsg.): From natural philosophy to the sciences. Writing the history of nineteenth century science. Chicago et al.: University of Chicago Press, 2003, S. 88–128.

Orazio (1997) – Ugo D'Orazio: ‚Romantische Medizin': Entstehung eines medizinhistorischen Epochenbegriffes. In: Medizinhistorisches Journal 1997, 32, S. 179–217.

Orfilia (1843) – M[athieu] [Joseph] [Bonaventure] Orfilia: Traité de toxicologie. Zwei Bände. Paris: Fortin, Masson et Cie, [4]1843.

Osann (1822–1824) – Gottfried Wilhelm Osann: Beiträge zur Chemie und Physik. Zwei Bände. Jena: Crökersche Buchhandlung, 1822.

Osann (1826) – G[ottfried] [Wilhelm] Osann: Untersuchung der russischen Platina. In: Annalen der Physik und Chemie 1826, 8 (84), S. 505–510.

Osann (1827 a) – G[ottfried] [Wilhelm] Osann: Analyse des Platins vom Ural. In: Annalen der Physik und Chemie 1827, 11 (87), S. 311–322.

Osann (1827 b) – G[ottfried] [Wilhelm] Osann: Handbuch der theoretischen Chemie. Band 1. Dorpat: Schünmann, 1827.

Osann (1828 a) – G[ottfried] [Wilhelm] Osann: Fortsetzung der Untersuchung des Platins vom Ural. In: Annalen der Physik und Chemie 1828, 13 (89), S. 283–297.

Osann (1828 b) – G[ottfried] [Wilhelm] Osann: Fortsetzung der Analyse des Platins vom Ural. In: Annalen der Physik und Chemie 1828, 14 (90), S. 329–357.

Ostwald (1953) – Grete Ostwald: Wilhelm Ostwald. Mein Vater. Stuttgart: Berliner Union, 1953.

Ostwald (1885) – Wilhelm Ostwald: Lehrbuch der allgemeinen Chemie. Band 1: Stöchiometrie. Leipzig: Engelmann, 1885.

Ostwald (1887) – Wilhelm Ostwald: Lehrbuch der allgemeinen Chemie. Band 2: Verwandtschaftslehre. Leipzig: Engelmann, 1887.

Ostwald (1890) – W[ilhelm] Ostwald: Anmerkungen. In: W[ilhelm] Ostwald (Hrsg.): G[ermain] H[enri] Hess (1839–1842): Thermochemische Untersuchungen. (= Ostwalds Klassiker, 9). Leipzig: Engelmann, 1890, S. 97–102.

Ostwald (1892) – [Wilhelm] Ostwald: Fortschritte der physikalischen Chemie in den letzten Jahren. In: Albert Wangerin, Fedor Krause (Hrsg.): Verhandlungen der Gesellschaft Deutscher Naturforscher und Ärzte. 64. Versammlung zu Halle a. S., 21. – 25. September 1891. Zweiter Theil: Abtheilungs-Sitzungen. Leipzig: Vogel, 1892, S. 61 –71.

Ostwald (1894) – Wilhelm Ostwald: Johann Wilhelm Ritter, der Begründer der wissenschaftlichen Elektrochemie. Vortrag, gehalten am 5.10.1894 auf der 1. Jahreshauptvers[ammlung] der Dt. Elektrochem[ischen] Ges[ellschaft]. In: Ber[ichte] [der] Dt. Elektrochem[ischen] Ges[ellschaft] 1. Jahresvers[ammlung] zu Berlin. Halle (Saale): Knapp, 1894, S. 13–23.

Ostwald (1896 a) – W[ilhelm] Ostwald: Eilhard Mitscherlich. Rede, gehalten bei der Enthüllung des Mitscherlich-Denkmals in Berlin am 1. Dezember 1894. In: A. Mitscherlich (Hrsg.): Gesammelte Schriften von Eilhard Mitscherlich. Lebensbild, Briefwechsel und Abhandlungen. Berlin: Mittler, 1896, S. 663–667.

Ostwald (1896 b) – Wilhelm Ostwald: Elektrochemie. Ihre Geschichte und Lehre. Leipzig: Veit, 1896.

Ostwald (1897) – W[ilhelm] Ostwald: Zur Erinnerung an Friedrich Stohmann. Rede im Auftrag der Königl[ich] Sächs[ischen] Gesellschaft der Wissenschaften, gehalten in der öffentlichen Gesammtsitzung zur Feier des Todestages Leibnizens am 13. November 1897. In: Berichte über die Verhandlungen der Königlich-Sächsischen Gesellschaft der Wissenschaften zu Leipzig. Mathematisch-Physische Klasse 1897, 49, S. 741–747.

Ostwald (1901) – W[ilhelm] Ostwald: Gedenkrede auf Robert Bunsen. Rede, gehalten auf der 8. Hauptversammlung der Deutschen Elektrochemischen Gesellschaft zu Freiburg i. B. am 18. April 1901. In: Zeitschrift für Elektrochemie 1901, 7, S. 608–618.

Ostwald (1904) – Wilhelm Ostwald: Die Aufgaben der physikalischen Chemie. In: Wilhelm Ostwald: Abhandlungen und Vorträge allgemeinen Inhaltes (1887–1903). Leipzig: Veit & Co., 1904, S. 3–12.

Ostwald (1906) – Wilhelm Ostwald: Leitlinien der Chemie. Sieben gemeinverständliche Vorträge aus der Geschichte der Chemie. Leipzig: Akademische Verlags-Gesellschaft, 1906.

Ostwald (1908) – Wilhelm Ostwald: Der Werdegang einer Wissenschaft. Sieben gemeinverständliche Vorträge aus der Geschichte der Chemie. 2. Auflage der „Leitlinien der Chemie." Leipzig: Akademische Verlags-Gesellschaft, 1908.

Ostwald (1910 a) – W[ilhelm] Ostwald: Die Forderung des Tages. Leipzig: Akademische Verlagsgesellschaft, 1910.

Ostwald (1910 b) – Wilhelm Ostwald: Große Männer (= Große Männer. Studien zur Biologie des Genies, 1). Leipzig: Akademische Verlagsgesellschaft, [3,4]1910.

Ostwald (1912) – W[ilhelm] Ostwald: Der energetische Imperativ. Erste Reihe. Leipzig: Akademische Verlagsgesellschaft, 1912.

Ostwald (1927) – W[ilhelm] Ostwald: Geschichtswissenschaft und Wissenschaftsgeschichte. In: Archiv für Geschichte der Mathematik, der Naturwissenschaften und der Technik, 1927, 10, S. 1–11.

Ostwald (2003) – Wilhelm Ostwald: Lebenslinien. Eine Selbstbiographie. Nach der Ausgabe 1926/27 überarbeitet und kommentiert von Karl Hansel (= Abhandlungen der Sächsischen Akademie der Wissenschaften zu Leipzig, Mathematisch-naturwissenschaftliche Klasse, 61). Stuttgart, Leipzig: Hirzel, 2003.

Otto (1840) – Fr[iedrich] Jul[ius] Otto: Lehrbuch der rationellen Praxis der landwirthschaftlichen Gewerbe. Die Bierbrauerei und Branntweinbrennerei, die Hefe-, Liqueur-, Essig-, Stärke-, Stärkezucker- und Runkelrübenzuckerfabrikation, die Kalk-, Gyps- und Ziegelbrennerei, Potaschesiederei, Oelraffinerie, Butter- und Käsebereitung, das Brotbacken und Seifensieden umfassend. Zum Gebrauche bei Vorlesungen über die landwirthschaftlichen Gewerbe und zum Selbstunterrichte für Landwirthe, Techniker und Cameralisten. Braunschweig: Vieweg, [2]1840.

Otto (1915) – Gustav Otto: Die Apotheken und Apotheker Kurlands. In: Sitzungsberichte der Kurzemer (Kurländischen) Gesellschaft für Literatur und Kunst und Jahresberichte des Kurzemer (Kurländischen) Provinzial-Museums in Jelgava (Mitau) 1915, S. 81–213.

Ottow (1922) – B[enno] Ottow: Der Begründer der Zellenlehre M. J. Schleiden und seine Lehrtätigkeit an der Universität Dorpat 1863–1864. In: Nova Acta Academiae Caesareae Leopoldino-Carolinae Germanicae Naturae Curiosum 1922, 106, S. 121–145.

O. V. (1795) – Ohne Verfasser: Ueber eine mögliche ökonomische Gesellschaft in und für Liefland. Riga: Wilhelm Christian Andreas Müller, 1795.

O. V. (1827) – Ohne Verfasser: Die Kaiserliche Universität Dorpat. Denkschrift zu ihrer fünfundzwanzigsten Feier des Zwölften Decembers. Dorpat: Schünmann, 1827.

O. V. (1852) – Ohne Verfasser: Die Kaiserliche Universität Dorpat während der ersten fünfzig Jahre ihres Bestehens und Wirkens. Denkschrift zum Jubelfeste am 12. und 13. December 1852. Dorpat: Schünmann und Mattiesen, 1852.

O. V. (1858 a) – Ohne Verfasser: Annahme landwirthschaftlich-technisch-merkantilisch-chemischer Arbeiten bei dem Universitätslaboratorium in Dorpat. In: Livländische Gouvernements-Zeitung, Nr. 60 vom 30. Mai 1858, S. 239.

O. V. (1858 b) – Ohne Verfasser: Miscellen. Annahme landwirthschaftlich-technisch-merkantilisch-chemischer Arbeiten bei dem Universitätslaboratorium in Dorpat. In: Dörptsche Zeitung, Nr. 65 vom 6. Juni 1858, S. 8.

O. V. (1861 a) – Ohne Verfasser: Bekanntmachung. In: Livländische Jahrbücher der Landwirthschaft 1861, 14, S. 108–111.

O. V. (1861 b) – Ohne Verfasser: Mannigfaltiges. [Chemische Analysen für Landwirthe und Industrielle]. In: St. Petersburger Zeitung, Nr. 180 vom 17. August 1861, S. 725.

O. V. (1861 c) – Ohne Verfasser: Donnerstag, den 19. September. In: Tageblatt der Versammlung Deutscher Naturforscher und Ärzte 1861, 36, S. 12–20.

O. V. (1866) – Ohne Verfasser: Rückblick auf die Wirksamkeit der Universität Dorpat. Zur Erinnerung an die Jahre von 1802–1865. Nach den vom Curator des Dörptschen Lehrbezirks eingezogenen Berichten und Mittheilungen. Dorpat: Mattiesen, 1866.

O. V. (1876) – Ohne Verfasser: Allgemeine Regeln für die klinischen Institute der Kaiserlichen Universität Dorpat. Dorpat: Mattiesen, 1876.

O. V. (1882) – Ohne Verfasser: Die Deutsche Universität Dorpat im Lichte der Geschichte und der Gegenwart. Eine historische Studie auf dem Gebiete östlicher Culturkämpfe. Leipzig: Brockhaus, $^{2}$1882.

O. V. (1895) – Ohne Verfasser: Zur Erinnerung an Prof. Dr. Carl Schmidt: geb. 1./13. Juni 1822, gest. 27. Febr./11. März 1894. Jurjew (Dorpat): Matthiesen, 1895.

O. V. (1900–1917) – Ohne Verfasser: Vsja Moskva. Adresno-spravochnaya kniga v 1900–1917 g. g (Ganz Moskau. Adress- und Informations-Buch für die Jahre 1900–1917). Moskau: Tip. Suvorina-Novoe Vremya, 1900–1917.

O. V. (1903) – Ohne Verfasser: Dr. Carl Schmidt †, weil. Professor der Chemie an der Universität Dorpat. Illustrierte Beilage der Rigaschen Rundschau 1903, Nr. 12., S. 95.

O. V. (2003) – Ohne Verfasser: Rußland und Deutschland: Ein Blick in die Vergangenheit. „St. Petersburgische Zeitung“ (1727–1914), „St. Peterburgskije Wedomosti“ (1728–1917) (Rossija i germanija: vzgljad v prošloe: „Sankt-Petersburgiše Cajtung“ [1727–1914], „Sankt-Peterburgskie Vedomosti“ [1728–1917]). St. Petersburg: Goethe Institut, 2003.

Pagel (1901) – J[ulius] [Leopold] Pagel: Biographisches Lexikon hervorragender Ärzte des 19. Jahrhunderts. Berlin, Wien: Urban und Schwarzenberg, 1901.

Palamets und Liim (1984) – Hilla Palamets, Allan Liim: Eine andere Tradition: Zur 175-Jahrfeier. Über die Wiedereröffnung der Universität Dorpat 1802. In: Csaba János Kenéz (Bearbeiter): Zur 350-Jahrfeier der Universität Dorpat (= Dokumentation Ostmitteleuropa, 10 [34]). Marburg (Lahn): Johann-Gottfried-Herder-Institut, 1984, S. 82–90.

Paoloni (1968) – Carlo Paoloni: Justus von Liebig. Eine Bibliographie sämtlicher Veröffentlichungen mit biographischen Anmerkungen, Heidelberg: Winter, 1968.

Paoloni (1995) – Carlo Paoloni: Das Entstehen und die Entwicklung der Agrikulturchemie Liebigs im Lichte der Bibliographie (1840–1873). In: W. Lewicki (Hrsg.): J. Liebig. Die Chemie in ihrer Anwendung auf Agricultur und Physiologie. Ergänzungsband 1. Holm: Buchedition Agrimedia, 1995, S. 316–323.

Paracelsus (1575) – Philippus Theophrastus Paracelsus: Volv[u]men Medicinae Paramirv[u]m Philippi Theophrasti Paracelsi, des hocherfarnen Teutschen Philosphi, v[u]nd baider Artzney Doctoris. Straßburg: Müller, 1575.

Partington (1996) – J[ames] R[iddick] Partington: A history of chemistry. Vier Bände. Faksimile der Ausgabe London und New York 1961–1970. Mansfield Center, CT: Martino Publishing, 1996.

Past und Tankler (2007) – Vello Past, Hain Tankler: Chemie an der Universität Tartu/Dorpat 1802–1918. Tartu: Universität Tartu, 2007.

Paul (1973) – Fritz Paul: Henrich Steffens. Naturphilosophie und Universalromantik (Habil., München). München: Fink, 1973.

Paulin (2001) – Roger Paulin: Schlegel, August Wilhelm von. In: Walther Killy, Rudolf Vierhaus (Hrsg.): Deutsche biographische Enzyklopädie. Band 8. München: Deutscher Taschenbuch-Verlag, 2001, S. 659–660.

Paulsen (1893) – F. Paulsen: Wesen und geschichtliche Entwicklung der Deutschen Universitäten. In: W. Lexis (Hrsg.): Die Deutschen Universitäten. Für die Universitätsausstellung in Chicago. Band 1. Berlin: Asher, 1893, S. 3–114.

Pester (1997) – Reinhardt Pester: Hermann Lotze. Wege seines Denkens und Forschens. Ein Kapitel deutscher Philosophie- und Wissenschaftsgeschichte im 19. Jahrhundert (= Studien und Materialien zum Neukantianismus, 11). Würzburg: Königshausen und Neumann, 1997.

Pester (2005) – Reinhardt Pester: Herman Lotze. In: Thomas Bach, Olaf Breidbach (Hrsg.): Naturphilosophie nach Schelling (= Schellingiana, 17). Stuttgart-Bad Cannstatt: Frommann-Holzboog, 2005, S. 299–329.

Pettenkofer (1844) – Max Pettenkofer: Notiz über eine neue Reaction auf Galle und Zucker. In: Annalen der Chemie und Pharmacie 1844, LII, S. 90–96.

Pettenkofer (1855) – Max Pettenkofer: Untersuchungen und Beobachtungen über die Verbreitungsart der Cholera nebst Betrachtungen über Maßregeln, derselben Einhalt zu thun. München: Literarisch-artistische Anstalt der Cottaschen Buchhandlung, 1855.

Pettenkofer (1869) – M[ax] von Pettenkofer: Boden und Grundwasser in ihren Beziehungen zu Cholera und Typhus. Erwiderung auf Rudolph Virchow's hygienische Studie „Canalisation oder Abfuhr". München: Oldenbourg, 1869.

Pettenkofer und Voit (1866) – Max von Pettenkofer, Carl Voit: Untersuchungen über den Stoffverbrauch des normalen Menschen. In: Zeitschrift für Biologie 1866, 2, S. 459–573.

Pfetsch (1973) – F. R. Pfetsch: Die Institutionalisierung medizinischer Fachgebiete im deutschen Wissenschaftssystem. In: F. R. Pfetsch, A. Zloczower (Hrsg.): Innovation und Widerstände in der Wissenschaft. Beiträge zur Geschichte der deutschen Medizin (= Wissenschaftstheorie, Wissenschaftspolitik, Wissenschaftsplanung, 19). Düsseldorf: Bertelsmann Universitätsverlag, 1973, S. 10–90.

Pfrepper (2002) – Regine Pfrepper: Personenregister. In: Ingrid Kästner, Regine Pfrepper (Hrsg.): Naturforschung, Experiment und Klinik. Deutsch-russische Beziehungen in der naturwissenschaftlichen Medizin des 19. Jahrhunderts (= Deutsch-russische Beziehungen in Medizin und Naturwissenschaften, 6). Aachen: Shaker, 2002, S. 301–338.

Pfrepper und Pfrepper (2004) – Gerd Pfrepper, Regine Pfrepper: Herausbildung von Schulen der physiologischen Chemie in Deutschland und Russland im 19. Jahrhundert. In: Ingrid Kästner, Regine Pfrepper (Hrsg.): „… so ist die Naturwissenschaft das wahre internationale Band der Völker." Wissenschaftsbeziehungen in Medizin und Naturwissenschaften zwischen Deutschland und dem Russischen Reich im 18. und 19. Jahrhundert (= Deutsch-russische Beziehungen in Medizin und Naturwissenschaften, 9). Aachen: Shaker, 2004 S. 293–314.

Pietsch und Beyer (1939) – E[rich] Pietsch, E. Beyer: Leopold Gmelin. Der Mensch, sein Werk und seine Zeit. In: Berichte der Deutschen Chemischen Gesellschaft 1939, 72, S. 5–33.

Piirimäe (1985) – H. Piirimäe: The foundation and activities of Tartu University in 1632–1710. In: K. Siilivask (Hrsg.): History of Tartu University 1632–1982. Tallinn: Perioodika, 1985, S. 18–70.

Pijola (2001) – Sarmite Pijola: Zur Geschichte der "Pharmazeutischen Gesellschaft zu Riga" im 19. Jahrhundert. In: Regine Pfrepper, Ingrid Kästner, Dietrich von Engelhardt (Hrsg.): Von Samuel Gottlieb Gmelins Reise durch Russland bis zum Niedergang der Apothekerfamilie Poehl (= Deutsch-russische Beziehungen in Medizin und Naturwissenschaften, 4). Aachen: Shaker, 2001, S. 145–154.

Platner (1845) – E. A. Platner: Beiträge zur Lehre von der Verdauung. In: Archiv für Anatomie, Physiologie und wissenschaftliche Medicin 1845, S. 345–353.

Ploetz (1998) – Karl Julius Ploetz (Begründer): Der Große Ploetz. Die Daten-Enzyklopädie der Weltgeschichte. Daten, Fakten, Zusammenhänge. Freiburg: Ploetz, [32]1998.

Poggendorff (1863) (1898) (1904) – J[ohann] C[hristian] Poggendorff: Biographisch-literarisches Handwörterbuch zur Geschichte der exacten Wissenschaften. Vier Bände. Leipzig: Barth, 1863–1904.

Popper (1994) – Karl R. Popper: Logik der Forschung (= Die Einheit der Gesellschaftswissenschaften. Studien in den Grenzbereichen der Wirtschafts- und Sozialwissenschaften, 4). Tübingen: Mohr (Paul Siebeck), [10]1994.

Prévost und Dumas (1821) – J[ean] L[ouis] Prévost, J[ean] A[ndré] Dumas: Examen du sang et de son action dans les divers phénomènes de la vie. In: Annales de Chimie et de Physique 1821, 18, S. 280–296.

Prout (1824) – William Prout: On the nature of the acid and the saline matters usually existing in the stomachs of animals. In: Philosophical Transactions of the Royal Society 1824, 114, S. 45–49.

Prout (1827) – William Prout: On the ultimate composition of simple elementary substances, with some preliminary remarks on the analysis of organised bodies in general. In: Philosophical Transactions of the Royal Society 1827, 117, S. 355–388.

Prüll (2006 a) – Cay-Rüdiger Prüll: Magendie, François. In: Wolfgang U. Eckart, Christoph Gradmann (Hrsg.): Ärzte Lexikon. Von der Antike bis zur Gegenwart. Heidelberg: Springer, [3]2001, S. 218.

Prüll (2006 b) – Cay-Rüdiger Prüll: Rokitansky, Carl von. In: Wolfgang U. Eckart, Christoph Gradmann (Hrsg.): Ärzte Lexikon. Von der Antike bis zur Gegenwart. Heidelberg: Springer, [3]2006, S. 279–280.

Pulte (2004 a) – Helmut Pulte: Wissenschaft. III. Ausbildung moderner W[issenschafts]-Begriffe im 19. und 20. J[ahr]h[undert]. In: Joachim Ritter, Karlfried Gründer, Gottfried Gabriel (Hrsg.): Historisches Wörterbuch der Philosophie. Band 12. Darmstadt: Wissenschaftliche Buchgesellschaft, 2004, Sp. 921–948.

Pulte (2004 b) – Helmut Pulte: Wissenschaftstheorie, Wissenschaftsphilosophie. In: Joachim Ritter, Karlfried Gründer, Gottfried Gabriel (Hrsg.): Historisches Wörterbuch der Philosophie. Band 12. Darmstadt: Wissenschaftliche Buchgesellschaft, 2004, Sp. 973–981.

Pulte (2015) – Helmut Pulte: Wissenschaft. Zur philosophischen Geschichte einer Leitidee des 19. Jahrhunderts: Hauptrichtungen und -entwicklungen. In: Annika Hand, Christian Bermes, Ulrich Dierse (Hrsg.): Schlüsselbegriffe der Philosophie des 19. Jahrhunderts (= Archiv für Begriffsgeschichte, Sonderband 11). Hamburg: Meiner, 2015, S. 483–522.

Raid (1993) – Niina Raid: Main building of Tartu University. Aus dem Estnischen übersetzt von V. Sepper. Tartu: Rahkoi, 1993.

Raid (2015) – Tonu Raid: Tartu ajaloolistel linnaplaanidel 1600–2010. Historical maps of the city of Tartu. Tartu auf den historischen Stadtplänen. Tallinn: Grenader, 2015.

Rammelsberg (1866) – C. F. Rammelsberg: Gedächtnissrede auf Heinrich Rose. Gehalten in der öffentlichen Sitzung der Akademie der Wissenschaften am 6. Juli 1865 (= Abhandlungen der Königlichen Akademie der Wissenschaften in zu Berlin, 1). Berlin: Dümmler, 1866.

Rammul (1903) – Rammul: Geschichte der Universität Dorpat-Jurjeff. In: Russische Medicinische Rundschau, 1903, S. 378–387, S. 540–549 (Fortsetzung).

Rauch (1987) – Georg von Rauch: Reflexe des abendländischen Geisteslebens an der schwedischen Universität Dorpat. In: Gert von Pistohlkors, Toivo U. Raun, Paul Kaegbein (Hrsg.): Die Universitäten Dorpat/Tartu, Riga und Wilna/Vilnius 1579–1979. Beiträge zu ihrer Geschichte und ihrer Wirkung im Grenzbereich zwischen West und Ost (= Quellen und Studien zur Baltischen Geschichte, 9). Köln, Wien: Böhlau, 1987, S. 11–18.

Regnault (1850, 1854, 1859–1860) – V[ictor] Regnault: Cours élémentaire de chimie. Vier Bände. Paris: Masson, Langlois und Leclercq ([2]1850, [4]1854); Masson und Langlois ([5]1859, Band 1–3); Masson und Garnier Frères ([5]1860, Band 4), [2]1850, [4]1854, 1859–1860.

Regnault und Reiset (1849) – V[ictor] Regnault, J[ules] Reiset: Recherches chimique sur la respiration des animaux des diverses classes. In: Annales de Chimie et de Physique 1849, 26 (3. Ser.), S. 299–519.

Reich (1869) – O. Reich: Die Salpetersäure im Brunnenwasser und ihr Verhältniss zur Cholera und ähnlichen Epidemien. Ein Beitrag zur Canalisationsfrage (Diss., Rostock). Berlin: Vossische Buchhandlung, 1869.

Reichardt (1880) – E. Reichardt: Grundlagen zur Beurtheilung des Trinkwassers zugleich mit Berücksichtigung der Brauchbarkeit für gewerbliche Zwecke und die Reinigung von Abfallwasser nebst Anleitung zur Prüfung des Wassers. Für Behörden, Aerzte, Apotheker und Techniker veröffentlicht. Halle (Saale): Verlag der Buchhandlung des Waisenhauses, [4]1880.

Reil (1796) – J[ohann] C[hristian] Reil. Von der Lebenskraft. In: Archiv für die Physiologie 1796, 1, S. 8–162.

Reil (1799) – J[ohann] C[hristian] Reil: Ueber die Erkenntniß und Cur der Fieber. Allgemeine Fieberlehre. Band 1. Halle: Curtsche Buchhandlung, [2]1799.

Reil (1803) – Johann Christian Reil: Rhapsodieen über die Anwendung der psychischen Curmethode auf Geisteszerrüttungen. Halle: Curtsche Buchhandlung, 1803.

Reil (1807) – Johann Christian Reil: Ueber das polarische Auseinanderweichen der ursprünglichen Naturkräfte in der Gebärmutter zur Zeit der Schwangerschaft, und deren Umtauschung zur Zeit der Geburt, als Beytrag zur Physiologie der Schwangerschaft und Geburt. In: Archiv für die Physiologie 1807, 7, S. 402–501.

Reil (1816 a) – Johann Christian Reil: Entwurf einer allgemeinen Pathologie. Drei Bände. Halle: Curtsche Buchhandlung, 1816.

Reil (1816 b) – Johann Christian Reil: Entwurf einer allgemeinen Therapie. Halle: Curtsche Buchhandlung, 1816.

Reisser (1843) – C. Reisser: Ueber die Anfertigung von Lichtbildern und die dabei zu beobachtenden Manipulationen. In: Annalen der Chemie und Pharmacie 1843, XLV, 359–366.

Remane (2001 a) – Horst Remane: Fischer, Emil (Hermann). In: Walther Killy, Rudolf Vierhaus (Hrsg.): Deutsche biographische Enzyklopädie. Band 3. München: Deutscher Taschenbuch-Verlag, 2001, S. 313–314.

Remane (2001 b) – Horst Remane: Ostwald (Friedrich) Wilhelm. In: Bruno Jahn (Bearbeiter): Biographische Enzyklopädie deutschsprachiger Philosophen. Darmstadt: Wissenschaftliche Buchgesellschaft: 2001, S. 311–312.

Riese (1977) – Reinhardt Riese: Die Hochschule auf dem Weg zum wissenschaftlichen Großbetrieb. Die Universität Heidelberg und das badische Hochschulwesen 1860–1914 (Diss., Heidelberg) (= Industrielle Welt, 19). Stuttgart: Klett, 1977.

Roberts (1992) – Gerrylynn Kuszen Roberts: Bridging the gap between science and practice: The English years of August Wilhelm Hofmann, 1845–1865. In: Christoph Meinel, Hartmut Scholz (Hrsg.): Die Allianz von Wissenschaft und Industrie. August Wilhelm Hofmann (1818–1892). Zeit, Werk, Wirkung. Weinheim et al.: Verlag Chemie, 1992, S. 89–99.

Rocke (1981) – A[lan] J. Rocke: Kekulé, Butlerov, and the historiography of the theory of chemical structure. In: The British Journal for the History of Science 1981, 14, S. 27–57.

Rodnyj und Solowjew (1977) – N. I. Rodnyj, Ju. I. Solowjew: Wilhelm Ostwald (= Biographien hervorragender Naturwissenschaftler und Mediziner, 30). Leipzig: Teubner, 1977.

Röckelein (1993) – Hedwig Röckelein: Der Beitrag der psychohistorischen Methode zur „neuen histographischen Biographie". In: Hedwig Röckelein (Hrsg.): Biographie als Geschichte (= Forum Psychohistorie, 1). Tübingen: Ed. diskord, S. 17–38.

Rokitansky (1846) – Carl von Rokitansky: Handbuch der pathologischen Anatomie. Band 1: Handbuch der allgemeinen pathologischen Anatomie. Wien: Braumüller und Seidel, 1846.

Rose (1829) – Heinrich Rose: Handbuch der analytischen Chemie. Berlin: Mittler, 1829.

Rose (1841) – H[einrich] Rose: Ueber die Quecksilberoxydulsalze. In: Annalen der Chemie und Pharmacie 1841, XXXIX, S. 106–110.

Rose (1842) – Heinrich Rose: Ueber die Einwirkung des Wassers auf die Schwefelverbindungen der Metalle der alkalischen Erde. In: Annalen der Physik und Chemie 1842, 55 (131), S. 415–437.

Rose (1843 a) – Heinrich Rose: Ueber die unterphosphorichtsauren Salze. In: Annalen der Physik und Chemie 1843, 58 (134), S. 301–314.

Rose (1843 b) – H[einrich] Rose: Zerlegungen verschiedener Mineralien. In: Annalen der Physik und Chemie 1843, 58 (134), S. 154–169.

Rose (1851) – Heinrich Rose: Ausführliches Handbuch der analytischen Chemie. Zwei Bände. Braunschweig: Vieweg, 1851.

Rosen (1955) – George Rosen: Metabolism: The evolution of a concept. In: Journal of the American Dietetic Association 1955, 31, S. 861–867.

Rosen (1977) – George Rosen: Die Aufnahme der Entdeckung William Beaumonts durch die europäische Medizin. Ein Beitrag zur Geschichte der Physiologie im 19. Jahrhundert (Diss., Berlin) (= Abhandlungen zur Geschichte der Medizin und der Naturwissenschaften, 8). Nachdruck der Ausgabe Berlin 1935. Nendeln (Lichtenstein): Kraus Reprint, 1977.

Roß (1996) – R[udolf] Stefan Roß: „Chemie und Mikroskop am Krankenbette". Mark Aurel Hoefle (1818–1855) und die frühe Entwicklung der Klinischen Chemie in Heidelberg. In: Medizinhistorisches Journal 1996, 31, S. 121–146.

Roß (1997) – R[udolf] Stefan Roß: Wilhelm Delffs (1812–1894) und die Institutionalisierung der Medizinischen Chemie an der Universität Heidelberg im 19. Jahrhundert. In: Würzburger medizinhistorische Mitteilungen 1997, 16, S. 467–485.

Roß (2001) – R[udolf] Stefan Roß: Der Beitrag Carl Schmidts (1822–1894) für die frühe Entwicklung der klinischen Chemie an der Universität Dorpat. In: Trames. Journal of Humanities and Social Sciences 2001, 5, S. 137–156.

Roß (2002 a) – R[udolf] Stefan Roß: Carl Schmidt (1822–1894) als physiologischer Chemiker. In: Ingrid Kästner, Regine Pfrepper (Hrsg.): Naturforschung,

Experiment und Klinik. Deutsch-russische Beziehungen in der naturwissenschaftlichen Medizin des 19. Jahrhunderts (= Deutsch-russische Beziehungen in Medizin und Naturwissenschaften, 6). Aachen: Shaker, 2002, S. 159–190.

Roß (2002 b) – R[udolf] Stefan Roß (Hrsg.): Carl Schmidt (1822–1894). Tagebuchaufzeichnungen, Briefe und wissenschaftliche Reiseberichte des Dorpater Chemikers Carl Schmidt aus den Jahren 1842–1881 (= Deutsch-russische Beziehungen in Medizin und Naturwissenschaften, 7). Aachen: Shaker, 2002.

Ross (2005 a) – R[udolf] Stefan Ross: Carl Schmidt as a chemical tourist in Victorian Britain. Endeavour 2005, 29, S. 33–37.

Roß (2005 b) – R[udolf] Stefan Roß: Die Bemühungen Carl Schmidts um eine Allianz von chemischer Hochschulwissenschaft und Privatindustrie im Baltikum. In: Trames. Journal of Humanities and Social Sciences 2005, 9, S. 3–24.

Roß (2007) – R[udolf] Stefan Roß: Schmidt, Ernst Carl Heinrich. In: Historische Kommission der Bayerischen Akademie der Wissenschaften (Hrsg.): Neue Deutsche Biographie. Band 23. Berlin: Duncker und Humblot, 2007, S. 199–200.

Roß (2008/2009) – R[udolf] Stefan Roß: Das Wissenschaftsverständnis Friedrich Tiedemanns (1781–1861) und Leopold Gmelins (1788–1853) sowie dessen Wirkung auf das Werk „Die Verdauung nach Versuchen“. In: Prosaforschung – Grenzüberschreitungen 2008/2009, 4/5, S. 187–212.

Roß und Hansel (2000) – R[udolf] Stefan Roß, Karl Hansel (Hrsg.): Carl Schmidt und Wilhelm Ostwald in ihren Briefen (= Mitteilungen der Wilhelm-Ostwald-Gesellschaft, Sonderheft, 9). Großbothen: Wilhelm-Ostwald-Gesellschaft, 2000.

Roßbach (1890) – M. J. Roßbach: Tod durch arsenhaltige Tapeten oder Vergiftung mit Phosphor. Für den Ottoschen Giftmordprozeß beleuchtet. Jena: Doebereiner Nachf., 1890.

Roth (1886) – Emanuel Roth: Bakteriologische Trinkwasseruntersuchungen. Zweiter Theil. In: Vierteljahresschrift für gerichtliche Medizin und öffentliches Sanitätswesen 1886, 43, S. 293–305.

Rothschuh (1953) – K[arl] E[duard] Rothschuh: Geschichte der Physiologie. Berlin et al.: Springer, 1953.

Rothschuh (1968) – Karl E[duard] Rothschuh: Physiologie. Der Wandel ihrer Konzepte, Probleme und Methoden vom 16. bis 19. Jahrhundert (= Orbis Academicus. Problemgeschichten der Wissenschaft in Dokumenten und Darstellungen. Naturwissenschaftliche Abteilung, II/15). Freiburg, München: Alber, 1968.

Rubner (2001) – Heinrich Rubner: Wagner, Adolph (Heinrich Gotthilf). In: Walther Killy, Rudolf Vierhaus (Hrsg.): Deutsche biographische Enzyklopädie. Band 10. München: Deutscher Taschenbuch-Verlag, 2001, S. 277.

Rubner (1890) – [Max] Rubner: Beitrag zur Lehre von den Wasserbacterien. In: Archiv für Hygiene 1890, 11, S. 365–395.

Rudolph (1991) – Gerhard Rudolph: Claude Bernard (1813–1878). In: Dietrich von Engelhardt, Fritz Hartmann (Hrsg.): Klassiker der Medizin. Band 2: Von Philippe Pinel bis Viktor von Weizsäcker. München: Beck, 1991, S. 135–159, S. 411–415 (Anmerkungen und Literatur).

Ruetz (1882) – Otto Ruetz: Anleitung zur Prüfung von Trinkwasser und Wasser zu technischen Zwecken nebst Methoden zur Beurtheilung des Trinkwassers. Neuwied, Leipzig: Heusser, $^{2}$1882.

Russell und Roberts (2005) – Colin A. Russell, Gerrylynn K. Roberts: Getting to know history of chemistry. In: Colin A. Russell, Gerrylynn Roberts: Chemical history. Reviews of the recent literature. Cambridge: Royal Society of Chemistry, 2005.

Sackmann (1961) – H. Sackmann: Über die Entwicklung der Chemie an der Martin-Luther-Universität Halle. In: Wissenschaftliche Zeitschrift der Martin-Luther-Universität Halle-Wittenberg. Mathematisch-naturwissenschaftliche Reihe 1961, 10, S. 1021–1027.

Sahmland (2007) – Irmtraud Sahmland: Frank, Johann Peter. In: Werner E. Gerabek, Bernhard D. Haage, Gundolf. Keil, Wolfgang Wegner (Hrsg.): Enzyklopädie Medizingeschichte. Band 1. Berlin, New York: W. de Gruyter. 2007, S. 420–421.

Sautermeister (1974) – G. Sautermeister: Maria Stuart. In: W. von Einsiedel, G. Woerner (Hrsg.). Kindlers Literatur-Lexikon. Band 14. München: Deutscher Taschenbuchverlag, 1974, S. 6034–6036.

Schadewaldt (1964) – H[ans] Schadewaldt: Das Pankreas in der Geschichte der Medizin. In: K. Heinkel, H. Schön (Hrsg.): Pathogenese, Diagnostik, Klinik und Therapie der Erkrankungen des exokrinen Pankreas. Stuttgart: Schattauer, 1964, S. 7–46.

Schaedler (1891) – Carl Schaedler (Hrsg.): Biographisch-litterarisches Handwörterbuch der wissenschaftlich bedeutenden Chemiker. Berlin: Friedlaender, 1891.

Schelp (1940) – Kurt Schelp: Julius Vogel (1814–1880). Sein Leben und Lebenswerk (Diss., Göttingen). Göttingen: Saß, 1940.

Schenck (1941) – Rudolf Schenck: Justus von Liebig (= Deutsches Museum. Abhandlungen und Berichte, 13, 2). Berlin: VDI-Verlag, 1941.

Scherer (1795) – Alexander Nikolaus Scherer: Grundzüge der neuern chemischen Theorie. Jena: Göpferdt, 1795.

Scherer (1799) – Alexander Nicolaus Scherer: Kurze Darstellung der chemischen Untersuchungen der Gasarten. Für seine öffentlichen Vorlesungen entworfen. Weimar: Gebrüder Gädicke, 1799.

Scherer (1800) – Alexander Nikolaus Scherer: Grundriss der Chemie. Tübingen: Cottaische Buchhandlung, 1800.

Schiemann (2004) – Georg Schiemann: Helmholtz, Hermann von. In: Dieter Hoffmann, Hubert Laitko, Staffan Müller-Wille (Hrsg.): Lexikon der bedeutenden Naturwissenschaftler. Band 2. München: Elsevier, Spektrum Akademischer Verlag, 2004, S. 182–185.

Schiff (1914) – Julius Schiff (Hrsg.): Briefwechsel zwischen Goethe und Johann Wolfgang Döbereiner (1810–1830). Weimar: Böhlau, 1914.

Schimkat (1998) – Peter Schimkat: Gümbel on Bischof, or: Two different ways of losing out. In: Bernhard Fritscher, Fergus Henderson (Hrsg.): Toward a history of mineralogy, petrology, and geochemistry. Proceedings of the International Symposium on the History of Mineralogy, Petrology, and Geochemistry. Munich, March 8–9, 1996 (= Algorismus. Münchener Universitätsschriften, 23). München: Institut für Geschichte der Naturwissenschaften, 1998, S. 225–235.

Schipperges (1989) – Heinrich Schipperges: Paracelsus (1793–1541). In: Gernot Böhme (Hrsg.): Klassiker der Natur-Philosophie. Von den Vorsokratikern bis zur Kopenhagener Schule. München: Beck, 1989, S. 99–116, S. 404–405 (Anmerkungen und Literatur).

Schipperges (2001 a) – Heinrich Schipperges: Paracelsus, eigentlich Theophrastus von Hohenheim. In: Bruno Jahn (Bearbeiter): Biographische Enzyklopädie deutschsprachiger Philosophen. Darmstadt: Wissenschaftliche Buchgesellschaft, 2001, S. 314–315.

Schipperges (2001 b) – Heinrich Schipperges: Sudhoff, Karl (Friedrich Jakob). In: Walther Killy, Rudolf Vierhaus (Hrsg.): Deutsche biographische Enzyklopädie. Band 9. München: Deutscher Taschenbuch-Verlag, 2001, S. 625.

Schipperges (2001 c) – Heinrich Schipperges: Virchow, Rudolf (Ludwig Carl). In: Walther Killy, Rudolf Vierhaus (Hrsg.): Deutsche biographische Enzyklopädie. Band 10. München: Deutscher Taschenbuch-Verlag, 2001, 213–214.

Schlau (1995) – Karl-Otto Schlau: Mitau im 19. Jahrhundert. Leben und Wirken des Bürgermeisters Franz von Zuccalmaglio (1800–1873) (= Beiträge zur baltischen Geschichte, 15). Wedemark-Elze: von Hirschheydt, 1995.

Schlau (ca. 1959) – Wilhelm Schlau: Das deutsche Gymnasium in Mitau (= Baltische Hefte, Sonderheft, 3). Hannover-Döhren: von Hirschheydt, ca. 1959.

Schling-Brodersen (1989) – Ursula Schling-Brodersen: Entwicklung und Institutionalisierung der Agrikulturchemie im 19. Jahrhundert: Liebig und die landwirtschaftlichen Versuchsanstalten (= Braunschweiger Veröffentlichungen zur Geschichte der Pharmazie und der Naturwissenschaften, 31). Stuttgart: Deutscher Apothekerverlag, 1989.

Schlossberger (1852, 1854) – J[ulius] E[ugen] Schlossberger: Lehrbuch der organischen Chemie mit besonderer Rücksicht auf Physiologie und Pathologie, auf Pharmacie, Technik und Landwirthschaft. Stuttgart: J. B. Müller's Verlags[buch]handlung, [2]1852, [3]1854.

Schmalhofer (1980) – Johann Schmalhofer: Das Werk von Johann Florian Heller mit besonderer Berücksichtigung der Entstehung des ersten pathologisch-chemischen Laboratoriums am Allgemeinen Wiener Krankenhaus und der Ernennung Hellers zum Vorstand des Laboratoriums (Diss., Bonn). Bonn: Universität Bonn, 1980.

Schmauderer (1969) – Eberhard Schmauderer: Die Stellung des Wissenschaftlers zwischen chemischer Forschung und chemischer Industrie im 19. Jahrhundert. In: Ohne Herausgeber: Geschichte der Naturwissenschaften und der Technik im 19. Jahrhundert. 5. Gespräch der Georg-Agricola-Gesellschaft (= Technikgeschichte in Einzeldarstellungen, 11). Düsseldorf: VDI-Verlag 1969, S. 37–93.

Schmeiser (1994) – Martin Schmeiser: Akademischer Hasard. Das Berufsschicksal des Professors und das Schicksal der deutschen Universität 1870–1920. Eine verstehend soziologische Untersuchung (Diss., Tübingen). Stuttgart. Klett-Cotta, 1994.

Schmelck (1883) – L. Schmelck: Die Kontrolle über die arsenhaltigen Gegenstände. In: Repertorium der analytischen Chemie für Handel, Gewerbe und öffentliche Gesundheitspflege 1883, 3, S. 321–326.

Schmid (1881) – Georg Schmid: Das Professoren-Institut in Dorpat 1827–1838. Eine Studie zur russischen Universitätsgeschichte. Separatdruck aus der Russischen Revue 1881, Heft 8. St. Petersburg: Röttger, 1881.

Schmidt (1929) – A[rwed] von Schmidt: Zur Geschichte der Familie Schmidt und von Schmidt in Deutschland, Oesel, Livland, Estland und Russland (= Beiträge zur Deutschen Familiengeschichte, 8). Dorpat: Krüger, 1929.

Schmidt (1844 a) – C[arl] Schmidt: Ueber Pflanzenschleim und Bassorin. In: Annalen der Chemie und Pharmacie 1844, LI, S. 29–62.

Schmidt (1844 b) – Carl Schmidt: Ueber das Limon. In: Annalen der Chemie und Pharmacie 1844, LI, S. 338–344.

Schmidt (1845 a) – Carl Schmidt: Zur Kenntniss des Asaron's und einiger daran beobachteten Krystallisationsphänomene. In: Annalen der Chemie und Pharmacie 1845, LIII, S. 156–174.

Schmidt (1845 b) – C[arl] Schmidt: Zur vergleichenden Physiologie der wirbellosen Thiere. Eine physiologisch-chemische Untersuchung (Diss., Göttingen). Braunschweig: Vieweg, 1845.

Schmidt (1846 a) – Carolus Schmidt: De digestionis natura, ac de ratione qua oxalas calcis per sanguinem in secreta organismi varia transeat (Diss., Dorpat). Dorpati Livonorum: Laakmann, MDCCCXLVI.

Schmidt (1846 b) – Carolus Schmidt: De microcrystallometria eiusque in chemia physiologica et pathologica momento. Commentatio, quam at veniam docendi in universitate literarum caesarea Dorpatensi, rite impetrandam (Habil., Dorpat). Dorpati Livonorum: Laakmann, MDCCCXLVI.

Schmidt (1846 c) – C[arl] Schmidt: Entwurf einer allgemeinen Untersuchungsmethode der Säfte und Excrete des thierischen Organismus. Basirt auf krystallonomische, histologische und mikrochemische Bestimmungen. Mitau, Leipzig: Reyher, 1846.

Schmidt (1847) – C[arl] Schmidt: Ueber das Wesen des Verdauungsprozesses. In: Annalen der Chemie und Pharmacie 1847, LXI, S. 311–323.

Schmidt (1848) – C[arl] Schmidt: Die Diagnostik verdächtiger Flecke in Criminalfällen. Ein physiologisch-chemischer Beitrag zur gerichtlichen Medicin. Leipzig, Mitau: Reyher, 1848.

Schmidt (1850) – Carl Schmidt: Charakteristik der epidemischen Cholera gegenüber verwandten Transsudationsanomalien. Eine physiologisch-chemische Untersuchung. Leipzig, Mitau: Reyher, 1850.

Schmidt (1852 a) – C(arl) Schmidt: Die Schlammbäder bei Oesel und Hapsal. In: Das Inland. Eine Wochenschrift für Liv-, Ehst- und Kurlands Geschichte, Geographie, Statistik und Literatur 1852, 17, Sp. 481–482.

Schmidt (1852 b) – C[arl] Schmidt: Ueber den Zuckergehalt der Mohrrübe (Daucus Carota), deren Alkohol- und Nähräquivalent. In: Annalen der Chemie und Pharmacie 1852, LXXXIII, S. 325–328.

Schmidt (1852 c) – [Carl] Schmidt: Ueber Vierodt's Methode der Blutanalyse. In: Zeitschrift für rationelle Medicin 1852, 2 (N. F.), S. 293–298.

Schmidt (1852 d) – C[arl] Schmidt: Zur Statik des Flachsbaues. In: Annalen der Chemie und Pharmacie 1852, LXXXIII, S. 321–325.

Schmidt (1854 a) – C[arl] Schmidt: Die Salzquellen zu Staraja-Russa, mit Rücksicht auf die Möglichkeit des Erbohrens sudwürdiger Soolen in den Ostseeprovinzen. Aus dem Archiv für die Naturkunde Liv-, Ehst- und Kurlands, 1. Serie, Band 1 (S. 293–328) besonders abgedruckt. Dorpat: Laakmann, 1854.

Schmidt (1854 b) – C[arl] Schmidt: Ueber das Pakreassecret. In: Annalen der Chemie und Pharmacie 1854, XCII, S. 33–41.

Schmidt (1854 c) – C[arl] Schmidt: Ueber die Constitution des menschlichen Magensaftes. In: Annalen der Chemie und Pharmacie 1854, XCII, S. 42–48.

Schmidt (1856 a) – C[arl] Schmidt: Ueber die Borsäurefumarolen vom Monte Cerboli in Toscana. In: Annalen der Chemie und Pharmacie 1856, XCVIII, S. 273–286.

Schmidt (1856 b) – C[arl] Schmidt: Ueber die devonischen Dolomit-Thone der Umgebung Dorpats. Aus dem Archiv für die Naturkunde Liv-, Ehst- und Kurlands, 1. Serie, Band 1 (S. 483–500) besonders abgedruckt. Dorpat: Laakmann, 1856.

Schmidt (1857) – C[arl] Schmidt: Ueber die Borsäurefumarolen vom Monte Cerboli in Toscana. In: Annalen der Chemie und Pharmacie 1857, CII, S. 190–203.

Schmidt (1861 a) – C[arl] Schmidt: Agricultur-chemische Untersuchungen I. Bodenanalysen, als Grundlagen der Mineraldüngung durch Bodenübertragung. In: Livländische Jahrbücher der Landwirthschaft 1861, 14, S. 109–121.

Schmidt (1861 b) – C[arl] Schmidt: Ueber die chemische Constitution und den Bildungsprocess der „Lymphe“ und des „Chylus“. In: Bulletin de l'Académie Impériale des Sciences de St. Pétersbourg 1861, 3, Sp. 355–369.

Schmidt (1863 a) – Carl Schmidt: Agricultur-chemische Untersuchungen IV. Livländische Ernten (Turneshof 1862). In: Livländische Jahrbücher der Landwirthschaft 1863, 16, S. 129–148.

Schmidt (1863 b) – C[arl] Schmidt: Die Wasserversorgung Dorpats. Eine hydrologische Untersuchung. Aus dem Archiv für die Naturkunde Liv-, Ehst- und Kurlands, 1. Serie, Band 3 (pag. 205–420) besonders abgedruckt. Dorpat: Laakmann, 1863.

Schmidt (1863 c) – C[arl] Schmidt: Zur Geschichte der Gährung. In: Annalen der Chemie und Pharmacie 1863, CXXVI, S. 126–128.

Schmidt (1864 a) – C[arl] Schmidt: Agricultur-chemische Untersuchungen V. Die Kartoffel von Heiligenstadt und Kusthof. In: Livländische Jahrbücher der Landwirthschaft 1864, 17, S. 184–195.

Schmidt (1864 b) – C[arl] Schmidt: Der Wasserverdunstungs-Coeffizient der Kartoffeln bei Temperaturen von 5° bis 40 °C. In: Baltische Wochenschrift für Landwirthschaft, Gewerbefleiß und Handel 1864, 2, Sp. 167–169.

Schmidt (1865 a) – C[arl] Schmidt: Agricultur-chemische Untersuchungen VI: Die Thon- und Mergel-Lager zu Pujat, ihre Bildung und technische Verwendung. In: Livländische Jahrbücher der Landwirthschaft 1865, 18, S. 31–38.

Schmidt (1865 b) – C[arl] Schmidt: Agricultur-chemische Untersuchungen VIII. Das Heu: Seine mittlere Zusammensetzung und deren Schwankungen. In: Livländische Jahrbücher der Landwirthschaft 1865, 18, S. 89–103.

Schmidt (1866) – C[arl] Schmidt: Das Knochenmehl der Fabriken von Carl Chr. Schmidt in Riga und C. Rotermann in Reval. In: Baltische Wochenschrift für Landwirthschaft, Gewerbefleiß und Handel 1866, 4, Sp. 569–574.

Schmidt (1867) – Carl Schmidt: Reiseskizzen des Hrn. Prof. Dr. Carl Schmidt auf der Pariser Welt-Ausstellung: Knochenmehl; Knochensuperphosphat, Knochenkohle, Noir animalisé, Poudrette und anderweitige Kunstdünger auswärtiger (nicht französischer) Fabriken auf der Pariser Welt-Ausstellung. In: Baltische Wochenschrift für Landwirthschaft, Gewerbefleiß und Handel 1867, 5, Sp. 733–739.

Schmidt (1875) – Carl Schmidt: Carl Hehn. Ein Lebensbild, den Seinigen am Sarge des Freundes [am] 22. Februar 1875 entrollt. Dorpat: Laakmann, 1875.

Schmidt (1876) – Carl Schmidt: Die Wasserversorgung Dorpats II. Eine hydrologische Untersuchung. Aus dem Archiv für die Naturkunde Liv-, Ehst- und Kurlands, 1. Serie, Band 8 besonders abgedruckt. Dorpat: Laakmann, 1876.

Schmidt (1880) – Carl Schmidt: Chemische Untersuchung der Ackerkrume und des Ackergrundes aus 8 Orten der Schwarzerderegion und ihres Grenzgebietes. In: Baltische Wochenschrift für Landwirthschaft, Gewerbefleiß und Handel 1880, 18, Sp. 421–441.

Schmidt (1881) – Carl Schmidt: Die Schwarzerden der Gouvernements Ufa und Ssamara. In: Baltische Wochenschrift für Landwirthschaft, Gewerbefleiß und Handel 1881, 19, Sp. 265–280.

Schmidt (1895) – Carl Schmidt: Synchronistische Tabellen über die Naturwissenschaftliche Journalliteratur von 1650–1893 (= Schriften herausgegeben von der Naturforscher-Gesellschaft bei der Universität Jurjew [Dorpat], 8). Dorpat: Karow, 1895.

Schmidt (1897 a) – Carl Schmidt: Aus den Tagebüchern des Professors Carl Schmidt. Tagebuch, geführt in Berlin vom 1. April bis 6. Juni 1842. In: Düna-Zeitung 10, Nr. 154: 11./23. Juli 1897, Nr. 155: 12./24. Juli 1897, Nr. 156: 14./26. Juli 1897.

Schmidt (1897 b) – Carl Schmidt: Aus den Tagebüchern des Professors Carl Schmidt. Riga: Müllersche Buchdruckerei, 1897.

Schmidt und Bretschneider (1859) – C[arl] Schmidt, E[mil] Bretschneider: Beiträge zur Lehre von den Arsenikwirkungen. In: Untersuchungen zur Naturlehre des Menschen und der Thiere 1859, 6, S. 146–157.

Schmidt und Chomse (1859) – C[arl] Schmidt, O[swald] Chomse: Untersuchungen über die physiologische Wirkung des Kakodyloxydes und der

Kakodylsäure. In: Untersuchungen zur Naturlehre des Menschen und der Thiere 1859, 6, S. 122–145.

Schmidt und Stürzwage (1859) – C[arl] Schmidt, L. [Evald] Stürzwage: Ueber den Einfluss der arsenigen Säure auf den Stoffwechsel. In: Untersuchungen zur Naturlehre des Menschen und der Thiere 1859, 6, S. 283–296.

Schmidt (1879) – Oskar Schmidt: Ein Beitrag zur Frage der Elimination des Quecksilbers aus dem Körper, mit besonderer Berücksichtigung des Speichels (Diss., Dorpat). Dorpat: Schnakenburg, 1879.

Schmiedeberg (1911) – O[swald] Schmiedeberg: Rudolf Buchheim, sein Leben und seine Bedeutung für die Begründung der wissenschaftlichen Arzneimittellehre und Pharmakologie. In: Archiv für experimentelle Pathologie und Pharmakologie 1911, 67, S. 1–54.

Schmied-Kowarzik (1989) – Wolfdietrich Schmied-Kowarzik: Friedrich Wilhelm Joseph Schelling (1775–1854). In: Gernot Böhme (Hrsg.): Klassiker der Natur-Philosophie. Von den Vorsokratikern bis zur Kopenhagener Schule. München: Beck, 1989, S. 241–262, S. 420–422 (Anmerkungen und Literatur).

Schmitz (1969) – Rudolf Schmitz: Die deutschen pharmazeutisch-chemischen Hochschulinstitute. Ihre Entstehung und Entwicklung in Vergangenheit und Gegenwart. Ingelheim (Rhein): Boehringer, 1969.

Schmölders (1961) – Günter Schmölders: Geschichte der Volkswirtschaftlehre (= Die Wirtschaftswissenschaften, Reihe B [Volkswirtschaftslehre], Beitrag 3). Wiesbaden: Gabler, 1961.

Schneck (2006 a) – Peter Schneck: Pirogow, Nikolai Ivanowitsch. In: Wolfgang U. Eckart, Christoph Gradmann (Hrsg.): Ärzte Lexikon. Von der Antike bis zur Gegenwart. Heidelberg: Springer, [3]2006, S. 261.

Schneck (2006 b) – Peter Schneck: Skoda, Joseph. In: Wolfgang U. Eckart, Christoph Gradmann (Hrsg.): Ärzte Lexikon. Von der Antike bis zur Gegenwart. Heidelberg: Springer, [3]2006, S. 304.

Schneider (2004) – Ivo Schneider: Newton, Isaac Sir. In: Dieter Hoffmann, Hubert Laitko, Staffan Müller-Wille (Hrsg.): Lexikon der bedeutenden Naturwissenschaftler. Band 3. München: Elsevier, Spektrum Akademischer Verlag, 2004, S. 72–78.

Schneider und Schneider (1986) – M. Schneider, W. Schneider (Hrsg.): Justus von Liebig. Briefe an Vieweg. Braunschweig, Wiesbaden: Vieweg, 1986.

Schneiders (2001) – Werner Schneiders: Thomasius, Christian. In: Bruno Jahn (Bearbeiter): Biographische Enzyklopädie deutschsprachiger Philosophen. Darmstadt: Wissenschaftliche Buchgesellschaft, 2001, S. 422–423.

Schönberg et al. (1918) – E. Schönberg, G. Landesen, K. Kupffer, H. Adolphi, E. Taube: Die physiko-mathematische Fakultät. In: Hugo Semel (Redaktion): Die Universität Dorpat (1802–1918). Dorpat: Laakmann, 1918, S. 122–154.

Schönlein (1842) – [Johann Lukas] Schönlein: Schönlein's klinische Vorträge in dem Charité-Krankenhause zu Berlin. Redigiert und herausgegeben von L. Güterbock. Berlin: Veit, [2]1842.

Scholz (2003) – Marianne Scholz: Matthias Jacob Schleiden in Tartu (Dorpat) 1863–1864. Streitigkeiten, Intrigen, Hintergründe (= Historie in der Blauen Eule, 11). Essen: Die Blaue Eule, 2003.

Schorlemmer (1871) – Carl Schorlemmer: Lehrbuch der Kohlenstoffverbindungen oder der organischen Chemie. Zugleich als zweiter Band von Roscoe's kurzem Lehrbuch der Chemie. Braunschweig: Vieweg, 1871.

Schorlemmer (1984) – Carl Schorlemmer: Der Ursprung und die Entwicklung der organischen Chemie (= Ostwalds Klassiker der exakten Wissenschaften, 259). Leipzig: Akademische Verlagsgesellschaft Geest und Portig, [2]1984.

Schreiber (2003) – Peter Schreiber: Euklid (griech. Eukleides) von Alexandria. In: Dieter Hoffmann, Hubert Laitko, Staffan Müller-Wille (Hrsg.): Lexikon der bedeutenden Naturwissenschaftler. Band 1. München: Elsevier, Spektrum Akademischer Verlag, 2003, S. 484–486.

Schröder (1964) – K. Schröder: Vorläufiges Verzeichnis der in Bibliotheken und Archiven vorhandenen Vorlesungsverzeichnisse deutschsprachiger Universitäten aus der Zeit vor 1945. Saarbrücken: Anglistisches Institut der Universität des Saarlands, 1964.

Schubarth (1851) – Ernst Ludwig Schubarth: Handbuch der technischen Chemie und chemischen Technologie. Drei Bände. Berlin: Rücker und Püchler, [4]1851.

Schütt (1973) – H[ans]-W[erner] Schütt: Zum Berufsbild des Chemikers im Wilhelminischen Zeitalter. In: E. Schmauderer (Hrsg.): Der Chemiker im Wandel der Zeiten. Skizzen zur geschichtlichen Entwicklung des Berufsbildes. Weinheim: Verlag Chemie, 1973, S. 285–309.

Schütt (2001) – Hans-Werner Schütt: Die Synthese des Harnstoffs und der Vitalismus. In: Johannes Büttner und Wilhelm Lewicki (Hrsg.): Stoffwechsel im tierischen Organismus: Historische Studien zu Liebigs „Thier-Chemie" (1842) (= Edition Lewicki-Büttner, 1). Seesen: HisChymia-Buchverlag, 2001, S. 95–107.

Schütt (2003) – Hans-Werner Schütt: René Descartes. In: Dieter Hoffmann, Hubert Laitko, Staffan Müller-Wille (Hrsg.): Lexikon der bedeutenden Naturwissenschaftler. Band 1. München: Elsevier, Spektrum Akademischer Verlag, 2003, S. 395–400.

Schütt (2004) – Hans-Werner Schütt: Justus von Liebig. In: Dieter Hoffmann, Hubert Laitko, Staffan Müller-Wille (Hrsg.): Lexikon der bedeutenden Naturwissenschaftler. Band 2. München: Elsevier, Spektrum Akademischer Verlag, 2004, S. 412–417.

Schulz (2004) – R. Schulz: Stoffwechsel. In: Joachim Ritter, Karlfried Gründer (Hrsg.): Historisches Wörterbuch der Philosophie. Band 10. Darmstadt: Wissenschaftliche Buchgesellschaft, 2004, Sp. 190–197.

Schulze (1978) – Hagen Schulze: Die Biographie in der „Krise der Geschichtswissenschaft". In: Geschichte in Wissenschaft und Unterricht 1978, 29, S. 508–518.

Schulze (1988) – Winfried Schulze: Mikrohistorie versus Makrohistorie? Anmerkungen zu einem aktuellen Thema. In: Christian Meier, Jörn Rüsen (Hrsg.): Historische Methode. München: Deutscher Taschenbuch-Verlag, 1988, S. 319–341.

Schummer (1994) – J. Schummer: Die Rolle des Experiments in der Chemie. In: P. Janich (Hrsg.): Philosophische Perspektiven der Chemie. 1. Erlenmeyer-Kolloquium der Philosophie der Chemie. Mannheim et al.: B I Wissenschaftsverlag, 1994, S. 27–51.

Schwann (1836) – Th[eodor] Schwann: Ueber das Wesen des Verdauungsprocesses. In: Archiv für Anatomie, Physiologie und wissenschaftliche Medicin 1836, S. 90–138.

Schwann (1839) – Th[eodor] Schwann: Mikroskopische Untersuchungen über die Uebereinstimmung in der Struktur und dem Wachsthum der Thiere und Pflanzen. Berlin: Verlag der Sander'schen Buchhandlung (G. E. Reimer), 1839.

Schwann (1844) – Th[eodor] Schwann: Versuche, um auszumitteln, ob die Galle im Organismus eine für das Leben wesentliche Rolle spielt. In: Archiv für Anatomie, Physiologie und wissenschaftliche Medicin 1844, S. 127–159.

Schwedt (1982) – Georg Schwedt (Hrsg.): Friedrich Wöhler. Nachdruck der Aufsätze: August Wilhelm Hofmann „Zur Erinnerung an Friedrich Wöhler" und Friedrich Wöhler „Jugenderinnerungen eines Chemikers" aus den Berichten der Deutschen Chemischen Gesellschaft zu Berlin von 1882 und 1875. Herausgegeben zum 100. Todestag am 23.9.1982. Göttingen: Goltze, 1982.

Schwedt (2000) – Georg Schwedt: Der Chemiker Friedrich Wöhler (1800–1882). Eine biographische Spurensuche. Seesen: HisChymia-Buchverlag, 2000.

Schwedt (2002) – Georg Schwedt: Liebig und seine Schüler. Die neue Schule der Chemie. Berlin et al.: Springer, 2002.

Schwenk (1998) – Ernst F. Schwenk: Sternstunden der frühen Chemie von Johann Rudolph Glauber bis Justus von Liebig (= Becksche Reihe, 1252). München: Beck, 1998.

Schwenke (2008) – Klaus Dieter Schwenke: Carl Sprengels Mineralstofflehre, ein Meilenstein in der Geschichte der Agrikulturchemie. In: Claus Dalchow (Hrsg.): Die Thaer-Schüler von Wulffen und Sprengel (= Thaer heute, 5). Möglin: Fördergesellschaft Albrecht Daniel Thaer, 2008, S. 23–50.

Seesemann (1982) – H[einrich] Seesemann: Die Universität Dorpat 1632–1802–1918. In: Darmstädter Vorträge 1982, S. 7–33.

Seesemann (1987) – Heinrich Seesemann: 350 Jahre Universität Dorpat. In: Gert von Pistohlkors, Toivo U. Raun, Paul Kaegbein (Hrsg.): Die Universitäten Dorpat/Tartu, Riga und Wilna/Vilnius 1579–1979. Beiträge zu ihrer Geschichte und ihrer Wirkung im Grenzbereich zwischen West und Ost (= Quellen und Studien zur Baltischen Geschichte, 9). Köln, Wien: Böhlau, 1987, S. 347–365.

Seibold und Seibold (2006) – Ilse Seibold, Eugen Seibold: Hermann Wilhelm Abich im Kaukasus: Zum zweihundertsten Geburtstag. In: International Journal of Earth Sciences 2006, 95, S. 1087–1100.

Seidel (1890) – M. Seidel: Acute Phosphorvergiftung oder chronische Arsenvergiftung durch einen arsenhaltigen Wandanstrich. Entgegnung auf die Broschure „Tod durch arsenhaltige Tapeten oder Vergiftung mit Phosphor." Für den Otto'schen Giftmordprozeß beleuchtet durch Dr. M. J. Roßbach. Jena: Frommannsche Buchdruckerei (Hermann Pohle), 1890.

Seljak (2012) – Anton Seljak: Nicht immer rollte der Rubel. Das russische Geld- und Kreditsystem vom Kiewer Reich bis 1897. Norderstedt: Books on Demand, 2012.

Sellien und Sellien (1988) – Reinhold Sellien, Helmut Sellien (Hrsg.): Gablers-Wirtschaftslexikon. Zwei Bände. Wiesbaden: Gabler, [12]1988.

Semel (1918) – Hugo Semel: Zur Geschichte der Universität Dorpat. In: Hugo Semel (Redaktion): Die Universität Dorpat (1802–1918). Skizzen zu ihrer Geschichte von Lehrern und ehemaligen Schüler. Dorpat: Laakmann, 1918, S. 7–38.

Sendtner (1896) – R. Sendtner: Chemische Untersuchung des Trinkwassers. In: T. Weyl (Hrsg.): Handbuch der Hygiene. Band 1. Jena: Fischer, 1896, S. 509–543.

Sepke (1984) – Ilonka Sepke: Zur Herausbildung der physiologischen Chemie an der Berliner Universität von 1810 bis 1860 anhand ihrer Quellen, der organischen Chemie, der chemischen Untersuchungen in der Klinik und der Beiträge von Anatomie und Physiologie unter besonderer Berücksichtigung der Beiträge von Eilhard Mitscherlich, Johann Lucas Schönlein, Franz Simon und Johannes Müller (Diss., Berlin). Berlin: Humboldt-Universität, 1984.

Seybold (1963) – Hans-Albrecht Rainer Seybold: Conrad Heinrich Fuchs 1803–1855. Ein Lebens- und Zeitbild (Diss., Göttingen). Göttingen: Universität Göttingen, 1963.

Shdanow (1953) – J. A. Shadanow: Die Strukturtheorie Butlerows. In: Ohne Herausgeber: Die Strukturtheorie Butlerows. Ins Deutsche übertragen von E. Kukulies (= Große Sowjet-Enzyklopädie, Reihe Chemie, 2). Leipzig: Akademische Verlagsgesellschaft, 1953, S. 26–47.

Siilivask (1984) – Karl Siilivask: Die Perioden der Universitätsgeschichte. In: Csaba János Kenéz (Bearbeiter): Zur 350-Jahrfeier der Universität Dorpat (= Dokumentation Ostmitteleuropa, 10 [34]). Marburg (Lahn): Johann-Gottfried-Herder-Institut, 1984, S. 6–24.

Siilivask (1985) – K[arl] Siilivask: The part of Tartu University in the development of science in the 19th century. In: K[arl] Siilivask (Hrsg.): History of Tartu University 1632–1982. Tallinn: Perioodika, 1985, S. 102–133.

Siilivask (1987) – Karl Siilivask: Über die Rolle der Universität Tartu bei der Entwicklung der inländischen und internationalen Wissenschaft. In: Gert von Pistohlkors, Toivo U. Raun, Paul Kaegbein (Hrsg.): Die Universitäten Dorpat/Tartu, Riga und Wilna/Vilnius 1579–1979. Beiträge zu ihrer Geschichte und ihrer Wirkung im Grenzbereich zwischen West und Ost (= Quellen und Studien zur Baltischen Geschichte, 9). Köln, Wien: Böhlau, 1987, S. 105–122.

Siilivask (1995) – Karl Siilivask: Baltic science as a bridge between east and west. In: Proceedings of the Estonian Academy of Sciences. Humanities and Social Sciences 1995, 44, S. 109–122.

Siller (1848) – Carl Friedrich Eduard Siller: Lehrbuch der Pharmacie zum Selbstunterricht für Pharmaceuten und Ärzte. Band 1. Dorpat: Karow, ²1848.

Siller (1850) – Carl Friedrich Eduard Siller: Lehrbuch der Pharmacie zum Selbstunterricht für Pharmaceuten und Ärzte. Band 2. Riga: Kymmel, ²1850.

Simmer (1978) – Hans H[ugo] Simmer: Ostwalds Lehre vom Romantiker und Klassiker. Eine Typologie des Wissenschaftlers. In: Medizinhistorisches Journal 1978, 13, S. 277–296.

Simmer (1981) – H[ans] H[ugo] Simmer: Medizin und Chemie in der Mitte des 19. Jahrhunderts in Erlangen: Eugen Franz Freiherr von Gorup-Besanez (1817–1878). In: Journal of Clinical Chemistry and Clinical Biochemistry 1981, 19, S. 497–509.

Smith (1776) – Adam Smith: An inquiry into the nature and causes of the wealth of nations. Band 1. London: Strahan and Caddell, 1776.

Söderbaum (1984) – H[enrik] G[ustaf] Söderbaum: Berzelius. Die bestimmenden Proportionen. In: Günther Bugge (Hrsg.): Das Buch der großen Chemiker. Band 1: Von Zosimos bis Schönbein. 6. unveränderter Nachdruck der

1. Auflage 1929. Weinheim et al.: Verlag Chemie, 1984, S. 429–449, S. 492–493 (Band 2, Bibliographie).

Sorokina (2002) – Marina Ju. Sorokina: Gelehrte – Unternehmer – Aufklärer: Aus der Geschichte der freien Apotheken in Moskau und Mittelasien. In: Ingrid Kästner, Regine Pfrepper (Hrsg.): Naturforschung, Experiment und Klinik. Deutsch-russische Beziehungen in der naturwissenschaftlichen Medizin des 19. Jahrhunderts (= Deutsch-russische Beziehungen in Medizin und Naturwissenschaften, 6). Aachen: Shaker, 2002, S. 99–116.

Speter (1984 a) – Max Speter: Graham. In: Günther Bugge (Hrsg.): Das Buch der großen Chemiker. Band 2: Von Liebig bis Arrhenius. 6. unveränderter Nachdruck der 1. Auflage 1929. Weinheim et al.: Verlag Chemie, 1984, S. 69–77, S. 500 (Bibliographie).

Speter (1984 b) – Max Speter: Lavoisier. In: Günther Bugge (Hrsg.): Das Buch der großen Chemiker. Band 1: Von Zosimos bis Schönbein. 6. unveränderter Nachdruck der 1. Auflage 1929. Weinheim et al.: Verlag Chemie, 1984, S. 304–333, S. 486–487 (Band 2, Bibliographie).

Sprengel (1831–1832) – Carl Sprengel: Chemie für Landwirthe, Forstmänner und Cameralisten. Zwei Teile. Göttingen: Vandenhoeck und Ruprecht, 1831–1832.

Stahnisch (2003) – Frank Stahnisch: Bernard, Claude. In: Dieter Hoffmann, Hubert Laitko, Staffan Müller-Wille (Hrsg.): Lexikon der bedeutenden Naturwissenschaftler. Band 1. München: Elsevier, Spektrum Akademischer Verlag, 2003, S. 147–149.

Stahnisch (2004) – Frank Stahnisch: Magendie, François. In: Dieter Hoffmann, Hubert Laitko, Staffan Müller-Wille (Hrsg.): Lexikon der bedeutenden Naturwissenschaftler. Band 2. München: Elsevier, Spektrum Akademischer Verlag, 2004, S. 457.

Steffens (1801) – Henrich Steffens: Beyträge zur inneren Naturgeschichte der Erde. Erster Theil. Freyberg: Crazische Buchhandlung, 1801.

Steffens (1815) – Henrich Steffens: Johann Christian Reil. Eine Denkschrift. Halle (Saale): Curtsche Buchhandlung, 1815.

Steinle (2003) – Friedrich Steinle: Dulong, Pierre Louis. In: Dieter Hoffmann, Hubert Laitko, Staffan Müller-Wille (Hrsg.): Lexikon der bedeutenden Naturwissenschaftler. Band 1. München: Elsevier, Spektrum Akademischer Verlag, 2003, S. 430–431.

Stichweh (1984) – Rudolf Stichweh: Zur Entstehung des modernen Systems wissenschaftlicher Disziplinen. Physik in Deutschland 1740–1890. Frankfurt (Main): Suhrkamp, 1984.

Stichweh (1994) – Rudolf Stichweh: Wissenschaft, Universität, Professionen. Soziologische Analysen (= Suhrkamp-Taschenbuch Wissenschaft, 1146). Frankfurt (Main), 1994.

Stieda (1906) – L. Stieda: Meyer, Clemens Friedrich. In: Historische Kommission bei der Königlichen Akademie der Wissenschaften (Hrsg.): Allgemeine Deutsche Biographie. Band 52. Leipzig: Duncker und Humblot, 1906, S. 333–337.

Stieda (1926) – Wilhelm Stieda: Die Anfänge der Kaiserlichen Akademie der Wissenschaften in St. Petersburg. In: Jahrbücher für Kultur und Geschichte der Slaven 1926, 2 (N. F.), S. 133–168.

Stock (1933) – Alfred Stock (Hrsg.): Der internationale Chemiker-Kongreß, Karlsruhe 3.–5. September 1860 vor und hinter den Kulissen. Zur 38. Hauptversammlung der Deutschen Bunsen-Gesellschaft in Karlsruhe, 25.–28. Mai 1933. Berlin: Verlag Chemie, 1933.

Störig (1987) – Hans Joachim Störig. Kleine Weltgeschichte der Philosophie (= Fischer Taschenbuch, 6562). Frankfurt (Main): Fischer Taschenbuch-Verlag, [13]1987.

Stohmann (1856–1860) – [Friedrich] Stohmann: Theoretische, practische und analytische Chemie, in Anwendung auf Künste und Gewerbe. Von Dr. Sheridan Muspratt. Encyklopädie der technischen Chemie. Drei Bände. Frei bearbeitet von F[riedrich] Stohmann und Th[eodor] Gerding (Band 1) sowie F[riedrich] Stohmann (Bände 2 und 3). Braunschweig: Schwetschke und Sohn, 1856–1860.

Stolz (2003 a) – Rüdiger Stolz: Berthollet, Claude Louis, Comte. In: Dieter Hoffmann, Hubert Laitko, Staffan Müller-Wille (Hrsg.): Lexikon der bedeutenden Naturwissenschaftler. Band 1. München: Elsevier, Spektrum Akademischer Verlag, 2003, S. 153–155.

Stolz (2003 b) – Rüdiger Stolz: Day, Sir Humphry. In: Dieter Hoffmann, Hubert Laitko, Staffan Müller-Wille (Hrsg.): Lexikon der bedeutenden Naturwissenschaftler. Band 1. München: Elsevier, Spektrum Akademischer Verlag, 2003, S. 386–388.

Stradins (2003) – J. Stradins: Rīgas industriālais mantojums un zinātņu vēsture. The industrial heritage of Riga and the history of science. In: A. Biedriņš (Hrsg.): Industriālais mantojums modernā pilsētvidē. Starptautiska konference, Rīgā, 2002, gada 20. septembrī. Industrial heritage in the modern urban environment. International conference, Riga, 20$^{th}$ of September, 2002. Riga: Rigas dome, 2003, S. 7–13.

Ströker (1996) – Elisabeth Ströker: Geleitwort. In: Nikos Psarros, Klaus Ruthenberg, Joachim Schummer (Hrsg.): Philosophie der Chemie. Bestandsaufnahme und Ausblick. Würzburg: Königshausen und Neumann, 1996, S. 1–4.

Strümpell (1925) – Adolf Strümpell: Aus dem Leben eines deutschen Klinikers. Leipzig: Vogel, 1925.

Stuerzwage (1859) – Evaldus Stuerzwage: Quaedam de acidi arsenicosi ad corpus vivum effectu experimenta (Diss., Dorpat). Dorpati Livonorum: Schünmann und Mattiesen, 1859.

Stumm (2012) – Petra Stumm: Leopold Gmelin (1788–1853). Leben und Werk eines Heidelberger Chemikers (Diss., Heidelberg) (= Neuere Medizin- und Wissenschaftsgeschichte. Quellen und Studien, 33). Freiburg: Centaurus, 2012.

Sudhoff (1910) – Karl Sudhoff: Vorwort und Einleitung des Herausgebers. In: Karl Sudhoff (Hrsg.): Johann Christian Reil. Von der Lebenskraft (1795) (= Klassiker der Medizin, 2). Leipzig: Barth, 1910, S. III–VIII.

Sudhoff (1922) – Karl Sudhoff: Kurzes Handbuch der Geschichte der Medizin. Dritte und vierte Auflage von J. J. Pagels „Einführung in die Geschichte der Medizin." Berlin: Karger, 1922.

Süß (2002) – Harald Süß: Deutsche Schreibschrift. Lesen und Schreiben lernen. Lehrbuch. München: Droemersche Verlagsanstalt Th. Knauer Nachf., 2002.

Süss (1929) – Wilhelm Süss: Karl Morgenstern (1770–1852). Eloquentiae, LL. gr. et lat., antiquitatum, aesthetices et historiae litterarum atque artis p. p. o., simulque bibliothecae academicae praefectus. Ein kulturhistorischer Versuch. Zweiter Teil. In: Acta et Commentationes Universitatis Tartuensis (Dorpatensis). Reihe B: Humaniora 1929, 19, S. (2) 161–330.

Szabadváry (1966) – Ferenc Szabadváry: Geschichte der analytischen Chemie. Deutsche Bearbeitung von G. Kerstein. Braunschweig: Vieweg, 1966.

Tähepold und Ilomets (1995) – Lembit Tähepold, Tullio Ilomets: Gustav von Bunge. A great scientist and teacher in development of physiological and pathological chemistry. In: Proceedings of the Estonian Academy of Sciences (Humanities and Social Sciences) 1995, 44, S. 138–157.

Tammann (1901) – G[ustav] Tammann: Ocherk razvitiya chimicheskoi laboratorii Derptsko-Yurievskogo universiteta c 1802 po 1892 god. (Ein Grundriss über die Entwicklung des Chemielaboratoriums der Dorpater Universität von 1802–1892). In: Izdanie Chimicheskogo Otdeleniya Imperatorskogo Obschestva Lyubitelei Estestvoznaniya, Antropologii i Etnografii (Veröffentlichung der Sektion Chemie der Kaiserlichen Gesellschaft der Amateure für Naturwissenschaften, Anthropologie und Ethnographie). Lomonosovskyi Sbornik. Materialy dlya Istorii Razvitiya Chimii v Rossii (Lomonossov Festschrift. Materialien zur Entwicklungsgeschichte der Chemie in Russland). Moskau: Tip. Mamontova, 1901, S. 1–46.

Tammann (1929 a) – G[ustav] Tammann: Jugenderinnerungen eines Dorpater Chemikers. In: Eesti Rohuteadlane 1929, 9, S. 196–198.

Tammann (1929 b) – G[ustav] Tammann: Jugenderinnerungen eines Dorpater Chemikers. Schluss. In: Eesti Rohuteadlane 1929, 10, S. 226–228.

Tankler und Past (2005) – Hain Tankler, Vello Past: Chemie an der Universität Dorpat. Über wissenschaftliche Beziehungen im 19. Jahrhundert. In: Jürgen Heeg, Jens Lazarus (Hrsg.): „Chemie bringt Brot, Wohlstand, Schönheit". Festschrift für Klaus Krug zur Verabschiedung in den Ruhestand am 31. März 2005. Merseburg: Fachhochschule Merseburg, 2005, S. 7–37.

Taube (1903) – G[ustav] Taube: Industrielle Anlagen. In: Rigascher Technischer Verein, Rigascher Architekten-Verein (Hrsg.): Riga und seine Bauten. Riga: Verlag der Buch- und Kunstdruck-Anstalt des „Rigaer Tageblatt" (Paul Kerkovius), 1903, S. 397–458.

Teichmann (2002) – H[erbert] Teichmann: Friedrich Wöhler als Berliner Lehrer und Forscher. In: Sitzungsberichte der Leibniz-Sozietät 2002, 52, S. 87–112.

Teichmann (2004 a) – Herbert Teichmann: Hofmann, August Wilhelm von. In: Dieter Hoffmann, Hubert Laitko, Staffan Müller-Wille (Hrsg.): Lexikon der bedeutenden Naturwissenschaftler. Band 2. München: Elsevier, Spektrum Akademischer Verlag, 2004, S. 229–230.

Teichmann (2004 b) – Herbert Teichmann: Kolbe, Adolf Wilhelm Hermann. In: Dieter Hoffmann, Hubert Laitko, Staffan Müller-Wille (Hrsg.): Lexikon der bedeutenden Naturwissenschaftler. Band 2. München: Elsevier, Spektrum Akademischer Verlag, 2004, S. 330–331.

Tepperberg (1935) – Klaus Tepperberg: Die Lebenskraft bei Johann Christian Reil (Diss., Halle [Saale]). Bleicherode am Harz: Nieft, 1935.

Théodoridès (1960/1962) – Jean Théodoridès: Auguste Odier (1802–1870) et la découverte de la chitine (1821–1823). In: Actes du symposium international d'histoire des sciences (= Collection de travaux de l'Académie International d'Histoire des Sciences, 13) 1960/1962, 3, S. 123–129.

Thiel (2004) – Christian Thiel: Paracelsus. Schriftstellername (seit 1529) des Philippus Aureolus Theophrastus Bombastus v. Hohenheim. In: Jürgen Mittelstraß (Hrsg.): Enzyklopädie Philosophie und Wissenschaftstheorie. Sonderausgabe. Band 3. Stuttgart, Weimar: Verlag J. B. Metzler, 2004, S. 30–33.

Thom (2006) – Achim Thom: Strümpell, Adolf. In: Wolfgang U. Eckart, Christoph Gradmann (Hrsg.): Ärzte Lexikon. Von der Antike bis zur Gegenwart. Heidelberg: Springer, [3]2006, S. 313.

Thoms (1882) – G[eorg] Thoms: Normen für eine allgemeine Tapeten-Controlle. Unter Mitwirkung des Herrn Geheimraths J. Trapp (St. Petersburg), sowie der Herren Professoren Dr. C[arl] Schmidt und Dr. [Johann Georg Noel]

Dragendorff (Dorpat) entworfen und bearbeitet von G[eorg] Thoms. In: Die landwirthschaftlich-chemische Versuchs- und Samen-Control-Station am Polytechnikum zu Riga. Bericht über deren Thätigkeit in den Jahren 1878/79, 1879/80 und 1880/81, 1882, 4, S. 155–159, S. 160–178 (Nachtrag).

Thomson (1981) – Erik Thomson: Die Universität Dorpat-Tartu im Wandel der Zeiten, 1632–1982. In: Acta Baltica. Liber Annalis Instituti Baltici 1981, 21, S. 282–302.

Tiedemann und Gmelin (1826–1827) – Friedrich Tiedemann, Leopold Gmelin: Die Verdauung nach Versuchen. Zwei Bände. Heidelberg: Groos, 1826–1827.

Titze (1987) – Hartmut Titze: Das Hochschulstudium in Preußen und Deutschland 1820–1944 (= Datenhandbuch zur deutschen Bildungsgeschichte, 1, 1, Hochschulen). Göttingen: Vandenhoeck und Ruprecht, 1987.

Titze (1995) – Hartmut Titze: Wachstum und Differenzierung der deutschen Universitäten 1830–1945 (= Datenhandbuch zur deutschen Bildungsgeschichte, 1, 2., Hochschulen). Göttingen: Vandenhoeck und Ruprecht, 1995.

Toellner (1991) – Richard Toellner: Albrecht von Haller (1708–1777). In: Dietrich von Engelhardt, Fritz Hartmann (Hrsg.): Klassiker der Medizin. Band 1: Von Hippokrates bis Christoph Wilhelm Hufeland. München: Beck, 1991, S. 245–261, S. 401–402 (Anmerkungen und Literatur).

Toepper (1903) – Alfred Toepper: Das Studium der Chemie nebst einem Anhang enthaltend im Auszuge die Prüfungsordnungen für Chemiker auf schweizer und österreichischen Hochschulen mit deutscher Unterrichtssprache und einem Verzeichnis der Universitäten und technischen Hochschulen des Deutschen Reiches, der deutschen Schweiz und Deutsch-Österreichs (= A. Hartleben's chemisch-technische Bibliothek, 262). Wien et al.: Hartleben, 1903.

Trapp (1998) – Wolfgang Trapp: Kleines Handbuch der Maße, Zahlen, Gewichte und der Zeitrechnung. Stuttgart: Philipp Reclam jun. (genehmigte Lizenzausgabe Komet: Köln), 1998.

Traube (1861) – Moritz Traube: Ueber die Beziehung der Respiration zur Muskelthätigkeit und die Bedeutung der Respiration überhaupt. In: Archiv für pathologische Anatomie und Physiologie und für klinische Medizin 1861, 21, S. 386–414.

Treue (1966) – Wilhelm Treue: Die Bedeutung der chemischen Wissenschaft für die chemische Industrie 1770–1870. In: Technikgeschichte 1966, 33, S. 25–51.

Trommsdorff (1797) – Joh[ann] Bartholomä Trommsdorff: Chemische Receptirkunst oder Taschenbuch für practische Aerzte welche bey dem Verordnen der Arzneyen Fehler in chemischer und pharmacev[u]tischer Hinsicht vermeiden wollen. Erfurt: Beyer und Maring, 1797.

Tsouyopoulos (2001) – N. Tsouyopoulos: Vitalismus. In: Joachim Ritter, Karlfried Gründer, Gottfried Gabriel (Hrsg.): Historisches Wörterbuch der Philosophie. Band 11. Darmstadt: Wissenschaftliche Buchgesellschaft, 2001, Sp. 1076–1078.

Tubbesing (1964) – Erika Tubbesing: Hermann Lotze. Wurzeln, Werk und Wirkungen seiner mechanistischen Naturauffassung (Diss., Münster). Münster: Universität Münster, 1964.

Valentin (1949) – Johannes Valentin: Friedrich Wöhler (= Grosse Naturforscher, 7). Stuttgart: Wissenschaftliche Verlagsgesellschaft, 1949.

Vernadsky (1930) – W. J. Vernadsky: Geochemie in ausgewählten Kapiteln. Übersetzt aus dem Russischen von E. Kordes. Leipzig: Akademische Verlags-Gesellschaft, 1930.

Vierhaus (2001) – Rudolf Vierhaus: Ranke, Leopold von. In: Walther Killy, Rudolf Vierhaus (Hrsg.): Deutsche biographische Enzyklopädie. Band 8. München: Deutscher Taschenbuchverlag, 2001, S. 137–138.

Vinogradov (1965) – S. N. Vinogradov: Chemistry at Kazan University in the nineteenth century: A case history of intellectual lineage. In: Isis 1965, 56, S. 168–173.

VLV Berlin (1842–1843) – Verzeichniß der Vorlesungen, welche von der Friedrich-Wilhelms-Universität zu Berlin gehalten werden (Sommerhalbjahr 1842, Winterhalbjahr 1842/43 und Sommerhalbjahr 1843). Berlin: Universität Berlin, 1842–1843.

VLV Dorpat (1803–1856) – Verzeichniß der halbjährigen Vorlesungen auf der Kaiserlichen Universität zu Dorpat. Dorpat: Universität Dorpat (1803–1822), Schünmann (1823–1849), Schünmann und Mattiesen (1850–1856), 1803–1856.

VLV Dorpat (1857–1891) – Verzeichniß der Vorlesungen auf der Kaiserlichen Universität zu Dorpat. Dorpat: Schünmann und Mattiesen (1857–1864), Mattiesen (1865–1874), Gläser (1875), Schnakenburg (1875–1891), 1857–1891.

VLV Gießen (1843) – Verzeichniß der Vorlesungen, welche auf der Großherzoglich Hessischen Ludwigs-Universität zu Giessen im Winterhalbjahre 1843/44 gehalten und am 23ten October bestimmt und allgemein ihren Anfang nehmen werden. Giessen: G. F. Heyer, 1843.

VLV Göttingen (1844–1845) – Verzeichniß der Vorlesungen, welche auf der hiesigen Universität so wohl von den öffentlichen Professoren als von den Privat-Lehrern angekündigt sind (Sommerhalbjahr 1844, Winterhalbjahr 1844/45). Göttingen: Dieterichsche Universitätsdruckerey, 1844–1845.

Vogel (1841) – Julius Vogel: Anleitung zum Gebrauch des Mikroskopes zur zoochemischen Analyse und zur mikroskopisch-chemischen Untersuchung überhaupt (= Beitraege zur Kenntniss der Saefte und Excrete des menschlichen Koerpers im gesunden und kranken Zustande, 1). Leipzig: Voss, 1841.

Vogt (1855) – Carl Vogt: Köhlerglaube und Wissenschaft. Eine Streitschrift gegen Hofrath Rudolph Wagner in Göttingen. Gießen: Rickersche Buchhandlung, [4]1855.

Voit (1857) – Karl Voit: Physiologisch-chemische Untersuchungen. Erstes Heft. Augsburg: Verlag der Riegerschen Buchhandlung, 1857.

Voit (1860) – Carl Voit: Untersuchungen über den Einfluss des Kochsalzes, des Kaffee's und der Muskelbewegungen auf den Stoffwechsel. Ein Beitrag zur Feststellung des Princips der Erhaltung der Kraft in den Organismen. München: Literarisch-Artistische Anstalt, 1860.

Voit (1868) – Carl Voit: Ueber die Theorien der Ernährung der thierischen Organismen. Vortrag in der öffentlichen Sitzung der k[öniglichen] Akademie der Wissenschaften am 28. März 1868 zur Feier ihres einhundert und neunten Stiftungstages. München: Verlag der königl[ichen] Akademie, 1868.

Voit (1870) – Carl Voit: Ueber die Entwicklung der Lehre von der Quelle der Muskelkraft und einiger Theile der Ernährung seit 25 Jahren. In: Zeitschrift für Biologie 1870, 6, S. 305–401.

Voit (1881) – C[arl] von Voit: Physiologie des allgemeinen Stoffwechsels und der Ernährung (= Handbuch der Physiologie, 6, 1 und Handbuch der Physiologie des Gesammt-Stoffwechsels und der Fortpflanzung, 1). Leipzig: Vogel, 1881.

Volhard (1909) – Jakob Volhard: Justus von Liebig. Zwei Bände. Leipzig: Barth, 1909.

Voswinckel (2001) – Peter Voswinckel: Pettenkofer, Max von. In: Walther Killy, Rudolf Vierhaus (Hrsg.): Deutsche biographische Enzyklopädie. Band 7. München: Deutscher Taschenbuch-Verlag, 2001, S. 624–625.

Wagner (1864) – Adolph Wagner: Nekrolog von Rudolph Wagner. Göttingen: Dieterich, 1864.

Wagner (1842–1853) – Rudolph Wagner (Hrsg.): Handwörterbuch der Physiologie mit Rücksicht auf physiologische Pathologie. Vier Bände. Braunschweig: Vieweg, 1842–1853.

Wagner (1843) – Ru[dolph] Wagner: Lehrbuch der Zootomie. Anatomische Charakteristik der Thierklassen als Einleitung in das Studium der Zoologie, vergleichenden Anatomie und Physiologie mit Hinweisung auf die Icones zootomicae. Erster Theil: Anatomie der Wirbelthiere. Zweite völlig umgearbeitete Auflage des „Lehrbuchs der vergleichenden Anatomie". Leipzig: Voss, 1843.

Wahrig-Schmidt (2001) – Bettina Wahrig-Schmidt: Lotze, (Rudolph) Hermann. In: G. Jahn (Bearbeiter): Biographische Enzyklopädie deutschsprachiger Philosophen. Darmstadt: Wissenschaftliche Buchgesellschaft, 2001, S. 258–259.

Walden (1904) – P[aul] Walden: Wilhelm Ostwald. Leipzig: Engelmann, 1904.

Walden (1909) – Paul Walden: Über die Pflege der Chemie in Rußland bis zum Ausgang des XVIII. Jahrhunderts. In: P. Diergart (Hrsg.): Beiträge aus der Geschichte der Chemie. Dem Gedächtnis von G. W. A. Kahlbaum. Leipzig, Wien: Deuticke, 1909, S. 369–377.

Waldhauer (1879) – Ferdinand Waldhauer: Zur Anthropologie der Liven (Diss., Dorpat). Dorpat: Schnakenburg, 1879.

Wallach (1901) – O. Wallach (Hrsg.): Briefwechsel zwischen J. Berzelius und F. Wöhler. Zwei Bände. Leipzig: Engelmann, 1901.

Wallmann (1989) – J[ohannes] Wallmann: Pietismus. In: Joachim Ritter, Karlfried Gründer (Hrsg.): Historisches Wörterbuch der Philosophie. Band 7. Darmstadt: Wissenschaftliche Buchgesellschaft, 1989, Sp. 972–974.

Wasmann (1839) – [A.] Wasmann: Ueber die Verdauung. In: Pharmaceutisches Central-Blatt 1839, 10, S. 345–350, S. 353–358 (Schluss).

Wasserversorgungs-Commission (1864) – Bericht über die Erhebungen der Wasser-Versorgungs-Commission des Gemeinderathes der Stadt Wien. I. Text. Wien: Selbstverlag des Gemeinderathes, 1864.

Watkins (1974) – John Watkins: Professor Imre Lakatos. Wiederabdruck eines Nachrufs aus „The Times“ vom 6. Februar 1974. In: Imre Lakatos, Alan Musgrave (Hrsg.): Kritik und Erkenntnisfortschritt. Abhandlungen des Internationalen Kolloquiums über die Philosophie der Wissenschaft, London, 1965. Band 4 (= Wissenschaftstheorie, Wissenschaft und Philosophie, 9). Braunschweig: Vieweg, 1974, S. 323–324.

Weihrich (1891) – G. Weihrich: Beiträge zur Geschichte des chemischen Unterrichtes an der Universität Gießen. In: Jahres-Bericht des Großherzogl[ichen] Realgymnasiums und der Realschule zu Gießen, als Einladung zu den am 13. und 14. März 1891 stattfindenden öffentlichen Prüfungen. Gießen: Münchow, 1891, S. 3–39.

Wentscher (1913) – Max Wentscher: Hermann Lotze. Band 1: Lotzes Leben und Werke. Heidelberg: Winter, 1913.

Werder (1841) – K[arl] Werder: Logik. Als Commentar und Ergänzung zu Hegels Wissenschaft der Logik. Erste Abtheilung. Berlin: Veit und Comp., 1841.

Westermann et al. (1985) – G. Westermann, H. Feldmann, H. von zur Mühlen (Hrsg.): Baltisches historisches Ortslexikon. Teil 1. Estland (einschliesslich Nordlivland) (= Quellen und Studien zur Baltischen Geschichte 8, 1). Köln, Wien: Böhlau, 1985.

Weyer (1974) – Jost Weyer: Chemiegeschichtsschreibung von Wiegleb (1790) bis Partington (1970). Eine Untersuchung über ihre Methoden, Prinzipien und Ziele (= Arbor scientarum, Reihe A, Abhandlungen, 3). Hildesheim: Gerstenberg, 1974.

Weyrich (1873) – V[ictor] Weyrich: Rückblick auf die Cholera-Epidemie zu Dorpat (mit Stadtplan) vom Jahre 1871. In: Dorpater Medicinische Zeitschrift 1873, 4, S. 193–342.

Wilde (1891) – Peter Wilde: Canalisation und Wasserleitung für Dorpat nebst einigen Bemerkungen über den Malzmühlenstrom, unter Bezugnahme auf die Schrift: Ueber Lage, Ergiebigkeit und Güte der Brunnen Dorpats von Reinhold Guleke 1889. Dorpat: Laakmann, 1891.

Willstätter (1984) – Richard Willstätter: Adolf von Baeyer. In: Günther Bugge (Hrsg.): Das Buch der großen Chemiker. Band 2: Von Liebig bis Arrhenius. 6. unveränderter Nachdruck der 1. Auflage 1929. Weinheim et al.: Verlag Chemie, 1984, S. 321–335, S. 510–511 (Bibliographie).

Wimmer (2004) – Reiner Wimmer: Mill, John Stewart. In: Jürgen Mittelstraß (Hrsg.): Enzyklopädie Philosophie und Wissenschaftstheorie. Sonderausgabe. Band 2. Stuttgart, Weimar: Verlag J. B. Metzler, 2004, S. 891–893.

Winderlich (1984 a) – R[udolf] Winderlich: Justus Liebig. In: Günther Bugge (Hrsg.): Das Buch der großen Chemiker. Band 2: Von Liebig bis Arrhenius. 6. unveränderter Nachdruck der 1. Auflage 1929. Weinheim et al.: Verlag Chemie, 1984, S. 1–30, S. 495–498 (Bibliographie).

Winderlich (1984 b) – R[udolf] Winderlich: Friedrich Wöhler. In: Günther Bugge (Hrsg.): Das Buch der großen Chemiker. Band 2: Von Liebig bis Arrhenius. 6. unveränderter Nachdruck der 1. Auflage 1929. Weinheim et al.: Verlag Chemie, 1984, S. 31–52, S. 498–499 (Bibliographie).

Winderlich (1984 c) – R[udolf] Winderlich: Kekulé. In: Günther Bugge (Hrsg.): Das Buch der großen Chemiker. Band 2: Von Liebig bis Arrhenius. 6. unveränderter Nachdruck der 1. Auflage 1929. Weinheim et al.: Verlag Chemie, 1984, S. 200–216, S. 507–508 (Bibliographie).

Winkle (1997) – Stefan Winkle: Geißeln der Menschheit. Kulturgeschichte der Seuchen. Düsseldorf, Zürich: Artemis und Winkler, ²1997.

Witt (1902) – Otto N. Witt: Die chemische Industrie auf der Internationalen Weltausstellung zu Paris 1900. Berlin: Gaertner, 1902.

Wittram (1952) – Reinhard Wittram: Die Universität Dorpat im 19. Jahrhundert. In: Zeitschrift für Ostforschung. Länder und Völker im östlichen Mitteleuropa 1952, 1, S. 195–219.

Wittram (1954) – Reinhard Wittram: Baltische Geschichte. Die Ostseelande Livland, Estland, Kurland 1180–1918. Grundzüge und Durchblicke. München: R. Oldenbourg, 1954.

Wittstock (1832) – C[hristian] Wittstock: Chemische Untersuchungen als Beiträge zur Physiologie der Cholera. In: Annalen der Physik und Chemie 1832, 24 (100), S. 509–533.

Wöhler (1828) – F[riedrich] Wöhler: Ueber künstliche Bildung des Harnstoffs. In: Annalen der Physik und Chemie 1828, 12 (88), S. 253–256.

Wöhler (1853) – Friedrich Wöhler: Practische Übungen in der Chemischen Analyse. Göttingen: Dieterich, 1853.

Wöhler und Liebig (1832) – [Friedrich] Wöhler, [Justus] Liebig: Untersuchungen über das Radikal der Benzoesäure. In: Annalen der Pharmacie 1832, III, S. 249–282.

Wöhler und Liebig (1838) – F[riedrich] Wöhler, J[ustus] Liebig: Untersuchungen über die Natur der Harnsäure. In: Annalen der Pharmacie 1838, XXVI, S. 241–336.

Woischwill (1913) – Franz Woischwill (Hrsg.): Mitau und Umgegend mit den kurischen Herzogsschlössern in Wort und Bild. Riga: Plates, 1913.

Wolf (1984) – E. Wolf: Naturrecht. I. Abriß der Wort-, Begriffs- und Problemgeschichte. In: Joachim Ritter, Karlfried Gründer (Hrsg.): Historisches Wörterbuch der Philosophie. Band 6. Darmstadt: Wissenschaftliche Buchgesellschaft, 1984, Sp. 560–563.

Wolffhügel (1882) – G[ustav] Wolffhügel: Wasserversorgung (= Handbuch der Hygiene und der Gewerbekrankheiten. Zweiter Teil: Sociale Hygiene. 1. Abtheilung: Grössere Gemeinwesen. 2. Hälfte). Leipzig: Vogel, 1882.

Wolffhügel und Riedel (1886) – G[ustav] Wolffhügel, O. Riedel: Die Vermehrung der Bacterien im Wasser. Experimentelle Ermittlungen. In: Arbeiten aus dem Kaiserlichen Gesundheitsamte 1886, 1, S. 455–480.

Woloshinsky (1892) – Adolf Woloshinsky: Bacteriologische Brunnenwasseruntersuchungen auf dem rechten Embachufer zu Dorpat mit besonderer Berücksichtigung des Hospitalbezirks (Diss., Dorpat). Dorpat: Laakmann, 1892.

Wolters (2004 a) – Gereon Wolters: Darwin, Charles (Robert) und Darwinismus. In: Jürgen Mittelstraß (Hrsg.): Enzyklopädie Philosophie und Wissenschaftstheorie. Sonderausgabe. Band 1. Stuttgart, Weimar: Verlag J. B. Metzler, 2004, S. 427–430.

Wolters (2004 b) – Gereon Wolters: Naturphilosophie, romantische. In: Jürgen Mittelstraß (Hrsg.): Enzyklopädie Philosophie und Wissenschaftstheorie. Sonderausgabe. Band 2. Stuttgart, Weimar: Verlag J. B. Metzler, 2004, S. 973–974.

Wolters (2004 c) – Gereon Wolters: Schelling, Friedrich Wilhelm Joseph. In: Jürgen Mittelstraß (Hrsg.): Enzyklopädie Philosophie und Wissenschaftstheorie. Sonderausgabe. Band 3. Stuttgart, Weimar: Verlag J. B. Metzler, 2004, S. 691–697.

Wolters und Schwemmer (2004) – Gereon Wolters, Oswald Schwemmer: Kant, Immanuel. In: Jürgen Mittelstraß (Hrsg.): Enzyklopädie Philosophie und Wissenschaftstheorie. Sonderausgabe. Band 2. Stuttgart, Weimar: Verlag J. B. Metzler, 2004, S. 343–361.

Wurtz (1987) – Ad[olph] Wurtz: Geschichte der chemischen Theorien seit Lavoisier bis auf unsere Zeit. Deutsch herausgegeben von Alphons Oppenheim. Unveränderter Neudruck der Ausgabe von 1870. Vaduz (Lichtenstein): Sändig Reprint Verlag, 1987.

Wylie (1840) – James Wylie: Pharmacopoeia castrensis Ruthenica. Petropoli: Typis Caroli Kray, [4]MDCCCXL.

Zaitseva (2000) – Elena A. Zaitseva: Die Fortsetzung der Traditionen der Liebigschen Schule in Russland. In: Ingrid Kästner, Regine Pfrepper (Hrsg.): Medizin und Pharmazie im 18. und 19. Jahrhundert. Beiträge zur Geschichte der Wissenschaftsbeziehungen zwischen Deutschland und dem Russischen Reich (= Deutsch-russische Beziehungen in Medizin und Naturwissenschaften, 2). Aachen: Shaker, 2000, S. 117–128.

Zaitseva (2001) – Elena A. Zaitseva: Deutsche an der Moskauer Universität im 19. Jahrhundert: Ferdinand Friedrich v. Reuss (1778–1852). In: Regine Pfrepper, Ingrid Kästner, Dietrich von Engelhardt (Hrsg.): Von Samuel Gottlieb Gmelins Reise durch Russland bis zum Niedergang der Apothekerfamilie Poehl (= Deutsch-russische Beziehungen in Medizin und Naturwissenschaften, 4). Aachen: Shaker, 2001, S. 209–226.

Zaitseva (2002) – Elena A. Zaitseva: Deutsche an der Moskauer Universität in der ersten Hälfte des 19. Jahrhunderts: Lehre und Forschung zur Chemie der Arzneimittel und der Lebensvorgänge. In: Ingrid Kästner, Regine Pfrepper (Hrsg.): Naturforschung, Experiment und Klinik. Deutsch-russische Beziehungen in der naturwissenschaftlichen Medizin des 19. Jahrhunderts (= Deutsch-russische Beziehungen in Medizin und Naturwissenschaften, 6). Aachen: Shaker, 2002, S. 149–158.

Zaleski (1894) – S. S. Zaleski: Carl Schmidt (Nachruf). In: Berichte der deutschen chemischen Gesellschaft 1894, 27, S. 963–978.

Zeddelmann (1900) – Rudolf von Zeddelmann (Hrsg.): Die Zeddelmannsche Privat-Lehranstalt (ehem. „Dorpater Privat-Knabenanstalt“) 1875–1900. Lehrer- und Schüler-Album. Jurjew (Dorpat): Mattiesen, 1900.

Zittel (1899) – Karl Alfred von Zittel: Geschichte der Geologie und Paläontologie bis Ende des 19. Jahrhunderts (= Geschichte der Wissenschaften in Deutschland. Neuere Zeit, 23). München, Leipzig: Oldenbourg, 1899.

Zittel (1900) – [Karl Alfred] von Zittel: Abich, Wilhelm Hermann. In: Historische Commission bei der Königlichen Akademie der Wissenschaften (Hrsg.): Allgemeine Deutsche Biographie. Band 45. Berlin: Duncker und Humblot, S. 684–686.

Zmigrodskij (1902) – I. I. Zmigrodskij: Pamjati V. A. Zhukovskogo. Po povodu pytidesyatiletiya so dnya konchiny V. A. Zhukovskogo 1852 12/IV 1902 (O prebyvanii V. A. Zhukovskogo v g. Yurieve) (Zur Erinnerung an V. A. Zhukosky anlässlich seines 50. Todestags 1852 12/IV 1902 [Hinsichtlich V. A. Zhukoskys Aufenthalt in Jurjew]). Jurjev: Tip. German, 1902.

Zorn (1971) – Wolfgang Zorn: Gewerbe und Handel 1648–1800. In: Hermann Aubin, Wolfgang Zorn (Hrsg.): Handbuch der deutschen Wirtschafts- und Sozialgeschichte. Band 1. Von der Frühzeit bis zum Ende des 18. Jahrhunderts. Stuttgart: Union Verlag, 1971, S. 531–573.

Zott (1976) – Regine Zott: Philosophische Reflexionen im Schaffen von Justus Liebig (Diss., Berlin). Berlin: Humboldt-Universität, 1976.

Zott (1985) – Regine Zott (Hrsg.): Zur Geschichte der Wissenschaft. Vier Manuskripte aus dem Nachlass von Wilhelm Ostwald (= Ostwalds Klassiker der exakten Wissenschaften, 267). Leipzig: Akademische Verlagsgesellschaft Geest und Portig, 1985.

Zott (2004) – Regine Zott: Friedrich Wilhelm Ostwald. In: Dieter Hoffmann, Hubert Laitko, Staffan Müller-Wille (Hrsg.): Lexikon der bedeutenden Naturwissenschaftler. Band 3. München: Elsevier, Spektrum Akademischer Verlag, 2004, S. 108–114.

# Danksagung

Wer rund 25 Jahre nach seiner medizinischen eine zweite, nunmehr philosophische Dissertationsschrift abschließt, weiß sich vielen verpflichtet. Gedankt sei vor allem Herrn Prof. Dr. Helmut Pulte (Institut für Philosophie I der Ruhr-Universität Bochum, Lehrstuhl für Philosophie mit besonderer Berücksichtung von Wissenschaftstheorie und Wissenschaftsgeschichte), der den damals frisch gebackenen Privatdozenten der Medizin als externen Doktoranden annahm, ihn danach mit klugem Rat als Student der Philosophie führte und das Promotionsvorhaben selbst mit nimmermüder Geduld begleitete, was Ermutigung zur Weiterarbeit während unvermeidlicher Durststrecken ebenso einschloss wie den einen oder anderen doch deutlichen Hinweis zu Zeitpunkten, an denen es geboten erschien. Auch dem gesamten „Pulteschen Team" danke ich für seine mehr als freundliche Aufnahme.

Diese Untersuchung hätte ohne den Zugriff auf Akten und Dokumente aus nationalen und internationalen Archiven nicht entstehen können. Es wäre daher unbillig, wollte ich nicht allen, die mich in dieser Hinsicht unterstützten, mit Dankbarkeit gedenken, wobei ich vier Personen besonders herausstellen möchte: Frau Dr. Tatjana Shor vom Estnischen Historischen Archiv in Tartu, die mir ab 1996 nicht nur ungezählte Reproduktionen von Archivalien hauptsächlich zur Dorpater Universitätsgeschichte, sondern darüber hinaus auch viele weitere wertvolle Informationen zur Verfügung stellte; Frau Mare Rand, der ich den Zugriff auf zahlreiche Dokumente aus der von ihr geleiteten Abteilung für Handschriften und Rara der Universitätsbibliothek Tartu verdanke; Frau Gunta Minde vom Lettischen Historischen Staatsarchiv in Riga, die mir die dortigen Schriftstücke zugänglich machte; und die Archivarin Frau Elena Tsvetkova, die in St. Petersburg einen wissenschaftlichen Informationsdienst unterhält und mir – auf Entgeltbasis – handschriftliche Dokumente insbesondere aus dem Russischen Historischen Staatsarchiv, der Russischen Nationalbibliothek und dem Archiv der Russischen Akademie der Wissenschaften erschloss.

Photokopien aus an deutschen Bibliotheken nicht nachgewiesenen Tageszeitungen und wissenschaftlichen Journalen steuerten Frau K. Gailit (Repository Library of Estonia, Tallinn), Frau Mare Rand und Frau I. Smitina (Academic Library of the University of Latvia, Riga) bei. Frau A. Otterbach (Bildarchiv Photo Marburg, Deutsches Dokumentationszentrum für Kunstgeschichte, Philipps-Universität Marburg) verdanke ich ein Photo von Carl Schmidts Elternhaus im lettischen Mitau aus dem Jahr 1940; Herrn Dr. Klaus Judel (Justus-Liebig-Gesellschaft,

Gießen) sei für eine digital bearbeitete Daguerreotypie gedankt, die Carl Schmidt als Student im Kreis der wissenschaftlichen Mitarbeiter Liebigs in Gießen zeigt. Gänzlich unentbehrlich zur Erhellung vielfältiger Detailfragen waren auch die Auskünfte Frau Mare Rands, Herrn Prof. Dr. Tullio Ilomets' (Tartu), der – weit über 90jährig – derzeit unbestritten als Nestor auf dem Gebiet der Geschichte der Tartuer (Dorpater) Universitätschemie gilt, und des uns allzu früh vorangegangenen Dr. Hain Tanklers (Tartu University Library). Für Übersetzungen aus dem Estnischen und Russischen ins Deutsche bzw. Englische weiß ich mich Frau M. Kuhn-Lääs (Linkenheim/Hochstetten) und Herrn Prof. Dr. S. Viazov (Essen) verbunden. Zu den außerordentlich beglückenden Erfahrungen während unserer jahrelangen wissenschaftshistorischen „Kernerarbeit" zählten die Begegnung mit und der Kontakt zu Carl Schmidts Nachfahren, denn Frau Christiane Benke (Kahl [Main]), die Herrn Bernhard und Friedrich von Bursy (Zeven und Celle), Frau Helga von Grabe (München) und Herr Werner Schmidt (Ganderkesee) unterstützten mein Anliegen, mehr über die Schmidtsche Familiengeschichte zu erfahren, in einer derart freundlichen, großherzigen und umfassenden Weise, wie ich es niemals zu hoffen gewagt hätte.

Last but not least sei auch meinen lieben Eltern gedankt. Ihnen blieb es vorbehalten, viele meiner fragmentarischen Akten-„Transkriptionen" zu ergänzen und so deren vollständigen Inhalt überhaupt fassbar zu machen, denn meinen langjährigen Bemühungen, die deutsche Schreibschrift zu erlernen und so auch die mir vorliegenden Aktenstücke möglichst vollumfänglich zu entziffern, war zugegebenermaßen nur bescheidener Erfolg vergönnt. Sie schritten – legt man eine Unterscheidung zugrunde, die wohl auf Johann Neudörffer den Ältern zurückgeht – im Prinzip lediglich bis zur „Kanzlei-" als Aktenreinschrift fort und zerbrachen größtenteils an der „Kurrent-", also der Konzept- bzw. Verkehrsschrift.

Essen, im April 2016

# Personenregister

Die hervorgehobenen Seitenzahlen verweisen auf den jeweiligen Eintrag im Personenlexikon. Für Carl Schmidt als den Protagonisten dieser Untersuchung wurde auf die Angabe „passim“ verzichtet.


**A**

Abich, Otto Wilhelm Hermann (1806–1886) 20, 198, 200–207, 209–214, ***411***, 413

Alexander I. (1777–1825) 76, 79, 145, 159, ***411***

Alexander II. (1818–1881) ***411***, 506

Alexander III. (1845–1894) 144, ***411***

Anderson, Thomas (1819–1874) 313, ***411***, 441

Anna Amalia (1739–1807) ***411***, 434, 452

Antonius, Julius (1815–1901) 299, 330, ***412***

Arzt, Philipp Erdmann Heinrich Gottlob (1766 oder 1767–1802) 145, 163, ***412***

**B**

Babo, Lambert, von (1818–1899) 98, ***412***

Bacon, Francis (1561–1626), Baron von Verulam 53, 54, ***412***

Bardeleben, Heinrich Adolf, von (1819–1895) 109, ***412***

Beaumont, William (1785–1853) 109, ***412***

Becke, Friedrich (1855–1931) 211, 212, ***413***

Behaghel, Hermann, von (1848–?) 243, 380, ***413***

Beilstein, Friedrich Konrad (1838–1906) 239, 240, ***413***

Beise, Theodor Heinrich (1818–1878) 162, ***413***

Below, Jakob (1669–1716) 75, ***413***

Benrath, Hermann Eugen Isaak (1838–1885) 243, 253, 380, ***413***

Berg, Paul, von (1852–1910) 380, ***414***

Bering, Vitus Jonassen (1680–1741) 279, ***414***, 491

Bernard, Claude (1813–1878) 113, ***414***

Berthollet, Claude Louis (1748–1822) 185, ***414***, 432

Berzelius, Jöns Jacob (1779–1848) 40, 42, 43, 50, 54, 102, 162, 234, 411, ***414***, 439, 446, 465, 477, 505

Beyer, Cäcilie, verh. Strauß (1833–1862) 303, ***415***, 492

Beyer, Franziska, verh. Göbel (?–?) 26, 292, ***415***, 440

Beyer, Johann Balthasar (1781–1860) 26, 293, 303, ***415***, 440

Beyer, Marie, verh. von der Wippen (?–?) 303, 307, ***415***

Bidder, Alexander August (1823–1895) 309, ***415***

Bidder, Friedrich (1810–1894) 19, 26, 74, 84, 87, 88, 100–103, 107–122, 124, 132–134, 172, 174, 176, 180, 276, 278, ***415***, 449, 450, 458, 479, 481, 506

Bidder, Heinrich Nikolaus (1783–1833) 23, ***415***

Bienemann, Friedrich Gustav (1794–1863) 324, ***416***
Biron, Peter, von (1724–1800) 23, ***416***, 456
Bischof, K(C)arl Gustav (1792–1870) 213, ***416***
Bischoff, Theodor Ludwig Wilhelm (1807–1882) 123–128, ***416***
Blake, James E. (1814–1893) 313, ***416***
Blondlot, Nicolas (1808 oder 1810–1877) 110, ***416***
Bluhm, Karl Hermann (1812–1904) 292, ***416***
Boë Silvius, Franciscus, de la (1614–672) 105, ***417***
Boedeker, Carl Heinrich (1815–1895) 95, ***417***
Boettcher, Arthur (1831–1889) 91, ***417***
Bolschwing, Wilhelm, von (1800–1859) 292, ***417***
Bosse, Anton Georg (1792–1860) 323, ***417***
Bosse, Georg Joachim Julius (1828–1899) 323, ***417***
Bouchardat, Apollinaire (1806–1886) 113, ***417***
Boussingault, Jean Baptiste (1802–1887) 114, 115, ***418***
Braconnot, Henri (1781–1855) 56, ***418***
Bradke, Georg Friedrich, von (1796–1862) 141, 177, 178, 181, 182, ***418***
Brandis, Christian August (1790–1867) 102, ***418***
Brandt, Anna Katharina, von, geb. Kruse (1735–1815/16) 146, 147, ***418***
Brandt, Woldemar (1846–?) 224, ***418***
Brasche, Margarethe Elisabeth, verh. Schmidt (1756–?) 286, ***418***, 485
Braunschweig, Johann Daniel (1786–1857) 28, ***419***
Bretschneider, Emil (1833–1901) 188, ***419***
Brodie, Benjamin Collins (1783–1862) 109, ***419***
Brunner, Bernhardt (1835–1892) 192, 248, ***419***
Buchheim, Rudolf (1820–1879) 94, ***419***, 486
Buchner, Johann Andreas (1783–1852) 161, ***419***
Buck, August Nikolai Soeren (1839–1908) 300, ***420***
Budberg, Alexander, von (1834–1906) 189, ***420***
Buhse, Friedrich Alexander (1821–1898) 194, 196, ***420***
Bunge, Friedrich Georg, von (1802–1897) 83, ***420***
Bunge, Gustav Piers Alexander, von (1844–1920) 94, 242, 253, 380, ***420***
Bunge, Paul (1839–1888) 401, ***420***
Bunsen, Robert Wilhelm (1811–1899) 140, 160, 168, 188, 233, 234, 400, 413, ***421***, 430, 436, 450, 454
Bursy, Amalie, verh. Mylich (1783–1849) 295, ***421***, 466
Bursy, Arthur Carl, von (1901–1945?) 339, ***421***
Bursy, Carolina Dorothea, verh. Mylich (1784–1842) 295, ***421***, 466
Bursy, Carolina Dorothea Adelheid („Ida“), verh. Schmidt (1803–1835) 24, 25, 286, ***421***, 425, 457, 483, 484
Bursy, Caroline Betty, von (1822–?) 304, 305, ***422***
Bursy, Dorothea, von, verh. Meyer (1832–1903) 304, 305, ***422***

Bursy, Emil (1828–1852) 322, ***422***
Bursy, Erich Reinhold Ernst, von (1905–1945?) 339, ***422***
Bursy, Ernestine, verh. Langerhausen oder Langerhansen (1795–?) 25, 296, 307, ***422***, 457
Bursy, Ernst Daniel (1756–1831) 286, 287, ***422***, 488
Bursy, Friedrich (1824–1883) 300, ***423***
Bursy, Friedrich Oskar Hugo, von (1902–1957) 339, ***423***
Bursy, Friedrich Reinhold, von (1824–1892) 289, 338, ***423***
Bursy, Gertrud, von (1903–1987) 339, ***423***
Bursy, Helmuth Karl Alexander, von (1899–1973) 339, ***423***
Bursy, Hugo (1833–1865) 301, 308, 330, ***424***
Bursy, Irmgard Antonie Wilhelmine, von, verh. Frey (1898–1964) 339, ***424***
Bursy, Johann Wilhelm Bernhard, von (1863–1909) 137, 338, 422–***424***
Bursy, Johanna, von, verh. Schulz (1825–1891) 301, ***424***, 487
Bursy, Karl Gottlieb Heinrich Friedrich, von (1791–1870) 25, 296, 300, ***424***, 431
Bursy, Kurt Julius Friedrich, von (1908–1960) 340, ***425***
Bursy, Nanny, von (1821–1906) 305, ***425***
Bursy, Otto Ernst Konrad (1786–1853) 300, 422– 424, ***425***
Bursy, Wilhelmina („Mina") Amalie Henriette Adelheid, verh. Schmidt (1807–1874) 24, 25, 287, 292, 293, 297, 300, 305, 308, 309, 331, ***425***, 483
Bursy, Wilhelmine, von, verh. Haarmann (1841–?) 27, 293, ***425***
Butlero(v)w, Alexander Michailowitsch (1828–1886) 237–241, 264, 277, 375, 377, ***425***

## C

Cadet de Gassicourt, Louis Claude (1731–1799) 188, ***426***
Campbell, Dugald (1818–1882) 175, ***426***
Cantillon, Richard (1680–1734) 190, ***426***
Carlblom, Alexander Christlieb (1845–1910) 380, ***426***
Carrière, Philipp Mori(t)z (1817–1895) 39, ***426***
Chaptal, Jean Antoine (1756–1832) 185, ***426***
Chevreul, Michel Eugène (1786–1889) 107, 185, ***427***
Chodnew, Alexey (1818–1883) 313, ***427***
Chomse, Oswald (1832–1890) 188, 288, 298, 302–304, 308, 309, 331, ***427***, 485
Claus, Carl Ernst (1796–1864) 139, 158, 264, 317, 352, ***427***
Corvin-Wiersbitzki, Otto Julius Bernhard, von (1812–1886) 300, ***427***
Cosmar, Alexander (1805–1842) 304, ***428***
Craffström, Gustav (1784–1854) 82, 141, ***428***
Cuvier, Georges (Georg Leopold Christian Friedrich Dagobert), de (1769–1832) 40, ***428***, 500
Czernay, Fedor (1811–1889) 301, ***428***
Czernay, Hugo (1839–1905) 301, ***428***

Czernay, Theodor (1835–1907) 301, 308, 330, ***428***

## D

Daguerre, Louis Jacques (1787–1851) 313, ***428***
D'Arcet (Darcet), Jean (1725–1801) 185, ***429***
Darwin, Charles Robert (1809–1882) 127, ***429***
Davy, Humphry, Sir (1778–1829) 267, ***429***
Dellfs, Friedrich Wilhelm Hermann (1812–1894) 162, ***429***
Descartes, René (1596–1650) 75, 104, ***430***
Deville, Henri Étienne (Sainte-Claire-Deville) (1818–1881) 169, 354, 355, 359, ***430***
Dieterichs, Anna, von, verh. von Bursy (?–1853) 421, 422, 424, 425, ***430***, 487
Döbereiner, Johann Wolfgang (1780–1849) 185, 186, ***430***
Döpping, Otto (1814–1863) 313, ***430***
Döring, Friedrich Julius (1818–1898) 23–27, 290, 312, ***431***, 503
Döring, Gabriella (?–1852) 291, 309–311, ***431***
Döring, Stephan (?–1866) 291, 307, 309, ***431***
Doku(t)schajew, Wassilij (1846–1903) 208, ***431***
Dragendorff, Johann Georg Noel (1836–1898) 158, ***431***
Drechsler, Heinrich Ferdinand Edmund (1843–1897) 95, ***431***
Du Bois-Reymond, Emil (1818–1896) 97, 102, 123, 128, ***431***
Dulong, Pierre Louis (1785–1838) 40, ***432***
Dumas, Jean Baptiste (1800–1884) 97, 234, 235, ***432***, 505
Dunkel, Theodor (?–?) 309, ***432***

## E

Eberle, Johann Nepomuk (1798–1834) 109, ***432***
Eckhoff, Friedrich (1829–1865) 299, 310, ***432***
Elisabeth I. (1533–1603) 321, ***432***, 493
Eltz, Robin Franz Joseph, von (1887–1953) 337, ***433***, 447, 469, 500, 501
Erdmann, Johann Friedrich (1778–1846) ***433***, 434
Erdmann, Robert (1844–1909) 380, ***433***
Erlenmeyer, Richard Gustav Carl Emil (1825–1909) 376, ***433***
Ernst August II. (1737–1758) ***434***, 452
Essen, Heinrich Magnus Wilhelm, von (1796–1869) 230, ***434***
Euklid von Alexandria (um 360 – um 295 v. Chr.) 75, ***434***
Ewers, Johann Philipp Gustav, von (1781–1830) 77, 79–81, ***434***

## F

Fählmann, Friedrich Robert (1798–1850) 89, ***434***
Faraday, Michael (1791–1867) 170, 267, ***434***
Fechner, Gustav Theodor (1801–1887) 63, ***434***
Fehling, Hermann, von (1811–1885) 168, ***435***
Fehrmann, Woldemar (1838–?) 299, ***435***
Fick, Adolf (1829–1901) 129, ***435***

Fischer, Emil Hermann (1852–1919) 56, ***435***
Fleck, Ludwik (1896–1961) 132, ***435***
Flotow, Friedrich, von (1812–1883) 302, ***436***
Fontane, Theodor (1819–1898) 30, ***436***
Francis, William (1817–1904) 170, ***436***
Frank, Johann Peter (1745–1821) 215, ***436***
Frankland, Edward (1825–1899) 236, ***436***
Frerichs, Friedrich Theodor, von (1819–1885) 107, 108, 110, 113, 114, 118, 121–123, 126, ***436***, 466
Fresenius, (K)Carl Remigius (1818–1897) 39, 168, 245, 247, 388, 389, ***437***
Frey, Heinrich (1822–1890) 62, ***437***
Friedrich August I. (1750–1827) 433, ***437***
Friedrich Wilhelm I. (1688–1740) ***437***, 491
Friedrich Wilhelm II. (1744–1797) ***437***, 446
Fuchs, Conrad Heinrich (1803–1855) 62, 63, ***437***

## G

Gaehtgens, Carl (1839–1915) 91, ***437***
Gay-Lussac, Louis Joseph (1778–1850) 40, 41, 185, 234, ***438***
Geiger, Philip Lorenz (1785–1836) 160, 351, ***438***
Gerding, Theodor (1820 – nach 1874) 387, ***438***
Gerhardt, Charles (1816–1856) 235–238, 245, 267, 385–389, ***438***
Gervais, Peter (1832–1890) 143, ***438***
Giese, Johann Emmanuel Ferdinand (1781–1821) 149, 150, 205, 250, 352, ***438***
Gmelin, Christian Gottlob (1792–1860) 140, ***439***
Gmelin, Johann Friedrich (1748–1804) 55, ***439***
Gmelin, Leopold (1788–1853) 103, 107–109, 114, 121, 248, 383, 385, 386, 388, 412, 430, ***439***
Goebel, Adolph (1826–1895) 189, 243, 380, ***439***
Goebel (Göbel), Carl Christian Traugott Friedemann (1794–1851) 139, 151–154, 158, 163, 205, 247, 250, 427, ***439***
Göbel, Carl Hermann (1809–1857) 26, 292, 415, ***440***
Goethe, Johann Wolfgang, von (1749–1832) 34, 39, 307, 321, ***440***, 452, 480, 491, 494
Goldschmidt, Victor Moritz (1888–1947) 214, ***440***
Golow(v)in, Alexander (1821–1886) 141, ***440***
Gorup-Besanez, Eugen Franz, von (1817–1878) 91, 92, 389, ***440***
Grab(b)e, Alexander (1834–1910) 300, 305, 330, ***441***
Graham, Thomas (1805–1869) 170, 426, ***441***
Gramkau, Carl Wilhelm (1806–1890) 310, ***441***
Gregory, William (1803–1858) 51, ***441***
Grewingk, Caspar Andreas Constantin (1819–1887) 279, ***441***
Grindel, David Hieronymus (1776–1836) 147–150, 205, ***441***
Grisebach, Heinrich August Rudolph (1814–1879) 63, ***442***

Grosewsky, Theodor Robert (1823–1866) 291, ***442***
Grotius, Hugo (1583–1645) 75, ***442***
Guleke, Reinhold Ludwig Ernst (1834–1927) 229, 400, ***442***
Gustav II. Adolf (1594–1632) 75, ***442***
Gutzkow, Karl (1811–1878) 304, ***442***
Guyton de Morveau, Louis Bernard (1737–1816) 185, ***443***

## H

Haffner, Johann Samuel Eduard, von (1804–1889) 333, ***443***
Haller, Albrecht, von (1708–1777) 34, ***443***
Hedin, Sven Gustav (1859–1933) 98, ***443***
Hegel, Georg Wilhelm Friedrich (1770–1831) 18, 34, 35, 80, ***443***, 503
Hehn, Carl Georg Franz (1821–1875) 192, ***444***
Hehn, Viktor Amadeus (1813–1890) 83, ***444***
Heinrich VIII. (1491–1547) 321, ***444***
Heintz, Wilhelm Heinrich (1817–1880) 91, ***444***, 504
Heller, Johann Florian (1813–1871) 92, 94, ***445***
Hellot, Jean (1685–1765 oder 1766) 185, ***445***
Helmholtz, Hermann, von (1821–1894) 97, 267, ***445***
Helmling, Peter (1817–1901) 318–320, 323, 332, ***445***
Helmont, Jan (Johannes) Baptista, van (1579–1644) 105, ***445***
Henle, Friedrich Gustav Jacob (1809–1885) 101, ***446***
Herbart, Johann Friedrich (1776–1841) 63, ***446***, 461
Hertel, Johann (1858–1912) 312, ***446***
Herz, Mar(c)kus (1747–1803) 58, ***446***
Hess, Germain Henri (1802–1850) 267, ***446***
Hess(e), Otto Christian (1805–1883) 296, ***446***
Hesselberg, Caroline Friederike, verh. Schmidt (1873–1913) 136, 321, 338, ***446***, 450, 482, 484, 485
Hesselberg, Gustav (1832–1888) 321, 323, 332, 338, ***447***, 449
Hildebrandt, Theodor (1804–1874) 303, ***447***
Hoefle, Marc Aurel (1818–1855) 92, ***447***
Hoffmann, Erich Alexander Theodor (1881–1939) 337, ***447***, 485, 501
Hoffmann, Heinrich Karl Hermann (1819–1891) 39, ***448***
Hofmann, August Wilhelm (1812–1892) 37, 53, 169, 175, 187, 188, 376, ***448***, 463, 465
Hofmann, Johann Philipp (1776–1842) 36, ***448***
Hofmeister, Franz (1850–1922) 56, ***448***
Holtei, (C)Karl, von (1798–1880) 303, ***448***
Hoppe (Hoppe-Seyler), Ernst Felix (1825–1895) 95, ***449***
Hübbenet, Anton, von (1824–1901) 87, ***449***
Hueck, Alexander Friedrich, von (1802–1842) 135, 287, 335, ***449***, 450, 483
Hueck, Antonie Elisabeth Sophie, von, verh. Schmidt (1833–1912) 135, 287, 297, 318–320,

335, 341, 433, 446, ***449***, 450, 469, 483, 485, 486, 492, 500, 501
Hueck, Ferdinand, von (1832–1887) 26, 27, 135, 318, ***449***
Hueck, Johanna, von, verh. Hesselberg (1836?–1902) 323, 338, ***449***
Hueck, Pauline, von, verh. von zur Mühlen (1836–1907) 321, ***450***
Hüfner, Gustav (1840–1908) 93, ***450***

## J

Jacubowitsch, Nicolai (1816 oder 1817–1879) 87, ***450***
Jannsohn, Eduard (1841–?) 299, ***450***
Jencken, Amalie, von, verh. von Hueck (1811–1898) 135, 287, 335, 449, ***451***, 483

## K

Kämtz, Ludwig Friedrich (1801–1867) 166, 172, 354, ***451***
Ka(e)yserling, Alexander, von (1815–1891) 141–143, ***451***
Kane, Robert, Sir (1810–1890) 193, ***451***
Kannenberg, Carl (1829–?) 299, ***451***
Kant, Immanuel (1724–1804) 58, 446, ***451***
Kapustin, Michail (1828–1899) 144, ***452***
Karl X. (1757–1836) 81, ***452***
Karl August I. (1757–1828) 411, 434, 440, ***452***, 480
Kastner, Carl Wilhelm Gottlob (1783–1857) 47, 101, 186, ***452***, 459
Katharina II. (1729–1796) 149, ***452***
Kaufmann, Angelika (1741–1807) 321, ***452***
Kayser, Gustav Adolf (1817–1878) 313, ***453***
Kekulé, Friedrich August (von Stradonitz) (1829–1896) 233, 236, 239, 241, 277, 376, ***453***
Kerl, Georg Heinrich Bruno (1824–1905) 389, ***453***
Kielmeyer, Carl Friedrich (1765–1844) 33, ***453***
Klinger, Friedrich Maximilian, von (1752–1831) 77, 78, ***453***
Knierim, Woldemar, von (1849–1935) 248, ***453***
Koch, Ernst Adolph (1811–1867) 325, 326, ***454***
Koch, Robert (1843–1910) 224, 225, ***454***
Koch, Theodor (1840–?) 243, 380, ***454***
Köhler, Theodor (1826–?) 299, ***454***
Körber, Bernhard (1837–1915) 215, 224, 229, ***454***, 505
Kolbe, Adolph Wilhelm Hermann (1818–1884) 236, 239, 376, ***454***
Kopp, Hermann (1817–1892) 38, 263–265, 270, 383, 386, 388, 389, ***454***
Kotzebue, August Friedrich, von (1761–1819) 305, ***455***
Krause, Johann Wilhelm (1757–1828) 78, 148, 328, ***455***
K(C)rause, Wilhelm (1809–1867) 329, ***455***
Krüger, Friedrich Carl (1862–1938) 94, ***455***
Kruse, Friedrich Karl Hermann, von (1790–1866) 318, ***456***
Kühne, Wilhelm (1837–1900) 95, ***456***
Kuhlberg, Alphons (1840–1912) 243, 380, ***456***

Kummerau, Carl Ludwig (1751–1808) 23, 24, 29, 287, 290, 293, 446, ***456***, 482
Kupffer, August (1842–1916) 380, ***456***

## L

Lakatos, Imre (1922–1974) 21, ***456***
Landesen, Georg Rudolph (1867–1935) 380, ***457***
Langenbeck, Maximilian Adolf (1818–1877) 63, ***457***
Langerhausen (oder Langerhansen), Christian Wilhelm Carl Eduard (1792–1865) 333, 422, ***457***
Larssen, Friedrich (1833-?) 189, ***457***
Lassaigne, Jean Louis (1800–1859) 56, ***457***
Lavoisier, Antoine Laurent, de (1743–1794) 12, 34, 42, 106, 107, 147, 156, 184, 275, 277, ***457***
Lav(w)rowski, Nikolai (1827–1899) 144, ***458***
Lehmann Carl Gotthelf (1812–1863) 94, 247, 382, 384–386, 388, 432, ***458***
Lemberg, Johann (1842–1902) 189, 213, 242, 248, 249, 251, 253–255, 263, 380, 394–396, ***458***, 506
Lenz, Carl Eduard (1820–1892) 87, ***458***
Leuchs, Erhard Friedrich (1800–1837) 108, ***458***
Leuckart, Rudolf (1822–1898) 62, ***458***
Lichtenstein, Anton (1826–1902) 304, ***459***
Lichtenstein, Johann Nikolaus Heinrich (1787–1848) 298, 304, ***459***
Lichtenstein, Karl Gottlieb (1827–1904) 26, 288, 295, 296, 298, 299, 304, 306–309, ***459***, 486
Liebig, Justus, von (1803–1873) 18, 19, 22, 35–55, 70, 71, 85, 87, 95, 97, 106, 107, 118–134, 160, 166, 168, 175, 186, 187, 190, 194, 195, 234–236, 246, 247, 251, 256, 264, 275, 277, 279, 297, 313, 382, 384, 386, 388, 389, 411–413, 416, 426, 427, 435–438, 441, 448, 452–454, ***459***, 460, 463, 465, 472, 476, 479, 480, 483, 493, 494, 502, 504–506
Lieven, Carl Christoph, von (1767–1844) 77, 79–81, ***459***
Lieven, Viktor Christoph (1841–1910) 189, 380, ***459***
Limpricht, Heinrich (1827–1909) 236, 376, ***460***
Lindblohm, Karl Eduard (1821–1900?) 299, 330, ***460***
Lindblohm, Theodor August (1828–1906) 299, ***460***
Liphart, Karl Eduard, von (1808–1891) 190, 191, 326, ***460***
Lomonossov, Michail Wassiljewitsch (1711–1765) 353, ***460***
Lortzing, Albert (1801–1859) 310, ***460***
Lotze, Rudolph Hermann (1817–1881) 19, 53, 63–69, 119, 121, 122, ***461***
Ludwig, Carl (1816–1895) 95, 97, 431, 450, ***461***
Ludwig, Ernst (1842–1915) 95, ***461***
Lullius (Lullus oder Lull), Rai(y)mundus (zwischen 1232 und 1235–1315 oder 1316) 266, ***461***
Luther, Robert (1868–1945) 242, 380, ***461***

## M

Macquer, Pierre Joseph (1718–1784) 185, ***462***
Madai, Carl Otto, von (1809–1850) 83, ***462***
Mae(ä)dler, Johann Heinrich (1794–1874) 322, ***462***
Magendie, François (1783–1855) 12, 43, 96, 107, 114, ***462***
Makinski, Hermann (1833–?) 299, ***462***
Manasseïn, Nikolai (1834–1895) 144, ***462***
Marschner, Heinrich (1795–1861) 321, ***462***
Martius, Karl Alexander, von (1838–1920) 187, ***463***
Maydell, Georg Gustav, von (1791–1876) 299, ***463***
Mayer, Julius Robert, von (1814–1878) 46, 267, ***463***
Mayer, Karl August (1787–1865) 101, ***463***
Mendelsohn-Bartholdy, Felix (1809–1847) 302, ***463***
Meyendorff, Peter Leonhard Suidigerius, von (1796–1863) 70, ***463***
Meyer, Johann Friedrich Wilhelm Clemens Ludwig (1824–1899) 304, 318, 321, 422, ***464***
Meyer, Leo (1830–1910) 142, ***464***
Meykow, Ottomar Johann Friedrich (1823–1894) 402–404, ***464***
Mialhe, Louis (1807–1882 oder 1886) 108, ***464***
Michailow, Jakob (1828–1869) 332, ***464***
Mill, John Stuart (1806–1873) 18, 51–53, 86, 275, ***464***, 499
Millner, Karl (1825–1895) 442, ***465***
Mitscherlich, Eilhard (1794–1863) 31, 167, 448, ***465***
Müller, Johannes Peter (1801–1858) 31, 101, 109, 123, 432, 451, ***465***, 475, 488, 502
Mulder, Gerardus Johannes (1802–1882) 38, 39, 43, 44, 69, 107, ***465***, 480, 498
Muspratt, James Sheridan (1821–1871) 179, 246, 364, 366, 387, 389, ***465***, 497
Mylich, Gotthilf Heinrich (1773–1837) 295, 421, ***466***
Mylich, Otto (1800–1877) 333, ***466***
Mylich, Otto Christian (1770–1811) 295, 422, ***466***

## N

Napoleon Bonaparte (1769–1821) 79, 185, 426, ***466***
Natanson, Jacob (1832–1884) 252, 380, ***466***
Naunyn, Bernhard (1839–1925) 88, 91, 93, 94, 99, 142, ***466***
Neander, Friedrich Eduard (1802–1895) 292, ***466***
Neudörf(f)er, Johann der Ältere (1497–1563) ***467***, 606
Neue, Christian Friedrich (1799–1886) 77, ***467***
Neumann, Carl August (1809–1863) 310, ***467***
Newton, Isaac, Sir (1643–1727) 46, 63, 75, 170, ***467***
Nikolaus I. (1796–1855) 81, ***467***

## O

Oberhäuser, Georg (1798–1868) 62, ***467***
Odier, Auguste (1802–1870) 56, ***467***, 468
Oechs, Joseph Domenikus (1776–1836) 295, ***468***

Oertling, Johann August Daniel (1803–1866) 163, ***468***
Oesterlen, Friedrich (1812–1877) 89, 90, 93, ***468***
Oettingen, Arthur, von (1836–1920) 266, ***468***
Oettingen, Werner, von (1876–1945) 337, ***468***, 485, 500, 501
Oken (Okenfuß), Lorenz (1779–1851) 47, ***469***
Orleans, Louis Philippe, von (1773–1850) 452, ***469***
Osann, Gottfried Wilhelm (1797–1866) 150, 151, 163, 205, 250, ***469***
Osenbrüggen, Eduard (1809–1879) 83, ***469***
Ostwald, Friedrich Wilhelm (1853–1932) 20, 35, 49, 55, 133, 134, 136, 213, 232, 233, 241, 242, 249, 253, 265–273, 277–279, 380, 461, ***469***, 485
Otto, Julius (1809–1870) 247, ***470***

## P

Pahlen, Carl Magnus, von der (1779–1863) 77, ***470***
Paracelsus (Theophrastus von Hohenheim) (ca. 1493–1541) 104, 105, ***470***
Parrot, Georg Friedrich, von (1767–1852) 76–78, 147, 148, 453, ***471***
Parrot, Johann Jakob Friedrich Wilhelm, von (1791 oder 1792–1841) 329, ***471***
Parrot, Moritz Friedrich, von (1831–1882) 329, ***471***
Paul I. (1754–1801) 76, 455, ***471***
Payen, Anselme (1795–1871) 108, ***471***
Persoz, Jean François (1805–1868) 108, ***471***
Peter I. (1672–1725) 205, ***472***
Petrow, Alexander (1837–1885) 377, ***472***
Pettenkofer, Max, von (1818–1901) 215, 224, 225, ***472***
Petzhold, Paul Alexander (1810–1889) 192, ***472***
Pirogov(w)(ff), Nicolai (1810–1881) 70, ***472***
Poleck, Theodor (1821–1906) 313, ***472***
Popper, Karl Raimund (1902–1994) 21, 456, ***473***
Post, Gustav (?–?) 229, ***473***
Preller, Ludwig (1809–1861) 83, ***473***
Presser, Jacob (1899–1970) 17, ***473***
Prévost, Jean Louis (1790–1850) 97, ***473***
Priestley, Joseph (1733–1804) 34, ***474***
Prout, William (1785–1850) 43, 107, 108, ***474***
Pufendorf, Samuel, von (1632–1694) 75, ***474***
Putlitz, Gustav Heinrich, von und zu (1821–1890) 310, ***474***

## R

Rammelsberg, Karl Friedrich (1813–1899) 167, ***474***
Ranke, Leopold, von (1795–1886) 32, 33, 80, ***474***
Rathhaus, Karl (1805–1872) 166, 171, 172, 354, ***475***
Redtenbacher, Joseph (1810–1870) 112, ***475***
Regnault, Henri Victor (1810–1878) 115, 185, 244, 381–389, ***475***, 476
Reichert, Karl Bogislaus (Bogislaw), von (1811–1883) 31, 123, ***475***
Reil, Johann Christian (1759–1813) 57–60, ***475***

Reiset, Jules (1818–1896) 115, ***476***
Reisser, Carl (?–?) 313, ***476***
Reissner, Carl Wilhelm August Andreas (1818–1873) 326, 327, ***476***
Reutz, Alexander, von (1799–1862) 324, ***476***
Reyher, Gustav Adolph (1794–1868) 292, ***476***
Richter, Victor (1841–1891) 380, ***476***
Ritter, Carl (1779–1859) 32, ***476***
Ritter, Johann Wilhelm (1776–1810) 267, ***477***
Rokitansky, Carl, von (1804–1878) 94, ***477***
Rose, Gustav (1798–1873) 29, 31, 276, ***477***
Rose, Heinrich (1795–1864) 29, 31, 32, 36, 162, 167, 190, 245, 275, 381–387, ***477***, 480
Rose, Wilhelm (1792–1867) 18, 29, 30, 436, ***477***, 483
Rosen, Friedrich, von (1834–1902) 377, ***477***
Rudolphi, Karl Asmund (1771–1832) 102, ***478***
Rumpf, Ludwig Daniel (1793–1862) 159, ***478***
Ruthenberg, Maximilian (1860–?) 243, 380, ***478***

## S

Saburov, Andrej (1837–1916) 143, ***478***
Salomon, Sigismund (1851–?) 243, 380, ***478***
Sandras, Claude-Marie (1802–1856) 113, ***478***
Santorio, Santorio (1561–1636) 104, ***478***
Sawitsch, Alexej Nikolajewitsch (1811–1883) 376, ***479***
Schellbach, Reinhold (1825–1857) 87, ***479***
Schelling, Friedrich Wilhelm Joseph, von (1775–1854) 11, 33, 47, 48, 57, 59, 80, 96, 275, 443, 469, ***479***, 491, 502
Scherer, Alexander Nikolaus, von (1771–1824) 145–147, 163, 205, 263, ***479***
Scherer, Johann Joseph, von (1814–1869) 92, ***479***
Schiek, Friedrich Wilhelm (1790–1890) 101, ***479***
Schiel, Jakob Heinrich Wilhelm (1813–1889) 51, ***479***
Schiller, Friedrich, von (1759–1805) 34, 321, 442, ***480***, 493
Schilling, Carl (1839–1888) 301, ***480***
Schlegel, August Wilhelm, von (1767–1845) ***480***, 491
Schleiden, Matthias Jacob (1804–1881) 142, 143, ***480***
Schloßberger, Julius Eugen (1819–1860) 317, 382–384, ***480***
Schlosser, Theodor (1822–1907) 313, ***481***
Schmal(t)z, Johann Friedrich (1781–1847?) 192, ***481***
Schmidt, Adelheide Amalie Wilhelmine (1853–1917) 136, 137, 335, 341, ***481***
Schmidt, Alexander (1831–1894) 94, 198, ***481***
Schmidt, Amalie Ernestine (1830–1872) 25, 288, 297, 307, 321, 325, ***481***
Schmidt, Antonie Thekla Ellen, verh. Abel (1902–1986) 338, ***482***
Schmidt, Carl jun. (1859–1938) 136, 341, ***482***

Schmidt, Carl III. (1897–?) 336, 341 ***482***
Schmidt, Christoph Heinrich (1787–1866) 23–27, 286–288, 292, 296, 306, 308–310, 327, 330, 331, 333, 419, 421, 422, 425, 427, 440, 456, 459, 466, 481, ***482***–486
Schmidt, Christoph Heinrich jun. (1849–1850) 289, 292, ***483***
Schmidt, Clara Maria Wilhelmina (1832–1844) 288, ***483***
Schmidt, Emilie Henriette (1844–1845) 289, 299, ***483***
Schmidt, Ernst Carl Heinrich (1822–1894) ***483***
Schmidt, Gottliebe Maria Dorothea Adelheide (1823–1834) 287, ***484***
Schmidt, Heinrich Rudolph (1826–1889) 25, 27, 135, 287, 294–297, 311, 318, 322, 331, ***484***
Schmidt, Hermann Otto (1828–1829) 288, ***484***
Schmidt, Johanna Maria (1825–1834) 287, ***484***
Schmidt, Julius Ernst Carl Maximilian (1905–1988) 338, ***484***
Schmidt, Levin Michael (1740–1815) 286, 418, ***484***
Schmidt, Maria Dorothea, verh. Chomse (1838–1879) 26, 288, 289, 294, 298, 299, 303, 308, 330, 427, ***485***
Schmidt, Marie, verh. Waldhauer (1856–1946) 136, 272, 336, 341, 447, 469, ***485***
Schmidt, Oskar Ferdinand Gustav (1903–1991) 338, ***485***
Schmidt, Oskar Friedrich Heinrich (1854–1917) 136, 272, 335, 336, 341, 482, ***485***, 492
Schmidt, Oskar jun. (1900–?) 336, ***486***
Schmidt, Thekla, verh. von Bursy (1870–1946) 136, 137, 338, 341, 421–425, ***486***
Schmidt, Thekla Adelheide Johanna, verh. Lichtenstein (1834–1914) 25, 26, 288, 295, 297, 298, 301–310, 330, 331, 459, 481, ***486***
Schmidt, Wilhelmina Ulrica, verh. Bursy (1841–1930) 26, 289, 299, 303, 307, 308, 330, 338, 423, ***486***
Schmiedeberg, Oswald (1838–1921) 94, ***486***
Schönlein, Johann Lucas (1793–1864) 61, 91, 437, ***487***
Schorlemmer, Carl Ludwig (1834–1892) 245, ***487***
Schroeder, Julius, von (1843–1895) 380, ***487***
Schroeder, Woldemar, von (1850–1898) 380, ***487***
Schubarth, Ernst Ludwig (1797–1868) 246, 382, 383, 386, ***487***
Schulz, (C)Karl (1818–1849) 301, 424, ***487***
Schulz, Maria Magdalena, verh. Bursy (?–?) 286, 287, 421, 425, ***488***
Schwabe, Ludwig (1835–1908) 142, ***488***
Schwann, Theodor Ambrose Hubert (1810–1882) 97, 101, 109, 110, 432, 480, ***488***
Schwartz, August Wilhelm Theodor (1825–1904) 329, ***488***
Scribe, Augustin Eugène (1791–1861) 304, ***488***
Senff, Theodor Eduard (1845–1896) 243, 380, ***488***
Shakespeare, William (1564–1616) 303, 463, 480, ***488***

Siebold, Eduard Kaspar Jakob (1801–1861) 63, ***489***
Siller, Eduard (1801–1854) 84, 158, 316, 317, ***489***
Simon, Johann Franz (1807–1843) 91, ***489***
Skoda, Joseph (1805–1881) 94, ***489***
Smith, Adam (1723–1790) 190, ***489***
Smith, Watson (?–?) 175, ***489***
Sohn, Carl Ferdinand (1805–1867) 307, ***490***
Spiegel, Carl (1837–?) 243, 380, ***490***
Sponholz, Hermann (1839–1891) 300, ***490***
Sponholz, Konrad (1863–1930) 243, 380, ***490***
Sprengel, Carl (1787–1859) 195, 247, ***490***
Stackelberg, Alexander, von (1833–1898) 452, ***490***
Stackmann, Friedrich (1822–1898) 87, ***490***
Staedeler, Georg Andreas (1821–1871) 95, 417, ***490***
Stahl, Georg Ernst (1659–1734) 147, ***491***
Steffens, Hendrik (1773–1845) 18, 33, 34, 59, ***491***
Steller, Georg Wilhelm (1709–1746) 279, ***491***
Stöckhardt, Julius Adolph (1809–1886) 266, ***491***
Stohmann, Friedrich Carl Adolf (1832–1897) 246, 387, 389, ***492***
Strauß, Adele, verh. Schmidt (?–?) 136, 336, 482, 486, ***492***
Strauß, Emil Wilhelm (1830–1889) 303, 415, ***492***
Stromeyer, Friedrich (1776–1835) 55, ***492***, 505
Strümpell, Adolf, von (1853–1925) 135, ***492***
Stuart, Maria (1542–1587) 321, 432, ***492***
Stüler, Friedrich August (1800–1865) 306, ***493***
Stürzwage (Stuerzwage), Ewald (1834–1878) 188, ***493***
Sudhoff, Karl (1853–1938) 58, ***493***
Sullivan, William Kirby (1821–1893) 313, ***493***

## T

Tammann, Gustav Heinrich Johann Apollon (1861–1938) 232, 233, 242, 249, 251, 253, 254, 258, 261, 263, 270, 271, 278, 380, 396, ***493***
Tasso, Torquato (1544–1595) 307, ***494***
Teichmüller, Gustav (1832–1888) 142, ***494***
Thénard, Louis Jacques (1777–1857) 40, 41, 432, 467, 471, ***494***
Theyer, Joseph (?–?) 313, ***494***
Thomasius, Christian (1655–1728) 75, ***494***
Thoms, Georg (1843–1902) 232, ***494***
Tichomandrickij, Aleksej Nikitič (1814–1853) 313, ***494***
Tiedemann, Friedrich (1781–1861) 103, 107, 108, 114, 121, ***495***
Tiling, Johann August (1797–1861) 296, ***495***
Tiling, Robert (1806–1872) 296, ***495***
Tomberg, From(m)hold (1850–1931?) 402–404, ***495***
Trampedach, Alexander (1848–1921) 380, ***495***
Traube, Moritz (1826–1894) 128, 129, ***495***

Trauvetter, Ernst Christian (1780–1859) 28, ***496***
Trey, Heinrich (1851–1916) 380, ***496***
Trommsdorff, Johann Bartholomäus (1770–1837) 162, ***496***

## U

Ulmann, C(K)arl Christian (1793–1871) 83, 420, 462, ***496***
Uwarow, Sergej, von (1786–1855) 82, 83, 141, ***496***

## V

Valentin, Gabriel Gustav (1810–1883) 113, ***497***
Vielrose, Friedrich (1835–1873) 243, 380, ***497***
Vierordt, Karl, von (1818–1884) 98, ***497***
Vieweg, Hans Heinrich Eduard (1796–1869) 51, ***497***
Vincent, Charles Wilson (?–?) 387, ***497***
Virchow, Rudolf Ludwig Carl (1821–1902) 95, 417, 449, 456, ***497***
Voelcker (Völker), John Christopher August (1822–1884) 179, 364, 366, ***498***
Vogel, Alfred (1829–1890) 94, 142, 224, ***498***
Vogel, Julius (1814–1880) 60, 62, 63, 276, 483, ***498***
Vogt, Carl (1817–1895) 61, ***498***
Voit, Carl, von (1831–1908) 123, 125–131, ***498***
Volck, Wilhelm (1835–1904) 142, ***498***
Volkmann, Alfred Wilhelm (1800–1877) 63, 83, 101, 102, ***499***
Vorkampff-Laue, Gustav (1828–1918) 309, ***499***

## W

Wachsmuth, Adolph (1827–1865) 94, ***499***
Wagner, Adolph Heinrich Gotthilf (1835–1917) 61, ***499***
Wagner, Rudolph (1805–1864) 19, 60–63, 69, 95, 190, 276, 437, 483, ***500***
Waldhauer, Anna (1894–1975) 337, ***500***
Waldhauer, Carl Werner (1880–1942) 271, 272, 336, ***500***
Waldhauer, Christoph Ferdinand (1853–1907) 137, 336, 447, 469, 485, ***500***
Waldhauer, Edith Antonie Mathilde, verh. von Oettingen (1885–1945) 272, 337, 468, 485, ***500***
Waldhauer, Marie Mathilde, verh. Hoffmann (1887–1960) 272, 337, 447, 485, ***501***
Waldhauer, Martha Thekla, verh. von Eltz (1890–1964) 337, 433, ***501***
Waldhauer, Oskar August (1883–1935) 272, 336, 485, ***501***
Walloth, August (1802–1870) 41, ***502***
Walther, Philipp Franz, von (1782–1847) 101, ***502***
Was(s)mann, Adolph (1807–1853) 109, ***502***
Weber, Ernst Heinrich (1795–1878) 63, 102, 434, ***502***
Weber, Wilhelm (1804–1891) 102, ***502***
Weck, Luise, verh. Döring (?–1885) 292, 304, 305, 309, 431, ***503***
Wehl, Fedor, von (1821–1890) 306, ***503***
Weigel, Christian Ehrenfried, von (1748–1831) 185, 186, ***503***

Werder, Karl (1806–1893) 18, 33, 34, ***503***
Wernher, Adolph (1809–1883) 39, ***503***
Weyrich, Victor (1819–1876) 215, 499, ***503***
Wiersbitzk(i)y, Otto (1839–?) 300, ***503***
Wilbrand, Johann Bernhard (1779–1846) 39, 47, ***504***
Wilde, Peter (1849–?) 227–229, ***504***
Will, Heinrich (1812–1890) 37, ***504***
Williamson, Alexander William (1824–1904) 51, 236, ***504***
Willkomm, Moritz (1821–1895) 142, ***504***
Wislicenus, Johannes Adolph (1835–1902) 129, ***504***
Wöhler, Friedrich (1800–1882) 18, 44, 45, 48, 53–56, 63, 69, 85, 86, 95, 97, 107, 126, 132, 140, 157, 190, 205, 234, 236, 263, 275–277, 413, 438, 440, 460, 483, 498, ***505***
Woloshinsky, Adolf (1863–?) 226, 227, 373, 374, ***505***
Worms, Wilhelm (1829–1859) 300, ***505***
Woulf(e), Peter (etwa 1727–1803 oder 1805) 151, ***505***
Würtz (Wurtz), Karl Adolph (Charles Adolphe) (1817–1884) 375, 376, ***505***

## Z

Zaleski, Stanislaw (1858–1923) 69, 122, 249, ***505***
Zander, Robert (1824–1856) 87, ***506***
Zhukovsky, Vasily Andreyevich (1783–1852) 343, ***506***
Zinin (Sinin), Nicolai (1812–1880) 202, ***506***
Zoeller, Philipp Hugo (1832–1885) 160, ***506***
Zuccalmaglio, Franz Andreas Hubertus, von (1800–1873) 431, ***506***
Zwenger, (C)Konstantin (1814–1884) 160, ***507***